핵심N
전기회로이론
Electric Circuit Theory

남춘우 著

PREFACE

 회로이론은 전기전자공학에서 기초 중의 기초, 핵심 중의 핵심, 더 이상 언급할 필요가 없을 정도로 아주 중요한 전공과목이다. 회로이론은 어느 대학이나 전기전자 관련 학과의 필수 중의 필수과목이다. 이러다 보니 국내외 전공 출판서 가운데 회로이론만큼 많이 출판된 책은 없을 것이다. 이는 중요성에서도 그렇지만 그 내용이 너무 방대하기 때문이다. 회로이론 내용을 전부 다룰 수 있게 책이 엮어진다면 다루기 어려울 정도의 부피를 가질 것이다. 이런 이유로 저자의 의도에 따라 책을 엮다 보니 출판 책이 참으로 많다. 직류만 다룬 책, 교류만 다룬 책, 시간 영역으로 다룬 책, 주파수 영역으로 다룬 책, 중요한 내용만 다룬 책, 간단하게 개념 중심으로 다룬 책, 사전처럼 방대하게 다룬 책 등등, 내용이 워낙 광범위하다 보니 이런저런 경우의 수가 많을 수밖에 없다. 책명이 회로이론(Circuit Theory)으로 되어있는 책을 전기공학과에서 선택한다면 상호유도회로, 삼상교류, 비정현파, 분포정수회로 등이 반드시 포함된 책이어야 한다. 그렇지 않다면 전자공학 관련 학과에서 배우는 회로이론과 다를 바가 없을 것이다. 회로이론을 전공별로 칼에 비유하여 구분하자면 그럴듯하지 않을까 생각한다. 즉 정보통신공학과에서는 면도나 연필 깎는 칼, 전자공학과에서는 부엌칼, 전기공학과에서는 풀을 베거나 나뭇가지를 치는 낫에 비유하면 어떨까. 전기회로는 그 스케일이 크고, 거칠다는 뉘앙스를 풍긴다는 의미이다. 즉 배우는 범위나 내용이 전공별로 공통부분도 있지만 적용 분야 측면에서 전기공학과에서만 다뤄야 할 내용이 분명히 있다. 이런 의미에서 전기공학과에서는 단순히 회로이론보다는 전기회로이론(電氣回路理論, Electric Circuits)이 더 잘 어울리는 책명이 아닐까 생각한다. 심지어 직류보다는 교류에 중점을 둬야 하기 때문에 전기공학과에서는 오히려 교류회로이론이 더 잘 어울릴 듯하다.

 본서의 특징은 풍부한 EXAMPLE로 이론의 개념을 잡는데 주안점을 뒀다. 각 장의 섹션마다 이론 내용과 관련된 EXAMPLE만 이해하고 자기 것으로 만든다면 웬만한 문제를 접해도 당황하지 않고 해결할 수 있을 것이다. EXAMPLE의 성격에 따라 풀이 방법을 달리하는 몇 가지의 <해법>을 제시했다. 그 해법을 비교하여 자기 것으로 만들기 바란다. EXERCISE는 EXAMPLE에 준하는 것과 보다 심오한 것을 직접 풀어볼 수 있게 하였다. 차례만 보면 바로 이 책의 특징을 대강 파악하리라 판단된다. 전기·전자공학과 교재는 물론이고, 전기회로 관련 교과목이 편성된 그 외 학과에서도 주요 내용을 선택하면 교재로 충분히 쓸 수 있다. 한편 집필과정에서 필자의 생각이 미치지 못하여 내용의 오류가 있을 수 있으며, 독자들의 아낌없는 의견과 비판을 바탕으로 수정과 보완을 거듭하여 호평받는 책이 되기를 조심스럽게 기대해 본다. 이 책을 집필함에 있어서 국내외 참고서 저자분들께 지면으로나마 감사를 표하며, 끝으로 이 책이 나오기까지 편집에 수고를 아끼지 않은 21세기사 관계자 여러분께 깊이 감사드리는 바이다.

2025년 11월
저자(cwnahm@deu.ac.kr)

CONTENTS

PREFACE ... 3

CHAPTER 1　전기의 본성　13

1.1 물질의 구조 ... 14
1.2 물질의 전기적 분류 ... 15
1.3 전류 ... 15
1.4 전압 ... 16
1.5 저항 ... 17
1.6 전류의 방향 ... 18
1.7 직류와 교류 ... 18
- EXERCISE ... 19

CHAPTER 2　전기회로의 선수 기초관계　21

2.1 옴법칙 ... 22
2.2 전압, 전류, 저항 측정 ... 23
2.3 전력 ... 25
- EXERCISE ... 27

CHAPTER 3 　직렬과 병렬회로　29

3.1 　직렬회로　30
3.2 　키르히호프의 전압법칙　31
3.3 　개방회로에서 전압과 전류　32
3.4 　전압분배법칙　33
3.5 　병렬회로　34
3.6 　키르히호프의 전류법칙　35
3.7 　단락회로에서 전압과 전류　36
3.8 　전류분배법칙　37
3.9 　여러 가지 직렬회로 및 병렬회로 문제　38
- EXERCISE　42

CHAPTER 4 　직·병렬회로　45

4.1 　직·병렬회로 해석　46
- EXERCISE　52

CHAPTER 5 　회로망 및 전원의 변환　53

5.1 　$Y-\Delta$ 변환　54
5.2 　전압원과 전류원의 등가 변환　61
5.3 　행렬과 행렬식　64
5.4 　망전류 해석　67
5.5 　마디전압 해석　73
- EXERCISE　82

CHAPTER 6 　회로망 정리　85

6.1 　중첩의 원리　86
6.2 　테브난의 정리　90

6.3 노튼의 정리	94
6.4 밀만의 정리	97
6.5 최대전력전달 정리	100
▪ EXERCISE	104

CHAPTER 7 커패시터와 RC 회로   107

7.1 커패시턴스의 본성	108
7.2 직렬 커패시터 회로	109
7.3 병렬 커패시터 회로	112
7.4 직·병렬 커패시터 회로	115
7.5 직렬 RC 회로에서 과도상태	116
7.6 직·병렬 RC 회로에서 과도상태	128
▪ EXERCISE	132

CHAPTER 8 인덕터와 RL 회로   135

8.1 인덕턴스의 본성	136
8.2 직렬 인덕터 회로	138
8.3 병렬 인덕터 회로	139
8.4 직렬 RL 회로에서 과도상태	140
8.5 직·병렬 RL 회로에서 과도상태	147
▪ EXERCISE	151

CHAPTER 9 교류의 기초   153

9.1 교류 파형	154
9.2 파형의 파라미터	155
9.3 위상	158
9.4 평균치와 실효치	160
9.5 저항 회로	166

9.6 인덕터 회로 168
9.7 커패시터 회로 170
9.8 RL 회로 173
9.9 RC 회로 179
9.10 RLC 회로 183
9.11 전력 삼각형 188
- EXERCISE 190

CHAPTER 10 복소수와 페이저 193

10.1 복소수 194
10.2 복소평면 195
10.3 복소수 연산 197
10.4 페이저 표시법 200
10.5 임피던스의 페이저 표시법 204
10.6 복소전력 208
- EXERCISE 216

CHAPTER 11 교류회로 219

11.1 RL 직렬회로 220
11.2 RC 직렬회로 222
11.3 RLC 직렬회로 224
11.4 전압분배법칙 226
11.5 병렬회로 228
11.6 직·병렬회로 237
11.7 AC 망전류 해석 243
11.8 AC 마디전압 해석 253
- EXERCISE 264

CHAPTER 12　AC 회로망 정리　269

12.1　중첩의 원리　270
12.2　테브난의 정리　275
12.3　노튼의 정리　283
12.4　AC 최대전력전달 정리　287
- EXERCISE　296

CHAPTER 13　상호유도결합회로　299

13.1　상호결합　300
13.2　상호결합회로 해석　302
13.3　변압기　329
- EXERCISE　340

CHAPTER 14　3상 교류회로　345

14.1　단상과 3상　346
14.2　3상 교류발생　346
14.3　3상 전원 결선　348
14.4　평형 및 불평형 3상 회로　356
14.5　3상 회로 전력　377
14.6　전력 측정　383
- EXERCISE　389

CHAPTER 15　비정현파 교류　391

15.1　직교함수　392
15.2　주기함수　393
15.3　푸리에 급수　393
15.4　푸리에 급수의 확장　399

15.5 푸리에 급수의 활용   414

15.6 비정현파 전압 및 전류의 실효치   418

15.7 비정현파 전력   421

15.8 비정현파 전압에 의한 전류   425

- EXERCISE   435

CHAPTER 16   라플라스 변환   439

16.1 상수   440

16.2 1차 함수   441

16.3 2차 함수   441

16.4 지수함수   442

16.5 삼각함수   443

16.6 미분함수   444

16.7 적분함수   445

16.8 $tf(t)$와 $\frac{1}{t}f(t)$꼴 형태   446

16.9 입력신호의 기본함수   449

16.10 시간추이정리   452

16.11 주기함수   454

16.12 역라플라스 변환   455

16.13 초기치 정리와 최종치 정리   458

16.14 s 도메인 회로   461

- EXERCISE   481

CHAPTER 17   필터 및 공진회로   485

17.1 필터 및 공진의 개요   486

17.2 저역통과 필터   486

17.3 고역통과 필터   490

17.4 RLC 직렬공진회로   493

17.5 대역통과 필터로서 RLC 직렬회로   499

17.6 RLC 병렬공진회로 — 506

17.7 대역통과 필터로서 RLC 병렬회로 — 509

17.8 RLC 직·병렬공진회로 — 512

- EXERCISE — 520

CHAPTER 18　2단자 회로망 — 523

18.1 2단자 회로망의 개요 — 524

18.2 2단자 회로망 합성 — 524

18.3 쌍대회로 — 552

18.4 역회로와 정저항 회로 — 553

- EXERCISE — 559

CHAPTER 19　4단자 회로망 — 563

19.1 4단자 회로망의 개요 — 564

19.2 임피던스 파라미터 — 564

19.3 어드미턴스 파라미터 — 573

19.4 하이브리드 파라미터 — 583

19.5 g 파라미터 — 586

19.6 전송 파라미터(4단자 정수) — 588

19.7 4단자망의 종속접속 — 598

19.8 파라미터의 상호관계 — 601

19.9 영상 파라미터 — 604

- EXERCISE — 614

CHAPTER 20　분포정수회로 — 619

20.1 분포정수회로의 개요 — 620

20.2 분포정수회로의 기초방정식 — 620

20.3 분포정수회로의 특성 — 625

20.4 단자조건을 고려한 단자전압, 단자전류 631
20.5 개방회로와 단락회로 642
20.6 직렬 임피던스 및 병렬 어드미턴스 측정 647
20.7 반사계수와 정재파비 649
- EXERCISE 654

APPENDIX 657

부록 A. 물리정수 658
부록 B. 접두사 658
부록 C. 수학공식 659

해답 669

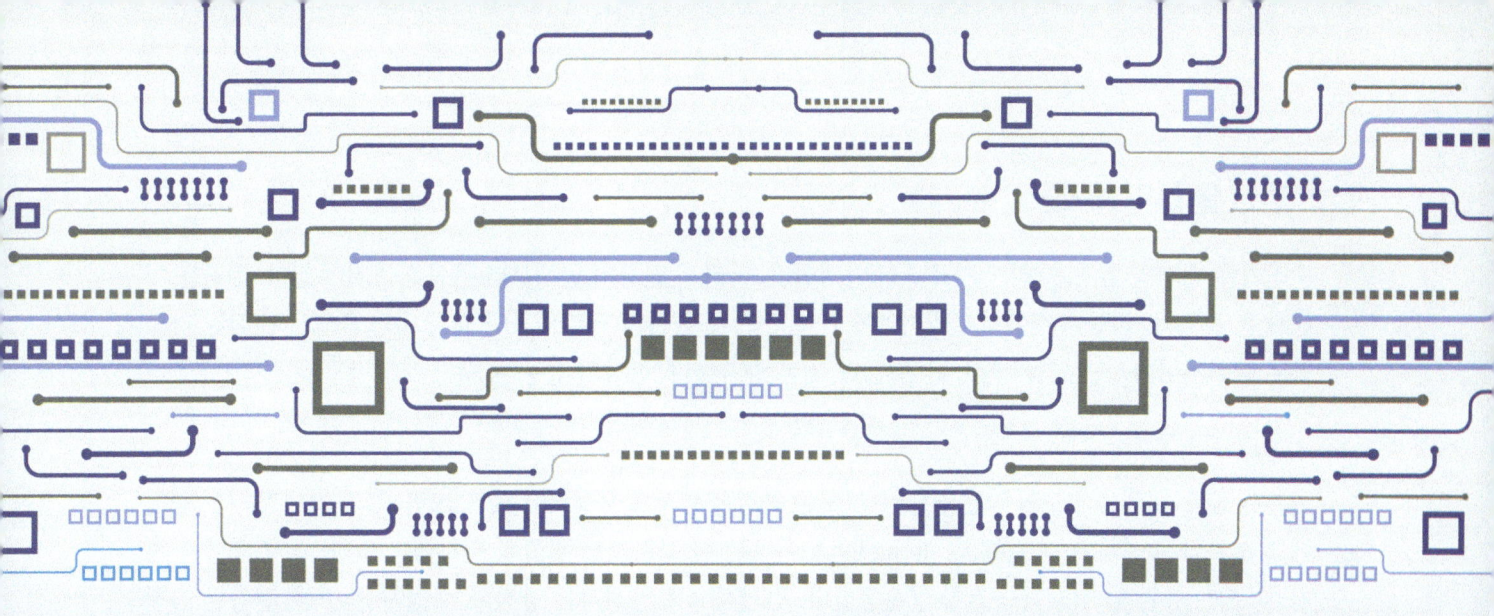

CHAPTER 1

전기의 본성

1.1 물질의 구조

1.2 물질의 전기적 분류

1.3 전류

1.4 전압

1.5 저항

1.6 전류의 방향

1.7 직류와 교류

EXERCISE

1.1 물질의 구조

전기는 대전된 입자, 특히 전자로부터 발생한다. 따라서 전자의 발생부터 관심을 가져야 한다. 전자는 어디서 온 것일까? 라는 본질에서 출발하여야 한다. 전자는 물질의 기본 입자인 원자 내의 음으로 대전된 가장 작은 단위체이다. 즉 전기의 최소 단위체, 즉 기본 양자이다. 전자의 질량(m)은

$$m_e = 9.1 \times 10^{-31} \, \text{kg}$$

이는 상상할 수 없을 정도의 작은 질량이다. 모든 물질은 원자로 구성되어 있고, 그림 1.1과 같이 원자의 중심에 양성자와 중성자가 강력(强力, strong force)이라는 힘으로 서로 결합된 원자핵이 있다. 그 주위에 전자가 원 또는 타원 형태의 궤도를 따라 운동한다. 전기적으로 양성자는 양전하, 중성자는 중성, 전자는 음전하를 가지고 있다. 양성자와 전자는 다음과 같이 같은 전하량(q)을 가지며, 서로 부호가 반대인 입자이다.

$$q = 1.602 \times 10^{-19} \, \text{C}$$

전하량의 단위는 **쿨롱**(Coulomb, C)이다. 양성자와 전자는 원자 내에서 같은 수로 존재하기 때문에 원자는 중성이 된다. 전자의 원천은 원자이다. 모든 전자는 원자에서 온다.

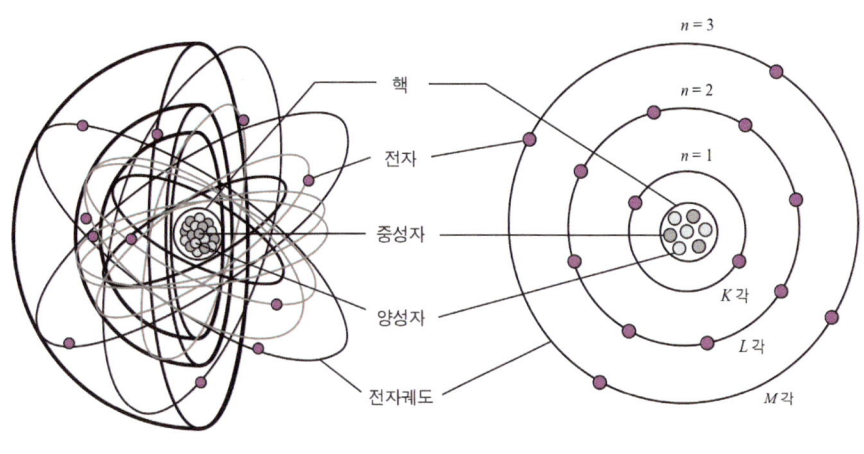

그림 1.1

그림 1.1에 나타낸 바와 같이 전자는 K각, L각, M각……이라고 하는 불연속적인 여러 껍질에서 존재한다. 이러한 불연속인 껍질을 **에너지 준위**라고 한다. 각 껍질에 존재하는 전자수는 $2n^2$에 따른다. 여기서 n은 양자수(量子數, quantum number)라고 하며, 1, 2, 3,………와 같이 양의 정수이다. 따라서 K각에는 2개, L각에는 8개, M각에는 18개의 전자가 들어갈 수 있다. 껍질에서 가장 바깥 껍질에 있는 전자를 최외각 전자라고 하며, 최외각 전자수는 주기율표에서 주족(A족)의 번호, 즉 족번호와 일치한다. 물질에서는 최외각 전자수가 중요한 역할을 한다. 이는 물질을 형성하기 위해서 원자 간에 결합에 관계되기 때문이다.

EXAMPLE 1-1

(a) 규소의 원자번호는 14이다. 원자핵 속의 양성자는 몇 개인가?

(b) 개개의 껍질에 있는 전자는 몇 개인가?

SOLUTION

(a) 4족 원소로 14개

(b) K 껍질에 2개, L 껍질에 8개, M 껍질에 4개

1.2 물질의 전기적 분류

물질은 전기 전도도의 정도에 따라 도체, 반도체, 절연체로 나뉜다. 물질의 전도도는 전자가 존재할 수 있는 상태밀도를 나타낸 에너지 밴드의 금지대 폭에 따라 분류된다. 도체(導體, conductor)는 금지대가 존재하지 않는 관계로 원자로부터 떨어져 나온 자유전자가 원자밀도(근사적으로 $\sim 10^{22}\,cm^{-3}$) 만큼 존재하여 전기가 잘 통하는 물질이다. 금속은 전부 도체에 속한다. 반면에 절연체(絕緣體, insulator)는 금지대 폭이 아주 큰 것으로 원자에 속하는 전자가 원자핵에 강하게 결합되어 자유전자가 거의 존재하지 않는 물질이다. 우리 주위에 볼 수 있는 많은 것들이 여기에 속한다. 반도체(半導體, semiconductor)는 금속과 절연체의 중간 정도의 물질로서 외부적 요인으로부터 자유전자를 자유롭게 조절 가능한 물질이다. 즉 빛을 조사하거나, 열을 가하거나, 특정한 불순물을 첨가하여 자유전자를 쉽게 생성시킬 수 있는 물질이다. Si, GaAs 등이 대표적 반도체이다.

EXAMPLE 1-2

우리 주위의 대표적인 도체, 반도체, 절연체의 예를 들어라.

SOLUTION

- 도체: 은, 구리, 금, 알루미늄 (전도율 관점에서 4대 원소) 등
- 반도체: 실리콘, 게르마늄, 갈륨비소 등
- 절연체: 종이, 유리, 고무, 비닐 등

1.3 전류

전류(電流, current)는 하전입자의 흐름이다. 하전입자로서는 전자가 대표적이고, 이온(ion)도 포함된다. 어떤 물질이건 하전입자의 흐름이 있다면 전류가 흐른다. 그러나 하전입자가 무질서하게 운동하여 평균적인 이동 거리가 없다면 전류는 흐르지 않는다. 마치 동전 속에 수많은 자유전자가 무질서한 열운동으로 이동 거리가 0이 되어 전류가 흐르지 않는 것과 같은 이유이다. 그러나 어떤 점에서 어떤 점까지 전하의 실질적인 이동이 있을 때 전류는 존재한다. 이때 단위 시간당 어떤 점을 지나는 전하량의 비율로 전류를 정의한

다. 즉

$$I = \frac{q}{t} \tag{1.1}$$

전류의 단위는 암페어(ampere, A)이며, 이는 프랑스 물리학자 Andre Ampere의 이름에서 따온 것이다.

EXAMPLE 1-3

구리선에 5분 동안 10A의 전류가 흐른다면 전달된 전하량을 구하라.

SOLUTION

구리선의 단면적을 통과한 전하량이므로 전류에 어떤 시간 간격을 곱하면 된다.

$$q = it = (10\,\text{A})(5 \times 60\,\text{s}) = 3 \times 10^3\,\text{C}$$

EXAMPLE 1-4

어떤 건전지에 800 mAh라고 표시되어있다. 건전지 내에 전자의 수를 계산하라.

SOLUTION

$$q = it = (800 \times 10^{-3}\,\text{A})(3600\,\text{s}) = 2.88 \times 10^3\,\text{C}$$

전자 한 개의 전하량은 $e = 1.602 \times 10^{-19}\,\text{C}$ 이므로

$$(2.88 \times 10^3\,\text{C})\left(\frac{e}{1.602 \times 10^{-19}\,\text{C}}\right) = 1.8 \times 10^{22}\,\text{개의 전자}$$

EXAMPLE 1-5

구리선에 50 mA의 전류가 흐른다고 가정하자.
(a) 2초 동안 구리선의 어떤 점을 지나는 전하량을 계산하라.
(b) 그때 전자의 수를 계산하라.

SOLUTION

(a) $q = it = (50 \times 10^{-3}\,\text{A})(2\,\text{s}) = 0.1\,\text{C}$

(b) 전자 한 개의 전하량은 $e = 1.602 \times 10^{-19}\,\text{C}$ 이므로

$$(0.1\,\text{C})\left(\frac{e}{1.602 \times 10^{-19}\,\text{C}}\right) = 6.24 \times 10^{17}\,\text{개의 전자}$$

1.4 전압

도체에 전류가 흐른다는 것은 전하가 이동한다는 것인데, 그렇다면 전하를 이동시키기 위해서는 힘이 필요하다. 이 힘이 바로 **기전력**(起電力, electromotive force, emf)이다. 기전력을 가지고 있는 대표적인 장

치가 배터리(battery), 즉 전압원(voltage source)이다. 배터리의 한쪽은 전자가 풍부한 음전극 봉이고, 다른 한쪽은 전자가 부족한 양전극 봉이다. 양전극 봉과 음전극 봉을 도선으로 연결해보자. 도체 속에는 자유전자가 풍부하기 때문에 음전극 봉은 척력으로 도체 속의 전자를 움직이게 한다. 그와 동시에 양전극 봉에서 도선 속의 전자를 인력으로 끌어당긴다. 양전극 봉에 도달한 전자는 다시 배터리 내부에서 화학적 작용으로 음전극 봉으로 이동하고, 음전극 봉은 전자를 도선으로 밀어내어 일정한 전류가 유지된다. 음전극 봉의 전자가 더 풍부하고, 양전극 봉의 전자가 더 부족하면 기전력은 더 커지게 된다. 기전력의 단위는 **볼트**(volt, V)이며, 이탈리아 물리학자 Alessandra Volta의 이름에서 따온 것이다.

EXAMPLE 1-6

어떤 무선 충전 배터리에 10000 mAh라고 표시되어있다. 200 mA를 얼마동안 공급할 수 있는 전하량인가?

SOLUTION

$$q = it, \quad t = \frac{q}{i} = \frac{10000 \text{ mAh}}{200 \text{ mA}} = 50 \text{ h}$$

1.5 저항

물체에서 움직이는 전자는 아무 저항도 받지 않고 이동할 수 있을까? 초전도체를 제외하고는 전자는 이동할 때 원자의 열진동, 불순물로 인한 격자왜형 등으로 충돌이 일어나 이리저리 산란(scattering)하게 된다. 물체의 저항은 자유롭게 운동하는 자유전자수와 이동하기 쉬운 정도를 나타내는 이동도에 의해 정해진다. 산란을 많이 하면 할수록 전자는 이동하기 어려우므로 이동도가 작아져서 저항은 커지게 된다. 이와 같이 전자수와 이동도로 정해지는 저항을 **비저항**(比抵抗, resistivity)이라고 한다. 비저항은 물체의 고유성질로서 같은 비저항을 가지는 물체라도 형태에 따라 저항은 달라진다. 즉 저항은 길이에 비례하고, 단면적에 반비례한다. 금속은 자유전자가 아주 많아서 저항이 작으며 완전도체는 저항이 0이다. 반면에 절연체는 자유전자가 아주 적어 큰 저항을 가지며, 완전 절연체는 무한대의 저항을 가진다. 저항은 재료에 따라 구조에 따라 변하기 때문에 다양한 저항체가 있을 수 있다.

저항의 단위는 옴(Ohm, Ω)이며, 독일 물리학자 Georg Ohm의 이름에서 따온 것이다.

EXAMPLE 1-7

어떤 도체의 길이가 10 cm일 때 저항이 5Ω이었다면 1 m 길이의 저항을 구하라.

SOLUTION

〈해법 1〉

저항은 길이에 비례한다. 그 비례상수를 k라고 하자.

$$R \propto l, \quad R = kl$$
$$5 \text{ Ω} = k(10 \text{ cm}) \quad \therefore k = 0.5 \text{ Ω/cm}$$

$$R_{1m} = k(100 \text{ cm}) = (0.5 \text{ }\Omega/\text{cm})(100 \text{ cm}) = 50 \text{ }\Omega$$

〈해법 2〉

옴법칙에 따라 저항 $R = \rho \dfrac{l}{S}$

$$R_{10cm} = \rho \dfrac{10 \text{ cm}}{S} = 5 \text{ }\Omega$$

$$R_{1m} = \rho \dfrac{1 \text{ m}}{S} = \rho \dfrac{100 \text{ cm}}{S} = ?$$

두 식으로부터

$$\dfrac{10}{100} = \dfrac{5}{?} \quad \therefore ? = 50 \text{ }\Omega$$

1.6 전류의 방향

1.4절의 내용을 기반으로 전류의 방향은 그림 1.2와 같이 나타낼 수 있다. 그림 1.2의 회로에서 배터리의 음극과 양극 사이에는 도선, 저항, 도선으로 구성되고, 배터리는 전기장을 만든다. 전기장 내에서 도선의 자유전자들은 양극 쪽으로 힘을 받게 되므로 전류는 전자의 이동 방향과 반대 방향으로 흐르게 된다. 결과적으로 전류의 방향은 배터리 심볼에서 음극에서 양극 쪽으로 향한다.

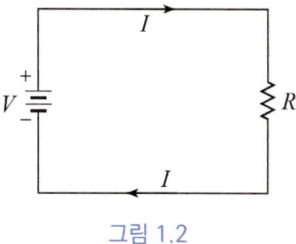

그림 1.2

1.7 직류와 교류

그림 1.3(a)와 같이 **직류**(直流, direct current, dc)는 한 방향으로만 흐르는 전류이다. 전기에는 전류의 흐름 방향이 두 가지가 있는데, 가령 도체에서 왼쪽에서 오른쪽으로 흐른다든지, 아니면 오른쪽에서 왼쪽으로만 흐른다든지 시간에 따라 그 방향이 어느 하나로 고정되어있는 것이 직류이다. 밧테리는 어느 한 방향

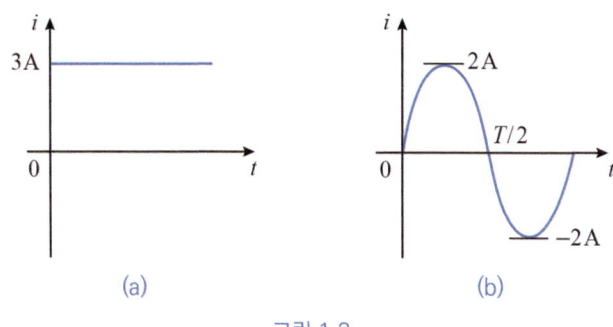

그림 1.3

으로 직류를 흘리는 직류 전압 소스라고 할 수 있다.

그림 1.3(b)와 같이 **교류**(交流, alternating current, ac)는 시간에 따라 주기적으로 크기와 방향이 바뀌는 것을 말한다. 예컨대, 사인곡선이 대표적인 교류 파형이다. 직류와 교류가 섞일 수도 있다. 또 분리할 수도 있다. 높은 직류에 작은 교류가 섞여서 시간에 따라 크기는 변하지만 방향이 변하지 않는다면 이때는 교류 성분이 포함된 직류에 해당한다. 이때 교류를 **맥류**(脈流, pulsating current, ripple)라고 한다. 반대로 높은 교류에 작은 직류성분이 섞여 있으면 크기와 방향이 변하게 된다. 그러나 직류가 포함된 교류는 차후에 다룰 평균치가 0이 되지 않게 된다.

EXAMPLE 1-8

직류를 공급하는 건전지와 직류공급 전원장치의 차이를 직류변동 관점에서 설명하라.

SOLUTION

건전지는 맥류성분이 없는 완전한 직류공급원이며, 직류공급 전원장치는 정류회로, 평활회로, IC 전압 조정회로 등의 복잡한 전자회로로 되어 있기 때문에 필연적으로 맥류를 포함하지 않을 수가 없다. 직류에 맥류성분이 포함된 정도를 맥동률이라고 하는데, 즉 맥동률 $= (rms$ 맥동 전압/직류 전압$) \times 100\%$ 가 전원장치에서는 0이 될 수 없다.

EXERCISE

1.1 구리의 원자번호는 29이다. 원자핵 속의 양성자는 몇 개인가?

1.2 구리 원자에서 개개의 껍질에 있는 전자는 몇 개인가?

1.3 게르마늄 원자의 양성자 수는 32개이다. 전자는 몇 개인가?

1.4 탄소 동소체에는 3종류가 있다. 즉 흑연, 다이아몬드, buckyball(buckminsterfullerene)은 도체인가? 반도체인가? 절연체인가?

1.5 5 A의 전류가 2분 동안 흘렀을 때 이동된 전하량을 구하라.

1.6 무선 충전 배터리에 1000 mAh라고 표시되어 있다. 1시간 동안 얼마의 전하를 공급할 수 있는가?

1.7 0.24 C의 전하량이 15 ms 동안 이동되었다면 그때 흐른 전류는 얼마인가?

1.8 금속에서 저항이 생기는 이유는 무엇인가?

1.9 단면적이 1 mm², 길이가 1 m인 구리선의 저항이 20°C에서 1/58 Ω 일 때 구리의 비저항을 구하라.

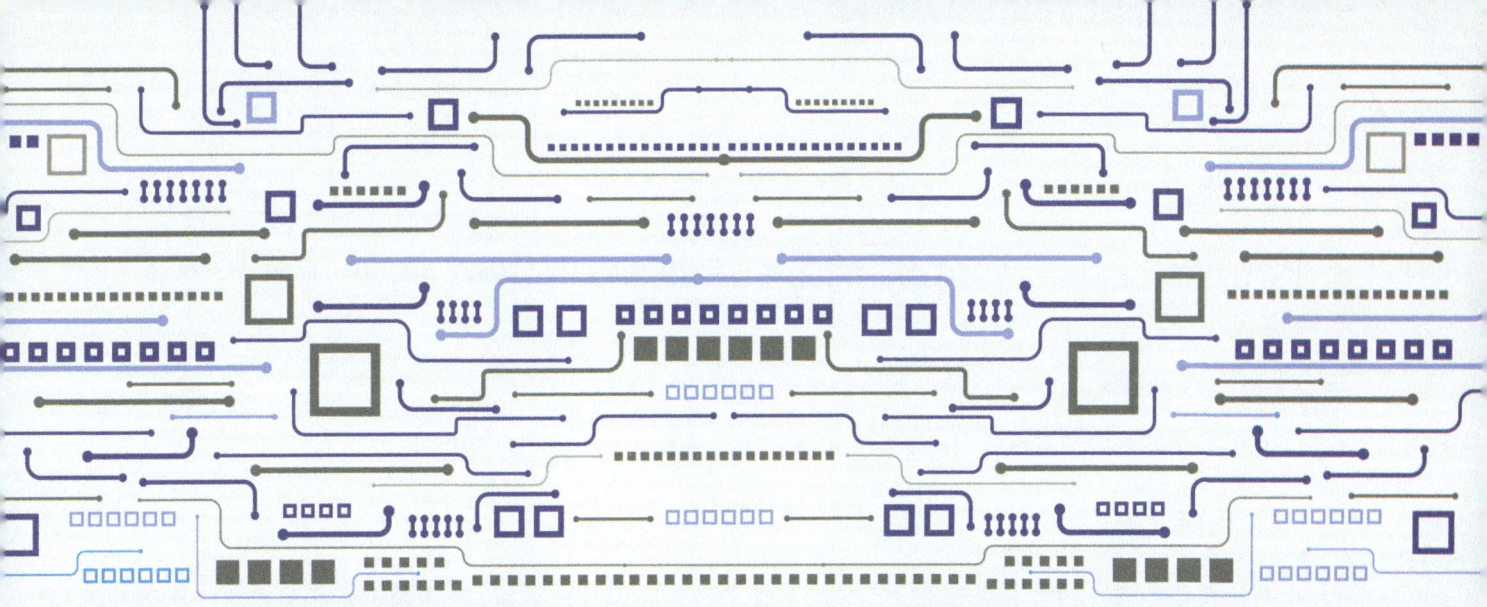

CHAPTER

전기회로의 선수 기초관계

2.1 옴법칙
2.2 전압, 전류, 저항 측정
2.3 전력
EXERCISE

2.1 옴법칙

옴법칙(Ohm's law)은 1785년에 Ohm이 발견한 법칙으로 전압(V), 전류(I), 저항(R) 사이에 다음의 관계를 말한다.

$$V = RI \tag{2.1}$$

여기서 R은 V와 I 사이의 비례상수로 저항이라고 하며, V와 I의 비로 구한다.

$$R = \frac{V}{I} \tag{2.1-1}$$

저항 R을 가지는 어떤 물질의 양단에 전압 V를 인가할 때 흐르는 전류 I는 식 (2.1)을 이용해서 다음과 같이 구한다.

$$I = \frac{V}{R} \tag{2.1-2}$$

전압을 인가하면 전류가 흐른다. 이때 전류가 통과하는 저항에 따라서 전류는 다르다. 저항이 클수록 전류는 작으며, 저항이 작을수록 전류는 잘 흐르게 된다. 전압과 전류 사이 관계는 그림 2.1에 나타낸 것과 같이 선형이며, 직선의 기울기의 역수가 바로 저항이다. 따라서 옴법칙을 따르는 물질의 저항은 전압과 전류가 어떻게 변하든 변하지 않는 상수이다.

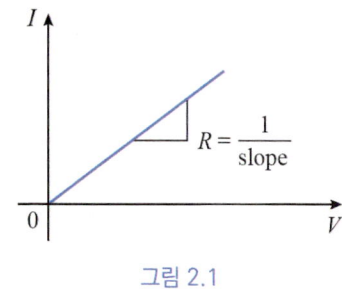

그림 2.1

EXAMPLE 2-1

5 kΩ의 저항체에 10 V의 전압을 인가할 때 흐르는 전류를 구하라.

SOLUTION

5 kΩ의 저항체에 전기적 압력으로 10 V로 가하면 전자가 저항체를 통과하게 된다. 따라서 어떤 값의 전류가 흐르게 된다. 그때의 전류 I는

$$I = \frac{V}{R} = \frac{10 \text{ V}}{5 \text{ k}\Omega} = 2 \text{ A}$$

EXAMPLE 2-2

어떤 저항체에 10 mA의 전류를 흘렸더니 저항 양단의 전압이 1.5 V가 측정되었다. 저항값을 구하라.

SOLUTION

어떤 저항체에 전기적 압력으로 1.5 V로 가하면 전류가 10 mA 흐르게 된다. 그렇다면 저항체의 저항 R은

$$R = \frac{V}{I} = \frac{15 \text{ V}}{10 \text{ mA}} = 1.5 \text{ k}\Omega$$

2.2 전압, 전류, 저항 측정

저항에 걸리는 전압을 측정하고자 할 때는 전압계를 사용하여야 한다. 이때 전압계의 단자(빨간 단자와 검은 단자)를 그림 2.2에 나타낸 것과 같이 저항 양단에 접속시켜야 한다. 즉 저항과 전압계는 병렬로 결선한다. 전압계의 내부저항이 매우 크기 때문에 전류는 전압계로 흐르지 않는다.

회로에 흐르는 전류를 측정하고자 할 때는 전류계를 사용하여 한다. 이때 전류계의 리드를 그림 2.3에 나타낸 것과 같이 회로에 직렬로 결선한다. 전류계의 내부저항은 매우 작기 때문에 전류흐름에 영향을 미치지 못한다.

저항은 옴미터로 측정하되, 전류가 흐르는 회로 상에서 측정하는 것은 옳지 않다. 저항은 직접 측정할 수도 있지만 고체저항기(카본 솔리드 저항기)에 칼라 밴드가 그려져 있다. 그림 2.4와 같

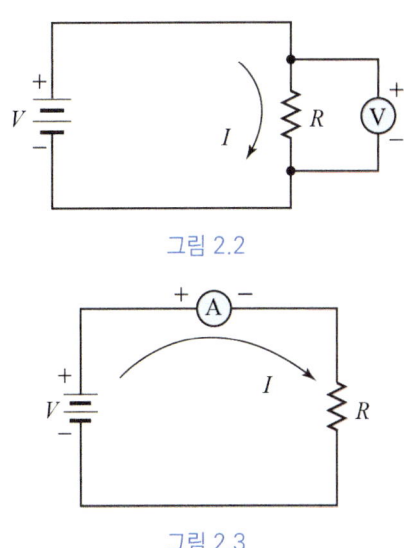

그림 2.2

그림 2.3

은 칼라 밴드의 코드 읽는 법을 기억한다면 계측기 없이도 저항값을 알 수 있다. 각종 저항기의 저항값은 저항기 표면에 직접 표시하는 경우도 있고, 부피가 작은 탄소 솔리드 저항기 등은 색깔을 가지는 띠(밴드)로 부호화하기도 한다. 즉 **칼라 코드**는 4-밴드와 5-밴드로 표시한다. 탄소 저항기의 저항값은 코팅 표면에 칼라 코드로 표시하는데 4-밴드의 경우 첫 번째 띠는 최상위 숫자(MSD), 두 번째 띠는 최하위 숫자(LSD), 세 번째 띠는 10의 승수, 네 번째 띠는 오차를 나타낸다. 칼라별 숫자는 표 1.1, 칼라별 오차는 표 1.2에 나타냈다. 오차를 색이 아니고 F, G, J, K와 같이 알파벳으로 나타내는 경우도 있다. 가령 코팅면에 2802F라고 적혀있다면 이것의 저항은 $28 \times 10^2 = 2.8\,\mathrm{k\Omega}$ (오차 ±1%), 28R7이라고 적혀있다면 28.7 Ω이다.

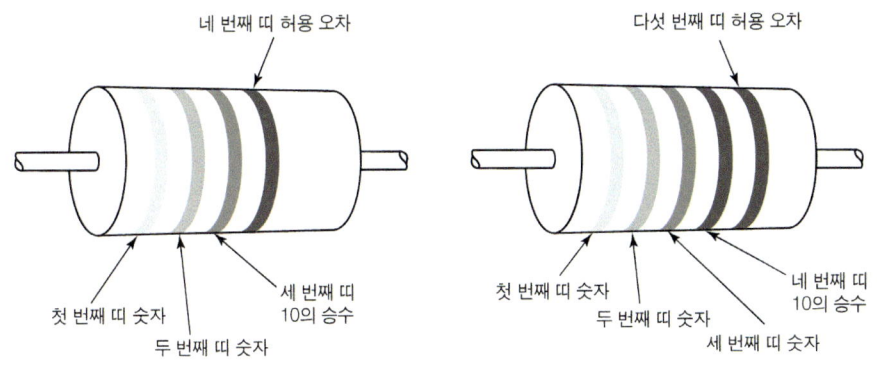

그림 2.4

표 1.1

띠색깔	흑 (black)	갈 (brown)	적 (red)	등 (orange)	황 (yellow)	록 (green)	청 (blue)	자 (violet)	회 (gray)	백 (white)
숫자	0	1	2	3	4	5	6	7	8	9

표 1.2

띠색깔	갈 (brown)	적 (red)	금 (gold)	은 (silver)	무 (none)	F	G	J	K
오차(±%)	1	2	5	10	20	1	2	5	10

예를 들어 솔리드 저항기가 표 1.3과 같은 칼라 코드를 가진다고 하자.

표 1.3

띠	첫 번째	두 번째	세 번째	네 번째
색깔	적색	자색	황색	금색
저항(R)	2	7	10^3	±5%

저항값은 $27 \times 10^3 \ \Omega = 270 \ \text{k}\Omega$, 허용차 ±5%가 된다. 저항값을 나타낼 때는 $\Omega, \text{k}\Omega, \text{M}\Omega, \text{G}\Omega, \text{T}\Omega$ 등의 단위를 적절히 사용해야 한다.

한편 저항에는 **정격전력**(定格電力, power rating) 값이 표시되어 있다. 저항기에 전류를 흘리면 열이 발생한다. 저항기는 이 열을 소모할 수 있어야 한다. 정격전력이 너무 낮다면 파괴적인 온도상승을 막을 만큼 급속 열을 소모할 수 없다.

계측기에는 전압만을, 전류만을, 저항만을 따로 측정하는 계측기가 있지만 요즘은 그림 2.5와 유사한 디지털 형태의 DMM(digital multimeter)을 사용한다. 이때 주의해야 할 점은 함수선택기(전압, 전류, 저항)를 올바르게 선택하여야 한다. 예컨대 전압을 측정하는데, 함수선택기에는 전류나 저항으로 되어 있다든지 할 경우 고장의 원인이 될 수 있다.

그림 2.5

EXAMPLE 2-3

다음과 같은 칼라 코드에 대응하는 저항의 범위를 읽어라.

(a) 자색, 등색, 적색, 은색 (b) 적색, 녹색, 황색, 금색 (c) 청색, 흑색, 회색, 갈색

SOLUTION

(a) $73 \times 10^2 \pm 10\% = 7.3\,\mathrm{k\Omega} \pm 10\% = 7.3\,\mathrm{k\Omega} \pm 0.73\,\mathrm{k\Omega} = 6.57\,\mathrm{k\Omega} \sim 8.03\,\mathrm{k\Omega}$

(b) $25 \times 10^4 \pm 5\% = 250\,\mathrm{k\Omega} \pm 5\% = 250\,\mathrm{k\Omega} \pm 12.5\,\mathrm{k\Omega} = 237.5\,\mathrm{k\Omega} \sim 262.5\,\mathrm{k\Omega}$

(c) $60 \times 10^1 \pm 1\% = 600\,\Omega \pm 1\% = 600\,\Omega \pm 6\,\Omega = 594\,\Omega \sim 606\,\Omega$

EXAMPLE 2-4

다음의 저항값에 대한 칼라 코드를 쓰라.

(a) $39\,\mathrm{k\Omega} \pm 1\%$ (b) $390\,\Omega \pm 10\%$ (c) $1.5\,\mathrm{M\Omega} \pm 5\%$

SOLUTION

(a) 등색, 백색, 등색, 갈색   (b) 적색, 자색, 녹색, 은색   (c) 갈색, 녹색, 녹색, 금색

2.3 전력

전력(電力, electric power)이란 단위 시간당 전기가 하는 일이다. 그렇다면 일은 뭔가? 중력, 전기력, 자기력 등과 같이 역학적 수단에 의한 에너지 이동량이다. 일과 에너지의 단위는 같으며, SI 단위계에서 주울(J)이다. 주울하면 또 열을 생각하게 되는데, 열은 온도차에 의한 에너지 이동량이다. 열은 전기에서 중요한 요소이다. 전류가 흐르는 곳에는 열이 발생한다. 즉 전기에너지가 열에너지로 변환되는 것이다. 전기가 일을 하게 된다는 것이다.

임의의 저항 R을 갖는 전열선에 전압 V를 인가할 때 전류 I가 흐른다면 전기에너지가 열에너지로 바뀐다. 이때 단위 시간당 전기가 한 일, 즉 전력 P는

$$P = VI \tag{2.2}$$

이 식에 옴법칙, $V = RI$를 적용하면 전력 P는

$$P = VI = (RI)I = I^2 R \tag{2.2-1}$$

또 식 (2.2-1)에 $I = V/R$를 대입하면 전력 P는

$$P = VI = V\left(\frac{V}{R}\right) = \frac{V^2}{R} \tag{2.2-2}$$

저항에는 식 (2.2-1), (2.2-2)를 모두 적용할 수 있다. 그러나 회로요소가 인덕터(L)이나 커패시터(C)가 결합된 회로에서는 식 (2.2)를 바로 사용할 수 없다. 이것에 대해서는 9장에서 다룬다.

전력의 단위는 **와트**(watt, W)이다. 이것은 1초당 전기가 하는 일로서 에너지 소비율이다. 그러나 가정이나 공장에서 주로 사용되는 전력의 단위는 **킬로와트**(kilowatt, $\mathrm{kW} = 1000\,\mathrm{W}$)를 사용한다. $1\,\mathrm{kW}$ 에너지율로 1시간당 전기가 하는 일의 양은 $1\,\mathrm{kWh}$(kilowatt-hour)이다.

$$\text{일(에너지)} = \text{전력} \times \text{시간}, \qquad W(\mathrm{kWh}) = P(\mathrm{kW}) \times t(\mathrm{h}) \tag{2.3}$$

EXAMPLE 2-5

24.2 Ω의 저항에 220 V의 전압을 인가한다. 저항에 소비하는 전력을 식 (2.2), (2.2-1), (2.2-2)를 이용하여 계산하라. 전력이 서로 같은지를 확인하라.

SOLUTION

옴법칙에 따라 저항에 흐르는 전류는

$$I = \frac{V}{R} = \frac{220 \text{ V}}{24.2 \text{ Ω}} = 9.09 \text{ A}$$

옴법칙을 이용하여 전력 P를 세 가지 공식으로 구할 수 있다.

$$P = VI = (220 \text{ V})(9.09 \text{ A}) = 2 \text{ kW}$$
$$P = I^2 R = (9.09 \text{ A})^2 (24.2 \text{ Ω}) = 2 \text{ kW}$$
$$P = \frac{V^2}{R} = \frac{(220 \text{ V})^2}{24.2 \text{ Ω}} = 2 \text{ kW}$$

모두 동일한 값들이다.

EXAMPLE 2-6

100 Ω의 저항기가 1 W의 정격을 가지고 있다. 정격을 초과하지 않는 범위에서 저항기에 흘릴 수 있는 최대전류를 구하라.

SOLUTION

$$P = I^2 R \leq 1 \text{ W}$$
$$I^2 (100 \text{ Ω}) \leq 1 \text{ W}$$
$$I^2 \leq 0.01 \text{ (W/Ω)}$$
$$I \leq 0.1 \text{ A} = 100 \text{ mA}$$

EXAMPLE 2-7

A발전사가 100 원/kWh으로 전력을 공급한다고 하자. 155 W TV 3시간, 2.1 kW 헤어드라이 10분, 45 W 형광등 6개를 5시간 사용할 때 전체 비용을 구하라.

SOLUTION

- 155 W TV 3시간: $(0.155 \text{ kW})(3 \text{ h}) = 0.365 \text{ kWh}$
- 2.1 kW 헤어드라이 10분: $(2.1 \text{ kW})(1/6 \text{ h}) = 0.35 \text{ kWh}$
- 45 W 형광등 6개 5시간: $(6)(0.045 \text{ kW})(5 \text{ h}) = 1.35 \text{ kWh}$
- 전체 에너지 소비량 = $0.365 \text{ kWh} + 0.35 \text{ kWh} + 1.35 \text{ kWh} = 2.065 \text{ kWh}$

∴ 전체 비용 = $(2.065 \text{ kWh})(100 \text{ 원/kWh}) = 206.5 \text{ 원}$

EXERCISE

2.1 어떤 저항체에 20 V의 전압을 인가할 때 0.8 A의 전류가 흐른다면 저항체의 저항을 구하라.

2.2 2 kΩ의 저항체에 20 mA의 전류가 흐르게 하려면 저항체 양단에 인가해야 할 전압을 구하라.

2.3 2 kΩ의 저항체에 걸리는 전압이 6 V일 때 3초 동안 저항체를 통과하는 전하량을 구하라.

2.4 전기회로에서 전류계는 왜 직렬로 연결해야만 하는가? 만약 병렬로 연결한다면 어떤 현상이 생기는가?

2.5 전기회로에서 전압계는 왜 병렬로 연결해야만 하는가? 만약 직렬로 연결한다면 어떤 현상이 생기는가?

2.6 다음과 같은 칼라 코드에 대응하는 저항의 범위를 읽어라.

(a) 자색, 등색, 황색, 금색

(b) 적색, 녹색, 갈색, 은색

2.7 1 W의 정격을 가지는 270 Ω의 저항체에 인가할 수 있는 최대전압을 구하라.

2.8 어떤 저항체의 정격이 2 W이고, 전류를 20 mA를 흘리려고 한다. 최대저항을 구하라.

2.9 다음의 저항값에 대한 칼라 코드를 쓰라.

(a) 2.2 kΩ ± 5%

(b) 100 kΩ ± 10%

2.10 15 V 배터리가 10분 동안 2 A 전류를 공급한다. 이 시간 동안 공급된 에너지를 구하라.

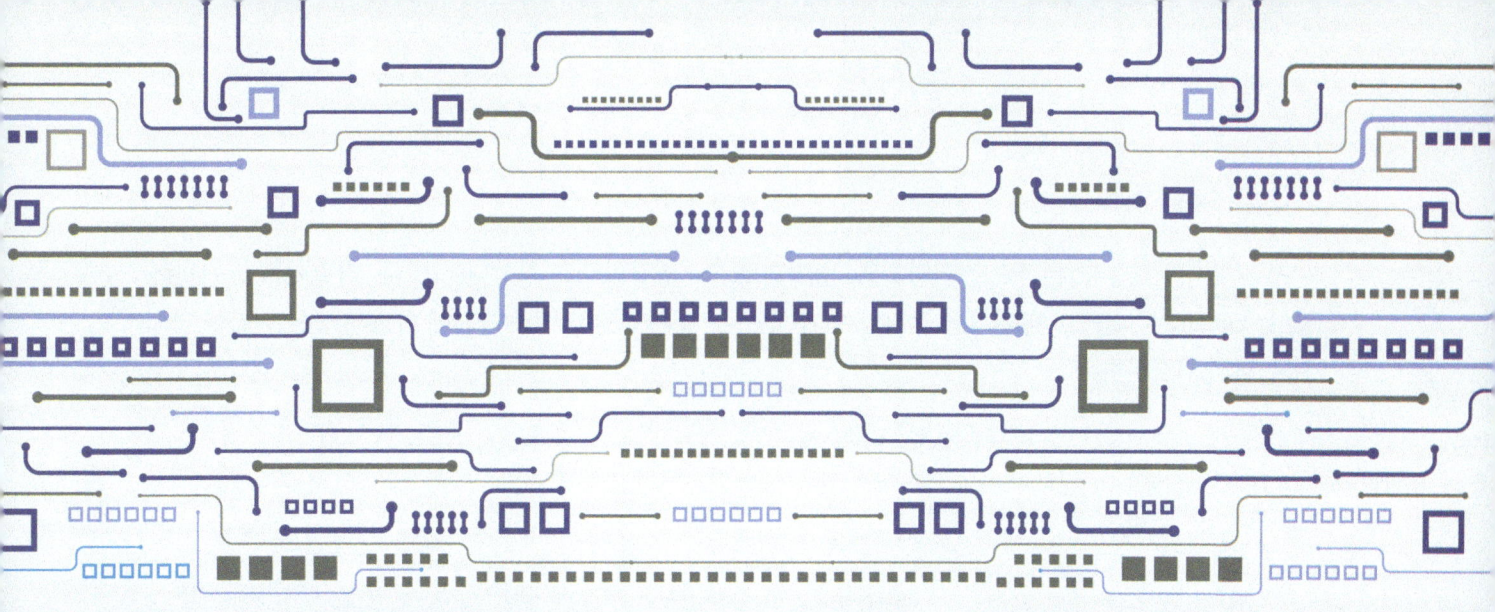

CHAPTER 3

직렬과 병렬회로

3.1 직렬회로
3.2 키르히호프의 전압법칙
3.3 개방회로에서 전압과 전류
3.4 전압분배법칙
3.5 병렬회로
3.6 키르히호프의 전류법칙
3.7 단락회로에서 전압과 전류
3.8 전류분배법칙
3.9 여러 가지 직렬회로 및 병렬회로 문제
EXERCISE

3.1 직렬회로

모든 전기회로는 기본적으로 직렬회로, 병렬회로, 직·병렬회로로 구성되어 있다. **직렬회로**(直列回路, series circuit)는 그림 3.1에 나타낸 것처럼 두 부품 사이 혹은 전원과 부품 사이에 하나의 공통 단자를 가지고 연결된 회로이다.[1]

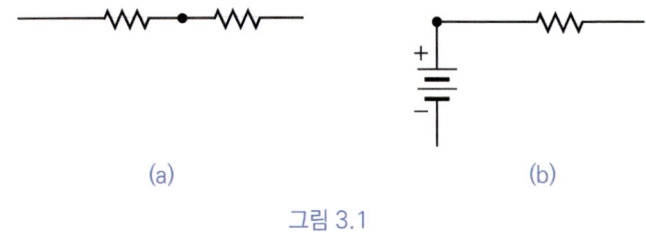

그림 3.1

여러 저항이 직렬로 연결되었을 때 각 저항에 흐르는 전류는 동일하며, 각 저항에 걸리는 전압은 다르다. 따라서

$$V = V_1 + V_2 + V_3 + \cdots \tag{3.1}$$

이때 각 저항에 걸리는 전압은 다음과 같다.

$$V_1 = R_1 I, \ V_2 = R_2 I, \ V_3 = R_3 I, \ \cdots \tag{3.2}$$

각 저항에 걸리는 전압의 합은

$$\begin{aligned} V = V_1 + V_2 + V_3 + \cdots &= R_1 I + R_2 I + R_3 I + \cdots \\ &= (R_1 + R_2 + R_3 + \cdots) I \end{aligned} \tag{3.3}$$

$$\frac{V}{I} = (R_1 + R_2 + R_3 + \cdots) \tag{3.3-1}$$

따라서 직렬회로에서 전체 저항 R은 각 저항의 합으로 나타난다.

$$R = R_1 + R_2 + R_3 + \cdots \tag{3.4}$$

직렬회로에서 전체 저항은 회로를 구성하는 저항 중에서 가장 큰 저항보다도 크다.

---

[1] 오로지 하나의 지로(支路, branch)만으로 되어 있는 회로

EXAMPLE 3-1

그림 3.2의 회로에서

(a) 전체 저항과 회로에 흐르는 전류를 계산하라.
(b) 각 저항에 걸리는 전압을 계산하라.

SOLUTION

(a) $R = R_1 + R_2 + R_3 = 1\,\text{k}\Omega + 2\,\text{k}\Omega + 3\,\text{k}\Omega$

$I = \dfrac{V}{R} = \dfrac{12\,\text{V}}{6\,\text{k}\Omega} = 2\,\text{mA}$

(b) $V_1 = R_1 I = (1\,\text{k}\Omega)(2\,\text{mA}) = 2\,\text{V}$

$V_2 = R_2 I = (2\,\text{k}\Omega)(2\,\text{mA}) = 4\,\text{V}$

$V_3 = R_3 I = (3\,\text{k}\Omega)(2\,\text{mA}) = 6\,\text{V}$

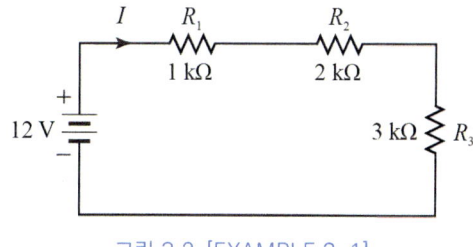

그림 3.2 [EXAMPLE 3-1]

3.2 키르히호프의 전압법칙

"폐회로에서 전압원과 전압강하의 합은 0이다." 이것이 키르히호프의 전압법칙(Kirchhoff's voltage law, KVL)이다. 이때 합을 계산할 때 부호를 조심하여야 한다. 기전력의 단자 자체에서 −극에서 +극으로 전류의 방향으로 잡았을 때(일반적임), 전압원에서의 전압방향은 −가 된다. 반대로 기전력의 단자 자체에서 +극에서 −극으로 전류의 방향으로 잡았을 때, 전압원에서의 전압방향은 +가 된다. 저항에서는 전류가 들어가는 쪽을 +, 나오는 쪽을 −로 정한다. 이때 전압강하는 +가 된다. 전류의 방향을 어떻게 정하든 저항에서는 전력을 소모하는 쪽이므로 항상 전압강하는 +가 된다.

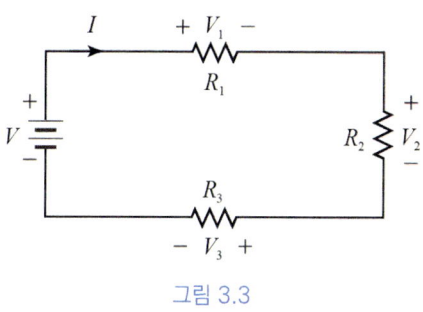

그림 3.3

그림 3.3에서 KVL을 적용시켜서 전류를 구해보자.

$$-V + V_1 + V_2 + V_3 = 0 \tag{3.5}$$

$$-V + R_1 I + R_2 I + R_3 I = 0 \tag{3.5-1}$$

$$-V + (R_1 + R_2 + R_3)I = 0 \tag{3.5-2}$$

$$I = \dfrac{V}{R_1 + R_2 + R_3} \tag{3.6}$$

그림 3.4와 같이 단일 회로가 아닌 두 개의 회로망에 공통으로 연결된 저항 R에 전류의 방향이 다른 망전류 I_1과 망전류 I_2가 흐른다면 저항에서 전압강하는 망전류 I_1 기준에서는 $R(I_1 - I_2)$가 되고, 망전류 I_2 기준에서는 $R(I_2 - I_1)$가 된다는 점에 유의해야 한다.

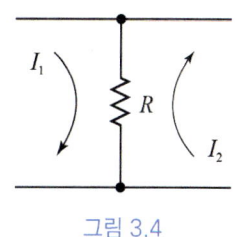

그림 3.4

KVL을 적용시키고자 할 때 단자 a와 단자 b 사이의 전압 V_{ab}을 결정할 때가 많다. 그렇다면 V_{ab}의 의미는 뭔가? V_{ab}는 단자 a와 b 사이의 전위차에 해당한다. 즉 V_{ab}는 전위 V_a와 전위 V_b 사이의 차 $V_a - V_b$이다.

$$V_{ab} = V_a - V_b \tag{3.7}$$

V_a는 어떤 기준점, 대개 0 전위인 접지를 기준으로 한 단자 a의 전위이며, 위 V_b는 접지를 기준으로 한 단자 b의 전위이다. 전위는 한 점에 대해서 정의된다. 따라서 결국, V_{ab}는 b점에 대한 a점의 전위가 된다. $V_{ab} > 0$일 때는 b점에 대해서 a점의 전위가 높다는 것이고, $V_{ab} < 0$일 때는 b점에 대해서 a점의 전위가 낮다는 것이다. 따라서 다음과 같은 식이 성립한다.

$$V_{ab} = -V_{ba} \tag{3.7-1}$$

EXAMPLE 3-2

그림 3.5의 회로에서 V_{ab}를 구하라.

SOLUTION

$$R = R_1 + R_2 + R_3 = 1\,\text{k}\Omega + 2\,\text{k}\Omega + 3\,\text{k}\Omega$$
$$= 6\,\text{k}\Omega$$
$$I = \frac{V}{R} = \frac{24\,\text{V}}{6\,\text{k}\Omega} = 4\,\text{mA}$$
$$V_{ab} = V_{2\text{k}\Omega} = R_2 I = (2\,\text{k}\Omega)(4\,\text{mA}) = 8\,\text{V}$$

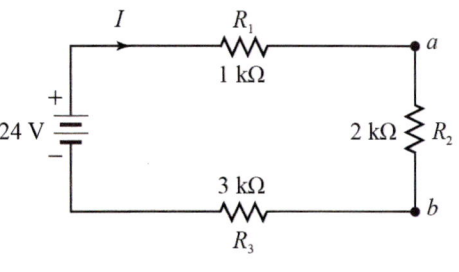

그림 3.5 [EXAMPLE 3-2]

이것은 다음과 같이 전위개념으로 생각하면 a점의 전위 V_a는

$$V_a = 24\,\text{V} - R_1 I = 24\,\text{V} - (1\,\text{k}\Omega)(4\,\text{mA}) = 20\,\text{V}$$

b점의 전위 V_b는

$$V_b = R_3 I = (3\,\text{k}\Omega)(4\,\text{mA}) = 12\,\text{V}$$

따라서

$$V_{ab} = V_a - V_b = 20\,\text{V} - 12\,\text{V} = 8\,\text{V}$$

3.3 개방회로에서 전압과 전류

개방회로(open circuit)는 폐회로의 어떤 점에서 도선이 끊어졌다든가, 부품이 제거되고, 연결되어 있지 않은 상태를 말한다. 따라서 끊어진 부분의 저항은 무한대이므로 그 부분에 흐르는 전류는 0이 되지만, **전압은 0이 될 수 없고**, 어떤 값이 나타난다는 점에 유의하여야 한다. 에너지를 소모하는 소자나 장치를 **부하**

(負荷, load)라고 하는데, 회로를 해석할 때 **무부하**(無負荷, no-load), 즉 부하를 제거한 상태이므로 개방상태이다. 이때 전류는 0이지만 개방 단자에 전압이 걸린다는 점에 유의해야 한다. 개방상태를 포함하여 어떠한 경우든 전류가 흐르지 않는 저항이나 부품은 회로에 있을 필요가 없다. 제거해야 한다.

3.4 전압분배법칙

그림 3.6과 같은 직렬회로에서 전체 전류를 구한 후, 각 저항에 옴법칙($V = RI$)을 적용함으로써 각 저항에 걸리는 전압을 구할 수 있다. 그러나 전압분배법칙을 이용하면 더 편리하게 구할 수 있다. 전원 전압은 저항에 비례하여 분배된다. 즉 작은 저항에 전압이 적에 걸리고, 큰 저항에 많이 걸린다. 전체 전압이 각 저항에 어떤 비율로 분배되는지를 구해보자. 회로 전체 전류 I는

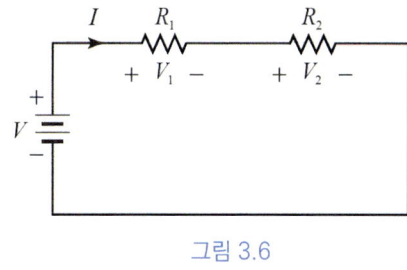

그림 3.6

$$I = \frac{V}{R} = \frac{V}{R_1 + R_2} \tag{3.8}$$

R_1에 걸리는 전압 V_1은

$$V_1 = R_1 I$$

$$V_1 = \left(\frac{R_1}{R_1 + R_2}\right)V \tag{3.9a}$$

R_2에 걸리는 전압 V_2는

$$V_2 = R_2 I$$

$$V_2 = \left(\frac{R_2}{R_1 + R_2}\right)V \tag{3.9b}$$

식 (3.9a), (3.9b)를 **전압분배법칙**(voltage-divider rule)이라고 한다. 이를 이용하면 전류를 구하지 않고 각 저항에 걸리는 전압을 구할 수 있다. 그림 3.7과 같이 저항이 R_1, R_2, R_3가 직렬연결일 때 각 저항에 걸리는 전압은 전압분배법칙에 따라 다음과 같이 나타낸다.

$$V_1 = \left(\frac{R_1}{R_1 + R_2 + R_3}\right)V \tag{3.10a}$$

$$V_2 = \left(\frac{R_2}{R_1 + R_2 + R_3}\right)V \tag{3.10b}$$

$$V_3 = \left(\frac{R_3}{R_1 + R_2 + R_3}\right)V \tag{3.10c}$$

EXAMPLE 3-3

그림 3.7의 회로에서 전압분배법칙을 이용하여 V_{ab}와 V_{ac}를 구하라.

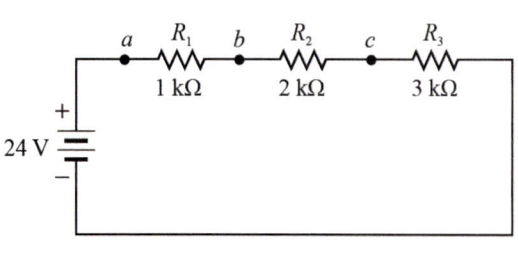

그림 3.7 [EXAMPLE 3-3]

SOLUTION

$$R = R_1 + R_2 + R_3 = 1\,\mathrm{k}\Omega + 2\,\mathrm{k}\Omega + 3\,\mathrm{k}\Omega$$
$$= 6\,\mathrm{k}\Omega$$

$$V_{ab} = \frac{R_1}{R}V = \frac{1\,\mathrm{k}\Omega}{6\,\mathrm{k}\Omega}(24\,\mathrm{V}) = 4\,\mathrm{V}$$

$$V_{ac} = V_{ab} + V_{bc} = \frac{R_1}{R}V + \frac{R_2}{R}V = \frac{1\,\mathrm{k}\Omega}{6\,\mathrm{k}\Omega}(24\,\mathrm{V}) + \frac{2\,\mathrm{k}\Omega}{6\,\mathrm{k}\Omega}(24\,\mathrm{V}) = 12\,\mathrm{V}$$

전압분배법칙을 응용한 장치로 **전위차계**(potentiometer)가 있다. 3단자 **가변저항기**(rheostat: adjustable resistor)와 같은 전기적 기능을 한다고 보면 된다. 두 개의 고정 단자 사이는 최대 저항값을 나타내고, 나머지 단자는 가변 단자로 고정 단자와의 사이에서 임의의 저항값을 나타낸다.

3.5 병렬회로

병렬회로(竝列回路, parallel circuit)는 그림 3.8에 나타낸 것처럼 두 부품 사이에 두 개의 공통 단자를 가지고 연결된 회로이다. 여러 저항이 병렬로 연결되었을 때 각 저항에 걸리는 전압은 같다. 각 저항에 흐르는 전류의 합이 전체 전류 I 이므로

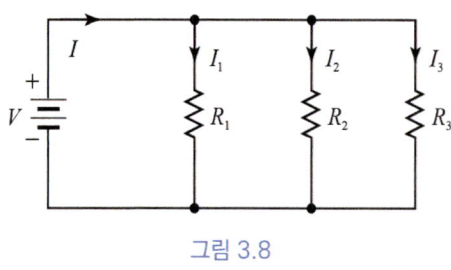

그림 3.8

$$I = I_1 + I_2 + I_3 \tag{3.11}$$

이때 각 저항에 흐르는 전류는 다음과 같다.

$$I_1 = \frac{V}{R_1},\ I_2 = \frac{V}{R_2},\ I_3 = \frac{V}{R_3} \tag{3.12}$$

각 저항에 흐르는 전류의 합은

$$I = I_1 + I_2 + I_3 = \frac{V}{R_1} + \frac{V}{R_2} + \frac{V}{R_3} \tag{3.13}$$

$$= \left(\frac{1}{R_1} + \frac{1}{R_2} + \frac{1}{R_3}\right)V$$

$$\frac{I}{V} = \frac{1}{R_1} + \frac{1}{R_2} + \frac{1}{R_3} \tag{3.13-1}$$

따라서 병렬회로에서 전체 저항 R은 다음과 같은 관계식으로 나타난다.

$$\frac{1}{R} = \frac{1}{R_1} + \frac{1}{R_2} + \frac{1}{R_3} \tag{3.14}$$

식 (3.14)를 간단히 다음과 같이 나타낸다.

$$R = R_1 // R_2 // R_3 = \frac{R_1 R_2 R_3}{R_1 R_2 + R_2 R_3 + R_3 R_1} \tag{3.14-1}$$

병렬회로에서 전체 저항은 회로를 구성하는 저항 중에서 가장 적은 저항보다도 적다.

EXAMPLE 3-4

그림 3.9의 회로에서
(a) 전체 전류를 계산하라.
(b) 각 저항에 흐르는 전류를 계산하라.

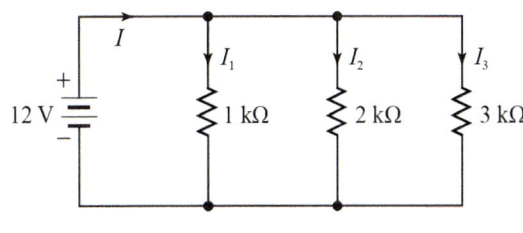

그림 3.9 [EXAMPLE 3-4]

SOLUTION

(a) $\dfrac{1}{R} = \dfrac{1}{R_1} + \dfrac{1}{R_2} + \dfrac{1}{R_3} = \dfrac{1}{1\,\text{k}\Omega} + \dfrac{1}{2\,\text{k}\Omega} + \dfrac{1}{3\,\text{k}\Omega}$

$R = \dfrac{6}{11}\,\text{k}\Omega$

$I = \dfrac{V}{R} = \dfrac{12\,\text{V}}{\dfrac{6}{11}\,\text{k}\Omega} = 22\,\text{mA}$

(b) $I_1 = \dfrac{V}{R_1} = \dfrac{12\,\text{V}}{1\,\text{k}\Omega} = 12\,\text{mA}$

$I_2 = \dfrac{V}{R_2} = \dfrac{12\,\text{V}}{2\,\text{k}\Omega} = 6\,\text{mA}$

$I_3 = \dfrac{V}{R_3} = \dfrac{12\,\text{V}}{3\,\text{k}\Omega} = 4\,\text{mA}$

3.6 키르히호프의 전류법칙

(1) 어떤 마디에서 들어오는 전류와 나가는 전류는 같다. (2) 모든 전류를 마디에 들어오는 방향으로 했을 때 전류의 합은 **0**이다. 이때 전류가 마디에서 나가는 방향이 있다면 그 전류의 방향을 음으로 하여야 한다. (3) 모든 전류를 마디에서 나가는 방향으로 했을 때 마디에서 전류의 합은 **0**이다. 이때 전류가 마디로 들어오는 방향이 있다면 그 전류의 방향을 음으로 하여야 한다. 이 모두가 **키르히호프의 전류법칙**

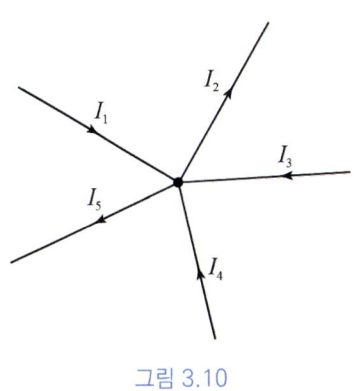

그림 3.10

(Kirchhoff's current law, KCL)이다. 그림 3.10에서 KCL을 적용시키면

$$\begin{cases} (1)\ I_1 + I_3 + I_4 = I_2 + I_5 \\ (2)\ I_1 + I_3 + I_4 - I_2 - I_5 = 0 \\ (3)\ -I_1 - I_3 - I_4 + I_2 + I_5 = 0 \\ \therefore \sum_{i=1}^{n} I_i = 0 \end{cases} \tag{3.15}$$

EXAMPLE 3-5

그림 3.11의 회로에서 KCL을 이용하여 전류 I_1, I_2, I_3를 구하라.

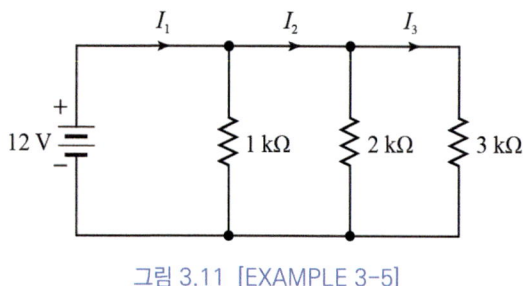

그림 3.11 [EXAMPLE 3-5]

SOLUTION

병렬회로에서 각 저항에 걸리는 전압은 같으므로 각 저항에 흐르는 전류는 다음과 같이 구해진다.

$$I_{1k\Omega} = \frac{12\ V}{1\ k\Omega} = 12\ mA$$

$$I_{2k\Omega} = \frac{12\ V}{2\ k\Omega} = 6\ mA$$

$$I_{3k\Omega} = \frac{12\ V}{3\ k\Omega} = 4\ mA$$

KCL에 따라

$$I_1 = I_{1k\Omega} + I_2 = I_{1k\Omega} + I_{2k\Omega} + I_3 = 12\ mA + 6\ mA + 4\ mA = 22\ mA$$

$$I_2 = I_{2k\Omega} + I_3 = 6\ mA + 4\ mA = 10\ mA$$

$$I_3 = I_{3k\Omega} = 4\ mA$$

3.7 단락회로에서 전압과 전류

단락회로(short circuit)는 간단히 저항이 0인 경로를 말한다. 폐회로에서 어떤 부품이나 장치가 저항이 0인 도선과 병렬로 연결된 상태를 말한다. 따라서 저항이나 부품에 걸리는 전압은 0이지만 회로의 전류는 0

이 될 수 없다. 단락상태를 포함하여 어떠한 경우든 전류가 흐르지 않는 저항은 회로에 있을 필요가 없다. 제거해야 한다.

EXAMPLE 3-6

그림 3.12의 회로에서 3 kΩ의 저항에 흐르는 전류를 구하라.

(a) 스위치를 열었을 때
(b) 스위치를 닫았을 때

SOLUTION

(a) $I = \dfrac{V}{R_1 + R_2 + R_3} = \dfrac{12\,\text{V}}{1\,\text{k}\Omega + 2\,\text{k}\Omega + 3\,\text{k}\Omega}$

$= 2\,\text{mA}$

(b) $I = \dfrac{V}{R_1 + R_2} = \dfrac{12\,\text{V}}{1\,\text{k}\Omega + 2\,\text{k}\Omega} = 4\,\text{mA}$

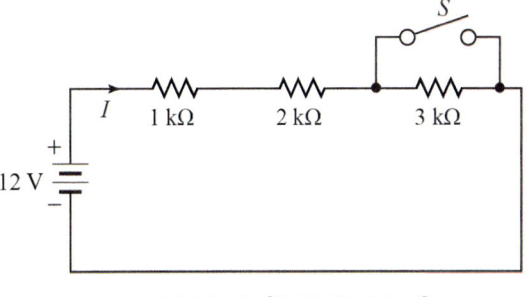

그림 3.12 [EXAMPLE 3-6]

3.8 전류분배법칙

그림 3.13과 같은 병렬회로에서 전체 전류는 저항에 반비례하여 분배된다. 즉 작은 저항에는 전류가 많이 흐르고, 큰 저항에는 전류가 적에 흐른다. 전체 전류가 각 저항에 어떤 비율로 분배되는지를 구해보자.

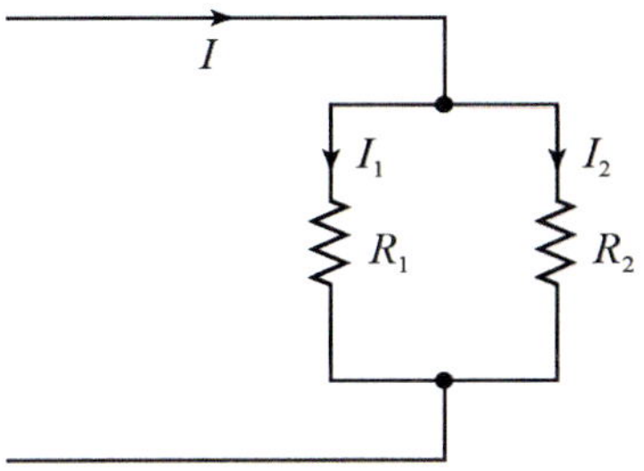

병렬회로에서 각 저항에 걸리는 전압은 같다. 따라서

$$R_1 I_1 = R_2 I_2 \tag{3.16}$$

전체 전류는 각 지로 전류의 합과 같다. 따라서

$$I = I_1 + I_2 \tag{3.17}$$

식 (3.16), (3.17)로부터 R_1에 흐르는 전류 I_1은

$$I_1 = \left(\dfrac{R_2}{R_1 + R_2}\right) I \tag{3.18a}$$

R_2에 흐르는 전류 I_2는

$$I_2 = \left(\dfrac{R_1}{R_1 + R_2}\right) I \tag{3.18b}$$

그림 3.13

식 (3.18a), (3.18b)를 **전류분배법칙**(current-divider rule)이라고 한다. 그림 3.8과 같이 저항이 R_1, R_2, R_3 등 3개가 병렬연결일 때 각 저항에 흐르는 전류는 전류분배법칙에 따라 다음과 같은 식으로 나타내진다.

$$I_1 = \left(\frac{R_2 R_3}{R_1 R_2 + R_2 R_3 + R_3 R_1} \right) I \qquad (3.19a)$$

$$I_2 = \left(\frac{R_3 R_1}{R_1 R_2 + R_2 R_3 + R_3 R_1} \right) I \qquad (3.19b)$$

$$I_3 = \left(\frac{R_1 R_2}{R_1 R_2 + R_2 R_3 + R_3 R_1} \right) I \qquad (3.19c)$$

EXAMPLE 3-7

그림 3.14의 회로에서 I_1과 I_2를 구하라.

SOLUTION

〈해법 1〉 전류분배법칙

$$I_1 = \left(\frac{3\,\text{k}\Omega}{1\,\text{k}\Omega + 3\,\text{k}\Omega} \right)(12\,\text{mA}) = 9\,\text{mA}$$

$$I_2 = \left(\frac{1\,\text{k}\Omega}{1\,\text{k}\Omega + 3\,\text{k}\Omega} \right)(12\,\text{mA}) = 3\,\text{mA}$$

〈해법 2〉

전류분배법칙을 이용하지 않고 I_1과 I_2를 구해보자.
합성 저항 $R = 1\,\text{k}\Omega // 3\,\text{k}\Omega = 0.75\,\text{k}\Omega$ 이다.
합성 저항에 걸리는 전압은 $(12\,\text{mA})(0.75\,\text{k}\Omega) = 9\,\text{V}$ 이다.
병렬 지로에 걸리는 전압은 같으므로

$$I_1 = 9\,\text{V}/1\,\text{k}\Omega = 9\,\text{mA}$$

$$I_2 = 9\,\text{V}/3\,\text{k}\Omega = 3\,\text{mA}$$

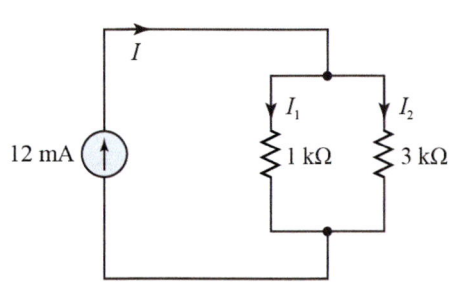

그림 3.14 [EXAMPLE 3-7]

같은 결과지만 전류분배법칙의 편리성을 확인할 수 있다.

3.9 여러 가지 직렬회로 및 병렬회로 문제

여기서는 다양한 직렬회로와 병렬회로 문제를 다루어 본다.

EXAMPLE 3-8

그림 3.15의 회로에서

(a) V_{ab}와 V_{cd}를 구하라.

(b) 단자 $a - b$를 단락시켰을 때 V_{cd}를 구하라.

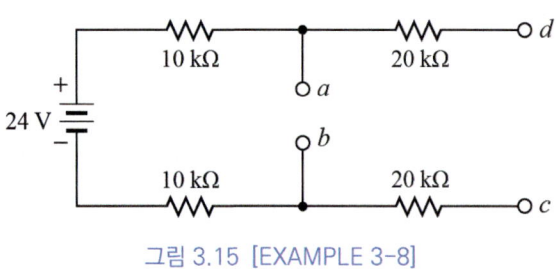

그림 3.15 [EXAMPLE 3-8]

SOLUTION

(a) 개방회로이므로 전류가 흐르지 않는다. 따라서 기전력 24 V가 단자 $a-b$와 $c-d$에 그대로 나타난다.

$V_{ab} = 24\text{ V}, \ V_{cd} = -24\text{ V}$

(b) $a-b$를 단락시켰을 때 20 kΩ에는 전류가 흐르지 않기 때문에

$V_{cd} = 0\text{ V}$

📖 EXAMPLE 3-9

그림 3.16의 회로에서

(a) V_{ab}와 V_{cd}를 구하라.

(b) $c-d$를 단락시켰을 때 V_{ab}를 구하라.

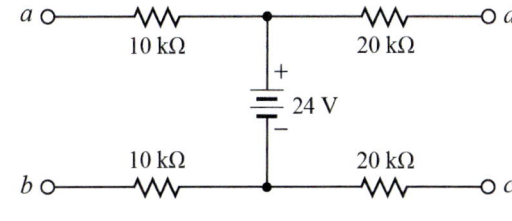

그림 3.16 [EXAMPLE 3-9]

SOLUTION

(a) 개방회로이므로 전류가 흐르지 않는다. 따라서 기전력 24 V가 단자 $a-b$와 $c-d$에 그대로 나타난다.

$V_{ab} = 24\text{ V}, \ V_{cd} = -24\text{ V}$

(b) 단자 $c-d$를 단락시켰을 때 10 kΩ에는 전류가 흐르지 않기 때문에

$V_{ab} = 24\text{ V}$

📖 EXAMPLE 3-10

그림 3.17의 회로에서 V_{ab}를 구하라.

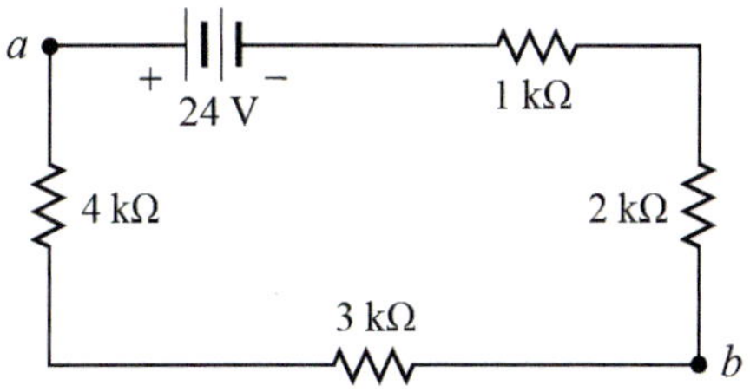

SOLUTION

⟨해법 1⟩ 전압분배법칙

전압분배법칙을 이용하면

그림 3.17 [EXAMPLE 3-10]

$$V_{ab} = \left(\frac{3\text{ k}\Omega + 4\text{ k}\Omega}{1\text{ k}\Omega + 2\text{ k}\Omega + 3\text{ k}\Omega + 4\text{ k}\Omega}\right)(24\text{ V}) = 16.8\text{ V}$$

⟨해법 2⟩

회로 전체 전류 I는

$$I = \frac{24\text{ V}}{1\text{ k}\Omega + 2\text{ k}\Omega + 3\text{ k}\Omega + 4\text{ k}\Omega} = 2.4\text{ mA}$$

$V_{ab} = (4\text{ k}\Omega + 3\text{ k}\Omega)(2.4\text{ mA}) = 16.8\text{ V}$

⟨해법 3⟩

$V_{ab} = 24\text{ V} - (1\text{ k}\Omega + 2\text{ k}\Omega)(2.4\text{ mA}) = 16.8\text{ V}$

EXAMPLE 3-11

그림 3.18의 회로에서 V_{ab}를 구하라.

SOLUTION

전압분배법칙을 이용하면

$$V_{ab} = \left(\frac{3\,\text{k}\Omega}{1\,\text{k}\Omega + 2\,\text{k}\Omega + 3\,\text{k}\Omega}\right)(-12\,\text{V}) = -6\,\text{V}$$

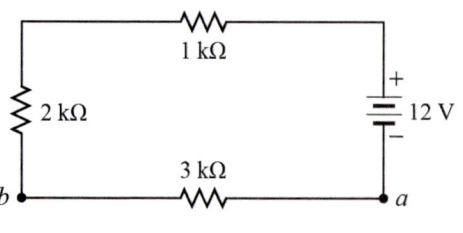

그림 3.18 [EXAMPLE 3-11]

-값이 되는 이유는 a점이 b점보다 전위가 낮기 때문이다.

EXAMPLE 3-12

그림 3.19의 회로에서 각 저항에 흐르는 전류를 구하라.

SOLUTION

〈해법 1〉

병렬회로이므로 각 저항에 걸리는 전압은 모두 24 V 이다. 따라서 각 저항에 흐르는 전류는

$$I_{2\,\text{k}\Omega} = \frac{24\,\text{V}}{2\,\text{k}\Omega} = 12\,\text{mA}$$

$$I_{4\,\text{k}\Omega} = \frac{24\,\text{V}}{4\,\text{k}\Omega} = 6\,\text{mA}$$

$$I_{8\,\text{k}\Omega} = \frac{24\,\text{V}}{8\,\text{k}\Omega} = 3\,\text{mA}$$

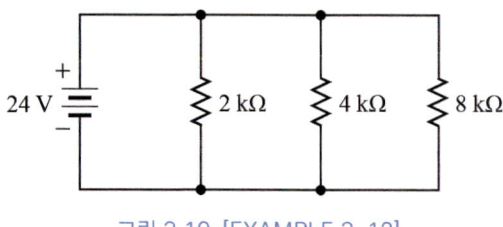

그림 3.19 [EXAMPLE 3-12]

〈해법 2〉

병렬합성 저항 R은

$$R = \frac{(2\,\text{k}\Omega)(4\,\text{k}\Omega)(8\,\text{k}\Omega)}{(2\,\text{k}\Omega)(4\,\text{k}\Omega) + (4\,\text{k}\Omega)(8\,\text{k}\Omega) + (8\,\text{k}\Omega)(2\,\text{k}\Omega)} = \frac{8}{7}\,\text{k}\Omega$$

회로 전체 전류 I는

$$I = \frac{V}{R} = \frac{24\,\text{V}}{(8/7)\,\text{k}\Omega} = 21\,\text{mA}$$

전류분배법칙에 따라 각 저항에 흐르는 전류는

$$I_{2\,\text{k}\Omega} = \left[\frac{(4\,\text{k}\Omega)(8\,\text{k}\Omega)}{(2\,\text{k}\Omega)(4\,\text{k}\Omega) + (4\,\text{k}\Omega)(8\,\text{k}\Omega) + (8\,\text{k}\Omega)(2\,\text{k}\Omega)}\right](21\,\text{mA}) = 12\,\text{mA}$$

$$I_{4\,\text{k}\Omega} = \left[\frac{(8\,\text{k}\Omega)(2\,\text{k}\Omega)}{(2\,\text{k}\Omega)(4\,\text{k}\Omega) + (4\,\text{k}\Omega)(8\,\text{k}\Omega) + (8\,\text{k}\Omega)(2\,\text{k}\Omega)}\right](21\,\text{mA}) = 6\,\text{mA}$$

$$I_{48\text{k}\Omega} = \left[\frac{(2\,\text{k}\Omega)(4\,\text{k}\Omega)}{(2\,\text{k}\Omega)(4\,\text{k}\Omega)+(4\,\text{k}\Omega)(8\,\text{k}\Omega)+(8\,\text{k}\Omega)(2\,\text{k}\Omega)}\right](21\,\text{mA}) = 3\,\text{mA}$$

EXAMPLE 3-13

그림 3.20의 회로에서 각 저항에 흐르는 전류를 구하라.

SOLUTION

우선 $2\,\text{k}\Omega$의 저항은 단락회로이다. 따라서 $2\,\text{k}\Omega$에 흐르는 전류 $I_2 = 0\,\text{A}$이다. 그리고 $2\,\text{k}\Omega$에 걸리는 전압 $V_2 = 0\,\text{V}$이다. 결과적으로 12 V의 기전력은 $1\,\text{k}\Omega$에 강하되므로 $V_1 = 12\,\text{V}$이며, $1\,\text{k}\Omega$에 흐르는 전류 I는 옴의 법칙에 따라

$$I = V_1/1\,\text{k}\Omega = 12\,\text{V}/1\,\text{k}\Omega = 12\,\text{mA}$$

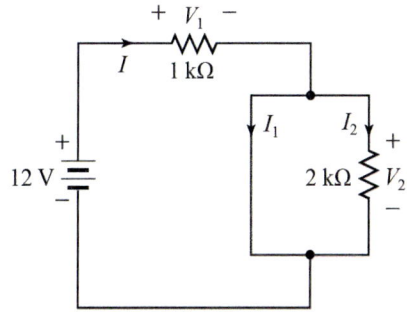

그림 3.20 [EXAMPLE 3-13]

EXAMPLE 3-14

그림 3.21의 회로에서 V_{ab}를 구하라.

SOLUTION

단자 ab에 흐르는 전류 I_{ab}는

$$I_{ab} = 1\,\text{mA} + 2\,\text{mA} - 1\,\text{mA} = 2\,\text{mA}$$

따라서 V_{ab}는

$$V_{ab} = RI_{ab} = (1\,\text{k}\Omega)(2\,\text{mA}) = 2\,\text{V}$$

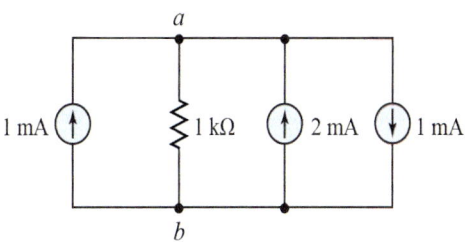

그림 3.21 [EXAMPLE 3-14]

EXAMPLE 3-15

그림 3.22의 회로에서 $2\,\text{k}\Omega$에 흐르는 전류를 구하라.

SOLUTION

〈해법 1〉 전류분배법칙

회로에 흐르는 전체 전류 $4\,\text{mA} - 1\,\text{mA} = 3\,\text{mA}$이다.
$2\,\text{k}\Omega$에 흐르는 전류 $I_{2\text{k}\Omega}$은

$$I_{2\text{k}\Omega} = \left(\frac{1\,\text{k}\Omega}{1\,\text{k}\Omega + 2\,\text{k}\Omega}\right)(3\,\text{mA}) = 1\,\text{mA}$$

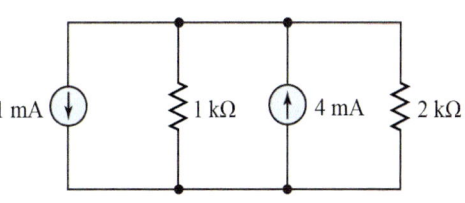

그림 3.22 [EXAMPLE 3-15]

⟨해법 2⟩

합성 저항 $R = 1\,\mathrm{k\Omega}//2\,\mathrm{k\Omega} = 0.667\,\mathrm{k\Omega}$ 이다.

합성 저항에 걸리는 전압은 $(3\,\mathrm{mA})(0.667\,\mathrm{k\Omega}) = 2\,\mathrm{V}$ 이다.

병렬지로에 걸리는 전압은 같으므로 $2\,\mathrm{k\Omega}$ 에 흐르는 전류 $I_{2\mathrm{k\Omega}}$ 은

$$I_{2\mathrm{k\Omega}} = 2\,\mathrm{V}/2\,\mathrm{k\Omega} = 1\,\mathrm{mA}$$

EXERCISE

3.1 그림 3.23의 회로에서
   (a) 회로 전체 전류를 구하라.
   (b) 각 저항에 걸리는 전압을 구하라.
   (c) 각 저항에 소비되는 전력을 구하라.
   (d) KVL이 성립하는지를 확인하라.
   (e) $100\,\Omega$ 저항이 개방되었을 때 개방전압을 구하라.
   (f) $100\,\Omega$ 저항이 단락되었을 때 단락전류를 구하라.

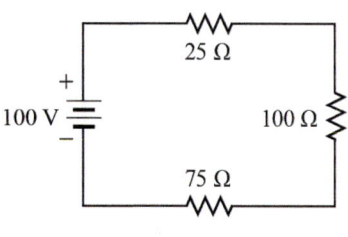

그림 3.23 [EXERCISE 3.1]

3.2 그림 3.23에서
   (a) KVL을 이용하여 V_{ab} 를 구하라.
   (b) $20\,\Omega$ 에 걸리는 전압을 전압분배법칙으로 구하라.

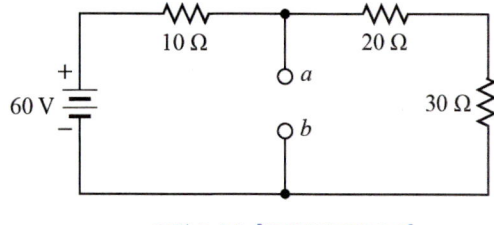

그림 3.24 [EXERCISE 3.2]

3.3 그림 3.25의 회로에서
   (a) KVL을 이용하여 V_{ab} 를 구하라.
   (b) $2\,\mathrm{k\Omega}$ 에 걸리는 전압을 전압분배법칙으로 구하라.

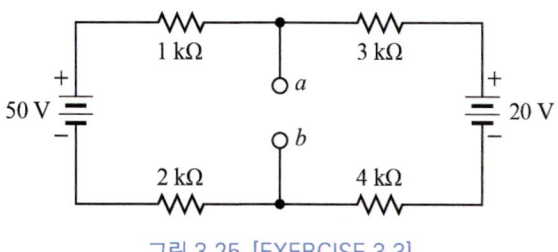

그림 3.25 [EXERCISE 3.3]

3.4 그림 3.26의 회로에서
   (a) 병렬합성 저항을 구하라.
   (b) 각 저항에 흐르는 전류를 구하라.

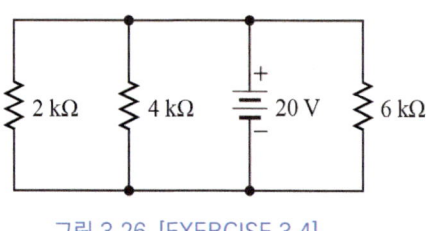

그림 3.26 [EXERCISE 3.4]

3.5 그림 3.27의 회로에서 $I_1 \sim I_5$를 구하라.

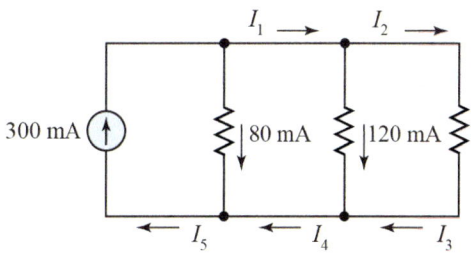

그림 3.27 [EXERCISE 3.5]

3.6 그림 3.28의 회로에서 각 저항에 흐르는 전류를 전류분배법칙으로 구하라.

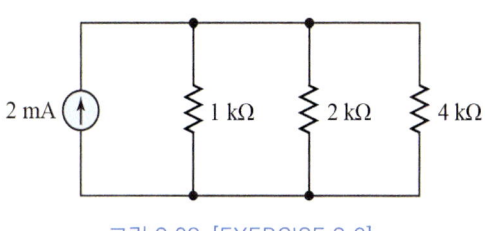

그림 3.28 [EXERCISE 3.6]

3.7 그림 3.29의 회로에서 20 kΩ에 흐르는 전류를 구하라.

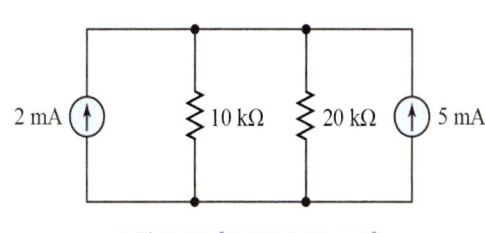

그림 3.29 [EXERCISE 3.7]

3.8 2차전지가 그림 3.30의 회로와 같이 연결되어 있다. 전지 1의 기전력 $V_1 = 13.5$ V, 내부저항 $r_1 = 0.05\,\Omega$, 전지 2의 기전력 $V_2 = 11.3$ V, 내부저항 $r_2 = 0.26\,\Omega$이다.
(a) 회로에 흐르는 전류를 구하라.
(b) 어느 전지가 충전되는가?
(c) $a-b$ 단자 전압을 구하라.

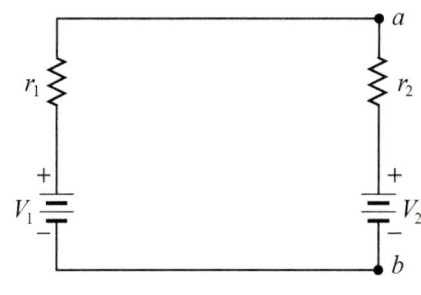

그림 3.30 [EXERCISE 3.8]

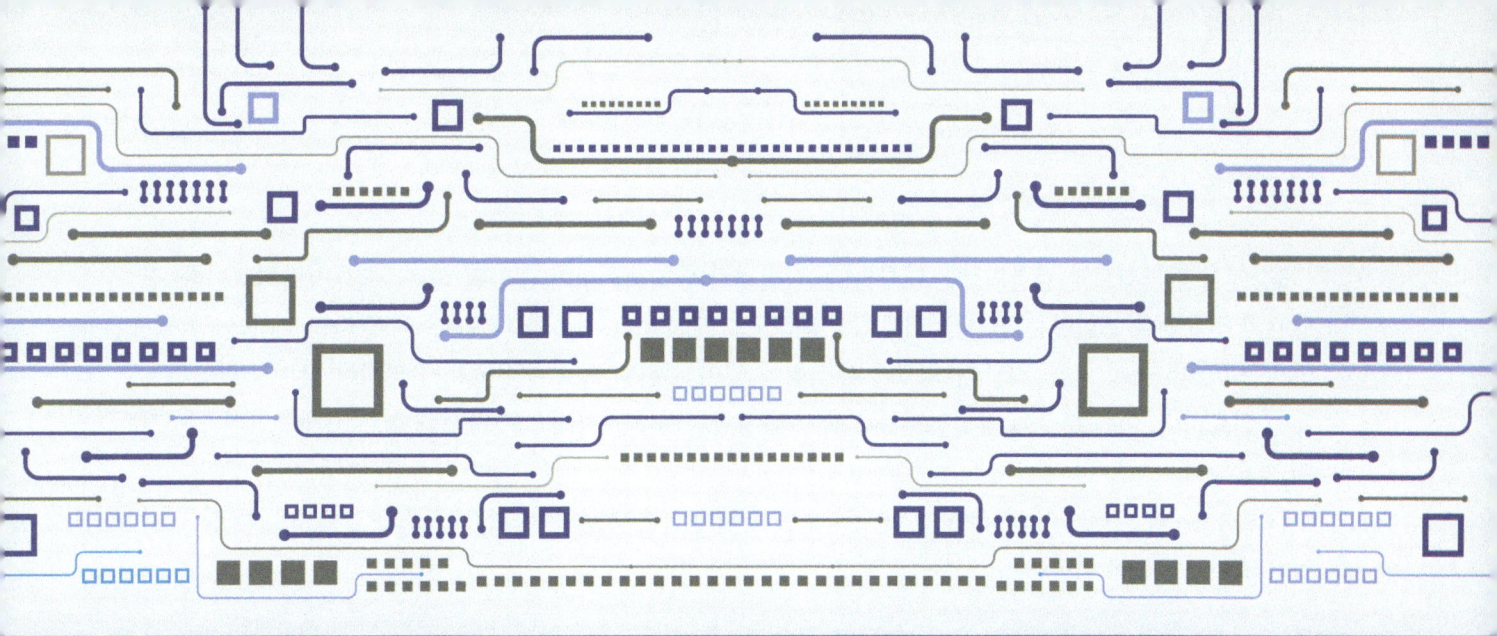

CHAPTER 4

직·병렬회로

4.1 직·병렬회로 해석
EXERCISE

4.1 직·병렬회로 해석

3장에서 직렬회로와 병렬회로를 다루었다. 직렬회로와 병렬회로가 혼합된 회로가 직·병렬회로이다. 전압원과 전류원을 포함하는 직·병렬회로에서 회로요소에 흐르는 전류와 회로요소에 걸리는 전압을 구하는 방법을 터득하여야 한다. 직·병렬회로를 해석함에 있어서 전체 회로가 어떻게 구성되어 있는지 파악하는 것이 필요하다. 어떤 부분이 병렬인지를 찾아서 합성한다든지 순차적으로 단순한 회로로 재구성해가는 것이 중요하다.

그림 4.1(a)에 나타낸 것과 같이 직·병렬회로에 병렬요소를 합성하여 그림 4.1(b)와 같이 하나의 등가 저항으로 나타내는 것이다.

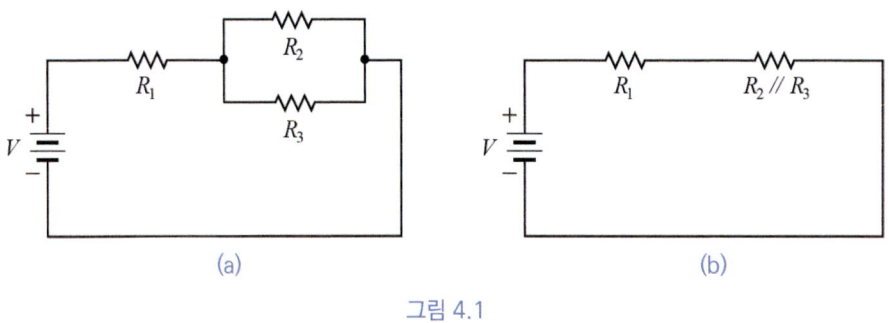

그림 4.1

전기회로는 어떤 지로(支路, branch) 하나를 다른 곳으로 연결하면 회로요소에 걸리는 전압이나 각 지로에 흐르는 전류가 다르듯이 너무나 다양하다. 따라서 문제를 푸는 방법은 딱 한 가지만 있는 것이 아니므로 많은 예제를 접해서 기초지식을 쌓아야만 한다.

EXAMPLE 4-1

그림 4.2의 회로에서 $2\,\text{k}\Omega$에 걸리는 전압을 구하라.

SOLUTION

〈해법 1〉 전압분배법칙

$2\,\text{k}\Omega$과 $3\,\text{k}\Omega$은 병렬이므로 병렬합성 저항은

$$2\,\text{k}\Omega // 3\,\text{k}\Omega = \frac{(2\,\text{k}\Omega)(3\,\text{k}\Omega)}{2\,\text{k}\Omega + 3\,\text{k}\Omega} = 1.2\,\text{k}\Omega$$

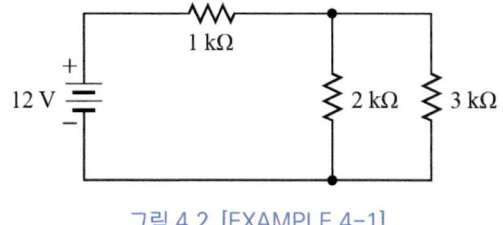

그림 4.2 [EXAMPLE 4-1]

이것은 $1\,\text{k}\Omega$과 직렬이므로 직렬합성 저항 $R = 1\,\text{k}\Omega + 1.2\,\text{k}\Omega = 2.2\,\text{k}\Omega$이다. $2\,\text{k}\Omega$과 $3\,\text{k}\Omega$의 병렬 저항에 걸리는 전압은 같다. $2\,\text{k}\Omega$에 걸리는 전압 $V_{2\text{k}\Omega}$은 전압분배법칙에 따라

$$V_{2\text{k}\Omega} = \left(\frac{1.2\,\text{k}\Omega}{2.2\,\text{k}\Omega}\right)(12\,\text{V}) = 6.54\,\text{V}$$

⟨해법 2⟩ 전류분배법칙

전류 I는

$$I = \frac{V}{R} = \frac{12\,\text{V}}{2.2\,\text{k}\Omega} = 5.45\,\text{mA}$$

이 전류는 병렬연결된 $2\,\text{k}\Omega$과 $3\,\text{k}\Omega$에 분배된다. $2\,\text{k}\Omega$에 흐르는 전류 $I_{2\text{k}\Omega}$은 전류분배법칙에 따라

$$I_{2\text{k}\Omega} = \left(\frac{3\,\text{k}\Omega}{2\,\text{k}\Omega + 3\,\text{k}\Omega}\right)(5.45\,\text{mA}) = 3.27\,\text{mA}$$

$2\,\text{k}\Omega$에 걸리는 전압 $V_{2\text{k}\Omega}$은 옴법칙에 따라

$$V_{2\text{k}\Omega} = (2\,\text{k}\Omega)\,I_{2\text{k}\Omega} = (2\,\text{k}\Omega)(3.27\,\text{mA}) = 6.54\,\text{V}$$

EXAMPLE 4-2

그림 4.3의 회로에서 각 저항에 걸리는 전압과 흐르는 전류를 구하라.

SOLUTION

$2\,\text{k}\Omega$과 $10\,\text{k}\Omega$은 직렬이므로 $2\,\text{k}\Omega + 10\,\text{k}\Omega = 12\,\text{k}\Omega$이다. 이것은 $4\,\text{k}\Omega$과 병렬이므로 병렬합성

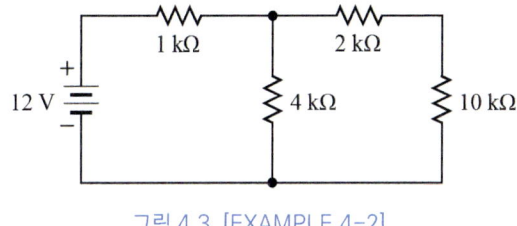

그림 4.3 [EXAMPLE 4-2]

저항은 $4\,\text{k}\Omega // 12\,\text{k}\Omega = 3\,\text{k}\Omega$이다. 이것은 또 $1\,\text{k}\Omega$과 직렬이므로 직렬합성 저항은 $1\,\text{k}\Omega + 3\,\text{k}\Omega = 4\,\text{k}\Omega$이 된다. 따라서 회로 전체 저항 $R = 4\,\text{k}\Omega$이다.

회로 전체 전류 I는

$$I = \frac{V}{R} = \frac{12\,\text{V}}{4\,\text{k}\Omega} = 3\,\text{mA}$$

$1\,\text{k}\Omega$에 걸리는 전압 $V_{1\text{k}\Omega}$은

$$V_{1\text{k}\Omega} = (1\,\text{k}\Omega)\,I = (1\,\text{k}\Omega)(3\,\text{mA}) = 3\,\text{V}$$

$2\,\text{k}\Omega$과 $10\,\text{k}\Omega$에 흐르는 전류 $I_{2\text{k}\Omega}$과 $I_{10\text{k}\Omega}$은 전류분배법칙에 따라

$$I_{2\text{k}\Omega} = I_{10\text{k}\Omega} = \left(\frac{4\,\text{k}\Omega}{2\,\text{k}\Omega + 10\,\text{k}\Omega + 4\,\text{k}\Omega}\right)(3\,\text{mA}) = 0.75\,\text{mA}$$

따라서 $2\,\text{k}\Omega$과 $10\,\text{k}\Omega$에 걸리는 전압 $V_{2\text{k}\Omega}$, $V_{10\text{k}\Omega}$은

$$V_{2\text{k}\Omega} = (2\,\text{k}\Omega)\,I_{2\text{k}\Omega} = (2\,\text{k}\Omega)(0.75\,\text{mA}) = 1.5\,\text{V}$$

$$V_{10\text{k}\Omega} = (10\,\text{k}\Omega)\,I_{10\text{k}\Omega} = (10\,\text{k}\Omega)(0.75\,\text{mA}) = 7.5\,\text{V}$$

$4\,\text{k}\Omega$에 흐르는 전류는 $I_{4\text{k}\Omega}$은

$$I_{4\mathrm{k}\Omega} = I - I_{2\mathrm{k}\Omega} = 3\,\mathrm{mA} - 0.75\,\mathrm{mA} = 2.25\,\mathrm{mA}$$

따라서 $4\,\mathrm{k}\Omega$에 걸리는 전압 $V_{4\mathrm{k}\Omega}$은

$$V_{4\mathrm{k}\Omega} = (4\,\mathrm{k}\Omega)I_{4\mathrm{k}\Omega} = (4\,\mathrm{k}\Omega)(2.25\,\mathrm{mA}) = 9\,\mathrm{V}$$

EXAMPLE 4-3

그림 4.4(a)의 회로에서 $4\,\mathrm{k}\Omega$에 흐르는 전류를 구하라.

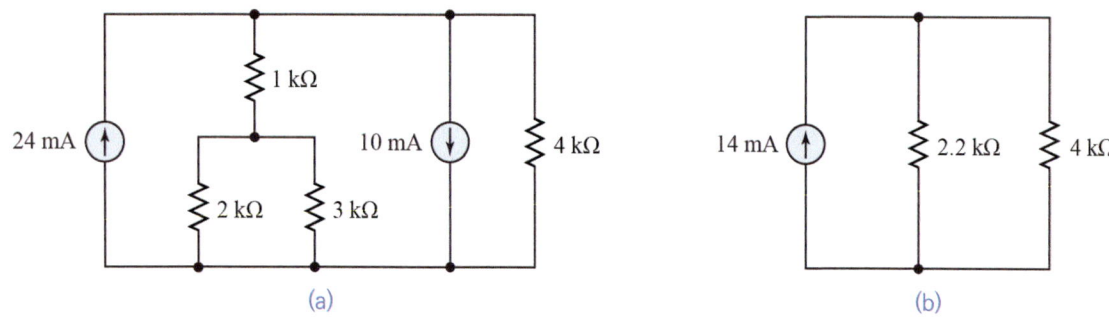

그림 4.4 [EXAMPLE 4-3]

SOLUTION

그림 4.4(a)를 재구성하면 그림 4.4(b)와 같이 된다. 재구성 과정을 설명하면 $2\,\mathrm{k}\Omega$과 $3\,\mathrm{k}\Omega$은 병렬이므로 병렬합성 저항은 $2\,\mathrm{k}\Omega // 3\,\mathrm{k}\Omega = 1.2\,\mathrm{k}\Omega$이다. 이것은 또 $1\,\mathrm{k}\Omega$과 직렬이므로 직렬합성 저항은 $1\,\mathrm{k}\Omega + 1.2\,\mathrm{k}\Omega = 2.2\,\mathrm{k}\Omega$이다. 이것은 $4\,\mathrm{k}\Omega$과는 병렬이다. 병렬로 연결된 로 2개의 전류원을 1개의 등가 전류원으로 바꾸면(6장에서 다룰 밀만의 정리에 따라) 전류는 전류의 방향을 고려하여 $24\,\mathrm{mA} - 10\,\mathrm{mA} = 14\,\mathrm{mA}$가 된다. 재구성된 회로로부터 $4\,\mathrm{k}\Omega$에 흐르는 전류 $I_{4\mathrm{k}\Omega}$은 전류분배법칙에 따라

$$I_{4\mathrm{k}\Omega} = \left(\frac{2.2\,\mathrm{k}\Omega}{2.2\,\mathrm{k}\Omega + 4\,\mathrm{k}\Omega}\right)(14\,\mathrm{mA}) = 4.97\,\mathrm{mA}$$

EXAMPLE 4-4

그림 4.5(a)의 회로에서 $6\,\mathrm{k}\Omega$에 흐르는 전류를 구하라.

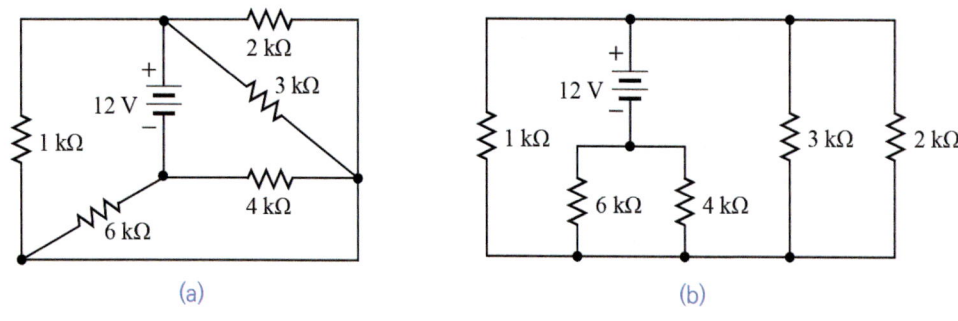

그림 4.5 [EXAMPLE 4-4]

SOLUTION

그림 4.5(a)를 재구성하면 그림 4.5(b)와 같이 된다. $1\,\text{k}\Omega$, $2\,\text{k}\Omega$, $3\,\text{k}\Omega$은 병렬이므로 병렬합성 저항은 $1\,\text{k}\Omega // 2\,\text{k}\Omega // 3\,\text{k}\Omega = 0.545\,\text{k}\Omega$이다. 역시 $4\,\text{k}\Omega$과 $6\,\text{k}\Omega$은 병렬로 병렬합성 저항은 $4\,\text{k}\Omega // 6\,\text{k}\Omega = 2.4\,\text{k}\Omega$이다. 두 병렬합성 저항은 직렬이므로 직렬합성 저항은 $0.545\,\text{k}\Omega + 2.4\,\text{k}\Omega \approx 2.9\,\text{k}\Omega$이다. 따라서 회로 전체 전류 I는

$$I = \frac{12\,\text{V}}{2.9\,\text{k}\Omega} = 4.14\,\text{mA}$$

$6\,\text{k}\Omega$에 흐르는 전류 $I_{6\text{k}\Omega}$은 전류분배법칙에 따라

$$I_{6\text{k}\Omega} = \left(\frac{4\,\text{k}\Omega}{4\,\text{k}\Omega + 6\,\text{k}\Omega}\right)(4.14\,\text{mA}) = 1.66\,\text{mA}$$

EXAMPLE 4-5

그림 4.6에서 V_{ab}를 구하라.

SOLUTION

$2\,\text{k}\Omega$과 $4\,\text{k}\Omega$은 직렬이므로 직렬합성 저항은 $2\,\text{k}\Omega + 4\,\text{k}\Omega = 6\,\text{k}\Omega$이다. $3\,\text{k}\Omega$, $5\,\text{k}\Omega$, $10\,\text{k}\Omega$도 직렬이므로 직렬합성 저항은 $3\,\text{k}\Omega + 5\,\text{k}\Omega + 10\,\text{k}\Omega = 18\,\text{k}\Omega$이다. 두 직렬합성 저항은 병렬이므로 병렬합성 저항은 $6\,\text{k}\Omega // 18\,\text{k}\Omega = 4.5\,\text{k}\Omega$이다. 이것은 또 $1\,\text{k}\Omega$과 직렬이다. 따라서 $4.5\,\text{k}\Omega$에 걸리는 전압 $V_{4.5\text{k}\Omega}$은 전압분배법칙에 따라

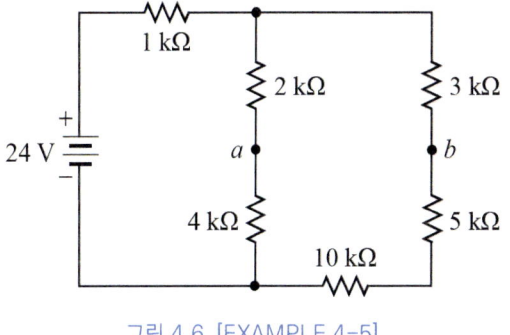

그림 4.6 [EXAMPLE 4-5]

$$V_{4.5\text{k}\Omega} = \left(\frac{4.5\,\text{k}\Omega}{1\,\text{k}\Omega + 4.5\,\text{k}\Omega}\right)(24\,\text{V}) = 19.64\,\text{V}$$

이 전압은 병렬지로에서 같다. 따라서 $4\,\text{k}\Omega$에 걸리는 전압이 a점의 전위 V_a이다.

$$V_a = \left(\frac{4\,\text{k}\Omega}{2\,\text{k}\Omega + 4\,\text{k}\Omega}\right)(19.64\,\text{V}) = 13.1\,\text{V}$$

같은 방법으로 b점의 전위 V_b는

$$V_b = \left(\frac{5\,\text{k}\Omega + 10\,\text{k}\Omega}{3\,\text{k}\Omega + 5\,\text{k}\Omega + 10\,\text{k}\Omega}\right)(19.64\,\text{V}) = 16.4\,\text{V}$$

따라서 V_{ab}는

$$V_{ab} = V_a - V_b = 13.1\,\text{V} - 16.4\,\text{V} = -3.3\,\text{V}$$

EXAMPLE 4-6

그림 4.7의 회로에서 V_{ab}를 구하라.

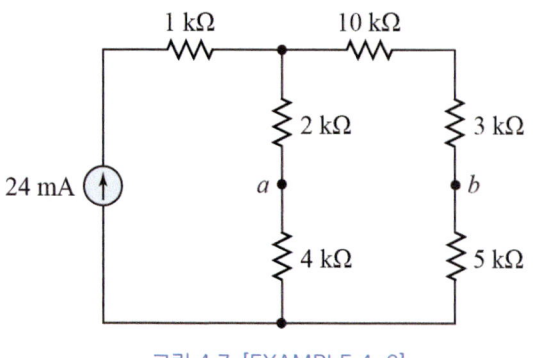

그림 4.7 [EXAMPLE 4-6]

SOLUTION

$2\,k\Omega$과 $4\,k\Omega$은 직렬이므로 직렬합성 저항은 $2\,k\Omega + 4\,k\Omega = 6\,k\Omega$이다. $10\,k\Omega$, $3\,k\Omega$, $5\,k\Omega$도 직렬이므로 직렬합성 저항은 $10\,k\Omega + 3\,k\Omega + 5\,k\Omega = 18\,k\Omega$이다. 두 직렬저항은 병렬이다. a점으로 흐르는 전류 I_a는 전류분배법칙에 따라

$$I_a = \left(\frac{18\,k\Omega}{6\,k\Omega + 18\,k\Omega}\right)(24\,mA) = 18\,mA$$

a점의 전위 V_a는

$$V_a = (4\,k\Omega)I_a = (4\,k\Omega)(18\,mA) = 78\,V$$

b점으로 흐르는 전류 I_b는

$$I_b = 24\,mA - I_a = 24\,mA - 18\,mA = 6\,mA$$

b점의 전위 V_b는

$$V_b = (5\,k\Omega)I_b = (5\,k\Omega)(6\,mA) = 30\,V$$

따라서 V_{ab}는

$$V_{ab} = V_a - V_b = 78\,V - 30\,V = 48\,V$$

EXAMPLE 4-7

그림 4.8의 회로에서 단자 전압 V를 구하라.

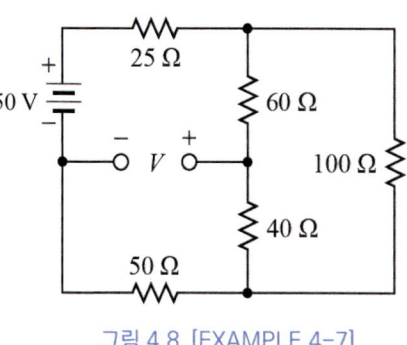

그림 4.8 [EXAMPLE 4-7]

SOLUTION

$60\,\Omega$과 $40\,\Omega$은 직렬이므로 직렬합성 저항은 $60\,\Omega + 40\,\Omega = 100\,\Omega$이다. 이 저항과 $100\,\Omega$은 병렬이므로 병렬합성 저항은 $100\,\Omega // 100\,\Omega = 50\,\Omega$이다. 이 저항과 $25\,\Omega$, $50\,\Omega$은 직렬이므로 직렬합성 저항은 $50\,\Omega + 25\,\Omega + 50\,\Omega = 125\,\Omega$이다. 따라서 회로 전체 전류 I는

$$I = \frac{50\,V}{125\,\Omega} = 0.4\,A$$

$0.4\,A$의 전류는 $25\,\Omega$과 $50\,\Omega$에 흐르는 전류이며, $60\,\Omega$과 $40\,\Omega$에 흐르는 전류는 $100\,\Omega$에 흐르는 전

류와 0.2 A씩 분배된다. KVL을 적용하면

$$-V + V_{40\,\Omega} + V_{50\,\Omega} = 0$$
$$V = V_{40\,\Omega} + V_{50\,\Omega} = (0.2\,\text{A})(40\,\Omega) + (0.4\,\text{A})(50\,\Omega) = 28\,\text{V}$$

또는

$$V - 50\,\text{V} + V_{25\,\Omega} + V_{60\,\Omega} = 0$$
$$V = 50\,\text{V} - V_{25\,\Omega} - V_{60\,\Omega} = 50\,\text{V} - (0.4\,\text{A})(25\,\Omega) - (0.2\,\text{A})(60\,\Omega) = 28\,\text{V}$$

EXAMPLE 4-8

그림 4.9(a)의 회로에서 V_{AB}, V_{BC}, V_{AC}를 구하라.

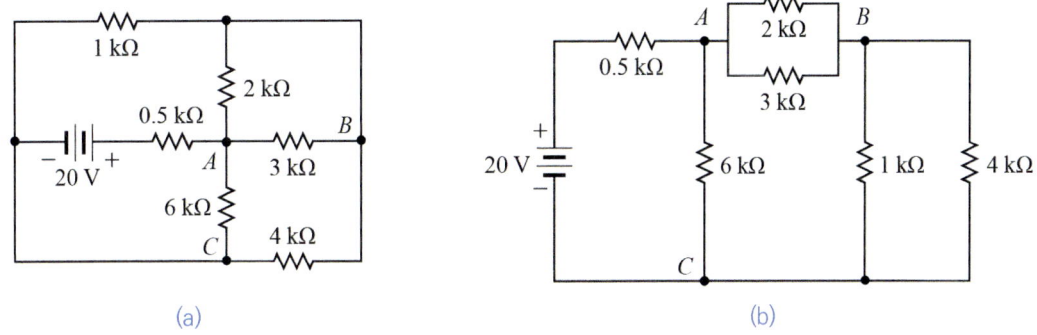

그림 4.9 [EXAMPLE 4-8]

SOLUTION

$2\,\text{k}\Omega$과 $3\,\text{k}\Omega$의 양끝단은 마디 A와 B로 같다. 따라서 병렬이다. $1\,\text{k}\Omega$과 $4\,\text{k}\Omega$도 병렬이다. 이것을 바탕으로 회로를 재구성하면 그림 4.9(b)와 같다. $2\,\text{k}\Omega$과 $3\,\text{k}\Omega$은 병렬이므로 병렬합성 저항은 $R_{AB} = 2\,\text{k}\Omega\,//\,3\,\text{k}\Omega = 1.2\,\text{k}\Omega$이다. $1\,\text{k}\Omega$과 $4\,\text{k}\Omega$은 병렬이므로 병렬합성 저항은 $R_{BC} = 1\,\text{k}\Omega\,//\,4\,\text{k}\Omega = 0.8\,\text{k}\Omega$이다. 두 병렬합성 저항은 직렬이므로 직렬합성 저항은 $1.2\,\text{k}\Omega + 0.8\,\text{k}\Omega = 2\,\text{k}\Omega$이다. 이것은 $6\,\text{k}\Omega$과 병렬이므로 병렬합성 저항은 $R_{AC} = 2\,\text{k}\Omega\,//\,6\,\text{k}\Omega = 1.5\,\text{k}\Omega$이다. 이 저항은 $0.5\,\text{k}\Omega$과 직렬이므로 직렬합성 저항은 $1.5\,\text{k}\Omega + 0.5\,\text{k}\Omega = 2\,\text{k}\Omega$이다.

전압분배법칙을 이용하여 V_{AC}, V_{AB}를 구하면

$$V_{AC} = \frac{R_{AC}}{0.5\,\text{k}\Omega + R_{AC}}(20\,\text{V}) = \left(\frac{1.5\,\text{k}\Omega}{0.5\,\text{k}\Omega + 1.5\,\text{k}\Omega}\right)(20\,\text{V}) = 15\,\text{V}$$

$$V_{AB} = \frac{R_{AB}}{R_{AB} + R_{BC}}(V_{AC}) = \left(\frac{1.2\,\text{k}\Omega}{1.2\,\text{k}\Omega + 0.8\,\text{k}\Omega}\right)(15\,\text{V}) = 9\,\text{V}$$

$$V_{BC} = V_{AC} - V_{AB} = 15\,\text{V} - 9\,\text{V} = 6\,\text{V}$$

EXERCISE

4.1 그림 4.10에서의 회로에서
  (a) 회로 전체 합성 저항을 구하라.
  (b) 1 kΩ에 걸리는 전압을 구하라
  (c) 2 kΩ에서 소비전력을 구하라.

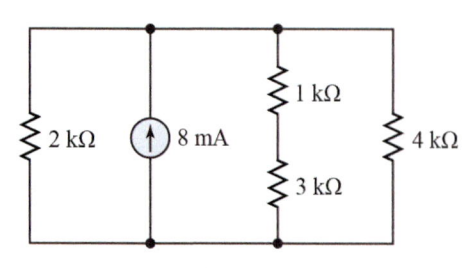

그림 4.10 [EXERCISE 4.1]

4.2 그림 4.11의 회로에서
  (a) 회로 전체 합성 저항을 구하라.
  (b) 1 kΩ에 걸리는 전압을 구하라.
  (c) 6 kΩ에서 소비전력을 구하라.

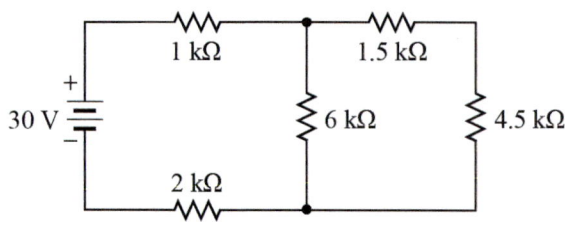

그림 4.11 [EXERCISE 4.2]

4.3 그림 4.12의 회로에서
  (a) 회로 전체 합성 저항을 구하라.
  (b) 3 kΩ에 걸리는 전압을 구하라.
  (c) 0.5 kΩ에서 소비전력을 구하라.

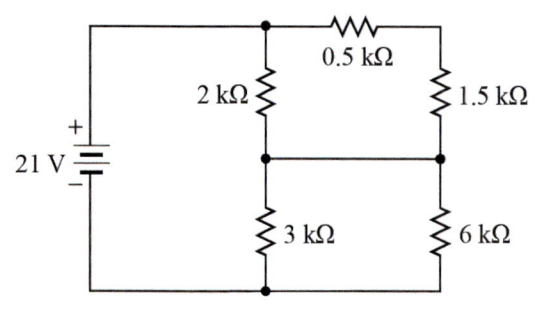

그림 4.12 [EXERCISE 4.3]

4.4 그림 4.13의 회로에서 R에 걸리는 전압이 32 V가 되도록 R 값을 구하라.

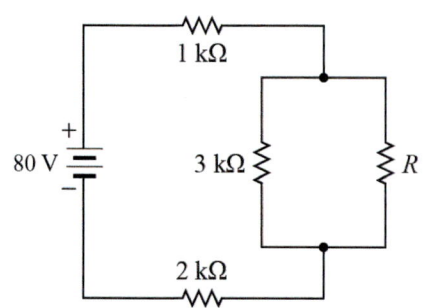

그림 4.13 [EXERCISE 4.4]

4.5 그림 4.14의 회로에서 R에 흐르는 전류가 0.32 A가 되도록 R 값을 구하라.

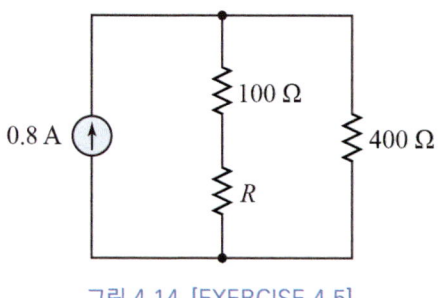

그림 4.14 [EXERCISE 4.5]

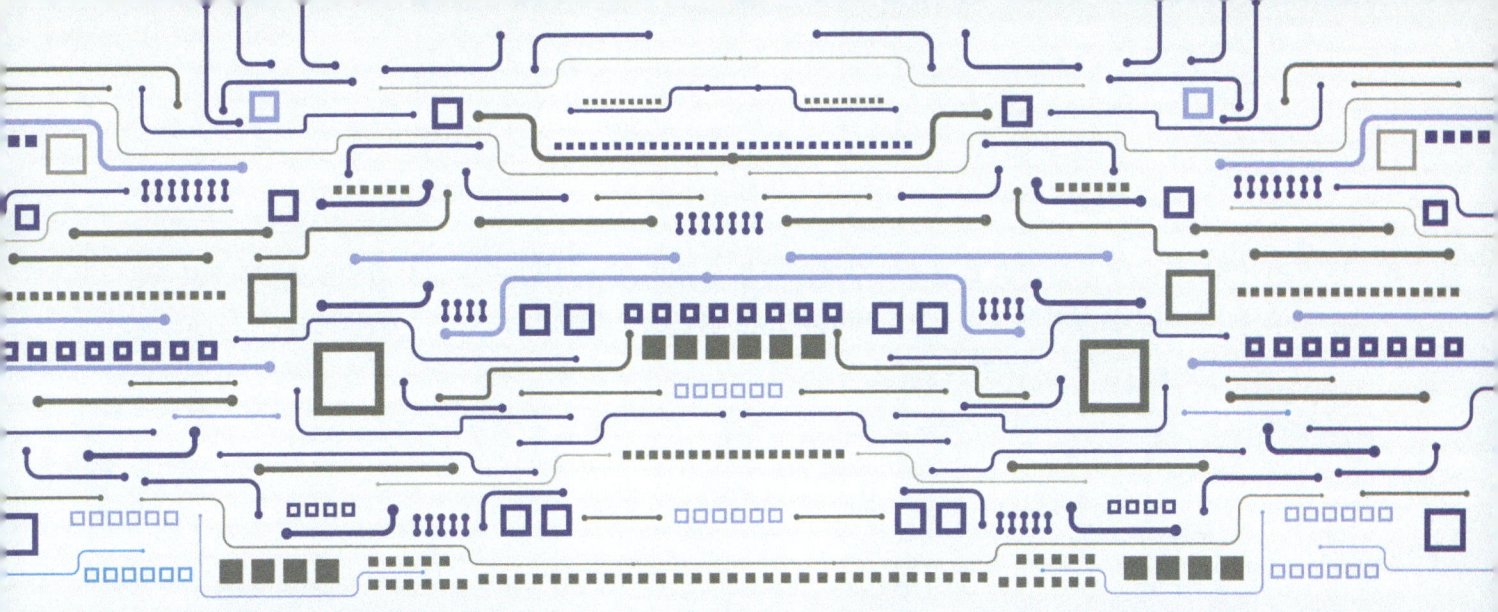

CHAPTER 5

회로망 및 전원의 변환

5.1 $Y-\Delta$ 변환
5.2 전압원과 전류원의 등가 변환
5.3 행렬과 행렬식
5.4 망전류 해석
5.5 마디전압 해석
EXERCISE

5.1 $Y-\Delta$ 변환

전기회로에서 Y 결선 혹은 Δ 결선의 구성을 종종 볼 수가 있다. 이럴 경우에 Y 결선을 Δ 결선으로 바꿔주거나 반대로 Δ 결선을 Y 결선으로 바꿔주면 문제를 쉽게 해결할 수가 있다. 예컨대 그림 5.1과 같은 회로를 어떻게 취급할 것인가?

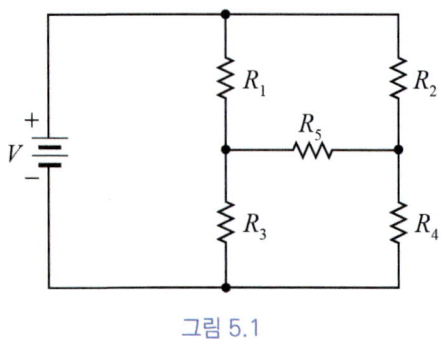

그림 5.1

그림 5.2(a), (c)는 Y 자 형태라고 해서 Y 결선(**성상결선**, 星相結線, star connection)이라고 한다. 그림 5.2(b), (d)는 T 자 형태지만 궁극적으로는 Y 결선에 해당한다.

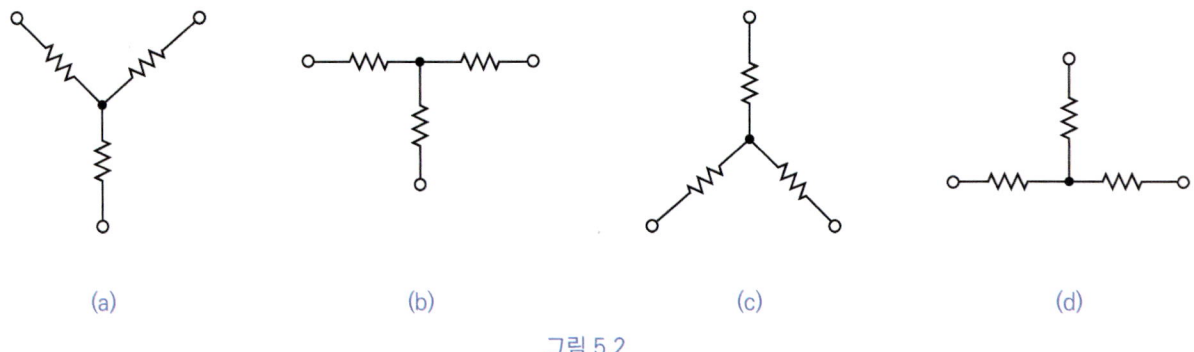

(a)   (b)   (c)   (d)

그림 5.2

그림 5.3(a), (c)는 Δ 형태라고 해서 Δ 결선(**환상결선**, 環相結線, ring connection)이라고 한다. 그림 5.2(b), (d)는 π 자 형태지만 궁극적으로는 Δ 결선에 해당한다.

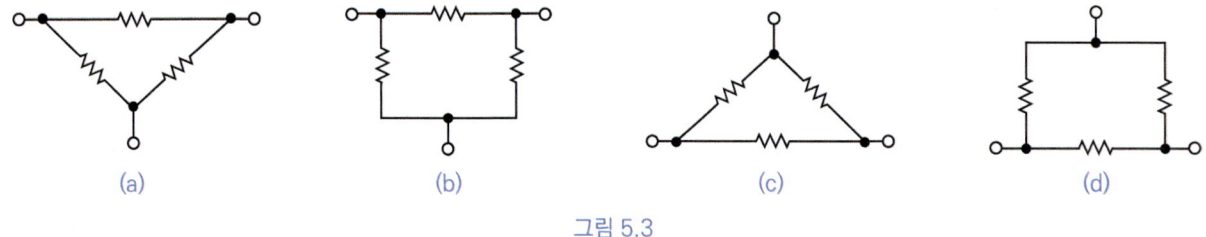

(a)   (b)   (c)   (d)

그림 5.3

그림 5.2와 그림 5.3의 형태가 그림 5.1에 있다. 즉 $R_1 - R_3 - R_5$, $R_2 - R_4 - R_5$는 Y 결선이고, $R_1 - R_2 - R_5$, $R_3 - R_4 - R_5$는 Δ 결선이다. 이런 경우에 결선 변환을 통해서 문제를 해결할 수 있다. 그렇다면 Y 결선을 Δ 결선으로, Δ 결선을 Y 결선으로 어떻게 변환할 수 있는가에 대해서 그림 5.4의 회로를 가지고 변환방법에 대해 설명한다.

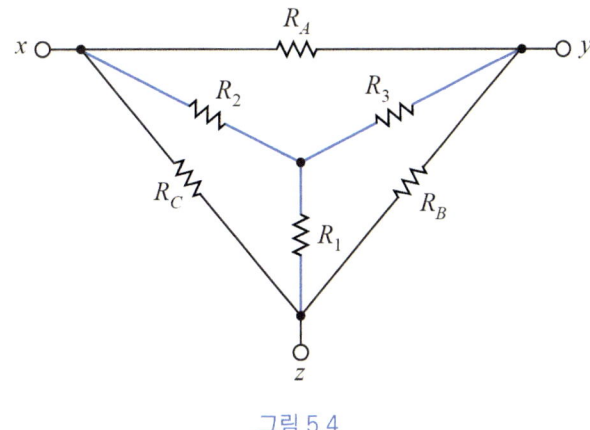

그림 5.4

단자 $x - y$에서 회로로 본 Y 결선 저항은 $R_2 + R_3$, Δ 결선 저항은 $R_A//(R_B + R_C)$이다. 따라서

$$R_2 + R_3 = R_A//(R_B + R_C) = \frac{R_A R_B + R_A R_C}{R_A + R_B + R_C} \tag{5.1a}$$

단자 $y - z$에서 회로로 본 저항은

$$R_3 + R_1 = R_B//(R_A + R_C) = \frac{R_A R_B + R_B R_C}{R_A + R_B + R_C} \tag{5.1b}$$

단자 $x - z$에서 회로로 본 저항은

$$R_1 + R_2 = R_C//(R_A + R_B) = \frac{R_A R_C + R_B R_C}{R_A + R_B + R_C} \tag{5.1c}$$

식 (5.1a), (5.1b), (5.1c)로부터 R_1, R_2, R_3를 구하면

$$R_1 = \frac{R_B R_C}{R_A + R_B + R_C} \tag{5.2a}$$

$$R_2 = \frac{R_A R_C}{R_A + R_B + R_C} \tag{5.2b}$$

$$R_3 = \frac{R_A R_B}{R_A + R_B + R_C} \tag{5.2c}$$

식 (5.2a)~(5.2c)는 Δ 결선을 Y 결선으로 변환하는 식이다.

$R_A = R_B = R_C = R$일 경우

$$R_1 = R_2 = R_3 = \frac{R}{3} \tag{5.3}$$

한편 식 (5.2a), (5.2b), (5.2c)로부터 R_A, R_B, R_C를 구하면

$$R_A = \frac{R_1R_2 + R_2R_3 + R_3R_1}{R_1} \tag{5.4a}$$

$$R_B = \frac{R_1R_2 + R_2R_3 + R_3R_1}{R_2} \tag{5.4b}$$

$$R_C = \frac{R_1R_2 + R_2R_3 + R_3R_1}{R_3} \tag{5.4c}$$

식 (5.4a)~(5.4c)는 Y 결선을 Δ 결선으로 변환하는 식이다.
$R_1 = R_2 = R_3 = R$일 경우

$$R_A = R_B = R_C = 3R \tag{5.5}$$

EXAMPLE 5-1

그림 5.5(a)의 Δ 결선을 Y 결선으로 변환하라.

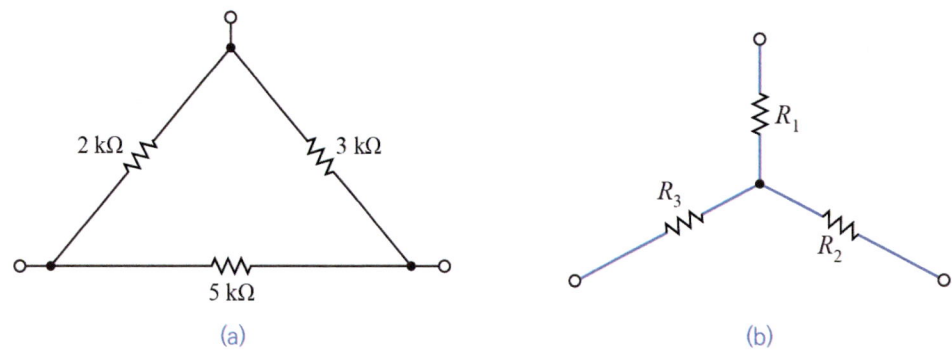

그림 5.5 [EXAMPLE 5-1]

SOLUTION

그림 5.5(a)의 Δ 결선을 Δ 결선을 Y 결선으로 변환하면 그림 5.5(b)와 같이 된다. 이때 Y 결선의 각 저항은 다음과 같이 계산된다.

$$R_1 = \frac{(2\,\text{k}\Omega)(3\,\text{k}\Omega)}{2\,\text{k}\Omega + 3\,\text{k}\Omega + 5\,\text{k}\Omega} = 0.6\,\text{k}\Omega$$

$$R_2 = \frac{(3\,\text{k}\Omega)(5\,\text{k}\Omega)}{2\,\text{k}\Omega + 3\,\text{k}\Omega + 5\,\text{k}\Omega} = 1.5\,\text{k}\Omega$$

$$R_3 = \frac{(2\,\text{k}\Omega)(5\,\text{k}\Omega)}{2\,\text{k}\Omega + 3\,\text{k}\Omega + 5\,\text{k}\Omega} = 1\,\text{k}\Omega$$

EXAMPLE 5-2

그림 5.6(a)의 Y 결선을 Δ 결선으로 변환하라.

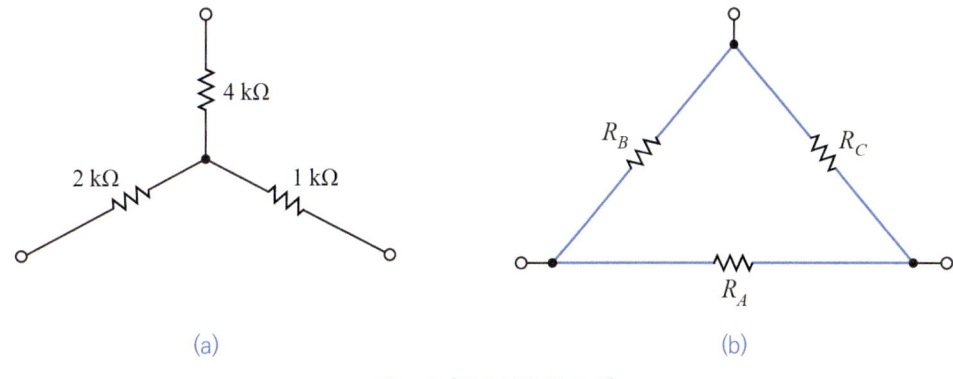

그림 5.6 [EXAMPLE 5-2]

SOLUTION

Y 결선을 Δ 결선으로 변환하면 그림 5.6(b)와 같이 된다. 이때 Δ 결선의 각 저항은

$$R_A = \frac{(1\,\mathrm{k}\Omega)(2\,\mathrm{k}\Omega) + (2\,\mathrm{k}\Omega)(4\,\mathrm{k}\Omega) + (1\,\mathrm{k}\Omega)(4\,\mathrm{k}\Omega)}{4\,\mathrm{k}\Omega} = 4.5\,\mathrm{k}\Omega$$

$$R_B = \frac{(1\,\mathrm{k}\Omega)(2\,\mathrm{k}\Omega) + (2\,\mathrm{k}\Omega)(4\,\mathrm{k}\Omega) + (1\,\mathrm{k}\Omega)(4\,\mathrm{k}\Omega)}{1\,\mathrm{k}\Omega} = 14\,\mathrm{k}\Omega$$

$$R_C = \frac{(1\,\mathrm{k}\Omega)(2\,\mathrm{k}\Omega) + (2\,\mathrm{k}\Omega)(4\,\mathrm{k}\Omega) + (1\,\mathrm{k}\Omega)(4\,\mathrm{k}\Omega)}{2\,\mathrm{k}\Omega} = 7\,\mathrm{k}\Omega$$

그림 5.7(a)는 Δ 결선과 Y 결선을 동시에 가지고 있는 회로이다. Δ 결선을 Y 결선으로 변환하는 과정을 그림 5.7(a~d)에 나타내었다.

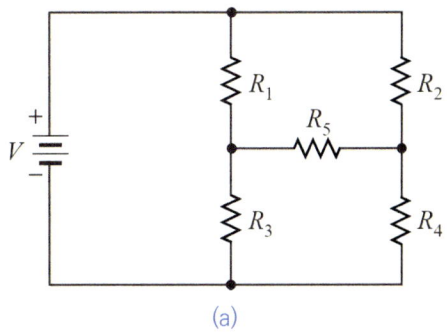
(a)

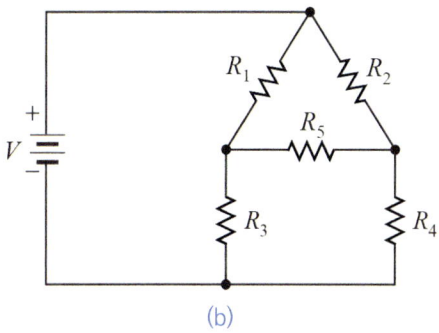
(b)

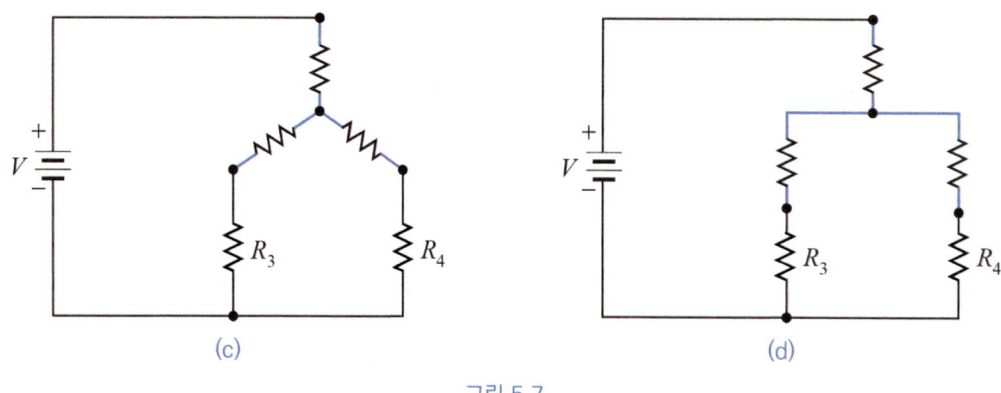

그림 5.7

같은 방법으로 Y 결선을 Δ 결선으로 변환하는 과정을 그림 5.8에 나타내었다.

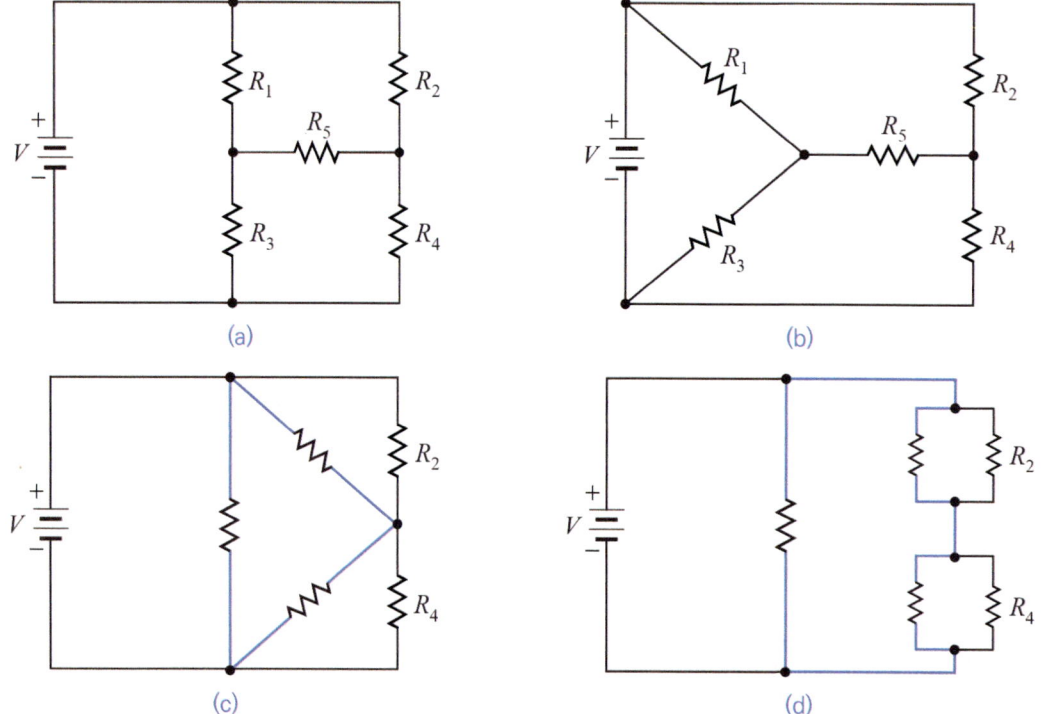

그림 5.8

EXAMPLE 5-3

그림 5.9(a)의 회로에서 전류 I를 구하라.

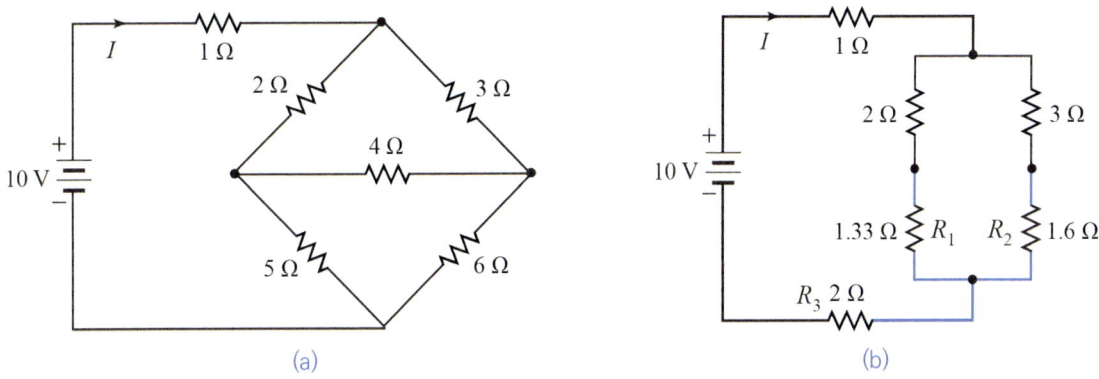

그림 5.9 [EXAMPLE 5-3]

SOLUTION

그림 5.9(a)에서 4 Ω, 5 Ω, 6 Ω으로 구성되는 Δ 결선을 Y 결선으로 변환하여 회로를 재구성하면 그림 5.9(b)와 같이 된다. 이때 Y 결선의 각 저항은 다음과 같이 계산된다.

$$R_1 = \frac{20\ \Omega}{4\ \Omega + 5\ \Omega + 6\ \Omega} = 1.33\ \Omega$$

$$R_2 = \frac{24\ \Omega}{4\ \Omega + 5\ \Omega + 6\ \Omega} = 1.6\ \Omega$$

$$R_3 = \frac{30\ \Omega}{4\ \Omega + 5\ \Omega + 6\ \Omega} = 2\ \Omega$$

그림 5.9(b)에서 2 Ω과 R_1은 직렬이므로 직렬합성 저항은 2 Ω + 1.33 Ω = 3.33 Ω 이다. 3 Ω과 R_2는 직렬이므로 직렬합성 저항은 3 Ω + 1.6 Ω = 4.6 Ω 이다. 두 직렬합성 저항은 병렬이므로 병렬합성 저항은 3.33 Ω//4.6 Ω = 1.93 Ω 이다. 따라서 회로 전체는 직렬회로가 되므로 전류 I는 다음과 같다.

$$I = \frac{10\ \text{V}}{1\ \Omega + 1.93\ \Omega + 2\ \Omega} = 2.03\ \text{A}$$

EXAMPLE 5-4

그림 5.10(a)의 회로에서 5 Ω에 흐르는 전류를 구하라.

SOLUTION

그림 5.10(a)에서 1 Ω, 2 Ω, 3 Ω으로 구성되는 Y 결선을 Δ 결선으로 변환하여 회로를 재구성하면 그림 5.10(b)와 같이 된다. 이때 Δ 결선의 각 저항은 다음과 같이 계산된다.

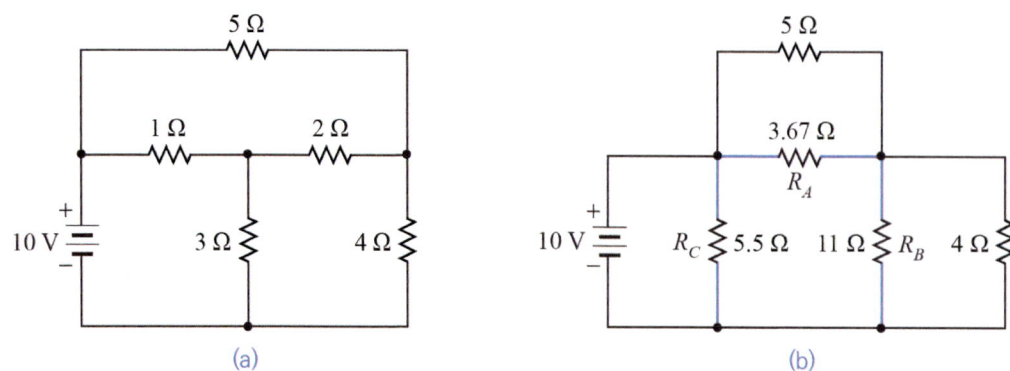

그림 5.10 [EXAMPLE 5-4]

$$R_A = \frac{(1\ \Omega)(2\ \Omega) + (2\ \Omega)(3\ \Omega) + (3\ \Omega)(1\ \Omega)}{3\ \Omega} = 3.67\ \Omega$$

$$R_B = \frac{(1\ \Omega)(2\ \Omega) + (2\ \Omega)(3\ \Omega) + (3\ \Omega)(1\ \Omega)}{1\ \Omega} = 11\ \Omega$$

$$R_C = \frac{(1\ \Omega)(2\ \Omega) + (2\ \Omega)(3\ \Omega) + (3\ \Omega)(1\ \Omega)}{2\ \Omega} = 5.5\ \Omega$$

그림 5.10(b)에서 5 Ω과 R_A는 병렬이므로 병렬합성 저항은 5 Ω//3.67 Ω = 2.12 Ω이다. 4 Ω과 R_B도 병렬이므로 병렬합성 저항은 4 Ω//11 Ω = 2.93 Ω이다. 두 병렬합성 저항은 직렬이므로 직렬합성 저항은 2.13 Ω + 2.93 Ω = 5.06 Ω이다. 직렬합성 저항 5.06 Ω에 10 V가 걸리므로 R_A에 걸리는 전압은 전압분배법칙에 따라

$$V_{R_A} = \left(\frac{2.12\ \Omega}{2.12\ \Omega + 5.06\ \Omega}\right)(10\ V) = 2.95\ V$$

따라서 5 Ω에 흐르는 전류 $I_{5\Omega}$은

$$I_{5\Omega} = \frac{V_{R_A}}{5\ \Omega} = \frac{2.95\ V}{5\ \Omega} = 0.59\ A$$

EXAMPLE 5-5

그림 5.11(a)의 회로에서 2 Ω에 걸리는 전압을 구하라.

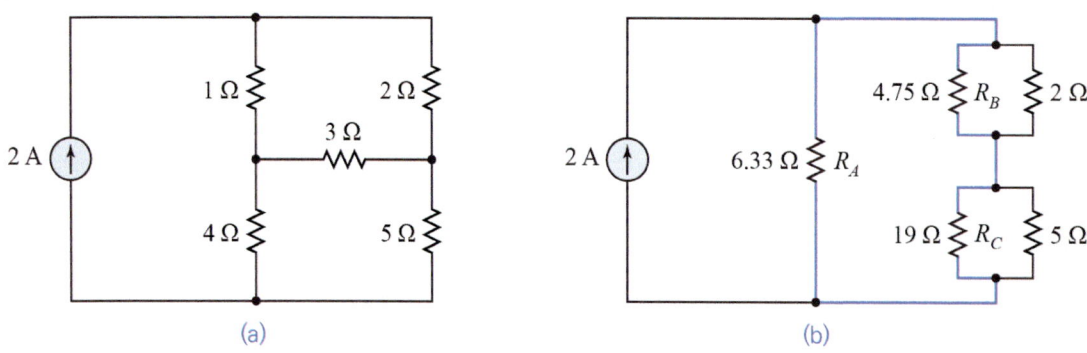

그림 5.11 [EXAMPLE 5-5]

SOLUTION

그림 5.11(a)에서 1 Ω, 3 Ω, 4 Ω 으로 구성되는 Y 결선을 Δ 결선으로 변환하여 회로를 재구성하면 그림 5.11(b)와 같이 된다. 이때 Δ 결선의 각 저항은 다음과 같이 계산된다.

$$R_A = \frac{(1\ \Omega)(3\ \Omega) + (3\ \Omega)(4\ \Omega) + (4\ \Omega)(1\ \Omega)}{3\ \Omega} = 6.33\ \Omega$$

$$R_B = \frac{(1\ \Omega)(3\ \Omega) + (3\ \Omega)(4\ \Omega) + (4\ \Omega)(1\ \Omega)}{4\ \Omega} = 4.75\ \Omega$$

$$R_C = \frac{(1\ \Omega)(3\ \Omega) + (3\ \Omega)(4\ \Omega) + (4\ \Omega)(1\ \Omega)}{1\ \Omega} = 19\ \Omega$$

그림 5.11(b)에서 R_B와 2 Ω은 병렬이므로 병렬합성 저항은 4.75 Ω // 2 Ω = 1.41 Ω 이다. R_C와 5 Ω도 병렬이므로 병렬합성 저항은 19 Ω // 5 Ω = 3.96 Ω 이다. 두 병렬합성 저항은 직렬이므로 직렬합성 저항은 1.41 Ω + 3.96 Ω = 5.37 Ω 이다. 직렬합성 저항 5.37 Ω 에 흐르는 전류 $I_{5.37\Omega}$ 은 전류분배법칙에 따라

$$I_{5.37\Omega} = \left(\frac{6.33\ \Omega}{6.33\ \Omega + 5.37\ \Omega}\right)(2\ \text{A}) = 1.08\ \text{A}$$

2 Ω에 흐르는 전류 $I_{2\Omega}$은 전류분배법칙에 따라

$$I_{2\Omega} = \left(\frac{4.75\ \Omega}{4.75\ \Omega + 2\ \Omega}\right)(I_{5.37\Omega}) = \frac{4.75\ \Omega}{4.75\ \Omega + 2\ \Omega}(1.08\ \text{A}) = 0.76\ \text{A}$$

따라서 2 Ω에 걸리는 전압 $V_{2\Omega}$은

$$V_{2\Omega} = (2\ \Omega)(0.76\ \text{A}) = 1.52\ \text{V}$$

5.2 전압원과 전류원의 등가 변환

전압원을 전류원으로, 전류원을 전압원으로 바꿀 수가 있다. 전압원과 전류원을 모두 포함하는 경우에 같은 전원으로 변환할 필요가 종종 생긴다. **전원 변환**(source conversion)을 통해서 회로해석이 수월해진다. 그림 5.12와 같이 전압원과 저항이 직렬(6장에서 다룰 테브난 등가회로라 일컬음)일 경우에는 전류원과 그 저항이 병렬형태로 변환될 수가 있다. 다시 말해서 전압원의 전압을 직렬저항으로 나눔으로서 전류

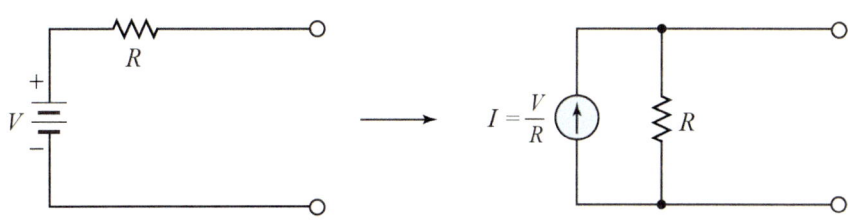

그림 5.12

원으로 변환되고, 직렬저항은 전류원과 병렬로 하면 된다. 변환시에 전원은 모두 등가이다.

또 반대로 그림 5.13과 같이 전류원과 저항이 병렬(6장에서 다룰 노튼 등가회로라 일컬음)일 경우에는 전압원과 그 저항이 직렬형태로 변환될 수가 있다. 다시 말해서 전류원의 전류와 병렬저항을 곱함으로서 전압원으로 변환되고, 병렬저항은 전압원과 직렬로 하면 된다.

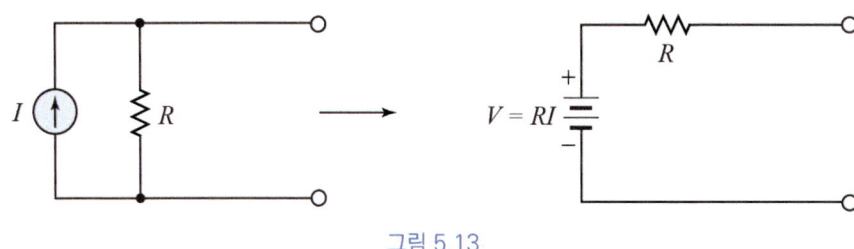

그림 5.13

전원 변환시 주의할 내용은 저항이 전원 변환에 사용된다면 전원 변환 회로에서 그 저항에 흐르는 전류나 걸리는 전압을 계산할 수 없다. [EXAMPLE]을 통해서 확인할 것이다.

EXAMPLE 5-6

그림 5.14(a)의 회로에서

(1) $4\,k\Omega$에 흐르는 전류를 구하라.

(2) 전압원을 전류원으로 바꾸었을 때 $4\,k\Omega$에 흐르는 전류를 구하라.

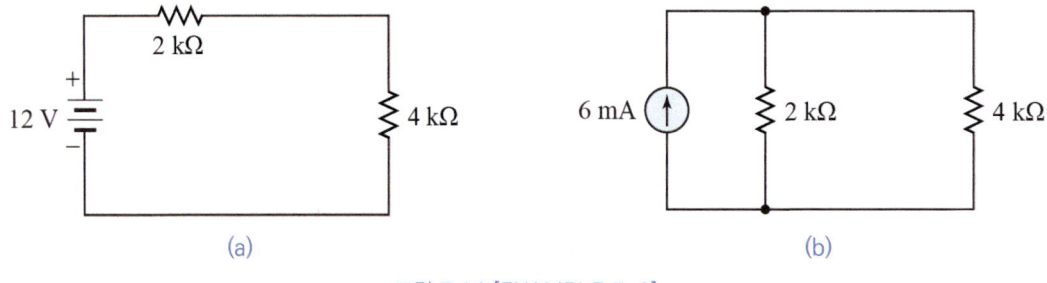

그림 5.14 [EXAMPLE 5-6]

SOLUTION

(1) 그림 5.14(a)의 직렬회로에서 $4\,k\Omega$에 흐르는 전류 $I_{4k\Omega}$은

$$I_{4k\Omega} = \frac{12}{2\,k\Omega + 4\,k\Omega} = 2\,mA$$

이 전류는 $2\,k\Omega$에 흐르는 전류이기 하다.

(2) $4\,k\Omega$에 흐르는 전류를 구하는 문제이므로 $4\,k\Omega$을 전원 변환에 사용할 수 없다. 그래서 그림 5.14(b)와 같이 $2\,k\Omega$을 전원 변환에 사용한다. 그림 5.14(b)와 같이 전류원으로 변환된 회로에서 $4\,k\Omega$에 흐르는 전류 $I_{4k\Omega}$은

$$I_{4\text{k}\Omega} = \left(\frac{2\,\text{k}\Omega}{2\,\text{k}\Omega + 4\,\text{k}\Omega}\right)(6\,\text{mA}) = 2\,\text{mA}$$

그런데 전원 변환에 사용된 $2\,\text{k}\Omega$에 흐르는 전류 $I_{2\text{k}\Omega}$을 계산하면

$$I_{2\text{k}\Omega} = \left(\frac{4\,\text{k}\Omega}{2\,\text{k}\Omega + 4\,\text{k}\Omega}\right)(6\,\text{mA}) = 4\,\text{mA}$$

그림 5.14(a)에서 구한 값과 다르다. 따라서 전원 변환에 사용된 저항에 흐르는 전류를 계산할 때는 변환 회로로부터 구할 수 없다.

EXAMPLE 5-7

그림 5.15(a)의 회로에서

(1) $6\,\text{k}\Omega$에 흐르는 전류를 구하라.

(2) 전류원을 전압원으로 바꾸었을 때 $6\,\text{k}\Omega$에 흐르는 전류를 구하라.

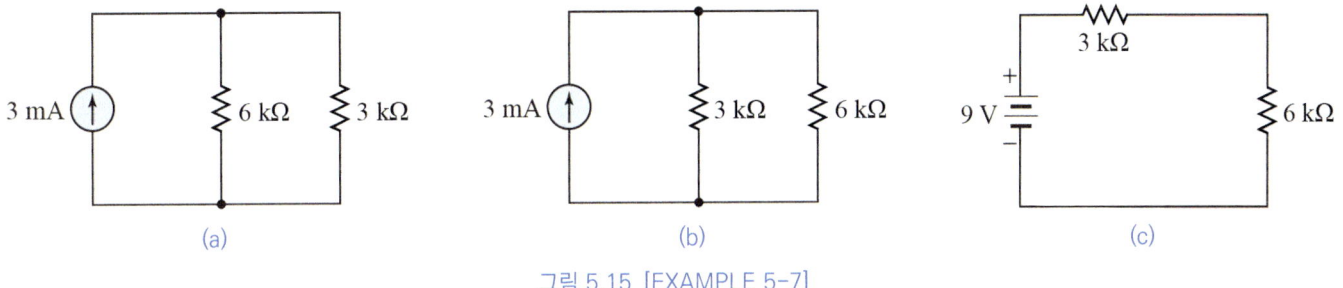

그림 5.15 [EXAMPLE 5-7]

SOLUTION

(1) 그림 5.15(a)에서 $6\,\text{k}\Omega$에 흐르는 전류 $I_{6\text{k}\Omega}$은

$$I_{6\text{k}\Omega} = \left(\frac{3\,\text{k}\Omega}{6\,\text{k}\Omega + 3\,\text{k}\Omega}\right)(3\,\text{mA}) = 1\,\text{mA}$$

(2) $6\,\text{k}\Omega$에 흐르는 전류를 구하는 문제이므로 $6\,\text{k}\Omega$을 전원 변환에 사용할 수 없다. 그래서 그림 5.15(b)와 같이 저항의 위치를 바꾼 다음, $3\,\text{k}\Omega$을 전원 변환에 이용한다. 그림 15(c)와 같이 전압원으로 바꾼다. 이때 $6\,\text{k}\Omega$에 흐르는 전류 $I_{6\text{k}\Omega}$은

$$I_{6\text{k}\Omega} = \frac{9\,\text{V}}{6\,\text{k}\Omega + 3\,\text{k}\Omega} = 1\,\text{mA}$$

이 전류는 그림 15(c)가 직렬회로이므로 $3\,\text{k}\Omega$에 흐르는 전류이기도 하다? 그러나 이것은 옳은 값이 아니다. $3\,\text{k}\Omega$이 전원 변환에 사용되었기 때문에 전원 변환 회로에서 구할 수 없다. 따라서 그림 5.15(a)에서 $3\,\text{k}\Omega$에 흐르는 전류 $I_{3\text{k}\Omega}$을 구하면

$$I_{3\text{k}\Omega} = \left(\frac{6\,\text{k}\Omega}{6\,\text{k}\Omega + 3\,\text{k}\Omega}\right)(3\,\text{mA}) = 2\,\text{mA}$$

어떤 저항에 흐르는 전류를 구할 때 그 저항은 전원 변환에 사용할 수 없다는 점에 유의해야 한다.

EXAMPLE 5-8

그림 5.16(a)의 회로에서 30 Ω에 흐르는 전류를 적당한 전원 변환을 통해서 구하라.

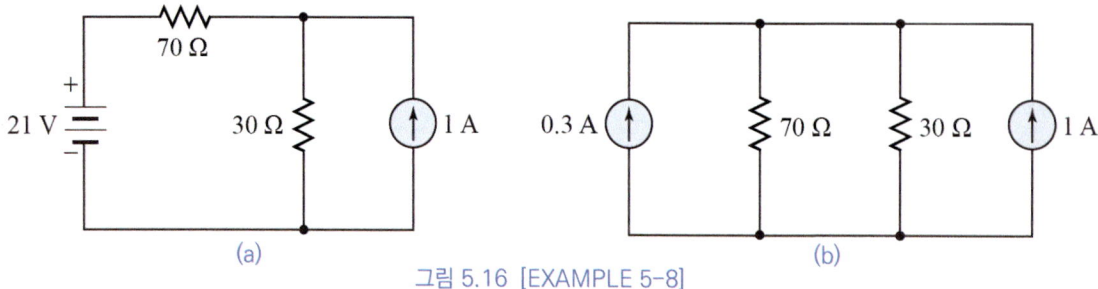

그림 5.16 [EXAMPLE 5-8]

SOLUTION

그림 5.16(a)의 전압원을 그림 5.16(b)와 같이 전류원으로 변환해서 구한다.

30 Ω에 흐르는 전류 $I_{30\Omega}$은

$$I_{30\Omega} = \left(\frac{70 \text{ }\Omega}{70 \text{ }\Omega + 30 \text{ }\Omega}\right)(1 \text{ A} + 0.3 \text{ A}) = 0.91 \text{ A}$$

따라서 30 Ω에 걸리는 전압 $V_{30\Omega}$은

$$V_{30\Omega} = (30 \text{ }\Omega)I_{30\Omega} = (30 \text{ }\Omega)(0.91 \text{ A}) = 27.3 \text{ V}$$

만약에 전류원을 전압으로 변환해서 30 Ω에 걸리는 전압 $V_{30\Omega}$을 구한다면 그것은 옳은 방법이 아니다. 그렇게 해서 $V_{30\Omega}$을 구한다면

$$V_{30\Omega} = \left(\frac{30 \text{ }\Omega}{70 \text{ }\Omega + 30 \text{ }\Omega}\right)(30 \text{ V} - 21 \text{ V}) = 2.7 \text{ V}$$

가 되어 오류를 범하게 된다.

5.3 행렬과 행렬식

전기회로는 복잡 다양하다. 폐회로가 하나인 경우에 문제가 간단히 해결되지만, 2개 이상인 경우에는 차후에 다룰 망전류 해석이나 마디전압 해석에 행렬과 행렬식을 사용하면 변수를 편리하게 구할 수가 있다. 그런 의미에서 행렬과 행렬식에 대해서 간단히 설명한다.

예컨대 다음과 같은 2원 1차 연립 방정식의 해는 굳이 행렬이나 행렬식을 사용하지 않더라도 쉽게 구할 수 있다.

$$\begin{cases} a_{11}x_1 + a_{12}x_1 = c_1 \\ a_{21}x_2 + a_{22}x_1 = c_2 \end{cases} \quad (5.6)$$

여기서 a_{11}, a_{12}, a_{21}, a_{22}, c_1, c_2 는 상수이고, x_1, x_2 는 변수이다.

여기서는 2원 1차 연립 방정식의 해를 행렬식을 이용하여 구하는 방법을 알아보자. 그 후에 3원 1차 연립 방정식의 해를 구하는 것도 문제를 통해서 익히도록 한다.

우선 식 (5.6)을 행렬 방정식으로 나타내보자. 좌변에 있는 계수의 모음을 다음과 같이 둔다. 이것을 계수행렬 A 라고 한다.

$$A = \begin{bmatrix} a_{11} & a_{12} \\ a_{21} & a_{22} \end{bmatrix} \quad (5.7)$$

또 미지수의 모음을 다음과 같이 두고, 이것을 열행렬 X 라고 한다.

$$X = \begin{bmatrix} x_1 \\ x_2 \end{bmatrix} \quad (5.8)$$

마지막으로 우변의 상수의 모음을 다음과 같이 두고, 이것을 상수 행렬 C 라고 한다.

$$C = \begin{bmatrix} c_1 \\ c_2 \end{bmatrix} \quad (5.9)$$

따라서 식 (5.6)을 다음과 같이 행렬 방정식으로 나타낼 수 있다.

$$\begin{bmatrix} a_{11} & a_{12} \\ a_{21} & a_{22} \end{bmatrix} \begin{bmatrix} x_1 \\ x_2 \end{bmatrix} = \begin{bmatrix} c_1 \\ c_2 \end{bmatrix} \quad (5.10)$$

혹은 $\quad AX = C \quad (5.11)$

식 (5.11)로부터 열행렬 X 를 구하면 미지수 x_1, x_2가 구해진다.

$$X = A^{-1}C \quad (5.12)$$

여기서 A^{-1}는 계수행렬 A 의 역행렬이다.

EXAMPLE 5-9

다음 방정식을 행렬을 이용하여 풀어라.

$$\begin{cases} 3I_1 + 2I_2 = 4 \\ I_1 - I_2 = 3 \end{cases} \quad \cdots\cdots ①$$

SOLUTION

행렬 방정식으로 나타내면

$$\begin{bmatrix} 3 & 2 \\ 1 & -1 \end{bmatrix} \begin{bmatrix} I_1 \\ I_2 \end{bmatrix} = \begin{bmatrix} 4 \\ 3 \end{bmatrix} \quad \cdots\cdots\cdots ②$$

$$AI = C, \quad I = A^{-1}C \quad \cdots\cdots\cdots ③$$

계수행렬의 행렬식, 즉 계수 행렬식을 Δ라고 하면

$$\Delta = \begin{vmatrix} 3 & 2 \\ 1 & -1 \end{vmatrix} = -3 - 2 = -5 \quad \cdots\cdots\cdots ④$$

$$A^{-1} = \frac{1}{\Delta}\begin{bmatrix} -1 & -2 \\ -1 & 3 \end{bmatrix} = \frac{1}{-5}\begin{bmatrix} -1 & -2 \\ -1 & 3 \end{bmatrix} = \begin{bmatrix} 1/5 & 2/5 \\ 1/5 & -3/5 \end{bmatrix} \quad \cdots\cdots ⑤$$

⑤식을 ③식에 대입하면

$$\begin{bmatrix} I_1 \\ I_2 \end{bmatrix} = \begin{bmatrix} 1/5 & 2/5 \\ 1/5 & -3/5 \end{bmatrix}\begin{bmatrix} 4 \\ 3 \end{bmatrix} = \begin{bmatrix} 2 \\ -1 \end{bmatrix}$$

$I_1 = 2, I_2 = -1$

다음은 행렬식을 이용하여 해를 구하는 방법에 대해 알아보자. 식 (5.10)을 다시 한번 쓰면

$$\begin{bmatrix} a_{11} & a_{12} \\ a_{21} & a_{22} \end{bmatrix}\begin{bmatrix} x_1 \\ x_2 \end{bmatrix} = \begin{bmatrix} c_1 \\ c_2 \end{bmatrix}$$

계수 행렬식 Δ_a는

$$\Delta_a = \begin{vmatrix} a_{11} & a_{12} \\ a_{21} & a_{22} \end{vmatrix} \tag{5.13}$$

행렬식의 성질에 따라 $x_1 \Delta_a$는 다음과 같이 된다. 즉 임의의 열에 x_2배 한 열을 그 앞 열에 더해도 행렬식의 값이 변하지 않는다.

$$x_1 \Delta_a = \begin{vmatrix} x_1 a_{11} & a_{12} \\ x_1 a_{21} & a_{22} \end{vmatrix} = \begin{vmatrix} x_1 a_{11} + x_2 a_{12} & a_{12} \\ x_1 a_{21} + x_2 a_{22} & a_{22} \end{vmatrix} = \begin{vmatrix} c_1 & a_{12} \\ c_2 & a_{22} \end{vmatrix} \tag{5.14}$$

x_1은 다음과 같이 구해진다.

$$x_1 = \frac{\begin{vmatrix} c_1 & a_{12} \\ c_2 & a_{22} \end{vmatrix}}{\Delta_a}$$ (5.15a)

$\Delta_a \neq 0$이다. 유사한 방법으로

$$x_2 = \frac{\begin{vmatrix} a_{11} & c_1 \\ a_{21} & c_2 \end{vmatrix}}{\Delta_a}$$ (5.15b)

이와 같은 해법을 **Cramer 규칙** 또는 **Cramer 공식**이라고 한다.

EXAMPLE 5-10

[EXAMPLE 5-9]를 Cramer 공식을 이용하여 풀어라.

$$\begin{cases} 3I_1 + 2I_2 = 4 \\ I_1 - I_2 = 3 \end{cases}$$

SOLUTION

계수 행렬식 Δ_a는

$$\Delta_a = \begin{vmatrix} 3 & 2 \\ 1 & -1 \end{vmatrix} = -3 - 2 = -5$$

$$I_1 = \frac{\begin{vmatrix} 4 & 2 \\ 3 & -1 \end{vmatrix}}{\Delta_a} = \frac{-10}{-5} = 2$$

$$I_2 = \frac{\begin{vmatrix} 3 & 4 \\ 1 & 3 \end{vmatrix}}{\Delta_a} = \frac{5}{-5} = -1$$

[EXAMPLE 5-9], [EXAMPLE 5-10]에서 같은 문제에 대해 두 가지 방법으로 풀어 보았다. 어느 것을 선택할 것인가는 많은 연습을 통해서 스스로 결정하여야 한다.

5.4 망전류 해석

다수의 전원을 가지는 회로에서 전류나 전압을 구하는 데는 망전류 해석법(mesh current analysis)이 있다. 이것은 망이 정해지면 망에 KVL을 이용하여 망전류 방정식을 세우고 그것을 푸는 것이다. 망전류 해석을 하기 위해서는 첫 번째, 전류원을 전압원으로 변환한다. 두 번째, 망을 정하고, 망에 I_1, I_2, ⋯ 와 같은 망전류 기호를 표기한다. 세 번째, 각 망에 대해서 KVL을 적용하여 미지의 I_1, I_2, ⋯ 를 포함하는 망전류 방정식을 세운다. 방정식의 수는 망의 수와 같게, 즉 변수 수와 같게 한다.

망전류 방정식을 어떻게 세우는지 세 개의 회로망 1, 2, 3으로 구성된 그림 5.17을 통해서 알아보자.

ⅰ) 망의 수는 지로의 수(the number of branch: b)와 마디의 수(the number of node: n)로부터 다음 식으로 계산된다.

$$\text{망의 수} = b - n + 1 \tag{5.16}$$

그림 5.17에서 $b = 5$, $n = 3$이므로 망의 수는 3개가 된다.

ⅱ) 각 망에 전류 기호 I_1, I_2, I_3를 나타낸다. 전류의 방향은 편리성과 일관성을 유지하기 위해서 시계방향(clockwise)으로 잡는다. 방정식을 풀어서 전류가 음의 값이 나오면 전류의 방향을 반대로 하면 된다.

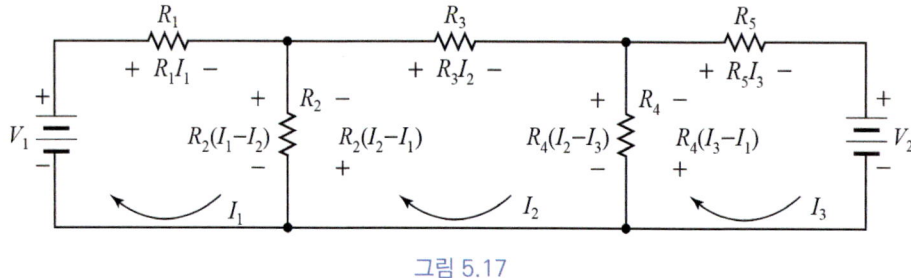

그림 5.17

ⅲ) 망전류 방정식에는 KVL이 적용되므로 각 망에 KVL을 적용한다. 저항에서 전압강하의 극성은 저항에 전류가 들어가는 방향에 + 전위, 나오는 방향에 − 전위를 표시한다.

망 1에는 전압원 V_1이 있으며, R_1에는 전류 I_1만 흐르므로 R_1에 전압강하는 $R_1 I_1$, R_2에는 전류 I_1과 I_2가 서로 반대 방향으로 흐르므로 R_2에 전압강하는 $R_2(I_1 - I_2)$이다. 전압강하의 합은 0이므로

$$R_1 I_1 + R_2(I_1 - I_2) - V_1 = 0 \tag{5.17a}$$

망 2에는 전압원이 없으며, R_2에는 전류 I_1과 I_2가 반대 방향으로 흐르므로 R_2에 전압강하는 $R_2(I_2 - I_1)$이다. R_3에는 전류 I_2만 흐르므로 R_3에 전압강하는 $R_3 I_2$, R_4에는 전류 I_2와 I_3가 반대 방향으로 흐르므로 R_4에 전압강하는 $R_4(I_2 - I_3)$이다. 전압강하의 합은 0이므로

$$R_2(I_2 - I_1) + R_3 I_2 + R_4(I_2 - I_3) = 0 \tag{5.17b}$$

망 3에는 전압원 V_2가 있으며, R_4에는 전류 I_2와 I_3가 서로 반대 방향으로 흐르므로, R_4에 전압강하는 $R_4(I_3 - I_2)$이다. R_5에는 I_3만 흐르므로 R_5에 전압강하는 $R_5 I_3$이다. 전압강하의 합은 0이므로

$$R_4(I_3 - I_2) + R_5 I_3 + V_3 = 0 \tag{5.17c}$$

iv) 식 (5.17a)~(5.17c)를 연립 방정식 형태로 정리하여 앞서 다룬 행렬과 행렬식을 이용함으로써 미지수 I_1, I_2, I_3를 구할 수 있다.

망전류 방정식을 세워 한번은 정리해야 하는 번거로움을 피하기 위해 바로 정형화된 망전류 방정식을 세우는 방법(일명 **다이렉트법**)에 대해 알아보자.

망 1에서 I_1에 연결된 모든 저항의 합에 의한 전압강하를 $\left(\sum R_i\right)I_1$, 망 1과 망 2 사이에 연결된 모든 저항의 합에 의한 전압강하를 $\left(\sum R_i\right)I_2$ (전류의 방향이 같으면 +, 반대면 −), 망 1과 망 3 사이에 연결된 모든 저항의 합에 의한 전압강하를 $\left(\sum R_i\right)I_3$를 모두 더한 것은 전압원의 합과 같다(전압원의 부호가 전류와 같은 방향이면 +, 반대면 − 이다). 같은 방법으로 망 2, 3에도 동일하게 적용한다. 이 방법을 쓰면 결과적으로 다음과 같이 한 번에 정형화된 연립 방정식 형태가 된다.

$$\begin{cases} (R_1+R_2)I_1 - R_2I_2 + (0)I_3 = V_1 \\ -R_1I_1 + (R_2+R_3+R_4)I_2 - R_4I_3 = 0 \\ (0)I_1 - R_4I_2 + (R_4+R_5)I_3 = -V_2 \end{cases} \quad (5.18)$$

식 (5.18)은 식 (5.17a)~(5.17c)를 정리한 것과 같다.

한편 망전류를 다르게 선택할 수 있다. 그림 5.18과 같이 전류 루프를 정하면 같은 결과를 얻을 수 있고, R_2에 흐르는 전류가 바로 망전류 I_1이 된다는 단순함이 있다. 망전류 방정식을 세우면

$$\begin{cases} (R_1+R_2)I_1 + R_1I_2 + (0)I_3 = V_1 \\ R_1I_1 + (R_1+R_3+R_4)I_2 + R_4I_3 = V_1 \\ (0)I_1 + R_4I_2 + (R_4+R_5)I_3 = V_2 \end{cases} \quad (5.19)$$

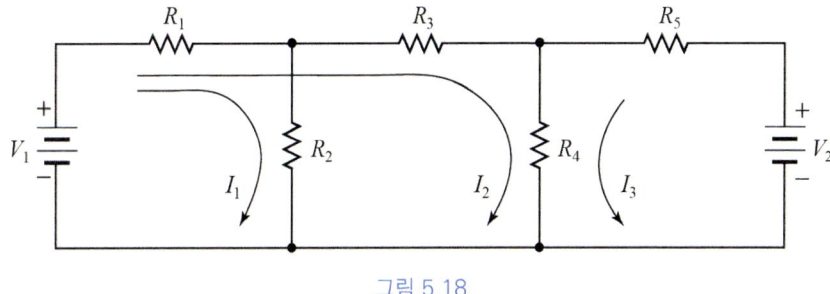

그림 5.18

망전류 해석은 예제를 통해서 개념을 이해하고, 숙달하는 것이 가장 좋은 방법이다.

EXAMPLE 5-11

그림 5.19(a)의 회로에서 각 저항에 흐르는 전류를 구하라.

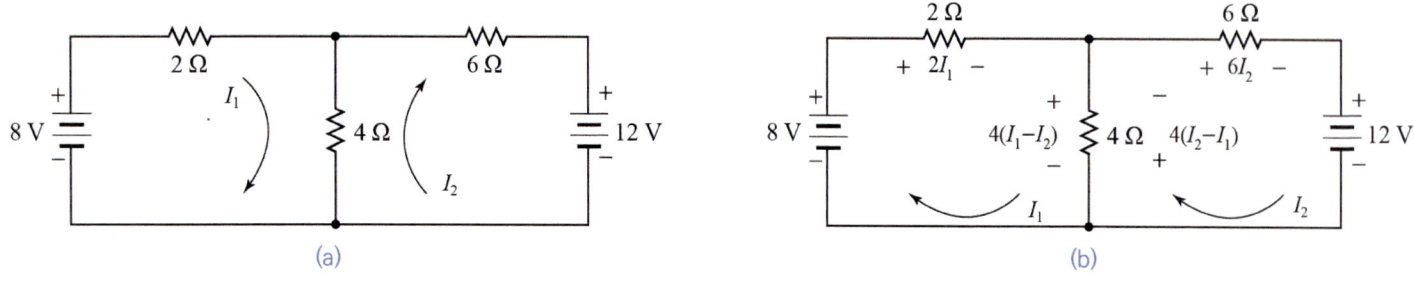

그림 5.19 [EXAMPLE 5-11]

SOLUTION

그림 5.19(a)에서 각 저항에 나타나는 전압강하를 나타낸 것이 그림 5.19(b)이다. 각 망에 KVL을 적용하면

$$\begin{cases} 2I_1 + 4(I_1 - I_2) - 8 = 0 \\ 6I_2 + 4(I_2 - I_1) + 12 = 0 \end{cases}$$

위 식을 정리하여 정형화된 망전류 방정식으로 나타내면

$$\begin{cases} 6I_1 - 4I_2 = 8 \\ -4I_1 + 10I_2 = -12 \end{cases}$$

다이렉트법을 이용하면 다음과 같이 망전류 방정식을 바로 얻을 수 있다.

$$\begin{cases} (2+4)I_1 - 4I_2 = 8 \\ -4I_1 + (6+4)I_2 = -12 \end{cases}$$

계수 행렬식 Δ는

$$\Delta = \begin{vmatrix} 6 & -4 \\ -4 & 10 \end{vmatrix} = 60 - 16 = 44$$

$$I_1 = \frac{\begin{vmatrix} 8 & -4 \\ -12 & 10 \end{vmatrix}}{\Delta} = \frac{80 - 48}{44} = 0.73 \text{ A}$$

$$I_2 = \frac{\begin{vmatrix} 6 & 8 \\ -4 & -12 \end{vmatrix}}{\Delta} = \frac{-72 + 32}{44} = -0.91 \text{ A}$$

따라서 2Ω에 흐르는 전류는 $I_1 = 0.73\,\text{A}$, 6Ω에 흐르는 전류는 $I_2 = -0.91\,\text{A}$, 4Ω에 흐르는 전류는 $I_1 - I_2 = 0.73\,\text{A} - (-0.91\,\text{A}) = 1.64\,\text{A}$이다. 음의 전류값은 전류의 방향이 반대임을 나타낸다.

만약 망전류를 그림 5.18처럼 했을 때 망전류 방정식은

$$\begin{cases}(2+4)I_1 + 2I_2 = 8 \\ 2I_1 + (2+6)I_2 = -4\end{cases}$$

4Ω에 흐르는 전류는 I_1이 된다. 그 결과 $I_1 = 1.64\,\text{A}$로 앞의 경우보다는 간단히 얻어진다.

📋 EXAMPLE 5-12

그림 5.20(a)의 회로에서

(1) 망전류 방정식을 세워라.
(2) 행렬형태의 식으로 나타내라.
(3) 망전류를 구하라.

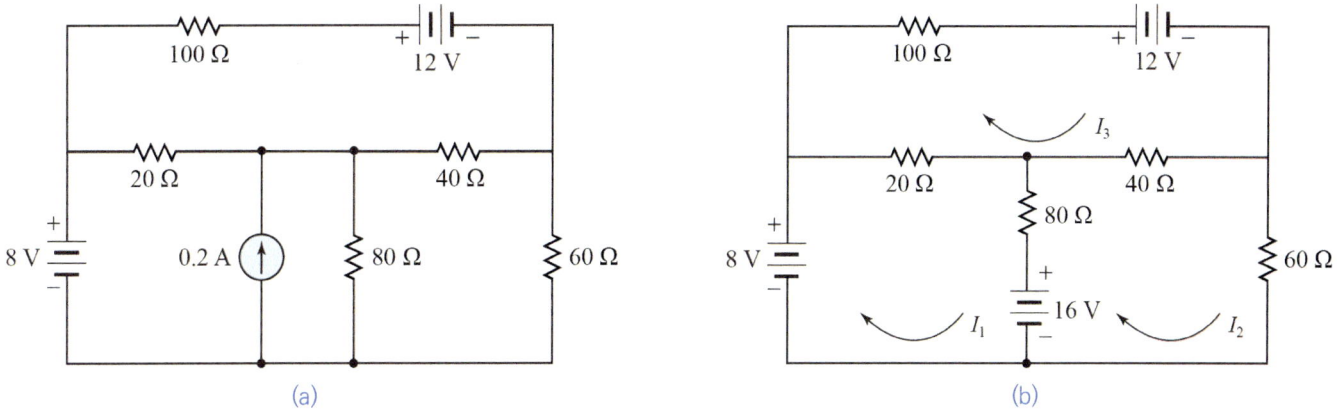

그림 5.20 [EXAMPLE 5-12]

SOLUTION

(1) 그림 5.20(a)에서 전류원을 전압원으로 변환시킨 것이 그림이 5.20(b)이다.

각 망에 KVL을 적용하면

$$\begin{cases}20(I_1 - I_3) + 80(I_1 - I_2) + 16 - 8 = 0 \\ 80(I_2 - I_1) + 40(I_2 - I_3) + 60I_2 - 16 = 0 \\ 20(I_3 - I_1) + 40(I_3 - I_2) + 100I_3 + 12 = 0\end{cases}$$

위 식을 정리하여 정형화된 망전류 방정식으로 나타내면

$$\begin{cases}100I_1 - 80I_2 - 20I_3 = -8 \\ -80I_1 + 180I_2 - 40I_3 = 16 \\ -20I_1 - 40I_2 + 160I_3 = -12\end{cases}$$

다이렉트법을 이용하면 다음과 같이 망전류 방정식을 바로 얻을 수 있다.

$$\begin{cases}(20+80)I_1 - 80I_2 - 20I_3 = -8 \\ -80I_1 + (40+60+80)I_2 - 40I_3 = 16 \\ -20I_1 - 40I_2 + (20+40+100)I_3 = -12\end{cases}$$

(2) 계수행렬 A

$$A = \begin{bmatrix} 100 & -80 & -20 \\ -80 & 180 & -40 \\ -20 & -40 & 160 \end{bmatrix}$$

열행렬 I는

$$I = \begin{bmatrix} I_1 \\ I_2 \\ I_3 \end{bmatrix}$$

상수 행렬 C는

$$C = \begin{bmatrix} -8 \\ 16 \\ -12 \end{bmatrix}$$

따라서 행렬 형태는

$$\begin{bmatrix} 100 & -80 & -20 \\ -80 & 180 & -40 \\ -20 & -40 & 160 \end{bmatrix} \begin{bmatrix} I_1 \\ I_2 \\ I_3 \end{bmatrix} = \begin{bmatrix} -8 \\ 16 \\ -12 \end{bmatrix}$$

$AI = C$

(3) $I = A^{-1}C$

계수 행렬식 Δ는

$$\Delta = \begin{vmatrix} 100 & -80 & -20 \\ -80 & 180 & -40 \\ -20 & -40 & 160 \end{vmatrix} = 100\begin{vmatrix} 180 & -40 \\ -40 & 160 \end{vmatrix} + 80\begin{vmatrix} -80 & -40 \\ -20 & 160 \end{vmatrix} - 20\begin{vmatrix} -80 & 180 \\ -20 & -40 \end{vmatrix}$$

$= 100(27200) + 80(-13600) - 20(6800) = 1496000$

$$A^{-1} = \frac{1}{\Delta} \begin{bmatrix} \begin{vmatrix} 180 & -40 \\ -40 & 160 \end{vmatrix} & -\begin{vmatrix} -80 & -20 \\ -40 & 160 \end{vmatrix} & \begin{vmatrix} -80 & -20 \\ 180 & -40 \end{vmatrix} \\ -\begin{vmatrix} -80 & -40 \\ -20 & 160 \end{vmatrix} & \begin{vmatrix} 100 & -20 \\ -20 & 160 \end{vmatrix} & -\begin{vmatrix} 100 & -20 \\ -80 & -40 \end{vmatrix} \\ \begin{vmatrix} -80 & 180 \\ -20 & -40 \end{vmatrix} & -\begin{vmatrix} 100 & -80 \\ -20 & -40 \end{vmatrix} & \begin{vmatrix} 100 & -80 \\ -80 & 180 \end{vmatrix} \end{bmatrix}$$

$$= \frac{1}{1496000} \begin{bmatrix} 27200 & 13600 & 6800 \\ 13600 & 15600 & 5600 \\ 6800 & 5600 & 11600 \end{bmatrix} = 10^{-3} \begin{bmatrix} 18.2 & 9.1 & 4.5 \\ 9.1 & 10.4 & 3.7 \\ 4.5 & 3.7 & 7.7 \end{bmatrix}$$

$$\begin{bmatrix} I_1 \\ I_2 \\ I_3 \end{bmatrix} = 10^{-3} \begin{bmatrix} 18.2 & 9.1 & 4.5 \\ 9.1 & 10.4 & 3.7 \\ 4.5 & 3.7 & 7.7 \end{bmatrix} \begin{bmatrix} -8 \\ 16 \\ -12 \end{bmatrix} = 10^{-3} \begin{bmatrix} -54.0 \\ 49.2 \\ -69.2 \end{bmatrix}$$

따라서 $I_1 = -54.0\,\mathrm{mA}$, $I_2 = 49.2\,\mathrm{mA}$, $I_3 = -69.2\,\mathrm{mA}$이다. I_1과 I_3의 전류 방향은 애초에 잡은 것과는 반대 방향(즉, 반시계방향)이다.

5.5 마디전압 해석

다수의 전원을 가지는 회로에서 전류나 전압을 구하는 데는 **마디전압 해석법**(node voltage analysis)이 있다. 이것은 임의의 마디에서 KCL을 이용하여 마디전압 방정식을 세우고 그것을 푸는 것이다. 마디는 두 개 또는 그 이상의 부품이나 전원이 결합되는 부분을 말한다. 마디전압 해석을 하기 위해서는 첫 번째, 경우에 따라 전압원을 전류원으로 변환한다. 두 번째, 기준 마디(즉 접지)를 정하고, 나머지 마디에 V_1, V_2, $\cdots$ 와 같은 마디전압 기호를 표기한다. 세 번째, 각각 마디에 대해서 KCL을 적용하여 미지의 V_1, V_2, $\cdots$ 를 포함하는 마디전압 방정식을 세운다. 방정식의 수는 미지의 V_1, V_2, $\cdots$ 수와 같게 한다. 마디전압 방정식을 어떻게 세우는지 그림 5.21을 통해서 알아보자.

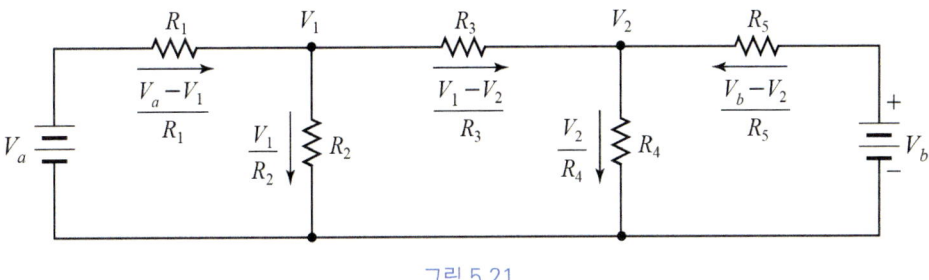

그림 5.21

ⅰ) 마디의 수(the number of node)는 전체 마디의 수(n)로부터 다음 식으로 계산된다.

   마디의 수 $= n - 1$ (5.20)

   그림 5.21에서 $n = 3$이므로 마디의 수는 2개가 된다.

ⅱ) 마디마다 전위 기호를 붙인다. 마디 1의 전위를 V_1, 마디 2의 전위를 V_2를 표시한다.

   기준 마디(reference node)전위는 0으로 한다.

ⅲ) 각 마디에 KCL을 적용한다. 마디에 들어오는 전류의 합 = 마디에서 나가는 전류의 합은 같다. 이 때 마디 사이의 저항을 통해서 흐르는 전류 I는 높은 전압의 마디(V_1)에서 낮은 전압의 마디(V_2)로 흐르므로 $(V_1 - V_2)/R$와 같다.

   마디 1에서 들어오는 전류는 R_1에 흐르는 전류로 $(V_a - V_1)/R_1$, 나가는 전류는 R_2에 흐르는 전류로 V_1/R_2, R_3에 흐르는 전류로 $(V_1 - V_2)/R_3$이다. 따라서

$$\frac{V_a - V_1}{R_1} = \frac{V_1}{R_2} + \frac{V_1 - V_2}{R_3} \quad \text{(마디 1)} \tag{5.21a}$$

   마디 2에서 들어오는 전류는 R_3에 흐르는 전류로 $(V_1 - V_2)/R_3$, R_5에 흐르는 전류 $(V_b - V_2)/R_5$, 나가는 전류는 R_4에 흐르는 전류로 V_2/R_4이다. 따라서

$$\frac{V_1 - V_2}{R_3} + \frac{V_b - V_2}{R_5} = \frac{V_2}{R_4} \quad \text{(마디 2)} \tag{5.21b}$$

식 (5.21a), (5.21b)를 연립 방정식 형태로 정리하여 앞서 다룬 행렬과 행렬식을 이용함으로써 미지수 V_1, V_2를 구할 수 있다.

마디전압 방정식을 세워 한번은 정리해야 하는 번거로움을 피하기 위해 바로 정형화된 마디전압 방정식을 세우는 방법(일명 **다이렉트법**)에 대해 알아보자.

마디 1에 연결되는 각 지로 저항의 역수의 합에 의한 전류를 $\left(\sum \frac{1}{R_i}\right)V_1$, 마디 1과 마디 2 사이에 연결된 각 지로 저항의 역수의 합에 의한 전류를 $\left(-\sum \frac{1}{R_i}\right)V_2$, 마디 1과 마디 3 사이에 연결된 각 저항의 역수의 합에 의한 전류를 $\left(-\sum \frac{1}{R_i}\right)V_3$를 모두 더한 것은 마디 1에 연결된 전류원의 합과 같다. 이때 구동 전류원의 부호는 마디 1에 들어가는 방향이면 +, 나오는 방향이면 −이다. 같은 방법으로 마디 2, 3에서도 동일하게 적용한다. 이 방법을 쓰면 결과적으로 다음과 같이 한번에 정형화된 마디전압 방정식 형태가 된다.

$$\begin{cases} \left(\dfrac{1}{R_1} + \dfrac{1}{R_2} + \dfrac{1}{R_3}\right)V_1 - \dfrac{1}{R_3}V_2 = \dfrac{V_a}{R_1} \\ -\dfrac{1}{R_3}V_1 + \left(\dfrac{1}{R_3} + \dfrac{1}{R_4} + \dfrac{1}{R_5}\right)V_2 = \dfrac{V_b}{R_5} \end{cases} \tag{5.22}$$

식 (5.22)는 식 (5.21a), (5.21b)를 정리한 것과 같다.

마디전압 해석은 망전류 해석과 마찬가지로 예제를 통해서 개념을 이해하고, 숙달하는 것이 가장 좋은 방법이다.

EXAMPLE 5-13

그림 5.22의 회로에서

(a) 마디전압 방정식을 다이렉트법에 따라 세우고, 각 저항에 걸리는 전압과 전류를 구하라.
(b) 두 개의 마디전압 방정식을 일반적인 방법에 따라 세우고, 4 Ω 에 걸리는 전압을 구하라.
(c) 망전류 해석법으로 4 Ω 에 걸리는 전압을 구하라.

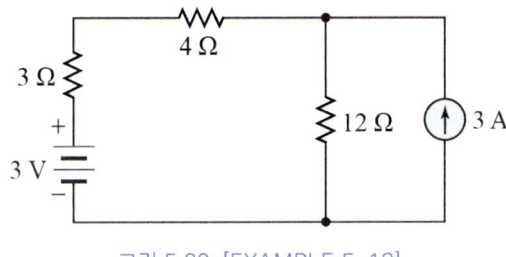

그림 5.22 [EXAMPLE 5-13]

SOLUTION

(a) 마디는 하나뿐이며, 마디 1에서 다이렉트법에 따라 마디전압 방정식을 쓰면

$$\left(\frac{1}{3\,\Omega + 4\,\Omega} + \frac{1}{12\,\Omega}\right)V_1 = \frac{3\,\text{V}}{3\,\Omega + 4\,\Omega} + 3\,\text{A}$$

V_1을 구하면

$$V_1 = 15.16\,\text{V}$$

3Ω과 4Ω 에는 전압원 3 V와 $V_1 = 15.16$ V의 차가 걸리므로 전압분배법칙에 따라 3Ω 에 걸리는 전압 $V_{3\Omega}$과 흐르는 전류 $I_{3\Omega}$은

$$V_{3\Omega} = \left(\frac{3\,\Omega}{3\,\Omega + 4\,\Omega}\right)(15.16\,\text{V} - 3\,\text{V}) = 5.21\,\text{V}, \quad I_{3\Omega} = \frac{5.21\,\text{V}}{3\,\Omega} = 1.74\,\text{A}\,\downarrow$$

4Ω 에 걸리는 전압 $V_{4\Omega}$과 흐르는 전류 $I_{4\Omega}$은

$$V_{4\Omega} = \left(\frac{4\,\Omega}{3\,\Omega + 4\,\Omega}\right)(15.16\,\text{V} - 3\,\text{V}) = 6.95\,\text{V}, \quad I_{4\Omega} = \frac{6.95\,\text{V}}{4\,\Omega} = 1.74\,\text{A} = I_{3\Omega}\leftarrow$$

12Ω 에 걸리는 전압 $V_{12\Omega}$과 흐르는 전류 $I_{12\Omega}$은

$$V_{12\Omega} = V_1 = 15.16\,\text{V}, \quad I_{12\Omega} = \frac{15.16\,\text{V}}{12\,\Omega} = 1.26\,\text{A}\,\downarrow$$

$$I_{12\Omega} + I_{4\Omega} = 3\,\text{A}\,(\text{전류원})$$

(b) 그림 5.22의 회로에서 전압원을 전류원으로 변환시킨 것이 그림 5.22-1이다.

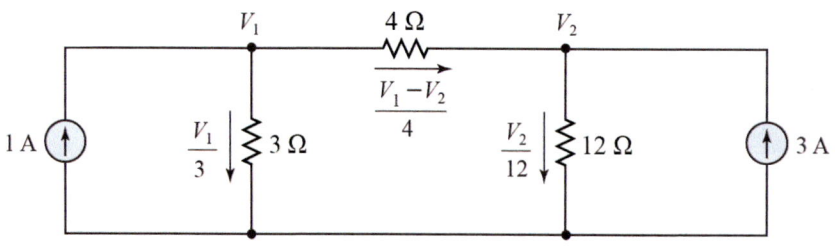

그림 5.22-1 [EXAMPLE 5-13]

각 마디에 KCL을 적용하면

$$1 = \frac{V_1}{3} + \frac{V_1 - V_2}{4} \quad \text{(마디 1)}$$

$$\frac{V_1 - V_2}{4} + 3 = \frac{V_2}{12} \quad \text{(마디 2)}$$

위 식을 정리하여 정형화된 마디전압 방정식으로 나타내면

$$\begin{cases} 7V_1 - 3V_2 = 12 \\ 3V_1 - 4V_2 = -36 \end{cases}$$

다이렉트법을 이용하면 다음과 같이 마디전압 방정식을 바로 얻을 수 있다.

$$\begin{cases} \left(\frac{1}{3} + \frac{1}{4}\right)V_1 - \frac{1}{4}V_2 = 1 \\ -\frac{1}{4}V_1 + \left(\frac{1}{4} + \frac{1}{12}\right)V_2 = 3 \end{cases} \rightarrow \begin{cases} 7V_1 - 3V_2 = 12 \\ -3V_1 + 4V_2 = 36 \end{cases}$$

계수 행렬식 Δ는

$$\Delta = \begin{vmatrix} 7 & -3 \\ 3 & -4 \end{vmatrix} = -28 + 9 = -19$$

$$V_1 = \frac{\begin{vmatrix} 12 & -3 \\ -36 & -4 \end{vmatrix}}{\Delta} = \frac{-156}{-19} = 8.21 \text{ V}$$

$$V_2 = \frac{\begin{vmatrix} 7 & 12 \\ 3 & -36 \end{vmatrix}}{\Delta} = \frac{-288}{-19} = 15.16 \text{ V}$$

$$V_{4\Omega} = V_2 - V_1 = 15.16 \text{ V} - 8.21 \text{ V} = 6.95 \text{ V}$$

(c) 이런 경우에는 전류원을 전압원으로 변환하여 구하는 것이 유리하다. 그림 5.22의 회로를 그림 5.22-2와 같이 바꾼다. 전압분배법칙에 따라 4Ω에 걸리는 전압 $V_{4\Omega}$은

$$V_{4\Omega} = \left(\frac{4\ \Omega}{3\ \Omega + 4\ \Omega + 12\ \Omega}\right)(36\ \text{V} - 3\ \text{V}) = 6.95\ \text{V}$$

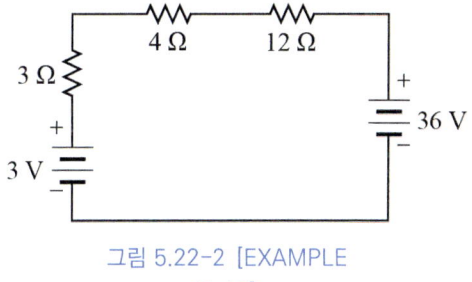

그림 5.22-2 [EXAMPLE 5-13]

EXAMPLE 5-14

그림 5.23(a)의 회로에서

(1) 마디전압 방정식을 세워라.
(2) 마디전압을 구하라.
(3) $6\ \text{k}\Omega$의 저항에 흐르는 전류를 구하라.
(4) 마디전압 해석법이 아닌 다른 방법으로 $6\ \text{k}\Omega$의 저항에 흐르는 전류를 구하라.

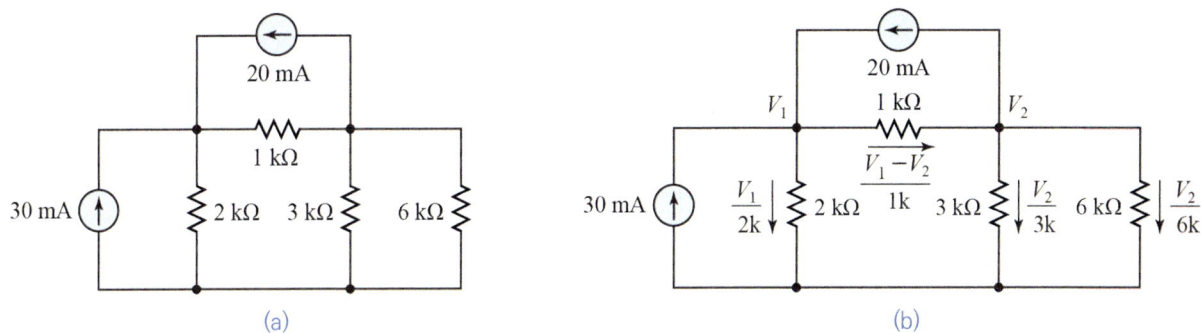

그림 5.23 [EXAMPLE 5-14]

SOLUTION

(1) 그림 5.23(b)는 마디전압과 각 저항에서 전류방향을 그린 회로이다. 각 마디에 KCL을 적용하면

$$30 \times 10^{-3} + 20 \times 10^{-3} = \frac{V_1}{2 \times 10^3} + \frac{V_1 - V_2}{1 \times 10^3} \quad \text{(마디 1)}$$

$$\frac{V_1 - V_2}{1 \times 10^3} = 20 \times 10^{-3} + \frac{V_2}{3 \times 10^3} + \frac{V_2}{6 \times 10^3} \quad \text{(마디 2)}$$

위 식을 정리하면 다음과 같이 정형화된 마디전압 방정식을 얻는다.

$$\begin{cases} 3V_1 - 2V_2 = 100 \\ 2V_1 - 3V_2 = 40 \end{cases}$$

다이렉트법을 이용하면 다음과 같이 마디전압 방정식을 바로 얻을 수 있다.

$$\begin{cases} \left(\dfrac{1}{2\times 10^3}+\dfrac{1}{1\times 10^3}\right)V_1 - \dfrac{1}{1\times 10^3}V_2 = (20+30)\times 10^{-3} \\ -\dfrac{1}{1\times 10^3}V_1 + \left(\dfrac{1}{1\times 10^3}+\dfrac{1}{3\times 10^3}+\dfrac{1}{6\times 10^3}\right)V_2 = -20\times 10^{-3} \end{cases}$$

$$\rightarrow \begin{cases} 3V_1 - 2V_2 = 100 \\ -2V_1 + 3V_2 = -40 \end{cases}$$

(2) 계수 행렬식 Δ는

$$\Delta = \begin{vmatrix} 3 & -2 \\ 2 & -3 \end{vmatrix} = -9+4 = -5$$

$$V_1 = \dfrac{\begin{vmatrix} 100 & -2 \\ 40 & -3 \end{vmatrix}}{\Delta} = \dfrac{-120}{-5} = 24\,\text{V}$$

$$V_2 = \dfrac{\begin{vmatrix} 3 & 100 \\ 2 & 40 \end{vmatrix}}{\Delta} = \dfrac{-80}{-5} = 16\,\text{V}$$

(3) $I_{6\text{k}\Omega} = \dfrac{V_2}{6\,\text{k}\Omega} = \dfrac{16\,\text{V}}{6\,\text{k}\Omega} = 2.67\,\text{mA} \downarrow$

(4) 이런 경우에는 전류원을 전압원으로 변환하여 구하는 것이 유리하다. 그림 5.23(a)의 회로를 그림 5.23-1과 같이 바꾸면 보다 단순화된 직·병렬회로가 된다. 회로에 KVL을 적용하여 회로 전체 전류 I를 구하면

$$(2\,\text{k}\Omega + 1\,\text{k}\Omega + 3\,\text{k}\Omega // 6\,\text{k}\Omega)I - 60 + 20 = 0$$

$$I = \dfrac{40\,\text{V}}{5\,\text{k}\Omega} = 8\,\text{mA}$$

따라서 $6\,\text{k}\Omega$에 흐르는 전류 $I_{6\text{k}\Omega}$은

$$I_{6\text{k}\Omega} = \left(\dfrac{3\,\text{k}\Omega}{3\,\text{k}\Omega + 6\,\text{k}\Omega}\right)(8\,\text{mA})$$

$$= 2.67\,\text{mA} \downarrow$$

앞에서 구한 것과 동일한 결과를 얻는다.

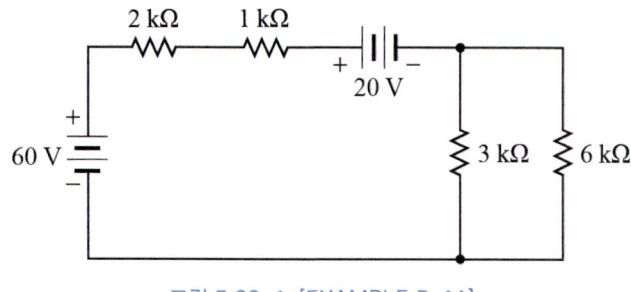

그림 5.23-1 [EXAMPLE 5-11]

EXAMPLE 5-15

그림 5.24의 회로에서

(a) 마디전압 방정식을 다이렉트법에 따라 세워서 각 저항에 흐르는 전류를 구하라.
(b) 망전류 방정식을 다이렉트법에 따라 세워서 각 저항에 흐르는 전류를 구하라.
(c) 마디전압 방정식과 망전류 방정식으로 구한 전류를 비교하라.

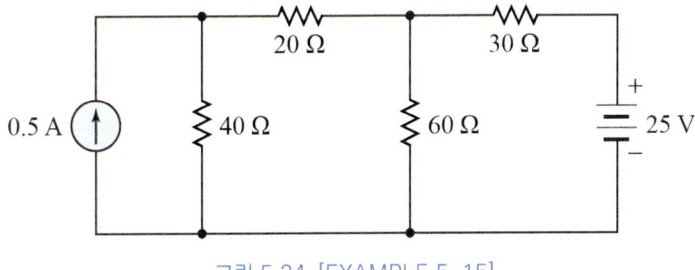

그림 5.24 [EXAMPLE 5-15]

SOLUTION

(a) 마디전압 방정식 세우기

$$\begin{cases} \left(\dfrac{1}{20} + \dfrac{1}{40}\right)V_1 - \dfrac{1}{20}V_2 = 0.5 \\ -\dfrac{1}{2}V_1 + \left(\dfrac{1}{20} + \dfrac{1}{30} + \dfrac{1}{60}\right)V_2 = \dfrac{25}{30} \end{cases} \rightarrow \begin{cases} 3V_1 - 2V_2 = 20 \\ -3V_1 + 6V_2 = 50 \end{cases}$$

계수 행렬식 Δ는

$$\Delta = \begin{vmatrix} 3 & -2 \\ -3 & 6 \end{vmatrix} = 18 - 6 = 12$$

$$V_1 = \dfrac{\begin{vmatrix} 20 & -2 \\ 50 & 6 \end{vmatrix}}{\Delta} = \dfrac{220}{12} = 18.33 \text{ V}$$

$$V_2 = \dfrac{\begin{vmatrix} 3 & 20 \\ -3 & 50 \end{vmatrix}}{\Delta} = \dfrac{210}{12} = 17.5 \text{ V}$$

$I_{40\,\Omega} = \dfrac{V_1}{40} = \dfrac{18.33}{40} = 0.46 \text{ A} \downarrow, \quad I_{20\,\Omega} = \dfrac{V_1 - V_2}{20} = \dfrac{0.83}{20} = 0.042 \text{ A} \rightarrow$

$I_{60\,\Omega} = \dfrac{V_2}{60} = \dfrac{17.5}{60} = 0.29 \text{ A} \downarrow, \quad I_{30\,\Omega} = \dfrac{25 - V_2}{30} = \dfrac{7.5}{30} = 0.25 \text{ A} \leftarrow$

(b) 망전류 방정식 세우기

전류원을 전압원으로 변환하면 그림 5.24-1과 같다. 다이렉트법으로 망전류 방정식을 세우면

$$\begin{cases}(40+20+60)I_1 - 60I_2 = 20 \\ -60I_1 + (30+60)I_2 = -25\end{cases}$$

$$\rightarrow \begin{cases}120I_1 - 60I_2 = 20 \\ -60I_1 + 90I_2 = -25\end{cases}$$

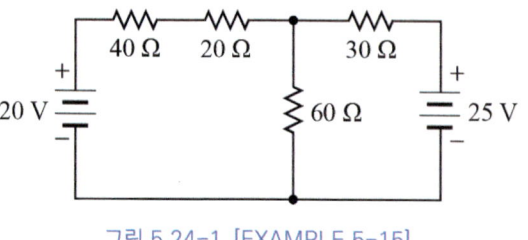

그림 5.24-1 [EXAMPLE 5-15]

계수 행렬식 Δ는

$$\Delta = \begin{vmatrix} 120 & -60 \\ -60 & 90 \end{vmatrix} = 7200$$

$$I_1 = \frac{\begin{vmatrix} 20 & -60 \\ -25 & 90 \end{vmatrix}}{\Delta} = \frac{300}{7200} = 0.042\,\text{A}$$

$$I_2 = \frac{\begin{vmatrix} 120 & 20 \\ -60 & -25 \end{vmatrix}}{\Delta} = \frac{-1800}{7200} = -0.25\,\text{A}$$

$I_{20\Omega} = I_1 = 0.042\,\text{A} \rightarrow$, $I_{60\Omega} = I_1 - I_2 = 0.041 - (-0.25) = 0.29\,\text{A} \downarrow$

$I_{30\Omega} = -I_2 = 0.25\,\text{A} \leftarrow$, $I_{40\Omega} = 0.5 - I_1 = 0.5 - 0.042 = 0.46\,\text{A} \downarrow$

(c) 같은 결과이다. 유의할 점은 그림 5.24-1에서 저항 40 Ω에 흐르는 전류는 20 Ω에 흐르는 전류는 같지가 않다. 이것은 40 Ω이 소스 변환(source conversion)을 통해서 20 Ω과 직렬연결이 된 것이므로 40 Ω에 흐르는 전류는 그림 5.24를 통해서 구해야 한다.

EXAMPLE 5-16

그림 5.25의 회로에서 마디전압 방정식을 다이렉트법에 따라 세워서 각 지로에 흐르는 전류를 구하라.

SOLUTION

마디전압 방정식 세우기

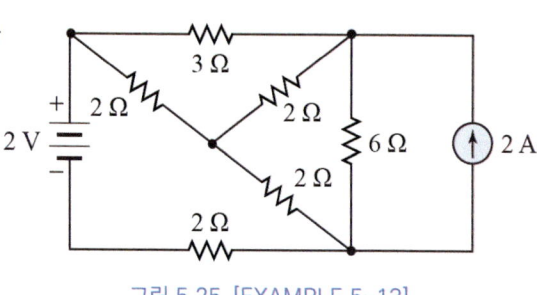

그림 5.25 [EXAMPLE 5-13]

$$\begin{cases}\left(\dfrac{1}{2}+\dfrac{1}{2}+\dfrac{1}{3}\right)V_1-\dfrac{1}{3}V_2-\dfrac{1}{2}V_3=\dfrac{2}{2}\\ -\dfrac{1}{3}V_1+\left(\dfrac{1}{2}+\dfrac{1}{3}+\dfrac{1}{6}\right)V_2-\dfrac{1}{2}V_3=2\\ -\dfrac{1}{2}V_1-\dfrac{1}{2}V_2+\left(\dfrac{1}{2}+\dfrac{1}{2}+\dfrac{1}{2}\right)V_3=0\end{cases} \rightarrow \begin{cases}8V_1-2V_2-3V_3=6\\ -2V_1+6V_2-3V_3=12\\ -V_1-V_2+3V_3=0\end{cases}$$

계수 행렬식 Δ는

$$\Delta=\begin{vmatrix}8 & -2 & -3\\ -2 & 6 & -3\\ -1 & -1 & 3\end{vmatrix}=78$$

$$V_1=\dfrac{1}{\Delta}\begin{vmatrix}6 & -2 & -3\\ 12 & 6 & -3\\ 0 & -1 & 3\end{vmatrix}=\dfrac{198}{78}=2.54\text{ V}$$

$$V_2=\dfrac{1}{\Delta}\begin{vmatrix}8 & 6 & -3\\ -2 & 12 & -3\\ -1 & 0 & 3\end{vmatrix}=\dfrac{252}{78}=3.92\text{ V}$$

$$V_3=\dfrac{1}{\Delta}\begin{vmatrix}8 & -2 & 6\\ -2 & 6 & 12\\ -1 & -1 & 0\end{vmatrix}=\dfrac{168}{78}=2.15\text{ V}$$

V_2와 V_1 사이의 지로, $I_{2\to 1}=\dfrac{V_2-V_1}{3}=\dfrac{3.92-2.54}{3}=0.46\text{ A}\leftarrow$

V_1과 V_3 사이의 지로, $I_{1\to 3}=\dfrac{V_1-V_3}{2}=\dfrac{2.54-2.15}{2}=0.2\text{ A}$

V_2와 V_3 사이의 지로, $I_{2\to 3}=\dfrac{V_2-V_3}{2}=\dfrac{3.92-2.15}{2}=0.89\text{ A}$

V_2와 기준 마디(rn) 사이의 지로, $I_{2\to rn}=\dfrac{V_2-0}{6}=\dfrac{3.92-0}{6}=0.65\text{ A}$

V_3과 기준 마디(rn) 사이의 지로, $I_{3\to rn}=\dfrac{V_3-0}{2}=\dfrac{2.15-0}{2}=1.09\text{ A}$

V_1과 기준 마디(rn) 사이의 지로, $I_{1\to rn}=I_{2\to 1}-I_{1\to 3}=0.46-0.2=0.26\text{ A}$

검증: 마디 2에서 전류 합은 0, 즉 $I_{2\to 1}+I_{2\to 3}+I_{2\to rn}=2\text{ A}$ (전류원)

마디 3에서 전류 합은 0, 즉 $I_{1\to 3}+I_{2\to 3}=I_{3\to rn}$

기준 마디(rn)에서 전류 합은 0, 즉 $I_{1\to rn}+I_{3\to rn}+I_{2\to rn}=2\text{ A}$ (전류원)

EXERCISE

5.1 그림 5.26과 같은 결선에서
  (a) R_A, R_B, R_C를 구하라.
  (b) R_1, R_2, R_3를 구하라.

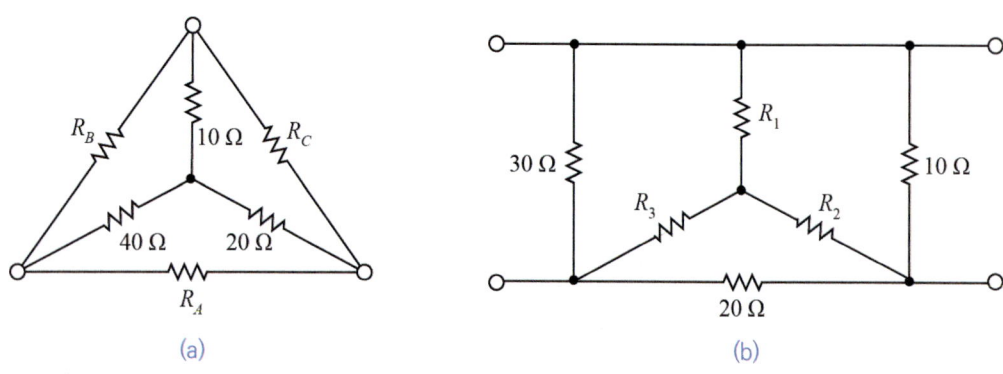

그림 5.26 [EXERCISE 5.1]

5.2 그림 5.27의 회로에서 전원 변환을 통해서 30 Ω에 걸리는 전압을 구하라.

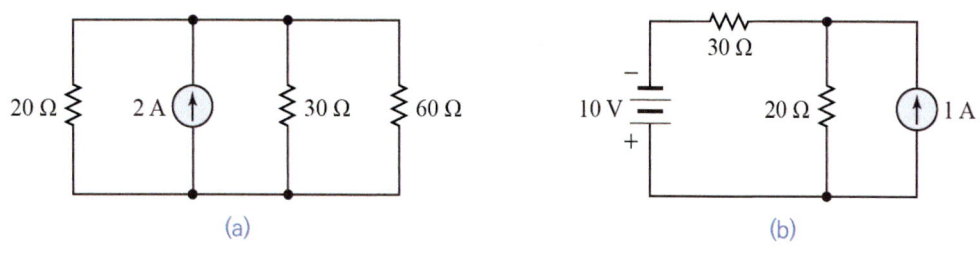

그림 5.27 [EXERCISE 5.2]

5.3 그림 5.28의 회로에서 망전류 방정식을 이용하여
  (a) 6 kΩ에 흐르는 전류와 걸리는 전압을 구하라.
  (b) 4 Ω에 걸리는 전압을 구하라.

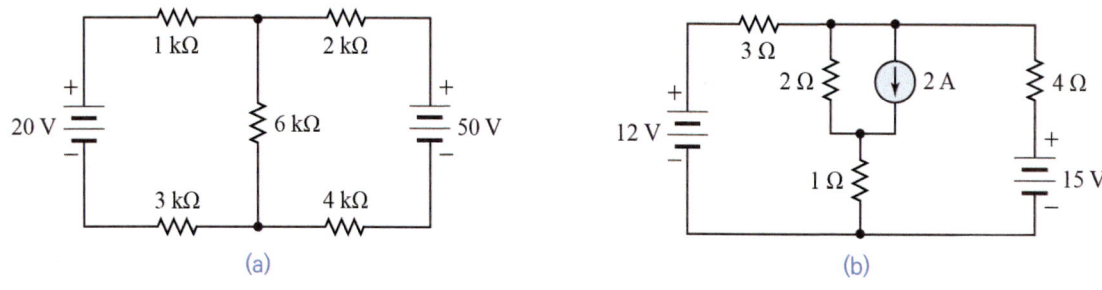

그림 5.28 [EXERCISE 5.3]

5.4 그림 5.29의 회로에서 마디전압 방정식을 이용하여 마디전압을 구하라.

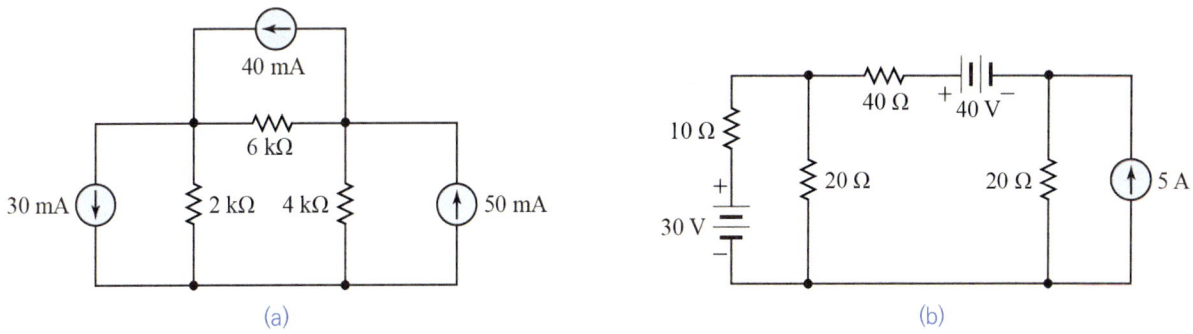

그림 5.29 [EXERCISE 5.4]

5.5 그림 5.30의 회로에서 마디전압 방정식을 이용하여
   (a) 마디전압을 구하라.
   (b) 각 지로 전류를 구하라.

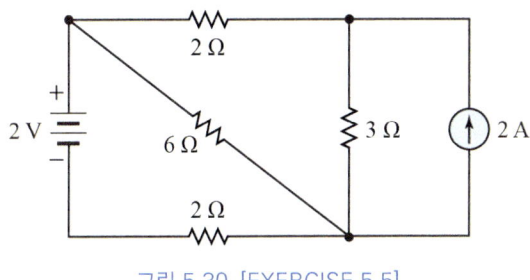

그림 5.30 [EXERCISE 5.5]

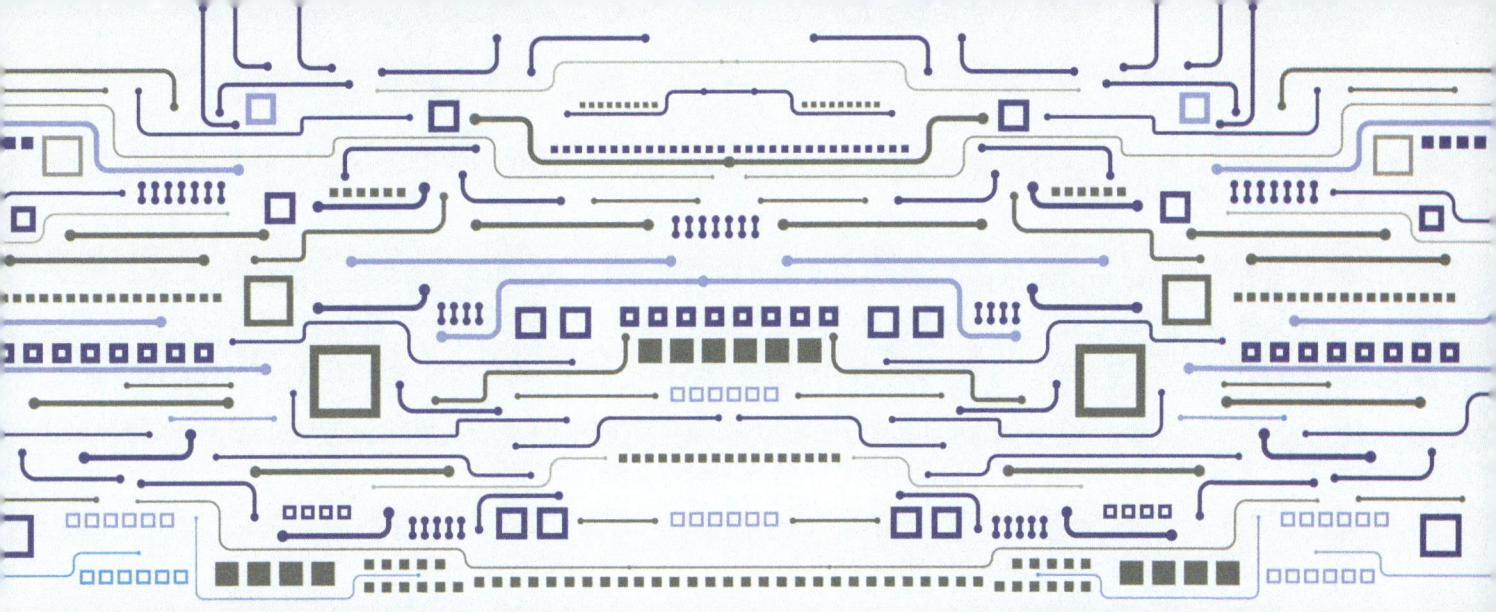

CHAPTER 6

회로망 정리

6.1 중첩의 원리
6.2 테브난의 정리
6.3 노튼의 정리
6.4 밀만의 정리
6.5 최대전력전달 정리
EXERCISE

6.1 중첩의 원리

중첩의 원리(superposition principle)는 여러 가지 전원(전압원과 전류원)을 포함하는 선형 회로망(저항, 인덕터, 커패시터 등의 선형 소자를 포함하는 회로)에서 전원이 동시에 작용할 때 나타나는 효과는 각기 하나씩 독립적으로 작용할 때 나타나는 효과의 합과 같다는 것이다. 이때 임의의 전원 하나만 남기고 나머지는 다 제거한다. 즉 전압원은 단락상태($V = 0$), 전류원은 개방상태($I = 0$)로 한다.

중첩의 원리를 적용하여 회로를 해석하고자 할 때 다음의 단계를 밟아라.

 i) 임의의 소스 하나를 제외하고는 모든 전류원은 개방, 모든 전압원은 단락시켜라.
 ii) 이때 회로요소에 걸리는 전압이나 거기에 흐르는 전류를 계산하라.
 iii) 또 다른 소스에 대해서 동일한 방법으로 단계 1, 2를 반복하되, 모든 소스에 대해서 한번씩 이 과정을 반복하라.
 iv) 계산된 모든 전압, 전류를 방향을 고려하여 더하라. 즉 단계 1, 2, 3에서 얻어진 어떤 회로요소에 흐르는 전류의 방향이 같을 수도 다를 수도 있다. 같을 때는 더하고, 다를 때는 빼라.

📖 EXAMPLE 6-1

그림 6.1의 회로에서 각 저항에 흐르는 전류를 다음을 이용하여 구하라.
(1) 중첩의 원리
(2) 망전류 방정식
(3) 마디전압 방정식

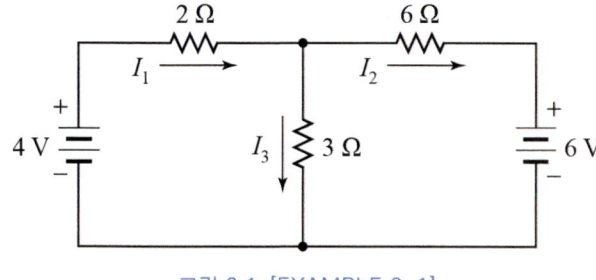

그림 6.1 [EXAMPLE 6-1]

SOLUTION

(1) 두 개의 전압원 가운데서 6 V 전압원을 단락한 회로가 그림 6.1-1(a)이다. 이때 3 Ω과 6 Ω은 병렬연결이므로 병렬합성 저항 3 Ω//6 Ω = 2 Ω이다.

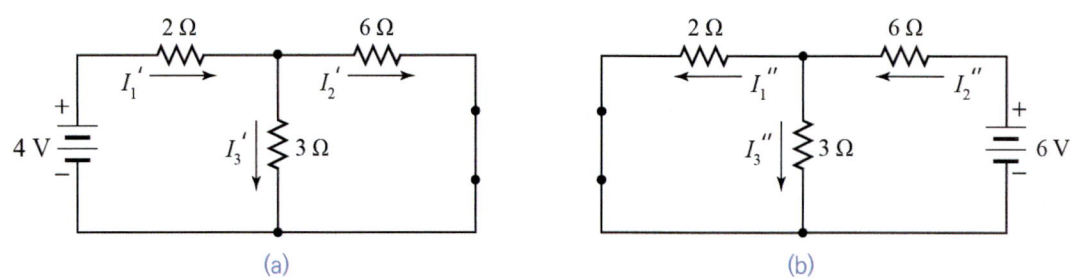

(a)   (b)

그림 6.1-1 [EXAMPLE 6-1]

따라서

$$I_1' = \frac{4\text{ V}}{2\text{ Ω} + 2\text{ Ω}} = 1\text{ A}$$

I_2'와 I_3'는 전류분배법칙에 따라 다음과 같이 구해진다.

$$I_2' = \left(\frac{3\,\Omega}{3\,\Omega + 6\,\Omega}\right)(1\,\text{A}) = 0.33\,\text{A}$$

$$I_3' = \left(\frac{6\,\Omega}{3\,\Omega + 6\,\Omega}\right)(1\,\text{A}) = 0.67\,\text{A}$$

다음으로 두 개의 전압원 가운데서 4 V 전압원을 단락한 회로가 그림 6.1-1(b)이다. 이때 2 Ω과 3 Ω은 병렬이므로 병렬합성 저항은 $2\,\Omega\,//\,3\,\Omega = 1.2\,\Omega$이다.

따라서

$$I_2'' = \frac{6\,\text{V}}{1.2\,\Omega + 6\,\Omega} = 0.83\,\text{A}$$

I_1''와 I_3''는 전류분배법칙에 따라 다음과 같이 구해진다.

$$I_1'' = \left(\frac{3\,\Omega}{2\,\Omega + 3\,\Omega}\right)(0.83\,\text{A}) = 0.50\,\text{A}$$

$$I_3'' = \left(\frac{2\,\Omega}{2\,\Omega + 3\,\Omega}\right)(0.83\,\text{A}) = 0.33\,\text{A}$$

결과적으로 각 저항에 흐르는 전류는

$$I_1 = I_1' - I_1'' = 1\,\text{A} - 0.5\,\text{A} = 0.5\,\text{A}$$
$$I_2 = I_2'' - I_2' = 0.83\,\text{A} - 0.33\,\text{A} = 0.5\,\text{A}$$
$$I_3 = I_3' + I_3'' = 0.67\,\text{A} + 0.33\,\text{A} = 1\,\text{A}$$

검증단계로서 상기 결과로부터 $I_3 = I_1 + I_2$가 성립한다.

(2) 그림 6.1에 망전류를 적용한 것이 그림 6.1-2이다.

망전류 방정식을 세우면

$$\begin{cases} 5I_a - 3I_b = 4 \\ -3I_a + 9I_b = -6 \end{cases}$$

계수 행렬식 Δ는

$$\Delta = \begin{vmatrix} 5 & -3 \\ -3 & 9 \end{vmatrix} = 45 - 9 = 36$$

$$I_a = \frac{\begin{vmatrix} 4 & -3 \\ -6 & 9 \end{vmatrix}}{\Delta} = \frac{36 - 18}{36} = 0.5\,\text{A}$$

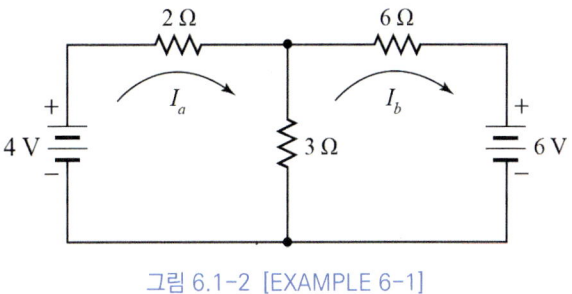

그림 6.1-2 [EXAMPLE 6-1]

$$I_b = \frac{\begin{vmatrix} 5 & 4 \\ -3 & -6 \end{vmatrix}}{\Delta} = \frac{-30+12}{36} = -0.5\,\text{A}$$

따라서

$$I_1 = I_a = 0.5\,\text{A}$$
$$I_2 = -I_b = 0.5\,\text{A}$$
$$I_3 = I_a - I_b = 0.5\,\text{A} - (-0.5\,\text{A}) = 1\,\text{A}$$

(3) 그림 6.1에 마디전압을 표시한 것이 그림 6.1-3이다.

KCL에 의한 마디전압 방정식은

$$\left(\frac{1}{2} + \frac{1}{3} + \frac{1}{6}\right)V_1 = \frac{4}{2} + \frac{6}{6}$$

위 식을 정리하면

$$(3+2+1)V_1 = 18$$
$$V_1 = 3\,\text{V}$$

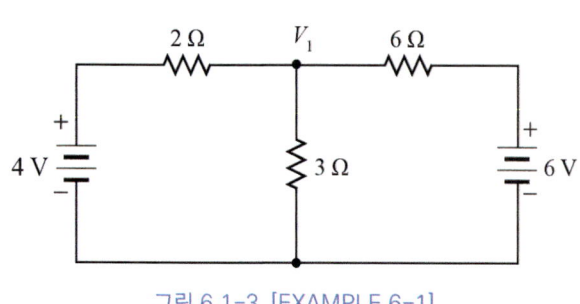

그림 6.1-3 [EXAMPLE 6-1]

따라서

$$I_1 = \frac{4 - V_1}{2} = \frac{4-3}{2} = 0.5\,\text{A}$$
$$I_2 = \frac{6 - V_1}{6} = \frac{6-3}{6} = 0.5\,\text{A}$$
$$I_3 = \frac{V_1}{3} = \frac{3}{3} = 1\,\text{A}$$

EXAMPLE 6-2

그림 6.2의 회로에서 $1\,\text{k}\Omega$ 저항에 걸리는 전압을 중첩의 원리를 이용하여 구하라.

SOLUTION

ⅰ) 그림 6.2-1에서처럼 전압원 모두를 단락시켰을 때 $1\,\text{k}\Omega$에 걸리는 전압을 계산해보자.

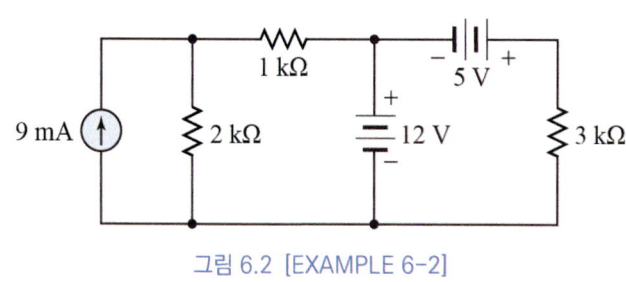

그림 6.2 [EXAMPLE 6-2]

전류분배법칙에 따라 1 kΩ 에 흐르는 전류 $I_{1k\Omega}$

$$I_{1k\Omega} = \left(\frac{2\,k\Omega}{2\,k\Omega + 1\,k\Omega}\right)(9\,mA)$$
$$= 6\,mA$$

따라서 1 kΩ 에 걸리는 전압 V_1은

$$V_1 = (6\,mA)(1\,k\Omega) = 6\,V$$

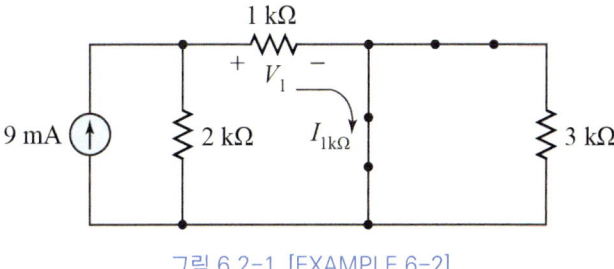

그림 6.2-1 [EXAMPLE 6-2]

또는 전류원을 전압원으로 고치면 전압원은 18 V가 되고 2 kΩ 은 1 kΩ 과 직렬로 된다. 따라서 18 V, 2 kΩ, 1 kΩ 은 직렬회로가 되어 전압분배법칙에 따라 1 kΩ 에 걸리는 전압 V_1은 다음과 같이 같은 결과가 얻어진다.

$$V_1 = \left(\frac{1\,k\Omega}{2\,k\Omega + 1\,k\Omega}\right)(18\,V) = 6\,V$$

ii) 그림 6.2-2에서처럼 전압원 5 V를 단락시키고, 전류원을 개방시켰을 때 1 kΩ 에 걸리는 전압을 계산해보자.
여기서 1 kΩ 과 2 kΩ 은 직렬이고, 이것들과 3 kΩ 은 병렬로 이 병렬에 전압원 12 V가 인가된다. 따라서 전압분배법칙에 따라 1 kΩ 에 걸리는 전압 V_2는

그림 6.2-2 [EXAMPLE 6-2]

$$V_2 = \left(\frac{1\,k\Omega}{2\,k\Omega + 1\,k\Omega}\right)(12\,V) = 4\,V$$

iii) 그림 6.2-3에서처럼 전압원 12 V를 단락시키고, 전류원을 개방시켰을 때 1 kΩ 에 걸리는 전압을 계산해보자.
1 kΩ 은 전압원 5 V에 영향을 받지 않는다. 따라서 $V_3 = 0$이다.
따라서 1 kΩ 에 걸리는 전압 $V_{1k\Omega}$은

그림 6.2-3 [EXAMPLE 6-2]

$$V_{1k\Omega} = V_1 + V_2 + V_3 = 6\,V - 4\,V = 2\,V$$

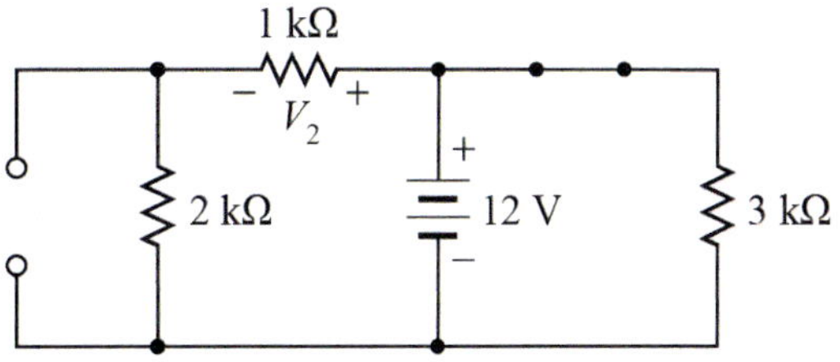

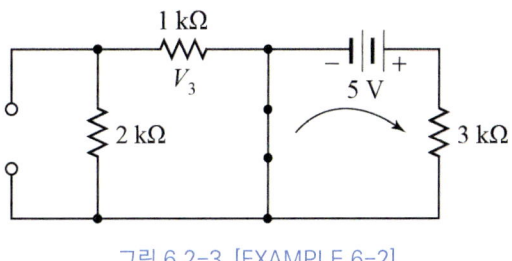

6.2 테브난의 정리

테브난의 정리(Thevenin's theorem)는 여러 가지 전원(전압원과 전류원)을 포함하는 선형 회로망에서 임의의 회로요소에 흐르는 전류를 구하고자 할 때 매우 유용하다. 이 정리는 하나의 저항(테브난 등가 저항)과 하나의 전압원(테브난 등가 전압)이 직렬이 되는 등가회로(테브난 등가회로)로 단순화시키는 도구이며, 그 자체가 해석 도구는 아니다. 그렇다면 테브난 등가 전압과 테브난 등가 저항을 어떻게 찾을 것인가. 이 정리는 이것을 찾는 순서를 알려준다.

테브난 등가회로를 찾기 위한 순서는 그림 6.3을 통해서 다음과 같이 정리된다. 그림 6.3(a)와 같은 회로가 주어졌을 때 부하저항 R_L에 흐르는 전류를 구해보자.

ⅰ) 테브난 등가회로와 관련이 없는 부하저항 R_L을 제거한다[그림 6.3(b)]. R_L을 제거한 단자를 단자 ab라고 일컫는다.

ⅱ) 모든 전압원은 단락상태($V=0$), 모든 전류원은 개방상태($I=0$)로 했을 때 개방 단자에서 회로망 쪽으로 본 테브난 등가 저항 R_{Th}를 계산한다.

ⅲ) 개방 단자 $a-b$에 걸리는 테브난 등가 전압 V_{Th}를 앞에서 배운 옴법칙, 키르히호프의 법칙, 중첩의 원리, 망전류 해석법, 마디전압 해석법 등을 이용하여 구한다. 어떤 방법이 간단한지는 많은 문제를 접함으로써 스스로 결정할 문제이다.

ⅳ) V_{Th}와 R_{Th}를 직렬로 연결(테브난 등가회로)하고[그림 6.3(c)] 개방 단자에는 제거되었던 회로를 같은 방향으로 연결한다[그림 6.3(d)].

이때 R_L에 흐르는 전류는 다음과 같다.

$$I = \frac{V_{Th}}{R_{Th} + R_L} \tag{6.1}$$

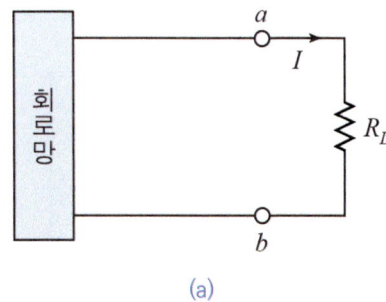
(a)

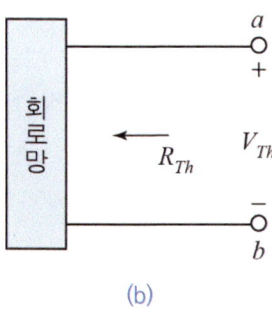
(b)

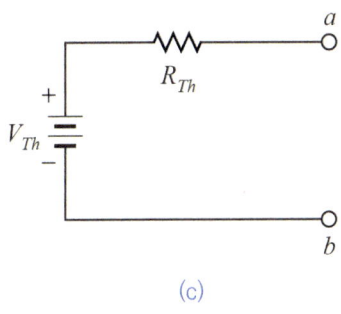
(c)

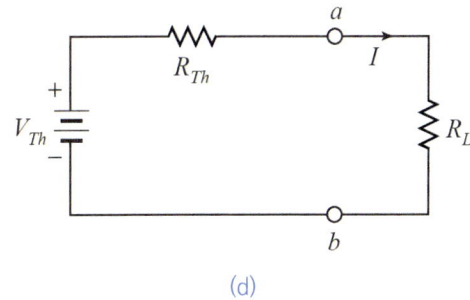
(d)

그림 6.3

EXAMPLE 6-3

그림 6.4의 회로에서 저항 6 Ω에 흐르는 전류를 다음을 이용하여 구하라.
(1) 테브난의 정리
(2) 망전류 방정식
(3) 마디전압 방정식

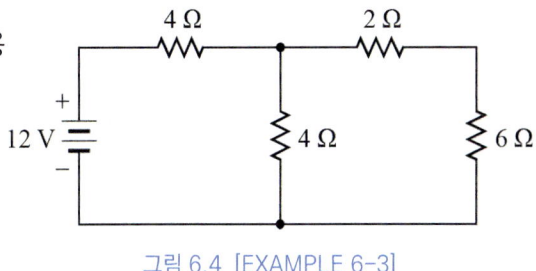

그림 6.4 [EXAMPLE 6-3]

SOLUTION

(1) 6 Ω을 부하저항이라고 하고자. 6 Ω을 제거하고 개방 단자($a-b$)를 만들면 그림 6.4-1(a)와 같이 된다.

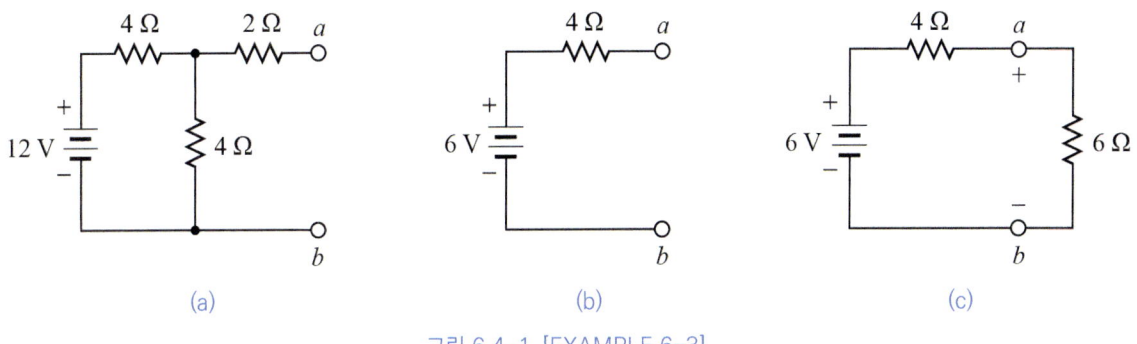

그림 6.4-1 [EXAMPLE 6-3]

12 V를 단락시키고 단자 $a-b$에서 왼쪽으로 본 테브난 등가 저항 R_{Th}는

$$R_{Th} = 2\,\Omega + 4\,\Omega // 4\,\Omega = 2\,\Omega + 2\,\Omega = 4\,\Omega$$

테브난 등가 전압 V_{Th}를 구해보자. 2 Ω에는 전류가 흐르지 않으므로 전압이 걸리지 않는다. V_{Th}는 단자 $a-b$의 전압 V_{ab}이며, 이것은 4 Ω에 걸리는 전압이다. 따라서

$$V_{Th} = V_{ab} = \left(\frac{4\,\Omega}{4\,\Omega + 4\,\Omega}\right)(12\,\text{V}) = 6\,\text{V}$$

이다. V_{Th}와 R_{Th}를 직렬로 연결하면 그림 6.4-1(b)와 같이 테브난 등가회로가 된다.

여기에 부하저항 $6\,\Omega$을 연결한 것이 그림 6.4-1(c)이다. $6\,\Omega$에 흐르는 전류 $I_{6\Omega}$은

$$I_{6\Omega} = \frac{V_{Th}}{R_{Th} + R_L} = \frac{6\text{ V}}{4\,\Omega + 6\,\Omega} = 0.6\text{ A}$$

(2) 그림 6.4에 망전류 I_1, I_2를 시계방향으로 나타낸 것이 그림 6.4-2이다.

KVL에 의한 망전류 방정식은

$$\begin{cases} 8I_1 - 4I_2 = 12 \\ -4I_1 + 12I_2 = 0 \end{cases}$$

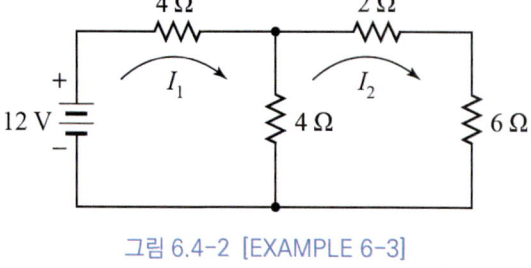

그림 6.4-2 [EXAMPLE 6-3]

두 식을 연립하여 풀면 $I_2 = 0.6$ A. 이 전류가 $6\,\Omega$에 흐르는 전류이다. 따라서 테브난의 정리로부터 구한 것과 같다.

(3) 그림 6.4에 마디전압 V_1을 나타낸 것이 그림 6.4-3이다.

KCL에 의한 마디전압 방정식은

$$\left(\frac{1}{4} + \frac{1}{4} + \frac{1}{2+6}\right)V_1 = \frac{12}{4}$$

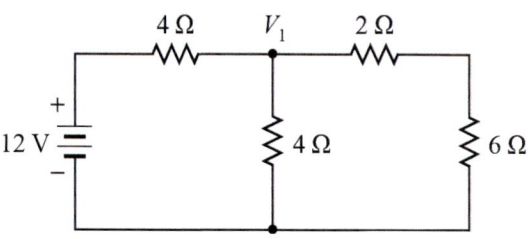

그림 6.4-3 [EXAMPLE 6-3]

위 식을 정리하면

$$(2 + 2 + 1)V_1 = 24$$

$$V_1 = 4.8\text{ V}$$

$6\,\Omega$에 흐르는 전류 $I_{6\Omega}$은

$$I_{6\Omega} = V_1/(2\,\Omega + 6\,\Omega) = 4.8\text{ V}/(2\,\Omega + 6\,\Omega) = 0.6\text{ A}$$

EXAMPLE 6-4

그림 6.5의 회로에서 저항 $2\text{ k}\Omega$에 흐르는 전류를 테브난의 정리를 이용하여 구하라.

SOLUTION

$2\text{ k}\Omega$을 부하저항이라고 하자. $2\text{ k}\Omega$을 제거하여 개방 단자($a-b$)를 만들면 그림 6.5-1과 같이 된다.

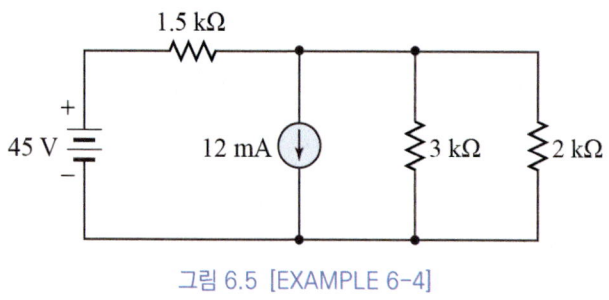

그림 6.5 [EXAMPLE 6-4]

전압원을 단락시키고, 전류원을 개방시켜 개방 단자($a-b$)에서 왼쪽으로 본 테브난 등가 저항 R_{Th}는

$$R_{Th} = 1.5 \,\text{k}\Omega // 3 \,\text{k}\Omega = 1 \,\text{k}\Omega$$

다음으로 단자 $a-b$에 걸리는 전압, 즉 테브난 등가 전압을 중첩의 원리를 적용하여 구해보자.

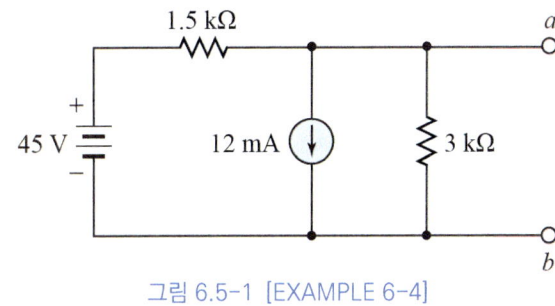

그림 6.5-1 [EXAMPLE 6-4]

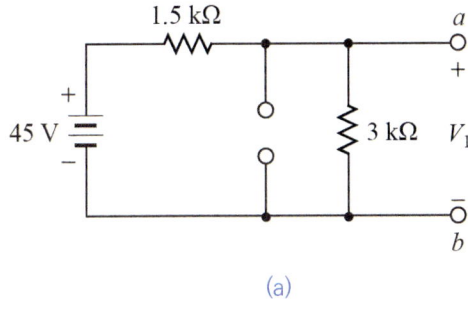 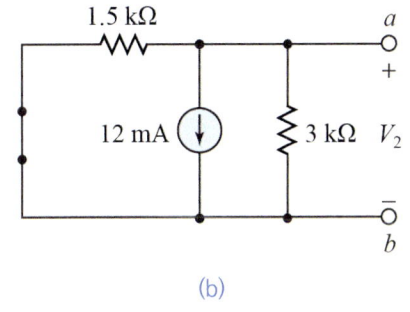

(a) (b)

그림 6.5-2 [EXAMPLE 6-4]

그림 6.5-2(a)와 같이 전류원을 개방시켰을 때 $1.5\,\text{k}\Omega$과 $3\,\text{k}\Omega$은 직렬이므로 $3\,\text{k}\Omega$에 걸리는 전압 V_1은

$$V_1 = \left(\frac{3\,\text{k}\Omega}{1.5\,\text{k}\Omega + 3\,\text{k}\Omega}\right)(45\,\text{V}) = 30\,\text{V}$$

다음으로 그림 6.5-2(b)와 같이 전압원을 단락시켰을 때 $1.5\,\text{k}\Omega$과 $3\,\text{k}\Omega$은 병렬이므로 $3\,\text{k}\Omega$에 흐르는 전류 $I_{3\text{k}\Omega}$은

$$I_{3\text{k}\Omega} = \left(\frac{1.5\,\text{k}\Omega}{1.5\,\text{k}\Omega + 3\,\text{k}\Omega}\right)(12\,\text{mA}) = 4\,\text{mA}$$

$3\,\text{k}\Omega$에 걸리는 전압 V_2

$$V_2 = -(3\,\text{k}\Omega)I_{3\text{k}\Omega} = -(3\,\text{k}\Omega)(4\,\text{mA}) = -12\,\text{V}$$

개방 단자에서 전압을 중첩하면 테브난 등가 전압 V_{Th}는

$$V_{Th} = V_1 + V_2 = 30\,\text{V} - 12\,\text{V} = 18\,\text{V}$$

테브난 등가회로를 그림 6.5-3과 같이 구성한다. 따라서 $2\,\text{k}\Omega$에 흐르는 전류 $I_{2\text{k}\Omega}$은

$$I_{2\text{k}\Omega} = \frac{18\,\text{V}}{1\,\text{k}\Omega + 2\,\text{k}\Omega} = 6\,\text{mA}$$

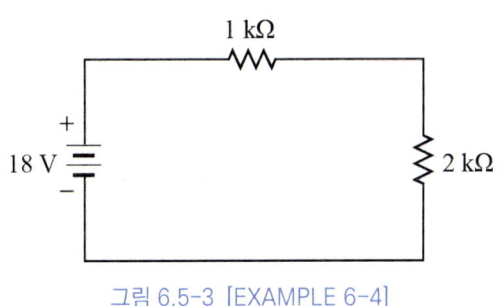

그림 6.5-3 [EXAMPLE 6-4]

6.3 노튼의 정리

노튼의 정리(Norton's theorem)는 여러 가지 전원(전압원과 전류원)을 포함하는 선형 회로망에서 임의의 회로요소에 흐르는 전류를 구하고자 할 때 사용된다. 이 정리는 하나의 저항(노튼 등가 저항)과 하나의 전류원(노튼 등가 전류)이 병렬이 되는 등가회로(노튼 등가회로)로 단순화시키는 도구이며, 테브난의 정리처럼 그 자체가 해석도구는 아니다. 그렇다면 노튼 등가 전류와 노튼 등가 저항을 어떻게 찾을 것인가. 이 정리는 이것을 찾는 순서를 알려준다. 노튼 등가회로를 찾기 위한 순서는 다음과 같이 정리된다.

ⅰ) 노튼 등가회로와 관련이 없는 부하저항 R_L을 제거한다.

ⅱ) 모든 전압원은 단락상태($V = 0$), 모든 전류원은 개방상태($I = 0$)로 했을 때 개방 단자에서 회로망 쪽으로 본 노튼 등가 저항 R_N을 계산한다. R_N은 정확히 테브난 등가 저항(R_{Th})이다.

ⅲ) R_L이 제거된 개방 단자를 단락시키고 단락 부위의 전류, 즉 노튼 등가 전류 I_N을 앞에서 배운 옴법칙, 키르히호프의 법칙, 중첩의 원리, 망전류 해석법, 마디전압 해석법 등을 이용하여 구한다. 어떤 방법이 간단한지는 많은 다양한 문제에 접근함으로써 스스로 결정할 문제이다.

ⅳ) I_N과 R_N을 병렬로 연결(노튼 등가회로)하고, 개방 단자에는 제거되었던 부하저항 R_L을 연결한다.

이때 R_L에 흐르는 전류는 다음과 같다.

$$I = \frac{R_N}{R_N + R_L} I_N \tag{6.2}$$

노튼의 정리는 사실 특별한 것이 아니다. 테브난의 정리를 알면 간단히 해결된다. 테브난의 정리에서 등가 전압원을 전류원으로 변환하고, 테브난 등가 저항을 전류원에 병렬로 연결하면 된다.

그림 6.6(a)는 테브난 등가회로이다. 전압원을 전류원으로 변환시키고, 테브난 등가 저항이 전류원과 병렬인 회로가 그림 6.6(b)이다. 이것이 노튼 등가회로이다. 상호 간에 **쌍대성**(duality) ─ 즉 전압원을 전류원으로, 직렬 저항을 병렬 저항으로 ─ 을 가지고 있다. 이때 노튼 등가 전류 I_N과 노튼 등가 저항 R_N은 각각 다음과 같다.

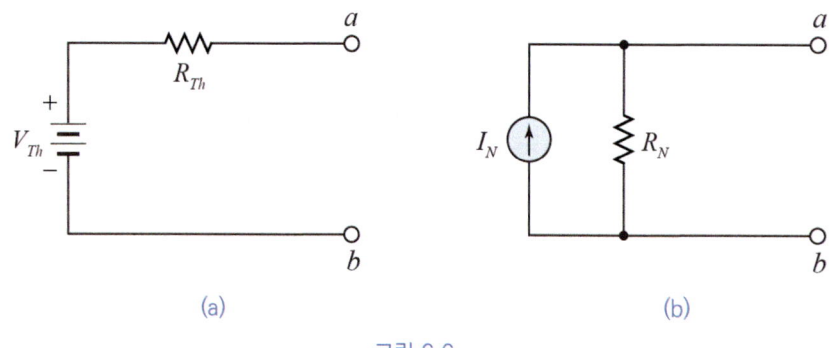

그림 6.6

$$I_N = \frac{V_{Th}}{R_{Th}}, \qquad R_N = R_{Th} \tag{6.3}$$

우리는 병렬회로보다 직렬회로, 전류원보다는 전압원에 익숙하고, 습관적으로 그렇게 문제를 푼다. 그렇다면 특별하지 않는 경우라면 테브난의 정리를 이용하는 것이 문제를 푸는데 오류를 범할 가능성이 적다.

EXAMPLE 6-5

그림 6.7 회로의 단자 $a-b$에서 노튼 등가 저항과 등가 전류를 구하라.

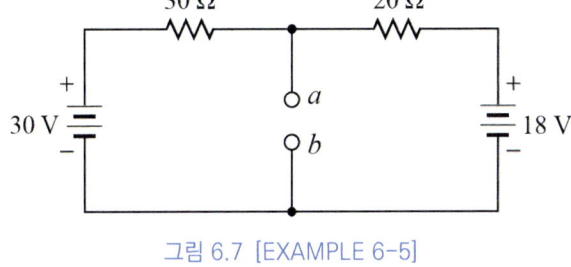

그림 6.7 [EXAMPLE 6-5]

SOLUTION

〈해법 1〉

R_N을 구하기 위해서 두 전압원을 단락시키면 두 저항은 병렬이 된다. 단자 $a-b$에서 저항 쪽으로 본 저항이 R_N이므로

$$R_N = R_{Th} = 30\ \Omega // 20\ \Omega = 12\ \Omega$$

I_N을 구하기 위해서 단자 $a-b$를 단락시킨 후, 단락된 $a-b$를 통하는 전류를 중첩의 원리를 이용하여 구해보자.

18 V를 단락시켰을 때 단락된 $a-b$를 통하는 전류 I_{N1}은

$$I_{N1} = \frac{30\ \text{V}}{30\ \Omega} = 1\ \text{A}$$

30 V를 단락시켰을 때 단락된 $a-b$를 통하는 전류 I_{N2}는

$$I_{N2} = \frac{18\ \text{V}}{20\ \Omega} = 0.9\ \text{A}$$

두 전류 합이 단락된 $a-b$를 통하는 노튼 등가 전류 I_N이므로

$$I_N = I_{N1} + I_{N2} = 1\ \text{A} + 0.9\ \text{A} = 1.9\ \text{A}$$

〈해법 2〉

테브난 등가 전압으로부터 노튼 등가 전류를 구해도 된다. V_{Th}를 구하기 위해서 단자 $a-b$에 중첩의 원리를 적용하자. 18 V를 단락시켰을 때 단자 $a-b$에 걸리는 전압은 20 Ω에 걸리는 전압 $V_{20\Omega}$이므로

$$V_{20\Omega} = \left(\frac{20\ \Omega}{30\ \Omega + 20\ \Omega}\right)(30\ \text{V}) = 12\ \text{V}$$

30 V를 단락시켰을 때 단자 $a-b$에 걸리는 전압은 30 Ω에 걸리는 전압 $V_{30\Omega}$이므로

$$V_{30\,\Omega} = \left(\frac{30\ \Omega}{30\ \Omega + 20\ \Omega}\right)(18\text{ V}) = 10.8\text{ V}$$

두 전압의 합이 단자 $a-b$에 걸리는 전압이므로

$$V_{Th} = V_{20\,\Omega} + V_{30\,\Omega} = 12\text{ V} + 10.8\text{ V} = 22.8\text{ V}$$

따라서

$$I_N = \frac{V_{Th}}{R_{Th}} = \frac{22.8\text{ V}}{12\ \Omega} = 1.9\text{ A}$$

EXAMPLE 6-6

그림 6.8의 회로에서 50 Ω에 걸리는 전압을 노튼 등가회로를 통해서 구하라.

SOLUTION

단자 $a-b$에서 노튼 등가 저항 R_N을 구해보자. 전압원을 단락시키면 두 100 Ω은 병렬이므로 R_N은

$$R_N = 100\ \Omega\,//\,100\ \Omega + 500\ \Omega$$
$$= 550\ \Omega$$

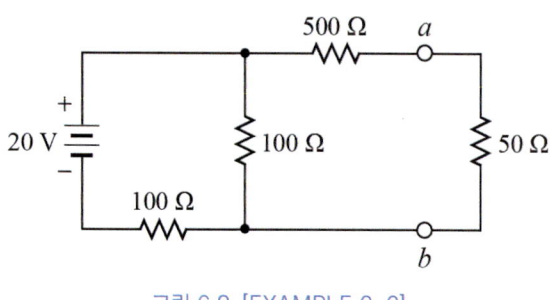

그림 6.8 [EXAMPLE 6-6]

노튼 등가 전류 I_N을 구하기 위해서 단자 $a-b$를 단락시킨 후, 전체 전류 I를 구해보자. 전체 저항은
$100\ \Omega\,//\,500\ \Omega + 100\ \Omega = 183.3\ \Omega$

따라서 회로 전류는

$$I = 20\text{ V}/183.3\ \Omega = 0.11\text{ A}$$

전류분배법칙에 따라

$$I_N = \left(\frac{100\ \Omega}{100\ \Omega + 500\ \Omega}\right)(0.11\text{ A})$$
$$= 18.3\text{ mA}$$

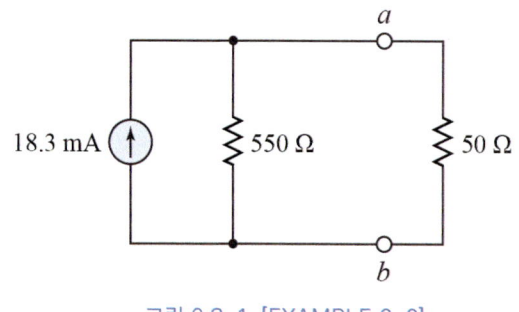

그림 6.8-1 [EXAMPLE 6-6]

따라서 노튼 등가회로는 그림 6.8-1과 같다.
50 Ω에 걸리는 전압 $V_{50\,\Omega}$은 $500\ \Omega\,//\,50\ \Omega$에 걸리는 전압과 같다.
따라서

$$V_{50\,\Omega} = (550\ \Omega\,//\,50\ \Omega)I_N = (45.8\ \Omega)(18.3\text{ mA}) = 0.84\text{ V}$$

혹은 50 Ω에 흐르는 전류 $I_{50\,\Omega}$은

$$I_{50\,\Omega} = \left(\frac{550\ \Omega}{550\ \Omega + 50\ \Omega}\right)(18.3\text{ mA}) = 16.8\text{ mA}$$

따라서
$$V_{50\,\Omega} = (50\ \Omega)I_N = (50\ \Omega)(16.8\ \text{mA}) = 0.84\ \text{V}$$

6.4 밀만의 정리

밀만의 정리(Millman's theorem)는 여러 개의 노튼 등가회로로 구성된 회로를 하나의 등가 전류원과 하나의 등가저항으로 나타낼 수 있는 정리이다. 다시 말해서 평행으로 연결된 다수의 전류원을 하나의 등가 전류원으로 대체할 수 있다. 이때 등가 전류원은 전류의 방향을 고려하여 합 또는 차로 계산된다. 등가저항은 테브난의 정리에 따라 전류원을 개방시키고 병렬로 계산된다. 예제를 통해서 그 개념을 이해한다.

EXAMPLE 6-7

[EXAMPLE 6-7] 그림 6.9의 회로를 밀만 등가회로로 만들어라.

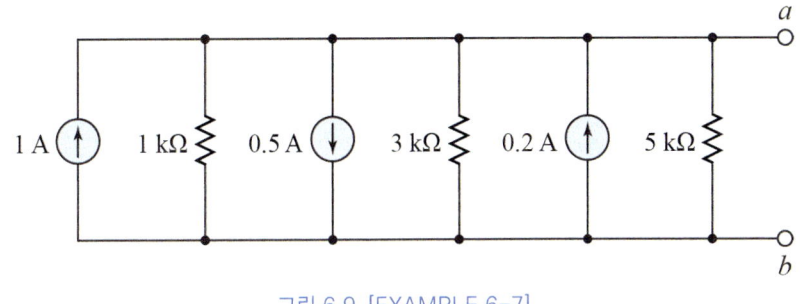

그림 6.9 [EXAMPLE 6-7]

SOLUTION

전류원 3개를 모두 방향을 고려하여 합한다.

$$I_{Mill} = 1\ \text{A} - 0.5\ \text{A} + 0.2\ \text{A} = 0.7\ \text{A}$$

테브난 등가 저항 R_{Th}는

$$R_{Th} = 1\ \text{k}\Omega // 3\ \text{k}\Omega // 5\ \text{k}\Omega \approx 0.65\ \text{k}\Omega$$

따라서 밀만 등가회로는 그림 6.9-1과 같다.

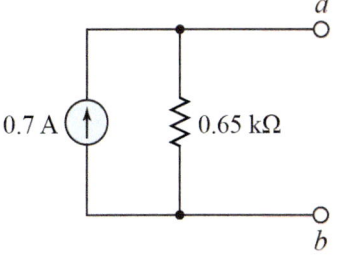

그림 6.9-1 [EXAMPLE 6-7]

EXAMPLE 6-8

그림 6.10의 회로를 밀만 등가회로로 만들고, $0.5\,\text{k}\Omega$에 걸리는 전압을 구하라.

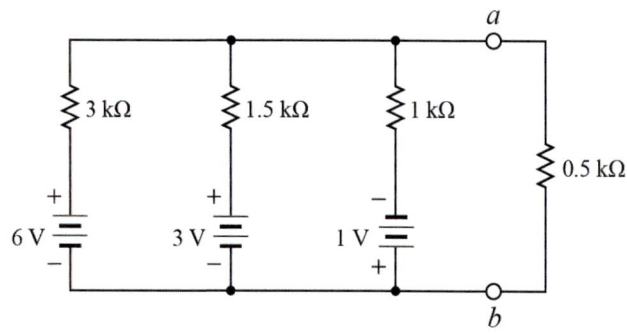

그림 6.10 [EXAMPLE 6-8]

SOLUTION

각각의 전압원은 각각의 저항과 직렬로 연결된 테브난 등가회로에 해당한다.
따라서 3개를 모두 전류원으로 변환시키면 그림 6.10-1과 같이 된다.

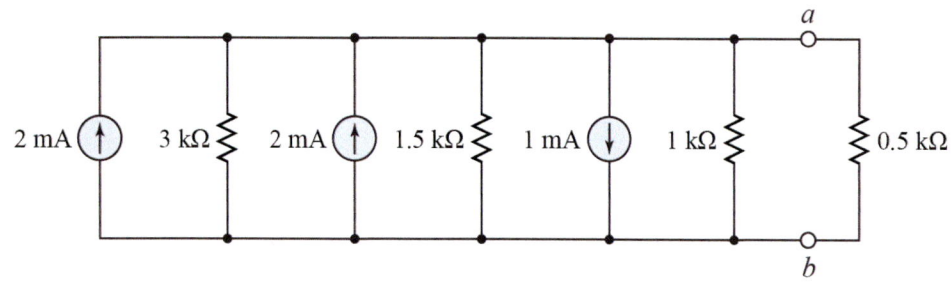

그림 6.10-1 [EXAMPLE 6-8]

밀만 등가 전류 I_{Mill}을 구하면

$$I_{Mill} = 2\,\text{mA} + 2\,\text{mA} - 1\,\text{mA} = 3\,\text{mA}$$

노튼 저항 R_N은

$$R_N = 3\,\text{k}\Omega // 1.5\,\text{k}\Omega // 1\,\text{k}\Omega \approx 0.5\,\text{k}\Omega$$

따라서 밀만 등가회로는 그림 6.10-2와 같다.

$0.5\,\text{k}\Omega$에 흐르는 전류 $I_{0.5\text{k}\Omega}$은

$$I_{0.5\text{k}\Omega} = \left(\frac{0.5\,\text{k}\Omega}{0.5\,\text{k}\Omega + 0.5\,\text{k}\Omega}\right)(3\,\text{mA}) = 1.5\,\text{mA}$$

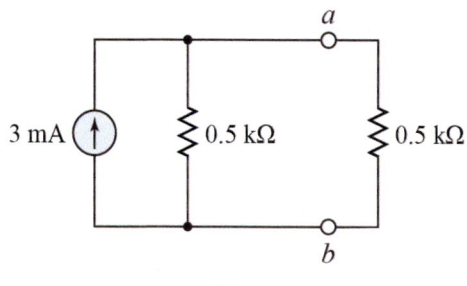

그림 6.10-2 [EXAMPLE 6-8]

따라서 $0.5\,\mathrm{k\Omega}$에 걸리는 전압 $V_{0.5\mathrm{k\Omega}}$은 단자 $a-b$에 걸리는 전압이므로

$$V_{0.5\mathrm{k\Omega}} = (1.5\,\mathrm{mA})(0.5\,\mathrm{k\Omega}) = 7.5\,\mathrm{V}$$

EXAMPLE 6-9

그림 6.11(a)의 회로를 밀만 등가회로로 만들고, $4\,\mathrm{k\Omega}$에 걸리는 전압을 구하라.

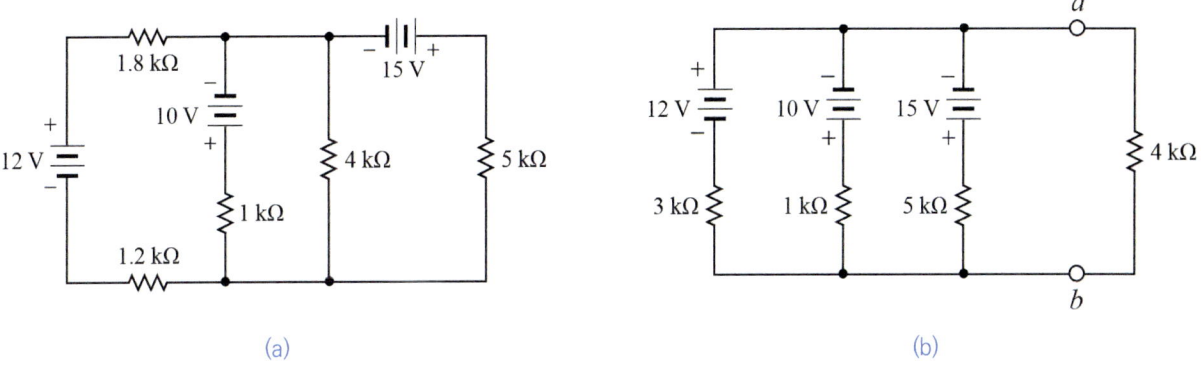

그림 6.11 [EXAMPLE 6-9]

SOLUTION

그림 6.11(a)를 그림 6.11(b)와 같이 각 지로마다 독립된 테브난 등가회로로 바꿀 수 있다. 각각의 전압원을 전류원으로 변환하면 그림 6.11-1과 같이 된다.

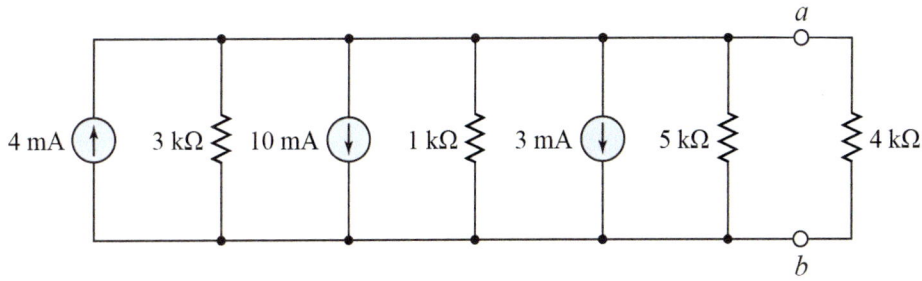

그림 6.11-1 [EXAMPLE 6-9]

밀만 등가 전류 I_{Mill}을 구하면

$$I_{Mill} = 4\,\mathrm{mA} - 10\,\mathrm{mA} - 3\,\mathrm{mA} = -9\,\mathrm{mA}$$

노튼 등가 저항 R_N은

$$R_N = 3\,\mathrm{k\Omega}//1\,\mathrm{k\Omega}//5\,\mathrm{k\Omega} = 0.65\,\mathrm{k\Omega}$$

따라서 밀만 등가회로는 그림 6.11-2와 같다.
$4\,\mathrm{k\Omega}$에 흐르는 전류 $I_{4\mathrm{k\Omega}}$은

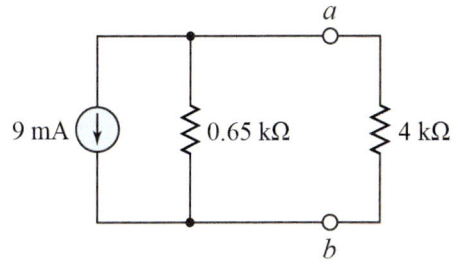

그림 6.11-2 [EXAMPLE 6-9]

$$I_{4k\Omega} = \left(\frac{0.65\text{ k}\Omega}{0.65\text{ k}\Omega + 4\text{ k}\Omega}\right)(9\text{ mA}) = 1.26\text{ mA}$$

따라서 $4\text{ k}\Omega$에 걸리는 전류압 $V_{4k\Omega}$은 단자 $a-b$에 걸리는 전압이므로

$$V_{4k\Omega} = -(1.26\text{ mA})(4\text{ k}\Omega) = -5.04\text{ V}$$

6.5 최대전력전달 정리

전기전자시스템에서 전원으로부터 전력을 공급받는 부하, 즉 스피커, 전동기, 전자소자 등은 가능하면 전력을 최대로 받고자 한다. 그렇다면 어떤 조건이 있을 것이다. 이것은 전적으로 부하저항에 의존한다. 예컨대 부하저항이 0(단락)이라면 전압이 0이 되어 전력은 0이 된다. 또한 부하저항이 ∞(개방)라면 전류가 0이 되어 전력은 0이

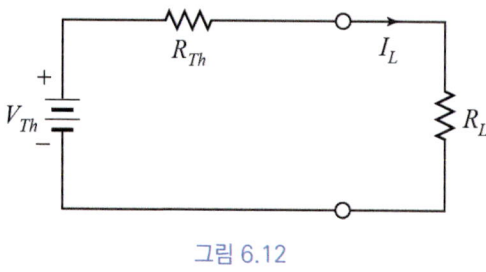

그림 6.12

된다. 이와 같이 극단적인 값으로 0과 ∞ Ω에서는 부하전력은 0이다. 그렇다면 $0 < R_L < \infty$에서 최대전력을 받을 수 있는 부하저항 R_L은 어떤 저항값일까? 그것은 테브난 등가 저항과 같을 때이다. 이것을 **최대전력전달 정리**(maximum power transfer theorem)라고 한다.

그림 6.12에 나타낸 회로에서 부하저항 R_L의 값을 찾아보자.

부하 전류 I_L은

$$I_L = \frac{V_{Th}}{R_{Th} + R_L} \tag{6.4}$$

R_L에 전달되는 전력 P_L은

$$P_L = I_L^2 R_L = \left(\frac{V_{Th}}{R_{Th} + R_L}\right)^2 R_L \tag{6.5}$$

P_L이 최대가 되는 R_L을 결정하기 위해서 $dP_L/dR_L = 0$으로 두면

$$\frac{dP_L}{dR_L} = \frac{d}{dR_L}\left[\left(\frac{V_{Th}}{R_{Th} + R_L}\right)^2 R_L\right] \tag{6.6}$$

$$= 2\left(\frac{V_{Th}}{R_{Th} + R_L}\right)\left(\frac{-V_{Th}}{(R_{Th} + R_L)^2}\right)R_L + \left(\frac{V_{Th}}{R_{Th} + R_L}\right)^2 = 0$$

위 식을 정리하면

$$\frac{-2R_L}{R_{Th} + R_L} + 1 = 0$$

따라서

$$R_L = R_{Th} \tag{6.7}$$

R_L을 변화시켜 P_L이 최대가 되는 조건은 R_L이 테브난 등가 저항 R_{Th}와 같을 때이다.

이때 최대출력 $P_{L(\max)}$는

$$P_{L(\max)} = I_L^2 R_L = \left(\frac{V_{Th}}{R_L + R_L}\right)^2 R_L = \left(\frac{V_{Th}}{R_{Th} + R_L}\right)^2 R_L = \frac{V_{Th}^2}{4 R_L} \tag{6.8a}$$

이것이 사실인지 자세하게 확인해보자. 그림 6.12에서 $V_{Th} = 20\,\text{V}$, $R_{Th} = 10\,\Omega$인 경우, $R_L = R_{Th} = 10\,\Omega$일 때 P_L이 최대가 되는지를 표 6.1을 통해서 확인된다.

표 6.1

$R_L(\Omega)$	$I_L(\text{A})$	$V_L(\text{V})$	$P_L(\text{W})$
0	2	0	0
2	1.67	3.34	5.58
6	1.25	7.5	9.37
10	1.0	10	10.0
16	0.77	12.32	9.49
20	0.67	13.4	8.98
36	0.43	15.48	6.66
72	0.24	17.28	4.15
150	0.12	18.0	2.16
300	0.06	18.0	1.08
∞	0	20	0

표 6.1을 그래프로 나타내면 그림 6.13과 같다.

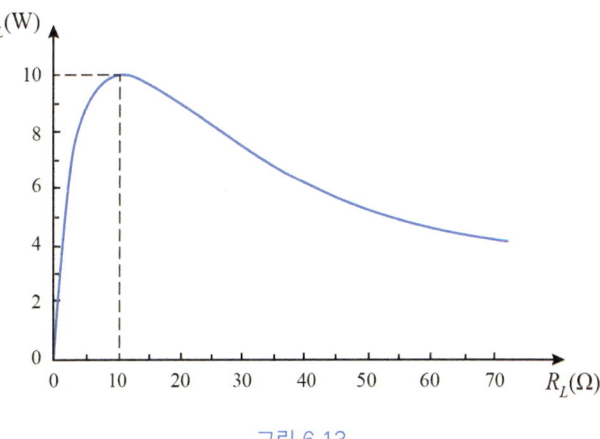

그림 6.13

$R_L = R_{Th}$인 것은 전원 전압이 두 저항에 각각 1/2 만큼 분배된다. 따라서 부하에 공급되는 최대전력은 다음과 같이 된다.

$$P_{L(\max)} = \frac{V_L^2}{R_L} = \frac{(V_{Th}/2)^2}{R_L} = \frac{V_{Th}^2}{4R_L} \tag{6.8b}$$

식 (6.8a)와 같은 결과이다.

EXAMPLE 6-10

그림 6.14(a)에 나타낸 회로에서

(1) 부하저항 R_L에서 최대전력을 얻기 위한 R_L의 값을 구하라.

(2) 부하에서 최대전력을 구하라.

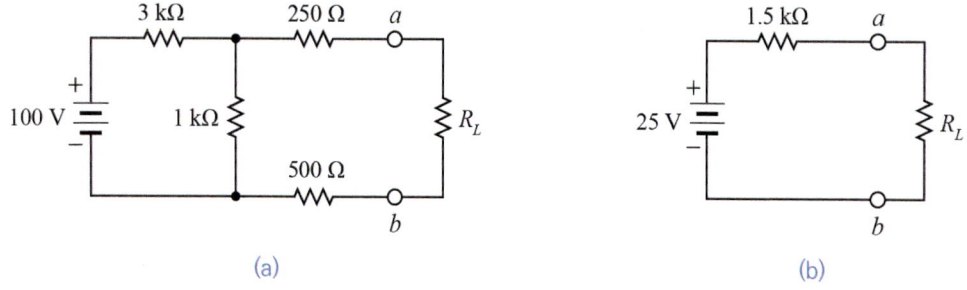

그림 6.14 [EXAMPLE 6-10]

SOLUTION

(1) 단자 $a-b$에 테브난의 정리를 적용해보자. 테브난 등가 저항 R_{Th}를 구하기 위해 전압원을 단락시키면 직·병렬회로가 된다. $3\,\text{k}\Omega$과 $1\,\text{k}\Omega$는 병렬이고, 이것과 다른 저항과는 직렬이다. 따라서 R_{Th}는

$$R_{Th} = 3\,\text{k}\Omega // 1\,\text{k}\Omega + 250\,\Omega + 500\,\Omega = 1.5\,\text{k}\Omega$$

테브난 등가 전압 V_{Th}는 $1\,\text{k}\Omega$에 걸리는 전압이다. $250\,\Omega$과 $500\,\Omega$에는 전류가 흐르지 않기 때문에 개방 단자에 걸리는 전압에 영향을 줄 수 없다. 따라서 V_{Th}는

$$V_{Th} = \left(\frac{1\,\text{k}\Omega}{3\,\text{k}\Omega + 1\,\text{k}\Omega}\right)(100\,\text{V}) = 25\,\text{V}$$

따라서 테브난 등가회로는 그림 6.14(b)와 같이 된다. 부하저항 R_L에서 최대전력을 얻기 위한 조건은 $R_L = R_{Th}$일 때이므로 $R_L = 1.5\,\text{k}\Omega$이 된다.

(2) $P_{L(\max)} = \dfrac{V_{Th}^2}{4R_L} = \dfrac{(25\,\text{V})^2}{4(1.5\,\text{k}\Omega)} = 0.1\,\text{W}$

EXAMPLE 6-11

그림 6.15에 나타낸 회로에서

(1) 부하저항 R_L에서 최대전력을 얻기 위한 R_L의 값을 구하라.
(2) 부하에서 최대전력을 구하라.

SOLUTION

(1) 단자 $a-b$에 테브난의 정리를 적용해보자. 테브난 등가 저항 R_{Th}를 구하기 위해 전압원을 단락시키면 10 Ω과 50 Ω은 직렬이고, 이것과 40 Ω의 저항은 병렬이다. 따라서

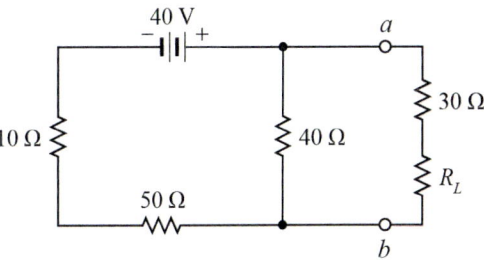

그림 6.15 [EXAMPLE 6-11]

$$R_{Th} = (10\ \Omega + 50\ \Omega)//40\ \Omega = 24\ \Omega$$

테브난 등가 전압 V_{Th}는 40 Ω에 걸리는 전압으로

$$V_{Th} = \left(\frac{40\ \Omega}{10\ \Omega + 50\ \Omega + 40\ \Omega}\right)(40\ \text{V}) = 16\ \text{V}$$

따라서 테브난 등가회로는 그림 6.15-1(a)와 같이 된다. 이것을 그림 6.15-1(b)와 같이 나타낼 수 있다. 부하저항 R_L에서 최대전력을 얻기 위한 조건은 $R_L = R_{Th} + 30\ \Omega$일 때이므로 $R_L = 54\ \Omega$이 된다.

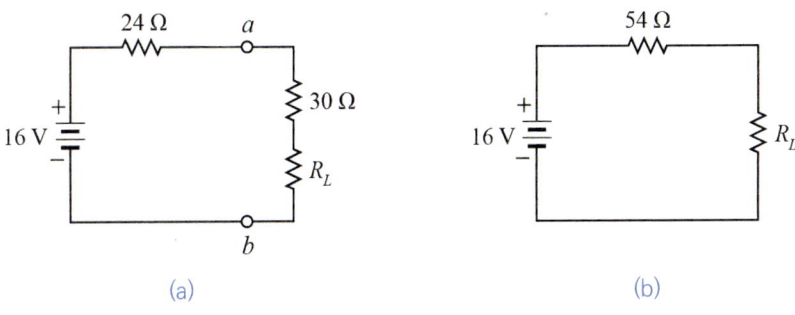

그림 6.15-1 [EXAMPLE 6-11]

(2) $P_{L(\max)} = \dfrac{V_{Th}^2}{4R_L} = \dfrac{(16\ \text{V})^2}{4(54\ \Omega)} = 1.19\ \text{W}$

EXAMPLE 6-12

그림 6.16(a)에 나타낸 회로에서

(1) 부하저항 R_L에서 최대전력을 얻기 위한 R_L의 값을 구하라.
(2) 부하에서 최대전력을 구하라.

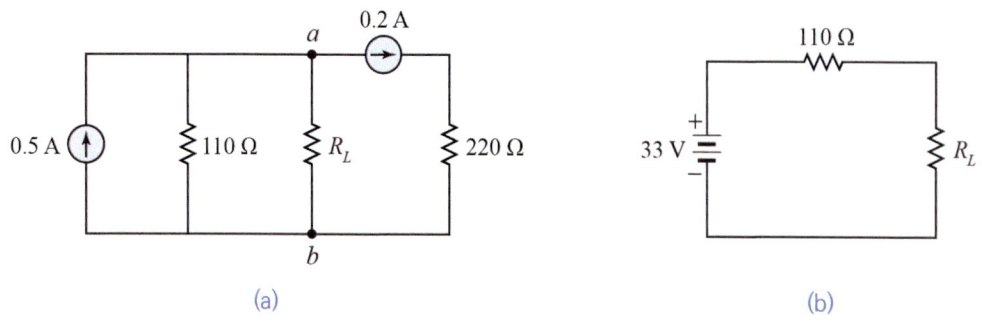

그림 6.16 [EXAMPLE 6-12]

SOLUTION

(1) 단자 $a-b$에 테브난의 정리를 적용해보자. 테브난 등가 저항 R_{Th}를 구하기 위해 전류원을 개방시키면 $R_{Th} = 110\,\Omega$이다. 테브난 등가 전압 V_{Th}은 $110\,\Omega$에 걸리는 전압이다. $110\,\Omega$에 흐르는 전류는 중첩의 원리를 이용하면 $V_{Th} = (110\,\Omega)(0.5\,A) - (110\,\Omega)(0.2\,A) = 33\,V$이다.

따라서 테브난 등가회로는 그림 6.16(b)와 같이 된다. 부하저항 R_L에서 최대전력을 얻기 위한 조건은 $R_L = R_{Th}$일 때이므로 $R_L = 110\,\Omega$이 된다.

(2) $P_{L(\max)} = \dfrac{V_{Th}^2}{4R_L} = \dfrac{(33\,V)^2}{4(110\,\Omega)} = 2.48\,W$

EXERCISE

6.1 그림 6.17의 회로에서
 (a) 중첩의 원리를 이용하여 $2\,k\Omega$에 흐르는 전류(방향)와 마디전압을 구하라.
 (b) 중첩의 원리를 이용하여 마디전압 V을 구하라.
 (c) (a)와 (b)에서 구한 마디전압은 일치하는가?

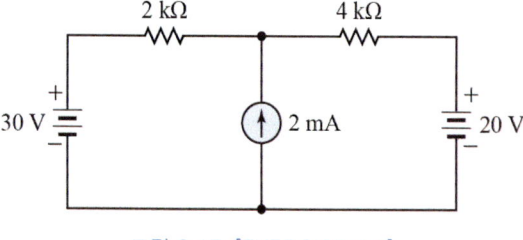

그림 6.17 [EXERCISE 6.1]

6.2 그림 6.18의 회로에서
 (a) 중첩의 원리를 이용하여 $3\,\Omega$에 흐르는 전류(방향)를 구하라.
 (b) 중첩의 원리를 이용하여 마디전압 V_1을 구하라.

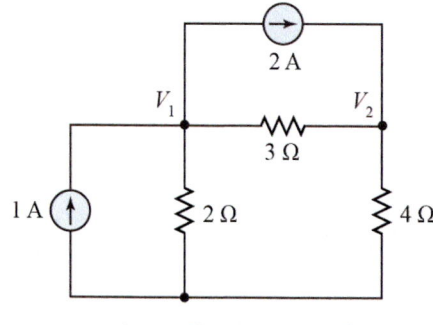

그림 6.18 [EXERCISE 6.2]

(c) 마디전압 방정식을 세워 마디전압 V_2를 구하라.

6.3 그림 6.19의 회로에서 망전류 방정식을 이용하여 V_1, V_2, V_{12}를 구하라.

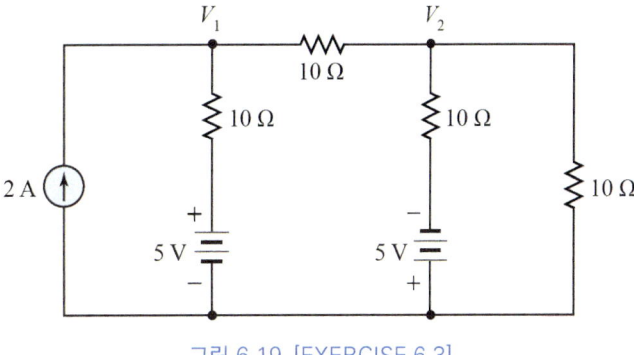

그림 6.19 [EXERCISE 6.3]

6.4 그림 6.20의 회로에서
(a) 테브난의 정리를 이용하여 20 Ω에 걸리는 전압(극성표시)을 구하라.
(b) 중첩의 원리를 이용하여 20 Ω에 흐르는 전류(방향)를 구하라.

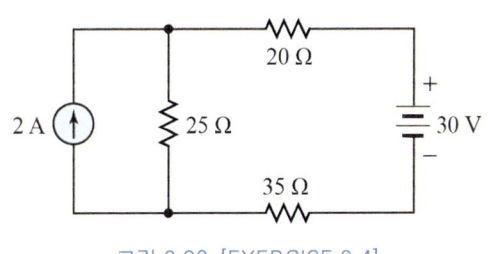

그림 6.20 [EXERCISE 6.4]

6.5 그림 6.21의 회로에서 테브난의 정리를 이용하여 20 kΩ에 걸리는 전압(극성표시)을 구하라.

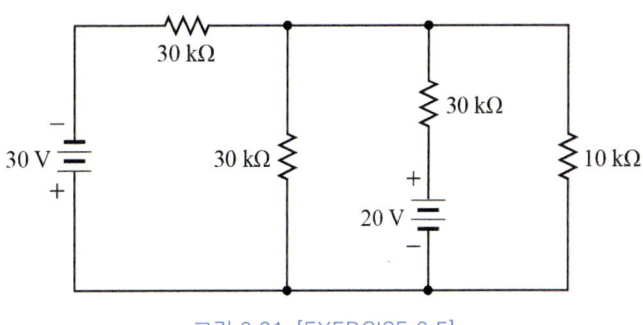

그림 6.21 [EXERCISE 6.5]

6.6 그림 6.22의 회로에서 50 Ω에 흐르는 전류가 100 mA가 되기 위한 전압원 V 값을 구하라.

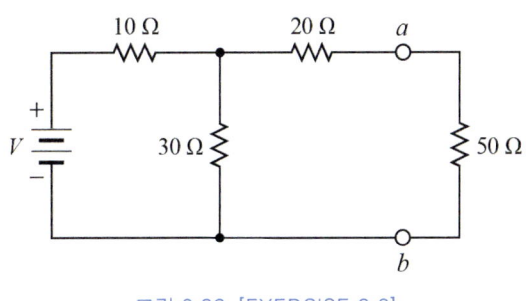

그림 6.22 [EXERCISE 6.6]

6.7 그림 6.23의 회로에서 노튼의 정리를 이용하여 6 kΩ에 걸리는 전압을 구하라.

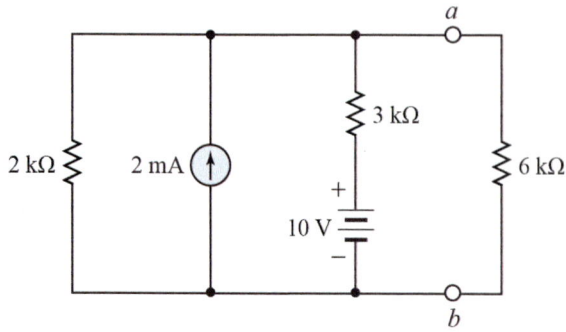

그림 6.23 [EXERCISE 6.7]

6.8 그림 6.24의 회로에서 밀만의 정이를 이용하여 50 Ω에 걸리는 전압을 구하라.

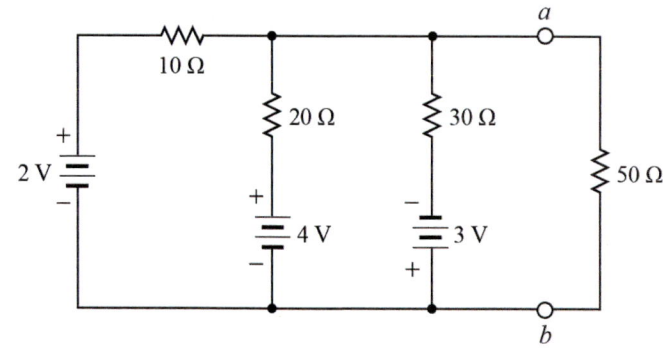

그림 6.24 [EXERCISE 6.8]

6.9 그림 6.25의 회로에서 부하저항 R_L에 최대전력을 전달하기 위한 R_L과 최대전력을 구하라.

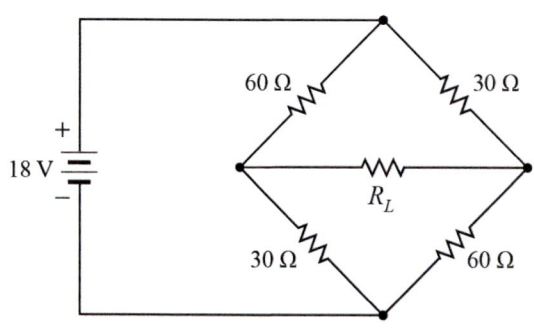

그림 6.25 [EXERCISE 6.9]

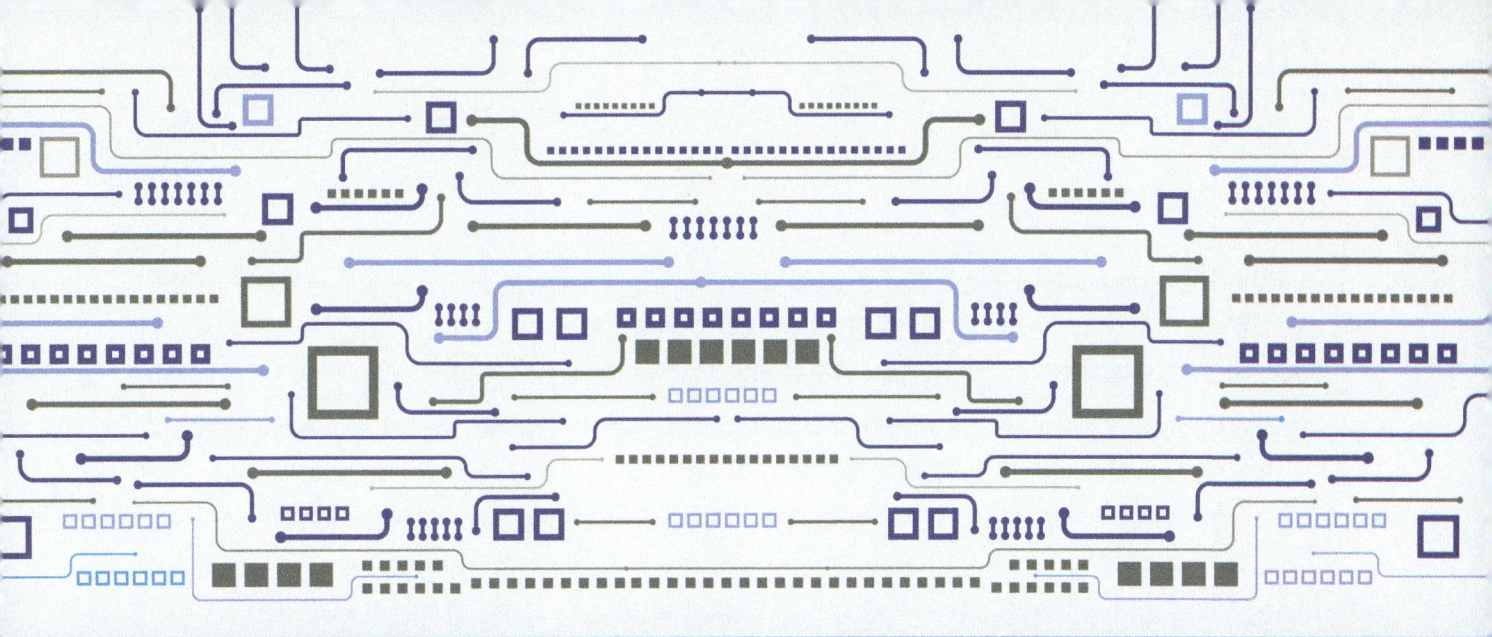

CHAPTER 7

커패시터와 *RC* 회로

7.1 커패시턴스의 본성
7.2 직렬 커패시터 회로
7.3 병렬 커패시터 회로
7.4 직·병렬 커패시터 회로
7.5 직렬 *RC* 회로에서 과도상태
7.6 직·병렬 *RC* 회로에서 과도상태
EXERCISE

7.1 커패시턴스의 본성

커패시턴스(capacitance)라는 용어는 용량, 능력을 나타내는 'capapcity'에서 온 것으로 전하를 축적할 수 있 그릇의 크기를 의미한다. 즉 전기용량, 혹은 **정전용량**(靜電容量)이다. 그런 그릇을 우리는 **커패시터**(capacitor) 혹은 **콘덴서**(축전기, condenser)라고 한다. 즉 전기를 모으는 장치 또는 전기 에너지를 저장하는 장치이다. 여기에는 두 전극판 사이가 절연되어 있으면 커패시터 기능을 할 수 있다. 따라서 여러 가지 형태가 있을 수 있다. 대표적인 커패시터는 그림 7.1(a)에 나타낸 평행판 축전기이다. 분리되어 있는 평행판 축전기의 양단에 전압 V를 인가하면 밧데리의 + 전위는 금속판의 자유전자를 쿨롱의 인력으로 금속으로부터 이탈시켜서 밧데리에 이르기까지 끌고 온 다음에 - 전위가 쿨롱의 척력으로 맞은 편 극판으로 보낸다. 그렇게 되면 전기적으로 중성이던 금속판은 전하를 띠게 된다. 이러한 일련의 과정이 반복되며, 극판 간의 전위차가 인가전압과 같을 때에 비로소 전하의 이동이 멈추게 된다. 이것을 그림 7.1(b)와 같이 나타내었을 때 커패시터에 걸리는 전압을 V_C라고 하면 커패시턴스 C는 다음 식과 같이 나타낸다.

$$C = \frac{Q}{V_C} \tag{7.1}$$

V_C가 인가전압 V이므로

$$C = \frac{Q}{V} \tag{7.1-1}$$

커패시턴스의 단위는 C/V이며, 이것을 **패럿**(Farad: F)이라고 한다. 전압을 증가시키면 전하의 축적량도 증가하기 때문에 C는 변하지 않는다. 그렇다면 전압을 고정시키고, 전하량을 증가시킬 수 있는 방법, 즉 커패시턴스를 증가시킬 수 있는 방법은 3가지가 있다. 극판 사이의 거리를 줄이거나 극판의 면적을 크게 하거나 극판 사이에 유전물질을 삽입하는 것이다.

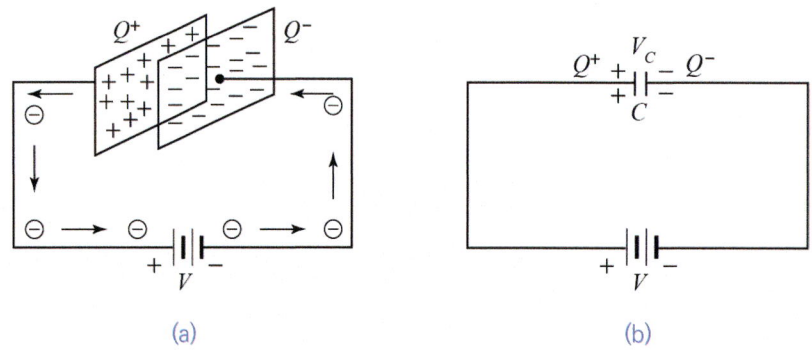

그림 7.1

7.2 직렬 커패시터 회로

(1) 직렬합성 커패시턴스

그림 7.2(a)와 같이 커패시터를 직렬로 연결했을 때 직렬합성 커패시턴스는 어떻게 나타나는가? 전압을 걸면 커패시터의 금속 극판의 전자가 이동하기 시작한다. 양전위가 커패시터 C_1의 금속 전자를 이탈시켜 커패시터 C_2의 음전위 극판으로 보낸다. 그렇게 되면 커패시터 C_1의 양전위 판은 전자가 부족하므로 양전하가 많아지게 되고, 커패시터 C_2의 음전위 판은 음전하가 많아지게 된다. 이것이 1차적으로 일어나 현상이고, 다음으로는 각 커패시터의 축적된 1차적 전하에 의한 정전유도 현상으로 같은 전하량의 반대 전하가 맞은 편 극판에 생기게 된다. 따라서 직렬연결일 경우에는 각 커패시터에 축적되는 전량은 Q_1과 Q_2는 같게 된다.

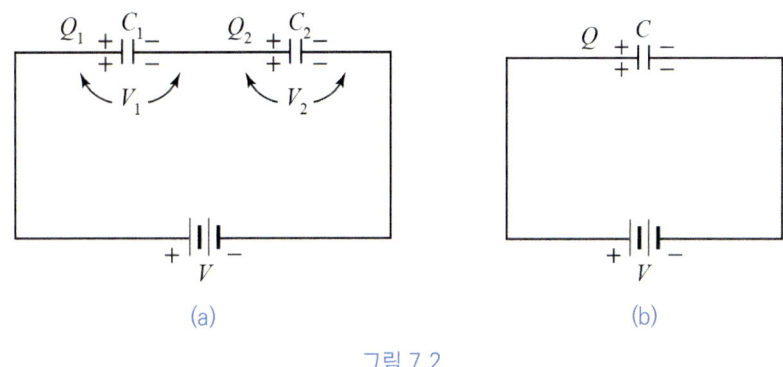

그림 7.2

그림 7.2(a)에서 인가전압 V는 각 커패시터에 V_1과 V_2로 분배되므로

$$V = V_1 + V_2 = \frac{Q_1}{C_1} + \frac{Q_2}{C_2} = Q\left(\frac{1}{C_1} + \frac{1}{C_2}\right) \tag{7.2}$$

그림 7.2(b)에서

$$\frac{V}{Q} = \frac{1}{C} \tag{7.3}$$

그림 7.2(a), 7.2(b)를 등가라고 할 때 식 (7.2), (7.3)으로부터 직렬합성 커패시턴스 C는 다음과 같이 나타내진다.

$$\frac{1}{C} = \frac{1}{C_1} + \frac{1}{C_2} \quad \therefore C = \frac{C_1 C_2}{C_1 + C_2} = C_1 // C_2 \tag{7.4}$$

결과적으로 커패시터를 직렬로 많이 연결하면 전체 커패시턴스는 작아진다. 저항의 경우와는 반대가 된다. 직렬회로에서 합성 커패시턴스는 가장 적은 커패시턴스보다도 적다. 만약 같은 정전용량이 C_1인 커패시터를 n개를 직렬연결할 경우 전체 커패시턴스는 다음과 같이 된다.

$$C = \frac{C_1}{n} \tag{7.5}$$

직렬 커패시터 회로에서 합성 커패시턴스를 구하는 또 다른 방법으로 그림 7.3(a)와 같이 교류전압이 인가된 회로에서 출발한다.

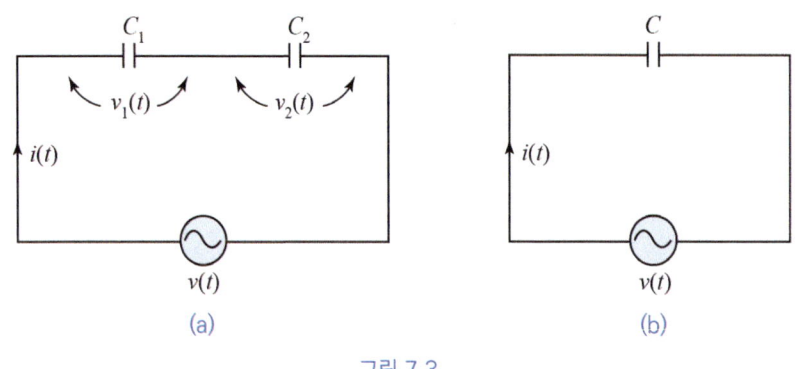

그림 7.3

시간에 따라 변하는 전압을 걸면 각 커패시터에 걸리는 전압의 합은

$$v(t) = v_1(t) + v_2(t) = \frac{1}{C_1}\int i(t)\,dt + \frac{1}{C_2}\int i(t)\,dt \tag{7.6}$$
$$= \left(\frac{1}{C_1} + \frac{1}{C_2}\right)\int i(t)\,dt$$

그림 7.3(b)에서

$$v(t) = \frac{1}{C}\int i(t)\,dt \tag{7.7}$$

그림 7.3(a), 7.3(b)를 등가라고 할 때 식 (7.6), (7.7)로부터 직렬합성 커패시턴스 C는 다음과 같이 나타낸다.

$$\frac{1}{C} = \frac{1}{C_1} + \frac{1}{C_2} \quad \therefore C = \frac{C_1 C_2}{C_1 + C_2} = C_1 // C_2$$

결과적으로 식 (7.4)와 같은 결과를 얻는다.

커패시턴스가 각각 C_1, C_2, C_3인 커패시터 3개가 직렬연결일 때 직렬합성 커패시턴스 C는 다음과 같이 나타낸다.

$$C = \frac{C_1 C_2 C_3}{C_1 C_2 + C_2 C_3 + C_3 C_1} = C_1 // C_2 // C_3 \tag{7.8}$$

(2) 전압분배법칙

그림 7.2(a)와 같이 커패시터가 직렬로 연결했을 때 각 커패시턴스의 전하량은 같다. 이는 직렬 저

항회로에서 전류가 동일한 것과 같다. C_1에 걸리는 전압 V_1은

$$V_1 = \frac{Q}{C_1} = \frac{C}{C_1}V = \frac{1}{C_1}\left(\frac{C_1 C_2}{C_1 + C_2}\right)V \tag{7.9}$$

따라서

$$V_1 = \left(\frac{C_2}{C_1 + C_2}\right)V \tag{7.10a}$$

같은 방법으로

$$V_2 = \left(\frac{C_1}{C_1 + C_2}\right)V \tag{7.10b}$$

이는 병렬 저항회로에서 전류분배법칙과 같은 형태이다.[2]

커패시턴스가 각각 C_1, C_2, C_3인 커패시터 3개가 직렬연결일 때 각 커패시터에 걸리는 전압은 다음과 같다.

$$V_1 = \left(\frac{C_2 C_3}{C_1 C_2 + C_2 C_3 + C_3 C_1}\right)V \tag{7.11a}$$

$$V_2 = \left(\frac{C_3 C_1}{C_1 C_2 + C_2 C_3 + C_3 C_1}\right)V \tag{7.11b}$$

$$V_3 = \left(\frac{C_1 C_2}{C_1 C_2 + C_2 C_3 + C_3 C_1}\right)V \tag{7.11c}$$

EXAMPLE 7-1

그림 7.4의 회로에서

(a) 합성 커패시턴스를 구하라.
(b) 각 커패시터에 걸리는 전압과 전하량을 구하라.

SOLUTION

(a) 먼저 C_1과 C_2의 직렬합성 커패시턴스 C_{12}는

$$C_{12} = C_1 // C_2 = 30\ \mu F // 15\ \mu F = 10\ \mu F$$

C_{12}와 C_3의 직렬합성 커패시턴스 C는

$$C = C_{12} // C_3 = 10\ \mu F // 10\ \mu F = 5\ \mu F$$

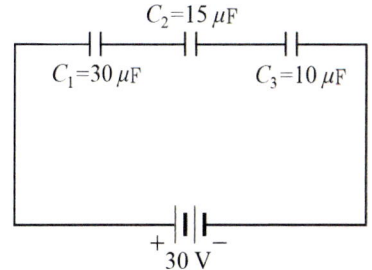

그림 7.4 [EXAMPLE 7-1]

---

2 전류분배법칙: 두 저항이 병렬일 때 R_1과 R_2에 흐르는 전류는 각각 $I_1 = \left(\dfrac{R_2}{R_1 + R_2}\right)I$, $I_2 = \left(\dfrac{R_1}{R_1 + R_2}\right)I$

또는 식 (7.8)을 이용하여 직렬합성 커패시턴스 C를 계산할 수 있다.

$$C = \frac{C_1 C_2 C_3}{C_1 C_2 + C_2 C_3 + C_3 C_1}$$

$$= \frac{(30\ \mu F)(15\ \mu F)(10\ \mu F)}{(30\ \mu F)(15\ \mu F) + (15\ \mu F)(10\ \mu F) + (10\ \mu F)(30\ \mu F)} = \frac{4500\ \mu F}{900\ \mu F} = 5\ \mu F$$

(b) 전체 전하량은 $Q = CV = (5\ \mu F)(30\ V) = 150\ \mu C$

$$V_1 = \frac{Q}{C_1} = \frac{150\ \mu C}{30\ \mu F} = 5\ V,\ Q_1 = 150\ \mu C$$

$$V_2 = \frac{Q}{C_2} = \frac{150\ \mu C}{15\ \mu F} = 10\ V,\ Q_2 = 150\ \mu C$$

$$V_3 = \frac{Q}{C_3} = \frac{150\ \mu C}{10\ \mu F} = 15\ V,\ Q_3 = 150\ \mu C$$

또는 식 (7.11)을 이용하여 각 커패시턴스에 걸리는 전압을 계산할 수 있다.

$$V_1 = \left(\frac{C_2 C_3}{C_1 C_2 + C_2 C_3 + C_3 C_1}\right)V = \left[\frac{(15\ \mu F)(10\ \mu F)}{900\ \mu F}\right](30\ V) = 5\ V$$

$$V_2 = \left(\frac{C_3 C_1}{C_1 C_2 + C_2 C_3 + C_3 C_1}\right)V = \left[\frac{(10\ \mu F)(30\ \mu F)}{900\ \mu F}\right](30\ V) = 10\ V$$

$$V_3 = \left(\frac{C_1 C_2}{C_1 C_2 + C_2 C_3 + C_3 C_1}\right)V = \left[\frac{(30\ \mu F)(15\ \mu F)}{900\ \mu F}\right](30\ V) = 15\ V$$

7.3 병렬 커패시터 회로

(1) 병렬합성 커패시턴스

그림 7.5(a)와 같이 커패시터가 병렬로 연결했을 때 병렬합성 커패시턴스는 어떻게 나타는가? 전압을 걸면 커패시터의 금속 극판의 전자가 이동하기 시작한다. 양전위가 커패시터 C_1과 C_2의 금속 전자를 이탈시키는 데 그 양이 다르다. 전하를 담은 그릇(C)이 큰 데서 더 많은 전자가 이탈된다. 이탈 된 전자는 합해져서 각 판

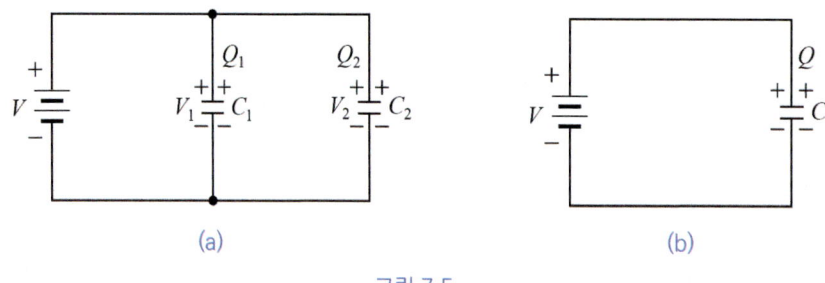

그림 7.5

에서 이탈된 수만큼 음전위 극판으로 이동한다.

그림 7.5(a)에서 전압 V를 인가할 때 각 커패시터에 걸리는 전압은 같고, 전체 전하량은 각 커패시터 전하량의 합이므로

$$Q = Q_1 + Q_2 = C_1V_1 + C_2V_1 = (C_1 + C_2)V_1 = (C_1 + C_2)V \tag{7.12}$$

그림 7.5(b)에서

$$Q = CV$$

그림 7.5(a), 7.5(b)를 등가라고 할 때 위 두 식으로부터 병렬합성 커패시턴스 C는 다음과 같이 된다.

$$C = C_1 + C_2 \tag{7.13}$$

결과적으로 커패시터를 병렬로 많이 연결하면 전체 커패시턴스는 커진다. 저항의 경우와는 반대가 된다. 만약 같은 정전용량이 C_1인 커패시터를 n개를 병렬로 연결할 경우 전체 커패시턴스는 다음과 같이 된다.

$$C = nC_1 \tag{7.14}$$

병렬 커패시터 회로에서 합성 커패시턴스를 구하는 또 다른 방법으로 그림 7.6(a)와 같이 교류전압이 인가된 회로에서 출발한다.

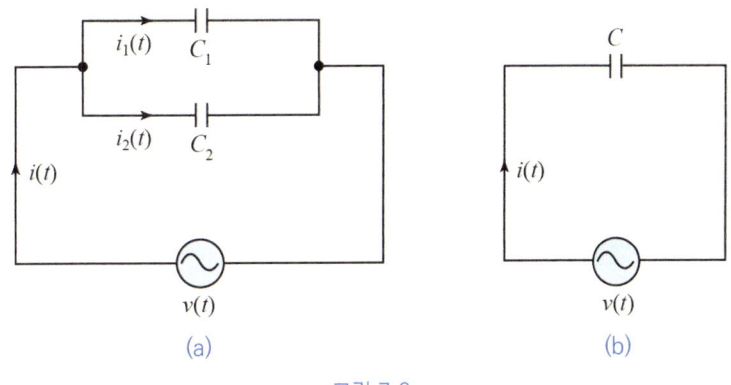

그림 7.6

시간에 따라 변하는 전압을 걸면 커패시터에 변하는 전류가 흐르고, 각 커패시터에 걸리는 전압의 합은

$$i(t) = i_1(t) + i_2(t) = C_1\frac{dv}{dt} + C_2\frac{dv}{dt} = (C_1 + C_2)\frac{dv}{dt} \tag{7.15}$$

그림 7.6(b)에서

$$i(t) = C\frac{dv}{dt} \tag{7.16}$$

그림 7.6(a), 7.6(b)를 등가라고 할 때 식 (7.15), (7.16)으로부터 직렬합성 인덕턴스 C는 다음과 같이 된다.

$$C = C_1 + C_2$$

결과적으로 식 (7.13)과 같은 결과를 얻는다.

(2) 전하량 분배법칙

그림 7.5(a)와 같이 커패시터가 병렬로 연결했을 때 각 커패시턴스의 전하량은 같다. 이는 병렬 저항회로에서 전압이 동일한 것과 같다. C_1에 충전되는 전하량 Q_1은

$$Q_1 = C_1 V_1 = C_1 V = C_1 \frac{Q}{C} = C_1 \left(\frac{1}{C_1 + C_2} \right) Q \tag{7.17}$$

따라서

$$Q_1 = \left(\frac{C_1}{C_1 + C_2} \right) Q \tag{7.18a}$$

같은 방법으로

$$Q_2 = \left(\frac{C_2}{C_1 + C_2} \right) Q \tag{7.18b}$$

이는 직렬 저항회로에서 전압분배법칙과 같은 형태이다.[3]

커패시턴스가 각각 C_1, C_2, C_3인 커패시터 3개가 병렬연결일 때 각 커패시터의 전하량은 다음과 같다.

$$Q_1 = \left(\frac{C_1}{C_1 + C_2 + C_3} \right) Q \tag{7.19a}$$

$$Q_2 = \left(\frac{C_2}{C_1 + C_2 + C_3} \right) Q \tag{7.19b}$$

$$Q_3 = \left(\frac{C_3}{C_1 + C_2 + C_3} \right) Q \tag{7.19c}$$

EXAMPLE 7-2

그림 7.7의 회로에서
(a) 합성 커패시턴스를 구하라.
(b) 각 커패시터에 걸리는 전압과 전하량을 구하라.

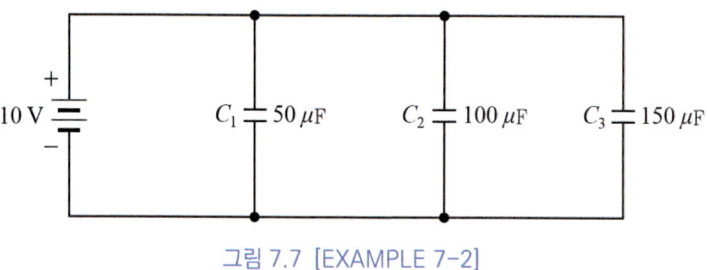

그림 7.7 [EXAMPLE 7-2]

---

[3] 전압분배법칙: 두 저항이 직렬일 때 저항 R_1, R_2에 걸리는 전압은 각각 $V_1 = \left(\frac{R_1}{R_1 + R_2} \right) V$, $V_2 = \left(\frac{R_2}{R_1 + R_2} \right) V$

SOLUTION

(a) $C = C_1 + C_2 + C_3 = 50\,\mu\text{F} + 100\,\mu\text{F} + 150\,\mu\text{F} = 300\,\mu\text{F}$

(b) 병렬회로이므로 각 커패시터에 걸리는 전압은 같다.

$$V_1 = 10\text{ V}, \quad Q_1 = C_1 V_1 = (50\,\mu\text{F})(10\text{ V}) = 500\,\mu\text{C}$$
$$V_2 = 10\text{ V}, \quad Q_2 = C_2 V_2 = (100\,\mu\text{F})(10\text{ V}) = 1000\,\mu\text{C}$$
$$V_2 = 10\text{ V}, \quad Q_3 = C_3 V_3 = (150\,\mu\text{F})(10\text{ V}) = 1500\,\mu\text{C}$$

다음과 같이 전하량 분배법칙을 이용하여 각 커패시터의 전하량을 계산할 수도 있다.
전체 전하량 Q는

$$Q = CV = (300\,\mu)(10\text{ V}) = 3000\,\mu\text{C}$$
$$Q_1 = \left(\frac{C_1}{C_1 + C_2 + C_3}\right)Q = \left(\frac{50\,\mu\text{F}}{50\,\mu\text{F} + 100\,\mu\text{F} + 150\,\mu\text{F}}\right)(3000\,\mu\text{C}) = 500\,\mu\text{C}$$
$$Q_2 = \left(\frac{C_2}{C_1 + C_2 + C_3}\right)Q = \left(\frac{100\,\mu\text{F}}{50\,\mu\text{F} + 100\,\mu\text{F} + 150\,\mu\text{F}}\right)(3000\,\mu\text{C}) = 1000\,\mu\text{C}$$
$$Q_3 = \left(\frac{C_3}{C_1 + C_2 + C_3}\right)Q = \left(\frac{150\,\mu\text{F}}{50\,\mu\text{F} + 100\,\mu\text{F} + 150\,\mu\text{F}}\right)(3000\,\mu\text{C}) = 1500\,\mu\text{C}$$

7.4 직·병렬 커패시터 회로

커패시터가 직렬과 병렬로 혼합되어 있을 때 전체 커패시턴스와 각 커패시터의 전하량, 그리고 각 커패시터에 걸리는 전압은 어떻게 구하는지를 예를 통해서 알아보자.

EXAMPLE 7-3

그림 7.8의 회로에서
(a) 합성 커패시턴스를 구하라.
(b) 각 커패시터에 걸리는 전압과 전하량을 구하라.

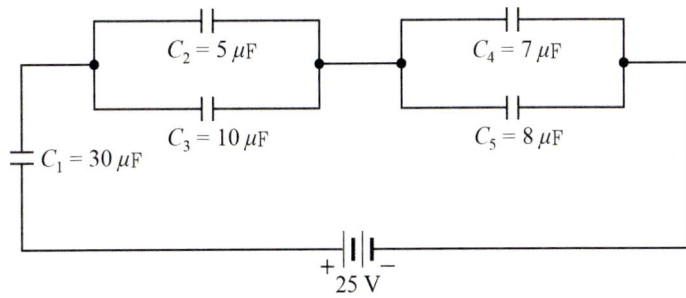

그림 7.8 [EXAMPLE 7-3]

SOLUTION

(a) 병렬부터 처리한다.

$$C_{23} = C_2 + C_3 = 5\,\mu\text{F} + 10\,\mu\text{F} = 15\,\mu\text{F}$$

$$C_{45} = C_4 + C_5 = 7\,\mu\text{F} + 8\,\mu\text{F} = 15\,\mu\text{F}$$

C_1, C_{23}, C_{45}는 직렬이므로 직렬합성 커패시턴스 C는

$$C = C_1 // C_{23} // C_{45}$$

$$= \frac{C_1 C_{23} C_{45}}{C_1 C_{23} + C_{23} C_{45} + C_{45} C_1}$$

$$= \frac{(30\,\mu\text{F})(15\,\mu\text{F})(15\,\mu\text{F})}{(30\,\mu\text{F})(15\,\mu\text{F}) + (15\,\mu\text{F})(15\,\mu\text{F}) + (15\,\mu\text{F})(30\,\mu\text{F})} = 6\,\mu\text{F}$$

(b) 전체 전하량은 $Q = CV = (6\,\mu\text{F})(25\,\text{V}) = 150\,\mu\text{C}$이므로

$$V_1 = \frac{Q}{C_1} = \frac{150\,\mu\text{C}}{30\,\mu\text{F}} = 5\,\text{V}, \; Q_1 = Q = 150\,\mu\text{C}$$

$$V_2 = \frac{Q}{C_{23}} = \frac{150\,\mu\text{C}}{15\,\mu\text{F}} = 10\,\text{V}, \; Q_2 = C_2 V_2 = (5\,\mu\text{F})(10\,\text{V}) = 50\,\mu\text{C}$$

$$V_3 = \frac{Q}{C_{23}} = \frac{150\,\mu\text{C}}{15\,\mu\text{F}} = 10\,\text{V}, \; Q_3 = C_3 V_3 = (10\,\mu\text{F})(10\,\text{V}) = 100\,\mu\text{C}$$

$$V_4 = \frac{Q}{C_{45}} = \frac{150\,\mu\text{C}}{15\,\mu\text{F}} = 10\,\text{V}, \; Q_4 = C_4 V_4 = (7\,\mu\text{F})(10\,\text{V}) = 70\,\mu\text{C}$$

$$V_5 = \frac{Q}{C_{45}} = \frac{150\,\mu\text{C}}{15\,\mu\text{F}} = 10\,\text{V}, \; Q_5 = C_5 V_5 = (8\,\mu\text{F})(10\,\text{V}) = 80\,\mu\text{C}$$

7.5 직렬 *RC* 회로에서 과도상태

앞에서 다룬 커패시터 회로에서 회로 저항이 없는 상태에서 전원이 바로 커패시터에 연결되어 있다. 이 경우, 전원이 커패시터에 연결되는 순간에는 커패시터는 단락상태가 된다. 그러나 엄밀히 말하면 전원에도 내부저항이 있고, 도선 자체에도 저항이 있고, 커패시터 자체의 저항도 있기 때문에 무손실 회로가 이루어지지 않는다. 따라서 커패시터가 충전할 때는 이와 같은 저항이 영향을 미치게 된다. 여기서 취급하는 저항은 이런 저항이 아니고 커패시터에 실제로 연결된 저항기의 저항이다. 저항기와 커패시터로 구성된, 소위 *RC* 회로의 과도상태에서 전하, 전류, 전압의 거동을 알아보자.

과도(transient)라는 것은 순간적으로, 즉 짧은 시간동안 변하는 전압이나 전류를 말하는데 순간 전압이나 전류의 피크치가 높을 경우에는 **서지**(surge)라는 표현을 쓴다.

(1) 충전과도전하

그림 7.9와 같은 *RC* 회로에서 과도전하 $q(t)$의 거동을 살펴보자. $t = 0$에서 스위치를 닫은 후, *RC* 루

프에 KVL을 적용하면

$$Ri + \frac{q}{C} = V \tag{7.20}$$

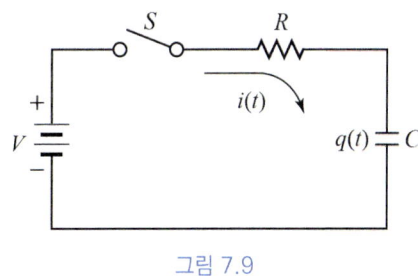

그림 7.9

$i = dq/dt$ 이므로 식 (7.20)은 다음과 같은 미분방정식이 된다.

$$R\frac{dq}{dt} + \frac{q}{C} = V \tag{7.21}$$

식 (7.21)을 다음과 같이 변형할 수 있다.

$$\frac{dq}{dt} + \frac{q}{RC} = \frac{V}{R} \tag{7.21-1}$$

식 (7.21-1)은 비동차 선형 상미분방정식으로 그 해는 일반해 $[q_c(t)]$ 와 특수해 $[q_p(t)]$ 로 구성된다. 즉 $q(t) = q_c(t) + q_p(t)$ 이다. 일반해는 $q_c(t) = A\,e^{pt}$ 와 같은 형태이다.

$q_c(t)$ 를 구하기 위해 식 (7.21-1)의 우변을 0으로 두고, $q_c(t) = A\,e^{pt}$ 를 대입하면 다음과 같은 특성 방정식이 얻어진다.

$$H(p) = p + \frac{1}{RC} = 0 \quad \therefore\ p = -\frac{1}{RC} \tag{7.21-2}$$

따라서 $q_c(t)$ 는

$$q_c(t) = A\,e^{-t/RC} \tag{7.21-3}$$

특수해는 하중함수(forcing function)가 상수(V/R)이므로 $q_p(t) = B$ 의 형태가 된다. 이식을 식 (7.21-1)에 대입하면

$$q_p(t) = CV \tag{7.21-4}$$

따라서 $q(t)$ 는 다음과 같다.

$$q(t) = A\,e^{-t/RC} + CV \tag{7.21-5}$$

초기조건 $q(0) = 0$ 이므로 미정계수 $A = -CV$ 가 얻어진다. 따라서 커패시터에 충전되는 전하는 다음과 같이 시간의 함수가 된다.

$$q(t) = CV\left(1 - e^{-t/RC}\right) \tag{7.22}$$

ⅰ) $t = 0$ 에서 스위치를 닫은 후, 즉 초기상태에서 $q(0) = 0$ 이므로 커패시터에 초기전하가 없는 빈 상태이다. 따라서 $t = 0$ 인 초기상태에서는 커패시터는 단락상태이다. 한편 초기전하가 있는 경우도 있다.

ⅱ) $0 < t < \infty$ 에서는 스위치가 닫힌 후에 시간이 증가함에 따라 차츰 전하로 채워지기 시작하므로 그림 7.9-1(a)에 나타낸 바와 같이 전하 $q(t)$ 는 시간에 따라 지수 함수적으로 증가한다. 이것은 커패시턴스라고 하는 그릇에 전자가 계속 채워지는 꼴이다. 전하가 충전되는 과정에서 t 를 0으로부터 점점 증가시

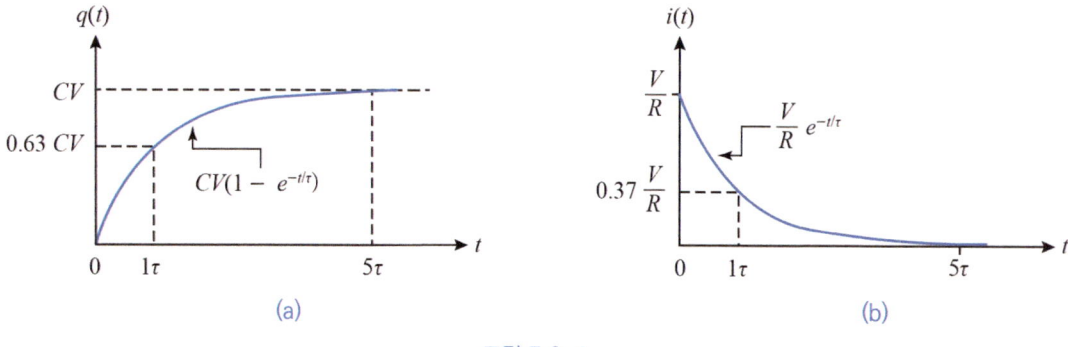

그림 7.9-1

$t = RC$ 가 되면 $q = 0.63\,CV$ 가 된다. 따라서 $t = RC$ 는 최대 충전량(CV)의 63%까지 충전하는 데 걸리는 시간으로 이것을 충전 **시정수**(時定數, time constant : τ)라고 한다. R과 C가 클수록 시정수는 커진다. 즉 전하가 충전되는데 걸리는 시간이 오래 걸린다는 의미이다. R이 크다는 것은 그 만큼 전자의 이동이 억제되고, C가 클수록 전자를 충전하는 그릇이 크기 때문에 그릇을 전자로 채우는 데는 그 만큼 시간이 오래 걸리게 된다. 시간이 경과하여 시정수의 5배, 즉 5τ에 이르면 일반적으로 거의 포화에 이른다고 가정한다.

iii) $t = \infty$ 일 때, 즉 정상상태에서 $q(\infty) = CV$ 가 된다. $t = \infty$ 라고 하는 것은 어려우므로 앞에서 언급한 5τ를 커패시터가 완전 충전하는데 걸리는 시간으로 본다. 결론적으로 $t = \infty$ 인 정상상태에서 커패시터는 개방상태이다.

한편 식 (7.22)로부터 임의의 시간 t 에서 $q(t)$ 값을 알기 위해서는 지수 항이 상수가 되어야 한다. 따라서 RC의 단위는 시간이다. 즉 $[\Omega] \times [F] = [s]$이다.

식 (7.22)를 시정수 τ 관점에서 다시 쓰면

$$q(t) = CV\left(1 - e^{-t/\tau}\right) \tag{7.22-1}$$

(2) 충전과도전류

커패시터에 전하가 채워지는 동안에 전하의 이동이 일어나기 때문에 전류는 전하의 이동 반대 방향으로 흐르게 되고, 회로에 흐르는 과도전류 $i(t)$는 $q(t)$의 미분으로 다음과 같이 나타내진다.

$$i(t) = \frac{dq}{dt} = \frac{V}{R}e^{-t/RC} \tag{7.23}$$

식 (7.23)을 시정수 τ 관점에서 다시 쓰면

$$i(t) = \frac{V}{R}e^{-t/\tau} \tag{7.23-1}$$

i) $t = 0$에서 스위치를 닫은 후, 초기상태로 식 (7.23-1)에서 $i(0) = V/R$이다. 스위치가 닫히는 순간에 커패시터의 저항은 0 상태이므로 커패시터에 걸리는 전압은 없다. 따라서 스위치가 닫히는 순간에 최대 전류가 흐른다.

ii) $0 < t < \infty$에서는 시간이 증가함에 따라 커패시터는 점차 전류에 대한 저항의 기능을 나타내기 시작하므로 그림 7.9-1(b)에 나타낸 바와 같이 전류 $i(t)$는 시간에 따라 지수 함수적으로 감소한다. 충전이 되면 될수록 커패시터에 걸리는 전압이 증가하고, 그에 따라 저항 양단의 전압이 감소하여 전류는 줄어들게 된다. 커패시터에 흐르는 전류의 감소를 충전량의 증가로 생각하라. 전류 관점에서 시정수는 $t = 0$일 때 최대 전류(V/R)의 37%까지 감소하는데 걸리는 시간이 시정수이다. 일반적으로 전류가 0이 되는 데 걸리는 시간을 5τ로 가정한다.

iii) $t = \infty$일 때는 정상상태로 식 (7.23-1)에서 $i(\infty) = 0$ A이다. 커패시터의 저항은 무한대, 즉 개방상태가 된다. 사실 $t = \infty$라는 것은 없으므로 충전이 완료되면 커패시터에 걸리는 전압은 전원 전압 V와 같기 때문에 전류가 흐르지 않는 상태가 된다. $t > 5\tau$이면 과도상태가 아닌 정상상태의 직류에서 커패시터는 개방된 것과 같다.

EXAMPLE 7-4

그림 7.9의 회로에서 $V = 20$ V, $R = 1$ kΩ, $C = 1$ μF일 때

(a) 시정수를 구하라.
(b) $t = 0$에서 스위치를 닫은 후, 시정수의 2배가 되는 시간에서 전류를 구하라.
(c) 그때 R과 C에 걸리는 전압을 구하라.

SOLUTION

(a) $\tau = RC = (1\text{ k}\Omega)(1\text{ }\mu\text{F}) = 1$ ms

(b) $i(t) = \dfrac{V}{R}e^{-t/\tau} = \dfrac{20\text{ V}}{1\text{ k}\Omega}e^{-2\tau/\tau} = 2.71$ mA

(c) $v_R(t) = Ri(t) = (1\text{ k}\Omega)(2.71\text{ mA}) = 2.71$ V

$v_C(t) = V - v_R(t) = 20$ V $- 2.71$ V $= 17.29$ V

(3) 충전과도전압

그림 7.10과 같은 RC 회로에서 $t = 0$에서 스위치를 닫은 후, 커패시터에 걸리는 과도전압 $v_C(t)$를 구해보자.

우선 저항에 걸리는 과도전압 $v_R(t)$는 옴법칙에서

$$v_R(t) = Ri(t) = R\left(\dfrac{V}{R}e^{-t/RC}\right) = Ve^{-t/RC} \quad (7.24)$$

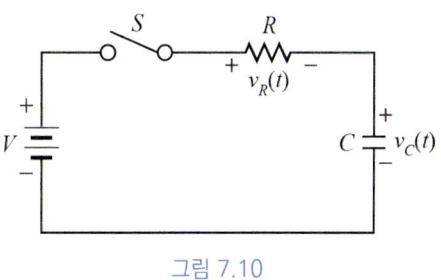

그림 7.10

식 (7.24)를 시정수 τ 관점에서 다시 쓰면

$$v_R(t) = Ve^{-t/\tau} \quad (7.24\text{-}1)$$

폐회로에서 KVL을 적용하면

$$v_R(t) + v_C(t) = V \tag{7.25}$$

따라서 커패시터에 걸리는 과도전압 $v_C(t)$는

$$v_C(t) = V - v_R(t) = V - Ve^{-t/RC} = V(1 - e^{-t/RC}) \tag{7.26}$$

혹은 다음과 같이 유도된다.

$$v_C(t) = \frac{q}{C} = \frac{1}{C}\left[CV(1 - e^{-t/RC})\right] = V(1 - e^{-t/RC}) \tag{7.26-1}$$

식 (7.26-1)을 시정수 τ 관점에서 다시 쓰면

$$v_C(t) = V(1 - e^{-t/\tau}) \tag{7.26-2}$$

i) $t = 0$에서 스위치를 닫은 후, 커패시터는 단락상태이므로 커패시터에 걸리는 전압은 $v_C(0) = 0\,\text{V}$로 전원 전압은 모두 저항에 걸리게 된다. 즉 $v_R(0) = V$이다.

ii) $0 < t < \infty$에서는 시간이 증가함에 따라 커패시터에 충전량은 증가하게 됨으로서 그림 7.10-1(a)에 나타낸 바와 같이 $v_C(t)$는 증가하게 되고, $v_R(t)$은 그림 7.10-1(b)처럼 감소한다.

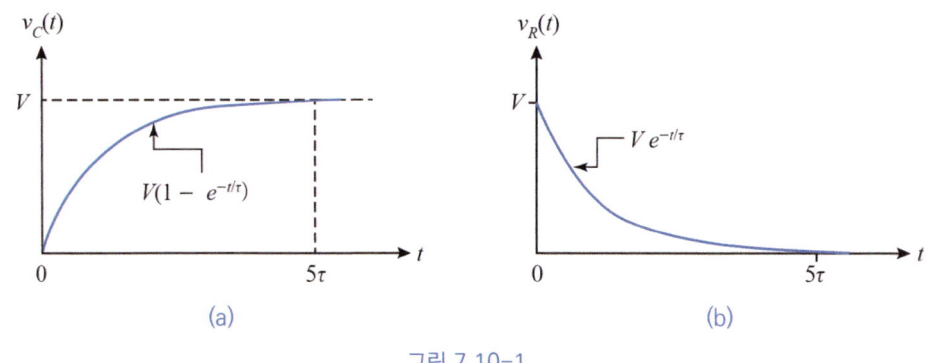

그림 7.10-1

iii) $t = \infty$일 때 $v_C(\infty) = V$, 충전이 완료되면 커패시터에 걸리는 전압은 전원 전압과 같아진다. 즉 개방상태가 된다. 그리고 $v_R(\infty) = 0\,\text{V}$가 된다. 그 결과, 전류는 흐르지 않게 된다.

EXAMPLE 7-5

그림 7.10의 회로에서 $V = 20\,\text{V}$, $R = 100\,\text{k}\Omega$, $C = 10\,\mu\text{F}$일 때

(a) 시정수를 구하라.

(b) $t = 0$에서 스위치를 닫은 후, $i(t)$, $v_R(t)$, $v_C(t)$를 식으로 나타내라.

(c) $t = 0.5\,\text{s}$에서 $v_C(t)$를 구하라.

SOLUTION

(a) $\tau = RC = (100\,\text{k}\Omega)(10\,\mu\text{F}) = 1\,\text{s}$

(b) $i(t) = \dfrac{V}{R} e^{-t/\tau} = 0.2 e^{-t}$ mA

$v_R(t) = V e^{-t/\tau} = 20 e^{-t}$ V

$v_C(t) = V(1 - e^{-t/\tau}) = 20(1 - e^{-t})$ V

(c) $v_C(t) = 20(1 - e^{-t}) = 20(1 - e^{-0.5}) = 12.13$ V

(3) 방전과도상태

그림 7.11(a)과 같은 RC 회로에서 스위치를 1로 스위칭하면 방금 앞에서 다룬 충전과도상태에서 $i(t)$가 흐른다. 만약 5τ 이상 두었다고 하면 커패시터는 완전한 충전상태가 되며, 충전전압 $v_C(t) = V$, 충전전류 $i(t) = 0$ A가 된다. 이 상태에서 그림 7.11(b)와 같이 스위치를 2로 스위칭하면 전원 전압은 없어지게 되고 커패시터에 충전되었던 전자들은 원래 있던 +전극으로 되돌아가기 시작한다. 따라서 커패시터에 충전되어 있던 전자들은 감소할 것이다. 따라서 전류는 감소할 것이고, 커패시터 전압도 감소할 것이다. 종국에는 커패시터에 충전된 전하는 모두 방전하게 되고 전류는 0 A가 되고, 커패시터 전압도 0 V가 된다. 방전에 따른, 즉 충전 전하량의 감소에 따른 방전에 따른 전류, 전압을 수식으로 나타내어 보자.

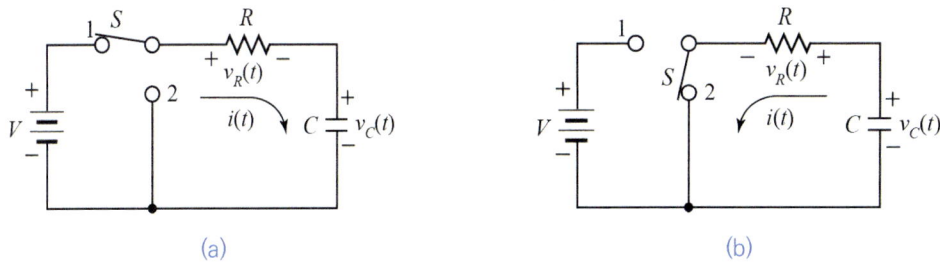

그림 7.11

그림 7.11(b)와 같이 스위치 위치 1에서 위치 2로 스위칭 했을 때 RC 루프에 KVL을 적용하면

$$Ri + \dfrac{q}{C} = 0 \tag{7.27}$$

$i = dq/dt$이므로 식 (7.27)은 다음과 같은 미분방정식이 얻어진다.

$$R\dfrac{dq}{dt} + \dfrac{q}{C} = 0 \tag{7.28}$$

식 (7.28)을 앞에서 충전과도전하에서 다룬 방법으로 미분방정식을 풀면 커패시터에 충전되는 전하량은 다음과 같이 시간의 함수가 된다.

$$q(t) = CV e^{-t/RC} \tag{7.29}$$

식 (7.29)를 시정수 τ 관점에서 다시 쓰면

$$q(t) = CVe^{-t/\tau} \tag{7.29-1}$$

시간에 따라 커패시터의 충전량 감소에 따른 방전전류 $i(t)$는

$$i(t) = \frac{dq}{dt} = -\frac{V}{R}e^{-t/RC} \tag{7.30}$$

식 (7.30)을 시정수 τ 관점에서 다시 쓰면

$$i(t) = -\frac{V}{R}e^{-t/\tau} \tag{7.30-1}$$

이는 충전전류 $i(t)$[식 (7.23-1)]과 크기는 같고 방향이 반대가 된다.

R에 걸리는 전압 $v_R(t)$은 옴법칙으로부터

$$v_R(t) = Ri(t) = R\left(-\frac{V}{R}e^{-t/RC}\right) = -Ve^{-t/RC} \tag{7.31}$$

식 (7.31)을 시정수 τ 관점에서 다시 쓰면

$$v_R(t) = -Ve^{-t/\tau} \tag{7.31-1}$$

방전시 커패시터 전압 $v_C(t)$는 스위치가 위치 2로 되는 순간에는 최대 충전전압, 즉 전원 전압과 같은 상태에서 방전되기 시작하므로 다음과 같이 나타내진다.

$$v_C(t) = \frac{q(t)}{C} = Ve^{-t/RC} \tag{7.32}$$

혹은 $v_R(t) + v_C(t) = 0$이므로

$$v_C(t) = -v_R(t) = Ve^{-t/RC} \tag{7.32-1}$$

식 (7.32-1)을 시정수 τ 관점에서 다시 쓰면

$$v_C(t) = Ve^{-t/\tau} \tag{7.32-2}$$

식 (7.29)에서 $t = 0$일 때의 충전량이 37%로 감소하는데 걸리는 시간이 방전 시정수 $\tau = RC$이다. $i(t)$, $v_C(t)$, $v_R(t)$의 시간에 따른 변화추이를 그림 7.11-1(a)~(c)에 도시하였다.

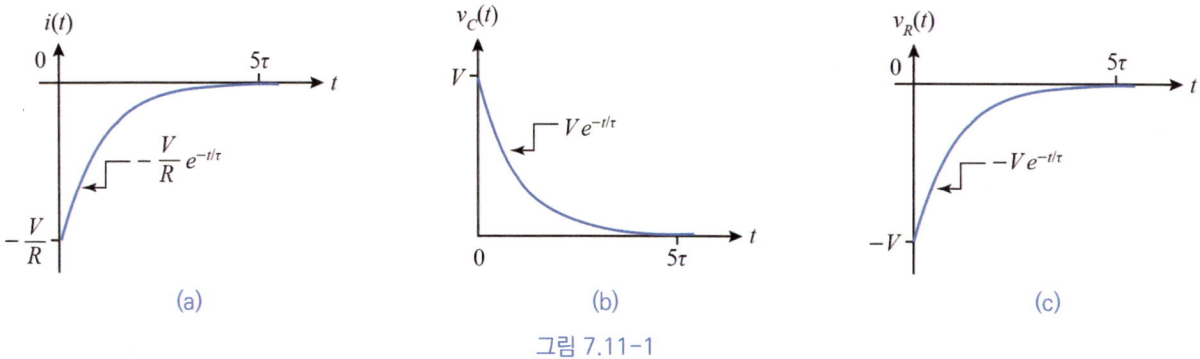

그림 7.11-1

EXAMPLE 7-6

그림 7.11(a)의 회로에서 $V = 20$ V, $R = 100$ kΩ, $C = 10$ μF일 때 오랜 시간이 경과 후에 그림 7.11(b)와 같은 상태가 되었다고 하자.

(a) 방전 시정수를 구하라.

(b) $t = 0$에서 스위치를 닫은 후, $i(t)$, $v_C(t)$, $v_R(t)$를 식으로 나타내라.

(c) $t = 0.5$ s에서 $v_C(t)$를 구하라.

SOLUTION

(a) $\tau = RC = (100 \text{ k}\Omega)(10 \text{ }\mu\text{F}) = 1$ s

(b) $i(t) = -\dfrac{V}{R}e^{-t/\tau} = -\dfrac{20 \text{ V}}{100 \text{ k}\Omega}e^{-t} = -0.2e^{-t}$ mA

$v_C(t) = Ve^{-t/\tau} = 20e^{-t}$ V

$v_R(t) = -Ve^{-t/\tau} = -20e^{-t}$ V

(c) $v_C(t) = 20(1 - e^{-t}) = 20(1 - e^{-0.5}) = 12.13$ V

EXAMPLE 7-7

그림 7.12의 회로에서

(1) $t = 0$에서 스위치가 위치 1로 스위칭 될 때, $i(t)$, $v_R(t)$, $v_C(t)$를 식으로 나타내라.

(2) 스위치 위치 1에서 1 s 경과 후, 스위치 위치 2로 스위칭 될 때 $i(t)$, $v_R(t)$, $v_C(t)$를 식으로 나타내라.

(3) $0 \leq t \leq 1$ s, $t \geq 1$ s와 같은 양 구간에 걸친 완전한 $i(t)$와 $v_C(t)$를 시간의 함수로 그려라.

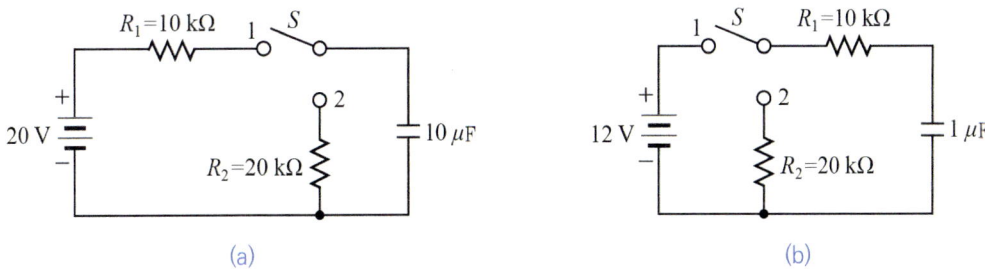

그림 7.12 [EXAMPLE 7-7]

SOLUTION

그림 (a)

(1) 충전 시정수 $\tau = R_1 C = (10 \text{ k}\Omega)(10 \text{ }\mu\text{F}) = 0.1$ s

$i(t) = \dfrac{V}{R}e^{-t/\tau} = \dfrac{20 \text{ V}}{10 \text{ k}\Omega}e^{-t/0.1} = 2e^{-t/0.1}$ mA

$v_R(t) = Ve^{-t/\tau} = 20e^{-t/0.1}$ V

$$v_C(t) = V(1 - e^{-t/\tau}) = 20(1 - e^{-t/0.1}) \text{ V}$$

(2) 방전 시정수 $\tau = R_2 C = (20 \text{ k}\Omega)(10 \text{ μF}) = 0.2 \text{ s}$

$$i(t) = -\frac{V}{R_2}e^{-t/\tau} = -\frac{20 \text{ V}}{20 \text{ k}\Omega}e^{-t/0.2} = -e^{-t/0.2} \text{ mA}$$

$$v_R(t) = -Ve^{-t/\tau} = -20e^{-t/0.2} \text{ V}$$

$$v_C(t) = Ve^{-t/\tau} = 20e^{-t/0.2} \text{ V}$$

(3) 스위치 위치 1일 때, 커패시터에 전하가 거의 충전이 완료되는 데는 약 5τ, 즉 충전 시정수의 5배이다. 이때 충전전류 $i(t)$는 $5\tau = 5 \times 0.1 \text{ s} = 0.5 \text{ s}$ 동안 급격히 감소하면서 $10\tau = 10 \times 0.1 \text{ s} = 1 \text{ s}$까지 아주 작은 양으로 감소하여 거의 전류가 흐르지 않게 된다. 스위치 위치 2일 때, $i(t)$는 감소 경향으로 흐르다가 $5\tau = 5 \times 0.2 \text{ s} = 1 \text{ s}$의 시간 간격, 시간축 스케일로 2s에 이르면 전류가 거의 흐르지 않게 된다. 한편 커패시터 충전전압 $v_C(t)$는 충전 전하의 거동을 따른다. 즉 스위치 위치 1일 때, $5\tau = 5 \times 0.1 \text{ s} = 0.5 \text{ s}$ 동안 증가하다가 그 후부터 거의 포화되어 $10\tau = 10 \times 0.1 \text{ s} = 1 \text{ s}$에 이르면 거의 충전이 완료되어 최대 충전전압 20 V에 이르게 된다. 스위치 위치 2일 때, $5\tau = 5 \times 0.2 \text{ s} = 1 \text{ s}$의 시간 간격, 시간축 스케일로 2 s에 이르면 거의 방전이 완료되어 충전전압은 0 V가 된다. 이 설명을 바탕으로 각 구간에 대한 $i(t)$와 $v_C(t)$는

$$i(t) = 2e^{-t/0.1} \text{ mA } (0 \leq t \leq 1 \text{ s}), \; i(t) = -e^{-(t-1)/0.2} \text{ mA } (t \geq 1 \text{ s})$$

$$v_C(t) = 20(1 - e^{-t/0.1}) \text{ V } (0 \leq t \leq 1 \text{ s}), \quad v_C(t) = 20e^{-(t-1)/0.2} \text{ V } (t \geq 1 \text{ s})$$

이 식을 각 구간에 대해서 $i(t)$와 $v_C(t)$를 그리면 그림 7.12-1과 같다.

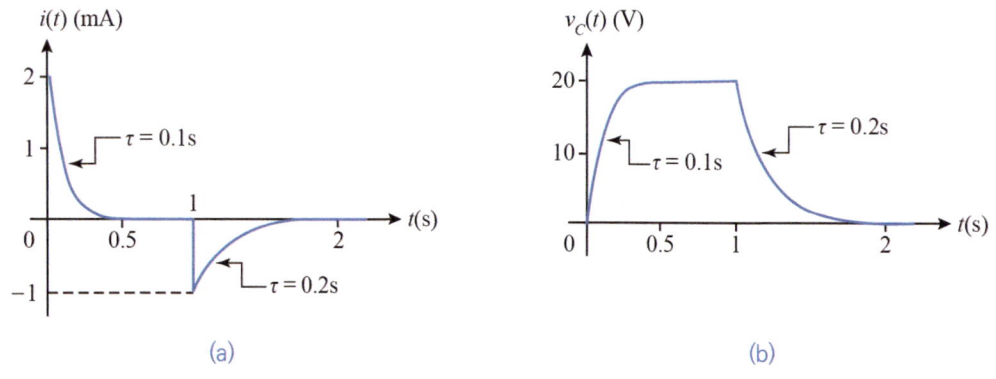

(a) (b)

그림 7.12-1 [EXAMPLE 7-7]

그림 (b)

(1) 충전 시정수 $\tau = R_1 C = (10 \text{ k}\Omega)(1 \text{ μF}) = 0.01 \text{ s}$

$$i(t) = \frac{V}{R}e^{-t/\tau} = \frac{12 \text{ V}}{10 \text{ k}\Omega}e^{-t/0.1} = 1.2e^{-t/0.01} \text{ mA}$$

$$v_R(t) = Ve^{-t/\tau} = 12e^{-t/0.01} \text{ V}$$
$$v_C(t) = V(1-e^{-t/\tau}) = 12(1-e^{-t/0.01}) \text{ V}$$

(2) 방전 시정수 $\tau = (R_1+R_2)C = (30 \text{ k}\Omega)(1 \text{ }\mu\text{F}) = 0.03 \text{ s}$

$$i(t) = -\frac{V}{R_1+R_2}e^{-t/\tau} = -\frac{12 \text{ V}}{30 \text{ k}\Omega}e^{-t/0.03} = -0.12e^{-t/0.03} \text{ mA}$$
$$v_R(t) = -Ve^{-t/\tau} = -12e^{-t/0.03} \text{ V}$$
$$v_C(t) = Ve^{-t/\tau} = 12e^{-t/0.03} \text{ V}$$

(3) $i(t) = 1.2e^{-t/0.01}$ mA $(0 \le t \le 0.1 \text{ s})$, $i(t) = -0.12e^{-(t-0.1)/0.03}$ mA $(t \ge 0.1 \text{ s})$

$v_C(t) = 12(1-e^{-t/0.01})$ V $(0 \le t \le 0.1 \text{ s})$, $v_C(t) = 12e^{-(t-1)/0.03}$ V $(t \ge 0.1\text{s})$

이 식을 각 구간에 대해서 $i(t)$와 $v_C(t)$를 그리면 그림 7.12-2와 같다.

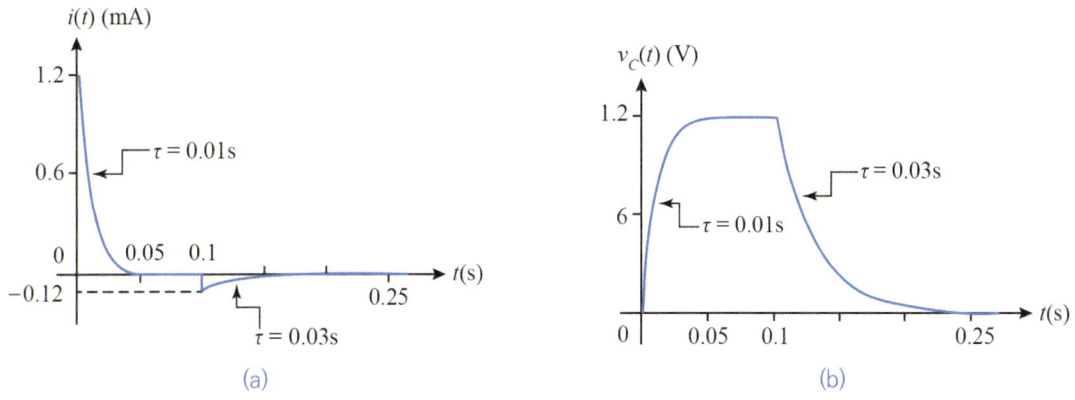

그림 7.12-2 [EXAMPLE 7-7]

EXAMPLE 7-8

그림 7.13의 회로에서

(a) $t=0$에서 스위치를 위치 1로 스위칭한 후, 1τ 후에 위치 2로 스위칭 한다. $0 \le t \le 1\tau$, $t \ge 1\tau$와 같은 양 구간에 걸친 과도전류를 구하라.

(b) $0 \le t \le 1\tau$, $t \ge 1\tau$에 대한 과도전류를 시간의 함수로 그려라.

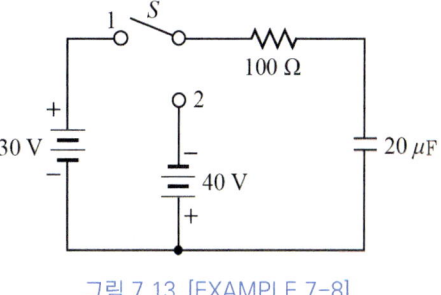

그림 7.13 [EXAMPLE 7-8]

SOLUTION

(a) 스위치 위치 1에서 KVL을 적용하면

$$Ri + \frac{1}{C}\int i\,dt = V$$

양변을 미분하면

$$Ri' + \frac{i}{C} = 0$$
$$i(t) = A e^{-t/RC}$$

$t = 0$일 때 초기전류 $A = i(0) = \dfrac{V}{R} = \dfrac{30\,\text{V}}{100\,\Omega} = 0.3\,\text{A}$이다.

시정수 $\tau = RC = (100\,\Omega)(20\,\mu\text{F}) = 2\,\text{ms}$이다.

따라서 $0 \leq t \leq 1\tau$에서 $i(t)$는 다음과 같다.

$$i(t) = 0.3 e^{-t/\tau} = 0.3 e^{-500t}\,\text{A} \quad (0 \leq t \leq 1\tau)$$

스위치 위치 1에서 1τ 후의 전류는 $i(1\tau) = 0.3 e^{-1} = 0.11\,\text{A}$이다. 또 그때 커패시터 충전전압은 $v_C(t) = V(1 - e^{-t/\tau})$이므로 $v_C(1\tau) = 30(1 - e^{-1}) = 18.96\,\text{V}$이다. 이 전압과 스위치 위치 2일 때 전원 전압은 스위치 위치 1일 때의 전류방향과 반대 방향으로 전류를 구동시킨다. 따라서 저항에 인가하는 전압은 $V = 40\,\text{V} + 18.96\,\text{V} = 58.96\,\text{V}$이다.

$t = 1\tau$에서 스위치가 위치 2로 스위칭 될 때 그때의 전류 $i(t)$는 다음과 같이 나타내진다.

$$i(t) = A' e^{-(t - 1\tau)/\tau} = A' e^{-500(t - 1\tau)}\,\text{A} \quad (t \geq 1\tau)$$

$t = 1\tau$일 때 초기전류 $i(0) = A' = -\dfrac{V}{R} = -\dfrac{58.96\,\text{V}}{100\,\Omega} = -0.59\,\text{A}$이다.

따라서 $t \geq 1\tau$에서 $i(t)$는 다음과 같다.

$$i(t) = -0.59 e^{-(t - 1\tau)/\tau} = -0.59 e^{-500(t - 1\tau)}\,\text{A} \quad (t \geq 1\tau)$$

(b) 각 구간에 대해서 과도전류를 그리면 그림 7.13-1과 같다.

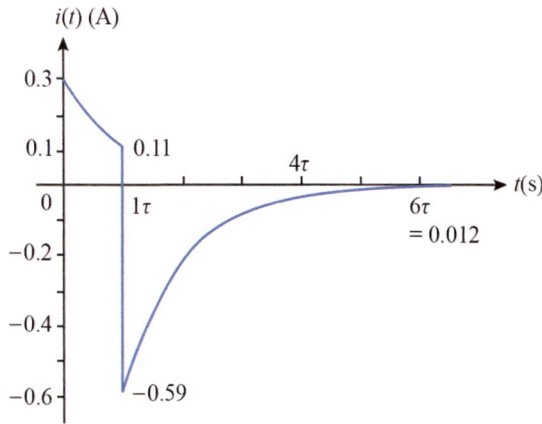

그림 7.13-1 [EXAMPLE 7-8]

EXAMPLE 7-9

그림 7.14의 회로에서 커패시터의 초기전하가 $q_o = 600\ \mu C$이다. $t = 0$에서 스위치를 닫은 후, 과도상태에서 전류 i와 전하 q를 구하라.

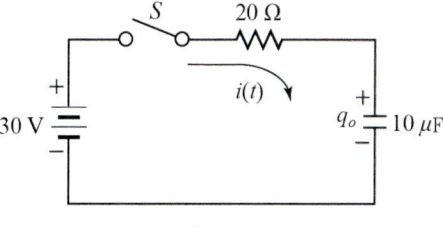

그림 7.14 [EXAMPLE 7-9]

SOLUTION

〈해법 1〉 전하로부터 전류

폐회로에 KVL을 적용하면

$$\frac{dq}{dt} + \frac{q}{RC} = \frac{V}{R}$$

앞에서 충전과도전하에서 다룬 바와 같이 이 식의 해는 식 (7.21-5)와 같다.

$$q(t) = A e^{-t/RC} + CV$$

$t = 0$에서 $q(0) = q_o$이므로 미정계수 $A = q_o - CV$이다.
따라서 과도전하는 다음과 같이 나타내진다.

$$\begin{aligned} q(t) &= (q_o - CV)e^{-t/RC} + CV \\ &= [600 - (30)(10)]e^{-t/200\mu} + (30)(10)\ \mu C \\ &= 300(1 + e^{-5000t})\ \mu C \end{aligned}$$

전류 $i = \dfrac{dq}{dt}$이므로

$$i(t) = \frac{dq}{dt} = -1.5 e^{-5000t}\ A$$

〈해법 2〉 전류로부터 전하

폐회로에 KVL을 적용하면

$$Ri + \frac{1}{C}\int i\,dt = V$$

양변을 미분하면

$$Ri' + \frac{1}{C}i = 0$$

$$i(t) = A e^{-t/RC}$$

$t = 0$일 때 초기전류 $i(0) = A$를 구해보자. 커패시터의 초기전하에 의한 전압 V_o는

$$V_o = \frac{q_o}{C} = \frac{600\ \mu C}{10\ \mu C} = 60\ V$$

이 전압은 전류 반대 방향으로 흐르게 한다. 따라서 $t = 0$에서 초기전류 $i(0)$는

$$i(0) = \frac{V - q_o/C}{R} = \frac{(30 - 60) \text{ V}}{20 \text{ }\Omega} = -1.5 \text{ A}$$

따라서 구하고자 하는 과도전류 $i(t)$는

$$i(t) = -1.5e^{-5000t} \text{ A}$$

전하 $q = \int i\, dt + K$이므로

$$q(t) = \int (-1.5e^{-5000t})dt + K$$

$$= 300e^{-5000t} + K$$

$t = 0-$에서 $q(0-) = q_o = 600 \text{ }\mu\text{C}$이므로 미정계수 K는

$$K = q_o - 300 = 600 - 300 = 300$$

따라서 구하고자 하는 전하 $q(t)$는

$$q(t) = 300(1 + e^{-5000t}) \text{ }\mu\text{C}$$

7.6 직·병렬 RC 회로에서 과도상태

(1) 과도전류 및 과도전압

앞에서 직렬 RC 회로의 과도현상을 다뤘다. 여기서는 직·병렬 RC 회로의 과도현상을 예제를 통해서 살펴본다.

EXAMPLE 7-10

그림 7.15(a)의 회로에서 $t = 0$에서 스위치를 닫은 후에 $i(t)$, $v_C(t)$의 거동을 식으로 나타내라.

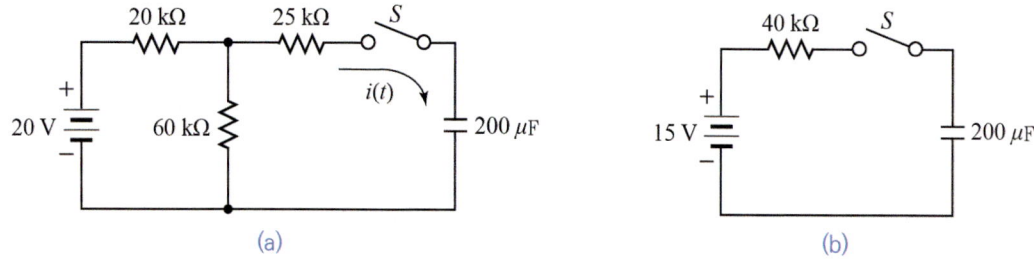

그림 7.15 [EXAMPLE 7-10]

SOLUTION

커패시터를 부하로 생각하고, 커패시터 앞단에서 테브난의 정리를 적용해보자.
테브난 등가 저항 R_{Th}는

$$R_{Th} = 25\text{ k}\Omega + 20\text{ k}\Omega // 60\text{ k}\Omega = 40\text{ k}\Omega$$

테브난 등가 전압 V_{Th}는

$$V_{Th} = \left(\frac{60\text{ k}\Omega}{20\text{ k}\Omega + 60\text{ k}\Omega}\right)(20\text{ V}) = 15\text{ V}$$

테브난 등가회로는 그림 7.15(b)와 같이 된다. 이것은 직렬 RC 과도회로가 된다.
시정수 $\tau = R_{Th}C = (40\text{ k}\Omega)(200\text{ }\mu\text{F}) = 8\text{ s}$이다.
과도전류 $i(t)$는

$$i(t) = \frac{V_{Th}}{R_{Th}}e^{-t/\tau} = \frac{15\text{ V}}{40\text{ k}\Omega}e^{-t/8} = 0.37e^{-t/8}\text{ mA}$$

커패시터에 걸리는 과도전압 $v_C(t)$는

$$v_C(t) = V_{Th}(1 - e^{-t/\tau}) = 15(1 - e^{-t/8})\text{ V}$$

EXAMPLE 7-11

그림 7.16의 회로에서 $t = 0$에서 스위치를 닫은 후, 과도 망전류 $i_1(t)$, $i_2(t)$를 구하라. 그리고 커패시터에 걸리는 전압 $v_C(t)$를 구하라.

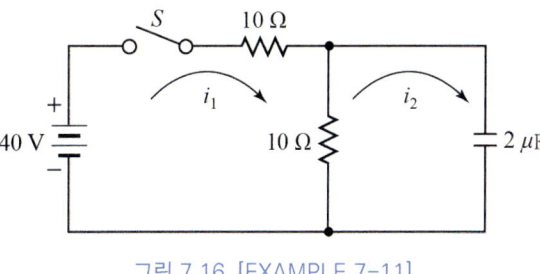

그림 7.16 [EXAMPLE 7-11]

SOLUTION

망전류 방정식으로 나타내면

$$20\,i_1 - 10\,i_2 = 40 \quad \cdots\cdots\cdots ①$$

$$-10\,i_1 + 10\,i_2 + \frac{1}{2 \times 10^{-6}}\int_0^t i_2\,dt = 0 \quad \cdots\cdots\cdots ②$$

①식을 미분하면

$$20\,i_1' - 10\,i_2' = 0 \quad \therefore i_1' = 0.5\,i_2' \quad \cdots\cdots\cdots ③$$

②식을 미분하면

$$-10\,i_1' + 10\,i_2' + 5 \times 10^5\,i_2 = 0 \quad \cdots\cdots\cdots ④$$

③식을 ④식에 대입하면

$$5i_2' + 5 \times 10^5 i_2 = 0 \quad \cdots\cdots\cdots\cdots\cdots\cdots\cdots\cdots\cdots\cdots\cdots\cdots\cdots\cdots\cdots\cdots\cdots ⑤$$

⑤식을 풀면

$$i_2(t) = A e^{-10^5 t} \quad \cdots\cdots\cdots\cdots\cdots\cdots\cdots\cdots\cdots\cdots\cdots\cdots\cdots\cdots\cdots\cdots\cdots ⑥$$

미정계수 A를 구해보자. $t = 0$일 때 $A = i_2(0)$이다. 또한 $t = 0$일 때 ①식과 ②식에서 $i_2(0) = 4$이므로 $A = 4$이다.

따라서 $i_2(t)$는 다음과 같다.

$$i_2(t) = 4e^{-10^5 t} \text{ A}$$

$i_2(t)$를 ①식에 대입하면 $i_1(t)$는 다음과 같다.

$$i_1(t) = 2 + 2e^{-10^5 t} \text{ A}$$

커패시터에 걸리는 전압 $v_C(t)$는

$$v_C(t) = \frac{1}{C} \int_0^t i_2(t)\,dt = \frac{1}{2 \times 10^{-6}} \int_0^t 4 e^{-10^5 t}\,dt = 20\left(1 - e^{-10^5 t}\right) \text{ V}$$

(2) 초기상태와 정상상태

RC 회로에서 과도현상을 다루는 데는 초기상태(initial state)와 정상상태(steady state)가 있기 마련이다. 스위치가 닫히는 순간, 즉 $t = 0+$에서의 전류 및 전압이 각각 초기 전류 및 초기 전압값이다. 충전이 전혀 되어 있지 않은 커패시터는 $t = 0+$에서 단락상태로 간주한다. 정상상태는 스위치가 닫힌 후, $t = \infty$에 이르는 오랜 시간이 경과했을 때의 상태를 말하며, 커패시터는 완전히 충전된 상태이므로 개방상태로 간주한다.

예제를 통해서 그 개념을 익혀보자.

📖 EXAMPLE 7-12

그림 7.17(a)의 회로에서

(a) $t = 0$에서 스위치를 닫은 후, 각 부품에 흐르는 초기전류와 초기전압을 구하라.

(b) 커패시터가 완전히 충전된 후에 각 부품에 흐르는 정상상태 전류와 정상상태 전압을 구하라.

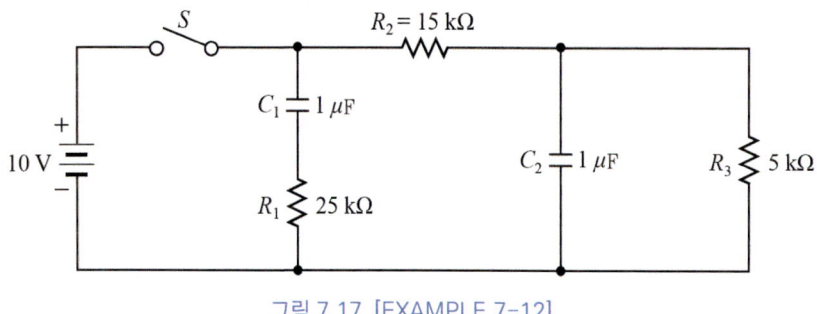

그림 7.17 [EXAMPLE 7-12]

SOLUTION

(a) 초기상태($t = 0+$)에서 C_1과 C_2는 단락상태가 되므로 그림 7.17은 그림 7.17-1과 같이 된다. 따라서 C_1과 C_2에 걸리는 전압은 0 V이다. C_2에 걸리는 전압이 0 V이므로 R_3에 걸리는 전압도 역시 0 V이다. 결과적으로 R_1과 R_2는 전원 전압과 병렬관계이므로 R_1과 R_2에 걸리는 전압은 전원 전압과 같은 10 V이다.

R_1에 흐르는 전류는 $10 \text{ V}/25 \text{ k}\Omega = 0.4 \text{ mA}$, R_2에 흐르는 전류는 $10 \text{ V}/15 \text{ k}\Omega = 0.67 \text{ mA}$, R_3에 흐르는 전류는 $0 \text{ V}/5 \text{ k}\Omega = 0 \text{ A}$, C_1과 C_2에 흐르는 전류는 각각 R_1과 R_2에 흐르는 전류와 같다.

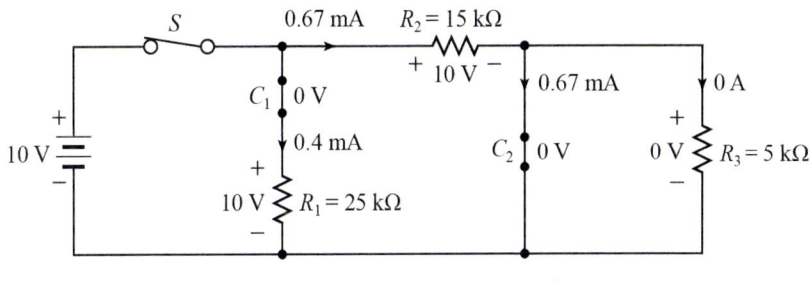

그림 7.17-1 [EXAMPLE 7-12]

(b) 정상상태($t = \infty$)에서 커패시터는 개방상태가 되므로 그림 7.17은 그림 7.17-2와 같이 된다. 개방상태의 지로에 흐르는 전류는 0 A이다. R_1에 흐르는 전류는 0 A, R_2와 R_3는 직렬상태가 되므로 전류는 $10 \text{ V}/(15+5) \text{ k}\Omega = 0.5 \text{ mA}$이다. C_1에 걸리는 전압은 전원 전압으로 10 V, R_2에 걸리는 전압은 옴법칙에 따라 $(15 \text{ k}\Omega)(0.5 \text{ mA}) = 7.5 \text{ V}$이며, R_3에 걸리는 전압은 옴법칙에 따라 $(5 \text{ k}\Omega)(0.5 \text{ mA}) = 2.5 \text{ V}$이며, 이것은 C_2에 걸리는 전압이기도 하다.

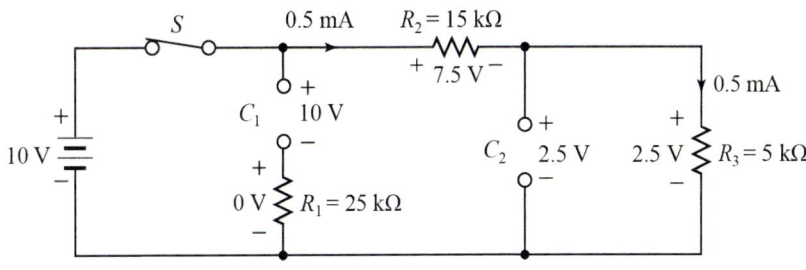

그림 7.17-2 [EXAMPLE 7-12]

EXERCISE

7.1 그림 7.18의 회로에서 합성 커패시턴스, 각 커패시터에 걸리는 전압과 전하량을 구하라.

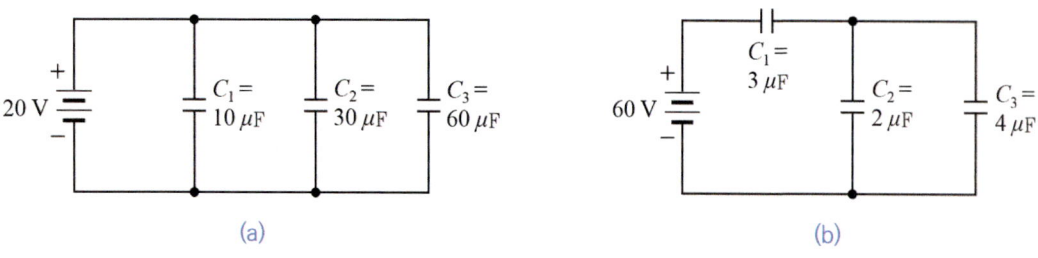

그림 7.18 [EXERCISE 7.1]

7.2 그림 7.19의 회로에서 합성 커패시턴스, 각 커패시터에 걸리는 전압과 전하량을 구하라.

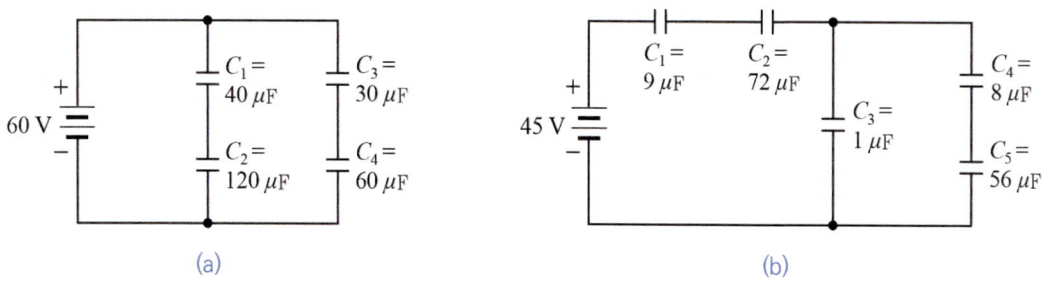

그림 7.19 [EXERCISE 7.2]

7.3 그림 7.20의 회로에서

(1) 시정수를 구하라

(2) $t = 0$에서 스위치를 닫은 후, 시정수의 2배가 되는 시간에서 $i(t)$, $v_R(t)$, $v_C(t)$를 구하라.

(3) $t = 0.5\,\mathrm{ms}$, $10\,\mathrm{ms}$에서 $i(t)$를 구하라.

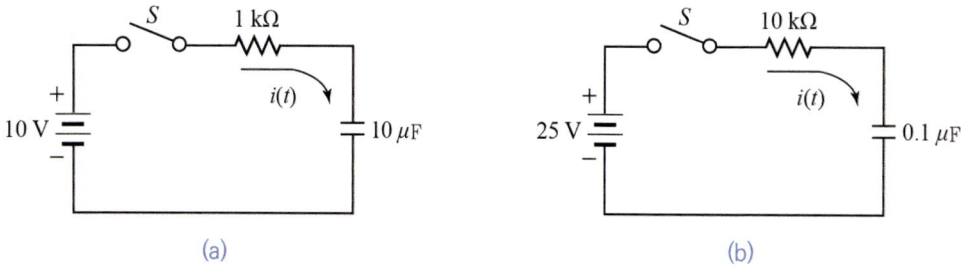

그림 7.20 [EXERCISE 7.3]

7.4 그림 7.21의 회로에서

(1) $t=0$에서 스위치가 위치 1로 스위칭 될 때 $i(t)$, $v_R(t)$, $v_C(t)$를 구하라.

(2) 스위치 위치 1에서 커패시터가 완전 충전 후에 스위치를 위치 2로 스위칭 될 때 $i(t)$, $v_R(t)$, $v_C(t)$를 구하라.

(3) 스위치 위치 2에서, 시정수의 3배가 되는 시간에서 $i(t)$, $v_R(t)$, $v_C(t)$를 구하라.

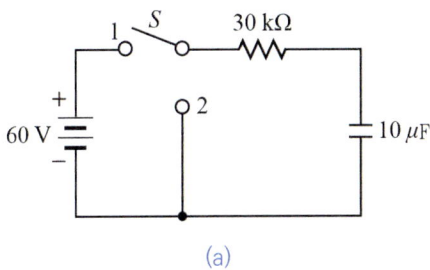 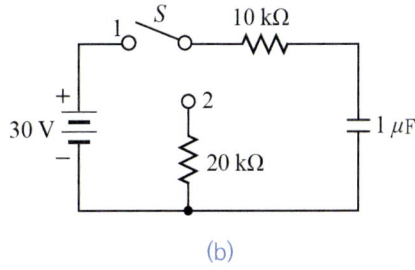

(a) (b)

그림 7.21 [EXERCISE 7.4]

7.5 그림 7.22의 회로에서 커패시터의 초기전하가 $q_o = 400\,\mu C$이다. $t=0$에서 스위치를 닫은 후, 전류 $i(t)$와 $q(t)$를 구하라. 그리고 $dq/dt = i$임을 보여라.

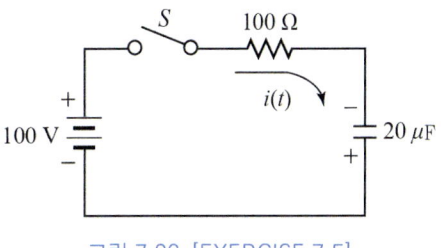

그림 7.22 [EXERCISE 7.5]

7.6 그림 7.23의 회로에서 커패시터는 초기전하 q_o를 가지고 있다. $t=0$에서 스위치를 닫은 후, 저항에서 전력 $p = 640 e^{-5 \times 10^5 t}$ W이다. 초기전하 q_o를 구하라.

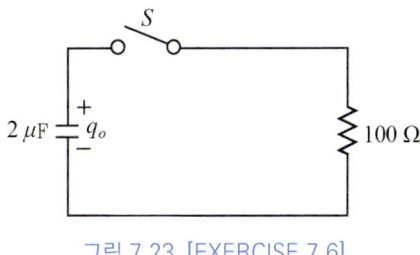

그림 7.23 [EXERCISE 7.6]

7.7 그림 7.24의 회로에서
   (a) $t = 0$에서 스위치를 닫은 후, 각 부품에 흐르는 초기전류와 초기전압을 구하라.
   (b) 커패시터가 완전히 충전된 후에 각 부품에 흐르는 정상상태 전류와 정상상태 전압을 구하라.

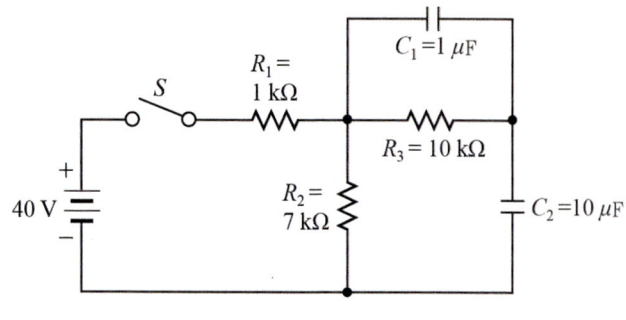

그림 7.24 [EXERCISE 7.7]

7.8 그림 7.25의 회로에서
   (a) $t = 0$에서 스위치를 위치 1로 스위칭한 후, 1τ 후에 스위치를 위치 2로 스위칭 한다. $0 \leq t \leq 1\tau$, $t \geq 1\tau$와 같은 양 구간에 걸친 과도전류를 구하라.
   (b) $0 \leq t \leq 1\tau$, $t \geq 1\tau$에 대한 과도전류를 시간의 함수로 그려라.

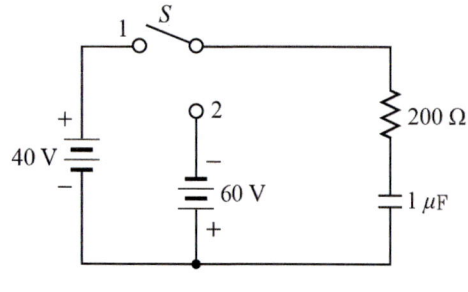

그림 7.25 [EXERCISE 7.8]

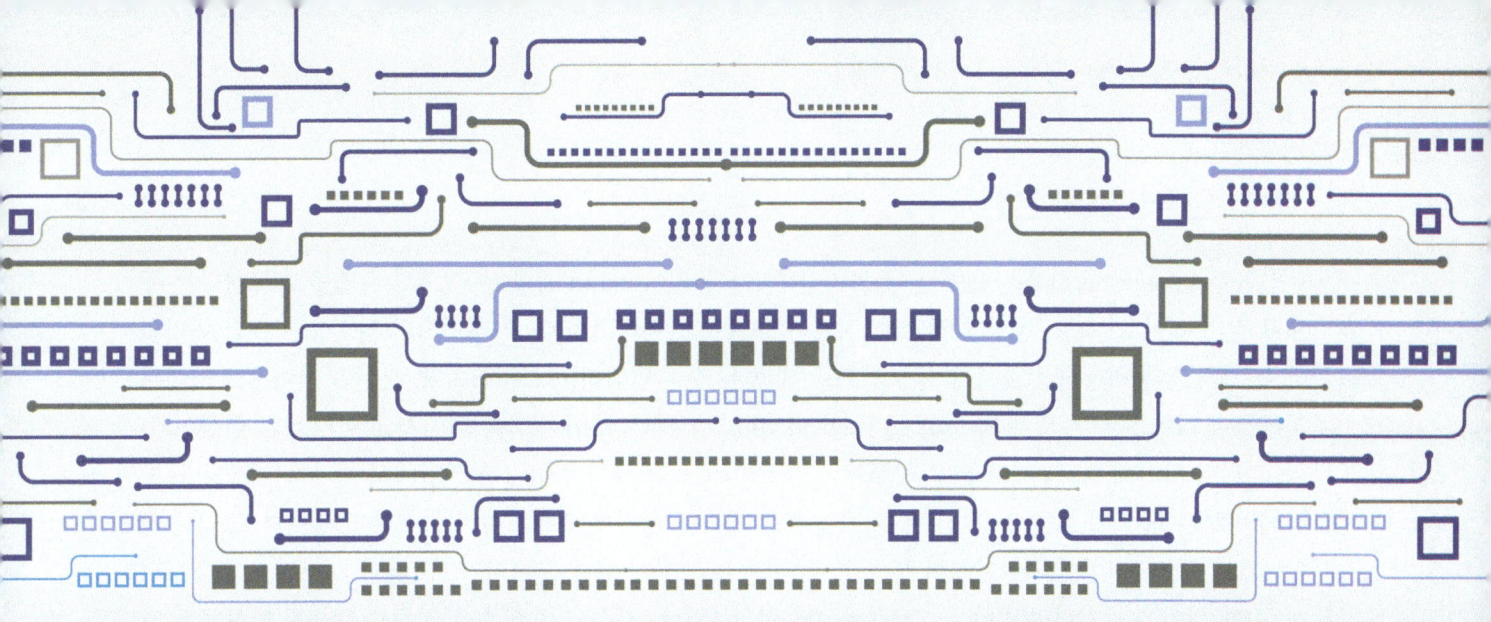

CHAPTER 8

인덕터와 *RL* 회로

8.1 인덕턴스의 본성
8.2 직렬 인덕터 회로
8.3 병렬 인덕터 회로
8.4 직렬 *RL* 회로에서 과도상태
8.5 직·병렬 *RL* 회로에서 과도상태
EXERCISE

8.1 인덕턴스의 본성

인덕턴스(inductance)라는 용어는 '유도하다'를 나타내는 'induct'에서 온 것으로 뭔가를 유도한다는 뜻으로 전기 용어로는 유도용량(誘導容量) 혹은 **유도계수** L 이라고 한다. 커패시터의 정전용량 C와 대비된다. 전기가 잘 통하는 도선으로 코일 모양으로 해 놓은 것이 **인덕터**(inductor)이다. 직선 도선이든 코일이든 직류를 흘리면 도선 주위에 **자속**(磁束, magnetic flux)이 생긴다. 이 현상은 여기서 끝이다. 2차 현상이 없다. 그러나 도선에 흐르는 전류가 증가하거나 감소하는, 즉 전류가 변하다면 코일에서 얘기가 달라진다. 도선에 변하는 직류 가 흐를 경우에는 주위에 변하는 자속이 생길뿐, 2차 현상이 일어나지 않는다. 그러나 코일에 교류를 흘리면 변하는 자속이 생기고, 이 자속은 코일에 의해 끊어지고, 그 결과로 기전력이 유도된다. 이때 생기는 기전력의 방향은 렌쯔(Lenz)의 법칙에 따라 자속의 변화 혹은 전류의 변화를 방해하는 방향이다. 그림 8.1을 통해서 개념을 잡아보자.

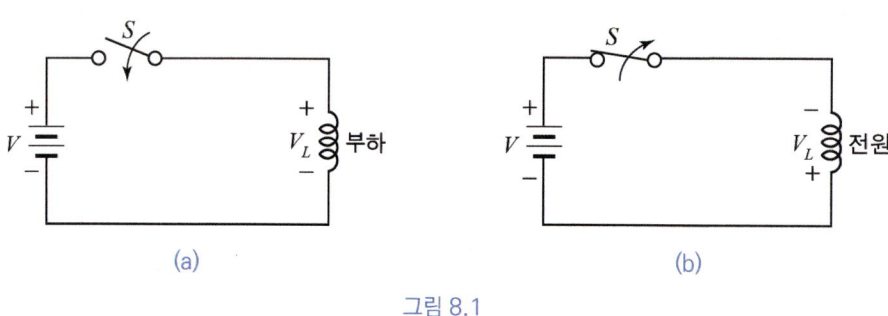

그림 8.1

그림 8.1(a)에서 스위치를 닫을 때 전류가 0에서 어떤 값으로 증가한다면 코일은 순간적으로 전류의 증가를 억제시키려고 할 것이다. 어떻게 코일 자체에서 억제력이 생기는 걸까? 아마도 이상하게 여길 것이다. 그러나 이것은 사실이며, 그렇게 되는 방법은 단 한가지뿐이다. 그림처럼 기전력이 생기되, 방향이 전류의 증가방향에 반대가 되어야 억제가 된다. 이때 코일은 순간적으로 저항과 같이 부하(負荷, load)로 작용한다. 이 상태에서 시간이 지속되면 정상상태가 되므로 코일은 단순히 도선에 불과하다. 그림 8.1(b)와 같이 스위치를 열면 순간적으로 전류가 어떤 값에서 0으로 감소하는 것이므로 코일은 전류를 증가시키려고 할 것이다. 이러한 현상은 그림과 같은 방향으로 기전력이 생기지 않고는 불가능하다. 이때 코일은 순간적으로 전원(電源, voltage source)으로 작용한다.

인덕터에 생기는 기전력 v는 **패러데이의 유도법칙**(Faraday's induction law)에 따라 다음과 같이 나타내진다.

$$v = -N\frac{d\phi}{dt} \tag{8.1}$$

코일의 권선수가 많거나 자속의 변화율이 크면 기전력은 크게 유도된다. 그렇다면 인덕턴스와는 어떤 관계일까?

인덕턴스 L, 전류 i, 자속 ϕ 사이 관계는 다음과 같이 나타내진다.

$$Li = N\phi \tag{8.2}$$

L의 단위는 Wb/A이며, 이것을 **헨리**(Henry: H)라고 한다. 식 (8.1), (8.2)를 결합시키면 다음과 같이 된다.

$$v_L = L \frac{di}{dt} \tag{8.3}$$

식 (8.3)으로부터 인덕턴스를 다음과 같이 정의할 수 있다.

$$L = \frac{v}{di/dt} \tag{8.3-1}$$

전류의 변화율에 따라 기전력이 크게 발생할 때에 인덕턴스가 크다고 말한다. 한마디로 인덕턴스는 전류의 변화를 일정하게 유지하려는 성질이라고 할 수 있고, 인덕턴스가 크면 전류가 변화하기가 어렵고, 인덕턴스가 작다면 전류가 변화하기가 쉽다.

EXAMPLE 8-1

2.5 H의 인덕터에 흐르는 전류가 그림 8.2와 같이 시간에 따라 변할 때 인덕터에 걸리는 전압을 시간에 따라 스케치하라.

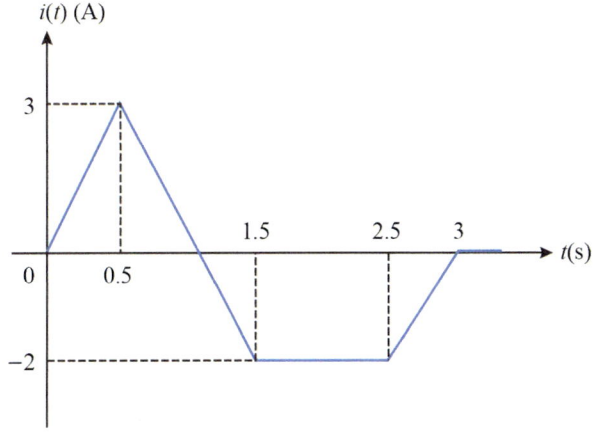

그림 8.2 [EXAMPLE 8-1]

SOLUTION

$$v_L = L \frac{di}{dt} \approx L \frac{\Delta i}{\Delta t}$$

$t = 0 \sim 0.5 \text{ s} : v_L = 2.5 \text{ H} \frac{3 \text{ A}}{0.5 \text{ s}} = 15 \text{ V}$

$t = 0.5 \sim 1.5 \text{ s} : v_L = 2.5 \text{ H} \frac{[3-(-1)] \text{ A}}{(1.5-0.5) \text{ s}}$

$\qquad = 12.5 \text{ V}$

$$t = 1.5 \sim 2.5 \text{ s} : v_L = 2.5 \text{ H} \frac{[-2-(-2)] \text{ A}}{(2.5-1.5) \text{ s}} = 0 \text{ V}$$

$$t = 2.5 \sim 3 \text{ s} : v_L = 2.5 \text{ H} \frac{[0-(-2)] \text{ A}}{(3-2.5) \text{ s}} = 10 \text{ V}$$

따라서 전압의 시간적 변화는 그림 8.3과 같다.

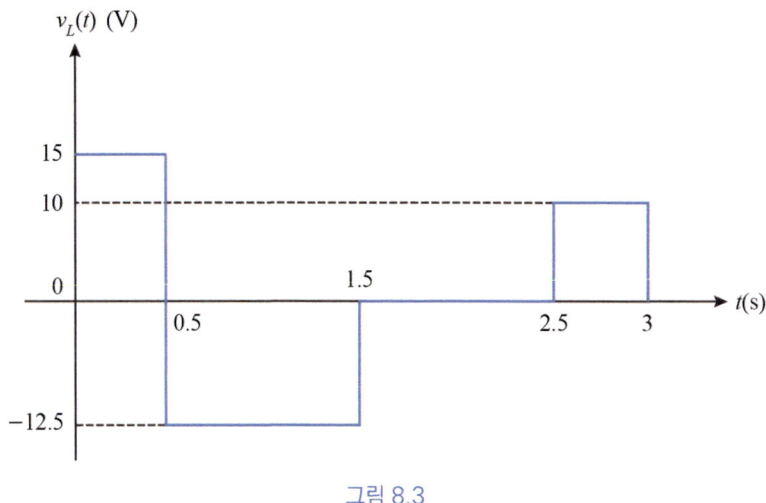

그림 8.3

8.2 직렬 인덕터 회로

그림 8.4(a)와 같이 인덕터를 직렬로 연결했을 때 합성(등가) 인덕턴스는 어떻게 나타나는가?

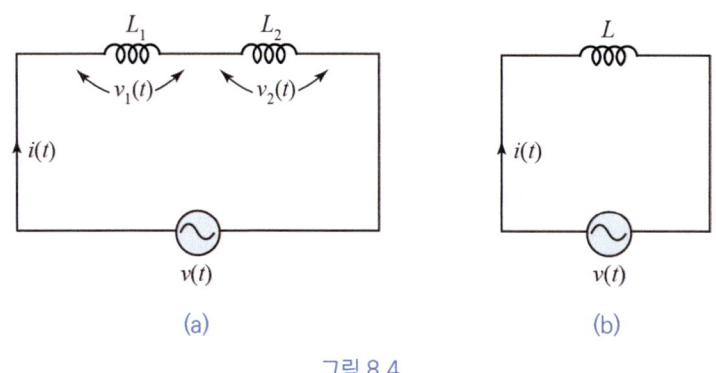

그림 8.4

시간에 따라 변하는 전압을 걸면 인덕터에 변하는 전류가 흐르고, 인덕터의 양단에 기전력이 유된다. 인덕터에 흐르는 전류는 같고, 인덕터에 유도되는 기전력은 다음과 같이 된다.

$$v(t) = v_1(t) + v_2(t) = L_1 \frac{di}{dt} + L_2 \frac{di}{dt} = (L_1 + L_2) \frac{di}{dt} \tag{8.4}$$

그림 8.4(b)에서

$$v(t) = L\frac{di}{dt} \tag{8.5}$$

그림 8.4(a), 8.4(b)를 등가라고 할 때 식 (8.4), (8.5)로부터 직렬합성 인덕턴스 L은 다음과 같이 된다.

$$L = L_1 + L_2 \tag{8.6}$$

결과적으로 인덕터를 직렬로 많이 연결하면 점점 전체 인덕턴스는 커진다. 저항의 경우와 같다. 만약 같은 유도용량이 L_1인 인덕터를 n개를 직렬로 연결할 경우 직렬합성 인덕턴스는 다음과 같이 된다.

$$L = nL_1 \tag{8.7}$$

8.3 병렬 인덕터 회로

그림 8.5(a)와 같이 인덕터를 병렬로 연결했을 때 합성 인덕턴스는 어떻게 나타나는가?

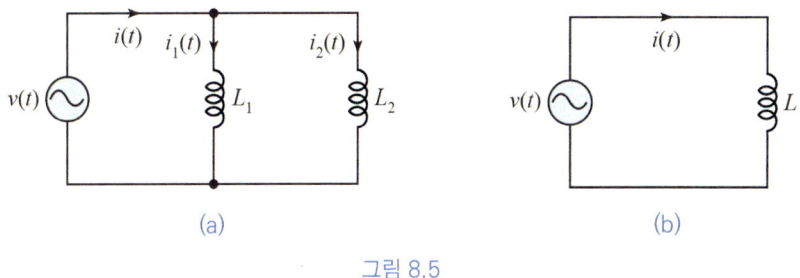

그림 8.5

시간에 따라 변하는 전압을 걸면 각 인덕터에 걸리는 전압은 같고, 흐르는 전류는 인덕터로 분배된다. 따라서

$$i(t) = i_1(t) + i_2(t) = \frac{1}{L_1}\int v(t)\,dt + \frac{1}{L_2}\int v(t)\,dt \tag{8.8}$$
$$= \left(\frac{1}{L_1} + \frac{1}{L_2}\right)\int v(t)\,dt$$

그림 8.5(b)에서

$$i(t) = \frac{1}{L}\int v(t)\,dt \tag{8.9}$$

그림 8.5(a), 8.5(b)를 등가라고 할 때 식 (8.8), (8.9)로부터 병렬합성 인덕턴스 L은 다음과 같이 된다.

$$\frac{1}{L} = \frac{1}{L_1} + \frac{1}{L_2} \quad \therefore L = \frac{L_1 L_2}{L_1 + L_2} = L_1 // L_2 \tag{8.10}$$

결과적으로 인덕터를 병렬로 많이 연결하면 점점 전체 인덕턴스는 작아진다. 저항의 경우와 같다. 만약 같은 유도용량이 L_1인 인덕터를 n개를 병렬로 연결할 경우 병렬합성 인덕턴스는 다음과 같이 된다.

$$L = \frac{L_1}{n} \tag{8.11}$$

EXAMPLE 8-2

그림 8.6의 회로에서 인덕턴스 L_1과 L_2는 2대 1의 비율이다. 등가 인덕턴스가 0.7 H일 때 L_1과 L_2를 구하라.

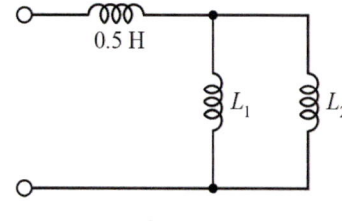

그림 8.6 [EXAMPLE 8-2]

SOLUTION

$$L_e = 0.5\,\text{H} + \frac{L_1 L_2}{L_1 + L_2} = 0.7\,\text{H}$$

$$0.5\,\text{H} + \frac{(2L_2)L_2}{2L_2 + L_2} = 0.7\,\text{H} \quad \therefore L_2 = 0.3\,\text{H}$$

$$L_1 = 2L_2 = 2(0.3\,\text{H}) = 0.6\,\text{H}$$

EXAMPLE 8-3

그림 8.7의 회로에서 등가 인덕턴스가 0.0755 H일 때

(a) L을 구하라.
(b) L을 제한없이 조정할 수 있다고 하면 최대 등가 인덕턴스를 구하라.

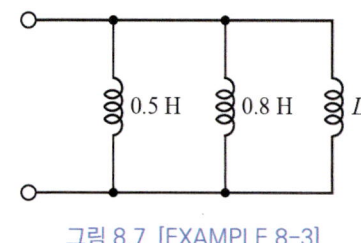

그림 8.7 [EXAMPLE 8-3]

SOLUTION

(a) $0.5\,\text{H}//0.8\,\text{H} = 0.308\,\text{H}$, $0.308\,\text{H}//L = 0.0755\,\text{H}$ ∴ $L = 0.1\,\text{H}$

(b) $L_e = \displaystyle\lim_{L \to \infty} \frac{(0.5\,\text{H})(0.8\,\text{H})L}{(0.5\,\text{H})(0.8\,\text{H}) + (0.5\,\text{H})L + (0.8\,\text{H})L} = \frac{0.4\,\text{H}}{1.3} = 0.308\,\text{H}$

8.4 직렬 *RL* 회로에서 과도상태

그림 8.8과 같은 RL 회로에서 $i(t)$, $v_L(t)$, $v_R(t)$의 거동을 살펴보자.

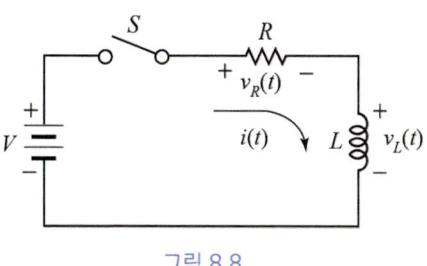

그림 8.8

(1) 과도전류

$t = 0$에서 스위치를 닫은 후 RL 루프에 KVL을 적용하면 다음과 같이 미분방정식으로 나타내진다.

$$Ri + L\frac{di}{dt} = V \tag{8.12}$$

식 (8.12)를 다음과 같이 변형할 수 있다.

$$\frac{di}{dt} + \frac{R}{L}i = \frac{V}{L} \tag{8.12-1}$$

식 (8.12-1)은 비동차 선형 상미분방정식으로 그 해는 일반해$[i_c(t)]$와 특수해$[i_p(t)]$로 구성된다. 즉 $i(t) = i_c(t) + i_p(t)$이다. 일반해는 $i_c(t) = Ae^{pt}$와 같은 형태이다.

$i_c(t)$를 구하기 위해 식 (8.12-1)의 우변을 0으로 두고, $i_c(t) = Ae^{pt}$를 대입하면 다음과 같은 특성 방정식이 얻어진다.

$$H(p) = p + \frac{R}{L} = 0 \quad \therefore p = -\frac{R}{L} \tag{8.12-2}$$

따라서 $i_c(t)$는

$$i_c(t) = Ae^{-t/(L/R)} \tag{8.12-3}$$

특수해는 하중함수(forcing function)가 상수(V/L)이므로 $i_p(t) = B$의 형태가 된다. 이식을 식 (8.12-1)에 대입하면

$$i_p(t) = \frac{V}{R} \tag{8.12-4}$$

따라서 $i(t)$는 다음과 같다.

$$i(t) = Ae^{-t/(L/R)} + \frac{V}{R} \tag{8.12-5}$$

초기조건 $i(0) = 0$을 대하여 미정계수 $A = -\frac{V}{R}$가 얻어진다. 따라서 커패시터에 충전되는 전하는 다음과 같이 시간의 함수가 된다.

$$i(t) = \frac{V}{R}\left(1 - e^{-t/(L/R)}\right) \tag{8.13}$$

(2) 과도전압

저항에 걸리는 과도전압 $v_R(t)$는 옴법칙에서

$$v_R(t) = Ri(t) = R\left[\frac{V}{R}\left(1 - e^{-t/(L/R)}\right)\right] = V\left(1 - e^{-t/(L/R)}\right) \tag{8.14}$$

순간적으로 스위치가 닫히면 급격한 전류변화에 대응하기 위해서 인덕터에 다음과 같이 역기전력 $v_L(t)\left[= L\frac{di}{dt}\right]$이 발생한다.

$$v_L(t) = Ve^{-t/(L/R)} \tag{8.15}$$

혹은 폐회로에 KVL을 적용하면

$$v_R(t) + v_L(t) = V \tag{8.16}$$

따라서 $v_L(t)$는 식 (8.15)와 같은 식이 얻어진다.

$$v_L(t) = V - v_R(t) = V - [V(1 - e^{-t/(L/R)})] = Ve^{-t/(L/R)} \tag{8.15-1}$$

식 (8.13), (8.14), (8.15)에서 과도전류와 과도전압의 거동을 살펴보자.

ⅰ) $t = 0$에서 스위치를 닫은 후, 즉 초기상태에서 인덕터에서 발생하는 역기전력으로, 즉 저항은 무한대, 즉 개방상태이므로 인덕터에 걸리는 전압은 $v_L(0) = V$이고, 따라서 인덕터를 통한 전류 $i(0) = 0$ A이다. 그 결과, 저항에 걸리는 전압은 역시 $v_R(0) = 0$ V이다.

ⅱ) $0 < t < \infty$에서는 시간이 증가함에 따라 인덕

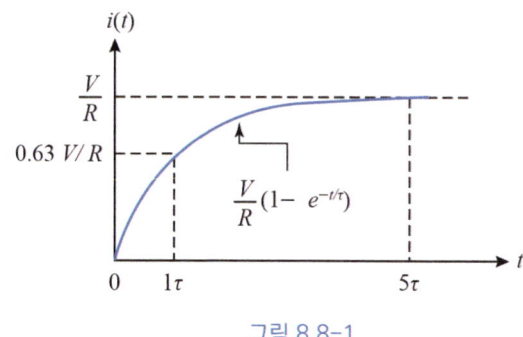

그림 8.8-1

터는 점차 전류에 대한 저항의 기능을 서서히 잃어가기 때문에 인덕터를 통한 전류는 그림 8.8-1과 같이 지수함수적으로 증가한다.

저항이 걸리는 전압 $v_R(t)$은 $i(t)$처럼 그림 8.8-2(a)과 같이 증가한다. 인덕터에 걸리는 전압 $v_L(t)$는 인덕터의 저항기능이 떨어지므로 그림 8.8-2(b)에 나타낸 바와 같이 지수함수적으로 감소한다. 전류의 증가하는 과정에서 t를 0으로부터 점점 증가시 $t = L/R$이 되면 $i = 0.63 \, V/R$가 된다. 따라서 $t = L/R$은 인덕터에 흐르는 최대전류(V/R)의 63%까지 흐르는 데 걸리는 시간으로 이것을 RL 회로의 **시정수**(時定數, time constant : τ)라고 한다. L이 크고, R이 작을수록 시정수는 커진다. 즉 전류가 최대에 이르는데 시간이 오래 걸린다는 의미이다. 시간이 경과하여 시정수의 5배, 즉 5τ에 이르면 일반적으로 전류는 거의 포화에 이른다고 가정한다. 시정수는 $v_L(t)$이 최대 전압의 37%까지 감소하는 데 걸리는 시간이기도 하다.

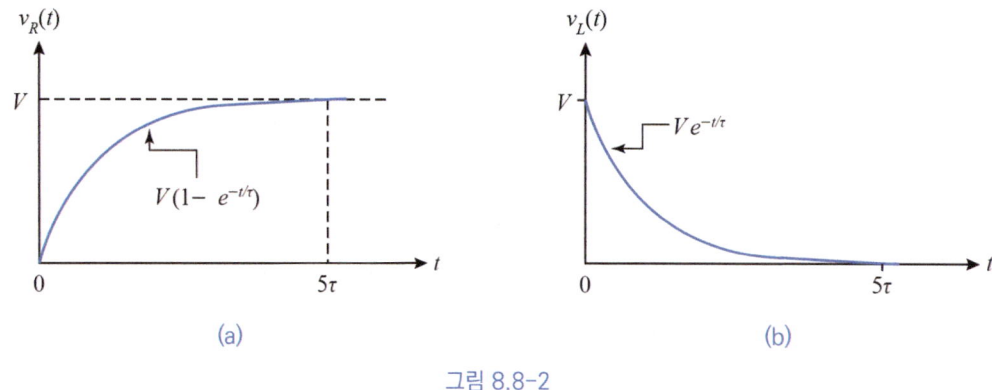

그림 8.8-2

iii) $t = \infty$ 일 때, 즉 정상상태에서 $v_L(\infty) = 0\,\text{V}$이다. 정상상태에서 코일은 그 기능을 잃고 단순히 도선에 불과하고, 인덕터는 단락상태와 같기 때문에 인덕터에 걸리는 전압은 0이다. 사실 $t = \infty$에 이르기 어려우므로 앞에서 언급한 5τ 이후에는 인덕터를 통한 전류 $i(t) = V/R$이다.

한편 식 (8.13)으로부터 임의의 시간 t에서 $i(t)$ 값을 알기 위해서는 지수 항이 상수가 되어야 한다. 따라서 L/R의 단위는 시간이다. 즉 $[\text{H}]/[\Omega] = [\text{s}]$이다.

식 (8.13)을 시정수 τ 관점에서 다시 쓰면

$$i(t) = \frac{V}{R}\left(1 - e^{-t/\tau}\right) \tag{8.13-1}$$

식 (8.14)를 시정수 τ 관점에서 다시 쓰면

$$v_R(t) = V\left(1 - e^{-t/\tau}\right) \tag{8.14-1}$$

식 (8.15)를 시정수 τ 관점에서 다시 쓰면

$$v_L(t) = Ve^{-t/\tau} \tag{8.15-2}$$

EXAMPLE 8-4

그림 8.8의 회로에서 $V = 20\,\text{V}$, $R = 100\,\Omega$, $L = 10\,\text{mH}$일 때

(a) 시정수를 구하라.
(b) $t = 0$에서 스위치를 닫은 후, $i(t)$, $v_R(t)$, $v_L(t)$를 식으로 나타내라.
(c) $t = 50\,\mu s$에서 $v_L(t)$를 구하라.
(d) $t = 5\tau$에서 $v_L(t)$를 구하라.

SOLUTION

(a) $\tau = L/R = 10\,\text{mH}/100\,\Omega = 0.1\,\text{ms}$

(b) $i(t) = \dfrac{V}{R}\left(1 - e^{-t/\tau}\right) = \dfrac{20\,\text{V}}{100\,\Omega}\left(1 - e^{-t/10^{-4}}\right) = 0.2\left(1 - e^{-t/10^{-4}}\right)\,\text{A}$

$v_R(t) = V\left(1 - e^{-t/\tau}\right) = 20\left(1 - e^{-t/10^{-4}}\right)\,\text{V}$

$v_L(t) = Ve^{-t/\tau} = 20e^{-t/10^{-4}}\,\text{V}$

(c) $v_L(50\,\mu s) = 20e^{-50 \times 10^{-6}/10^{-4}} = 20e^{-0.5} = 12.13\,\text{V}$

(d) $v_L(5\tau) = 20e^{-5\tau/\tau} = 20e^{-5} = 0.13\,\text{V}$, 실제 응용에서는 $0\,\text{V}$로 가정할 수 있다.

(3) 초기상태와 정상상태

RL 회로에도 RC 회로에서와 마찬가지로 초기상태(initial state)와 정상상태(steady state)가 있고 서로 반대되는 거동을 보인다. 스위치가 닫히는 순간, 즉 $t = 0+$에서의 전류 및 전압이 각각 초기전류 및 초기전압 값이다. 인덕터는 커패시터와는 반대로 $t = 0+$에서 개방상태로 간주한다. 정상상태는 스위치가 닫힌

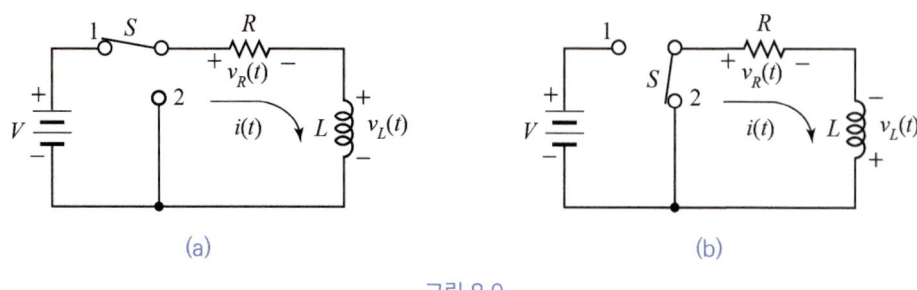

그림 8.9

후에 오랜 시간이 경과했을 때의 상태로서, 이런 상태에서의 인덕터는 도선에 불과하므로 단락상태가 된다.
예를 통해서 그 개념을 익혀보자.

그림 8.9(a)와 같은 RL 회로에서 스위치를 1로 스위칭하면 방금 앞에서 다룬 초기상태와 같다. 이때 초기전류 $i(t) = 0$ A이다. 만약 5τ 이상 두었다고 하면 인덕터는 도선에 불과하며, 인덕터에 걸리는 전압과 전류는 각각 0 V, V/R가 된다. 이 상태에서 그림 8.9(b)와 같이 스위치를 2로 스위칭하면 전원 전압은 끊어진 상태가 되고 대신에 인덕터가 전원으로 작용하게 된다. 따라서 인덕터에 걸리는 전압의 극성은 스위치 위치 1과 반대가 된다.

그림 8.9(b)와 같이 스위치 위치 1에서 위치 2로 스위칭 했을 때 RL 루프에 KVL을 적용하면 다음과 같이 미분방정식이 얻어진다.

$$Ri + L\frac{di}{dt} = 0 \tag{8.16}$$

식 (8.16)을 앞에서 스위치 위치 1에서 다룬 방법으로 미분방정식을 풀면 전류는 다음과 같이 시간의 함수가 된다.

$$i(t) = \frac{V}{R}e^{-t/(L/R)} \tag{8.17}$$

식 (8.17)을 시정수 τ 관점에서 다시 쓰면

$$i(t) = \frac{V}{R}e^{-t/\tau} \tag{8.17-1}$$

R에 걸리는 전압 $v_R(t)$는 옴법칙으로부터

$$v_R(t) = Ri(t) = R\left(\frac{V}{R}e^{-t/(L/R)}\right) = Ve^{-t/(L/R)} \tag{8.18}$$

식 (8.18)을 시정수 τ 관점에서 다시 쓰면

$$v_R(t) = Ve^{-t/\tau} \tag{8.18-1}$$

인덕터에 걸리는 전압 $v_L(t)$은

$$v_L(t) = L\frac{di}{dt} = L\left[\frac{d}{dt}\left(\frac{V}{R}e^{-t/(L/R)}\right)\right] = -Ve^{-t/(L/R)} \tag{8.19}$$

혹은 $v_R(t) + v_L(t) = 0$이므로

$$v_L(t) = -v_R(t) = -Ve^{-t/(L/R)} \tag{8.19-1}$$

식 (8.19-1)을 시정수 τ 관점에서 다시 쓰면

$$v_L(t) = -Ve^{-t/\tau} \tag{8.19-2}$$

스위치 위치 2에서 $i(t), v_R(t), v_L(t)$의 시간에 따른 변화추이를 그림 8.9-1(a)~(c)에 도시하였다.

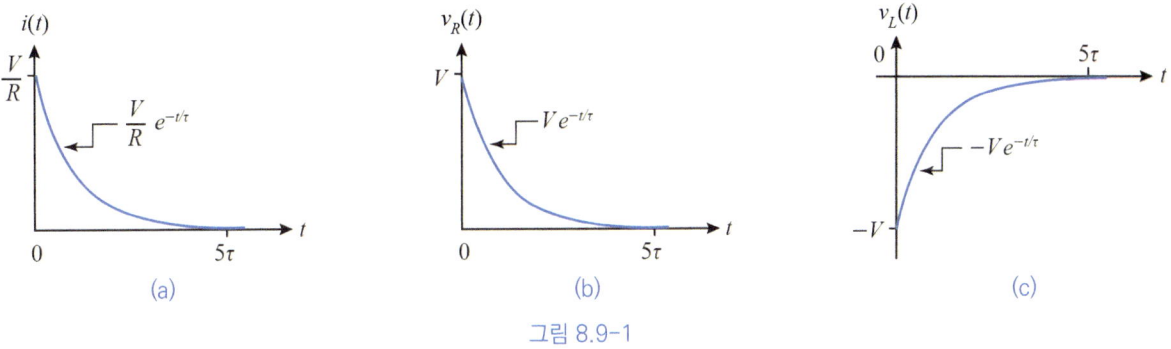

그림 8.9-1

EXAMPLE 8-5

그림 8.9의 회로에서 $V = 20\,\text{V}$, $R = 2\,\text{k}\Omega$, $L = 100\,\text{mH}$일 때 스위치 S가 위치 1과 위치 2 사이에서 0.4 ms 시간 간격으로 스위칭 된다고 하자.

(1) 스위치가 위치 1로 스위칭 될 때 $i(t), v_L(t), v_R(t)$를 구하라.

(2) 스위치가 위치 1에서 위치 2로 스위칭 될 때 $i(t), v_L(t), v_R(t)$를 구하라.

SOLUTION

$$\tau = L/R = 100\,\text{mH}/2000\,\Omega = 50\,\mu\text{s}$$

(1) $v_L(t) = Ve^{-t/\tau} = 20e^{-t/50\mu}\,\text{V}$

$v_R(t) = V(1-e^{-t/\tau}) = 20(1-e^{-t/50\mu})\,\text{V}$

$i(t) = \frac{V}{R}(1-e^{-t/\tau}) = \frac{20\,\text{V}}{2\,\text{k}\Omega}(1-e^{-t/50\mu}) = 10(1-e^{-t/50\mu})\,\text{mA}$

(스위칭 간격) $- 5\tau = 400\,\mu\text{s} - 250\,\mu\text{s} = 150\,\mu\text{s}$ 동안은 정상상태 유지 시간이다. 정상상태에서 코일은 한낱 도선에 불과하므로 $V_L = 0\,\text{V}$, 정상상태 전류는 $V/R = 20\,\text{V}/2\,\text{k}\Omega = 10\,\text{mA}$이다. 정상상태 후에 스위치가 위치 2로 스위칭 된다.

(2) 그림 8.9(b)와 같이 스위치가 위치 2로 스위칭 되면 전원 전압은 인가되지 않더라도 순간적으로 인덕터가 전원으로 작용하여 정상상태 전류 10 mA를 같은 방향으로 흐르게 한다. 이때 스위칭 직후 인덕터에 걸리는 전압은 V = (10 mA)(2 kΩ) = 20 V가 된다.

$$v_L(t) = -Ve^{-t/\tau} = -20e^{-t/50\mu} \text{ V}$$
$$v_R(t) = Ve^{-t/\tau} = 20e^{-t/50\mu} \text{ V}$$
$$i(t) = \frac{V}{R}e^{-t/\tau} = \frac{20 \text{ V}}{2 \text{ k}\Omega}e^{-t/50\mu} = 10e^{-t/50\mu} \text{ mA}$$

150 μs 동안 정상상태에서 $V_L = 0$ V, 전류는 0 A이다. 정상상태 후에 스위치가 위치 1로 스위칭 된다. 이런 식으로 스위치가 위치 1과 2 사이에서 0.4 ms 시간 간격으로 스위칭 된다.

EXAMPLE 8-6

그림 8.10(a)의 회로에서 0.5 ms 동안 스위치를 위치 1에 둔 상태에서 위치 2로 스위칭 했을 때 $v_L(t)$를 식으로 나타내라.

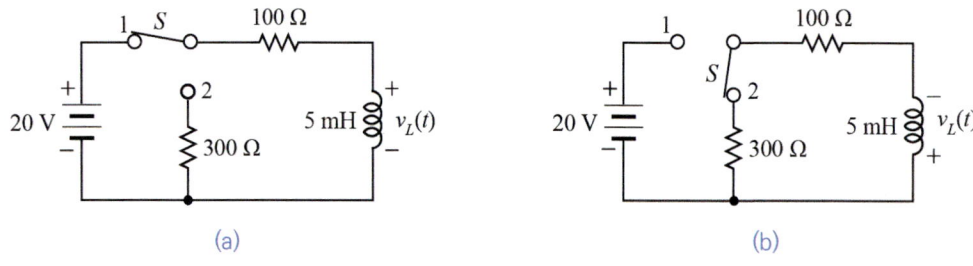

그림 8.10 [EXAMPLE 8-6]

SOLUTION

스위치 위치 1에서 시정수 $\tau = L/R = 5 \text{ mH}/100 \text{ }\Omega = 50 \text{ }\mu\text{s}$. 시정수의 5배, $5\tau = 0.25 \text{ ms}$에 이르면 정상상태로 가정한다. 따라서 문제에서 스위치 위치 1에 0.5 ms 동안이라면 정상상태이다. 그렇게 되면 인덕터는 도선으로 간주하고 정상상태 전류는 다음과 같이 된다.

$$\frac{V}{R} = \frac{20 \text{ V}}{100 \text{ }\Omega} = 0.2 \text{ A}$$

그림 8.10(b)와 같이 스위치 위치 1에서 2로 스위칭 했을 때 전류는 순간적으로 변하지 않고, 0.2 A로 유지한다. 이때의 인덕터는 0.2 A가 흐르게 하는 전원으로 작용한다. 따라서 폐회로 내의 저항에 걸리는 전압은

$$(0.2 \text{ A})(100 \text{ }\Omega) = 20 \text{ V}$$
$$(0.2 \text{ A})(300 \text{ }\Omega) = 60 \text{ V}$$

따라서 스위치 2에서 인덕터에 걸리는 순간 전압은 $-20 \text{ V} - 60 \text{ V} = -80 \text{ V}$이다. 이 전압에서 시간이

지남에 따라 감소한다. 이때의 시정수 $\tau = L/R = 10\,\text{mH}/400\,\Omega = 25\,\mu\text{s}$이다. 따라서 $v_L(t)$는 다음과 같이 나타내진다.

$$v_L(t) = -80 e^{-t/25\mu}\,\text{V}$$

8.5 직·병렬 RL 회로에서 과도상태

앞에서 직렬 RL 회로에서 과도현상을 다뤘다. 여기서는 직.병렬 RL 회로에서 과도현상을 예제를 통해서 살펴본다.

EXAMPLE 8-7

그림 8.11의 회로에

(a) $t = 0$에서 스위치를 위치 1로 스위칭한 후, $\tau/4$ 후에 위치 2로 스위칭 한다. $0 \le t \le \tau/4$, $t \ge \tau/4$와 같은 양 구간에 걸친 과도전류를 구하라.

(b) $0 \le t \le \tau/4$, $t \ge \tau/4$에 대한 과도전류를 시간의 함수로 그려라.

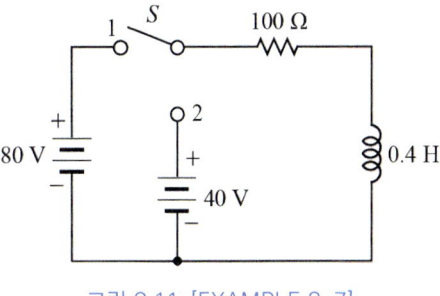

그림 8.11 [EXAMPLE 8-7]

SOLUTION

(a) 스위치 위치 1에서 KVL을 적용하면 식 (8.12)이다.

$$Ri + L\frac{di}{dt} = V$$

미분방정식의 해는 식 (8.12-5)와 같다.

$$i(t) = A e^{-t/(L/R)} + \frac{V}{R}$$

$i(0) = 0\,\text{A}$ 초기조건에서 $A = \dfrac{V}{R}$ 이므로

$$i(t) = \frac{V}{R}\bigl(1 - e^{-t/(L/R)}\bigr)$$

여기서 $V/R = 80/100 = 0.8\,\text{A}$, $\tau = L/R = 0.4/100 = 4\,\text{ms}$이다.

따라서 $0 \le t \le \tau/4$에서 $i(t)$는 다음과 같다.

$$i(t) = 0.8\bigl(1 - e^{-t/\tau}\bigr) = 0.8\bigl(1 - e^{-250t}\bigr)\,\text{A} \quad (0 \le t \le \tau/4)$$

스위치 위치 1에서 $t = \tau/4$일 때 $i(\tau/4) = 0.8\bigl(1 - e^{-0.25}\bigr) = 0.177\,\text{A}$이다.

$t = \tau/4$에서 스위치가 위치 2로 스위칭 될 때 역시 $i(\tau/4) = 0.177\,\text{A}$가 되어야 한다. 이러한 조건에서 전류를 구해보자.

스위치 위치 2의 루프에서 KVL을 적용하면

$$Ri + L\frac{di}{dt} = V$$

미분방정식의 해는

$$i(t) = A'e^{-(t-\tau/4)/\tau} + \frac{V}{R} = A'e^{-(t-\tau/4)/\tau} + 0.4$$

$i(\tau/4) = 0.177$ A 조건에서 $A' = -0.223$이다.

따라서 $t \geq \tau/4$에서 $i(t)$는 다음과 같다.

$$i(t) = -0.223e^{-(t-\tau/4)/\tau} + 0.4 = -0.223e^{-250(t-\tau/4)} + 0.4 \text{ A} \quad (t \geq \tau/4)$$

(b) 양 구간에 걸친 과도전류 그래프는 그림 8.11-1과 같다.

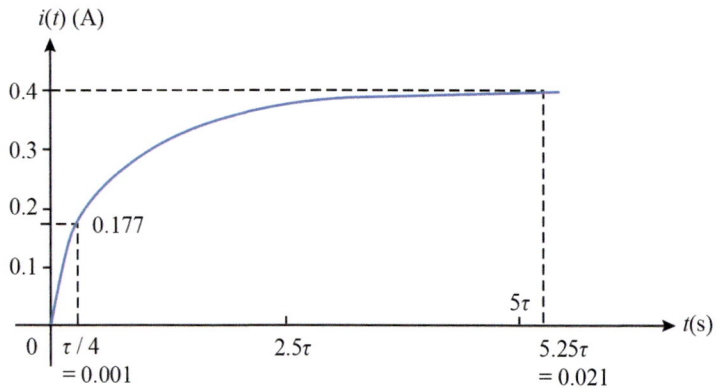

그림 8.11-1 [EXAMPLE 8-4]

EXAMPLE 8-8

그림 8.12(a)의 회로에서 $t = 0$에서 스위치를 닫은 후에 $i(t)$, $v_L(t)$를 구하라.

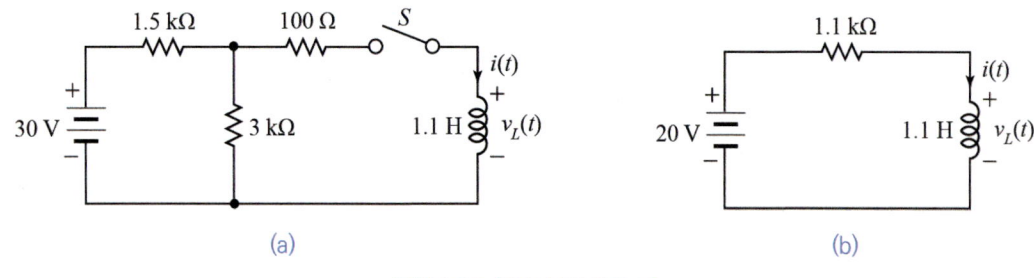

그림 8.12 [EXAMPLE 8-8]

SOLUTION

인덕터를 부하로 생각하고, 인덕터 앞단에서 테브난의 정리를 적용해보자.

테브난 등가 저항 R_{Th}는

$$R_{Th} = 100\,\Omega + 1.5\,\text{k}\Omega // 3\,\text{k}\Omega = 1.1\,\text{k}\Omega$$

테브난 등가 전압 V_{Th}는

$$V_{Th} = \left(\frac{3\,\text{k}\Omega}{1.5\,\text{k}\Omega + 3\,\text{k}\Omega}\right)(30\,\text{V}) = 20\,\text{V}$$

테브난 등가회로는 그림 8.12(b)와 같이 된다.

시정수 $\tau = L/R_{Th} = (1.1\,\text{H})(1.1\,\text{k}\Omega) = 1\,\text{ms}$이다.

인덕터에 걸리는 과도전압 $v_L(t)$는

$$v_L(t) = V_{Th}\,e^{-t/\tau} = 20e^{-t/10^{-3}}\,\text{V}$$

과도전류 $i(t)$는

$$i(t) = \frac{V_{Th}}{R_{Th}}\left(1 - e^{-t/\tau}\right) = \frac{20\,\text{V}}{1.1\,\text{k}\Omega}\left(1 - e^{-t/10^{-3}}\right)\text{A}$$

$$= 18.2\left(1 - e^{-t/10^{-3}}\right)\text{mA}$$

EXAMPLE 8-9

그림 8.13과 같은 회로에서 R과 L에 걸리는 전압과 흐르는 전류를 (1) 초기상태와 (2) 정상상태에서 구하라.

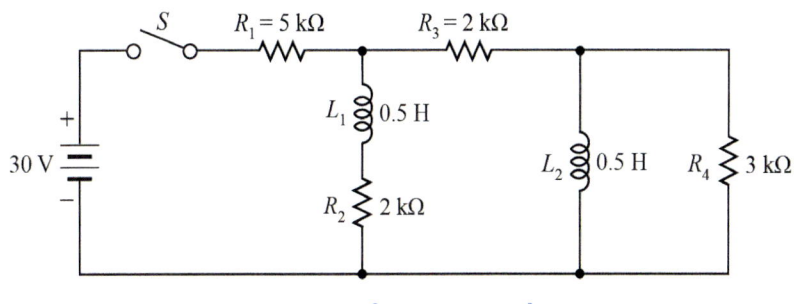

그림 8.13 [EXAMPLE 8-9]

SOLUTION

(a) 스위치가 닫히는 순간, 그림 8.13-1과 같이 인덕터는 개방회로가 되며, 전류가 흐르지 않는다.

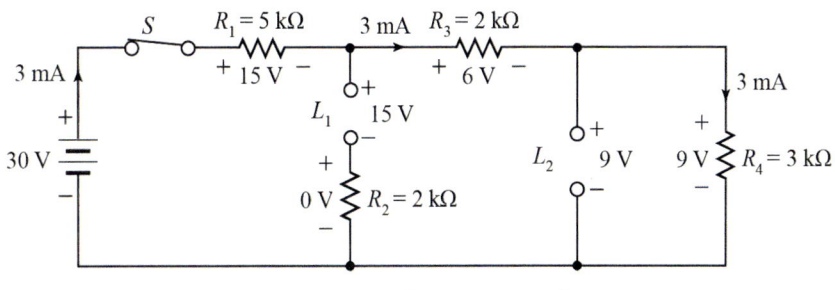

그림 8.13-1 [EXAMPLE 8-9]

따라서 L_1과 직렬인 $R_2 = 2\,\mathrm{k}\Omega$에는 전류가 흐르지 않는다. 이 상태에서 회로 전체 저항 $R_T = 5\,\mathrm{k}\Omega + 2\,\mathrm{k}\Omega + 3\,\mathrm{k}\Omega = 10\,\mathrm{k}\Omega$이다. 회로에 흐르는 전류 I_T는

$$I_T = \frac{30\,\mathrm{V}}{10\,\mathrm{k}\Omega} = 3\,\mathrm{mA}$$

직렬회로의 $R_1 = 5\,\mathrm{k}\Omega$, $R_3 = 2\,\mathrm{k}\Omega$, $R_4 = 3\,\mathrm{k}\Omega$에 걸리는 전압은 옴법칙에 따라

$$V_{5\mathrm{k}\Omega} = R_1 I_T = (5\,\mathrm{k}\Omega)(3\,\mathrm{mA}) = 15\,\mathrm{V}$$
$$V_{2\mathrm{k}\Omega} = R_3 I_T = (2\,\mathrm{k}\Omega)(3\,\mathrm{mA}) = 6\,\mathrm{V}$$
$$V_{3\mathrm{k}\Omega} = R_4 I_T = (3\,\mathrm{k}\Omega)(3\,\mathrm{mA}) = 9\,\mathrm{V}$$

L_1에 걸리는 전압은 전원 전압에서 $R_1 = 5\,\mathrm{k}\Omega$에 걸리는 전압 $V_{5\mathrm{k}\Omega}$을 빼거나, $R_3 = 2\,\mathrm{k}\Omega$에 걸리는 전압 $V_{2\mathrm{k}\Omega}$과 L_2에 걸리는 전압 V_{L_2}의 합과 같다.

따라서

$$V_{L_1} = 30\,\mathrm{V} - V_{5k\Omega} = 30\,\mathrm{V} - 15\,\mathrm{V} = 15\,\mathrm{V}$$

혹은

$$V_{L_1} = V_{2\mathrm{k}\Omega} + V_{L_2} = 6\,\mathrm{V} + 9\,\mathrm{V} = 15\,\mathrm{V}$$
$$V_{L_2} = V_{3\mathrm{k}\Omega} = 9\,\mathrm{V}$$

(b) 정상상태 하에서 그림 8.13-2와 같이 인덕터는 단락회로가 되며, 전압이 걸리지 않는다. $R_4 = 3\,\mathrm{k}\Omega$에는 전류가 흐르지 않기 때문에 $V_{3\mathrm{k}\Omega} = 0\,\mathrm{V}$이다. 이 상태에서 회로 전체 저항 $R_T = 5\,\mathrm{k}\Omega + 2\,\mathrm{k}\Omega // 2\,\mathrm{k}\Omega = 6\,\mathrm{k}\Omega$이다. 회로에 흐르는 전류 I_T는

$$I_T = \frac{30\,\mathrm{V}}{6\,\mathrm{k}\Omega} = 5\,\mathrm{mA}$$

$R_1 = 5\,\mathrm{k}\Omega$에 걸리는 전압은

$$V_{5\mathrm{k}\Omega} = R_1 I_T = (5\,\mathrm{k}\Omega)(5\,\mathrm{mA}) = 25\,\mathrm{V}$$

$R_2 = 2\,\mathrm{k}\Omega$, $R_3 = 2\,\mathrm{k}\Omega$은 병렬이므로 전류가 동일하게 분배되고, 각각에 걸리는 전압은 같다. 따라서

$$V_{2\mathrm{k}\Omega} = R_2(I_T/2) = (2\,\mathrm{k}\Omega)(2.5\,\mathrm{mA}) = 5\,\mathrm{V}$$

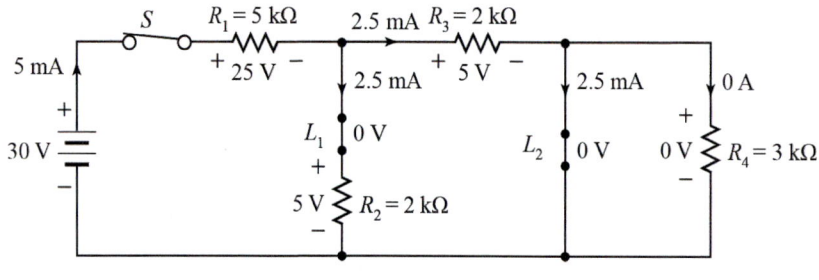

그림 8.13-2 [EXAMPLE 8-9]

EXERCISE

8.1 그림 8.14의 회로에서 합성 인덕턴스를 구하라.

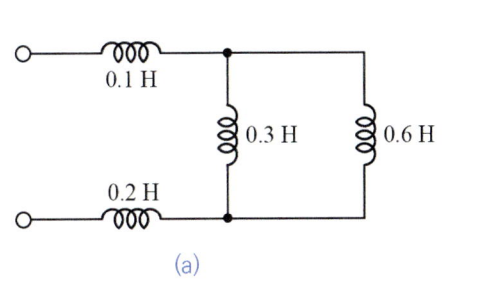
(a)

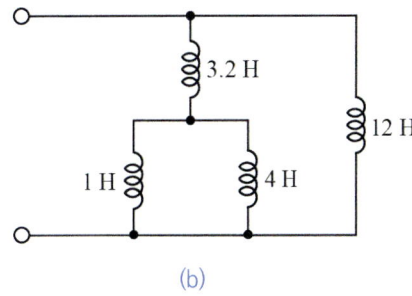
(b)

그림 8.14 [EXERCISE 8.1]

8.2 그림 8.15의 회로에서
   (a) 시정수를 구하라.
   (b) $t = 0$에서 스위치를 닫은 후, $i(t)$, $v_R(t)$, $v_L(t)$를 식으로 나타내라.
   (c) $t = 1\tau$, 2.5τ, 5τ에서 $v_L(t)$를 구하라.
   (d) $t = 1\,\mathrm{ms}$에서 폐회로의 KVL이 성립하는가?

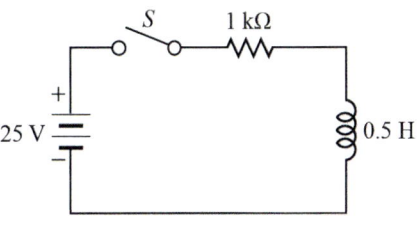

그림 8.15 [EXERCISE 8.2]

8.3 그림 8.16의 회로에서
   (a) 시정수를 구하라.
   (b) $t = 0$에서 스위치가 위치 1로 스위칭 될 때 $i(t)$, $v_R(t)$, $v_L(t)$를 구하라.
   (c) 스위치 위치 1에서 10 ms 경과 후, 위치 2로 스위칭 될 때 $i(t)$, $v_R(t)$, $v_L(t)$를 구하라.

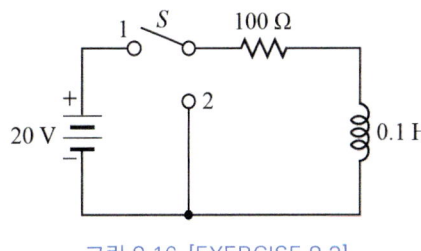

그림 8.16 [EXERCISE 8.3]

8.4 그림 8.17의 회로에서
   (a) $t = 0$에서 스위치가 위치 1로 스위칭 될 때 $i(t)$, $v_R(t)$, $v_L(t)$를 구하라.
   (b) 스위치 위치 1에서 0.2 s 경과 후, 위치 2로 스위칭 될 때 $i(t)$, $v_R(t)$, $v_L(t)$를 구하라.

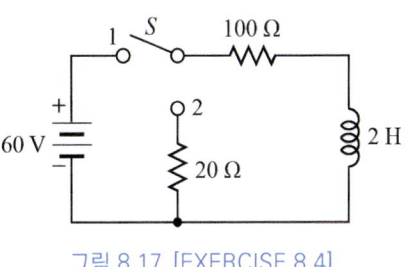

그림 8.17 [EXERCISE 8.4]

8.5 그림 8.18의 회로에서 $t = 0$에서 스위치를 닫은 후에 $i_L(t)$, $v_L(t)$를 구하라.

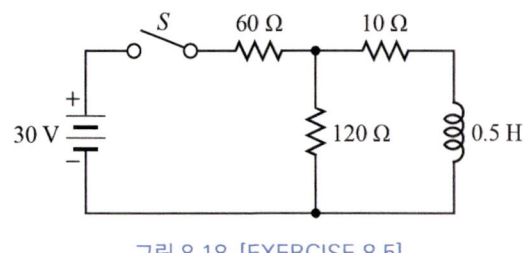

그림 8.18 [EXERCISE 8.5]

8.6 그림 8.19의 회로에서 각 부품에 흐르는 전류와 걸리는 전압을 구하라.
(a) 초기전류와 초기전압
(b) 정상상태 전류와 정상상태 전압

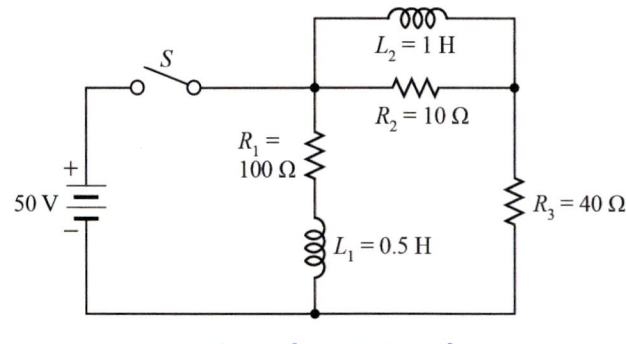

그림 8.19 [EXERCISE 8.6]

8.7 그림 8.20의 회로에서 $t = 0$에서 스위치를 위치 1로 스위칭한 후, 0.5τ 후에 위치 2로 스위칭 한다.
(a) $0 \leq t \leq 0.5\tau$, $0.5\tau \leq t$와 같은 양 구간에 걸친 과도전류를 구하라.
(b) $0 \leq t \leq 0.5\tau$, $t \geq 0.5\tau$에 대한 과도전류를 시간의 함수로 그려라.

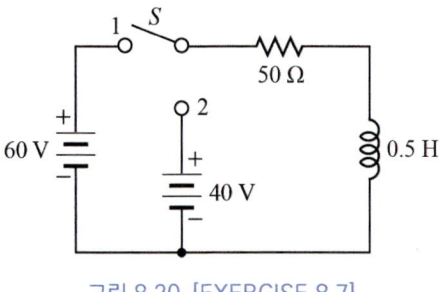

그림 8.20 [EXERCISE 8.7]

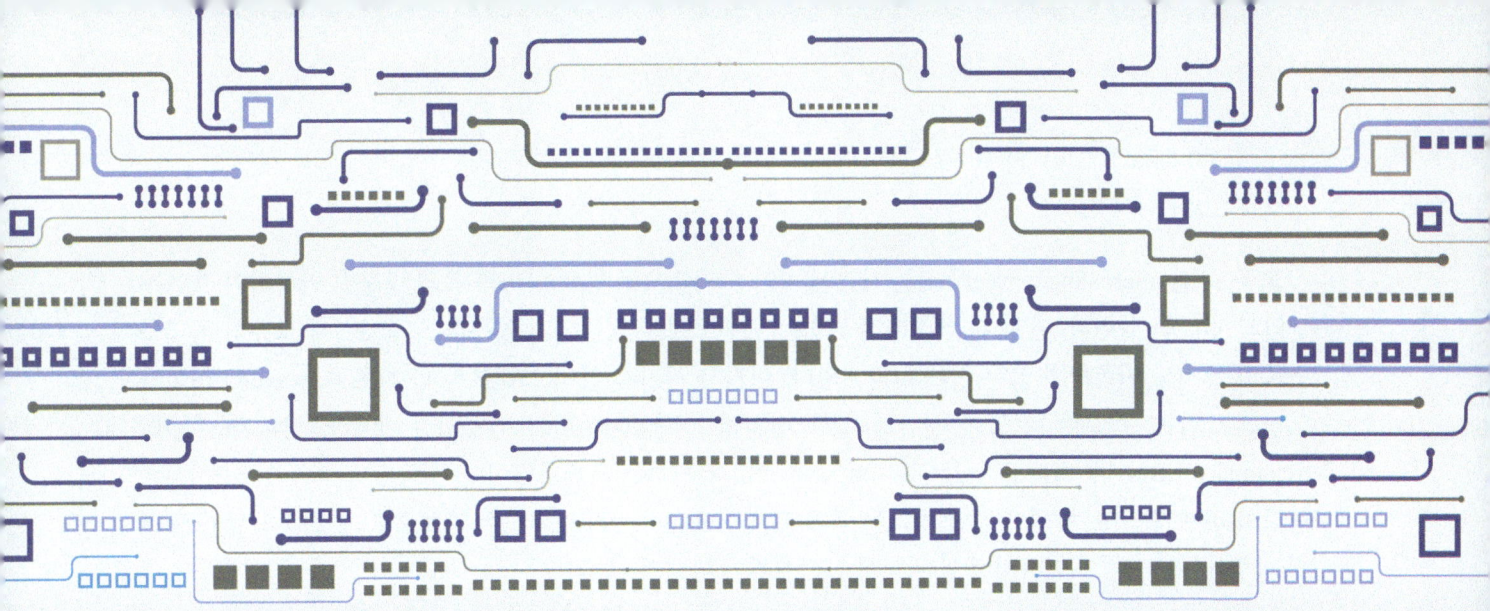

CHAPTER 9

교류의 기초

9.1 교류 파형
9.2 파형의 파라미터
9.3 위상
9.4 평균치와 실효치
9.5 저항 회로
9.6 인덕터 회로
9.7 커패시터 회로
9.8 RL 회로
9.9 RC 회로
9.10 RLC 회로
9.11 전력 삼각형
EXERCISE

9.1 교류 파형

교류(交流, alternating current: ac)는 시간에 따라 주기적으로 양의 방향과 음의 방향이 반복하여 흐르는 전압과 전류를 말한다. 단지 시간에 따라 변하는 것만으로는 정의되지 않는다. 그림 9.1에 교류의 정의를 만족하는 것과 만족하지 않는 것을 나타내었다. 여기서 시간-전압의 그래프를 파형(波形, waveform)이라고 한다. 그림 9.1(a)는 전압이 시간에 따라 선형적으로 증가하다가 감소하는 교류로 삼각파(三角波, triangular)라고 한다. 그림 9.1(b)는 톱니파(sawtooth)라고 하는 교류파형이다. 그림 9.1(c)와 그림 9.1(d)는 방향이 바뀌지 않고, 양의 방향만 가지는 **맥류**(脈流, pulsating dc)라고 하는 파형으로 교류와 직류가 중첩된 파형, 즉 직류에 교류가 섞여 있는 파형으로 교류가 아니다.

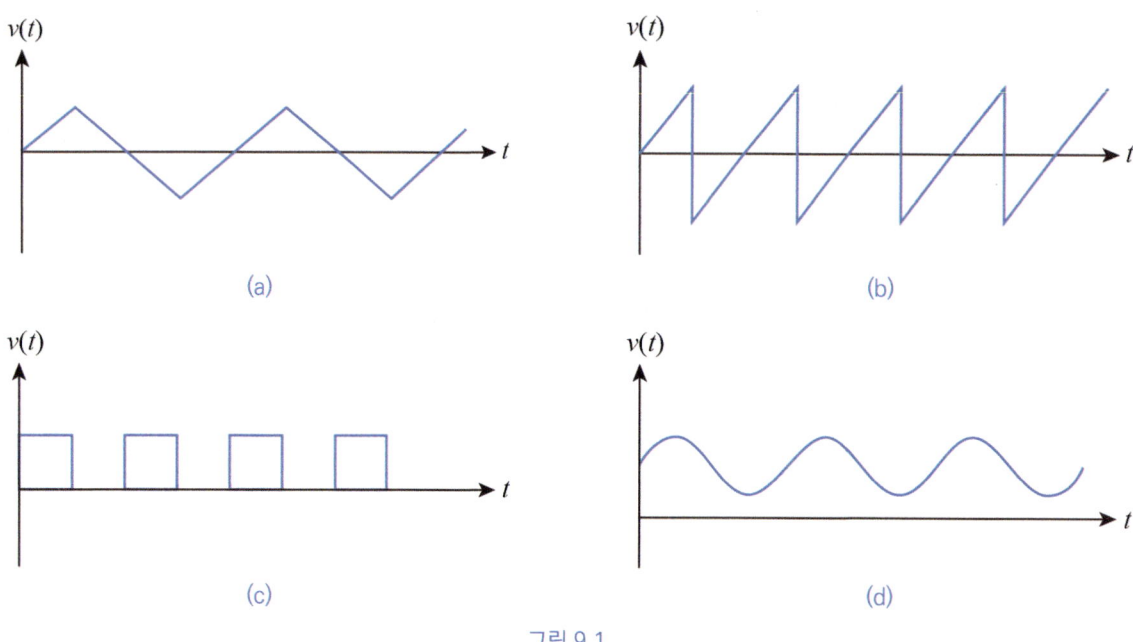

그림 9.1

전기회로이론에 자주 등장하는 신호는 그림 9.2에 나타낸 **정현파**(正弦波, sinusoidal) 혹은 **사인파**(sine wave)이다. 전압이 양의 방향에서 점점 증가하다가 최대치에 도달한 후 0에 도달하기까지 감소하며, 0을 지나 음의 방향으로 점점 증가하다가 음의 최대치에 도달한 후에 다시 0에 도달하는 과정을 반복한다.

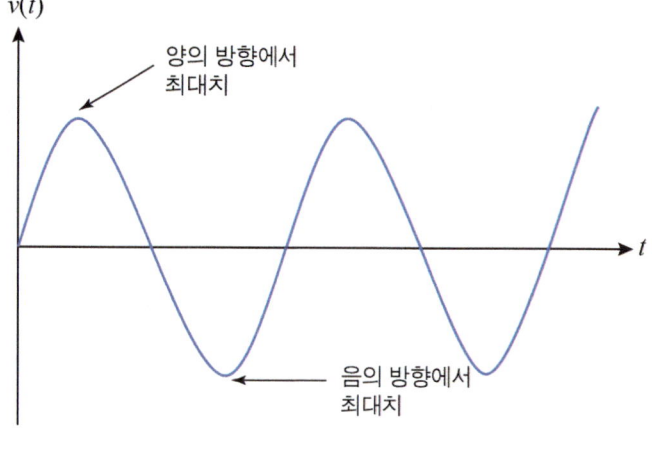

그림 9.2

그림 9.2의 사인파가 어떻게 생성되는지를 알아보자. 그림 9.3에서 원의 반경(반경이 1)을 시계방향으로 0°에서 360°까지 회전시킬 수 있다. 이때 반경 벡터의 y 성분은 $\sin\theta$가 된다. 즉 θ를 포함하는 직각 삼각형의 높이에 해당한다. 다시 말해서 반경을 y축에 투영한 값이다. 따라서 $\theta \longleftrightarrow \sin\theta$ 관계를 그래프로 나타내면 오른쪽에 나타낸 바와 같이 사인파가 얻어진다. 이것은 발전기에서 전기를 생산할 때 얻어지는 교류 전압 파형과 같다.

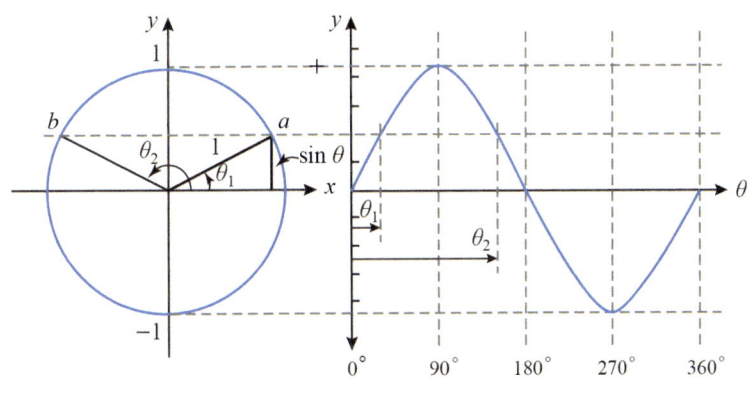

그림 9.3

9.2 파형의 파라미터

(1) 주기와 주파수

그림 9.4에 나타낸 바와 같이 교류는 시간에 따라 그 크기가 변하면서 같은 모양, 즉 사이클이 반복된다. 이때 한 사이클의 시간 간격을 **주기**(週期, period) T라고 한다. 일반적으로 전기회로에서 취급하는 전압, 전류는 주기함수, 즉 $f(t) = f(t+nT)$이다.

1초 동안 반복되는 사이클의 수를 **주파수**(周波數, frequency)라고 한다. 주파수와 주기 사이의 관계는 다음 식과 같다.

$$f = \frac{1}{T} \tag{9.1}$$

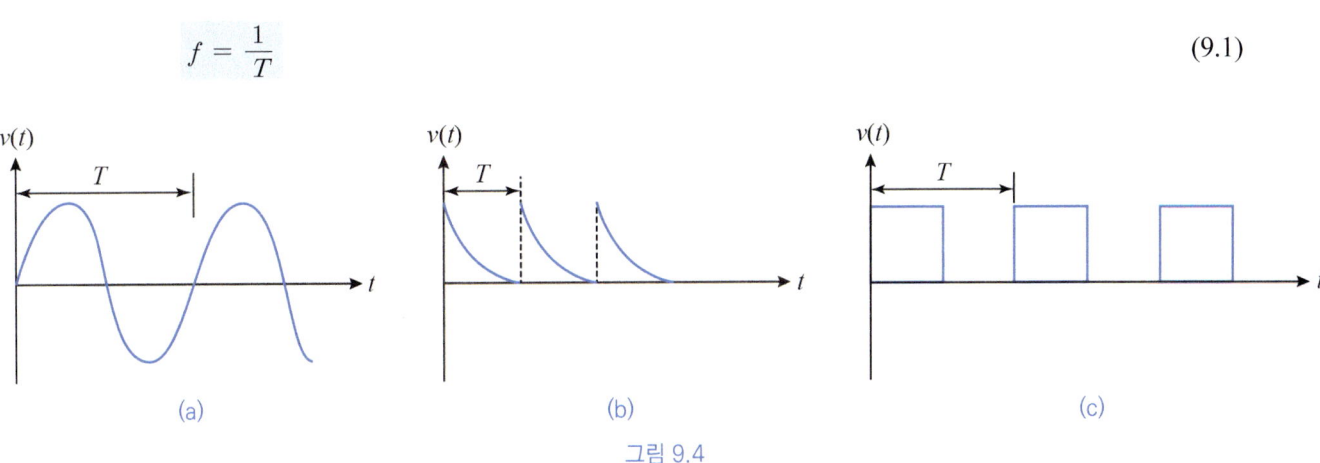

그림 9.4

주파수의 단위는 **헤르츠**(Hertz: Hz)라고 하며, 1 Hz = 1 cycle/s이다.

그림 9.3에서 반경 벡터의 회전 속도를 증가시키면, 초당 사이클 수가 증가한다. 이때 회전 속도를 **각속도**(角速度, angular velocity) ω 라고 하며, 다음과 같이 나타낸다.

$$\omega = \frac{\theta}{t} \text{ rad/s} \tag{9.2}$$

여기서 $\theta = \omega t$이므로 $\sin\theta = \sin\omega t$가 된다.

때때로 ω를

$$\omega = 2\pi f \tag{9.3}$$

라고 해서 **각주파수**(角周波數, angular frequency)라고도 한다. 따라서 $\sin\omega t = \sin(2\pi f)t$로 쓸 수 있다.

(2) 피크치와 순시치

한편 교류파형의 **피크치**(peak value)는 양의 방향이나 음의 방향에서 최대치를 말한다. 파형이 시간축에 대해서 대칭일 경우 피크치의 절대값은 같지만 그렇지 않을 경우는 다르다. 대칭일 아닐 경우는 양의 피크치와 음의 피크치 사이의 차를 나타내는 peak-to-peak치를 나타내는 경우가 종종 있다. 예컨대 그림 9.5에서 피크치는 3 V이며, peak-to-peak치는 $6\,V_{p-p}$로 피크치의 두 배에 해당한다. $6\,V_{p-p}$의 아래 첨자는 peak-to-peak치를 나타낼 때 사용한다.

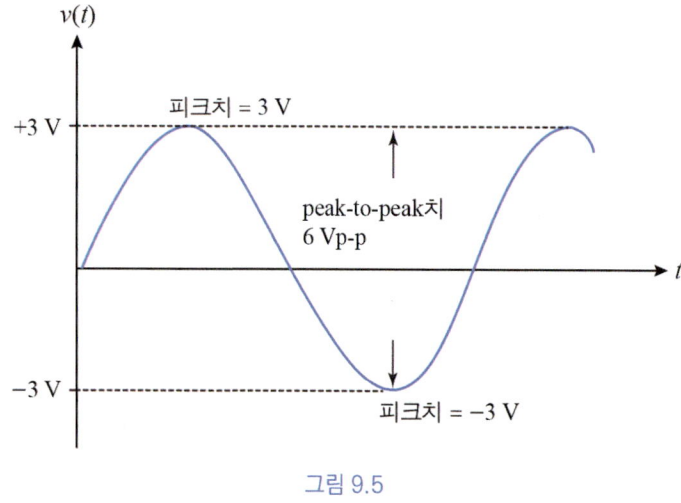

그림 9.5

전압이나 전류를 정현파로 나타낼 때는 피크치는 진폭에 해당하며, 일반적으로 전압에서는 V_m을 전류에서는 I_m을 사용하여 다음과 같이 쓴다.

$$\begin{cases} v(t) = V_m \sin\omega t \\ i(t) = I_m \sin\omega t \end{cases} \tag{9.4}$$

여기서 소문자(v, i)는 교류임을 나타낸다. 직류일 때는 대문자(V, I)를 사용한다.

따라서 그림 9.5는 $v(t) = 3\sin\omega t$의 파형이다.

순시치(瞬時値, instantaneous value)는 특정한 시간 t나 각도 ωt에서 매 순간순간의 값을 말한다. 예컨대 교류전압 $v(t) = 3\sin 120\pi t$에서 $t = 1\,\text{ms}$일 때의 순시치는 다음과 같이 계산한다.

$v(t) = 3\sin 120\pi(1 \times 10^{-3}) = 3\sin(0.12\,\pi\,\text{rad}) = (3\,\text{V})(0.368) = 1.10\,\text{V}$. 순시치는 교류의 크기를 대표하는 값은 아니다. 교류에서는 평균치와 실효치가 대표하는 값으로 사용된다.

EXAMPLE 9-1

(a) 어떤 교류 파형이 $2\,\text{ms}$의 주기를 가진다. 주파수를 구하라.

(b) 주파수가 $10\,\text{MHz}$인 교류 신호의 주기를 구하라.

SOLUTION

(a) $f = \dfrac{1}{T} = \dfrac{1}{2 \times 10^{-3}\,\text{s}} = 500\,\text{Hz}$

(b) $f = \dfrac{1}{T} = \dfrac{1}{2 \times 10^{-3}\,\text{s}} = 500\,\text{Hz}$

라디언(radian: rad)은 각도를 호(弧, arc)의 길이로 나타낼 때의 단위이다. 원의 반경(r)과 호의 길이 (ℓ)에서 $\ell = r$일 때 각도가 $1\,\text{rad}$이며, $\ell = 2r$일 때 각도가 $2\,\text{rad}$, $\ell = \pi r$일 때 각도가 $\pi\,\text{rad}$이다. πr은 원주 길이의 반이므로 $\pi\,\text{rad} = 180°$가 된다. $2\pi\,\text{rad} = 360°$이다.

EXAMPLE 9-2

(a) $120°$를 라디언으로 나타내라.

(b) $\dfrac{\pi}{4}$를 각도(deg.)로 나타내라.

SOLUTION

(a) $(120°)\left(\dfrac{2\pi\,\text{rad}}{360°}\right) = \dfrac{2\pi}{3}\,\text{rad}$

(b) $\left(\dfrac{\pi}{4}\,\text{rad}\right)\left(\dfrac{360°}{2\pi\,\text{rad}}\right) = 45°$

EXAMPLE 9-3

다음 순간에서 $v(t) = 3\sin 2000\pi t$의 순시치를 구하라.

(a) $0.5\,\text{ms}$

(b) $65\,\mu\text{s}$

SOLUTION

(a) $v(t) = 5\sin(2000 \times \pi \times 0.5 \times 10^{-3}) = 5\sin(\pi \text{ rad}) = 5\sin 180° = 0 \text{ V}$

(b) $v(t) = 5\sin(2000 \times \pi \times 65 \times 10^{-6}) = 5\sin(4.082 \text{ rad}) = 5(-0.808) = -4.04 \text{ V}$

9.3 위상

정현파 함수 $\sin\theta$에서 각도 θ에 각도 ϕ를 더한다고 하면 $\sin(\theta + \phi)$와 같이 나타낸다. 이것을 수학적으로 보면 $\sin\theta$를 양 혹은 음이 되는 ϕ에 따라 좌측으로 혹은 우측으로 이동하는 것이다. $\theta = \omega t$이므로 위상각 ϕ를 가지는 정현파 전압과 전류는 다음과 같이 나타내진다.

$$\begin{cases} v(t) = V_m \sin(\omega t + \phi) \\ i(t) = I_m \sin(\omega t + \phi) \end{cases} \tag{9.5}$$

여기서 ωt와 θ는 같은 단위이다. 그러나 ωt의 단위는 라디언(rad)이며, θ는 라디언(rad) 혹은 도(degree)이다. 순시치를 계산하기 위해서는 반드시 ωt를 도(degree)로 고치든지, θ를 라디언(rad)으로 고쳐야 한다.

위상각이 다른 두 파형을 생각해보자. 하나가 다른 것보다 더 왼쪽으로 치우쳐 있다면 그것은 다른 것보다 위상이 앞선다고 말한다. 예컨대 $v_1 = 220\sin(\omega t + 60°)$, $v_2 = 110\sin(\omega t + 20°)$일 때 v_1은 왼쪽으로

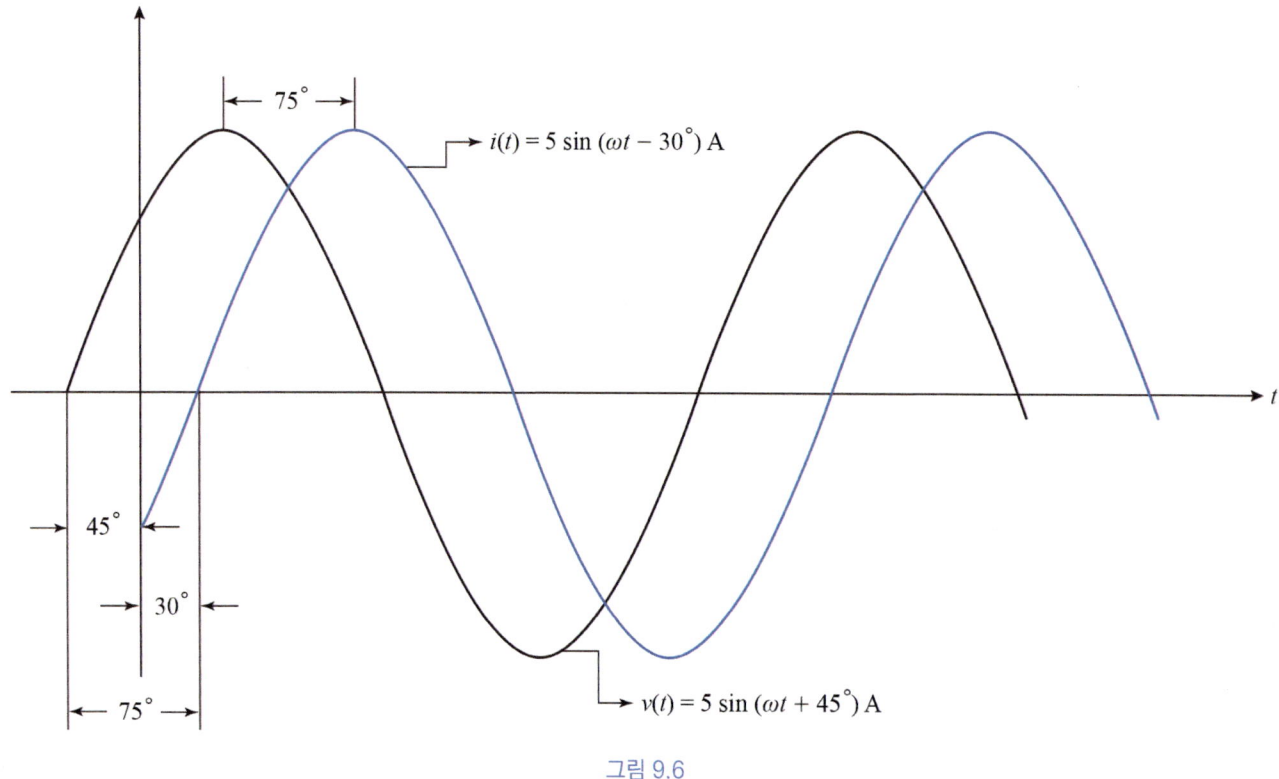

그림 9.6

$60°$만큼 치우쳐 있고, v_2는 왼쪽으로 $20°$ 만큼 치우쳐 있다. v_1이 v_2보다 $40°$ 만큼 왼쪽으로 치우쳐 있기 때문에 v_1이 v_2보다 $40°$만큼 위상이 앞선다(lead)고 말한다. 달리 말하면 v_2가 v_1보다 $40°$만큼 위상이 뒤진다(lag)고 말한다. 위상이 앞선다, 뒤진다와 같은 lead, lag 용어는 시간 축에 파형을 그렸을 때 파형의 상대적 위치를 말한다. 두 전압의 **위상차**(位相差, phase difference)는 $\angle v_1 - \angle v_2 = 60° - 20° = 40°$이다.

그림 9.6은 전압과 전류의 위상과 위상차를 보여준다. 전압은 $45°$만큼 왼쪽으로 이동이 일어났고, 전류는 $30°$만큼 오른쪽으로 이동이 일어났다. 따라서 전압이 전류보다 $75°$만큼 왼쪽에 놓이므로 전압이 전류보다 위상이 $75°$ 앞선다(lead).

위상차를 갖는 사인함수 간에 변환이나 사인함수와 코사인 함수 사이의 함수변환을 그림 9.7을 이용하면 편리하게 변환할 수 있다. sin 축은 실수축에, cos 축은 허수축에 둔다. 사인이든 코사인이든 양의 각은 반시계방향(counterclockwise)이며, 음의 각은 시계방향(clockwise)으로 한다.

그림 9.7에 나타낸 바와 같이 $-\sin(\omega t + 60°)$는 $-\sin$ 축에서 반시계방향으로 $60°$가 되는 위치로 이 위치는 $+\sin$ 축에서 시계방향으로 $-120°$가 되는 위치에 해당한다. 또한 $-\cos$ 축에서 시계방향으로 $30°$가 되는 위치이므로 $-\cos(\omega t - 30°)$와 같다.

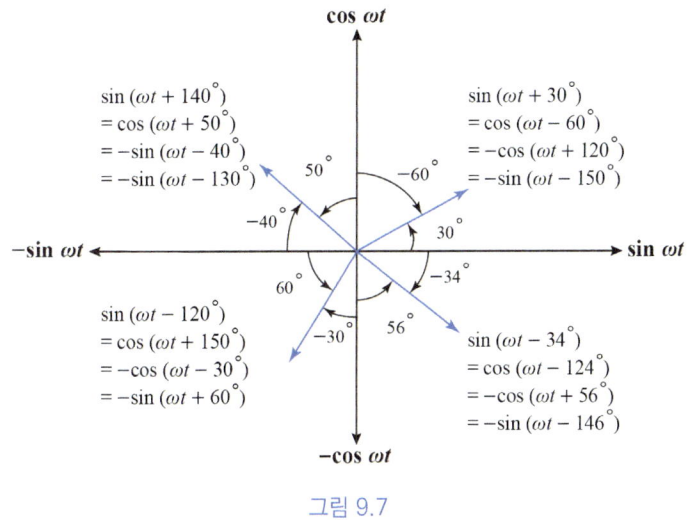

그림 9.7

EXAMPLE 9-4

$-\cos(\omega t - 30°)$를 $-\sin$ 축, cos 축, sin 축 기준으로 변환하라.

SOLUTION

$-\cos(\omega t - 30°)$는 $-\cos$ 축에서 시계방향으로 $30°$가 되는 위치로 이것은 $-\sin$ 축에서 반시계방향으로 $60°$가 되는 위치이므로 $-\sin(\omega t + 60°)$와 같다. 또 cos 축에서 반시계방향으로 $150°$가 되는 위치이므로 $\cos(\omega t + 150°)$와 같다. 또 이것은 $\sin(\omega t - 120°)$와 같다. 따라서

$$-\cos(\omega t - 30°) = -\sin(\omega t + 60°) = \cos(\omega t + 150°) = \sin(\omega t - 120°)$$

EXAMPLE 9-5

다음 각 쌍에 대해서 어느 파가 더 앞서는지를 확인하고, 위상차를 구하라.

(a) $v_1 = 20\sin(\omega t - 60°)$ V, $v_2 = 10\sin(\omega t - 10°)$ V

(b) $i = 30\sin(\omega t - 10°)$ A, $v = 90\sin(\omega t - 15°)$ V

(c) $v_1 = 20\sin(\omega t - 60°)$ V, $v_2 = 10\cos(\omega t - 10°)$ V

SOLUTION

(a) v_2가 v_1보다 $60° - 10° = 50°$ 위상이 앞선다(lead)

(b) i가 v보다 $15° - 10° = 5°$ 위상이 앞선다(lead)

(c) v_2를 사인함수로 바꾸면, $v_2 = 10\sin(\omega t + 90° - 10°) = 10\sin(\omega t + 80°)$ V

따라서 v_2가 v_1보다 $60° + 80° = 140°$ 위상이 앞선다(lead)

9.4 평균치와 실효치

(1) 평균치

평균치(平均値, average value)는 한 주기당 시간축 위의 면적과 시간축 아래의 면적의 합을 의미한다. 주기가 T일 때 교류전압 $v(t)$의 평균치 V_{av}는 다음 식으로 계산된다.

$$V_{av} = \frac{1}{T}\int_0^T v(t)\,dt \tag{9.6}$$

EXAMPLE 9-6

$v(t) = V_m \sin\omega t$의 평균치를 구하라.

SOLUTION

$$V_{av} = \frac{1}{T}\int_0^T v(t)\,dt = \frac{V_m}{T}\int_0^T \sin\omega t\,dt = \frac{V_m}{\omega T}[-\cos\omega t]_0^T = 0 \text{ V}$$

정현파와 같이 한 주기 동안 양의 반파와 음의 반파의 면적이 같은 대칭파는 항상 평균치는 0이 된다. 따라서 대칭파의 평균치를 한주기로 잡으면 0이 되므로 의미가 없다. 전압은 양과 음 모두 전기 에너지에 사용되므로 단지 수학적으로는 0이 되는 이것을 피하기 위해 평균치는 반주기의 평균치로 한다.

$$V_{av} = \frac{1}{T/2}\int_0^{T/2} v(t)\,dt = \frac{2V_m}{T}\int_0^{T/2} \sin\omega t\,dt = \frac{2V_m}{\omega T}[-\cos\omega t]_0^{T/2} = 0.636\,V_m$$

이것은 다이오드의 전파정류(full wave rectification) 신호의 평균치에 해당한다.

예제를 통해서 알게 된 전파정류신호의 평균치 V_{av}는

$$V_{av} = \frac{2V_m}{\pi} = 0.636 V_m \tag{9.7}$$

EXAMPLE 9-7

그림 9.8에 나타낸 구형파의 평균치를 구하라.

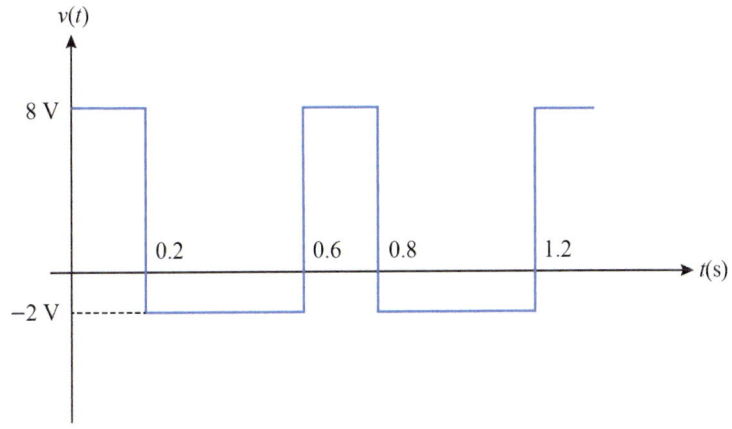

그림 9.8 [EXAMPLE 9-7]

SOLUTION

〈해법 1〉

양의 면적과 음의 면적을 구해서 합한 후 주기로 나누어 주면 된다.

양의 면적 $= (8\text{ V})(0.2\text{ s}) = 1.6\text{ V·s}$

음의 면적 $= (-2\text{ V})(0.4\text{ s}) = -0.8\text{ V·s}$

1 주기 동안 알짜 면적 $= 1.6\text{ V·s} - 0.8\text{ V·s} = 0.8\text{ V·s}$

$$\text{평균치}\quad V_{av} = \frac{0.8\text{ V·s}}{0.6\text{ s}} = 1.33\text{ V}$$

〈해법 2〉

식 (9.6)을 사용하면

$$V_{av} = \frac{1}{T}\int_0^T v(t)\,dt = \frac{1}{0.6\text{ s}}\left(\int_0^{0.2} 8\,dt - \int_{0.2}^{0.6} 2\,dt\right) = \frac{1}{0.6}(1.6 - 0.8) = 1.33\text{ V}$$

EXAMPLE 9-8

그림 9.9에 나타낸 반파 정류된 사인곡선의 평균치를 구하라.

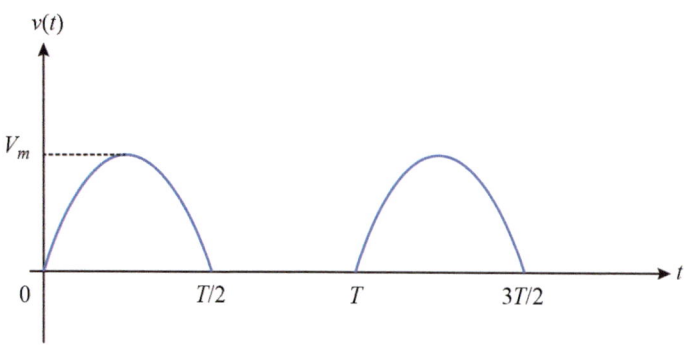

그림 9.9 [EXAMPLE 9-8]

SOLUTION

$$V_{av} = \frac{1}{T}\int_0^T v(t)\,dt = \frac{1}{T/2}\int_0^{T/2} V_m \sin \omega t\,dt = \frac{V_m}{T/2}\left[\frac{1}{\omega}\cos \omega t\right]_0^{T/2} = \frac{V_m}{\pi}$$

예제를 통해서 알게 된 반파정류신호의 평균치 V_{av}는

$$V_{av} = \frac{V_m}{\pi} = 0.318\,V_m \tag{9.8}$$

평균치는 일명 직류치라고도 한다. dc 전류계 혹은 dc 전압계로 측정된 값은 평균치에 해당한다. 많은 전자회로에 나타나 파형은 dc 레벨 혹은 오프셋을 가지는 정현파이다. dc 레벨은 ac 파형에 단순히 더해지는 것이다. 예컨대 dc 성분을 가지는 ac 전압은 다음과 같이 나타내진다.

$$v(t) = V_{dc} + V_m \sin(\omega t + \theta) \tag{9.9}$$

EXAMPLE 9-9

그림 9.10에 나타낸 사인곡선에서
(a) 평균치를 구하라.
(b) 파형 전체의 전압을 수식으로 나타내라.

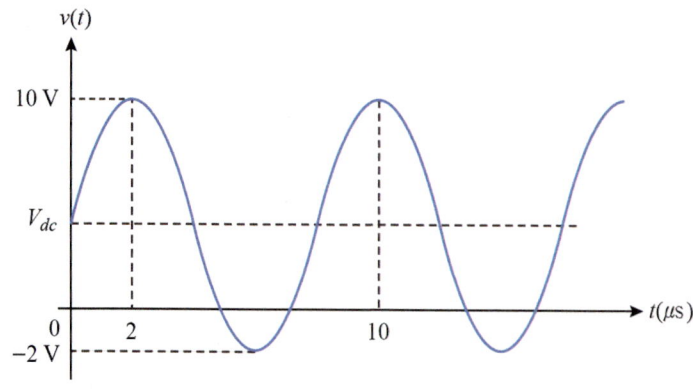

그림 9.10 [EXAMPLE 9-8]

SOLUTION

(a) 현재 파형의 peak-to-peak치는 $V_{p-p} = 10\text{ V} - (-2\text{ V}) = 12\text{ V}$ 이다.

정현파는 대칭이므로 피크치는 $V_p = V_{p-p}/2 = 6\text{ V}$.

최대치는 $10\text{ V} = V_{dc} + V_p = V_{dc} + 6\text{ V}$

따라서 평균치는 $V_{dc} = 10\text{ V} - 6\text{ V} = 4\text{ V}$

(b) $v(t) = V_{dc} + V_m \sin \omega t = V_{dc} + V_m \sin(2\pi f)t = V_{dc} + V_m \sin(2\pi/T)t$ 의 형태로 나타난다.

여기서

$$V_{dc} = 4\text{ V}$$
$$V_m = V_p = 6\text{ V}$$
$$T = \frac{1}{8\,\mu s} = 125 \times 10^3 \text{ Hz}$$

따라서

$$v(t) = 4 + 6\sin(250 \times 10^3 \pi)t \text{ V}$$

(2) 실효치

평균치는 대칭적인 파형에서 0이 되기 때문에 유용하지 못하다. 반면에 **실효치**(實效値, effective or root-mean-square(rms) value)는 전류나 전압의 방향에 관계없이 실질적으로 에너지로 소비되는 전류 혹은 전압을 말한다. 그림 9.10을 통해서 실효치의 개념을 습득해보자.

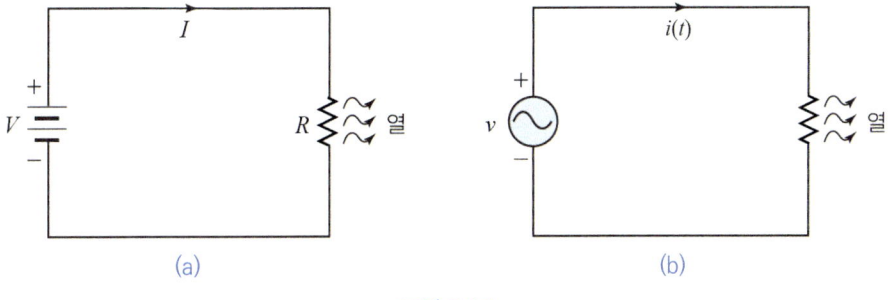

그림 9.11

그림 9.11에 나타낸 바와 같이 각기 저항만의 회로에 직류와 교류전압을 인가하면 저항에서 발생하는 주울열은 같다. 직류전압 인가시 평균전력 P_{dc}는

$$P_{dc} = I^2 R \tag{9.10}$$

교류전압 인가시 평균전력 P_{ac}는

$$P_{ac} = \frac{1}{T}\int_0^T i^2 R\, dt \tag{9.11}$$

동일한 열을 방출하므로 두 식은 같아야만 한다. 즉 $P_{dc} = P_{ac}$

$$I^2 R = \frac{1}{T}\int_0^T i^2 R\, dt \tag{9.12}$$

$$I = \sqrt{\frac{1}{T}\int_0^T i^2\, dt} \tag{9.12-1}$$

이때 I를 교류 i의 실효치라고 한다. 제곱근 속은 i^2의 평균치에 해당한다는 점에 유의하기 바란다. 전류가 $i = I_m \sin\omega t$라고 하면, 직접 대입하여 계산하여 보자.

$$\begin{aligned}
I &= \sqrt{\frac{1}{T}\int_0^T i^2\, dt} = \sqrt{\frac{1}{T}\int_0^T (I_m \sin\omega t)^2\, dt} = \sqrt{\frac{I_m^2}{T}\int_0^T \sin^2\omega t\, dt} \\
&= \sqrt{\frac{I_m^2}{T}\int_0^T \frac{1-\cos 2\omega t}{2}\, dt} = \sqrt{\frac{I_m^2}{2T}\left[t - \frac{1}{2\omega}\sin 2\omega t\right]_0^T} \\
&= \sqrt{\frac{I_m^2}{2T}\left(T - \frac{1}{2\omega}\sin 2\omega T\right)} = \sqrt{\frac{I_m^2}{2T}\left(T - \frac{1}{2\omega}\sin 4\pi\right)} \\
&= \sqrt{\frac{I_m^2}{2}} = \frac{I_m}{\sqrt{2}}
\end{aligned}$$

따라서 실효치와 최대치 사이에는 다음과 같은 관계가 있다.

$$I = \frac{I_m}{\sqrt{2}} \quad \longleftrightarrow \quad I_m = \sqrt{2}\, I \tag{9.13a}$$

$$V = \frac{V_m}{\sqrt{2}} \quad \longleftrightarrow \quad V_m = \sqrt{2}\, V \tag{9.13b}$$

즉 실효치는 최대치를 $\sqrt{2}$로 나눈 값이다. 또 최대치는 실효치에 $\sqrt{2}$를 곱하면 얻을 수 있다. 실효치는 교류의 직류치라고 보면 된다.

식 (9.9)에 나타낸 바와 같이 직류성분을 가지는 교류 $v(t)$는

$$v(t) = V_{dc} + V_m \sin(\omega t + \theta)$$

의 평균치와 실효치는 구해보자.

$$V_{av} = \frac{1}{T}\int_0^T i\, dt = \frac{1}{T}\int_0^T \left[V_{dc} + V_m \sin(\omega t + \theta)\right] dt = V_{dc} \tag{9.14}$$

$$\begin{aligned}
V &= \sqrt{\frac{1}{T}\int_0^T v^2\, dt} = \sqrt{\frac{1}{T}\int_0^T \left[V_{dc} + V_m \sin(\omega t + \theta)\right]^2 dt} \\
&= \sqrt{V_{dc}^2 + \frac{V_m^2}{2}}
\end{aligned} \tag{9.15}$$

$$V = \sqrt{V_{dc}^2 + \frac{V_m}{2}} \qquad (9.15\text{-}1)$$

EXAMPLE 9-10

실효치가 25 V인 교류전압의 V_{p-p}를 구하라.

SOLUTION

최대치 $V_m = V_p = \sqrt{2}\, V = 25\sqrt{2} = 35.4\text{ V}$
따라서 $V_{p-p} = 2V_m = 2 \times 35.4\text{ V} = 70.8\text{ V}$

EXAMPLE 9-11

$i = 5 + 3\sin\omega t$ V 의 평균치와 실효치를 구하라.

SOLUTION

평균치 $I_{av} = I_{dc} = 5\text{ A}$

실효치 $I = \sqrt{I_{dc}^2 + \dfrac{I_m^2}{2}} = \sqrt{5^2 + \dfrac{3^2}{2}} = 5.4\text{ V}$

EXAMPLE 9-12

그림 9.12에 나타낸 파형의 실효치를 구하라.

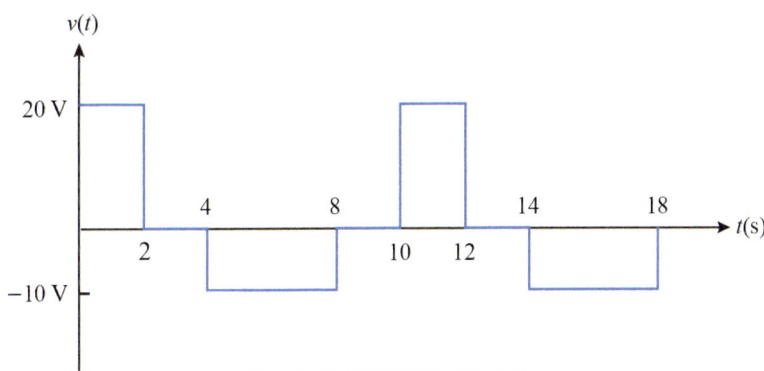

그림 9.12 [EXAMPLE 9-12]

SOLUTION

$$V = \sqrt{\frac{1}{T}\int_0^T v^2\,dt} = \sqrt{\frac{1}{10}\left(\int_0^2 20^2\,dt + \int_4^8 (-10)^2\,dt\right)} = \sqrt{120} = 10.95\text{ V}$$

9.5 저항 회로

그림 9.13과 같이 저항의 양단에 교류전압 v를 인가하면 저항을 통해서 교류전류 i가 흐른다. 이때의 전류는 순간순간 변하는 전압을 저항으로 나눔으로서 계산된다.

$$i = \frac{v}{R} = \frac{V_m}{R}\sin\omega t = I_m \sin\omega t \qquad (9.16)$$

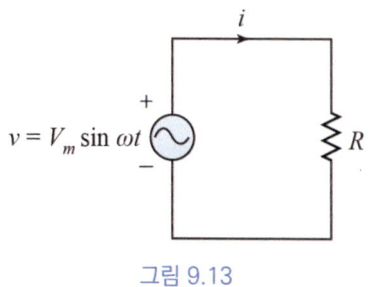

그림 9.13

여기서 전류의 최대치 I_m은 다음과 같다.

$$I_m = \frac{V_m}{R} \qquad (9.17)$$

식 (9.17)을 실효치로 나타내면 다음과 같다.

$$I = \frac{V}{R} \qquad (9.17\text{-}1)$$

R은 직류에서나 교류에서나 전류의 흐름을 방해하며, 작용의 효과는 같다. 전압을 인가하는 순간 전류는 위상차 없이 흐르게 된다.

그림 9.14와 같이 저항 회로에서는 전압과 전류의 위상이 일치한다. 즉, 전압과 전류 사이의 위상차는 $0°$이다. 이와 같이 위상이 일치하는 경우를 **동상**(同相, in-phase)이라고 한다.

저항에서 **순시전력**(瞬時電力, instantaneous power) p는 순시전압과 순시전류의 곱으로 정의된다.

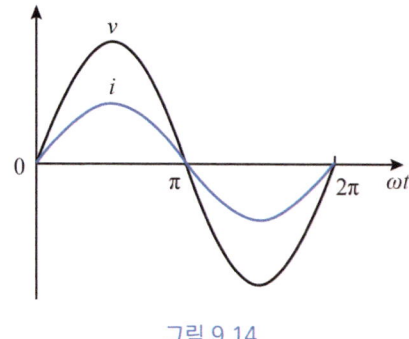

그림 9.14

$$\begin{aligned} p = vi &= V_m I_m \sin^2\omega t = \frac{1}{2}V_m I_m (1 - \cos 2\omega t)^{[1]} \\ &= \frac{1}{2}V_m I_m - \frac{1}{2}V_m I_m \cos 2\omega t \end{aligned} \qquad (9.18)$$

식 (9.18)을 그래프로 나타낸 것이 그림 9.15이다. 그림 9.15(a)에서 p는 v 또는 i의 2배 주파수를 가진다. 저항에서 v, i는 동상이므로 v와 i가 양수일 때 p는 양수, v와 i가 음수일 때도 p는 양수가 된다. 따라서 v와 i의 평균치가 0이 된다고 해서 저항에서 $p = vi$의 평균치는 0이 되지는 않는다.

---

[1] $\cos 2\omega t = 1 - 2\sin^2\omega t$

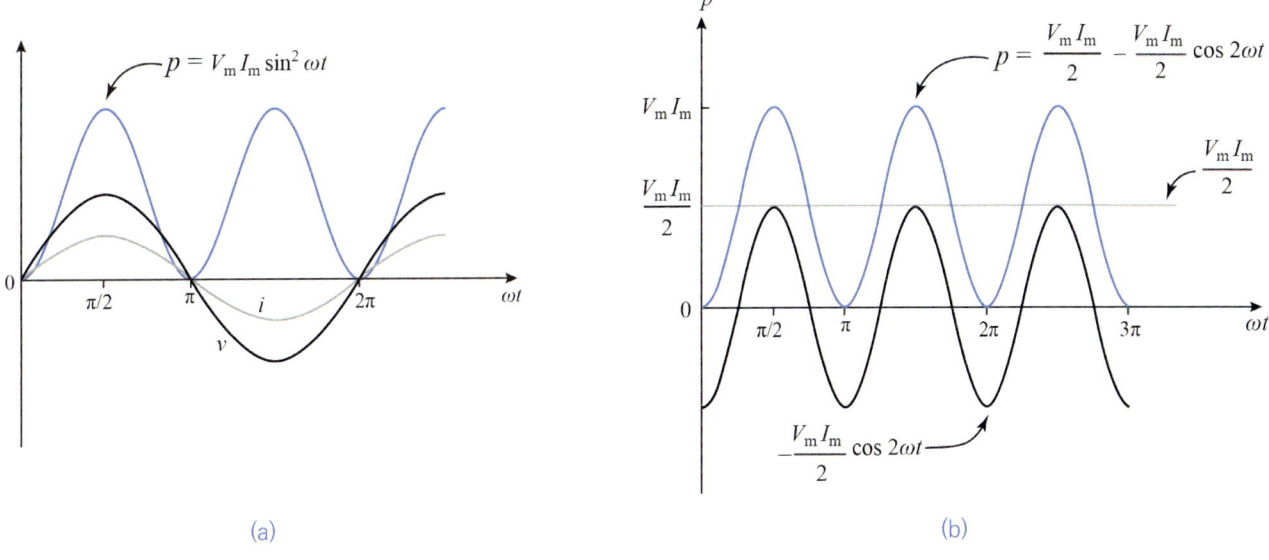

그림 9.15

p의 평균치 P_{av}는 그림 9.15(b)로부터 직류성분이므로 직관적으로 다음과 같음을 알 수 있다.

$$P_{av} = \frac{1}{2} V_m I_m \tag{9.19}$$

식 (9.19)는 다음과 같이 평균치 정의식으로도 구해진다.

$$P_{av} = \int_0^T p\,dt = \int_0^T V_m \sin \omega t\, I_m \sin \omega t\, dt = \frac{1}{2} V_m I_m \tag{9.19-1}$$

저항에서 옴법칙을 이용하면 P_{av}는 다음과 같이 정리된다.

$$P_{av} = \frac{1}{2} V_m I_m = VI = I^2 R \tag{9.19-2}$$

이 전력은 저항에서 소비되는 전력으로 **평균전력**(平均電力, average power) 혹은 **유효전력**(有效電力, effective power)이라고 하며, **소비전력**(消費電力, power consumption)이라고도 한다.

EXAMPLE 9-13

순시전류 $i(t) = 10 \sin(2000\pi t + 30°)$ mA 가 저항 $2\,\text{k}\Omega$에 흐른다.

(a) 저항에 걸리는 순시전압 $v(t)$를 구하라.
(b) $t = 1\,\text{ms}$에서 $i(t)$와 $v(t)$를 구하라.
(c) 저항에서 평균전력을 구하라.

SOLUTION

(a) $v(t) = R\,i(t) = (2\,\text{k}\Omega)[10 \sin(2000\pi t + 30°)\,\text{mA}] = 20 \sin(2000\pi t + 30°)$ V

(b) $i(1\text{ ms}) = 10\sin(2000\pi \times 10^{-3} + 30°) = 10\sin 30° = 5\text{ mA}$

$v(1\text{ ms}) = 20\sin(2000\pi \times 10^{-3} + 30°) = 20\sin 30° = 10\text{ V}$

또는 $v(1\text{ ms}) = Ri(1\text{ ms}) = (2\text{ k}\Omega)(5\text{ mA}) = 10\text{ V}$

(c) $V = V_m/\sqrt{2} = 20/\sqrt{2} = 14.14\text{ V}$

$I = I_m/\sqrt{2} = 10/\sqrt{2} = 7.07\text{ A}$

$P_{av} = VI = (14.14)(7.07) = 100\text{ W}$

9.6 인덕터 회로

그림 9.16과 같이 인덕터의 양단에 교류전압 $v(t) = V_m \sin\omega t$를 인가하면 교류전류 $i(t)$가 흐른다. 그때의 전류는 자기플럭스를 발생시키고, 그 플럭스는 인가전압에 대해서 반대 방향으로 유도기전력을 유기시킨다. 따라서 유도기전력 $v(t)$는 다음과 같이 나타낸다.

$$v = -L\frac{di}{dt} \tag{9.20}$$

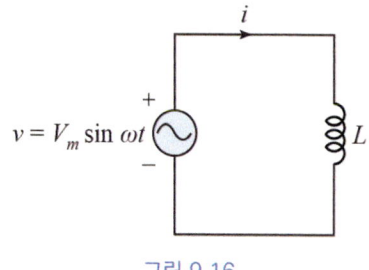

그림 9.16

여기서 마이너스 부호는 L에 관련된 저항이 부하로 작용할 때 전류 흐름을 방해한다는 의미이며, 실제 회로에서 KVL을 적용할 때는 L에 걸리는 전압은 다음과 같이 양의 부호를 쓰게 된다.

$$v = L\frac{di}{dt} \tag{9.20-1}$$

이때 인덕터를 통해서 흐르는 전류 i는 식 (9.20-1)로부터 다음과 같다.

$$i = \frac{1}{L}\int v\, dt \tag{9.20-2}$$

식 (9.20-2)에 $v = V_m\sin\omega t$ 대입하면 전류 i는 다음과 같이 나타내진다.

$$i = \frac{1}{L}\int v\, dt = \frac{1}{L}\int V_m\sin\omega t\, dt = -\frac{V_m}{\omega L}\cos\omega t$$

$$= \frac{V_m}{\omega L}\sin(\omega t - 90°) = \frac{V_m}{X_L}\sin(\omega t - 90°) \tag{9.21}$$

$$= I_m\sin(\omega t - 90°) \tag{9.21-1}$$

여기서 전류의 최대치 I_m은 다음과 같다.

$$I_m = \frac{V_m}{\omega L} = \frac{V_m}{X_L} \tag{9.22}$$

위 식을 실효치로 나타내면 다음과 같다.

$$I = \frac{V}{\omega L} = \frac{V}{X_L} \tag{9.22-1}$$

인덕터(L)에도 저항처럼 교류의 흐름을 방해하는 교류저항이 있다. 이것을 **유도성 리액턴스**(inductive reactance)라고 하여 X_L로 나타내며, 단위는 Ω이다.

$$X_L = \omega L = 2\pi f L \tag{9.23}$$

인덕터에 나타나는 리액턴스는 주파수에 의존하며, 주파수가 높을수록 유도성 리액턴스는 커진다. 주파수가 낮을수록 유도성 리액턴스는 작아지고 전류가 더 잘 흐른다. R은 전류의 **흐름을 방해**하지만 ωL은 전류의 **변화를 방해**한다. L이 작다는 것은 전류가 변하기 쉽다는 것이고, L이 크다는 것은 전류가 변하가 어렵다는 의미이다. 식 (9.21)에서와 같이 순간순간 변하는 전압을 유도성 리액턴스로 나눔으로서 전류가 계산된다.

그림 9.17과 같이 인덕터 회로에서는 전류가 전압보다 위상이 $90°$ 뒤진다(lag). 즉, 전압과 전류 사이의 위상차는 $90°$이다. 이때 전류가 전압보다 늦다고 하여 인덕터에 흐르는 전류를 **지상전류**(遲相電流, lagging current)라고 한다.

인덕터에서 순시전력 p는

$$\begin{aligned} p = vi &= V_m I_m \sin\omega t \sin(\omega t - 90°) \\ &= -\frac{1}{2} V_m I_m \sin 2\omega t \end{aligned} \tag{9.24}$$

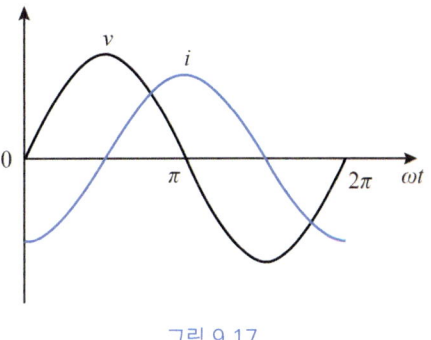

그림 9.17

식 (9.24)를 그래프로 나타낸 것이 그림 9.18이다. v와 i가 양수일 때 p는 양수가 되며, 이때는 전원으로부터 인덕터로 에너지가 전달되며, v와 i가 반대부호일 때는 p가 음수가 된다. 이때는 다시 인덕터에 저장된 에너지가 전원으로 되돌아가게 된다.

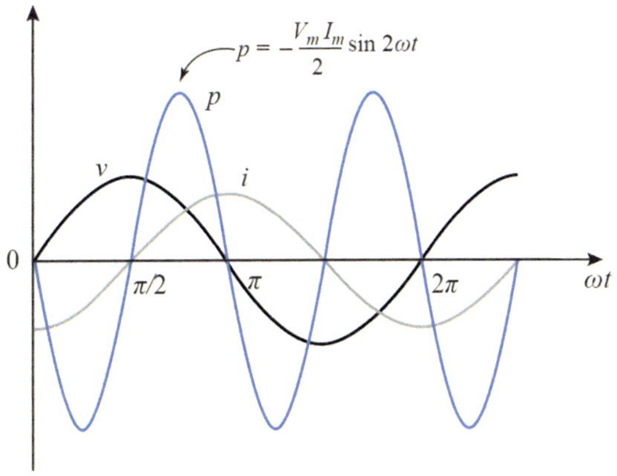

그림 9.18

인덕터에서 평균전력 P_{av}는 그림 9.18로부터 직류성분이 없으므로 직관적으로 0 W이다.

---

2   $\sin 2\omega t = 2\sin\omega t \cos\omega t$

평균전력 P_{av}를 평균치 정의식으로 구해도 다음과 같이 같은 결과를 얻는다.

$$P_{av} = \int_0^T p\,dt = -\int_0^T \frac{1}{2} V_m I_m \sin 2\omega t\,dt = 0 \text{ W} \tag{9.25}$$

식 (9.25)는 단순히 사인함수를 한주기 동안 적분하는 것이므로 평균치는 0이 되는 것은 당연하다. 인덕터만의 회로에서 평균전력이 0이라는 것은 인덕터가 에너지를 소비하는 일은 없고, 전원과 인덕터 사이에서 에너지 수수(授受)만 반복하게 된다. 이런 전력을 **무효전력**(無效電力, reactive power)이라고 한다. 단위는 **바르**(volt-amperes reactive: var)이다.

EXAMPLE 9-14

60 Hz에서 10 mH 인덕턴스 코일의 유도성 리액턴스를 구하라.

SOLUTION

$$X_L = 2\pi f L = 2\pi(60)(10 \times 10^{-3}) = 3.77 \text{ }\Omega$$

EXAMPLE 9-15

$i = 100\sin(50\pi t - 30°)$ mA가 100 mH 인덕터에 흐른다. 인덕터에 걸리는 전압을 구하라.

SOLUTION

$$v = L\frac{di}{dt} = 0.1\frac{d}{dt}\left[100\sin(50\pi t - 30°) \times 10^{-3}\right] = 10^{-2} \times 50\pi\cos(50\pi t - 30°)$$
$$= 1.57\sin(50\pi t + 60°) \text{ V}$$

혹은

$$X_L = \omega L = (50\pi)(100 \times 10^{-3}) = 15.7 \text{ }\Omega$$
$$v = X_L i = (15.7)\left[100 \times 10^{-3}\sin(50\pi t - 30° + 90°)\right] = 1.57\sin(50\pi t + 60°) \text{ V}$$

9.7 커패시터 회로

그림 9.19와 같이 커패시터의 양단에 교류전압 $v(t) = V_m \sin\omega t$를 인가하면 교류전류 $i(t)$가 흐른다. 이때 커패시터 단자 사이의 전위차는 커패시터 단자의 전하에 비례한다. 전하 $q(t) = Cv(t)$와 같이 시간에 따라 변하게 되고, 전류 $i = dq/dt$이므로 커패시터에 흐르는 전류는 다음과 같이 나타내진다.

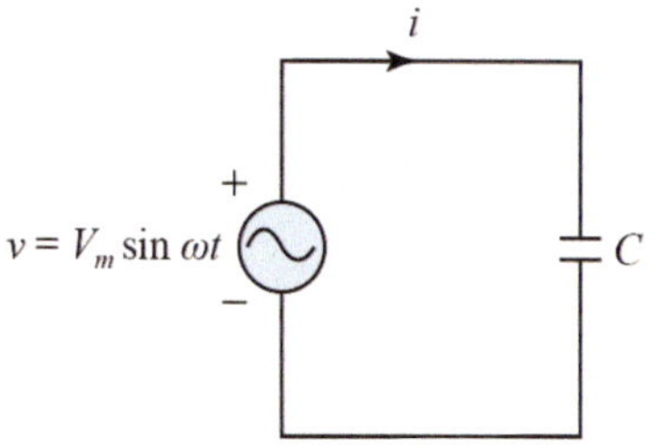

그림 9.19

$$i = C\frac{dv}{dt} \tag{9.26}$$

이때 커패시터에 걸리는 전압 v는 식 (9.26)으로부터 다음과 같이 나타내진다.

$$v = \frac{1}{C} \int i\, dt \tag{9.26-1}$$

식 (9.26)에 $v = V_m \sin \omega t$ 대입하면 전류 i는

$$i = C\frac{dv}{dt} = C\frac{d}{dt}(V_m \sin\omega t) = \omega C V_m \cos\omega t = \omega C V_m \sin(\omega t + 90°)$$

$$= \frac{V_m}{1/\omega C}\sin(\omega t + 90°) = \frac{V_m}{X_C}\sin(\omega t + 90°) \tag{9.27}$$

$$= I_m \sin(\omega t + 90°) \tag{9.27-1}$$

여기서 전류의 최대치 I_m은 다음과 같다.

$$I_m = \omega C V_m = \frac{V_m}{1/\omega C} = \frac{V_m}{X_C} \tag{9.28}$$

위 식을 실효치로 나타내면 다음과 같다.

$$I = \omega C V = \frac{V}{1/\omega C} = \frac{V}{X_C} \tag{9.28-1}$$

커패시터(C)에도 저항처럼 교류의 흐름을 방해하는 교류저항이 있다. 이것을 **용량성 리액턴스**(capacitive reactance)라고 하여 X_C로 나타내고, 단위는 Ω이다.

$$X_C = \frac{1}{\omega C} = \frac{1}{2\pi f C} \tag{9.29}$$

커패시터에 나타나는 리액턴스는 주파수에 의존하며, 주파수가 낮을수록 용량성성 리액턴스는 커진다. 주파수가 높을수록 용량성 리액턴스는 작아지며, 전류가 더 잘 흐른다. 식 (9.27)에서와 같이 순간순간 변하는 전압을 용량성 리액턴스로 나눔으로서 전류가 계산된다.

그림 9.20과 같이 커패시터 회로에서는 전류가 전압보다 위상이 90° 앞선다(lead). 즉, 전압과 전류 사이

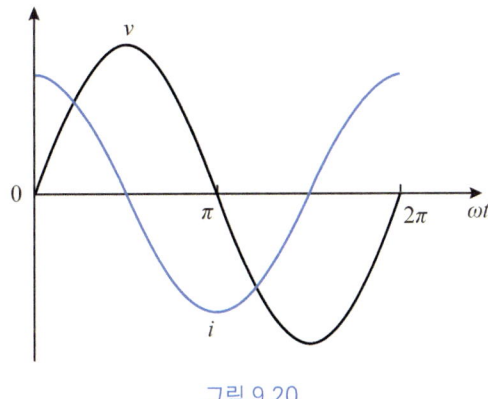

그림 9.20

의 위상차는 90°이다. 이때 전류가 전압보다 빠르다고 하여 커패시터에 흐르는 전류를 **진상전류**(進相電流, leading current)라고 한다.

커패시터에서 순시전력 p는

$$p = vi = V_m I_m \sin \omega t \sin(\omega t + 90°) = \frac{1}{2} V_m I_m \sin 2\omega t \tag{9.30}$$

식 (9.30)을 그래프로 나타낸 것이 그림 9.21이다. v와 i가 음수일 때 p는 양수가 되며, 이때는 전원으로부터 커패시터로 에너지가 전달되며, v와 i가 반대부호일 때는 p가 음수가 된다.

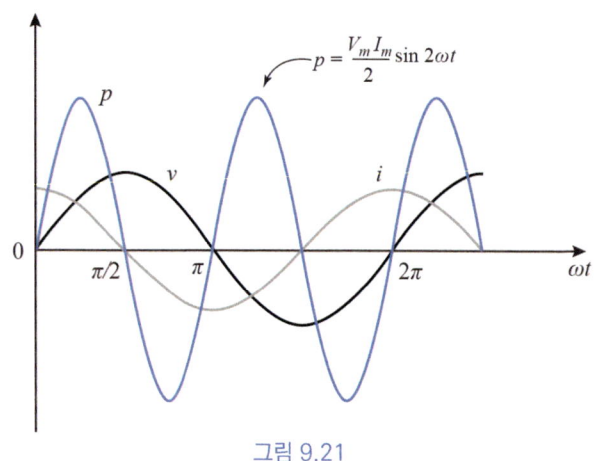

그림 9.21

커패시터에서 평균전력 P_{av}는 그림 9.21로부터 직류성분이 없으므로 직관적으로 0 W이다.
평균전력 P_{av}를 평균치 정의식으로 구해도 다음과 같이 같은 결과를 얻는다.

$$P_{av} = \int_0^T p\, dt = \int_0^T \frac{1}{2} V_m I_m \sin 2\omega t\, dt = 0 \text{ W} \tag{9.31}$$

결과적으로 커패시터만의 회로에서도 인덕터처럼 에너지를 소비하는 일은 없고, 무효전력만 있다.

EXAMPLE 9-16

60 Hz에서 20 μF 커패시터의 용량성 리액턴스를 구하라.

SOLUTION

$$X_C = \frac{1}{2\pi f C} = \frac{1}{2\pi (60)(20 \times 10^{-6})} = 132.6 \; \Omega$$

EXAMPLE 9-17

$v(t) = 100 \sin(100\pi t - 60°)$ V가 $1\,\mu F$ 커패시터에 인가될 때 커패시터에 흐르는 전류를 계산하라.

SOLUTION

〈해법 1〉

$$i = C\frac{dv}{dt} = (1 \times 10^{-6})\frac{d}{dt}[100\sin(100\pi t - 60°)] = 10^{-2}\pi \cos(100\pi t - 60°)$$
$$= 31.4 \sin(100\pi t + 30°)\,\text{mA}$$

〈해법 2〉

$$X_C = \frac{1}{\omega C} = \frac{1}{100\pi(1 \times 10^{-6})} = 3.18\,\text{k}\Omega$$

$$i = \frac{v}{X_C} = \frac{100\sin(100\pi t - 60° + 90°)}{3.18 \times 10^3} = 31.4\sin(100\pi t + 30°)\,\text{mA}$$

9.8 *RL* 회로

앞에서는 인덕터와 커패시터가 단독으로 존재하는 회로를 취급하였다. 그러나 이들이 단독으로 존재하는 경우는 드물고 저항과 결합하는 경우가 보통이다. 그림 9.22와 같이 저항(R)과 인덕터(L)가 결합하는 소위 *RL* 회로에 교류전압 $v(t)$를 인가하면 교류전류 $i(t)$가 흐른다. 이때 전류 방정식은 KVL에 따라 다음 식과 같이 미분방정식으로 나타난다.

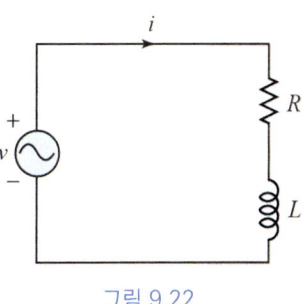

그림 9.22

$$Ri + L\frac{di}{dt} = v \qquad (9.32)$$

$i = I_m \sin\omega t$가 흐른다면

$$RI_m \sin\omega t + \omega L I_m \cos\omega t = v \qquad (9.33)$$

$$I_m\sqrt{R^2 + (\omega L)^2}\left(\frac{R}{\sqrt{R^2 + (\omega L)^2}}\sin\omega t + \frac{\omega L}{\sqrt{R^2 + (\omega L)^2}}\cos\omega t\right) = v^3 \qquad (9.33\text{-}1)$$

여기서 $\sin\omega t$와 $\cos\omega t$의 계수를 각각 다음과 같이 두면

$$\cos\theta = \frac{R}{\sqrt{R^2 + (\omega L)^2}}, \qquad \sin\theta = \frac{\omega L}{\sqrt{R^2 + (\omega L)^2}} \qquad (9.34)$$

$$I_m\sqrt{R^2 + (\omega L)^2}(\cos\theta\sin\omega t + \sin\theta\cos\omega t) = v \qquad (9.35)$$

---

3 $A\sin x + B\cos x = \sqrt{A^2 + B^2}\sin(x + \theta),\ \tan\theta = \dfrac{B}{A}$

$$v = I_m\sqrt{R^2 + (\omega L)^2}\sin(\omega t + \theta) = I_m Z \sin(\omega t + \theta) = V_m \sin(\omega t + \theta) \qquad (9.35\text{-}1)$$

식 (9.35-1)에서 Z와 θ는 각각 다음과 같이 정의한다.

$$Z = \sqrt{R^2 + (\omega L)^2} = V_m/I_m = V/I, \qquad \theta = \tan^{-1}\frac{\omega L}{R} \qquad (9.36)$$

Z는 RL 회로에서 **임피던스**(impedance)로 교류전압과 교류전류의 비($Z = v/i$)로 나타내며, 단위는 Ω이다. impedance는 '교류에서 회로요소를 통한 교류의 흐름을 방해하다'라는 impede의 명사이다. 임피던스는 교류에서 사용되는 용어로 저항(R), 리액턴스(X) 등 한 성분에만 적용되기도 하고, 두 성분의 결합에도 적용된다. 주파수에 따라 저항은 일정하지만, 리액턴스 성분은 변하기 때문에 교류의 흐름을 방해한다는 의미에서 교류 합성 저항을 임피던스라고 보면 된다. θ는 임피던스의 위상각이며, 전압과 전류 간의 위상차이기도 하다. 그림 9.23는 전압과 전류의 위상 관계를 보여준다. RL 회로에서 전류가 전압보다 θ만큼 위상이 뒤진다(lag)는 것을 알 수 있다.

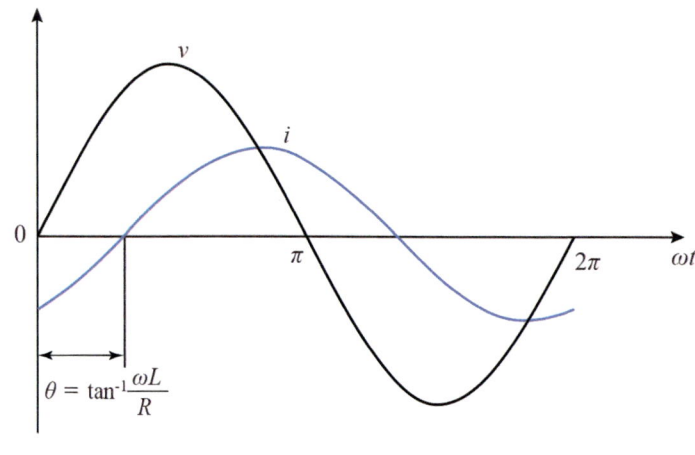

그림 9.23

식 (9.36)을 이용해서 R, ωL, Z의 관계를 나타내는 직각 삼각형, 소위 임피던스 삼각형을 그림 9.24와 같이 그릴 수 있다. 직각 삼각형의 밑변 R, 높이 ωL, 빗변 Z가 된다.

RL 회로에 전달되는 순시전력 p는

$$\begin{aligned}p = vi &= \left[V_m \sin(\omega t + \theta)\right]\left[I_m \sin \omega t\right]{}^4 \\ &= V_m I_m \sin \omega t(\sin \omega t \cos \theta + \cos \omega t \sin \theta)\end{aligned}$$

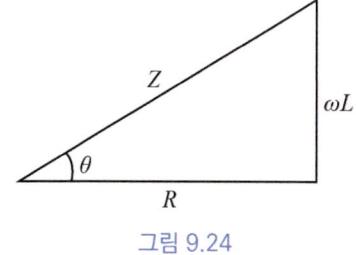

그림 9.24

---

4   $p = vi = \left[V_m \sin(\omega t + \theta_1)\right]\left[I_m \sin(\omega t + \theta_2)\right]$

$\qquad = \dfrac{1}{2}V_m I_m \cos(\theta_1 - \theta_2) - \dfrac{1}{2}V_m I_m \cos(\theta_1 + \theta_2)\cos 2\omega t + \dfrac{1}{2}V_m I_m \sin(\theta_1 + \theta_2)\sin 2\omega t$

$$= V_m I_m \sin^2 \omega t \cos\theta + V_m I_m (\sin\omega t \cos\omega t)\sin\theta$$

$$= \frac{1}{2} V_m I_m \cos\theta - \frac{1}{2} V_m I_m \cos\theta \cos 2\omega t + \frac{1}{2} V_m I_m \sin\theta \sin 2\omega t \quad (\theta > 0) \tag{9.37}$$

식 (9.37)에서 1, 2항은 저항에 소비되는 전력이며, 3항은 인덕턴스에 의한 전력이다. 식 (9.37)을 그래프로 나타낸 것이 그림 9.25이다. 각 항의 그래프를 살펴보면 두 개의 정현파의 평균은 0이 되기 때문에 평균전력 P_{av}는 직관적으로 직류성분이 됨을 알 수 있다.

$$P_{av} = \frac{1}{2} V_m I_m \cos\theta \tag{9.38}$$

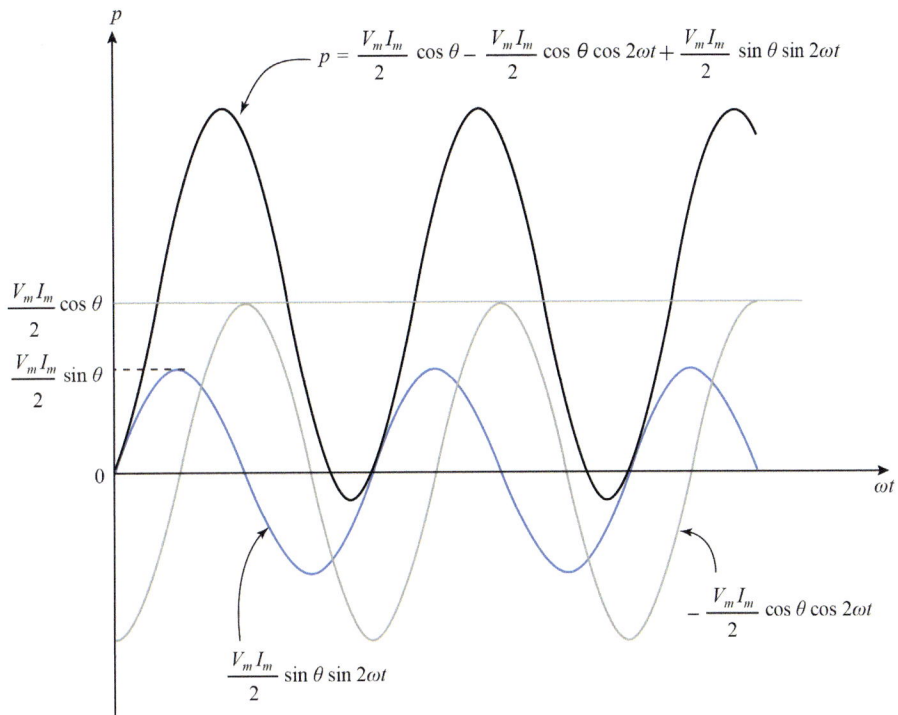

그림 9.25

평균전력 P_{av}를 평균치 정의식으로 구해도 다음과 같이 같은 결과를 얻는다.

$$P_{av} = \int_0^T p\,dt = \int_0^T V_m \sin(\omega t + \theta) I_m \sin\omega t\, dt = \frac{1}{2} V_m I_m \cos\theta \tag{9.38-1}$$

v와 i의 실효치, 식 (9.36), 그림 9.24를 이용하면 평균전력 P_{av}는 다음과 같이 몇 가지 식으로 정리된다.

$$P_{av} = \frac{1}{2} V_m I_m \cos\theta = VI\cos\theta = I^2 Z\cos\theta = I^2 R \tag{9.39a}$$

여기서 $\cos\theta$를 **역률**(力率, power factor: PF)이라고 한다. 이것은 전원에서 공급된 전력과 소비된 전력과의 비율이다. θ는 90°를 초과할 수 없다. 따라서 역률은 0과 1 사이에 있다. 전기가 에너지를 줬으면 그에 상응하는 에너지로 변환하거나 일을 해야 할 때 역률이 커진다. 저항만의 회로에서는 전압과 전류의 실효치의 곱으로 전력을 나타낼 수 있지만 리액턴스가 있는 경우에는 VI에 역률을 반드시 곱해야만 평균전력을 구할 수 있다. $\cos\theta$에 따라 P_{av}가 변한다. 예를 들어 $\omega L \gg R$인 경우 $\theta \approx 90°$가 되어 $P_{av} \approx 0$이 된다. 반대로 $R \gg \omega L$임 경우 $\theta \approx 0°$가 되어 $P_{av} \approx VI$로 최대가 된다. $\cos\theta$가 없는 $P_a = VI = I^2 Z$를 **피상전력**(皮相電力, apparent power)이라고 한다. 단위는 **볼트-암페어**(volt-amperes: VA)이다. 이것은 전원에서 회로 시스템으로 공급하는 전력이다.

한편 식 (9.37)의 3항에서 $\sin 2\omega t$의 계수는 부호가 양(positive)이 되는 진폭으로 인덕턴스에 의한 **유도성 무효전력**(誘導性無效電力, inductive reactive power)에 해당한다. v와 i의 실효치, 식 (9.36), 그림 9.24를 이용하면 무효전력 P_r은 다음과 같이 몇 가지 식으로 정리된다.

$$P_r = \frac{1}{2} V_m I_m \sin\theta = VI \sin\theta = I^2 Z \sin\theta = I^2 X_L \tag{9.39b}$$

유도성 무효전력은 인덕턴스에서 소비되는 전력으로 표현하나 실제로는 없어지는 전력이 아니고 인덕턴스에서 저장했다가 전원에 되돌려주는, 즉 전원과 인덕턴스 사이에서 주고받는 전력이다.

EXAMPLE 9-18

$R = 20\,\Omega$, $L = 50\,\text{mH}$인 RL 직렬회로에서 $60\,\text{Hz}$ 임피던스와 위상각을 구하라.

SOLUTION

$\omega L = 2\pi f L = 2\pi (60)(50 \times 10^{-3}) = 18.8\,\Omega$

$Z = \sqrt{R^2 + (\omega L)^2} = \sqrt{20^2 + 18.8^2} = 27.4\,\Omega$

$\theta = \tan^{-1} \dfrac{\omega L}{R} = \tan^{-1} \dfrac{18.8}{20} = 43.2°$

EXAMPLE 9-19

어떤 인덕터 회로에 $v = 100 \sin 377t$ V를 인가할 때 오실로그래프를 통해서 최대전류가 10 A였다.

(a) 인덕턴스 L을 구하라.
(b) L의 저항이 $1\,\Omega$이다. L의 실제 값을 구하라.

SOLUTION

(a) $\omega L = \dfrac{V_m}{I_m}$, $L = \dfrac{V_m}{\omega I_m} = \dfrac{100}{(377)(10)} = 26.5\,\text{mH}$

(b) $Z = \sqrt{R^2 + (\omega L)^2} = \dfrac{V_m}{I_m}$

$\sqrt{R^2 + (\omega L)^2} = \dfrac{100}{10} = 10$

$$L = \sqrt{10^2 - R^2}/\omega = \sqrt{10^2 - 1^2}/377 = 26.4 \text{ mH}$$

인덕터가 가지고 있는 저항은 무시할 수 있는 값이다.

EXAMPLE 9-20

두 회로요소로 구성된 회로에 $v = 150 \sin(377t + 10°)$ V가 인가될 때 $i = 5 \sin(377t - 50°)$ A의 전류가 흐른다. 두 회로요소를 구하라.

SOLUTION

전류가 전압보다 위상차 $\theta = 10° + 50° = 60°$만큼 뒤진다. 따라서 이 회로는 RL 직렬회로이다. 따라서 R과 L을 구한다.

〈해법 1〉

$$R = Z\cos\theta = \frac{V_m}{I_m}\cos\theta = \frac{150}{5}\cos 60° = 15 \text{ }\Omega$$

$$\omega L = Z\sin\theta = \frac{V_m}{I_m}\sin\theta = \frac{150}{5}\sin 60° = 26 \text{ }\Omega$$

$$L = \frac{26}{\omega} = \frac{26}{377} = 69 \text{ mH}$$

〈해법 2〉

$$\tan\theta = \omega L/R, \quad \tan 60° = 1.732 = \omega L/R, \quad \omega L = 1.732R \quad \cdots\cdots\cdots\cdots ①$$

$$Z = V_m/I_m = \sqrt{R^2 + (\omega L)^2}, \quad 150/5 = \sqrt{R^2 + (1.732R)^2} \quad \cdots\cdots\cdots\cdots ②$$

①②식으로부터

$$R = 15 \text{ }\Omega, \quad L = 69 \text{ mH}$$

EXAMPLE 9-21

$R = 10 \text{ }\Omega$, $L = 50 \text{ mH}$인 직렬회로에 최대치가 150 V, 60 Hz인 정현전압이 인가된다.

(a) $t = 0$에서 $v = 130$ V일 때 순시전압을 구하라.
(b) 순시전류를 구하라.
(c) 순시전력을 구하라. 단 직류성분, 코사인 항, 사인 항으로 나타낸다.
(d) 평균전력을 구하라.

SOLUTION

(a) $Z = \sqrt{R^2 + (\omega L)^2} = \sqrt{10^2 + (377 \times 0.05)^2} = 21.3 \text{ }\Omega$

Z의 위상각 $\theta = \tan^{-1}\dfrac{\omega L}{R} = \tan^{-1}\dfrac{18.85}{10} = 62.1°$

$v = V_m \sin(\omega t + \theta)$

$$\theta|_{t=0} = \sin^{-1}\frac{v}{V_m} = \sin^{-1}\frac{130}{150} = 60°$$

따라서 $v = 150\sin(377t + 60°)$ V

(b) $i = \dfrac{150}{21.3}\sin(377t + 60° - 62.1°) = 7.04\sin(377t - 2.1°)$ A

(c) $p = vi = [150\sin(377t + 60°)][7.04\sin(377t - 2.1°)]$

$= \dfrac{1}{2}(150)(7.04)[\cos 62.1° - \cos(754t + 57.9°)]$

$= 247.1 - 247.1\cos(754t + 57.9°)$ W

(d) $P_{av} = 247.1$ W

EXAMPLE 9-22

어떤 회로에 $v = 100\sin(377t + 20°)$ V를 인가할 때 전류 $i = 10\sin(377t - 40°)$ A 가 흐른다. 평균전력과 역률을 구하라.

SOLUTION

$P_{av} = \dfrac{1}{2}V_m I_m \cos\theta = \dfrac{1}{2}(100)(10)\cos 60° = 250$ W

$PF = \cos\theta = \cos 60° = 0.5$

EXAMPLE 9-23

$R = 30\ \Omega$, $L = 56$ mH인 RL 직렬회로에 $v = 141.4\sin 377t$ V를 인가할 때 (a) 전류, (b) 평균전력, (c) 무효전력, (d) 피상전력, (e) 역률을 구하라.

SOLUTION

$\omega L = 377(56 \times 10^{-3}) = 21.1\ \Omega$

$Z = \sqrt{R^2 + (\omega L)^2} = \sqrt{30^2 + 21.1^2} = 36.7\ \Omega$

$\theta = \tan^{-1}\dfrac{\omega L}{R} = \tan^{-1}\dfrac{21.1}{30} = 35.1°$

(a) $i = \dfrac{141.4}{36.7}\sin(377t - 35.1) = 3.84\sin(377t - 35.1)$ A

(b) $P_{av} = \dfrac{1}{2}V_m I_m \cos\theta = \dfrac{1}{2}(141.4)(3.84)\cos 35.1° = 222.1$ W

$\left[P_{av} = I^2 R = \left(\dfrac{3.84}{\sqrt{2}}\right)^2 (30) = 221.2\ \text{W} \right]$

(c) $P_r = \dfrac{1}{2}V_m I_m \sin\theta = \dfrac{1}{2}(141.4)(3.84)\sin 35.1° = 156.1$ var

$$\left[P_r = I^2 \omega L = \left(\frac{3.84}{\sqrt{2}}\right)^2 (21.1) = 155.6 \text{ var}\right]$$

(d) $P_a = \frac{1}{2} V_m I_m = \frac{1}{2}(141.4)(3.84) = 271.5 \text{ VA}$

$\left(P_a = \sqrt{P_{av}^2 + P_r^2} = \sqrt{222.1^2 + 155.8^2} = 271.3 \text{ VA}\right)$

(e) $PF = \cos\theta = \cos 35.1° = 0.82$

$\left(\cos\theta = \frac{R}{Z} = \frac{30}{36.7} = 0.82\right)$

9.9 RC 회로

그림 9.26과 같이 저항(R)과 커패시터(C)가 동시에 존재하는 소위 RC 회로에 교류전압 $v(t)$를 인가하면 교류전류 $i(t)$가 흐른다. 이때 전압 방정식은 KVL에 따라 다음 식과 같이 적분방정식으로 나타난다.

$$Ri + \frac{1}{C}\int i\,dt = v \tag{9.40}$$

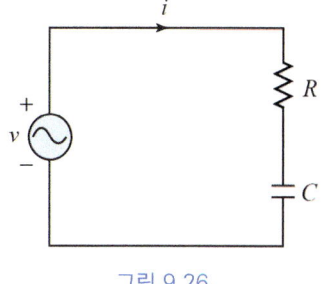

그림 9.26

$i = I_m \sin\omega t$가 흐른다면

$$RI_m \sin\omega t - \frac{1}{\omega C} I_m \cos\omega t = v \tag{9.41}$$

$$I_m\sqrt{R^2 + (1/\omega C)^2}\left(\frac{R}{\sqrt{R^2+(1/\omega C)^2}}\sin\omega t + \frac{-1/\omega C}{\sqrt{R^2+(1/\omega C)^2}}\cos\omega t\right) = v \tag{9.41-1}$$

여기서 $\sin\omega t$와 $\cos\omega t$의 계수를 각각 다음과 같이 두면

$$\cos\theta = \frac{R}{\sqrt{R^2+(1/\omega C)^2}}, \quad \sin\theta = \frac{-1/\omega C}{\sqrt{R^2+(1/\omega C)^2}} \tag{9.42}$$

$$I_m\sqrt{R^2+(1/\omega C)^2}(\cos\theta\sin\omega t + \sin\theta\cos\omega t) = v \tag{9.43}$$

$$v = I_m\sqrt{R^2+(\omega L)^2}\sin(\omega t + \theta) = I_m Z \sin(\omega t + \theta) = V_m \sin(\omega t + \theta) \tag{9.43-1}$$

여기서 θ는 음의 각(negative angle)이다.

식 (9.43-1)에서 Z와 θ는 각각 다음과 같이 정의한다.

$$Z = \sqrt{R^2 + (1/\omega C)^2} = V_m/I_m = V/I, \quad \theta = \tan^{-1}\frac{-1}{\omega CR} \tag{9.44}$$

Z는 RC 회로에서 **임피던스**(impedance)이며, θ는 임피던스의 위상각으로 전압과 전류 간의 위상차이다. 그림 9.27는 전압과 전류의 위상 관계를 보여준다. RC 회로에서 전류가 전압보다 음의 각(negative angle) θ만큼 위상이 뒤진다(lag)는 것을 알 수 있다. 이것은 물리적으로 해석하면 전류가 전압보다 $\tan^{-1}(1/\omega CR)$만큼 앞선다(lead)는 의미이다.

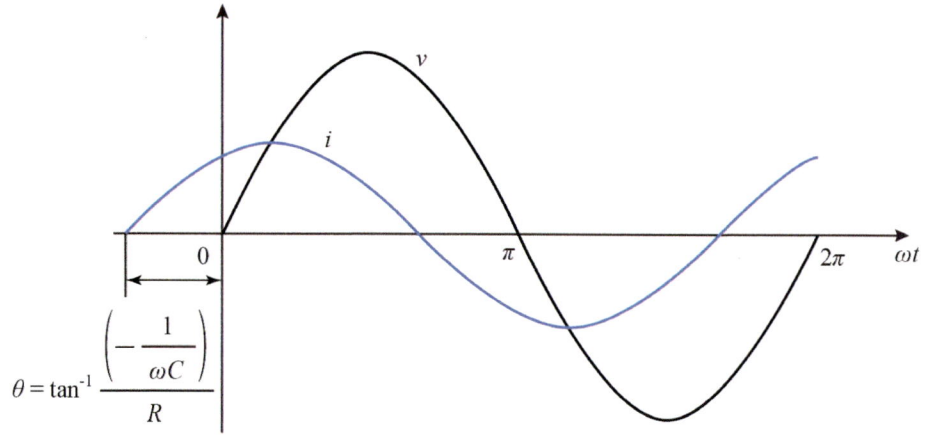

그림 9.27

식 (9.44)를 이용해서 R, $1/\omega C$, Z의 관계를 나타내는 직각 삼각형, 소위 임피던스 삼각형을 그림 9.28과 같이 그릴 수 있다. 직각 삼각형의 밑변 R, 높이 $1/\omega C$, 빗변 Z가 된다.

RC 회로에 전달되는 순간전력 p는

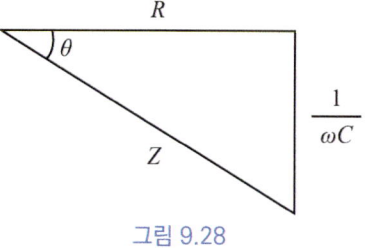

그림 9.28

$$\begin{aligned} p = vi &= \left[V_m \sin(\omega t + \theta)\right]\left[I_m \sin \omega t\right] \\ &= V_m I_m \sin \omega t (\sin \omega t \cos \theta + \cos \omega t \sin \theta) \\ &= V_m I_m \sin^2 \omega t \cos \theta + V_m I_m (\sin \omega t \cos \omega t) \sin \theta \\ &= \frac{1}{2} V_m I_m \cos \theta - \frac{1}{2} V_m I_m \cos \theta \cos 2\omega t + \frac{1}{2} V_m I_m \sin \theta \sin 2\omega t \quad (\theta < 0) \end{aligned}$$ (9.45)

식 (9.45)에서 1, 2항은 저항에 소비되는 전력이며, 3항은 커패시턴스에 의한 전력이다. 순시전력에 대해 평균을 취하면 2, 3항은 0이 된다. 1항은 상수로 남는다. 즉 평균전력 P_{av}는 직관적으로 직류성분이 됨을 알 수 있다.

$$P_{av} = \frac{1}{2} V_m I_m \cos \theta \tag{9.46}$$

따라서 평균전력 P_{av}는 v와 i의 실효치, 식 (9.44), 그림 9.28을 이용하면 다음과 같이 몇 가지 식으로 정리된다.

$$P_{av} = \frac{1}{2} V_m I_m \cos \theta = VI\cos\theta = I^2 Z \cos\theta = I^2 R \tag{9.47a}$$

한편 식 (9.45)의 3항에서 $\sin 2\omega t$의 계수는 부호가 음(negative, $\theta < 0$)이 되는 진폭으로 이것은 커패시턴스에 의한 **용량성 무효전력**(容量性無效電力, capacitive reactive poer)에 해당한다. v와 i의 실효치, 식 (9.44), 그림 9.28을 이용하면 무효전력 P_r은 다음과 같이 몇 가지 식으로 정리된다.

$$P_r = \frac{1}{2} V_m I_m \sin\theta = VI\sin\theta = I^2 Z\sin\theta = I^2 X_C \qquad (9.47b)$$

용량성 무효전력은 커패시턴스에서 없어지는 전력이 아니고 커패시턴스에서 저장했다가 전원에 되돌려주는, 즉 전원과 커패시턴스 사이에서 주고받는 전력이다.

EXAMPLE 9-24

$R = 20\ \Omega$, $C = 10\ \mu F$인 RC 직렬회로에서 60 Hz 임피던스와 위상각을 구하라.

SOLUTION

$$\frac{1}{\omega C} = \frac{1}{2\pi f C} = \frac{1}{2\pi (60)(10 \times 10^{-6})} = 265.3\ \Omega$$

$$Z = \sqrt{R^2 + (1/\omega C)^2} = \sqrt{20^2 + 265.3^2} = 266.1\ \Omega$$

$$\theta = \tan^{-1}\frac{-1}{\omega CR} = \tan^{-1}\frac{-265.3}{20} = -85.7°$$

EXAMPLE 9-25

두 회로요소로 구성된 회로에 $v = 150\sin(754t + 50°)$ V 인가될 때 $i = 5\cos(753t - 10°)$ A 의 전류가 흐른다. 두 회로요소를 구하라.

SOLUTION

$i = 5\cos(753t - 10°) = 5\sin(753t + 80°)$ A

전류가 전압보다 위상차 $\theta = 80° - 50° = 30°$만큼 앞선다. 따라서 이 회로는 RC 직렬회로이다. 따라서 R과 C를 구한다.

⟨해법 1⟩

$$R = Z\cos\theta = \frac{V_m}{I_m}\cos\theta = \frac{150}{5}\cos 30° = 26\ \Omega$$

$$\frac{1}{\omega C} = Z\sin\theta = \frac{V_m}{I_m}\sin\theta = \frac{150}{5}\sin 30° = 15\ \Omega$$

$$C = \frac{1}{15\omega} = \frac{1}{15(753)} = 88.5\ \mu F$$

⟨해법 2⟩

$$\tan\theta = (1/\omega C)/R,\ \tan 30° = 0.577 = (1/\omega C)/R,\ 1/\omega C = 0.577R \cdots\cdots ①$$

$$Z = V_m/I_m = \sqrt{R^2 + (1/\omega C)^2},\ 150/5 = \sqrt{R^2 + (0.577R)^2} \cdots\cdots ②$$

①②식으로부터

$$R = 26\ \Omega,\ C = 88.5\ \mu F$$

EXAMPLE 9-26

$R = 27.5\ \Omega$, $C = 66.7\ \mu F$인 RC 직렬회로에서 $v_C = 50\cos 1500t$ V이다.

(a) 회로 전류를 구하라.
(b) 전체 전압을 구하라.
(c) 임피던스를 구하라.

SOLUTION

(a) $i = C\dfrac{dv}{dt} = -(66.7 \times 10^{-6})(50)(1500)\sin 1500t$

$\quad = -5\sin 1500t\ A = 5\cos(1500t + 90°)\ A$

(b) $v_R = Ri = (27.5)(-5)\sin 1500t = -137.5\sin 1500t\ A$

$v = v_R + v_C = -137.5\sin 1500t + 50\cos 1500t\ V$

$= \sqrt{137.5^2 + 50^2}\left(-\dfrac{137.5}{\sqrt{137.5^2 + 50^2}}\sin 1500t + \dfrac{50}{\sqrt{137.5^2 + 50^2}}\cos 1500t\right)$

$= 146.3(-\sin 70°\sin 1500t + \cos 70°\cos 1500t)$

$= 146.3\cos(1500t + 70°)\ V$

(c) $Z = \dfrac{V_m}{I_m} = \dfrac{146.4}{5} = 29.3\ \Omega$

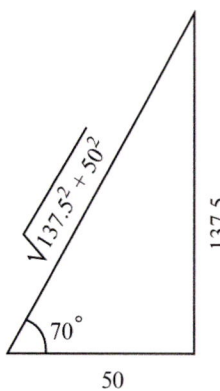

EXAMPLE 9-27

$R = 50\ \Omega$, $C = 10\ \mu F$인 RC 직렬회로에서 $v = 141.4\sin 377t$ V인가할 때 (a) 전류, (b) 평균전력, (c) 무효전력, (d) 피상전력, (e) 역률을 구하라.

SOLUTION

$$\dfrac{1}{\omega C} = \dfrac{1}{377(10 \times 10^{-6})} = 265.3\ \Omega$$

$$Z = \sqrt{R^2 + (1/\omega C)^2} = \sqrt{50^2 + 265.3^2} = 270\ \Omega$$

$$\theta = \tan^{-1}\dfrac{-1}{\omega CR} = \tan^{-1}\dfrac{-265.3}{50} = -79.3°$$

(a) $i = \dfrac{141.4}{270} \sin(377t + 79.3°) = 0.52 \sin(377t + 79.3°)$ A

(b) $P_{av} = \dfrac{1}{2} V_m I_m \cos\theta = \dfrac{1}{2}(141.4)(0.52)\cos 79.3° = 6.83$ W

$\left[P_{av} = I^2 R = \left(\dfrac{0.52}{\sqrt{2}}\right)^2 (50) = 6.76 \text{ W} \right]$

(c) $P_r = \dfrac{1}{2} V_m I_m \sin\theta = \dfrac{1}{2}(141.4)(0.52)\sin 79.3° = 36.1$ var

$\left[P_r = I^2 \dfrac{1}{\omega C} = \left(\dfrac{0.52}{\sqrt{2}}\right)^2 (265.3) = 35.9 \text{ var} \right]$

(d) $P_a = \dfrac{1}{2} V_m I_m = \dfrac{1}{2}(141.4)(0.52) = 36.8$ VA

$\left(P_a = \sqrt{P_{av}^2 + P_r^2} = \sqrt{6.83^2 + 36.1^2} = 36.7 \text{ VA} \right)$

(e) $PF = \cos\theta = \cos 79.3° = 0.185$

$\left(\cos\theta = \dfrac{R}{Z} = \dfrac{50}{270} = 0.185 \right)$

9.10 *RLC* 회로

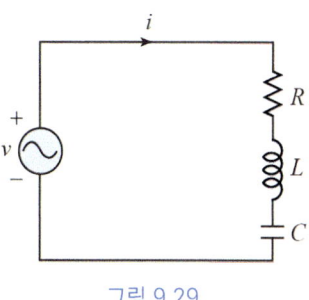

그림 9.29

그림 9.29와 같이 저항(R), 인덕터(L), 커패시터(C)가 동시에 존재하는 소위 *RLC* 회로에 교류전압 $v(t)$를 인가하면 교류전류 $i(t)$가 흐른다. 이때 전압 방정식은 KVL에 따라

$$Ri + L\dfrac{di}{dt} + \dfrac{1}{C}\int i\,dt = v \qquad (9.48)$$

$i = I_m \sin\omega t$가 흐른다면

$$RI_m \sin\omega t + \omega L I_m \cos\omega t - \dfrac{1}{\omega C} I_m \cos\omega t = v \qquad (9.49)$$

$$RI_m \sin\omega t + \left(\omega L - \dfrac{1}{\omega C}\right) I_m \cos\omega t = v \qquad (9.49\text{-}1)$$

$$I_m \sqrt{R^2 + (\omega L - 1/\omega C)^2}\left(\dfrac{R}{\sqrt{R^2 + (\omega L - 1/\omega C)^2}} \sin\omega t + \dfrac{\omega L - 1/\omega C}{\sqrt{R^2 + (\omega L - 1/\omega C)^2}} \cos\omega t \right) = v \qquad (9.49\text{-}2)$$

여기서 $\sin\omega t$와 $\cos\omega t$의 계수를 각각 다음과 같이 두면

$$\cos\theta = \frac{R}{\sqrt{R^2 + (\omega L - 1/\omega C)^2}}, \qquad \sin\theta = \frac{\omega L - 1/\omega C}{\sqrt{R^2 + (\omega L - 1/\omega C)^2}} \qquad (9.50)$$

$$I_m \sqrt{R^2 + (\omega L - 1/\omega C)^2}(\cos\theta \sin\omega t + \sin\theta \cos\omega t) = v \qquad (9.51)$$

$$v = I_m \sqrt{R^2 + (\omega L - 1/\omega C)^2} \sin(\omega t + \theta) = I_m Z \sin(\omega t + \theta)$$
$$= V_m \sin(\omega t + \theta) \qquad (9.51\text{-}1)$$

식 (9.51-1)에서 Z와 θ는 각각 다음과 같이 정의한다.

$$Z = \sqrt{R^2 + (\omega L - 1/\omega C)^2} = V_m/I_m = V/I, \qquad \theta = \tan^{-1}\frac{(\omega L - 1/\omega C)}{R} \qquad (9.52)$$

Z는 RLC 회로에서 **임피던스**(impedance)이며, $X = \omega L - 1/\omega C$은 리액턴스이다. θ는 임피던스의 위상각으로 전압과 전류 간의 위상차이다.

RLC 회로에서 전류와 전압 간의 위상 관계는 ωL과 $1/\omega C$의 값에 의존한다. 즉 $\omega L > 1/\omega C$이면 전류가 전압보다 위상이 뒤지며, $\omega L < 1/\omega C$이면 전류가 전압보다 위상이 앞선다. ωL과 $1/\omega C$은 전압과 전류에 대해서 정확히 반대의 위상 변위를 일으킨다. ωL이 임의로 양의 값으로 간주되면 $1/\omega C$은 음의 값으로 간주해야 한다. 이것은 그 자체로 인식하는 것이 좋다. $1/\omega C$의 값이 본래 음의 값이 아니지만, 전류 흐름을 지배하는 ωL과 반대로 작용한다는 사실에서 ωL을 양의 값으로 취급하면 $1/\omega C$은 음의 값으로 취급해야 함을 의미한다.

식 (9.52)를 이용해서 R, ωL, $1/\omega C$, Z의 관계를 나타내는 직각 삼각형, 소위 임피던스 삼각형을 그림 9.30과 같이 그릴 수 있다. 직각 삼각형의 밑변 R, 높이 $\omega L - 1/\omega C$, 빗변 Z가 된다.

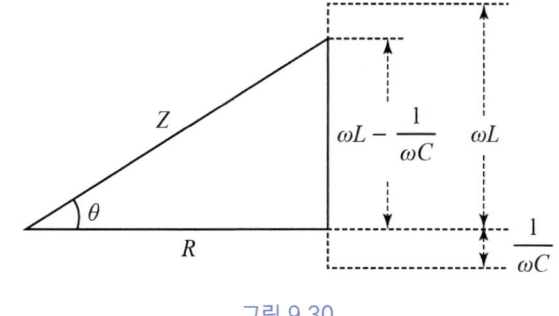

그림 9.30

RLC 회로에 전달되는 순간전력 p는

$$p = vi = [V_m \sin(\omega t + \theta)][I_m \sin\omega t]$$
$$= V_m I_m \sin\omega t (\sin\omega t \cos\theta + \cos\omega t \sin\theta)$$
$$= V_m I_m \sin^2\omega t \cos\theta + V_m I_m (\sin\omega t \cos\omega t) \sin\theta$$
$$= \frac{1}{2} V_m I_m \cos\theta - \frac{1}{2} V_m I_m \cos\theta \cos 2\omega t + \frac{1}{2} V_m I_m \sin\theta \sin 2\omega t \qquad (9.53)$$

식 (9.53)에서 1, 2항은 저항에 소비되는 전력이며, 3항은 리액턴스에 의한 전력이다. 순시전력에 대해 평균을 취하면 2, 3항은 0이 된다. 1항은 상수로 남는다. 따라서 평균전력 P_{av}는 v와 i의 실효치, 식 (9.52), 그림 9.30을 이용하면 다음과 같이 몇 가지 식으로 정리된다.

$$P_{av} = \frac{1}{2}V_m I_m \cos\theta = VI\cos\theta = I^2 Z\cos\theta = I^2 R \tag{9.54a}$$

한편 식 (9.53)의 3항에서 $\sin 2\omega t$의 계수는 부호가 양 혹은 음이 되는 리액턴스에 의한 무효전력에 해당한다. v와 i의 실효치, 식 (9.52), 그림 9.30을 이용하면 무효전력 P_r은 다음과 같이 몇 가지 식으로 정리된다.

$$P_r = \frac{1}{2}V_m I_m \sin\theta = VI\sin\theta = I^2 Z\sin\theta = I^2 X \tag{9.54b}$$

EXAMPLE 9-28

RLC 직렬회로에 $v = 450\sin(2000t - 10°)$ V 인가할 때 $i = 15\sin(2000t - 40°)$ A가 흐른다. $L = 10$ mH 이다. 미지의 R과 C를 구하라.

SOLUTION

⟨해법 1⟩

위상차 $\theta = 40° - 10° = 30°$

$$R = Z\cos\theta = \frac{V_m}{I_m}\cos\theta = \frac{450}{15}\cos 30° = 26\ \Omega$$

리액턴스 $X = Z\sin\theta = \dfrac{V_m}{I_m}\sin\theta = \dfrac{450}{15}\sin 30° = 15\ \Omega$

$$X = \omega L - 1/\omega C = 15\ \Omega$$

$$C = \frac{1}{\omega^2 L - 15\omega} = \frac{1}{(2000)^2(0.01) - 15(2000)} = 100\ \mu\text{F}$$

⟨해법 2⟩

전압이 전류보다 30°만큼 앞선다는 것은 $\omega L > 1/\omega C$이다.

$$\tan 30° = 0.58 = \frac{\omega L - 1/\omega C}{R}, \quad \omega L - 1/\omega C = 0.58R \quad \cdots\cdots ①$$

$$Z = \sqrt{R^2 + (\omega L - 1/\omega C)^2} = \frac{V_m}{I_m}, \quad \sqrt{R^2 + (0.58R)^2} = \frac{450}{15} \quad \cdots\cdots ②$$

①식으로부터

$$R = 30/\sqrt{1.3364} = 26\ \Omega$$

①식을 ②식에 대입하면

$$C = \frac{1}{\omega^2 L - (0.58)(26)\omega} = \frac{1}{2000^2(0.01) - 15.1(2000)} = 102.04\ \mu\text{F}$$

EXAMPLE 9-29

RLC 직렬회로에 전류가 전압보다 $45°$ 뒤지는 전류가 흐른다. 인덕턴스에 걸리는 전압은 커패시턴스에 걸리는 최대치 전압의 1.5배인 최대치를 가진다. $v_L = 15\sin 1500t$ V이다. 저항이 $R = 15\ \Omega$일 때 미지의 L과 C를 구하라.

SOLUTION

우선 직렬회로 전류를 구해야 한다.

$$i = \frac{1}{L}\int v_L\,dt = \frac{1}{L}\int 15\sin 1500t\,dt = -\frac{15}{1500L}\cos 1500t$$

$$= \frac{1}{100L}\sin(1500t - 90°)$$

$$v_C = \frac{1}{C}\int i\,dt = \frac{1}{C}\int \frac{1}{100L}\sin(1500t - 90°)\,dt$$

$$= -\frac{1}{15\times 10^4 LC}\cos(1500t - 90°) = \frac{1}{15\times 10^4 LC}\sin(1500t - 180°)$$

$V_{m(L)} = 1.5\,V_{m(C)}$이므로 $15 = 1.5\left(\dfrac{1}{15\times 10^4 LC}\right)$

$$LC = 1/(15\times 10^5) \quad\cdots\cdots\cdots\cdots\cdots\cdots\cdots\cdots\cdots\cdots\cdots\cdots\cdots ①$$

전류가 전압보다 위상이 뒤지므로 $\omega L > 1/\omega C$이다. 따라서 $\tan\theta = \dfrac{\omega L - 1/\omega C}{R}$로 쓸 수 있다.

$$\tan 45° = 1 = \frac{\omega L - 1/\omega C}{15}$$

$$\omega L - 1/\omega C = 15 \quad\cdots\cdots\cdots\cdots\cdots\cdots\cdots\cdots\cdots\cdots\cdots ②$$

①②식으로부터

$$C = 22.2\ \mu\text{F},\ \ L = 30\ \text{mH}$$

EXAMPLE 9-30

$R = 20\ \Omega$, $L = 56\ \text{mH}$, $C = 50\ \mu\text{F}$인 RLC 직렬회로에서 $v = 141.4\sin 377t$ V 인가할 때 (a) 전류, (b) 평균전력, (c) 무효전력, (d) 피상전력, (e) 역률을 구하라.

SOLUTION

$$\omega L = 377(56\times 10^{-3}) = 21.1\ \Omega$$

$$\frac{1}{\omega C} = \frac{1}{377(50\times 10^{-6})} = 53.1\ \Omega$$

$$Z = \sqrt{R^2 + (\omega L - 1/\omega C)^2} = \sqrt{20^2 + (21.2 - 53.1)^2} = 37.7\ \Omega$$

$$\theta = \tan^{-1}\frac{(\omega L - 1/\omega C)}{R} = \tan^{-1}\frac{(21.1 - 53.1)}{20} = -58°$$

(a) $i = \dfrac{141.4}{37.7}\sin(377t + 58°) = 3.74\sin(377t + 58°)$ A

(b) $P_{av} = \dfrac{1}{2}V_m I_m \cos\theta = \dfrac{1}{2}(141.1)(3.74)\cos 58° = 139.8$ W

$$\left[P_{av} = I^2 R = \left(\frac{3.74}{\sqrt{2}}\right)^2 (20) = 139.9 \text{ W}\right]$$

(c) $P_r = \dfrac{1}{2}V_m I_m \sin\theta = \dfrac{1}{2}(141.1)(3.74)\sin 58° = 223.8$ var

$$\left[P_r = I^2(\omega L - 1/\omega C) = \left(\frac{3.74}{\sqrt{2}}\right)^2 (21.1 - 53.1) = -223.8 \text{ var}\right]$$

(d) $P_a = \dfrac{1}{2}V_m I_m = \dfrac{1}{2}(141.1)(3.74) = 263.9$ VA

(e) $PF = \cos\theta = \cos 58° = 0.53$

$$\left(\cos\theta = \frac{R}{Z} = \frac{20}{37.7} = 0.53\right)$$

EXAMPLE 9-31

$R = 30\ \Omega$과 $C = 60\ \mu F$가 직렬이고, L과 병렬인 회로에 $v = 100\sin 754t$ V를 인가할 때 $i = 2.16\sin 754t$ A가 흐른다. 미지의 L을 구하라.

SOLUTION

RC 직렬 임피던스 Z_{RC}는

$$Z_{RC} = \sqrt{R^2 + (1/\omega C)^2} = \sqrt{30^2 + \left(\frac{1}{754 \times 60 \times 10^{-6}}\right)^2} = \sqrt{30^2 + 22.1^2} = 37.3\ \Omega$$

RC 지로에 흐르는 전류 i_{RC}는

$$i_{RC} = \frac{v}{Z} = \frac{100}{37.3}\sin\left(754t + \tan^{-1}\frac{1/(754 \times 60 \times 10^{-6})}{30}\right) = 2.68\sin(754t + 36.38°)\ A$$

전체 전류 $i = i_L + i_{RC}$이므로 L 지로에 흐르는 전류 i_L은

$$i_L = i - i_{RC} = 2.16\sin 754t - 2.68\sin(754t + 36.38°)$$
$$= 2.16\sin 754t - 2.68(\cos 36.38° \sin 754t + \sin 36.38° \cos 754t)[5]$$
$$= -1.59\cos 754t\ A \quad \cdots\cdots\cdots ①$$

---

[5] $\sin(A+B) = \sin A \cos B + \cos A \sin B$

또한 L 지로에 흐르는 전류 i_L은 다음과 같이 나타냈을 수 있으므로

$$i_L = \frac{1}{L}\int v\,dt = \;= \frac{1}{L}\int 100\sin 754t\,dt = -\frac{100}{754L}\cos 754t \text{ A} \;\cdots\cdots \text{②}$$

①식 = ②식으로 두면

$$-1.59 = -\frac{100}{754L} \quad \therefore L = 83.4\text{ mH}$$

9.11 전력 삼각형

가전, 산업, 통신, 제어기기 등을 동작시키려면 전원으로부터 전력을 공급받아야 한다. 교류전원에서 공급하는 총전력을 **피상전력**(皮相電力, apparent power)이라고 한다. 그렇다면 이 전력이 다 소비되는 것일까? 그렇지 않다. 피상전력은 유효전력(有效電力, active power)과 무효전력(無效電力, reactive power)으로 구성된다. 유효전력은 순저항 성분에서 소비되는 전력으로 소비전력이라고도 한다. **무효전력**은 리액턴스에서 소비되는 전력으로 표현하나 실제로는 없어지는 전력이 아니고 리액턴스에서 저장했다가 전원에 되돌려주는, 즉 전원과 리액턴스 사이에서 주고받는 전력이다. 전력이라고 하는 것은 초당 전기가 하는 일로 정의되는데, 전기가 일한다는 것은 소비된다는 것으로 그럼에도 불구하고 소비되지 않고 왔다, 갔다 한다면 좋을 리가 없다. 그러나 또 필요한 곳이 있다. 예컨대 전력 송전에서 수요가 많아지면 전압이 떨어지고, 수요가 적어지면 전압이 올라가는 현상이 발생하는데 이때 전압을 일정하게 유지하기 위해서는 무효전력이 필요하다. 즉 무효전력은 적정한 전압을 유지시켜주는 역할을 한다.

식 (9.53)에서 $\cos 2\omega t$의 계수는 평균전력, $\sin 2\omega t$의 계수는 무효전력이다. 평균전력(P_{av}), 무효전력(P_r), 피상전력(P_a)의 관계는 그림 9.31과 같이 직각 삼각형에 나타낼 수 있다. 여기서 피상전력 P_a를 S로, 평균전력 P_{av}를 P로, 무효전력 P_r을 Q로 하여 S, P, Q 사이의 관계를 그림 9.32의 직각 삼각형으로 나타낸 것을 **전력 삼각형**(power triangle)이라고 한다. 전력 삼각형은 S, P, Q의 세 변과 역률로 정해진다.

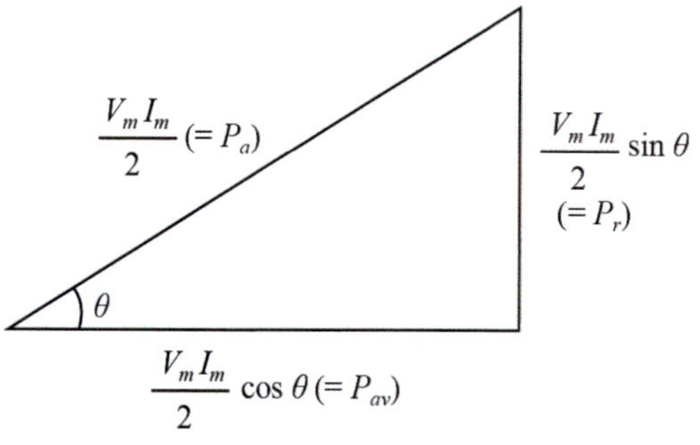

피상전력 S, 유효전력 P, 무효전력 Q, 역률 PF 사이의 관계는 다음과 같이 정리된다.

그림 9.31

$$S = \sqrt{P^2 + Q^2} = VI \quad \text{(VA)} \tag{9.55}$$

$$P = S\cos\theta = VI\cos\theta \quad \text{(W)} \tag{9.56a}$$

$$Q = S\sin\theta = VI\sin\theta \quad \text{(var)} \tag{9.56b}$$

$$PF = \frac{\text{유효전력}}{\text{피상전력}} = \frac{P}{S} = \cos\theta \tag{9.57}$$

EXAMPLE 9-32

인가전압이 $v = 200\sin(\omega t - 80°)$ V일 때 흐르는 전류가 $i = 5\sin(\omega t - 20°)$ A인 회로에서 전력 삼각형을 구하라.

SOLUTION

위상차 $\theta = 80° - 20° = 60°$ 이다.

$$P = VI\cos\theta = \frac{1}{2}(200)(5)\cos 60° = 250 \text{ W}$$

$$Q = VI\sin\theta = \frac{1}{2}(200)(5)\sin 60° = 433 \text{ var (leading)}$$

$$S = \sqrt{P^2 + Q^2} = \sqrt{250^2 + 433^2} = 500 \text{ VA}$$

$$PF = \cos\theta = \frac{P}{S} = \frac{250}{500} = 0.5 \text{ (leading)}$$

EXAMPLE 9-33

$v = 150\sin(\omega t + 120°)$ V 인가할 때 $i = 10\sin(\omega t + 30°)$ A 흐르는 회로에서 전력 삼각형을 구하라.

SOLUTION

위상차 $\theta = 120° - 30° = 90°$ 이고, 지상전류가 흐르므로 커패시터만의 회로이다. 따라서 유효전력은 없고, 무효전력만 있을 뿐이다.

$$P = VI\cos\theta = \frac{1}{2}(150)(10)\cos 90° = 0 \text{ W}$$

$$Q = VI\sin\theta = \frac{1}{2}(150)(10)\sin 90° = 750 \text{ var (lagging)}$$

$$S = \sqrt{P^2 + Q^2} = \sqrt{0 + 750^2} = 750 \text{ VA}$$

$$PF = \cos\theta = \frac{P}{S} = \frac{0}{7500} = 0$$

EXERCISE

9.1 다음에 대해서 답하라.
　(a) 어떤 교류 파형이 0.5 ms의 주기를 가진다. 주파수를 구하라.
　(b) 주파수가 1 KHz인 교류 신호의 주기를 구하라.

9.2 다음에 대해서 답하라.
　(a) 240°를 라디언으로 나타내라.
　(b) $\frac{2\pi}{3}$ 를 각도(deg.)로 나타내라.

9.3 사인함수를 코사인 함수로, 코사인함수를 사인함수로 변환하라.
　(a) $\cos(\omega t + 60°)$, $\cos(\omega t - 30°)$
　(b) $-\cos(\omega t + 70°)$, $-\cos(\omega t - 10°)$
　(c) $\sin(\omega t + 50°)$, $\sin(\omega t - 15°)$
　(d) $-\sin(\omega t + 150°)$, $-\sin(\omega t - 35°)$

9.4 다음 각 쌍에 대해서 진상파(leading)와 지상파(lagging)를 확인하고, 위상차를 구하라.
　(a) $v_1 = 20\sin(\omega t + 25°)$ V, $v_2 = 10\sin(\omega t + 10°)$ V
　(b) $i = 30\sin(\omega t + 10°)$ A, $v = 90\sin(\omega t - 45°)$ V
　(c) $v_1 = 20\sin(\omega t - 20°)$ V, $v_2 = 10\cos(\omega t + 10°)$ V

9.5 직류 600 V와 교류 600 V (피크치)의 실효치를 구하라.

9.6 2 kΩ의 저항에 $v(t) = 311\sin(377t + 30°)$ V가 인가될 때
　(a) 저항에 흐르는 $i(t)$를 구하라.
　(b) 저항에서 평균전력을 구하라.

9.7 100 mH의 인덕터에 $v(t) = 311\sin(377t - 60°)$ V가 인가될 때 인덕터에 흐르는 전류를 계산하라. 인덕터에서 소비전력을 구하라.

9.8 두 회로요소로 구성된 회로에 $v = 220\sin(377t + 10°)$ V가 인가될 때 $i = 10\sin(377t + 40°)$ A의 전류가 흐른다. 두 회로요소를 구하라.

9.9 $R = 20\,\Omega$, $L = 200$ mH인 직렬회로에 최대치가 311 V, 60 Hz인 정현전압이 인가된다.
　(a) $t = 0$에서 $v = 120$ V일 때 순시전압을 구하라.
　(b) 순시전류를 구하라.
　(c) 순시전력을 구하라. 단 직류성분, 코사인 항, 사인 항으로 나타낸다.
　(d) 평균전력을 구하라.

9.10 어떤 회로에 $v = 311\sin(377t + 15°)$ V를 인가할 때 전류 $i = 15\sin(377t - 30°)$ A가 흐른다. 평균전력과 역률을 구하라.

9.11 $R = 100\,\Omega$, $L = 0.5$ H인 RL 직렬회로에 $v = 220\sin(377t + 30°)$ V를 인가할 때
(a) 전류, (b) 평균전력, (c) 무효전력, (d) 피상전력, (e) 역률을 구하라.

9.12 $100\,\mu$F의 커패시터에 $i = 3.77\sin(377t - 30°)$ mA가 흐를 때 커패시터에 걸리는 전압을 구하라. 커패시터에서 소비전력을 구하라.

9.13 두 회로요소로 구성된 회로에 $v = 240\sin(754t + 10°)$ V 인가될 때 $i = 3\cos(753t - 30°)$ A의 전류가 흐른다. 두 회로요소를 구하라.

9.14 $R = 100\,\Omega$, $C = 50\,\mu$F인 RC 직렬회로에서 $v_C = 40\sin 1131t$ V 일 때
(a) 회로 전류, (b) 인가전압, (c) 임피던스를 구하라.

9.15 $R = 60\,\Omega$, $C = 60\,\mu$F인 RC 직렬회로에서 $v = 311\sin 377t$ V 인가할 때
(a) 전류, (b) 평균전력, (c) 무효전력, (d) 피상전력, (e) 역률을 구하라.

9.16 RLC 직렬회로에 $v = 311\sin(377t - 50°)$ V 인가할 때 $i = 24\sin(377t - 80°)$ A가 흐른다. $L = 50$ mH이다. 미지의 R과 C를 구하라.

9.17 RLC 직렬회로에 전류가 전압보다 $60°$ 앞서는 전류가 흐른다. 커패시턴스에 걸리는 전압은 인덕턴스에 걸리는 최대치 전압의 2배인 최대치를 가진다.
$v_C = 20\sin 2000t$ V 이다. 저항이 $R = 50\,\Omega$ 일 때 미지의 L과 C를 구하라.

9.18 $R = 30\,\Omega$, $L = 10$ mH, $C = 20\,\mu$F인 RLC 직렬회로에서 $v = 311\sin 3000t$ V 인가할 때
(a) 전류, (b) 평균전력, (c) 무효전력, (d) 피상전력, (e) 역률을 구하라.

9.19 $R = 10\,\Omega$과 $C = 100\,\mu$F가 직렬이고, L과 병렬인 회로에 $v = 282\sin 1000t$ V를 인가할 때 $i = 14.1\sin 1000t$ A가 흐른다. 미지의 L을 구하라.

9.20 $i = 7.07\sin(377t + 15°)$ A가 흐르는 두 회로요소로 구성된 직렬회로는 200 W의 전력과 0.82 (lagging)의 역률을 가진다. 두 회로요소를 구하라.

9.21 $v = 331\sin(377t + 20°)$ V가 인가될 때 전류 $i = 20\sin(377t - 10°)$ A가 흐르는 회로에서 전력 삼각형을 구하라.

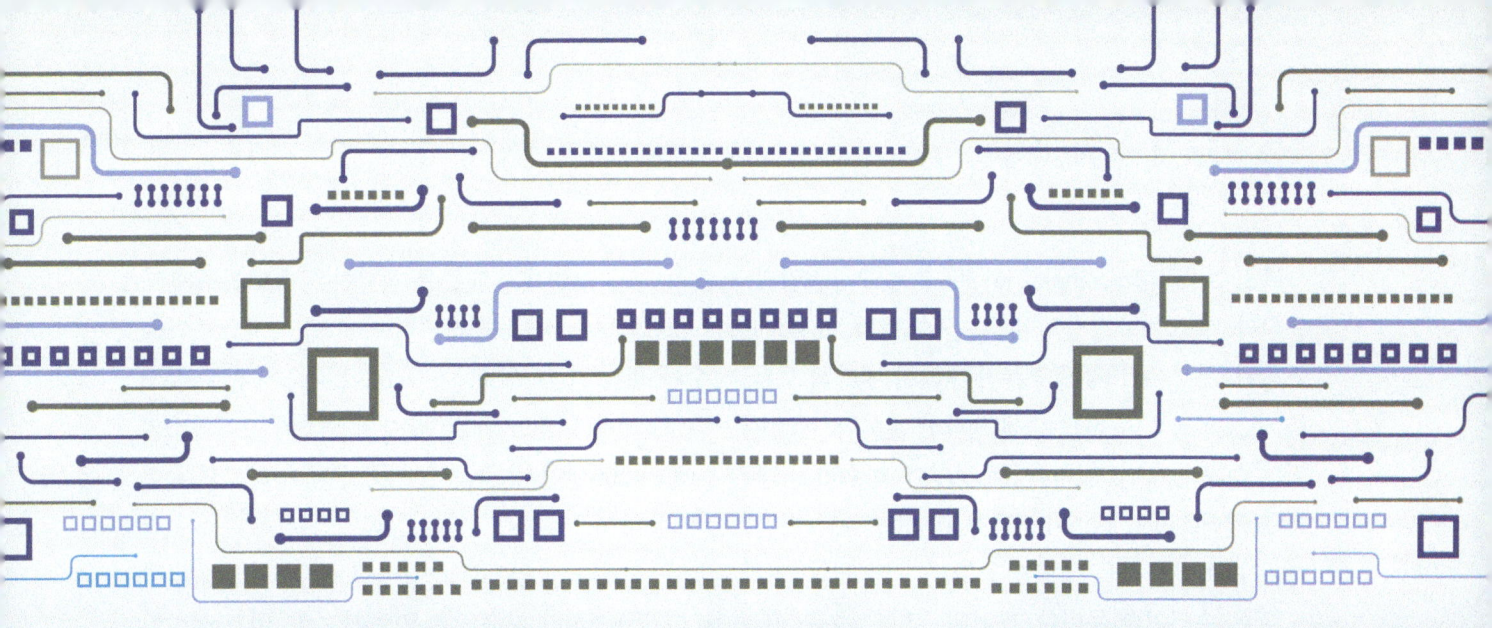

CHAPTER 10

복소수와 페이저

10.1 복소수
10.2 복소평면
10.3 복소수 연산
10.4 페이저 표시법
10.5 임피던스의 페이저 표시법
10.6 복소전력
EXERCISE

10.1 복소수

복소수(複素數, complex numbers)는 교류전압과 전류 등 교류 영역에서 교류를 계산하는데 편리하게 사용된다. 복소수는 상상의 수, 즉 허수(虛數, imaginary number) $\sqrt{-1}$ 에서 시작된다.

잠시, 복소수가 왜 생겼는지 대해서 얘기해 보자. 허수가 생긴 건 16세기경이다. 답이 나오지 않는 문제를 해결할 궁리를 찾던 중에 생각한 것이다. 예컨대 $x^2 + 4 = 0$를 어떻게 해결하죠? 제곱하여 마이너스가 되는 수가 있다면 가능하다는 것이다. 허수가 소개된 후에 약 200년이 지난 후에 18세기 당대 최고의 수학자 오일러(Euler, 1707-1783)가 $\sqrt{-1}$ 을 i 라는 기호를 사용하여 1748년 오일러 공식이라는 허수를 포함하는 중요한 공식을 발표했다. 그러나 받아들이기가 어려운 수였다. 그림으로도 나타낼 수 없고, 상상할 수도 없는 수였기 때문이다. 그런데 수학자 가우스(Gauss, 1777-1855)가 허수를 눈으로 볼 수도 있고 상상할 수로 가우스 평면상에 등장시키게 된다. 이것이 소위 복소평면이다.

그 후, 교류회로에 복소수를 등장시켜 계산하는데 사용하려는 획기적인 아이디어가 나타나기 시작한다. 1886년 영국의 헤비사이드는 교류회로에 복소수를 사용할 것을 제안하였고, 1893년 영국의 케넬 리가 임피던스를 복소수로 나타낼 수 있다고 하였으며, 같은 해에 미국의 전기 기술자 슈타인메츠가 $j = \sqrt{-1}$를 사용하여 교류이론을 발표하였다. 이런 일련의 진보로 복소수가 전기의 세계에 등장하게 된 것이다.

전기에서 복소수라고 하는 대수학은 교류회로 해석을 대단히 편리하게 하는 수학적 도구에 불과하다. 교류전압과 전류에 상상할 수 있는 성질도 없고, 교류를 해석하기 위해서 복소수의 사용을 요구하는 고유의 특성도 없다. 단지 복소수를 수학적 도구로 사용할 뿐이다. 교류해석에는 가산, 감산, 승산, 제산이 요구되는데 여기에 복소수가 상당히 편리하게 적용된다.

전기에서 허수를 i 대신에 그다음 알파벳인 j를 사용한다. 교류에서 전류 i와 혼돈을 피하기 위해서다.

$$j = \sqrt{-1} \tag{10.1a}$$

정의에 따라

$$j^2 = j \cdot j = -1, \quad j^3 = j^2 \cdot j = -j, \quad j^4 = j^3 j = -j \cdot j = 1 \tag{10.1b}$$

$$\frac{1}{j} = \frac{j}{j \cdot j} = -j, \quad \frac{1}{j^2} = -1, \quad \frac{1}{j^3} = \frac{1}{j^2 \cdot j} = j, \quad \frac{1}{j^4} = \frac{1}{j^3 \cdot j} = 1 \tag{10.1c}$$

일반적으로 복소수는 다음과 같은 형태로 나타낸다.

$$z = a + jb \tag{10.2}$$

여기서 a를 실수부, b를 허수부라고 하며, a와 b는 실수임에 유의하여야 한다.

EXAMPLE 10-1

다음 복소수의 실수부와 허수부를 찾으라.

(a) $2 + j3$ (b) $-3 + j4$

(c) $-5 - j6$ (d) $-j7$

SOLUTION

(a) 실수부 = 2, 허수부 = 3 (b) 실수부 = −3, 허수부 = 4
(c) 실수부 = −5, 허수부 = −6 (d) 실수부 = 0, 허수부 = −7

EXAMPLE 10-2

$j^5 - 5j^8$의 실수부와 허수부를 찾으라.

SOLUTION

$j^5 - 5j^8 = j^4 j - 5 j^4 j^4 = (1)j - 5(1)(1) = -5 + j$

실수부 = −5, 허수부 = 1

10.2 복소평면

복소평면은 복소수의 실수부를 실수축(수평축)에, 허수부를 허수축(수직축)에 좌표로 나타낸 것으로 직각좌표계이다. 그림 10.1에 나타낸 바와 같이 여러 복소수를 복소평면에 점으로 나타낼 수 있다.

식 (10.2)에 나타낸 $z = a + jb$와 같은 형식을 **직교형식**(直交形式, rectangular form) 또는 직교좌표 형식이라고도 한다. 이것을 복소평면에 나타낸 것이 그림 10.2(a)이다.

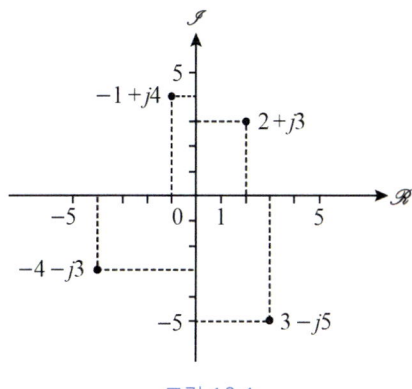

그림 10.1

그림에서 r은 복소평면에서 원점에서 점까지 그은 직선의 길이이다. r은 z의 절대치 $|z|$로 피타고라스 정리에 따라 다음과 같이 나타내진다.

$$r = \sqrt{a^2 + b^2} \tag{10.3a}$$

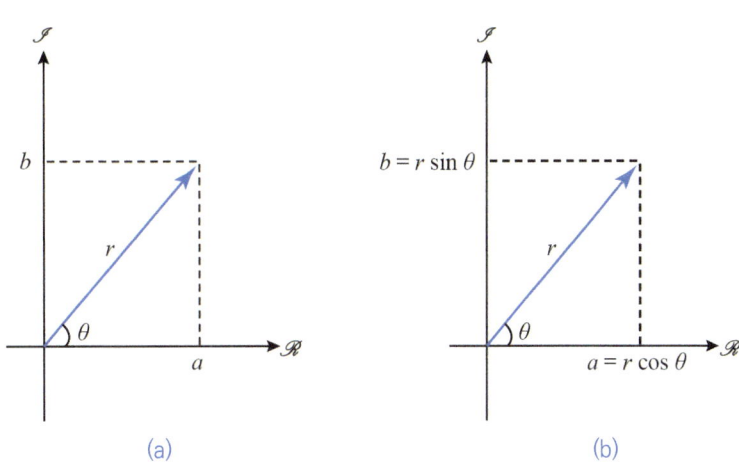

그림 10.2

θ는 반드시 +실수축과 직선 사이의 각으로 **편각**(偏角, argument)이라고 하며, 반시계방향의 각에 해당한다.

$$\theta = \tan^{-1}\frac{b}{a} \tag{10.3b}$$

그림 10.2(a)에서 실수부와 허수부로 분해하여 나타내면 그림 10.2(b)와 같이 된다.

여기서 실수부 $a = r\cos\theta$, 허수부 $b = r\sin\theta$이므로 이것을 근간으로 하여 복소수를 네 가지 형식으로 나타낼 수 있다.

$$z = a + jb \quad \text{(직교형식, rectangular form, cartesian form))} \tag{10.4a}$$
$$= r(\cos\theta + j\sin\theta) \quad \text{(삼각함수 형식, trigonometric form)} \tag{10.4b}$$
$$= re^{j\theta} \quad \text{(지수함수 형식, exponential form)} \tag{10.4c}$$
$$= r\angle\theta \quad \text{(극좌표 형식, polar form, steinmetz form)} \tag{10.4d}$$

일반적으로 **극형식**(極形式, polar form)이라고 하면 극좌표 형식을 일컫는다. 네 가지 형식 가운데서 특히 직교형식과 극형식 간에 상호 변환이 가능하도록 익혀야 한다.

식 (10.4b), (10.4c) 사이의 관계식을 **오일러 공식**(Euler's formula)이라고 한다. 즉

$$e^{\pm j\theta} = \cos\theta \pm j\sin\theta \tag{10.5}$$

EXAMPLE 10-3

다음 복소수에 대해서 직교형식은 극형식으로, 극형식은 직교형식으로 변환시켜라.

(a) $z = 2 + j3$, (b) $z = -3 + j$, (c) $z = -3 - j$, (d) $z = 3\angle 60°$, (e) $z = 5\angle -30°$, (f) $z = -1$, (g) $z = -j$

SOLUTION

(a) $z = 2 + j3 \rightarrow z = 3.61\angle 56.3°$

$$\begin{pmatrix} r = \sqrt{2^2 + 3^2} = \sqrt{13} = 3.61 \\ \theta = \tan^{-1}\frac{3}{2} = 56.3° \end{pmatrix}$$

(b) $z = -3 + j \rightarrow z = 3.16\angle 108.4°$ (복소점은 2사분면에 위치)

$$\begin{pmatrix} r = \sqrt{3^2 + 1^2} = \sqrt{10} = 3.16 \\ \theta = 90° + \tan^{-1}\frac{1}{3} = 108.4° \end{pmatrix}$$

(c) $z = -3 - j \rightarrow z = 3.16\angle 198.4° = 3.16\angle -161.6°$ (복소점은 3사분면에 위치)

$$\begin{pmatrix} r = \sqrt{3^2 + 1^2} = \sqrt{10} = 3.16 \\ \theta = 180° + \tan^{-1}\frac{1}{3} = 198.4° = -161.6° \end{pmatrix}$$

(d) $z = 3 \angle 60° \rightarrow z = 1.5 + j2.6$

$$\begin{pmatrix} a = 3\cos 60° = 1.5 \\ b = 3\sin 60° = 2.6 \end{pmatrix}$$

(e) $z = 5 \angle -30° \rightarrow z = 4.33 - j2.5$

$$\begin{pmatrix} a = 5\cos(-30°) = 4.33 \\ b = 5\sin(-30°) = -2.5 \end{pmatrix},$$

(f) $z = -1 \rightarrow z = 1 \angle -180°$

(g) $z = -j \rightarrow z = 1 \angle -90°$

10.3 복소수 연산

복소수 연산에는 덧셈, 뺄셈, 곱셈, 나눗셈 등이 있다. 이때 직교형식 혹은 극형식이 편리한지를 살펴보자.

(1) 복소수 항등식

두 복소수, $z_1 = a_1 + jb_1$, $z_2 = a_2 + jb_2$가 같다면, 즉 $z_1 = z_2$
그때 실수부는 실수끼리, 허수부는 허수끼리 같게 된다. 즉

$$a_1 + jb_1 = a_2 + jb_2 \Rightarrow a_1 = a_2, \ b_1 = b_2 \tag{10.6}$$

(2) 복소수 공액

복소수 $z = a + jb$의 공액(conjugate of complex number), 즉 공액 복소수 $\bar{z}$는 허수부의 부호가 반대인 것을 말한다. 네 가지 형식으로 나타낸 복소수 z의 공액으로 나타내면

$$\bar{z} = a - jb \quad \text{(직교형식, rectangular form, cartesian form)} \tag{10.7a}$$
$$= r(\cos\theta - j\sin\theta) \quad \text{(삼각함수 형식, trigonometric form)} \tag{10.7b}$$
$$= re^{-j\theta} \quad \text{(지수함수 형식, exponential form)} \tag{10.7c}$$
$$= r \angle -\theta \quad \text{(극좌표 형식, polar form, steinmetz form)} \tag{10.7d}$$

(3) 복소수 가산 및 감산

복소수 덧셈과 뺄셈은 실수부는 실수부끼리, 허수부는 허수부끼리 더하거나 빼기를 한다. 예컨대, 두 복소수 $z_1 = a + jb$, $z_2 = c + jd$라고 할 때

$$\begin{aligned} z_1 + z_2 &= (a+jb) + (c+jd) = (a+c) + j(b+d) \\ z_1 - z_2 &= (a+jb) - (c+jd) = (a-c) + j(b-d) \end{aligned} \tag{10.8}$$

(4) 복소수 승산

직교형식으로 된 두 복소수의 곱은

$$(a+jb)(c+jd) = (ac-bd) + j(ad+bc) \tag{10.9}$$

극형식으로 된 두 복소수의 곱셈은 다음과 같은 결과로 이어진다.

$$(r_1 \angle \theta_1)(r_2 \angle \theta_2) = r_1 r_2 \angle (\theta_1 + \theta_2) \tag{10.10}$$

$$\left[(r_1 \angle \theta_1)(r_2 \angle \theta_2) = \left(r_1 e^{j\theta_1}\right)\left(r_2 e^{j\theta_2}\right) = r_1 r_2 e^{j(\theta_1 + \theta_2)} = r_1 r_2 \angle (\theta_1 + \theta_2) \right]$$

(5) 복소수 제산

직교형식으로 된 두 복소수의 나눗셈은

$$\frac{a+jb}{c+jd} = \frac{(a+jb)(c-jd)}{(c+jd)(c-jd)} = \frac{(ac+bd) + j(bc-ad)}{c^2+d^2} \tag{10.11}$$

$$= \frac{ac+bd}{c^2+d^2} + j\frac{bc-ad}{c^2+d^2}$$

$z\bar{z}$는 항상 양의 실수이다.

극형식으로 된 두 복소수의 나눗셈은 다음과 같은 결과로 이어진다.

$$\frac{r_1 \angle \theta_1}{r_2 \angle \theta_2} = \frac{r_1}{r_2} \angle (\theta_1 - \theta_2) \tag{10.12}$$

$$\left[\frac{r_1 \angle \theta_1}{r_2 \angle \theta_2} = \frac{r_1 e^{j\theta_1}}{r_2 e^{j\theta_2}} = \frac{r_1}{r_2} e^{j(\theta_1 - \theta_2)} = \frac{r_1}{r_2} \angle (\theta_1 - \theta_2) \right]$$

(6) 복소수 성질

복소수는 사칙연산 외에도 공액 복소수와 관련된 다음과 같은 성질을 가진다.

① $|z| = |\bar{z}|$ (10.13a)

② $z\bar{z} = |z|^2 = |\bar{z}|^2$ (10.13b)

③ $\overline{z_1 z_2} = \bar{z_1}\,\bar{z_2}$ (10.13c)

④ $\overline{z_1 \pm z_2} = \bar{z_1} \pm \bar{z_2}$ (10.13d)

⑤ $\overline{\left(\dfrac{z_1}{z_2}\right)} = \dfrac{\bar{z_1}}{\bar{z_2}}$ (10.13e)

📖 EXAMPLE 10-4

다음 복소수를 계산하라.

(a) $(2+j3)+(2-j4)$, (b) $(-3+j4)-(-5-j10)$, (c) $3\angle 60° + 10\angle -60°$

SOLUTION

(a) $(2+j3)+(2-j4) = (2+2)+j(3-4) = 4-j$

(b) $(-3+j4)-(-5-j10) = (-3+5)+j(4+10) = 2+j14$

(c) $3\angle 60° = 3\cos 60° + j3\sin 60° = \dfrac{3}{2} + j\dfrac{3\sqrt{3}}{2} = 1.5 + j2.6$

$5\angle -60° = 5\cos 60° - j5\sin 60° = \dfrac{5}{2} - j\dfrac{5\sqrt{3}}{2} = 2.5 - j4.33$

$(1.5+j2.6)+(2.5+j4.33) = (1.5+2.5)+j(2.6-4.33) = 4-j1.73$

📖 EXAMPLE 10-5

(a) $z_1 = 3\angle 60°$, $z_1 = 50\angle -15°$일 때 $z_1 z_2$를 직교형식으로 나타내라.

(b) $z_1 = 20+j15$, $z_2 = -3+j2$일 때 $z_1 z_2$를 극형식으로 나타내라.

SOLUTION

(a) $z_1 z_2 = (3\angle 60°)(50\angle -15°) = (3)(50)\angle(60°-15°) = 150\angle 45°$

$= 150\cos 45° + j150\sin 45° = 106.1 + j106.1$

(b) $z_1 z_2 = (20+j15)(-3+j2) = (-60-30)+j(40-45) = -90-j5 = 90.1\angle 266.8°$

$\begin{pmatrix} |z_1 z_2| = \sqrt{90^2+5^2} = 90.1 \\ \theta = \tan^{-1}\dfrac{-90}{-5} = 266.8° \end{pmatrix}$

📖 EXAMPLE 10-6

(a) $z_1 = 50\angle -15°$, $z_2 = 3\angle 60°$일 때 $\dfrac{z_1}{z_2}$을 구하라.

(b) $z_1 = 20+j15$, $z_2 = -3+j2$일 때 $\dfrac{z_1}{z_2}$을 구하라.

SOLUTION

(a) $\dfrac{z_1}{z_2} = \dfrac{50\angle -15°}{2\angle 60°} = \dfrac{50}{2}\angle(-15°-60°) = 25\angle -75°$

(b) $\dfrac{z_1}{z_2} = \dfrac{6+j8}{-3+j4} = \dfrac{\sqrt{6^2+8^2}\angle \tan^{-1}\dfrac{8}{6}}{\sqrt{3^2+4^2}\angle \tan^{-1}\dfrac{4}{-3}} = \dfrac{10\angle 53.1}{5\angle 126.9} = 2\angle -73.8°$

10.4 페이저 표시법

대부분의 교류회로해석은 저항(R), 인덕턴스(L), 커패시턴스(C)와 같은 회로요소로 구성된 회로에 교류전압을 인가했을 때 각각의 지로(branch)에 흐르는 전류를 구한다든지 또 각 회로요소에 걸리는 전압을 구하는 문제로, 결국 전압(v), 전류(i), 임피던스(Z) 사이에 옴의 법칙을 이용하게 된다. v와 i에 대해 시간 영역에서 회로해석은 때로는 불편할 때가 있다. 복소수를 이용하면 수식도 간단하고, 그 결과를 간단히 시간 함수로 바꿀 수 있다.

교류전압(v)은 발생 과정에서 당연히 정현함수가 되며, 다음과 같이 간단한 식으로 나타내진다.

$$v = V_m \sin \omega t$$

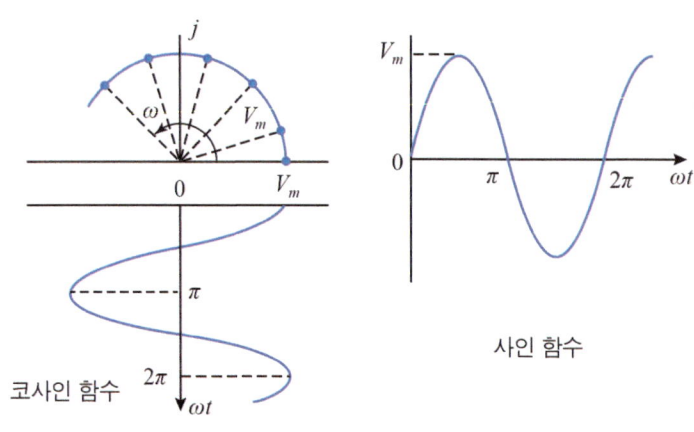

그림 10.3

여기서 지수함수로 표시된 전압 $V_m e^{j\omega t}$를 생각해보자. $V_m e^{j\omega t}$는 시간 변수 t를 포함하는 복소수이다. 그림 10.3에서 반경 V_m인 선분(line segment)이 일정한 각속도 ω로 반시계방향으로 회전할 때 $\theta = \omega t$에 따라 선분을 실수축과 허수축에 투영시키면 투영 궤적은 각각 $V_m e^{j\omega t}$의 실수부($V_m \cos \omega t$)와 허수부($V_m \sin \omega t$)가 된다. 이것은 마치 $V_m e^{j\omega t}$를 아래처럼 오일러 공식으로 표현한 것과 같다.

$$V_m e^{j\omega t} = V_m \cos \omega t + j V_m \sin \omega t \tag{10.14}$$

따라서 인가전압이 사인함수일 때 편의상 지수함수로 취급하며, 사인함수로 나타내고자 할 때는 허수부만 취하면 된다. 즉

$$v = Im\{V_m e^{j\omega t}\} = V_m \sin \omega t \tag{10.15}$$

여기서 Im은 Imaginary number(허수)의 이니셜이다.

교류회로에서 전압이 지수함수일 때 전류도 전압과 같은 주파수를 가지는 지수함수이다. 따라서 옴의 법칙에 따라 $v = Zi$든 $i = v/Z$든 v와 i 사이에는 Z에 따라 위상차(ϕ)가 생긴다. 예컨데 $Z = Ze^{j\phi}$인 회로에 $v = V_m e^{j(\omega t + \theta)}$가 인가될 때 전류 $i = v/Z$이므로 i는 다음과 같은 형태로 나타난다.

$$i = I_m e^{j(\omega t + \theta - \phi)} \qquad (10.16)$$

즉, 다음과 같이 나타낼 수 있다.

$$I_m e^{j(\omega t + \theta - \phi)} = \frac{V_m e^{j(\omega t + \theta)}}{Z e^{j\phi}} \qquad (10.17)$$

위 식은 시간이 전압 및 전류에 분명히 나타나기 때문에 시간 영역(time domain)에 있다. 시간 함수를 없애기 위해서 양변에 $e^{-j\omega t}$를 곱하고, 전압과 전류의 최대치를 실효치로 나타내기 위해서 $1/\sqrt{2}$을 곱한 후에 차례대로 정리하면

$$\frac{e^{-j\omega t}}{\sqrt{2}}\left[I_m e^{j(\omega t + \theta - \phi)}\right] = \frac{e^{-j\omega t}}{\sqrt{2}}\left[\frac{V_m e^{j(\omega t + \theta)}}{Z e^{j\phi}}\right] \qquad (10.17\text{-}1)$$

$$\frac{I_m}{\sqrt{2}} e^{j(\theta - \phi)} = \frac{V_m}{\sqrt{2}} \cdot \frac{e^{j\theta}}{Z e^{j\phi}} \qquad (10.17\text{-}2)$$

$$I \angle (\theta - \phi) = \frac{V \angle \theta}{Z \angle \phi} \qquad (10.17\text{-}3)$$

$$\boxed{I = \frac{V}{Z}} \qquad (10.17\text{-}4)$$

$$I = I \angle \theta - \phi, \ V = V \angle \theta, \ Z = Z \angle \phi \qquad (10.17\text{-}5)$$

식 (10.17-2)는 주파수 영역으로 변환된 식으로 시간을 포함하지 않는다. 식 (10.17-5)와 같이 교류량을 극형식으로 나타내는 수학적 표현기법을 **페이저**(phasor)라고 한다. 페이저는 교류량을 크기와 위상각으로만 나타낸 것이고, 크기와 방향(각)을 가지기 때문에 벡터로 취급된다. 그래서 페이저를 복소평면 나타낼 때 화살표를 사용한다. 복소평면에서 페이저를 사용하면 여러 가지 페이저 간에 위상과 그 크기에 대해서 상대적 비교가 가능해지고, 벡터 합성도 가능해진다.

정현파 신호인 순시전압을 페이저로 나타내거나, 반대로 페이저를 시간 함수인 순시전압으로 간략하게 나타내면

$$\begin{cases} v = V_m \sin \omega t \longleftrightarrow V = \dfrac{V_m}{\sqrt{2}} \angle 0^\circ \\ v = V_m \sin(\omega t + \phi) \longleftrightarrow V = \dfrac{V_m}{\sqrt{2}} \angle \phi \\ v = V_m \sin(\omega t - \phi) \longleftrightarrow V = \dfrac{V_m}{\sqrt{2}} \angle -\phi \end{cases} \qquad (10.18)$$

페이저에서 전압과 전류의 크기는 실효치이며, 페이저는 교류파형이 정현파일 경우에만 적용된다. 그림 10.4에 나타낸 몇 가지의 페이저를 보라. V_2는 크기 면에서 V_1보다 크고, 위상이 30° 앞선다. 또 V_2는 I보다 105° 앞선다.

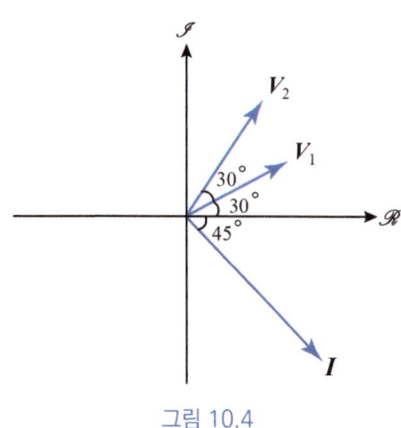

그림 10.4

두 사인파의 합성도 사인함수의 가법정리를 이용해도 되지만, 페이저를 이용하는 것이 더 편리하다.

📖 EXAMPLE 10-7

다음을 순시전압 v로 나타내라.

(a) $\boldsymbol{V} = 150 \angle 45° \text{ V}$

(b) $\boldsymbol{V} = 5 + j8.66 \text{ V}$

(c) $\boldsymbol{I} = -2 + j3 \text{ A}$

SOLUTION

(a) $v = 150\sqrt{2} \sin(\omega t + 45°) = 212.1 \sin(\omega t + 45°) \text{ V}$

(b) $\boldsymbol{V} = 5 + j8.66 = |5 + j8.66| \angle \tan^{-1}\dfrac{8.66}{5} = 10 \angle 60° \text{ V}$

$v = 10\sqrt{2} \sin(\omega t + 60°) = 14.1 \sin(\omega t + 60°) \text{ V}$

(c) $\boldsymbol{I} = -2 + j3 = |-2+j3| \angle \left(180° - \tan^{-1}\dfrac{3}{2}\right) = 3.61 \angle 123.7° \text{ A}$

$i = 3.61\sqrt{2} \sin(\omega t + 123.7°) = 5.1 \sin(\omega t + 123.7°) \text{ A}$

📖 EXAMPLE 10-8

$v_1 = 10 \sin(\omega t + 23°) \text{ V}$, $v_2 = 30 \sin(\omega t + 60°) \text{ V}$일 때 $v_1 + v_2$를 구하라.

SOLUTION

⟨해법 1⟩ 삼각함수 가법정리

$v_1 = 10 \sin(\omega t + 23°) = 10 \sin\omega t \cos 23° + 10 \cos\omega t \sin 23°$

$\quad = 9.21 \sin\omega t + 3.91 \cos\omega t \text{ V}$

$v_2 = 30 \sin(\omega t + 60°) = 30 \sin\omega t \cos 60° + 30 \cos\omega t \sin 60°$

$\quad = 15 \sin\omega t + 26 \cos\omega t \text{ V}$

$$v_1 + v_2 = 24.2 \sin \omega t + 29.9 \cos \omega t = 38.5 \sin (\omega t + 51°) \text{ V}$$

⟨해법 2⟩ 페이저

$$\boldsymbol{V}_1 = \frac{10}{\sqrt{2}} \angle 23° = 7.07 (\cos 23° + j \sin 23°) = 6.51 + j2.76 \text{ V}$$

$$\boldsymbol{V}_2 = \frac{30}{\sqrt{2}} \angle 60° = 21.2 (\cos 60° + j \sin 60°) = 10.6 + j18.4 \text{ V}$$

$$\boldsymbol{V}_1 + \boldsymbol{V}_2 = (6.51 + j2.76) + (10.6 + j18.4) = 17.1 + j21.2 \text{ V}$$

$$v_1 + v_2 = |17.1 + j21.2| \sqrt{2} \sin \left(\omega t + \tan^{-1} \frac{21.2}{17.1} \right) = 38.5 \sin (\omega t + 51.1°) \text{ V}$$

두 결과는 같다.

EXAMPLE 10-9

$v_1 = 141.4 \sin (377t + 30°)$ V, $v_2 = 311 \cos (377t + 60°)$ V 일 때 $v_1 + v_2$를 사인함수로 나타내라.

SOLUTION

⟨해법 1⟩ 삼각함수 가법정리

$$v_1 = 141.4 \sin (377t + 30°) = 141.4 \sin \omega t \cos 30° + 141.4 \cos \omega t \sin 30°$$
$$= 122.46 \sin \omega t + 70.7 \cos \omega t \text{ V}$$
$$v_2 = 311 \cos (\omega t + 60°) = 311 \cos \omega t \cos 60° - 311 \sin \omega t \sin 60°$$
$$= 155.5 \cos \omega t - 269.3 \sin \omega t \text{ V}$$
$$v_1 + v_2 = -146.8 \sin \omega t + 226.2 \cos \omega t = 269.66 \sin (\omega t + 123°) \text{ V}[1]$$

⟨해법 2⟩ 페이저

$$\boldsymbol{V}_1 = \frac{141.4}{\sqrt{2}} \angle 30° = 100 (\cos 30° + j \sin 30°) = 86.6 + j50 \text{ V}$$

코사인 함수 v_2를 사인함수로 바꾸면

$$v_2 = 311 \cos (377t + 60°) = 311 \sin (377t + 150°) \text{ V}$$

$$\boldsymbol{V}_2 = \frac{311}{\sqrt{2}} \angle 150° = 219.9 (\cos 150° + j \sin 150°) = -190.44 + j109.95 \text{ V}$$

$$\boldsymbol{V}_1 + \boldsymbol{V}_2 = (86.6 + j50) + (-190.44 + j109.95) = -103.84 + j159.95 \text{ V}$$
$$= 190.7 \angle 123° \text{ V}$$

$$v_1 + v_2 = 190.7 \sqrt{2} \sin (377t + 123°) = 269.69 \sin (\omega t + 123°) \text{ V}$$

---

[1] 부록 C-1

10.5 임피던스의 페이저 표시법

임피던스(impedance) Z는 회로를 구성하고 있는 회로요소에 따라 각각 R, ωL, $1/\omega C$로 나타나거나 이들의 결합으로 나타난다. 여기서는 회로요소가 단독으로만 있는 경우에 Z를 페이저로 나타내는 방법을 알아보고, 회로요소들의 결합에 의한 페이저는 다음 장에서 취급하기로 한다.

(1) 저항에 의한 임피던스

저항 R에서 전압과 전류는 서로 위상이 같다, 즉 동상이다(in phase).

$$Z = \frac{v}{i} = \frac{V_m \sin \omega t}{I_m \sin \omega t}$$

이것을 페이저로 나타내면

$$Z = \frac{V \angle 0°}{I \angle 0°} = R \angle 0° = R + j0 \qquad (10.19)$$

그림 10.5는 저항기의 R을 페이저로 나타낸 것이다. R은 Z의 실수부이므로 어떻게 표시하여도 무방하다.

그림 10.5

(2) 유도성 리액턴스에 의한 임피던스

유도성 리액턴스 X_L에서 전압과 전류 사이에는 90°의 위상차가 나타나며, 전류가 전압보다 위상이 90° 뒤진다(lag).

$$Z = \frac{v}{i} = \frac{V_m \sin \omega t}{I_m \sin (\omega t - 90°)}$$

이것을 페이저로 나타내면

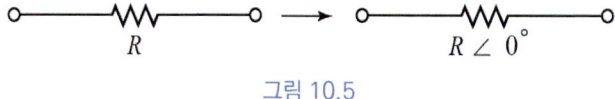

$$Z = \frac{V \angle 0°}{I \angle -90°} = X_L \angle 90° = \omega L \angle 90° = 0 + j\omega L \qquad (10.20)$$

그림 10.6은 인덕터에 L의 임피던스를 직교형식과 페이저로 표시한 것이다.

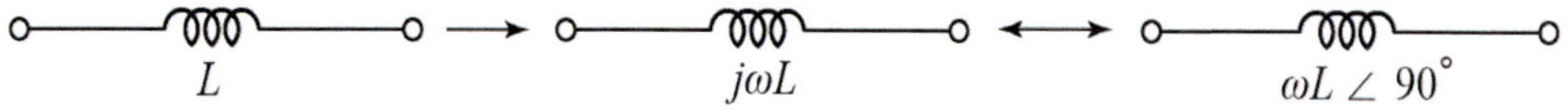

그림 10.6

(3) 용량성 리액턴스에 의한 임피던스

용량성 리액턴스 X_C에서도 전압과 전류 사이에 90°의 위상차가 나타나며, 이때는 전류가 전압보다 위상이 90° 앞선다(lead).

$$Z = \frac{v}{i} = \frac{V_m \sin \omega t}{I_m \sin(\omega t + 90°)}$$

이것을 페이저로 나타내면

$$\boldsymbol{Z} = \frac{V \angle 0°}{I \angle 90°} = X_C \angle -90° = \frac{1}{\omega C} \angle -90° = 0 - j\frac{1}{\omega C} \tag{10.21}$$

그림 10.7은 커패시터에 C의 임피던스를 직교형식과 페이저로 나타낸 것이다.

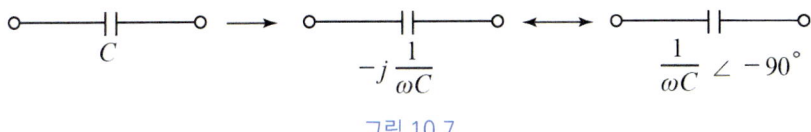

그림 10.7

EXAMPLE 10-10

다음을 페이저 기법을 이용하여 순시치로 나타내라.
(a) 저항 12 Ω에 $i = 2\sin(377t - 70°)$ A가 흐를 때 저항에 걸리는 전압
(b) 1.5 mH의 인덕터에 $v = 20\sin(754t + 30°)$ V가 걸릴 때 인덕터에 흐르는 전류
(c) 10 μF의 커패시터에 $v = 56\cos(1000t - 60°)$ V가 걸릴 때 커패시터에 흐르는 전류

SOLUTION

(a) 순저항을 페이저로 고치면

$$\boldsymbol{Z} = R = 12 \angle 0° \text{ Ω}$$

전류 i를 페이저로 나타내면

$$\boldsymbol{I} = (2/\sqrt{2}) \angle -70° = 1.41 \angle -70° \text{ A}$$

$\boldsymbol{V} = \boldsymbol{ZI}$ 이므로

$$\boldsymbol{V} = \boldsymbol{ZI} = (12 \angle 0°)(1.414 \angle -70°) = 17 \angle -70° \text{ V}$$

페이저 전압을 순시전압으로 나타내면

$$v = 17\sqrt{2} \sin(377t - 70°) = 24 \sin(377t - 70°) \text{ V}$$

페이저 기법이 아닌 일반적인 방법으로 순시전압을 구하면

$$v = Ri = 12[2\sin(377t - 70°)] = 24\sin(377t - 70°) \text{ V}$$

같은 결과이다.

(b) 인덕턴스를 페이저 임피던스로 고치면
$$Z = 0 + j\omega L = j(754 \times 1.5 \times 10^{-3}) = j1.13 \text{ }\Omega = 1.13 \angle 90° \text{ }\Omega$$

전압 v를 페이저로 나타내면
$$V = (20/\sqrt{2}) \angle 30° = 14.14 \angle 30° \text{ V}$$

$I = \dfrac{V}{Z}$ 이므로
$$I = \frac{V}{Z} = \frac{14.14 \angle 30°}{1.13 \angle 90°} = 12.5 \angle -60° \text{ A}$$

페이저 전압을 순시전류로 고치면
$$i = 12.5\sqrt{2}\sin(754t - 60°) = 17.7\sin(754t - 60°) \text{ A}$$

페이저 기법이 아닌 일반적인 방법으로 순시전류를 구하면
$$i = v/Z = 20\sin(377t + 30°)/1.13 = 17.7\sin(377t - 60°) \text{ A}$$

로서 같은 결과이다.

(c) 커패시턴스의 임피던스를 페이저로 나타내면
$$Z = 0 - j\frac{1}{\omega C} = -j\frac{1}{1000 \times 10 \times 10^{-6}} = -j100 \text{ }\Omega = 100 \angle -90° \text{ }\Omega$$

전압 v를 페이저로 나타내면
$$V = (56/\sqrt{2}) \angle -60° = 39.6 \angle -60° \text{ V}$$

$I = \dfrac{V}{Z}$ 이므로
$$I = \frac{V}{Z} = \frac{39.6 \angle -60°}{100 \angle -90°} = 0.4 \angle 30° \text{ A}$$

페이저 전류를 순시전류로 나타내면
$$i = 0.4\sqrt{2}\cos(1000t + 30°) = 0.57\cos(1000t + 30°) \text{ A}$$

페이저 기법이 아닌 일반적인 방법으로 순시전류 구하면
$$i = v/Z = 56\cos(1000t - 60° + 90°)/100 = 0.56\cos(1000t + 30°) \text{ A}$$

로서 같은 결과이다.

📖 EXAMPLE 10-11

두 회로요소로 구성된 직렬회로에서 인가전압과 전류가 다음과 같이 주어졌을 때 회로요소를 결정하라.

(a) $v = 50 \sin(377t + 30°)$ V, $i = 10 \sin(377t - 30°)$ A

(b) $v = 100 \cos(754t + 15°)$ V, $i = 15 \cos(754t - 15°)$ A

(c) $v = 141.4 \cos(2000t - 45°)$ V, $i = 20 \sin(2000t + 90°)$ A

SOLUTION

(a) 전압이 전류보다 위상이 $60°$ 앞선다. 따라서 두 회로요소는 R과 L이다.

$$\boldsymbol{V} = \frac{50}{\sqrt{2}} \angle 30° \text{ V}, \quad \boldsymbol{I} = \frac{10}{\sqrt{2}} \angle -30° \text{ A}$$

$$\boldsymbol{Z} = \frac{\boldsymbol{V}}{\boldsymbol{I}} = \frac{50/\sqrt{2} \angle 30°}{10/\sqrt{2} \angle -30°} = 5 \angle 60° \text{ Ω} = 2.5 + j4.33 \text{ Ω} = R + jX_L$$

$$\therefore R = 2.5 \text{ Ω}$$

$$X_L = \omega L = 4.33 \text{ Ω} \quad \therefore L = 4.33/\omega = 4.33/377 = 11.5 \text{ mH}$$

(b) 전압이 전류보다 위상이 $30°$ 앞선다. 따라서 두 회로요소는 R과 L이다.

$$\boldsymbol{V} = \frac{100}{\sqrt{2}} \angle 15° \text{ V}, \quad \boldsymbol{I} = \frac{15}{\sqrt{2}} \angle -15° \text{ A}$$

$$\boldsymbol{Z} = \frac{\boldsymbol{V}}{\boldsymbol{I}} = \frac{100/\sqrt{2} \angle 15°}{15/\sqrt{2} \angle -15°} = 6.67 \angle 30° \text{ Ω} = 5.78 + j3.34 \text{ Ω} = R + jX_L$$

$$\therefore R = 5.78 \text{ Ω}$$

$$X_L = \omega L = 3.34 \text{ Ω} \quad \therefore L = 3.34/\omega = 3.34/377 = 8.86 \text{ mH}$$

(c) $v = 141.4 \cos(2000t - 45°)$ V $= 141.4 \sin(2000t + 45°)$ V,

전류가 전압보다 위상이 $90° - 45° = 45°$ 앞선다(진상전류). 따라서 두 회로요소는 R과 C이다.

$$\boldsymbol{V} = \frac{141.4}{\sqrt{2}} \angle 45° \text{ V}, \quad \boldsymbol{I} = \frac{20}{\sqrt{2}} \angle 90° \text{ A}$$

$$\boldsymbol{Z} = \frac{\boldsymbol{V}}{\boldsymbol{I}} = \frac{141.4/\sqrt{2} \angle 45°}{20/\sqrt{2} \angle 90°} = 7.07 \angle -45° \text{ Ω} = 5 - j5 \text{ Ω} = R + jX_C$$

$$\therefore R = 5 \text{ Ω}$$

$$X_C = 1/\omega C = 5 \text{ Ω} \quad \therefore C = 1/5\omega = 1/(5 \times 2000) = 100 \text{ μF}$$

10.6 복소전력

피상전력 S, 유효전력 P, 무효전력 Q과 관련된 식은 전력 삼각형(power triangle)이라고 하는 직각 삼각형에 그려질 수 있다. 전력 삼각형의 세변 S, P, Q는 $V\bar{I}$로부터 얻어질 수 있다. 이때 $V\bar{I}$를 **복소전력**(複素電力, complex power) S라고 한다. 즉

$$S = V\bar{I} = P + jQ \qquad (10.22)$$

여기서 복소전력 S의 크기 S는 피상전력, 실수부 P는 유효전력, 허수부 Q는 무효전력이다.

(1) 유도성 무효전력

$V = V\angle\alpha$, $I = I\angle(\alpha - \theta)$라고 하면 전류가 전압보다 위상이 θ만큼 뒤진다(lag). 즉 유도성 부하일 때다. 유도성 부하를 갖는 전력 삼각형은 그림 10.8과 같이 나타낼 수 있다.

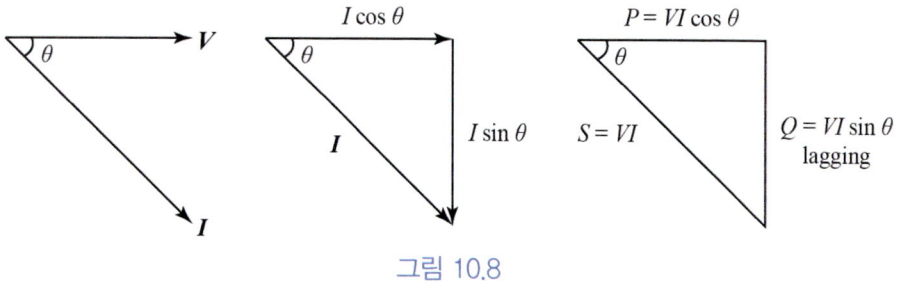

그림 10.8

유도성 부하에서 복소전력 S는

$$S = V\bar{I} = (V\angle\alpha)[I\angle-(\alpha-\theta)] = VI\cos\theta + jVI\sin\theta = P + jQ \qquad (10.23)$$

유도성 부하일 때 허수부가 양수가 되고, 이때 무효전력은 유도성 무효전력(lagging), 즉 지상무효전력을 취한다.

(2) 용량성 무효전력

$V = V\angle\alpha$, $I = I\angle(\alpha + \theta)$라고 하면 전류가 전압보다 위상이 θ만큼 앞선다(lead). 즉 용량성 부하일 때다. 용량성 부하를 갖는 전력 삼각형은 그림 10.9와 같이 나타낼 수 있다.

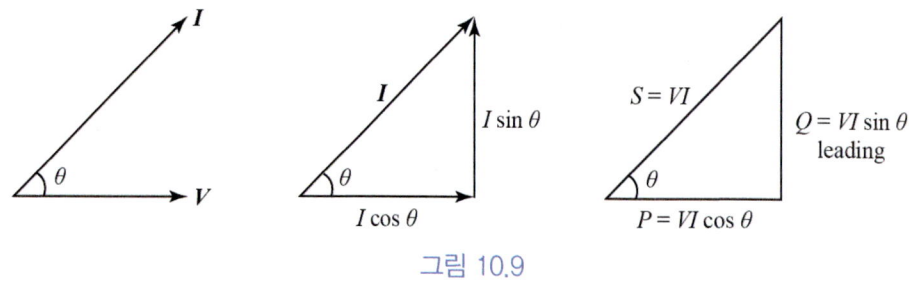

그림 10.9

용량성 부하에서 복소전력 S는

$$S = V\bar{I} = (V\angle\alpha)[I\angle-(\alpha+\theta)] = VI\cos\theta - jVI\sin\theta = P - jQ \tag{10.24}$$

용량성 부하일 때 허수부가 음수가 되고, 이때 무효전력은 용량성 무효전력(leading), 즉 진상무효전력을 취한다.

EXAMPLE 10-12

$S = 1200 + j1600$일 때 전력 삼각형을 구하라.

SOLUTION

$P = 1200$ W

$Q = 1600$ var(lagging)

$S = \sqrt{P^2 + Q^2} = \sqrt{1200^2 + 1600^2} = 2000$ VA

$PF = \cos\theta = \dfrac{P}{S} = \dfrac{1200}{2000} = 0.6$ (lagging)

EXAMPLE 10-13

$Z = 3 + j4\ \Omega$에 $V = 100\angle 30°$ V를 인가할 때 전력 삼각형을 구하라.

SOLUTION

전류 $I = \dfrac{V}{Z} = \dfrac{100\angle 30°}{3+j4} = \dfrac{100\angle 30°}{5\angle 53.13°} = 20\angle -23.13°$ A

⟨해법 1⟩

복소전력 $S = V\bar{I} = (100\angle 30°\text{ V})(20\angle 23.13°\text{ A}) = 2000\angle 53.13°$ VA
$= 1200 + j1600$ VA

따라서 전력 삼각형의 정보는 다음과 같다.

$P = 1200$ W, $Q = 1600$ var (lagging), $S = 2000$ VA, $PF = \cos 53.13° = 0.6$ (lagging)

⟨해법 2⟩

$P = VI\cos\theta = (100)(20)\cos 53.13° = 1200$ W

$Q = VI\sin\theta = (100)(20)\sin 53.13° = 1600$ var (lagging)

$S = I^2 Z = (20)^2(5) = 2000$ VA

$PF = \cos 53.13° = 0.6$ (lagging)

⟨해법 3⟩

$$P = I^2 R = (20)^2(3) = 1200 \text{ W}$$

$$Q = I^2 X = (20)^2(4) = 1600 \text{ var (lagging)}$$

$$S = VI = (100)(20) = 2000 \text{ VA}$$

$$PF = \cos 53.13° = 0.6 \text{ (lagging)}$$

⟨해법 4⟩

$$\boldsymbol{V}_R = \boldsymbol{IZ}_R = (20\angle -23.13°)(3\angle 0°) = 60\angle -23.13° \text{ V}$$

$$\boldsymbol{V}_X = \boldsymbol{IZ}_X = (20\angle -23.13°)(4\angle 90°) = 80\angle 66.87° \text{ V}$$

$$P = \frac{V_R^2}{R} = \frac{(60)^2}{3} = 1200 \text{ W}$$

$$Q = \frac{V_X^2}{X} = \frac{(80)^2}{4} = 1600 \text{ var (lagging)}$$

$$S = \frac{V^2}{Z} = \frac{(100)^2}{5} = 2000 \text{ VA}$$

$$PF = \frac{P}{S} = \frac{1200}{2000} = 0.6 \text{ (lagging)}$$

EXAMPLE 10-14

$R = 3\ \Omega$과 $X_C = 4\ \Omega$으로 구성되는 직렬회로에 $220\ \text{V}_{\text{rms}}$가 인가된다. 전력 삼각형을 구하라.

SOLUTION

직렬합성 임피던스 $\boldsymbol{Z} = 3 - j4\ \Omega$

인가전압 $\boldsymbol{V} = 220\angle 0°$ V로 두면

회로에 흐르는 전류 $\boldsymbol{I}$는

$$\boldsymbol{I} = \frac{\boldsymbol{V}}{\boldsymbol{Z}} = \frac{220}{3-j4} = 44\angle 53.13° \text{ A}$$

복소전력 $\boldsymbol{S}$는

$$\boldsymbol{S} = \boldsymbol{V}\bar{\boldsymbol{I}} = (220)(44\angle -53.13°) = 5808 - j7744 \text{ VA}$$

따라서 전력 삼각형의 정보는 다음과 같다.

$P = 5808$ W, $Q = 7744$ var (leading), $S = 9680$ VA, $PF = \cos 53.13° = 0.6$ (leading)

📖 EXAMPLE 10-15

인가전압이 $V = 120 \angle 30°$ V, 역률이 0.824(lagging), 피상전력이 4200 VA인 회로 정보로부터 임피던스와 복소전력을 구하라.

SOLUTION

$$PF = \cos\theta = 0.824 \quad \therefore \theta = 35.4°$$

$$S = VI = (120)I = 4200 \quad \therefore I = 35 \text{ A} \rightarrow \boldsymbol{I} = 35 \angle -5.4° \text{ A}$$

$$\therefore \boldsymbol{Z} = \frac{\boldsymbol{V}}{\boldsymbol{I}} = \frac{120 \angle 30°}{35 \angle -5.4°} = 2.8 + j2 \text{ } \Omega$$

$$P = S\cos\theta = 4200\cos 35.4° = 3423.5 \text{ W}$$

$$Q = S\sin\theta = 4200\sin 35.4° = 2433 \text{ var (lagging)}$$

$$\therefore \boldsymbol{S} = P - jQ = 3423.5 - j2433 \text{ VA}$$

📖 EXAMPLE 10-16

$\boldsymbol{Z}_1 = 5 \angle 53.13°$ Ω, $\boldsymbol{Z}_2 = 5 \angle -36.87°$ Ω인 직렬회로에 $I = 10$ A의 전류가 흐른다. 전력 삼각형을 구하라.

SOLUTION

$$\boldsymbol{Z}_1 = 3 + j4 \text{ } \Omega, \quad \boldsymbol{Z}_2 = 4 - j3 \text{ } \Omega$$

$$\boldsymbol{Z} = \boldsymbol{Z}_1 + \boldsymbol{Z}_2 = 7 + j1 \text{ } \Omega = 7.07 \angle 8.13° \text{ } \Omega$$

$$V = ZI = (7.07)(10) = 70.7 \text{ V}$$

$$S = VI = (70.7)(10) = 707 \text{ VA}$$

$$P = S\cos\theta = 707\cos 8.13° = 700 \text{ W}$$

$$Q = S\cos\theta = 707\sin 8.13° = 100 \text{ var (lagging)}$$

$$PF = P/S = 700/707 = 0.99 \text{ (lagging)}$$

📖 EXAMPLE 10-17

$R = 10$ Ω, $X_L = 5$ Ω, $\boldsymbol{Z}_x$로 구성된 직렬회로에 $I = 2.5$ A가 흐른다. 피상전력이 500 VA, 역률이 0.824이다. $\boldsymbol{Z}_x$를 구하라.

SOLUTION

$$S = I^2 Z = (5)^2 Z = 500 \quad \therefore Z = 20 \text{ } \Omega$$

$$\theta = \cos^{-1}(PF) = \cos^{-1}(0.824) = 34.51°$$

따라서 페이저 임피던스는 다음과 같다.

$$\boldsymbol{Z} = 20\angle 34.51°\ \Omega = 16.5 + j11.3\ \Omega = 10 + j5 + \boldsymbol{Z}_x$$

구하고자 하는 $\boldsymbol{Z}_x$는

$$\boldsymbol{Z}_x = 6.5 + j6.3\ \Omega$$

EXAMPLE 10-18

$\boldsymbol{Z}_1 = 3 + j0\ \Omega$ 과 $\boldsymbol{Z}_2 = 4 + j2\ \Omega$ (RL 회로)로 구성되는 병렬회로에서 전체 전류가 20 A 일 때 전력 삼각형을 구하라

SOLUTION

〈해법 1〉

병렬회로를 그려보라. 회로 전체 전류 $\boldsymbol{I} = 20\angle 0°$ A 라고 두면

$\boldsymbol{Z}_1$에 흐르는 전류 $\boldsymbol{I}_1$은

$$\boldsymbol{I}_1 = \left(\frac{4 + j2}{7 + j2}\right)(20\angle 0°) = 12.28\angle 10.62°\ \text{A}$$

$\boldsymbol{Z}_2$에 흐르는 전류 $\boldsymbol{I}_2$는

$$\boldsymbol{I}_2 = \left(\frac{3}{7 + j2}\right)(20\angle 0°) = 8.24\angle -15.95°\ \text{A}$$

$$P = I_1^2 R_1 + I_2^2 R_2 = (12.28)^2(3) + (8.24)^2(4) = 724\ \text{W}$$

$$Q = I_2^2 X = (8.24)^2(2) = 135.8\ \text{var}\ \ (\text{lagging})$$

$$\boldsymbol{S} = P + jQ = 724 + j135.8 = 736.63\angle 10.62°\ \text{VA}$$

$$PF = \cos 10.62° = 0.983\ \ (\text{lagging})$$

〈해법 2〉

$$\boldsymbol{Z} = \frac{(4 + j2)(3)}{7 + j2} = 1.842\angle 10.62°\ \Omega = 1.81 + j0.339\ \Omega$$

$$P = I^2 R = (20)^2(1.81) = 724\ \text{W}$$

$$Q = I^2 X = (20)^2(0.339) = 135.6\ \text{var}\ \ (\text{lagging})$$

$$S = I^2 Z = (20)^2(1.842) = 736.8\ \text{VA}$$

$$PF = P/S = 0.983\ \ (\text{lagging})$$

EXAMPLE 10-19

$Z_1 = 5 + j0 \, \Omega$ 과 $Z_2 = 3 + j4 \, \Omega$ (RL 회로)로 구성되는 병렬회로에서 전체 전력이 860 W일 때 각 지로의 저항에서 전력과 두 지로 전류를 측정하기 위해서 연결된 전류계의 지시값을 읽어라.

SOLUTION

⟨해법 1⟩

병렬회로를 그려보라. 회로 전체 전류 $I = I\angle 0°$ A 라고 두면

지로 1에 흐르는 전류 I_1은

$$I_1 = \left(\frac{3+j4}{8+j4}\right)(I\angle 0°) = 0.56 I \angle 10.3° \text{ A}$$

지로 2에 흐르는 전류 I_2는

$$I_2 = \left(\frac{5}{8+j4}\right)(I\angle 0°) = 0.56 I \angle -26.57° \text{ A}$$

전체 전력 P는

$$P = P_1 + P_2 = I_1^2 R_1 + I_2^2 R_2$$
$$= (0.56I)^2(5) + (0.56I)^2(3) = 860 \text{ W} \quad \therefore I = 18.51 \text{ A}$$

따라서 전류계의 지시값은 18.51 A 이다.

지로 1의 5 Ω에 공급되는 전력 P_1은

$$P_1 = I_1^2 R_1 = (0.56 \times 18.51)^2 (5) = 537.23 \text{ W}$$

지로 2의 3 Ω에 공급되는 전력 P_2는

$$P_2 = 860 - P_1 = 860 - 537.23 = 322.77 \text{ W}$$

⟨해법 2⟩

병렬회로에 인가되는 전압을 V라고 하자. 지로 1, 2에 흐르는 전류를 I_1, I_2라고 하면

$$I_1 = \frac{V}{R} = \frac{V}{5}, \quad I_2 = \frac{V}{Z} = \frac{V}{3+j4} = \frac{V}{5\angle 36.87°}$$

각 저항에서의 전력비는

$$\frac{P_1}{P_2} = \frac{I_1^2 R_1}{I_2^2 R_2} = \left(\frac{I_1}{I_2}\right)^2 \left(\frac{R_1}{R_2}\right) = \left(\frac{5}{5}\right)\left(\frac{5}{3}\right) = \frac{5}{3}$$

전체 전력 P는

$$P = P_1 + P_2 \rightarrow P/P_2 = P_1/P_2 + 1 \rightarrow 860/P_2 = 5/3 + 1$$

따라서 5 Ω과 3 Ω에 공급되는 전력 P_1, P_2는

$$P_1 = 860 - 322.5 = 537.5 \text{ W}$$
$$P_2 = (860)(3/8) = 322.5 \text{ W}$$

따라서 각 저항에 공급되는 전력으로부터 저항에 흐르는 전류를 다음과 같이 구할 수 있다.

$$P_1 = I_1^2 R_1 = I_1^2(5) = 537.5 \quad \therefore I_1 = 10.37 \text{ A}$$
$$P_2 = I_2^2 R_2 = I_2^2(3) = 322.5 \quad \therefore I_2 = 10.37 \text{ A}$$

여기서 $\boldsymbol{V} = V\angle 0°$로 두면

$$\boldsymbol{I_2} = I_2 \angle -\tan^{-1}(4/3) = 10.37 \angle -53.13° \text{ A}$$

전체 전류 $\boldsymbol{I}$는

$$\boldsymbol{I} = \boldsymbol{I_1} + \boldsymbol{I_2} = 10.37 + 10.37 \angle -53.13° = 18.55 \angle -26.58° \text{ A} \quad \therefore I = 18.55 \text{ A}$$

따라서 전류계의 지시값은 18.55 A이다.

EXAMPLE 10-20

두 지로의 임피던스가 $\boldsymbol{Z_1} = 3 + j4$ Ω, $\boldsymbol{Z_2} = 6 + j5$ Ω인 병렬회로가 있다. 지로 1의 피상전력은 1680 VA이다. 두 지로 전류를 측정하기 위해서 연결된 전류계의 지시값과 전력 삼각형을 구하라.

SOLUTION

병렬회로를 그려보라. 병렬회로의 인가전압을 $\boldsymbol{V} = V\angle 0°$라고 하자.
지로 1, 2에 흐르는 전류를 $\boldsymbol{I_1}$, $\boldsymbol{I_2}$라고 하면

$$\boldsymbol{I_1} = \frac{\boldsymbol{V}}{3+j4} = \frac{\boldsymbol{V}}{5\angle 53.13°}, \quad \boldsymbol{I_2} = \frac{\boldsymbol{V}}{6+j5} = \frac{\boldsymbol{V}}{7.81 \angle 39.81°}$$

$\boldsymbol{I_1}$, $\boldsymbol{I_2}$의 크기 비 I_1/I_2는

$$\frac{I_1}{I_2} = \frac{V/5}{V/7.81} = 1.562$$

피상전력 $S = VI$를 이용하여 피상전력의 비 S_1/S_2는

$$\frac{S_1}{S_2} = \frac{VI_1}{VI_2} = \frac{I_1}{I_2} = 1.562$$

$$S_2 = (I_2/I_1)S_1 = (1/1.562)(1680) = 1075.5 \text{ VA}$$

따라서 회로 전체의 피상전력 S는

$$S = S_1 + S_2 = 1680 + 1075.5 = 2755.5 \text{ VA}$$
$$P = S\cos\theta = 2755.5\cos 47.94° = 1845.9 \text{ W}$$
$$Q = S\sin\theta = 2755.5\sin 47.94° = 2045.8 \text{ var}$$

따라서 복소전력 $\boldsymbol{S}$는

$$\boldsymbol{S} = P + jQ = 1845.9 + j2045.8 \text{ VA}$$

피상전력 $S = I^2Z$를 이용하여 각 지로 전류를 구해보자.

$$S_1 = I_1^2 Z_1 \rightarrow I_1 = \sqrt{S_1/Z_1} = \sqrt{1680/5} = 18.33 \text{ A}$$
$$S_2 = I_2^2 Z_2 \rightarrow I_2 = \sqrt{S_2/Z_2} = \sqrt{1075.5/7.81} = 11.73 \text{ A}$$

따라서 전류계의 지시값 $I = I_1 + I_2 = 18.33 + 11.73 = 30.1 \text{ A}$
역률 $PF = \cos 47.94° = 0.67$

EXAMPLE 10-21

지로 1, 2의 임피던스가 각각 $\boldsymbol{Z}_1 = 2 + j3 \text{ }\Omega$, $\boldsymbol{Z}_2 = 3 - j4 \text{ }\Omega$인 병렬회로가 있다. 지로 2의 3 Ω에서 전력은 30 W이다. 병렬회로의 전력 삼각형을 구하라.

SOLUTION

〈해법 1〉

병렬회로의 인가전압을 $\boldsymbol{V} = V\angle 0°$라고 하자.
지로 1, 2에 흐르는 전류를 I_1, I_2라고 하면

$$\boldsymbol{I}_1 = \frac{\boldsymbol{V}}{\boldsymbol{Z}_1} = \frac{\boldsymbol{V}}{2+j3} = \frac{\boldsymbol{V}}{3.61\angle 56.31°}, \quad \boldsymbol{I}_2 = \frac{\boldsymbol{V}}{\boldsymbol{Z}_2} = \frac{\boldsymbol{V}}{3-j4} = \frac{\boldsymbol{V}}{5\angle -53.13°}$$

I_1, I_2의 크기 비 I_1/I_2는

$$\frac{I_1}{I_2} = \frac{V/3.61}{V/5} = 1.385$$

$P = I^2 R$을 이용하여

$$P_2 = I_2^2 R_2 = I_2^2(3) = 30, \quad I_2 = \sqrt{30/3} = 3.16 \text{ A}$$

따라서 $I_1 = 1.385 I_2$이므로 $I_1 = 4.38 \text{ A}$

$$P_1 = I_1^2 R_1 = (4.38)^2(2) = 38.4 \text{ W}$$
$$\text{전체 } P = P_1 + P_2 = 38.4 + 30 = 68.4 \text{ W}$$

한편 $Q = I^2 X$을 이용하여

$$Q_1 = I_1^2 X_1 = (4.38)^2(3) = 57.6 \, \text{var (lagging)}$$

$$Q_2 = I_2^2 X_2 = (3.16)^2(4) = 39.9 \, \text{var (leading)}$$

전체 $Q = Q_1 - Q_2 = 57.6 + 39.9 = 17.7 \, \text{var}$

전체 $S = \sqrt{P^2 + Q^2} = \sqrt{68.4^2 + 17.7^2} = 70.7 \, \text{VA}$

전체 $PF = P/S = 68.4/70.7 = 0.967$ (lagging)

⟨해법 2⟩

지로 2에 흐르는 전류를 I_2는 $P_2 = I_2^2 R_2 = I_2^2(3) = 30$으로부터 $I_2 = 3.16 \, \text{A}$

$\boldsymbol{Z}_2 = 3 - j4 = 5\angle -53.13° \, \Omega$, $V = Z_2 I_2 = (5)(3.16) = 15.8 \, \text{V}$로 $\boldsymbol{V} = 15.8\angle 0° \, \text{V}$라고 하면

$\boldsymbol{I}_2 = 3.16\angle 53.13° \, \text{A}$로 쓸 수 있다, $\boldsymbol{I}_1 = \boldsymbol{V}/\boldsymbol{Z}_1 = (15.8\angle 0°)/(3.61\angle 56.31°) = 4.38\angle -56.31° \, \text{A}$,

$\boldsymbol{I} = \boldsymbol{I}_1 + \boldsymbol{I}_2 = 4.38\angle -56.31° + 3.16\angle 53.13° = 4.47\angle -14.38° \, \text{A}$

$\boldsymbol{S} = \boldsymbol{V}\bar{\boldsymbol{I}} = (15.8\angle 0°)(4.47\angle 14.38°) = 70.6\angle 14.38° = 68.4 + j17.5$

전체 $P = 68.4 \, \text{W}$, $Q = 17.5 \, \text{var}$, $S = 70.6 \, \text{VA}$, $PF = 0.968$

EXERCISE

10.1 다음을 직교형식으로 간단히 하라.
  (a) $(2 - j4) + (8 + j6)$
  (b) $(5 - j5) - (4 - j4)$
  (c) $(0.7 + j2.5) - (1.7 - j25)$
  (d) $(10 + j20) + (10.5 - j9.2)$

10.2 다음을 직교형식으로 간단히 하라.
  (a) $(1 - j)(2.5 + j1.7)$
  (b) $(-j)(j5)$
  (c) $(8 + j1.2)(-j3)$
  (d) $(-1 - j)(1 + j)$

10.3 다음을 직교형식으로 간단히 하라.
  (a) $(1 - j)/(2.5 + j1.7)$
  (b) $(-j)/(j5)$
  (c) $(8 + j1.2)/(-j3)$
  (d) $(1 - j)/(1 + j)$

10.4 다음의 직교형식을 극좌표 형식으로 나타내라.
  (a) $(2 - j4) + (1 + j8)$
  (b) $(1 - j5) - (3 - j4)$
  (c) $(0.3 + j2.5) - (0 - j1.5)$
  (d) $(13 + j15) + (-1 - j5)$

10.5 다음의 극형식을 직교형식으로 나타내라.

  (a) $5.2 \angle 46°$
  (b) $25 \angle -15°$
  (c) $6.8 \angle 135°$
  (d) $0.145 \angle -20°$

10.6 다음을 극형식으로 간단히 하라.

  (a) $(5.2 \angle 46°)(\angle 90°)$
  (b) $(1.7 \angle -15°)(2.5 \angle 40°)$
  (c) $(6.8 \angle 135°)(2 \angle -45°)$
  (d) $(0.145 \angle -20°)(2 \angle 0°)$

10.7 다음을 극형식으로 간단히 하라.

  (a) $(5.4 \angle 46°)/(3 \angle 90°)$
  (b) $(6.25 \angle -15°)/(2.5 \angle 40°)$
  (c) $(6.8 \angle 135°)/(0.5 \angle -45°)$
  (d) $(12 \angle -20°)/(2 \angle -50°)$

10.8 다음을 페이저 형태로 나타내라.

  (a) $v = 123 \sin(754t - 60°)$ V
  (b) $i = 67.8 \cos 754t$ A
  (c) $v = 321 \cos(3000t - 10°)$ V
  (d) $i = 141.4 \sin 377t$ A

10.9 다음을 순시 형태로 나타내라.

  (a) $\mathbf{V} = 60 \angle 45°$ V
  (b) $\mathbf{V} = 6 + j8$ V
  (c) $\mathbf{I} = 4.7 - j10.5$ A
  (d) $\mathbf{I} = -2.7 - j8.6$ A

10.10 다음을 페이저 전압을 구하라.

  (a) 0.5 mH 의 인덕터에 $i = 10 \cos(2000t - 45°)$ A 가 흐를 때 인덕터에 걸리는 전압
  (b) 50 μF 의 커패시터에 $i = 6.5 \sin(1000t - 40°)$ A 가 흐를 때 커패시터에 걸리는 전압

10.11 두 회로요소로 구성된 직렬회로에서 인가전압과 전류가 다음과 같이 주어졌을 때 회로요소를 결정하라.

  (a) $v = 234 \sin(1500t + 150°)$ V, $i = 10 \sin(1500t + 130°)$ A
  (b) $v = 120 \cos(3000t - 50°)$ V, $i = 2 \cos(3000t - 20°)$ A

10.12 $\mathbf{Z} = 4.2 - j13.4$ Ω 에 $\mathbf{V} = 311 \angle 60°$ V 를 인가할 때 전력 삼각형을 구하라.

10.13 $R = 5$ Ω 과 $X_L = 10$ Ω 으로 구성되는 직렬회로에서 저항에 걸리는 실효치 전압이 30 V 이다. 전력 삼각형을 구하라.

10.14 실효치 전류가 20 A, 역률이 0.8(leading), 피상전력이 3000 VA 인 회로 정보로부터 임피던스와 복소전력을 구하라.

10.15 $\mathbf{Z}_1 = 7 \angle 30°$ Ω 과 $\mathbf{Z}_2 = 12 \angle 60°$ Ω 으로 구성된 직렬회로의 무효전력이 2400 var(lagging) 이다. 유효전력과 피상전력을 구하라.

10.16 $R = 2\,\Omega$, 미지의 Z_x 인 직렬회로의 유효전력이 800 W, 역률이 0.8이다. 무효전력과 피상전력, Z_x를 구하라.

10.17 지로 1, 2의 임피던스가 각각 $Z_1 = 1.5 + j2.6\,\Omega$, $Z_2 = 5.2 - j3\,\Omega$ 인 병렬회로에 $24\angle 0°$ V 인가된다. 각 지로의 복소전력을 구하라.

10.18 $X_L = 6\,\Omega$과 $Z = 4 + j4\,\Omega$ (RL 회로)로 구성되는 병렬회로에서 $X_L = 6\,\Omega$의 무효전력은 5000 var 이다. 회로 전체 유효전력과 역률을 구하라.

10.19 지로 1, 2의 임피던스가 각각 $Z_1 = 4 + j2\,\Omega$, $Z_2 = 5 + j3\,\Omega$ 인 병렬회로가 있다. 전체 유효전력은 2000 W 이다. 전력 삼각형을 구하라.

10.20 지로 1, 2의 임피던스가 각각 $Z_1 = 3 + j2\,\Omega$, $Z_2 = 5 + j4\,\Omega$ 인 병렬회로가 있다. 전체 무효전력은 1500 var 이다. 전력 삼각형을 구하라.

10.21 $R = 12\,\Omega$과 $Z = 6 - j3\,\Omega$ (RC 회로)로 구성되는 병렬회로에서 전체 유효전력이 2500 W 이다. 각 저항에서 유효전력을 구하라.

10.22 $Z = 6 + j10.39\,\Omega$의 RL 회로에 $X_C = 30\,\Omega$을 병렬로 추가했을 때 몇 퍼센트의 역률 개선 효과가 있는가?

10.23 $R = 10\,\Omega$과 $Z = 3 + j5\,\Omega$ (RL 회로)로 구성되는 병렬회로에서 역률을 구하라. 역률을 0.85 (lagging)가 되기 위한 $R = 10\,\Omega$을 조정하라.

10.24 $220\angle 0°$ V, $\omega = 377\,\text{rad/s}$의 전원 전압이 역률이 0.638 (lagging)을 가지는 부하에 3500 VA 의 전력을 공급한다. 역률이 0.847로 개선시킬 수 있는 병렬 커패시턴스를 구하라.

10.25 다음 세 부하에 대한 전체 전력 삼각형을 구하라. 부하 1: 역률 0.85 (lagging)에서 4000 W, 부하 2: 역률 0.79 (lagging)에서 5000 VA, 부하 3: 3000 var (leading)를 가지는 5000 VA.

10.26 지로 1, 2의 임피던스가 각각 $Z_1 = 3 - j6\,\Omega$, $Z_2 = 2 + j2\,\Omega$ 인 병렬회로가 있다. 지로 1의 $3\,\Omega$에서 전력은 30 W 이다. 각 지로의 복소전력과 전체 복소전력을 구하라.

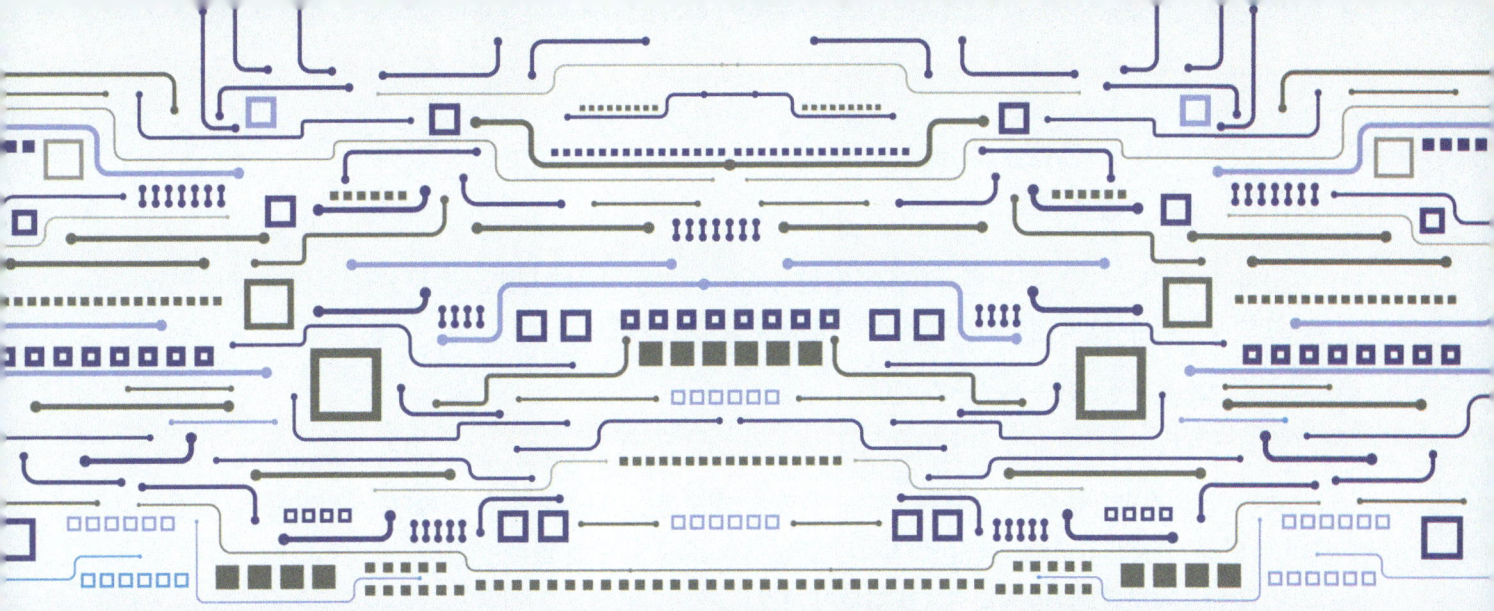

CHAPTER 11

교류회로

11.1 *RL* 직렬회로
11.2 *RC* 직렬회로
11.3 *RLC* 직렬회로
11.4 전압분배법칙
11.5 병렬회로
11.6 직·병렬회로
11.7 AC 망전류 해석
11.8 AC 마디전압 해석
EXERCISE

11.1 RL 직렬회로

임피던스(Z)는 저항, 유도성 리액턴스, 용량성 리액턴스 등 한 성분만으로도 구성될 수 있고, 셋의 조합으로도 구성될 수 있다. 임피던스가 직렬일 때 합성 임피던스 Z는

$$Z = Z_1 + Z_2 + \cdots + Z_n \ (\Omega) \tag{11.1}$$

여기서 각각의 임피던스는 크기와 위상각을 가지고 있다. 임피던스의 가산은 직교형식에서만 가능하다. 즉 직교형식에서 실수부는 실수부끼리 허수부는 허수부끼리 더한다는 의미이다. 예컨대 10 Ω의 순저항과 20 Ω의 리액턴스 저항의 합을 30 Ω으로 할 수는 없다.

그림 11.1에 나타낸 RL 직렬회로를 다루어 보자.

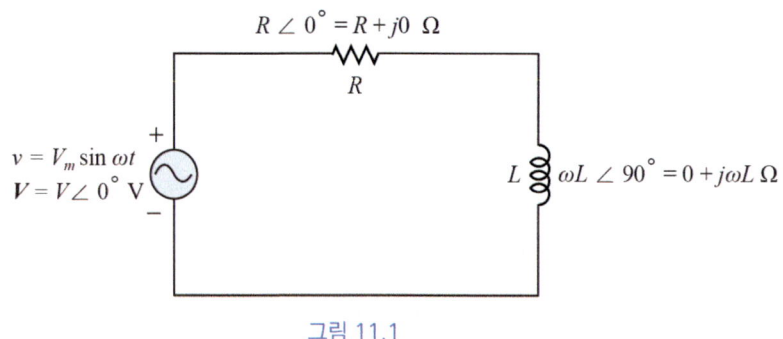

그림 11.1

순저항에서 임피던스를 직교형식과 페이저로 나타내면

$$Z_R = R + j0 = R\angle 0° \ \Omega \tag{11.2}$$

인덕터에서 임피던스를 직교형식과 페이저로 나타내면

$$Z_L = 0 + jX_L = j\omega L = \omega L \angle 90° \ \Omega \tag{11.3}$$

RL 직렬회로에서 합성 임피던스 Z를 직교형식과 페이저로 다음과 같이 나타낸다.

$$Z = R + j\omega L = Z\angle \theta \ \Omega \tag{11.4}$$

여기서 Z의 크기(Z)와 위상각(θ)은 다음과 같다.

$$Z = \sqrt{R^2 + (\omega L)^2}, \qquad \theta = \tan^{-1}\frac{\omega L}{R} \tag{11.5}$$

Z를 복소평면에 나타내면 그림 11.2(b)와 같다.

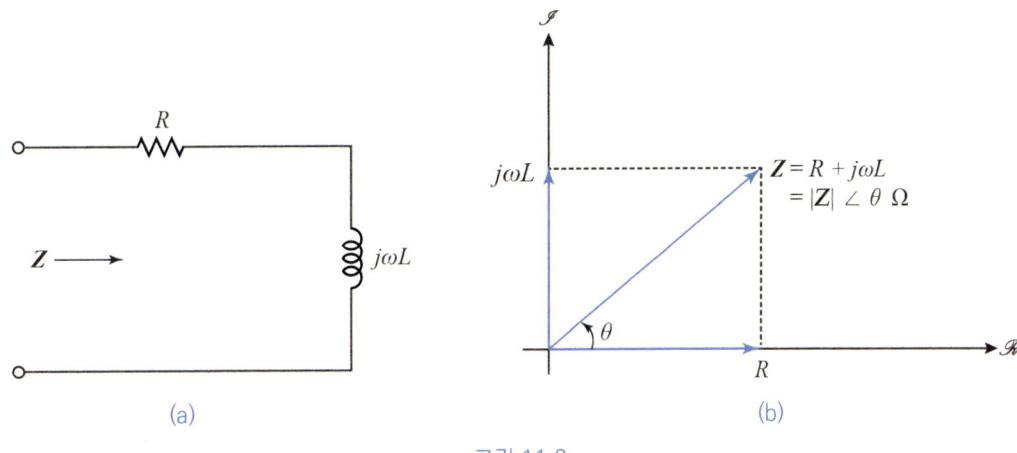

그림 11.2

EXAMPLE 11-1

그림 11.1의 RL 회로에서 $R = 200\,\Omega$, $X_L = 100\,\Omega$, $V = 30\angle 0°$ V일 때

(a) 회로에 흐르는 전류를 구하라.

(b) V_R과 V_L을 구하라.

(c) $V_R + V_L = V$가 성립하는가?

(d) V, V_R, V_L, I에 대한 페이저도를 그려라.

SOLUTION

(a) $I = \dfrac{V}{Z} = \dfrac{30\angle 0°}{200 + j100} = \dfrac{30\angle 0°}{223.61\angle 26.56°} = 0.134\angle -26.56°$ A

(b) $V_R = IR = (0.134\angle -26.56°)(200) = 26.8\angle -26.56°$ V

$V_L = IZ_L = (0.134\angle -26.56°)(100\angle 90°) = 13.4\angle 63.44°$ V

(c) $V = 30\angle 0°$ V $= 30 + j0$ V

$V_R = 26.8\angle -26.56°$ V $= 26.8\cos(-26.56°) + j26.8\sin(-26.56°) = 23.97 - j11.98$ V

$V_L = 13.4\angle 63.44°$ V $= 13.4\cos(63.44°) + j13.4\sin(63.44°) = 5.99 + j11.98$ V

$V_R + V_L = (23.97 - j11.98) + (5.99 + j11.98) = 29.96 + j0 \approx 30 + j0$ V $= V$

(d) 그림 11.3을 보라.

전류는 저항에 걸리는 전압과 동상이며, 인덕터에 걸리는 전압보다는 90° 뒤지는 지상전류이다. 저항과 인덕터에 걸리는 전압 간의 위상차는 90°를 나타낸다.

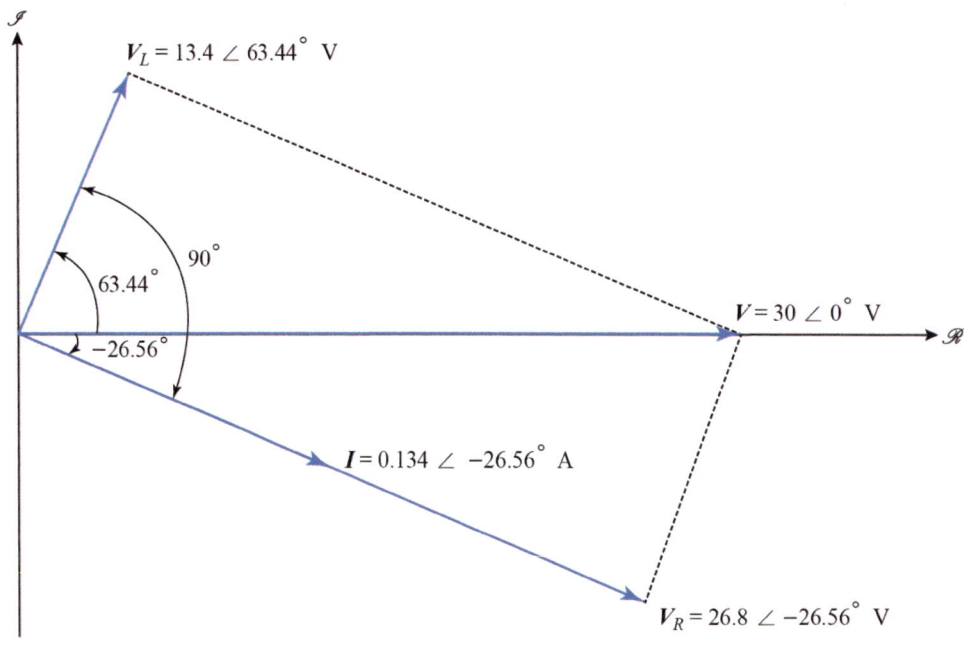

그림 11.3

11.2 RC 직렬회로

그림 11.4에 나타낸 RC 직렬회로를 다루어 보자. 순저항에서 임피던스를 직교형식과 페이저로 나타내면

$$Z_R = R + j0 = R\angle 0°\ \Omega$$

커패시터에서 임피던스를 직교형식과 페이저로 나타내면

$$Z_C = 0 - jX_C = -j\frac{1}{\omega C} = \frac{1}{\omega C}\angle -90°\ \Omega \tag{11.6}$$

RC 직렬회로에서 합성 임피던스 Z를 직교형식과 페이저로 다음과 같이 나타낸다.

$$Z = R - j\frac{1}{\omega C} = Z\angle \theta\ \Omega \tag{11.7}$$

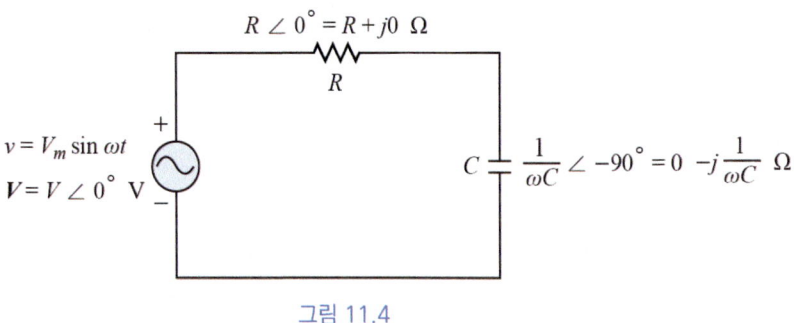

그림 11.4

여기서 Z의 크기(Z)와 위상각(θ)은 다음과 같다.

$$Z = \sqrt{R^2 + \left(\frac{1}{\omega C}\right)^2}, \qquad \theta = \tan^{-1}\frac{-1}{\omega CR} \tag{11.8}$$

Z를 복소평면에 나타내면 그림 11.5(b)와 같다.

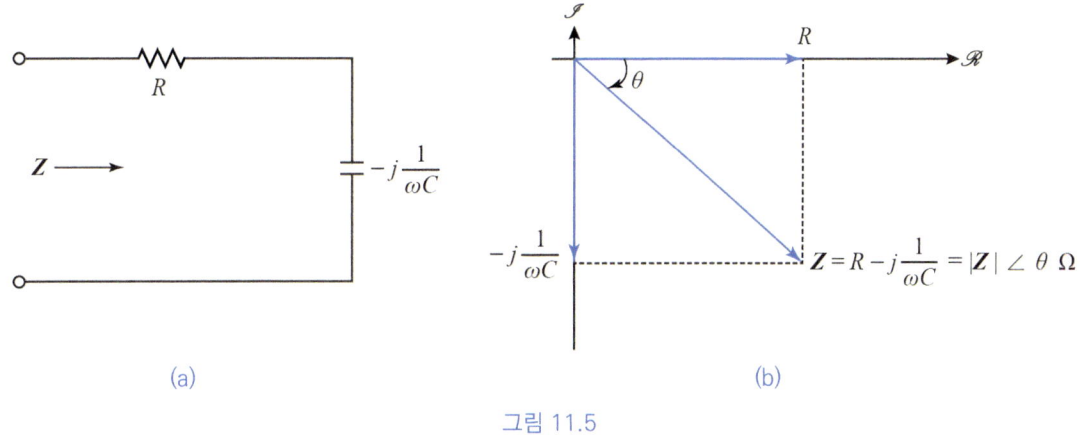

그림 11.5

EXAMPLE 11-2

그림 11.4의 RC 회로에서 $R = 2.5\,\text{k}\Omega$, $X_C = 1.2\,\text{k}\Omega$, $\boldsymbol{V} = 20 \angle 0°$ V일 때

(a) 회로에 흐르는 전류를 구하라.
(b) $\boldsymbol{V}_R$과 $\boldsymbol{V}_C$를 구하라.
(c) $\boldsymbol{V}_R + \boldsymbol{V}_C = \boldsymbol{V}$가 성립하는가?
(d) $\boldsymbol{V},\ \boldsymbol{V}_R,\ \boldsymbol{V}_C,\ \boldsymbol{I}$에 대한 페이저도를 그려라.

SOLUTION

(a) $\boldsymbol{I} = \dfrac{\boldsymbol{V}}{\boldsymbol{Z}} = \dfrac{20 \angle 0°}{2500 - j1200} = \dfrac{20 \angle 0°}{2773.08 \angle -25.64°} = 7.21 \angle 25.64°$ mA

(b) $\boldsymbol{V}_R = \boldsymbol{I}R = (7.21 \times 10^{-3} \angle 25.64°)(2500 \angle 0°) = 18.03 \angle 25.64°$ V

$\boldsymbol{V}_C = \boldsymbol{I}\boldsymbol{Z}_C = (7.21 \times 10^{-3} \angle 25.64°)(1200 \angle -90°) = 8.65 \angle -64.36°$ V

(c) $\boldsymbol{V} = 20 \angle 0°$ V $= 20 + j0$ V

$\boldsymbol{V}_R = 18.03 \angle 25.64°$ V $= 18.03\cos 25.64° + j18.03\sin 25.64° = 16.25 + j7.80$ V

$\boldsymbol{V}_C = 8.65 \angle -64.36°$ V $= 8.65\cos(-64.36°) + j8.65\sin(-64.36°) = 3.74 - j7.80$ V

$\boldsymbol{V}_R + \boldsymbol{V}_C = (16.25 + j7.80) + (3.74 - j7.8) = 19.99 + j0 \approx 20 + j0$ V $= \boldsymbol{V}$

(d) 그림 11.6을 보라.

전류는 저항에 걸리는 전압과 동상이며, 커패시터에 걸리는 전압보다는 90° 앞서는 진상전류이다. 저항과 커패시터에 걸리는 전압 간의 위상차는 90° 위상차를 나타낸다.

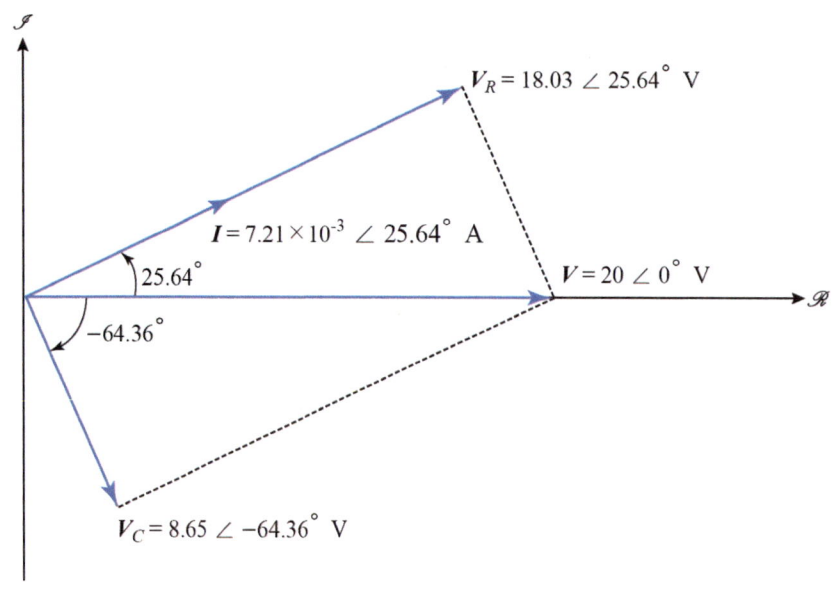

그림 11.6

11.3 *RLC* 직렬회로

그림 11.7(a)에 나타낸 RLC 직렬회로에서 회로요소별 임피던스를 합성하면

$$\boldsymbol{Z} = \boldsymbol{Z}_R + \boldsymbol{Z}_L + \boldsymbol{Z}_C \tag{11.9}$$

$$= (R + j0) + (0 + j\omega L) + \left(0 - j\frac{1}{\omega C}\right) = R + j\left(\omega L - \frac{1}{\omega C}\right)$$

RLC 직렬회로에서 합성 임피던스 $\boldsymbol{Z}$를 직교형식과 페이저로 다음과 같이 나타낸다.

$$\boldsymbol{Z} = R + j\left(\omega L - \frac{1}{\omega C}\right) = R + j(X_L - X_C) = Z\angle\theta \quad \Omega \tag{11.9-1}$$

여기서 $\boldsymbol{Z}$의 크기(Z)와 위상각(θ)은 다음과 같다.

$$Z = \sqrt{R^2 + \left(\omega L - \frac{1}{\omega C}\right)^2} = \sqrt{R^2 + (X_L - X_C)^2}, \qquad \theta = \tan^{-1}\frac{\omega L - 1/\omega C}{R} \tag{11.10}$$

$\boldsymbol{Z}$를 복소평면에 나타내면 그림 11.7(b), (c)와 같다. $X_L > X_C$인 경우 $\boldsymbol{Z}$의 페이저도는 그림 11.7(b)와 같이 되고, $X_C > X_L$인 경우 $\boldsymbol{Z}$의 페이저도는 그림 11.7(c)와 같이 된다.

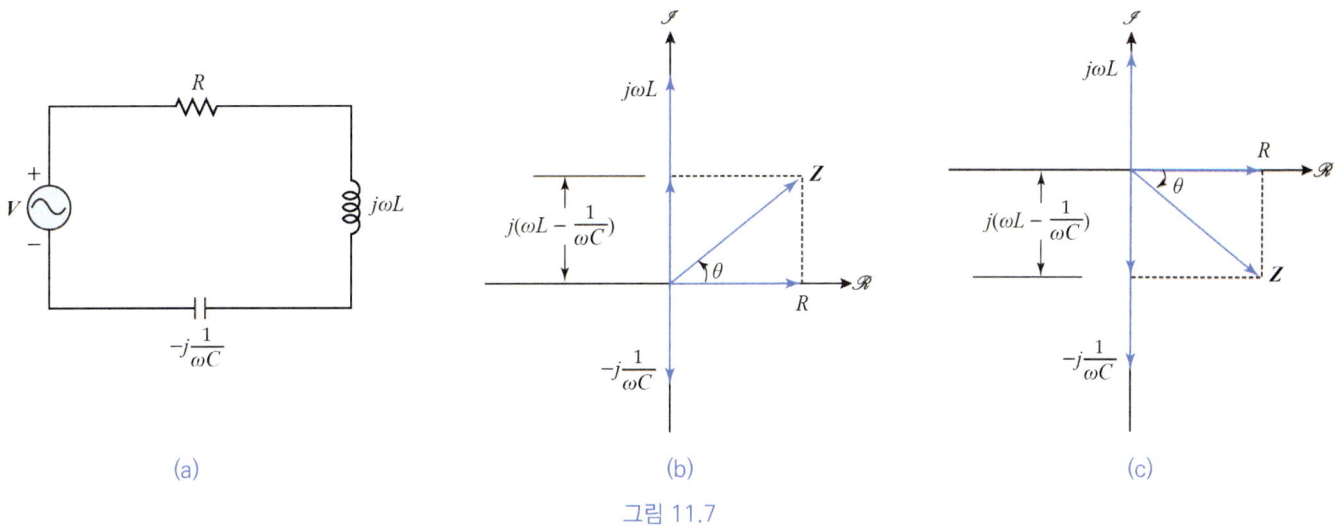

그림 11.7

EXAMPLE 11-3

그림 11.7(a)의 RLC 회로에서 $R = 800\,\Omega$, $X_L = 1200\,\Omega$, $X_C = 600\,\Omega$, $V = 50 \angle 0°$ V 일 때

(a) 회로에 흐르는 전류를 구하라.

(b) V_R, V_L, V_C 를 구하라.

(c) $V_R + V_L + V_C = V$ 가 성립하는가?

(d) V, V_R, V_L, V_C, I에 대한 페이저도를 그려라.

SOLUTION

(a) $I = \dfrac{V}{Z} = \dfrac{50 \angle 0°}{800 + j(1200 - 600)} = \dfrac{50 \angle 0°}{1000 \angle 36.87°} = 50 \angle -36.87°$ mA

(b) $V_R = IR = (50 \times 10^{-3} \angle -36.87°)(800) = 40 \angle -36.87°$ V

$V_L = IZ_L = (50 \times 10^{-3} \angle -36.87°)(1200 \angle 90°) = 60 \angle 53.13°$ V

$V_C = IZ_C = (50 \times 10^{-3} \angle -36.87°)(600 \angle -90°) = 30 \angle -126.87°$ V

(c) $V = 50 \angle 0°$ V $= 50 + j0$ V

$V_R = 40 \angle -36.87°$ V $= 40\cos(-36.87°) + j40\sin(-36.87°) = 32 - j24$ V

$V_L = 60 \angle 53.13°$ V $= 60\cos(53.13°) + j60\sin(53.13°) = 36 + j48$ V

$V_C = 30 \angle -126.87°$ V $= 30\cos(-126.87°) + j30\sin(-126.87°) = -18 - j24$ V

$V_R + V_L + V_C = (32 - j24) + (36 + j48) + (-18 - j24) = 50 - j0$ V $= V$

(d) 그림 11.8을 보라.

저항과 인덕터에 걸리는 전압, 저항과 커패시터에 걸리는 전압 간의 위상은 90° 위상차를 보이며, 인덕터와 커패시터에 거리는 전압 간에는 180° 위상차를 보인다.

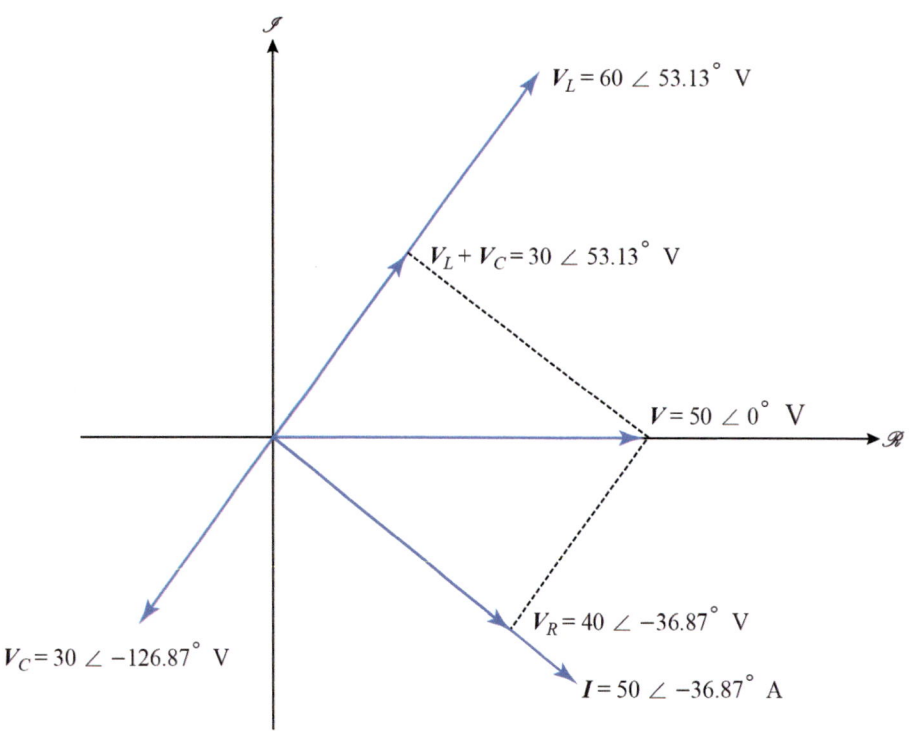

그림 11.8

11.4 전압분배법칙

교류에서 전압분배법칙은 3장에서 다룬 직류에서의 전압분배법칙과 같다. 예제를 통해서 익혀보자.

EXAMPLE 11-4

[EXAMPLE 11-3]에서 V_R, V_L, V_C를 전압분배법칙으로 구하라.

SOLUTION

$$Z = R + j\left(\omega L - \frac{1}{\omega C}\right) = 800 + j600 \ \Omega = 1000 \angle 36.87° \ \Omega$$

$$V_R = \left(\frac{R}{Z}\right)V = \left(\frac{800}{1000 \angle 36.87°}\right)(50 \angle 0°) = 40 \angle -36.87° \ \text{V}$$

$$V_L = \left(\frac{Z_L}{Z}\right)V = \left(\frac{1200 \angle 90°}{1000 \angle 36.87°}\right)(50 \angle 0°) = 60 \angle 53.13° \ \text{V}$$

$$V_C = \left(\frac{Z_C}{Z}\right)V = \left(\frac{600 \angle -90°}{1000 \angle 36.87°}\right)(50 \angle 0°) = 30 \angle -126.87° \ \text{V}$$

EXAMPLE 11-5

그림 11.9의 회로에서 저항에 전압강하가 50 V가 되기 위한 저항값을 구하라.

SOLUTION

$$Z = R + j100 - j40 = R + j60\ \Omega$$
$$Z = \sqrt{R^2 + 60^2}$$
$$V_R = \left(\frac{R}{Z}\right)V = \left(\frac{R}{\sqrt{R^2 + 60^2}}\right)(80)$$
$$= 50\ V$$
$$\frac{R^2}{R^2 + 60^2} = \frac{25}{64}$$
$$64R^2 = 25R^2 + (3600)(25)$$
$$\therefore R = \sqrt{\frac{(3600)(25)}{39}} \approx 48\ \Omega$$

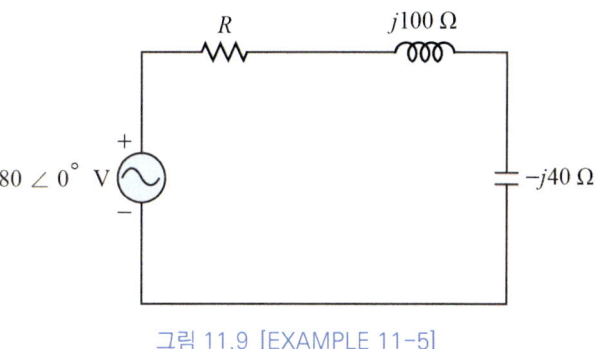

그림 11.9 [EXAMPLE 11-5]

EXAMPLE 11-6

그림 11.10(a)의 회로에서 전원 전압 $V = 30$ V, 저항에 걸리는 전압 $V_R = 18$ V, 코일에 걸리는 전압 $V_L = 20$ V 등 모두 실효치로 주어진다. 60 Hz의 전압원이라고 가정하고, 코일의 내부저항 R_i과 L을 구하라.

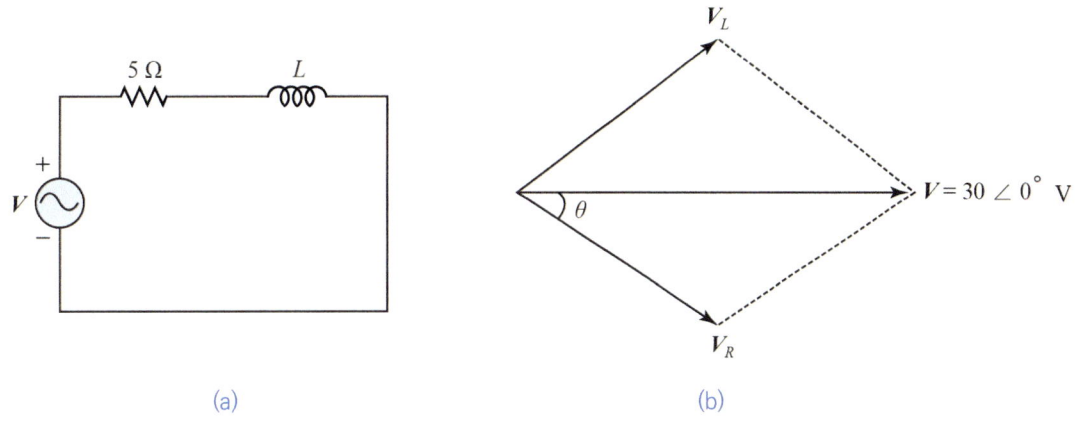

그림 11.10 [EXAMPLE 11-6]

SOLUTION

전원 전압 V를 기준벡터로 잡으면 $V = 30 \angle 0°$ V가 된다. $V = V_R + V_L$이므로 그림 11.10(b)와 같이 페이저도를 그릴 수 있다. 여기서 θ를 코사인 제2법칙[1]으로 구할 수 있다.

벡터도의 삼각형에서 $V_L^2 = V_R^2 + V^2 - 2V_R V\cos\theta$의 관계가 성립한다.

$$\cos\theta = \frac{V_R^2 + V^2 - V_L^2}{2V_R V} = \frac{18^2 + 30^2 - 20^2}{2(18)(30)} = 0.76, \quad \theta = 40.3°$$

V_R의 페이저 V_R은

$$V_R = 18\angle -40.3° \text{ V} = 13.7 - j11.6 \text{ V}$$

전체 전류 I는

$$I = \frac{V_R}{R} = \frac{13.7 - j11.6}{5} = 2.74 - j2.32 \text{ A} = 3.59\angle 40.26° \text{ A}$$

V_L의 페이저 V_L은

$$V_L = V - V_R = 30 - (13.7 - j11.6) = 16.3 + j11.6 \text{ V} = 20\angle 35.4° \text{ V}$$

코일의 임피던스 Z_L은

$$Z_L = \frac{V_L}{I} = \frac{20\angle 35.44°}{3.59\angle -40.26°} = 5.57\angle 75.7° \text{ }\Omega = 1.38 + j5.4 \text{ }\Omega$$

$$\therefore R_l = 1.38 \text{ }\Omega, \quad X_L = 5.4 = \omega L = 2\pi f L = 2\pi(60)L \quad \therefore L = 14.3 \text{ mH}$$

11.5 병렬회로

교류회로에서 많은 임피던스가 직렬로 연결되어 있을 때가 각 임피던스에 흐르는 전류는 동일하며, 합성 임피던스는 각 임피던스의 합이다. 한편 임피던스가 병렬로 연결되어 있을 때 각 임피던스에 걸리는 전압을 동일하지만 합성 임피던스를 구하려면 단순히 각 임피던스를 단순히 더할 수 없다. 이럴 경우에는 "어드미턴스"를 사용하는 것이 편리하다.

(1) Y의 정의

임피던스(impedance) Z의 역수가 **어드미턴스**(admittance) Y이며, 단위는 지멘스(siemens) S 나 모(mho) ℧를 사용한다.

$$Y = \frac{1}{Z} \tag{11.11}$$

임피던스 Z가 실수부인 저항(R)과 허수부인 리액턴스(X)로 구성되듯이($Z = R + jX$), 어드미턴스 Y는 실수부인 **컨덕턴스**(conductance) G와 허수부인 **서셉턴스**(susceptance) B로 구성된다($Y = G + jB$). G는 R의 역수이며, B는 X의 역수이다. G와 B의 단위는 S 또는 ℧이다.

---

[1] 삼각형 세 변 A, B, C와 A 변과 마주 보는 각을 α라고 하면 $A^2 = B^2 + C^2 - 2BC\cos\alpha$

$$G = \frac{1}{R}, \qquad B = \frac{1}{X} \tag{11.12}$$

서셉턴스 B에는 유도성 서셉턴스(inductive susceptance) B_L과 용량성 서셉턴스(capacitive susceptance) B_C가 있으며 다음과 같이 정의된다.

$$B_C = \frac{1}{X_C} = \omega C = 2\pi f C, \qquad B_L = \frac{1}{X_L} = \frac{1}{\omega L} = \frac{1}{2\pi f L} \tag{11.13}$$

(2) $Z \rightarrow Y$ 변환

직교형식이나 극형식으로 된 Z를 Y로, Y를 Z로 변환시키는 것을 ZY 변환(ZY conversion)이라고 하며, 서로 역수를 취하면 된다. Z가 직교형식 $Z = R + jX$일 때 Y는

$$Y = \frac{1}{Z} = \frac{1}{R \pm jX} = \frac{R \mp jX}{(R \pm jX)(R \mp jX)} \tag{11.14}$$

$$= \frac{R}{R^2 + X^2} \mp j\frac{X}{R^2 + X^2} = G \mp jB$$

$$G = \frac{R}{R^2 + X^2}, \qquad B = \frac{X}{R^2 + X^2} \tag{11.15}$$

$+jB$이면 B는 용량성 서셉턴스, $-jB$이면 B는 유도성 서셉턴스이다.

(3) $Y \rightarrow Z$ 변환

반대로 Y가 직교형식 $Y = G + jB$일 때 Z는

$$Z = \frac{1}{Y} = \frac{1}{G \pm jB} = \frac{G \mp jB}{(G \pm jB)(G \mp jB)} \tag{11.16}$$

$$= \frac{G}{G^2 + B^2} \mp j\frac{X}{G^2 + B^2} = R \mp jX$$

$$R = \frac{G}{G^2 + B^2}, \qquad X = \frac{B}{G^2 + B^2} \tag{11.17}$$

$+jX$이면 X는 유도성 리액턴스, $-jX$이면 X는 용량성 리액턴스이다.

(4) 합성 어드미턴스 Y

그림 11.11에서 모든 임피던스는 병렬이다.

Z_1에 흐른 전류는 I_1은

$$I_1 = \frac{V}{Z_1} = Y_1 V$$

Z_1에 흐른 전류는 I_1은

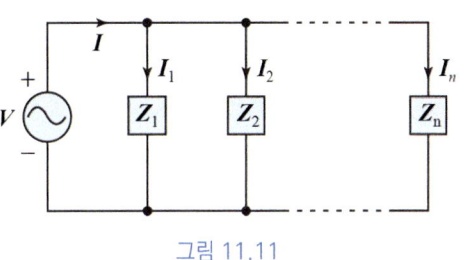

그림 11.11

$$I_2 = \frac{V}{Z_2} = Y_2 V$$
$$\vdots \quad \vdots \quad \vdots$$

Z_n에 흐른 전류는 I_n은

$$I_n = \frac{V}{Z_n} = Y_n V$$

전압원에서 공급하는 총 전류 I는 각 임피던스에 흐르는 전류의 합이다.

$$I = I_1 + I_2 + \cdots + I_n = \frac{V}{Z_1} + \frac{V}{Z_2} + \cdots + \frac{V}{Z_n}$$
$$= \left(\frac{1}{Z_1} + \frac{1}{Z_2} + \cdots + \frac{1}{Z_n}\right)V = \left(\frac{1}{Z}\right)V = YV \tag{11.18}$$

병렬회로에서 합성 어드미턴스 Y는 다음과 같이 나타내진다.

$$Y = Y_1 + Y_2 + \cdots + Y_n \tag{11.19}$$

만약 전압원을 전류원으로 대체하고 세 지로일 경우 각 지로에 흐르는 전류는 전압분배법칙에 따라 다음과 같이 나타내진다.

$$I_1 = \left(\frac{Y_1}{Y_1 + Y_2 + Y_3}\right)I \tag{11.20a}$$

$$I_2 = \left(\frac{Y_2}{Y_1 + Y_2 + Y_3}\right)I \tag{11.20b}$$

$$I_3 = \left(\frac{Y_3}{Y_1 + Y_2 + Y_3}\right)I \tag{11.20c}$$

EXAMPLE 11-7

(a) 1 kΩ의 저항을 직교좌표형식과 극형식의 어드미턴스로 나타내라.
(b) 60 Hz에서 100 μF를 직교좌표형식과 극형식의 어드미턴스로 나타내라.
(c) 60 Hz에서 5 mH를 직교좌표형식과 극형식의 어드미턴스로 나타내라.
(d) $Z = 30 + j40$ Ω일 때 어드미턴스 Y로 변환하라.

SOLUTION

(a) $Y = G = \dfrac{1}{R} = \dfrac{1}{1\,\text{k}\Omega} = 1 + j0\ \text{mS} = 1\angle 0°\ \text{mS}$

(b) $B_C = 2\pi f C = (2\pi)(60)(100 \times 10^{-6}) = 37.7\ \text{mS}$
$Y = 0 + jB_C = 0 + j37.7\ \text{mS} = 37.7\angle 90°\ \text{mS}$

(c) $B_L = \dfrac{1}{2\pi f L} = \dfrac{1}{2\pi (60)(5 \times 10^{-3})} = 0.53 \text{ S}$

$\boldsymbol{Y} = 0 - jB_L = 0 - j0.53 \text{ S} = 0.53 \angle -90° \text{ S}$

(d) 3가지 방법으로 접근해보자.

⟨해법 1⟩ $\boldsymbol{Y}$는 $\boldsymbol{Z}$의 역수

$$\boldsymbol{Y} = \dfrac{1}{\boldsymbol{Z}} = \dfrac{1}{30 + j40} = \dfrac{30}{30^2 + 40^2} - j\dfrac{40}{30^2 + 40^2} = 0.012 - j0.016 \text{ S}$$

⟨해법 2⟩ 극형식으로 고쳐서 직교좌표계로 변환

$$\boldsymbol{Z} = \sqrt{30^2 + 40^2} \angle \tan^{-1}\dfrac{40}{30} = 50 \angle 53.13° \text{ Ω}$$

$$\boldsymbol{Y} = \dfrac{1}{\boldsymbol{Z}} = \dfrac{1}{50 \angle 53.13°} = 0.02 \angle -53.13° \text{ S}$$

$$= 0.02 \cos(-53.13°) + j0.02 \sin(-53.13°)$$

$$= 0.012 - j0.016 \text{ S}$$

EXAMPLE 11-8

그림 11.12의 회로에서 합성 어드미턴스 $\boldsymbol{Y}$를 구하라.

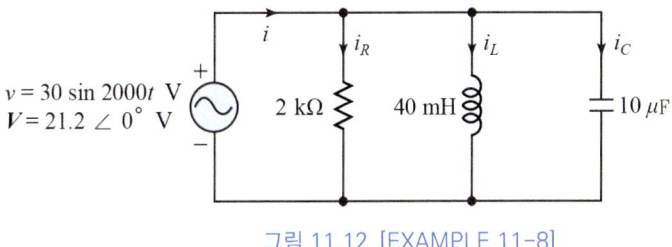

그림 11.12 [EXAMPLE 11-8]

SOLUTION

저항에서 어드미턴스 $\boldsymbol{Y}_R$은

$$\boldsymbol{Y}_R = G = \dfrac{1}{R} = \dfrac{1}{2\text{ k}\Omega} = 0.5 \text{ mS} = 0.5 \angle 0° \text{ mS}$$

인덕터에서 어드미턴스 $\boldsymbol{Y}_L$은

$$\boldsymbol{Y}_L = -jB_L = -j\dfrac{1}{\omega L} = -j\dfrac{1}{(2000)(40 \times 10^{-3})} = -j12.5 \text{ mS}$$

$$= 12.5 \angle -90° \text{ mS}$$

커패시터에서 어드미턴스 $\boldsymbol{Y}_C$는

$$\boldsymbol{Y}_C = jB_C = j\omega C = j(2000)(10 \times 10^{-6}) = j20 \text{ mS} = 20 \angle 90° \text{ mS}$$

합성 어드미턴스 Y는

$$Y = Y_R + Y_L + Y_C = 0.5 - j12.5 + j20 \text{ mS} = 0.5 + j7.5 \text{ mS}$$
$$= 7.52 \angle 86.19° \text{ mS}$$

EXAMPLE 11-9

그림 11.12의 회로에서 각 회로요소에 흐르는 전류와 전체 전류를 페이저와 순시형태로 나타내라.

SOLUTION

〈해법 1〉

[EXAMPLE 11-8]에서 각 회로요소별 어드미턴스를 이용한다.

저항에 흐르는 전류 I_R은

$$I_R = Y_R V = (0.5 \angle 0° \text{ mS})(21.2 \angle 0° \text{ V}) = 10.6 \angle 0° \text{ mA} = 10.6 + j0 \text{ mA}$$

순시전류 i_R은

$$i_R = 10.6 \sqrt{2} \sin 2000t \text{ mA} \approx 15 \sin 2000t \text{ mA}$$

인덕터에 흐르는 전류 I_L은

$$I_L = Y_L V = (12.5 \angle -90° \text{ mS})(21.2 \angle 0° \text{ V}) = 0.265 \angle -90° \text{ A}$$

순시전류 i_L은

$$i_L = 0.265 \sqrt{2} \sin (2000t - 90°) \text{ A} \approx 0.375 \sin (2000t - 90°) \text{ A}$$
$$= 0 - j0.265 \text{ A}$$

커패시터에 흐르는 전류 I_C는

$$I_C = Y_C V = (20 \angle 90° \text{ mS})(21.2 \angle 0° \text{ V}) = 0.424 \angle 90° \text{ A} = 0 + j0.424 \text{ A}$$

순시전류 i_C는

$$i_C = 0.424 \sqrt{2} \sin (2000t + 90°) \approx 0.6 \sin (2000t + 90°) \text{ A}$$

전체 전류 I는

$$I = I_R + I_L + I_C = 0.0106 - j0.265 + j0.424 = 0.0106 + j0.159 \text{ A}$$
$$= 0.159 \angle 86.19° \text{ A}$$

전체 순시전류 i는

$$i = 0.159 \sqrt{2} \sin (2000t + 86.19°) = 0.225 \sin (2000t + 86.19°) \text{ A}$$

검증차원에서 각 순시전류의 합으로 계산한 전체 순시전류 i는

$$i = i_R + i_L + i_C = 0.015 \sin 2000t + 0.375 \sin(2000t - 90°) + 0.6 \sin(2000t + 90°)$$
$$= 0.015 \sin 2000t - 0.375 \cos 2000t + 0.6 \cos 2000t$$
$$= 0.015 \sin 2000t + 0.225 \cos 2000t$$
$$= \sqrt{0.015^2 + 0.225^2} \sin\left(2000t + \tan^{-1}\frac{0.225}{0.015}\right)$$
$$= 0.226 \sin(2000t + 86.19°) \text{ A}$$

〈해법 2〉 **전류분배법칙**

[EXAMPLE 11-8]에서 합성 어드미턴스 $\boldsymbol{Y} = 7.52 \angle 86.19°$ mS

$$\boldsymbol{I} = \boldsymbol{YV} = (7.52 \angle 86.19° \text{ mS})(21.2 \angle 0° \text{ V}) = 159.42 \angle 86.19° \text{ mA}$$
$$= 0.0106 + j0.159 \text{ A}$$

순시전류 i는

$$i = 159.42\sqrt{2} \sin(2000t + 86.19°) \text{ mA} \approx 225.5 \sin(2000t + 86.19°) \text{ mA}$$

각 지로에 흐르는 페이저 전류는

$$\boldsymbol{I}_R = \left(\frac{\boldsymbol{Y}_R}{\boldsymbol{Y}}\right)\boldsymbol{I} = \left(\frac{0.5 \angle 0°}{7.52 \angle 86.19°}\right)(159.42 \times 10^{-3} \angle 86.19°) = 10.6 \text{ mA}$$

$$\boldsymbol{I}_L = \left(\frac{\boldsymbol{Y}_L}{\boldsymbol{Y}}\right)\boldsymbol{I} = \left(\frac{12.5 \angle -90°}{7.52 \angle 86.19°}\right)(159.42 \times 10^{-3} \angle 86.19°) = 0.265 \angle -90° \text{ A}$$

$$\boldsymbol{I}_C = \left(\frac{\boldsymbol{Y}_C}{\boldsymbol{Y}}\right)\boldsymbol{I} = \left(\frac{20 \angle 90°}{7.52 \angle 86.19°}\right)(159.42 \times 10^{-3} \angle 86.19°) = 0.424 \angle 90° \text{ A}$$

EXAMPLE 11-10

그림 11.13의 회로에서 회로요소에 흐르는 전류와 전압을 페이저로 나타내라.

SOLUTION

100 Ω과 $j300$ Ω은 직렬이므로 직렬합성 임피던스 $\boldsymbol{Z}_s$는

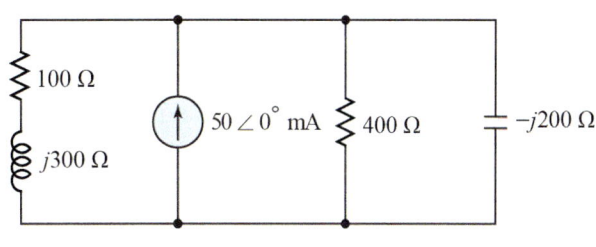

그림 11.13 [EXAMPLE 11-10]

$$\boldsymbol{Z}_s = 100 + j300 \text{ Ω} = 316.23 \angle 71.57° \text{ Ω}$$

400 Ω과 $-j200$ Ω은 병렬이므로 병렬합성 임피던스 $\boldsymbol{Z}_p$는

$$Z_p = 400//(-j200) = \frac{400(200\angle -90°)}{400-j200} = \frac{400(200\angle -90°)}{447.21\angle -26.57°}$$
$$= 178.89\angle -63.43°\,\Omega = 80.02 - j160\,\Omega$$

Z_s에 흐르는 전류 I_s

$$I_s = \left(\frac{Z_p}{Z_s + Z_p}\right)I = \left[\frac{178.89\angle -63.43°}{(100+j300)+(80.02-j160)}\right](50\angle 0°\,\mathrm{mA})$$
$$= \left(\frac{178.89\angle -63.43°}{180.02 + j140}\right)(50\angle 0°\,\mathrm{mA})$$
$$= \left(\frac{178.89\angle -63.43°}{228.05\angle 37.87°}\right)(50\angle 0°\,\mathrm{mA})$$
$$= 39.22\angle -101.31°\,\mathrm{mA} = -7.69 - j38.46\,\mathrm{mA}\,(=I_{100\Omega} = I_L)$$

Z_p에 흐르는 전류 I_p

$$I_p = I - I_s = 50 - (-7.69 - j38.46) = 57.69 + j38.46\,\mathrm{mA}$$
$$= 69.33\angle 33.69°\,\mathrm{mA}$$

⟨해법 1⟩

i) 100 Ω에 걸리는 전압 $V_{100\Omega}$과 흐르는 전류 $I_{100\Omega}$

$$V_{100\Omega} = (100)I_s = (100)(39.22\times 10^{-3}\angle -101.3°) = 3.922\angle -101.3°\,\mathrm{V},$$
$$I_{100\Omega} = I_s = I_L$$

ii) 인덕터에 걸리는 전압 V_L

$$V_L = Z_{j300\Omega}I_s = (300\angle 90°)(39.22\times 10^{-3}\angle -101.3°) = 11.766\angle -11.3°\,\mathrm{V}$$

iii) 400 Ω에 걸리는 전압 $V_{400\Omega}$과 흐르는 전류 $I_{400\Omega}$

$$V_{400\Omega} = Z_p I_p = (178.89\angle -63.43°)(69.33\times 10^{-3}\angle 33.69°)$$
$$= 12.4\angle -29.74°\,\mathrm{V}\,(=V_C)$$

$$I_{400\Omega} = \frac{V_{400\Omega}}{400} = \frac{12.4\angle -29.74°}{400} = 31\angle 29.74°\,\mathrm{mA}$$

iv) 커패시터에 흐르는 전류 I_C

$$I_C = \frac{V_C}{Z_C} = \frac{12.4\angle -29.74°}{200\angle -90°} = 62\angle 60.26°\,\mathrm{mA}$$

⟨해법 2⟩

i) 400 Ω에 흐르는 전류 $I_{400\Omega}$와 커패시터에 흐르는 전류 I_C

$$I_{400\Omega} = \left(\frac{-j200}{400-j200}\right)I_p = \frac{1\angle -90°}{2.24\angle -26.57°}(69.33\angle 33.69°)$$
$$= 30.95\angle -29.74° \text{ mA} = 26.87 - j15.35 \text{ mA}$$

$$I_C = I_p - I_{400\Omega} = (57.69 + j38.46) - (26.87 - j15.35)$$
$$= 30.82 + j53.81 \text{ mA} = 62\angle 60.19° \text{ mA}$$

ii) 400 Ω에 걸리는 전압 $V_{400\Omega}$과 커패시터에 걸리는 전압 V_C

$$V_{400\Omega} = (400)I_{400\Omega} = (400)(30.95\times 10^{-3}\angle -2974°) = 12.38\angle -29.74° \text{ V}$$

$$V_C = Z_C I_C = (200\angle -90°)(62\times 10^{-3}\angle 60.19°) = 12.4\angle 60.19° \text{ V}$$

EXAMPLE 11-11

그림 11.14의 회로에서 V_{ab}를 페이저로 나타내라.

SOLUTION

〈해법 1〉

$j20$ Ω에 걸리는 전압 $V_{j20\Omega} = V_a$는

$$V_a = \left(\frac{Z_{j20\Omega}}{Z_{30\Omega} + Z_{j20\Omega}}\right)V = \left(\frac{j20}{30+j20}\right)(40) = \frac{800\angle 90°}{36.06\angle 33.69°} = 22.19\angle 56.31° \text{ V}$$
$$= 12.31 + j18.47 \text{ V}$$

$-j100$ Ω에 걸리는 전압 $V_{-j100\Omega} = V_b$는

$$V_b = \left(\frac{Z_{-j100\Omega}}{Z_{j50\Omega} + Z_{-j100\Omega}}\right)V = \left(\frac{-j100}{j50-j100}\right)(40) = \frac{400\angle -90°}{50\angle -90°} = 80\angle 0° \text{ V}$$

따라서

$$V_{ab} = V_a - V_b = (12.31 + j18.47) - (80 + j0) = -67.69 + j18.47 \text{ V}$$
$$= 70.16\angle -164.74° \text{ V}$$

〈해법 2〉

병렬지로의 전류로부터 옴법칙을 이용하여 전압을 구한다.

30 Ω과 $j20$ Ω은 직렬이므로 직렬합성 임피던스 Z_{s1}은

$$Z_{s1} = 30 + j20 \text{ Ω} = 36.06\angle 33.69° \text{ Ω}$$

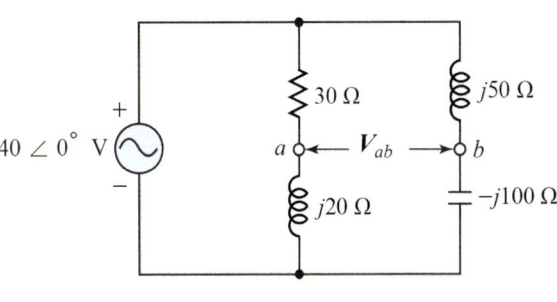

그림 11.14 [EXAMPLE 11-11]

$j50\,\Omega$ 과 $-j100\,\Omega$ 은 직렬이므로 직렬합성 임피던스 Z_{s2}는

$$Z_{s2} = j50 - j100 = -j50\,\Omega = 50\angle-90°\,\Omega$$

Z_{s1}에 흐르는 전류 I_1은

$$I_1 = \frac{V}{Z_{s1}} = \frac{40\angle 0°}{36.06\angle 33.69°} = 1.11\angle -33.69°\,\text{A}$$

Z_{s2}에 흐르는 전류 I_2는

$$I_2 = \frac{V}{Z_{s2}} = \frac{40\angle 0°}{50\angle -90°} = 0.8\angle 90°\,\text{A}$$

$j20\,\Omega$에 걸리는 전압 $V_{j20\Omega} = V_a$는

$$V_a = Z_{j20\Omega} I_1 = (20\angle 90°)(1.11\angle -33.69°) = 22.2\angle 56.31°\,\text{V} = 12.31 + j18.47\,\text{V}$$

$-j100\,\Omega$에 걸리는 전압 $V_{-j100\Omega} = V_b$는

$$V_b = Z_{-j100\Omega} I_2 = (100\angle -90°)(0.8\angle 90°) = 80\angle 0°\,\text{V} = 80 + j0\,\text{V}$$

따라서

$$V_{ab} = V_a - V_b = (12.31 + j18.47) - (80 + j0) = -67.69 + j18.47\,\text{V}$$
$$= 70.16\angle -164.74°\,\text{V}$$

EXAMPLE 11-12

그림 11.15(a)의 회로에서 회로에 흐르는 전류는 모두 실효치로 주어진다. 60 Hz의 전압원이라고 가정하고, 코일의 내부저항 R과 L을 구하라.

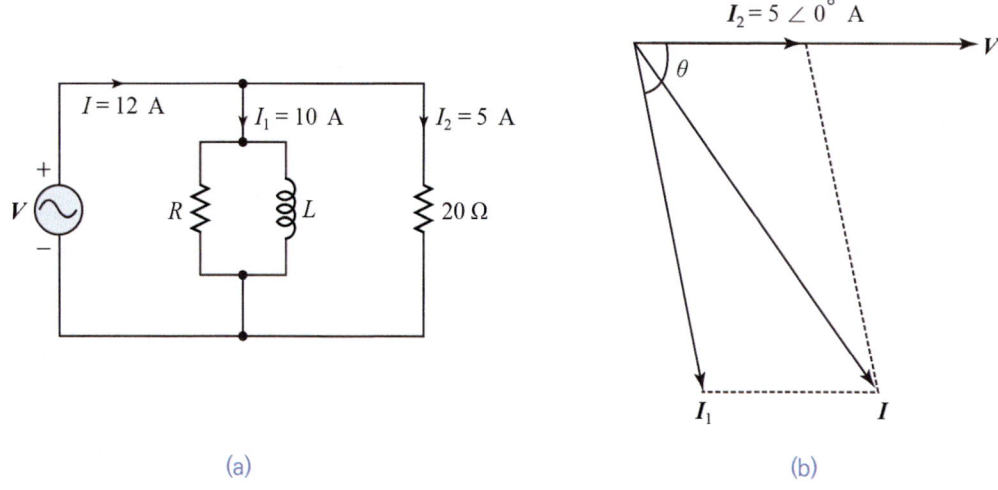

그림 11.15 [EXAMPLE 11-12]

SOLUTION

I_2를 기준벡터로 잡으면 병렬에 걸리는 전압은 동일하므로 $V = RI_2 = 100 \angle 0°$ V가 된다. I_1은 리액턴스와 관련되므로 V보다는 위상이 뒤진다. $I = I_1 + I_2$이므로 그림 11.15(b)와 같이 페이저도를 그릴 수 있다. 여기서 θ를 코사인 제2법칙[2]으로 구할 수 있다.

벡터도의 삼각형에서 $I^2 = I_1^2 + I_2^2 + 2I_1 I_2 \cos\theta$의 관계가 성립한다.

$$\cos\theta = \frac{I^2 - I_1^2 - I_2^2}{2V_R V} = \frac{12^2 + 10^2 - 5^2}{2(10)(5)} = 0.19 \quad \therefore \theta = 79°$$

따라서 I_1은 다음과 같이 나타내진다.

$$I_1 = 10 \angle -79° \text{ A}$$

전류 I_1이 흐르는 병렬지로의 임피던스 Z_1은

$$Z_1 = \frac{V}{I_1} = \frac{100 \angle 0°}{10 \angle -79°} = 10 \angle 79° \text{ } \Omega$$

임피던스 Z_1의 역수인 어드미턴스 Y_1은

$$Y_1 = \frac{1}{Z_1} = 0.1 \angle -79° = 0.019 - j0.098 = G - jB = \frac{1}{R} - j\frac{1}{\omega L}$$

따라서

$$R = 1/G = 1/0.019 = 52.6 \text{ } \Omega$$
$$\omega L = 2\pi f L = 2\pi(60)L = 1/B = 1/0.098 \quad \therefore L = 27 \text{ mH}$$

11.6 직·병렬회로

교류회로에서 회로요소들이 직렬과 병렬이 혼합되어 있는 회로를 직·병렬회로(series-parallel circuit)라고 하는데 전체 전류를 구할 때는 병렬회로의 합성에 이어 직렬과 합성해서 하나의 임피던스로 줄일 수 필요가 있다. 또 각 회로요소에 걸리는 전압이나 전류를 구하기 위해서는 전압분배법칙이나 전류분배법칙을 이용하는 것이 편리하다. 예제를 통해서 전류나 전압을 어떻게 구하는 것이 효율적인지를 살펴보자.

---

[2] 두 벡터 A, B와 그 사이 각을 α라고 하면 두 벡터 합의 크기 C는 $C^2 = A^2 + B^2 + 2AB\cos\alpha$

EXAMPLE 11-13

그림 11.16의 회로에서 회로요소에 걸리는 전압과 흐르는 전류를 페이저로 나타내라.

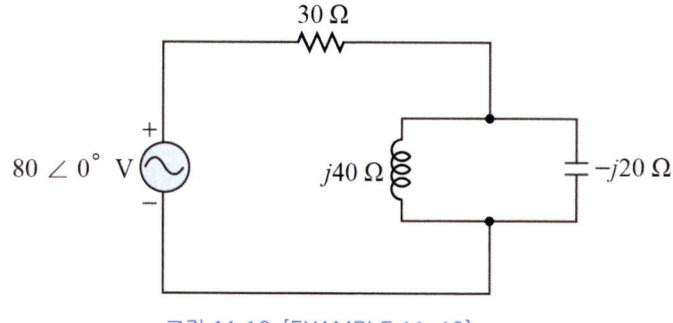

그림 11.16 [EXAMPLE 11-13]

SOLUTION

$j40\ \Omega$과 $-j20\ \Omega$은 병렬이므로 병렬 합성 임피던스 Z_p는

$$Z_p = \frac{Z_L Z_C}{Z_L + Z_C}$$

$$= \frac{(40\angle 90°)(20\angle -90°)}{j40 - j20} = \frac{800\angle 0°}{20\angle 90°} = 40\angle -90°\ \Omega = -j40\ \Omega$$

$30\ \Omega$과 Z_p는 직렬이므로 직렬합성 임피던스 Z는 회로 전체 임피던스이다.

$$Z = 30 + Z_p = 30 - j40 = \sqrt{30^2 + 40^2}\angle -\tan^{-1}\frac{40}{30} = 50\angle -53.13°\ \Omega$$

회로 전체 전류 I는

$$I = \frac{V}{Z} = \frac{80\angle 0°}{50\angle -53.13°} = 1.6\angle 53.13°\ A$$

⟨해법 1⟩

i) 저항에 걸리는 전압 V_R과 흐르는 전류 I_R

$$V_R = RI = (30\ \Omega)(1.6\angle 53.13°\ A) = 48\angle 53.13°\ V,\quad I_R = I$$

ii) 인덕터에 걸리는 전압 V_L과 흐르는 전류 I_L

$$V_L = Z_p I = (40\angle -90°)(1.6\angle -126.87°) = 64\angle -36.87°\ V\ (= V_C)$$

$$I_L = \frac{V_L}{Z_L} = \frac{64\angle -36.87°}{40\angle 90°} = 1.6\angle -126.875°\ A$$

ii) 커패시터에 흐르는 전류 I_C

$$I_C = \frac{V_C}{Z_C} = \frac{64\angle -36.87°}{20\angle -90°} = 3.2\angle 53.13°\ A$$

⟨해법 2⟩

i) 인덕터에 흐르는 전류 I_R, 커패시터에 흐르는 전류 I_C

$$I_L = \left(\frac{Z_C}{Z_L + Z_C}\right)I = \left(\frac{20\angle -90°}{j40 - j20}\right)(1.6\angle 53.13°) = \left(\frac{20\angle -90°}{20\angle 90°}\right)(1.6\angle 53.13°)$$
$$= 1.6\angle -126.87° \text{ A} = -0.96 - j1.28 \text{ A}$$

$$I_C = I_R - I_L = (0.96 + j1.28) - (-0.96 - j1.28) = 1.92 + j2.56 \text{ A}$$
$$= 3.2\angle 53.13° \text{ A}$$

ⅱ) 커패시터에 걸리는 전압 V_C는
$$V_C = Z_C I_C = (20\angle -90°)(3.2\angle 53.13°) = 64\angle -36.87° \text{ V}$$

EXAMPLE 11-14

그림 11.17의 회로에서 회로요소에 걸리는 전압과 흐르는 전류를 페이저로 나타내라.

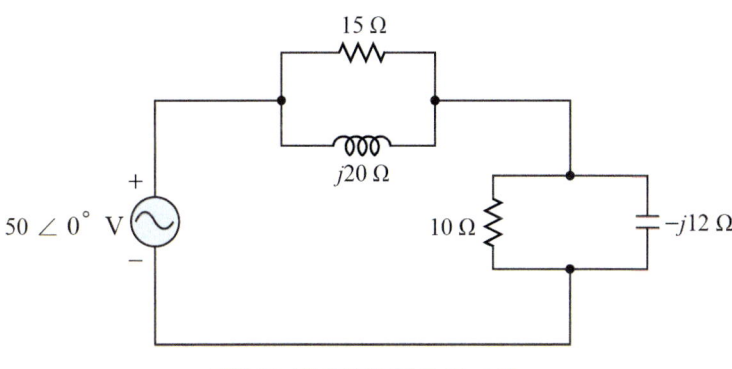

그림 11.17 [EXAMPLE 11-14]

SOLUTION

15 Ω과 $j20$ Ω은 병렬이므로 병렬합성 임피던스 Z_{p1}은

$$Z_{p1} = \frac{Z_R Z_L}{Z_R + Z_L} = \frac{(15\angle 0°)(20\angle 90°)}{15 + j20}$$
$$= \frac{300\angle 90°}{25\angle 53.13°} = 12\angle 36.87° \text{ Ω} = 9.6 + j7.2 \text{ Ω}$$

10 Ω과 $-j12$ Ω은 병렬이므로 병렬합성 임피던스 Z_{p2}는

$$Z_{p2} = \frac{Z_R Z_C}{Z_R + Z_C} = \frac{(10\angle 0°)(12\angle -90°)}{10 - j12} = \frac{120\angle -90°}{15.62\angle -50.19°}$$
$$= 7.68\angle -39.81° = 5.9 - j4.92 \text{ Ω}$$

Z_{p1}과 Z_{p2}는 직렬이므로 직렬 합성 임피던스 Z는 회로 전체 임피던스이다.
$$Z = Z_{p1} + Z_{p1} = (9.6 + j7.2) + (5.9 - j4.92) = 15.5 + j2.28$$
$$= 15.67\angle 8.37° \text{ Ω}$$

회로 전체 전류 I는
$$I = \frac{V}{Z} = \frac{50\angle 0°}{15.67\angle 8.37°} = 3.19\angle -8.37° \text{ A} = 3.16 - j0.46 \text{ A}$$

〈해법 1〉

i) 인덕터에 걸리는 전압 V_L과 흐르는 전류 I_L

$$V_L = Z_{p1}I = (12\angle 36.87)(3.19\angle -8.37°) = 38.28\angle 28.5° \text{ V} (= V_{15\Omega})$$

$$I_L = \frac{V_L}{Z_L} = \frac{38.28\angle 28.5°}{20\angle 90°} = 1.91\angle -61.5° \text{ A}$$

ii) 커패시터에 걸리는 전압 V_C와 흐르는 전류 I_C

$$V_C = Z_{p2}I = (7.68\angle -39.81°)(3.19\angle -8.37°) = 24.5\angle -48.18° \text{ V} (= V_{10\Omega})$$

$$I_C = \frac{V_C}{Z_C} = \frac{24.5\angle -48.18°}{12\angle -90°} = 2.04\angle 41.82° \text{ A}$$

iii) 15 Ω 에 흐르는 전류 $I_{15\Omega}$

$$I_{15\Omega} = \frac{V_L}{15} = \frac{38.28\angle 28.5°}{15} = 2.55\angle 28.5° \text{ A}$$

iv) 10 Ω 에 흐르는 전류 $I_{10\Omega}$

$$I_{10\Omega} = \frac{V_C}{10} = \frac{24.5\angle -48.18°}{10} = 2.45\angle -48.18° \text{ A}$$

〈해법 2〉

i) $R_{15\Omega}$에 걸리는 전압 $V_{15\Omega}$, 인덕터에 에 걸리는 전압 V_L

$$V_{15\Omega} = V_L = Z_{p1}I = (12\angle 36.87)(3.19\angle -8.37°) = 38.28\angle 28.5° \text{ V}$$

ii) $R_{15\Omega}$에 흐르는 전류 $I_{15\Omega}$, 인덕터에 흐르는 전류 I_L

$$I_{15\Omega} = \left(\frac{j20}{15+j20}\right)I = \frac{20\angle 90°}{25\angle 53.13°}(3.19\angle -8.37°) = 2.55\angle 28.5° \text{ A}$$

$$= 2.24 + j1.22 \text{ A}$$

$$I_L = I - I_{15\Omega} = (3.16 - j0.46) - (2.24 + j1.22) = 0.92 - j1.68 \text{ A}$$

$$= 1.92\angle -61.29° \text{ A}$$

iii) $R_{10\Omega}$에 걸리는 전압 $V_{10\Omega}$, 커패시터에 에 걸리는 전압 V_C

$$V_{10\Omega} = V_C = Z_{p2}I = (7.68\angle -39.81°)(3.19\angle -8.37°) = 24.5\angle -48.18° \text{ V}$$

iv) $R_{10\Omega}$에 흐르는 전류 $I_{10\Omega}$, 커패시터에 흐르는 전류 I_C

$$I_{10\Omega} = \left(\frac{-j12}{10-j12}\right)I = \frac{12\angle -90°}{15.62\angle -50.19°}(3.19\angle -8.37°) = 2.45\angle -48.18° \text{ A}$$

$$= 1.63 - j1.83 \text{ A} \left(= \boldsymbol{V}_{10\Omega} = \boldsymbol{V}_C\right)$$

$$\boldsymbol{I}_C = \boldsymbol{I} - \boldsymbol{I}_{10\Omega} = (3.16 - j0.46) - (1.63 - j1.83) = 1.53 + j1.37 \text{ A}$$

$$= 2.05\angle -41.84° \text{ A}$$

EXAMPLE 11-15

그림 11.18의 회로에서 회로요소에 걸리는 전압과 흐르는 전류를 페이저로 나타내라.

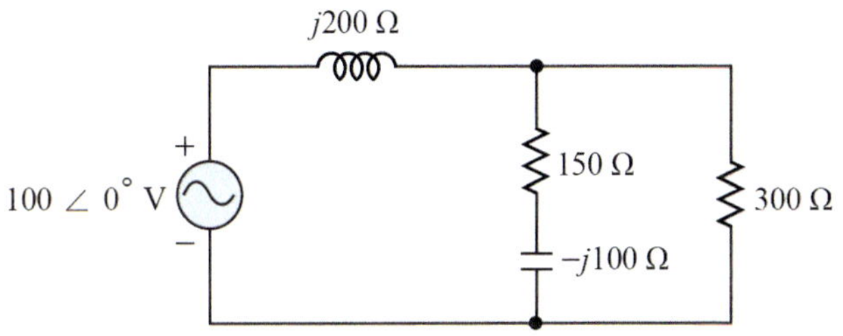

SOLUTION

150 Ω과 $-j100$ Ω은 직렬이므로 직렬합성 임피던스 $\boldsymbol{Z}_s$는

$$\boldsymbol{Z}_s = 150 - j100 \text{ Ω} = 180.28\angle -33.69° \text{ Ω}$$

그림 11.18 [EXAMPLE 11-15]

$\boldsymbol{Z}_s$와 300 Ω은 병렬이므로 병렬합성 임피던스 $\boldsymbol{Z}_p$는

$$\boldsymbol{Z}_p = \frac{\boldsymbol{Z}_s(300)}{\boldsymbol{Z}_s + 300} = \frac{(150-j100)(300)}{(150-j100)+300} = \frac{300(150-j100)}{450-j100}$$

$$= \frac{54,084\angle -33.69°}{460.98\angle -12.53°} = 117.32\angle -21.16 \text{ Ω} = 109.41 - j42.35 \text{ Ω}$$

$j200$ Ω과 $\boldsymbol{Z}_p$는 직렬이므로 직렬합성 임피던스 $\boldsymbol{Z}$는 회로 전체 임피던스이다.

$$\boldsymbol{Z} = j200 + \boldsymbol{Z}_p = j200 + (109.41 - j42.35) + = 109.41 + j157.65 \text{ Ω}$$

$$= 191.9\angle 55.24° \text{ Ω}$$

회로 전체 전류 $\boldsymbol{I}$는

$$\boldsymbol{I} = \frac{\boldsymbol{V}}{\boldsymbol{Z}} = \frac{100\angle 0°}{191.9\angle 55.24°} = 0.521\angle -55.24° \text{ A}$$

〈해법 1〉

i) 인덕터에 걸리는 전압 $\boldsymbol{V}_L$과 흐르는 전류 $\boldsymbol{I}_L = \boldsymbol{I}$

$$\boldsymbol{V}_L = \boldsymbol{Z}_L \boldsymbol{I} = (200\angle 90°)(0.521\angle -55.24°) = 104.2\angle 34.76° \text{ V}$$

ii) 커패시터에 걸리는 전압 V_C와 흐르는 전류 I_C, Z_p에 걸리는 전압 V_p

$$V_p = Z_p I = (117.32 \angle -21.16°)(0.521 \angle -55.24°) = 61.12 \angle -76.4° \text{ V} (= V_{300\Omega})$$

$$V_C = \left(\frac{Z_C}{Z_s}\right) V_p = \left(\frac{100 \angle -90°}{180.28 \angle -33.69°}\right)(61.12 \angle -76.4°) = 33.9 \angle -132.71° \text{ V}$$

$$I_C = \frac{V_C}{Z_C} = \frac{33.9 \angle -132.71°}{100 \angle -90°} = 0.339 \angle -42.71° \text{ A} (= I_{150\Omega})$$

iii) 150 Ω 에 걸리는 전압 $V_{150\Omega}$

$$V_{150\Omega} = (150)I_C = (150)(0.339 \angle -42.71°) = 50.85 \angle -42.71° \text{ V}$$

iv) 300 Ω 에 흐르는 전류 $I_{300\Omega}$

$$I_{300\Omega} = V_{300\Omega}/300 = (61.12 \angle -76.4°)/300 = 0.204 \angle -76.4° \text{ A}$$

〈해법 2〉

Z_p에 걸리는 전압 V_p는

$$V_p = Z_p I = (117.32 \angle -21.16°)(0.521 \angle -55.24°) = 61.12 \angle -76.4° \text{ V}$$

ⅰ) Z_s에 흐르는 전류 I_s

$$I_s = \frac{V_p}{Z_s} = \frac{61.12 \angle -76.4°}{180.28 \angle -33.69°} = 0.339 \angle -42.71° \text{ A} (= I_{150\Omega} = I_C)$$

ⅱ) 150 Ω 에 걸리는 전압 $V_{150\Omega}$, 커패시터에 걸리는 전압 V_C

$$V_{150\Omega} = (150)I_s = (150)(0.339 \angle -42.71°) = 50.85 \angle -42.71° \text{ V}$$

$$V_C = (-j100)I_s = (100 \angle -90°)(0.339 \angle -42.71°) = 33.9 \angle -132.71° \text{ V}$$

ⅲ) 300 Ω 에 흐르는 전류 $I_{300\Omega}$

$$I_{300\Omega} = \frac{V_p}{Z_{300\Omega}} = \frac{61.12 \angle -76.4°}{300} = 0.204 \angle -76.4° \text{ A}$$

EXAMPLE 11-16

그림 11.19의 회로에서 병렬합성 임피던스에 20 V의 실효치가 걸릴 때 전원 전압의 크기를 구하라.

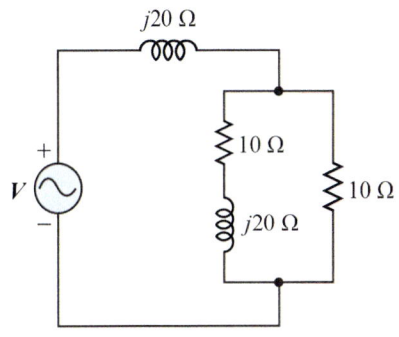

그림 11.19 [EXAMPLE 11-16]

SOLUTION

10 Ω과 $j20$ Ω은 직렬이므로 직렬합성 임피던스 Z_s는

$$Z_s = 10 + j20 \ \Omega$$

Z_s와 10 Ω은 병렬이므로 병렬합성 임피던스 Z_p는

$$Z_p = \frac{10(10+j20)}{10+(10+j20)} = 7.9 \angle 43.6° \ \Omega$$
$$= 5.72 + j5.45 \ \Omega$$

$j20$ Ω과 Z_p는 직렬이므로 직렬합성 임피던스는 회로 전체 임피던스 Z이다.

$$Z = j20 + Z_p = 5.72 + j25.45 \ \Omega = 26 \angle 77.3° \ \Omega$$

회로 전체 전류가 I라고 하면 $j20$ Ω과 Z_p에 흐르는 전류는 같다. 따라서 다음과 같은 식이 성립한다.

$$I = \frac{V}{Z} = \frac{V_p}{Z_p}$$

$$\therefore V = V_p \left(\frac{Z_{eq}}{Z_p} \right) = 20 \left(\frac{26}{7.9} \right) = 65.82 \ \text{V}$$

11.7 AC 망전류 해석

교류에서 각 지로에 흐르는 전류를 구하는 방법은 여러 가지가 있을 수 있다. 각각에서 구한 것은 상호 간에 검증하는데 도움을 줄 것이다. 다수의 전압원을 포함하는 회로망에서 각 지로에 흐르는 전류는 5장에서 다룬 직류에서의 망전류 해석법과 다를 바가 없다. 그러나 교류에서 전압, 전류, 임피던스가 직교형식 혹은 극형식으로 주어지기 때문에 계산할 때 상호 변환을 빈번히 해야 한다는 점에서 직류보다는 상당한 주의가 요구된다. 망전류 방정식은 기본적으로 KVL을 이용하여 세워지기 때문에 회로망에 있는 전류원을 전압원으로 변환해야 한다. 방정식의 변수, 즉 망전류는 행렬식을 이용한 Cramer 공식을 활용하거나 행렬을 이용하여 계산할 수 있다. 행렬을 이용할 경우 반드시 역행렬을 구해야 하는데 여기에 복소수가 포함되게 되면 더 복잡해지므로 Cramer 공식을 이용하는 것이 편리하다.

추가적으로 직류만을 취급한 5장에서 다루지 못한 구동점 임피던스와 전달 임피던스를 행렬식으로 구하는 방법을 이 절에서 다루기로 한다. 두 개의 회로망 1, 2에서 망전류 방정식이 다음과 같다고 하자.

$$\begin{cases} Z_{11}I_1 + Z_{12}I_2 = V_1 \\ Z_{21}I_1 + Z_{22}I_2 = V_2 \end{cases} \tag{11.21}$$

여기서 Z_{11}은 망 1의 자기 임피던스(self-impedance)로 전류 I_1에 연결된 임피던스의 합이다. 마찬가지로 Z_{22}는 망 2의 자기 임피던스(self-impedance)로 전류 I_2에 연결된 임피던스의 합이다. Z_{12}, Z_{21}은 각각 망 1과 2 사이의 공통 임피던스(common impedance) 혹은 상호 임피던스(mutual impedance)로 전류 I_1과 I_2에 연결된 임피던스의 합(공통 임피던스에 1, 2에서 전류의 방향이 같으면 합, 반대면 차)이다.

식 (11.21)을 행렬 방정식으로 나타내면

$$\begin{bmatrix} Z_{11} & Z_{12} \\ Z_{21} & Z_{22} \end{bmatrix} \begin{bmatrix} I_1 \\ I_2 \end{bmatrix} = \begin{bmatrix} V_1 \\ V_2 \end{bmatrix} \tag{11.22}$$

Z 파라미터 행렬식을 Δ_z라고 하면

$$\Delta_z = \begin{vmatrix} Z_{11} & Z_{12} \\ Z_{12} & Z_{22} \end{vmatrix} \tag{11.23}$$

Cramer 공식을 이용하여 망전류 I_1, I_2를 구하면

$$I_1 = \frac{\begin{vmatrix} V_1 & Z_{12} \\ V_2 & Z_{22} \end{vmatrix}}{\Delta_z} \tag{11.24a}$$

$$I_2 = \frac{\begin{vmatrix} Z_{11} & V_1 \\ Z_{21} & V_2 \end{vmatrix}}{\Delta_z} \tag{11.24b}$$

식 (11.24a), (11.24b)의 분자(numerator) 행렬식을 소행렬식으로 풀어 쓰면

$$I_1 = \frac{\begin{vmatrix} V_1 & Z_{12} \\ V_2 & Z_{22} \end{vmatrix}}{\Delta_z} = V_1\left(\frac{\Delta_{11}}{\Delta_z}\right) + V_2\left(\frac{\Delta_{21}}{\Delta_z}\right) \tag{11.25a}$$

$$I_2 = \frac{\begin{vmatrix} Z_{11} & V_1 \\ Z_{21} & V_2 \end{vmatrix}}{\Delta_z} = V_1\left(\frac{\Delta_{12}}{\Delta_z}\right) + V_2\left(\frac{\Delta_{22}}{\Delta_z}\right) \tag{11.25b}$$

여기서 Δ_{11}은 1행과 1열을 제외한 소행렬식, Δ_{21}은 2행과 1열을 제외한 소행렬식, Δ_{12}은 1행과 2열을 제외한 소행렬식, Δ_{22}은 2행과 2열을 제외한 소행렬식이다.

식 (11.25a)에서 $V_2 = 0$ V라면

$$I_1 = V_1\left(\frac{\Delta_{11}}{\Delta_z}\right) + (0)\left(\frac{\Delta_{21}}{\Delta_z}\right) = V_1\left(\frac{\Delta_{11}}{\Delta_z}\right) \tag{11.26}$$

식 (11.26)은 망 2에 구동 전압원이 없을 때, 망 1의 구동 전압원 V_1과 망전류 I_1의 관계로 **입력 임피던스** 혹은 **구동점 임피던스**(driving point impedance)는 다음과 같이 정의된다.

$$Z_i = \frac{V_1}{I_1} = \frac{\Delta_z}{\Delta_{11}} \tag{11.27}$$

식 (11.27)은 입력 임피던스를 구하는 방법($Z_i = \Delta_z/\Delta_{11}$)인 동시에 이를 이용하여 망전류 $I_1(=V_1/Z_i)$을 구하는 방법이기도 하다.

식 (11.25b)에서 $V_2 = 0$ V 라면

$$I_2 = V_1\left(\frac{\Delta_{12}}{\Delta_z}\right) + (0)\left(\frac{\Delta_{22}}{\Delta_z}\right) = V_1\left(\frac{\Delta_{12}}{\Delta_z}\right) \tag{11.28}$$

식 (11.28)은 망 1의 구동 전압원 V_1과 망 2의 망전류 I_2의 관계로 **전달 임피던스**(transfer impedance)는 다음과 같이 정의된다.

$$Z_{trans,12} = \frac{V_1}{I_2} = \frac{\Delta_z}{\Delta_{12}} \tag{11.29}$$

식 (11.29)는 전달 임피던스를 구하는 방법($Z_{trans,12} = \Delta_z/\Delta_{12}$)인 동시에 이를 이용하여 망전류 $I_2(=V_1/Z_{trans,12})$를 구하는 방법이기도 하다.

식 (11.29)를 일반화하면

$$Z_{trans,rs} = \frac{V_r}{I_s} = \frac{\Delta_z}{\Delta_{rs}(-1)^{r+s}} \tag{11.30}$$

망 r에 있는 구동 전압원 V_r과 망 s에서 망전류 I_s 사이의 전달 임피던스가 $Z_{trans,rs}$이다.

EXAMPLE 11-17

그림 11.20(a)의 회로에서 망전류 해석법으로 저항 100 Ω에 흐르는 전류를 구하라.

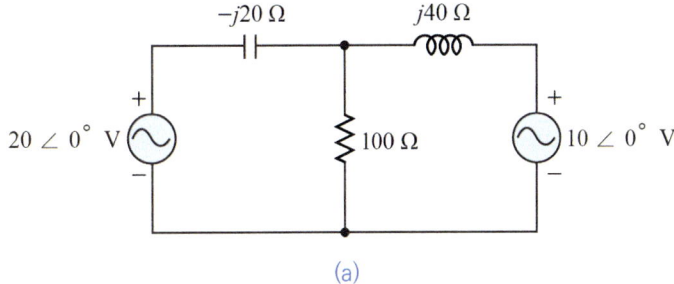

(a)

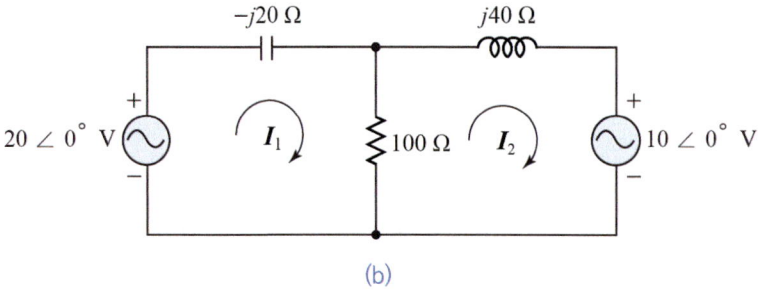

(b)

그림 11.20 [EXAMPLE 11-17]

SOLUTION

그림 11.20(b)에 나타낸 망전류 방향에 따라 각 망에 KVL을 적용하면

$$\begin{cases} -j20\,I_1 + 100(I_1 - I_2) - 20\angle 0° = 0 \\ 100(I_2 - I_1) + j40\,I_2 + 10\angle 0° = 0 \end{cases}$$

여기서 $100(I_1 - I_2)$는 저항 $100\,\Omega$에서 방향이 반대인 두 전류로 인한 전압강하로 망전류 I_1 기준에서 본 것이다. 반대로 $100(I_2 - I_1)$는 망전류 I_2 기준에서 본 전압강하이다.

위 식을 정리하여 정형화된 망전류 방정식으로 나타내면

$$\begin{cases} (100 - j20)I_1 - 100\,I_2 = 20 \\ -100\,I_1 + (100 + j40)I_2 = -10 \end{cases}$$

위 식을 바로 쓸 수는 없는 것일까? 5장에 다룬 다이렉트법을 적용하면 간단하고 편리하게 정리된다. 망 1에서 첫 번째 항은 오로지 I_1에 연결된 지로의 임피던스에 의한 전압강하이다. 두 번째 항은 I_1과 I_2가 공통 연결된 지로의 임피던스에 의한 전압강하이다. 음의 부호는 전류의 방향이 서로 반대임을 의미한다. 같은 방법으로 망 2의 두 번째 항은 오로지 I_2에 연결된 지로의 임피던스에 의한 전압강하이다. 첫 번째 항은 I_1과 I_2가 공통 연결된 지로의 임피던스에 의한 전압강하이다.

이 식을 행렬 방정식으로 나타내면

$$\begin{bmatrix} 100 - j20 & -100 \\ -100 & 100 + j40 \end{bmatrix} \begin{bmatrix} I_1 \\ I_2 \end{bmatrix} = \begin{bmatrix} 20 \\ -10 \end{bmatrix}$$

Z 파라미터 행렬식 Δ_z는

$$\Delta_z = \begin{vmatrix} 100 - j20 & -100 \\ -100 & 100 + j40 \end{vmatrix} = 800 + j2000 = 2154.07\angle 68.2°$$

Cramer 공식을 이용하면

$$I_1 = \frac{\begin{vmatrix} 20 & -100 \\ -10 & 100+j40 \end{vmatrix}}{\Delta_z} = \frac{1000+j800}{800+j2000} = \frac{1280.62\angle 38.66°}{2154.07\angle 68.2°}$$

$$= 0.59\angle -29.54° \text{ A} = 0.513 - j0.291 \text{ A}$$

$$I_2 = \frac{\begin{vmatrix} 100-j20 & 20 \\ -100 & -10 \end{vmatrix}}{\Delta_z} = \frac{1000+j200}{800+j2000} = \frac{1019.8\angle 11.31°}{2154.07\angle 68.2°}$$

$$= 0.47\angle -56.89° \text{ A} = 0.257 - j0.394 \text{ A}$$

따라서 저항 100 Ω에 흐르는 전류 $I_{100\Omega}$은 $I_1 - I_2$이므로

$$I_{100\Omega} = I_1 - I_2 = (0.513 - j0.291) - (0.257 - j0.394) = 0.256 + j0.103 \text{ A}$$

$$= 0.276\angle 21.92° \text{ A}$$

EXAMPLE 11-18

그림 11.21의 회로에서 망전류 해석법으로 저항 10 Ω에 흐르는 전류를 구하라.

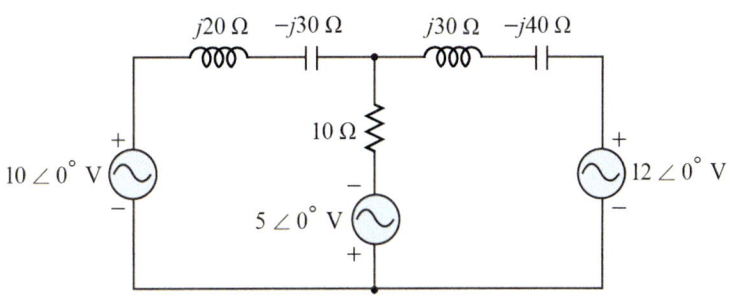

그림 11.21 [EXAMPLE 11-18]

SOLUTION

각 망에 시계방향으로 KVL을 적용하면

$$\begin{cases} (j20 - j30)I_1 + 10(I_1 - I_2) - 5\angle 0° - 10\angle 0° = 0 \\ 10(I_2 - I_1) + (j30 - j40)I_2 + 5\angle 0° + 12\angle 0° = 0 \end{cases}$$

위 식을 정리하여 정형화된 망전류 방정식으로 나타내면

$$\begin{cases} (10 - j10)I_1 - 10I_2 = 15 \\ -10I_1 + (10 - j10)I_2 = -17 \end{cases}$$

다이렉트법을 이용하면 다음과 같이 정형화된 망전류 방정식을 바로 얻을 수 있다.

$$\begin{cases} (j20 - j30 + 10)\boldsymbol{I}_1 - 10\boldsymbol{I}_2 = 10\angle 0° + 5\angle 0° \\ -10\boldsymbol{I}_1 + (10 + j30 - j40)\boldsymbol{I}_2 = -12\angle 0° - 5\angle 0° \end{cases}$$

Z 파라미터 행렬식 Δ_z는

$$\Delta_z = \begin{vmatrix} 10 - j10 & -10 \\ -10 & 10 - j10 \end{vmatrix} = -100 - j200 = 223.61\angle -153.43°$$

Cramer 공식을 이용하면

$$\boldsymbol{I}_1 = \frac{\begin{vmatrix} 15 & -10 \\ -17 & 10 - j10 \end{vmatrix}}{\Delta_z} = \frac{-20 - j150}{-100 - j200} = \frac{151.33\angle -97.59°}{223.61\angle -153.43°}$$
$$= 0.677\angle 55.84° \text{ A} = 0.38 + j0.56 \text{ A}$$

$$\boldsymbol{I}_2 = \frac{\begin{vmatrix} 10 - j10 & 15 \\ -10 & -17 \end{vmatrix}}{\Delta_z} = \frac{-20 + j170}{-100 - j200} = \frac{171.17\angle 96.71°}{223.61\angle -153.43°}$$
$$= 0.765\angle 250.14° \text{ A} = 0.26 + j0.72 \text{ A}$$

$\boldsymbol{I}_2$의 방향이 그림 11.21(b)일 경우에 저항 10 Ω에 흐르는 전류 $\boldsymbol{I}_{10\Omega}$은

$$\boldsymbol{I}_{10\Omega} = \boldsymbol{I}_1 - \boldsymbol{I}_2 = (0.38 + j0.56) - (0.26 + j0.72) = 0.12 - j0.16 \text{ A}$$
$$= 0.2\angle -53.13° \text{ A}$$

EXAMPLE 11-19

그림 11.22(a)의 회로에서 망전류 해석법으로 저항 20 Ω에 걸리는 전압을 구하라.

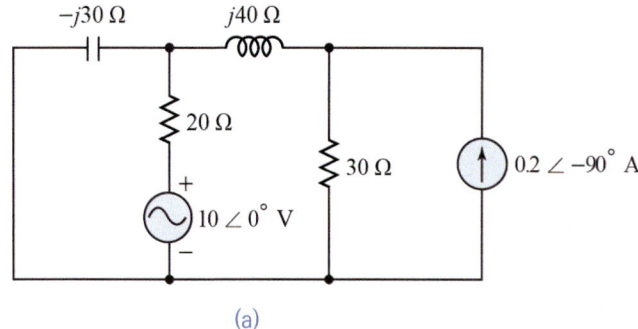

(a)

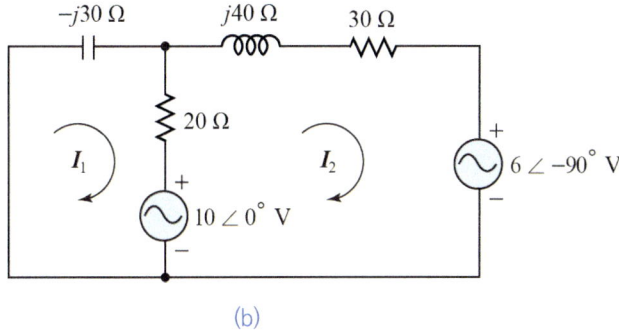

(b)

그림 11.22 [EXAMPLE 11-19]

SOLUTION

전류원을 전압으로 변환한 것이 그림 11.22(b)이다. 망전류 방향에 따라 각 망에 KVL을 적용하면

$$\begin{cases} -j30I_1 + 20(I_1 - I_2) + 10\angle 0° = 0 \\ 20(I_2 - I_1) + (30 + j40)I_2 + 6\angle -90° - 10\angle 0° = 0 \end{cases}$$

위 식을 정리하여 정형화된 망전류 방정식으로 나타내면

$$\begin{cases} (20 - j30)I_1 - 20I_2 = -10 \\ -20I_1 + (50 + j40)I_2 = 10 + j6 \end{cases}$$

다이렉트법을 이용하면 다음과 같이 정형화된 망전류 방정식을 바로 얻을 수 있다.

$$\begin{cases} (-j30 + 20)I_1 - 20I_2 = -10\angle 0° \\ -20I_1 + (20 + j40 + 30)I_2 = -6\angle -90° + 10\angle 0° \end{cases}$$

Z 파라미터 행렬식 Δ_z는

$$\Delta_z = \begin{vmatrix} 20 - j30 & -20 \\ -20 & 50 + j40 \end{vmatrix} = 1800 - j700 = 1931.32\angle -21.25°$$

Cramer 공식을 이용하면

$$I_1 = \frac{\begin{vmatrix} -10 & -20 \\ 10 + j6 & 50 + j40 \end{vmatrix}}{\Delta_z} = \frac{-300 - j280}{1800 - j700} = \frac{410.37\angle -136.97°}{1931.32\angle -21.25°}$$
$$= 0.21\angle -115.72° \text{ A} = -0.09 - j0.19 \text{ A}$$

$$I_2 = \frac{\begin{vmatrix} 20 - j30 & -10 \\ -20 & 10 + j6 \end{vmatrix}}{\Delta_z} = \frac{180 - j180}{1800 - j700} = \frac{254.56\angle -45°}{1931.32\angle -21.25°}$$
$$= 0.13\angle -23.75° \text{ A} = 0.12 - j0.05 \text{ A}$$

저항 $20\,\Omega$에 흐르는 전류 $I_{20\Omega}$은

$$I_{20\Omega} = I_2 - I_1 = (0.12 - j0.05) - (-0.09 - j0.19) = 0.21 + j0.14 \text{ A}$$
$$= 0.25 \angle 33.69° \text{ A}$$

따라서 저항 $20\,\Omega$에 걸리는 전압 $V_{20\Omega}$은

$$V_{20\Omega} = 20 I_{20\Omega} = 20(0.25 \angle 33.69°) = 5 \angle 33.69° \text{ V}$$

EXAMPLE 11-20

그림 11.23의 회로에서

(a) 입력 임피던스를 사용하여 망전류 I_1을 구하라.
(b) 전달 임피던스를 사용하여 망전류 I_3를 구하라.

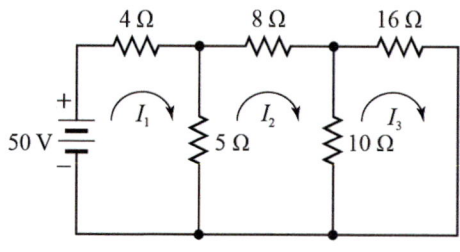

그림 11.23 [EXAMPLE 11-20]

SOLUTION

그림 11.23에서 망전류 방정식의 행렬 형태는

$$\begin{bmatrix} 9 & -5 & 0 \\ -5 & 23 & -10 \\ 0 & -10 & 26 \end{bmatrix} \begin{bmatrix} I_1 \\ I_2 \\ I_3 \end{bmatrix} = \begin{bmatrix} 50 \\ 0 \\ 0 \end{bmatrix}$$

Z 파라미터 행렬식 Δ_z는

$$\Delta_z = \begin{vmatrix} 9 & -5 & 0 \\ -5 & 23 & -10 \\ 0 & -10 & 26 \end{vmatrix} = 3832$$

(a) 1행과 1열을 제외한 소행렬식 Δ_{11}은

$$\Delta_{11} = (-1)^{1+1} \begin{vmatrix} 23 & -10 \\ -10 & 26 \end{vmatrix} = 498$$

입력 임피던스 혹은 구동점 임피던스 Z_i는

$$Z_i = \frac{\Delta_z}{\Delta_{11}} = \frac{3832}{498} = 7.7\,\Omega$$

따라서 전류 I_1은

$$I_1 = \frac{V_1}{Z_i} = \frac{50}{7.7} = 6.49 \text{ A}$$

〈기타 해법 1〉 Cramer 공식 사용

$$I_1 = \frac{\Delta_{(1열, 전압 행렬요소)}}{\Delta_z} = \frac{\begin{vmatrix} 50 & -5 & 0 \\ 0 & 23 & -10 \\ 0 & -10 & 26 \end{vmatrix}}{3832} = \frac{50(498)}{3832} = 6.49 \text{ A}$$

〈기타 해법 2〉

직·병렬합성 임피던스 Z_i를 계산한다.

$$Z_i = 4 + [5//(8 + 10//16)] = 7.7 \ \Omega$$

전류 I_1은

$$I_1 = \frac{V_1}{Z_i} = \frac{50}{7.7} = 6.49 \text{ A}$$

(b) 1행과 3열을 제외한 소행렬식 Δ_{13}는

$$\Delta_{13} = (-1)^{1+3} \begin{vmatrix} -5 & 23 \\ 0 & -10 \end{vmatrix} = 50$$

전달 임피던스 $Z_{trans,13}$는

$$Z_{trans,13} = \frac{\Delta_z}{\Delta_{13}} = \frac{3832}{50} = 76.6 \ \Omega$$

따라서 전류 I_3는

$$I_3 = \frac{V_1}{Z_{trans,13}} = \frac{50}{76.6} = 0.65 \text{ A}$$

〈기타 해법 1〉 Cramer 공식 사용

$$I_3 = \frac{\Delta_{(3열, 전압 행렬요소)}}{\Delta_z} = \frac{\begin{vmatrix} 9 & -5 & 50 \\ -5 & 23 & 0 \\ 0 & -10 & 0 \end{vmatrix}}{3832} = \frac{50(50)}{3832} = 0.65 \text{ A}$$

EXAMPLE 11-21

그림 11.24의 회로에서

(a) 입력 임피던스를 망전류 I_1을 구하라.
(b) 전달 임피던스를 망전류 I_3를 구하라.

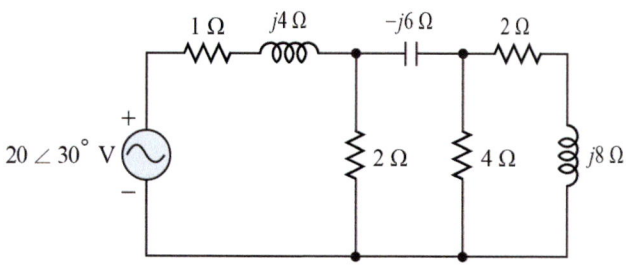

그림 11.24 [EXAMPLE 11-21]

SOLUTION

그림 11.24에서 망전류 방정식의 행렬 형태는

$$\begin{bmatrix} 3+j4 & -2 & 0 \\ -2 & 6-j6 & -4 \\ 0 & -4 & 6+j8 \end{bmatrix} \begin{bmatrix} I_1 \\ I_2 \\ I_3 \end{bmatrix} = \begin{bmatrix} 20\angle 30° \\ 0 \\ 0 \end{bmatrix}$$

Z 파라미터 행렬식 Δ_z는

$$\Delta_z = \begin{vmatrix} 3+j4 & -2 & 0 \\ -2 & 6-j6 & -4 \\ 0 & -4 & 6+j8 \end{vmatrix} = \begin{vmatrix} 5\angle 53.1° & -2 & 0 \\ -2 & 6\sqrt{2}\angle -45° & -4 \\ 0 & -4 & 10\angle 53.1° \end{vmatrix}$$

$$= 305.93\angle 64.12°$$

(a) 1행과 1열을 제외한 소행렬식 Δ_{11}은

$$\Delta_{11} = (-1)^{1+1} \begin{vmatrix} 6-j6 & -4 \\ -4 & 6+j8 \end{vmatrix} = \begin{vmatrix} 6\sqrt{2}\angle -45° & -4 \\ -4 & 10\angle 53.1° \end{vmatrix} = 69\angle 9.98°$$

입력 임피던스 혹은 구동점 임피던스 Z_i는

$$Z_i = \frac{\Delta_z}{\Delta_{11}} = \frac{305.93\angle 64.12°}{69\angle 9.98°} = 4.43\angle 54.14° \ \Omega$$

따라서 전류 I_1은

$$I_1 = \frac{V_1}{Z_i} = \frac{20\angle 30°}{4.43\angle 54.14°} = 4.51\angle -24.14 \ A$$

〈기타 해법〉 Cramer 공식 사용

$$I_1 = \frac{\Delta_{(1열, 전압 행렬요소)}}{\Delta_z} = \frac{\begin{vmatrix} 20\angle 30° & -2 & 0 \\ 0 & 6\sqrt{2}\angle -45° & -4 \\ 0 & -4 & 10\angle 53.1° \end{vmatrix}}{305.93\angle 64.12°}$$

$$= \frac{1380 \angle 39.98°}{305.93 \angle 64.12°} = 4.51 \angle -24.14° \text{ A}$$

(b) 1행과 3열을 제외한 소행렬식 Δ_{13}는

$$\Delta_{13} = (-1)^{1+3} \begin{vmatrix} -2 & 6\sqrt{2} \angle -45° \\ 0 & -4 \end{vmatrix} = 8$$

전달 임피던스 $Z_{trans,13}$는

$$Z_{trans,13} = \frac{\Delta_z}{\Delta_{13}} = \frac{305.93 \angle 64.12°}{8} = 38.24 \angle 64.12° \text{ } \Omega$$

따라서 전류 I_3는

$$I_3 = \frac{V_1}{Z_{trans,13}} = \frac{20 \angle 30°}{38.24 \angle 64.12°} = 0.52 \angle -34.12° \text{ A}$$

〈기타 해법〉 Cramer 공식 사용

$$I_3 = \frac{\Delta_{(3열, \text{전압 행렬요소})}}{\Delta_z} = \frac{\begin{vmatrix} 5 \angle 53.1° & -2 & 20 \angle 30° \\ -2 & 6\sqrt{2} \angle -45° & 0 \\ 0 & -4 & 0 \end{vmatrix}}{305.93 \angle 64.12°}$$

$$= \frac{160 \angle 30°}{305.93 \angle 64.12°} = 0.52 \angle -34.12° \text{ A}$$

11.8 AC 마디전압 해석

교류에서 각 마디(node)의 전압을 구하는 방법은 여러 가지가 있을 수 있다. 각각에서 구한 것은 상호 간에 검증하는 데 도움을 줄 것이다. 다수의 전류원을 포함하는 회로망에서 마디전압은 5장에서 다룬 직류에서 마디전압 해석법과 다를 바가 없다. 그러나 교류에서 전압, 전류, 임피던스가 복소수(직교 형식 혹은 극형식)로 주어지기 때문에 계산할 때 상호 변환을 빈번히 해야 한다는 점에서 직류보다는 상당한 주의가 요구된다.

마디전압 방정식은 KCL을 이용하여 세워지기 때문에 마디에 출입하는 전류를 알아야 한다. 회로망에 있는 전압원을 전류원으로 직접 변환하기도 하고, 회로요소 양단의 전압을 회로요소로 나눔으로서 지로 전류를 직접 계산하기도 한다.

추가적으로 직류만을 취급한 5장에서 다루지 못한 구동점 어드미턴스와 전달 어드미턴스를 행렬식으로 구하는 방법을 이 절에서 다루기로 한다. 두 개의 마디 1, 2에서 마디전압 방정식이 다음과 같다고 하자.

$$\begin{cases} Y_{11}V_1 + Y_{12}V_2 = I_1 \\ Y_{21}V_1 + Y_{22}V_2 = I_2 \end{cases} \qquad (11.31)$$

여기서 Y_{11}은 마디 1의 자기 어드미턴스(self-admittance)로 마디 1에 연결된 어드미턴스의 합(실질적인 적용에서 각 회로요소의 임피던스의 역수의 합)이다. 마찬가지로 Y_{22}는 마디 2의 자기 어드미턴스(self-admittance)로 마디 2에 연결된 어드미턴스의 합이다. Y_{12}, Y_{21}은 각각 마디 1과 2 사이의 공통 어드미턴스(common admittance) 혹은 상호 어드미턴스(mutual admittance)로 마디 1과 2에 연결되는 어드미턴스의 합이다.

식 (11.31)을 행렬 방정식으로 나타내면

$$\begin{bmatrix} Y_{11} & Y_{12} \\ Y_{21} & Y_{22} \end{bmatrix} \begin{bmatrix} V_1 \\ V_2 \end{bmatrix} = \begin{bmatrix} I_1 \\ I_2 \end{bmatrix} \qquad (11.32)$$

Y 파라미터 행렬식을 Δ_y라고 하면

$$\Delta_y = \begin{vmatrix} Y_{11} & Y_{12} \\ Y_{12} & Y_{22} \end{vmatrix} \qquad (11.33)$$

Cramer 공식을 이용하여 마디전압 V_1, V_2를 구하면

$$V_1 = \frac{\begin{vmatrix} I_1 & Y_{12} \\ I_2 & Y_{22} \end{vmatrix}}{\Delta_y} \qquad (11.34a)$$

$$V_2 = \frac{\begin{vmatrix} Y_{11} & I_1 \\ Y_{21} & I_2 \end{vmatrix}}{\Delta_y} \qquad (11.34b)$$

식 (11.34a), (11.34b)의 분자(numerator) 행렬식을 소행렬식으로 풀어 쓰면

$$V_1 = \frac{\begin{vmatrix} I_1 & Y_{12} \\ I_2 & Y_{22} \end{vmatrix}}{\Delta_y} = I_1 \left(\frac{\Delta_{11}}{\Delta_y} \right) + I_2 \left(\frac{\Delta_{21}}{\Delta_y} \right) \qquad (11.35a)$$

$$V_2 = \frac{\begin{vmatrix} Y_{11} & I_1 \\ Y_{21} & I_2 \end{vmatrix}}{\Delta_y} = I_1 \left(\frac{\Delta_{12}}{\Delta_y} \right) + I_2 \left(\frac{\Delta_{22}}{\Delta_y} \right) \qquad (11.35b)$$

여기서 Δ_{11}은 1행과 1열을 제외한 소행렬식, Δ_{21}은 2행과 1열을 제외한 소행렬식, Δ_{12}는 1행과 2열을 제외한 소행렬식, Δ_{22}는 2행과 2열을 제외한 소행렬식이다.

식 (11.35a)에서 $I_2 = 0$ A 라면

$$V_1 = I_1\left(\frac{\Delta_{11}}{\Delta_y}\right) + (0)\left(\frac{\Delta_{21}}{\Delta_y}\right) = I_1\left(\frac{\Delta_{11}}{\Delta_y}\right) \tag{11.36}$$

식 (11.36)은 망 2에 구동 전류원이 없을 때 망 1의 구동 전류원 I_1과 마디전압 V_1의 관계로 입력 어드미턴스 혹은 **구동점 어드미턴스**(driving point admittance)는 다음과 같이 정의된다.

$$Y_i = \frac{I_1}{V_1} = \frac{\Delta_y}{\Delta_{11}} \tag{11.37}$$

식 (11.37)은 입력 어드미턴스를 구하는 방법($Y_i = \Delta_y/\Delta_{11}$)인 동시에 이를 이용하여 마디전압 V_1 ($= I_1/Y_i$)을 구하는 방법이기도 하다.

식 (11.35b)에서 $I_2 = 0$ A 라면

$$V_2 = I_1\left(\frac{\Delta_{12}}{\Delta_y}\right) + (0)\left(\frac{\Delta_{22}}{\Delta_y}\right) = I_1\left(\frac{\Delta_{12}}{\Delta_y}\right) \tag{11.38}$$

식 (11.38)은 망 1의 구동 전류원 I_1과 마디전압 V_2의 관계로 **전달 어드미턴스**(transfer admittance)는 다음과 같이 정의된다.

$$Y_{trans,12} = \frac{I_1}{V_2} = \frac{\Delta_y}{\Delta_{12}} \tag{11.39}$$

식 (11.39)는 전달 어드미턴스를 구하는 방법($Y_{trans,12} = \Delta_y/\Delta_{12}$)인 동시에 이를 이용하여 마디전압 $V_2 (= I_1/Y_{trans,12})$를 구하는 방법이기도 하다.

식 (11.39)를 일반화하면

$$Y_{trans,rs} = \frac{I_r}{V_s} = \frac{\Delta_y}{\Delta_{rs}(-1)^{r+s}} \tag{11.52}$$

구동 전류원 I_r과 마디전압 V_s 사이의 전달 어드미턴스가 $Y_{trans,rs}$이다.

복잡한 회로를 취급하기에 앞서 그림 11.25와 같은 간단한 회로를 가지고 마디 2에서 마디전압 방정식을 세워보자. 그림 11.25(a)의 전압원을 전류원으로 변환하면 그림 11.25(b)와 같이 된다.

마디 2에 KCL을 적용하기에 앞서 전류의 방향을 정해야 하는데 그림 11.25(b)와 같이 마디 2에 전류가 들어오는 방향과 나가는 방향으로 설정하거나, 그림 11.25(c)와 같이 전류가 마디에서 모두 나가는 방향으로만 설정할 수도 있다.

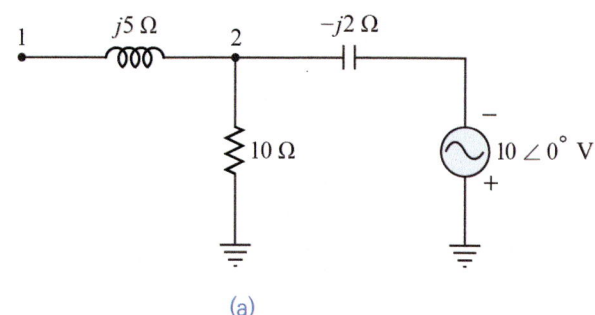

(a)

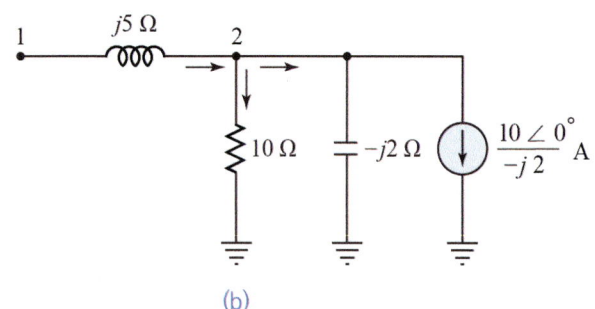

(b)

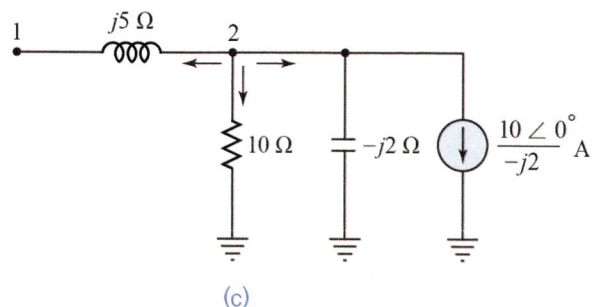

(c)

그림 11.25

그림 11.25(b)에서 마디 2에 KCL을 적용하면

$$\frac{V_1 - V_2}{j5} = \frac{V_2}{10} + \frac{V_2}{-j2} + \frac{10\angle 0°}{-j2}$$

위 식을 정리하면

$$\left(\frac{1}{j5}\right)V_1 - \left(\frac{1}{j5} + \frac{1}{10} + \frac{1}{-j2}\right)V_2 = \frac{10\angle 0°}{-j2}$$

위 식을 간단히 정리하면

$$-j0.2\,V_1 - (0.1 + j0.3)\,V_2 = j5$$

그림 11.25(c)에서 마디 2에 KCL을 적용하면

$$\frac{V_2 - V_1}{j5} + \frac{V_2}{10} + \frac{V_2}{-j2} + \frac{10\angle 0°}{-j2} = 0$$

위 식을 정리하면

$$\left(\frac{1}{j5}\right)V_1 - \left(\frac{1}{j5} + \frac{1}{10} + \frac{1}{-j2}\right)V_2 = \frac{10\angle 0°}{-j2}$$

위 식을 간단히 정리하면

$$-j0.2\,V_1 - (0.1 + j0.3)\,V_2 = j5$$

전류의 방향을 어떻게 설정하든 그 결과는 같다.

EXAMPLE 11-22

그림 11.26에서 마디전압 해석법으로 마디 1의 전압과 인덕터에 흐르는 전류를 구하라.

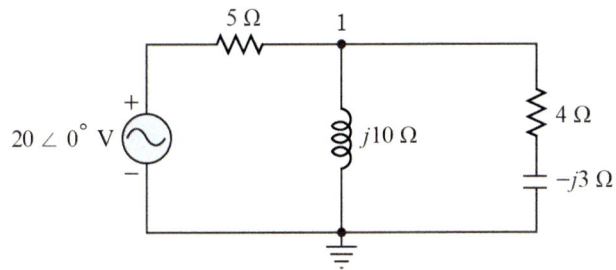

그림 11.26 [EXAMPLE 11-22]

SOLUTION

〈해법 1〉 마디 1에 들어오는 전류 = 마디 1에서 나가는 전류

$5\,\Omega$의 저항을 통해서 마디 1에 들어오는 전류는 $j10\,\Omega$을 통해서 나가는 전류와 $4-j3\,\Omega$을 통해서 나가는 전류의 합이다. 따라서 마디 1에 KCL을 적용하면

$$\frac{50\angle 0^\circ - V_1}{5} = \frac{V_1}{j10} + \frac{V_1}{4-j3}$$

위 식을 정리하면

$$\left(\frac{1}{5} + \frac{1}{j10} + \frac{1}{4-j3}\right)V_1 = \frac{20\angle 0^\circ}{5}$$

$$(0.36 - j0.02)V_1 = 4\angle 0^\circ$$

$$V_1 = \frac{4\angle 0^\circ}{0.36 - j0.02} = \frac{4\angle 0^\circ}{0.36\angle -3.18^\circ} = 11.11\angle 3.18^\circ \text{ V}$$

인덕터에 흐르는 전류 I_L은

$$I_L = \frac{V_1}{j10} = \frac{11.11\angle 3.78^\circ}{10\angle 90^\circ} = 1.11\angle -86.22^\circ \text{ A}$$

〈해법 2〉 다이렉트법을 이용한 마디전압 방정식

다이렉트법을 사용하면 마디 1에 연결된 지로의 어드미턴스의 합과 마디전압의 곱은 마디 1에 들어오는 전류이다. 즉 $Y_{11}V_1 = I_1$ 형태이므로 다음과 같이 바로 마디전압 방정식을 쓸 수 있다.

$$\left(\frac{1}{5} + \frac{1}{j10} + \frac{1}{4-j3}\right)V_1 = \frac{20\angle 0^\circ}{5}$$

<해법 1, 2>에서 세운 마디전압 방정식은 모두 같은 식이다.

따라서 $V_{ab} = V_a = 15.93\angle 65.88^\circ$ V 이다.

EXAMPLE 11-23

그림 11.27에서 마디전압 해석법으로 전압 V_{ab}를 구하라.

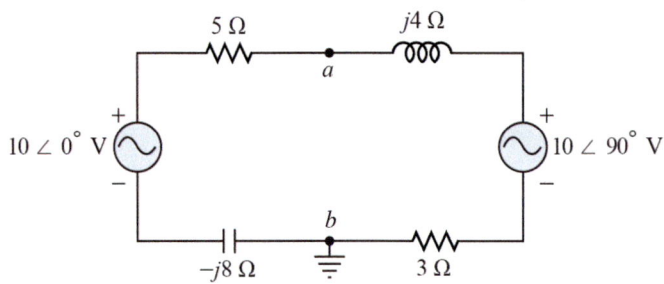

그림 11.27 [EXAMPLE 11-23]

SOLUTION

⟨해법 1⟩ 마디 a에 들어오는 전류만 있다고 가정

전압원의 극성을 볼 때 마디 a에 들어오는 전류만 있다. 마디 b는 접지이므로 기준 마디로 본다. 마디 a에 KCL을 적용하면

$$\frac{10\angle 0° - V_a}{5 - j8} + \frac{10\angle 90° - V_a}{3 + j4} = 0$$

$$(0.18 - j0.07)V_a = 2.16 + j2.1$$

$$V_a = \frac{2.16 + j2.1}{0.176 - j0.07} = \frac{3.01\angle 44.19°}{0.189\angle -21.69°} = 15.93\angle 65.88° \text{ V}$$

⟨해법 2⟩ 마디 a에 들어오는 전류 = 마디 a에서 나가는 전류

5 Ω을 통해서 마디 a에 들어오는 전류는 마디 a에서 $j4$ Ω을 통해 나간다고 했을 때의 마디전압 방정식은 다음과 같이 쓸 수 있다.

$$\frac{10\angle 0° - V_a}{5 - j8} = \frac{V_a - 10\angle 90°}{3 + j4}$$

⟨해법 3⟩ 다이렉트법에 따른 마디전압 방정식

$$\left(\frac{1}{5 - j8} + \frac{1}{3 + j4}\right)V_a = \frac{10\angle 0°}{5 - j8} + \frac{10\angle 90°}{3 + j4} \quad (YV = I \text{ 꼴})$$

⟨해법 1, 2, 3⟩에서 세운 마디전압 방정식은 모두 같은 식이다.

따라서 $V_{ab} = V_a = 15.93\angle 65.88°$ V 이다.

EXAMPLE 11-24

그림 11.28에서 마디전압 해석법으로 마디 1과 마디 2의 전압, 커패시터에 흐르는 전류를 구하라.

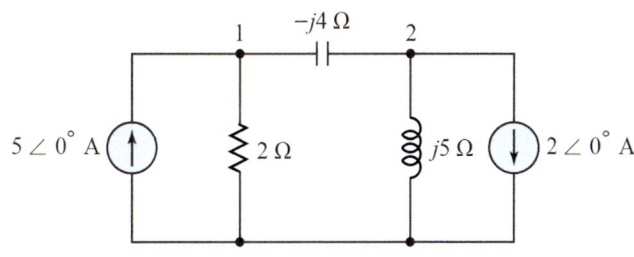

그림 11.28 [EXAMPLE 11-24]

SOLUTION

다이렉트법으로 마디전압 방정식을 쓰면

$$\begin{cases} \left(\dfrac{1}{2} + \dfrac{1}{-j4}\right)V_1 - \left(\dfrac{1}{-j4}\right)V_2 = 5 \\ -\left(\dfrac{1}{-j4}\right)V_1 + \left(\dfrac{1}{-j4} + \dfrac{1}{j5}\right)V_2 = -2 \end{cases}$$

위 식을 정리하여 정형화된 마디전압 방정식으로 나타내면

$$\begin{cases} (0.5 + j0.25)V_1 - j0.25\,V_2 = 5 \\ -j0.25\,V_1 + j0.05\,V_2 = -2 \end{cases}$$

Y 파라미터 행렬식 Δ_y는

$$\Delta_y = \begin{vmatrix} 0.5 + j0.25 & -j0.25 \\ -j0.25 & j0.05 \end{vmatrix} = 0.05 + j0.025 = 0.056 \angle 26.57°$$

Cramer 공식을 이용하면

$$V_1 = \dfrac{\begin{vmatrix} 5 & -j0.25 \\ -2 & j0.05 \end{vmatrix}}{\Delta_y} = \dfrac{-j0.25}{0.05 + j0.025} = \dfrac{0.25 \angle -90°}{0.056 \angle 26.57°}$$
$$= 4.46 \angle -116.57°\text{ V} \simeq -2 - j4 \text{ V}$$

$$V_2 = \dfrac{\begin{vmatrix} 0.5 + j0.25 & 5 \\ -j0.25 & -2 \end{vmatrix}}{\Delta_y} = \dfrac{-1 + j0.75}{0.05 + j0.025} = \dfrac{1.25 \angle 143.13°}{0.056 \angle 26.57°}$$
$$= 22.32 \angle 116.56°\text{ V} \simeq -10 + j20 \text{ V}$$

따라서 커패시터에 흐르는 전류 I_C는

$$I_C = \frac{V_1 - V_2}{-j4} = \frac{(-2-j4)-(-10+j20)}{-j4} = \frac{25.3\angle -71.57°}{4\angle -90°}$$

$$= 6.33\angle 18.43° \text{ A}$$

EXAMPLE 11-25

그림 11.29(a)에서 마디전압 해석법으로 마디전압을 구하라.

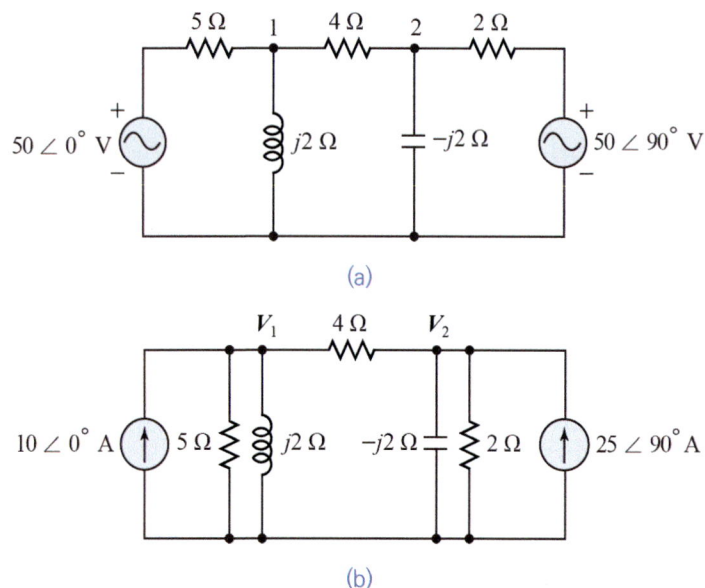

그림 11.29 [EXAMPLE 11-25]

SOLUTION

그림 11.29(a)에서 전압원을 전류원으로 변환하면 그림 11.29(b)와 같이 된다.
다이렉트법으로 마디전압 방정식을 쓰면

$$\begin{cases} \left(\dfrac{1}{5} + \dfrac{1}{j2} + \dfrac{1}{4}\right)V_1 - \dfrac{1}{4}V_2 = 10 \\ -\dfrac{1}{4}V_1 + \left(\dfrac{1}{4} + \dfrac{1}{-j2} + \dfrac{1}{2}\right)V_2 = 25\angle 90° \end{cases}$$

위 식을 정리하여 정형화된 마디전압 방정식으로 나타내면

$$\begin{cases} (0.45 - j0.5)V_1 - 0.25V_2 = 10 \\ -0.25V_1 + (0.75 + j0.5)V_2 = j25 \end{cases}$$

Y 파라미터 행렬식 Δ_y는

$$\Delta_y = \begin{vmatrix} 0.45 - j0.5 & -0.25 \\ -0.25 & 0.75 + j0.5 \end{vmatrix} = 0.525 - j0.15 = 0.546 \angle -15.95°$$

Cramer 공식을 이용하면

$$V_1 = \frac{\begin{vmatrix} 10 & -0.25 \\ j25 & 0.75 + j0.5 \end{vmatrix}}{\Delta_y} = \frac{7.5 + j11.25}{0.525 - j0.15} = \frac{13.52 \angle 56.31°}{0.546 \angle -15.95°}$$
$$= 24.76 \angle 72.26° \text{ V} = 7.54 + j23.58 \text{ V}$$

$$V_2 = \frac{\begin{vmatrix} 0.45 - j0.5 & 10 \\ -0.25 & j25 \end{vmatrix}}{\Delta_y} = \frac{15 + j11.25}{0.525 - j0.15} = \frac{18.75 \angle 36.87°}{0.546 \angle -15.95°}$$
$$= 34.34 \angle 52.82° \text{ V} = 20.75 + j27.36 \text{ V}$$

EXAMPLE 11-26

그림 11.30의 회로에서

(a) 입력 어드미턴스를 사용하여 마디전압 V_1을 구하라.

(b) 전달 어드미턴스를 사용하여 마디전압 V_2를 구하라.

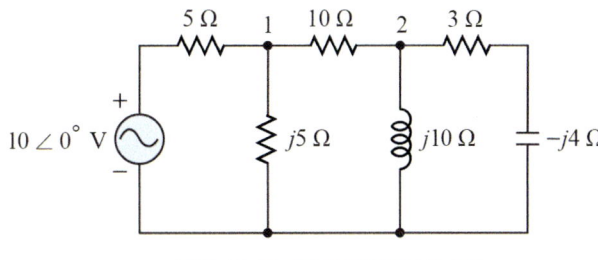

그림 11.30 [EXAMPLE 11-26]

SOLUTION

그림 11.30에서 다이렉트법을 사용한 마디전압 방정식의 행렬 형태는

$$\begin{bmatrix} \left(\frac{1}{5} + \frac{1}{j5} + \frac{1}{10}\right) & -\frac{1}{10} \\ -\frac{1}{10} & \left(\frac{1}{10} + \frac{1}{j10} + \frac{1}{3-j4}\right) \end{bmatrix} \begin{bmatrix} V_1 \\ V_2 \end{bmatrix} = \begin{bmatrix} \frac{10 \angle 0°}{5} \\ 0 \end{bmatrix}$$

위 식을 정리하면

$$\begin{bmatrix} 0.3 - j0.2 & -0.1 \\ -0.1 & 0.22 + j0.06 \end{bmatrix} \begin{bmatrix} V_1 \\ V_2 \end{bmatrix} = \begin{bmatrix} 2\angle 0^\circ \\ 0 \end{bmatrix}$$

Y 파라미터 행렬식 Δ_y는

$$\Delta_y = \begin{vmatrix} 0.3 - j0.2 & -0.1 \\ -0.1 & 0.22 + j0.06 \end{vmatrix} = 0.068 - j0.026 = 0.0728\angle -20.92^\circ$$

(a) 1행과 1열을 제외한 소행렬식 Δ_{11}은

$$\Delta_{11} = (-1)^{1+1}(0.22 + j0.06) = 0.228\angle 15.26^\circ$$

입력 어드미턴스 혹은 구동점 어드미턴스 Y_i는

$$Y_i = \frac{\Delta_y}{\Delta_{11}} = \frac{0.0728\angle -20.92^\circ}{0.228\angle 15.26^\circ} = 0.319\angle -36.18^\circ \text{ S}$$

따라서 마디전압 V_1은

$$V_1 = \frac{I_1}{Y_i} = \frac{2\angle 0^\circ}{0.319\angle -36.18^\circ} = 6.27\angle 36.18^\circ \text{ V} = 5.06 + j3.7 \text{ V}$$

⟨검증⟩ Cramer 공식 사용

$$V_1 = \frac{\begin{vmatrix} 2\angle 0^\circ & -1 \\ 0 & 0.22 + j0.06 \end{vmatrix}}{\Delta_y} = \frac{0.44 + j0.12}{0.0728\angle -20.92^\circ} = \frac{0.456\angle 15.26^\circ}{0.0728\angle -20.92^\circ}$$
$$= 6.26\angle 36.18^\circ \text{ V} = 5.05 + j3.7 \text{ V}$$

(b) 1행과 2열을 제외한 소행렬식 Δ_{12}는

$$\Delta_{12} = (-1)^{1+2}(-0.1) = 0.1\angle 0^\circ$$

전달 어드미턴스 $Y_{trans,12}$는

$$Y_{trans,12} = \frac{\Delta_y}{\Delta_{12}} = \frac{0.0728\angle -20.92^\circ}{0.1\angle 0^\circ} = 0.728\angle -20.92^\circ \text{ S}$$

따라서 마디전압 V_2는

$$V_2 = \frac{I_1}{Y_{trans,12}} = \frac{2\angle 0^\circ}{0.728\angle -20.92^\circ} = 2.75\angle 20.92^\circ \text{ V}$$

〈검증〉 Cramer 공식 사용

$$V_2 = \frac{\begin{vmatrix} 0.3 - j0.2 & 2\angle 0° \\ -0.1 & 0 \end{vmatrix}}{\Delta_y} = \frac{0.2\angle 0°}{0.0728\angle -20.92°} = 2.75\angle 20.92° \text{ V}$$

EXAMPLE 11-27

그림 11.31의 회로에서 마디전압 $V_2 = 5\angle 60°$ V일 때 구동 전류 I를 구하라.

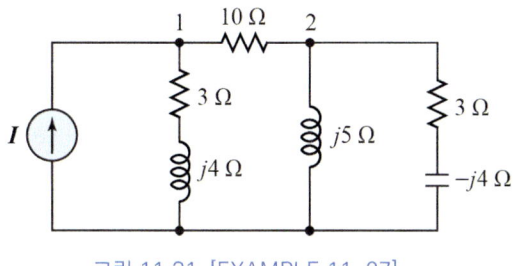

그림 11.31 [EXAMPLE 11-27]

SOLUTION

그림 11.31에서 다이렉트법을 사용한 마디전압 방정식의 행렬 형태는

$$\begin{bmatrix} \left(\dfrac{1}{10} + \dfrac{1}{3+j4}\right) & -\dfrac{1}{10} \\ -\dfrac{1}{10} & \left(\dfrac{1}{10} + \dfrac{1}{j5} + \dfrac{1}{3-j4}\right) \end{bmatrix} \begin{bmatrix} V_1 \\ V_2 \end{bmatrix} = \begin{bmatrix} I \\ 0 \end{bmatrix}$$

위 식을 정리하면

$$\begin{bmatrix} 0.22 - j0.16 & -0.1 \\ -0.1 & 0.22 - j0.04 \end{bmatrix} \begin{bmatrix} V_1 \\ V_2 \end{bmatrix} = \begin{bmatrix} I \\ 0 \end{bmatrix}$$

Y 파라미터 행렬식 Δ_y는

$$\Delta_y = \begin{vmatrix} 0.22 - j0.16 & -0.1 \\ -0.1 & 0.22 - j0.04 \end{vmatrix} = 0.032 - j0.044 = 0.0544\angle -53.97°$$

전달 어드미턴스 $Y_{trans,12}$는

$$Y_{trans,12} = \frac{\Delta_y}{\Delta_{12}} = \frac{0.0544\angle -53.97°}{(-1)^{1+2}(-0.1)} = 0.544\angle -53.97° \text{ S}$$

따라서 구동 전류 I는

$$I = Y_{trans,12} V_2 = (0.0544\angle -53.97°)(5\angle 60°) = 0.272\angle 6.03° \text{ A}$$

EXERCISE

11.1 $R = 20\,\Omega$, $L = 10\,\mathrm{mH}$인 회로의 임피던스를 $1\,\mathrm{kH}$에서 구하라.

11.2 그림 11.32 회로에서
  (a) 임피던스를 구하라.
  (b) 페이저 전류를 구하라.

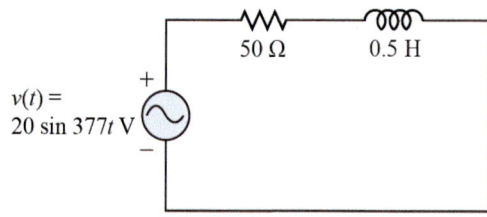

그림 11.32 [EXERCISE 11.2]

11.3 그림 11.33의 회로에서
  (a) 페이저 전류를 구하라.
  (b) 순시전류를 구하라.

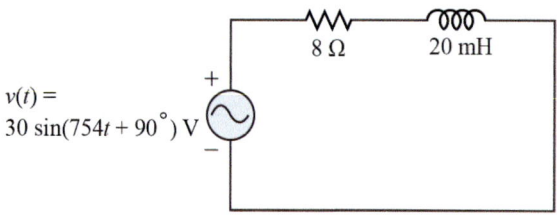

그림 11.33 [EXERCISE 11.3]

11.4 그림 11.34의 회로에서
  (a) 페이저 전류를 구하라.
  (b) 순시전류를 구하라.

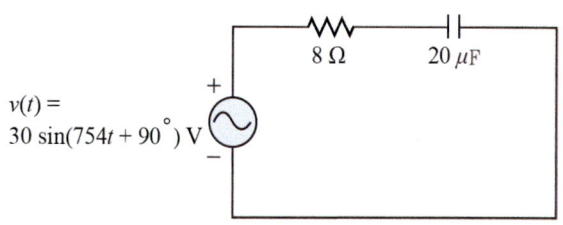

그림 11.34 [EXERCISE 11.4]

11.5 그림 11.35의 회로에서 Z_x를 구하라.

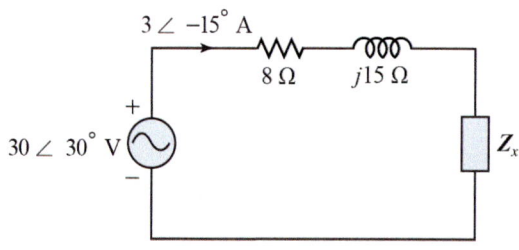

그림 11.35 [EXERCISE 11.5]

11.6 그림 11.36의 회로에서
  (a) 페이저 전류를 구하라.
  (b) 각 회로요소에 걸리는 전압을 구하라.

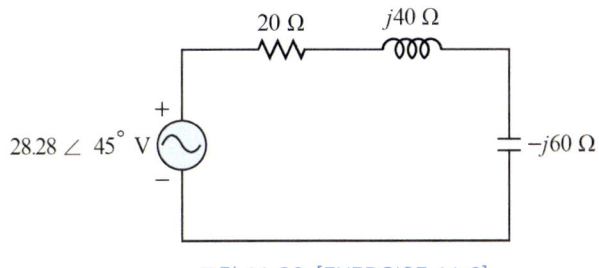

그림 11.36 [EXERCISE 11.6]

11.7 그림 11.37의 회로에서
  (a) 회로 전체 전류를 구하라
  (b) 각 회로요소에 흐르는 전류를 구하라.
  (c) 4 Ω과 $j8$ Ω에 흐른 전류가의 합이 12 Ω에 흐르는 전류와 같은가?

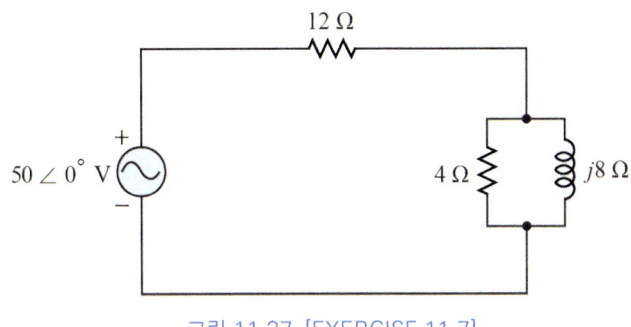

그림 11.37 [EXERCISE 11.7]

11.8 그림 11.38의 회로에서 병렬회로에 걸리는 전압의 크기가 40 V일 때 V의 크기를 구하라.

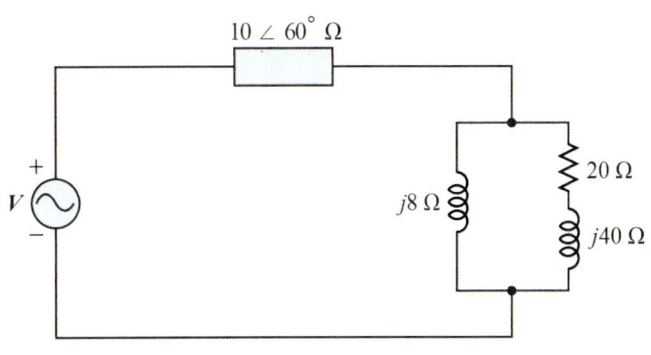

그림 11.38 [EXERCISE 11.8]

11.9 그림 11.39의 회로에서 Z_x를 구하라.

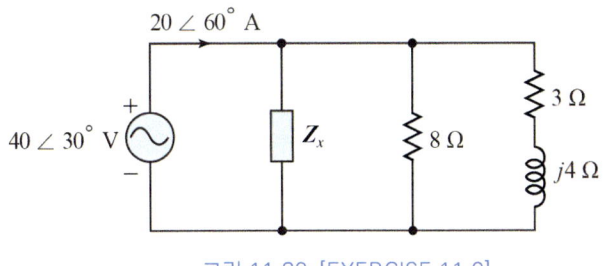

그림 11.39 [EXERCISE 11.9]

11.10 그림 11.40의 회로에서 V_{ab}를 구하라.

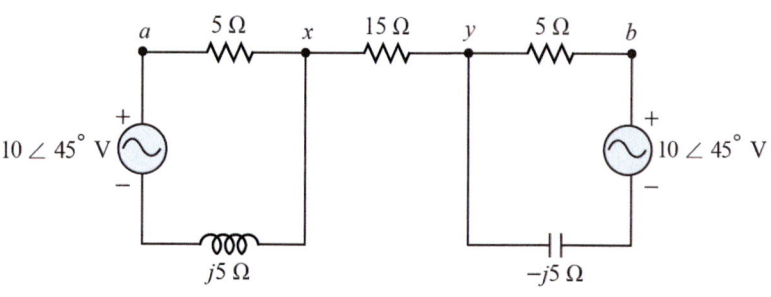

그림 11.40 [EXERCISE 11.10]

11.11 그림 11.41의 회로에서 전원 전압 V_s, 저항에 걸리는 전압 V_R, 코일에 걸리는 전압 V_L이 실효치로 주어졌다. 60 Hz의 전압원이라고 가정하고, 코일의 내부저항과 인덕턴스를 구하라.

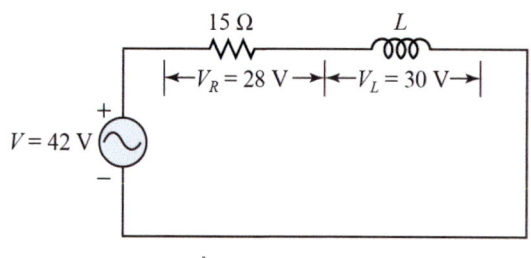

그림 11.41 [EXERCISE 11.11]

11.12 그림 11.42의 회로에서 전류가 실효치로 주어졌다. 60 Hz의 전압원이라고 가정하고, R과 L을 구하라.

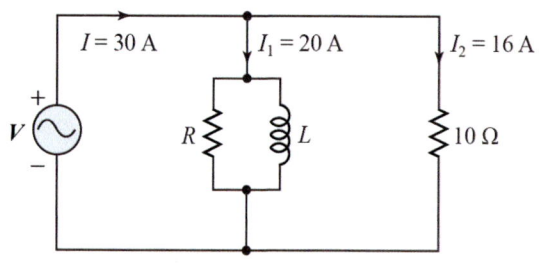

그림 11.42 [EXERCISE 11.12]

11.13 그림 11.43의 회로에서 $j8\ \Omega$에 걸리는 전압과 흐르는 전류를 구하라.
 (a) 망전류법
 (b) 마디전압법
 (c) 합성 저항법

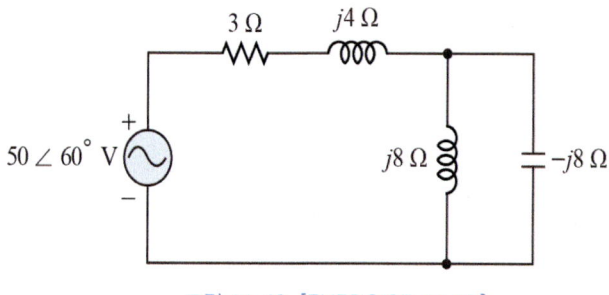

그림 11.43 [EXERCISE 11.13]

11.14 그림 11.44의 회로에서

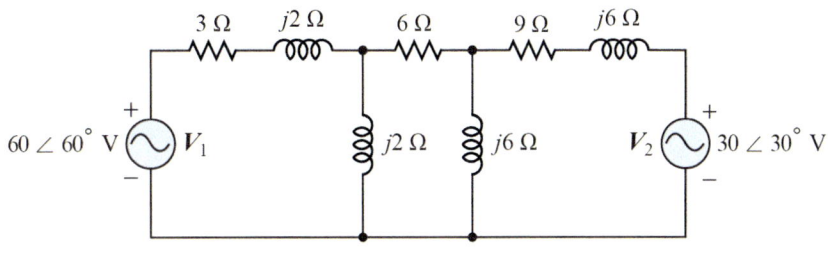

그림 11.44 [EXERCISE 11.14]

(a) 6 Ω에 흐르는 전류를 구하라.

(b) 각 전압원이 공급하는 전력을 구하라.

(c) 망전류법을 사용하여 6 Ω에 흐르는 전류가 0이 되기 위한 V_2를 구하라.

11.15 그림 11.45의 회로에서 입력 임피던스 $Z_{11}(=Z_i)$, 전달 임피던스 $Z_{trans,12}$, $Z_{trans,13}$을 구하라.

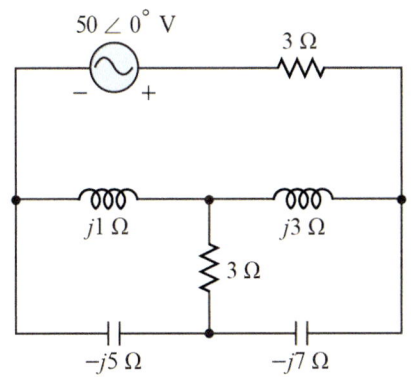

그림 11.45 [EXERCISE 11.15]

11.16 그림 11.46의 회로에서 마디 전압법으로 I_A, I_B, I_C를 구하라. 그리고 전류의 합을 구하라.

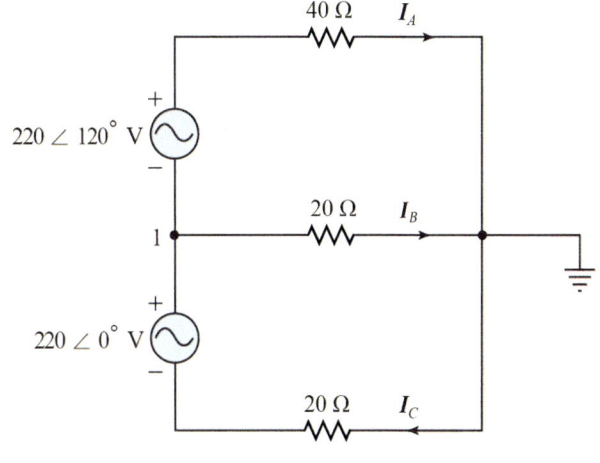

그림 11.46 [EXERCISE 11.16]

11.17 그림 11.47의 회로에서 병렬 지로에 걸리는 전압을 마디전압법으로 구하라.

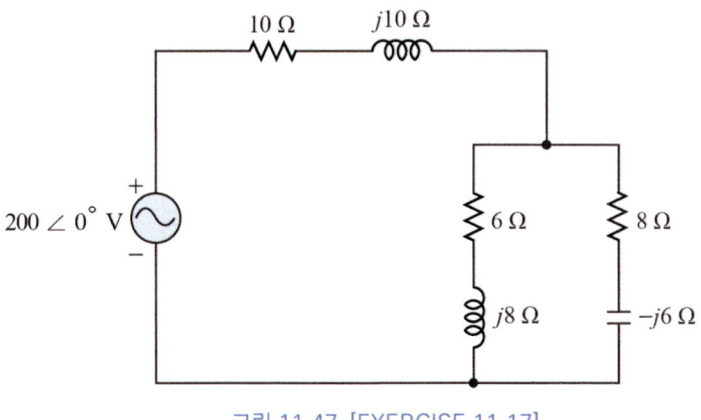

그림 11.47 [EXERCISE 11.17]

11.18 그림 11.48의 회로에서 마디전압법으로 4 Ω에 흐르는 전류가 0이 되기 위한 V_1을 구하라.

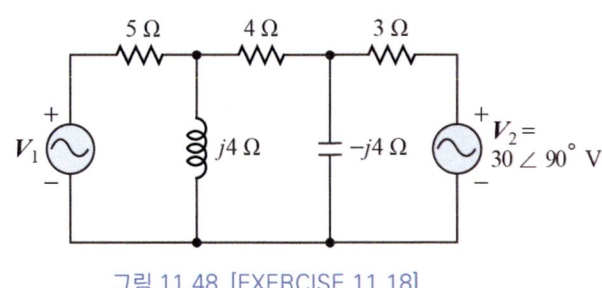

그림 11.48 [EXERCISE 11.18]

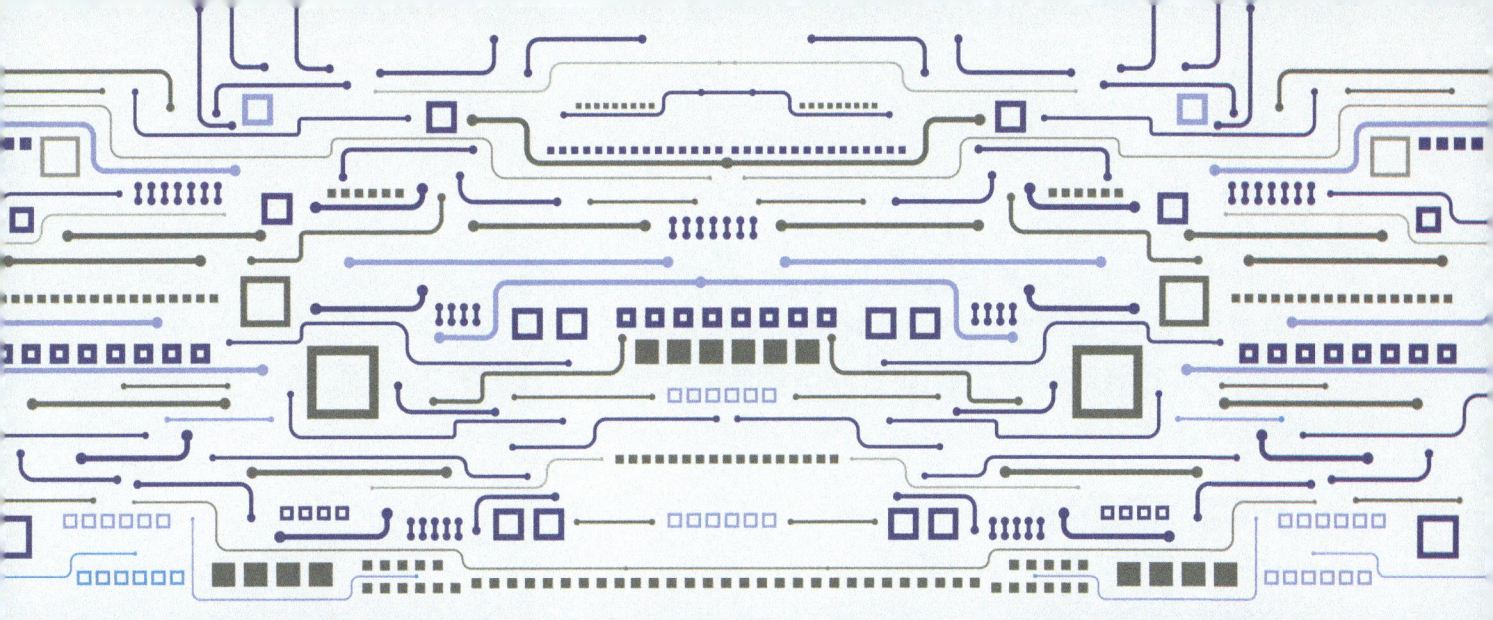

CHAPTER 12

AC 회로망 정리

12.1 중첩의 원리
12.2 테브난의 정리
12.3 노튼의 정리
12.4 AC 최대전력전달 정리
EXERCISE

12.1 중첩의 원리

6장에서 다룬 직류에서 **중첩의 원리**(superposition principle)는 교류에서도 바로 적용할 수 있다. 교류에서는 교류량이 페이저 형태로 나타나기 때문에 직류에서보다 계산이 복잡하다. 특히 중첩의 원리는 직.교류가 동시에 인가되는 많은 실제적인 전기회로를 해석하는데 널리 사용된다. 다양한 예제를 통해서 중첩의 원리를 익혀보자.

EXAMPLE 12-1

그림 12.1의 회로에서 $3 + j4\ \Omega$의 지로에 걸리는 전압을 구하라.
(a) 중첩의 원리를 이용
(b) 망전류 해석법을 이용
(c) 마디전압 해석법을 이용

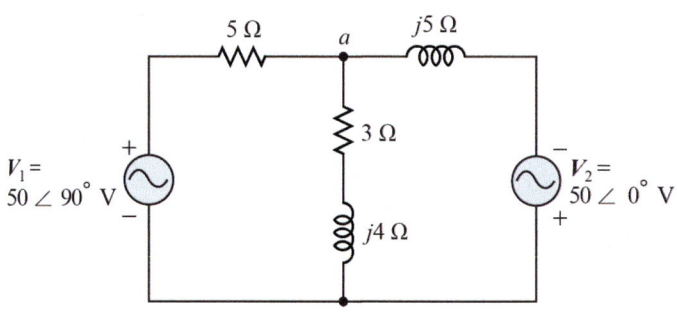

그림 12.1 [EXAMPLE 12-1]

SOLUTION

(a) $V_2 = 0$일 때 마디 a의 전압을 V_{a1}이라고 하자.

V_2가 단락됨으로써 $j5\ \Omega$과 $3 + j4\ \Omega$은 병렬이다. 병렬합성 임피던스 $j5//(3+j4)$와 저항 $5\ \Omega$은 직렬이다. 따라서 전압분배법칙을 이용하면

$$V_{a1} = \frac{j5//(3+j4)}{j5//(3+j4)+5}\ V_1 = \frac{-20+j15}{-5+j60}(j50) = \frac{-150-j200}{-1+j12}\ \text{V}$$

$V_1 = 0$일 때 마디 a의 전압을 V_{a2}라고 하자.

V_1이 단락됨으로써 저항 $5\ \Omega$와 $3 + j4\ \Omega$은 병렬이다. 병렬합성 임피던스와 인덕터 $j5\ \Omega$은 직렬이다. 따라서 전압분배법칙을 이용하면

$$V_{a2} = \frac{5//(3+j4)}{j5+5//(3+j4)}\ V_2 = \frac{15+j20}{-5+j60}(-50) = \frac{-150-j200}{-1+j12}\ \text{V}$$

따라서 중첩의 원리에 따라서 마디 a의 전압 V_a가 $3 + j4\ \Omega$에 걸리는 전압이므로

$$\begin{aligned}
V_a &= V_{a1} + V_{a2} = \frac{-150-j200}{-1+j12} + \frac{-150-j200}{-1+j12} \\
&= \frac{-300-j400}{-1+j12} = \frac{500\angle -126.87°}{12.04\angle 94.76°} \\
&= 41.53\angle -221.63°\ \text{V} = 41.53\angle 138.37°\ \text{V} \\
&= -31.04 + j27.59\ \text{V}
\end{aligned}$$

(b) 두 개의 망에 시계방향의 망전류를 각각 I_1과 I_2라고 하자.

망전류 방정식은
$$\begin{cases} (8+j4)I_1 - (3+j4)I_2 = j50 \\ -(3+j4)I_1 + (3+j9)I_2 = 50 \end{cases}$$

Z 파라미터 행렬식 Δ_z는
$$\Delta_z = \begin{vmatrix} 8+j4 & -3-j4 \\ -3-j4 & 3+j9 \end{vmatrix} = -5+j60 = 60.21\angle 94.76°$$

Cramer 공식을 이용하면
$$I_1 = \frac{\begin{vmatrix} j50 & -3-j4 \\ 50 & 3+j9 \end{vmatrix}}{\Delta_z} = \frac{-300+j350}{-5+j60} = \frac{460.98\angle 130.6°}{60.21\angle 94.76°}$$
$$= 7.66\angle 35.84°\,\text{A} = 6.21+j4.49\,\text{A}$$

$$I_2 = \frac{\begin{vmatrix} 8+j4 & j50 \\ -3-j4 & 50 \end{vmatrix}}{\Delta_z} = \frac{200+j350}{-5+j60} = \frac{403.11\angle 60.26°}{60.21\angle 94.76°}$$
$$= 6.70\angle -34.5°\,\text{A} = 5.52-j3.79\,\text{A}$$

$3+j4\,\Omega$에 걸리는 전압, 즉 마디 a의 전압 V_a는
$$V_a = (3+j4)(I_1-I_2) = (3+j4)[(6.21+j4.49)-(5.52-j3.79)]$$
$$= (3+j4)(0.69+j8.28) = -31.05+j27.6\,\text{V}$$
$$= 41.54\angle 138.37°\,\text{V}$$

(c) 마디 a에 KCL을 적용하면
$$\left(\frac{1}{5}+\frac{1}{3+j4}+\frac{1}{j5}\right)V_a = \frac{50\angle 90°}{5}-\frac{50\angle 0°}{j5}$$

위 식을 정리하면
$$(0.32-j0.36)V_a = j20$$
$$V_a = \frac{j20}{0.32-j0.36} = \frac{20\angle 90°}{0.482\angle -48.37°} = 41.52\angle 138.37°\,\text{V}$$

3가지 방법으로 결과를 얻었지만 마디전압 해석법이 가장 간단하다.

EXAMPLE 12-2

그림 12.2(a)의 회로에서 중첩의 원리를 이용하여 인덕터에 흐르는 전류를 구하라.

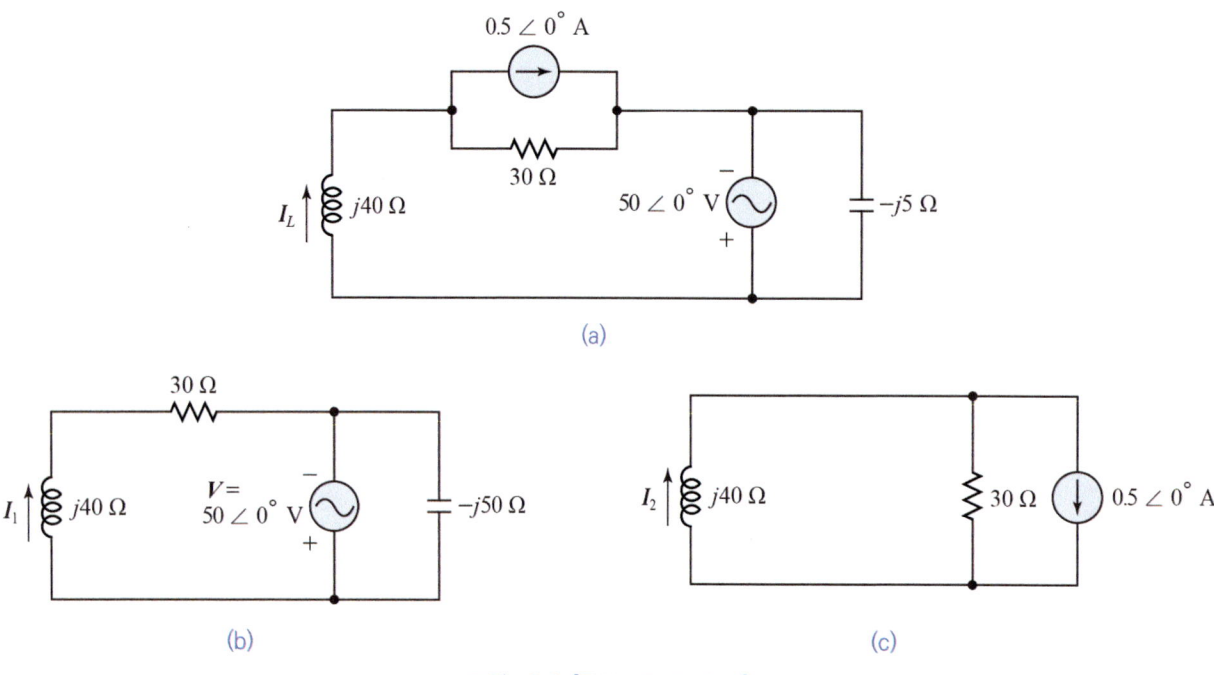

그림 12.2 [EXAMPLE 12-2]

SOLUTION

(1) 전류원이 개방일 때의 등가회로를 그림 12.2(b)에 나타내었다. 이때 인덕터에 흐르는 전류를 I_{L1}이라고 하자. $30 + j40\,\Omega$, 전압원, $-j50\,\Omega$가 서로 병렬이다. 따라서

$$I_{L1} = \frac{50\angle 0°}{30 + j40} = \frac{50\angle 0°}{50\angle 53.13°} = 1\angle -53.13°\,\text{A} = 0.6 - j0.8\,\text{A}$$

(2) 전압원이 단락일 때 $-j50\,\Omega$은 단락되며, 그때 등가회로를 그림 12.2(c)에 나타내었다. 이때 인덕터에 흐르는 전류를 I_{L2}라고 하자. 전류분배법칙에 따라

$$I_{L2} = \left(\frac{30}{30 + j40}\right)(0.5\angle 0°) = \frac{(30\angle 0°)(0.5\angle 0°)}{50\angle 53.13°} = \frac{15\angle 0°}{50\angle 53.13°}$$

$$= 0.3\angle -53.13°\,\text{A} = 0.18 - j0.24\,\text{A}$$

따라서 중첩의 원리에 따라서 인덕터에 흐르는 전류 I_L은

$$I_L = I_{L1} + I_{L2} = (0.6 - j0.8) + (0.18 - j0.24)$$

$$= 0.78 - j1.04\,\text{A} = 1.3\angle -53.13°\,\text{A}$$

EXAMPLE 12-3

그림 12.3(a)의 회로에서 중첩의 원리를 이용하여 저항 40 Ω에 걸리는 전압을 구하라.

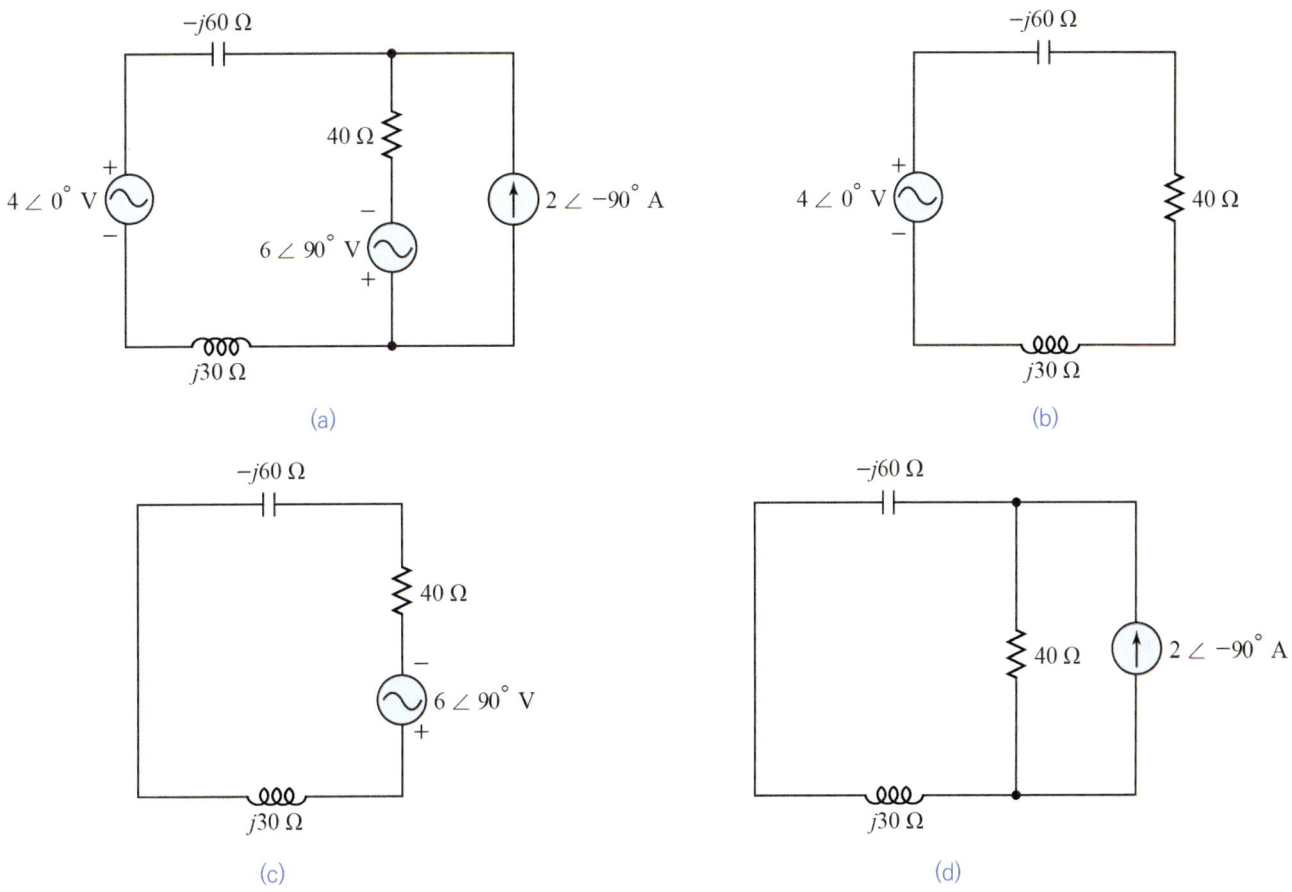

그림 12.3 [EXAMPLE 12-3]

SOLUTION

전원이 3개이므로 독립 전원이 하나씩만 있게 하고 나머지는 단락 또는 개방시킨다. 따라서 경우의 수가 3가지가 된다.

(1) 전압원 $6\angle 90°$ V가 단락, 전류원이 개방일 때의 등가회로를 그림 12.3(b)에 나타내었다.

이때 저항 40 Ω에 걸리는 전압을 V_{R1}이라고 하자.

$$V_{R1} = \left(\frac{40}{40 + j30 - j60}\right)(4\angle 0°) = \frac{160\angle 0°}{40 - j30} = \frac{160\angle 0°}{50\angle -36.87°}$$

$$= 3.2\angle 36.87° \text{ V} = 2.56 + j1.92 \text{ V}$$

(2) 전압원 $4\angle 0°$ V이 단락, 전류원이 개방일 때의 등가회로를 그림 12.3(c)에 나타내었다.

이때 저항 40 Ω에 걸리는 전압을 V_{R2}라고 하자.

$$V_{R2} = \left(\frac{40}{40+j30-j60}\right)(6\angle 90°) = \frac{240\angle 90°}{40-j30} = \frac{240\angle 90°}{50\angle -36.87°}$$
$$= 4.8\angle 126.87° \text{ V} = -2.88 + j3.84 \text{ V}$$

(3) 두 개의 전압원이 단락일 때의 등가회로를 그림 12.3(c)에 나타내었다. 이때 저항 40 Ω에 걸리는 전압을 V_{R3}라고 하자. 마디에 KCL을 적용하면

$$2\angle -90° = \frac{V_{R3}}{40} + \frac{V_{R3}}{j30-j60}$$
$$V_{R3} = \frac{-240}{4-j3} = \frac{240\angle -180°}{5\angle -36.87°} = 48\angle -143.13° \text{ V} = -38.4 - j28.8 \text{ V}$$

따라서 중첩의 원리에 따라서 저항 40 Ω에 걸리는 전압 $V_{40\Omega}$은

$$V_{40\Omega} = V_{R1} + V_{R2} + V_{R3} = (2.56+j1.92) + (-2.88+j3.84)$$
$$- (38.4+j28.8) = -38.72 - j23.04 \text{ V}$$
$$= 45.06\angle -149.25° \text{ V}$$

EXAMPLE 12-4

그림 12.4(a)의 회로에서 중첩의 원리를 이용하여 저항 2 kΩ에 걸리는 전압을 구하라.

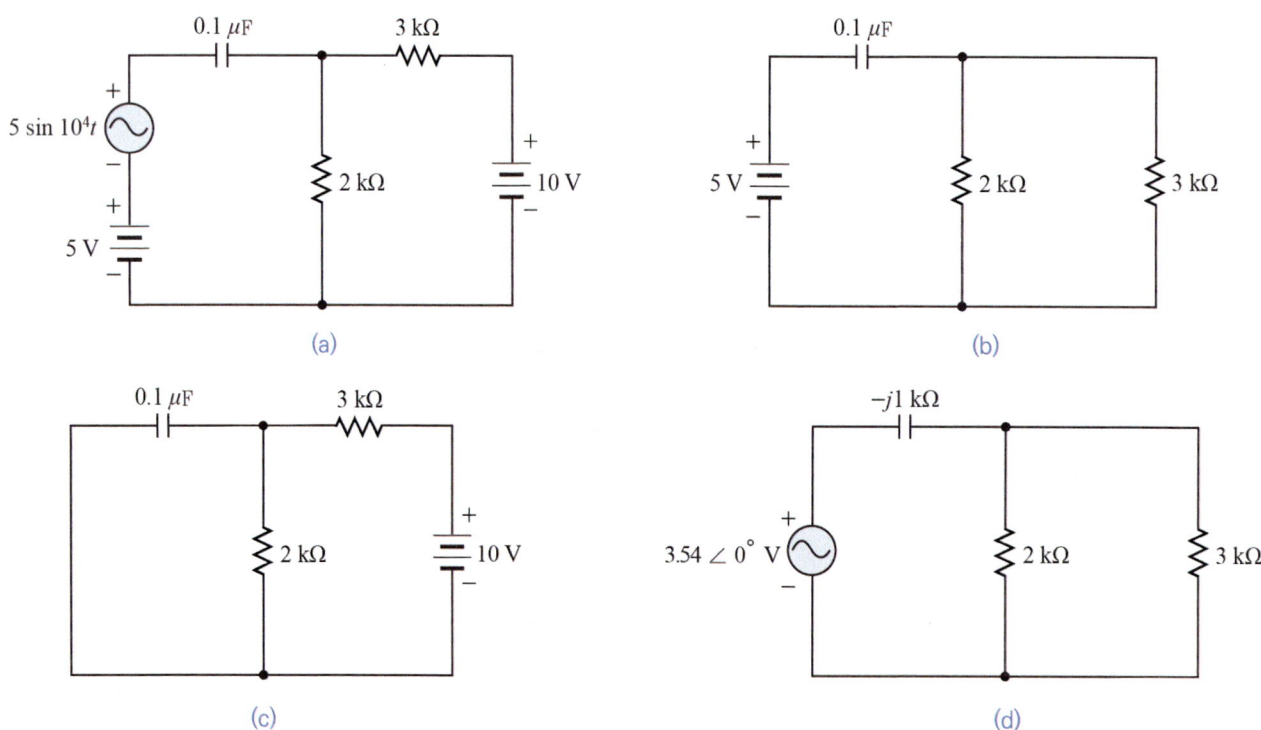

그림 12.4 [EXAMPLE 12-4]

SOLUTION

전압원이 3개이므로 독립 전압원이 하나씩만 있게 하고 나머지는 단락시킨다. 따라서 경우의 수가 3가지가 된다.

(1) 직류 전압원 10 V와 교류 전압원이 단락일 때의 등가회로를 그림 12.3(b)에 나타내었다.

이때 저항 2 kΩ에 걸리는 전압을 V_{R1}이라고 하자. 커패시터가 정상상태에서는 개방이므로

$$V_{R1} = 0 \text{ V}$$

(2) 직류 전압원 5 V와 교류 전압원이 단락일 때의 등가회로를 그림 12.3(c)에 나타내었다.

이때 저항 2 kΩ에 걸리는 전압을 V_{R2}라고 하자. 커패시터가 정상상태에서는 개방이므로 2 kΩ, 3 kΩ, 10 V가 직렬회로를 구성한다. 전압분배법칙에 따라

$$V_{R2} = \left(\frac{2}{2+3}\right)(10) = 4 \text{ V}$$

(3) 직류 전압원 모두가 단락일 때의 등가회로를 그림 12.3(d)에 나타내었다.

여기서 커패시터의 임피던스 $\boldsymbol{Z}_C$는

$$\boldsymbol{Z}_C = -j\frac{1}{\omega C} = -j\frac{1}{10^4 \times 0.1 \times 10^{-6}} = -j1 \text{ kΩ}$$

2 kΩ와 3 kΩ은 병렬이므로 병렬합성 임피던스는 2 kΩ // 3 kΩ = 1.2 kΩ이다. 이것은 $-j1$ kΩ과 직렬이다. 이때 저항 2 kΩ에 걸리는 전압을 $\boldsymbol{V}_{R3}$라고 하자. 전압분배법칙에 따라

$$\boldsymbol{V}_{R3} = \left(\frac{1.2}{1.2 - j}\right)(3.54 \angle 0°) = \frac{4.25 \angle 0°}{1.56 \angle -39.81°} = 2.72 \angle 39.81° \text{ V}$$

따라서 중첩의 원리에 따라서 저항 2 kΩ에 걸리는 전압 $\boldsymbol{V}_{2\text{k}\Omega}$은

$$\boldsymbol{V}_{2\text{k}\Omega} = \boldsymbol{V}_{R1} + \boldsymbol{V}_{R2} + \boldsymbol{V}_{R3} = 4 + 2.72 \angle 39.81° \text{ V}$$

$\boldsymbol{V}_{2\text{k}\Omega}$을 순시치로 나타내면

$$v_{2\text{k}\Omega} = 4 + 3.85 \sin(10^4 t + 39.81°) \text{ V}$$

12.2 테브난의 정리

6장에서 다룬 직류에서 **테브난의 정리**(Thevenin's theorem)는 교류에서도 적용된다. 교류에서는 교류양이 페이저 형태로 나타나기 때문에 직류에서보다 계산이 복잡하다. 다양한 예제를 통해서 테브난의 정리를 해보자.

EXAMPLE 12-5

그림 12.5(a)의 회로에서 인덕터에 걸리는 전압을 구하라.

(1) 테브난의 정리 이용
(2) 망전류 해석법 이용
(3) 마디전압 해석법 이용

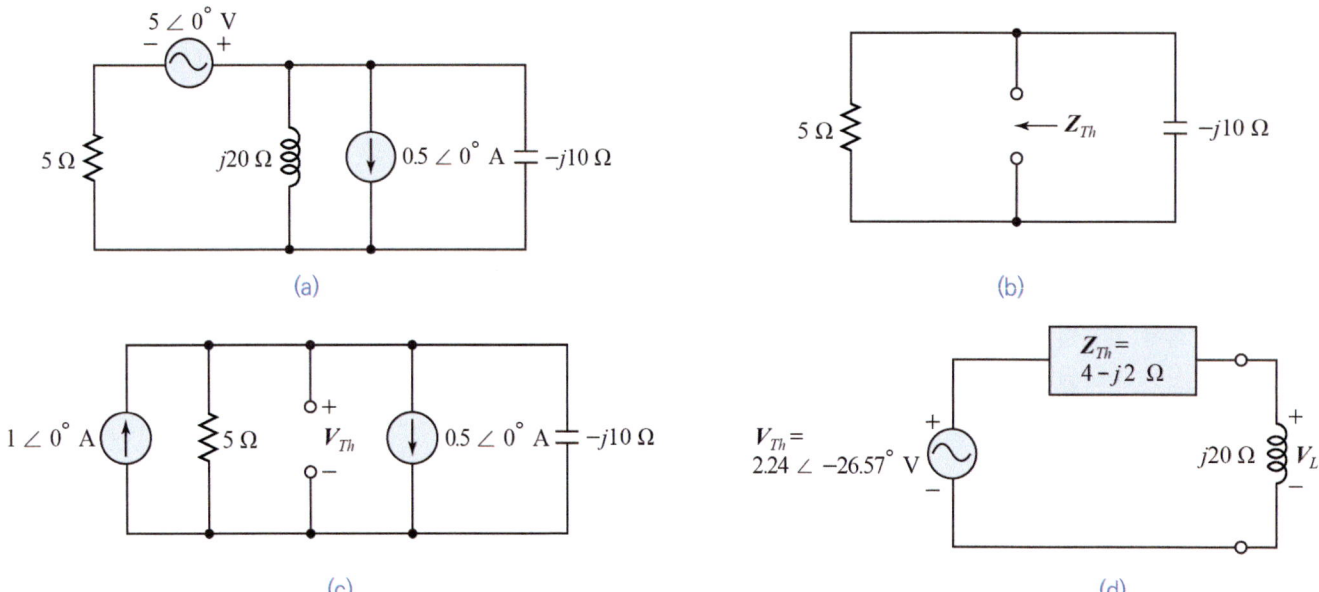

그림 12.5 [EXAMPLE 12-5]

SOLUTION

(1) 테브난 등가 임피던스 Z_{Th}를 구하기 위해서 부하라고 본 인덕터를 제거하고, 전압원은 단락, 전류원은 개방시킨 회로가 그림 12.5(b)이다. 저항과 커패시터는 병렬이므로

$$Z_{Th} = 5//(-j10) = \frac{-j50}{5-j10} = 4-j2 \ \Omega$$

마디전압 해석법을 이용하여 부하인 인덕터를 제거한 단자에 걸리는 전압, 즉 테브난 등가 전압 V_{Th}를 구하기 위해서 전압원을 전류원으로 변환한 회로가 그림 12.5(c)이다. 마디전압이 V_{Th}이므로 마디에 KCL을 적용하면

$$1\angle 0° = \frac{V_{Th}}{5} + \frac{V_{Th}}{-j10} + 0.5\angle 0°$$

위 식을 정리하면

$$(0.2 + j0.1)V_{Th} = 0.5$$
$$V_{Th} = \frac{0.5}{0.2+j0.1} = 2-j = 2.24\angle -26.57° \ V$$

테브난 등가회로는 그림 12.5(d)와 같다.

따라서 인덕터에 걸리는 전압 V_L은

$$V_L = \left(\frac{Z_L}{Z_{Th} + Z_L}\right) V_{Th} = \left(\frac{j20}{4 - j2 + j20}\right)(2.24 \angle -26.57°)$$

$$= \left(\frac{20 \angle 90°}{18.44 \angle 77.47°}\right)(2.24 \angle -26.57°)$$

$$= 2.43 \angle -14.04° \text{ V}$$

(2) 그림 12.5(a)에서 전류원을 전압으로 변환하면 두 개의 망이 나온다. 망전류의 방향을 시계방향으로 정했을 때 KVL을 적용하면

$$\begin{cases} 5I_1 + j20(I_1 - I_2) - 5 \angle 0° = 0 \\ j20(I_2 - I_1) - j10I_2 - 5 \angle -90° = 0 \end{cases}$$

위 식을 정리하여 정형화된 망전류 방정식으로 나타내면

$$\begin{cases} (5 + j20)I_1 - j20I_2 = 5 \\ -j20I_1 + j10I_2 = -j5 \end{cases}$$

Z 파라미터 행렬식 Δ_z는

$$\Delta_z = \begin{vmatrix} 5 + j20 & -j20 \\ -j20 & j10 \end{vmatrix} = 200 + j50 = 206.16 \angle 14.04°$$

Cramer 공식을 이용하면

$$I_1 = \frac{\begin{vmatrix} 5 & -j20 \\ -j5 & j10 \end{vmatrix}}{\Delta_z} = \frac{100 + j50}{200 + j50} = \frac{111.8 \angle 26.57°}{206.16 \angle 14.04°}$$

$$= 0.542 \angle 12.53° \text{ A} = 0.529 + j0.1176 \text{ A}$$

$$I_2 = \frac{\begin{vmatrix} 5 + j20 & 5 \\ -j20 & -j5 \end{vmatrix}}{\Delta_z} = \frac{100 + j75}{200 + j50} = \frac{125 \angle 36.87°}{206.16 \angle 14.04°}$$

$$= 0.606 \angle 22.83° \text{ A} = 0.5585 + j0.2351 \text{ A}$$

따라서 인덕터에 걸리는 전압 V_L은

$$V_L = j20(I_1 - I_2) = j20[(0.529 + j0.1176) - (0.5585 + j0.2351)]$$

$$= 2.35 - j0.59 \text{ V} = 2.42 \angle -14.09° \text{ V}$$

(c) 그림 12.5(a)에서 인덕터에 걸리는 전압을 마디전압 V_1이라고 하자. 마디에 KCL을 적용하면

$$\left(\frac{1}{5} + \frac{1}{j20} + \frac{1}{-j10}\right) V_1 = \frac{5\angle 0°}{5} - 0.5\angle 0°$$

위 식을 정리하면

$$(0.2 + j0.05)\,V_1 = 0.5$$

$$V_1 = \frac{0.5}{0.2 + j0.05} = \frac{0.5}{0.206\angle 14.04°} = 2.43\angle -14.04°\text{ V}$$

3가지 방법으로 결과를 얻었지만 마디전압 해석법이 가장 간단하다.

EXAMPLE 12-6

그림 12.6(a)의 회로에서 $3 + j4\ \Omega$의 지로에 흐르는 전류를 구하라.
(1) 테브난의 정리 이용
(2) 망전류 해석법 이용
(3) 마디전압 해석법 이용

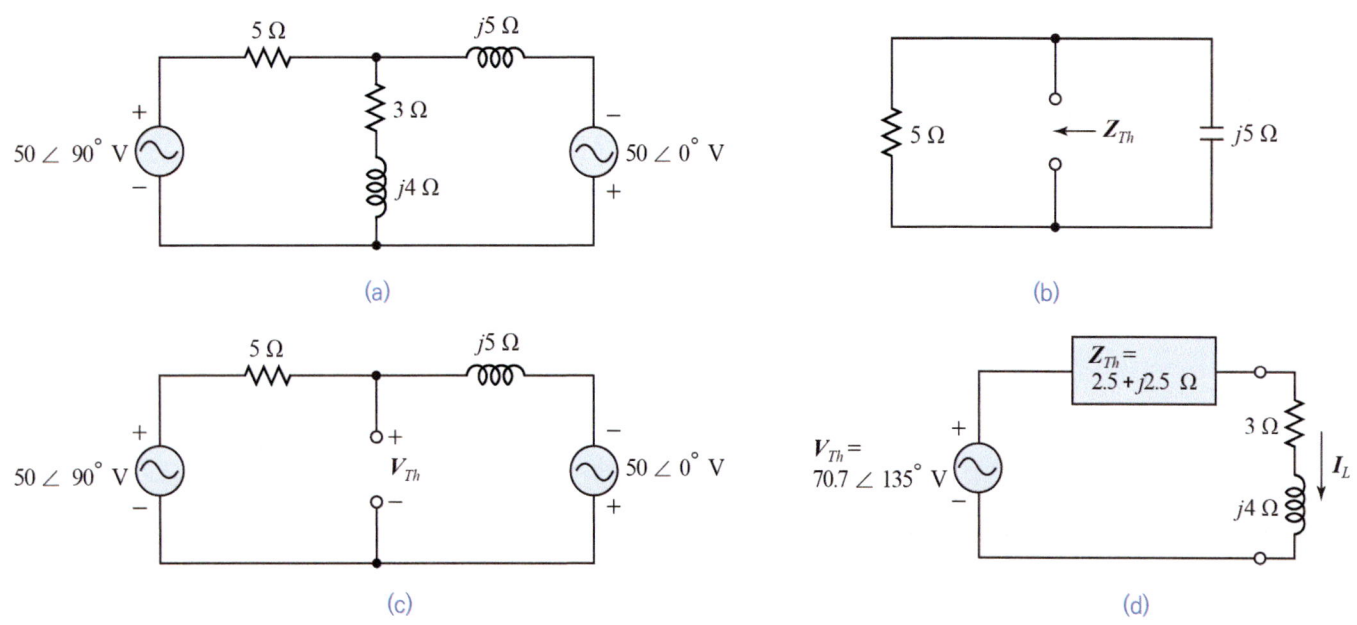

그림 12.6 [EXAMPLE 12-6]

SOLUTION

(1) 테브난 등가 임피던스 Z_{Th}를 구하기 위해서 부하라고 본 인덕터를 제거하고, 전압원은 단락시킨 회로가 그림 12.6(b)이다. 저항과 인덕터는 병렬이므로

$$Z_{Th} = 5//j5 = \frac{j25}{5 + j5} = \frac{25\angle 90°}{5\sqrt{2}\angle 90°} = 3.54\angle 45°\ \Omega = 2.5 + j2.5\ \Omega$$

테브난 등가 전압 V_{Th}를 구하기 위한 부하 임피던스 $3 + j4\ \Omega$를 제거한 회로가 그림 12.6(c)이다. 루프에 KVL을 적용하면

$$-50\angle 90° + 5I + j5I - 50\angle 0° = 0$$

$$I = \frac{50 + j50}{5 + j5} = \frac{10(5 + j5)}{5 + j5} = 10\angle 0°\ \text{A}$$

따라서 어떤 전압원을 이용하든 다음과 같이 V_{Th}는 같다.

$$\begin{cases} V_{Th} = 50\angle 90° - 5I = -50 + j50 = 70.7\angle 135°\ \text{V} \\ V_{Th} = j5I - 50\angle 0° = -50 + j50 = 70.7\angle 135°\ \text{V} \end{cases}$$

테브난 등가회로는 그림 12.6(d)와 같다.
따라서 $3 + j4\ \Omega$에 흐르는 전류 I는

$$I = \frac{V_{Th}}{Z_{Th} + Z_L} = \frac{70.7\angle 135°}{(2.5 + j2.5) + (3 + j4)} = \frac{70.7\angle 135°}{5.5 + j6.5}$$

$$= \frac{70.7\angle 135°}{8.51\angle 49.76°} = 8.31\angle 85.24°\ \text{A}$$

(2) 그림 12.6(a)에서 두 개의 망에 대한 망전류의 방향을 시계방향으로 정했을 때 KVL을 적용하면

$$\begin{cases} 5I_1 + (3 + j4)(I_1 - I_2) - 5\angle 90° = 0 \\ (3 + j4)(I_2 - I_1) + j5I_2 - 5\angle 0° = 0 \end{cases}$$

위 식을 정리하여 정형화된 망전류 방정식으로 나타내면

$$\begin{cases} (8 + j4)I_1 - (3 + j4)I_2 = j50 \\ -(3 + j4)I_1 + (3 + j9)I_2 = 50 \end{cases}$$

Z 파라미터 행렬식 Δ_z는

$$\Delta_z = \begin{vmatrix} 8 + j4 & -3 - j4 \\ -3 - j4 & 3 + j9 \end{vmatrix} = (8 + j4)(3 + j9) - (3 + j4)^2$$

$$= -5 + j60 = 60.21\angle 94.76°$$

Cramer 공식을 이용하면

$$I_1 = \frac{\begin{vmatrix} j50 & -3 - j4 \\ 50 & 3 + j \end{vmatrix}}{\Delta_z} = \frac{-300 + j350}{-5 + j60} = \frac{460.98\angle 130.6°}{60.21\angle 94.76°}$$

$$= 7.66\angle 35.84° \text{ A} = 6.21 + j4.49 \text{ A}$$

$$I_1 = \frac{\begin{vmatrix} 8+j4 & j50 \\ -3-j4 & 50 \end{vmatrix}}{\Delta_z} = \frac{200+j350}{-5+j60} = \frac{403.11\angle 60.26°}{60.21\angle 94.76°}$$

$$= 6.7\angle -34.5° \text{ A} = 5.52 - j3.79 \text{ A}$$

따라서 $3+j4 \ \Omega$에 흐르는 전류 I는

$$I = I_1 - I_2 = (6.21+j4.49) - (5.52-j3.79) = 0.69 + j8.28 \text{ A}$$

$$= 8.31\angle 85.24° \text{ A}$$

(3) 그림 12.6(a)에서 세 지로가 만나는 점을 하나의 마디로 정하고, 그때의 마디전압을 V_1이라고 하자. 마디에 KCL을 적용하면

$$\left(\frac{1}{5} + \frac{1}{3+j4} + \frac{1}{j5}\right)V_1 = \frac{50\angle 90°}{5} - \frac{50\angle 0°}{j5}$$

위 식을 정리하면

$$(0.32 - j0.36)V_1 = j20$$

$$V_1 = \frac{j20}{0.32-j0.36} = \frac{20\angle 90°}{0.482\angle -48.37°} = 41.52\angle 138.37° \text{ V}$$

따라서 $3+j4 \ \Omega$에 흐르는 전류 I는

$$I_1 = \frac{V_1}{3+j4} = \frac{41.52\angle 138.37°}{5\angle 53.13°} = 8.30\angle 85.24° \text{ A}$$

3가지 방법으로 결과를 얻었지만 마디전압 해석법이 가장 간단하다.

EXAMPLE 12-7

그림 12.7의 회로에서

(a) 단자 $a-b$의 $3+j4 \ \Omega$을 통한 전류가 0이 되는 V_2를 구하라.

(b) 단자 $a-b$에서 테브난 등가 임피던스와 등가 전압을 구하라.

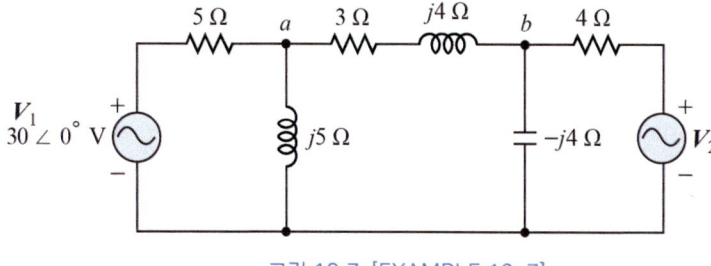

그림 12.7 [EXAMPLE 12-7]

SOLUTION

(a) 단자 $a-b$가 개방일 때의 어떤 회로가 되는지 재구성한다.

V_1, $5\,\Omega$, $j5\,\Omega$으로 이어지는 폐회로가 된다. 따라서 V_a는

$$V_a = \left(\frac{j5}{5+j5}\right)V_1 = \left(\frac{1\angle 90°}{\sqrt{2}\angle 45°}\right)30\angle 0° = 21.2\angle 45°\text{ V}$$

V_2, $4\,\Omega$, $-j4\,\Omega$으로 이어지는 폐회로가 된다. 따라서 V_b는

$$V_b = \left(\frac{-j4}{4-j4}\right)V_2 = \left(\frac{1\angle -90°}{\sqrt{2}\angle -45°}\right)V_2 = \frac{V_2}{\sqrt{2}}\angle -45°$$

$V_a = V_b$일 때 $3+j4\,\Omega$을 통한 전류가 0이 되므로

$$21.2\angle 45° = \frac{V_2}{\sqrt{2}}\angle -45°$$

$$V_2 = 30\angle 90°\text{ V}$$

(b) 단자 $a-b$가 개방일 때의 단자 $a-b$에서 보면

$5\,\Omega$과 $j5\,\Omega$은 병렬, $4\,\Omega$과 $-j4\,\Omega$도 병렬이 된다. 두 병렬 부분은 직렬이다.

따라서 테브난 등가 임피던스 Z_{Th}는

$$Z_{Th} = (5//j5) + (4//-j4) = 4.5 + j0.5\,\Omega$$

$V_{ab} = V_a - V_b = 0$이므로 테브난 등가 전압 $V_{Th} = 0\text{ V}$이다.

EXAMPLE 12-8

그림 12.8(a)의 회로에서 단자 $a-b$에 $2+j4\,\Omega$을 연결했을 때 거기서 발생하는 평균전력을 테브난의 정리를 이용하여 구하라.

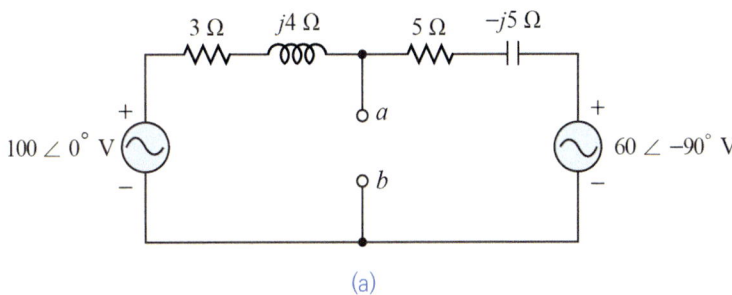

(a)

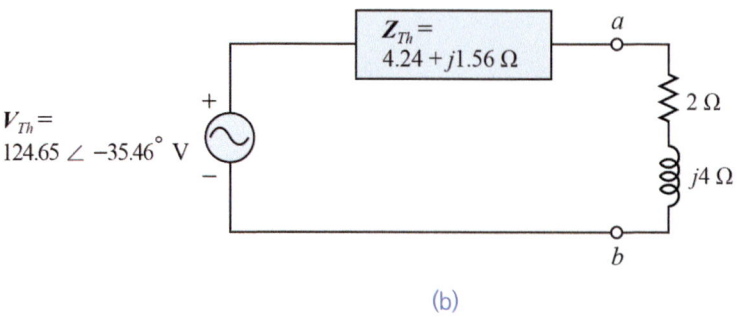

(b)

그림 12.8 [EXAMPLE 12-8]

SOLUTION

테브난 등가 임피던스 Z_{Th}를 구하기 위해서 전압원은 단락시켰을 때 $3 + j4\,\Omega$와 $5 - j5\,\Omega$은 병렬이므로

$$Z_{Th} = (3 + j4)//(5 - j5) = \frac{35 + j5}{8 - j1} = \frac{35.36 \angle 8.13°}{8.06 \angle -7.13°}$$

$$= 4.39 \angle 15.26° = 4.24 + j1.16\,\Omega$$

테브난 등가 전압 $V_{Th} = V_a$를 구하기 위해서 루프에 KVL을 적용하면

$$-100 \angle 0° + (3 + j4)I + (5 - j5)I + 60 \angle -90° = 0$$

$$I = \frac{100 + j60}{8 - j} = \frac{116.62 \angle 30.96°}{8.06 \angle -7.13°} = 14.47 \angle 38.09°\,\text{A}$$

따라서 어떤 전압원을 이용하든 다음과 같이 V_a는 같다.

$$\begin{cases} V_a = 100 \angle 0° - (3 + j4)I = 100 - (5 \angle 53.13°)(14.47 \angle 38.09°) \\ \qquad = 100 - 72.33 \angle 91.22°\,\text{V} \\ \qquad = 101.54 - j72.31\,\text{V} \\ V_a = (5 - j5)I + 60 \angle -90° \\ \qquad = (7.07 \angle -45°)(14.47 \angle 38.09°) + 60 \angle -90° \\ \qquad = 102.3 \angle -6.91° + 60 \angle -90° = 101.56 - j12.31 - j60 \\ \qquad = 101.56 - j72.31\,\text{V} \end{cases}$$

테브난 등가회로는 그림 12.8(b)와 같다.

$2 + j4\,\Omega$에 흐르는 전류 I_L은

$$I_L = \frac{V_{Th}}{Z_{Th} + Z_L} = \frac{101.54 - j72.31}{(4.24 + j1.16) + (2 + j4)} = \frac{124.66 \angle -35.46°}{8.1 \angle 39.59°}$$

$$= 15.39 \angle -75.05° \text{ A}$$

따라서 평균전력, 즉 소비전력 P는

$$P = I_L^2 R = (15.39)^2 (2) = 473.7 \text{ W}$$

12.3 노튼의 정리

6장에서 다룬 직류에서 **노튼의 정리**(Norton's theorem)는 교류에서도 바로 적용된다. 교류에서는 교류량이 페이저 형태로 나타나기 때문에 직류에서보다 계산이 복잡하다. 노튼의 정리의 핵심은 테브난의 정리와 쌍대성(duality) 관계라는 점이다. 테브난 등가회로에서 등가전압원, 등가 임피던스, 부하는 직렬인데 반해서 노튼 등가회로에서 등가 전류원, 등가 임피던스, 부하는 병렬이다. 노튼 등가 임피던스는 테브난 등가 임피던스와 정확히 같다. 다양한 예제를 통해서 노튼의 정리를 익혀보자.

EXAMPLE 12-9

그림 12.9(a)의 회로에서, 단자 $a-b$에서 노튼 등가회로를 그려라.
(1) 테브난의 정리 이용
(2) 노튼의 정리 이용

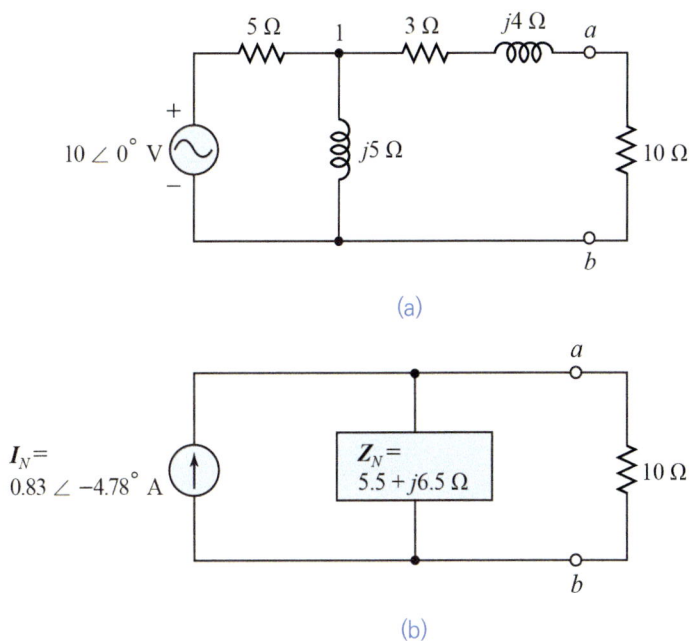

(a)

(b)

그림 12.9 [EXAMPLE 12-9]

SOLUTION

(1) 단자 $a-b$에서 저항을 제거하고, 전압원을 단락시킨 후에 회로망 쪽으로 본 전체 임피던스, 즉 테브난 등가 임피던스 Z_{Th}는

$$Z_{Th} = 3 + j4 + (5//j5) = 3 + j4 + \frac{j5}{1+j} = 5.5 + j6.5 \ \Omega$$

$$= 8.51 \angle 49.76° \ \Omega$$

단자 $a-b$에서 테브난 등가 전압 V_{Th}는 $j5 \ \Omega$에 걸리는 전압이므로

$$V_{Th} = \left(\frac{j5}{5+j5}\right)(10\angle 0°) = \frac{j10}{1+j} = 5(1+j) = 7.07 \angle 45° \ V$$

따라서 노튼 등가 전류 I_N은

$$I_N = \frac{V_{Th}}{Z_{Th}} = \frac{7.07 \angle 45° \ V}{8.51 \angle 49.76° \ \Omega} = 0.83 \angle -4.76° \ A$$

따라서 노튼 등가회로는 그림 12.9(b)와 같다.

(2) 노튼 등가 임피던스 Z_N은 테브난 등가 임피던스 Z_{Th}와 완전히 같다.

따라서 $Z_N = 5.5 + j6.5 \ \Omega$이다.

단자 $a-b$가 단락시 단자 $a-b$에 흐르는 전류가 노튼 등가 전류 I_N이다.
I_N을 구하기 위해서 마디 1에 KCL을 적용하면

$$\left(\frac{1}{5} + \frac{1}{j5} + \frac{1}{3+j4}\right)V_1 = \frac{10\angle 0°}{5}$$

위 식을 정리하면

$$(0.32 - j0.36)V_1 = 2$$

$$V_1 = \frac{2}{0.32 - j0.36} = \frac{2}{0.48 \angle -48.37°} = 4.17 \angle 48.37° \ V$$

따라서 노튼 등가 전류 I_N은

$$I_N = \frac{V_1}{3+j4} = \frac{4.17 \angle 48.37°}{5 \angle 53.13°} = 0.83 \angle -4.76° \ A$$

따라서 노튼 등가회로는 그림 12.9(b)와 같다.

결과적으로 (1), (2)에서 구한 노튼 등가회로는 같다. 회로의 구성에 따라 부하에 흐르는 전류를 구하는 방법은 두 정리의 선택 문제이다.

EXAMPLE 12-10

그림 12.10의 회로에서, 단자 $a-b$에서 노튼 등가 임피던스와 등가 전류를 구하라.

(a) 노튼의 정리 이용
(b) 테브난의 정리 이용

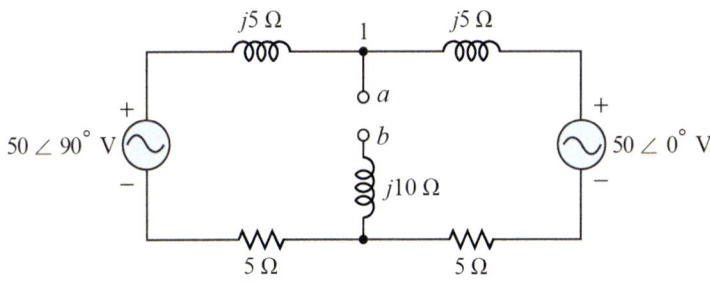

그림 12.10 [EXAMPLE 12-10]

SOLUTION

(a) 단자 $a-b$에서 노튼 등가 임피던스 Z_N은 테브난 등가 임피던스 Z_{Th}와 같다. 두 전압원을 단락시키면 두 개의 $5+j5\ \Omega$은 병렬이 된다.

$$Z_N = j10 + (5+j5)//(5+j5) = j10 + 2.5 + j2.5$$
$$= 2.5 + j12.5\ \Omega = 12.75 \angle 78.69°\ \Omega$$

단자 $a-b$가 단락시 단자 $a-b$에 흐르는 전류가 노튼 등가 전류 I_N이다. 이때 단락 지로에는 인덕터가 있다는 점에 유의해야 한다.

I_N은 망전류나 마디전압을 구함으로써 가능한데 여기서는 마디 1에 KCL을 적용하면

$$\frac{50\angle 90° - V_1}{5+j5} + \frac{50\angle 0° - V_1}{5+j5} = \frac{V_1}{j10}$$

다이렉트법을 사용하면 다음과 같이 바로 정리된다.

$$\left(\frac{1}{5+j5} + \frac{1}{j10} + \frac{1}{5+j5}\right)V_1 = \frac{50\angle 90°}{5+j5} + \frac{50\angle 0°}{5+j5} \quad (YV = I\ \text{꼴})$$

위 식을 정리하면

$$(0.2 - j0.3)V_1 = 10$$
$$V_1 = \frac{10}{0.2 - j0.3} = \frac{10}{0.36 \angle -56.31°} = 27.78 \angle 56.31°\ V$$

따라서 노튼 등가 전류 I_N이 흐르는 지로에 $j10\ \Omega$이 존재하기 때문에

$$I_N = \frac{V_1}{j10} = \frac{27.78 \angle 56.31°}{10 \angle 90°} = 2.78 \angle -33.69°\ A$$

(b) 테브난 등가 임피던스 Z_{Th}는 노튼 등가 임피던스와 동일.

$$Z_{Th} = 2.5 + j12.5\ \Omega = 12.75 \angle 78.69°\ \Omega$$

단자 $a-b$가에서 테브난 등가 전압 V_{Th}를 구하기 위해서 하나의 루프에 KVL을 적용하면

$$-50\angle 90° + (5+j5)I + (5+j5)I + 50\angle 0° = 0$$

$$I = \frac{-50 + j50}{10 + j10} = j5 \text{ A}$$

어떤 전압원을 이용하든 다음과 같이 테브난 등가 전압 V_{Th}는 같다.

$$\begin{cases} V_{Th} = 50 \angle 90° - (5 + j5)I = j50 - (5 + j5)(j5) = 35.36 \angle 45° \text{ V} \\ V_{Th} = (5 + j5)I + 50 \angle 0° = (5 + j5)(j5) + 50 = 35.36 \angle 45° \text{ V} \end{cases}$$

따라서 노튼 등가 전류 I_N은

$$I_N = \frac{V_{Th}}{Z_{Th}} = \frac{35.36 \angle 45°}{12.75 \angle 78.69°} = 2.77 \angle -33.69° \text{ A}$$

결과적으로 (a), (b)에서 구한 노튼 등가회로는 같다.

EXAMPLE 12-11

그림 12.11(a)의 회로에서 단자 $a-b$에서 노튼 등가 임피던스와 등가 전류를 구하라.
(1) 테브난의 정리 이용
(2) 노튼의 정리 이용

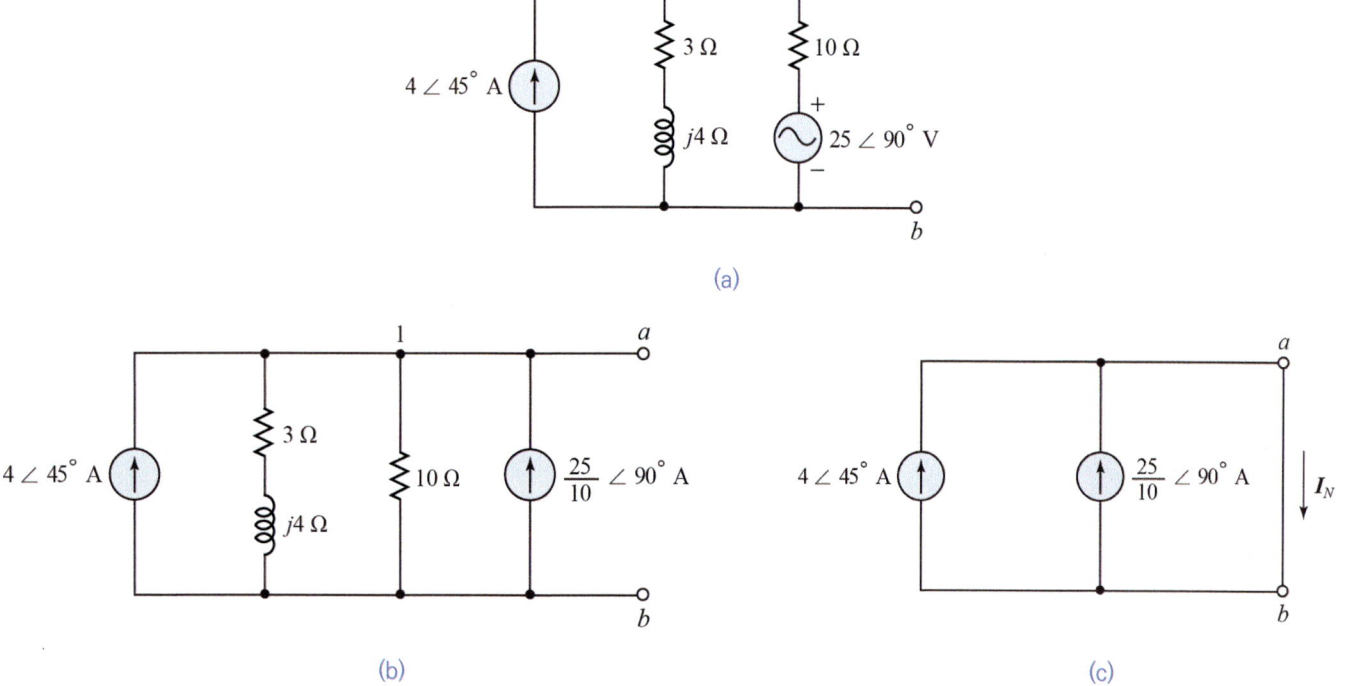

그림 12.11 [EXAMPLE 12-11]

SOLUTION

(1) 단자 $a-b$에서 테브난 등가 임피던스 Z_{Th}는 전압원을 단락시키고, 전류원을 개방시켰을 때 $10\,\Omega$과 $3+j4\,\Omega$의 병렬합성 임피던스이다.

$$Z_{Th} = 10//(3+j4) = \frac{10(3+j4)}{10+3+j4} = \frac{50\angle 53.13°}{13.6\angle 17.1°} = 3.68\angle 36.03°\,\Omega$$

마디전압 해석법을 이용하여 테브난 등가 전압 V_{Th}를 구하기 위해서 전압원을 전류원으로 변환시킨 회로가 그림 12.11(b)이다. 마디 1에 KCL을 적용하면

$$\frac{V_1}{3+j4} + \frac{V_1}{10} = 4\angle 45° + \frac{25}{10}\angle 90°$$

이 식을 정리하면

$$(0.22 - j0.16)V_1 = 2.83 + j5.33$$

$$V_1 = \frac{2.83+j5.33}{0.22-j0.16} = \frac{6.03\angle 62.03°}{0.272\angle -36.02°} = 22.17\angle 98.05°\,\text{V}$$

$$V_{Th} = V_1 = 22.17\angle 98.05°\,\text{V}$$

따라서 노튼 등가 전류 I_N은

$$I_N = \frac{V_{Th}}{Z_{Th}} = \frac{22.17\angle 98.05°}{3.68\angle 36.03°} = 6.02\angle 62.02°\,\text{A}$$

(2) 노튼 등가 임피던스는 정확히 테브난 등가 임피던스 Z_{Th}와 같다. 따라서

$$Z_N = Z_{Th} = 3.68\angle 36.03°\,\Omega$$

단자 $a-b$가 단락시 그림 12.11(b)는 그림 12.11 (c)와 같이 된다. 단자 $a-b$에 흐르는 전류가 노튼 등가 전류 I_N으로 두 전류원의 합이 된다.

$$I_N = 4\angle 45° + \frac{25}{10}\angle 90° = 2.83 + j5.33\,\text{A} = 6.03\angle 62.03°\,\text{A}$$

두 결과는 같으며, 이 문제의 경우는 노튼의 정리로 구한 것이 훨씬 간편하다.

12.4 AC 최대전력전달 정리

직류에서 부하에 전달되는 전력은 부하저항 R_L이 테브난 등가 저항 R_{Th}와 같을 때 최대가 된다는 것을 6장에서 알았다. 교류에서도 개념적으로는 같지만, 복소수를 포함하고 있다는 점에서 차이가 있다. 그렇다면 교류에서 부하에 전달되는 전력이 최대가 되기 위한 조건을 3가지 경우로 한정하여 알아보자.

(1) 부하가 가변 저항

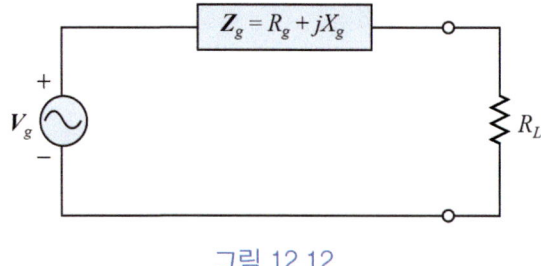

그림 12.12

그림 12.12와 같은 회로에서 회로에서 R_L에 전달되는 전력이 최대가 되는 R_L의 조건을 알아보자. 회로에 흐르는 전류 I는

$$I = \frac{V_g}{Z_g + R_L} = \frac{V_g}{(R_g + R_L) + jX_g} \tag{12.1}$$

전류의 크기 I는

$$I = \frac{V_g}{\sqrt{(R_g + R_L)^2 + X_g^2}} \tag{12.1-1}$$

R_L에 전달되는 전력 P_L은

$$P_L = I^2 R_L = \frac{V_g^2 R_L}{(R_g + R_L)^2 + X_g^2} \tag{12.2}$$

P_L이 최대가 되는 R_L을 결정하기 위해서 $dP_L/dR_L = 0$로 두면

$$\frac{dP_L}{dR_L} = \frac{d}{dR_L}\left[\frac{V_g^2 R_L}{(R_g + R_L)^2 + X_g^2}\right]$$

$$= \frac{(R_g + R_L)^2 + X_g^2 - 2R_L(R_g + R_L)}{[(R_g + R_L)^2 + X_g^2]^2}(V_g^2) = 0$$

$$\therefore R_L^2 = R_g^2 + X_g^2$$

$$R_L = \sqrt{R_g^2 + X_g^2} = Z_g \tag{12.3}$$

따라서 R_L이 테브난 등가 임피던스의 크기(Z_g)와 같을 때 최대전력이 부하에 전달된다.

(2) 부하가 가변 저항과 가변 리액턴스를 가지는 임피던스

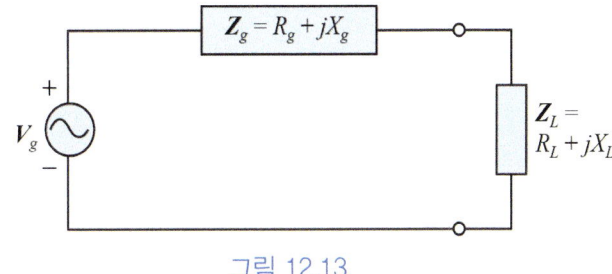

그림 12.13

그림 12.13과 같은 회로에서 R_L에 전달되는 전력이 최대가 되는 R_L의 조건을 알아보자.
회로에 흐르는 전류는

$$I = \frac{V_g}{Z_g + Z_L}$$

$$= \frac{V_g}{(R_g + R_L) + j(X_g + X_L)} \tag{12.4}$$

전류의 크기 I는

$$I = \frac{V_g}{\sqrt{(R_g + R_L)^2 + (X_g + X_L)^2}} \tag{12.4-1}$$

R_L에 전달되는 전력 P_L은

$$P_L = I^2 R_L = \frac{V^2 R_L}{(R_g + R_L)^2 + (X_g + X_L)^2} \tag{12.5}$$

(1) R_L을 변화시켜 P_L이 최대가 되는 R_L 조건을 구하기 위해서 $dP_L/dR_L = 0$으로 두면

$$\frac{dP_L}{dR_L} = \frac{d}{dR_L}\left[\frac{V_g^2 R_L}{(R_g + R_L)^2 + (X_g + X_L)^2}\right]$$

$$= \frac{[(R_g + R_L)^2 + (X_g + X_L)^2] - 2R_L(R_g + R_L)}{[(R_g + R_L)^2 + (X_g + X_L)^2]^2}(V_g^2) = 0$$

$$\therefore R_L = \sqrt{R_g^2 + (X_g + X_L)^2} \tag{12.6}$$

(2) X_L을 변화시켜 P_L이 최대가 되는 X_L 조건을 구하기 위해서 $dP_L/dX_L = 0$로 두면

$$\frac{dP_L}{dX_L} = \frac{d}{dR_L}\left[\frac{V_g^2 R_L}{(R_g + R_L)^2 + (X_g + X_L)^2}\right]$$

$$= \frac{-2V_g^2 R_L(X_g + X_L)}{[(R_g + R_L)^2 + (X_g + X_L)^2]^2} = 0$$

$$\therefore X_L = -X_g \tag{12.7}$$

R_L과 X_L이 모두 가변일 때, 식 (12.6), (12.7)로부터 $R_L = R_g$, $X_L = -X_g$이므로

$$\boxed{Z_L = \overline{Z_g}} \tag{12.8}$$

따라서 부하 임피던스 Z_L이 테브난 등가 임피던스의 공액 복소수 $\overline{Z_g}$와 같을 때 부하에 최대전력이 전달된다.

(3) 부하가 가변 저항과 고정 리액턴스를 가지는 임피던스

그림 12.14와 같은 회로에서 R_L에 전달되는 전력이 최대가 되는 R_L의 조건을 알아보자.

이 경우는 X_L이 고정된 값이므로 Z_g와 결합하여 하나의 임피던스로 나타내면 Case (3)은 Case (1)이 된다.

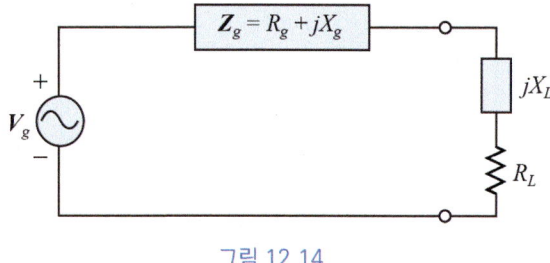

그림 12.14

따라서 R_L에 최대전력이 전달되는 조건은 다음과 같다.

$$R_L = |Z_g + jX_L| = |R_g + j(X_g + X_L)| = \sqrt{R_g^2 + (X_g + X_L)^2} \tag{12.9}$$

📖 EXAMPLE 12-12

그림 12.15의 회로에서 부하 Z_L이 순저항으로 구성되어 있다고 하자. 전압원이 부하에 최대전력을 공급할 수 있는 R_L 값을 구하라. 그때 최대출력을 구하라.

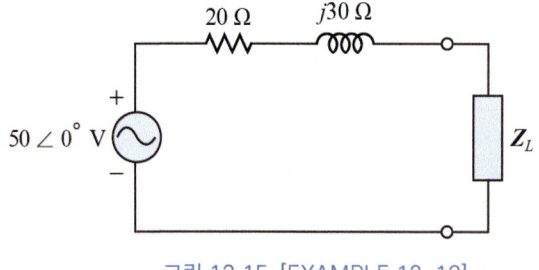

그림 12.15 [EXAMPLE 12-12]

SOLUTION

부하에서 최대출력은 $R_L = Z_g$일 때 얻어진다.

$R_L = |20 + j30| = 36.06\,\Omega$

회로에 흐르는 전류는

$$I = \frac{V_g}{Z_g + R_L} = \frac{50\angle 0^\circ}{(20+j30)+36.06} = \frac{50\angle 0^\circ}{63.58\angle 28.16^\circ} = 0.79\angle -28.15^\circ\,\text{A}$$

최대출력 $P_{L(\max)}$은

$$P_{L(\max)} = I^2 R_L = (0.79)^2(36.05) = 22.5\,\text{W}$$

EXAMPLE 12-13

그림 12.15의 회로에서 부하 Z_L이 가변저항과 가변 리액턴스로 구성되어있다고 하자. 전압원이 부하에 최대전력을 공급할 수 있는 Z_L 값을 구하라. 그때 최대출력을 구하라.

SOLUTION

부하에서 최대출력은 $Z_L = \overline{Z_g}$일 때 얻어진다.

$$Z_L = \overline{Z_g} = \overline{20+j30} = 20 - j30\,\Omega$$

회로에 흐르는 전류 I는

$$I = \frac{V_g}{Z_g + Z_L} = \frac{50\angle 0^\circ}{(20+j30)+(20-j30)} = \frac{50\angle 0^\circ}{40\angle 0^\circ} = 1.25\angle 0^\circ\,\text{A}$$

최대출력 $P_{L(\max)}$은

$$P_{L(\max)} = I^2 R_L = (1.25)^2(20) = 31.25\,\text{W}$$

EXAMPLE 12-14

그림 12.16의 회로에서 R_g가 $2\,\Omega$에서 $15\,\Omega$ 사이에서 변한다고 하자. 부하에 최대전력을 공급할 수 있는 R_g 값을 정하고, 최대출력을 구하라.

SOLUTION

부하저항 R_L이 고정되어 있기 때문에 최대전력 전달 정리가 적용되지 않는다. 따라서 전력은 전류의 제곱에 비례하기 때문에 전력이 최대가 되려면 전류가 최대가 되면 된다. 따라서 R_g는 최소가 되어야 하므로 $R_g = 2\,\Omega$이다.

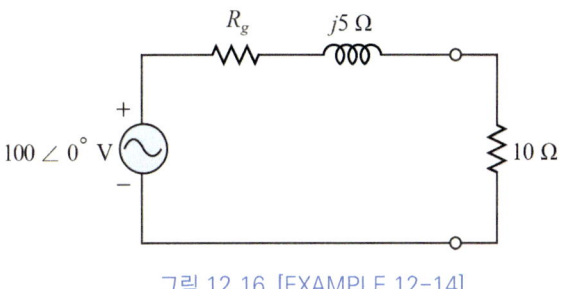

그림 12.16 [EXAMPLE 12-14]

회로에 흐르는 전류 I는

$$I = \frac{V_g}{Z_g + R_L} = \frac{100\angle 0°}{2 + j5 + 10} = \frac{100\angle 0°}{13\angle 22.62°} = 7.69\angle -22.62° \text{ A}$$

최대출력 $P_{L(\max)}$은

$$P_{L(\max)} = I^2 R_L = (7.69)^2 (10) = 591.36 \text{ W}$$

EXAMPLE 12-15

그림 12.17의 회로에서 X_C가 2 Ω에서 15 Ω 사이에서 변한다고 하자. 부하에 최대전력을 공급할 수 있는 R_L과 X_C 값을 결정하고, 최대출력을 구하라.

SOLUTION

단자 ab에서 테브난 등가 임피던스 Z_{Th}는

$$Z_{Th} = \frac{5(3 + j6)}{5 + (3 + j6)} = \frac{15 + j30}{8 + j6}$$
$$= 3 + j1.5 \text{ Ω}$$

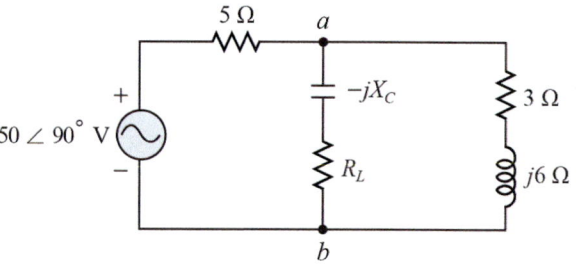

그림 12.17 [EXAMPLE 12-15]

단자 ab에서 테브난 등가 전압 V_{Th}는

$$V_{Th} = \frac{3 + j6}{5 + (3 + j6)}(50\angle 90°) = \frac{j50(3 + j6)}{8 + j6}$$
$$= -15 + j30 \text{ V} = 33.54\angle 116.57° \text{ V}$$

부하에 최대전력이 전달되는 조건은 $Z_L = \overline{Z_{Th}}$ 이므로

$$Z_L = \overline{3 + j1.5} = 3 - j1.5 \text{ Ω}$$

문제에서 $X_C = 2 \sim 15$ Ω 이므로 여기에 가장 가까운 $X_C = 2$ Ω 이다.
따라서 $X_C = 2$ Ω 으로 고정된 값으로 정해지고, 가변 R_L은

$$R_L = |Z_{Th} - jX_C| = \sqrt{R_g^2 + (X_g - X_C)^2} = \sqrt{3^2 + (1.5 - 2)^2} = 3.04 \text{ Ω}$$

회로 전체의 임피던스 Z는

$$Z = (R_g + R_L) + j(X_g - X_C) = (3 + 3.04) + j(1.5 - 2) = 6.06\angle -4.73° \text{ Ω}$$

따라서 회로에 흐르는 전류 I는

$$I = \frac{V_g}{Z} = \frac{33.54\angle 116.57°}{6.06\angle -4.73°} = 5.53\angle 121.3° \text{ A}$$

부하에 전달되는 최대전력 $P_{L(\max)}$은

$$P_{L(\max)} = I^2 R_L = (5.53)^2 (3.04) = 92.97 \text{ W}$$

EXAMPLE 12-16

그림 12.18(a)의 회로에서 $a-b$ 단자에 부하 임피던스 Z_L을 연결한다고 하면

(1) 전압원이 부하 임피던스 Z_L에 최대전력을 공급할 수 있는 Z_L 값을 구하라.

(2) Z_L이 테브난 등가 임피던스와 같을 때 부하전력을 구하라.

(3) Z_L이 테브난 등가 임피던스의 공액 복소수일 때 부하전력을 구하라.

(4) (2)(3)의 결과를 비교하라.

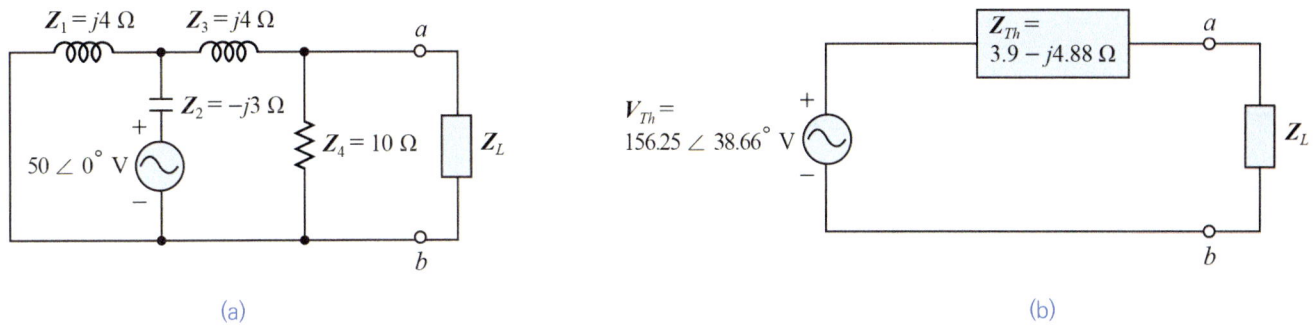

그림 12.18 [EXAMPLE 12-16]

SOLUTION

(1) 단자 $a-b$에서 테브난 등가 임피던스 Z_{Th}를 구한다.

Z_1과 Z_2의 병렬합성 임피던스를 Z_{p1}이라고 하자. Z_{p1}과 Z_3의 직렬합성 임피던스를 Z_s라고 하자. Z_s와 Z_4의 병렬합성 임피던스가 테브난 임피던스 Z_{Th}이다.

$$Z_{p1} = Z_1 // Z_2 = j4 // (-j3) = \frac{j4(-j3)}{j4-j3} = -j12 \text{ }\Omega$$

$$Z_s = Z_{p1} + Z_3 = -j12 + j4 = -j8 \text{ }\Omega$$

$$Z_{Th} = Z_s // Z_4 = -j8 // 10 = \frac{-j80}{10-j8} = 3.9 - j4.88 \text{ }\Omega$$

따라서 부하에서 최대출력은 $Z_L = \overline{Z_{Th}}$일 때이므로

$$Z_L = \overline{Z_{Th}} = \overline{(3.9 - j4.88)} = 3.9 + j4.88 \text{ }\Omega$$

(2) 테브난 등가 전압 V_{Th} 구하기

〈해법 1〉 마디 1, 2를 설정하고 마디전압 방정식 세우기

테브난 등가 전압 V_{Th}는 Z_3와 Z_4 사이의 마디전압이다. 마디 1의 전압을 V_1, 마디 2의 전압을 V_2라고 하면 두 마디에 KCL을 적용하면

$$\frac{50\angle 0^\circ - V_1}{-j3} = \frac{V_1}{j4} + \frac{V_1 - V_2}{j4} \quad \text{(마디 1)}$$

$$\frac{V_1 - V_2}{j4} = \frac{V_2}{10} \quad \text{(마디 2)}$$

위 식을 정리하면 다음과 같으며, 다이렉트법을 사용하면 바로 얻어지는 식이다.

$$\begin{cases} \left(\dfrac{1}{j4} + \dfrac{1}{-j3} + \dfrac{1}{j4}\right)V_1 - \dfrac{1}{j4}V_2 = \dfrac{50\angle 0^\circ}{-j3} \\ -\dfrac{1}{j4}V_1 + \left(\dfrac{1}{10} + \dfrac{1}{j4}\right)V_2 = 0 \end{cases}$$

위 식을 정리하여 정형화된 마디전압 방정식으로 나타내면

$$\begin{cases} -j0.167\,V_1 + j0.25\,V_2 = j16.67 \\ j0.25\,V_1 + (0.1 - j0.25)\,V_2 = 0 \end{cases}$$

Y 파라미터 행렬식 Δ_y는

$$\Delta_y = \begin{vmatrix} -j0.167 & j0.25 \\ j0.25 & 0.1 - j0.25 \end{vmatrix} = 0.021 - j0.017 = 0.027\angle -38.99^\circ$$

Cramer 공식을 이용하면

$$V_{Th} = V_2 = \frac{\begin{vmatrix} -j0.167 & j16.67 \\ j0.25 & 0 \end{vmatrix}}{\Delta_y} = \frac{4.168}{0.021 - j0.017} = \frac{4.168}{0.027\angle -38.99^\circ}$$
$$= 154.37\angle 38.99^\circ \text{ V}$$

〈해법 2〉 마디 1만 설정하고 마디전압 방정식 세우기

V_{Th}는 Z_4에 걸리는 전압이므로 마디가 Z_1과 Z_3 사이 하나만 존재한다고 보면 Z_3와 Z_4는 직렬이다. 마디전압 V_1을 구하면

$$\left(\frac{1}{j4} + \frac{1}{-j3} + \frac{1}{10 + j4}\right)V_1 = \frac{50\angle 0^\circ}{-j3}$$

위 식을 정리하면

$$(0.086 + j0.049)\,V_1 = j16.67$$

$$V_1 = \frac{j16.67}{0.086 + j0.049} = \frac{16.67 \angle 90°}{0.099 \angle 29.67°} = 168.38 \angle 60.33° \text{ V}$$

따라서 V_{Th}는 전압분배법칙에 따라 Z_4에 걸리는 전압이 V_{Th}

$$V_{Th} = \left(\frac{Z_4}{Z_3 + Z_4}\right)V_1 = \left(\frac{10}{10 + j4}\right)(168.38 \angle 60.33°) = 156.34 \angle 38.53° \text{ V}$$

⟨해법 3⟩ 하나의 회로망으로 재구성

회로 구성을 살펴보면 Z_3와 Z_4는 직렬이며, 이 직렬과 Z_1은 병렬이며, 그 결과와 Z_2는 직렬이다. 전압원에 연결된 전체 임피던스 Z_T는

$$Z_T = Z_2 + Z_1 // (Z_3 + Z_4) = -j3 + \frac{(j4)(10 + j4)}{j4 + j4 + 10} = \frac{8 + j10}{10 + j8}$$

전체 전류 I_T는

$$I_T = \frac{50 \angle 0°}{Z_T} = \frac{50(10 + j8)}{8 + j10}$$

Z_4에 흐르는 전류 I_4는 전류분배법칙에 따라

$$I_4 = \left(\frac{Z_1}{Z_1 + Z_3 + Z_4}\right)I_T = \left(\frac{j4}{10 + j8}\right)\left[\frac{50(10 + j8)}{8 + j10}\right] = \frac{j200}{8 + j10}$$

$$V_{Th} = Z_4 I_4 = (10)\frac{j200}{8 + j10} = 156.25 \angle 38.66° \text{ V}$$

어떤 ⟨해법⟩을 통해서 구하든 테브난 등가 전압은 같음을 확인하였다.

따라서 테브난 등가회로는 그림 12.18(b)와 같다.

문제 조건에서 $Z_L = Z_{Th} = 3.9 - j4.88 \, \Omega$이므로 회로에 흐르는 전류 I는

$$I = \frac{V_{Th}}{Z_{Th} + Z_L} = \frac{156.25 \angle -38.66°}{(3.9 - j4.88) + (3.9 - j4.88)} = \frac{156.25 \angle -38.66° \text{ V}}{12.50 \angle -51.37° \, \Omega}$$

$$= 12.5 \angle 90° \text{ A}$$

부하에서 출력 P_L은

$$P_L = I^2 R_L = (12.5)^2(3.9) = 609.38 \text{ W}$$

(3) 문제 조건에서 $Z_L = \overline{Z_{Th}} = 3.9 + j4.88 \, \Omega$이므로 회로에 흐르는 전류 I는

$$I = \frac{V_{Th}}{Z_{Th} + Z_L} = \frac{156.25 \angle 38.66°}{(3.9 - j4.88) + (3.9 + j4.88)} = \frac{156.25 \angle 38.66°}{7.8 \angle 0°}$$

$$= 20 \angle 38.66° \text{ A}$$

부하에서 출력 P_L은

$$P_L = I^2 R_L = (20)^2 (3.9) = 1560 \text{ W}$$

(4) (2)와 (3)의 결과를 비교하면 부하 임피던스 Z_L이 테브난 등가 임피던스 Z_{Th}와 같을 때보다 Z_{Th}의 공액 복소수 $\overline{Z_{Th}}$와 같을 때 전원에서 훨씬 많은 전력을 공급받는다는 사실을 알 수 있다.

EXERCISE

12.1 그림 12.19의 회로에서 각 전류원에 의한 마디전압 V_2를 구하라.

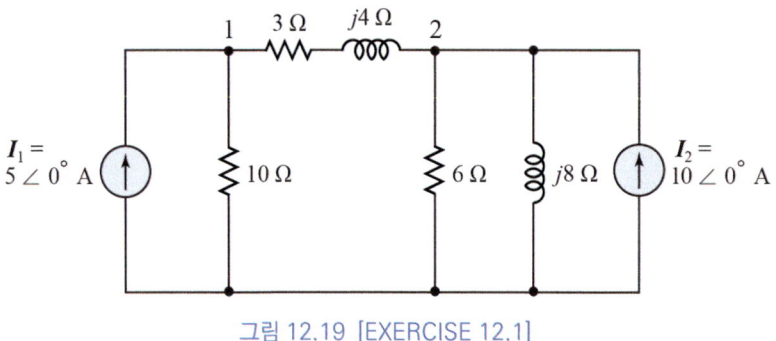

그림 12.19 [EXERCISE 12.1]

12.2 그림 12.20의 회로에서 저항 3 kΩ에 걸리는 전압을 구하라.

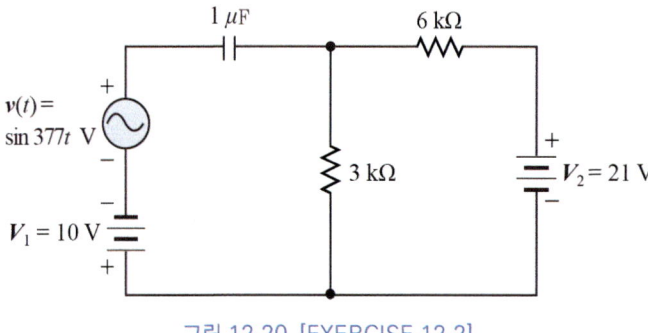

그림 12.20 [EXERCISE 12.2]

12.3 그림 12.21의 회로에서, 단자 $a-b$에서 테브난 등가 임피던스와 등가 전압을 구하라.

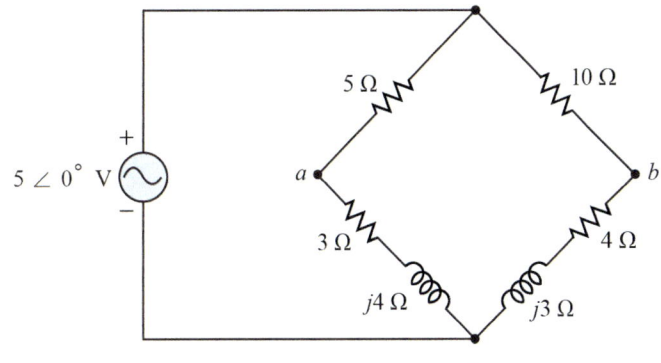

그림 12.21 [EXERCISE 12.3]

12.4 그림 12.22의 회로에서, 단자 $a-b$에서 테브난 등가 임피던스와 등가 전압을 구하라.

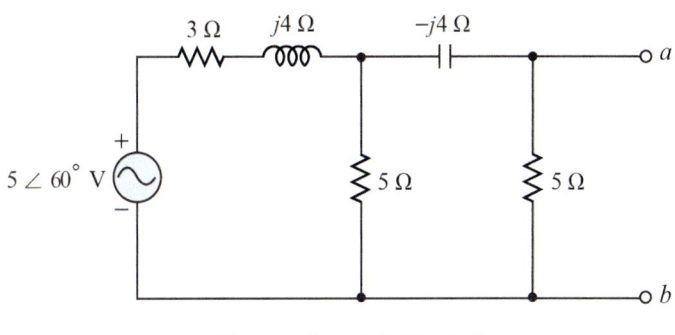

그림 12.22 [EXERCISE 12.4]

12.5 그림 12.23의 회로에서, 단자 $a-b$에서 노튼 등가 어드미턴스와 등가 전류를 구하라.

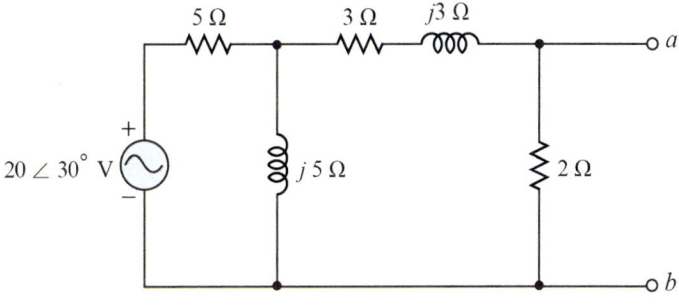

그림 12.23 [EXERCISE 12.5]

12.6 그림 12.24의 회로에서, 단자 $a-b$에서 노튼 등가 어드미턴스와 등가 전류를 구하라.

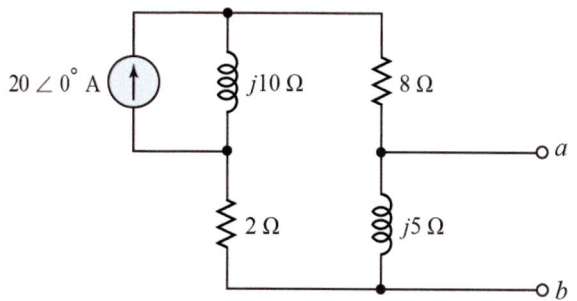

그림 12.24 [EXERCISE 12.6]

12.7 그림 12.25의 회로에서

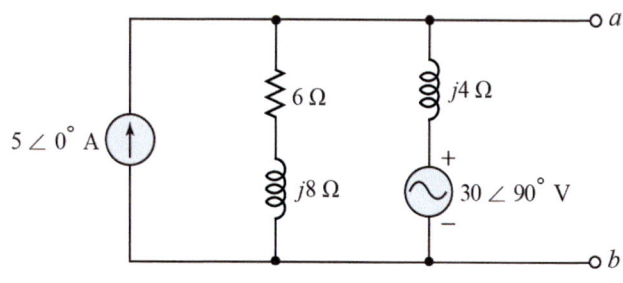

그림 12.25 [EXERCISE 12.7]

(a) 단자 $a-b$에서 테브난 등가 임피던스와 등가 전압을 구하라.
(b) 단자 $a-b$에서 노튼 등가 어드미턴스와 등가 전류를 구하라.

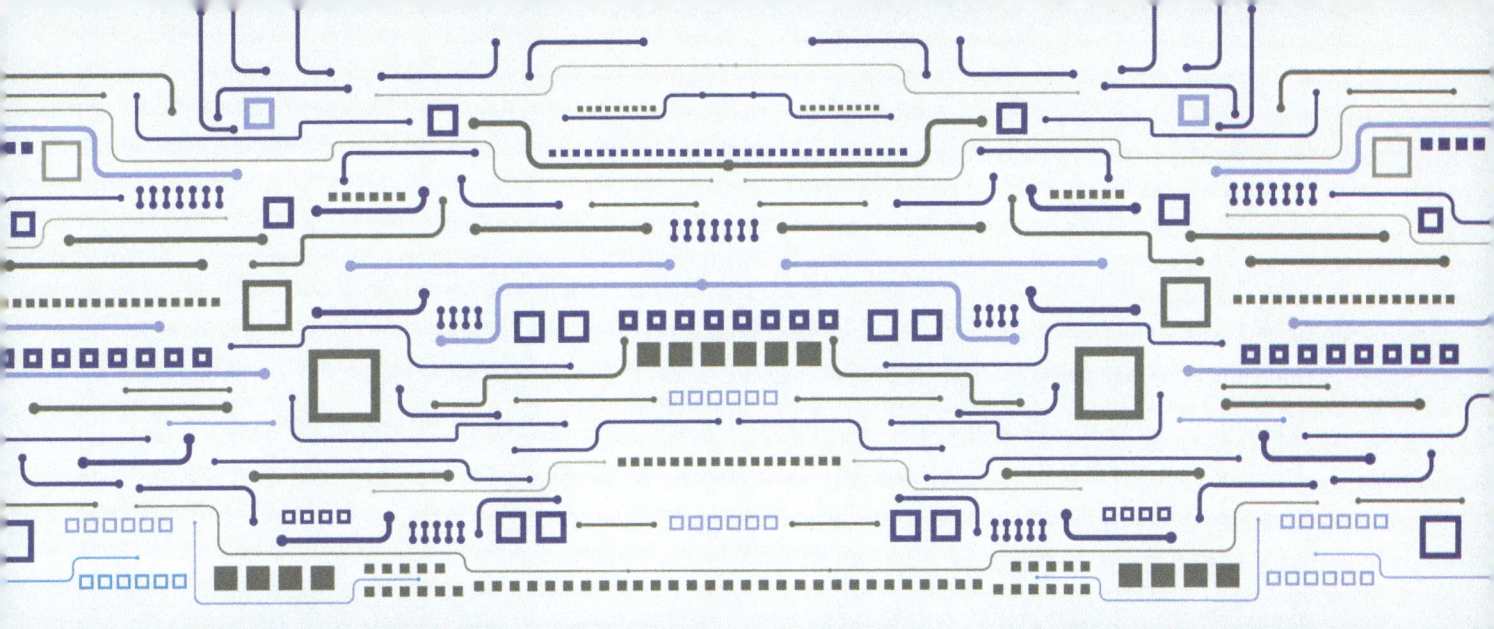

CHAPTER 13

상호유도결합회로

13.1 상호결합

13.2 상호결합회로 해석

13.3 변압기

EXERCISE

13.1 상호결합

앞에서 배운 바에 의하면 두 개의 망에서 망 사이 또는 마디 사이의 공통 지로가 두 망을 전도적으로 결합시켰다면(conductively coupled), 이 장에서는 두 망 사이를 유도적으로 또는 자기적으로 결합시키는 (inductively or magnetically coupled) 회로에 대해서 다룬다. 두 코일 1, 2를 접근시켜놓고 코일 1에 전류를 흘리면 코일 1뿐만 아니라 코일 2에도 자속이 관통하게 되고, 전류를 변화시키면 코일 1, 2를 관통하는 자속도 변하게 된다. 따라서 전류를 변화시켰을 때 코일 1에는 자기유도작용으로 유도기전력이 유기되고, 동시에 코일 2에는 상호유도작용으로 유도기전력이 유기된다. 자속이 양쪽 모두를 관통할 경우, 접근된 코일은 **유도결합**(誘導結合, inductively coupling)되어 있다고 하고, 그러한 전기회로를 **유도결합회로**(inductively coupled circuit)라고 한다.

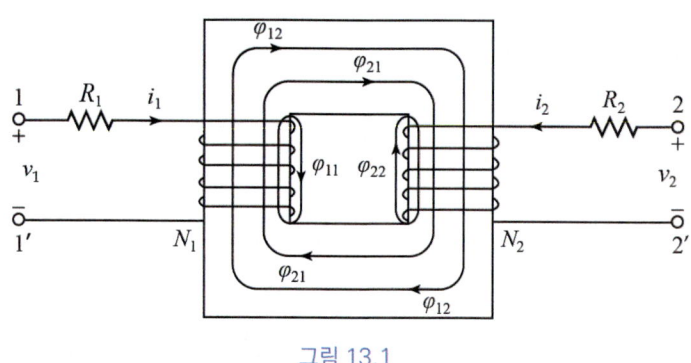

그림 13.1

그림 13.1에 나타낸 유도결합회로를 통해서 관련이론을 알아보자.

코일 1에 전류 i_1을 흘렸을 때 자속 ϕ_1이 생긴다고 하면 ϕ_1은 전류 i_1에 의한 코일 1만 관통하는 자속 ϕ_{11}과 코일 1, 2를 모두 관통하는 자속 ϕ_{12}의 합이다. 즉

$$\phi_1 = \phi_{11} + \phi_{12} \tag{13.1a}$$

마찬가지로 코일 2에 전류 i_2을 흘렸을 때 자속 ϕ_2이 생긴다고 하면 ϕ_2는 전류 i_2에 의한 코일 2만 관통하는 자속 ϕ_{22}와 코일 2, 1을 모두 관통하는 자속 ϕ_{21}의 합이다. 즉

$$\phi_2 = \phi_{22} + \phi_{21} \tag{13.1b}$$

여기서 ϕ_{11}과 ϕ_{22}는 자신의 코일만을 관통하고 자기회로를 통과하지 않기 때문에 **누설자속**(leakage flux)이라고 한다.

코일 1, 2의 권선수를 각각 N_1, N_2라고 하고, 각 코일의 **자기유도계수**(self inductance)를 L_1, L_2라고 하면

$$L_1 = \frac{N_1 \phi_1}{i_1}, \qquad L_2 = \frac{N_2 \phi_2}{i_2} \tag{13.2}$$

i_1에 의한 자속 중에서 코일 2를 관통하는 자속에 의한 **상호유도계수**(mutual inductance)를 M_{12}, i_2에 의한 자속 중에서 코일 1을 관통하는 자속에 의한 상호유도계수를 M_{21}라고 하면

$$M_{12} = \frac{N_2 \phi_{12}}{i_1}, \qquad M_{21} = \frac{N_1 \phi_{21}}{i_2} \tag{13.3}$$

자기회로가 선형이면

$$M_{12} = M_{21} = M \tag{13.4}$$

i_1에 의한 자속 중에서 코일 2를 관통하는 자속 ϕ_{12}과 i_2에 의한 자속 중에서 코일 1을 관통하는 자속 ϕ_{21}은 같다는 의미이다. 따라서 i_1에 의한 코일 2에 유기되는 유도기전력 v_{21}과 i_2에 의한 코일 1에 유기되는 유도기전력 v_{12}은 각각 다음과 같이 나타내진다.

$$v_{21} = -M\frac{di_1}{dt}, \qquad v_{12} = -M\frac{di_2}{dt} \tag{13.5}$$

유도결합회로는 자기적으로 얼마나 결합되어 있는가를 나타내는 계수가 **결합계수**(coupling coefficient) k이다. k는 코일을 쇄교하는 전체 자기플럭스의 분율로 다음과 같이 수식으로 정의된다.

$$k = \frac{\phi_{12}}{\phi_1} = \frac{\phi_{21}}{\phi_2} \tag{13.6}$$

$\phi_{12} \le \phi_1$, $\phi_{21} \le \phi_2$이므로 k의 최대값은 1이다. 철심을 사용하는 회로에서 0.99까지 가능하지만 무선 회로에서는 0.01까지 될 수 있다. k가 1에 가까우면 **밀결합**(密結合)되어 있다고 하고, k가 작을 때는 **소결합**(疎結合)되어 있다고 한다.

자기유도계수 L_1, L_2와 상호유도계수 M 사이 관계를 살펴보자.

$$M^2 = \left(\frac{N_2\phi_{12}}{i_1}\right)\left(\frac{N_1\phi_{21}}{i_2}\right) = \left(\frac{N_2 k\phi_1}{i_1}\right)\left(\frac{N_1 k\phi_2}{i_2}\right) = k^2\left(\frac{N_1\phi_1}{i_1}\right)\left(\frac{N_2\phi_2}{i_2}\right) \tag{13.7}$$

식 (13.7)에 식 (13.2)를 대입하면 다음과 같이 된다.

$$M = k\sqrt{L_1 L_2} \tag{13.8}$$

EXAMPLE 13-1

한 쌍의 결합코일 중에서 코일 1은 5 A의 전류가 흐르고, 그에 따른 자기 플럭스 $\phi_{11} = 0.2$ mWb, $\phi_{12} = 0.4$ mWb이다. 코일 1의 권선수 $N_1 = 400$, 코일 2의 권선수 $N_2 = 1600$이라고 하면 L_1, L_2, M, k를 구하라.

SOLUTION

코일 1에서 발생된 전체 플럭스 $\phi_1 = \phi_{11} + \phi_{12} = 0.6$ mWb

코일 1의 자기유도계수 $L_1 = \dfrac{N_1\phi_1}{i_1} = \dfrac{400(0.6\text{ mWb})}{5\text{ A}} = 48$ mH

결합계수 $k = \dfrac{\phi_{12}}{\phi_1} = \dfrac{0.4\text{ mWb}}{0.6\text{ mWb}} = 0.667$

상호유도계수 $M_{12} = \dfrac{N_2\phi_{12}}{i_1} = \dfrac{1600(0.4\text{ mWb})}{5\text{ A}} = 128$ mH

$M = k\sqrt{L_1 L_2}$, $0.128 = 0.667\sqrt{0.048 L_2}$, $L_2 = 767.2$ mH

EXAMPLE 13-2

$L_1 = 0.6\,\mathrm{H}$, $L_2 = 0.3\,\mathrm{H}$인 한 쌍의 결합코일은 결합계수 $k = 0.9$를 가진다고 하면 M과 N_1/N_2를 구하라.

SOLUTION

상호유도계수 $M = k\sqrt{L_1 L_2} = 0.9\sqrt{0.6(0.2)} = 0.31\,\mathrm{H}$

상호유도계수 $M = \dfrac{N_2 \phi_{12}}{i_1} = \dfrac{N_2 (k\phi_1)}{i_1} = \dfrac{N_2(k\phi_1)}{i_1}\left(\dfrac{N_1}{N_1}\right) = k\left(\dfrac{N_2}{N_1}\right)L_1$

권선비 $\dfrac{N_1}{N_2} = \dfrac{kL_1}{M} = \dfrac{0.9(0.6)}{0.31} = 1.74$

13.2 상호결합회로 해석

(1) 상호 인덕턴스의 부호결정

그림 13.2와 같은 상호결합회로에서 코일 1에 전류를 흘림으로서 발생한 자속이 코일 1과 쇄교함으로서 유기되는 자기유도전압 $L_1 \dfrac{di_1}{dt}$과 코일 2에 전류를 흘림으로서 발생한 자속이 코일 1과 쇄교함으로서 유기되는 상호유도전압 $\pm M \dfrac{di_2}{dt}$이 코일 1에 유기된다. 즉

$$R_1 i_1 + L_1 \dfrac{di_1}{dt} \pm M \dfrac{di_2}{dt} = v_1 \tag{13.9a}$$

코일 2에 전류를 흘림으로서 자속이 코일 2와 쇄교함으로서 유기되는 자기유도전압 $L_2 \dfrac{di_2}{dt}$과 코일 1에 전류를 흘림으로서 자속이 코일 2와 쇄교함으로서 유기되는 상호유도전압 $\pm M \dfrac{di_1}{dt}$이 코일 2에 유기된다. 즉

$$R_2 i_2 + L_2 \dfrac{di_2}{dt} \pm M \dfrac{di_1}{dt} = v_2 \tag{13.9b}$$

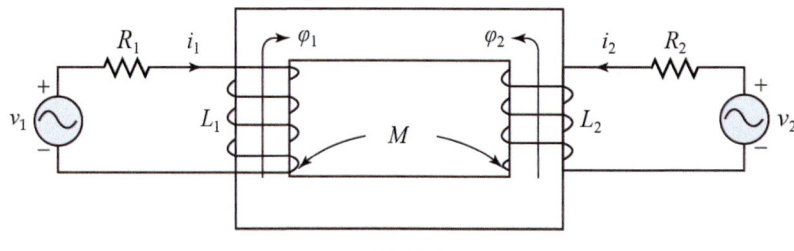

그림 13.2

그림 13.2에 M의 부호는 각 코일에서 생긴 자속이 오른손 법칙에 따라 서로 합(合)해지면 +, 서로 감(減)해지면 −가 된다. 그림에서는 자속이 서로 감(減)해지므로 M의 부호는 음이 되고, KVL을 적용하면

$$\begin{cases} R_1 i_1 + L_1 \dfrac{di_1}{dt} - M \dfrac{di_2}{dt} = v_1 \\ R_2 i_2 + L_2 \dfrac{di_2}{dt} - M \dfrac{di_1}{dt} = v_2 \end{cases} \quad (13.10)$$

식 (13.10)을 페이저 식으로 나타내면

$$\begin{cases} (R_1 + j\omega L_1)\boldsymbol{I}_1 - j\omega M \boldsymbol{I}_2 = \boldsymbol{V}_1 \\ -j\omega M \boldsymbol{I}_1 + (R_2 + j\omega L_1)\boldsymbol{I}_2 = \boldsymbol{V}_2 \end{cases} \quad (13.10\text{-}1)$$

만약에 ϕ_1과 ϕ_2의 방향이 같다면, 즉 자속이 서로 합해지면 M의 부호는 양이 되므로

$$\begin{cases} R_1 i_1 + L_1 \dfrac{di_1}{dt} + M \dfrac{di_2}{dt} = v_1 \\ R_2 i_2 + L_2 \dfrac{di_2}{dt} + M \dfrac{di_1}{dt} = v_2 \end{cases} \quad (13.11)$$

식 (13.11)을 페이저 식으로 나타내면

$$\begin{cases} (R_1 + j\omega L_1)\boldsymbol{I}_1 + j\omega M \boldsymbol{I}_2 = \boldsymbol{V}_1 \\ j\omega M \boldsymbol{I}_1 + (R_2 + j\omega L_1)\boldsymbol{I}_2 = \boldsymbol{V}_2 \end{cases} \quad (13.11\text{-}1)$$

자속증감법을 사용하게 되면 코일에 흐르는 전류 방향에 따라 오른손 법칙을 행해야 한다. 그러나 회로에서 코일의 모양을 통해서 자속의 증감을 확인하여 M의 부호를 결정하는 것은 불편하며, 실제적이지 못하다. 따라서 자속의 증감을 점(•)으로 나타내는 점규칙법(dot rule)을 사용하면 M의 부호를 편리하게 결정할 수 있다. 그림 13.3에 나타낸 상호결합회로에서처럼 두 코일에 전류가 모두 들어가는 방향, 또는 모두 나오는 방향에 점(•)이 있을 경우(**순방향 상호결합**)에는 $+M$이 된다. 이와는 달리 그림 13.4에 나타낸 상호결합회로에서처럼 한쪽은 전류가 들어가는 방향에 점(•)이 있고, 다른 한쪽은 전류가 나오는 방향에 점(•)이 있을 경우(**역방향 상호결합**)에는 $-M$이 된다.

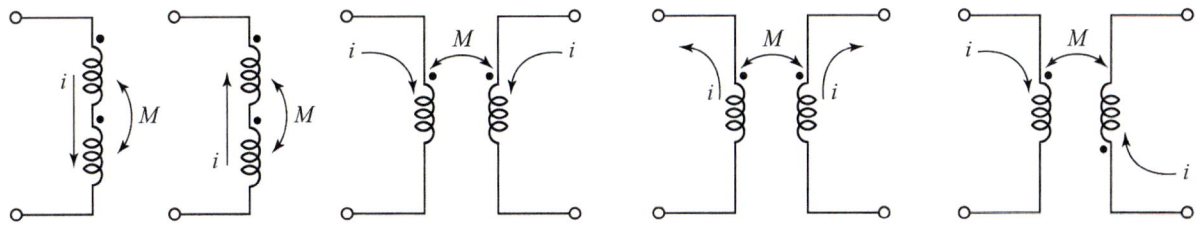

그림 13.3

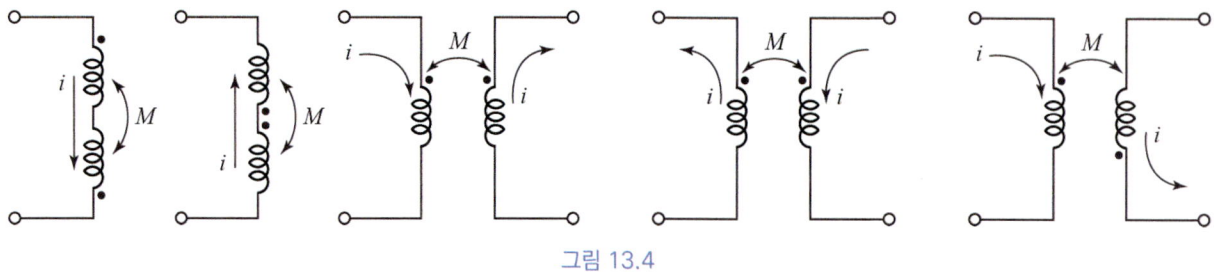

그림 13.4

(2) 상호결합회로의 등가회로

두 개의 회로망에서 KVL을 이용해서 단자전압과 단자전류 사이에는 다음과 같이 Z 파라미터를 갖는 망전류 방정식으로 나타난다.

$$\begin{cases} Z_{11}I_1 \pm Z_{12}I_2 = V_1 \\ \pm Z_{21}I_1 + Z_{22}I_2 = V_2 \end{cases} \tag{13.12}$$

무유도결합회로와 달리 유도결합회로에서 상호 인덕턴스(M)를 고려해야 한다는 점에 유의해야 한다. 이것을 고려한 Z 파라미터를 다음과 같이 정의한다.

① Z_{11}은 망 1에서 전류 I_1이 지나가는 지로의 임피던스 합이다. ωM을 고려할 필요가 없다.
② Z_{22}는 망 2에서 전류 I_2가 지나가는 지로의 임피던스 합이다. ωM을 고려할 필요가 없다.
③ Z_{12}는 망 1, 2에서 전류 I_1과 I_2 사이의 공통 임피던스와 I_2에 의한 I_1 사이의 상호 임피던스의 합이다. 공통 임피던스에서 I_1, I_2의 방향이 같으면 $+Z_{12}$, 반대 방향이면 $-Z_{12}$이다. 상호 임피던스는 순방향 상호결합이면 $+Z_{12}$, 역방향 상호결합이면 $-Z_{12}$이다.
④ Z_{21}은 망 2, 1에서 전류 I_2와 I_1 사이의 공통 임피던스와 I_1에 의한 I_2 사이의 상호 임피던스의 합이다. 공통 임피던스에서 I_1, I_2의 방향이 같으면 $+Z_{21}$, 반대 방향이면 $-Z_{21}$이다. 상호 임피던스는 순방향 상호결합이면 $+Z_{21}$, 역방향 상호결합이면 $-Z_{21}$이다.

③, ④에서 자기회로가 선형일 경우에는 $M_{12} = M_{21} = M$이다.

①~④에서 설명한 Z 파라미터의 정의가 망전류 방정식이나 마디전압 방정식을 세울 때 활용된다.

자기적으로 결합된 회로, 즉 상호결합회로(mutually coupled circuit)를 전기적으로 결합된, 즉 **전도결합 등가회로**(conductively coupled equivalent circuit) 혹은 T **형 등가회로**로 대체하여 해석할 수도 있다. 상호결합회로를 T 형 등가회로로 대체할 때 점의 위치를 달리하며 살펴보자.

A. 점의 위치가 동일할 경우

그림 13.5(a)의 회로를 그림 13.5(b)와 같이 T 형 등가회로로 바꿀 수 있다.

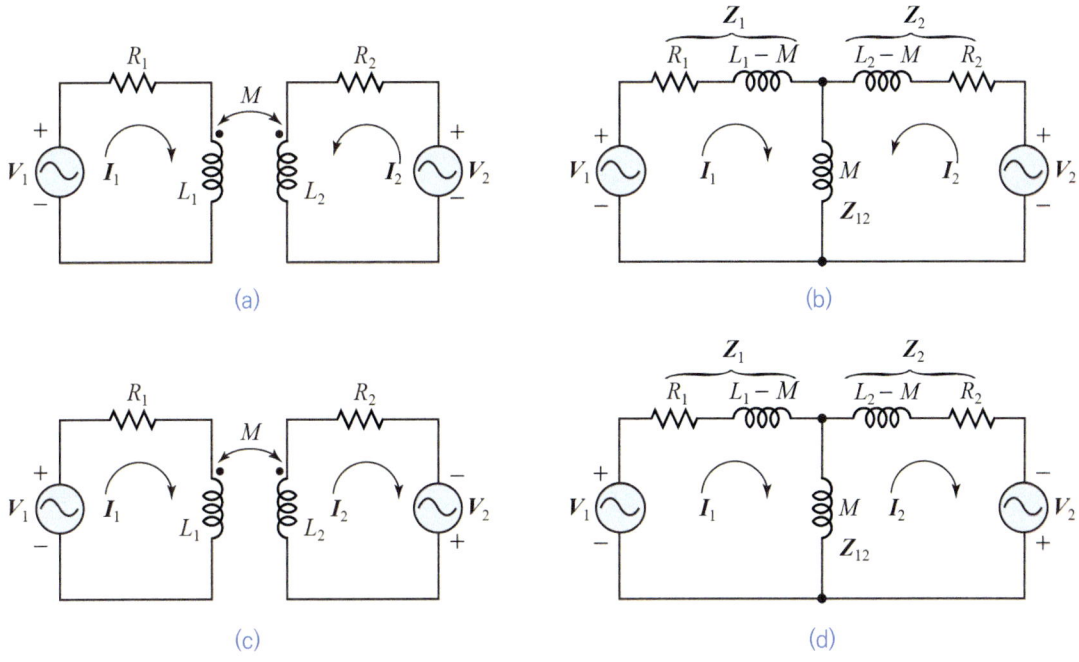

그림 13.5

그림 13.5(a)에서 전류 방향에 따라 순방향 상호결합이므로 $+M$이 된다. 따라서 망 1, 2에 대해 망전류 방정식을 쓰면

$$\begin{cases} (R_1 + j\omega L_1)\mathbf{I}_1 + j\omega M \mathbf{I}_2 = \mathbf{V}_1 \\ j\omega M \mathbf{I}_1 + (R_2 + j\omega L_2)\mathbf{I}_2 = \mathbf{V}_2 \end{cases} \tag{13.13}$$

이 식을 행렬 방정식으로 나타내면

$$\begin{bmatrix} R_1 + j\omega L_1 & j\omega M \\ j\omega M & R_2 + j\omega L_2 \end{bmatrix} \begin{bmatrix} \mathbf{I}_1 \\ \mathbf{I}_2 \end{bmatrix} = \begin{bmatrix} \mathbf{V}_1 \\ \mathbf{V}_2 \end{bmatrix} \tag{13.13-1}$$

그림 13.5(b)와 같이 T형 등가회로의 각 지로 임피던스를 각각 $\mathbf{Z}_1, \mathbf{Z}_2, \mathbf{Z}_{12} = \mathbf{Z}_{21}$이라고 했을 때 망전류 방정식을 행렬 방정식으로 나타내면

$$\begin{bmatrix} \mathbf{Z}_1 + \mathbf{Z}_{12} & \mathbf{Z}_{12} \\ \mathbf{Z}_{12} & \mathbf{Z}_2 + \mathbf{Z}_{12} \end{bmatrix} \begin{bmatrix} \mathbf{I}_1 \\ \mathbf{I}_2 \end{bmatrix} = \begin{bmatrix} \mathbf{V}_1 \\ \mathbf{V}_2 \end{bmatrix} \tag{13.13-2}$$

식 (13.13-1)과 (13.13-2)는 등가이므로

$$\begin{cases} \mathbf{Z}_{11} = \mathbf{Z}_1 + \mathbf{Z}_{12} = R_1 + j\omega L_1 \\ \mathbf{Z}_{12} = \mathbf{Z}_{21} = j\omega M \\ \mathbf{Z}_{22} = \mathbf{Z}_2 + \mathbf{Z}_{12} = R_2 + j\omega L_2 \end{cases} \tag{13.14}$$

식 (13.14)로부터 $Z_1, Z_2, Z_{12} = Z_{21}$을 구하면

$$\begin{cases} Z_1 = Z_{11} - Z_{12} = R_1 + j\omega L_1 - j\omega M = R_1 + j\omega \underline{(L_1 - M)} \\ Z_{12} = Z_{21} = j\omega \underline{M} \\ Z_2 = Z_{22} - Z_{12} = R_2 + j\omega L_2 - j\omega M = R_2 + j\omega \underline{(L_2 - M)} \end{cases} \quad (13.14\text{-}1)$$

식 (13.14-1)의 밑줄친 부분이 그림 13.5(b)의 T형 등가회로에서 인덕턴스에 해당하며, 결과적으로 그림 13.5(a)의 유도결합회로를 그림 13.5(b)와 같이 T형 등가회로로 변환할 수 있다.

그림 13.5(c)에 나타낸 바와 같이 그림 13.5(a)에서 2차측의 전원의 극성이 역으로 해도 그림 13.5(d)에 나타낸 T형 등가회로는 그림 13.5(b)와 같다. 즉 M의 부호는 바뀌지 않는다.

결과적으로 점의 위치가 동일할 때 전원의 극성 혹은 전류의 방향에 관계없이 T형 등가회로는 같다.

B. 점의 위치가 다를 경우

그림 13.6(a)의 회로를 그림 13.6(b)와 같이 T형 등가회로로 바꿀 수 있다.

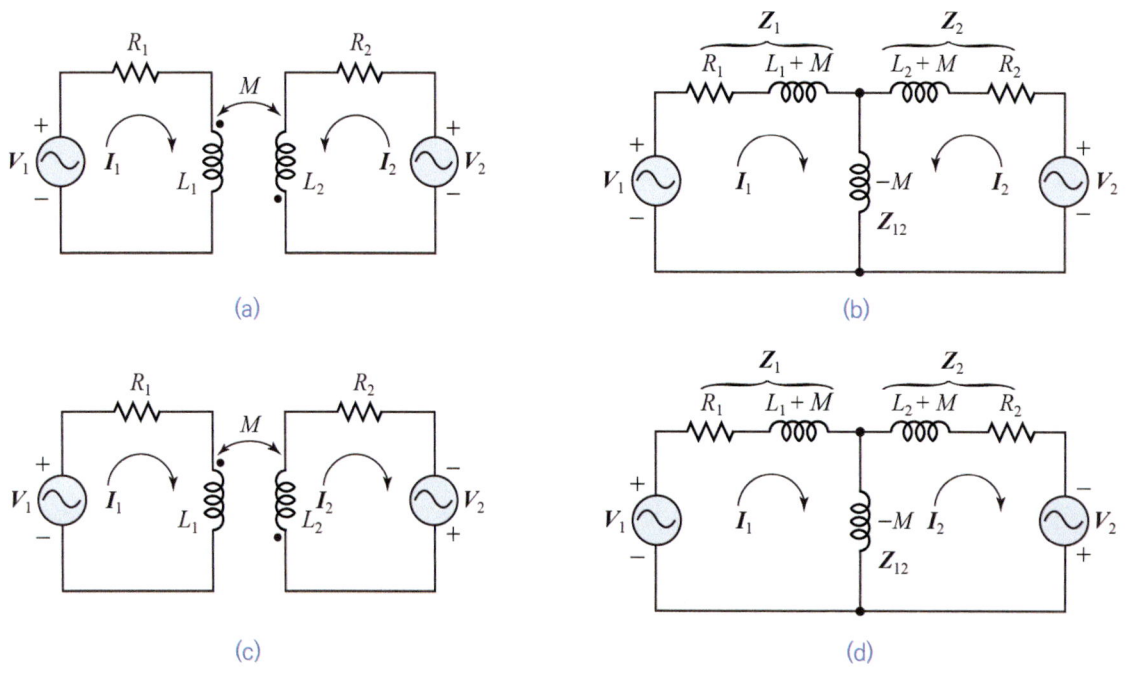

그림 13.6

그림 13.6(a)에서 전류 방향에 따라 역방향 상호결합이므로 $-M$이 된다. 따라서 망 1, 2에 대해 망전류 방정식을 쓰면

$$\begin{cases} (R_1 + j\omega L_1)\mathbf{I}_1 - j\omega M \mathbf{I}_2 = \mathbf{V}_1 \\ -j\omega M \mathbf{I}_1 + (R_2 + j\omega L_2)\mathbf{I}_2 = \mathbf{V}_2 \end{cases} \quad (13.15)$$

이 식을 행렬 방정식으로 나타내면

$$\begin{bmatrix} R_1 + j\omega L_1 & -j\omega M \\ -j\omega M & R_2 + j\omega L_2 \end{bmatrix} \begin{bmatrix} I_1 \\ I_2 \end{bmatrix} = \begin{bmatrix} V_1 \\ V_2 \end{bmatrix} \tag{13.15-1}$$

그림 13.6(b)의 T형 등가회로의 각 지로 임피던스를 각각 $Z_1, Z_2, Z_{12} = Z_{21}$이라고 했을 때 망전류 방정식을 행렬 방정식으로 나타내면

$$\begin{bmatrix} Z_1 + Z_{12} & Z_{12} \\ Z_{12} & Z_2 + Z_{12} \end{bmatrix} \begin{bmatrix} I_1 \\ I_2 \end{bmatrix} = \begin{bmatrix} V_1 \\ V_2 \end{bmatrix} \tag{13.15-2}$$

식 (13.15-1)과 (13.15-2)는 등가이므로

$$\begin{cases} Z_{11} = Z_1 + Z_{12} = R_1 + j\omega L_1 \\ Z_{12} = Z_{21} = -j\omega M \\ Z_{22} = Z_2 + Z_{12} = R_2 + j\omega L_2 \end{cases} \tag{13.16}$$

식 (13.16)으로부터 $Z_1, Z_2, Z_{12} = Z_{21}$을 구하면

$$\begin{cases} Z_1 = Z_{11} - Z_{12} = R_1 + j\omega L_1 + j\omega M = R_1 + j\omega \underline{(L_1 + M)} \\ Z_{12} = Z_{21} = j\omega \underline{(-M)} \\ Z_2 = Z_{22} - Z_{12} = R_2 + j\omega L_2 + j\omega M = R_2 + j\omega \underline{(L_2 + M)} \end{cases} \tag{13.16-1}$$

식 (13.16-1)의 밑줄친 부분이 그림 13.6(b)의 T형 등가회로에서 인덕턴스에 해당하며, 결과적으로 그림 13.6(a)의 유도결합회로를 그림 13.6(b)와 같이 T형 등가회로로 변환할 수 있다.

그림 13.6(c)에 나타낸 바와 같이 그림 13.6(a)에서 2차측의 전원의 극성이 역으로 해도 그림 13.6(d)에 나타낸 T형 등가회로는 그림 13.6(b)와 같다. 즉 M의 부호는 바뀌지 않는다.

결과적으로 점의 위치가 다를 경우에도 전원의 극성 혹은 전류의 방향에 관계없이 T형 등가회로는 같다.

(3) 유도결합회로의 등가 인덕턴스

A. 직렬연결 순방향 상호결합

상호결합코일이 직렬로 연결되는 경우에 순방향 상호결합과 역방향 상호결합으로 나눌 수 있다. 그림 13.7(a)와 같이 코일이 감겨져 있을 때는 오른손 법칙을 적용하면 각 코일에서 발생하는 자속이 합해지는 경우이므로 **순방향 상호결합**이다. 따라서 그림 13.7(b)와 같이 점(•)은 각 코일 앞에 표시되고, 점(•)표시 등가회로가 완성된다.

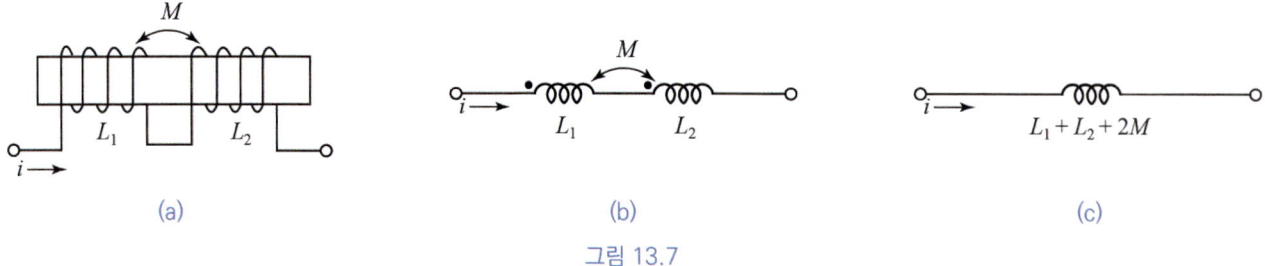

그림 13.7

실제 회로에 이렇게 점으로 표시되는 경우에는 플럭스를 더 이상 고려할 필요가 없다. 그림 13.7(b)에의 양단에 전압 V를 인가했을 때 KVL을 적용하면 다음과 같은 전압강하가 코일에서 발생한다.

ⅰ) L_1 자체의 전압강하 $= j\omega L_1 I$

ⅱ) L_1에 영향을 미치는 L_2에 의한 순방향 상호결합에 의한 전압강하 $= j\omega MI$

ⅲ) L_2 자체의 전압강하 $= j\omega L_2 I$

ⅳ) L_2에 영향을 미치는 L_1에 의한 순방향 상호결합에 의한 전압강하 $= j\omega MI$

네 개의 전압강하를 합했을 때

$$\begin{cases} j\omega L_1 I + j\omega MI + j\omega L_2 I + j\omega MI = V \\ j\omega(L_1 + L_2 + 2M)I = V \\ j\omega L_a I = V \end{cases} \quad (13.17)$$

따라서 L_1과 L_2가 직렬연결된 순방향 상호결합일 때 등가 인덕턴스 L_a는 다음과 같이 나타내진다.

$$L_a = L_1 + L_2 + 2M \quad (13.18)$$

따라서 그림 13.7(b)를 그림 13.7(c)와 같이 나타낼 수 있다.

B. 직렬연결 역방향 상호결합

그림 13.8(a)와 같이 코일이 감겨져 있을 때는 오른손 법칙을 적용하면 각 코일에서 발생하는 자속이 감해지는 경우이므로 **역방향 상호결합**이다. 따라서 코일 1에서는 코일 앞에 점(•)이, 코일 2에서는 코일 뒤에 점(•)이 표시되고 점(•)표시 등가회로가 완성된다.

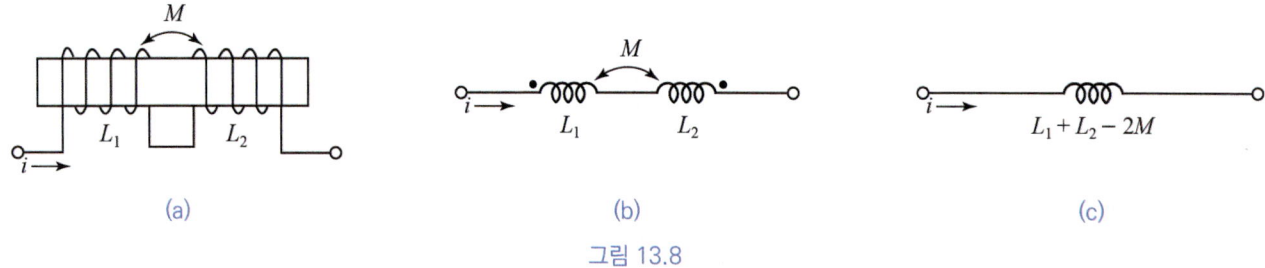

그림 13.8

그림 13.8(b)의 양단에 전압 V를 인가했을 때 KVL을 적용하면 다음과 같은 전압강하가 코일에서 발생한다.

i) L_1 자체의 전압강하 $= j\omega L_1 I$

ii) L_1에 영향을 미치는 L_2에 의한 역방향 상호결합에 의한 전압강하 $= -j\omega MI$

iii) L_2 자체의 전압강하 $= j\omega L_2 I$

iv) L_2에 영향을 미치는 L_1에 의한 역방향 상호결합에 의한 전압강하 $= -j\omega MI$

네 개의 전압강하를 합했을 때

$$\begin{cases} j\omega L_1 I - j\omega MI + j\omega L_2 I - j\omega MI = V \\ j\omega(L_1 + L_2 - 2M)I = V \\ j\omega L_b I = V \end{cases} \quad (13.19)$$

따라서 L_1과 L_2가 직렬연결된 역방향 상호결합일 때 등가 인덕턴스 L_b는

$$L_b = L_1 + L_2 - 2M \quad (13.20)$$

따라서 그림 13.8(b)를 그림 13.8(c)와 같이 나타낼 수 있다.

AC 브릿지를 사용해서 실험적으로 등가 인덕턴스를 측정할 수 있다면 식 (13.18), (13.20)로부터 다음과 같이 상호 인덕턴스를 결정할 수 있다.

$$M = \frac{1}{4}(L_a - L_b) \quad (13.21)$$

C. 병렬연결 순방향 상호결합

그림 13.9(a)의 회로와 같이 L_1과 L_2가 병렬연결된 순방향 상호결합일 때 등가 인덕턴스를 구해보자.

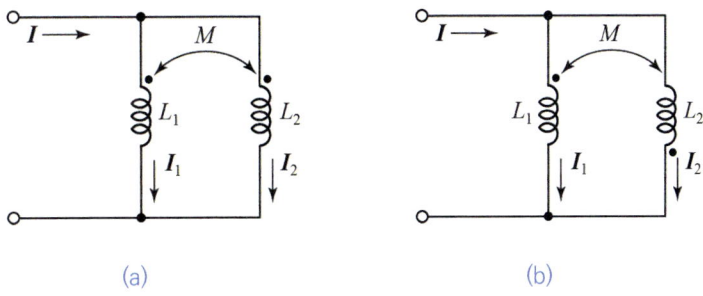

그림 13.9

⟨유도 1⟩ 지로 전류 이용

각 지로에 전류 I_1, I_2가 흐른다고 했을 때 KVL을 적용하면

$$\begin{cases} j\omega L_1 I_1 + j\omega M I_2 = V \\ j\omega M I_1 + j\omega L_2 I_2 = V \end{cases}$$

이것을 행렬 방정식으로 나타내면

$$\begin{bmatrix} j\omega L_1 & j\omega M \\ j\omega M & j\omega L_2 \end{bmatrix} \begin{bmatrix} I_1 \\ I_2 \end{bmatrix} = \begin{bmatrix} V \\ V \end{bmatrix}$$

Z 파라미터 행렬식 Δ_z는

$$\Delta_z = \begin{vmatrix} j\omega L_1 & j\omega M \\ j\omega M & j\omega L_2 \end{vmatrix} = (j\omega)^2 (L_1 L_2 - M^2)$$

Cramer 공식을 이용하면

$$I_1 = \frac{\begin{vmatrix} V & j\omega M \\ V & j\omega L_2 \end{vmatrix}}{\Delta_z} = \frac{j\omega V(L_2 - M)}{(j\omega)^2 (L_1 L_2 - M^2)} = \frac{V(L_2 - M)}{j\omega (L_1 L_2 - M^2)}$$

$$I_2 = \frac{\begin{vmatrix} j\omega L_1 & V \\ j\omega M & V \end{vmatrix}}{\Delta_z} = \frac{j\omega V(L_1 - M)}{(j\omega)^2 (L_1 L_2 - M^2)} = \frac{V(L_1 - M)}{j\omega (L_1 L_2 - M^2)}$$

$$I = I_1 + I_2 = \frac{V(L_1 + L_2 - 2M)}{j\omega (L_1 L_2 - M^2)} = \frac{V}{j\omega L_a}$$

L_1과 L_2가 병렬연결된 순방향 상호결합일 때 등가 인덕턴스 L_{eq}는

$$L_{eq} = \frac{L_1 L_2 - M^2}{L_1 + L_2 - 2M} \tag{13.22}$$

⟨유도 2⟩ 망전류 이용

망 1, 2에서 망전류 방향을 시계방향으로 한다. 망 1에 KVL을 적용하면

ⅰ) I_1에 연결된 L_1 자체의 전압강하 $= j\omega L_1 I_1$

ⅱ) I_1과 I_2에 연결된 공통 L_1의 전압강하 $= -j\omega L_1 I_2$

ⅲ) I_1과 I_2에 연결된 L_1에 영향을 미치는 L_2에 의한 순방향 상호결합에 의한 전압강하 $= j\omega M I_2$

위 세 개의 전압강하를 합했을 때 망전류 방정식은

망 1: $j\omega L_1 I_1 - j\omega L_1 I_2 + j\omega M I_2 = V$

$\quad\quad j\omega L_1 I_1 - j\omega(L_1 - M)I_2 = V$ ··· ①

$\quad\quad Z_{11} I_1 + Z_{12} I_2 = V$

$\quad\quad Z_{11} = j\omega L_1, \ Z_{12} = -j\omega(L_1 - M)$

망 2에 KVL을 적용하면

ⅰ) I_1과 I_2에 공통으로 연결된 L_1의 I_1에 의한 전압강하 $= -j\omega L_1 I_1$

ⅱ) I_1과 I_2에 연결된 L_1에 영향을 미치는 L_2에 의한 순방향 상호결합에 의한 전압강하 $= j\omega M I_1$

ⅲ) I_2에 연결된 L_1 자체의 전압강하 $= j\omega L_1 I_2$

ⅳ) I_2에 연결된 L_2 자체의 전압강하 $= j\omega L_2 I_2$

ⅴ) I_2에 의한 L_1에 영향을 미치는 L_2에 의한 역방향 상호결합에 의한 전압강하 $= -j\omega M I_2$.

ⅵ) I_2에 의한 L_2에 영향을 미치는 L_1에 의한 역방향 상호결합에 의한 전압강하 $= -j\omega M I_2$.

위 여섯 개의 전압강하를 합했을 때 망전류 방정식은

망 2: $-j\omega L_1 I_1 + j\omega M I_1 + j\omega L_1 I_2 + j\omega L_2 I_2 - j\omega M I_2 - j\omega M I_2 = 0$

$\quad\quad -j\omega(L_1 - M)I_1 + j\omega(L_1 + L_2 - 2M)I_2 = 0$ ···························· ②

$\quad\quad Z_{21} I_1 + Z_{22} I_2 = 0$

$\quad\quad Z_{21} = -j\omega(L_1 - M), \ Z_{22} = j\omega(L_1 + L_2 - 2M)$

②식에서 두 번째 항의 인덕턴스는 식 (13.20)과 같다. 이것은 회로 자체는 병렬 인덕터 회로이지만 망전류 I_2에 대해서는 두 개의 인덕터가 직렬연결된 역방향 상호결합에서 오는 결과이다.

① ②식을 행렬 방정식으로 나타내면

$$\begin{bmatrix} j\omega L_1 & -j\omega(L_1 - M) \\ -j\omega(L_1 - M) & j\omega(L_1 + L_2 - 2M) \end{bmatrix} \begin{bmatrix} I_1 \\ I_2 \end{bmatrix} = \begin{bmatrix} V \\ 0 \end{bmatrix} \tag{13.23}$$

식 (11.27)에 나타낸 $I_1 = V/Z_i$로부터 구동점(입력) 임피던스 $Z_i = V/I_1$를 구하면

$$Z_i = \frac{V}{I_1} = \frac{\Delta_z}{\Delta_{11}} = \frac{\begin{vmatrix} j\omega L_1 & -j\omega(L_1 - M) \\ -j\omega(L_1 - M) & j\omega(L_1 + L_2 - 2M) \end{vmatrix}}{j\omega(L_1 + L_2 - 2M)} \tag{13.24}$$

$$= j\omega \frac{L_1 L_2 - M^2}{L_1 + L_2 - 2M} = j\omega L_{eq}$$

여기서

$$L_{eq} = \frac{L_1 L_2 - M^2}{L_1 + L_2 - 2M}$$

따라서 L_1과 L_2의 병렬연결에서 순방향 상호결합일 때 등가 인덕턴스 L_{eq}는 식 (12.22)와 같다. 식 (13.24)에서 Δ_z는 Z 파라미터 행렬식, Δ_{11}은 1행과 1열을 제외한 소행렬식이다.

망전류를 이용하는 것은 지로 전류를 이용하는 것보다 복잡하지만 유도결합회로 해석능력을 배양시키는 과정에서 보면 효과적이다.

D. 병렬연결 역방향 상호결합

그림 13.9(b)의 회로와 같이 L_1과 L_2의 병렬연결에서 역방향 상호결합일 때 등가 인덕턴스는 병렬연결 순방향 상호결합과 비교했을 때 유도 과정이 동일하며, 단지 M을 $-M$으로 대체하면 된다.

⟨유도 1⟩ 지로 전류 이용

결과적으로 식 (13.30)에서 M을 $-M$으로 대체하면

$$I = I_1 + I_2 = \frac{V(L_1 + L_2 + 2M)}{j\omega(L_1 L_2 - M^2)} = \frac{V}{j\omega L_a}$$

L_1과 L_2가 병렬연결된 역방향 상호결합일 때 등가 인덕턴스 L_{eq}는

$$L_{eq} = \frac{L_1 L_2 - M^2}{L_1 + L_2 + 2M} \tag{13.25}$$

⟨유도 2⟩ 망전류 이용

L_1과 L_2의 병렬연결에서 역방향 상호결합일 때 등가 인덕턴스는 병렬연결 순방향 상호결합과 비교했을 때 유도 과정이 동일하며, 단지 M을 $-M$으로 대체하면 된다.

식 (13.23)에서 M을 $-M$으로 대체하면 망전류 방정식은 다음과 같다.

$$\begin{cases} j\omega L_1 I_1 - j\omega(L_1 + M)I_2 = V \\ -j\omega(L_1 + M)I_1 + j\omega(L_1 + L_2 + 2M)I_2 = 0 \end{cases} \tag{13.26}$$

식 (13.26)에서 $Z_i = V/I_1$를 구하면

$$Z_i = \frac{V}{I_1} = \frac{\Delta_z}{\Delta_{11}} = \frac{\begin{vmatrix} j\omega L_1 & -j\omega(L_1 + M) \\ -j\omega(L_1 + M) & j\omega(L_1 + L_2 + 2M) \end{vmatrix}}{j\omega(L_1 + L_2 + 2M)} \tag{13.27}$$

$$= j\omega \frac{L_1 L_2 - M^2}{L_1 + L_2 + 2M} = j\omega L_{eq}$$

여기서

$$L_{eq} = \frac{L_1 L_2 - M^2}{L_1 + L_2 + 2M}$$

L_{eq}는 식 (13.24)에서 M을 $-M$으로 대체했을 때와 그 결과는 같다.

따라서 L_1과 L_2가 병렬연결된 역방향 상호결합일 때 등가 인덕턴스 L_{eq}는 식 (12.25)와 같다. 참고로 식 (13.27)에서 Δ_z는 Z 파라미터 행렬식, Δ_{11}은 1행과 1열을 제외한 소행렬식이다.

EXAMPLE 13-3

그림 13.10의 회로에서 KVL을 써서 순시 망전류 방정식을 쓰라.

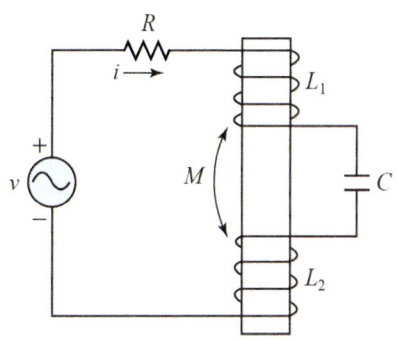

그림 13.10 [EXAMPLE 13-3]

SOLUTION

상호결합코일에서 코일 1에 오른손 법칙을 적용하면 플럭스의 방향은 위쪽이며, 코일 2에서는 아래쪽이다. 따라서 플럭스의 방향이 서로 반대이므로 M의 부호는 음이다.

$$Ri + L_1 \frac{di}{dt} - M \frac{di}{dt} + \frac{1}{C} \int i\, dt + L_2 \frac{di}{dt} - M \frac{di}{dt} = v$$

혹은 직렬로 연결된 상호결합코일이므로

$$Ri + (L_1 + L_2 - 2M) \frac{di}{dt} + \frac{1}{C} \int i\, dt = v$$

EXAMPLE 13-4

$L = 20\,\text{mH}$인 같은 두 코일이 $k = 0.8$로 결합되어 있다.

(a) 상호 인덕턴스를 구하라.
(b) 자속이 증가하는 직렬연결일 때 등가 인덕턴스를 구하라.
(c) 자속이 감소하는 직렬연결일 때 등가 인덕턴스를 구하라.

SOLUTION

(a) $M = k\sqrt{L_1 L_2} = 0.8\sqrt{(20)(20)} = 16\,\text{mH}$
(b) $L_a = L_1 + L_2 + 2M = 20 + 20 + 2(16) = 72\,\text{mH}$
(c) $L_b = L_1 + L_2 - 2M = 20 + 20 - 2(16) = 8\,\text{mH}$

EXAMPLE 13-5

두 인덕터가 $k = 0.8$로 결합되어 있다. 인덕턴스의 비는 1:4이다. 자속이 증가는 직렬연결일 때의 등가 인덕턴스는 50 mH 이다. L_1, L_2, M을 구하라.

SOLUTION

$$L_2 = 4L_1$$
$$M = k\sqrt{L_1 L_2} = 0.8\sqrt{(L_1)(4L_1)} = 1.6 L_1$$

$$L_a = L_1 + L_2 + 2M = L_1 + 4L_1 + 1.6L_1 = 50\,\text{mH} \quad \therefore L_1 = 7.6\,\text{mH}$$

$$\therefore L_2 = 4L_1 = 4(7.6\,\text{mH}) = 30.4\,\text{mH}$$

$$\therefore M = 1.6L_1 = 1.6(7.6\,\text{mH}) = 12.2\,\text{mH}$$

EXAMPLE 13-6

그림 13.11(a)에서

(a) 결합코일을 점(•) 표시 등가회로로 그려라.

(b) 등가 유도성 리액턴스를 구하라.

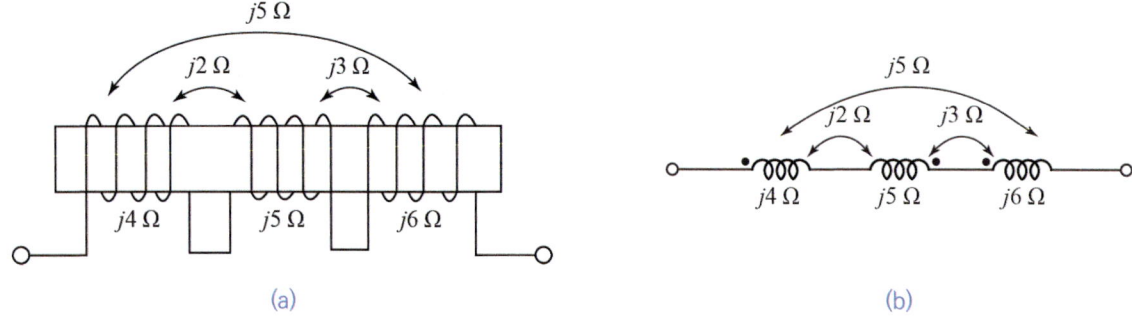

그림 13.11 [EXAMPLE 13-6]

SOLUTION

(a) 전류가 좌측에서 우측으로 흐를 때 코일 1에 오른손 법칙으로 적용하면 플럭스의 방향은 좌측으로 향한다. 코일 2에 오른손 법칙으로 적용하면 플럭스의 방향은 우측으로 향한다. 따라서 코일 1과 코일 2의 플럭스 방향이 반대이므로 상호 인덕턴스 $M_{12} = M_{21}$은 음이 된다. 따라서 코일 1에 전류가 들어가는 부분에 점(•)을 표시한다면 코일 2에는 전류가 나오는 부분에 점(•)을 표시하게 된다. 같은 방법으로 코일 3에 오른손 법칙으로 적용하면 플럭스의 방향은 좌측으로 향한다. 따라서 코일 1과 같게 점(•)을 표시한다. 결과적으로 그림 13.11(b)와 같이 구성된다.

(b) 그림 13.12 양단에 전압을 인가했을 때 KVL을 적용하면

$$L_1 \frac{di}{dt} - M_{12}\frac{di}{dt} + M_{13}\frac{di}{dt} + L_2\frac{di}{dt} - M_{21}\frac{di}{dt} - M_{23}\frac{di}{dt}$$
$$+ L_3\frac{di}{dt} - M_{32}\frac{di}{dt} + M_{31}\frac{di}{dt} = v$$

페이저 식으로 나타내면

$$j\omega L_1 \boldsymbol{I} - j\omega M_{12}\boldsymbol{I} + j\omega M_{13}\boldsymbol{I} + j\omega L_2 \boldsymbol{I} - j\omega M_{21}\boldsymbol{I} + j\omega M_{23}\boldsymbol{I}$$
$$+ j\omega L_3 \boldsymbol{I} - j\omega M_{32}\boldsymbol{I} + j\omega M_{31}\boldsymbol{I} = \boldsymbol{V}$$

$$\begin{pmatrix} j\omega L_1 - j\omega M_{12} + j\omega M_{13} + j\omega L_2 - j\omega M_{21} + j\omega M_{23} \\ + j\omega L_3 - j\omega M_{32} + j\omega M_{31} \end{pmatrix} \boldsymbol{I} = \boldsymbol{V}$$

$$(j4 - j2 + j5 + j5 - j2 - j3 + j6 - j3 + j5)I = V$$
$$j15I = V$$

따라서 등가 유도성 리액턴스 $X_e = 15\,\Omega$

EXAMPLE 13-7

그림 13.12의 회로에서 등가 인덕턴스를 구하라.

(1) 식 (13.22), (13.25) 이용
(2) 그림 13.12(a)에 한해 망전류 방정식 이용

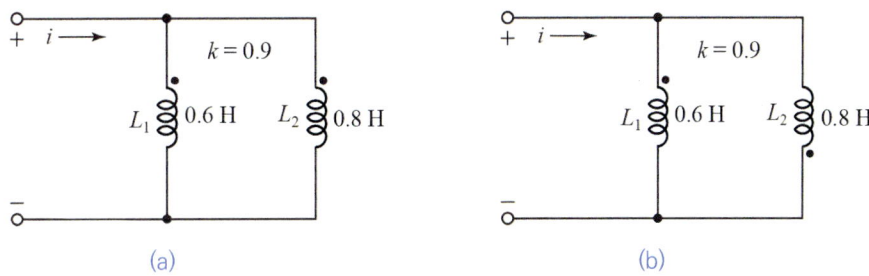

그림 13.12 [EXAMPLE 13-7]

SOLUTION

(1) 상호인덕턴스 $M = k\sqrt{L_1 L_2} = 0.9\sqrt{0.6 \times 0.8} = 0.476\,\text{H}$

그림 13.12(a)는 점(·)규칙에 따라 순방향 상호결합이므로

$$L_{eq} = \frac{L_1 L_2 - M^2}{L_1 + L_2 - 2M} = \frac{(0.6)(0.8) - 0.476^2}{0.6 + 0.8 - 2(0.476)} = \frac{0.253}{0.448} = 0.565\,\text{H}$$

그림 13.12(b)는 점(·)규칙에 따라 역방향 상호결합이므로

$$L_{eq} = \frac{L_1 L_2 - M^2}{L_1 + L_2 + 2M} = \frac{(0.6)(0.8) - 0.476^2}{0.6 + 0.8 + 2(0.476)} = \frac{0.253}{2.352} = 0.108\,\text{H}$$

(2) 두 회로망에서 망전류 방향을 시계방향으로 하여 망전류 방정식을 쓰면

$$\begin{cases} j\omega L_1 I_1 - j\omega(L_1 - M)I_2 = V \\ -j\omega(L_1 - M)I_1 + j\omega(L_1 + L_2 - 2M)I_2 = 0 \end{cases}$$

여기에 인덕턴스 값을 대입하고 행렬 방정식으로 나타내면

$$\begin{bmatrix} j\omega(0.6) & -j\omega(0.6 - 0.476) \\ -j\omega(0.6 - 0.476) & j\omega(0.6 + 0.8 - 0.952) \end{bmatrix} \begin{bmatrix} I_1 \\ I_2 \end{bmatrix} = \begin{bmatrix} V \\ 0 \end{bmatrix}$$

Z 파라미터 행렬식 Δ_z는

$$\Delta_z = \begin{vmatrix} j\omega(0.6) & -j\omega(0.124) \\ -j\omega(0.124) & j\omega(0.448) \end{vmatrix} = [j\omega(0.6)][j\omega(0.448)] - [j\omega(0.124)]^2$$

$$= (j\omega)^2(0.253)$$

$I_1 = V/Z_i$로부터 구동점 임피던스 $Z_i = V/I_1$를 구하면,

$$Z_i = \frac{V}{I_1} = \frac{\Delta_z}{\Delta_{11}} = \frac{(j\omega)^2(0.253)}{j\omega(0.448)} = j\omega(0.565)\ \Omega$$

여기서 Δ_{11}는 1행과 1열을 제외한 소행렬식이다.

따라서 등가 인덕턴스 $L_{eq} = 0.565\ \mathrm{H}$이며, (1)에서 구한 것과 같다.

EXAMPLE 13-8

그림 13.13(a)의 상호결합회로를 T형 등가회로(Z_1, Z_2, Z_{12})로 대체하라.

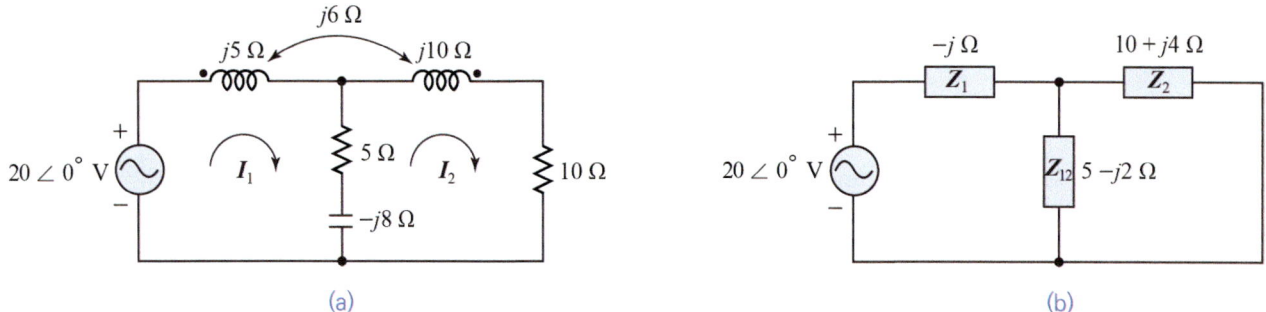

그림 13.13 [EXAMPLE 13-8]

SOLUTION

망 1, 2에 KVL을 적용하면

$$\begin{cases} j5I_1 + (5-j8)(I_1 - I_2) - j6I_2 = 20 \\ (5-j8)(I_2 - I_1) - j6I_1 + (10+j10)I_2 = 0 \end{cases}$$

위 식을 정리하여 정형화된 망전류 방정식으로 나타내면

$$\begin{cases} (5-j3)I_1 + (-5+j2)I_2 = 20\angle 0^\circ \\ (-5+j2)I_1 + (15+j2)I_2 = 0 \end{cases}$$

위 식을 행렬 방정식으로 나타내면

$$\begin{bmatrix} 5-j3 & -5+j2 \\ -5+j2 & 15+j2 \end{bmatrix} \begin{bmatrix} I_1 \\ I_2 \end{bmatrix} = \begin{bmatrix} 20 \\ 0 \end{bmatrix}$$

T형 등가회로의 지로 임피던스를 구하면

$$\begin{cases} Z_1 = Z_{11} - Z_{12} = (5 - j3) - (5 - j2) = -j1 \ \Omega \\ Z_{12} = Z_{21} = 5 - j2 \ \Omega \\ Z_2 = Z_{22} - Z_{21} = (15 + j2) - (5 - j2) = 10 + j4 \ \Omega \end{cases}$$

⟨설명⟩ 행렬 방정식은 상호결합회로에서 도출된 것이다. 이것을 T형 등가회로에서도 같은 결과가 나오도록 해야 한다. 공통 지로의 임피던스는 $Z_{12} = Z_{21} = -5 + j2 \ \Omega$에 해당한다. 그런데 공통 지로에서 전류의 방향이 반대이기 때문에 T형 등가회로에서 공통 지로의 임피던스 $Z_{12} = Z_{21} = 5 - j2 \ \Omega$이어야 한다. 망 1에서 $Z_{12} + Z_1 = Z_{11}$이 되는 Z_1을 구하면 $Z_1 = -j1 \ \Omega$이다. 망 2에서 $Z_{21} + Z_2 = Z_{22}$가 되는 Z_2를 구하면 $Z_2 = 10 + j4 \ \Omega$이다. 따라서 그림 13.13(b)와 같은 T형 등가회로가 구성된다.

EXAMPLE 13-9

그림 13.14(a)의 상호결합회로를 T형 등가회로(Z_1, Z_2, Z_{12})로 대체하라.

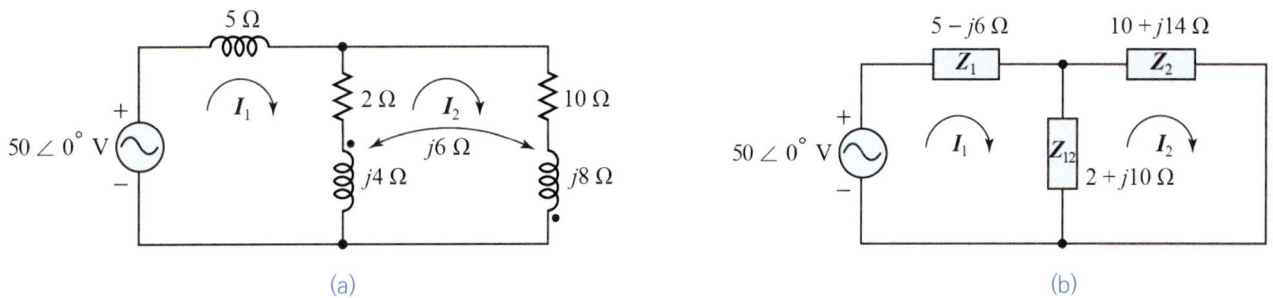

그림 13.14 [EXAMPLE 13-9]

SOLUTION

망 1, 2에 KVL을 적용하면

$$\begin{cases} 5I_1 + (2 + j4)(I_1 - I_2) - j6I_2 = 50 \\ -j6I_1 + (2 + j4)(I_2 - I_1) + (10 + j8)I_2 + j6I_2 + j6I_2 = 0 \end{cases}$$

위 식을 정리하여 정형화된 망전류 방정식으로 나타내면

$$\begin{cases} (7 + j4)I_1 - (2 + j10)I_2 = 50 \angle 0^\circ \\ -(2 + j10)I_1 + (12 + j24)I_2 = 0 \end{cases}$$

위 식을 행렬 방정식으로 나타내면

$$\begin{bmatrix} 7 + j4 & -2 - j10 \\ -2 - j10 & 12 + j24 \end{bmatrix} \begin{bmatrix} I_1 \\ I_2 \end{bmatrix} = \begin{bmatrix} 50 \\ 0 \end{bmatrix}$$

T형 등가회로의 지로 임피던스를 구하면

$$\begin{cases} Z_1 = Z_{11} - Z_{12} = (7+j4) - (2+j10) = 5 - j6 \ \Omega \\ Z_{12} = Z_{21} = 2 + j10 \ \Omega \\ Z_2 = Z_{22} - Z_{21} = (12+j24) - (2+j10) = 10 + j14 \ \Omega \end{cases}$$

⟨설명⟩ 행렬 방정식은 상호결합회로에서 도출된 것이다. 이것을 T형 등가회로에서도 같은 결과가 나오도록 해야 한다. 공통 지로의 임피던스는 $Z_{12} = Z_{21} = -2 - j10 \ \Omega$에 해당한다. 그런데 공통 지로에서 전류의 방향이 반대이기 때문에 T형 등가회로에서 공통 지로 임피던스 $Z_{12} = Z_{21} = 2 + j10 \ \Omega$이어야 한다. 망 1에서 $Z_{12} + Z_1 = Z_{11}$이 되는 Z_1을 구하면 $Z_1 = 5 - j6 \ \Omega$이다. 망 2에서 $Z_{21} + Z_2 = Z_{22}$가 되는 Z_2를 구하면 $Z_2 = 10 + j14 \ \Omega$이다. 따라서 그림 13.14(b)와 같은 T형 등가회로가 구성된다.

EXAMPLE 13-10

그림 13.15의 회로에서 10 Ω에 걸리는 전압을 구하라.

SOLUTION

상호인덕턴스 M을 구해야 한다. k가 주어졌으므로 다음의 관계식에서

$$M = k\sqrt{L_1 L_2}$$
$$j\omega M = j\omega k \sqrt{L_1 L_2}$$
$$j\omega M = jk\sqrt{(\omega L_1)(\omega L_2)} = j0.8\sqrt{(4)(8)} = j4.53 \ \Omega$$

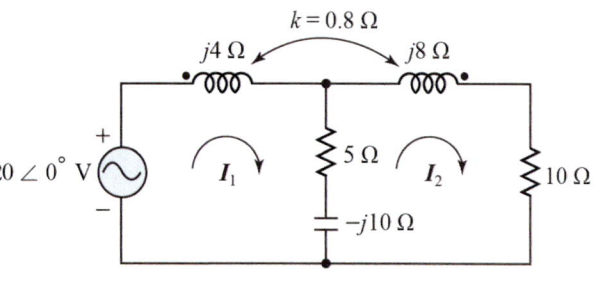

그림 13.15 [EXAMPLE 13-10]

두 개의 회로망에 KVL을 적용하면

$$\begin{cases} j4I_1 + (5-j10)(I_1 - I_2) - j4.53I_2 = 20\angle 0^\circ \\ (5-j10)(I_2 - I_1) + (10+j8)I_2 - j4.53I_1 = 0 \end{cases}$$

위 식을 정리하여 정형화된 망전류 방정식으로 나타내면

$$\begin{cases} (5-j6)I_1 + (-5+j5.47)I_2 = 20\angle 0^\circ \\ (-5+j5.47)I_1 + (15-j2)I_2 = 0 \end{cases}$$

위 식을 행렬 방정식으로 나타내면

$$\begin{bmatrix} 5-j6 & -5+j5.47 \\ -5+j5.47 & 15-j2 \end{bmatrix} \begin{bmatrix} I_1 \\ I_2 \end{bmatrix} = \begin{bmatrix} 20 \\ 0 \end{bmatrix}$$

Z 파라미터 행렬식 Δ_z는

$$\Delta_z = \begin{vmatrix} 5-j6 & -5+j5.47 \\ -5+j5.47 & 15-j2 \end{vmatrix} = 67.92 - j45.3 = 81.64\angle -33.7°$$

Cramer 공식을 이용하면

$$I_2 = \frac{\begin{vmatrix} 5-j6 & 20 \\ -5+j5.47 & 0 \end{vmatrix}}{\Delta_z} = \frac{100-j109.4}{\Delta_z} = \frac{148.22\angle -47.57°}{81.64\angle -33.7°}$$

$$= 1.82\angle -13.87° \text{ A} = 1.77 - j0.44 \text{ A}$$

$10\,\Omega$에 걸리는 전압 $V_{10\Omega}$은

$$V_{10\Omega} = 10I_2 = 10(9.03\angle 4.48°) = 90.3\angle 4.48° \text{ V}$$

EXAMPLE 13-11

그림 13.16에서 직렬공진이 되도록 코일에 점(·)을 표시하고, k값을 구하라.

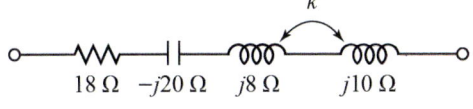

그림 13.16 [EXAMPLE 13-11]

SOLUTION

17장에서 공진에 대해 자세히 다루기로 하고 기본적으로 공진조건은 임피던스의 허수부가 0이 되는 조건이다. 그림에서 유도성 리액턴스와 용량성 리액턴스를 같게 한다. 두 코일의 좌측에 점(·)을 표시하면 직렬연결 순방향 상호결합인 등가 인덕턴스는 $L_{eq} = L_1 + L_2 + 2M$ 이다.

유도성 리액턴스 ωL_{eq}는

$$\omega L_{eq} = \omega L_1 + \omega L_2 + 2\omega M$$
$$= \omega L_1 + \omega L_2 + 2k\sqrt{(\omega L_1)(\omega L_2)} = 8 + 10 + 2k\sqrt{(8)(10)}$$
$$= 18 + 17.9\,k$$

$$\frac{1}{\omega C} = 20$$

따라서 공진조건, $\omega L_{eq} = \dfrac{1}{\omega C}$ 로부터 k는 다음과 같이 구해진다.

$$18 + 17.9\,k = 20 \quad \therefore k = 0.112$$

만약에 역방향 상호결합인 경우, 유도성 리액턴스 ωL_{eq}는

$$\omega L_{eq} = \omega L_1 + \omega L_2 - 2\omega M$$
$$= \omega L_1 + \omega L_2 - 2k\sqrt{(\omega L_1)(\omega L_2)} = 8 + 10 - 2k\sqrt{(8)(10)}$$

$$= 18 - 17.9\,k = \frac{1}{\omega C} = 20 \quad \therefore k = -0.112$$

k가 음수가 되므로 순방향 상호결합이 되게 점($\bullet$)을 표시해야 한다.

EXAMPLE 13-12

그림 13.17의 회로에서 평균전력이 100 W가 되도록 코일에 점($\bullet$)을 표시하고, k값을 구하라.

SOLUTION

좌측 코일의 좌측에 점($\bullet$)을, 우측 코일의 우측에 점($\bullet$)을 표시하면 역방향 상호결합인 직렬연결 등가 인덕턴스는 $L_b = L_1 + L_2 - 2M$이다.

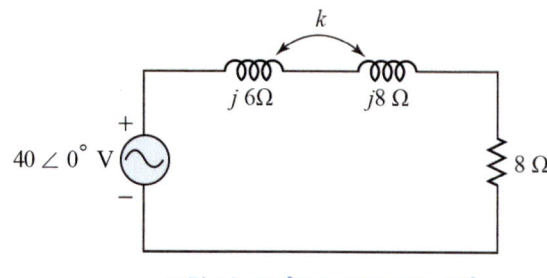

그림 13.17 [EXAMPLE 13-12]

등가 유도성 리액턴스 ωL_a는

$$\begin{aligned}\omega L_{eq} &= \omega L_1 + \omega L_2 - 2\omega M \\ &= \omega L_1 + \omega L_2 - 2k\sqrt{(\omega L_1)(\omega L_2)} = 6 + 8 - 2k\sqrt{(6)(8)} \\ &= 14 - 13.86\,k\end{aligned}$$

등가 임피던스 $\boldsymbol{Z}$는

$$\boldsymbol{Z} = R + j\omega L_{eq} = 8 + j(14 - 13.86k)\ \Omega$$

평균전력 P_a는

$$P_a = I^2 R = \left(\frac{V}{Z}\right)^2 R = \left(\frac{40}{\sqrt{8^2 + (14 - 13.86k)^2}}\right)^2 (8) = 100 \quad \therefore k = 0.433$$

자속이 합해지는 순방향 상호결합이면 문제 조건에 맞는 k값을 얻을 수가 없다.

EXAMPLE 13-13

그림 13.18의 회로에서 5 Ω에서 전력이 15 W일 때 k값을 구하라.

SOLUTION

인덕턴스가 병렬연결된 순방향 상호결합에서 등가 인덕턴스 L_{eq}는

$$L_{eq} = \frac{L_1 L_2 - M^2}{L_1 + L_2 - 2M}$$

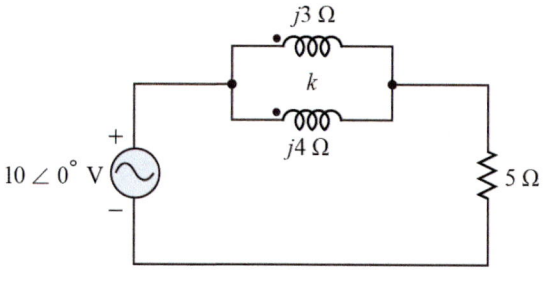

그림 13.18 [EXAMPLE 13-13]

회로 임피던스 Z는

$$Z = R + j\omega L_{eq} = 10 + j\omega \frac{L_1 L_2 - M^2}{L_1 + L_2 - 2M} = R + j\frac{\omega^2(L_1 L_2 - k^2 L_1 L_2)}{\omega(L_1 + L_2 - 2k\sqrt{L_1 L_2})}$$

$$= R + j\frac{(\omega L_1)(\omega L_2) - k^2(\omega L_1)(\omega L_2)}{\omega L_1 + \omega L_2 - 2k\sqrt{(\omega L_1)(\omega L_2)}} = 5 + j\frac{(3)(4) - k^2(3)(4)}{3 + 4 - 2k\sqrt{(3)(4)}}$$

$$= 5 + j\frac{12 - 12k^2}{7 - 6.93k}$$

$$P_a = I^2 R = \left(\frac{V}{Z}\right)^2 R = \left(\frac{10}{\sqrt{5^2 + \left[\frac{12(1-k^2)}{7-6.93k}\right]^2}}\right)^2 (5) = 15 \quad \therefore k = 0.75$$

EXAMPLE 13-14

그림 13.19의 회로에서

(a) 점(•)표시 등가회로를 그려라.

(b) 커패시터에 걸리는 전압을 구하라.

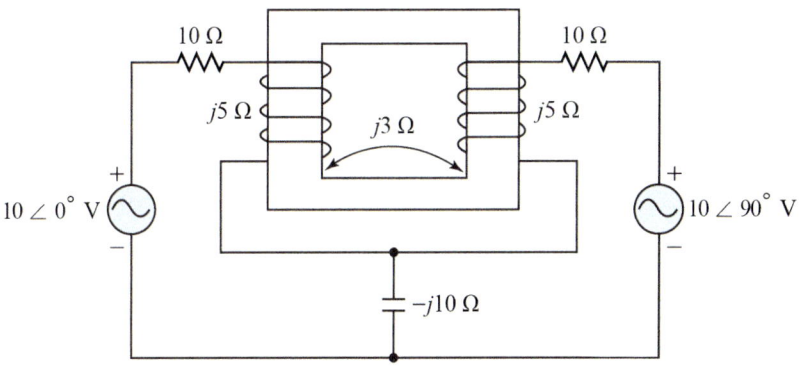

그림 13.19 [EXAMPLE 13-14]

SOLUTION

(a) 왼쪽 코일에 전류가 들어갈 때 플럭스는 위쪽으로 향하며, 오른쪽 코일에 전류가 들어갈 대 플럭스는 아래쪽으로 향한다. 따라서 두 코일에 발생하는 플럭스는 합해지므로 두 코일에 점은 그림 13.19-1에 나타낸 바와 같이 코일 앞에 표시된다.

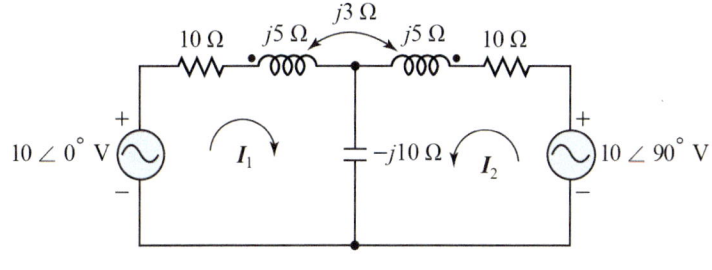

그림 13.19-1 [EXAMPLE 13-14]

(b) 두 개의 회로망에 KVL을 적용하면

$$\begin{cases} (10+j5)I_1 - j10(I_1+I_2) + j3I_2 = 10 \\ -j10(I_2+I_1) + j3I_2 + (10+j5)I_2 = j10 \end{cases}$$

위 식을 정리하여 정형화된 망전류 방정식으로 나타내면

$$\begin{cases} (10-j5)I_1 - j7I_2 = 50\angle 0° \\ -j7I_1 + (10-j5)I_2 = 0 \end{cases}$$

위 식을 행렬 방정식으로 나타내면

$$\begin{bmatrix} 10-j5 & -j7 \\ -j7 & 10-j5 \end{bmatrix} \begin{bmatrix} I_1 \\ I_2 \end{bmatrix} = \begin{bmatrix} 10 \\ j10 \end{bmatrix}$$

Z 파라미터 행렬식 Δ_z는

$$\Delta_z = \begin{vmatrix} 10-j5 & -j7 \\ -j7 & 10-j5 \end{vmatrix} = 124 - j100 = 159.3\angle -38.88°$$

Cramer 공식을 이용하면

$$I_1 = \frac{\begin{vmatrix} 10 & -j7 \\ j10 & 10-j5 \end{vmatrix}}{\Delta_z} = \frac{30-j50}{\Delta_z} = \frac{58.31\angle -59.04°}{159.3\angle -38.88°}$$
$$= 0.37\angle -20.16°\,\text{A} = 0.35 - j0.13\,\text{A}$$

$$I_2 = \frac{\begin{vmatrix} 10-j5 & 10 \\ -j7 & j10 \end{vmatrix}}{\Delta_z} = \frac{50+j170}{\Delta_z} = \frac{177.2\angle 73.61°}{159.3\angle -38.88°}$$
$$= 1.11\angle 112.49°\,\text{A} = -0.42 + j1.03\,\text{A}$$

커패시터에 흐르는 전류 I_C는

$$I = I_1 + I_2 = (0.35 - j0.13) + (-0.42 + j1.03)$$
$$= -0.07 + j0.9\,\text{A}$$

따라서 커패시터에 걸리는 전압 V_C는

$$V_C = -j10\,I_C = (-j10)(-0.07 + j0.9) = 9 + j0.7\,\text{V} = 9.03\angle 4.48°\,\text{V}$$

EXAMPLE 13-15

그림 13.20의 회로에서 망전류 방정식을 세워라.

(a) KVL 이용

(b) 다이렉트법(직접 Z 파라미터 결정) 이용

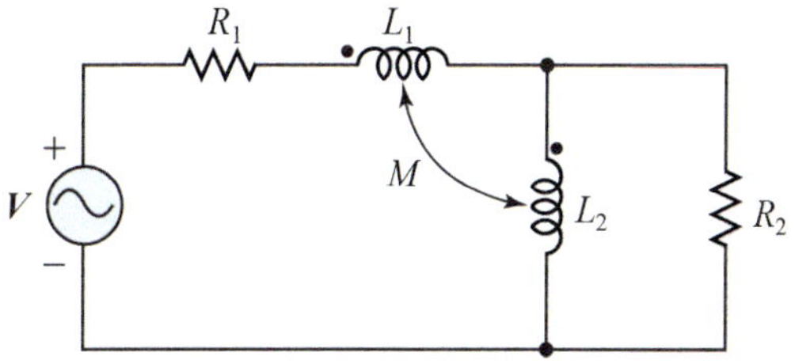

SOLUTION

그림 13.20 [EXAMPLE 13-15]

(a) 망 1에 KVL을 적용하면

$$R_1 I_1 + j\omega L_1 I_1 + j\omega L_2 (I_1 - I_2) + j\omega M I_1 + j\omega M I_1 - j\omega M I_2 = V$$

망 2에 KVL을 적용하면

$$j\omega L_2 (I_2 - I_1) - j\omega M I_1 + R_2 I_2 = 0$$

위 두 식을 정리하여 정형화된 망전류 방정식으로 나타내면

$$\begin{cases} [R_1 + j\omega(L_1 + L_2 + 2M)] I_1 - j\omega(L_2 + M) I_2 = V \\ -j\omega(L_2 + M) I_1 + (R_2 + j\omega L_2) I_2 = 0 \end{cases}$$

(b) 망전류의 방향을 시계방향으로 잡는다.

① Z_{11}

I_1이 지나가는 지로의 회로요소는 R_1, L_1, L_2이다.

L_1과 L_2가 직렬연결된 순방향 상호결합이므로 등가 인덕턴스는 $L_1 + L_2 + 2M$.

∴ $Z_{11} = R_1 + j\omega(L_1 + L_2 + 2M)$

② Z_{12}

ⅰ) I_1과 I_2에 공통으로 연결된 L_2에 의한 임피던스 $= -j\omega L_2$

ⅱ) I_1과 I_2에 연결된 망 1에 영향을 주는 L_1와 L_2의 역방향 상호결합에 의한

임피던스 $= -j\omega M$

ⅰ), ⅱ)에 의한 임피던스 합 Z_{12},   ∴ $Z_{12} = -j\omega(L_2 + M)$

③ Z_{21}

ⅰ) I_2와 I_1에 공통으로 연결된 L_2에 의한 임피던스 $= -j\omega L_2$

ⅱ) I_2와 I_1에 연결된 망 1에 영향을 주는 L_1와 L_2의 역방향 상호결합에 의한

임피던스 $= -j\omega M$

ⅰ), ⅱ)에 의한 임피던스 합 Z_{21} ∴ $Z_{21} = -j\omega(L_2 + M) = Z_{12}$

④ Z_{22}

I_2가 지나가는 회로요소는 R_2와 L_2이다.   ∴ $Z_{22} = R_2 + j\omega L_2$

따라서 망전류 방정식은 다음과 같다.

$$\begin{cases} [R_1 + j\omega(L_1 + L_2 + 2M)]\boldsymbol{I}_1 - j\omega(L_2 + M)\boldsymbol{I}_2 = \boldsymbol{V} \\ -j\omega(L_2 + M)\boldsymbol{I}_1 + (R_2 + j\omega L_2)\boldsymbol{I}_2 = 0 \end{cases}$$

EXAMPLE 13-16

그림 13.21의 회로에서 $j6\,\Omega$에 걸리는 전압을 구하라.

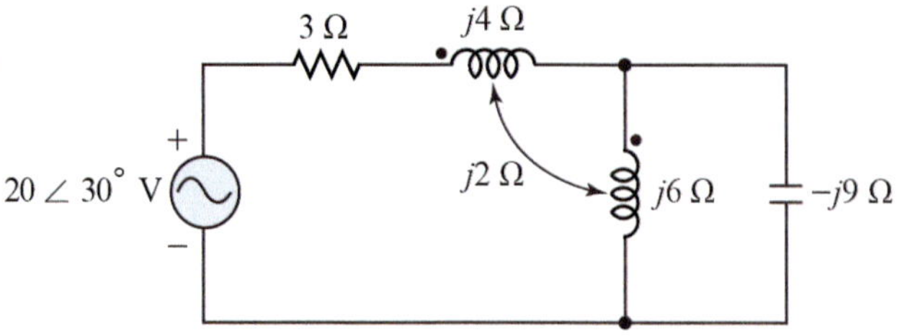

SOLUTION

[EXAMPLE 13-15]의 결과를 이용하자.
[EXAMPLE 13-15]의 회로에서 R_2가
$-j\dfrac{1}{\omega C} = -j9\,\Omega$으로 바뀐 것에 유의한다.

그림 13.21 [EXAMPLE 13-16]

$$\begin{cases} [R_1 + j(\omega L_1 + \omega L_2 + 2\omega M)]\boldsymbol{I}_1 - j(\omega L_2 + \omega M)\boldsymbol{I}_2 = \boldsymbol{V} \\ -j(\omega L_2 + \omega M)\boldsymbol{I}_1 + \left(-j\dfrac{1}{\omega C} + j\omega L_2\right)\boldsymbol{I}_2 = 0 \end{cases}$$

$$\begin{cases} [3 + j(4 + 6 + 4)]\boldsymbol{I}_1 - j(6 + 2)\boldsymbol{I}_2 = 20\angle 30° \\ -j(6 + 2)\boldsymbol{I}_1 + (-j9 + j6)\boldsymbol{I}_2 = 0 \end{cases}$$

$$\begin{cases} (3 + j14)\boldsymbol{I}_1 - j8\boldsymbol{I}_2 = 20\angle 30° \\ -j8\boldsymbol{I}_1 - j3\boldsymbol{I}_2 = 0 \end{cases}$$

Z 파라미터 행렬식 Δ_z는

$$\Delta_z = \begin{vmatrix} 3 + j14 & -j8 \\ -j8 & -j3 \end{vmatrix} = \begin{vmatrix} 14.3\angle 77.9° & 8\angle -90° \\ 8\angle -90° & 3\angle -90° \end{vmatrix}$$
$$= 42.9\angle -12.1° - 64\angle -180° = 106 - j9 = 106.4\angle -4.85°$$

Cramer 공식을 이용하면

$$\boldsymbol{I}_1 = \dfrac{\begin{vmatrix} 20\angle 30° & 8\angle -90° \\ 0 & 3\angle -90° \end{vmatrix}}{\Delta_z} = \dfrac{60\angle -60°}{106.4\angle -4.85°} = 0.56\angle -55.15°\,\text{A}$$
$$= 0.32 - j0.46\,\text{A}$$

$$\boldsymbol{I}_2 = \dfrac{\begin{vmatrix} 14.3\angle 77.9° & 20\angle 30° \\ 8\angle -90° & 0 \end{vmatrix}}{\Delta_z} = \dfrac{-160\angle -60°}{106.4\angle -4.85°} = -1.5\angle -55.15°\,\text{A}$$
$$= -0.86 + j1.23\,\text{A}$$

$$V_{j6\Omega} = j6(I_1 - I_2) = j6[(0.32 - j0.46) - (-0.86 + j1.23)]$$
$$= 1.18 + j1.69\,\text{V} = 2.06\angle 55.1°\,\text{V}$$

EXAMPLE 13-17

그림 13.22의 회로에서 등가 임피던스를 구하라.

SOLUTION

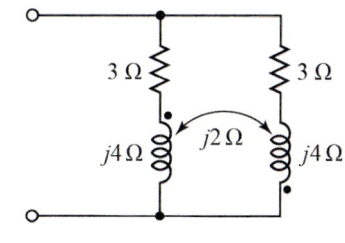

그림 13.22 [EXAMPLE 13-17]

〈해법 1〉 지로 전류 이용

각 지로에 전류 I_1, I_2가 흐른다고 했을 때 망전류 방정식은

$$\begin{cases} (3+j4)I_1 - j2I_2 = V \\ -j2I_1 + (3+j4)I_2 = V \end{cases}$$

위 식을 행렬 방정식으로 나타내면

$$\begin{bmatrix} 3+j4 & -j2 \\ -j2 & 3+j4 \end{bmatrix} \begin{bmatrix} I_1 \\ I_2 \end{bmatrix} = \begin{bmatrix} V \\ V \end{bmatrix}$$

Z 파라미터 행렬식 Δ_z는

$$\Delta_z = \begin{vmatrix} 3+j4 & -j2 \\ -j2 & 3+j4 \end{vmatrix} = (3+j4)^2 + 4 = -3 + j24 = 24.19\angle 97.13°$$

Cramer 공식을 이용하면

$$I_1 = \frac{\begin{vmatrix} V & -j2 \\ V & 3+j4 \end{vmatrix}}{\Delta_z} = \frac{V(3+j6)}{\Delta_z}$$

$$I_2 = \frac{\begin{vmatrix} 3+j4 & V \\ -j2 & V \end{vmatrix}}{\Delta_z} = \frac{V(3+j6)}{\Delta_z}$$

$$I = I_1 + I_2 = \frac{V(6+j12)}{\Delta_z} = \left(\frac{13.42\angle 63.43°}{24.19\angle 97.13°}\right) V$$

$$Z_{eq} = \frac{V}{I} = \frac{24.19\angle 97.13°}{13.42\angle 63.43°} = 1.8\angle 33.7°\,\Omega = 1.5 + j1\,\Omega$$

⟨해법 2⟩ 망전류 이용

망 1, 2에 KVL을 적용하면

$$\begin{cases} (R_1 + j\omega L_1)(I_1 - I_2) - j\omega M I_2 = V \\ (R_1 + j\omega L_1)(I_2 - I_1) + j\omega M I_2 + (R_2 + j\omega L_2)I_2 + j\omega M I_2 - j\omega M I_1 = 0 \end{cases}$$

위 식을 정리하여 정형화된 망전류 방정식으로 나타내면

$$\begin{cases} (R_1 + j\omega L_1)I_1 - (R_1 + j\omega L_1 + j\omega M)I_2 = V \\ -(R_1 + j\omega L_1 + j\omega M)I_1 + [(R_1 + R_2) + j\omega(L_1 + L_2 + 2M)]I_2 = 0 \end{cases}$$

위 식에 $R, \omega L, \omega M$ 값을 대입하면

$$\begin{cases} (3 + j4)I_1 - (3 + j6)I_2 = V \\ -(3 + j6)I_1 + (6 + j12)I_2 = 0 \end{cases}$$

위 식을 행렬 방정식으로 나타내면

$$\begin{bmatrix} 3 + j4 & -(3 + j6) \\ -(3 + j6) & 6 + j12 \end{bmatrix} \begin{bmatrix} I_1 \\ I_2 \end{bmatrix} = \begin{bmatrix} V \\ 0 \end{bmatrix}$$

$I_1 = V/Z_i$ 로부터 구동점(입력) 임피던스 $Z_i = V/I_1$ 를 구하면 된다.

Z 파라미터 행렬식 Δ_z 는

$$\Delta_z = \begin{vmatrix} 5\angle 53.13° & 6.71\angle -116.57° \\ 6.71\angle -116.57° & 13.42\angle 63.43° \end{vmatrix}$$

$$= 67.1\angle 116.56° - 45.02\angle -233.14$$

$$= (-30 + j60) - (-27 + j36.02) = -3 + j24 = 24.19\angle 97.13°$$

$$Z_i = \frac{V}{I_1} = \frac{\Delta_z}{\Delta_{11}} = Z_{eq}$$

$$= \frac{24.19\angle 97.13°}{13.42\angle 63.43°}$$

$$= 1.8\angle 33.7°\ \Omega = 1.5 + j1\ \Omega$$

위에서 Δ_{11} 은 1행과 1열을 제외한 소행렬식이다.

EXAMPLE 13-18

그림 13.23의 회로에서, 단자 $a-b$ 에서 다음을 구하라.

(a) 테브난 등가 임피던스

(b) 테브난 등가 전압

SOLUTION

(a) 테브난 등가 임피던스 Z_{Th}:

두 전압원을 단락시키고 단자 $a-b$에서 좌우측으로 봤을 때 $R+j\omega L$이 병렬연결된 순방향 상호결합회로이다. 병렬회로의 한쪽 지로의 임피던스는

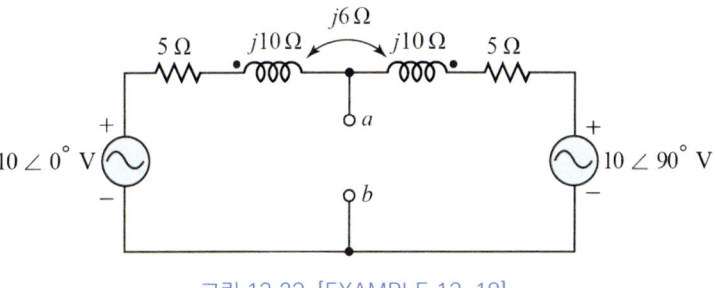

그림 13.23 [EXAMPLE 13-18]

$R+j\omega L$이며, 여기에 상호 임피던스가 더해지는 형태이므로 $R+j\omega L+j\omega M$이 병렬연결된 회로이다.

$$\therefore Z_{Th} = \frac{1}{2}(R+j\omega L+j\omega M) = \frac{1}{2}(5+j16) = 2.5+j8\ \Omega = 8.38\angle 72.65°\ \Omega$$

(b) 테브난 등가 전압 V_{Th}: 단자 $a-b$ 개방시 V_{ab}

〈해법 1〉 중첩의 원리

$V_1 = 0$ V 일 때 코일은 직렬연결된 역방향 상호결합이다. 전압분배법칙을 따라 V_{ab}'는

$$V_{ab}' = \left[\frac{5+j10-j6}{(5+j10-j6)+(5+j10-j6)}\right](10\angle 90°) = 5\angle 90°\ \text{V}$$

$V_2 = 0$ V 일 때도 역시 코일은 직렬연결된 역방향 상호결합이다. 전압분배법칙을 따라 V_{ab}''는

$$V_{ab}'' = \left[\frac{5+j10-j6}{(5+j10-j6)+(5+j10-j6)}\right](10\angle 0°) = 5\angle 0°\ \text{V}$$

$$\therefore V_{Th} = V_{ab}' + V_{ab}'' = 5\angle 90° + 5\angle 0° = 5+j5\ \text{V} = 7.07\angle 45°\ \text{V}$$

〈해법 2〉 마디전압 방정식

코일 사이 마디 1에서 마디전압 V_1이 테브난 등가 전압 V_{Th}이다. 마디전압 방정식은

$$\left(\frac{1}{5+j10+j6} + \frac{1}{5+j10+j6}\right)V_1 = \frac{10\angle 0°}{5+j10+j6} + \frac{10\angle 90°}{5+j10+j6}$$

위 식은 다음과 같이 간단히 정리된다.

$2V_1 = 10+j10$

$V_{Th} = V_1 = 5+j5\ \text{V} = 7.07\angle 45°\ \text{V}$

EXAMPLE 13-19

그림 13.24의 회로에서, 단자 $a-b$ 에서 다음을 구하라.

(a) 노튼 등가 어드미턴스
(b) 노튼 등가 전류

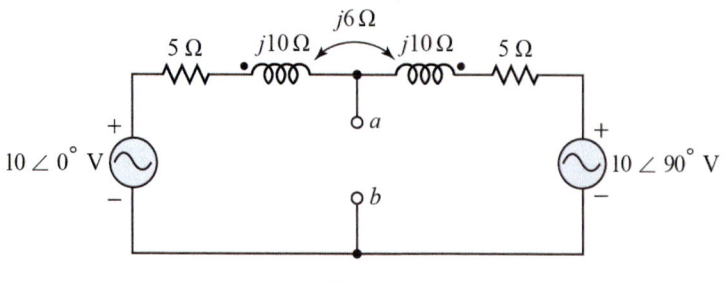

그림 13.24 [EXAMPLE 13-19]

SOLUTION

(a) 노튼 등가 어드미턴스 Y_N

[EXAMPLE 13-18]에서 구한 테브난 등가 임피던스 Z_{Th}의 역수를 취하면

$$Y_N = \frac{1}{Z_{Th}} = \frac{1}{8.38 \angle 72.65} = 0.119 \angle -72.65° \text{ S} = 0.035 - j0.114 \text{ S}$$

(b) 노튼 등가 전류 I_N

두 회로망에서 전압원의 극성에 따라 망전류 방향을 좌측망에서는 시계방향으로, 우측망에서는 반시계방향으로 한다. 결과적으로 두 코일은 순방향 상호결합이다.

망전류 방정식은

$$\begin{cases} (5+j10)I_1 + j6I_2 = 10 \\ j6I_1 + (5+j10)I_2 = j10 \end{cases}$$

Z 파라미터 행렬식 Δ_z는

$$\Delta_z = \begin{bmatrix} 5+j10 & j6 \\ j6 & 5+j10 \end{bmatrix} = -39 + j100 = 107.3 \angle 111.3°$$

Cramer 공식을 이용하면

$$I_1 = \frac{\begin{vmatrix} 10 & j6 \\ j10 & 5+j10 \end{vmatrix}}{\Delta_z} = \frac{10(5+j10)-(j6)(j10)}{\Delta_z} = \frac{110+j100}{\Delta_z}$$

$$I_2 = \frac{\begin{vmatrix} 5+j10 & 10 \\ j6 & j10 \end{vmatrix}}{\Delta_z} = \frac{j10(5+j10)-10(j6)}{\Delta_z} = \frac{-100-j10}{\Delta_z}$$

$$I_N = I_1 + I_2 = \frac{110+j100}{\Delta_z} + \frac{-100-j10}{\Delta_z} = \frac{10+j90}{\Delta_z}$$

$$= \frac{90.55 \angle 83.7°}{107.3 \angle 111.3°} = 0.84 \angle -27.6° \text{ A}$$

13.3 변압기

(1) 기본 원리

변압기(transformer, 變壓器)는 전압의 크기를 변화시킨다는 의미에서 온 자기회로(磁氣回路, magnetic circuit)이다. 구조상으로 두 개의 코일을 가지고 있는데 한쪽 코일은 입력 측에 위치하며, 전원과 연결되어 있다. 다른 한쪽은 출력, 즉 부하와 연결되어 있다. 입력측 코일을 1차측 권선(primary winding), 출력측 코일을 2차측 권선(secondary winding)이라고 한다. 그렇다면 코일은 어디에 감겨져 있을까? 그림 13.25에 나타낸 것과 같이 공통 코어(core, 자심, 철심)에 감겨져 있다. 코일은 물리적으로는 분리되어 있지만 자기적으로는 결합되어 있다. 1, 2차측 모두 코일 자체는 나선이 아니고 절연 피복되어 있다. 1차측과 2차측을 서로 맞바꿀 수도 있다. 즉 전원측과 부하측을 교환할 수 있다.

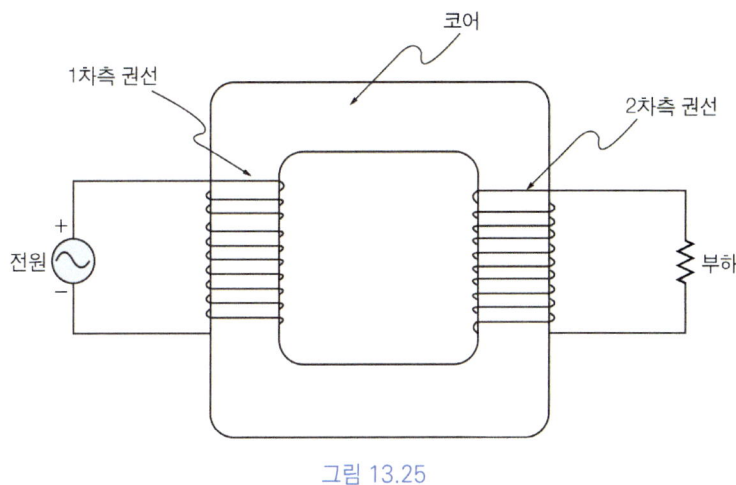

그림 13.25

그림 13.26은 변압기의 표준 심볼을 나타낸다. 코일 사이의 세로 실선은 코어임을 나타낸다.

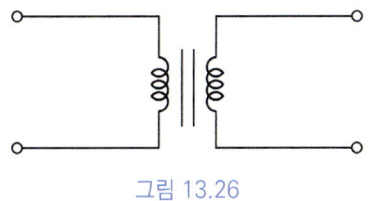

그림 13.26

그림 13.27은 그림 13.25를 등가회로로 나타낸 것이다. 권선수가 N_1인 1차측 코일에 걸리는 전압과 흐르는 전류를 각각 V_1, I_1, 권선수가 N_2인 2차측 코일에 걸리는 전압과 흐르는 전류를 각각 V_2, I_2로 나타낸다.

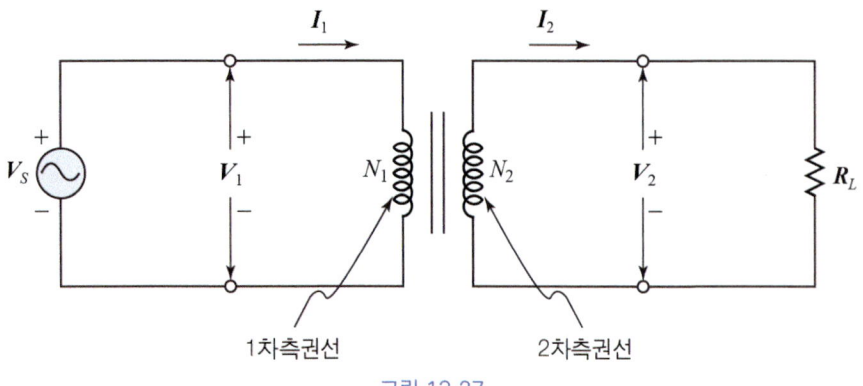

그림 13.27

(2) 이상 변압기

이상 변압기는 다음 조건을 만족하는 변압기이다.

ⅰ) 결합계수 $k = 1$. 즉 $M = k\sqrt{L_1 L_2} = \sqrt{L_1 L_2}$ (완전결합).
ⅱ) 코일과 관계되는 손실이 0(무손실). 즉 코일자체 저항이 0, 자기회로에서 철손이 0.
ⅲ) 각 코일의 자기유도계수(인덕턴스)가 ∞.

이러한 조건을 만족하는 변압기는 현실적으로 없지만, 실제 변압기는 근사적으로 이상 변압기에 접근한다.

이상 변압기에서 사용되는 몇 가지 관계식을 살펴보기로 한다.

암페어 주회법칙으로부터 코일에 전류를 흘렸을 때 자속밀도 B는

$$\oint \boldsymbol{B} \cdot dl = \mu NI \therefore B = \frac{\mu NI}{l} \tag{13.28}$$

이때 자기유도계수(인덕턴스) L은

$$L = \frac{N\Phi}{I} = \frac{NBS}{I} = \frac{\mu S}{l}N^2 \therefore L \propto N^2 \tag{13.29}$$

와 같이 권선수의 제곱에 비례한다.

두 코일의 **권선비**(捲線比, turn ratio) a는 다음과 같이 나타내진다.

$$a = \frac{N_1}{N_2} = \sqrt{\frac{L_1}{L_2}} \tag{13.30}$$

각 코일에 발생되는 유도기전력 V_1, V_2는 패러데이의 유도법칙에 따라

$$V_1 = N_1 \frac{d\phi}{dt}, \quad V_2 = N_2 \frac{d\phi}{dt} \tag{13.31}$$

식 (13.31)로부터

$$\frac{V_1}{V_2} = \frac{N_1}{N_2} \tag{13.32}$$

이상 변압기에서 입력전력 P_1과 출력전력 P_2는 같다. 따라서

$$P_1 = P_2, \quad V_1 I_1 = V_2 I_2 \quad \therefore \frac{V_1}{V_2} = \frac{I_1}{I_2} \tag{13.33}$$

식 (13.30), (13.32), (13.33)로부터

$$\frac{V_1}{V_2} = \frac{I_2}{I_1} = \frac{N_1}{N_2} = a \tag{13.34}$$

전류비는 권선비 a에 반비례한다.

식 (13.34)로부터 입력단에서 본 임피던스 Z_1, 즉 1차 권선쪽으로 본 임피던스는 다음과 같이 나타내진다.

$$Z_1 = \frac{V_1}{I_1} = \frac{aV_2}{(1/a)I_2} = a^2 Z_L \tag{13.35}$$

이것을 **임피던스 변환**(impedance transformation)이라고 한다. 승압변압기(step up transformer)에서 1차 코일쪽으로 본 임피던스는 감소하고, 강압변압기(step down transformer)는 1차 코일쪽으로 본 임피던스는 증가한다.

(3) 임피던스 정합

변압기를 통해서 임피던스 변환이 가능하기 때문에 소스와 부하 사이에 임피던스 정합을 얻는데 변압기가 사용된다. 이러한 변압기를 **임피던스 정합변압기**(impedance matching transformer)라고 한다. 최대전력은 테브난 등가 저항과 부하가 같을 때 소스에서 부하로 전달된다. 변압기의 올바른 권선비를 선택해서 2차측에 부하를 연결하면, 소스에서 1차측 권선으로 본 저

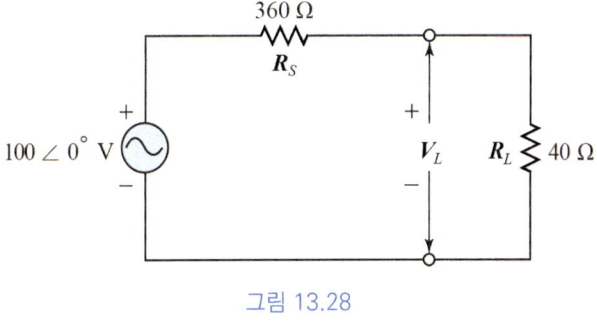

그림 13.28

항은 소스의 테브난 저항과 같아지게 할 수 있다. 다시 말해서 최대전력전달은 소스와 정합시키는데 필요한 값으로 변압기를 통한 부하저항을 반영함으로서 가능하다. 최대전력전달조건을 만족하기 위해서는 변압기가 어떻게 선택되어야 하는지를 예를 통해서 알아보자.

그림 13.28의 회로에서 부하가 소스의 테브난 저항과 일치하지 않음으로서 부하에 전력이 최대로 전달되지 않게 된다. 부하에 전달되는 전력을 구해보자.

$$V_L = \left(\frac{R_L}{R_s + R_L}\right)V_s = \left(\frac{40}{360 + 40}\right)(100) = 10 \text{ V}$$

$$P_L = \frac{V_L^2}{R_L} = \frac{(10)^2}{40} = 2.5 \text{ W}$$

부하에 공급되는 전력은 2.5 W에 불과하다. 변압기를 사용하여 소스에 부하를 정합시켜보자. 1차측 권선쪽으로 본 저항 R_1이 360 Ω과 같아야 한다.

$$R_1 = a^2 R_L, \quad R_1 = \left(\frac{N_1}{N_2}\right)^2 (40) = 360 \text{ Ω}$$

$$\frac{N_1}{N_2} = \sqrt{\frac{360}{40}} = 3$$

따라서 변압기 정합 권선비가 3 : 1이 되어야 한다. 그 결과, 그림 13.29에 소스와 부하 사이에 권선비가 3 : 1인 변압기를 삽입한 회로가 그림 13.29와 같다.

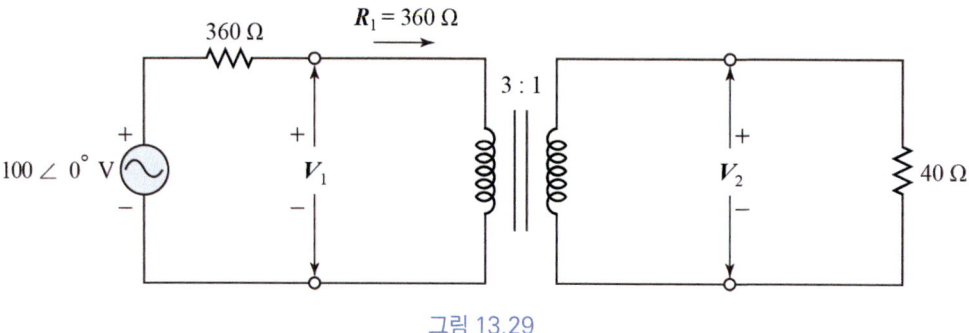

그림 13.29

$$V_1 = \left(\frac{R_1}{R_s + R_1}\right) V_s = \left(\frac{360}{360 + 360}\right)(100) = 50 \text{ V}$$

$$V_2 = V_1/a = 50/3 = 16.7 \text{ V}$$

$$P_L = \frac{V_2^2}{R_L} = \frac{(16.67)^2}{40} = 6.95 \text{ W}$$

임피던스 정합으로 부하에 전력이 정합시키기 전보다 2배 이상으로 전력이 전달된다.

(4) 변압기 형태와 응용

2차 권선을 독립적으로 여러 개 가지는 변압기도 있다. 그림 13.30은 2개의 2차 권선을 가지는 변압기이다. 동작원리는 기본적인 변압기와 같다. 1차 권선에 의해서 발생된 자기 플럭스는 철심을 따라 흐르며 2차권선과 쇄교하여 2차측에 유도 기전력이 발생한다. 2차측 권선수 N_{21} 혹은 N_{22}로 1차 전압을 강압시킬 수 있으며, $N_{21} + N_{22}$로 승압시킬 수도 있다.

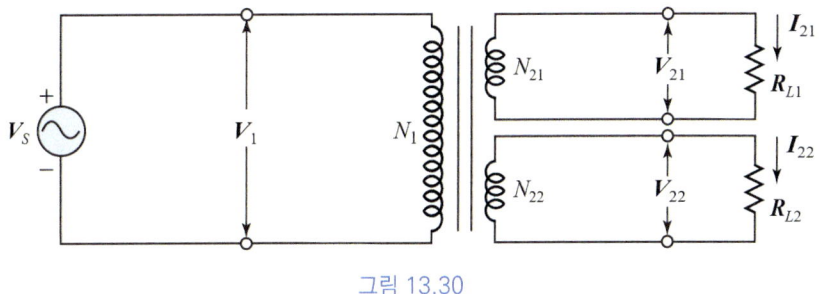

그림 13.30

2차측 각 권선에서 전압비와 권선비는 같다.

$$\frac{V_1}{V_{21}} = \frac{N_1}{N_{21}}, \quad \frac{V_1}{V_{22}} = \frac{N_1}{N_{22}} \tag{13.36}$$

2차측 각 권선에 흐르는 전류는

$$I_{21} = \frac{V_{21}}{R_{L1}}, \quad I_{22} = \frac{V_{22}}{R_{L2}} \tag{13.37}$$

각 부하에 전력은

$$P_{21} = V_{21}I_{21}, \quad P_{22} = V_{22}I_{22} \tag{13.38}$$

1차측, 2차측 전력은 같으므로

$$P_2 = P_{21} + p_{22}$$
$$V_1 I_1 = V_{21}I_{21} + V_{22}I_{22}$$

1차 전류는

$$I_1 = \frac{V_{21}I_{21} + V_{22}I_{22}}{V_1} \tag{13.39}$$

(5) 2차 권선의 탭

일부 변압기에서는 2차 권선의 양 끝단 사이에 전극 단자가 위치하는 경우가 있다. 그림 13.31에 나타낸 것과 같이 전극 단자 b, c는 2차 권선 양 끝단 a, d 사이에 위치한다. 2차 전압은 2차 권선의 양 끝단에서 V_2, $a-b$에서 V_{21}, $b-c$에서 V_{22}, $c-d$에서 V_{23}가 얻어진다. 이와 같이 전극 단자를 **탭**(tap)이라고 한다. 탭과 권선의 양 끝단 사이의 권선수가 2차 전압을 결정하게 된다. 탭이 2차 권선의 권선수가 같은 중앙에 위치할

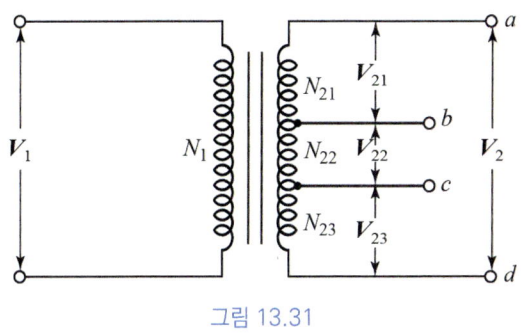

그림 13.31

때를 **중앙탭**(center tap: CT)이라고 한다. 예컨대 $N_{21} = 50$턴, $N_{22} = 35$턴, $N_{23} = 15$턴이라면 단자 b가 중앙탭이 된다.

(6) 절연변압기

변압기는 1차 회로와 2차 회로 사이가 전기적으로 절연되어 있다. 1차 권선과 2차 권선 사이에 전기적으로 연결되어 있지 않기 때문에 변압기의 각 측면에 연결된 회로는 별도의 기준전압(공통, 접지)을 가질 수 있다. 많은 응용 분야에서 절연을 주목적으로 할 때 권선비가 1:1인 변압기를 **절연변압기**(絕緣變壓器, isolation transformer)라고 한다. 1차와 2차 사이가 접지 패러데이 차폐이거나 다른 권선 혹은 권선을 둘러싸는 금속 스트립으로 적절하게 설계된 절연변압기는 공통 모드 노이즈의 결합을 크게 줄여주고, 접지 루프로 인한 간섭을 차단하며, 정전기 차폐 효과를 이용해서 컴퓨터, 의료 기기 또는 실험실 장비와 같은 민감한 장비의 전원 공급 장치에 사용된다. 또한 과도이상전압, 즉 써지(surge)의 침입을 차단시키며, 2차측 회로에 있어서 감전방지 등을 목적으로도 사용한다.

변압기가 제공하는 또 다른 유형의 절연은 DC 절연이다. 1차측에서 전류의 변화에 따라 2차측에서 전압이 유도되기 때문에 2차측에서 연결된 AC 전압의 DC 성분은 효과적으로 차단된다. 절연변압기는 신호의 DC 구성 요소가 한 회로에서 다른 회로로 전송되는 것을 차단하지만 신호의 AC 구성 요소는 통과하도록 허용한다. 그림 13.32는 AC 전압을 승압하고 DC 구성 요소를 차단하는 변압기의 예를 보여준다. 이러한 경우에 고려해야 할 한 가지 제한 사항은 변압기가 AC 구성 요소로 인해 발생하는 전류의 추가 증가에 응답할 수 없을 정도로 1차 권선의 큰 DC 전류가 철심을 포화시키거나 거의 포화시킬 수 있다는 것이다.

때로는 절연변압기를 복권변압기라도 하는데 이 용어는 1차 회로와 2차 회로가 연결된 단권변압기가 아님을 강조하기 위해 사용된다. 1차와 2차 사이에 절연이 있는 전력용 변압기는 절연이 주요 기능이 아닌 한 일반적으로 절연변압기라고 하지 않고, 회로를 분리하는 것이 주된 목적인 변압기만 일반적으로 절연변압기라고 한다.

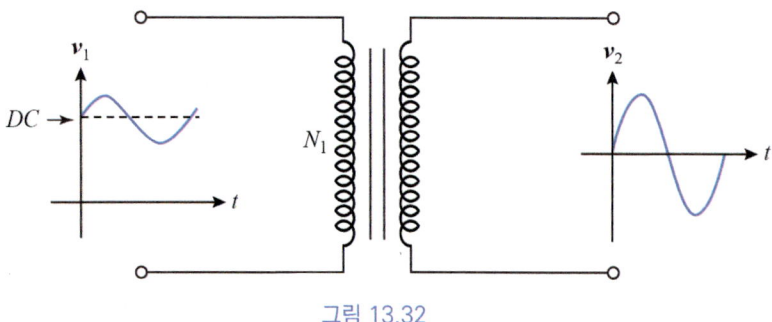

그림 13.32

(7) 단권변압기

단권변압기(單卷變壓器, autotransformer)는 그림 13.33과 같이 1차측 회로와 2차측 회로가 연결되어 있는 변압기로 서로 전기적으로 분리되어 있지 않다. 1차측과 2차측이 분리되어 있는 복권변압기와 대비되는 변압기이다. 2차측 권선은 탭처리되어 1차측 권선의 일부분이다. 1차측과 2차측을 반대로 할 수도 있다. 따라서 단권변압기는 전압을 승압 또는 강압할 수 있다.

2차 전류가 부하전류보다 작기 때문에 2차 권선의 전류전달용량이 작아도 되므로 경제적이다. 그로 인해서 동량(銅量)을 줄일 수 있어 동손이 감소하여 효율이 향상된다는 등의 장점을 가지고 있다. 반면에 1차측에 높은 전압이 발생하게 될 경우 2차측에도 높은 전압이 나타나게 되고, 누설 리액턴스가 작아 단락사고 발생시 단락전류가 크게 된다는 등의 단점을 가지고 있다.

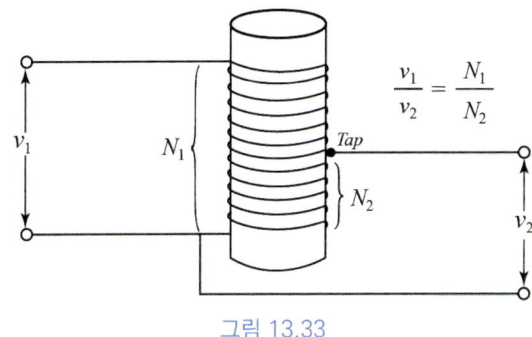

그림 13.33

EXAMPLE 13-20

어떤 변압기가 1차, 2차 코일의 권선수가 각각 25회, 50회이다. 전원 전압의 피크치가 12 V라고 하면 권선비와 2차측 전압의 실효치를 구하라.

SOLUTION

권선비 $a = \dfrac{N_1}{N_2} = \dfrac{25}{50} = 1 : 2$

$\dfrac{V_1}{V_2} = \dfrac{N_1}{N_2}$ 에서 $V_2 = \left(\dfrac{N_2}{N_1}\right)V_1 = \left(\dfrac{50}{25}\right)\left(\dfrac{12}{\sqrt{2}}\right) = 17$ V

EXAMPLE 13-21

그림 13.34의 회로에서 권선비 $a = 1.5$일 때 V_1, V_2, I_1, P_1, P_2를 구하라.

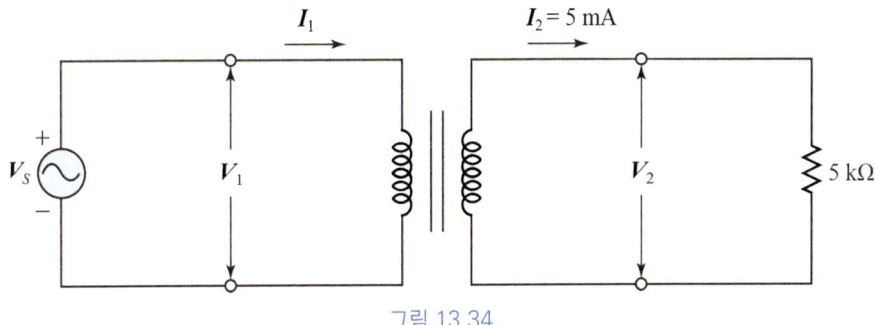

그림 13.34

SOLUTION

$V_2 = I_2 R_L = (5\text{ mA})(5\text{ k}\Omega) = 25$ V

$\dfrac{V_1}{V_2} = \dfrac{N_1}{N_2} = a$ 에서 $V_1 = aV_2 = (1.5)(25) = 37.5$ V

$$\frac{I_2}{I_1} = \frac{N_1}{N_2} = a \text{에서} \quad I_1 = I_2/a = 5 \text{ mA}/1.5 = 3.333 \text{ mA}$$

$$P_1 = V_1 I_1 = (37.5 \text{ V})(3.333 \text{ mA}) = 125 \text{ mW}$$

$$P_2 = V_2 I_2 = (25 \text{ V})(5 \text{ mA}) = 125 \text{ mW}$$

EXAMPLE 13-22

그림 13.34에서 1차, 2차 코일의 권선수가 각각 58회, 32회이다. $R_L = 1 \text{ k}\Omega$, $V_1 = 10 \text{ V}$일 때

(a) 입력저항 R_1을 구하라.

(b) R_1을 이용하여 I_1을 구하라.

(c) I_2를 구하라.

SOLUTION

(a) $R_1 = a^2 R_L = \left(\dfrac{N_1}{N_2}\right)^2 R_L = \left(\dfrac{58}{32}\right)^2 (1 \text{ k}\Omega) = 3.29 \text{ k}\Omega$

(b) $I_1 = \dfrac{V_1}{R_1} = \dfrac{10 \text{ V}}{3.29 \text{ k}\Omega} = 3.04 \text{ mA}$

(c) $\dfrac{I_2}{I_1} = \dfrac{N_1}{N_2} = a$에서 $I_2 = \left(\dfrac{N_1}{N_2}\right)^2 I_1 = \left(\dfrac{58}{32}\right)^2 (3.04 \text{ mA}) = 10 \text{ mA}$

EXAMPLE 13-23

그림 13.35의 회로에서

(a) 이 전압원은 부하에 최대전력을 공급하고 있는지 설명하라.

(b) I_1을 구하라.

(c) I_L을 구하라.

(d) 부하전력을 구하라.

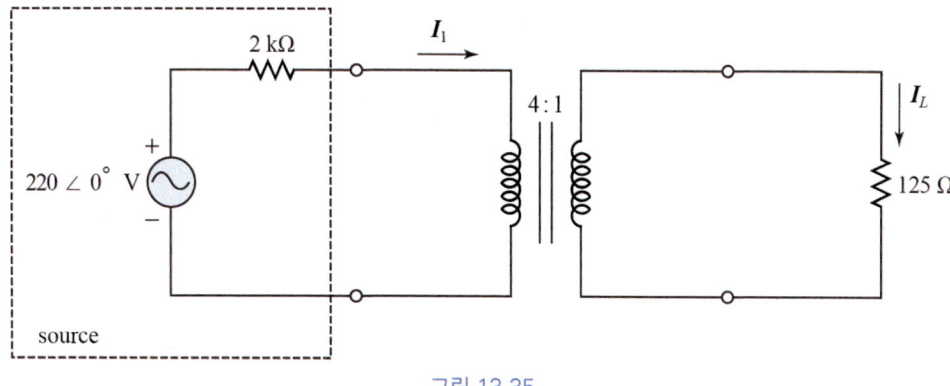

그림 13.35

SOLUTION

(a) 정합이 되면 부하에 최대전력을 전달한다. 정합되기 위한 조건은 테브난 소스 저항과 입력단에서 1차측으로 본 저항이 같아야 한다. 즉 $R_1 = a^2 R_L = 2\text{ k}\Omega$ 조건을 만족해야 한다.

$$R_1 = a^2 R_L = \left(\frac{N_1}{N_2}\right)^2 (125) = (4)^2 (125) = 2\text{ k}\Omega$$

따라서 전원은 부하에 최대 전력을 전달한다.

(b) $V_1 = \dfrac{V_s}{2} = \dfrac{220}{2} = 110\text{ V}$

$I_1 = \dfrac{V_1}{R_1} = \dfrac{110\text{ V}}{2\text{ k}\Omega} = 55\text{ mA}$

(c) $V_2 = V_1/a = 110\text{ V}/4 = 27.5\text{ V}$

$I_L = \dfrac{V_2}{R_L} = \dfrac{27.5}{125} = 0.22\text{ A}$

$(I_L = a I_1 = 4 \times 55\text{ mA} = 0.22\text{ A})$

(d) $P_L = \dfrac{V_2^2}{R_L} = \dfrac{(27.5)^2}{125} = 6.05\text{ W}$

$(P_L = V_2 I_L = (27.5)(0.22) = 6.05\text{ W})$

EXAMPLE 13-24

그림 13.36의 회로에서 R_L은 변압기의 소스에 정합된다. 부하전력을 구하라.

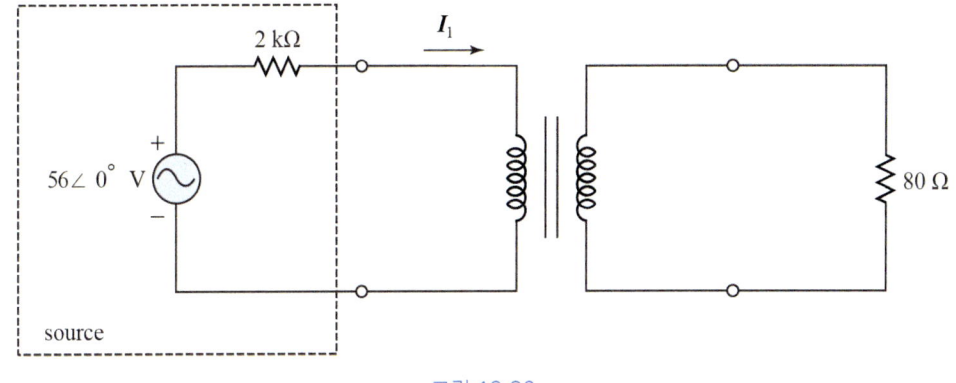

그림 13.36

SOLUTION

정합 조건은 테브난 소스 저항과 입력단에서 1차측으로 본 저항이 같아야 한다.
즉 $R_1 = a^2 R_L = 2\text{ k}\Omega$ 조건을 만족해야 한다.

$$R_1 = 2\,\text{k}\Omega = a^2(80\,\Omega) \quad \therefore a = 5\,(5:1)$$

$$V_1 = \left(\frac{2}{2+2}\right)V_s = \frac{1}{2}(56) = 28\,\text{V}$$

$$V_2 = V_1/a = 28\,\text{V}/5 = 5.6\,\text{V}$$

$$P_L = \frac{V_2^2}{R_L} = \frac{(5.6)^2}{80} = 392\,\text{mW}$$

EXAMPLE 13-25

그림 13.37의 회로에서

(a) V_{ab}, V_{cd}를 구하라

(b) I_1을 구하라.

(c) 무부하일 때 단자 b와 c가 단락되었을 때 V_{ad}를 구하라.

(d) 1차측에 전달된 전력을 구하라.

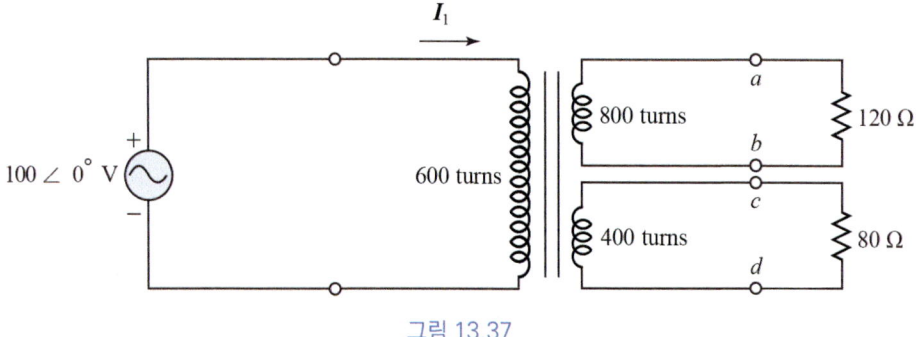

그림 13.37

SOLUTION

(a) $V_{ab} = V_{21} = V_1/a = V_1/(N_1/N_{21}) = 100\,\text{V}/(600/800) = 133.3\,\text{V}$

$V_{cd} = V_{22} = V_1/a = V_1/(N_1/N_{22}) = 100\,\text{V}/(600/400) = 66.7\,\text{V}$

(b) $I_{21} = \dfrac{V_{ab}}{R_{L1}} = \dfrac{133.3}{120} = 1.11\,\text{A}$

$I_{22} = \dfrac{V_{cd}}{R_{L2}} = \dfrac{66.7}{80} = 0.83\,\text{A}$

$P_1 = P_2$이므로

$I_1 = \dfrac{V_{21}I_{21} + V_{22}I_{22}}{V_1} = \dfrac{(133.3)(1.11) + (66.7)(0.83)}{100} = 2.03\,\text{A}$

(c) $N_2 = 800 + 400 = 1200$턴

$V_{ad} = V_1/a = V_1/(N_1/N_2) = 100\,\text{V}/(600/1200) = 200\,\text{V}$

$$V_{ad} = V_{ab} + V_{cd} = 133.3 \text{ V} + 66.7 \text{ V} = 200 \text{ V}$$

결과적으로 독립된 2개의 2차 권선에 걸리는 전압을 단순히 더함으로서 같은 결과가 얻어진다.

(d) $P_{L1} = \dfrac{V_{21}^2}{R_{L1}} = \dfrac{(133.3)^2}{120} = 148.1 \text{ W}$

$P_{L2} = \dfrac{V_{22}^2}{R_{L1}} = \dfrac{(66.7)^2}{80} = 55.6 \text{ W}$

따라서 $P_L = P_{L1} + P_{L2} = 148.1 + 55.6 = 203.7 \text{ W}$

$I_1 = \dfrac{P_L}{V_1} = \dfrac{203.7}{100} = 2.037 \text{ A}$

앞에서 구한 I_1과 같은 결과를 얻을 수 있다.

EXAMPLE 13-26

그림 13.38의 회로에 나타낸 단권변압기에서

(a) V_2, I_L을 구하라.
(b) P_L을 구하라.
(c) 1차측에 전달된 전력을 구하라.
(d) I_1을 구하라.
(e) I_2를 구하라.

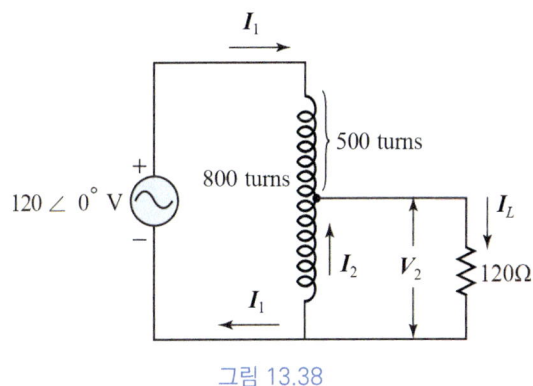

그림 13.38

SOLUTION

(a) $V_2 = V_1/a = \left(\dfrac{N_2}{N_1}\right) V_1 = \left(\dfrac{300}{800}\right)(120) = 45 \text{ V}$

$I_L = \dfrac{V_2}{R_L} = \dfrac{45}{120} = 0.375 \text{ A}$

(b) $P_L = I_L^2 R_L = (0.375)^2 (120) = 16.9 \text{ W}$

(c) 이상적인 경우 권선과 관련된 손실이 없는 것이므로 1차 권선에 전달되는 전력은 부하에 전달된 전력과 같다. 따라서 16.9 W.

(d) $I_1 = \dfrac{P_1}{V_1} = \dfrac{16.9}{120} = 0.14 \text{ A}$

(e) $I_2 = I_L - I_1 = 0.375 - 0.14 = 0.235 \text{ A}$

2차 전류가 부하전류보다 작다.

EXERCISE

13.1 코일 1의 권선수 $N_1 = 400$, 코일 2의 권선수 $N_2 = 800$인 코일의 결합계수는 0.8이다. 코일 1은 개방되어 있고, 코일 2에 5 A의 전류가 흐를 때 플럭스 $\phi_2 = 0.4\,\mathrm{mWb}$이다. L_1, L_2, M을 구하라.

13.2 결합계수가 0.6인 $L_1 = 0.2\,\mathrm{H}$, $L_2 = 0.5\,\mathrm{H}$의 두 코일이 직렬연결된 순방향 및 역방향 상호결합, 병렬연결된 순방향 및 역방향 상호결합 등 4가지 방법으로 결선되어 있다. 각각에 대해서 등가 인덕턴스를 구하라.

13.3 그림 13.39의 회로에서 직렬공진이 되도록 코일에 점(•)을 표시하고, k값을 구하라.

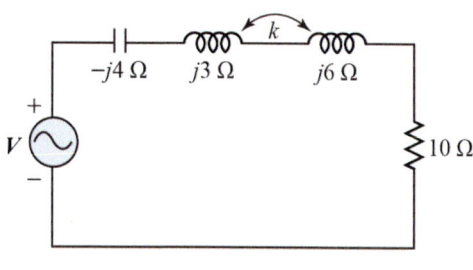

그림 13.39 [EXERCISE 13.3]

13.4 그림 13.40의 회로에서 구동점 임피던스를 구하라.

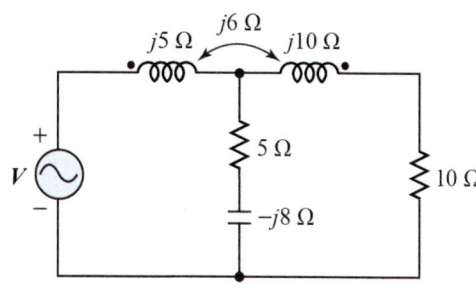

그림 13.40 [EXERCISE 13.4]

13.5 그림 13.41의 회로에서 구동점 임피던스를 구하라.

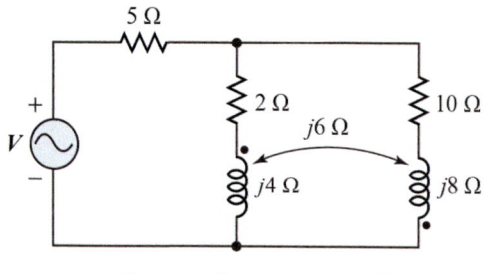

그림 13.41 [EXERCISE 13.5]

13.6 그림 13.42의 회로에서 구동점 임피던스를 구하라.

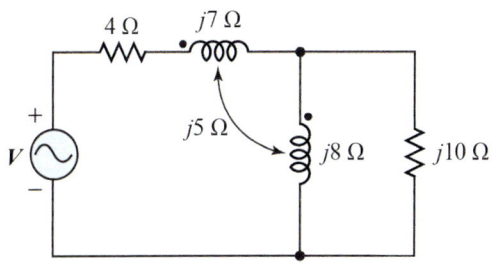

그림 13.42 [EXERCISE 13.6]

13.7 그림 13.43의 회로에서 단자 $a-b$에 부하를 연결했을 때 최대전력을 전달하기 위한 k 값을 구하라.

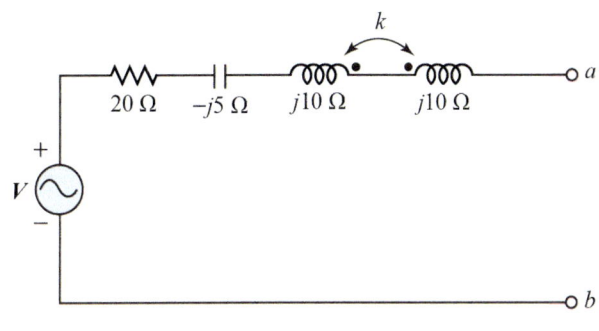

그림 13.43 [EXERCISE 13.7]

13.8 그림 13.44의 회로에서 테브난 등가 전압을 전압분배법칙으로, 노튼 등가 전류를 망전류 방정식으로 구하라.

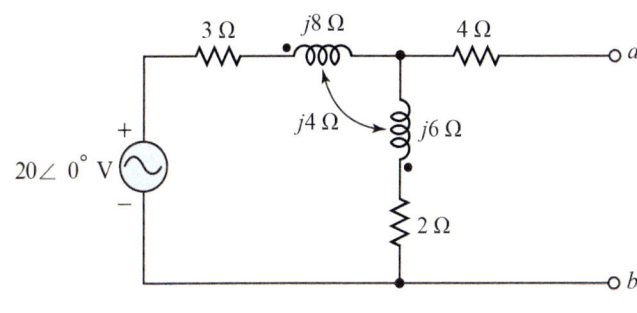

그림 13.44 [EXERCISE 13.8]

13.9 그림 13.45의 회로에서 부하에 최대전력을 공급하기 위한 부하 임피던스를 구하라.

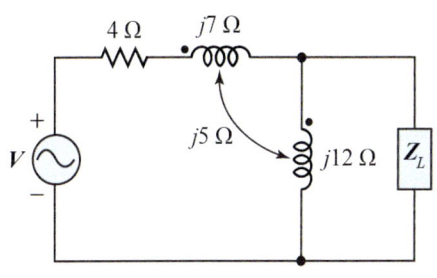

그림 13.45 [EXERCISE 13.9]

13.10 그림 13.46의 회로에서 10 Ω 의 저항에 40 W 을 전력을 전달하려고 한다. $j\omega M$을 구하라.

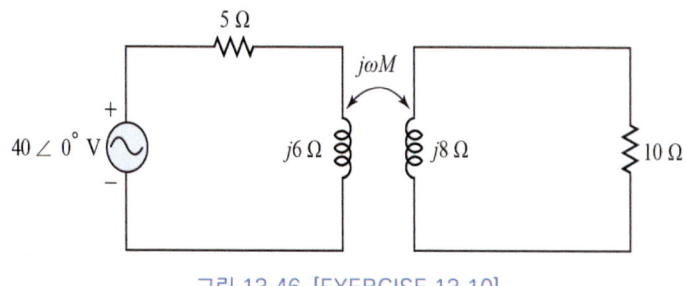

그림 13.46 [EXERCISE 13.10]

13.11 그림 13.47의 회로에서 V_1, V_2에 의한 전류 I_1을 구하라.

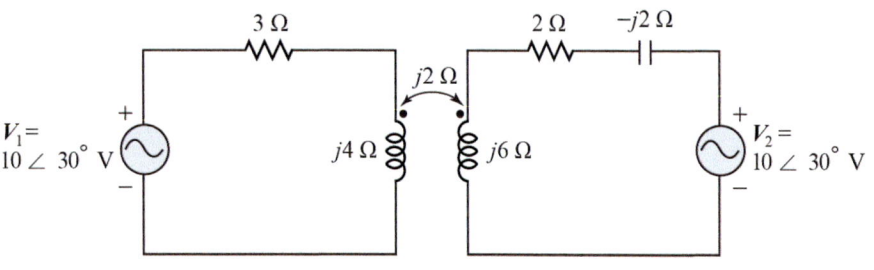

그림 13.47 [EXERCISE 13.11]

13.12 그림 13.48의 회로에서 5 Ω 에서 전력이 20 W 일 때 k값을 구하라.

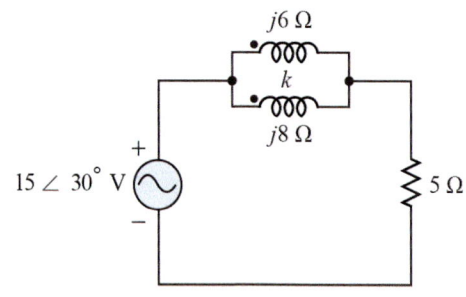

그림 13.48 [EXERCISE 13.12]

13.13 그림 13.49의 회로에서

(a) 부하에 전달되는 전력을 구하라. 이것이 최대전력인가?

(b) 소스와 부하 간에 임피던스 정합이 되도록 변압기를 설계하라.

(c) 정합회로에서 V_1, V_2, I_1, I_2, P_2를 구하라.

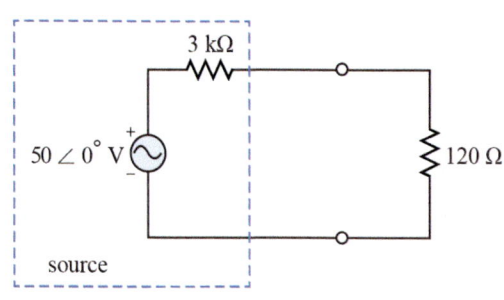

그림 13.49 [EXERCISE 13.13]

13.14 그림 13.50의 회로에서 부하는 소스에 정합되어 있다. 정합회로에서 V_1, V_2, I_1, I_2, P_2를 구하라.

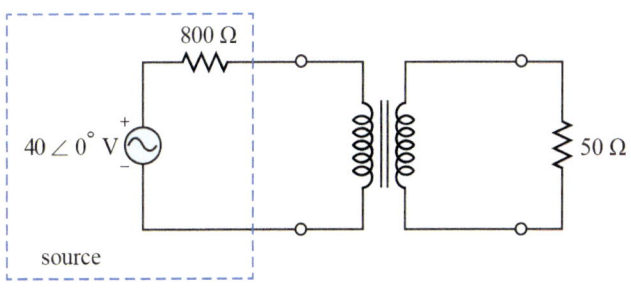

그림 13.50 [EXERCISE 13.14]

13.15 그림 13.51의 회로에서 2차측 코일에 걸리는 전압과 1차측 코일에 흐르는 전류의 크기를 구하라.

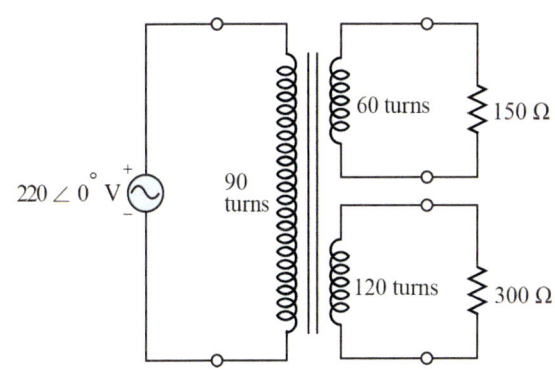

그림 13.51 [EXERCISE 13.15]

13.16 그림 13.52의 회로에서 1, 2차측 코일에 걸리는 전압의 크기를 구하라.

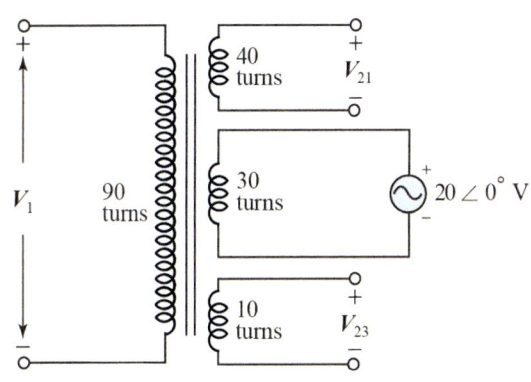

그림 13.52 [EXERCISE 13.16]

13.17 그림 13.53의 회로에서 2차측 전압을 구하라.

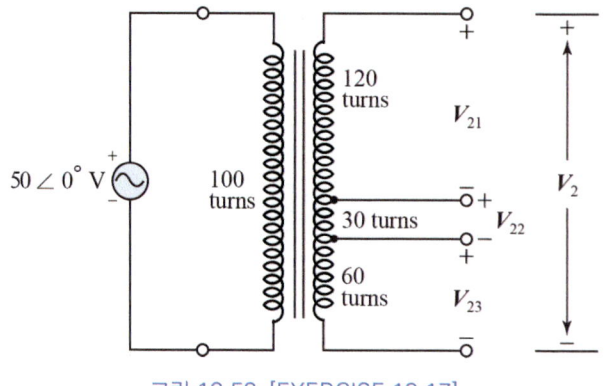

그림 13.53 [EXERCISE 13.17]

13.18 그림 13.54의 회로에서 전류 I_1, I_2, I_L을 구하라.

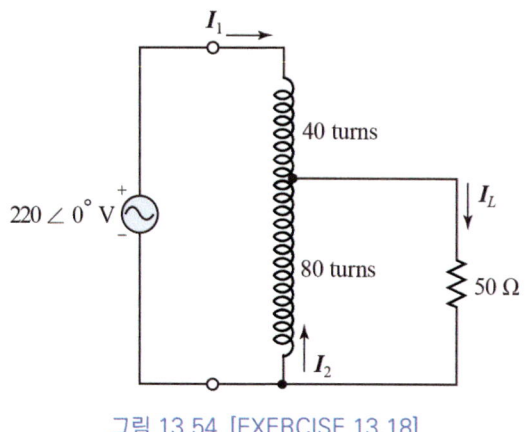

그림 13.54 [EXERCISE 13.18]

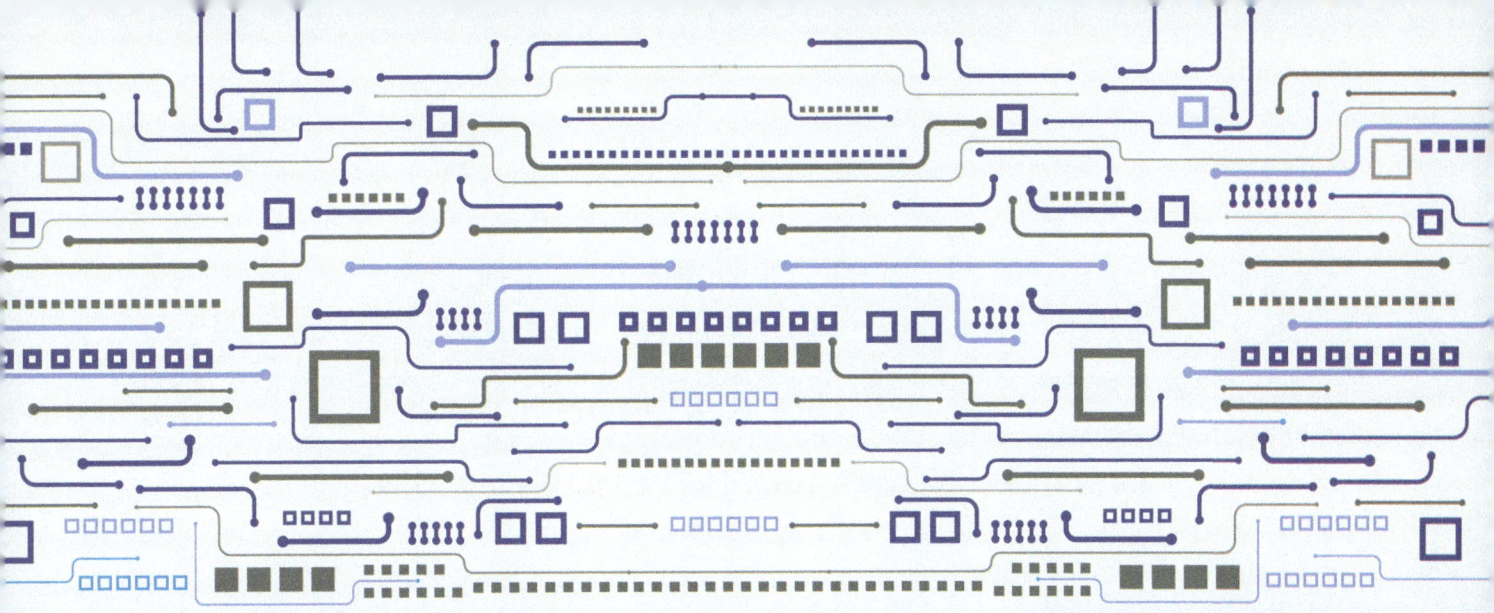

CHAPTER 14

3상 교류회로

14.1 단상과 3상
14.2 3상 교류발생
14.3 3상 전원 결선
14.4 평형 및 불평형 3상 회로
14.5 3상 회로 전력
14.6 전력 측정
EXERCISE

14.1 단상과 3상

일반 가정의 콘센트는 그림 14.1(a)와 같은 **단상 교류**(單相交流, single-phase ac), 즉 전압이나 전류의 파형이 단 1개이다. 반면에 발전기나 송전선, 배전선의 대부분은 그림 14.1(b)와 같은 파형의 수가 3개인 **3상 교류**(3相交流, three-phase ac)이다. 이것은 단상 교류 3개를 합친 것이다. 3상 교류는 각 파형 간에 120°의 위상차가 있다. 3상 교류의 이점은 여럿 있지만 대표적인 것은 같은 전력을 보낼 때 단상 교류보다 전선의 수가 적다. 또 공장 등에 사용되고 있는 모터를 움직이기 위해서는 3상 교류가 적합하다.

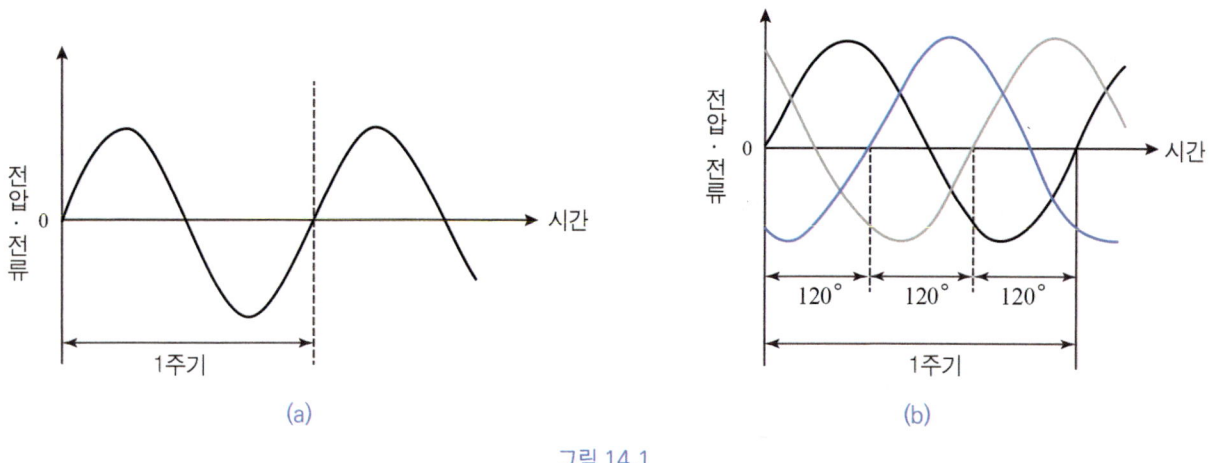

그림 14.1

14.2 3상 교류발생

그림 14.2(a)는 균일 자계 내에서 회전자 권선 3개, 즉 $A-A'$, $B-B'$, $C-C'$를 120° 간격으로 배치하고 반시계방향으로 각속도 ω로 회전시켰을 때 3상 전압이 유기되는 3상 교류발전기의 구조이다. 회전자의 각 코일은 단상에 해당하며, 3개의 코일이 120° 간격으로 배치되어 있기 때문에 3상이 된다. 각 상에 문

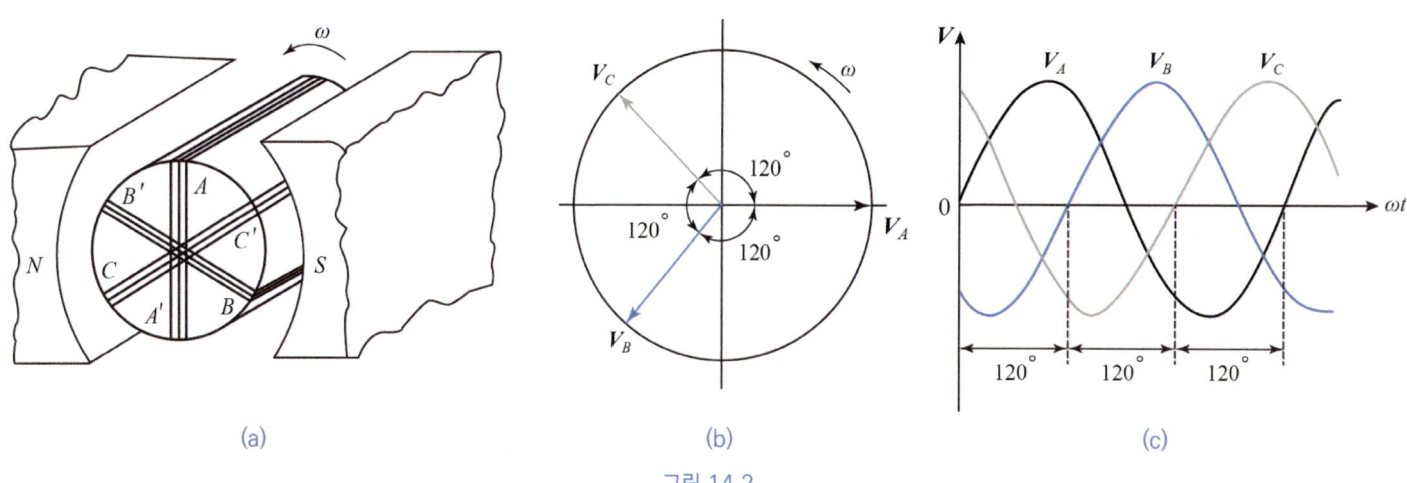

그림 14.2

자 A, B, C 이거나 a, b, c 혹은 숫자 1, 2, 3을 사용하여 상(phase, 相)의 이름을 붙인다. 여기서는 A상, B상, C상으로 쓴다. 각 상에 대한 회전벡터를 나타낸 것이 그림 14.2(b)인데 일종의 페이저도(圖)이다.

회전자가 ω의 각속도로 회전하면서 3상은 항상 $120°$ 간격을 유지한다. 회전벡터의 각 상의 전압은 V_A, V_B, V_C이며, 이것을 상전압(相電壓, phase voltage)이라 한다. 각 상의 전압파형은 14.2(c)과 같다.

그림 14.2(a)는 자석이 고정(고정자, stator), 권선이 회전(회전자, rotator)하는 방식으로 이론적으로 타당하지만 이것을 사용하는 데는 많은 한계가 있기 때문에 오늘날에는 3상 권선이 고정(고정자, stator), 자석이 회전(회전자, rotator)하는 소위 회전계자형(rotating magnetic field)이 사용된다.

A상의 상전압을 기준전압으로 잡으면(가장 일반적인 기준), B상의 상전압은 A상의 상전압보다 $120°$ 뒤지게 되고, C상의 상전압은 B상의 상전압보다 $120°$ 뒤지게 되므로 A상의 상전압보다 $240°$ 뒤지게 된다. 따라서 C상의 상전압은 A상의 상전압보다 $120°$ 앞서게 된다. 각 권선이 자계와 쇄교하면서 전압이 발생하면 최대치까지 증가하다 감소하는 순서에 따라 A, B, C 순으로 피크치에 도달한 후 하강한다. 이것을 상순(相順, phase sequence) ABC라고 한다. 이것이 반복되면 $BCABC....$가 되므로 CAB, BCA는 ABC와 같은 상순이 된다. 이 상순을 **정상순**(positive sequence)이라고 한다. 정상순에서 A, B, C상은 시계방향(clockwise)으로 설정한다. 반면에 CBA는 역순이다. $BACBA....$인 경우이다. 따라서 ACB, BAC는 CBA와 같은 상순이 된다. 이 상순을 **역상순**(negative sequence)이라고 한다. 역상순에서 A, B, C상은 반시계방향(counterclockwise)으로 설정하고, 상순은 시계방향으로 읽는다.

상순에 대해서 몇 가지 예를 들어보자.

① $V_A = V\angle 0°$일 때

　상순은 ABC라고 하면 $V_B = V\angle -120°$, $V_C = V\angle -240° = V\angle 120°$ 이다.

　상순이 CBA라고 하면 $V_B = V\angle 120°$, $V_C = V\angle 240° = V\angle -120°$ 가 된다.

② $V_A = V\angle 120°$일 때

　상순은 ABC라고 하면 $V_B = V\angle 0°$, $V_C = V\angle -120°$ 이다.

　상순이 CBA라고 하면 $V_B = V\angle -120°$, $V_C = V\angle 0°$가 된다.

③ $V_{AB} = V\angle 0°$일 때

　상순은 ABC라고 하면 $V_{BC} = V\angle -120°$, $V_{CA} = V\angle -240° = V\angle 120°$ 이다.

　상순이 CBA라고 하면 $V_{BC} = V\angle 120°$, $V_{CA} = V\angle 240° = V\angle -120°$ 가 된다.

④ $V_{AB} = V\angle 120°$일 때

　상순은 ABC라고 하면 $V_{BC} = V\angle 0°$, $V_{CA} = V\angle 240° = V\angle -120°$이다.

　상순이 CBA라고 하면 $V_{BC} = V\angle 240° = V\angle -120°$, $V_{CA} = V\angle 0°$가 된다.

위상각은 항상 반시계방향(counterclockwise)으로 읽는다.

각 상의 순시치는

$$\begin{cases} v_A = V_m \sin \omega t \\ v_B = V_m \sin(\omega t - 120°) \\ v_C = V_m \sin(\omega t - 240°) = V_m \sin(\omega t + 120°) \end{cases} \quad (14.1\text{a})$$

각 상의 상전압을 페이저로 나타내면

$$\begin{cases} \boldsymbol{V}_A = \dfrac{V_m}{\sqrt{2}} \angle 0° = V + j0 \\ \boldsymbol{V}_B = \dfrac{V_m}{\sqrt{2}} \angle -120° = V\left(-\dfrac{1}{2} - j\dfrac{\sqrt{3}}{2}\right) \\ \boldsymbol{V}_C = \dfrac{V_m}{\sqrt{2}} \angle 120° = V\left(-\dfrac{1}{2} + j\dfrac{\sqrt{3}}{2}\right) \end{cases} \quad (14.1\text{b})$$

3상에서 상전압의 크기가 동일하고, 이웃끼리 위상차가 120° 차이가 나는 방식을 평형 3상 교류 혹은 대칭 3상 교류라고 한다. 이때 상전압의 합은 부하와 관계없이 0이다. 즉

$$\boldsymbol{V}_A + \boldsymbol{V}_B + \boldsymbol{V}_C = 0 \quad (14.2)$$

EXAMPLE 14-1

평형 3상 교류발전기에서 $v_A = 200\sqrt{2} \sin(\omega t - 60°)$일 때 $\boldsymbol{V}_A$, $\boldsymbol{V}_B$, $\boldsymbol{V}_C$를 구하고, 상전압의 합이 0이 됨을 보여라.

SOLUTION

$$\boldsymbol{V}_A = 200 \angle -60° \text{ V}$$
$$\boldsymbol{V}_B = 200 \angle (-60° - 120°) = 200 \angle -180° \text{ V}$$
$$\boldsymbol{V}_C = 200 \angle (-60° - 240°) = 200 \angle 60° \text{ V}$$

$$\boldsymbol{V}_A + \boldsymbol{V}_B + \boldsymbol{V}_C = 200\begin{bmatrix}(\cos 60° - j\sin 60°) + (\cos 180° - j\sin 180°) \\ + (\cos 60° + j\sin 60°)\end{bmatrix}$$
$$= 200\left[\left(\dfrac{1}{2} - j\dfrac{\sqrt{3}}{2}\right) + (-1 - j0) + \left(\dfrac{1}{2} + j\dfrac{\sqrt{3}}{2}\right)\right] = 0 \text{ V}$$

14.3 3상 전원 결선

3상 결선방식에는 Y 결선 혹은 **성상결선**(星相結線, star-connection)과 Δ 결선 혹은 **환상결선**(環相結線, ring-connection)이 있다. 부하를 결선할 때도 마찬가지로 위의 두 가지 방식이 적용된다.

(1) Y 결선

Y 결선은 그림 14.3(a)과 같이 Y자 형태의 결선으로 Y자의 세 개의 지로에 각 한 개의 전원이 들어 있는 결선방식이다. 세 지로가 만나는 공통 마디가 중성점으로 보통 N으로 표시하고 그곳과 연결된 선을 **중성선**(中性線, neutral line)이라고 한다. 각 상의 전압을 **상전압**(相電壓, phase voltage: V_p)이라고 하며, V_A, V_B, V_C로 표시한다. 각 상에 흐르는 전류를 **상전류**(相電流, phase current: I_p)라고 하며, I_A, I_B, I_C로 나타낸다. Y 결선에서 선에 흐르는 전류, 즉 **선전류**(線電流, line current: I_l)는 상전류와 같다. 그러나 각 단자간의 전압 혹은 선 사이의 전압, 즉 **선간전압**(線間電壓, line voltage: V_l)은 상전압과 같지 않다.

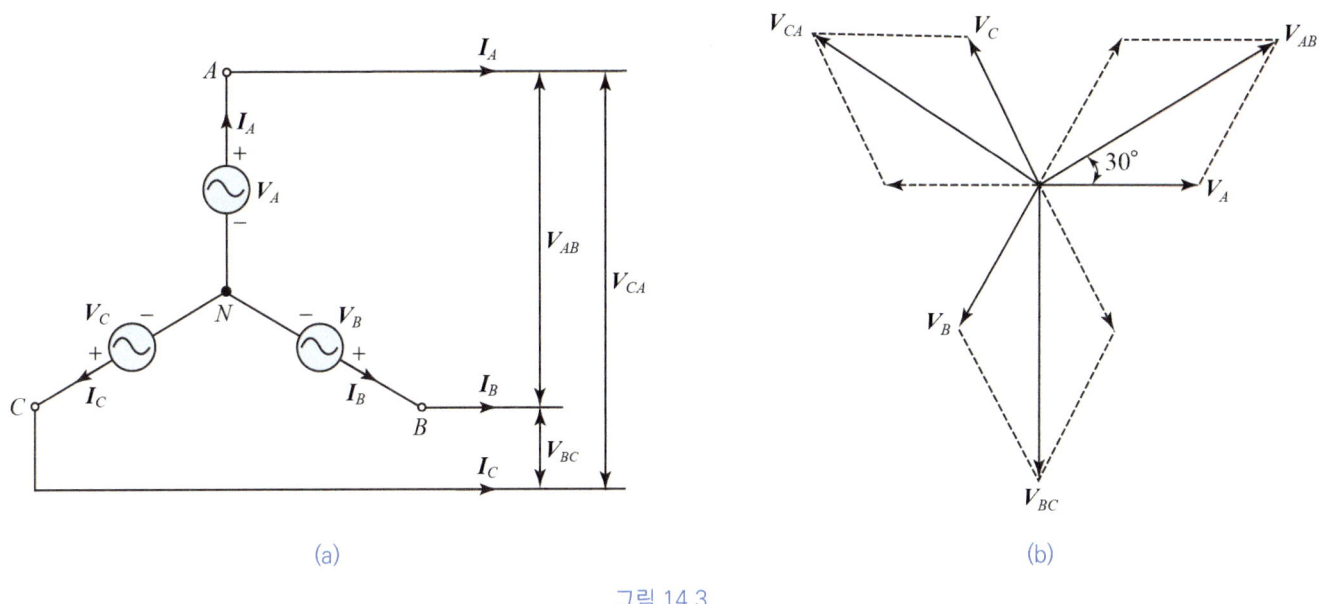

그림 14.3

선간전압은 V_{AB}, V_{BC}, V_{CA}로 나타내며, 그림 14.3(b)에 나타낸 벡터도에서 구할 수 있다. 선간전압 V_{AB}의 크기를 코사인 제2법칙으로 구할 수 있다.

$$V_{AB}^2 = V_A^2 + V_B^2 + 2V_A V_B \cos 60° = V_A^2 + V_B^2 + V_A V_B$$
$$= 3V_A^2 \quad (V_A = V_B)$$
$$\therefore V_{AB} = \sqrt{3}\, V_A$$

이 같은 관계식은 복소벡터를 이용해도 가능하다. 그림 14.3(b)에서 선간전압은 상전압 간의 차가 된다. 따라서

$$\begin{aligned} \boldsymbol{V}_{AB} &= \boldsymbol{V}_A - \boldsymbol{V}_B = V_A \angle 0° - V_B \angle -120° \\ &= V_A - V_B(-0.5 - j0.866) \\ &= 1.5 V_A + j0.866 V_A \quad (V_A = V_B) \\ &= \sqrt{3}\, V_A \angle 30° \end{aligned} \tag{14.3a}$$

같은 방법으로 선간전압 V_{BC}, V_{CA}를 상전압과의 관계를 페이저로 나타내면

$$V_{BC} = V_B - V_C = \sqrt{3}\, V_B \angle (-120° + 30°) = \sqrt{3}\, V_B \angle -90° \tag{14.3b}$$

$$V_{CA} = V_C - V_A = \sqrt{3}\, V_C \angle (120° + 30°) = \sqrt{3}\, V_C \angle 150° \tag{14.3v}$$

선간전압은 상전압 크기의 $\sqrt{3}$ 배이며, 위상은 30° 앞서는 진상(進相, leading phase)이다.

식 (14.3a, b, c)에서 평형 3상 전원에서 $V_A = V_B = V_C = V_p$(상전압)가 된다. 선간전압은 상순(相順)에 따라 120° 위상차가 생긴다. Y 결선에서 선간전압(V_l)과 상전압(V_p), 선전류(I_l)와 상전류(I_p) 사이의 관계를 일반식으로 정리하면

$$\begin{aligned} V_l &= \sqrt{3}\, V_p \angle (\theta_p + 30°) \\ V_p &= \frac{V_l}{\sqrt{3}} \angle (\theta_l - 30°) \\ I_l &= I_p \end{aligned} \tag{14.4a}$$

여기서 θ_p는 상전압의 위상각이다.

그림 14.3(b)에서 Y 결선에서 상순을 CBA라고 했을 때 V_B와 V_C의 위치를 바꿔 벡터도를 그려보면 선간전압과 선전압 사이의 관계는 다음과 같이 변형된다.

$$\begin{aligned} V_l &= \sqrt{3}\, V_p \angle (\theta_p - 30°) \\ V_p &= \frac{V_l}{\sqrt{3}} \angle (\theta_l + 30°) \\ I_l &= I_p \end{aligned} \tag{14.4b}$$

상순 CBA에서 선간전압은 상전압 크기의 $\sqrt{3}$ 배이지만, 위상은 30° 뒤지는 지상(遲相, lagging phase)이다. 결선에 관계없이 평형 3상 전원과 평형 부하에서 선간전압, 상전압, 선전류, 상전류는 기준되는 전압, 전류가 구해지면 크기는 같게 하고, 위상은 상순에 따라 120° 위상차가 되게 하면 된다.

EXAMPLE 14-2

Y 결선된 평형 3상 전원에서 $V_A = 150 \angle 0°$ V, $I_A = 10 \angle 90°$ A 이다. 발전기의 상순은 ABC이다.

(a) 선간전압과 선전류를 구하라.
(b) 선간전압의 합을 구하라.
(c) 중성선 전류를 구하라.

SOLUTION

(a) 선간전압은 상전압의 $\sqrt{3}$ 배, 30° 진상

$$V_{AB} = \sqrt{3}\, V_A \angle (\theta_A + 30°) = \sqrt{3}\,(150) \angle (0° + 30°) = 259.8 \angle 30°\ \text{V}$$

평형 3상 전원에서 선간전압은 동일한 크기에 상순에 따라 120° 위상차가 있으므로

$$V_{BC} = 259.8 \angle (30° - 120°) = 259.8 \angle -90° \text{ V}$$

$$V_{CA} = 259.8 \angle (-90° - 120°) = 259.8 \angle 150° \text{ V}$$

Y 결선에서 선전류는 상전류이고, 상순에 따라 120° 위상차가 있으므로

$$I_B = 10 \angle -30° \text{ A}, \ I_C = 10 \angle 210° \text{ A}$$

(b) 선간전압을 직교형식으로 고치면

$$V_{AB} = 259.8 \angle 30° \text{ V} = 225 + j129.9 \text{ V}$$

$$V_{BC} = 259.8 \angle -90° \text{ V} = 0 - j259.8 \text{ V}$$

$$V_{BC} = 259.8 \angle 150° \text{ V} = -225 + j129.9 \text{ V}$$

$$V_{AB} + V_{BC} + V_{CA} = 0 \text{ V}$$

평형 3상 전원에서 상전압의 합과 선간전압의 합은 부하(평형, 불평형)에 관계없이 0이다.

(c) $I_A = 10 \angle 90° \text{ A} = 0 + j10 \text{ A}$

$I_B = 10 \angle -30° \text{ A} = 8.66 - j5 \text{ A}$

$I_C = 10 \angle -150° \text{ A} = -8.66 - j5 \text{ A}$

$I_N = I_A + I_B + I_C = 0 \text{ A}$

중성선 전류 I_N은 0이다. 이것은 평형 3상 전원에만 유효하다.

EXAMPLE 14-3

[EXAMPLE 14-2]에서 I_A만 $I_A = 10 \angle 0°$ A로 변했다면 중성선 전류를 구하라.

SOLUTION

$$I_A = 10 \angle 0° \text{ A} = 10 + j0 \text{ A}$$

$$I_B = 10 \angle -30° \text{ A} = 8.66 - j5 \text{ A}$$

$$I_C = 10 \angle -150° \text{ A} = -8.66 - j5 \text{ A}$$

$$I_N = I_A + I_B + I_C = 10 - j10 \text{ A} = 14.14 \angle -45° \text{ A}$$

$I_A = 10 \angle 0°$ A 일 때는 불평형 3상이므로 중성선 전류 I_N이 0이 되지 않는다.

(2) Δ 결선

Δ 결선은 그림 14.4(a)와 같이 Δ 형태의 결선으로 3개의 상에 전원이 들어 있는 결선방식이다. 각 상의 상전압은 V_{AB}, V_{BC}, V_{CA}이며, 각 상에 흐르는 상전류는 I_{AB}, I_{BC}, I_{CA}이다. Δ 결선에서 선간전압은 V_{AB}, V_{BC}, V_{CA}로 상전압과 같다. 그러나 선전류는 상전류와 같지 않다. 선전류는 I_A, I_B, I_C로 그림 14.4(b)에 나타낸 벡터도에서 구할 수 있다.

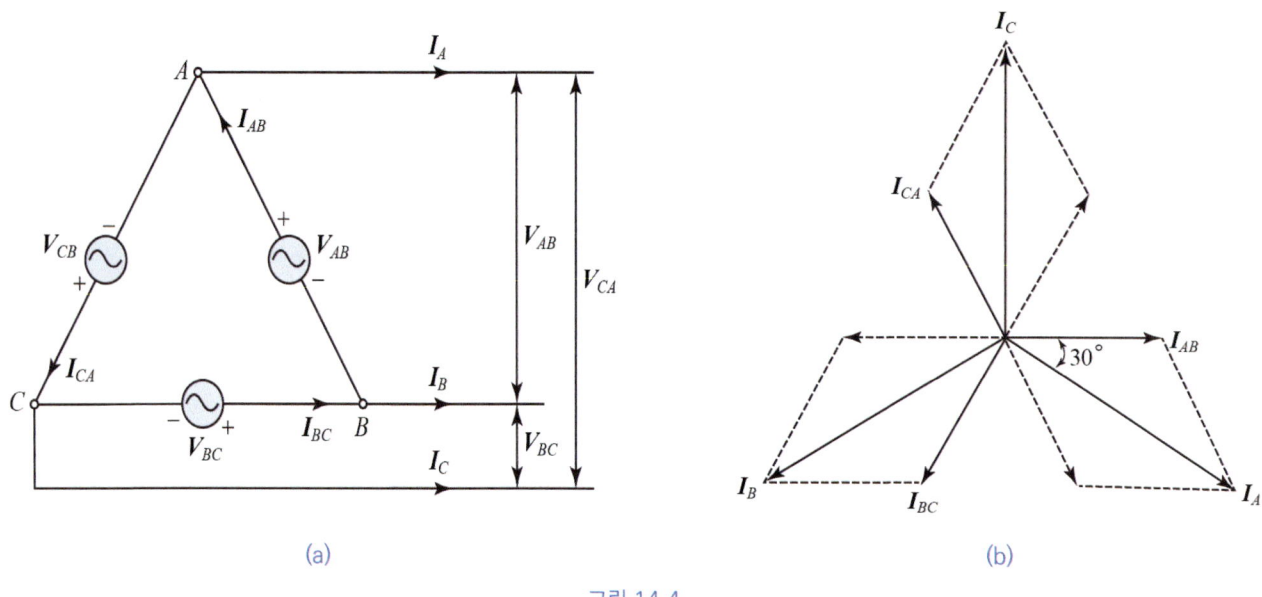

그림 14.4

벡터도를 보면 I_A는 I_{AB}보다 위상이 30° 뒤진다. 선전류 I_A의 크기를 코사인 제2법칙으로 구할 수 있다.

$$I_A^2 = I_{AB}^2 + I_{CA}^2 + 2I_{AB}I_{CA}\cos 60° = I_{AB}^2 + I_{CA}^2 + I_{AB}I_{CA}$$
$$= 3I_{AB}^2 \, (I_{AB} = I_{CA})$$
$$\therefore I_A = \sqrt{3}\, I_{AB}$$

이 같은 관계식은 복소벡터를 이용해도 가능하다. 그림 14.4(b)에서 선전류는 상전류 간의 차가 된다. 따라서

$$I_A = I_{AB} - I_{CA} = I_{AB}\angle 0° - I_{CA}\angle 120° \tag{14.5a}$$
$$= I_{AB} - I_{CA}(-0.5 + j0.866)$$
$$= 1.5\, I_{AB} - j0.866\, I_{CA} \, (I_{AB} = I_{CA})$$
$$= \sqrt{3}\, I_{AB}\angle -30°$$

같은 방법으로 선전류 I_B, I_C를 상전류와의 관계를 페이저로 나타내면

$$I_B = I_{BC} - I_{AB} = \sqrt{3}\, I_{BC}\angle(-120° - 30°) = \sqrt{3}\, I_{BC}\angle -150° \tag{14.5b}$$

$$I_C = I_{CA} - I_{BC} = \sqrt{3}\, I_{CA} \angle (120° - 30°) = \sqrt{3}\, I_{CA} \angle 90° \tag{14.5c}$$

선전류는 상전류 크기의 $\sqrt{3}$ 배이며, 위상은 $30°$ 뒤지는 지상(遲相, lagging phase)이다.

식 (14.5a, b, c)에서 평형 3상 전원에서 $I_{AB} = I_{BC} = I_{CA} = I_p$(상전류)가 된다. 선전류는 상순에 따라 $120°$ 위상차가 생긴다. Δ 결선에서 선전류(I_l)와 상전류(I_p), 선간전압(V_l)과 상전압(V_p) 사이의 관계를 일반식으로 정리하면

$$\begin{aligned} I_l &= \sqrt{3}\, I_p \angle (\theta_p - 30°) \\ I_p &= \frac{I_l}{\sqrt{3}} \angle (\theta_l + 30°) \\ V_l &= V_p \end{aligned} \tag{14.6a}$$

여기서 θ_p는 상전류의 위상각이다.

그림 14.4(b)에서 Δ 결선에서 상순을 CBA라고 했을 때 I_{BC}와 I_{CA}의 위치를 바꿔 벡터도를 그려보면 선전류와 상전류 사이의 관계는 다음과 같이 변형된다.

$$\begin{aligned} I_l &= \sqrt{3}\, I_p \angle (\theta_p + 30°) \\ I_p &= \frac{I_l}{\sqrt{3}} \angle (\theta_l - 30°) \\ V_l &= V_p \end{aligned} \tag{14.6b}$$

상순 CBA에서 선전류는 상전류 크기의 $\sqrt{3}$ 배이고, 위상은 $30°$ 앞서는 진상(進相, leading phase)이다.

EXAMPLE 14-4

Δ 결선된 평형 3상 전원에서 상전류가 $I_{AB} = 20 \angle 30°$ A 이다. 선전류를 구하라.

(a) 발전기의 상순은 ABC일 때
(a) 발전기의 상순은 CBA일 때

SOLUTION

(a) 선전류는 상전류의 $\sqrt{3}$ 배, 위상은 $30°$ 지상

$$I_A = \sqrt{3}\, I_{AB} \angle (\theta_{AB} - 30°) = \sqrt{3}\,(20) \angle (30° - 30°) = 34.64 \angle 0°\ \text{A}$$

평형 3상 전원에서 선전류는 동일한 크기에 상순에 따라 $120°$ 위상차가 있으므로

$$I_B = 34.64 \angle (0° - 120°) = 34.64 \angle -120°\ \text{A}$$
$$I_C = 34.64 \angle (-120° - 120°) = 34.64 \angle 120°\ \text{A}$$

(b) 선전류는 상전류의 $\sqrt{3}$ 배, 위상은 $30°$ 진상

$$I_A = \sqrt{3}\,I_{AB} \angle (\theta_{AB} + 30°) = \sqrt{3}\,(20) \angle (30° + 30°) = 34.64 \angle 60°\ \text{A}$$

$$I_B = 34.64 \angle (60° + 120°) = 34.64 \angle 180°\ \text{A}$$

$$I_C = 34.64 \angle (180° + 120°) = 34.64 \angle -60°\ \text{A}$$

(3) 평형 3상 전압의 $Y - \Delta$ 등가변환

Y 결선의 그림 14.3(a)와 Δ 결선의 그림 14.4(a)는 전압관점에서 서로 등가적으로 변환되어 있다. 즉 Y 결선을 Δ 결선으로 Δ 결선을 Y 결선으로 전압 변환이 가능하다. 이것을 하나의 그림으로 나타내면 그림 14.5와 같다.

V_A, V_B, V_C는 Y 결선에서 상전압이며, V_{AB}, V_{BC}, V_{CA}는 Δ 결선의 상전압, Y 결선에서 선간전압이다. 여기서 V_{BC}를 기준전압으로 하고, 이것을 $V_{BC} = V_l$로 했을 때 Δ 결선에서 상전압은

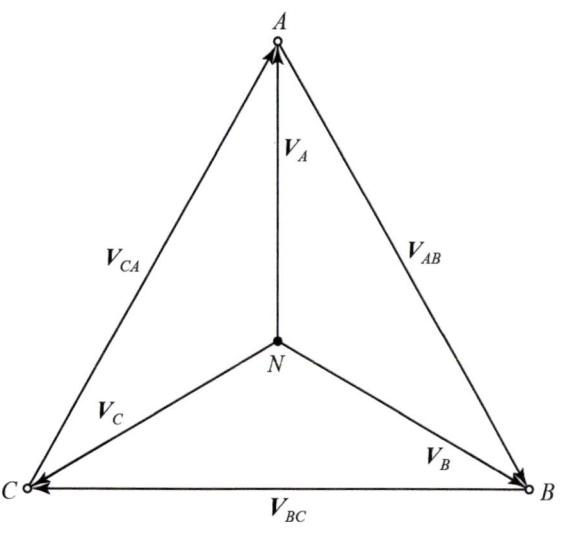

그림 14.5

$$\begin{cases} V_{AB} = V_l \angle 120° \\ V_{BC} = V_l \angle 0° \\ V_{CA} = V_l \angle 240° = V_l \angle -120° \end{cases} \tag{14.7a}$$

Y 결선에서 상전압은 Δ 결선의 상전압으로부터

$$\begin{cases} V_A = \dfrac{V_l}{\sqrt{3}} \angle 90° \\ V_B = \dfrac{V_l}{\sqrt{3}} \angle -30° \\ V_C = \dfrac{V_l}{\sqrt{3}} \angle -150° \end{cases} \tag{14.7b}$$

Δ 결선의 상전압과 Y 결선의 상전압 사이의 관계는

$$\begin{cases} V_{AB} = \sqrt{3}\,V_A \angle (\theta_A + 30°) \\ V_{BC} = \sqrt{3}\,V_B \angle (\theta_B + 30°) \\ V_{CA} = \sqrt{3}\,V_C \angle (\theta_C + 30°) \end{cases} \tag{14.8a}$$

평형 3상 전원에서 상전압의 $Y - \Delta$ 등가변환의 핵심은 다음 식으로 요약된다.

$$\begin{cases} \boldsymbol{V}_\Delta = \sqrt{3}\, V_Y \angle \left(\theta_Y + 30°\right) \\ \boldsymbol{V}_Y = \dfrac{1}{\sqrt{3}} V_\Delta \angle \left(\theta_\Delta - 30°\right) \end{cases} \qquad (14.8b)$$

(4) 평형 3상 전류의 $Y - \Delta$ 등가변환

Y 결선의 그림 14.3(a)와 Δ 결선의 그림 14.4(a)는 전류관점에서 서로 등가적으로 변환되어 있다. 즉 Y 결선을 Δ 결선으로 Δ 결선을 Y 결선으로 전류 변환이 가능하다. 이것을 하나의 그림으로 나타내면 그림 14.6와 같다.

$\boldsymbol{I}_{AB}, \boldsymbol{I}_{BC}, \boldsymbol{I}_{CA}$는 Δ 결선에서 상전류이며, $\boldsymbol{I}_A, \boldsymbol{I}_B, \boldsymbol{I}_C$는 Y 결선의 상전류이다.

여기서 $\boldsymbol{I}_{BC}$를 기준전류로 하고, 이것을 $\boldsymbol{I}_{BC} = I_p$로 했을 때 Δ 결선에서 상전류는

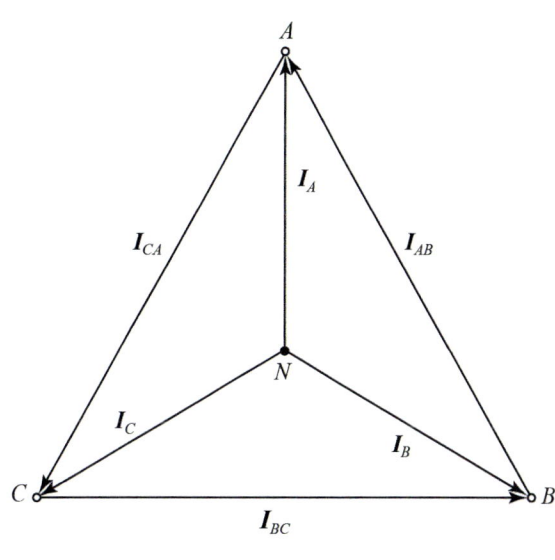

그림 14.6

$$\begin{cases} \boldsymbol{I}_{AB} = I_p \angle 120° \\ \boldsymbol{I}_{BC} = I_p \angle 0° \\ \boldsymbol{I}_{CA} = I_p \angle 240° = I_p \angle -120° \end{cases} \qquad (14.9a)$$

Y 결선에서 상전류는 Δ 결선의 상전류로부터

$$\begin{cases} \boldsymbol{I}_A = \dfrac{I_p}{\sqrt{3}} \angle 90° \\ \boldsymbol{I}_B = \dfrac{I_p}{\sqrt{3}} \angle -30° \\ \boldsymbol{I}_C = \dfrac{I_p}{\sqrt{3}} \angle -150° \end{cases} \qquad (14.9b)$$

Y 결선의 상전류와 Δ 결선의 상전류 사이의 관계는

$$\begin{cases} \boldsymbol{I}_A = \sqrt{3}\, I_{AB} \angle \left(\theta_{AB} - 30°\right) \\ \boldsymbol{I}_B = \sqrt{3}\, I_{BC} \angle \left(\theta_{BC} - 30°\right) \\ \boldsymbol{I}_C = \sqrt{3}\, I_{CA} \angle \left(\theta_{CA} - 30°\right) \end{cases} \qquad (14.10a)$$

평형 3상 전원에서 상전류의 $Y - \Delta$ 등가변환의 핵심은 다음 식으로 요약된다.

$$\begin{cases} I_Y = \sqrt{3}\, I_\Delta \angle (\theta_\Delta - 30°) \\ I_\Delta = \dfrac{1}{\sqrt{3}} I_Y \angle (\theta_Y + 30°) \end{cases} \tag{14.10b}$$

14.4 평형 및 불평형 3상 회로

평형 3상 전원에 각 상의 부하 임피던스가 모두 같은, 즉 평형 부하로 결선된 회로를 평형 3상 회로 또는 대칭 3상 회로라고 한다. 만약 어느 한 상(相)이라도 부하 임피던스가 다르다면, 즉 불평형 부하로 결선된 회로는 불평형 3상 회로가 된다. 일반적으로 3상 회로는 평형 3상 회로로 설계하고 취급하지만 전원측의 예기치 않은 사고가 있다든가 부하측의 불평형 부하일 경우는 불평형 3상 회로가 된다. 전원측과 부하측은 Y 결선과 Δ 결선이 가능하므로 결선 방식에 따라 $Y-Y$, $Y-\Delta$, $\Delta-\Delta$, $\Delta-Y$ 등 4가지 결선이 가능하다. 전원과 부하의 기본 결선은 $Y-Y$ 결선이다. Δ 결선을 Y 결선으로, Y 결선을 Δ 결선으로 변환하여 해석할 수 있다. 부하 임피던스에서 $\Delta \to Y$ 변환은 5장에서 식 (5.2a~5.2c)을, $Y \to \Delta$ 변환은 식 (5.4a~5.4c)를 이용하면 된다. 평형 3상 회로에서 부하 임피던스는 같기 때문에 다음과 같이 요약된다.

$$\begin{cases} Z_Y = \dfrac{1}{3} Z_\Delta \quad (\Delta \to Y) \\ Z_\Delta = 3 Z_Y \quad (Y \to \Delta) \end{cases} \tag{14.11}$$

(1) $Y-Y$ 결선

$Y-Y$ 결선은 그림 14.7에 나타낸 것과 같이 Y 결선 전원에 Y 결선 부하가 연결되는 방식이다. 이 방식은 3개의 상과 4개의 선으로 결선되어 있는 3상 4선식($3\phi\ 4w$)이다. 부하가 평형($Z_A = Z_B = Z_C = Z$)일 때는 전원의 중선점과 부하의 중성점 사이에 결선된 중성선에 흐르는 전류가 0이기 때문에 중성선을 없

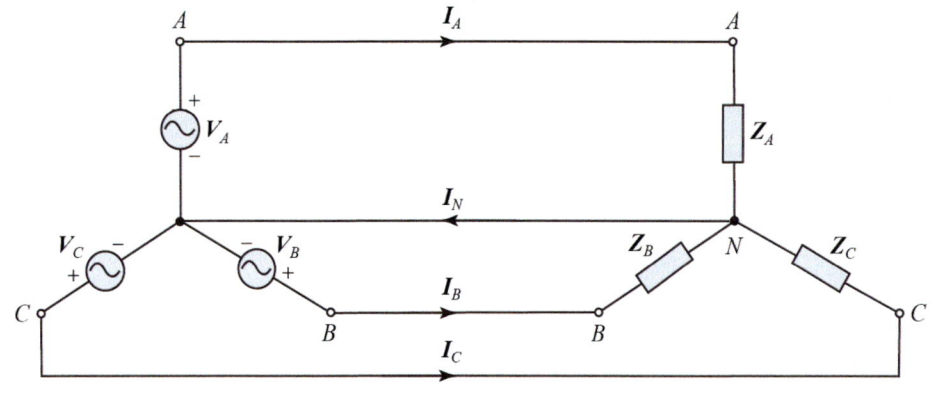

그림 14.7

앨 수 있지만 대부분의 경우 완전한 평형이 유지되기 어렵기 때문에 결선된다. 전원측의 상전압이 부하측

의 각 상에 독립적으로 인가되며, 선전류는 부하전류가 된다. 부하가 평형일 경우 부하에 흐른 전류는 크기가 동일하고 상순에 따라 위상이 정해진다. 각 상의 선전류 I_A, I_B, I_C 는

$$I_A = \frac{V_A}{Z}, \qquad I_B = \frac{V_B}{Z}, \qquad I_C = \frac{V_C}{Z} \qquad (14.12)$$

선로 및 부하 임피던스가 각각 Z_l, Z_Y라고 하면 각 상의 임피던스는 $Z = Z_l + Z_Y$가 된다.

3상 4선식($3\phi\,4w$) 회로는 중성선이 전원측의 중성점과 부하측의 중성점에 연결되어 있어서 부하가 평형이든 불평형이든 전원 전압(중성점 기준 전위)이 부하에 독립적으로 그대로 인가된다. 그래서 부하전류(선전류)를 구하는 것이 어렵지 않다. 또한 $Y - Y$ 결선의 평형 3상 3선식($3\phi\,3w$) 회로는 중성선이 생략된 것과 같기 때문에 3상 4선식($3\phi\,4w$) 회로와 같은 회로이다.

📋 EXAMPLE 14-5

$3\phi\,4w$, $Y - Y$ 결선(그림 14.7)에서 $V_A = 220\angle 0°$ V의 평형 3상 전원에 $3 - j4\,\Omega$의 동일한 부하 임피던스가 연결되어 있다. 발전기의 상순은 ABC이다.

(a) 부하전류를 구하라.

(b) 중성선 전류를 구하라.

SOLUTION

(a) 전원측 상전압이 각각의 부하에 독립적으로 인가되므로

$$I_A = \frac{V_A}{Z_A} = \frac{220\angle 0°}{5\angle -53.13°} = 44\angle 53.13°\text{ A}$$

평형 부하에서 선전류는 동일한 크기에 상순에 따라 120° 위상차가 있으므로

$$I_B = 44\angle (53.13° - 120°) = 44\angle -66.87°\text{ A}$$
$$I_C = 44\angle (-66.87° - 120°) = 44\angle -186.87°\text{ A}$$

(b) 극좌표 형식의 부하전류를 직교형식으로 바꾸면

$$I_A = 44\angle 53.13°\text{ A} = 26.4 + j35.2\text{ A}$$
$$I_B = 44\angle -66.87°\text{ A} = 17.28 - j40.46\text{ A}$$
$$I_C = 44\angle -186.87°\text{ A} = -43.68 + j5.26\text{ A}$$
$$I_N = I_A + I_B + I_C = 0\text{ A}$$

Y 결선 평형 부하에서 중성선 전류(부하전류의 합) I_N은 0이다.

EXAMPLE 14-6

$3\phi 4w$, $Y-Y$ 결선(그림 14.7)에서 $\boldsymbol{V}_{BC} = 208\angle 0°$ V의 3상 전원에 $6\angle 45°\,\Omega$의 동일한 부하 임피던스가 연결되어 있을 때 선전류를 구하라. 발전기의 상순은 CBA이다.

SOLUTION

상순이 CBA이므로 상전압은 선간전압보다 위상이 30° 앞선다.

$$\boldsymbol{V}_B = \frac{V_{BC}}{\sqrt{3}}\angle(\theta_{BC} + 30°) = \frac{208\angle 30°}{\sqrt{3}} = 120\angle 30°\text{ V}$$

$$\boldsymbol{I}_B = \frac{\boldsymbol{V}_B}{\boldsymbol{Z}} = \frac{120\angle 30°}{6\angle 45°} = 20\angle -15°\text{ A}$$

평형 부하에서 선전류는 동일한 크기에 상순에 따라 120° 위상차가 있으므로

$$\boldsymbol{I}_A = 20\angle(-15° - 120°) = 20\angle -135°\text{ A}$$

$$\boldsymbol{I}_C = 20\angle(-15° + 120°) = 20\angle -105°\text{ A}$$

EXAMPLE 14-7

$3\phi 4w$, $Y-Y$ 결선(그림 14.7)에서 주파수가 60 Hz인 $\boldsymbol{V}_A = 380\angle 0°$ V의 평형 3상 전원에 $\boldsymbol{Z}$ ($L = 0.2$ H, $C = 100\,\mu\text{F}$)의 동일한 부하 임피던스가 연결되어 있다. 발전기의 상순은 ABC이다.

(a) 부하전류를 구하라.
(b) 중성선 전류를 구하라.

SOLUTION

(a) 부하 임피던스 $\boldsymbol{Z}_A = \boldsymbol{Z}_B = \boldsymbol{Z}_C = \boldsymbol{Z} = j(X_L - X_C)$

$$X_L = \omega L = 2\pi f L = 2\pi(60)(0.2) = 75.4\,\Omega$$

$$X_C = \frac{1}{\omega C} = \frac{1}{2\pi(60)(100\times 10^{-6})} = 26.53\,\Omega$$

$$\boldsymbol{Z} = j(75.4 - 26.53) = 48.87\angle 90°\,\Omega$$

$$\boldsymbol{I}_A = \frac{\boldsymbol{V}_A}{\boldsymbol{Z}} = \frac{380\angle 0°}{48.87\angle 90°} = 7.78\angle -90°\text{ A}$$

평형 부하에서 선전류는 동일한 크기에 상순에 따라 120° 위상차가 있으므로

$$\boldsymbol{I}_B = 7.78\angle(-90° - 120°) = 7.78\angle -210°\text{ A} = 7.78\angle 150°\text{ A}$$

$$\boldsymbol{I}_C = 7.78\angle(150° - 120°) = 7.78\angle 30°\text{ A}$$

(b) 극좌표 형식의 부하전류를 직교형식으로 바꾸면

$$I_A = 7.78 \angle -90° \text{ A} = -j7.78 \text{ A}$$

$$I_B = 7.78 \angle 150° \text{ A} = -6.74 + j3.89 \text{ A}$$

$$I_C = 7.78 \angle 30° \text{ A} = 6.74 + j3.89 \text{ A}$$

$$I_N = I_A + I_B + I_C = 0 \text{ A}$$

Y 결선 평형 부하에서 중성선 전류 I_N은 0이다.

EXAMPLE 14-8

$3\phi\, 4w,\, Y-Y$ 결선(그림 14.7)에서 $V_A = 220 \angle 0°$ V의 평형 3상 전원에 $Z_A = 10\ \Omega$, $Z_B = j10\ \Omega$, $Z_C = -j10\ \Omega$의 부하 임피던스가 연결되어 있다. 발전기의 상순은 ABC이다.

(a) 부하전류를 구하라.
(b) 중성선 전류를 구하라.

SOLUTION

(a) 부하전류(선전류)

$$I_A = \frac{V_A}{Z_A} = \frac{220 \angle 0°}{10 \angle 0°} = 22 \angle 0° \text{ A}$$

$$I_B = \frac{V_B}{Z_B} = \frac{220 \angle -120°}{10 \angle 90°} = 22 \angle -210° \text{ A}$$

$$I_C = \frac{V_C}{Z_C} = \frac{220 \angle 120°}{10 \angle -90°} = 22 \angle 210° \text{ A}$$

불평형 부하에서 선전류 상간의 위상차는 $120°$가 되지 않는다.

(b) 중성선 전류 I_N을 계산하기 위해서 부하전류를 직교형식으로 나타내면

$$I_A = 22 \angle 0° \text{ A} = 22 + j0 \text{ A}$$

$$I_B = 22 \angle -210° \text{ A} = -19.05 + j11 \text{ A}$$

$$I_C = 22 \angle 210° \text{ A} = -19.05 - j11 \text{ A}$$

$$I_N = I_A + I_B + I_C = -16.1 + j0 \text{ A}$$

Y 결선 불평형 부하에서 중성선 전류(부하전류의 합) I_N은 0이 아니다.

한편 평형 3상 3선식($3\phi\, 3w$) 회로와는 달리 불평형 3상 3선식($3\phi\, 3w$, $Y-Y$ 혹은 $\Delta-Y$) 회로는 중성선이 없기 때문에 전원 전압이 부하 임피던스에 독립적으로 인가되지 못한다. 그림 14.8에 나타낸 것과 같이 부하 임피던스의 공통점이 중성의 전위에 있지 않고 다른 점에 있기 때문이다. 그 점을 중성

점 N 대신에 O 라고 하자. 따라서 페이저 선도 ON 만큼 전위가 존재하는데 이것이 **변위중성전압**(displacement neutral voltage) 혹은 **중성점전압** V_{ON} 이다. 따라서 전원 전압(V_{AN}, V_{BN}, V_{CN}), 즉 상전압은 부하전압(V_{AO}, V_{BO}, V_{CO})과 새로 설정된 변위중성전압(V_{ON})에 인가된다.

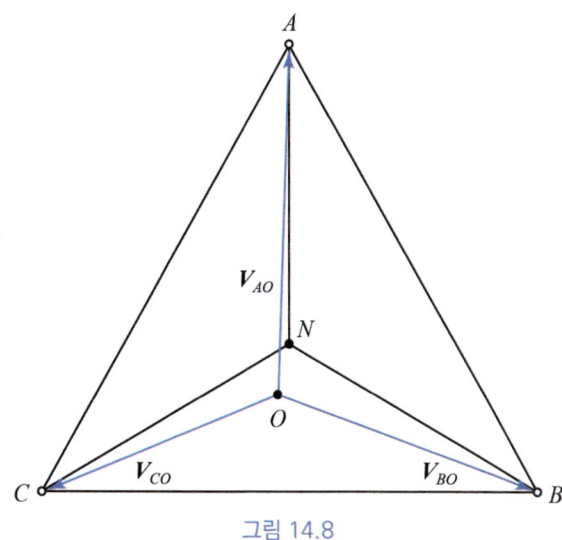

그림 14.8

각 상의 부하 어드미턴스를 각각 Y_A, Y_B, Y_C 라고 하면 부하전류는

$$I_A = V_{AO} Y_A, \quad I_B = V_{BO} Y_B, \quad I_C = V_{CO} Y_C \tag{14.13}$$

O 점에 KCL을 적용하면

$$\begin{cases} I_A + I_B + I_C = 0 \\ V_{AO} Y_A + V_{BO} Y_B + V_{CO} Y_C = 0 \end{cases} \tag{14.14}$$

전원 전압은 부하전압과 변위중성전압의 합과 같으므로 부하전압은

$$V_{AN} = V_{AO} + V_{ON}, \quad V_{BN} = V_{BO} + V_{ON}, \quad V_{CN} = V_{CO} + V_{ON} \tag{14.15}$$

따라서 각 상의 부하전압은

$$V_{AO} = V_{AN} - V_{ON}, \quad V_{BO} = V_{BN} - V_{ON}, \quad V_{CO} = V_{CN} - V_{ON} \tag{14.15-1}$$

식 (14.15-1)을 식 (14.14)에 대입하면

$$(V_{AN} - V_{ON}) Y_A + (V_{BN} - V_{ON}) Y_B + (V_{CN} - V_{ON}) Y_C = 0 \tag{14.16}$$

식 (14.16)으로부터 변위중성전압은 다음과 같이 나타내진다.

$$V_{ON} = \frac{V_{AN} Y_A + V_{BN} Y_B + V_{CN} Y_C}{Y_A + Y_B + Y_C} \tag{14.17}$$

변위중성전압을 이용하면 불평형 3상 3선식의 부하전류(선전류)를 구할 수 있다.

EXAMPLE 14-9

[EXAMPLE 14-8]에서 3상 3선식($3\phi 3w$) $Y - Y$ 결선일 때

(a) 변위중성전압 V_{ON} 을 구하라.
(b) 부하전압을 구하라.
(c) 부하전류를 구하라.

SOLUTION

(a)
$$Y_A = 0.1 + j0 \text{ S} = 0.1 \angle 0° \text{ S}$$
$$Y_B = -j0.1 \text{ S} = 0.1 \angle -90° \text{ S}$$
$$Y_C = j0.1 \text{ S} = 0.1 \angle 90° \text{ S}$$
$$Y_A + Y_B + Y_C = 0.1 + j0 \text{ S} = 0.1 \angle 0° \text{ S}$$
$$V_{AN} Y_A = (220 \angle 0°)(0.1 \angle 0°) = 22 \angle 0° \text{ A} = 22 + j0 \text{ A}$$
$$V_{BN} Y_B = (220 \angle -120°)(0.1 \angle -90°) = 22 \angle -210° \text{ A} = -19.05 + j11 \text{ A}$$
$$V_{CN} Y_C = (220 \angle 120°)(0.1 \angle 90°) = 22 \angle 210° \text{ A} = -19.05 - j11 \text{ A}$$
$$V_{AN} Y_A + V_{BN} Y_B + V_{CN} Y_C = -16.1 + j0 \text{ A} = 16.1 \angle 180° \text{ A}$$
$$V_{ON} = \frac{V_{AN} Y_A + V_{BN} Y_B + V_{CN} Y_C}{Y_A + Y_B + Y_C} = \frac{16.1 \angle 180°}{0.1 \angle 0°} = 161 \angle 180° \text{ V}$$

(b) 전원 전압은 부하전압과 변위중성전압의 합과 같으므로, 즉 부하전압은

$$V_{AO} = V_{AN} - V_{ON} = 220 \angle 0° - 161 \angle 180° = 361 \angle 0° \text{ V}$$
$$V_{BO} = V_{BN} - V_{ON} = 220 \angle -120° - 161 \angle 180° = 197.23 \angle -75° \text{ V}$$
$$V_{CO} = V_{AN} - V_{ON} = 220 \angle 120° - 161 \angle 180° = 197.23 \angle 75° \text{ V}$$

(c) 부하전류는

$$I_A = V_{AO} Y_A = (361 \angle 0°)(0.1 \angle 0°) = 36.1 \angle 0° \text{ A}$$
$$I_B = V_{BO} Y_B = (197.23 \angle -75°)(0.1 \angle -90°) = 19.72 \angle -165° \text{ A}$$
$$I_C = V_{CO} Y_C = (197.23 \angle 75°)(0.1 \angle 90°) = 19.72 \angle 165° \text{ A}$$

발전기가 평형 3상 전압을 발생시킬 때 $Y - Y$ 결선방식의 성질은 다음과 같이 정리된다.

결선방식	평형 부하, 불평형 부하	평형 부하
$Y - Y$ (4w)	$\sum V_p = 0$ $\sum V_l = 0$ $\sum V_Z = 0$ $V_l = \sqrt{3} V_p \angle 30° = \sqrt{3} V_Z \angle 30°$ $I_l = I_p = I_Z$ $I_N = \sum I_l$	$I_N = 0$

주) V_p: 발전기의 상전압, V_l: 선간전압, V_Z: 부하전압, I_l: 선전류, I_p: 발전기의 상전류, I_Z: 부하전류 I_N: 중성선 전류

(2) $Y-\Delta$ 결선

$Y-\Delta$ 결선은 그림 14.9에 나타낸 것과 같이 Y 결선 전원이 Δ 결선 부하에 인가되는 방식이다. 각 상의 부하(Z_A, Z_B, Z_C)에는 걸리는 전압은 전원측의 선간전압이다. 즉 Z_A에는 V_{AB}, Z_B에는 V_{BC}, Z_C에는 V_{CA}가 인가된다. 따라서 부하전류는

$$\begin{cases} I_{AB} = \dfrac{V_{AB}}{Z_A} = \dfrac{\sqrt{3}\,V_A \angle (\theta_A + 30°)}{Z_A} \\ I_{BC} = \dfrac{V_{BC}}{Z_B} = \dfrac{\sqrt{3}\,V_B \angle (\theta_B + 30°)}{Z_B} \\ I_{AB} = \dfrac{V_{CA}}{Z_C} = \dfrac{\sqrt{3}\,V_C \angle (\theta_B + 30°)}{Z_C} \end{cases} \quad (14.18)$$

Δ 결선 부하의 마디에 KCL을 적용하면 선전류는 식 (14.5a, b, c)로부터

$$\begin{cases} I_A = I_{AB} - I_{CA} \\ I_B = I_{BC} - I_{AB} \\ I_C = I_{CA} - I_{BC} \end{cases}$$

부하가 평형일 때는 아래와 같은 식 (14.10a)를 사용하는 것이 편리하다.

$$\begin{cases} I_A = \sqrt{3}\,I_{AB} \angle (\theta_{AB} - 30°) \\ I_B = \sqrt{3}\,I_{BC} \angle (\theta_{BC} - 30°) \\ I_C = \sqrt{3}\,I_{CA} \angle (\theta_{CA} - 30°) \end{cases}$$

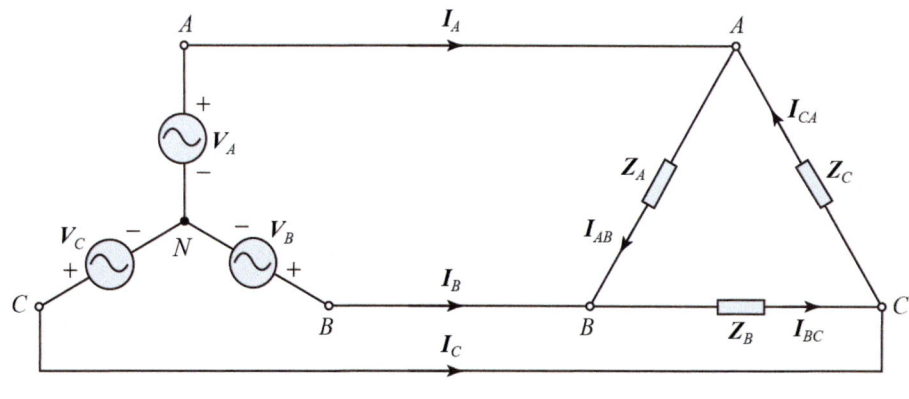

그림 14.9

EXAMPLE 14-10

$Y-\Delta$ 결선(그림 14.9)에서 $V_{BC} = 240 \angle 0°$의 평형 3상 전원에 $10 \angle 53.1° \, \Omega$의 동일한 부하 임피던스가 연결되어 있을 때 선전류를 구하라. 발전기의 상순은 CBA이다.

SOLUTION

$$I_{AB} = \frac{V_{AB}}{Z} = \frac{240 \angle -120°}{10 \angle 53.1°} = 24 \angle -173.1° \text{ A}$$

상순이 CBA이므로 선전류는 상전류보다 위상이 $30°$ 앞선다.

$$I_A = \sqrt{3}\, I_{AB} \angle (\theta_{AB} + 30°) = \sqrt{3}\,(24) \angle (-173.1° + 30°) = 41.6 \angle -143.1° \text{ A}$$

상순에 따라 $120°$ 위상차가 있으므로

$$I_B = 41.6 \angle (-143.1° + 120°) = 41.6 \angle -23.1° \text{ A}$$

$$I_C = 41.6 \angle (-23.1° + 120°) = 41.6 \angle 96.9° \text{ A}$$

EXAMPLE 14-11

$Y-\Delta$ 결선(그림 14.9)에서 $V_A = 220 \angle 0°$ V의 평형 3상 전원에 $30 \angle 60° \, \Omega$의 동일한 부하 임피던스가 연결되어 있다. 발전기의 상순은 ABC이다.

(a) 부하전류와 그 합을 구하라.
(b) 선전류와 그 합을 구하라.

SOLUTION

(a) 전원의 선간전압은 상전압의 $\sqrt{3}$ 배이고, 위상은 상전압보다 $30°$ 앞선다.

$$V_{AB} = \sqrt{3}\, V_A \angle (\theta_A + 30°) = \sqrt{3}\,(220) \angle (0° + 30°) = 381 \angle 30° \text{ V}$$

평형 3상 전원에서 선간전압은 동일한 크기에 상순에 따라 $120°$ 위상차가 있으므로

$$V_{BC} = 381 (30° - 120°) = 381 \angle -90° \text{ V}$$

$$V_{CA} = 381 \angle (-90° - 120°) = 381 \angle -210° \text{ V} = 381 \angle 150° \text{ V}$$

각 부하에 선간전압이 걸리므로 부하전류는

$$I_{AB} = \frac{V_{AB}}{Z_A} = \frac{381 \angle 30°}{30 \angle 60°} = 12.7 \angle -30° \text{ A}$$

평형 Δ 부하에서 부하전류는 동일한 크기에 상순에 따라 $120°$ 위상차가 있으므로

$$I_{BC} = 12.7 \angle (-30° - 120°) = 12.7 \angle -150° \text{ A}$$

$$I_{CA} = 12.7 \angle (-150° - 120°) = 12.7 \angle -270° \text{ A} = 12.7 \angle 90° \text{ A}$$

부하전류를 직교형식으로 나타내면

$$I_{AB} = 12.7 \angle -30° \text{ A} = 11 - j6.35 \text{ A}$$
$$I_{BC} = 12.7 \angle -150° \text{ A} = -11 - j6.35 \text{ A}$$
$$I_{CA} = 12.7 \angle 90° \text{ A} = 0 + j12.7 \text{ A}$$
$$I_{AB} + I_{BC} + I_{CA} = 0 \text{ A}$$

Δ 결선 평형 부하에서 부하전류의 합은 0이다.

(b) Δ 결선 부하의 마디에 KCL을 적용하면 선전류는

$$I_A = I_{AB} - I_{CA} = (11 - j6.35) - (0 + j12.7) = 22 \angle -60° \text{ A}$$

혹은 선전류는 상전류의 $\sqrt{3}$ 배이고, 위상은 상전류다 30° 뒤진다.

$$I_A = \sqrt{3} I_{AB} \angle (\theta_{AB} - 30°) = \sqrt{3}(12.7) \angle (-30° - 30°) = 22 \angle -60° \text{ A}$$

평형 3상 전원에서 선전류는 동일한 크기에 상순에 따라 120° 위상차가 있으므로

$$I_B = 22 \angle (-60° - 120°) = 22 \angle -180° \text{ A}$$
$$I_C = 22 \angle (-180° - 120°) = 22 \angle -300° \text{ A} = 22 \angle 60° \text{ A}$$

선전류를 직교형식으로 나타내면

$$I_A = 22 \angle -60° \text{ A} = 11 - j19.05 \text{ A}$$
$$I_B = 22 \angle -180° \text{ A} = -22 + j0 \text{ A}$$
$$I_C = 22 \angle 60° \text{ A} = 11 + j19.05 \text{ A}$$
$$I_A + I_B + I_C = 0 + j0 \text{ A}$$

Δ 결선 평형 부하에서 선전류의 합은 0이다.

EXAMPLE 14-12

$Y - \Delta$ 결선(그림 14.9)에서 $V_{AB} = 220 \angle 120°$ V의 평형 3상 전원에 $Z_A = 100\,\Omega$, $Z_B = 75\,\Omega$, $Z_B = 50\,\Omega$의 부하 임피던스가 연결되어 있다. 발전기의 상순은 ABC이다.

(a) 부하전류와 그 합을 구하라.
(b) 선전류와 그 합을 구하라.

SOLUTION

(a) 각 부하에 선간전압이 걸리므로 부하전류는

$$I_{AB} = \frac{V_{AB}}{Z_A} = \frac{220 \angle 120°}{100 \angle 0°} = 2.2 \angle 120° \text{ A} = -1.1 + j1.91 \text{ A}$$

$$I_{BC} = \frac{V_{BC}}{Z_B} = \frac{220 \angle 0°}{75 \angle 0°} = 2.93 \angle 0° \text{ A} = 2.93 + j0 \text{ A}$$

$$I_{CA} = \frac{V_{CA}}{Z_C} = \frac{220 \angle -120°}{50 \angle 0°} = 4.4 \angle -120° \text{ A} = -2.2 - j3.81 \text{ A}$$

$$I_{AB} + I_{BC} + I_{CA} = -0.37 - j1.9 \text{ A}$$

Δ 결선 불평형 부하에서 부하전류의 합은 0이 아니다. 그러나 부하 임피던스가 같은 위상을 가지므로 부하전류간의 위상차는 $120°$가 된다.

(b) 부하가 불평형이므로 선전류 계산에는 각 마디에 KCL을 적용해야 한다.

$$I_A = I_{AB} - I_{CA} = (-1.1 + j1.91) - (-2.2 - j3.81) = 1.1 + j5.72 \text{ A}$$

$$I_B = I_{BC} - I_{AB} = (2.93 + j0) - (-1.1 + j1.91) = 4.03 - j1.91 \text{ A}$$

$$I_C = I_{CA} - I_{BC} = (-2.2 - j3.81) - (2.93 + j0) = -5.13 - j3.81 \text{ A}$$

$$I_A + I_B + I_C = 0 + j0 \text{ A}$$

Δ 결선 불평형 부하에서도 불구하고 선전류의 합은 0이다.

발전기가 평형 3상 전압을 발생시킬 때 $Y - \Delta$ 결선방식의 성질은 다음과 같이 정리된다.

결선방식	평형 부하, 불평형 부하	평형 부하
$Y - \Delta$	$\sum V_p = 0$ $\sum V_l = 0$ $V_l = \sqrt{3} \, V_p \angle (\theta_p + 30°)$ $\sum I_l = 0$	$\sum I_Z = 0$ $I_l = \sqrt{3} \, I_Z \angle (\theta_Z - 30°)$

주) V_p: 발전기의 상전압, V_l: 선간전압, I_l: 선전류, I_Z: 부하전류

(3) $\Delta - \Delta$ 결선

$\Delta - \Delta$ 결선은 그림 14.10에 나타낸 것과 같이 Δ 결선 전원이 Δ 결선 부하에 인가되는 방식이다. 선간전압, 상전압, 부하전압이 모두 같다. 부하에 전원이 독립적으로 인가되므로 부하전류(상전류)는 다음과 같이 나타내진다.

$$I_{AB} = \frac{V_{AB}}{Z_A}, \qquad I_{BC} = \frac{V_{BC}}{Z_B}, \qquad I_{CA} = \frac{V_{CA}}{Z_C} \tag{14.19}$$

선전류 계산에는 식 (14.5a, b, c)과 같이 상전류간의 차를 이용하거나 평형일 경우는 식 (14.10a)를 이용하면 편리하다.

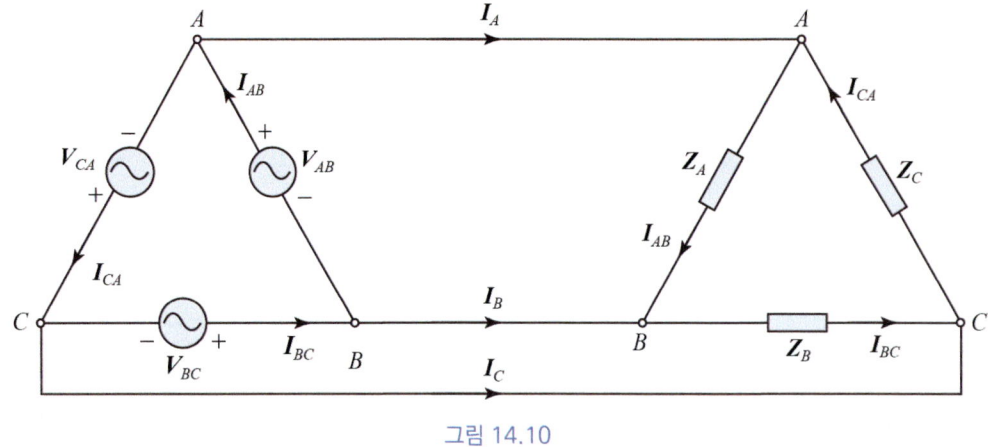

그림 14.10

EXAMPLE 14-13

$\Delta - \Delta$ 결선(그림 14.10)에서 $V_{AB} = 150\angle 120°$ V의 평형 3상 전원에 $5\angle 53°\,\Omega$ 의 동일한 부하 임피던스가 연결되어 있다. 발전기의 상순은 ABC이다.

(a) 부하전류와 그 합을 구하라.
(b) 선전류와 그 합을 구하라.

SOLUTION

(a) 부하전류는

$$I_{AB} = \frac{V_{AB}}{Z_A} = \frac{150\angle 120°}{5\angle 53°} = 30\angle 67°\,\text{A} = 11.72 + j27.62\,\text{A}$$

평형 부하에서 부하전류는 동일한 크기에 상순에 따라 120° 위상차가 있으므로

$$I_{BC} = 30\angle(67° - 120°) = 30\angle -53°\,\text{A} = 18.05 - j23.96\,\text{A}$$
$$I_{CA} = 30\angle(-53° - 120°) = 30\angle -173°\,\text{A} = -29.78 - j3.66\,\text{A}$$

부하전류의 합은

$$I_{AB} + I_{BC} + I_{CA} = 0\,\text{A}$$

(b) Δ 결선 부하의 마디에 KCL을 적용하면 선전류는

$$I_A = I_{AB} - I_{CA} = 41.5 + j31.28\,\text{A} = 51.97\angle 37°\,\text{A}$$

혹은 선전류는 상전류의 $\sqrt{3}$ 배이고, 위상은 상전압보다 30° 뒤진다.

$$I_A = \sqrt{3}\, I_{AB} \angle (\theta_{AB} - 30°) = \sqrt{3}\,(30) \angle (67° - 30°)\,\text{A} = 51.96 \angle 37°\,\text{A}$$

평형 부하에서 선전류는 동일한 크기에 상순에 따라 120° 위상차가 있으므로

$$I_B = 51.96 \angle (37° - 120°) = 51.96 \angle -83°\,\text{A} = 6.33 - j51.57\,\text{A}$$

$$I_C = 51.96 \angle (-83° - 120°) = 51.96 \angle -203°\,\text{A} = -47.83 + j20.3\,\text{A}$$

선전류의 합은

$$I_A + I_B + I_C = 0\,\text{A}$$

EXAMPLE 14-14

$\Delta - \Delta$ 결선(그림 14.10)에서 $V_{AB} = 380 \angle 0°$ V의 평형 3상 전원에 $Z_A = 10 \angle 0°\,\Omega$, $Z_B = 10 \angle 90°\,\Omega$, $Z_C = 10 \angle -90°\,\Omega$ 의 부하 임피던스가 연결되어 있다. 발전기의 상순은 ABC이다.

(a) 부하전류와 그 합을 구하라.
(b) 선전류와 그 합을 구하라.

SOLUTION

(a) 부하전류는

$$I_{AB} = \frac{V_{AB}}{Z_A} = \frac{380 \angle 0°}{10 \angle 0°} = 38 \angle 0°\,\text{A} = 38 + j0\,\text{A}$$

$$I_{BC} = \frac{V_{BC}}{Z_B} = \frac{380 \angle -120°}{10 \angle 90°} = 38 \angle -210°\,\text{A} = -32.91 + j19\,\text{A}$$

$$I_{CA} = \frac{V_{CA}}{Z_C} = \frac{380 \angle 120°}{10 \angle -90°} = 38 \angle 210°\,\text{A} = -32.91 - j19\,\text{A}$$

$$I_{AB} + I_{BC} + I_{CA} = 27.8 - j0\,\text{A}$$

불평형 부하에서 부하전류의 합은 0이 아니다.

(b) 불평형 부하이므로 선전류 계산은 각 마디에 KCL을 적용해야 한다.

$$I_A = I_{AB} - I_{CA} = (38 + j0) - (-32.91 - j19) = 70.91 + j19\,\text{A}$$

$$I_B = I_{BC} - I_{AB} = (-32.91 + j19) - (38 + j0) = -70.91 + j19\,\text{A}$$

$$I_C = I_{CA} - I_{BC} = (-32.91 - j19) - (-32.91 + j19) = 0 - j38\,\text{A}$$

$$I_A + I_B + I_C = 0 + j0\,\text{A}$$

불평형 부하에도 불구하고 선전류의 합은 0이 된다.

한편 $\Delta - \Delta$ 결선에서 선로 임피던스가 있는 경우에는 $V_l = V_p \neq V_Z$(부하전압)이므로 $Y - Y$ 결선으로 변환하여 회로를 해석해야 한다. 이 같은 내용을 다음 예제에서 살펴보자.

EXAMPLE 14-15

$\Delta - \Delta$ 결선(그림 14.10)에서 $V_{AB} = 380 \angle 0°$ V의 평형 3상 전원에 선로 임피던스가 $2 + j1\,\Omega$ 이고, $12 \angle 30°\,\Omega$ 의 동일한 부하 임피던스가 연결되어 있다. 발전기의 상순은 ABC 이다.

(a) 선전류를 구하라.

(b) 부하전류 구하라.

SOLUTION

(a) 선로 임피던스를 포함하고 있는 $\Delta - \Delta$ 결선인 경우는 $Y - Y$ 결선으로 변환한다.

전원의 Y 결선 상전압은 선간전압의 $1/\sqrt{3}$ 배이고, 위상은 30° 뒤진다.

$$V_A = \frac{V_{AB}}{\sqrt{3}} \angle (\theta_{AB} - 30°) = \frac{380}{\sqrt{3}} \angle (0° - 30°) = 219.39 \angle -30°\text{ V}$$

평형 부하에서 상전압은 동일한 크기에 상순에 따라 120° 위상차가 있으므로

$$V_B = 219.39 \angle (-30° - 120°) = 219.39 \angle -150°\text{ V}$$
$$V_C = 219.39 \angle (-150° - 120°) = 219.39 \angle -270°\text{ V} = 219.39 \angle 90°\text{ V}$$

선로 및 부하 임피던스의 합은

$$Z = Z_l + \frac{Z_Y}{3} = 2 + j + \frac{12\angle 30°}{3} = 6.23 \angle 28.79°\,\Omega$$

선전류는

$$I_A = \frac{V_A}{Z} = \frac{219.39 \angle -30°}{6.23 \angle 28.79°} = 35.22 \angle -58.79°\text{ A}$$

평형 부하에서 선전류는 동일한 크기에 상순에 따라 120° 위상차가 있으므로

$$I_B = 35.22 \angle (-58.79° - 120°) = 35.22 \angle -178.79°\text{ A}$$
$$I_C = 35.22 \angle (-178.79° - 120°) = 35.22 \angle -298.79°\text{ A} = 35.22 \angle 61.21°\text{ A}$$

(b) 부하측 Δ 결선의 부하전류는 선전류의 $1/\sqrt{3}$ 배이고, 위상은 30° 앞선다.

$$I_{AB} = \frac{I_A}{\sqrt{3}} \angle (\theta_A + 30°) = \frac{35.22}{\sqrt{3}} \angle (-58.79° + 30°) = 20.33 \angle -28.79°\text{ V}$$

평형 부하에서 부하전류는 동일한 크기에 상순에 따라 120° 위상차가 있으므로

$$I_{BC} = 20.33 \angle (-28.79° - 120°) = 20.33 \angle -148.79°\text{ V}$$
$$I_{CA} = 20.33 \angle (-148.79° - 120°) = 20.33 \angle -268.79°\text{ V} = 20.33 \angle 91.21°\text{ V}$$

발전기가 평형 3상 전압을 발생시킬 때 $\Delta - \Delta$ 결선방식의 성질은 다음과 같이 정리된다.

결선방식	평형 부하, 불평형 부하	평형 부하
$\Delta - \Delta$	$\sum V_p = 0$ $\sum V_l = 0$ $\sum V_Z = 0$ $\sum I_l = 0$ $V_l = V_p = V_Z$	$\sum I_Z = 0$ $I_l = \sqrt{3}\, I_Z \angle (\theta_Z - 30°)$

주) V_p: 발전기의 상전압, V_l: 선간전압, V_Z: 부하전압, I_l: 선전류, I_p: 발전기의 상전류, I_Z: 부하전류

(3) $\Delta - Y$ 결선

$\Delta - Y$ 결선은 그림 14.11에 나타낸 것과 같이 Δ 결선의 전원이 Y 결선의 부하를 구동시키는 방식이다. $\Delta - Y$ 회로(평형 부하)는 다음과 같은 방법으로 해석할 수 있다.

1. 전원의 $\Delta \to Y$ 등가변환
2. 부하측 $Y \to \Delta$ 변환
3. 망전류 방정식

$\Delta - Y$ 회로(불평형 부하)는 다음과 같은 방법으로 해석할 수 있다.

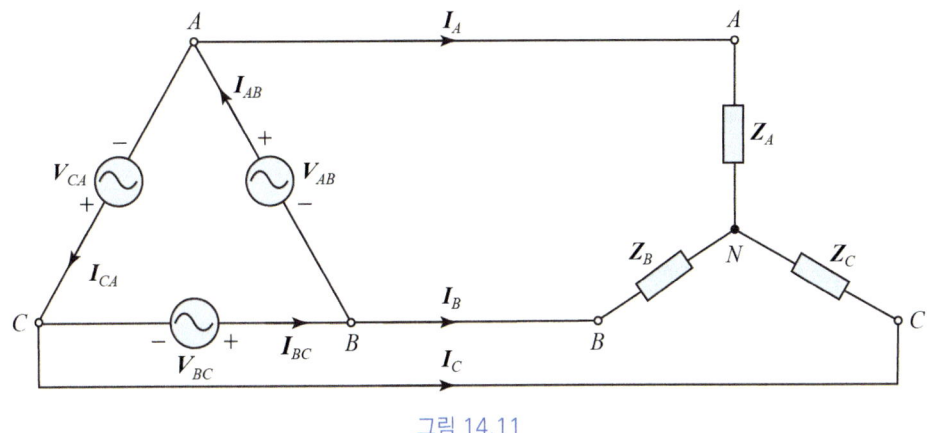

그림 14.11

1. 부하측 $Y \to \Delta$ 변환
2. 망전류 방정식
3. 변위중성전압

선전류는 부하전류가 된다. 부하가 평형일 때 부하전류의 합은 0이 된다.

EXAMPLE 14-16

$\Delta - Y$ 결선(그림 14.11)에서 $V_{AB} = 380 \angle 0°$ V의 평형 3상 전원에 $10 \angle 90°$ Ω의 동일한 부하 임피던스가 연결되어 있다. 발전기의 상순은 ABC이다. 다음에 따라 부하전류를 구하라.

SOLUTION

⟨해법 1⟩ 전원의 $\Delta \to Y$ 등가변환

전원의 $\Delta \to Y$ 등가변환시 상전압은 선간전압의 $1/\sqrt{3}$ 배이고, 위상은 30° 뒤진다.

$$V_A = \frac{1}{\sqrt{3}} V_{AB} \angle (\theta_{AB} - 30°) = \frac{380}{\sqrt{3}} \angle (0° - 30°) = 219.39 \angle -30° \text{ V}$$

평형 부하에서 상전압은 동일한 크기에 상순에 따라 120° 위상차가 있으므로

$$V_B = 219.39 \angle (-30° - 120°) = 219.39 \angle -150° \text{ V}$$
$$V_C = 219.39 \angle (-150° - 120°) = 219.39 \angle -270° \text{ V} = 219.39 \angle 90° \text{ V}$$

따라서 부하전류(선전류)는

$$I_A = \frac{V_A}{Z_A} = \frac{219.39 \angle -30°}{10 \angle 90°} = 21.94 \angle -120° \text{ A}$$

평형 부하에서 부하전류는 동일한 크기에 상순에 따라 120° 위상차가 있으므로

$$I_B = 21.94 \angle (-120° - 120°) = 21.94 \angle -240° \text{ A} = 21.94 \angle 120° \text{ A}$$
$$I_C = 21.94 \angle (120° - 120°) = 21.94 \angle 0° \text{ A}$$

⟨해법 2⟩ 부하측 $Y \to \Delta$ 변환

$Z_\Delta = 3Z_Y (Y \to \Delta)$에 따라 Δ 결선이 되면서

Δ 결선의 부하 $Z_{AB} = Z_{BC} = Z_{CA} = 3(10 \angle 90°)$ Ω $= 30 \angle 90°$ Ω

$$I_{AB} = \frac{V_{AB}}{Z_{AB}} = \frac{380 \angle 0° \text{ V}}{30 \angle 90° \text{ Ω}} = 12.67 \angle -90° \text{ A}$$

평형 부하에서 상전압은 동일한 크기에 상순에 따라 120° 위상차가 있으므로

$$I_{BC} = 12.67 \angle (-90° - 120°) = 12.67 \angle -210° \text{ A} = 12.67 \angle 150° \text{ A}$$
$$I_{CA} = 12.67 \angle (150° - 120°) = 12.67 \angle 30° \text{ A}$$

Y 결선의 부하전류는 Δ 결선의 상전류의 $\sqrt{3}$ 배이고, 위상은 30° 뒤진다.

$$I_A = \sqrt{3} I_{AB} \angle (\theta_{AB} - 30°) = \sqrt{3}(12.67) \angle (-90° - 30°) = 21.95 \angle -120° \text{ A}$$

평형 부하에서 부하전류는 동일한 크기에 상순에 따라 120° 위상차가 있으므로

$$I_B = 21.95 \angle (-120° - 120°) = 21.95 \angle -240° \text{ A} = 21.95 \angle 120° \text{ A}$$

$$I_C = 21.95 \angle (120° - 120°) = 21.95 \angle 0° \text{ A}$$

⟨해법 3⟩ 망전류 방정식 이용

전원측 Δ 결선과 부하측 Y 결선 사이의 두 개의 망에 대해서 전원측과 부하측 AB 단자로 구성되는 망전류를 I_1, 전원측과 부하측 BC 단자로 구성되는 망전류를 I_2라고 두고, KVL을 적용하면

$$\begin{cases} (Z_A + Z_B)I_1 - Z_B I_2 = V_{AB} \\ -Z_B I_1 + (Z_B + Z_C)I_2 = V_{BC} \end{cases}$$

$$\begin{cases} (10\angle 90° + 10\angle 90°)I_1 - 10\angle 90° I_2 = 380\angle 0° \\ -10\angle 90° I_1 + (10\angle 90° + 10\angle 90°)I_2 = 380\angle -120° \end{cases}$$

Cramer 공식을 이용하여 I_1과 I_2를 구하면

$$I_1 = \frac{\begin{vmatrix} 380\angle 0° & -10\angle 90° \\ 380\angle -120° & 20\angle 90° \end{vmatrix}}{\begin{vmatrix} 20\angle 90° & -10\angle 90° \\ -10\angle 90° & 20\angle 90° \end{vmatrix}} = \frac{7600\angle 90° + 3800\angle -30°}{400\angle 180° - 100\angle 180°}$$

$$= 25.33\angle -90° + 12.67\angle -210° = -10.97 - j18.995 \text{ A} = 21.94\angle -120° \text{ A}$$

$$I_2 = \frac{\begin{vmatrix} 20\angle 90° & 380\angle 0° \\ -10\angle 90° & 380\angle -120° \end{vmatrix}}{\begin{vmatrix} 20\angle 90° & -10\angle 90° \\ -10\angle 90° & 20\angle 90° \end{vmatrix}} = \frac{7600\angle -30° + 3800\angle 90°}{400\angle 180° - 100\angle 180°}$$

$$= 25.33\angle -210° + 12.67\angle -90° = -21.94 + j0 \text{ A} = 21.94\angle 0° \text{ A}$$

$$I_A = I_1 = 21.94\angle -120° \text{ A}$$

$$I_B = I_2 - I_1 = 21.94\angle 0° - 21.94\angle -120° = 21.94\angle 120° \text{ A}$$

$$I_C = -I_2 = 21.94\angle 0° \text{ A}$$

EXAMPLE 14-17

$\Delta - Y$ 결선(그림 14.11)에서 $V_{AB} = 380\angle 0°$ V의 평형 3상 전원에 $Z_A = 10\angle 90°\,\Omega$, $Z_B = 10\angle 90°\,\Omega$, $Z_C = 20\angle 90°\,\Omega$의 부하 임피던스가 연결되어 있다. 발전기의 상순은 ABC이다. 다음에 따라 부하전류와 부하전압을 구하라.

SOLUTION

⟨해법 1⟩ 부하측 $Y \to \Delta$ 변환

부하 Y 결선을 Δ 결선으로 변환하면

$$Z_{AB} = \frac{Z_A Z_B + Z_B Z_C + Z_C Z_A}{Z_C} = \frac{(j10)(j10) + (j10)(j20) + (j20)(j10)}{j20} = 25\angle 90°\,\Omega$$

$$Z_{BC} = \frac{Z_A Z_B + Z_B Z_C + Z_C Z_A}{Z_A} = \frac{(j10)(j10) + (j10)(j20) + (j20)(j10)}{j10} = 50\angle 90°\,\Omega$$

$$Z_{CA} = \frac{Z_A Z_B + Z_B Z_C + Z_C Z_A}{Z_B} = \frac{(j10)(j10) + (j10)(j20) + (j20)(j10)}{j10}$$
$$= 50\angle 90°\,\Omega$$

변환된 Δ 결선의 상전류는

$$I_{AB} = \frac{V_{AB}}{Z_{AB}} = \frac{380\angle 0°}{25\angle 90°} = 15.2\angle -90°\text{ A} = 0 - j15.2\text{ A}$$

$$I_{BC} = \frac{V_{BC}}{Z_{BC}} = \frac{380\angle -120°}{50\angle 90°} = 7.6\angle -210°\text{ A} = 7.6\angle 150°\text{ A} = -6.58 + j3.8\text{ A}$$

$$I_{CA} = \frac{V_{CA}}{Z_{CA}} = \frac{380\angle 120°}{50\angle 90°} = 7.6\angle 30°\text{ A} = 6.58 + j3.8\text{ A}$$

$$I_{AB} + I_{BC} + I_{CA} = 0 - j7.6\text{ A}$$

불평형 부하이므로 선전류 계산은 각 마디에 KCL을 적용해야 한다.

Δ 결선 상전류로부터 Y 결선 부하전류를 구하면

$$I_A = I_{AB} - I_{CA} = (0 - j15.2) - (6.58 + j3.8) = -6.58 - j19\text{ A}$$
$$= 20.11\angle -109.1°\text{ A}$$

$$I_B = I_{BC} - I_{AB} = (-6.58 + j3.8) - (0 - j15.2) = -6.58 + j19\text{ A}$$
$$= 20.11\angle 109.1°\text{ A}$$

$$I_C = I_{CA} - I_{BC} = (6.58 + j3.8) - (-6.58 + j3.8) = 13.16 + j0\text{ A}$$
$$= 13.16\angle 0°\text{ V}$$

불평형 Y 결선 부하전류의 합 $I_A + I_B + I_C = 0 + j0$ A이다.

부하에 걸리는 부하전압은

$$V_A = I_A Z_A = (20.11\angle -109.1°)(10\angle 90°) = 201.1\angle -19.1° \text{ V}$$

$$V_B = I_B Z_B = (20.11\angle 109.1°)(10\angle 90°) = 201.1\angle 199.1° \text{ V}$$

$$V_C = I_C Z_C = (13.16\angle 0°)(20\angle 90°) = 263.2\angle 90° \text{ V}$$

부하전압과 부하전류의 위상을 비교하면 부하전압이 부하전류보다 $90°$ 앞선다. 이는 부하가 순인덕터에서 오는 결과이다.

〈해법 2〉 망전류 방정식 이용

(b) 전원측 Δ 결선과 부하측 Y 결선 사이의 두 개의 망에 대해서 전원측과 부하측 AB 단자로 구성되는 망전류를 I_1, 전원측과 부하측 BC 단자로 구성되는 망전류를 I_2라고 두고, KVL을 적용하면

$$\begin{cases} (Z_A + Z_B)I_1 - Z_B I_2 = V_{AB} \\ -Z_B I_1 + (Z_B + Z_C)I_2 = V_{BC} \end{cases}$$

$$\begin{cases} (10\angle 90° + 10\angle 90°)I_1 - 10\angle 90° I_2 = 380\angle 0° \\ -10\angle 90° I_1 + (10\angle 90° + 20\angle 90°)I_2 = 380\angle -120° \end{cases}$$

Cramer 공식을 이용하면

$$I_1 = \frac{\begin{vmatrix} 380\angle 0° & -10\angle 90° \\ 380\angle -120° & 30\angle 90° \end{vmatrix}}{\begin{vmatrix} 20\angle 90° & -10\angle 90° \\ -10\angle 90° & 30\angle 90° \end{vmatrix}} = \frac{11400\angle 90° + 3800\angle -30°}{600\angle 180° - 100\angle 180°}$$

$$= 22.8\angle -90° + 7.6\angle -210° = -6.58 - j19 \text{ A} = 20.11\angle -109.1° \text{ A}$$

$$I_2 = \frac{\begin{vmatrix} 20\angle 90° & 380\angle 0° \\ -10\angle 90° & 380\angle -120° \end{vmatrix}}{\begin{vmatrix} 20\angle 90° & -10\angle 90° \\ -10\angle 90° & 30\angle 90° \end{vmatrix}} = \frac{7600\angle -30° + 3800\angle 90°}{600\angle 180° - 100\angle 180°}$$

$$= 15.2\angle -210° + 7.6\angle -90° = -13.16 + j0 \text{ A} = 13.16\angle 180° \text{ A}$$

선전류는

$$I_A = I_1 = 20.11\angle -109.1° \text{ A}$$

$$I_B = I_2 - I_1 = 13.16\angle 180° - 20.11\angle -109.1° = 20.11\angle 109.1° \text{ A}$$

$$I_C = -I_2 = 13.16\angle 0° \text{ A}$$

부하에 걸리는 부하전압은

$$V_A = I_A Z_A = (20.11 \angle -109.1°)(10 \angle 90°) = 201.1 \angle -19.1° \text{ V}$$

$$V_B = I_B Z_B = (20.11 \angle 109.1°)(10 \angle 90°) = 201.1 \angle 199.1° \text{ V}$$

$$V_C = I_C Z_C = (13.16 \angle 0°)(20 \angle 90°) = 263.2 \angle 90° \text{ V}$$

〈해법 3〉 변위중성전압 이용

전원측 Δ 결선의 상전압 $V_{AB} = 380 \angle 0°$ V은 Y 결선으로 변환시 상전압은

$$V_A = \frac{V_{AB}}{\sqrt{3}} \angle (\theta_{AB} - 30°) = \frac{380}{\sqrt{3}} \angle -30° \text{ V} = 219.39 \angle -30° \text{ V}$$

상순에 따라 $V_B = 219.39 \angle -150°$ V, $V_C = 219.39 \angle 90°$ V 이다.

부하 임피던스를 어드미턴스로 변환하면

$$Y_A = 0.1 \angle -90° \text{ [S]} = 0 - j0.1 \text{ S}$$

$$Y_B = 0.1 \angle -90° \text{ S} = 0 - j0.1 \text{ S}$$

$$Y_C = 0.05 \angle -90° \text{ S} = 0 - j0.05 \text{ S}$$

$$Y_A + Y_B + Y_C = 0 - j0.25 \text{ S} = 0.25 \angle -90° \text{ S}$$

$$V_{AN} Y_A = (219.39 \angle -30°)(0.1 \angle -90°) = 21.94 \angle -120° \text{ A} = -10.97 - j19 \text{ A}$$

$$V_{BN} Y_B = (219.39 \angle -150°)(0.1 \angle -90°) = 21.94 \angle 120° \text{ A} = -10.97 + j19 \text{ A}$$

$$V_{CN} Y_C = (219.39 \angle 90°)(0.05 \angle -90°) = 10.97 \angle 0° \text{ A} = 10.97 + j0 \text{ A}$$

$$V_{AN} Y_A + V_{BN} Y_B + V_{CN} Y_C = -10.97 + j0 \text{ A} = 10.97 \angle 180° \text{ A}$$

$$V_{ON} = \frac{V_{AN} Y_A + V_{BN} Y_B + V_{CN} Y_C}{Y_A + Y_B + Y_C} = \frac{10.97 \angle 180°}{0.25 \angle -90°} = 43.88 \angle -90° \text{ V}$$

변위중성전압을 이용하여 부하전류(선전류)를 구할 수 있다. 전원 전압은 부하전압과 변위중성전압의 합과 같으므로 그로부터 부하전압은

$$V_{AO} = V_{AN} - V_{ON} = 219.39 \angle -30° - 43.88 \angle -90° = 201.08 \angle -19.11° \text{ V}$$

$$V_{BO} = V_{BN} - V_{ON} = 219.39 \angle -150° - 43.88 \angle -90° = 201.08 \angle -19.11° \text{ V}$$

$$V_{CO} = V_{CN} - V_{ON} = 219.39 \angle 90° - 43.88 \angle -90° = 263.27 \angle 90° \text{ V}$$

부하전류는

$$I_A = V_{AO} Y_A = (201.08 \angle -19.11°)(0.1 \angle -90°) = 20.11 \angle 109.11° \text{ A}$$

$$I_B = V_{BO} Y_B = (201.08 \angle -19.11°)(0.1 \angle -90°) = 20.11 \angle -109.11° \text{ A}$$

$$I_C = V_{CO} Y_C = (263.27 \angle 90°)(0.05 \angle -90°) = 13.16 \angle 0° \text{ A}$$

3가지 방법으로 같은 결과를 얻을 수 있다.

EXAMPLE 14-18

$\Delta - Y$ 결선(그림 14.11)에서 $V_{AB} = 208 \angle -120°$ V의 평형 3상 전원에 $Z_A = 6 \angle 0°\,\Omega$, $Z_B = 6 \angle 30°\,\Omega$, $Z_C = 5 \angle 45°\,\Omega$ 의 부하 임피던스가 연결되어 있다. 발전기의 상순은 CBA 이다. 다음에 따라 부하전류와 부하전압을 구하라.

SOLUTION

〈해법 1〉 부하측 Y 결선을 Δ 결선으로 변환

부하 Y 결선을 Δ 결선으로 변환하면

$$Z_{AB} = \frac{Z_A Z_B + Z_B Z_C + Z_C Z_A}{Z_C} = \frac{36 \angle 30° + 30 \angle 75° + 30 \angle 45°}{5 \angle 45°} = 18.19 \angle 3.58°\,\Omega$$

$$Z_{BC} = \frac{Z_A Z_B + Z_B Z_C + Z_C Z_A}{Z_A} = \frac{36 \angle 30° + 30 \angle 75° + 30 \angle 45°}{6 \angle 0°} = 15.16 \angle 48.58°\,\Omega$$

$$Z_{CA} = \frac{Z_A Z_B + Z_B Z_C + Z_C Z_A}{Z_B} = \frac{36 \angle 30° + 30 \angle 75° + 30 \angle 45°}{6 \angle 30°} = 15.16 \angle 18.58°\,\Omega$$

Δ 결선 상전류는

$$I_{AB} = \frac{V_{AB}}{Z_{AB}} = \frac{208 \angle -120°}{18.19 \angle 3.58°} = 11.43 \angle -123.58° \text{ A} = -6 - j9.52 \text{ A}$$

$$I_{BC} = \frac{V_{BC}}{Z_{BC}} = \frac{208 \angle 0°}{15.16 \angle 48.58°} = 13.72 \angle -48.58° \text{ A} = 9.08 - j10.29 \text{ A}$$

$$I_{CA} = \frac{V_{CA}}{Z_{CA}} = \frac{208 \angle 120°}{15.16 \angle 18.58°} = 13.72 \angle 101.42 \text{ A} = -2.72 + j13.45 \text{ A}$$

$$I_{AB} + I_{BC} + I_{CA} = 0.36 - j6.36 \text{ A}$$

불평형 부하이므로 선전류 계산은 각 마디에 KCL을 적용해 한다.

Δ 결선 상전류로부터 Y 결선 부하전류를 구하면

$$I_A = I_{AB} - I_{CA} = -3.6 - j22.97 \text{ A} = 23.25 \angle -98.91 \text{ A}$$

$$I_B = I_{BC} - I_{AB} = -15.4 - j0.77 \text{ A} = 15.42 \angle -2.86° \text{ A}$$

$$I_C = I_{CA} - I_{BC} = -11.8 + j23.74 \text{ A} = 26.5 \angle 116.43° \text{ V}$$

불평형 Y 결선 부하전류의 합 $I_A + I_B + I_C = 0$ A이다.

부하에 걸리는 부하전압은

$$V_A = I_A Z_A = (23.25 \angle -98.91°)(6 \angle 0°) = 139.5 \angle -98.91° \text{ V}$$

$$V_B = I_B Z_B = (15.42 \angle -2.68°)(6 \angle 30°) = 92.52 \angle 27.32° \text{ V}$$

$$V_C = I_C Z_C = (26.5 \angle 116.43°)(5 \angle 45°) = 132.5 \angle 161.43° \text{ V}$$

〈해법 2〉 망전류 방정식 이용

전원측 Δ 결선과 부하측 Y 결선 사이의 두 개의 망에 대해서 전원측과 부하측 AB 단자로 구성되는 망전류를 I_1, 전원측과 부하측 BC 단자로 구성되는 망전류를 I_2라고 하면 망전류 방정식은

$$\begin{cases} (Z_A + Z_B)I_1 - Z_B I_2 = V_{AB} \\ -Z_B I_1 + (Z_B + Z_C)I_2 = V_{BC} \end{cases}$$

$$\begin{cases} (6\angle 0° + 6\angle 30°)I_1 - 6\angle 30° I_2 = 208 \angle -120° \\ -6\angle 30° I_1 + (6\angle 30° + 5\angle 45°)I_2 = 208 \angle 0° \end{cases}$$

Cramer 공식을 이용하면

$$I_1 = \frac{\begin{vmatrix} 208\angle -120° & -6\angle 30° \\ 208\angle 0° & 10.92\angle 36.81° \end{vmatrix}}{\begin{vmatrix} 11.59\angle 15° & -6\angle 30° \\ -6\angle 30° & 10.92\angle 36.81° \end{vmatrix}} = \frac{2271.36\angle -83.19° + 1248\angle 30°}{126.56\angle 51.81° - 36\angle 60°}$$

$$= \frac{1350.13 - j1631.33}{60.25 + j68.29} = \frac{2117.57\angle -50.39°}{91.07\angle 48.58°} = 23.25 \angle -98.97° \text{ A}$$

$$I_2 = \frac{\begin{vmatrix} 11.59\angle 15° & 208\angle -120° \\ -6\angle 30° & 208\angle 0° \end{vmatrix}}{\begin{vmatrix} 11.59\angle 15° & -6\angle 30° \\ -6\angle 30° & 10.92\angle 36.81° \end{vmatrix}} = \frac{2410.72\angle 15° + 1248\angle -90°}{126.56\angle 51.81° - 36\angle 60°}$$

$$= \frac{2328.58 - j624.08}{60.25 + j68.29} = \frac{2410.76\angle -15°}{91.07\angle 48.58°} = 26.47 \angle -63.58° \text{ A}$$

부하전류는

$$I_A = I_1 = 23.25 \angle -98.97° \text{ A}$$

$$I_B = I_2 - I_1 = 26.47 \angle -63.58° \text{ A} - 23.25 \angle -98.97° = 15.43 \angle -2.74° \text{ A}$$

$$I_C = -I_2 = 26.47 \angle 116.42° \text{ A}$$

부하에 걸리는 부하전압은

$$V_A = I_A Z_A = (23.25 \angle -98.97°)(6 \angle 0°) = 139.5 \angle -98.97° \text{ V}$$

$$V_B = I_B Z_B = (15.43 \angle -2.74°)(6 \angle 30°) = 92.58 \angle 27.26° \text{ V}$$

$$V_C = I_C Z_C = (26.47 \angle 116.42°)(5 \angle 45°) = 132.35 \angle 161.42° \text{ V}$$

발전기가 평형 3상 전압을 발생시킬 때 $\Delta - Y$ 결선방식의 성질은 다음과 같이 정리된다.

결선방식	평형 부하, 불평형 부하	평형 부하
$\Delta - Y$	$\sum V_p = 0$ $\sum V_l = 0$ $V_l = V_p$ $I_l = I_Z$	$\sum I_l = 0$ $V_l = \sqrt{3}\, V_Z \angle (\theta_Z + 30°)$

주) V_p: 발전기의 상전압, V_l: 선간전압, I_l: 선전류, I_Z: 부하전류

14.5 3상 회로 전력

3상 회로는 단상회로 3개를 합친 것이므로 부하가 평형이든 불평형이든 총전력은 각 상의 전력의 합이다. 단상회로에서 피상전력(S, P_a), 유효전력(P, P_{av})과 무효전력(Q, P_r)은 다음과 같이 나타내진다.

$$\begin{aligned} S &= VI \\ P &= VI\cos\theta = I^2 R \\ Q &= VI\sin\theta = I^2 X \end{aligned} \quad (14.20)$$

만약 3상 부하가 평형일 경우 3상 전력은 단상전력의 3배이므로 다음과 같이 나타내진다.

$$\begin{aligned} S &= 3V_p I_p \\ P &= 3V_p I_p \cos\theta = 3I_p^2 R \\ Q &= 3V_p I_p \sin\theta = 3I_p^2 X \end{aligned} \quad (14.21)$$

여기서 전압과 전류는 각 상에 대한 것이므로 상전압(V_p)과 상전류(I_p)이며, θ는 V_p와 I_p 사이의 위상차이다. 한편 불평형 부하일 경우, 각 상의 전력을 합한다. 일반적으로 전압과 전류는 선간전압(V_l)과 선전류(I_l)가 되는 경우가 많으므로 이에 대한 전력으로 나타낼 필요가 있다. 앞서 학습한 선간전압과 상전압, 선전류와 상전류의 관계는 결선방식에 따라 다르다.

i) Y 결선 부하에서 선간전압과 상전압 사이의 관계는 $V_p = \dfrac{V_l}{\sqrt{3}}$

ii) Y 결선 부하에서 선전류와 상전류의 사이의 관계는 $I_p = I_l$

iii) Δ 결선 부하에서 선간전압과 상전압 사이의 관계는 $V_p = V_l$

iv) Δ 결선 부하에서 선전류와 상전류의 사이의 관계는 $I_p = \dfrac{I_l}{\sqrt{3}}$

따라서 이 관계를 식 (14.21)에 대입하여 정리하면 평형 부하에서 다음과 같이 결선방식에 무관하게 3상 전력식이 얻어진다.

$$S = \sqrt{3}\, V_l I_l \ (\text{VA})$$
$$P = \sqrt{3}\, V_l I_l \cos\theta \ (\text{W}) \tag{14.22}$$
$$Q = \sqrt{3}\, V_l I_l \sin\theta \ (\text{var})$$

여기서 θ는 부하 임피던스의 위상각이다.

3상 회로의 복소전력($S = P + jQ$)은 단상전력과 같은 형태이지만 식 (14.21), (14.22)에 따라 실수부와 허수부의 식은 단상전력의 3배 또는 $\sqrt{3}$ 배가 된다. 또한 저항에 소모되는 유효전력($3I^2R$, $3V^2/R$), 코일이나 콘덴서에 저장되는 무효전력($3I^2X$, $3V^2/X$)도 단상전력에서 식과 비교하면 3배 또는 $\sqrt{3}$ 배가 된다. 3상 회로의 역률은 $\cos\theta = P/S$가 된다.

EXAMPLE 14-19

$\Delta - Y$ 결선에서 $V_{AB} = 380\angle 0°$ V인 평형 3상 전원이 $Z = 10\angle 53.13°\ \Omega$의 동일한 부하 임피던스에 인가된다. 다음을 구하라. 상순은 ABC이다

(a) 피상전력
(b) 유효전력
(c) 무효전력을 구하라.
(d) 역률을 구하라.

SOLUTION

상전압은 $V_A = \dfrac{V_{AB}}{\sqrt{3}}\angle(\theta_{AB} - 30°) = \dfrac{380}{\sqrt{3}}\angle -30° = 219.4\angle -30°$ V $= V_p$

부하전류 $I_A = \dfrac{V_A}{Z} = \dfrac{219.4\angle -30°}{10\angle 53.13°} = 21.94\angle -83.13°$ A $= I_l$

⟨해법 1⟩

(a) 피상전력 $S = \sqrt{3}\, V_l I_l = \sqrt{3}(380)(21.94) = 14.44$ kVA

(b) 유효전력 $P = \sqrt{3}\, V_l I_l \cos\theta = \sqrt{3}(380)(21.94)\cos 53.13° = 8.66$ kW

(c) 무효전력 $Q = \sqrt{3}\, V_l I_l \sin\theta = \sqrt{3}\,(380)(21.94)\sin 53.13° = 11.55\ \text{kvar}$

(d) 역률 $PF = \cos\theta = \cos 53.13 = 0.6$

〈해법 2〉

(b) 유효전력 $P = 3V_p I_p \cos\theta = 3(219.93)(21.94)\cos(-30° + 83.13°) = 8.66\ \text{kW}$

(c) 무효전력 $Q = 3V_p I_p \sin\theta = 3(219.39)(21.94)(\sin 53.13°) = 11.55\ \text{kvar}$

(a) 피상전력 $S = \sqrt{P^2 + Q^2} = \sqrt{(8.66\,\text{k})^2 + (11.55\,\text{k})^2} = 14.44\ \text{kVA}$

(d) 역률 $PF = \dfrac{P}{S} = \dfrac{8.66}{14.44} = 0.6$

〈해법 3〉

(a) 피상전력은 상전압과 상전류의 곱이므로

　　피상전력 $\boldsymbol{S} = 3\boldsymbol{V}_p \overline{\boldsymbol{I}_p} = 3\,(219.39\angle -30°)(21.94\angle 83.13°) = 14440.25\angle 53.13°\ \text{VA}$

　　　　　　　$= 8664.17 + j11552.18\ \text{VA}$

　　　　$S = |\boldsymbol{S}| = \sqrt{8664.17^2 + 11552.18^2} = 14.44\ \text{kVA}$

(b) 유효전력 $P = Re\,\boldsymbol{S} = 8.66\ \text{kW}$

(c) 무효전력 $Q = Im\,\boldsymbol{S} = 11.55\ \text{kvar}$ (lagging)

(d) 역률 $PF = \cos\theta = \cos 53.13 = 0.6$

〈해법 4〉

(b) 유효전력 $P = 3I_A^2 R = 3I_A^2 Z\cos\theta = 3(21.94)^2(10)\cos 53.13° = 8.66\ \text{kW}$

(c) 무효전력 $Q = 3I_A^2 X = 3I_A^2 Z\sin\theta = 3(21.94)^2(10)\sin 53.13° = 11.55\ \text{kvar}$

EXAMPLE 14-20

$\Delta - \Delta$ 결선에서 $V_{AB} = 120\angle 0°$ V인 평형 3상 전원이 각 상의 부하가, 저항($6\,\Omega$)과 인덕터($j8\,\Omega$)가 병렬 결선되고, 여기에 콘덴서($-j4$)가 직렬인 평형 부하에 인가된다. 다음을 구하라. 상순은 ABC이다.

(a) 피상전력

(b) 유효전력

(c) 무효전력

(d) 역률

SOLUTION

부하 임피던스는 $\boldsymbol{Z} = 6//j8 - j4 = 4\angle -16.26°\ \Omega = 3.84 - j1.12\ \Omega$

상전류 $\boldsymbol{I}_{AB} = \dfrac{\boldsymbol{V}_{AB}}{\boldsymbol{Z}} = \dfrac{120\angle 0°}{4\angle -16.26°} = 30\angle 16.26°\ \text{A}$

선전류 $\boldsymbol{I}_A = \sqrt{3}\,I_{AB}(\theta_{AB} - 30°) = 52\angle -13.74°\ \text{A} = \boldsymbol{I}_l$

〈해법 1〉

(a) 피상전력 $S = \sqrt{3}\, V_l I_l = \sqrt{3}\,(120)(52) = 10.8\,\text{kVA}$

(b) 유효전력 $P = \sqrt{3}\, V_l I_l \cos\theta = \sqrt{3}\,(120)(52)\cos(16.26°) = 10.38\,\text{kW}$

(c) 무효전력 $Q = \sqrt{3}\, V_l I_l \sin\theta = \sqrt{3}\,(380)(52)\sin(-16.26°) = 3.03\,\text{kvar}$ (leading)

(d) 역률 $PF = \cos\theta = \cos(-16.26°) = 0.96$

〈해법 2〉

(a) 유효전력 $P = 3 V_p I_p \cos\theta = 3(120)(30)(\cos 16.26) = 10.37\,\text{kW}$

(b) 무효전력 $Q = 3 V_p I_p \sin\theta = 3(120)(30)(\sin 16.26) = 3.02\,\text{kvar}$ (leading)

(c) 피상전력 $S = \sqrt{P^2 + Q^2} = \sqrt{(10.37\,\text{k})^2 + (3.02\,\text{k})^2} = 10.8\,\text{kVA}$

(d) 역률 $PF = \cos\theta = \cos 16.26 = 0.96$

〈해법 3〉

(a) 피상전력 $\boldsymbol{S} = 3\boldsymbol{V}_p \overline{\boldsymbol{I}_p} = 3(120\angle 0°)(30\angle -16.26°) = 10.8\angle -16.26°\,\text{kVA}$
$= 10.37 - j3.02\,\text{kVA}$
$S = |\boldsymbol{S}| = \sqrt{10.37^2 + 3.02^2} = 10.8\,\text{kVA}$

(b) 유효전력 $P = Re\,\boldsymbol{S} = 10.37\,\text{kW}$

(c) 무효전력 $Q = Im\,\boldsymbol{S} = 3.02\,\text{kvar}$ (leading)

역률 $PF = \dfrac{P}{S} = \dfrac{10.37}{10.8} = 0.96$

〈해법 4〉

(b) 유효전력 $P = 3 I_A^2 R = 3(30)^2 (3.84) = 10.37\,\text{kW}$

(c) 무효전력 $Q = 3 I_A^2 X = 3(30)^2 (1.12) = 3.02\,\text{kvar}$

EXAMPLE 14-21

$\boldsymbol{V}_{BC} = 100\angle 0°$인 3상 전원이 부하 임피던스가 $20\angle 30°\,\Omega$인 Δ 결선된 평형 부하에 공급되는 총전력을 구하라. 발전기의 상순은 CBA이다.

SOLUTION

〈해법 1〉

부하전류는

$$I_{BC} = \frac{\boldsymbol{V}_{BC}}{\boldsymbol{Z}} = \frac{100\angle 0°}{20\angle 30°} = 5\angle -30°\,\text{A}$$

$$P = 3 I_{BC}^2 R = 3 I_{BC}^2 Z \cos\theta = 3(5)^2 (20)\cos 30° = 1.3\,\text{kW}$$

⟨해법 2⟩

선전류는 $I_B = \sqrt{3}\,I_{BC} \angle (\theta_{BC} - 30°) = \sqrt{3}\,(5) \angle -30°$ A

$$P = \sqrt{3}\,V_l I_l \cos\theta = \sqrt{3}\,(100)(5\sqrt{3})\cos 30° = 1.3 \text{ kW}$$

EXAMPLE 14-22

$\Delta - \Delta$ 결선에서 $V_{BC} = 240 \angle 0°$ V인 평형 3상 전원이 각 상의 부하 임피던스가 $Z_A = 25 \angle 90°\,\Omega$, $Z_B = 15 \angle 30°\,\Omega$, $Z_C = 20 \angle 0°\,\Omega$인 불평형 부하에 인가된다. 부하에 소모되는 총전력을 구하라. 발전기의 상순은 CBA이다.

SOLUTION

불평형 부하이므로 각 부하에 소모되는 전력을 각기 구하여 합한다. 먼저 상전류를 구한다.

상전류는

$$I_{AB} = \frac{V_{AB}}{Z_A} = \frac{240 \angle -120°}{25 \angle 90°} = 9.6 \angle -210° \text{ A} = -8.31 + j4.8 \text{ A}$$

$$I_{BC} = \frac{V_{BC}}{Z_B} = \frac{240 \angle 0°}{15 \angle 30°} = 16 \angle -30° \text{ A} = 13.86 - j8 \text{ A}$$

$$I_{CA} = \frac{V_{CA}}{Z_C} = \frac{240 \angle 120°}{20 \angle 0°} = 12 \angle 120° \text{ A} = -6 + j10.39 \text{ A}$$

Z_A에 소비되는 전력 $P_A = V_{AB}I_{AB}\cos\theta_A = (240)(9.6)(\cos 90°) = 0$

혹은 $Z_A = 25 \angle 90°\,\Omega = 0 + j25\,\Omega$이므로 $R_A = 0\,\Omega$

따라서 $P_A = I_{AB}^2 R_A = (9.6)^2(0) = 0$

Z_B에 소비되는 전력 $P_B = V_{BC}I_{BC}\cos\theta_B = (240)(16)(\cos 30°) = 3.33 \text{ kW}$

혹은 $Z_B = 15 \angle 30°\,\Omega = 12.99 + j7.5\,\Omega$이므로 $R_B = 12.99\,\Omega$

따라서 $P_B = I_{BC}^2 R_B = (16)^2(12.99) = 3.33 \text{ kW}$

Z_C에 소비되는 전력 $P_C = V_{CA}I_{CA}\cos\theta_C = (240)(12)(\cos 0°) = 2.88 \text{ kW}$

혹은 $Z_C = 20 \angle 0°\,\Omega = 20 + j0\,\Omega$이므로 $R_B = 20\,\Omega$

따라서 $P_C = I_{CA}^2 R_C = (12)^2(20) = 2.88 \text{ kW}$

총전력 $P = P_A + P_B + P_C = 0 + 3.33 + 2.88 = 6.21 \text{ kW}$

EXAMPLE 14-23

그림 14.12에서 $V_A = 120\angle 90°$ V, $V_B = 120\angle 0°$ V의 2상 전원이 각 상의 부하 임피던스가 $Z = 10\angle 53.13°\ \Omega$인 Δ 결선된 평형 부하에 인가된다. 전원의 중심점은 부하의 C상에 결선된다. 선전류와 총전력을 구하라.

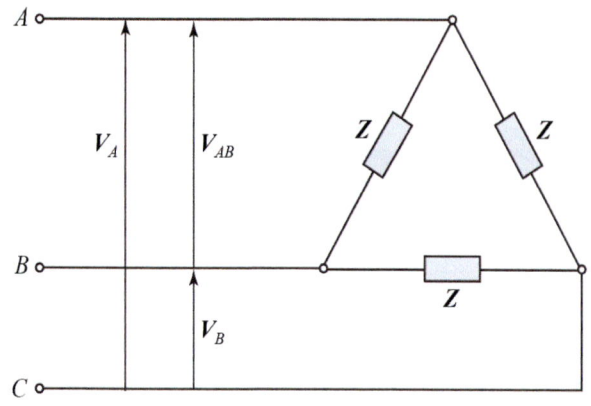

그림 14.12 [EXAMPLE 14-23]

SOLUTION

주어진 문제는 2상 전원으로 Y 결선 전원에서 C상을 중성점으로 두면 $V_C = V_N = 0$ V이다. V_B는 $V_B = V_{BN}(= V_{BC})$. 마찬가지로 $V_A = V_{AN}(= V_{AC})$. V_B를 기준전압으로 보면 V_A은 V_B보다 90° 앞서게 페이저를 그려보면 V_{AB}는 V_B보다 135° 앞선다. 크기가 $V_{AB} = \sqrt{V_A^2 + V_B^2} = 120\sqrt{2} = 169.7$ V이므로 $V_{AB} = 169.7\angle 135°$ V이다.

부하전류는

$$I_{AB} = \frac{V_{AB}}{Z} = \frac{169.7\angle 135°}{10\angle 53.13°} = 17\angle 81.87°\ \text{A} = 2.4 + j16.8\ \text{A}$$

$$I_{AN} = \frac{V_{AN}}{Z} = \frac{120\angle 90°}{10\angle 53.13°} = 12\angle 36.87°\ \text{A} = 9.6 + j7.2\ \text{A}$$

$$I_{BN} = \frac{V_{BN}}{Z} = \frac{120\angle 0°}{10\angle 53.13°} = 12\angle -53.13°\ \text{A} = 7.2 - j9.6\ \text{A}$$

선전류는

$$I_A = I_{AB} + I_{AN} = (2.4 + j16.8) + (9.6 + j7.2) = 12.0 + j24.0\ \text{A}$$
$$I_B = I_{BN} - I_{AB} = (7.2 - j9.6) - (2.4 + j16.8) = 4.8 + j26.4\ \text{A}$$
$$I_N = I_{NB} + I_{NA} = -I_{BN} - I_{AN} = -(7.2 - j9.6) - (9.6 + j7.2) = 16.8 + j2.4\ \text{A}$$

각 부하의 전력은

$$P_{AB} = I_{AB}^2 R = (17)^2(6) = 1734\ \text{W}$$
$$P_{AN} = I_{AN}^2 R = (12)^2(6) = 864\ \text{W}$$
$$P_{BN} = I_{BN}^2 R = (12)^2(6) = 864\ \text{W}$$

총전력 $P = P_{AB} + P_{AN} + P_{BN} = 1734 + 864 + 864 = 3462$ W

14.6 전력 측정

교류전력을 측정하는 장치를 일렉트로다이나모미터 와트미터(electrodynamometer wattmeter)라고 하는데, 총칭하여 전력계(電力計)라고 한다. 전력계의 개략도는 그림 14.13(a)와 같다. 이것은 포인터(pointer), 즉 전력계 바늘이 장착된 가동코일(movable coil, 可動코일)을 포함한다.

전력계의 가동코일은 전력을 측정할 회로의 전압단자에 연결된다. 코일의 전류와 그로 생긴 자기장은 시험회로에 인가된 전압에 비례한다. 두 개의 고정코일, 즉 전류코일은 측정 회로와 직렬로 연결된다. 두 코일에 흐르는 전류와 자기장은 시험회로에 흐르는 전류에 비례한다. 전기모터의 회전 작용과 같은 방식으로 전류와 자기장이 서로 상호작용하여 가동코일에 회전력이 생기며, 회전력은 고정코일과 가동코일의 전류 곱에 비례한다. 가동코일에 흐르는 전류는 회로에 인가된 전압에 비례하고, 고정코일에 흐르는 전류는 회로 전류에 비례하기 때문에 포인터의 편향은 VI에 비례한다. 요약하면 와트미터는 가동코일의 편향이 $VI\cos\theta$에 비례하도록 설계된 전압코일(가동코일)과 전류코일(고정코일)을 가지는 계측기이다. 그림 14.13(b)는 전력계의 기호를 나타낸 것으로 두 코일로 표시된다. 그림 14.13(c)는 단상회로에서 전력측정 블록선도이며, 일반적으로 전력계의 기호는 그림 14.13(b) 대신에 그림 14.13(c)의 좌측 네모박스를 사용한다.

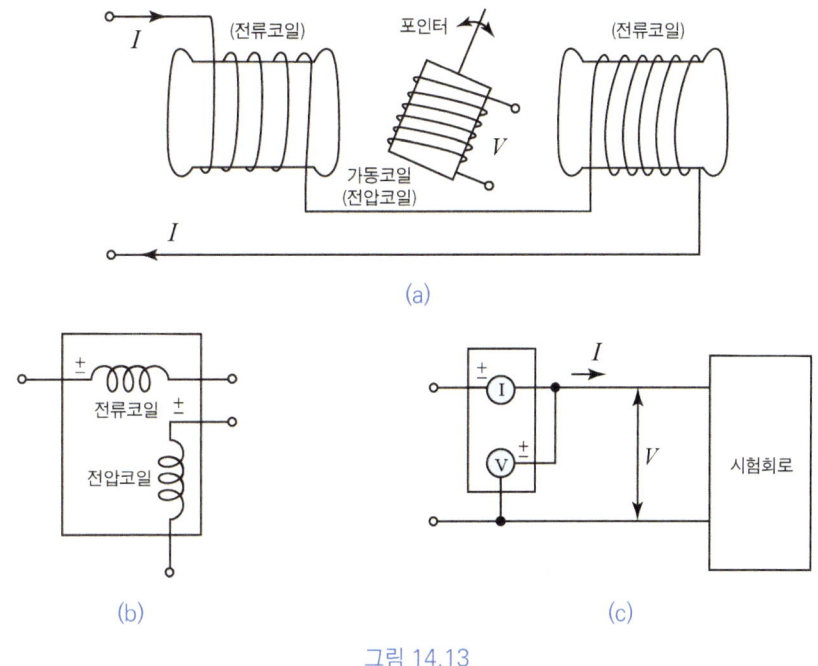

그림 14.13

(1) 2전력계법

2전력계법은 2대의 단상 전력계의 합으로 3선식 Y 부하와 Δ 부하의 전력을 측정하는 방식이다. 그림 14.14(a)는 Y 결선된 평형 부하에 대한 2전력계법을 나타낸 것이다. 2전력계법은 부하가 평형이든 불평형이든 또 Y 부하든 Δ 부하든 이에 관계없이 전압코일은 선간전압(V_l)이 걸리게 연결되고, 전류코일은 선전류(I_l)와 직렬로 연결된다.

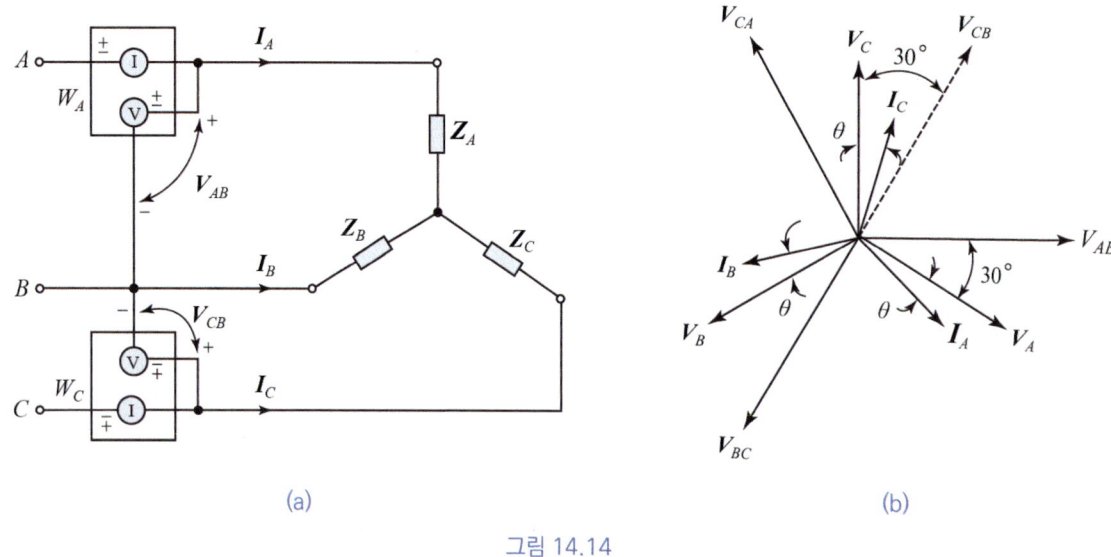

그림 14.14

지금 A선과 C선에 전력계가 있을 때는 B선이 기준선이 되며, 전력계에 표시되는 값은 다음과 같다.

$$W_A = V_{AB}I_A\cos\theta_{(AB-A)}$$
$$W_C = V_{CB}I_C\cos\theta_{(CB-C)}$$
(14.23)

이 식에서 평형 부하일 경우, 보다 쉽게 접할 수 있는 식으로 나타낼 수가 있는데, 위상차는 그림 14.14(b)에 나타낸 페이저도로부터 찾을 수 있다. 부하전압(상전압)은 선간전압보다 위상이 30° 뒤지며, 부하 임피던스는 선전류가 상전압보다 θ만큼 뒤지게 한다고 가정하면 전력계 A에서 $\theta_{(AB-A)} = 30° + \theta$, 전력계 C에서는 V_{BC}가 아니라 V_{CB}이므로 $\theta_{(CB-C)} = 30° - \theta$가 된다. 따라서 평형 부하에서 각 전력계는 다음과 같이 나타낸다.

$$W_A = V_{AB}I_A\cos(30° + \theta)$$
$$W_C = V_{CB}I_C\cos(30° - \theta)$$
(14.24)

여기서 θ는 부하 임피던스 위상각이다.

식 (14.24)는 2개의 전력계가 A, C선에 있을 때 평형 부하에서 유도된 식이지만 전력계가 전력선 어디에 있든 관계없이 성립하기 때문에 V_{AB}와 V_{CB}는 같은 크기의 선간전압이므로 V_l로 나타내고, I_A와 I_C는 같은 크기의 선전류이므로 I_l로 나타내면 다음과 같이 일반화할 수 있다.

$$W_A = V_l I_l \cos(30° + \theta)$$
$$W_C = V_l I_l \cos(30° - \theta)$$
(14.25)

코사인 가법정리를 적용하면

$$W_A = V_{AB} I_A \cos(30° + \theta) = V_l I_l (\cos 30° \cos\theta - \sin 30° \sin\theta)$$
$$W_C = V_{CB} I_C \cos(30° - \theta) = V_l I_l (\cos 30° \cos\theta + \sin 30° \sin\theta)$$

각 단상 전력을 합하면 2전력계법에 의한 Y 결선 부하의 전력은 다음과 같다.

$$P = W_A + W_C = \sqrt{3}\, V_l I_l \cos\theta \tag{14.26}$$

EXAMPLE 14-24

그림 14.14(a)에서 $V_{AB} = 220\angle 0°$ V인 평형 3상 전원이 각 상의 부하 임피던스가 $Z_A = Z_B = Z_C = 5\angle -60°$ Ω인 평형 부하에 인가된다. 상순은 CBA이다. 2전력계를 읽어라.

SOLUTION
⟨해법 1⟩ 식 (14.23) 이용

Y 결선 부하에서 상전압은 V_{AB}로부터 V_A, V_{BC}로부터 V_B, V_{CA}로부터 V_C를 구한다. 그 다음으로 상전류는 V_A로부터 I_A, V_B로부터 I_B, V_C로부터 I_C를 구하는 것이 일반적이다.

주어진 문제에서 상순이 CBA이므로 상전압이 선간전압의 $1/\sqrt{3}$ 배이고, 30° 앞선다.

$$V_A = \frac{V_{AB}}{\sqrt{3}} \angle (\theta_{AB} + 30°) = \frac{220}{\sqrt{3}} \angle (0° + 30°) = 127\angle 30° \text{ V}$$

$$V_C = \frac{V_{CA}}{\sqrt{3}} \angle (\theta_{CA} + 30°) = \frac{220}{\sqrt{3}} \angle (-120° + 30°) = 127\angle -90° \text{ V}$$

$$I_A = \frac{V_A}{Z_A} = \frac{127\angle 30°}{5\angle -60°} = 25.4\angle 90° \text{ A}$$

$$I_C = \frac{V_C}{Z_C} = \frac{127\angle -90°}{5\angle -60°} = 25.4\angle -30° \text{ A}$$

전력계 A에서 전력 W_A는

$$W_A = V_{AB} I_A \cos\theta_{(AB-A)} = (220)(25.4)\cos(0° - 90°) = 0 \text{ W}$$

전력계 C에서 전력 W_C는

$$W_C = V_{CB} I_C \cos\theta_{(CB-C)} = (220)(25.4)\cos[-60° - (-30°)] = 4839 \text{ W}$$
$$[V_{CB} = -V_{BC} = (1\angle 180°)(220\angle 120°) = 220\angle -60° \text{ V}]$$

총전력 P는

$$P = W_A + W_C = 4839 \text{ W}$$

⟨해법 2⟩ 식 (14.24) 이용

평형 부하이므로 식 (14.25)를 사용하기 위해서는 선전류(부하전류)를 구해야 한다.

상전압(부하전압) $V_A = \dfrac{V_{AB}}{\sqrt{3}} = 127$ V

선전류(부하전류) $I_A = \dfrac{V_A}{Z_A} = \dfrac{127}{5} = 25.4$ A

평형 부하에서 부하 임피던스 위상각을 고려하면 부하전류가 부하전압보다 60° 앞선다.

전력계 A에서 전력 W_A는

$$W_A = V_l I_l \cos(30° + \theta) = (220)(25.4)\cos(30° - 60°) = 4839 \text{ W}$$

전력계 C에서 전력 W_C는

$$W_C = V_l I_l \cos(30° - \theta) = (220)(25.4)\cos(30° + 60°) = 0 \text{ W}$$

총전력 P는

$$P = W_A + W_C = 4839 \text{ W}$$

⟨해법 3⟩ 식 (14.21), (14.22) 이용

(1) 부하전력, 즉 상전력 $P_p = I_l^2 R = I_l^2 Z \cos\theta = (25.4)^2 (5) \cos(-60°) = 1613$ W

   평형부하이므로 총전력 P는

$$P = 3P_p = 3(1613) = 4839 \text{ W}$$

(2) 혹은 평형 3상 부하이므로 총전력 P는

$$P = \sqrt{3}\, V_l I_l \cos\theta = \sqrt{3}\,(220)(25.4)\cos(-60°) = 4839 \text{ W}$$

EXAMPLE 14-25

그림 14.15에서 $V_{BC} = 150\angle 0°$ V인 평형 3상 전원이 각 상의 부하 임피던스가 $Z_A = Z_B = Z_C = 5\angle -60°$ Ω인 평형 부하에 인가된다. 상순은 ABC이다. 2전력계를 읽어라.

SOLUTION

⟨해법 1⟩ 식 (14.25) 이용

상전류 $I_{BC} = \dfrac{V_{BC}}{Z_B} = \dfrac{150}{5} = 30$ A

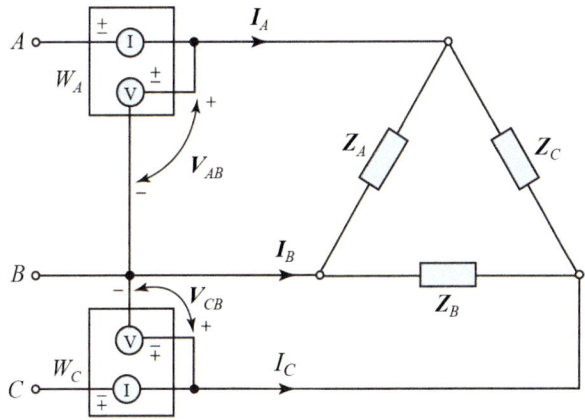

그림 14.15 [EXAMPLE 14-25]

선전류 $I_B = \sqrt{3}\,I_{BC} = (\sqrt{3})(30) = 52\,\text{A}$

평형 부하에서 부하 임피던스 위상각을 고려하면 부하전류가 부하전압보다 $60°$ 앞선다.

전력계 A에서 전력 W_A는

$$W_A = V_l\,I_l \cos(30° + \theta) = (150)(52)\cos(30° - 60°) = 6755\,\text{W}$$

전력계 C에서 전력 W_C는

$$W_C = V_l\,I_l \cos(30° - \theta) = (127)(44)\cos(30° + 60°) = 0\,\text{W}$$

전력계의 합, 즉 총전력 P는

$$P = W_A + W_C = 6755 + 0 = 6755\,\text{W}$$

〈해법 2〉 식 (14.21) 이용

부하전력, 즉 상전력 P_p는

$$P_p = I_p^2 R = I_p^2 Z \cos\theta = (30)^2(5)\cos 60° = 2250\,\text{W}$$

평형 부하이므로 총전력 P는

$$P = 3P_p = 3(2250) = 6750\,\text{W}$$

〈해법 3〉 식 (14.22) 이용

평형 3상 부하이므로 총전력 P는

$$P = \sqrt{3}\,V_l\,I_l \cos\theta = \sqrt{3}\,(150)(52)\cos(-60°) = 6755\,\text{W}$$

EXAMPLE 14-26

그림 14.15에서 $V_{BC} = 210\angle 0°$ V인 평형 3상 전원이 각 상의 부하 임피던스가 $Z_A = 10\angle 0°\,\Omega$, $Z_B = 15\angle 30°\,\Omega$, $Z_C = 20\angle 90°\,\Omega$인 불평형 부하에 인가된다. 상순은 CBA이다.

(a) 전력계가 A, C선에 있을 때 2전력계를 읽어라.
(b) 전력계가 A, B선에 있을 때 2전력계를 읽어라.

SOLUTION

상전류 $I_{AB} = \dfrac{V_{AB}}{Z_A} = \dfrac{210\angle -120°\text{ V}}{10\angle 0°\,\Omega} = 21\angle -120°$ A

$I_{BC} = \dfrac{V_{BC}}{Z_B} = \dfrac{210\angle 0°\text{ V}}{15\angle 30°\,\Omega} = 14\angle -30°$ A

$I_{CA} = \dfrac{V_{CA}}{Z_C} = \dfrac{210\angle 120°\text{ V}}{20\angle 90°\,\Omega} = 10.5\angle 30°$ A

선전류 $I_A = I_{AB} - I_{CA} = (-10.5 - j18.2) - (9.1 + j5.3)\text{ A} = 30.6\angle -129.8°$ A

$I_B = I_{BC} - I_{AB} = (12.1 - j7) - (-10.5 - j18.2)\text{ A} = 25.2\angle 26.4°$ A

$I_C = I_{CA} - I_{BC} = (9.1 + j5.3) - (12.1 - j7)\text{ A} = 3.4\angle -150.5°$ A

〈해법 1〉 식 (14.23) 이용

(a) 기준선은 B선이 된다.

전력계 A에서 전력 W_A는

$$W_A = V_{AB} I_A \cos\theta_{(AB-A)} = 210(30.6)\cos(-120° + 129.8°) = 6332\text{ W}$$

전력계 C에서 전력 W_C는

$$W_C = V_{CB} I_C \cos\theta_{(CB-C)} = 210(3.4)\cos(180° + 150.5°) = 621\text{ W}$$

$$[V_{CB} = -V_{BC} = -210\angle 0° = (1\angle 180°)(210\angle 0°) = 210\angle 180°\text{ V}]$$

총전력 P는

$$P = W_A + W_C = 6332 + 621 = 6953\text{ W}$$

(b) 기준선은 C선이 된다.

전력계 A에서 전력 W_A는

$$W_A = V_{AC} I_A \cos\theta_{(AC-A)} = 210(30.6)\cos(300° + 129.8°) = 2219\text{ W}$$

$$[V_{AC} = -V_{CA} = -210\angle 120° = (1\angle 180°)(210\angle 120°) = 210\angle 300°\text{ V}]$$

전력계 B에서 전력 W_B는

$$W_B = V_{BC}I_B \cos\theta_{(BC-B)} = 210(25.2)\cos(0° - 26.4°) = 4740 \text{ W}$$

총전력 P 는

$$P = W_A + W_B = 2219 + 4740 = 6959 \text{ W}$$

〈해법 2〉 식 (14.21) 이용

(a) $\boldsymbol{Z}_A = 10 \angle 0° \, \Omega$ 에서 $R_A = 10 \, \Omega$

Z_A 에 소비되는 전력 P_A는

$$P_A = I_{AB}^2 R_A = (21)^2(10) = 4410 \text{ W}$$

(b) $\boldsymbol{Z}_B = 15 \angle 30° \, \Omega$ 에서 $R_B = Z_B \cos 30° = 13 \, \Omega$

Z_B 에 소비되는 전력 P_B 는

$$P_B = I_{BC}^2 R_B = (14)^2(13) = 2548 \text{ W}$$

(c) $\boldsymbol{Z}_C = 20 \angle 90° \, \Omega$ 에서 $R_C = 0 \, \Omega$

Z_C 에 소비되는 전력 P_C 는

$$P_C = I_{CA}^2 R_C = (10.5)^2(0) = 0 \text{ W}$$

총전력 P 는

$$P = P_A + P_B + P_C = 4410 + 2548 + 0 = 6958 \text{ W}$$

(2) 3전력계법

3전력계법은 3상 4선식에서 선전류와 중성선에 대한 선간전압으로 구성되는 3대의 단상 전력계의 합으로 전력을 측정하는 방식이다.

EXERCISE

14.1 $V_{AB} = 380 \angle 120°$ V 일 때 상순이 CBA 라고 하면 나머지 선간전압을 구하라.

14.2 평형 3상 교류발전기에서 $v_B = 311 \sin(\omega t - 60°)$ 일 때 v_A, v_C 를 구하라.

14.3 Y 결선된 평형 3상 전원에서 $\boldsymbol{V}_A = 220 \angle 30°$ V, $\boldsymbol{I}_A = 20 \angle 60°$ A 이다. 선간전압과 선전류를 구하라. 발전기의 상순은 CBA 이다.

14.4 $3\phi 4w$, $Y - Y$ 결선(그림 14.7)에서 $\boldsymbol{V}_A = 110 \angle 0°$ V 의 평형 3상 전원에 $3 + j4 \, \Omega$ 의 동일한 부하 임피던스가 연결되어 있을 때 부하전류를 구하라. 발전기의 상순은 CBA 이다.

14.5 $3\phi 4w$, $Y - Y$ 결선(그림 14.7)에서 $\boldsymbol{V}_{BC} = 130 \angle 0°$ V 의 평형 3상 전원에 $5 \angle 45° \, \Omega$ 의 동일한 부하 임피던스가 연결되어 있을 때 선전류를 구하라. 발전기의 상순은 ABC 이다.

14.6 $3\phi 4w$, $Y-Y$ 결선(그림 14.7)에서 $V_A = 150\angle 0°$ V의 평형 3상 전원에 $Z_A = j5\,\Omega$, $Z_B = -j5\,\Omega$, $Z_C = 5\,\Omega$의 부하 임피던스가 연결되어 있을 때 부하전류와 중성선 전류를 구하라. 발전기의 상순은 CBA이다.

14.7 3상 3선식($3\phi 3w$) $Y-Y$ 결선일 때 $V_A = 220\angle 0°$ V의 평형 3상 전원에 $Z_A = 2 + j5\,\Omega$, $Z_B = -j5\,\Omega$, $Z_C = 3 - j4\,\Omega$의 부하 임피던스가 연결되어 있다. 발전기의 상순은 ABC이다.
   (a) 변위중성전압 V_{ON}을 구하라.
   (b) 부하전압을 구하라.
   (c) 부하전류를 구하라.

14.8 $Y-\Delta$ 결선(그림 14.9)에서 $V_{CA} = 208\angle 0°$ V의 평형 3상 전원에 $5\angle 45°\,\Omega$의 동일한 부하 임피던스가 연결되어 있을 때 선전류를 구하라. 발전기의 상순은 CBA이다.

14.9 $Y-\Delta$ 결선(그림 14.9)에서 $V_A = 120\angle 0°$ V의 평형 3상 전원에 $20\angle 30°\,\Omega$의 동일한 부하 임피던스가 연결되어 있다. 부하전류와 선전류를 구하라. 발전기의 상순은 CBA이다.

14.10 $Y-\Delta$ 결선(그림 14.9)에서 $V_{AB} = 170\angle 30°$ V의 평형 3상 전원에 $Z_A = 3 + j4\,\Omega$, $Z_B = -j\,\Omega$, $Z_B = j\,\Omega$의 부하 임피던스가 연결되어 있다. 부하전류와 선전류를 구하라. 발전기의 상순은 CBA이다.

14.11 $\Delta-\Delta$ 결선(그림 14.10)에서 $V_{AB} = 150\angle 0°$ V의 평형 3상 전원에 $6\angle 15°\,\Omega$의 동일한 부하 임피던스가 연결되어 있다. 선전류를 구하라. 발전기의 상순은 CBA이다.

14.12 $\Delta-Y$ 결선(그림 14.11)에서 $V_{AB} = 270\angle 0°$ V의 평형 3상 전원에 $Z_A = j10\,\Omega$, $Z_B = -j10\,\Omega$, $Z_C = 10\,\Omega$의 부하 임피던스가 연결되어 있다. 변위중성전압을 이용하여 부하전압과 부하전류를 구하라. 발전기의 상순은 CBA이다.

14.13 $\Delta-Y$ 결선에서 $V_{AB} = 208\angle 0°$ V인 평형 3상 전원이 $Z = 6 + j8\,\Omega$의 동일한 부하 임피던스에 인가된다. 다음을 구하라. 상순은 CBA이다.
   (a) 피상전력
   (b) 유효전력
   (c) 무효전력
   (d) 역률

14.14 $Y-Y$ 결선($3\phi 4w$)에서 $V_A = 115\angle 0°$ V의 평형 3상 전원에 $Z_A = 10\,\Omega$, $Z_B = 4 + j8\,\Omega$, $Z_C = 3 - j4\,\Omega$의 부하 임피던스가 연결되어 있을 때 총전력을 구하라. 발전기의 상순은 ABC이다.

14.15 208 V가 Y 결선된 평형 부하에 인가될 때 $I_B = 8.5\angle -50°$ A이다. 전력계가 A선, B선에 있을 때 두 전력계의 전력값을 읽어라. 발전기의 상순은 CBA이다.

14.16 220 V가 Δ 결선된 $Z_A = 10\angle 15°\,\Omega$, $Z_B = 10\angle 25°\,\Omega$, $Z_C = 10\angle -40°\,\Omega$에 인가된다. 전력계가 A선, B선에 있을 때 두 전력계의 전력값을 읽어라. 발전기의 상순은 CBA이다.

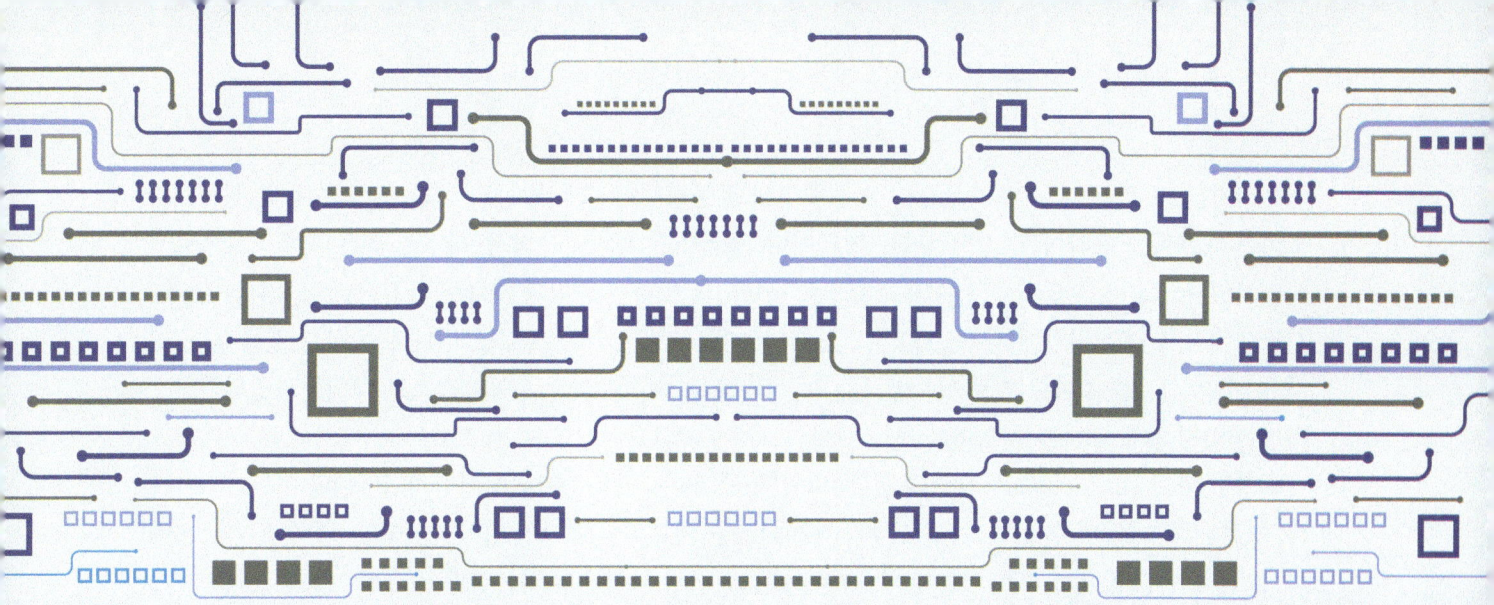

CHAPTER 15

비정현파 교류

15.1 직교함수
15.2 주기함수
15.3 푸리에 급수
15.4 푸리에 급수의 확장
15.5 푸리에 급수의 활용
15.6 비정현파 전압 및 전류의 실효치
15.7 비정현파 전력
15.8 비정현파 전압에 의한 전류
EXERCISE

우리가 알고 있는 파는 파의 진행방향과 매질의 운동방향이 같은 방향인 종파, 서로 수직인 횡파이다. 소리는 대표적인 종파이고, 전자기파는 횡파이다. 종파이건 횡파이건 모두 다양한 기본파의 조합으로 구성되어있다. 소리가 다양한 기본파의 조합으로 구성되어 있다는 증거의 하나로 가정이나 자동차의 오디오 시스템에서 소리의 강약에 따라 LED 디스플레이로 바가 불규칙적으로 오르락내리락 하는 것을 볼 수 있다. 이것은 성분을 주파수 별로 나누어 성분의 세기를 표시하는 것으로 공학적으로 대역통과필터를 사용하면 어렵지 않게 구현할 수 있다.

복잡한 파도 $\sin x$, $\cos x$ 등으로 표현할 수 있다. 즉 모든 파는 정현파(사인파, 正弦波)와 여현파(코사인파, 餘弦波)로 나타낼 수 있다. 거꾸로 생각하면 다양한 기본파를 섞으면 다양한 소리를 낼 수 있다는 것이다. 그렇다면 그 많은 소리를 어떻게 다 구현할 수 있는가? 무한개의 기본파가 있다면 가능하겠지만 사실상 현실적으로 불가능하다. 그러나 이런 것을 수학적으로 해석하는 것이 푸리에 급수(Fourier series) 또는 푸리에 전개(Fourier expansion)라고 하며, 조셉 푸리에(프랑스, 1768~1830)에 의해서 도입되었다. 그는 아무리 복잡한 현상도 모두 간단한 현상들의 조합이란 알아냈다.

그렇다면 전기신호에는 어떤 것이 있는가? 직류도 있고, 정현파, 여현파, 주파수가 다른 여러 개의 정현 혹은 여현파의 합으로 구성된 비정현파가 있다. 따라서 일반적으로 비정현파는 직류분, 기본파, 기본파의 정수배 주파수를 가지는 고조파로 되어 있다.

15.1 직교함수

직교(orthogonal)는 직각으로 만난다는 뜻으로 $\sin x$와 $\cos x$는 직교관계이다. 이는 원주 위에서 위치관계가 $\dfrac{\pi}{2}$ 만큼 차이가 난다는 것을 의미한다. 두 개의 직선이 90°로 만나는 직각과는 다소 거리가 있다. 함수에서도 직교라는 표현을 쓰는데, 어떤 조건을 만족할 때이다. 그 조건은 두 함수의 곱의 적분값이 0일 때 두 함수는 직교한다고 한다.

예컨대,

$$\int_0^{2\pi} \sin\theta \cos\theta \, d\theta = 0 \quad \text{(직교)} \tag{15.1a}$$

따라서 두 함수는 직교하고 있다.

서로 다른 주기를 갖는 같은 함수도 직교한다. 예컨대,

$$\int_0^{2\pi} \sin\theta \sin 2\theta \, d\theta = 0 \quad \text{(직교)} \tag{15.1b}$$

$$\int_0^{2\pi} \cos\theta \cos 2\theta \, d\theta = 0 \quad \text{(직교)} \tag{15.1c}$$

또한 주기와 관계없이 $\sin m\theta$와 $\cos n\theta$는 서로 직교한다. 즉 $m = n$이든 $m \neq n$이든 관계없이 직교한다.

$$\int_0^{2\pi} \sin m\theta \cos n\theta \, d\theta = 0 \quad \text{(직교)} \tag{15.1d}$$

같은 함수는 자신과 직교할 수 없다. 따라서

$$\int_0^{2\pi} \sin m\theta \sin m\theta \, d\theta \neq 0 \tag{15.1e}$$

직교하는 함수에서 어떤 방법을 쓰더라도 서로를 만들어 낼 수는 없다. 즉 $\sin\theta$와 $\cos\theta$는 서로 직교한다. $\sin\theta$는 $\cos\theta$를 아무리 변화시키더라도 만들어 낼 수 없고, $\sin 2\theta$도 $\sin\theta$로부터 만들어지지 않는다.

15.2 주기함수

푸리에 급수 전개는 기본적으로 함수 $f(t)$가 어떤 주기를 가지고 있을 때, 즉 주기함수일 때 합성에 이용된다. 그러나 주기함수가 아닐 때는 어떤 구간에서 잘라 내어 이 구간이 반복되고 있다고 가정하고 합성한다.

모든 t에 대해서

$$f(t+T) = f(t) \quad (\text{여기서 } T \text{는 양의 상수}) \tag{15.2}$$

가 성립한다면 함수 $f(t)$는 주기 T를 가진 주기함수라고 한다. 여기서 $T > 0$인 최소치를 최소 주기 또는 단순히 $f(t)$의 주기라고 한다. 주기 T의 정수배가 되더라도, 즉

$$f(t+nT) = f(t) \tag{15.2-1}$$

가 성립한다.

예컨대, $\sin(\omega t + 2\pi)$, $\sin(\omega t + 4\pi)$, $\sin(\omega t + 6\pi)$, $\cdots$ 는 모두 같은 $\sin\omega t$이기 때문에 최소 주기 $2\pi/\omega$가 함수 $\sin\omega t$의 주기가 된다. 나아가 $\sin n\omega t$, $\cos n\omega t$의 주기는 $2\pi/n\omega$가 된다.

15.3 푸리에 급수

직교하는 함수들을 조합하면 다양한 파형을 만들어 낼 수가 있다. 즉 주기와 진폭이 다른 삼각함수를 합성하면 수없이 많은 종류의 파형을 만들 수 있다. 이것이 **푸리에 급수**(Fourier series)이며, 역으로 복잡한 파형도 분석하면 각기 다른 주파수와 진폭을 계산해 내는 것을 푸리에 변환(Fourier transformation)이라고 한다. 자연현상의 대부분은 주기함수가 아닌 파형이다. 이럴 경우에는 앞에서 언급한 바와 같이 어떤 구간을 나누어 이 구간이 반복되는 주기함수라고 가정하고 푸리에 변환을 수행한다.

비정현파 $f(t)$가 있다고 하자. 비정현파 $f(t)$는 다음과 같이 고조파 정현함수의 급수로 전개할 수 있다.

$$\begin{aligned} f(t) = & a_o + a_1\cos\omega t + a_2\cos 2\omega t + a_3\cos 3\omega t + \cdots + a_n\cos n\omega t \\ & + b_1\sin\omega t + b_2\sin 2\omega t + b_3\sin 3\omega t + \cdots + a_n\sin n\omega t \end{aligned} \tag{15.3}$$

$$= a_o + \sum_{n=1}^{\infty} a_n \cos n\omega t + \sum_{n=1}^{\infty} b_n \sin n\omega t$$

이와 같이 전개되는 것을 푸리에 급수 또는 푸리에 전개라고 하며, a_o, a_n, b_n는 푸리에 계수라고 한다. 어떤 파의 푸리에 급수를 구하기 위해서는 푸리에 계수를 결정하면 된다. 그 결과는 다음과 같이 요약된다.

$$\begin{cases} a_o = \dfrac{1}{T} \int_0^T f(t)\,dt = \dfrac{1}{2\pi} \int_0^{2\pi} f(\theta)\,d\theta \\ a_o = \dfrac{1}{T} \int_{-T/2}^{T/2} f(t)\,dt = \dfrac{1}{2\pi} \int_{-\pi}^{\pi} f(\theta)\,d\theta \end{cases} \quad (15.4a)$$

$$\begin{cases} a_n = \dfrac{2}{T} \int_0^T f(t)\cos n\omega t\,dt = \dfrac{1}{\pi} \int_0^{2\pi} f(\theta)\cos n\theta\,d\theta \\ a_n = \dfrac{2}{T} \int_{-T/2}^{T/2} f(t)\cos n\omega t\,dt = \dfrac{1}{\pi} \int_{-\pi}^{\pi} f(\theta)\cos n\theta\,d\theta \end{cases} \quad (15.4b)$$

$$\begin{cases} b_n = \dfrac{2}{T} \int_0^T f(t)\sin n\omega t\,dt = \dfrac{1}{\pi} \int_0^{2\pi} f(\theta)\sin n\theta\,d\theta \\ b_n = \dfrac{2}{T} \int_{-T/2}^{T/2} f(t)\sin n\omega t\,dt = \dfrac{1}{\pi} \int_{-\pi}^{\pi} f(\theta)\sin n\theta\,d\theta \end{cases} \quad (15.4c)$$

EXAMPLE 15-1

그림 15.1의 파형에 대한 푸리에 급수를 구하라.

SOLUTION

$f(t)$는 다음과 같으며, 주기 구간은 $[0 \sim 2\pi]$이다.

$$f(t) = \begin{cases} V_m & (0 < \omega t < \pi) \\ -V_m & (\pi < \omega t < 2\pi) \end{cases}$$

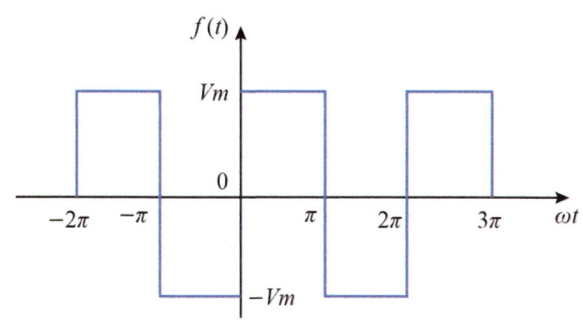

그림 15.1 [EXAMPLE 15-1]

$$a_o = \frac{1}{2\pi} \int_0^{2\pi} f(t)\,d(\omega t) = \frac{1}{2\pi} \left(\int_0^{\pi} V_m\,d\theta - \int_{\pi}^{2\pi} V_m\,d\theta \right)$$

$$= \frac{1}{2\pi} [V_m \pi - V_m(2\pi - \pi)] = 0$$

$$a_n = \frac{1}{\pi} \int_0^{2\pi} f(t)\cos n\omega t\,d(\omega t) = \frac{1}{\pi} \left(\int_0^{\pi} V_m \cos n\theta\,d\theta - \int_{\pi}^{2\pi} V_m \cos n\theta\,d\theta \right)$$

$$= \frac{V_m}{\pi} \frac{1}{n} \left([\sin n\theta]_0^{\pi} - [\sin n\theta]_{\pi}^{2\pi} \right) = 0$$

$$b_n = \frac{1}{\pi}\int_0^{2\pi} f(t)\sin n\omega t\, d(\omega t) = \frac{1}{\pi}\left\{\int_0^{\pi} V_m \sin n\theta\, d\theta - \int_{\pi}^{2\pi} V_m \sin n\theta\, d\theta\right\}$$

$$= \frac{2V_m}{n\pi}(1-\cos n\pi) = \begin{cases} \dfrac{4V_m}{n\pi} & (n = odd) \\ 0 & (n = even) \end{cases}$$

따라서 이 파형의 푸리에 급수는 다음과 같다.

$$f(t) = \sum_{n=1}^{\infty} \frac{4V_m}{n\pi}\sin n\omega t \quad n = odd)$$

$$= \frac{4V_m}{\pi}\left(\sin\omega t + \frac{1}{3}\sin 3\omega t + \frac{1}{5}\sin 5\omega t + \frac{1}{7}\sin 7\omega t + \cdots\right)$$

EXAMPLE 15-2

그림 15.2의 파형에 대한 푸리에 급수를 구하라.

SOLUTION

$f(t)$는 다음과 같으며, 주기 구간은 $[0 \sim 2\pi]$이다.

$$f(t) = \frac{V_m}{2\pi}\omega t \quad (0 < \omega t < 2\pi)$$

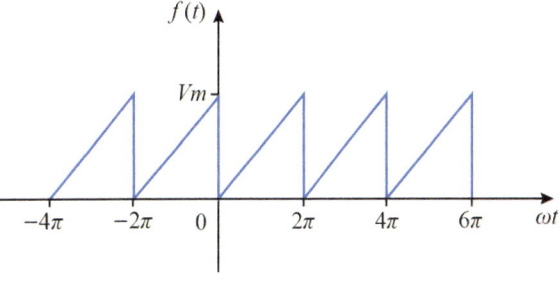

그림 15.2 [EXAMPLE 15-2]

$$a_o = \frac{1}{2\pi}\int_0^{2\pi} f(t)\,d(\omega t) = \frac{1}{2\pi}\int_0^{2\pi}\frac{V_m}{2\pi}\theta\,d\theta$$

$$= \frac{V_m}{2(2\pi)^2}\left[\theta^2\right]_0^{2\pi} = \frac{V_m}{2}$$

$$a_n = \frac{1}{\pi}\int_0^{2\pi} f(t)\cos n\omega t\,d(\omega t) = \frac{1}{\pi}\int_0^{2\pi} f(\theta)\cos n\theta\,d\theta$$

$$= \frac{1}{\pi}\int_0^{2\pi}\frac{V_m}{2\pi}\theta\cos n\theta\,d\theta$$

$$= \frac{V_m}{2\pi^2}\int_0^{2\pi}\theta\cos n\theta\,d\theta = 0$$

$$b_n = \frac{1}{\pi}\int_0^{2\pi} f(t)\sin n\omega t\,d(\omega t) = \frac{1}{\pi}\int_0^{2\pi} f(\theta)\sin n\theta\,d\theta$$

$$= \frac{1}{\pi}\int_0^{2\pi}\frac{V_m}{2\pi}\theta\sin n\theta\,d\theta$$

$$= \frac{V_m}{2\pi^2}\int_0^{2\pi}\theta\sin n\theta\,d\theta = -\frac{V_m}{n\pi}$$

따라서 이 파형의 푸리에 급수는 다음과 같다.

$$f(t) = \frac{V_m}{2} - \sum_{n=1}^{\infty} \frac{V_m}{n\pi} \sin n\omega t = \frac{V_m}{2} - \frac{V_m}{\pi}\left(\sin \omega t + \frac{1}{2}\sin 2\omega t + \frac{1}{3}\sin 3\omega t + \cdots\right)$$

EXAMPLE 15-3

그림 15.3의 파형에 대한 푸리에 급수를 구하라.

SOLUTION

$f(t)$는 다음과 같으며, 주기 구간은 $[0 \sim 2\pi]$이다.

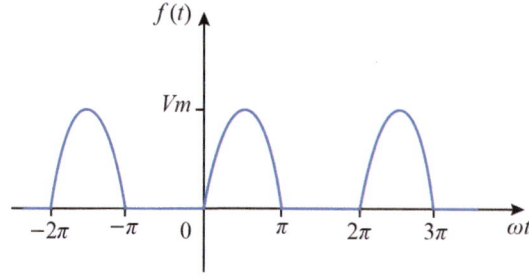

그림 15.3 [EXAMPLE 15-3]

$$\begin{cases} f(t) = V_m \sin \omega t & (0 < \omega t < \pi) \\ f(t) = 0 & (0 < \omega t < 2\pi) \end{cases}$$

$$a_o = \frac{1}{2\pi}\int_0^\pi f(t)d(\omega t) = \frac{1}{2\pi}\int_0^\pi V_m \sin \omega t\, d(\omega t)$$

$$= \frac{1}{2\pi}\int_0^\pi V_m \sin \theta\, d\theta = \frac{V_m}{\pi}$$

$$a_n = \frac{1}{\pi}\int_0^{2\pi} f(t)\cos n\omega t\, d(\omega t) = \frac{1}{\pi}\int_0^{2\pi} V_m \sin \omega t \cos n\omega t\, d(\omega t)$$

$$= \frac{V_m}{\pi}\int_0^\pi \sin\theta \cos n\theta\, d\theta$$

$$= \frac{V_m}{\pi(1-n^2)}(1+\cos n\pi) = \begin{cases} \dfrac{2V_m}{\pi(1-n^2)} & (n = even) \\ 0 & (n \neq 1, n = odd) \end{cases}$$

$n = 1$을 제외한 홀수에서 $a_n = 0$이다. $n = 1$일 때는 부정이므로 별도로 구해야 한다.

$$a_1 = \frac{1}{\pi}\int_0^{2\pi} f(t)\cos n\omega t\, d(\omega t) = \frac{1}{\pi}\int_0^{2\pi} V_m \sin \omega t \cos \omega t\, d(\omega t)$$

$$= \frac{V_m}{\pi}\int_0^\pi \sin\theta \cos\theta\, d\theta = 0$$

$$b_n = \frac{1}{\pi}\int_0^{2\pi} f(t)\sin n\omega t\, d(\omega t) = \frac{1}{\pi}\int_0^{2\pi} V_m \sin \omega t \sin n\omega t\, d(\omega t)$$

$$= \frac{V_m}{\pi}\int_0^\pi \sin\theta \sin n\theta\, d\theta$$

$$= \frac{V_m}{\pi(1-n^2)}\sin n\pi = 0 \quad (n \neq 1)$$

$n \neq 1$에서 $b_n = 0$이다. $n = 1$일 때는 부정이므로 별도로 구해야 한다.

$$b_1 = \frac{1}{\pi}\int_0^{2\pi} f(t)\sin n\omega t\, dt = \frac{1}{\pi}\int_0^{2\pi} V_m \sin\omega t \sin n\omega t\, d(\omega t)$$

$$= \frac{1}{\pi}\int_0^{2\pi} V_m \sin\theta \sin n\theta\, d\theta$$

$$= \frac{V_m}{\pi}\int_0^{\pi} \sin^2\theta\, d\theta = \frac{V_m}{2}$$

따라서 이 파형의 푸리에 급수는 다음과 같다.

$$f(t) = \frac{V_m}{\pi} + \frac{V_m}{2}\sin\omega t + \sum_{n=2}^{\infty}\frac{2V_m}{\pi(1-n^2)}\cos n\omega t \quad (n = even)$$

$$= \frac{V_m}{\pi} + \frac{V_m}{2}\sin\omega t - \frac{2V_m}{\pi}\left(\frac{1}{3}\cos 2\omega t + \frac{1}{15}\cos 4\omega t + \frac{1}{35}\cos 6\omega t + \cdots\right)$$

$$= \frac{V_m}{\pi}\left(1 + \frac{\pi}{2}\sin\omega t - \frac{2}{3}\cos 2\omega t - \frac{2}{15}\cos 4\omega t - \frac{2}{35}\cos 6\omega t - \cdots\right)$$

EXAMPLE 15-4

그림 15.4의 파형에 대한 푸리에 급수를 구하라.

SOLUTION

$f(t)$는 다음과 같으며, 주기 구간은 $[-\pi \sim \pi]$이다.

$$f(t) = V_m$$

$$\begin{cases} f(t) = V_m & (-\pi < \omega t < 0) \\ f(t) = 0 & (0 < \omega t < \pi) \end{cases}$$

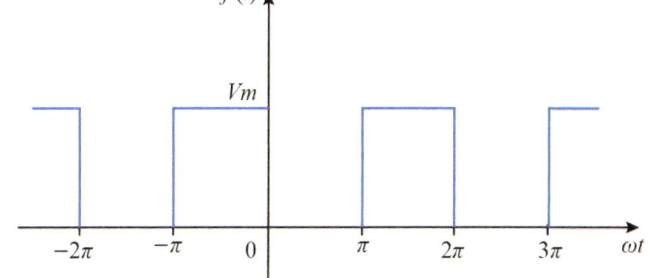

그림 15.4 [EXAMPLE 15-4]

$$a_o = \frac{1}{2\pi}\int_{-\pi}^{\pi} f(t)d(\omega t) = \frac{1}{2\pi}\int_{-\pi}^{0} V_m\, d(\omega t) = \frac{1}{2\pi}\int_{-\pi}^{0} V_m\, d\theta = \frac{V_m}{2}$$

$$a_n = \frac{1}{\pi}\int_{-\pi}^{\pi} f(t)\cos n\omega t\, d(\omega t) = \frac{1}{\pi}\int_{-\pi}^{0} V_m \cos n\theta\, d\theta = 0$$

$$b_n = \frac{1}{\pi}\int_{-\pi}^{\pi} f(t)\sin n\omega t\, dt = \frac{1}{\pi}\int_{-\pi}^{0} V_m \sin n\theta\, d\theta = -\frac{V_m}{\pi}\left[\frac{1}{n}\cos n\theta\right]_{-\pi}^{0}$$

$$= -\frac{V_m}{n\pi}(1 - \cos n\pi) = \begin{cases} -\dfrac{2V_m}{n\pi} & (n = odd) \\ 0 & (n = even) \end{cases}$$

따라서 이 파형의 푸리에 급수는 다음과 같다.

$$f(t) = \frac{V_m}{2} - \sum_{n=1}^{\infty} \frac{2V_m}{n\pi} \sin n\omega t \qquad (n = odd)$$

$$= \frac{V_m}{2} - \frac{2V_m}{\pi}\left(\sin\omega t + \frac{1}{3}\sin 3\omega t + \frac{1}{5}\sin 5\omega t + \frac{1}{7}\sin 7\omega t + \cdots\right)$$

EXAMPLE 15-5

그림 15.5의 파형에 대한 푸리에 급수를 구하라.

SOLUTION

$f(t)$는 다음과 같으며, 주기 구간은 $[0 \sim 2\pi]$이다.

$$\begin{cases} f(t) = \dfrac{V_m}{\pi}\omega t & (0 < \omega t < \pi) \\ f(t) = 0 & (0 < \omega t < \pi) \end{cases}$$

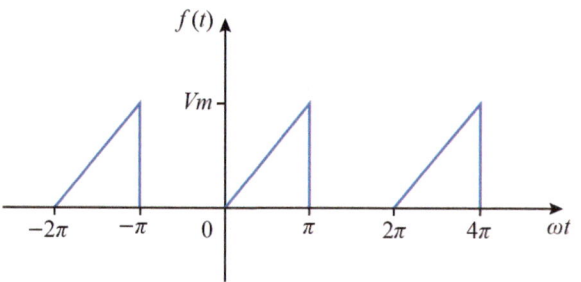

그림 15.5 [EXAMPLE 15-5]

$$a_o = \frac{1}{2\pi}\int_0^{2\pi} f(t)d(\omega t) = \frac{1}{2\pi}\int_0^{\pi} \frac{V_m}{\pi}\omega t \, d(\omega t) = \frac{1}{2\pi}\int_0^{\pi} \frac{V_m}{\pi}\theta \, d\theta$$

$$= \frac{V_m}{4\pi^2}\left[\theta^2\right]_0^{\pi} = \frac{V_m}{4}$$

$$a_n = \frac{1}{\pi}\int_0^{2\pi} f(t)\cos n\omega t \, d(\omega t) = \frac{1}{\pi}\int_0^{\pi} \frac{V_m}{\pi}\omega t \cos n\omega t \, d(\omega t)$$

$$= \frac{1}{\pi}\int_0^{\pi} \frac{V_m}{\pi}\theta \cos n\theta \, d\theta$$

$$= \frac{V_m}{\pi^2 n^2}(\cos n\pi - 1) = \begin{cases} \dfrac{2V_m}{\pi^2 n^2} & (n = odd) \\ 0 & (n = even) \end{cases}$$

$$b_n = \frac{1}{\pi}\int_0^{2\pi} f(t)\sin n\omega t \, d(\omega t) = \frac{1}{\pi}\int_0^{\pi} \frac{V_m}{\pi}\omega t \sin n\omega t \, d(\omega t)$$

$$= \frac{1}{\pi}\int_0^{2\pi} \frac{V_m}{\pi}\theta \sin n\theta \, d\theta$$

$$= -\frac{V_m}{\pi n}\cos n\pi = \begin{cases} \dfrac{V_m}{\pi n} & (n = odd) \\ -\dfrac{V_m}{\pi n} & (n = even) \end{cases}$$

따라서 이 파형의 푸리에 급수는 다음과 같다.

$$f(t) = \frac{V_m}{4} + \sum_{n=1}^{\infty} \frac{2V_m}{n^2\pi^2}(\cos n\pi - 1)\cos n\omega t - \sum_{n=1}^{\infty} \frac{V_m}{n\pi}(\cos n\pi)\sin n\omega t$$

$$= \frac{V_m}{4} - \frac{2V_m}{\pi^2}\left(\cos\omega t + \frac{1}{3^2}\cos 3\omega t + \frac{1}{5^2}\cos 5\omega t + \cdots\right)$$
$$+ \frac{V_m}{\pi}\left(\sin\omega t - \frac{1}{2}\sin 2\omega t + \frac{1}{3}\sin 3\omega t - \cdots\right)$$

15.4 푸리에 급수의 확장

(1) 푸리에 급수의 확장

푸리에 급수의 일반성으로 확장하면, 지금까지의 1주기 적분구간 $[0, 2\pi]$이나 $[0, T]$을 사용하였다. 1주기 간격이 2π, T이다. 이제는 $[0, 2\pi]$를 $[-\pi, \pi]$로 바꾸고, 나아가 $[-\pi, \pi]$를 $[-L, L]$로 바꿔 보자. $[-\pi, \pi]$의 1주기 간격은 2π이며, $[-L, L]$의 1주기 간격은 $2L$이다. ωt를 $\frac{\pi}{L}\omega t$, 혹은 θ를 $\frac{\pi}{L}\theta$, 혹은 x를 $\frac{\pi}{L}x$로 변환하면 된다. 일종의 $\pi \leftrightarrow L$인 셈이다.

$$f(t) = a_o + \sum_{n=1}^{\infty} a_n \cos n\omega t + \sum_{n=1}^{\infty} b_n \sin n\omega t \tag{15.5}$$
$$\to f(t) = a_o + \sum_{n=1}^{\infty} a_n \cos \frac{n\pi}{L}\omega t + \sum_{n=1}^{\infty} b_n \sin \frac{n\pi}{L}\omega t$$
$$f(\theta) = a_o + \sum_{n=1}^{\infty} a_n \cos n\theta + \sum_{n=1}^{\infty} b_n \sin n\theta$$
$$\to f(\theta) = a_o + \sum_{n=1}^{\infty} a_n \cos \frac{n\pi\theta}{L} + \sum_{n=1}^{\infty} b_n \sin \frac{n\pi\theta}{L}$$
$$f(x) = a_o + \sum_{n=1}^{\infty} a_n \cos nx + \sum_{n=1}^{\infty} b_n \sin nx$$
$$\to f(x) = a_o + \sum_{n=1}^{\infty} a_n \cos \frac{n\pi x}{L} + \sum_{n=1}^{\infty} b_n \sin \frac{n\pi x}{L}$$

각각의 푸리에 계수는 다음과 같이 변환됨을 숙지하고 주어진 문제에 따라 선택하여 풀 수 있어야 한다.

$$a_o = \frac{1}{T}\int_0^T f(t)\,dt \tag{15.6}$$
$$= \frac{1}{2\pi}\int_0^{2\pi} f(\theta)\,d\theta$$
$$a_o = \frac{1}{2L}\int_{-L}^{L} f(x)\,dx$$
$$a_o = \frac{1}{L}\int_0^L f(x)\,dx$$

$$a_n = \frac{2}{T}\int_0^T f(t)\cos n\omega t\, dt \qquad (15.7)$$

$$= \frac{1}{\pi}\int_0^{2\pi} f(\theta)\cos n\theta\, d\theta$$

$$a_n = \frac{1}{L}\int_{-L}^{L} f(x)\cos \frac{n\pi x}{L}\, dx$$

$$a_n = \frac{2}{L}\int_0^{L} f(x)\cos \frac{n\pi x}{L}\, dx$$

$$b_n = \frac{2}{T}\int_0^T f(t)\sin n\omega t\, dt \qquad (15.8)$$

$$= \frac{1}{\pi}\int_0^{2\pi} f(\theta)\sin n\theta\, d\theta$$

$$b_n = \frac{1}{L}\int_{-L}^{L} f(x)\sin \frac{n\pi x}{L}\, dx$$

$$b_n = \frac{2}{L}\int_0^{L} f(x)\sin \frac{n\pi x}{L}\, dx$$

(2) 대칭파의 푸리에 급수

대칭파의 푸리에 급수를 배우기전에는 앞의 예제처럼 푸리에 계수를 구하는 것은 번거롭고, 시간이 많이 걸린다. 그러나 파형이 대칭성을 갖고 있다면 문제해결은 훨씬 쉬워진다.

① 우함수(여현대칭)

함수 $f(x)$가 다음의 성질을 가지고 있을 때, $f(x)$를 우함수(even function)라고 한다.

$$\begin{cases} f(-x) = f(x) \\ f(x) = f(-x) \end{cases} \qquad (15.9)$$

이 식이 의미하는 것은 x의 부호가 바뀌어도 y의 부호, 즉 $f(x)$의 부호가 변하지 않는다는 것이므로 수직축에 대칭이다. 우함수에 상수가 더해져도 우함수의 성질은 변하지 않는다.

📖 EXAMPLE 15-6

$f(x) = x^2$, $x^4 + 3x^2 + 2$, $\cos x$, $e^x + e^{-x}$ 등이 우함수이다.

SOLUTION

$$f(x) = x^2,\ f(-x) = (-x)^2 = x^2 = f(x)$$

$$f(x) = x^4 + 3x^2 + 2,\ f(-x) = (-x)^4 + 3(-x)^2 + 2 = x^4 + 3x^2 + 2 = f(x)$$

$$f(x) = \cos x, \ f(-x) = \cos(-x) = \cos x = f(x)$$
$$f(x) = e^x + e^{-x}, \ f(-x) = e^{-x} + e^{-(-x)} = e^x + e^{-x}$$

따라서 우함수에 있어서는 $f(-x) = f(x)$가 성립한다.

전기전자공학에서는 단순히 수학적인 것보다는 전기신호를 대부분 취급하므로 다양한 신호파형에 대해서 알아 두는 것이 유익하다. 그림 15.6과 같이 수직축에 대해서 180° 회전할 때 좌우가 일치하는 파를 우함수파 또는 여현대칭이라고 한다.

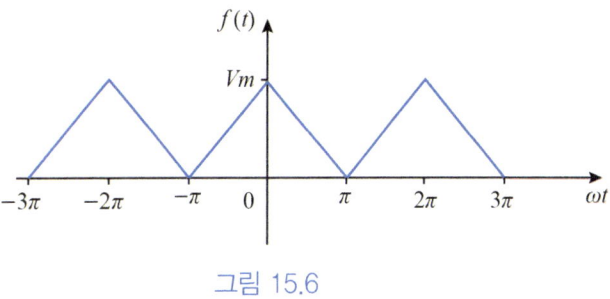

그림 15.6

$f(x)$가 우함수인 경우는 상수와 코사인 항만 존재하기 때문에 이것을 반구간 푸리에 코사인 급수(half-range Fourier cosine series)라고 한다. 따라서 다음과 같이 푸리에 계수를 구하는 것이 훨씬 편리하다.

$$\begin{cases} a_o = \dfrac{1}{T}\int_0^T f(t)\,dt \\ a_n = \dfrac{2}{\pi}\int_0^\pi f(\omega t)\cos n\omega t\, d(\omega t), \ (\omega t = \theta) \\ b_n = 0 \end{cases} \tag{15.10}$$

📖 EXAMPLE 15-7

그림 15.6의 파형에 대한 푸리에 급수를 구하라.

SOLUTION

$f(t)$는 우함수이므로 반구간 푸리에 코사인 급수로 전개할 수 있다. $b_n = 0$이다. 여기서 $f(t)$는 다음과 같으며, 주기 구간은 $[-\pi \sim \pi]$이다.

$$\begin{cases} f(t) = V_m + \left(\dfrac{V_m}{\pi}\right)\omega t \quad (-\pi < \omega t < 0) \\ f(t) = V_m - \left(\dfrac{V_m}{\pi}\right)\omega t \quad (0 < \omega t < \pi) \end{cases}$$

$$a_o = \frac{1}{2\pi}\int_{-\pi}^{\pi} f(t)d(\omega t) = 2 \times \frac{1}{2\pi}\int_{-\pi}^{0}\left(V_m + \frac{V_m}{\pi}\omega t\right)d(\omega t)$$
$$= \frac{1}{\pi}\int_{-\pi}^{0}\left(V_m + \frac{V_m}{\pi}\theta\right)d\theta = \frac{V_m}{2}$$

a_n을 2가지 방법으로 구할 수 있다.

⟨해법 1⟩ 우함수로서 구간 $[-\pi \sim \pi]$에서 여현(cosine) 대칭성을 이용하는 방법

반구간 $[-\pi \sim 0]$에서의 값의 2배, 즉 구간 $[-\pi \sim 0]$의 파가 주기 구간에서 2번 반복된다.

$$a_n = \frac{2}{\pi}\int_{-\pi}^{\pi} f(t)\cos n\omega t\, d(\omega t) = 2 \times \frac{1}{\pi}\int_{-\pi}^{0}\left(V_m + \frac{V_m}{\pi}\omega t\right)\cos n\omega t\, d(\omega t)$$

$$= \frac{2V_m}{\pi}\int_{-\pi}^{0}\cos n\theta\, d\theta + \frac{2V_m}{\pi^2}\int_{-\pi}^{0}\theta\cos n\theta\, d\theta$$

$$= \frac{2V_m}{n^2\pi^2}(1-\cos n\pi) = \begin{cases} \dfrac{4V_m}{n^2\pi^2} & (n = odd) \\ 0 & (n = even) \end{cases}$$

⟨해법 2⟩ 구간 $[-\pi \sim \pi]$에서 2개의 $f(t)$ 식을 이용하는 방법

$$a_n = \frac{2}{\pi}\int_{-\pi}^{\pi}f(t)\cos n\omega t\, d(\omega t) = \frac{2}{\pi}\int_{-\pi}^{\pi}f(\theta)\cos n\theta\, d\theta$$

$$= \frac{1}{\pi}\int_{-\pi}^{0}\left\{V_m + \left(\frac{V_m}{\pi}\right)\theta\right\}\cos n\theta\, d\theta + \frac{1}{\pi}\int_{0}^{\pi}\left\{V_m - \left(\frac{V_m}{\pi}\right)\theta\right\}\cos n\theta\, d\theta$$

$$= \frac{V_m}{\pi}\int_{-\pi}^{\pi}\cos n\theta\, d\theta + \frac{V_m}{\pi^2}\int_{-\pi}^{0}\theta\cos n\theta\, d\theta - \frac{V_m}{\pi^2}\int_{0}^{\pi}\theta\cos n\theta\, d\theta$$

첫 번째 항 $a_{n1} = \dfrac{V_m}{\pi}\int_{-\pi}^{\pi}\cos n\theta\, d\theta = \dfrac{V_m}{\pi}\left[\dfrac{1}{n}\sin n\theta\right]_{-\pi}^{\pi} = 0$

두 번째 항 $a_{n2} = \dfrac{V_m}{\pi^2}\int_{-\pi}^{0}\theta\cos n\theta\, d\theta = \dfrac{V_m}{\pi^2}\left\{\left[\dfrac{1}{n}\theta\sin n\theta\right]_{-\pi}^{0} - \int_{-\pi}^{0}\dfrac{1}{n}\sin n\theta\, d\theta\right\}$

$$= \frac{V_m}{n^2\pi^2}(1-\cos n\pi)$$

세 번째 항 $a_{n3} = -\dfrac{V_m}{\pi^2}\int_{0}^{\pi}\theta\cos n\theta\, d\theta = \dfrac{1}{\pi^2 n^2}(1-\cos n\pi)$

$$a_n = a_{n1} + a_{n2} + a_{n3} = \frac{2V_m}{n^2\pi^2}(1-\cos n\pi) = \begin{cases} \dfrac{4V_m}{n^2\pi^2} & (n = odd) \\ 0 & (n = even) \end{cases}$$

어떤 방법으로 구하든 그 결과는 동일하며, 이 파형의 푸리에 급수는 다음과 같다.

$$f(t) = \frac{V_m}{2} + \sum_{n=1}^{\infty}\frac{2V_m}{n^2\pi^2}\cos n\omega t \quad (n = odd)$$

$$= \frac{V_m}{2} + \frac{4V_m}{\pi^2}\left(\cos\omega t + \frac{1}{3^2}\cos 3\omega t + \frac{1}{5^2}\cos 5\omega t + \cdots\right)$$

EXAMPLE 15-8

그림 15.7의 파형에 대한 푸리에 급수를 구하라.

SOLUTION

$f(t)$는 전파정류회로에 정현(sine)파 입력을 인가했을 때의 출력신호에 해당한다. $f(t)$는 우함수[$f(t) = f(-t)$] 이므로 반구간 푸리에 코사인 급수에 해당한다. 즉 코사인 항만 존재한다. $b_n = 0$이다. 여기서 $f(t)$는 다음과 같으며, 주기 구간은 $[0 \sim \pi]$이다.

$f(t) = V_m \sin \omega t \quad (0 < \omega t < \pi)$

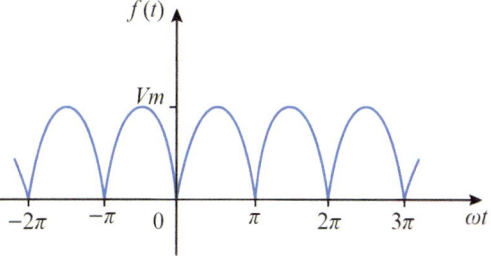

그림 15.7 [EXAMPLE 15-8]

$$a_o = \frac{1}{\pi} \int_0^\pi f(t) \, d(\omega t) = \frac{1}{\pi} \int_0^\pi V_m \sin \omega t \, d(\omega t) = \frac{1}{\pi} \int_0^\pi V_m \sin \theta \, d\theta$$

$$= -\frac{V_m}{\pi} [\cos \theta]_0^\pi = \frac{2V_m}{\pi}$$

$$a_n = \frac{2}{\pi} \int_0^\pi f(t) \cos n\omega t \, d(\omega t) = \frac{2}{\pi} \int_0^\pi V_m \sin \omega t \cos n\omega t \, d(\omega t)$$

$$= \frac{2V_m}{\pi} \int_0^\pi \sin \theta \cos n\theta \, d\theta$$

$$= \frac{2V_m}{(1-n^2)\pi}(1 + \cos n\pi) = \begin{cases} \dfrac{4V_m}{(1-n^2)\pi} & (n = even) \\ 0 & (n \neq 1, \ n = odd) \end{cases}$$

$n = 1$을 제외한 홀수에서 $a_n = 0$이다. $n = 1$일 때는 부정이므로 별도로 구해야 한다.

$$a_1 = \frac{2}{\pi} \int_0^\pi f(t) \cos \omega t \, d(\omega t) = \frac{2}{\pi} \int_0^\pi V_m \sin \omega t \cos \omega t \, d(\omega t)$$

$$= \frac{2}{\pi} \int_0^\pi V_m \sin \theta \cos \theta \, d\theta = 0$$

이것은 두 함수가 직교관계를 가지기 때문에 0이다. 따라서 $f(t)$의 푸리에 급수는 다음과 같다.

$$f(t) = \frac{2V_m}{\pi} + \sum_{n=2}^\infty \frac{4V_m}{(1-n^2)\pi} \cos n\omega t \quad (n = even)$$

$$= \frac{2V_m}{\pi} - \frac{4V_m}{\pi} \left(\frac{1}{3} \cos 2\omega t + \frac{1}{15} \cos 4\omega t + \frac{1}{35} \cos 6\omega t + \cdots \right)$$

$$= \frac{2V_m}{\pi} \left(1 - \frac{2}{3} \cos 2\omega t - \frac{2}{15} \cos 4\omega t - \frac{2}{35} \cos 6\omega t - \cdots \right)$$

EXAMPLE 15-9

그림 15.8의 파형에 대한 푸리에 급수를 구하라.

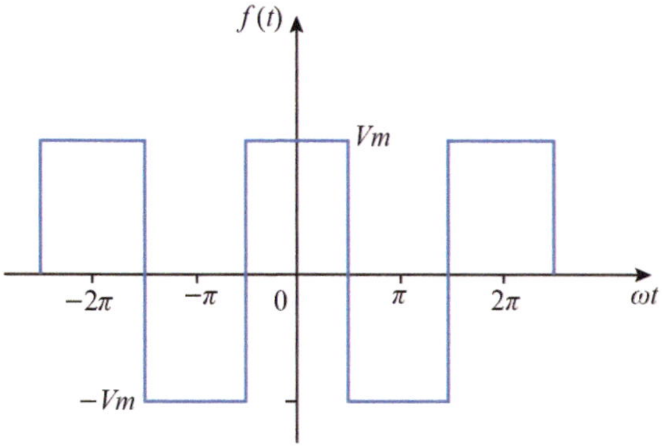

SOLUTION

$f(t)$는 우함수$[f(t) = f(-t)]$이므로 반구간 푸리에 코사인 급수에 해당한다. 즉 코사인 항만 존재한다. $b_n = 0$이다. 여기서 $f(t)$는 다음과 같으며, 주기 구간은 $\left[-\dfrac{\pi}{2} \sim \dfrac{3\pi}{2}\right]$이다.

그림 15.8 [EXAMPLE 15-9]

$$\begin{cases} f(t) = V_m & \left(-\dfrac{\pi}{2} < \omega t < \dfrac{\pi}{2}\right) \\ f(t) = -V_m & \left(\dfrac{\pi}{2} < \omega t < \dfrac{3\pi}{2}\right) \end{cases}$$

$$a_o = \frac{1}{2\pi}\int_{-\pi/2}^{3\pi/2} f(t)\,d(\omega t) = \frac{1}{2\pi}\left(\int_{-\pi/2}^{\pi/2} V_m\,d\theta - \int_{\pi/2}^{3\pi/2} V_m\,d\theta\right) = 0$$

a_n을 3가지 방법으로 구할 수 있다.

⟨해법 1⟩ 우함수로서 구간 $[-\dfrac{\pi}{2} \sim \dfrac{\pi}{2}]$에서 여현(cosine) 대칭성을 이용하는 방법

구간 $[-\dfrac{\pi}{2} \sim 0]$에서의 값의 4배, 즉 구간 $[-\dfrac{\pi}{2} \sim 0]$의 파가 주기 구간에서 4번 반복된다.)

$$a_n = \frac{1}{\pi}\int_{-\pi/2}^{3\pi/2} f(t)\cos n\omega t\,d(\omega t) = 4 \times \frac{1}{\pi}\int_{-\pi/2}^{0} V_m \cos n\theta\,d\theta$$

$$= \frac{4V_m}{n\pi}\sin\frac{n\pi}{2}$$

$$= \begin{cases} \dfrac{4V_m}{n\pi} & (n = 1,\ 5,\ 9,\ \cdots) \\ -\dfrac{4V_m}{n\pi} & (n = 3,\ 7,\ 11,\ \cdots) \\ 0 & (n = even) \end{cases}$$

⟨해법 2⟩ 우함수로서 구간 $[-\dfrac{\pi}{2} \sim \dfrac{\pi}{2}]$에서 여현(cosine) 대칭성을 이용하는 방법

구간 $\left[-\dfrac{\pi}{2} \sim \dfrac{\pi}{2}\right]$에서의 값의 2배, 즉 구간 $\left[-\dfrac{\pi}{2} \sim \dfrac{\pi}{2}\right]$의 파가 주기 구간에서 2번 반복된다.

$$a_n = \frac{1}{\pi}\int_{-\pi/2}^{3\pi/2} f(t)\cos n\omega t\,d(\omega t) = 2 \times \frac{1}{\pi}\int_{-\pi/2}^{\pi/2} V_m \cos n\theta\,d\theta$$

$$= \frac{4V_m}{n\pi} \sin \frac{n\pi}{2}$$

$$= \begin{cases} \dfrac{4V_m}{n\pi} & (n = 1,\ 5,\ 9,\ \cdots) \\ -\dfrac{4V_m}{n\pi} & (n = 3,\ 7,\ 11,\ \cdots) \\ 0 & (n = even) \end{cases}$$

〈해법 3〉 구간 $[-\frac{\pi}{2} \sim \frac{3\pi}{2}]$에서 2개의 $f(t)$ 식을 이용하는 방법

$$a_n = \frac{1}{\pi}\int_{-\pi/2}^{3\pi/2} f(t)\cos n\omega t\, d(\omega t) = \frac{1}{\pi}\left\{\int_{-\pi/2}^{\pi/2} V_m \cos n\theta\, d\theta - \int_{\pi/2}^{3\pi/2} V_m \cos n\theta\, d\theta\right\}$$

$$= \frac{V_m}{\pi}\left(\left[\frac{2}{n}\sin n\theta\right]_0^{\frac{\pi}{2}} - \left[\frac{1}{n}\sin n\theta\right]_{\frac{\pi}{2}}^{\frac{3\pi}{2}}\right)$$

$$= \begin{cases} \dfrac{4V_m}{n\pi} & (n = 1,\ 5,\ 9,\ \cdots) \\ -\dfrac{4V_m}{n\pi} & (n = 3,\ 7,\ 11,\ \cdots) \\ 0 & (n = even) \end{cases}$$

따라서 이 파형의 푸리에 급수는 다음과 같다.

$$f(t) = \sum_{n=1}^{\infty} \frac{V_m}{n\pi}(3\sin n\pi/2 - \sin 3n\pi/2)\cos n\omega t$$

$$= \frac{4V_m}{\pi}\left(\cos \omega t - \frac{1}{3}\cos 3\omega t + \frac{1}{5}\cos 5\omega t - \frac{1}{7}\cos 7\omega t + \cdots\right)$$

EXAMPLE 15-10

그림 15.9의 파형에 대한 푸리에 급수를 구하라.

SOLUTION

$f(t)$는 우함수[$f(t) = f(-t)$]이므로 반구간 푸리에 코사인 급수에 해당한다. 즉 코사인 항만 존재한다. $b_n = 0$이다. 주기 구간은 $[-\pi \sim \pi]$이며, 주기 구간에서 평균치는 0이므로 $a_o = 0$이다. 여기서 $f(t)$는 다음과 같으며, 주기 구간 $[-\pi \sim \pi]$이다.

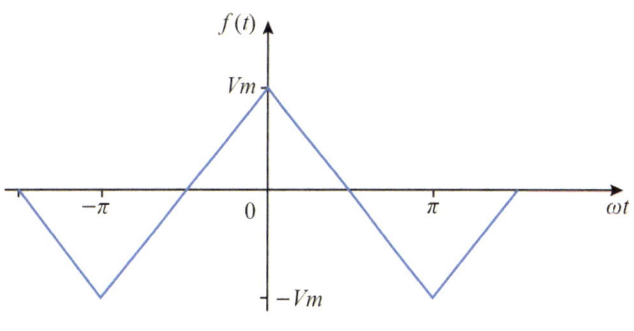

그림 15.9 [EXAMPLE 15-10]

$$\begin{cases} f(t) = V_m + \dfrac{V_m}{\pi}\omega t & (-\pi < \omega t < 0) \\ f(t) = V_m - \dfrac{V_m}{\pi}\omega t & (0 < \omega t < \pi) \end{cases}$$

$$a_o = \frac{1}{2\pi}\int_{-\pi}^{\pi} f(t)\,d(\omega t) = 0$$

$$a_n = \frac{1}{\pi}\int_{-\pi}^{\pi} f(t)\cos n\omega t\,d(\omega t) = \frac{1}{\pi}\int_{-\pi}^{\pi} f(\theta)\cos n\theta\,d\theta$$

$$= \frac{1}{\pi}\left\{\int_{-\pi}^{0}\left(V_m + \frac{2V_m}{\pi}\theta\right)\cos n\theta\,d\theta + \int_{0}^{\pi}\left(V_m - \frac{2V_m}{\pi}\theta\right)\cos n\theta\,d\theta\right\}$$

$$= \frac{1}{\pi}\int_{-\pi}^{\pi} V_m \cos n\theta\,d\theta + \frac{2V_m}{\pi^2}\int_{-\pi}^{0}\theta\cos n\theta\,d\theta - \frac{2V_m}{\pi^2}\int_{0}^{\pi}\theta\cos n\theta\,d\theta$$

첫 번째 항 $a_{n1} = \dfrac{1}{\pi}\displaystyle\int_{-\pi}^{\pi} V_m \cos n\theta\,d\theta = \dfrac{V_m}{\pi}\left[\dfrac{1}{n}\sin n\theta\right]_{-\pi}^{\pi} = 0$

두 번째 항 $a_{n2} = \dfrac{2V_m}{\pi^2}\displaystyle\int_{-\pi}^{0}\theta\cos n\theta\,d\theta = \dfrac{2V_m}{n^2\pi^2}(1-\cos n\pi)$

세 번째 항 $a_{n3} = -\dfrac{2V_m}{\pi^2}\displaystyle\int_{0}^{\pi}\theta\cos n\theta\,d\theta = \dfrac{2V_m}{n^2\pi^2}(1-\cos n\pi)$

$$a_n = a_{n1} + a_{n2} + a_{n3} = \frac{4V_m}{n^2\pi^2}(1-\cos n\pi) = \begin{cases} \dfrac{8V_m}{n^2\pi^2} & (n = odd) \\ 0 & (n = even) \end{cases}$$

따라서 이 파형의 푸리에 급수는 다음과 같다.

$$f(t) = \sum_{n=1}^{\infty}\frac{8V_m}{n^2\pi^2}\cos n\omega t \quad (n = odd)$$

$$= \frac{8V_m}{\pi^2}\left(\cos\omega t + \frac{1}{9}\cos 3\omega t + \frac{1}{25}\cos 5\omega t + \frac{1}{49}\cos 7\omega t + \cdots\right)$$

② 기함수(정현대칭)

함수 $f(x)$가 다음의 성질을 가지고 있을 때, $f(x)$를 기함수(odd function)라고 한다.

$$\begin{cases} f(-x) = -f(x) \\ f(x) = -f(-x) \end{cases} \tag{15.11}$$

가 성립하면, 함수 $f(x)$는 기함수(odd function)이다. $f(-x)$는 수직축에 대칭이고, $-f(x)$는 수평축에 대칭이다.

EXAMPLE 15-11

$f(x) = x^3$, $x^5 + 3x^3 + 2x$, $\sin x, \tan 3x$ 등은 기함수이다.

SOLUTION

$$f(x) = \sin x,\ f(-x) = \sin(-x) = -\sin x = -f(x)$$

따라서 기함수에 있어서는 $f(-x) = -f(x)$가 성립한다.

따라서 아래 그림 15.10와 같이 양의 반파를 수직축에 대해서 180° 회전하고, 이것을 다시 수평축에 180° 회전할 때 음의 반파와 일치하는 파를 기함수파 또는 정현대칭이라고 한다.

$f(x)$가 기함수인 경우는 단지 사인 항만 존재한다. 이것을 반구간 푸리에 사인 급수(half-range Fourier sine series)라고 한다. 따라서 다음과 같이 푸리에 계수를 구하는 것이 훨씬 편리하다.

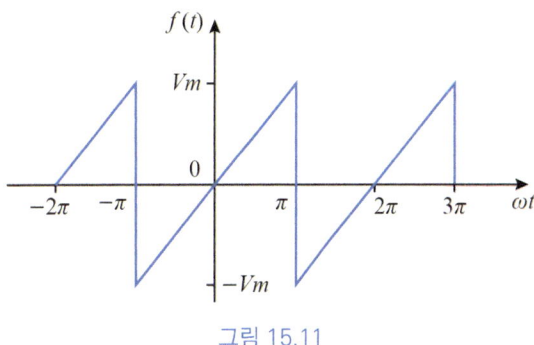

그림 15.11

$$\begin{cases} a_o = 0 \\ a_n = 0 \\ b_n = \dfrac{2}{\pi} \displaystyle\int_0^\pi f(\omega t) \sin n\omega t\, d(\omega t),\ (\omega t = \theta) \end{cases} \quad (15.12)$$

EXAMPLE 15-12

그림 15.10의 파형에 대한 푸리에 급수를 구하라.

SOLUTION

$f(t)$는 기함수[$f(t) = -f(-t)$]이므로 반구간 푸리에 사인 급수에 해당한다. 즉 사인 항만 존재한다. $a_o = a_n = 0$이다. 여기서 $f(t)$는 다음과 같으며, 주기 구간은 $[-\pi \sim \pi]$이거나 $[0 \sim 2\pi]$이다.

$$f(t) = \frac{V_m}{\pi}\omega t \quad (-\pi < \omega t < \pi)$$

b_n을 3가지 방법으로 구할 수 있다.

〈해법 1〉 기함수로서 구간 $[0 \sim 2\pi]$에서 정현(sine) 대칭성을 이용하는 방법

반구간 $[-\pi \sim 0]$에서 값의 2배, 즉 구간 $[0 \sim \pi]$의 파가 주기 구간에서 2번 반복된다.

$$b_n = \frac{1}{\pi}\int_0^{2\pi} f(t)\sin n\omega t\, d(\omega t) = 2 \times \frac{1}{\pi}\int_0^\pi \frac{V_m}{\pi}\omega t \sin n\omega t\, d(\omega t)$$

$$= \frac{2V_m}{\pi^2}\int_0^\pi \theta \sin n\theta\, d\theta$$

$$= -\frac{2V_m}{n\pi}\cos n\pi = \begin{cases} \dfrac{2V_m}{n\pi} & (n = odd) \\ -\dfrac{2V_m}{n\pi} & (n = even) \end{cases}$$

〈해법 2〉 구간 $[-\pi \sim \pi]$에서 $f(t)$ 식을 이용하는 방법

$$b_n = \frac{1}{\pi}\int_{-\pi}^{\pi} f(t)\sin n\omega t\, d(\omega t) = \frac{1}{\pi}\int_{-\pi}^{\pi} \frac{V_m}{\pi}\omega t \sin n\omega t\, d(\omega t)$$

$$= \frac{1}{\pi}\int_{-\pi}^{\pi} \frac{V_m}{\pi}\theta \sin n\theta\, d\theta$$

$$= -\frac{2V_m}{n\pi}\cos n\pi = \begin{cases} \dfrac{2V_m}{n\pi} & (n = odd) \\ -\dfrac{2V_m}{n\pi} & (n = even) \end{cases}$$

〈해법 3〉 구간 $[0 \sim 2\pi]$에서 다음의 $f(t)$ 식을 이용하는 방법

$$\begin{cases} f(t) = \dfrac{V_m}{\pi}\omega t & (0 < \omega t < \pi) \\ f(t) = -2V_m + \dfrac{V_m}{\pi}\omega t & (\pi < \omega t < 2\pi) \end{cases}$$

$$b_n = \frac{1}{\pi}\int_0^{2\pi} f(t)\sin n\omega t\, d(\omega t) = \frac{1}{\pi}\int_0^{2\pi} f(\theta)\sin n\theta\, d\theta$$

$$= \frac{1}{\pi}\int_0^{\pi} \frac{V_m}{\pi}\theta \sin n\theta\, d\theta + \frac{1}{\pi}\int_{\pi}^{2\pi}\left(-2V_m + \frac{V_m}{\pi}\theta\right)\sin n\theta\, d\theta$$

$$= \frac{V_m}{\pi^2}\int_0^{\pi}\theta\sin n\theta\, d\theta - \frac{2V_m}{\pi}\int_{\pi}^{2\pi}\sin n\theta\, d\theta + \frac{V_m}{\pi^2}\int_{\pi}^{2\pi}\theta\sin n\theta\, d\theta$$

첫 번째 항 $b_{n1} = \dfrac{V_m}{\pi^2}\int_0^{\pi}\theta\sin n\theta\, d\theta = -\dfrac{V_m}{n\pi}\cos n\pi$

두 번째 항 $b_{n2} = -\dfrac{2V_m}{\pi}\int_{\pi}^{2\pi}\sin n\theta\, d\theta = \dfrac{2V_m}{n\pi}(\cos 2n\pi - \cos n\pi)$

세 번째 항 $b_{n3} = \dfrac{V_m}{\pi^2}\int_{\pi}^{2\pi}\theta\sin n\theta\, d\theta = \dfrac{V_m}{n\pi}(-2\cos 2n\pi + \cos n\pi)$

$$b_n = b_{n1} + b_{n2} + b_{n3} = -\frac{2V_m}{n\pi}\cos n\pi = \begin{cases} \dfrac{2V_m}{n\pi} & (n = odd) \\ -\dfrac{2V_m}{n\pi} & (n = even) \end{cases}$$

따라서 이 파형의 푸리에 급수는 다음과 같다.

$$f(t) = -\sum_{1}^{\infty} \frac{2V_m}{n\pi} \cos n\pi \sin n\omega t$$

$$= \frac{V_m}{\pi}\left(\sin\omega t - \frac{1}{2}\sin 2\omega t + \frac{1}{3}\sin 3\omega t - \frac{1}{4}\sin 4\omega t + \cdots\right)$$

③ 반파대칭

함수 $f(x)$가 다음의 성질을 가지고 있을 때, $f(x)$를 반파대칭(half-wave symmetry)라고 한다.

$$\begin{cases} f(t) = -f\left(t \pm \dfrac{T}{2}\right) \\ f\left(t \pm \dfrac{T}{2}\right) = -f(t) \end{cases} \tag{15.13}$$

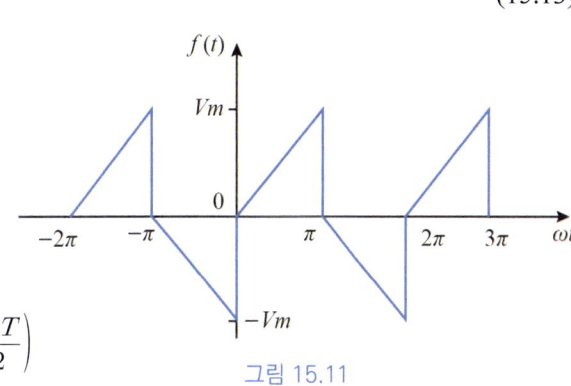

그림 15.11

그림 15.11과 같이 반주기마다 크기는 같고 부호가 반대가 되는 파가 반복되는데, 양의 반파를 π만큼 수평 이동하여 180° 회전할 때 음의 반파와 일치하는 파를 반파대칭이라고 한다.

$$-f\left(t + \frac{T}{2}\right) = -a_o - \sum_{n=1}^{\infty} a_n \cos\left(n\omega t + \frac{nT}{2}\right)$$

$$- \sum_{n=1}^{\infty} b_n \sin\left(n\omega t + \frac{nT}{2}\right)$$

$$= -a_o - \sum_{n=1}^{\infty} a_n \cos\left(\frac{nT}{2} + n\omega t\right) - \sum_{n=1}^{\infty} b_n \sin\left(\frac{nT}{2} + n\omega t\right)$$

$$= -a_o - \sum_{n=1}^{\infty} a_n (-1)^n \cos n\omega t - \sum_{n=1}^{\infty} b_n (-1)^n \sin n\omega t$$

반파대칭의 조건에 따라

$$a_o + \sum_{n=1}^{\infty} a_n \cos n\omega t + \sum_{n=1}^{\infty} b_n \sin n\omega t = -a_o - \sum_{n=1}^{\infty} a_n (-1)^n \cos n\omega t$$

$$- \sum_{n=1}^{\infty} b_n (-1)^n \sin n\omega t$$

따라서 함수 $f(t)$가 반파대칭일 경우,

$$\begin{cases} a_o = 0 \\ a_n = b_n = 0 \ (n = 짝수) \\ a_n \neq 0,\ b_n \neq 0 \ (n = 홀수) \end{cases} \tag{15.14}$$

결국 n이 홀수일 때만 a_n, b_n 이 존재한다.

EXAMPLE 15-13

그림 15.11의 파형에 대한 푸리에 급수를 구하라.

SOLUTION

$f(t)$는 우함수도 기함수도 아닌 반파대칭[$f(t) = -f(t \pm T/2)$]이다. 따라서 $a_o = 0$, a_n과 b_n은 홀수만 존재한다. 여기서 $f(t)$는 다음과 같으며, 주기 구간은 $[0 \sim 2\pi]$이다.

$$\begin{cases} f(t) = \dfrac{V_m}{\pi}\omega t & (0 < \omega t < \pi) \\ f(t) = V_m - \dfrac{V_m}{\pi}\omega t & (\pi < \omega t < 2\pi) \end{cases}$$

푸리에 계수를 3가지 방법으로 구할 수 있으나, 이 예제에서는 2가지만 다루고, 다음예제에서 나머지 1가지 방법을 다룬다.

⟨해법 1⟩ 구간 $[0 \sim 2\pi]$에서 반파대칭성을 이용하는 방법

반구간 $0 \sim \pi$에서의 값의 2배, 즉 구간 $0 \sim \pi$의 파가 주기 구간에서 2번 반복된다.

$$a_n = \frac{1}{\pi}\int_0^{2\pi} f(t)\cos n\omega t\, d(\omega t) = 2 \times \frac{1}{\pi}\int_0^{\pi} \frac{V_m}{\pi}\omega t \cos n\omega t\, d(\omega t)$$

$$= \frac{2V_m}{\pi^2}\int_0^{\pi} \theta \cos n\theta\, d\theta$$

$$= \frac{2V_m}{n^2\pi^2}(\cos n\pi - 1) = -\frac{4V_m}{n^2\pi^2} \quad (n = only\ odd)$$

$$b_n = \frac{1}{\pi}\int_0^{2\pi} f(t)\sin n\omega t\, d(\omega t) = 2 \times \frac{1}{\pi}\int_0^{\pi} \frac{V_m}{\pi}\omega t \sin n\omega t\, d(\omega t)$$

$$= \frac{2V_m}{\pi^2}\int_0^{\pi} \theta \sin n\theta\, d\theta$$

$$= -\frac{2V_m}{n\pi}\cos n\pi = \frac{2V_m}{n\pi} \quad (n = only\ odd)$$

⟨해법 2⟩ 구간 $[0 \sim 2\pi]$에서 $f(t)$ 식을 이용하는 방법

$$a_n = \frac{1}{\pi}\int_0^{2\pi} f(t)\cos n\omega t\, d(\omega t) = \frac{1}{\pi}\int_0^{2\pi} f(\theta)\cos n\theta t\, d\theta$$

$$= \frac{1}{\pi}\left\{\int_0^{\pi} \frac{V_m}{\pi}\theta \cos n\theta\, d\theta + \int_{\pi}^{2\pi}\left(V_m - \frac{V_m}{\pi}\theta\right)\cos n\theta\, d\theta\right\}$$

$$= \frac{V_m}{\pi^2}\int_0^{\pi}\theta\cos n\theta\, d\theta + \frac{V_m}{\pi}\int_{\pi}^{2\pi}\cos n\theta\, d\theta - \frac{V_m}{\pi^2}\int_{\pi}^{2\pi}\theta\cos n\theta\, d\theta$$

첫 번째 항 $a_{n1} = \dfrac{V_m}{\pi^2}\displaystyle\int_0^{\pi}\theta\cos n\theta\, d\theta = \dfrac{V_m}{\pi^2 n^2}(\cos n\pi - 1)$

두 번째 항 $a_{n2} = \dfrac{V_m}{\pi}\displaystyle\int_{\pi}^{2\pi}\cos n\theta\, d\theta = 0$

세 번째 항 $a_{n3} = -\dfrac{V_m}{\pi^2}\displaystyle\int_{\pi}^{2\pi}\theta\cos n\theta\, d\theta = -\dfrac{V_m}{\pi^2 n^2}(1-\cos n\pi)$

$$a_n = a_{n1} + a_{n2} + a_{n3} = -\dfrac{4V_m}{n^2\pi^2}\quad (n = only\ odd)$$

$$b_n = \dfrac{2}{T}\int_0^T f(t)\sin\omega t\, d(\omega t) = \dfrac{2}{2\pi}\int_0^{2\pi} f(\omega t)\sin n\omega t\, d(\omega t)$$

$$= \dfrac{1}{\pi}\left\{\int_0^{\pi}\dfrac{V_m}{\pi}\theta\sin n\theta\, d\theta + \int_{\pi}^{2\pi}\left(V_m - \dfrac{V_m}{\pi}\theta\right)\sin n\theta\, d\theta\right\}$$

$$= \dfrac{V_m}{\pi^2}\int_0^{\pi}\theta\sin n\theta\, d\theta + \dfrac{V_m}{\pi}\int_{\pi}^{2\pi}\sin n\theta\, d\theta - \dfrac{V_m}{\pi^2}\int_{\pi}^{2\pi}\theta\sin n\theta\, d\theta$$

첫 번째 항 $b_{n1} = \dfrac{V_m}{\pi^2}\displaystyle\int_0^{\pi}\theta\sin n\theta\, d\theta = -\dfrac{V_m}{n\pi}\cos n\pi$

두 번째 항 $b_{n2} = \dfrac{V_m}{\pi}\displaystyle\int_{\pi}^{2\pi}\sin n\theta\, d\theta = -\dfrac{V_m}{\pi n}(\cos 2n\pi - \cos n\pi)$

세 번째 항 $b_{n3} = -\dfrac{V_m}{\pi^2}\displaystyle\int_{\pi}^{2\pi}\theta\sin n\theta\, d\theta = -\dfrac{V_m}{n\pi}(-2\cos 2n\pi + \cos n\pi)$

$$b_n = b_{n1} + b_{n2} + b_{n3} = \dfrac{2V_m}{\pi n}\quad (n = only\ odd)$$

결과적으로 이 파형의 푸리에 급수는 다음과 같다.

$$f(t) = \sum_{n=1}^{\infty}\dfrac{-4V_m}{n^2\pi^2}\cos n\omega t + \sum_{n=1}^{\infty}\dfrac{2V_m}{n\pi}\sin n\omega t \quad (n = odd)$$

$$= -\dfrac{4V_m}{\pi^2}\left(\cos\omega t + \dfrac{1}{3^2}\cos 3\omega t + \dfrac{1}{5^2}\cos 5\omega t + \cdots\right)$$

$$+ \dfrac{2V_m}{\pi}\left(\sin\omega t + \dfrac{1}{3}\sin 3\omega t + \dfrac{1}{5}\sin 5\omega t \cdots\right)$$

반파대칭에 대한 문제를 다음과 같은 방법으로 구하는 방법에 대해서 고찰해보자.
우선 다음의 예제를 보자.

EXAMPLE 15-14

그림 15.5의 파형에 대한 푸리에 급수에 식 (15.23)을 적용하여 그림 15.11의 파형에 대한 푸리에 급수를 구하라. 바로 앞의 예제 그림 15.11의 푸리에 급수와 동일한가?

SOLUTION

$$\begin{cases} f(t) = f_1(t) + f_2(t) \begin{cases} f_1(t) : \text{양의 반주기 파형} \\ f_2(t) : \text{음의 반주기 파형} \end{cases} \\ f_2(t) = -f_1(t-\pi) \end{cases}$$

$$f_1(t) = \frac{V_m}{4} - \frac{2V_m}{\pi^2}\left(\cos\omega t + \frac{1}{3^2}\cos 3\omega t + \frac{1}{5^2}\cos 5\omega t + \cdots\right)$$
$$+ \frac{V_m}{\pi}\left(\sin\omega t - \frac{1}{2}\sin 2\omega t + \frac{1}{3}\sin 3\omega t - \frac{1}{4}\sin 4\omega t + \cdots\right)$$

$$f_2(t) = -f_1(t-\pi)$$
$$= -\frac{V_m}{4} + \frac{2V_m}{\pi^2}\left\{\cos(\omega t - \pi) + \frac{1}{3^2}\cos 3(\omega t - \pi) + \frac{1}{5^2}\cos 5(\omega t - \pi) + \cdots\right\}$$
$$- \frac{V_m}{\pi}\left\{\sin(\omega t - \pi) - \frac{1}{2}\sin 2(\omega t - \pi) + \frac{1}{3}\sin 3(\omega t - \pi) - \frac{1}{4}\sin 4(\omega t - \pi) - \cdots\right\}$$
$$= -\frac{V_m}{4} + \frac{2V_m}{\pi^2}\left(-\cos\omega t - \frac{1}{3^2}\cos 3\omega t - \frac{1}{5^2}\cos 5\omega t - \cdots\right)$$
$$- \frac{V_m}{\pi}\left(-\sin\omega t - \frac{1}{2}\sin 2\omega t - \frac{1}{3}\sin 3\omega t - \frac{1}{4}\sin 4\omega t \cdots\right)$$

$f(t) = f_1(t) + f_2(t)$ 이므로 정리하면 다음과 같다.

$$f(t) = -\frac{4V_m}{\pi^2}\left(\cos\omega t + \frac{1}{3^2}\cos 3\omega t + \frac{1}{5^2}\cos 5\omega t + \cdots\right)$$
$$+ \frac{2V_m}{\pi}\left(\sin\omega t + \frac{1}{3}\sin 3\omega t + \frac{1}{5}\sin 5\omega t - \cdots\right)$$

따라서 푸리에 급수는 바로 앞 예제에서 구한 방법 (1), (2)와 같은 결과를 얻는다.

단, 이 방법은 $f_1(t)$를 알거나 구한 후에 얻을 수 있는 방법이다.

EXAMPLE 15-15

그림 15.12의 파형에 대한 푸리에 급수를 구하라.

SOLUTION

$f(t)$는 두 개의 대칭조건을 가지고 있다. 하나는 기함수[$-f(t) = f(-t)$]로 반구간 푸리에 사인 급수에 해당한다. 즉 사인 항만 존재한다. $a_n = 0$이다. 또 하나는 반파대칭으로 b_n은 존재하되, 홀수만 존재한다. 주기 구간은 $[-\pi \sim \pi]$이며, 주기 구간에서 평균치는 0이므로 $a_o = 0$이다. 여기서 $f(t)$는 다음과 같으며, 주기 구간 $[-\pi \sim \pi]$이다.

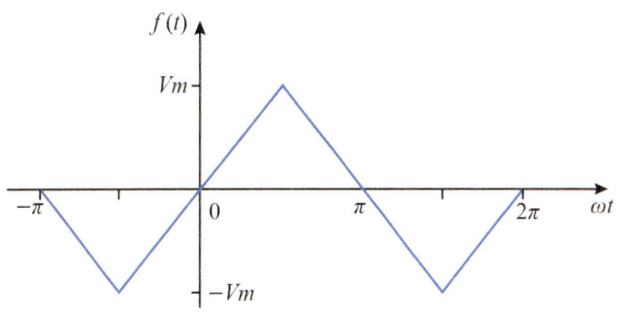

그림 15.12 [EXAMPLE 15-15]

$$\begin{cases} f(t) = \dfrac{2V_m}{\pi}\omega t & \left(-\dfrac{\pi}{2} < \omega t < \dfrac{\pi}{2}\right) \\ f(t) = 2V_m - \dfrac{2V_m}{\pi}\omega t & \left(\dfrac{\pi}{2} < \omega t < \dfrac{3\pi}{2}\right) \end{cases}$$

$$b_n = \frac{1}{\pi}\int_{-\pi/2}^{3\pi/2} f(t)\sin n\omega t\, d(\omega t) = \frac{1}{\pi}\int_{-\pi/2}^{3\pi/2} f(\theta)\sin n\theta\, d\theta$$

$$= \frac{1}{\pi}\int_{-\pi/2}^{\pi/2}\frac{2V_m}{\pi}\theta\sin n\theta\, d\theta + \frac{1}{\pi}\int_{\pi/2}^{3\pi/2}\left(2V_m - \frac{2V_m}{\pi}\theta\right)\sin n\theta\, d\theta$$

첫 번째 항 $b_{n1} = \dfrac{1}{\pi}\int_{-\pi/2}^{\pi/2}\dfrac{2V_m}{\pi}\theta\sin n\theta\, d\theta = \dfrac{2V_m}{\pi^2}\int_{-\pi/2}^{\pi/2}\theta\sin n\theta\, d\theta$

$$= \frac{4V_m}{n^2\pi^2}\sin\frac{n\pi}{2}$$

두 번째 항 $b_{n2} = \dfrac{1}{\pi}\int_{\pi/2}^{3\pi/2}\left(2V_m - \dfrac{2V_m}{\pi}\theta\right)\sin n\theta\, d\theta$

$$= -\frac{2V_m}{n^2\pi^2}\left(\sin\frac{3n\pi}{2} - \sin\frac{n\pi}{2}\right)$$

$$b_n = b_{n1} + b_{n2} = \frac{4V_m}{n^2\pi^2}\sin\frac{n\pi}{2} - \frac{2V_m}{n^2\pi^2}\left(\sin\frac{3n\pi}{2} - \sin\frac{n\pi}{2}\right) \text{(sine 합차 공식 적용)}$$

$$= \frac{4V_m}{n^2\pi^2}\sin\frac{n\pi}{2} - \frac{2V_m}{n^2\pi^2}\left(2\cos\frac{\frac{3n\pi}{2}+\frac{n\pi}{2}}{2}\sin\frac{\frac{3n\pi}{2}-\frac{n\pi}{2}}{2}\right)$$

$$= \frac{4V_m}{n^2\pi^2}\sin\frac{n\pi}{2}(1-\cos n\pi) = \begin{cases} \dfrac{8V_m}{n^2\pi^2} & (n = 1,\ 5,\ 9,\ 13,\cdots) \\ -\dfrac{8V_m}{n^2\pi^2} & (n = 3,\ 7,\ 11,\ 15,\cdots) \end{cases}$$

$$\left\{\begin{array}{ll} \sin\dfrac{n\pi}{2}(1-\cos n\pi) = 2 & (n=1,\ 5,\ 9,\ 13,\cdots) \\ \sin\dfrac{n\pi}{2}(1-\cos n\pi) = -2 & (n=3,\ 7,\ 11,\ 15,\cdots) \end{array}\right\}$$

따라서 이 파형의 푸리에 급수는 다음과 같다.

$$f(t) = \sum_{n=1}^{\infty} \frac{4V_m}{n^2\pi^2} \sin\frac{n\pi}{2}(1-\cos n\pi) \sin n\omega t$$

$$= \frac{8V_m}{\pi^2}\left(\cos\omega t - \frac{1}{9}\cos 3\omega t + \frac{1}{25}\cos 5\omega t - \frac{1}{49}\cos 7\omega t + \cdots\right)$$

15.5 푸리에 급수의 활용

앞에서도 언급한 바와 같이 푸리에 급수는 중첩의 정리를 적용하여 비정현파의 입력에 대한 선형함수의 응답을 결정하는 수단을 제공한다. 몇 가지 예를 통해서 푸리에 급수의 유용성에 대해서 살펴보자.

EXAMPLE 15-16

그림 15.13의 회로에서 코일에 전압 $v(t)$를 인가했을 때, 코일($L = 0.01\,\text{H}$)에 흐르는 전류 $i_L(t)$를 구하라. $\omega = 200\,\text{rad/s}$이다.

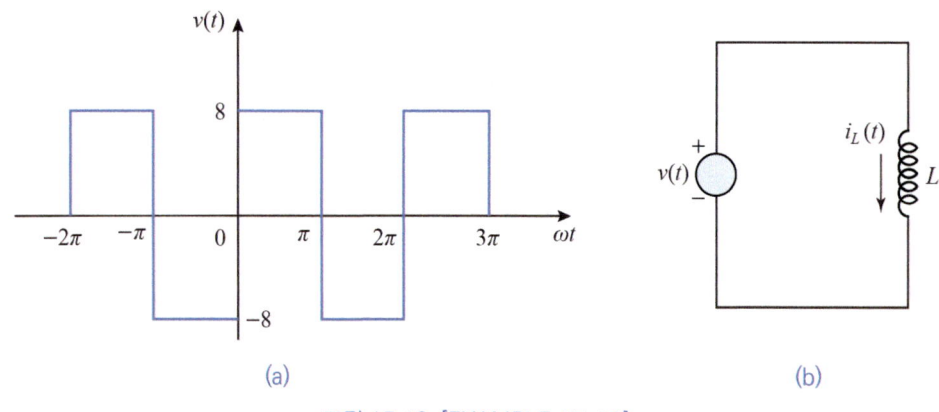

그림 15.13 [EXAMPLE 15-16]

SOLUTION

$v(t)$는 두 개의 대칭조건을 가지고 있다. 하나는 기함수[$-v(t) = v(-t)$]로 반구간 푸리에 사인 급수에 해당한다. 즉 사인 항만 존재한다. $a_o = a_n = 0$이다. 또 하나는 반파대칭으로 b_n은 홀수만 존재한다. 여기서 $v(t)$는 다음과 같으며, 주기 구간은 $[0 \sim 2\pi]$이다.

$$v(t) = \begin{cases} V_m & (0 < \omega t < \pi) \\ -V_m & (\pi < \omega t < 2\pi) \end{cases}$$

그림 15.1의 푸리에 급수를 참고하면 그림 15.13의 $v(t)$는

$$v(t) = \sum_{n=1}^{\infty} \frac{4V_m}{n\pi} \sin n\omega t \qquad (n = odd)$$

$$= \frac{4V_m}{\pi}\left(\sin \omega t + \frac{1}{3}\sin 3\omega t + \frac{1}{5}\sin 5\omega t + \frac{1}{7}\sin 7\omega t + \cdots\right)$$

따라서 $i_L(t)$는 다음과 같이 구해진다.

$$i_L(t) = \frac{1}{L}\int v(t)\,dt = \frac{4V_m}{\pi L}\left(-\frac{1}{\omega}\cos \omega t - \frac{1}{9\omega}\cos \omega t - \frac{1}{25\omega}\cos \omega t - \frac{1}{49\omega}\cos \omega t - \cdots\right)$$

$$= -\frac{4V_m}{\pi \omega L}\left(\cos \omega t + \frac{1}{9}\cos \omega t + \frac{1}{25}\cos \omega t + \frac{1}{49}\cos \omega t + \cdots\right)$$

$$= -\frac{4 \times 8}{\pi(200 \times 0.01)}\left(\cos \omega t + \frac{1}{9}\cos \omega t + \frac{1}{25}\cos \omega t + \frac{1}{49}\cos \omega t + \cdots\right)$$

$$= -\frac{16}{\pi}\left(\cos \omega t + \frac{1}{9}\cos \omega t + \frac{1}{25}\cos \omega t + \frac{1}{49}\cos \omega t + \cdots\right)$$

EXAMPLE 15-17

그림 15.14의 회로에서 코일에($L = 0.01$ H)에 전류 $i(t)$를 흘렸을 때, 코일에 나타나는 전압 $v_L(t)$를 구하라. $\omega = 200$ rad/s이다.

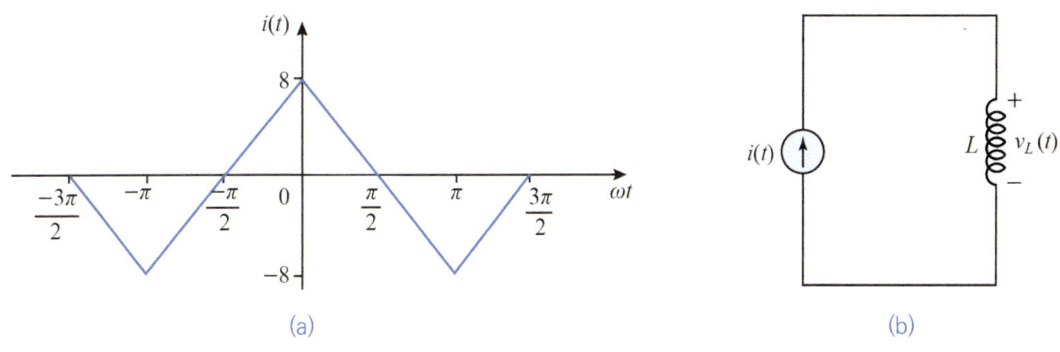

그림 15.14 [EXAMPLE 15-17]

SOLUTION

$i(t)$는 우함수[$i(t) = i(-t)$]이므로 반구간 푸리에 코사인 급수에 해당한다. 즉 코사인 항만 존재한다. $b_n = 0$이다. 여기서 $i(t)$는 다음과 같으며, 주기 구간은 $[-\pi \sim \pi]$이다.

$$\begin{cases} i(t) = I_m + \dfrac{I_m}{\pi}\omega t & (-\pi < \omega t < 0) \\ i(t) = I_m - \dfrac{I_m}{\pi}\omega t & (0 < \omega t < \pi) \end{cases}$$

그림 15.9의 푸리에 급수를 참고하면 그림 15.14의 $i(t)$는

$$i(t) = \sum_{n=1}^{\infty} \frac{8I_m}{\pi^2 n^2} \cos n\omega t \quad (n = odd)$$

$$= \frac{8I_m}{\pi^2}\left(\cos \omega t + \frac{1}{9}\cos 3\omega t + \frac{1}{25}\cos 5\omega t + \frac{1}{49}\cos 7\omega t + \cdots\right)$$

따라서 $v_L(t)$는 다음과 같이 구해진다.

$$v_L(t) = L\frac{di(t)}{dt} = L \times \frac{8I_m}{\pi^2}\left(-\omega\sin\omega t - \frac{3\omega}{9}\sin 3\omega t - \frac{5\omega}{25}\sin 5\omega t - \frac{7\omega}{49}\sin 7\omega t - \cdots\right)$$

$$= -\omega L\left(\frac{8I_m}{\pi^2}\right)\left(\sin\omega t + \frac{1}{3}\sin 3\omega t + \frac{1}{5}\sin 5\omega t + \frac{1}{7}\sin 7\omega t + \cdots\right)$$

$$= -(200 \times 0.01)\left(\frac{8 \times 8}{\pi^2}\right)\left(\sin\omega t + \frac{1}{3}\sin 3\omega t + \frac{1}{5}\sin 5\omega t + \frac{1}{7}\sin 7\omega t + \cdots\right)$$

$$= -\frac{128}{\pi^2}\left(\sin\omega t + \frac{1}{3}\sin 3\omega t + \frac{1}{5}\sin 5\omega t + \frac{1}{7}\sin 7\omega t + \cdots\right)$$

EXAMPLE 15-18

그림 15.15의 회로에서 커패시터에 전압 $v(t)$를 인가했을 때, 커패시터($C = 2\,\mu F$)에 흐르는 전류 $i_C(t)$를 구하라. $\omega = 200$ rad/s이다.

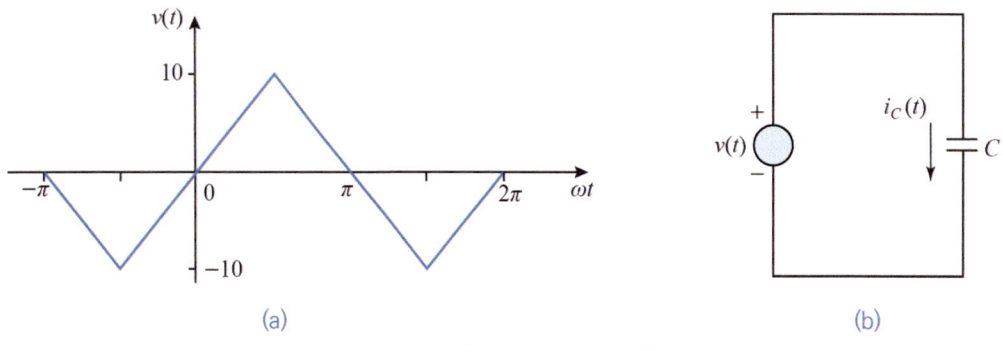

그림 15.15 [EXAMPLE 15-18]

SOLUTION

$v(t)$는 2개의 대칭조건을 가지고 있다. 하나는 기함수[$-v(t) = v(-t)$]로 반구간 푸리에 사인 급수에 해당한다. 즉 사인 항만 존재한다. $a_n = 0$이다. 또 하나는 반파대칭으로 b_n은 홀수만 존재한다. 여기서

$v(t)$는 다음과 같으며, 주기 구간은 $[-\pi \sim \pi]$이다.

$$\begin{cases} v(t) = \dfrac{2V_m}{\pi}\omega t & \left(-\dfrac{\pi}{2} < \omega t < \dfrac{\pi}{2}\right) \\ v(t) = 2V_m - \dfrac{2V_m}{\pi}\omega t & \left(\dfrac{\pi}{2} < \omega t < \dfrac{3\pi}{2}\right) \end{cases}$$

그림 15.12의 푸리에 급수를 참고하면 그림 15.15의 $v(t)$는

$$v(t) = \sum_{n=1}^{\infty} \frac{4V_m}{n^2\pi^2} \sin\frac{n\pi}{2}(1-\cos n\pi)\sin n\omega t$$

$$= \frac{8V_m}{\pi^2}\left(\cos\omega t - \frac{1}{9}\cos 3\omega t + \frac{1}{25}\cos 5\omega t - \frac{1}{49}\cos 7\omega t + \cdots\right)$$

따라서 $i_C(t)$는 다음과 같이 구해진다.

$$i_C(t) = C\frac{dv(t)}{dt} = C\left(\frac{8V_m}{\pi^2}\right)\left(-\omega\sin\omega t + \frac{3\omega}{9}\sin 3\omega t - \frac{5\omega}{25}\cos 5\omega t + \frac{7\omega}{49}\cos 7\omega t - \cdots\right)$$

$$= -\omega C\left(\frac{8V_m}{\pi^2}\right)\left(\sin\omega t - \frac{1}{3}\sin 3\omega t + \frac{1}{5}\cos 5\omega t - \frac{1}{7}\cos 7\omega t - \cdots\right)$$

$$= -(200)(2\times 10^{-6})\left(\frac{8\times 8}{\pi^2}\right)\left(\sin\omega t - \frac{1}{3}\sin 3\omega t + \frac{1}{5}\cos 5\omega t - \frac{1}{7}\cos 7\omega t - \cdots\right)$$

$$= -\frac{0.256}{\pi^2}\left(\sin\omega t - \frac{1}{3}\sin 3\omega t + \frac{1}{5}\cos 5\omega t - \frac{1}{7}\cos 7\omega t - \cdots\right)$$

EXAMPLE 15-19

그림 15.16의 회로에서 커패시터에 전류 $i(t)$를 흘렸을 때, 커패시터($C=100\,\mu\mathrm{F}$)에 나타나는 전압 $v_C(t)$를 구하라. $\omega = 200\,\mathrm{rad/s}$이다.

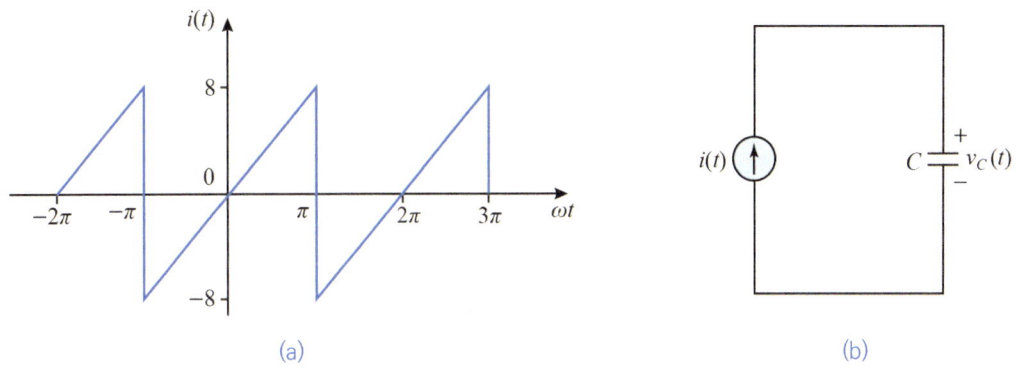

그림 15.16 [EXAMPLE 15-19]

SOLUTION

$i(t)$는 기함수[$i(t) = -i(-t)$]이므로 반구간 푸리에 사인 급수에 해당한다. 즉 사인 항만 존재한다. $a_o = a_n = 0$이다. 여기서 $i(t)$는 다음과 같으며, 주기 구간은 $[-\pi \sim \pi]$이거나 $[0 \sim 2\pi]$이다.

$$i(t) = \frac{I_m}{\pi}\omega t \quad (-\pi < \omega t < \pi)$$

그림 15.10의 푸리에 급수를 참고하면 그림 15.16의 $i(t)$는

$$i(t) = -\sum_{1}^{\infty} \frac{2I_m}{\pi n} \cos n\pi \sin n\omega t$$

$$= \frac{I_m}{\pi}\left(\sin \omega t - \frac{1}{2}\sin 2\omega t + \frac{1}{3}\sin 3\omega t - \frac{1}{4}\sin 4\omega t + \cdots\right)$$

따라서 $v_C(t)$는 다음과 같이 구해진다.

$$v_C(t) = \frac{1}{C}\int i(t)dt = \frac{I_m}{\pi C}\left(-\frac{1}{\omega}\cos \omega t + \frac{1}{4\omega}\cos 2\omega t - \frac{1}{9\omega}\cos 3\omega t + \frac{1}{16\omega}\cos 4\omega t + \cdots\right)$$

$$= -\frac{V_m}{\omega \pi C}\left(\cos \omega t - \frac{1}{4}\cos 2\omega t + \frac{1}{9}\cos 3\omega t - \frac{1}{16}\cos 4\omega t + \cdots\right)$$

$$= -\frac{8}{200\pi(100 \times 10^{-6})}\left(\cos \omega t - \frac{1}{4}\cos 2\omega t + \frac{1}{9}\cos 3\omega t - \frac{1}{16}\cos 4\omega t + \cdots\right)$$

$$= -\frac{800}{\pi}\left(\cos \omega t - \frac{1}{4}\cos 2\omega t + \frac{1}{9}\cos 3\omega t - \frac{1}{16}\cos 4\omega t + \cdots\right)$$

15.6 비정현파 전압 및 전류의 실효치

주기함수의 비정현파는 직류분, 주파수가 다른 여러 개의 정현 혹은 여현파의 합으로 구성되어 있다. 다시 말해서 비정현파는 직류분, 기본파, 기본파의 정수배 주파수를 가지는 **고조파**(高調波, harmonics)로 되어 있다. 식 (15.8)의 푸리에 급수를 다음과 같이 쓸 수 있다.

$$f(t) = a_o + \sum_{n=1}^{\infty} a_n \cos n\omega t + \sum_{n=1}^{\infty} b_n \sin n\omega t \tag{15.15}$$

$$= a_o + \sum_{n=1}^{\infty}(a_n \cos n\omega t + b_n \sin n\omega t)$$

$$= a_o + \sum_{n=1}^{\infty} A_n \sin(n\omega t + \theta_n)$$

여기서 $A_n = \sqrt{a_n^2 + b_n^2}$, $\theta_n = \tan^{-1}\left(\frac{a_n}{b_n}\right)$ $(n = 1, 2, 3, ...)$

따라서 비정현파 전압도 위에 언급한 푸리에 급수와 같은 식으로 나타내진다. 즉

$$v = V_o + \sum_{n=1}^{\infty} V_{mn} \sin(n\omega t + \theta_n) \tag{15.16}$$

여기서 V_{mn}은 각 고조파 전압의 최대치, θ_n은 각 고조파 전압의 위상, $n\omega$은 각 고조파 전압의 각속도이다. 비정현파 전압 v의 실효치 V_{rms}는 정현파와 같은 정의식에 따라 다음과 같이 쓸 수 있다.

$$V_{rms} = \sqrt{\frac{1}{T}\int_0^T v^2 dt} = \sqrt{\frac{1}{T}\int_0^T \left[V_o + \sum_{n=1}^{\infty} V_{mn}\sin(n\omega t + \theta_n)\right]^2 dt} \tag{15.17}$$

v^2은 네 개의 항으로 되어있다. 즉

1항: 직류분 제곱 (V_o^2)
2항: V_o와 주파수가 다른 정현파의 곱 [$V_o V_{mn}\sin(n\omega t + \theta_n)$]
3항: 주파수가 같은 두 정현파의 곱 [$V_{mn}^2 \sin^2(n\omega t + \theta_n)$]
4항: 주파수가 다른 두 정현파의 곱 [$\{V_{mn}\sin(n\omega t + \theta_n)\}\{V_{mk}\sin(k\omega t + \theta_k)\}$] ($n \neq k$).

제곱근 속의 네 개의 항별 평균치를 차례로 구해보면

1항: $\dfrac{1}{T}\int_0^T V_o^2 dt = V_o^2$

2항: $\dfrac{1}{T}\int_0^T V_o V_{mn}\sin(n\omega t + \theta_n) dt = 0$

3항: $\dfrac{1}{T}\int_0^T V_{mn}^2 \sin^2(n\omega t + \theta_n) dt = \dfrac{V_{mn}^2}{2T}\int_0^T [1 - \cos^2(n\omega t + \theta_n)] dt$

$$= \frac{V_{mn}^2}{2} = \frac{(\sqrt{2}\,V_{(rms)n})^2}{2} = V_{(rms)n}^2$$

4항: $\dfrac{1}{T}\int_0^T [V_{mn}\sin(n\omega t + \theta_n)\cdot V_{mk}\sin(k\omega t + \theta_k)] dt = 0$ ($n \neq k$) (직교)

따라서 2항과 4항은 0이므로 1항과 3항만 제곱근 속에 넣게 되면 비정현파 전압의 실효치 $V_{rms} = V$는 다음과 같이 나타내진다.

$$V = \sqrt{V_o^2 + \frac{V_{m1}^2 + V_{m2}^2 + V_{m3}^2 + \cdots}{2}} \quad \text{최대치로 표현} \tag{15.18}$$

$$V = \sqrt{V_o^2 + V_1^2 + V_2^2 + V_3^2 + \cdots} \quad \text{실효치로 표현} \; (V_n = V_{mn}/\sqrt{2}) \tag{15.18-1}$$

같은 방법으로 비정현파 전류의 실효치 $I_{rms} = I$는

$$I = \sqrt{I_o^2 + \frac{I_{m1}^2 + I_{m2}^2 + I_{m3}^2 + \cdots}{2}} \quad \text{최대치로 표현} \tag{15.19}$$

$$I = \sqrt{I_o^2 + I_1^2 + I_2^2 + I_3^2 + \ldots} \quad \text{실효치로 표현} \ \left(I_n = I_{mn}/\sqrt{2}\right) \tag{15.19-1}$$

기본파(정현파)에 대해서 비정현파의 일그러짐을 나타내는 정도를 **왜형률**(歪形率, distortion factor)이라고 한다. 수식으로는 다음과 같이 정의된다.

$$\text{왜형률} = \frac{\text{전 고조파의 실효치}}{\text{기본파의 실효치}} = \frac{\sqrt{V_2^2 + V_3^2 + V_4^2 + \ldots}}{V_1} \tag{15.20}$$

EXAMPLE 15-20

$v = 100\sin(\omega t + 30°) - 50\sin(3\omega t - 60°) + 25\sin(5\omega t + 15°)$ V를 어떤 회로에 인가할 때 $i = 10\sin(\omega t - 30°) + 5\sin(3\omega t + 30°) + 2.5\sin(5\omega t - 60°)$ A가 흐른다. 전압 및 전류의 실효치, 왜형률을 구하라.

SOLUTION

$$V = \sqrt{\frac{V_{m1}^2 + V_{m3}^2 + V_{m5}^2}{2}} = \sqrt{\frac{100^2 + 50^2 + 25^2}{2}} = 81 \text{ V}$$

$$I = \sqrt{\frac{I_{m1}^2 + I_{m3}^2 + I_{m5}^2}{2}} = \sqrt{\frac{10^2 + 5^2 + 2.5^2}{2}} = 8.1 \text{ A}$$

$$\text{전압 왜형율} = \frac{\sqrt{V_3^2 + V_5^2}}{V_1} = \frac{\sqrt{(50^2 + 25^2)/2}}{100/\sqrt{2}} = 0.56$$

$$\text{전류 왜형율} = \frac{\sqrt{I_3^2 + I_5^2}}{I_1} = \frac{\sqrt{(5^2 + 2.5^2)/2}}{10/\sqrt{2}} = 0.56$$

EXAMPLE 15-21

$v = 100\sin(377t + 30°) - 50\sin(1131t - 60°) + 25\sin(1885t + 15°)$ V와 파형은 동일하지만 기본파의 위상이 $30°$ 앞서는 비정현파 전압 v'를 구하라.

SOLUTION

기본파보다 위상이 θ만큼 앞선다면 제n 고조파는 $n\theta$만큼 앞서게 된다.
따라서

$$v' = 100\sin(377t + 30° + 1 \times 30°) - 50\sin(1131t - 60° + 3 \times 30°)$$
$$\quad + 25\sin(1885t + 15° + 5 \times 30°)$$
$$= 100\sin(377t + 60°) - 50\sin(1131t + 30°) + 25\sin(1885t + 165°) \text{ V}$$

EXAMPLE 15-22

기본파의 50%인 제3 고조파, 기본파의 30%인 제5 고조파, 기본파의 10%인 제7 고조파를 포함하는 비정현파 전압의 왜형률을 구하라.

SOLUTION

전압의 왜형율 $= \dfrac{\sqrt{V_3^2 + V_5^2 + V_7^2}}{V_1} = \sqrt{0.5^2 + 0.3^2 + 0.1^2} = 0.592$

15.7 비정현파 전력

비정현파 전압을 회로에 인가할 때 흐르는 전류도 역시 비정형파 전류이다. 이때 비정현파 전력의 순시치 p는

$$p = vi = \left[V_o + \sum_{n=1}^{\infty} V_{mn}\sin(n\omega t + \phi_n)\right]\left[I_o + \sum_{n=1}^{\infty} I_{mn}\sin(n\omega t + \psi_n)\right] \tag{15.21}$$

$$= V_o I_o + \sum_{n=1}^{\infty} V_o I_{mn}\sin(n\omega t + \psi_k) + \sum_{n=1}^{\infty} I_o V_{mn}\sin(n\omega t + \phi_n)$$

$$+ \sum_{n=1}^{\infty} V_{mn} I_{mn}\sin(n\omega t + \phi_n)\sin(n\omega t + \psi_n)$$

$$+ \sum_{n,k=1}^{\infty} V_{mn} I_{mk}\sin(n\omega t + \phi_n)\sin(k\omega t + \psi_k) \,(n \neq k)$$

다섯 개의 항으로 전개된다. 평균전력(유효전력, 소비전력) P_{av}는

$$P_{av} = \frac{1}{T}\int_0^T p\,dt = \frac{1}{T}\int_0^T vi\,dt \tag{15.22}$$

비정현파의 평균전력은 식 (15.21)의 다섯 개 항의 평균의 합이다.
1항은 직류분의 곱이므로

$$\frac{1}{T}\int_0^T V_o I_o\,dt = V_o I_o$$

2, 3항은 직류분과 교류분의 곱으로 실효치와 마찬가지로 평균치는 0이다.
5항은 주파수가 다른 전압과 전류의 곱으로 평균치는 0이다.
4항은 주파수가 같은 전압과 전류의 곱으로 평균치를 구하면

$$\frac{1}{T}\int_0^T V_{mn} I_{mn}\sin(n\omega t + \phi_n)\sin(n\omega t + \psi_n)\,dt$$

$$= -\frac{V_{mn} I_{mn}}{2T}\int_0^T \sin(n\omega t + \phi_n)\sin(n\omega t + \psi_n)\,dt$$

$$= -\frac{V_{mn}I_{mn}}{2T}\int_0^T \left[\cos(2n\omega t + \phi_n + \psi_n) - \cos(\phi_n - \psi_n)\right] dt$$

$$= -\frac{V_{mn}I_{mn}}{2T}\left[\frac{\sin(2n\omega t + \phi_n + \psi_n)}{2n\omega} - t\cos(\phi_n - \psi_n)\right]_0^T$$

$$= -\frac{V_{mn}I_{mn}}{2T}\left[0 - T\cos(\phi_n - \psi_n)\right]$$

$$= \frac{1}{2}V_{mn}I_{mn}\cos(\phi_n - \psi_n) = V_n I_n \cos\theta_n \quad (\theta_n = \phi_n - \psi_n)$$

여기서 V_{mn}, I_{mn}은 각 고조파 전압 및 전류의 최대치, V_n, I_n은 각 고조파 전압 및 전류의 실효치이다. 따라서 비정현파의 평균전력 P_{av}는 1항과 4항의 합이므로

$$\begin{aligned}P_{av} &= V_o I_o + \sum_{n=1}^{\infty} V_n I_n \cos\theta_n \\ &= V_o I_o + V_1 I_1 \cos\theta_1 + V_2 I_2 \cos\theta_2 + V_3 I_3 \cos\theta_3 + \cdots \\ &= P_o + P_1 + P_2 + P_3 + \cdots\end{aligned} \quad (15.23)$$

위의 결과 식에 있어서 비정현파 전압과 전류에 의한 평균전력은 주파수가 서로 다를 때는 0이 되며, 같은 주파수일 때는 각각의 유효전력 합이다.

비정현파의 평균전력은 직류분 전력과 각 고조파의 평균전력의 합으로 구성된다. 식 (15.23)을 근간으로 하여 비정현파의 무효전력(Q), 피상전력(P_a), 복소전력(S), 역률(PF)은 다음과 같이 나타낼 수 있다.

$$\begin{aligned}Q &= \sum_{n=1}^{\infty} V_n I_n \sin\theta_n = V_1 I_1 \sin\theta_1 + V_2 I_2 \sin\theta_2 + V_3 I_3 \sin\theta_3 + \cdots \\ &= Q_1 + Q_2 + Q_3 + \cdots\end{aligned} \quad (15.24)$$

$$P_a = VI = \left(\sqrt{V_o^2 + V_1^2 + V_2^2 + V_3^2 + \cdots}\right)\left(\sqrt{I_o^2 + I_1^2 + I_2^2 + I_3^2 + \cdots}\right) \quad (15.25)$$

$$P_a = \left(\sqrt{V_o^2 + \frac{V_{m1}^2 + V_{m2}^2 + V_{m3}^2 + \cdots}{2}}\right)\left(\sqrt{I_o^2 + \frac{I_{m1}^2 + I_{m2}^2 + I_{3m}^2 + \cdots}{2}}\right) \quad (15.25\text{-}1)$$

$$S = V_o I_o + \sum_{n=1}^{\infty} V_n \overline{I_n} = V_o I_o + V_1 \overline{I_1} + V_2 \overline{I_2} + V_3 \overline{I_3} + \cdots = P_{av} - jQ \quad (15.26)$$

$$\begin{aligned}PF &= \cos\theta = \frac{P_{av}}{P_a} = \frac{P_{av}}{VI} \\ &= \frac{V_o I_o + V_1 I_1 \cos\theta_1 + V_2 I_2 \cos\theta_1 + V_3 I_3 \cos\theta_1 + \cdots}{\sqrt{V_o^2 + V_1^2 + V_2^2 + V_3^2 + \cdots} \times \sqrt{I_o^2 + I_1^2 + I_2^2 + I_3^2 + \cdots}}\end{aligned} \quad (15.27)$$

EXAMPLE 15-23

$v = 100\sin\omega t + 50\sin(5\omega t - 80°) - 30\sin(7\omega t + 30°)$ V, $i = 20\sin(\omega t + 60°) + 15\sin(5\omega t - 40°) + 10\sin(7\omega t - 20°)$ A 일 때 (a) 평균전력, (b) 무효전력, (c) 피상전력, (d) 복소전력, (e) 역률을 구하라.

SOLUTION

(a) 평균전력

기본파 평균전력: $P_{av1} = V_1 I_1 \cos\theta_1 = \dfrac{(100)(20)}{2}\cos(0° - 60°) = 500$ W

제5 고조파 평균전력: $P_{av5} = V_5 I_5 \cos\theta_5 = \dfrac{(50)(15)}{2}\cos[-80° - (-40°)] = 287.3$ W

제7 고조파 평균전력: $P_{av7} = V_7 I_7 \cos\theta_7 = \dfrac{(-30)(10)}{2}\cos[30° - (-20°)] = -96.4$ W

혹은

제7 고조파 평균전력: $P_{av7} = V_7 I_7 \cos\theta_7 = \dfrac{(30)(10)}{2}\cos[-150° - (-20°)] = -96.4$ W

$\left[\text{제 7 고조파 전압}, v_7 = -30\sin(7\omega t + 30°) = 30\sin(7\omega t - 150°)\ \text{V}\right]$

$\therefore P_{av} = P_{av1} + P_{av5} + P_{av7} = 500 + 287.3 - 96.4 = 690.9$ W

(b) 무효전력

기본파 무효전력: $Q_1 = V_1 I_1 \sin\theta_1 = \dfrac{(100)(20)}{2}\sin(-60°) = -866$ var

제5 고조파 무효전력: $Q_5 = V_5 I_5 \sin\theta_5 = \dfrac{(50)(15)}{2}\sin(-40°) = -241$ var

제7 고조파 무효전력: $Q_7 = V_7 I_7 \sin\theta_7 = \dfrac{(-30)(10)}{2}\sin 50° = -114.9$ var

$\therefore Q = Q_1 + Q_5 + Q_7 = -866 - 241 - 114.9 = -1222$ var

(c) 피상전력

$P_a = VI = (81.85)(19.04) = 1558.42$ VA

$\begin{pmatrix} V = \sqrt{\dfrac{V_{m1}^2 + V_{m5}^2 + V_{m7}^2}{2}} = \sqrt{\dfrac{100^2 + 50^2 + 30^2}{2}} = 81.85\ \text{V} \\ I = \sqrt{\dfrac{I_{m1}^2 + I_{m5}^2 + I_{m7}^2}{2}} = \sqrt{\dfrac{20^2 + 15^2 + 10^2}{2}} = 19.04\ \text{A} \end{pmatrix}$

(d) 복소전력

$v = 100\sin\omega t + 50\sin(5\omega t - 80°) - 30\sin(7\omega t + 30°)$ V,

$i = 20\sin(\omega t + 60°) + 15\sin(5\omega t - 40°) + 10\sin(7\omega t - 20°)$ A

기본파 복소전력: $S_1 = V_1\overline{I_1} = \left(\dfrac{100\angle 0°}{\sqrt{2}}\right)\left(\dfrac{20\angle -60°}{\sqrt{2}}\right) = 1000\angle -60°\,\text{VA}$

$\qquad\qquad\qquad\qquad\qquad\qquad\qquad\qquad\qquad = 500 - j866\,\text{VA}$

제5 고조파 복소전력: $S_5 = V_5\overline{I_5} = \left(\dfrac{50\angle -80°}{\sqrt{2}}\right)\left(\dfrac{15\angle 40°}{\sqrt{2}}\right) = 375\angle -40°\,\text{VA}$

$\qquad\qquad\qquad\qquad\qquad\qquad\qquad\qquad\qquad = 287.3 - j241\,\text{VA}$

제7 고조파 복소전력: $S_7 = V_7\overline{I_7} = \left(\dfrac{30\angle 210°}{\sqrt{2}}\right)\left(\dfrac{10\angle 20°}{\sqrt{2}}\right) = 150\angle -130°\,\text{VA}$

$\qquad\qquad\qquad\qquad\qquad\qquad\qquad\qquad\qquad = -96.4 - j114.9\,\text{VA}$

$\therefore\ S = V_1\overline{I_1} + V_5\overline{I_5} + V_7\overline{I_7} = S_1 + S_5 + S_7 = 690.9 - j1222 = P_{av} - jQ$

유효전력 $P_{av} = 690.9\,\text{W}$, 무효전력 $Q = 1222\,\text{var}\,(\text{leading})$로 (a), (b)에서 구한 것과 같은 결과이다.

(e) 역률

$$PF = \cos\theta = \dfrac{P_{av}}{VI} = \dfrac{690.9}{1558.42} = 0.4433$$

EXAMPLE 15-24

$v = 100\sin\omega t + 50\sin(3\omega t - 80°) - 40\cos(5\omega t + 30°)\,\text{V}$, $i = 30\sin(\omega t + 60°) + 20\sin(3\omega t - 50°)$
$+ 10\sin(5\omega t + 60°)\,\text{A}$ 일 때 (a) 평균전력, (b) 무효전력, (c) 피상전력, (d) 복소전력, (e) 역률을 구하라.

SOLUTION

(a) 평균전력

기본파 평균전력: $P_{av1} = V_1 I_1 \cos\theta_1 = \dfrac{(100)(30)}{2}\cos(-60°) = 750\,\text{W}$

제3 고조파 평균전력: $P_{av3} = V_3 I_3 \cos\theta_3 = \dfrac{(50)(20)}{2}\cos[-80° - (-50°)] = 433\,\text{W}$

제5 고조파 평균전력 $P_{av5} = V_5 I_5 \cos\theta_5 = \dfrac{(40)(10)}{2}\cos[-60° - 60°] = -100\,\text{W}$

$\qquad\qquad[\text{제5 고조파 전압},\ v_5 = -40\cos(5\omega t + 30°) = 40\sin(5\omega t - 60°)]$

$\therefore\ P_{av} = P_{av1} + P_{av3} + P_{av5} = 750 + 433 - 100 = 1083\,\text{W}$

(b) 무효전력

기본파 무효전력: $Q_1 = V_1 I_1 \sin\theta_1 = \dfrac{(100)(30)}{2}\sin(-60°) = -1299\,\text{var}$

제3 고조파 무효전력: $Q_3 = V_3 I_3 \sin\theta_3 = \dfrac{(50)(20)}{2}\sin[-80° - (-50°)] = -250\,\text{var}$

제5 고조파 무효전력: $Q_5 = V_5 I_5 \sin\theta_5 = \dfrac{(40)(10)}{2}\sin[-60° - 60°] = -173.2\,\text{var}$

$$\left[\text{제5 고조파 전압}, v_5 = -40\cos(5\omega t + 30°) = 40\sin(5\omega t - 60°) \right]$$

$$\therefore Q = Q_1 + Q_3 + Q_5 = -1299 - 250 - 173.2 = 1722.2 \text{ var}$$

(c) 피상전력

$$P_a = VI = (83.96)(26.46) = 2221.58 \text{ VA}$$

$$\begin{pmatrix} V = \sqrt{\dfrac{V_{m1}^2 + V_{m5}^2 + V_{m7}^2}{2}} = \sqrt{\dfrac{100^2 + 50^2 + 40^2}{2}} = 83.96 \text{ V} \\ I = \sqrt{\dfrac{I_{m1}^2 + I_{m5}^2 + I_{m7}^2}{2}} = \sqrt{\dfrac{30^2 + 20^2 + 10^2}{2}} = 26.46 \text{ A} \end{pmatrix}$$

(d) 복소전력

기본파 복소전력:

$$\boldsymbol{S}_1 = \boldsymbol{V}_1\overline{\boldsymbol{I}_1} = \left(\dfrac{100\angle 0°}{\sqrt{2}}\right)\left(\dfrac{30\angle -60°}{\sqrt{2}}\right) = 1500\angle -60° \text{ VA} = 750 - j1299 \text{ VA}$$

제3 고조파 복소전력: $\boldsymbol{S}_3 = \boldsymbol{V}_3\overline{\boldsymbol{I}_3} = \left(\dfrac{50\angle -80°}{\sqrt{2}}\right)\left(\dfrac{20\angle 50°}{\sqrt{2}}\right) = 500\angle -30° \text{ VA}$

$$= 433 - j250 \text{ VA}$$

제5 고조파 복소전력: $\boldsymbol{S}_5 = \boldsymbol{V}_5\overline{\boldsymbol{I}_5} = \left(\dfrac{40\angle -60°}{\sqrt{2}}\right)\left(\dfrac{10\angle -60°}{\sqrt{2}}\right) = 200\angle -120° \text{ VA}$

$$= -100 - j173.2 \text{ VA}$$

$$\therefore \boldsymbol{S} = \boldsymbol{V}_1\overline{\boldsymbol{I}_1} + \boldsymbol{V}_3\overline{\boldsymbol{I}_3} + \boldsymbol{V}_5\overline{\boldsymbol{I}_5} = \boldsymbol{S}_1 + \boldsymbol{S}_3 + \boldsymbol{S}_5 = 1083 - j1722.2 \text{ VA} = P_{av} - jQ$$

유효전력 $P_{av} = 1083$ W, 무효전력 $Q = 1722.2$ var(leading)로 (a), (b)에서 구한 것과 같은 결과이다.

(e) 역률

$$PF = \cos\theta = \dfrac{P_{av}}{VI} = \dfrac{1083}{2221.56} = 0.4875$$

15.8 비정현파 전압에 의한 전류

비정현파 전압을 회로에 인가할 때 고조파별 주파수에 따라 저항은 불변이지만 리액턴스는 변한다. 이 때 전류는 어떻게 변하는가를 살펴보자. 비정현파 전압은 다음과 같다고 하면

$$v(t) = V_o + \sum_{n=1}^{\infty} V_{mn} \sin(n\omega t + \theta_n)$$

RL 직렬회로에서 전류 i는

$$i = \frac{V_o}{R} + \sum_{n=1}^{\infty} \frac{V_{mn}}{Z_n} \sin(n\omega t + \theta_n - \phi_n) \qquad (15.37)$$

$$\begin{pmatrix} \boldsymbol{Z}_n = R + jn\omega L = \sqrt{R^2 + (n\omega L)^2} \angle \phi_n \\ \phi_n = \tan^{-1} \frac{n\omega L}{R} \end{pmatrix}$$

n이 증가할수록 전류의 진폭은 감소한다. 큰 진폭의 높은 차수의 고조파 전압일지라도 전류는 진폭이 아주 작아져서 정현파에 가까워지는 경향이 나타난다.

RC 직렬회로에서 전류 i는

$$i = \frac{V_o}{R} + \sum_{n=1}^{\infty} \frac{V_{mn}}{Z_n} \sin(n\omega t + \theta_n - \phi_n) \qquad (15.29)$$

$$\begin{pmatrix} \boldsymbol{Z}_n = R - j\frac{1}{n\omega C} = \sqrt{R^2 + \left(\frac{1}{n\omega C}\right)^2} \angle \phi_n \\ \phi_n = -\tan^{-1} \frac{1}{n\omega CR} \end{pmatrix}$$

이 경우 전류의 거동이 RL 직렬회로에서의 전류 i와 반대이다. 다시 말해서 n이 증가할수록 전류는 흐르기 쉽다. 따라서 고조파 성분이 전압보다 현저하게 나타난다.

RLC 직렬회로에서 전류 i는

$$i = \frac{V_o}{R} + \sum_{n=1}^{\infty} \frac{V_{mn}}{Z_n} \sin(n\omega t + \theta_n - \phi_n) \qquad (15.30)$$

$$\begin{pmatrix} \boldsymbol{Z}_n = R + j\left(n\omega L - \frac{1}{n\omega C}\right) = \sqrt{R^2 + \left(n\omega L - \frac{1}{n\omega C}\right)^2} \angle \phi_n \\ \phi_n = \tan^{-1} \frac{n\omega L - \frac{1}{n\omega C}}{R} \end{pmatrix}$$

EXAMPLE 15-25

$R = 5\,\Omega$, $L = 0.02\,\mathrm{H}$인 RL 직렬회로에 $v = 100 + 50\sin\omega t + 25\sin(3\omega t + 30°)$ V를 인가할 때 (a) 전류, (b) 전류계 지시값, (c) 평균전력, (d) 무효전력, (e) 피상전력, (f) 복소전력, (g) 역률을 구하라.

단 $f = 60\,\mathrm{Hz}$.

SOLUTION

(a) 전류

ⅰ) 직류분:

$$I_o = \frac{V_o}{R} = \frac{100}{5} = 20\,\mathrm{A}$$

$$P_{avo} = I_o^2 R = (20)^2(5) = 2000 \text{ W}$$

$$\left[P_{avo} = V_o I_o = (100)(20) = 2000 \text{ W} \right]$$

ii) 기본파($n = 1$):

$$\boldsymbol{Z}_1 = R + j\omega L = 5 + j(2\pi)(60)(0.02) = 5 + j7.54 \text{ }\Omega = 9.05 \angle 56.4° \text{ }\Omega$$

$$\boldsymbol{V}_1 = \frac{V_{m1} \angle 0°}{\sqrt{2}} = \frac{50 \angle 0°}{\sqrt{2}} = 35.35 \angle 0° \text{ V}$$

$$\boldsymbol{I}_1 = \frac{\boldsymbol{V}_1}{\boldsymbol{Z}_1} = \frac{35.35 \angle 0°}{9.05 \angle 56.4°} = 3.91 \angle -56.4° \text{ A}$$

$$i_1 = 3.91 \sqrt{2} \sin \omega t = 5.52 \sin(\omega t - 56.4°) \text{ A}$$

$$\left[i_1 = \frac{V_{m1}}{Z_1} \sin(\omega t - \phi_1) = \frac{50}{9.05} \sin(\omega t - 56.4°) = 5.52 \sin(\omega t - 56.4°) \text{ A} \right]$$

$$P_{av1} = I_1^2 R = (3.91)^2(5) = 76.4 \text{ W}$$

$$\left[P_{av1} = V_1 I_1 \cos\theta_1 = (35.35)(3.91) \cos 56.4° = 76.5 \text{ W} \right]$$

iii) 제3 고조파($n = 3$):

$$\boldsymbol{Z}_3 = R + j3\omega L = 5 + j3(2\pi)(60)(0.02) = 5 + j22.62 \text{ }\Omega = 23.2 \angle 77.5° \text{ }\Omega$$

$$\boldsymbol{V}_3 = \frac{V_{m3} \angle 0°}{\sqrt{2}} = \frac{25 \angle 30°}{\sqrt{2}} = 17.7 \angle 30° \text{ V}$$

$$\boldsymbol{I}_3 = \frac{\boldsymbol{V}_3}{\boldsymbol{Z}_3} = \frac{17.7 \angle 30°}{23.2 \angle 77.5°} = 0.76 \angle -47.5° \text{ A}$$

$$i_3 = 0.76 \sqrt{2} \sin(3\omega t - 47.5°) = 1.08 \sin(3\omega t - 47.5°) \text{ A}$$

$$\left[i_3 = \frac{V_{m3}}{Z_3} \sin(3\omega t + 30° - \phi_3) = \frac{25}{23.2} \sin(3\omega t - 47.5°) = 1.08 \sin(3\omega t - 47.5°) \text{ A} \right]$$

$$P_{av3} = I_3^2 R = (0.76)^2(5) = 2.89 \text{ W}$$

$$\left[P_{av3} = V_3 I_3 \cos\theta_3 = (17.7)(0.76) \cos\left[30° - (-47.5°)\right] = 2.91 \text{ W} \right]$$

∴ 전체 전류 $i = I_o + i_1 + i_3$

$$= 20 + 5.52 \sin(\omega t - 56.4°) + 1.08 \sin(3\omega t - 47.5°) \text{ A}$$

(b) 전류계 지시값

$$\therefore I = \sqrt{I_o^2 + \frac{I_{m1}^2 + I_{m3}^2}{2}} = \sqrt{20^2 + \frac{5.52^2 + 1.08^2}{2}} = 20.4 \text{ A}$$

(c) 평균전력

$$\therefore P_{av} = P_o + P_1 + P_3 = 2000 + 76.4 + 2.89 = 2079.29 \text{ W}$$
$$\left[P_{av} = I^2 R = (20.4)^2 (5) = 2080.8 \text{ W} \right]$$

(d) 무효전력

$$\therefore Q = V_1 I_1 \sin \theta_1 + V_3 I_3 \sin \theta_3$$
$$= (35.35)(3.91) \sin 56.4° + (17.7)(0.76) \sin \left[30 - (-47.5°)\right]$$
$$= 115.1 + 13.1 = 128.2 \text{ var}$$

(e) 피상전력

$$\therefore P_a = VI = (107.5)(20.4) = 2193 \text{ VA}$$

$$\left(\begin{array}{l} V = \sqrt{V_o^2 + \dfrac{V_{m1}^2 + V_{m3}^2}{2}} = \sqrt{100^2 + \dfrac{50^2 + 25^2}{2}} = 107.5 \text{ V} \\ I = \sqrt{I_o^2 + \dfrac{I_{m1}^2 + I_{m3}^2}{2}} = \sqrt{20^2 + \dfrac{5.52^2 + 1.08^2}{2}} = 20.4 \text{ A} \end{array} \right)$$

(f) 복소전력

직류분 복소전력:

$$\boldsymbol{S}_o = \boldsymbol{V}_o \overline{\boldsymbol{I}_o} = (100)(20) \angle 0° = 2000 - j0 \text{ VA}$$

기본파 복소전력:

$$\boldsymbol{S}_1 = \boldsymbol{V}_1 \overline{\boldsymbol{I}_1} = (35.35 \angle 0°)(3.91 \angle 56.4°) = 138.2 \angle 56.4° \text{ VA} = 76.48 + j115.11 \text{ VA}$$

제3 고조파 복소전력:

$$\boldsymbol{S}_3 = \boldsymbol{V}_3 \overline{\boldsymbol{I}_3} = (17.7 \angle 30°)(0.76 \angle 47.5°) = 13.45 \angle 77.5° \text{ VA} = 2.91 + j13.13 \text{ VA}$$

전체 복소전력:

$$\therefore \boldsymbol{S} = \boldsymbol{S}_o + \boldsymbol{S}_1 + \boldsymbol{S}_3 = 2079.4 + j128.2 \text{ VA} = P_{av} + jQ$$

유효전력 $P_{av} = 2079.4$ W, 무효전력 $Q = 128.2$ var(lagging)로 (c), (d)에서 구한 것과 같은 결과이다.

(g) 역률

$$PF = \cos \theta = \frac{P_{av}}{VI} = \frac{2079.3}{2193} = 0.948$$

EXAMPLE 15-26

$R = 6 \, \Omega$, $L = 0.05 \, \text{H}$, $C = 98.8 \, \mu\text{F}$인 RLC 직렬회로에서
$v = 141.4 \sin \omega t + 70.7 \sin (3\omega t + 30°) - 28.28 \sin (5\omega t - 20°)$ V 인가시 (a) 전류, (b) 전류계 지시값, (c) 평균전력, (d) 피상전력, (e) 역률을 구하라. 단 $f = 60 \, \text{Hz}$.

SOLUTION

(a) 전류

　i) 기본파($n=1$):

$$Z_1 = R + j\left(\omega L - \frac{1}{\omega C}\right) = 6 + j\left[(2\pi)(60)(0.05) - \frac{1}{(2\pi)(60)(98.8\times 10^{-6})}\right]$$

$$= 6 - j(18.85 - 26.85) = 6 - j8 \ \Omega = 10 \angle -53.13° \ \Omega$$

$$V_1 = \frac{V_{m1} \angle 0°}{\sqrt{2}} = \frac{141.4 \angle 0°}{\sqrt{2}} = 100 \angle 0° \ V = 100 + j0 \ V$$

$$I_1 = \frac{V_1}{Z_1} = \frac{100 \angle 0°}{10 \angle -53.13°} = 10 \angle 53.13° \ A$$

$$i_1 = 10\sqrt{2}\sin \omega t = 14.14 \sin(\omega t + 53.13°) \ A$$

$$\left[i_1 = \frac{V_{m1}}{Z_1}\sin(\omega t - \phi_1) = \frac{141.4}{10}\sin(\omega t + 53.13°) = 14.14\sin(\omega t + 53.13°) \ A\right]$$

$$P_{av1} = I_1^2 R = (10)^2(6) = 600 \ W \ \left[P_{av1} = V_1 I_1 \cos\theta_1 = (100)(10)\cos 53.13° = 600 \ W\right]$$

　ii) 제3 고조파($n=3$):

$$Z_3 = R + j\left(3\omega L - \frac{1}{3\omega C}\right) = 6 + j\left[3(2\pi)(60)(0.05) - \frac{1}{3(2\pi)(60)(98.8\times 10^{-6})}\right]$$

$$= 6 + j(56.55 - 8.95) = 6 \ \Omega + j47.6 \ \Omega = 48 \angle 82.8° \ \Omega$$

$$V_3 = \frac{V_{m3} \angle 30°}{\sqrt{2}} = \frac{70.7 \angle 30°}{\sqrt{2}} = 50 \angle 30° \ V$$

$$I_3 = \frac{V_3}{Z_3} = \frac{50 \angle 30°}{48 \angle 82.8°} = 1.04 \angle -52.8° \ A$$

$$i_3 = 1.04\sqrt{2}\sin(3\omega t - 52.8°) = 1.47\sin(3\omega t - 52.8°) \ A$$

$$\left[i_3 = \frac{V_{m3}}{Z_3}\sin(3\omega t + 30° - \phi_3) = \frac{70.7}{48}\sin(3\omega t - 52.8°) = 1.47\sin(3\omega t - 52.8°) \ A\right]$$

$$P_{av3} = I_3^2 R = (1.04)^2(6) = 6.49 \ W$$

$$\left[P_{av3} = V_3 I_3 \cos\theta_3 = (50)(1.04)\cos\left[30° - (-52.8°)\right] = 6.52 \ W\right]$$

　iii) 제5 고조파($n=5$):

$$Z_5 = R + j\left(5\omega L - \frac{1}{5\omega C}\right) = 6 + j\left[5(2\pi)(60)(0.05) - \frac{1}{5(2\pi)(60)(98.8\times 10^{-6})}\right]$$

$$= 6 + j(94.25 - 5.37) = 6 + j88.88 \ \Omega = 89.1 \angle 86.1° \ \Omega$$

$$V_5 = \frac{V_{m5} \angle -20°}{\sqrt{2}} = \frac{-28.28 \angle -20°}{\sqrt{2}} = \frac{28.28 \angle 160°}{\sqrt{2}} = 20 \angle 160° \ V$$

$$I_5 = \frac{V_5}{Z_5} = \frac{20 \angle 160°}{89.1 \angle 86.1°} = 0.22 \angle 73.9° \text{ A}$$

$$i_5 = 0.22\sqrt{2}\sin(5\omega t + 73.9°) = 0.31\sin(5\omega t + 73.9°) \text{ A}$$

$$\begin{pmatrix} i_5 = \dfrac{V_{m5}}{Z_5}\sin(5\omega t - 20° - \phi_5) = \dfrac{-28.28}{89.1}\sin(5\omega t - 20° - 86.1°) \\ = -0.31\sin(5\omega t - 106.1°) \text{ A} \\ = 0.31\sin(5\omega t + 73.9°) \text{ A} \end{pmatrix}$$

$$P_{av5} = I_5^2 R = (0.22)^2(6) = 0.29 \text{ W}$$

$$[P_{av5} = V_5 I_5 \cos\theta_5 = (20)(0.22)\cos(160° - 73.9°) = 0.3 \text{ W}]$$

전체 전류:

$$\therefore i = i_1 + i_3 + i_5$$
$$= 14.14\sin(\omega t + 53.13°) + 1.47\sin(3\omega t - 52.8°) - 0.31\sin(5\omega t - 106.1°) \text{ A}$$
$$= 14.14\sin(\omega t + 53.13°) + 1.47\sin(3\omega t - 52.8°) + 0.31\sin(5\omega t + 73.9°) \text{ A}$$

(b) 전류계 지시값

$$\therefore I = \sqrt{\frac{I_{m1}^2 + I_{m3}^2 + I_{m5}^2}{2}} = \sqrt{\frac{14.14^2 + 1.47^2 + 0.31^2}{2}} = 10.05 \text{ A}$$

(c) 평균전력

$$\therefore P_{av} = P_1 + P_2 + P_3 = 600 + 6.49 + 0.3 = 606.8 \text{ W} \left[P_{av} = I^2 R = (10.05)^2(6) = 606 \text{ W}\right]$$

(d) 피상전력

$$\therefore P_a = VI = (113.4)(10.05) = 1139.7 \text{ VA}$$

$$\begin{pmatrix} V = \sqrt{\dfrac{V_{m1}^2 + V_{m3}^2 + V_{m5}^2}{2}} = \sqrt{\dfrac{141.1^2 + 70.7^2 + 28.28^2}{2}} = 113.4 \text{ V} \\ I = \sqrt{\dfrac{I_{m1}^2 + I_{m3}^2 + I_{m5}^2}{2}} = \sqrt{\dfrac{14.14^2 + 1.47^2 + 0.31^2}{2}} = 10.05 \text{ A} \end{pmatrix}$$

(e) 역률

$$PF = \cos\theta = \frac{P_{av}}{VI} = \frac{606.8}{1139.7} = 0.532$$

EXAMPLE 15-27

[EXAMPLE 15-26]에서 복소전력으로부터 유효전력, 무효전력을 구하라.

SOLUTION

기본파 복소전력: $S_1 = V_1 \overline{I_1} = \left(\dfrac{141.4\angle 0°}{\sqrt{2}}\right)\left(\dfrac{14.14\angle -53.13°}{\sqrt{2}}\right) = 1000\angle -53.13°\text{ VA}$

$\qquad\qquad\qquad\qquad\qquad\qquad\qquad\qquad\qquad\quad = 600 - j800\text{ VA}$

제2 고조파 복소전력: $S_3 = V_3 \overline{I_3} = \left(\dfrac{70.7\angle 30°}{\sqrt{2}}\right)\left(\dfrac{1.47\angle 52.8°}{\sqrt{2}}\right) = 52\angle 82.8°\text{ VA}$

$\qquad\qquad\qquad\qquad\qquad\qquad\qquad\qquad\qquad\quad = 6.52 + j51.6\text{ VA}$

제5 고조파 복소전력: $S_5 = V_5 \overline{I_5} = \left(\dfrac{28.28\angle 160°}{\sqrt{2}}\right)\left(\dfrac{0.31\angle -73.9°}{\sqrt{2}}\right) = 4.4\angle 86.1°\text{ VA}$

$\qquad\qquad\qquad\qquad\qquad\qquad\qquad\qquad\qquad\quad = 0.3 + j4.4\text{ VA}$

전체 복소전력: $S = S_1 + S_2 + S_3 = (600 - j800) + (6.52 + j51.6) + (0.3 + j4.4)$

$\qquad\qquad\qquad\qquad\quad = 606.82 - j744\text{ VA} = P_{av} - jQ$

$\therefore P_{av} = 606.82\text{ W}$ [EXAMPLE 15-26]과 동일

$\therefore Q = 744\text{ var(leading)}$

$$\begin{pmatrix} Q_1 = V_1 I_1 \sin\theta_1 = (100)(10)\sin(-53.13°) = -799.8\text{ var} \\ Q_3 = V_3 I_3 \sin\theta_3 = (50)(1.04)\sin 82.8° = 51.5\text{ var} \\ Q_5 = V_5 I_5 \sin\theta_5 = (20)(0.22)\sin 86.1° = 4.39\text{ var} \\ \therefore Q = Q_1 + Q_2 + Q_3 = -799.8 + 51.5 + 4.39 = -743.9\text{ var} \end{pmatrix}$$

EXAMPLE 15-28

$f = 60\text{ Hz}$에서 $Z_{ab} = 5 - j15\ \Omega$와 $Z_{cd} = 10 + j2\ \Omega$이 병렬인 회로에 $v = 141.4\sin\omega t + 70.7\sin(3\omega t + 30°) - 28.28\sin(5\omega t - 20°)\text{ V}$가 인가된다. (a) 각 지로 전류 및 전체 전류, (b) 전류계 전류, (c) 각 지로의 평균전력 및 전체 평균전력을 구하라. 단 $f = 60\text{ Hz}$.

SOLUTION

(a) 각 지로 전류 및 전체 전류

ⅰ) 기본파($n = 1$) 전류

<ab 지로>

$Z_{ab1} = 5 - j15\ \Omega = 15.8\angle -71.6°\ \Omega$

$V_1 = \dfrac{V_{m1}\angle 0°}{\sqrt{2}} = \dfrac{141.4\angle 0°}{\sqrt{2}} = 100\angle 0°\text{ V} = 100 + j0\text{ V}$

$$I_{ab1} = \frac{V_1}{Z_{ab1}} = \frac{100\angle 0°}{15.8\angle -71.6°} = 6.33\angle 71.6° \text{ A} = 2+j6 \text{ A}$$

$$i_{ab1} = 6.33\sqrt{2}\sin(\omega t + 71.6°) \text{ A}$$

<cd 지로>

$$Z_{cd1} = 10+j2 \text{ }\Omega = 10.2\angle 11.31° \text{ }\Omega$$

$$I_{cd1} = \frac{V_1}{Z_{cd1}} = \frac{100\angle 0°}{10.2\angle 11.31°} = 9.8\angle -11.31° \text{ A} = 9.61-j1.92 \text{ A}$$

$$i_{cd1} = 9.8\sqrt{2}\sin(\omega t - 11.31°) \text{ A}$$

따라서

$$I_1 = I_{ab1} + I_{cd1} = (2+j6) + (9.61-j1.92) = 11.61+j4.08 \text{ A} = 12.31\angle 19.4° \text{ A}$$

$$i_1 = 12.31\sqrt{2}\sin(\omega t + 19.4°) \text{ A}$$

ii) 제3 고조파($n=3$) 전류

<ab 지로>

$$Z_{ab3} = 5-j15\times\frac{1}{3} = 5-j5 \text{ }\Omega = 7.07\angle -45° \text{ }\Omega$$

$$V_3 = \frac{V_{m3}\angle 30°}{\sqrt{2}} = \frac{70.7\angle 30°}{\sqrt{2}} = 50\angle 30° \text{ V} = 43.3+j25 \text{ V}$$

$$I_{ab3} = \frac{V_3}{Z_{ab3}} = \frac{50\angle 30°}{7.07\angle -45°} = 7.07\angle 75° \text{ A} = 1.83+j6.83 \text{ A}$$

$$i_{ab3} = 7.07\sqrt{2}\sin(3\omega t + 75°) \text{ A}$$

<cd 지로>

$$Z_{cd3} = 10+j2\times 3 = 10+j6 \text{ }\Omega = 11.66\angle 31° \text{ }\Omega$$

$$I_{cd3} = \frac{V_3}{Z_{cd3}} = \frac{50\angle 30°}{11.66\angle 31°} = 4.29\angle -1° \text{ A} = 4.29-j0.075 \text{ A}$$

$$i_{cd3} = 4.29\sqrt{2}\sin(3\omega t - 1°) \text{ A}$$

따라서

$$I_3 = I_{ab3} + I_{cd3} = (1.83+j6.83) + (4.29-j0.075) = 6.12+j6.76 \text{ A} = 9.12\angle 47.8° \text{ A}$$

$$i_3 = 9.12\sqrt{2}\sin(\omega t + 47.8°) \text{ A}$$

iii) 제5 고조파($n=5$) 전류

<ab 지로>

$$Z_{ab5} = 5 - j15 \times \frac{1}{5} = 5 - j3 \ \Omega = 5.83 \angle -31° \ \Omega$$

$$V_5 = \frac{V_{m5} \angle -20°}{\sqrt{2}} = \frac{-28.28 \angle -20°}{\sqrt{2}} = \frac{28.28 \angle 160°}{\sqrt{2}} = 20 \angle 160° \ \text{V} = -18.8 + j6.84 \ \text{V}$$

$$I_{ab5} = \frac{V_5}{Z_{ab5}} = \frac{20 \angle 160°}{5.83 \angle -31°} = 3.43 \angle 191° \ \text{A} = -3.37 - j0.65 \ \text{A}$$

$$i_{ab5} = 3.43 \sqrt{2} \sin(5\omega t + 191°) \ \text{A}$$

<cd 지로>

$$Z_{cd5} = 10 + j2 \times 5 = 10 + j10 \ \Omega = 14.14 \angle 45° \ \Omega$$

$$I_{cd5} = \frac{V_5}{Z_{cd5}} = \frac{20 \angle 160°}{14.14 \angle 45°} = 1.41 \angle 115° \ \text{A} = -0.59 + j1.28 \ \text{A}$$

$$i_{cd5} = 1.41 \sqrt{2} \sin(5\omega t + 115°) \ \text{A}$$

따라서

$$I_5 = I_{ab5} + I_{cd5} = (-3.37 - j0.65) + (-0.59 + j1.28)$$
$$= -3.96 + j0.63 \ \text{A} = 4.01 \angle 171° \ \text{A}$$

$$i_5 = 4.01 \sqrt{2} \sin(\omega t + 171°) \ \text{A}$$

전체 전류

$$\therefore i = i_1 + i_3 + i_5$$
$$= 12.31 \sqrt{2} \sin(\omega t + 19.4°) + 9.12 \sqrt{2} \sin(3\omega t + 47.8°) + 4.01 \sqrt{2} \sin(5\omega t + 171°) \ \text{A}$$

(b) 전류계 전류

<ab 지로의 전류계 지시값>

$$i_{ab} = i_{ab1} + i_{ab3} + i_{ab5}$$
$$= 6.33 \sqrt{2} \sin(\omega t + 71.6°) + 7.07 \sqrt{2} \sin(3\omega t + 75°) + 3.43 \sqrt{2} \sin(5\omega t + 191°)$$

$$\therefore I_{ab} = \sqrt{I_{ab1}^2 + I_{ab3}^2 + I_{ab5}^2} = \sqrt{6.33^2 + 7.07^2 + 3.43^2} = 10.1 \ \text{A}$$

<cd 지로의 전류계 지시값>

$$i_{cd} = i_{cd1} + i_{cd3} + i_{cd5}$$
$$= 9.8 \sqrt{2} \sin(\omega t - 11.31°) + 4.29 \sqrt{2} \sin(3\omega t - 1°) + 1.41 \sqrt{2} \sin(5\omega t + 115°)$$

$$\therefore I_{cd} = \sqrt{I_{cd1}^2 + I_{cd3}^2 + I_{cd5}^2} = \sqrt{9.8^2 + 4.29^2 + 1.41^2} = 10.79 \ \text{A}$$

<전체 전류의 전류계 지시값>

$$\therefore I = \sqrt{I_1^2 + I_3^2 + I_5^2} = \sqrt{12.31^2 + 9.12^2 + 4.01^2} = 15.84 \text{ A}$$

(c) 각 지로의 평균전력 및 전체 평균전력

ⅰ) 기본파($n = 1$) 전력

<ab 지로>

$$P_{av(ab1)} = I_{ab1}^2 R = (6.33)^2 (5) = 200 \text{ W}$$

$$\left[P_{av(ab1)} = V_{ab1} I_{ab1} \cos \theta_{ab1} = (100)(6.33) \cos(-71.6°) = 199.8 \text{ W} \right]$$

<cd 지로>

$$P_{av(cd1)} = I_{cd1}^2 R = (9.8)^2 (10) = 960.4 \text{ W}$$

$$\left[P_{av(cd1)} = V_{cd1} I_{cd1} \cos \theta_{cd1} = (100)(9.8) \cos 11.31° = 961 \text{ W} \right]$$

따라서

$$P_{av1} = P_{av(ab1)} + P_{av(cd1)} = 200 + 960.4 = 1160.4 \text{ W}$$

$$\left[P_{av1} = V_1 I_1 \cos \theta_1 = (100)(12.32) \cos(-19.3°) = 1162.8 \text{ W} \right]$$

ⅱ) 제3 고조파($n = 3$) 전력

<ab 지로>

$$P_{av(ab3)} = I_{ab3}^2 R = (7.07)^2 (5) = 249.9 \text{ W}$$

$$\left[P_{av(ab3)} = V_{ab3} I_{ab3} \cos \theta_{ab3} = (50)(7.07) \cos(30° - 75°) = 250 \text{ W} \right]$$

<cd 지로>

$$P_{av(cd3)} = I_{cd3}^2 R = (4.29)^2 (10) = 184 \text{ W}$$

$$\left[P_{av(cd3)} = V_{cd3} I_{cd3} \cos \theta_{cd3} = (50)(4.29) \cos[30° - (-1)°] = 183.9 \text{ W} \right]$$

따라서

$$P_{av3} = P_{av(ab3)} + P_{av(cd3)} = 249.9 + 184 = 433.9 \text{ W}$$

$$\left[P_{av3} = V_3 I_3 \cos \theta_3 = (50)(9.12) \cos(30° - 47.8°) = 434.2 \text{ W} \right]$$

ⅲ) 제5 고조파($n = 5$) 전력

<ab 지로>

$$P_{av(ab5)} = I_{ab5}^2 R = (3.43)^2 (5) = 58.8 \text{ W}$$

$$\left[P_{av(ab5)} = V_{ab5} I_{ab5} \cos \theta_{ab5} = (20)(3.43) \cos(160° - 191°) = 58.8 \text{ W} \right]$$

<cd 지로>

$$P_{av(cd5)} = I_{cd5}^2 R = (1.41)^2(10) = 19.9 \text{ W}$$
$$\left[P_{av(cd5)} = V_{cd5} I_{cd5} \cos\theta_{cd5} = (20)(1.41)\cos(160° - 115°) = 19.9 \text{ W} \right]$$

따라서

$$P_{av5} = P_{av(ab5)} + P_{av(cd5)} = 58.8 + 19.9 = 78.7 \text{ W}$$
$$\left[P_{av5} = V_5 I_5 \cos\theta_5 = (20)(4.01)\cos(160° - 170.98°) = 78.7 \text{ W} \right]$$

ab 지로의 평균전력:

$$\therefore P_{av(ab)} = P_{ab1} + P_{ab3} + P_{ab3} = 200 + 249.9 + 58.8 = 508.7 \text{ W}$$

cd 지로의 평균전력:

$$\therefore P_{av(cd)} = P_{cd1} + P_{cd3} + P_{cd3} = 960.4 + 184 + 19.9 = 1164.4 \text{ W}$$

전체 평균전력:

$$\therefore P_{av} = P_{av1} + P_{av3} + P_{av3} = 1160.4 + 433.9 + 78.7 = 1673 \text{ W}$$

EXERCISE

15.1 그림 9.17의 파형에 대한 푸리에 급수를 구하라.

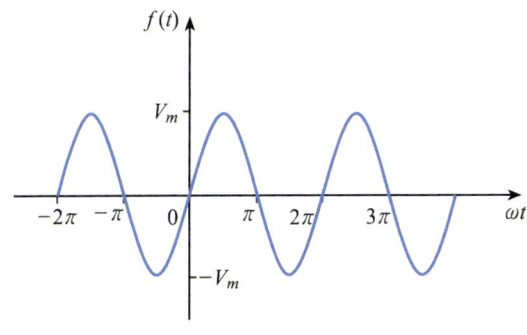

그림 15.17 [EXERCISE 15.1]

15.2 그림 15.18의 파형에 대한 푸리에 급수를 구하라.

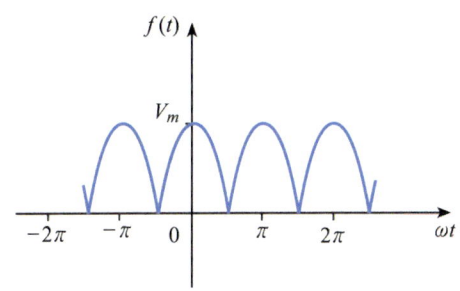

그림 15.18 [EXERCISE 15.2]

15.3 그림 15.19의 파형에 대한 푸리에 급수를 구하라.

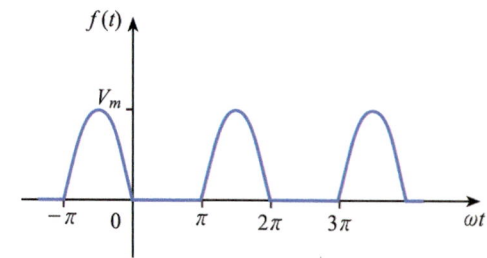

그림 15.19 [EXERCISE 15.3]

15.4 그림 15.20의 파형에 대한 푸리에 급수를 구하라.

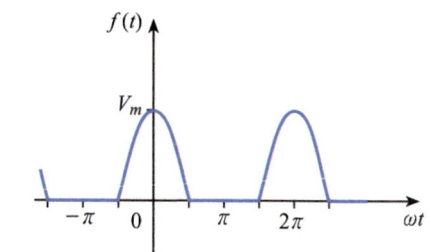

그림 15.20 [EXERCISE 15.4]

15.5 그림 15.21의 파형에 대한 푸리에 급수를 구하라.

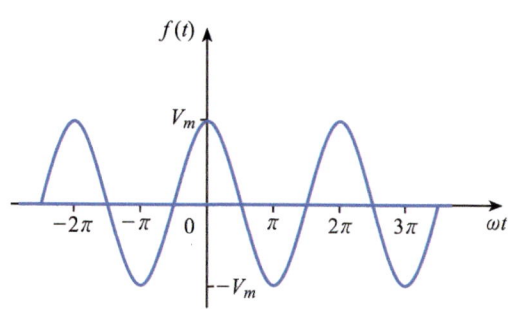

그림 15.21 [EXERCISE 15.5]

15.6 그림 15.22의 파형에 대한 푸리에 급수를 구하라.

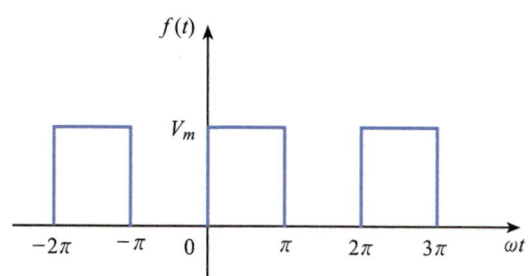

그림 15.22 [EXERCISE 15.6]

15.7 그림 15.23의 파형에 대한 푸리에 급수를 구하라.

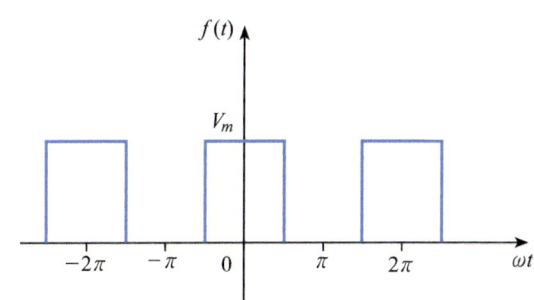

그림 15.23 [EXERCISE 15.7]

15.8 그림 15.24의 파형에 대한 푸리에 급수를 구하라.

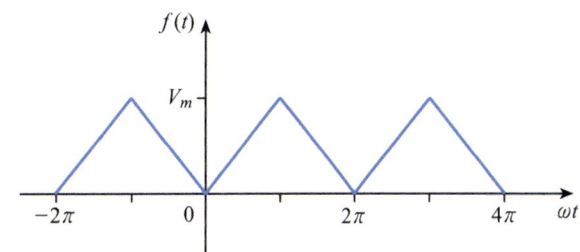

그림 15.24 [EXERCISE 15.8]

15.9 그림 15.25의 파형에 대한 푸리에 급수를 구하라.

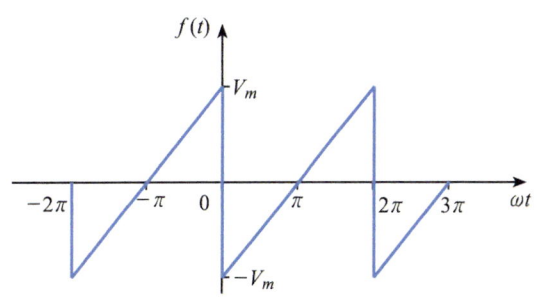

그림 15.25 [EXERCISE 15.9]

15.10 그림 15.26의 파형에 대한 푸리에 급수를 구하라.

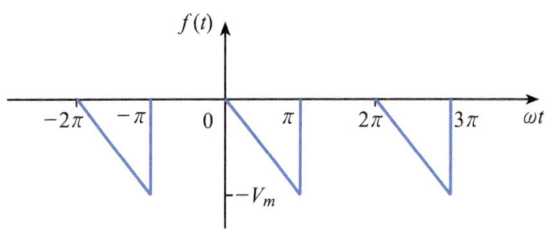

그림 15.26 [EXERCISE 15.10]

15.11 그림 15.27의 파형에 대한 푸리에 급수를 구하라.

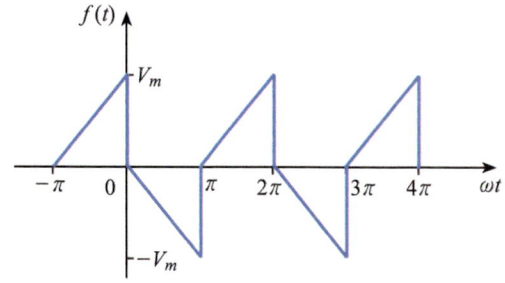

그림 15.27 [EXERCISE 15.11]

15.12 그림 15.13의 $L = 0.01\,\text{H}$인 전기회로에 그림 15.20의 파형의 전압을 인가했을 때 코일에 흐르는 전류를 구하라. 단 $V_m = 10\,\text{V}$, $\omega = 200\,\text{rad/s}$

15.13 그림 15.14의 $L = 0.01\,\text{H}$인 전기회로에 그림 15.22의 파형의 전류를 흘렸을 때 코일에 걸리는 전압을 구하라. 단 $I_m = 10\,\text{A}$, $\omega = 200\,\text{rad/s}$

15.14 그림 15.15의 $C = 100\,\mu\text{F}$인 전기회로에 그림 15.24의 파형의 전압을 인가했을 때 흐르는 커패시터에 흐르는 전류를 구하라. 단 $V_m = 10\,\text{V}$, $\omega = 200\,\text{rad/s}$

15.15 그림 15.16의 $C = 100\,\mu\text{F}$인 전기회로에 그림 15.24의 파형의 전류를 흘렸을 때 커패시터에 걸리는 전압을 구하라. 단 $I_m = 10\,\text{A}$, $\omega = 200\,\text{rad/s}$

15.16 $v = 50 + 120\sin(\omega t + 50°) - 60\cos 3\omega t + 30\sin(5\omega t + 30°)\,\text{V}$의 실효치, 왜형률을 구하라.

15.17 $v = 220\sin(\omega t + 30°) - 110\sin(3\omega t - 30°) + 110\sin(3\omega t + 30°) + 55\sin(5\omega t + 30°)\,\text{V}$의 실효치, 왜형률을 구하라.

15.18 $v = 155\sin(377t + 50°) + 100\sin(1131t - 30°) + 50\sin(1885t + 15°)\,\text{V}$와 파형은 동일하지만 기본파의 위상이 $45°$ 앞서는 비정현파 전압 v'을 구하라.

15.19 기본파의 30%인 제3 고조파, 기본파의 25%인 제5 고조파, 기본파의 20%인 제7 고조파를 포함하는 비정현파 전압의 왜형률을 구하라.

15.20 $v = 100\sin(\omega t + 30°) - 50\sin(3\omega t - 20°) + 25\sin(5\omega t + 15°)\,\text{V}$,
$i = 20\sin(\omega t + 60°) + 10\sin(3\omega t - 30°) - 5\sin(5\omega t + 10°)\,\text{A}$ 일 때 (a) 평균전력, (b) 무효전력, (c) 피상전력, (d) 복소전력, (e) 역률을 구하라.

15.21 $R = 8\,\Omega$, $L = 0.085\,\text{H}$, $C = 120\,\mu\text{F}$인 RLC 직렬회로에서
$v = 100(\omega t + 60°) + 50\cos 3\omega t - 30\sin(5\omega t - 30°)\,\text{V}$ 인가시 (a) 전류, (b) 평균전력, (c) 피상전력, (d) 역률, (e) v_L을 구하라. 단 $\omega = 377\,\text{rad/s}$

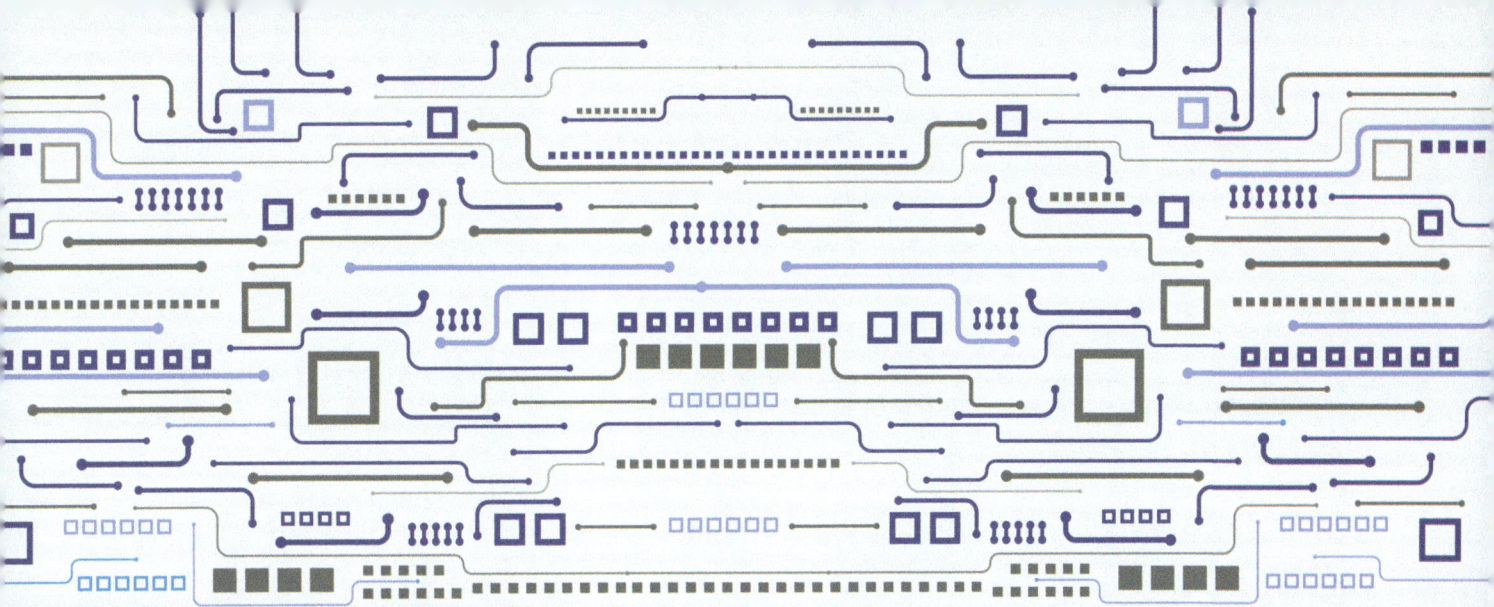

CHAPTER 16

라플라스 변환

16.1 상수
16.2 1차 함수
16.3 2차 함수
16.4 지수함수
16.5 삼각함수
16.6 미분함수
16.7 적분함수
16.8 $tf(t)$와 $\frac{1}{t}f(t)$꼴 형태

16.9 입력신호의 기본함수
16.10 시간추이정리
16.11 주기함수
16.12 역라플라스 변환
16.13 초기치 정리와 최종치 정리
16.14 s 도메인 회로
EXERCISE

라플라스 변환(Laplace transform or ℒ transform)은 회로 해석에 매우 유용한 도구이다. 라플라스 변환의 정의는 다음과 같이 $f(t)$가 주어졌을 때 복소 주파수 $s(s = \sigma + j\omega)$에 대하여 무한적분

$$\int_0^\infty f(t)e^{-st}dt$$

가 존재하면 이것은 s의 함수가 된다. 이 함수를 $f(t)$의 라플라스 변환 또는 간단히 ℒ 변환이라고 하며, ℒ$[f(t)]$ 또는 $F(s)$라고 쓴다. 즉

$$\mathcal{L}[f(t)] = F(s) = \int_0^\infty f(t)e^{-st}dt \tag{16.1}$$

함수 $f(t)$는 다음의 조건을 만족한다는 가정하에서 ℒ 변환이 가능하다.

$$f(t) = 0 \quad (t < 0)$$

따라서 회로해석에서 $t \geq 0$에 대해서만 관심을 가져야 하며, $t < 0$, 즉 $t = 0-$(기준시간의 직전)인 경우 초기조건으로 주어진다.

ℒ 변환은 시간의 함수를 s 함수(주파수 함수), 또는 s 도메인(domain)으로 변환하는 것이다. s 함수 자체에 대해 그 의미를 해석할 수도 있지만, 특히 전기회로의 과도상태 문제를 푸는 데 미분방정식을 이용한 시간의 함수가 오히려 불편할 때가 있다. 좀 더 부연 설명하자면 미분방정식의 해를 시간의 함수로 푸는 고전적인 방법에서, 전체 해는 일반해와 특수해로 구성되는데 이것을 따로따로 구해야 하며, 최종단계에 초기조건을 고려해야 한다. 그러나 ℒ 변환식은 초기조건이 자동으로 포함되는 대수방정식(代數方程式, algebraic equation)으로 변환되어 한 번에 전체 해를 구할 수 있다. 대수방정식의 해를 역라플라스 변환(ℒ$^{-1}$ 변환)하게 되면 시간의 함수가 되기 때문에 문제가 쉽게 해결된다. 미분방정식의 해법에 대한 ℒ 변환의 흐름도를 그림 16.1에 나타내었다.

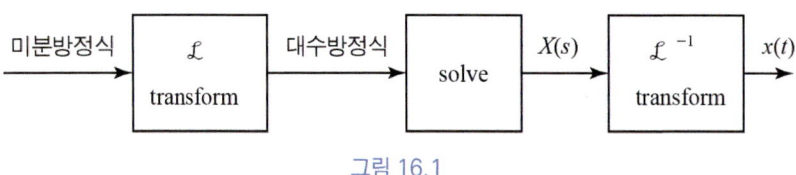

그림 16.1

ℒ 변환을 원활하게 수행하기 위해서는 기본적으로 부분적분에 대한 지식을 갖추고 있어야 한다.

16.1 상수

EXAMPLE 16-1

$f(t) = a$(상수)를 ℒ 변환하라.

SOLUTION

$$\mathcal{L}[a] = \int_0^\infty ae^{-st}\,dt = -\frac{a}{s}\left[e^{-st}\right]_0^\infty = -\frac{a}{s}(e^{-\infty} - e^0) = \frac{a}{s}$$

$$\mathcal{L}[a] = \frac{a}{s} \tag{16.2}$$

16.2 1차 함수

EXAMPLE 16-2

$\mathcal{L}[t]$를 구하라.

SOLUTION

$$\mathcal{L}[t] = \int_0^\infty te^{-st}\,dt$$

$\int u\,dv = uv - \int v\,du$와 같은 부분적분을 이용하자. $u = t$, $dv = e^{-st}dt$로 두면

$$\mathcal{L}[t] = \int_0^\infty te^{-st}\,dt = \left[-\frac{1}{s}te^{-st}\right]_0^\infty + \frac{1}{s}\int_0^\infty e^{-st}\,dt$$

$$= 0 + \frac{1}{s}\left[-\frac{1}{s}e^{-st}\right]_0^\infty = \frac{1}{s^2}$$

$$\mathcal{L}[t] = \frac{1}{s^2} \tag{16.3}$$

EXAMPLE 16-3

$\mathcal{L}[t-1]$을 구하라.

SOLUTION

$$\mathcal{L}[t-1] = \int_0^\infty (t-1)e^{st}\,dt = \int_0^\infty te^{st}\,dt - \int_0^\infty 1e^{st}\,dt$$

$$= \mathcal{L}[t] - \mathcal{L}[1] = \frac{1}{s^2} - \frac{1}{s}$$

16.3 2차 함수

EXAMPLE 16-4

$\mathcal{L}[t^2]$를 구하라.

SOLUTION

$\int u\,dv = uv - \int v\,du$와 같은 부분적분을 이용하자. $u = t^2$, $dv = e^{-st}dt$로 두면

$$\mathcal{L}[t^2] = \int_0^\infty t^2 e^{-st}dt = \left[-\frac{1}{s}t^2 e^{-st}\right]_0^\infty + \frac{1}{s}\int_0^\infty 2t e^{-st}dt$$

$$= 0 + \frac{2}{s}\int_0^\infty t e^{-st}dt$$

$$= \frac{2}{s}\left\{\left[-t\frac{1}{s}e^{-st}\right]_0^\infty + \frac{1}{s}\int_0^\infty e^{-st}dt\right\}$$

$$= \frac{2}{s}\left\{0 + \frac{1}{s^2}\left[e^{-st}\right]_0^\infty\right\} = \frac{2}{s^3}$$

$$\mathcal{L}[t^2] = \frac{2}{s^3} \tag{16.4}$$

상기 식은 두 번의 부분적분을 통해서 해결할 수 있다.

1차 함수와 2차 함수의 $\mathcal{L}$ 변환을 통해서 $f(t) = t^n$을 $\mathcal{L}$ 변환하면 다음과 같이 하나의 공식이 된다.

$$\mathcal{L}[t^n] = \int_0^\infty t^n e^{-st}dt = \frac{n!}{s^{n+1}} \tag{16.5}$$

16.4 지수함수

EXAMPLE 16-5

$\mathcal{L}[e^{at}]$와 $\mathcal{L}[e^{-at}]$을 구하라.

SOLUTION

$$\mathcal{L}[e^{at}] = \int_0^\infty e^{at}e^{-st}dt = \int_0^\infty e^{(s-a)}dt = \frac{1}{s-a}$$

$$\mathcal{L}[e^{at}] = \frac{1}{s-a} \tag{16.6a}$$

$$\mathcal{L}[e^{-at}] = \int_0^\infty e^{-at}e^{-st}dt = \int_0^\infty e^{-(s+a)}dt = \frac{1}{s+a}$$

$$\mathcal{L}[e^{-at}] = \frac{1}{s+a} \tag{16.6b}$$

EXAMPLE 16-6

$\mathcal{L}[e^{at} + e^{-at}]$와 $\mathcal{L}[e^{at} - e^{-at}]$를 구하라.

SOLUTION

$$\mathcal{L}\left[e^{at} + e^{-at}\right] = \mathcal{L}\left[e^{at}\right] + \mathcal{L}\left[e^{-at}\right] = \frac{1}{s-a} + \frac{1}{s+a} = \frac{2s}{s^2 - a^2}$$

$\cosh at = \dfrac{e^{at} + e^{-at}}{2}$ 이므로

$$\mathcal{L}[\cosh at] = \frac{s}{s^2 - a^2} \tag{16.7a}$$

$$\mathcal{L}\left[e^{at} - e^{-at}\right] = \mathcal{L}\left[e^{at}\right] - \mathcal{L}\left[e^{-at}\right] = \frac{1}{s-a} - \frac{1}{s+a} = \frac{2a}{s^2 - a^2}$$

$\sinh at = \dfrac{e^{at} - e^{-at}}{2}$ 이므로

$$\mathcal{L}[\sinh at] = \frac{a}{s^2 - a^2} \tag{16.7b}$$

16.5 삼각함수

EXAMPLE 16-7

$\mathcal{L}[\cos \omega t]$ 와 $\mathcal{L}[\sin \omega t]$를 구하라.

SOLUTION

$\cos \omega t$와 $\sin \omega t$의 $\mathcal{L}$ 변환은 지수함수로 변환하면 간단히 구해진다.

$$\mathcal{L}[\cos \omega t] = \int_0^\infty \frac{e^{j\omega t} + e^{-j\omega t}}{2} e^{-st} dt$$

$$= \frac{1}{2} \left[-\frac{e^{-(s-j\omega)t}}{s - j\omega} - \frac{e^{-(j\omega + s)t}}{s + j\omega} \right]_0^\infty = \frac{1}{2} \left(\frac{1}{s - j\omega} + \frac{1}{s + j\omega} \right) = \frac{s}{s^2 + \omega^2}$$

$$\mathcal{L}[\cos \omega t] = \frac{s}{s^2 + \omega^2} \tag{16.8a}$$

$$\mathcal{L}[\sin \omega t] = \int_0^\infty \frac{e^{j\omega t} - e^{-j\omega t}}{2j} e^{-st} dt$$

$$= \frac{1}{2j} \left[-\frac{e^{-(s-j\omega)t}}{s - j\omega} + \frac{e^{-(j\omega + s)t}}{s + j\omega} \right]_0^\infty = \frac{1}{2j} \left(\frac{1}{s - j\omega} - \frac{1}{s + j\omega} \right) = \frac{\omega}{s^2 + \omega^2}$$

$$\mathcal{L}[\sin \omega t] = \frac{\omega}{s^2 + \omega^2} \tag{16.8b}$$

EXAMPLE 16-8

$\mathcal{L}[\cos(\omega t + \theta)]$와 $\mathcal{L}[\sin(\omega t + \theta)]$를 구하라.

SOLUTION

$$\mathcal{L}[\cos(\omega t + \theta)] = \mathcal{L}[\cos\omega t \cos\theta - \sin\omega t \sin\theta]$$
$$= \cos\theta\, \mathcal{L}[\cos\omega t] - \sin\theta\, \mathcal{L}[\sin\omega t]$$
$$= \frac{s\cos\theta}{s^2+\omega^2} - \frac{\omega\sin\theta}{s^2+\omega^2} = \frac{s\cos\theta - \omega\sin\theta}{s^2+\omega^2}$$

$$\mathcal{L}[\cos(\omega t + \theta)] = \frac{s\cos\theta - \omega\sin\theta}{s^2+\omega^2} \tag{16.9a}$$

$$\mathcal{L}[\sin(\omega t + \theta)] = \mathcal{L}[\sin\omega t \cos\theta + \cos\omega t \sin\theta]$$
$$= \cos\theta\, \mathcal{L}[\sin\omega t] + \sin\theta\, \mathcal{L}[\cos\omega t]$$
$$= \frac{\omega\cos\theta}{s^2+\omega^2} + \frac{s\sin\theta}{s^2+\omega^2} = \frac{s\sin\theta + \omega\cos\theta}{s^2+\omega^2}$$

$$\mathcal{L}[\sin(\omega t + \theta)] = \frac{s\sin\theta + \omega\cos\theta}{s^2+\omega^2} \tag{16.9b}$$

16.6 미분함수

$f(t)$의 미분 $f'(t)$꼴 형태는 어떻게 라플라스 변환되는지 알아보자.

$$\mathcal{L}[f'(t)] = \int_0^\infty f'(t)e^{-st}dt$$

$\int u\,dv = uv - \int v\,du$와 같은 부분적분을 이용하자. $u = e^{-st}$, $dv = f'(t)dt$로 두면

$$\mathcal{L}[f'(t)] = \int_0^\infty f'(t)e^{-st}dt = \left[e^{-st}f(t)\right]_0^\infty + s\int_0^\infty e^{-st}f(t)dt$$

$$\mathcal{L}[f'(t)] = sF(s) - f(0) \tag{16.10}$$

같은 방법으로 n계 미분으로 확장하면

$$\mathcal{L}[f^{(n)}(t)] = s^n F(s) - s^{(n-1)}f(0) - s^{(n-2)}f'(0) - \cdots - f^{(n-1)}(0) \tag{16.11}$$

EXAMPLE 16-9

$\mathcal{L}[\cos\omega t]$와 $\mathcal{L}[\sin\omega t]$를 미분 라플라스 변환법을 이용하여 구하라.

SOLUTION

$$\mathcal{L}[\cos\omega t] = \mathcal{L}\left[\frac{1}{\omega}\frac{d}{dt}\sin\omega t\right] = \frac{1}{\omega}(s\mathcal{L}[\sin\omega t] - \sin 0)$$

$$= \frac{1}{\omega}\left(s\frac{\omega}{s^2+\omega^2}\right) = \frac{s}{s^2+\omega^2}$$

$$\mathcal{L}[\sin\omega t] = -\frac{1}{\omega}\mathcal{L}\left[\frac{d}{dt}\cos\omega t\right] = -\frac{1}{\omega}(s\mathcal{L}[\cos\omega t] - \cos 0)$$

$$= -\frac{1}{\omega}\left(s\frac{s}{s^2+\omega^2} - 1\right) = \frac{\omega}{s^2+\omega^2}$$

16.7 적분함수

$f(t)$의 적분, 즉 $\int f(t)\,dt$꼴 형태는 어떻게 라플라스 변환되는지 알아보자.

$$\mathcal{L}\left[\int f(t)\,dt\right] = \int_0^\infty \left[\int f(t)\,dt\right]e^{-st}\,dt$$

$\int u\,dv = uv - \int v\,du$와 같은 부분적분을 이용하자. 여기서 $u = \int f(t)\,dt$, $dv = e^{-st}dt$로 두면

$$= \left[-\frac{e^{-st}}{s}\left(\int f(t)\,dt\right)\right]_0^\infty + \frac{1}{s}\int_0^\infty f(t)e^{-st}\,dt$$

$$= \frac{1}{s}\int f(t)\,dt\bigg|_{t=0} + \frac{F(s)}{s}$$

따라서

$$\mathcal{L}\left[\int f(t)\,dt\right] = \frac{F(s)}{s} + \left[\frac{1}{s}\int f(t)\,dt\right]_{t=0} \tag{16.12}$$

EXAMPLE 16-10

$\mathcal{L}[\cos\omega t]$와 $\mathcal{L}[\sin\omega t]$를 적분 라플라스 변환법을 이용하여 구하라.

SOLUTION

$$\mathcal{L}[\cos\omega t] = -\omega\mathcal{L}\left[\int \sin\omega t\,dt\right] = -\omega\left(\frac{\mathcal{L}[\sin\omega t]}{s} + \frac{1}{s}\int \sin\omega t\,dt\bigg|_{t=0}\right)$$

$$= -\omega\left(\frac{1}{s}\frac{\omega}{s^2+\omega^2} + \frac{1}{s}\int \sin\omega t\,dt\bigg|_{t=0}\right)$$

$$= -\omega\left(\frac{1}{s}\frac{\omega}{s^2+\omega^2} - \frac{1}{\omega s}\cos\omega t\bigg|_{t=0}\right) = \frac{s}{s^2+\omega^2}$$

$$\mathcal{L}[\sin\omega t] = \omega\mathcal{L}\left[\int\cos\omega t\,dt\right] = -\omega\left(\frac{\mathcal{L}[\cos\omega t]}{s} + \frac{1}{s}\int\cos\omega t\,dt\bigg|_{t=0}\right)$$

$$= \omega\left(\frac{1}{s}\frac{s}{s^2+\omega^2} + \frac{1}{s}\int\cos\omega t\,dt\bigg|_{t=0}\right)$$

$$= \omega\left(\frac{1}{s}\frac{s}{s^2+\omega^2}\right) = \frac{\omega}{s^2+\omega^2}$$

16.8 $tf(t)$와 $\frac{1}{t}f(t)$꼴 형태

(1) $tf(t)$꼴 형태

$tf(t)$꼴 형태는 어떻게 라플라스 변환되는지 알아보자.

$\mathcal{L}[tf(t)] = \int_0^\infty tf(t)e^{-st}dt$ 꼴 형태는 다음과 같은 방법으로 구한다.

$$\frac{dF(s)}{ds} = \frac{d}{ds}\int f(t)e^{-st}dt$$

$$= \int f(t)\frac{d}{ds}e^{-st}dt = -\int tf(t)e^{-st}dt = -\mathcal{L}[tf(t)]$$

따라서

$$\mathcal{L}[tf(t)] = -\frac{d}{ds}\mathcal{L}[f(t)] = -\frac{dF(s)}{ds} \tag{16.13}$$

이것을 확장하면

$$\mathcal{L}[t^n f(t)] = (-1)^n \frac{f^n}{ds^n} F(s) \tag{16.14}$$

EXAMPLE 16-11

$\mathcal{L}[te^{at}]$, $\mathcal{L}[t^3 e^{at}]$, $\mathcal{L}[t^4 e^{at}]$를 구하라.

SOLUTION

$$\mathcal{L}[te^{at}] = -\frac{d}{ds}\mathcal{L}[e^{at}] = -\frac{d}{ds}\left(\frac{1}{s-a}\right) = \frac{1}{(s-a)^2}$$

$$\mathcal{L}[te^{at}] = \frac{1}{(s-a)^2} = \frac{1}{(s-a)^{1+1}} \tag{16.15a}$$

이 결과는 식 (16.3), (16.6a)를 결합한 것으로 이 결과를 이용하면 $\mathcal{L}[t^2 e^{at}]$, $\mathcal{L}[t^3 e^{at}]$, $\mathcal{L}[t^4 e^{at}]$를 다음과 같이 보다 쉽게 구할 수 있다.

$$\mathcal{L}[t^2 e^{at}] = \frac{2}{(s-a)^{2+1}} = \frac{2}{(s-a)^3} \tag{16.15b}$$

$$\mathcal{L}[t^3 e^{at}] = \frac{3!}{(s-a)^{3+1}} = \frac{6}{(s-a)^4} \tag{16.15c}$$

$$\mathcal{L}[t^4 e^{at}] = \frac{4!}{(s-a)^{4+1}} = \frac{24}{(s-a)^5} \tag{16.15d}$$

EXAMPLE 16-12

$\mathcal{L}[t\cos\omega t]$ 와 $\mathcal{L}[t\sin\omega t]$ 를 구하라.

SOLUTION

$$\mathcal{L}[t\cos\omega t] = -\frac{d}{ds}\mathcal{L}[\cos\omega t] = -\frac{d}{ds}\left(\frac{s}{s^2+\omega^2}\right) = \frac{s^2-\omega^2}{(s^2+\omega^2)^2}$$

$$\mathcal{L}[t\cos\omega t] = \frac{s^2-\omega^2}{(s^2+\omega^2)^2} \tag{16.16a}$$

$$\mathcal{L}[t\sin\omega t] = -\frac{d}{ds}\mathcal{L}[\sin\omega t] = -\frac{d}{ds}\left(\frac{\omega}{s^2+\omega^2}\right) = \frac{2\omega s}{(s^2+\omega^2)^2}$$

$$\mathcal{L}[t\sin\omega t] = \frac{2\omega s}{(s^2+\omega^2)^2} \tag{16.17b}$$

(2) $\frac{1}{t}f(t)$ 꼴 형태

$\mathcal{L}\left[\frac{1}{t}f(t)\right] = \int_0^\infty \frac{1}{t}f(t)e^{-st}dt$ 꼴 형태는 어떻게 라플라스 변환되는지 알아보자.

$$\int_s^\infty F(s)\,ds = \int_s^\infty \left[\int_0^\infty f(t)e^{-st}\,dt\right]ds = \int_0^\infty \left[f(t)\int_s^\infty e^{-st}\,ds\right]dt$$

$$= \int_0^\infty \left[-\frac{1}{t}f(t)[e^{-st}]_0^\infty\right]dt$$

$$= \int_0^\infty \frac{1}{t}f(t)\,dt = \mathcal{L}\left[\frac{1}{t}f(t)\right]$$

$\mathcal{L}\left[\frac{1}{t}f(t)\right]$ 는 또 다른 방법으로 구할 수 있는데

$$\mathcal{L}\left[\frac{1}{t}f(t)\right] = \mathcal{L}[g(t)] = G(s)$$

여기서 $\frac{1}{t}f(t) = g(t)$, 따라서 $f(t) = tg(t)$

$$\mathcal{L}[f(t)] = \mathcal{L}[tg(t)] = -\frac{d}{ds}G(s)$$

$$G(s) = -\int_\infty^s \mathcal{L}[f(t)]ds = \int_s^\infty \mathcal{L}[f(t)]ds = \int_s^\infty F(s)ds$$

따라서

$$\mathcal{L}\left[\frac{1}{t}f(t)\right] = \int_s^\infty \mathcal{L}[f(t)]ds = \int_s^\infty F(s)ds \tag{16.18}$$

EXAMPLE 16-13

$f(t) = \dfrac{1}{t}\left(e^{at} - e^{bt}\right)$의 $\mathcal{L}$ 변환을 구하라.

SOLUTION

$$\mathcal{L}\left[\frac{1}{t}\left(e^{at} - e^{bt}\right)\right] = \int_s^\infty \mathcal{L}\left[(e^{at} - e^{bt})\right]du = \int_s^\infty \left(\frac{1}{s-a} - \frac{1}{s-b}\right)du$$

$$= [\ln(s-a) - \ln(s-b)]_s^\infty = \left[\ln\left(\frac{s-a}{s-b}\right)\right]_s^\infty = \left[\ln\left(1 + \frac{b-a}{s-b}\right)\right]_s^\infty$$

$$= -\ln\left(1 + \frac{b-a}{s-b}\right) = \ln\left(\frac{s-b}{s-a}\right)$$

$$\mathcal{L}\left[\frac{1}{t}\left(e^{at} - e^{bt}\right)\right] = \ln\left(\frac{s-b}{s-a}\right) \tag{16.19}$$

EXAMPLE 16-14

$f(t) = \dfrac{\sin\omega t}{t}$의 $\mathcal{L}$ 변환을 구하라.

SOLUTION

$$\mathcal{L}\left[\frac{\sin\omega t}{t}\right] = \int_s^\infty \mathcal{L}[\sin\omega t]ds = \int_s^\infty \frac{\omega}{s^2 + \omega^2}ds$$

$$= \left[\tan^{-1}\left(\frac{s}{\omega}\right)\right]_s^\infty = \tan^{-1}\infty - \tan^{-1}\left(\frac{s}{\omega}\right)$$

$$= \frac{\pi}{2} - \tan^{-1}\left(\frac{s}{\omega}\right) = \tan^{-1}\left(\frac{s}{\omega}\right)$$

$$\mathcal{L}\left[\frac{\sin\omega t}{t}\right] = \tan^{-1}\left(\frac{s}{\omega}\right) \tag{16.20}$$

EXAMPLE 16-15

$f(t) = \dfrac{1}{t}(\cos at - \cos bt)$의 $\mathcal{L}$ 변환을 구하라.

SOLUTION

$$\mathcal{L}\left[\frac{1}{t}(\cos at - \cos bt)\right] = \int_s^\infty \mathcal{L}[\cos as - \cos bs]\,ds$$

$$= \int_s^\infty \left(\frac{s}{s^2+a^2} - \frac{s}{s^2+b^2}\right)du = \left[\frac{1}{2}\ln\left(\frac{s^2+a^2}{s^2+b^2}\right)\right]_s^\infty$$

$$= \frac{1}{2}\ln\left(\frac{s^2+b^2}{s^2+a^2}\right)$$

$$\mathcal{L}\left[\frac{1}{t}(\cos at - \cos bt)\right] = \frac{1}{2}\ln\left(\frac{s^2+b^2}{s^2+a^2}\right) \tag{16.21}$$

16.9 입력신호의 기본함수

(1) 단위 임펄스 함수

① 일반화된 정의

단위 임펄스 함수[unit impulse function, $\delta(t)$] 또는 델타 함수[delta function, $\delta(t)$]는 다음과 같이 정의된다.

$$\int_{-\infty}^{+\infty} \delta(t)\,dt = \int_{0-}^{0+} \delta(t)\,dt = 1 \tag{16.22}$$

즉, 단위 임펄스 함수는 다음과 같이 정의되기도 한다.

$$\delta(t) = \begin{cases} 1 & (t=0) \\ 0 & (t \neq 0) \end{cases} \tag{16.23}$$

$t = 0$에서 불연속 함수이다, 즉 $\delta(0-) \neq \delta(0) \neq \delta(0+)$.

② 감별성

단위 임펄스 함수의 가장 중요한 성질은 감별성(sifting property)이다. 즉,

$$\int_{\alpha<0}^{\beta>0} \delta(t)f(t)\,dt = f(0) \tag{16.24a}$$

$$\int_\alpha^\beta \delta(t)f(t)\,dt = 0\ (\alpha, \beta < 0),\ (\alpha, \beta > 0) \tag{16.24b}$$

$$\int_{\alpha<0}^{\beta>0} \delta(t)\,dt = 1 \tag{16.24c}$$

$$\int_{\alpha<0}^{\beta>0} \delta(t-a)f(t)\,dt = f(a) \tag{16.24d}$$

③ 미분

$$\int_{\alpha<0}^{\beta>0} \delta'(t)f(t)\,dt = -f'(0) \tag{16.25a}$$

$$\int_{\alpha<0}^{\beta>0} \delta'(t-a)f(t)\,dt = -f'(a) \tag{16.25b}$$

$$\int_{\alpha<0}^{\beta>0} \delta^n(t-a)f(t)\,dt = (-1)^n f^n(a) \tag{16.25c}$$

EXAMPLE 16-16

$\mathcal{L}[\delta(t)]$를 구하라.

SOLUTION

$\int u\,dv = uv - \int v\,du$와 같은 부분적분을 이용하자. 여기서 $u = e^{-st}$, $dv = \delta(t)\,dt$로 두면

$$\mathcal{L}[\delta(t)] = \int_0^\infty \delta(t)e^{-st}\,dt = \left[e^{-st}u(t)\right]_{0-}^\infty + s\int_0^\infty u(t)e^{-st}\,dt = s \times \frac{1}{s} = 1$$

따라서

$$\mathcal{L}[\delta(t)] = 1 \tag{16.26}$$

부분적분에서 $u = \delta(t)$, $dv = e^{-st}\,dt$로 두면

$$\mathcal{L}[\delta(t)] = \int_0^\infty \delta(t)e^{-st}\,dt = \left[-\frac{1}{s}e^{-st}\delta(t)\right]_{0-}^\infty - \frac{1}{-s}\int_0^\infty \delta'(t)e^{-st}\,dt$$

여기서 두 번째 항에 단위 임펄스의 미분 감별성을 적용하면

$$= \frac{1}{s}[-f'(0)] = \frac{1}{s}(-e^{-st})'\bigg|_{t=0} = 1$$

EXAMPLE 16-17

$\mathcal{L}[\delta(t)]$를 $u(t)$의 미분 라플라스 변환법에 따라 구하라.

SOLUTION

$$\mathcal{L}[\delta(t)] = \mathcal{L}\left[\frac{du(t)}{dt}\right] = \int_0^\infty u'(t)e^{-st}\,dt = s\mathcal{L}[u(t)] = s \times \frac{1}{s} = 1$$

EXAMPLE 16-18

$\mathcal{L}[\delta'(t)]$를 $\delta(t)$의 미분 라플라스 변환법에 따라 구하라.

SOLUTION

$$\mathcal{L}[\delta'(t)] = \mathcal{L}\left[\frac{d\delta(t)}{dt}\right] = \int_0^\infty \delta'(t)e^{-st}dt = s\mathcal{L}[\delta(t)] = s \times 1 = s$$

$$\mathcal{L}[\delta'(t)] = s \tag{16.27}$$

EXAMPLE 16-19

$\mathcal{L}[t\delta'(t)]$를 구하라.

SOLUTION

$$\mathcal{L}[t\delta'(t)] = -\frac{d}{ds}\mathcal{L}[\delta'(t)] = -\frac{d}{ds}(s) = -1$$

(2) 단위 계단함수

단위 계단함수[unit step function, $u(t)$]는 다음과 같이 정의된다.

$$u(t) = \begin{cases} 1 & (t \geq 0) \\ 0 & (t < 0) \end{cases} \tag{16.28}$$

EXAMPLE 16-20

$\mathcal{L}[u(t)]$를 구하라.

SOLUTION

$$\mathcal{L}[u(t)] = \int_0^\infty u(t)e^{-st}dt = \int_0^\infty 1e^{-st}dt = \frac{1}{s}$$

$$\mathcal{L}[u(t)] = \frac{1}{s} \tag{16.29}$$

EXAMPLE 16-21

$\mathcal{L}[u(t)]$를 $\delta(t)$의 적분 라플라스 변환법에 따라 구하라.

SOLUTION

$$\mathcal{L}[u(t)] = \mathcal{L}\left[\int \delta(t)dt\right] = \frac{\mathcal{L}[\delta(t)]}{s} = \frac{1}{s}$$

EXAMPLE 16-22

$\mathcal{L}[u(t)]$를 $\rho(t)$의 미분 라플라스 변환법에 따라 구하라.

SOLUTION

$$\mathcal{L}[u(t)] = \mathcal{L}\left[\frac{d\rho(t)}{dt}\right] = \int_0^\infty \rho'(t)e^{-st}dt = s\mathcal{L}[\rho(t)] = s \times \frac{1}{s^2} = \frac{1}{s}$$

(3) 단위 램프 함수

단위 램프 함수[unit ramp function, $\rho(t)$]는 다음과 같이 정의된다.

$$\rho(t) = tu(t) \tag{16.30}$$

EXAMPLE 16-23

$\mathcal{L}[\rho(t)]$를 구하라.

SOLUTION

$$\mathcal{L}[\rho(t)] = \int_0^\infty \rho(t)e^{-st}dt = \int_0^\infty te^{-st}dt = \frac{1}{s^2}$$

$$\mathcal{L}[\rho(t)] = \frac{1}{s^2} \tag{16.31}$$

EXAMPLE 16-24

$\mathcal{L}[\rho(t)]$를 $u(t)$의 적분 라플라스 변환법에 따라 구하라.

SOLUTION

$$\mathcal{L}[\rho(t)] = \mathcal{L}\left[\int u(t)dt\right] = \frac{\mathcal{L}[u(t)]}{s} = \frac{1/s}{s} = \frac{1}{s^2}$$

16.10 시간추이정리

$f(t)$를 a만큼 평행 이동한 $f(t-a)$의 라플라스 변환, 즉 **시간추이정리**(time shifting theorem)라고 하는데, $\mathcal{L}[f(t-a)u(t-a)]$꼴 형태는 어떻게 라플라스 변환되지 알아보자.

$$\mathcal{L}[f(t-a)u(t-a)] = \int_a^\infty f(t-a)e^{-st}dt$$

$t - a = \tau$일 때

$$\mathcal{L}[f(\tau)u(\tau)] = \int_0^\infty f(\tau)e^{-s(\tau+a)}d\tau = e^{-a\tau}\int_0^\infty f(\tau)e^{-s\tau}d\tau = e^{-a\tau}F(s)$$

따라서

$$\mathcal{L}[f(t-a)u(t-a)] = e^{-as}F(s) \qquad (16.32)$$

EXAMPLE 16-25

그림 16.2의 함수 $f(t)$를 라플라스 변환하라.

SOLUTION

구형 펄스는 계단함수 $f(t) = u(t)$와 $f(t) = -u(t-a)$의 합성이다. 즉,

$$f(t) = u(t) - u(t-a)$$
$$\mathcal{L}[f(t)] = \frac{1}{s} - \frac{1}{s}e^{-as} = \frac{1}{s}(1 - e^{-as})$$

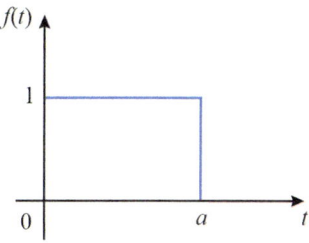

그림 16.2 [EXAMPLE 16-25]

EXAMPLE 16-26

그림 16.3의 함수 $f(t)$를 라플라스 변환하라.

SOLUTION

단위 램프 함수 t를 양의 방향으로 a만큼 평행 이동한 것이므로 $f(t) = (t-a)u(t-a)$이다.

$$\mathcal{L}[f(t)] = \frac{1}{s^2}e^{-as}$$

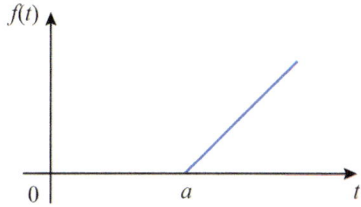

그림 16.3 [EXAMPLE 16-26]

EXAMPLE 16-27

그림 16.4의 함수 $f(t)$를 라플라스 변환하라.

SOLUTION

$f(t)$는 $f_1(t) = tu(t)$, $f_2(t) = -2(t-a)u(t-a)$, $f_3(t) = (t-2a)u(t-2a)$의 합성함수이다. 즉

$$f(t) = tu(t) - 2(t-a)u(t-a) + (t-2a)u(t-2a)$$
$$\mathcal{L}[f(t)] = \frac{1}{s^2} - \frac{2}{s^2}e^{-as} + \frac{1}{s^2}e^{-2as} = \frac{1}{s^2}(1 - 2e^{-as} + e^{-2as})$$

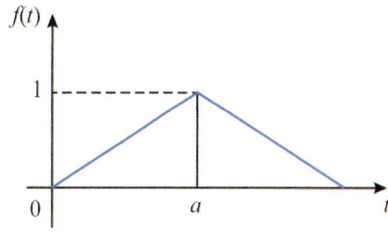

그림 16.4 [EXAMPLE 16-27]

EXAMPLE 16-28

그림 16.5의 함수 $f(t)$를 라플라스 변환하라.

SOLUTION

반파 정류된 주기신호의 첫 사이클은 다음과 같이 두 개의 파가 합성된 것이다.

$$f(t) = V_m \sin \omega t \, u(t) + V_m \sin \omega (t - T/2) u(t - T/2)$$

$$\mathcal{L}[f(t)] = \frac{\omega V_m}{s^2 + \omega^2} + \frac{\omega V_m}{s^2 + \omega^2} e^{-Ts/2}$$

$$= \frac{\omega V_m}{s^2 + \omega^2} (1 + e^{-Ts/2})$$

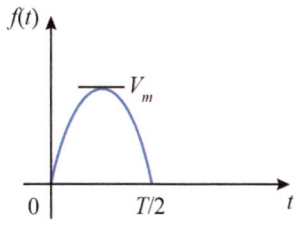

그림 16.5 [EXAMPLE 16-28]

16.11 주기함수

주기함수 $f(t)$의 라플라스 변환에는 두 가지 방법이 있다. 무한급수의 합으로 구하는 것과 다음과 같이 유도된 공식으로 구하는 것이다.

$$f(t) = f_1(t) + f_2(t) + f_3(t) + ...$$
$$= f_1(t) + f_1(t-T)u(t-T) + f_1(t-2T)u(t-2T) + ...$$

시간추이정리에 따라 $\mathcal{L}[f(t)]$는

$$\mathcal{L}[f(t)] = \left(1 + e^{-sT} + e^{-s2T} + ...\right) F_1(s) = \frac{F_1(s)}{1 - e^{-sT}} \tag{16.33}$$

여기서 $F_1(s)$은 첫 사이클의 라플라스 변환이다.

따라서 주기가 T인 주기함수의 라플라스 변환은 첫 사이클의 라플라스 변환$[F_1(s)]$을 $1/(1-e^{-sT})$배 한 것이다.

EXAMPLE 16-29

그림 16.6의 주기함수 $f(t)$, 즉 $f(t) = f(t+nT)$를 라플라스 변환하라.

SOLUTION

$$F(s) = \frac{F_1(s)}{1 - e^{-sT}} = \frac{1}{1 - e^{-sT}} \int_0^a e^{-st} dt$$

$$= \frac{1}{s} \frac{1 - e^{-as}}{1 - e^{-sT}}$$

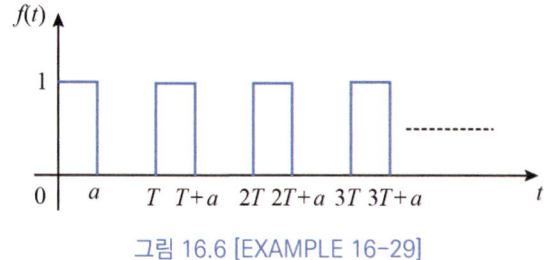

그림 16.6 [EXAMPLE 16-29]

📘 EXAMPLE 16-30

위 예제를 무한급수의 합을 사용하여 라플라스 변환하라.

SOLUTION

$$f(t) = u(t) - u(t-a) + u(t-T) - u[t-(T+a)] + u(t-2T) - u[t-(2T+a)] + \ldots$$

$$\mathcal{L}[f(t)] = \frac{1}{s}\left(1 - e^{-as} + e^{-sT} - e^{(T+a)s} + e^{-2sT} - e^{(2T+a)s} + \ldots\right)$$

$$= \frac{1}{s}\left[1 - e^{-as} + e^{-sT}(1 - e^{-as}) + e^{-2sT}(1 - e^{-as}) + \ldots\right]$$

$$= \frac{1}{s}(1 - e^{-as})(1 + e^{-sT} + e^{-2sT} + \ldots) = \frac{1}{s}\frac{1 - e^{-as}}{1 - e^{-sT}}$$

16.12 역라플라스 변환

$f(t)$를 $F(s)$의 역 Laplace 변환 또는 간단히 역 $\mathcal{L}$ ($\mathcal{L}^{-1}$) 변환이라고 하며, $\mathcal{L}^{-1}[F(s)]$ 또는 $f(t)$라고 쓴다. $\mathcal{L}^{-1}$ 변환을 원활하게 수행하기 위해서는 분모에 있는 s의 차수에 따라 적당한 형태로 조작, 즉 인수분해, 부분분수, 완전제곱형태로 만드는 기본 지식을 갖추고 있어야 한다.

다양한 형태의 $F(s)$를 가지고 예제 중심으로 부분분수를 만들어 보자.

부분분수를 만드는 공통 사항은

ⅰ) 분자함수의 최고차수는 분모보다 낮게 한다. 그 반대일 경우는 나누기를 한다.

ⅱ) 분모의 최고차항의 계수는 항상 1이 되게 한다.

ⅲ) 분모의 최고차수만큼 부분분수 항을 만든다.

ⅳ) 분모의 **근**(root)을 **극점**(pole)이라고 하며, 분모가 n중근 극점으로만 되어 있을 경우에는 부분분수 항은 $n-1$차 항과 n차 항으로 구성한다.

ⅴ) 부분분수는 항등식이 성립하므로 미정계수는 수치대입법 혹은 계수비교법으로 구한다.

📘 EXAMPLE 16-31

다음 함수를 $\mathcal{L}^{-1}$ 변환하라.

$$F(s) = \frac{2s+1}{s^2+3s+2}$$

SOLUTION

분모가 2차이므로 부분분수가 2개의 항이 된다.

$$F(s) = \frac{2s+1}{s^2+3s+2} = \frac{2s+1}{(s+1)(s+2)} = \frac{A}{s+1} + \frac{B}{s+2}$$

미정계수 A, B를 수치대입법으로 구한다.

$$A = (s+1)F(s)\big|_{s=-1} = \frac{2s+1}{s+2}\bigg|_{s=-1} = -1$$

$$B = (s+2)F(s)\big|_{s=-2} = \frac{2s+1}{s+2}\bigg|_{s=-2} = 3$$

$$F(s) = \frac{2s+1}{s^2+3s+2} = \frac{2s+1}{(s+1)(s+2)} = \frac{-1}{s+1} + \frac{3}{s+2}$$

$$f(t) = \mathcal{L}^{-1}[F(s)] = -e^{-t} + 3e^{-2t}$$

EXAMPLE 16-32

다음 함수를 $\mathcal{L}^{-1}$ 변환하라.

$$F(s) = \frac{2s}{(s+1)^2}$$

SOLUTION

분모가 2차이며, 중근 극점이므로 다음과 같이 부분분수가 전개된다.

$$F(s) = \frac{2s}{(s+1)^2} = \frac{A}{s+1} + \frac{B}{(s+1)^2}$$

$$B = (s+1)^2 F(s)\big|_{s=-1} = 2s\big|_{s=-1} = -2$$

$$[A(s+1) + B = 2s]_{s=0},\ A + B = 0,\ A = 2$$

$$F(s) = \frac{2s}{(s+1)^2} = \frac{2}{s+1} - \frac{2}{(s+1)^2}$$

$$f(t) = \mathcal{L}^{-1}[F(s)] = 2e^{-t} - 2te^{-t} = 2e^{-t}(1-t)$$

EXAMPLE 16-33

다음 함수를 $\mathcal{L}^{-1}$ 변환하라.

$$F(s) = \frac{2}{(s+1)^3}$$

SOLUTION

분모가 3차이므로 부분분수가 3개의 항으로 전개될 듯하지만, 3중 극점만으로 된 분모이므로 결과는 2개의 항이 되며 다음과 같이 전개된다.

$$F(s) = \frac{2s}{(s+1)^3} = \frac{2}{(s+1)^2} - \frac{2}{(s+1)^3}$$

$$f(t) = \mathcal{L}^{-1}[F(s)] = 2te^{-t} - 2t^2 e^{-t} = 2te^{-t}(1-t)$$

EXAMPLE 16-34

다음 함수를 $\mathcal{L}^{-1}$ 변환하라.

$$F(s) = \frac{2s}{(s+1)^3(s+2)}$$

SOLUTION

분모가 4차이므로 부분분수는 4개의 항으로 전개된다.

$$F(s) = \frac{2s}{(s+1)^3(s+2)} = \frac{A}{s+1} + \frac{B}{(s+1)^2} + \frac{C}{(s+1)^3} + \frac{D}{s+2}$$

미정계수의 결과는 $A = -4,\ B = 4,\ C = -2,\ D = 4$

따라서 다음과 같이 부분분수로 전개되므로 $\mathcal{L}^{-1}$ 변환이 가능하다.

$$F(s) = \frac{2s}{(s+1)^3(s+2)} = \frac{-4}{s+1} + \frac{4}{(s+1)^2} + \frac{-2}{(s+1)^3} + \frac{4}{s+2}$$

$$f(t) = \mathcal{L}^{-1}[F(s)] = -4e^{-t} + 4te^{-t} - t^2 e^{-t} + 4e^{-2t}$$

EXAMPLE 16-35

다음 함수를 $\mathcal{L}^{-1}$ 변환하라.

$$F(s) = \frac{1}{2s+1}$$

SOLUTION

분모에 있는 최고차항의 계수를 1로 하기 위해서는 다음과 같이 조작한다.

$$F(s) = \frac{1}{2s+1} = \frac{1}{2}\left(\frac{1}{s+1/2}\right)$$

$$f(t) = \mathcal{L}^{-1}[F(s)] = \frac{1}{2}e^{-t/2} = 0.5e^{-0.5t}$$

EXAMPLE 16-36

다음 함수를 $\mathcal{L}^{-1}$ 변환하라.

$$F(s) = \frac{s}{2s+1}$$

SOLUTION

분자의 차수가 분모의 차수보다 낮게 하기 위해서는 나누기를 행한 후에 s의 계수는 1로 하여야 한다.

$$F(s) = \frac{s}{2s+1} = \frac{1}{2} - \frac{1}{2}\left(\frac{1}{2s+1}\right) = \frac{1}{2} - \frac{1}{4}\left(\frac{1}{s+1/2}\right)$$

$$f(t) = \mathcal{L}^{-1}[F(s)] = \frac{1}{2}\delta(t) - \frac{1}{4}e^{-t/2}$$

EXAMPLE 16-37

다음 함수를 $\mathcal{L}^{-1}$ 변환하라.

$$F(s) = \frac{1}{2s^2 + 1}$$

SOLUTION

$$F(s) = \frac{1}{2s^2 + 1} = \frac{1}{2(s^2 + 1/2)} = \frac{1}{\sqrt{2}} \frac{1/\sqrt{2}}{s^2 + (1/\sqrt{2})^2}$$

$$f(t) = \mathcal{L}^{-1}[F(s)] = \frac{1}{\sqrt{2}} \sin \frac{1}{\sqrt{2}} t$$

EXAMPLE 16-38

[EXAMPLE 16-37]의 $\mathcal{L}^{-1}[F(s)] = f(t)$를 구하라.

$$F(s) = \frac{1}{s^2 + 4s + 13}$$

SOLUTION

인수분해가 되지 않을 경우에는 완전제곱 형태로 바꾼다.

$$F(s) = \frac{1}{s^2 + 4s + 13} = \frac{1}{(s+2)^2 + 3^2} = \frac{1}{3} \frac{3}{(s+2)^2 + 3^2}$$

$$f(t) = \mathcal{L}^{-1}[F(s)] = \frac{1}{3} e^{-2t} \sin 3t$$

16.13 초기치 정리와 최종치 정리

초기치 정리는 전기회로의 회로요소 C와 L의 과도상태($t = 0+$)에 해당되는 정리이고, 최종치 정리는 정상상태($t = \infty$)에 해당되는 정리이다.

(1) 초기치 정리

다음과 같은 등식을 **초기치 정리**(初期值 定理, initial value theorem)라고 한다.

$$f(0+) = \lim_{t \to 0+} f(t) = \lim_{s \to \infty} sF(s) \tag{16.34}$$

$F(s)$가 주어졌을 때 $F(s)$를 $\mathcal{L}^{-1}$ 변환하지 않더라도 시간 함수의 초기값 $[f(0)]$를 구할 수 있는 정리이다.

초기치 정리가 성립하기 위한 조건은

ⅰ) $f(t)$는 $t=0$에서 연속이어야 한다. 즉, $f(0-)=f(0)=f(0+)$.

ⅱ) $F(s)$의 분모의 s차수가 분자의 s차수 반드시 높아야 한다.

이 정리는 다음과 같이 도출된다.

$$\int_0^\infty f'(t)e^{-st}dt = sF(s) - f(0+)$$

$$\lim_{s\to\infty}\int_0^\infty f'(t)e^{-st}dt = \lim_{s\to\infty}[sF(s) - f(0+)]$$

$$\lim_{s\to\infty} sF(s) - f(0+) = 0$$

$$f(0+) = \lim_{s\to\infty} sF(s)$$

EXAMPLE 16-39

$F(s) = \dfrac{2(s+2)}{s^2+4s+8}$ 로 주어질 때 $f(0+)$를 구하라.

SOLUTION

$$\lim_{s\to\infty} sF(s) = \lim_{s\to\infty} s\left[\frac{2(s+2)}{s^2+4s+6}\right] = \lim_{s\to\infty}\frac{2s^2+4s}{s^2+4s+6} = 2$$

$$f(0+) = 2$$

(2) 최종치 정리

다음과 같은 등식을 **최종치 정리**(最終値 定理, final value theorem)라고 한다.

$$f(\infty) = \lim_{t\to\infty} f(t) = \lim_{s\to 0} sF(s) \tag{16.35}$$

$F(s)$가 주어졌을 때 $F(s)$를 $\mathcal{L}^{-1}$ 변환하지 않더라도 시간 함수의 최종값 $[f(\infty)]$를 구할 수 있는 정리이다.

최종치 정리가 성립하기 위한 조건은

ⅰ) $F(s)$의 pole(분모의 근)은 음 또는 0이어야 하며, 즉 pole은 반드시 복소평면에서 왼쪽에 있어야만 한다. $F(s)$의 분모 항이 $s-a\,(a>0)$라고 할 때 plole이 양이 되고, $F(s)$의 $\mathcal{L}^{-1}$변환은 $f(t)=e^{at}$ 형태가 된다. 따라서 $f(\infty)=\infty$가 되어버린다.

ⅱ) $f(t)$는 정현 또 여현함수가 될 수 없다. 이 함수들은 $t=\infty$에서 정의되지 않는다.

이 정리는 다음과 같이 도출된다.

$$\int_0^\infty f'(t)e^{-st}dt = sF(s) - f(0+)$$

$$\lim_{s \to 0} \int_0^\infty f'(t)e^{-st}dt = \lim_{s \to 0}[sF(s) - f(0+)]$$

$$f(\infty) - f(0+) = \lim_{s \to 0+} sF(s) - f(0+)$$

$$f(\infty) = \lim_{s \to 0} sF(s)$$

EXAMPLE 16-40

$F(s) = \dfrac{1}{s(s+1)}$ 로 주어질 때 $f(\infty)$를 구하라.

SOLUTION

$$\lim_{s \to 0+} sF(s) = \lim_{s \to 0+} s\left[\frac{1}{s(s+1)}\right] = \lim_{s \to 0+} \frac{1}{s+1} = 1$$

EXAMPLE 16-41

그림 16.9의 RC 회로에서 s 도메인 전류는 다음과 같다. $i(0+)$, $i(\infty)$를 구하라.

$$I(s) = \frac{V}{R}\frac{1}{(s+1/RC)}$$

SOLUTION

① $i(0+)$

초기치 정리로부터 $i(0+)$를 구하면

$$i(0+) = \lim_{s \to \infty} sI(s) = \lim_{s \to \infty}\left[\frac{V}{R}\frac{s}{(s+1/RC)}\right] = \frac{V}{R}$$

$i(t)$로부터 $i(0+)$를 구하면

$$i(t) = \frac{V}{R}e^{-t/RC}$$

$$i(0+) = \frac{V}{R}$$

② $i(\infty)$

최종치 정리로부터 $i(\infty)$를 구하면

$$i(\infty) = \lim_{s \to 0} sI(s) = \lim_{s \to 0}\left[\frac{V}{R}\frac{s}{(s+1/RC)}\right] = 0$$

$i(t)$로부터 $i(\infty)$를 구하면

$$i(t) = \frac{V}{R}e^{-t/RC}$$

$$i(\infty) = 0$$

RC 회로에서, 과도상태$(t = +0)$에서 C는 단락된 것과 같으므로 전류는 V/R이다. 정상상태 $(t = \infty)$에서 C는 개방된 것과 같으므로 전류는 0이다.

EXAMPLE 16-42

그림 16.12의 RL 회로에서 s 도메인 전류는 다음과 같다. $i(0+)$, $i(\infty)$를 구하라.

$$I(s) = \frac{V}{R}\left(\frac{1}{s} - \frac{1}{s + R/L}\right)$$

SOLUTION

① $i(0+)$

초기치 정리로부터 $i(0+)$를 구하면

$$i(0+) = \lim_{s \to \infty} sI(s) = \frac{V}{R}\left(\frac{s}{s} - \frac{s}{s + R/L}\right) = 0$$

$i(t)$로부터 $i(0+)$를 구하면

$$i(t) = \frac{V}{R}\left[1 - e^{-(R/L)t}\right]$$

$$i(0+) = 0$$

② $i(\infty)$

최종치 정리로부터 $i(\infty)$를 구하면

$$i(\infty) = \lim_{s \to 0} sI(s) = \lim_{s \to 0}\left[\frac{V}{R}\left(\frac{s}{s} - \frac{s}{(s + R/L)}\right)\right] = \frac{V}{R}$$

$i(t)$로부터 $i(\infty)$를 구하면

$$i(t) = \frac{V}{R}\left[1 - e^{-(R/L)t}\right]$$

$$i(\infty) = \frac{V}{R}$$

RL 회로에서, 과도상태$(t = +0)$에서 L은 개방된 것과 같으므로 전류는 0이다. 정상상태$(t = \infty)$에서 L은 단락된 것과 같으므로 전류는 V/R이다.

16.14 s 도메인 회로

전기전자회로에 있어서 시간 영역(time domain)에서의 전압-전류 관계를 복소-주파수 영역(complex frequency domain)에서 취급하는 것이 편리할 때가 많다. 회로요소 (R, L, C)에서 시간 영역의 전압-전류 관계는 $\mathcal{L}$ 변환으로 복소 주파수 영역의 전류-전압 관계로, 즉 s **도메인 회로**로 변환시킬 수 있다.

(1) 회로요소

① 저항기(R)

그림 16.7은 주파수 영역에서 저항기에 대한 회로도를 나타낸 것이다. 저항기에 대한 시간 영역에서 $v(t)-i(t)$ 관계는

$$v(t) = Ri(t) \tag{16.36}$$

이 식을 $\mathcal{L}$ 변환하면, 즉 s 도메인 식으로 나타내면

$$V(s) = RI(s) \tag{16.36-1}$$

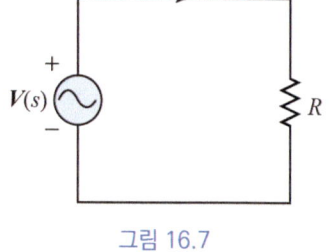

그림 16.7

s 도메인 회로에서 R은 그 자체가 복소 주파수와 관계없이 Ω 단위를 가지므로 L, C와는 달리 s와는 아무런 관련이 없다.

② 커패시터(콘덴서, C)

커패시터에 대한 시간 영역의 $v(t)-i(t)$는

$$\begin{cases} v(t) = \dfrac{1}{C}\displaystyle\int_{0-}^{t} i(t)dt + v_C(0-) \\ \quad\quad\downarrow \\ i(t) = C\dfrac{dv}{dt} \end{cases} \tag{16.37a}$$

$$\tag{16.37b}$$

이 식을 $\mathcal{L}$ 변환하면, 즉 s 도메인에서 $V(s)-I(s)$ 관계는 다음과 같이 된다.

$$\begin{cases} V(s) = \dfrac{1}{sC}I(s) + \dfrac{v_C(0-)}{s} \\ \quad\quad\downarrow \\ I(s) = sCV(s) - Cv_C(0-) \end{cases} \tag{16.38a}$$

$$\tag{16.38b}$$

초기치 $v_C(0-)$는 C에 나타나는 전압으로 문제에서 다음 중 어느 하나의 초기조건으로 주어진다. 즉 i) $t = 0-$에서 0인 경우, ii) 초기 전하량 q_o가 주어지는 경우 (이때 $v_C(0-) = q_o/C$로 계산되는 경우), iii) 회로 자체에서 구하는 경우이다. $v_C(0-)$가 존재하는 경우, 직렬회로에서는 식 (16.38a)를 테브난 등가회로로 나타낸 그림 16.8(a)와 같이 전압원(이때 극성은 전류 방향에 반대 방향)을 고려해야 하며, 병렬회로에서는 식 (16.38b)를 노튼 등가회로로 나타낸 그림 16.8(b)와 같이 전류원[$Cv_C(0-)$: C에 흐르는 초기전류]을 고려해야 한다. 더욱 중요한 것은 C와 관련 임피던스는 s 도메인 회로에서는 $1/sC$로 나타낸다는 점이다. 주파수 함수에서 C와 관련 임피던스 $1/j\omega C$에서 $j\omega \rightarrow s$로 대체하면 된다.

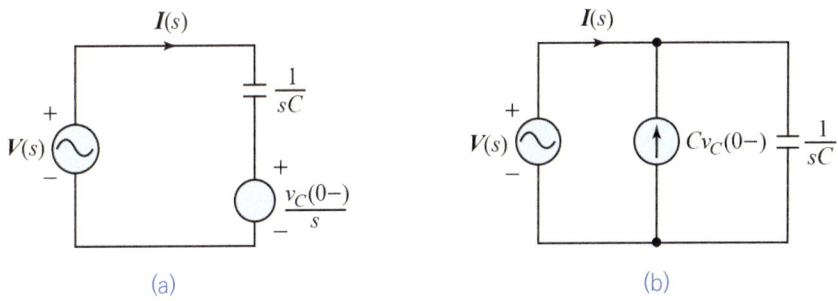

그림 16.8

③ 코일(인덕터, 유도기, L)

그림 16.9는 주파수 영역에서 코일에 대한 회로도를 나타낸 것이다. 코일에 대한 시간 영역의 $v(t)-i(t)$는

$$\begin{cases} v(t) = L \dfrac{di(t)}{dt} & \text{(16.39a)} \\ \qquad \downarrow \\ i(t) = \dfrac{1}{L} \displaystyle\int_{0-}^{t} v(t)dt + i_L(0-) & \text{(16.39b)} \end{cases}$$

이 식을 $\mathcal{L}$ 변환하면, 즉 s 도메인에서 $V(s) - I(s)$ 관계는 다음과 같이 된다.

$$\begin{cases} V(s) = sLI(s) - Li_L(0-) & \text{(16.40a)} \\ \qquad \downarrow \\ I(s) = \dfrac{1}{sL} V(s) + \dfrac{i_L(0-)}{s} & \text{(16.40b)} \end{cases}$$

초기치 $i_L(0-)$는 L에 흐르는 전류로 문제에서 다음 중 어느 하나의 초기조건으로 주어진다. 즉 ⅰ) $t=0-$에서 0 혹은 값이 존재하는 경우, ⅱ) 회로 자체에서 구하는 경우이다. $i_L(0-)$가 존재하는 경우, 직렬회로에서는 식 (16.40a)를 테브난 등가회로로 나타낸 그림 16.9(a)와 같이 전압원(이때 극성은 전류의

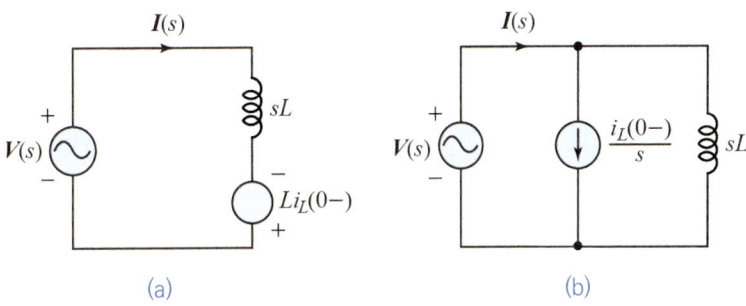

그림 16.9

방향과 같은 방향)을 고려해야 하며, 병렬회로에서는 식 (16.40b)를 노튼 등가회로로 나타낸 그림 16.9(b)와 같이 전류원[$Cv_C(0-)$: C에 흐르는 초기전류]을 고려해야 한다. 더욱 중요한 것은 L과 관련 임피던스는 s 도메인 회로에서 sL로 나타낸다는 점이다. 주파수 함수에서 C와 관련 임피던스 $j\omega L$에서 $j\omega \rightarrow s$로 대체하면 된다.

(2) RC 회로

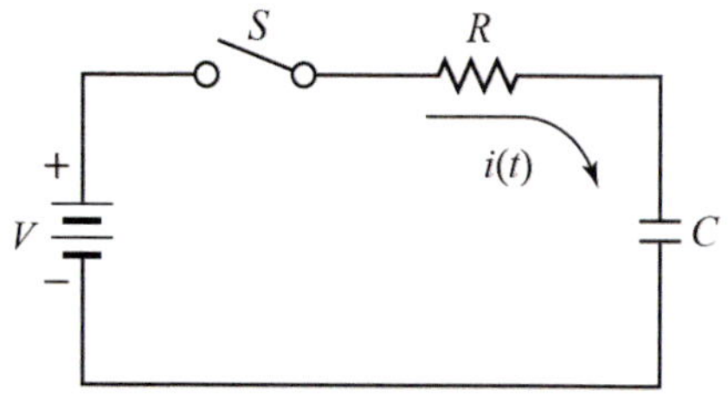

그림 16.10의 RC 회로에서, $t = 0$에서 스위치를 닫은 후, 전류 $i(t)$를 £ 변환을 통해서 구해보자. 초기치가 0일 때 회로에 KVL을 적용하면

$$V = Ri(t) + \frac{1}{C}\int i(t)dt \tag{16.41}$$

그림 16.10

위 식을 £ 변환하면

$$\frac{V}{s} = RI(s) + \frac{1}{sC}I(s) \tag{16.41-1}$$

$$I(s) = \frac{CV}{sRC+1} = \frac{V}{R}\frac{1}{s+1/RC} \tag{16.41-2}$$

식 (16.41-2)를 $£^{-1}$ 변환하면

$$i(t) = \frac{V}{R}e^{-t/RC} \tag{16.41-3}$$

초기치를 고려했을 때 식 (16.41)은

$$V = Ri(t) + \frac{1}{C}\int i(t)dt + v_C(0-) \tag{16.41-4}$$

식 (16.41-4)를 £ 변환하면

$$\frac{V}{s} = RI(s) + \frac{1}{sC}I(s) + \frac{v_C(0-)}{s} \tag{16.41-5}$$

$$I(s) = \frac{CV - Cv_C(0-)}{(sRC+1)} = \frac{V}{R}\frac{1}{(s+1/RC)} - \frac{v_C(0-)}{R}\frac{1}{(s+1/RC)} \tag{16.41-6}$$

$$= \left(\frac{V - v_C(0-)}{R}\right)\frac{1}{(s+1/RC)}$$

식 (16.41-6)을 $£^{-1}$ 변환하면

$$i(t) = \frac{V - v_C(0-)}{R}e^{-t/RC} \tag{16.41-7}$$

$v_C(0-) = 0$이라고 하면 초기조건이 모두 0이라고 가정했을 때의 결과와 같다.

EXAMPLE 16-43

그림 16.11의 RC 회로에서 $\mathcal{L}$ 변환을 이용하여 전류 $i(t)$(임펄스 응답)를 구하라.

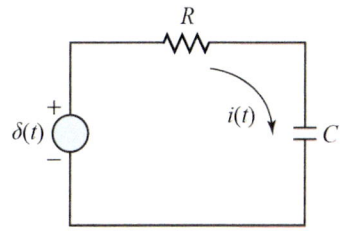

그림 16.11 [EXAMPLE 6-43]

SOLUTION

폐회로에 KVL을 적용하면

$$Ri(t) + \frac{1}{C}\int i(t)\,dt = \delta(t)$$

위 식을 $\mathcal{L}$ 변환하면

$$RI(s) + \frac{1}{sC}I(s) = 1$$
$$(sRC+1)I(s) = sC$$
$$I(s) = \frac{sC}{sRC+1} = \frac{1}{R}\left(1 - \frac{1/RC}{s+1/RC}\right)$$

$I(s)$를 $\mathcal{L}^{-1}$ 변환하면

$$i(t) = \frac{1}{R}\left[\delta(t) - \frac{1}{RC}e^{-t/RC}u(t)\right]$$

EXAMPLE 16-44

그림 16.12의 RC 회로에서

(a) $v(t) = 3e^{-t/5}$일 때 $\mathcal{L}$ 변환을 이용 $i(t)$를 구하라.
(b) 초기치 및 최종치 정리를 이용하여 $i(0+),\ i(\infty)$를 구하라.
(c) $i(t)$로부터 $i(0+),\ i(\infty)$를 구하여 (b)에서 구한 값과 비교하라.

SOLUTION

(a) 두 가지 방법으로 풀 수 있다.

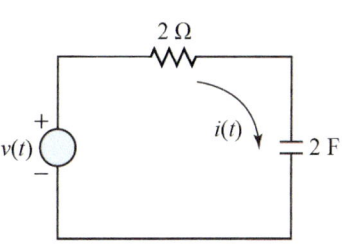

그림 16.12 [EXAMPLE 16-44]

〈해법 1〉 s 도메인 회로에 KVL 적용

$$\left(2 + \frac{1}{2s}\right)I(s) = \frac{3}{s+1/5}$$

$I(s)$를 구하면

$$I(s) = \frac{2s}{4s+1}\frac{3}{s+1/5} = \frac{(3/2)s}{(s+1/4)(s+1/5)}$$

$I(s)$를 부분분수로 나타내면

$$I(s) = \frac{15}{2}\frac{1}{s+1/4} - \frac{6}{s+1/5}$$

$I(s)$를 $\mathcal{L}^{-1}$ 변환하면

$$i(t) = \frac{15}{2}e^{-t/4} - 6e^{-t/5} = 7.5e^{-0.25t} - 6e^{-0.2t}$$

〈해법 2〉 적분 방정식을 미분방정식으로 변형

$R\,i(t) + \frac{1}{C}\int_0^t i(t)\,dt = v(t)$에 각각의 값을 대입하면

$$2i(t) + \frac{1}{2}\int_0^t i(t)\,dt = 3e^{-t/5}$$

초기조건을 $t=0$에서 $i(t)$를 구하면

$$2i(0+) = 3$$
$$i(0+) = \frac{3}{2}$$

적분 항을 없애기 위해서 양변을 미분하면

$$2i'(t) + \frac{1}{2}i(t) = -\frac{3}{5}e^{-t/5}$$

이 식을 $\mathcal{L}$ 변환하면

$$2sI(s) - 2I(0) + \frac{1}{2}I(s) = \frac{-3}{5s+1}$$

$$I(s)\left(2s + \frac{1}{2}\right) = \frac{-3}{5s+1} + 3 = \frac{15s}{5s+1}$$

$I(s)$를 구하면

$$I(s) = \frac{30s}{(4s+1)(5s+1)} = \frac{(3/2)s}{(s+1/4)(s+1/5)}$$

$I(s)$를 부분분수로 나타내면

$$I(s) = \frac{15}{2}\frac{1}{s+1/4} - \frac{6}{s+1/5}$$

$I(s)$를 $\mathcal{L}^{-1}$ 변환하면

$$i(t) = \frac{15}{2}e^{-t/4} - 6e^{-t/5} = 7.5e^{-0.25t} - 6e^{-0.2t}$$

(b) $i(0+) = \lim_{s \to \infty} sI(s) = \lim_{s \to \infty} \dfrac{30s^2}{(4s+1)(5s+1)} = \lim_{s \to \infty} \dfrac{30s^2}{20s^2 + 9s + 1} = \dfrac{3}{2}$ A

$i(\infty) = \lim_{s \to 0} sI(s) = \lim_{s \to 0} \dfrac{30s^2}{(4s+1)(5s+1)} = \lim_{s \to 0} \dfrac{30s^2}{20s^2 + 9s + 1} = 0$

(c) $i(0+) = \dfrac{15}{2} - 6 = \dfrac{3}{2}$ A

$i(\infty) = 0$

(b)에서 구한 값과 같다.

EXAMPLE 16-45

그림 16.13의 RC 회로에서

(a) $t = 0$에서 스위치를 닫을 때 $\mathcal{L}$ 변환을 이용하여 $i_1(t)$, $i_2(t)$, $i(t) = i_1(t) + i_2(t)$를 구하라.
$t = 0-$에서 초기치는 0이다.

(b) 회로 전체 전류 $i(t)$를 등가 임피던스를 통해서 구하라. (a)와 같은가?

(c) 초기치 및 최종치 정리를 이용하여 $i(0+)$, $i(\infty)$를 구하라.

(d) 회로에서 직관적으로 과도상태와 정상상태의 $v(t)$값을 구하라.

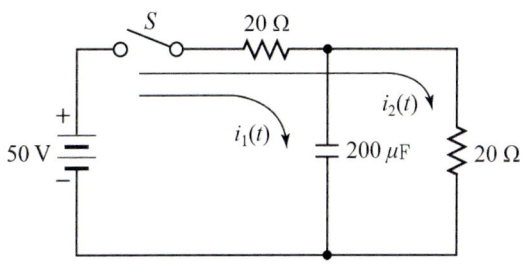

그림 16.13 [EXAMPLE 16-45]

SOLUTION

(a) s 도메인 회로에서 망전류 방정식을 쓰면

$$\begin{cases} \left(20 + \dfrac{5000}{s}\right)I_1(s) + 20I_2(s) = \dfrac{50}{s} \\ 20I_1(s) + 40I_2(s) = \dfrac{50}{s} \end{cases}$$

계수 행렬식 Δ_s는

$$\Delta_s = \begin{vmatrix} 20 + 5000/s & 20 \\ 20 & 40 \end{vmatrix} = 400 + \dfrac{20 \times 10^4}{s}$$

Cramer 공식을 이용하면

$$I_1(s) = \dfrac{1}{\Delta_s} \begin{vmatrix} 50/s & 20 \\ 50/s & 40 \end{vmatrix} = \dfrac{1}{\Delta_s} \dfrac{1000}{s} = \dfrac{2.5}{s + 500}$$

$$I_2(s) = \frac{1}{\Delta_s} \begin{vmatrix} 20 + 5000/s & 50/s \\ 20 & 50/s \end{vmatrix} = \frac{1}{\Delta_s}\frac{1000}{s} = \frac{1.25}{s} - \frac{1.25}{s+500}$$

$I_1(s)$, $I_2(s)$를 $\mathcal{L}^{-1}$ 변환하면

$$i_1(t) = 2.5e^{-500t}$$
$$i_2(t) = 1.25(1 - e^{-500t})$$
$$i(t) = i_1(t) + i_2(t) = 2.5e^{-500t} + 1.25 - 1.25e^{-500t} = 1.25(1 + e^{-500t})$$

(b) $Z(s) = 20 + \dfrac{20[1/(200 \times 10^{-6}s)]}{20 + 1/(200 \times 10^{-6}s)} = \dfrac{20s + 10000}{s + 250}$

$$I(s) = \frac{V(s)}{Z(s)} = \frac{50}{s}\frac{s+250}{20s+10000} = \frac{5}{2}\left[\frac{s+250}{s(s+500)}\right]$$

$I(s)$를 부분분수로 나타내면

$$I(s) = 1.25\left(\frac{1}{s} + \frac{1}{s+500}\right)$$

$I(s)$를 $\mathcal{L}^{-1}$ 변환하면

$$i(t) = 1.25(1 + e^{-500t})$$

(a)와 같은 결과이다.

(c) $i_1(0+) = \lim\limits_{s \to \infty} sI_1(s) = \lim\limits_{s \to \infty} \dfrac{2.5s}{s+500} = 2.5$ A

$i_1(\infty) = \lim\limits_{s \to 0} sI_1(s) = \lim\limits_{s \to 0} \dfrac{2.5s}{s+500} = 0$

$i_2(0+) = \lim\limits_{s \to \infty} sI_2(s) = \lim\limits_{s \to \infty} \left(\dfrac{1.25s}{s} - \dfrac{1.25s}{s+500}\right) = 0$

$i_2(\infty) = \lim\limits_{s \to 0} sI_2(s) = \lim\limits_{s \to 0} \left(\dfrac{1.25s}{s} - \dfrac{1.25s}{s+500}\right) = 1.25$ A

(d) 과도상태($t = 0+$)에서 커패시터가 단락되므로 커패시터와 병렬인 저항도 단락된다. 따라서
$i(0+) = i_1(0+) = 50/20 = 2.5$ A

정상상태($t = \infty$)에서 커패시터는 개방되므로 두 저항은 직렬이 된다.
$i(\infty) = i_2(\infty) = 50/40 = 1.25$ A

📖 EXAMPLE 16-46

그림 16.14의 RC 회로에서 $t = 0$에서 스위치를 닫을 때

(a) s 도메인 등가 임피던스를 구하라.

(b) $i(t)$를 구하라. $t = 0-$에서 초기치는 0이다.

(c) 초기치 및 최종치 정리를 이용하여 $i(0+)$, $i(\infty)$를 구하라.
(d) 회로에서 직관적으로 과도상태와 정상상태의 $i(t)$값을 구하라.

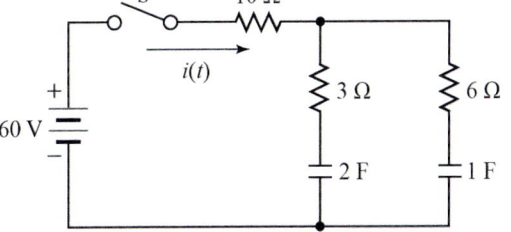

그림 16.14 [EXAMPLE 16-46]

SOLUTION

(a) $Z(s) = 10 + \dfrac{(3+1/2s)(6+1/s)}{9+1/2s+1/s} = \dfrac{216s^2 + 42s + 1}{18s^2 + 3s}$

(b) $I(s) = \dfrac{V(s)}{Z(s)} = \dfrac{60}{s} \dfrac{18s^2 + 3s}{216s^2 + 42s + 1} = \dfrac{5s + 0.833}{s^2 + 0.194s + 0.0046}$

$= \dfrac{5s + 0.833}{(s+0.166)(s+0.03)}$

$I(s)$를 부분분수로 나타내면

$$I(s) = \dfrac{-0.022}{s+0.166} + \dfrac{5.022}{s+0.03}$$

$I(s)$를 $\mathcal{L}^{-1}$ 변환하면

$$i(t) = -0.022e^{-0.166t} + 5.022e^{-0.03t}$$

(c) $i(0+) = \lim\limits_{s \to \infty} sI(s) = \lim\limits_{s \to \infty} \dfrac{5s^2}{s^2 + 0.194s + 0.0046} = 5\,\text{A}$

$i(\infty) = \lim\limits_{s \to 0} sI(s) = \lim\limits_{s \to 0} \dfrac{5s^2}{s^2 + 0.194s + 0.0046} = 0$

(d) 과도상태($t=0+$)에서 커패시터는 단락되므로 등가 저항 $R = 10 + 3//6 = 12\,\Omega$ 이다.

$$i(0+) = 60/12 = 5\,\text{A}$$

정상상태($t=\infty$)에서 커패시터는 개방되므로 $i(\infty) = 0\,\text{A}$

(3) RL 회로

그림 16.15의 RL 회로에서, $t=0$에서 스위치를 위치 1로 스위칭할 때 전류 $i(t)$를 $\mathcal{L}$ 변환을 통해서 구해보자.

초기치가 0일 때 회로에 KVL을 적용하면

$$V = Ri(t) + L\dfrac{di(t)}{dt} \tag{16.42}$$

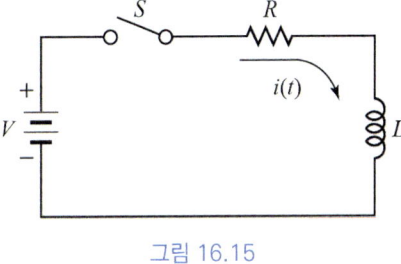

그림 16.15

식 (16.42)를 $\mathcal{L}$ 변환하면

$$\dfrac{V}{s} = RI(s) + sLI(s) = (R+sL)I(s) \tag{16.42-1}$$

$$I(s) = \dfrac{V}{s(sL+R)} = \dfrac{V/L}{s(s+R/L)} = \dfrac{V}{R}\left(\dfrac{1}{s} - \dfrac{1}{s+R/L}\right) \tag{16.42-2}$$

식 (16.42-2)를 $\mathcal{L}^{-1}$ 변환하면

$$i(t) = \frac{V}{R}\left[1 - e^{-(R/L)t}\right] \tag{16.42-3}$$

초기치를 고려했을 때 식 (16.42)를 $\mathcal{L}$ 변환하면

$$\frac{V}{s} = (R+sL)I(s) - Li_L(0-) \tag{16.42-4}$$

$$I(s) = \frac{V + sLi_L(0-)}{s(sL+R)} = \frac{V}{s(sL+R)} + \frac{sLi_L(0-)}{s(sL+R)} \tag{16.42-5}$$

$$= \frac{V/L}{s(s+R/L)} + \frac{i_L(0-)}{(s+R/L)}$$

$$= \frac{V}{R}\left(\frac{1}{s} - \frac{1}{s+R/L}\right) + \frac{i_L(0-)}{s+R/L}$$

(16.42-5)를 $\mathcal{L}^{-1}$ 변환하면

$$i(t) = \frac{V}{R}\left[1 - e^{-(R/L)t}\right] + i(0-)e^{-(R/L)t} \tag{16.42-6}$$

$i_L(0-) = 0$ 이라고 하면 식 (16.42-3)과 같다.

EXAMPLE 16-47

그림 16.16의 RL 회로에서 $\mathcal{L}$ 변환을 이용하여 전류 $i(t)$(계단 응답)를 구하라.

SOLUTION

회로에 KVL을 적용하면

$$Ri(t) + L\frac{di(t)}{dt} = u(t)$$

위 식을 $\mathcal{L}$ 변환하면

$$RI(s) + sLI(s) = \frac{1}{s}$$

$I(s)$를 구하면

$$I(s) = \frac{1}{s(sL+R)}$$

$I(s)$를 $\mathcal{L}^{-1}$ 변환하기 위한 부분분수로 나타내면

$$I(s) = \frac{1}{s(sL+R)} = \frac{1}{R}\left(\frac{1}{s} - \frac{1}{s+R/L}\right)$$

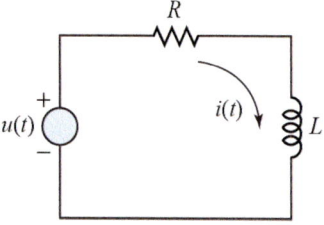

그림 16.16 [EXAMPLE 16-47]

$I(s)$를 $\mathcal{L}^{-1}$ 변환하면

$$i(t) = \frac{1}{R}\left[1 - e^{-(R/L)t}\right]$$

EXAMPLE 16-48

그림 16.17(a)의 RL 회로에서 $\mathcal{L}$ 변환을 이용하여 $4\,\Omega$에 걸리는 전압 $v_o(t)$를 구하라.

전류원 $i(t) = 5\cos t\,u(t)$이며, 인덕터에 흐르는 초기전류 $i_L(0-) = 1.5\,\text{A}$이다.

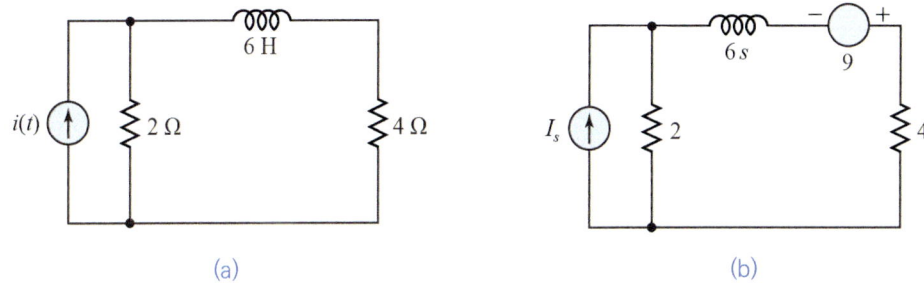

그림 16.17 [EXAMPLE 16-48]

SOLUTION

그림 16.17(a)를 초기조건을 고려하여 s 도메인 회로로 나타낸 것이 그림 16.17(b)이다. 인덕터의 초기전류로부터 생긴 전압원은 $Li_L(0-) = 9\,\text{V}$이다.

〈해법 1〉 중첩의 원리

i) 전압원 단락시 $4\,\Omega$에 걸리는 전압 $V_{o1}(s)$

전류분배법칙에 따라 $4\,\Omega$에 흐르는 전류 $I_{4\Omega}(s)$는

$$I_{4\Omega}(s) = \left[\frac{2}{2 + (6s + 4)}\right]I_s = \left(\frac{2}{6s + 6}\right)\left(\frac{5s}{s^2 + 1}\right)$$

$$V_{o1}(s) = 4I_{4\Omega}(s) = 4\left(\frac{2}{6s + 6}\right)\left(\frac{5s}{s^2 + 1}\right) = \frac{20}{3}\frac{s}{(s+1)(s^2+1)}$$

ii) 전류원 개방시 $4\,\Omega$에 걸리는 전압 $V_{o2}(s)$

전압분배법칙을 이용하면

$$V_{o2}(s) = \left(\frac{4}{6s + 2 + 4}\right)(9) = \frac{6}{s+1}$$

따라서 $V_o(s) = V_{o1}(s) + V_{o2}(s)$이므로

$$V_o(s) = \frac{6}{s+1} + \frac{20}{3}\frac{s}{(s+1)(s^2+1)} = \frac{8}{3}\frac{1}{s+1} + \frac{10}{3}\frac{s}{s^2+1} + \frac{10}{3}\frac{1}{s^2+1}$$

$V_o(s)$를 $\mathcal{L}^{-1}$ 변환하기 위한 부분분수로 나타내면

$$V_o(s) = \frac{8}{3}\frac{1}{s+1} + \frac{10}{3}\frac{s}{s^2+1} + \frac{10}{3}\frac{1}{s^2+1}$$

$V_o(s)$를 $\mathcal{L}^{-1}$ 변환하면

$$v_o(t) = \frac{8}{3}e^{-t} + \frac{10}{3}\cos t + \frac{10}{3}\sin t, \ t > 0$$

〈해법 2〉 전원 변환

전류원을 전압원으로 변환, 즉 노튼 등가회로를 테브난 등가회로로 고친다. 전압원은 $2I(s)$가 되고 하나의 폐회로가 된다. 4 Ω에 걸리는 전압 $V_o(s)$는 전압분배법칙에 따라

$$V_o(s) = \left(\frac{4}{6s+2+4}\right)[2I(s) + 9] = \frac{2}{3}\left(\frac{1}{s+1}\right)\left(\frac{10s}{s^2+1} + 9\right)$$

$$= \frac{2}{3}\left(\frac{1}{s+1}\right)\left(\frac{9s^2 + 10s + 9}{s^2+1}\right)$$

$V_o(s)$를 $\mathcal{L}^{-1}$ 변환하기 위한 부분분수로 나타내면

$$V_o(s) = \frac{2}{3}\left(\frac{4}{s+1} + \frac{5s+5}{s^2+1}\right) = \frac{2}{3}\left(\frac{4}{s+1}\right) + \frac{10}{3}\left(\frac{s}{s^2+1}\right) + \frac{10}{3}\left(\frac{1}{s^2+1}\right)$$

$V_o(s)$를 $\mathcal{L}^{-1}$ 변환하면

$$v_o(t) = \frac{8}{3}e^{-t} + \frac{10}{3}\cos t + \frac{10}{3}\sin t, \ t > 0$$

EXAMPLE 16-49

그림 16.18(a)의 RL 회로에서 스위치가 위치 1에서 오랜 시간이 경과 후에 위치 2로 스위칭 될 때

(1) $\mathcal{L}$ 변환을 이용하여 $i(t)$를 구하라.
(2) $I(s)$로부터 초기치 정리, 최종치 정리를 이용하여 $i(0+)$, $i(\infty)$를 구하라.
(3) $i(t)$로부터 $i(0+)$, $i(\infty)$를 구하라.

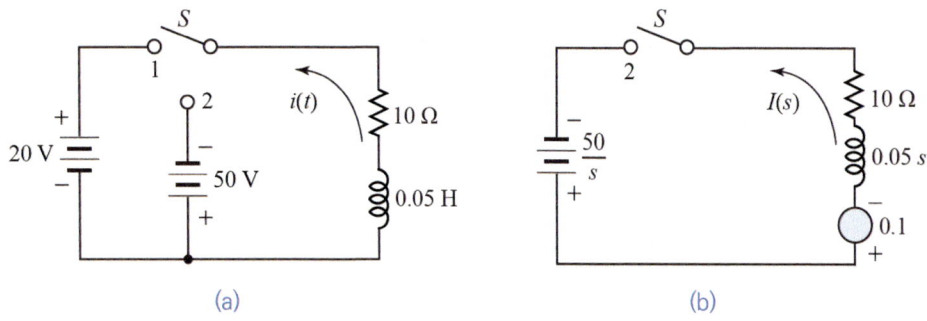

그림 16.18 [EXAMPLE 16-49]

SOLUTION

(1) 스위치가 위치 1에서 오랜 시간 동안 흐르는 전류(정상상태 전류로 가정)는 스위치가 위치 2에서 초기 전류 $i_L(0-)$에 해당한다. 전류의 방향은 $i(t)$와 반대 방향이다. 정상상태에서 코일은 단락이므로 초기 전류 $i_L(0-) = 20\,\text{V}/10\,\Omega = 2\,\text{A}$이다. 따라서 인덕터의 초기전류로부터 생긴 전압원은 $Li_L(0-) = (0.05\,\text{H})(2\,\text{A}) = 0.1\,\text{V}$이다.

시간 영역의 그림 16.18(a)를 스위치 위치 2에서 s 도메인 회로로 변환한 것이 그림 16.18(b)이다.

폐회로에 KVL을 적용하면

$$(10 + 0.05s)I(s) = \frac{50}{s} - 0.1$$

$I(s)$를 구하면

$$I(s) = \frac{50 - 0.1s}{s(0.05s + 10)}$$

$I(s)$를 $\mathcal{L}^{-1}$ 변환하기 위한 형태로 변형하면

$$I(s) = \frac{50}{s(0.05s + 10)} - \frac{0.1}{0.05s + 10}$$
$$= \frac{1000}{s(s + 200)} - \frac{2}{s + 200} = \frac{5}{s} - \frac{7}{s + 200}$$

$I(s)$를 $\mathcal{L}^{-1}$ 변환하면

$$i(t) = 5 - 7e^{-200t}$$

검증 차원에서 $i(t)$는 식 (16.42-6)과 같으므로 대입하면 같은 결과를 얻게 된다.

$$i(t) = \frac{V}{R}\left[1 - e^{-(R/L)t}\right] + i(0-)e^{-(R/L)t} = \frac{50}{10}\left[1 - e^{-(10/0.05)t}\right] - 2e^{-(10/0.05)t}$$
$$= 5 - 7e^{-200t}$$

(2) $i(0+) = \lim_{s \to \infty} sI(s) = s\left(\dfrac{5}{s} - \dfrac{7}{s + 200}\right) = 5 - 7 = -2\,\text{A}$

$i(\infty) = \lim_{s \to 0} sI(s) = s\left(\dfrac{5}{s} - \dfrac{7}{s + 200}\right) = 5\,\text{A}$

(3) $i(0+) = 5 - 7e^{-0} = -2\,\text{A}$

$i(\infty) = 5 - 7e^{-\infty} = 5\,\text{A}$

EXAMPLE 16-50

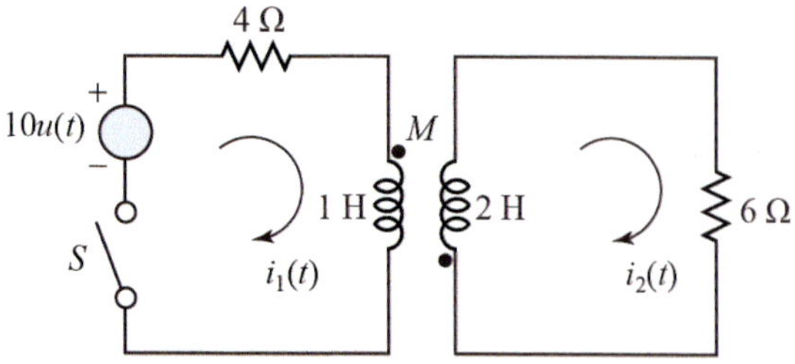

그림 16.19의 유도결합회로에서 $t = 0$에서 스위치를 닫을 때 $\mathcal{L}$ 변환을 이용하여 $i_1(t)$, $i_2(t)$를 구하라. $t = 0-$에서 초기치는 0이다. $M = 1\,\text{H}$.

SOLUTION

$\mathcal{L}$ 변환하여 망전류 방정식을 쓰면

$$\begin{cases} (s+4)I_1(s) + sI_2(s) = \dfrac{10}{s} \\ sI_1(s) + (2s+6)I_2(s) = 0 \end{cases}$$

계수 행렬식 Δ_s는

$$\Delta_s = \begin{vmatrix} s+4 & s \\ s & 2s+6 \end{vmatrix} = s^2 + 14s + 24$$

Cramer 공식을 이용하면

$$I_1(s) = \frac{1}{\Delta_s}\begin{vmatrix} 10/s & s \\ 0 & 2s+6 \end{vmatrix} = \frac{20s+60}{s(s^2+14s+24)} = \frac{2.5}{s} - \frac{2.5s+15}{s^2+14s+24}$$

$$= \frac{2.5}{s} - \frac{2.5(s+7)-2.5}{(s+7)^2-5^2} = \frac{2.5}{s} - \frac{2.5(s+7)}{(s+7)^2-5^2} + \frac{1}{2}\frac{5}{(s+7)^2-5^2}$$

$$I_2(s) = \frac{1}{\Delta_s}\begin{vmatrix} s+4 & 10/s \\ s & 0 \end{vmatrix} = \frac{-10}{s^2+14s+24} = -2\frac{5}{(s+7)^2-5^2}$$

$I_1(s)$, $I_2(s)$를 $\mathcal{L}^{-1}$ 변환하면

$$i_1(t) = \frac{5}{2}u(t) - \frac{5}{2}e^{-7t}\cosh 5t + \frac{1}{2}e^{-7t}\sinh 5t\ ^3 = \frac{5}{2}u(t) - e^{-2t} - \frac{3}{2}e^{-12t}$$

$$i_2(t) = -2e^{-7t}\sinh 5t = -e^{-2t} + e^{-12t}$$

그림 16.19 [EXAMPLE 16-50]

---

3 $\cosh x = (e^x + e^{-x})/2$, $\sinh x = (e^x - e^{-x})/2$

(4) RLC 회로

EXAMPLE 16-51

그림 16.20의 RLC 회로에서, $t=0$에서 스위치를 닫을 때 전류 $i(t)$를 $\mathcal{L}$ 변환을 이용하여 구하라. $t=0-$에서 초기치는 0이다.

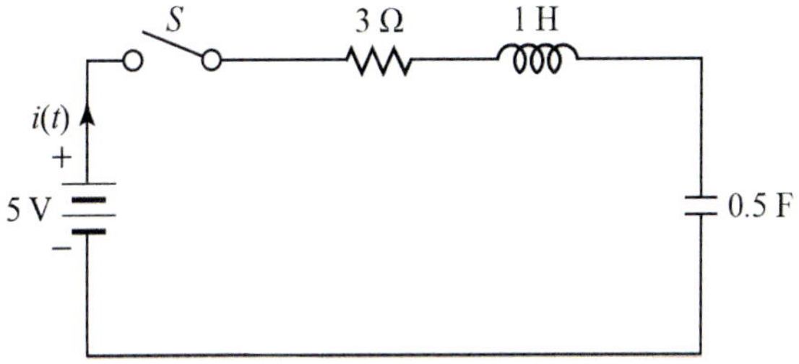

SOLUTION

s 도메인 회로에 KVL을 적용하면

$$\left(3+s+\frac{1}{0.5s}\right)I(s) = \frac{5}{s}$$

$$I(s) = \frac{5/s}{3+s+1/0.5s} = \frac{5}{s^2+3s+2}$$

그림 16.20 [EXAMPLE 16-51]

$I(s)$를 $\mathcal{L}^{-1}$ 변환하기 위한 부분분수로 나타내면

$$I(s) = 5\left(\frac{1}{s+1} - \frac{1}{s+2}\right)$$

$I(s)$를 $\mathcal{L}^{-1}$ 변환하면

$$i(t) = 5\left(e^{-t} - e^{-2t}\right)$$

EXAMPLE 16-52

그림 16.21의 RLC 회로에서, $t=0$에서 스위치를 닫을 때 전류 $i(t)$를 $\mathcal{L}$ 변환을 이용하여 구하라. 여기서 $v(t) = 24\sin 10t$이다. 모든 초기전압과 전류는 0이다.

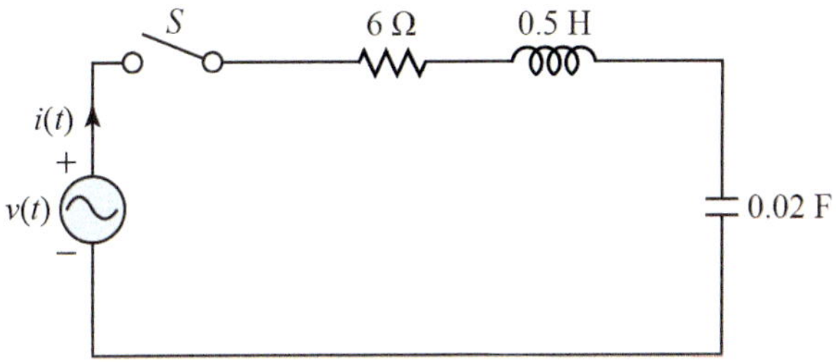

SOLUTION

s 도메인 회로에 KVL을 적용하면

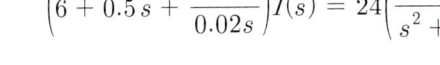

그림 16.21 [EXAMPLE 16-52]

$$\left(6+0.5s+\frac{1}{0.02s}\right)I(s) = 24\left(\frac{10}{s^2+10^2}\right)$$

$I(s)$를 구하면

$$I(s) = \frac{240(0.02s)/(s^2+10^2)}{0.01s^2+0.12s+1} = \frac{480s}{(s^2+12s+100)(s^2+10^2)}$$

$I(s)$를 $\mathcal{L}^{-1}$ 변환하기 위한 부분분수로 나타내면

$$I(s) = \frac{-40}{s^2+12s+100} + \frac{40}{s^2+10^2} = (-5)\frac{8}{(s+6)^2+8^2} + (4)\frac{10}{s^2+10^2}$$

$I(s)$를 $\mathcal{L}^{-1}$ 변환하면

$$i(t) = -5e^{-6t}\sin 8t + 4\sin 10t$$

EXAMPLE 16-53

그림 16.22(a)의 RLC 회로에서 커패시터는 초기 전하 $q_o = 200\ \mu C$ 을 가진다. 스위치가 위치 1에서 오랜 시간이 경과 후에 위치 2로 스위칭 될 때 $\mathcal{L}$ 변환을 이용하여 $i(t)$를 구하라.

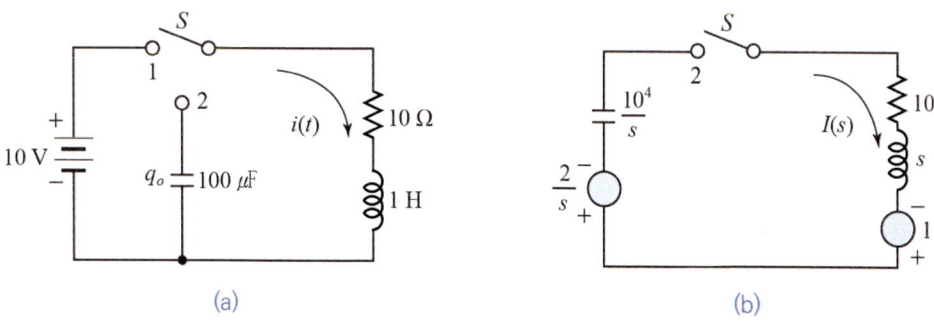

그림 16.22 [EXAMPLE 16-53]

SOLUTION

스위치가 위치 1에서 오랜 시간 동안 흐르는 전류(정상상태 전류로 가정)는 스위치가 위치 2에서 초기 전류 $i_L(0-)$에 해당한다. 전류의 방향은 $i(t)$와 같은 방향이다. 정상상태에서 코일은 단락이므로 초기 전류 $i_L(0-) = 10\ \Omega/10\ V = 1\ A$이다. 따라서 인덕터의 초기 전류로부터 생긴 전압원은 $Li_L(0-) = (1\ H)(1\ A) = 1\ V$이다. 또한 커패시터의 초기 전하로부터 생긴 전압원은 $v_C(0-) = q_o/C = 200\ \mu F/100\ \mu F = 2\ V$이다. 커패시터의 전압원의 극성은 인덕터의 전압원과 반대이다. 시간 영역의 그림 16.22(a)를 스위치 위치 2에서 s 도메인 회로로 변환한 것이 그림 16.22(b)이다.

폐루프에 KVL을 적용하면

$$\left(10 + s + \frac{10^4}{s}\right)I(s) = -\frac{2}{s} + 1$$

$I(s)$를 구하면

$$I(s) = \frac{s-2}{s^2+10s+10^4}$$

$I(s)$를 $\mathcal{L}^{-1}$ 변환하기 위한 형태로 변형하면

$$I(s) = \frac{s-2}{(s+5)^2 + 99.87^2} = \frac{(s+5)-5-2}{(s+5)^2 + 99.87^2}$$

$$= \frac{s+5}{(s+5)^2 + 99.87^2} - \frac{(7/99.87)\,99.87}{(s+5)^2 + 99.87^2}$$

$$= \frac{s+5}{(s+5)^2 + 99.87^2} - \frac{(0.07)\,99.87}{(s+5)^2 + 99.87^2}$$

$I(s)$를 $\mathcal{L}^{-1}$ 변환하면

$$i(t) = e^{-5t}(\cos 99.87t - 0.07 \sin 99.87t)$$

EXAMPLE 16-54

그림 16.23(a)의 RLC 회로에서 스위치가 개방일 때 회로의 일부는 정상상태에 도달한다고 하자. $t=0$에서 스위치를 닫을 때 $\mathcal{L}$ 변환을 이용하여 $v(t)$를 구하라.

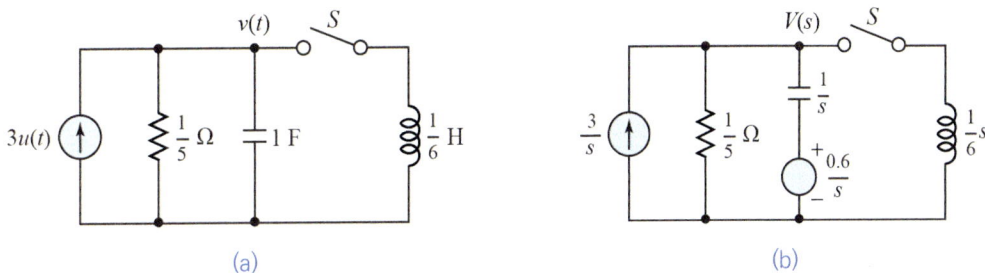

그림 16.23 [EXAMPLE 16-54]

SOLUTION

정상상태에서 커패시터에 걸리는 전압은 $v_C(0-) = (3\,\text{A})(1/5\,\Omega) = 0.6\,\text{V}$이다. 커패시터의 전압원의 극성은 전류와 반대 방향이다. 시간 영역의 그림 16.23(a)를 s 도메인 회로로 변환한 것이 그림 16.23(b)이다.

마디에 KCL을 적용하면

$$\left(5 + s + \frac{6}{s}\right)V(s) = \frac{3}{s} + \frac{0.6/s}{1/s}$$

$V(s)$를 구하면

$$V(s) = \frac{0.6s + 3}{s^2 + 5s + 6}$$

$V(s)$를 $\mathcal{L}^{-1}$ 변환하기 위한 부분분수로 나타내면

$$v(s) = \frac{1.8}{s+2} - \frac{1.2}{s+3}$$

$V(s)$를 $\mathcal{L}^{-1}$ 변환하면

$$v(t) = 1.8e^{-2t} - 1.2e^{-3t}$$

위 식으로부터 $t = 0-$에서 커패시터에 걸리는 전압, 즉 $v_C(0-) = 1.8 - 1.2 = 0.6\,\text{V}$는 정상상태에서 커패시터에 걸리는 전압 $v_C(0-) = (3\,\text{A})(1/5\,\Omega) = 0.6\,\text{V}$와 같다는 것이 확인된다.

EXAMPLE 16-55

그림 16.24(a)의 RLC 회로에서, $t = 0$에서 스위치를 닫을 때 $\mathcal{L}$ 변환을 이용하여 전류 $i(t)$, $i_2(t)$를 구하라. 여기서 $v(t) = 2e^{-0.2t}$이다. $t = 0-$에서 초기치는 0이다.

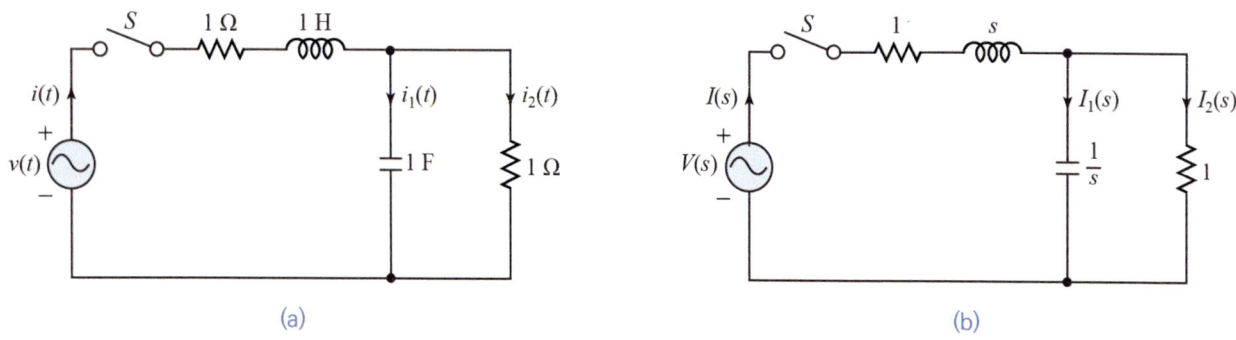

그림 16.24 [EXAMPLE 16-55]

SOLUTION

① $i(t)$ 구하기

시간 영역의 그림 16.24(a)를 s 도메인 회로로 변환한 것이 그림 16.24(b)이다. 회로 전체 임피던스 $Z(s)$를 구하면

$$Z(s) = 1 + s + \frac{(1)(1/s)}{1 + 1/s} = 1 + s + \frac{1}{s+1} = \frac{s^2 + 2s + 2}{s+1}$$

$I(s)$를 구하면

$$I(s) = \frac{V(s)}{Z(s)} = \frac{2/(s+0.2)}{(s^2+2s+2)/(s+1)} = \frac{2s+2}{(s+0.2)(s^2+2s+2)}$$

$I(s)$를 $\mathcal{L}^{-1}$ 변환하기 위한 부분분수로 나타내면

$$I(s) = \frac{A}{s+0.2} + \frac{Bs+C}{s^2+2s+2}$$

미정계수를 구하면 $A = 0.98$, $B = -0.98$, $C = 0.2$

$$I(s) = \frac{0.98}{s+0.2} + \frac{-0.98s + 0.2}{s^2+2s+2} = \frac{0.98}{s+0.2} + \frac{-0.98(s+1-1) + 0.2}{(s+1)^2 + 1}$$

$$= \frac{0.98}{s+0.2} - \frac{0.98(s+1)}{(s+1)^2+1} + \frac{1.18}{(s+1)^2+1}$$

$I(s)$를 $\mathcal{L}^{-1}$ 변환하면

$$i(t) = \mathcal{L}^{-1}[I(s)] = \mathcal{L}^{-1}\left[\frac{0.98}{s+0.2} - \frac{0.98(s+1)}{(s+1)^2+1} + \frac{1.18}{(s+1)^2+1}\right]$$

$$= 0.98e^{-0.2t} - e^{-t}(0.98\cos t - 1.18\sin t)$$

② $i_2(t)$ 구하기

$I_2(s)$는 전류분배법칙에 따라

$$I_2(s) = \left(\frac{1/s}{1+1/s}\right)I(s) = \frac{I(s)}{s+1} = \frac{2(s+1)}{(s+1)(s+0.2)(s^2+2s+2)}$$

$$= \frac{2}{(s+0.2)(s^2+2s+2)} = \frac{A}{s+0.2} + \frac{Bs+C}{s^2+2s+2}$$

$I(s)$를 $\mathcal{L}^{-1}$ 변환하기 위한 부분분수로 나타내면

$$I(s) = \frac{A}{s+0.2} + \frac{Bs+C}{s^2+2s+2}$$

미정계수 $A = 1.22$, $B = -1.22$, $C = -2.2$

$$I_2(s) = \frac{1.22}{s+0.2} - \frac{1.22s+2.2}{s^2+2s+2} = \frac{1.22}{s+0.2} - \frac{1.22(s+1-1)+2.2}{(s+1)^2+1}$$

$$= \frac{1.22}{s+0.2} - \frac{1.22(s+1)+0.98}{(s+1)^2+1}$$

$$= \frac{1.22}{s+0.2} - \frac{1.22(s+1)}{(s+1)^2+1} - \frac{0.98}{(s+1)^2+1}$$

$I(s)$를 $\mathcal{L}^{-1}$ 변환하면

$$i_2(t) = 1.22e^{-0.2t} - e^{-t}(1.22\cos t + 0.98\sin t)$$

📖 EXAMPLE 16-56

그림 16.25의 도메인 RLC 회로에서 $t=0$에서 스위치를 닫을 때 전류 $i_2(t)$를 $\mathcal{L}$ 변환으로 구하되 테브난과 노튼의 정리를 이용하라. 여기서 $v(t) = 2e^{-0.2t}$이다. $t = 0-$에서 초기치는 0이다.

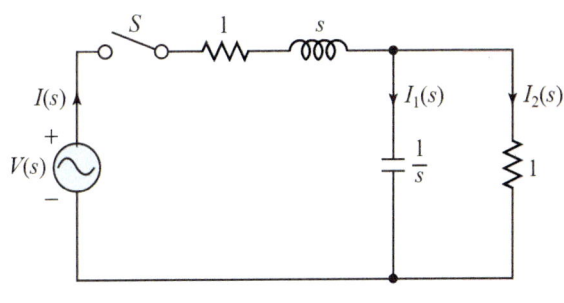

그림 16.25 [EXAMPLE 16-56]

SOLUTION

① 테브난의 정리

$i_2(t)$가 흐르는 저항을 부하저항이라고 하면 부하저항을 제거하고 부하단에서 전원 쪽으로 본 임피던스, 즉 테브난 등가 임피던스 $Z_{Th}(s)$는

$$Z_{Th}(s) = \frac{(s+1)(1/s)}{s+1+1/s} = \frac{s+1}{s^2+s+1}$$

부하단에 걸리는 전압(커패시터에 걸리는 전압), 즉 테브난 등가 전압 $V_{Th}(s)$는

$$V_{Th}(s) = \left(\frac{1/s}{s+1+1/s}\right)V(s) = \left(\frac{1}{s^2+s+1}\right)\left(\frac{2}{s+0.2}\right)$$
$$= \frac{2}{(s+0.2)(s^2+s+1)}$$

테브난 등가회로로부터 전류 $I_2(s)$는

$$I_2(s) = \frac{V_{Th}(s)}{Z_{Th}(s)+1} = \frac{2/[(s+0.2)(s^2+s+1)]}{(s+1)/(s^2+s+1)+1}$$
$$= \frac{2}{(s+0.2)(s^2+2s+2)}$$

$I(s)$를 $\mathcal{L}^{-1}$ 변환하기 위한 부분분수로 나타내면

$$I(s) = \frac{A}{s+0.2} + \frac{Bs+C}{s^2+2s+2}$$

미정계수를 구하면 $A = 1.22$, $B = -1.22$, $C = -2.2$

$$I_2(s) = \frac{1.22}{s+0.2} - \frac{1.22s+2.2}{s^2+2s+2} = \frac{1.22}{s+0.2} - \frac{1.22(s+1-1)+2.2}{(s+1)^2+1}$$
$$= \frac{1.22}{s+0.2} - \frac{1.22(s+1)+0.98}{(s+1)^2+1}$$
$$= \frac{1.22}{s+0.2} - \frac{1.22(s+1)}{(s+1)^2+1} - \frac{0.98}{(s+1)^2+1}$$

$I_2(s)$를 $\mathcal{L}^{-1}$ 변환하면

$$i_2(t) = 1.22e^{-0.2t} - e^{-t}(1.22\cos t + 0.98\sin t)$$

② 노튼의 정리

$i_2(t)$가 흐르는 저항을 부하저항이라고 하면 부하저항을 제거하고 부하단에서 전원 쪽으로 본 임피던스, 즉 노튼 등가 임피던스 $Z_N(s)$는

$$Z_N(s) = Z_{Th}(s) = \frac{s+1}{s^2+s+1}$$

부하단 단락시(커패시터 단락) 흐르는 단락전류, 즉 노튼 등가 전류 $I_N(s)$

$$I_N(s) = \frac{V(s)}{s+1} = \frac{2/(s+0.2)}{s+1} = \frac{2}{(s+0.2)(s+1)}$$

노튼 등가회로로부터 전류 $I_2(s)$는

$$I_2(s) = \left[\frac{Z_N(s)}{Z_N(s)+1}\right]I_N(s) = \left[\frac{(s+1)/(s^2+s+1)}{(s+1)/(s^2+s+1)+1}\right]\left[\frac{2}{(s+0.2)(s+1)}\right]$$

$$= \frac{2}{(s+0.2)(s^2+2s+2)} = \frac{1.22}{s+0.2} - \frac{1.22(s+1)}{(s+1)^2+1} + \frac{0.98}{(s+1)^2+1}$$

$I_2(s)$를 $\mathcal{L}^{-1}$ 변환하면

$$i_2(t) = 1.22e^{-0.2t} - e^{-t}(1.22\cos t + 0.98\sin t)$$

테브난의 정리와 노튼의 정리로 구한 $i_2(t)$는 같다는 것이 확인된다.

EXERCISE

16.1 다음 함수를 $\mathcal{L}$ 변환하라.

(a) $f(t) = e^{-at}\cos(\omega t + \theta)$

(b) $f(t) = (\sin t - \cos t)^2$

(c) $f(t) = e^{-t}\sin^2 t$

(d) $f(t) = 4\cos^2 2t$

(e) $f(t) = \frac{1}{t}(\cos 2t - \cos 3t)$

(f) $f(t) = \frac{1}{t}(e^{-t} - e^{-2t})$

(g) $f(t) = \frac{1}{t}\sinh t$

(h) $f(t) = \frac{1}{t}\sin^2 t$

(i) $f(t) = \frac{1}{t}\sin 2t$

16.2 다음을 $\mathcal{L}^{-1}$ 변환하라.

(a) $F(s) = \dfrac{2s-4}{s^2+12}$

(b) $F(s) = \dfrac{s}{s^2+2s+2}$

(c) $F(s) = \dfrac{2s+2}{s^2-10s+16}$

(d) $F(s) = \dfrac{4/s}{2s+5+2/s}$

(e) $F(s) = \dfrac{s}{(s+2)^4}$

(f) $F(s) = \dfrac{s+5}{(s+1)^2(s+2)^2}$

(g) $F(s) = \dfrac{\omega s}{(s+a)^2+\omega^2}$

(h) $F(s) = \dfrac{s}{(s^2+\omega^2)^2}$

(i) $F(s) = \ln\left(\dfrac{s-3}{s+3}\right)$

16.3 그림 16.26의 RLC 회로에서 $\mathcal{L}$ 변환을 이용하여 다음의 방법으로 전류 $4\,\Omega$에 흐르는 전류 $i(t)$를 구하라. $t = 0-$ 에서 초기치는 0이다.
(a) 테브난의 정리, (b) 전류분배법칙, (c) 마디전압 방정식

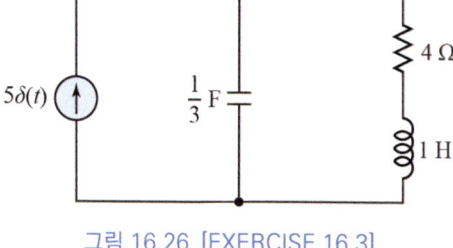

그림 16.26 [EXERCISE 16.3]

16.4 그림 16.27의 RL 회로에서 $\mathcal{L}$ 변환을 이용하여 $2\,\Omega$에 걸리는 전압 $v_o(t)$를 구하라. 인덕터에 흐르는 초기전류 $i_L(0-) = 2\,\text{A}$이다.

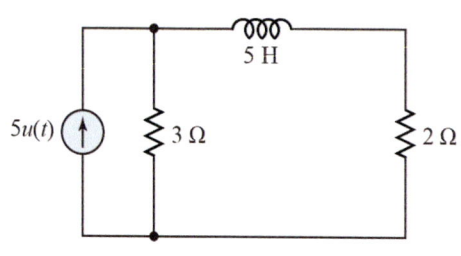

그림 16.27 [EXERCISE 16.4]

16.5 그림 16.28의 LC 회로에서 $\mathcal{L}$ 변환을 이용하여 $v_o(t)$를 구하라. 단 초기전압과 전류는 0이다.

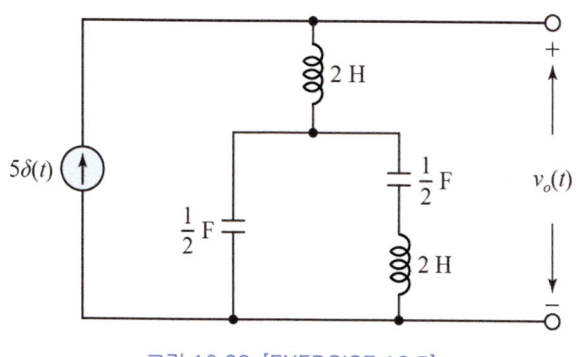

그림 16.28 [EXERCISE 16.5]

16.6 그림 16.29의 유도결합회로에서 $\mathcal{L}$ 변환을 이용하여 $i_1(t)$, $i_2(t)$를 구하라. 단 스위치가 닫히기 전에는 모든 초기값은 0이다.

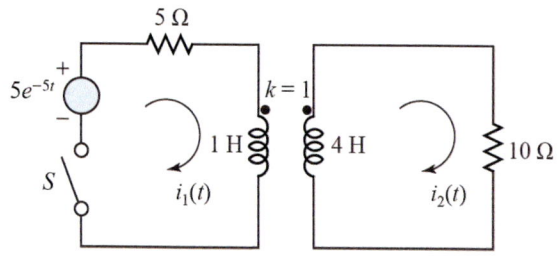

그림 16.29 [EXERCISE 16.6]

16.7 그림 16.30의 RLC 회로에서 모든 초기 값은 0이다.
  (a) 마디전압 $V(s)$를 구하라.
  (b) $v(0+)$, $v(\infty)$를 구하라.
  (c) 회로에서 직관적으로 과도상태와 정상상태의 $v(t)$값을 구하라.

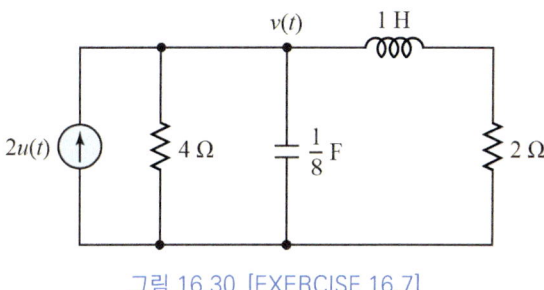

그림 16.30 [EXERCISE 16.7]

16.8 그림 16.31의 RLC 회로에서, $t=0$에서 스위치를 닫을 때 $\mathcal{L}$ 변환을 이용하여 $i_1(t)$, $i_2(t)$를 구하라. $t=0-$에서 초기치는 0이다.

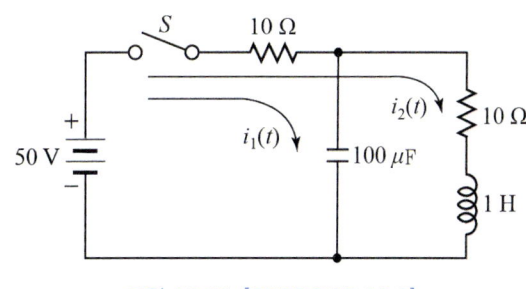

그림 16.31 [EXERCISE 16.8]

16.9 그림 16.32의 RLC 회로에서 스위치가 위치 1에서 오랜 시간이 경과 후에 위치 2로 스위칭 될 때 $\mathcal{L}$ 변환을 이용하여 $i(t)$를 구하라.

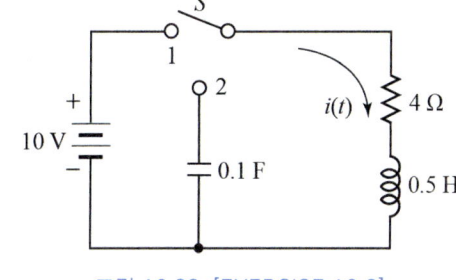

그림 16.32 [EXERCISE 16.9]

16.10 그림 16.33의 RC 회로에서 $\mathcal{L}$ 변환을 이용하여 $v_{ab}(t)$를 구하라.

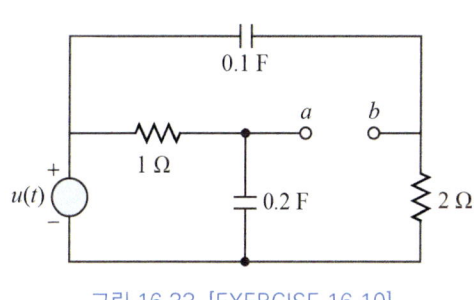

그림 16.33 [EXERCISE 16.10]

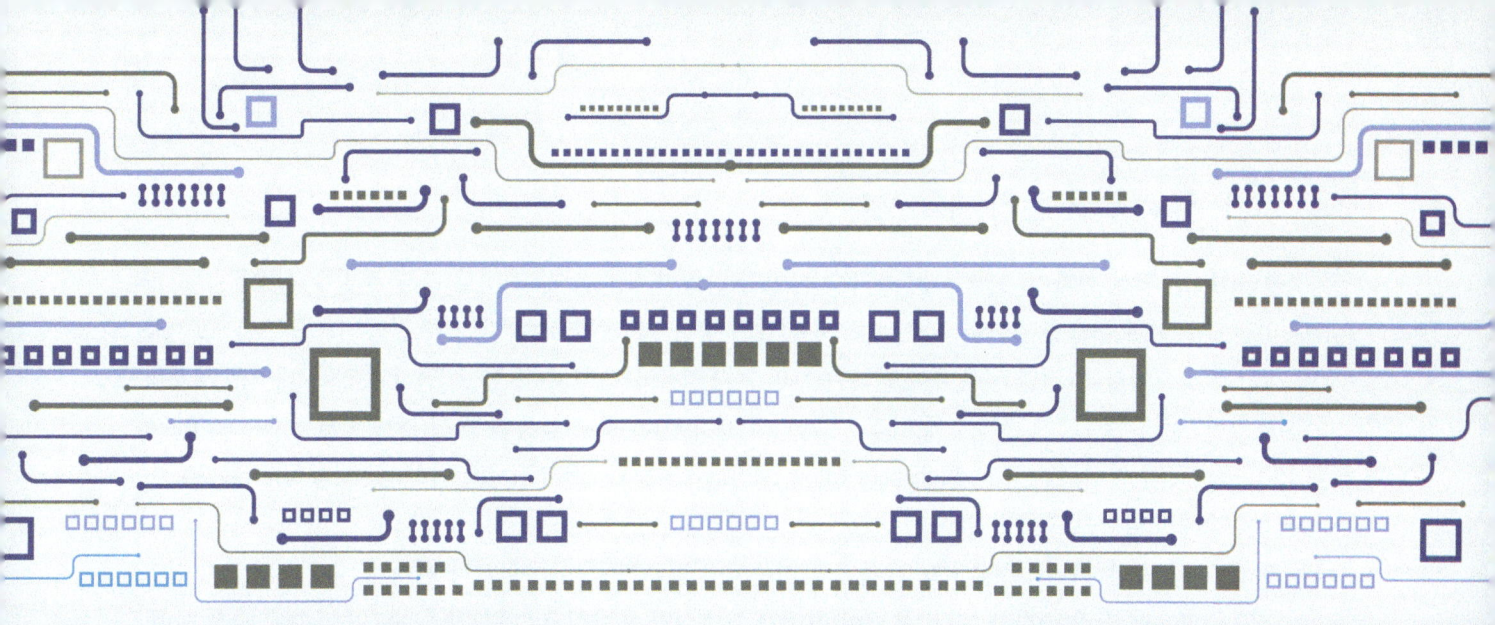

CHAPTER 17

필터 및 공진회로

17.1 필터 및 공진의 개요
17.2 저역통과 필터
17.3 고역통과 필터
17.4 RLC 직렬공진회로
17.5 대역통과 필터로서 RLC 직렬회로
17.6 RLC 병렬공진회로
17.7 대역통과 필터로서 RLC 병렬회로
17.8 RLC 직·병렬공진회로
EXERCISE

17.1 필터 및 공진의 개요

필터(filter) 혹은 **여파기**(濾波器)는 주파수 식별의 명확한 특성을 갖고 서로 다른 주파수 신호를 분리할 수 있는 모든 네트워크를 말한다. 다시 말해서 전압의 주파수가 변함에 따라 교류 전압의 진폭 또는 크기를 수정하는 장치이다. 필터를 사용하여 원하는 주파수 대역을 선택할 수도 있고, 원하지 않는 대역을 제거할 수도 있다. 필터에는 크게 주파수에 따라 세 가지로 분류된다. 즉 저역통과 필터(低域通過, low-pass filter: LPF), 고역통과 필터(高域通過, high-pass filter: HPF), 대역통과 필터(帶域通過, band-pass filter: BPF). 이것들에 대해서 알아보도록 한다.

R, L, C를 포함하는 회로에서 L, C를 포함하는 리액턴스가 주파수에 따라 변하기 때문에 당연히 임피던스는 주파수에 따라 변하게 된다. 유도성 리액턴스(X_L)와 용량성 리액턴스(X_C)는 주파수에 따라 정 반대의 결과를 나타낸다. 다시 말해서 $X_L = \omega L$은 주파수 증가에 따라 증가하고, $X_C = 1/\omega C$은 주파수 증가에 따라 감소한다. 그런데 어떤 특정한 주파수에서는 두 리액턴스가 같아지는 경우가 있다. 즉 임피던스의 허수부가 0이 되는 경우이다. 이때 회로는 **공진**(共振, resonance)되었다고 한다. 따라서 공진에서 임피던스는 실수부인 순저항 뿐이다. 이 장에서는 직렬공진과 병렬공진에 대해서 자세히 다룬다.

17.2 저역통과 필터

저역통과 필터(low-pass filter)는 저주파 신호를 통과시키고, 고주파 신호를 차단시키는 장치로 그림 17.1의 RC 회로가 가장 간단한 저역통과 필터이다. 입력은 저항과 직렬로 연결되고, 출력은 커패시터에 걸리는 전압이다. 상세한 회로 해석에 앞서 직관적으로 회로를 살펴보자. 이 회로는 주파수에 따라 임피던스가 변하는 전압 분배기 회로이다. 입력전압은 주파수에 의존하지 않는 저항(R)과 주파수에 의존하는 용량성 리액턴스(X_C)에

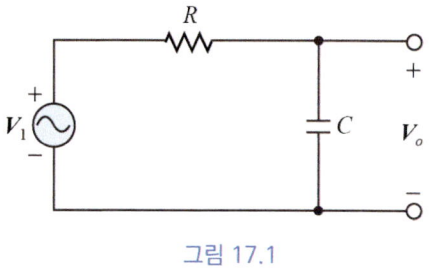

그림 17.1

분배된다. $X_C = 1/2\pi f C$ 이므로 주파수가 증가하면 X_C는 작아져서 V_o도 작아지고, 주파수가 감소하면 X_C는 증가하여 V_o는 증가한다. 따라서 낮은 주파수에서는 입력 신호의 대부분이 출력으로 나오게 된다. 즉, 이와 같은 RC 회로는 저주파 입력신호를 통과시키게 된다. 극단적으로 주파수가 0에 접근하면 X_C는 무한대에 접근하게 되므로 개방회로가 되며, $V_o = V_i$가 된다. 반대로 입력신호의 주파수가 극단적으로 크다면 X_C는 0에 접근하게 되므로 단락회로가 되며, $V_o = 0$이 된다. 이와 같이 두 가지 극단적인 경우, 즉 "저주파 신호 통과", "고주파 신호 차단"이라는 두 가지 신호의 특성을 분리한다는 의미에서 저역통과 필터의 동작을 이해할 수 있다.

전압분배법칙에 따라

$$V_o = \frac{-jX_C}{R - jX_C} V_i = \frac{1}{1 + jR/X_C} V_i = \frac{1}{1 + j2\pi fRC} V_i \qquad (17.1)$$

$$= \frac{V_i \angle \theta}{\sqrt{1 + (2\pi fRC)^2} \angle \phi} = \frac{V_i}{\sqrt{1 + (2\pi fRC)^2}} \angle (\theta - \phi)$$

여기서 θ는 입력전압의 위상각이며, ϕ는 다음과 같다.

$$\phi = \tan^{-1} 2\pi fRC \qquad (17.2)$$

출력전압은 주파수 함수가 된다. f가 작아서 $2\pi fRC \ll 1$인 경우 $V_o = V_i$가 된다. f가 극단적으로 커져서 $f \approx \infty$인 경우 $V_o = 0$이 된다. 앞에서 언급한 것과 사실을 확인할 수 있다. f가 $f = 0$에서 점점 증가하여 $f = 1/2\pi RC$일 때 V_o는 다음과 같이 된다.

$$V_o = \frac{V_i}{\sqrt{1 + (2\pi RC \times 1/2\pi RC)^2}} = \frac{V_i}{\sqrt{2}} = 0.707\, V_i$$

고주파 영역에서 출력전압이 입력전압의 0.707배로 떨어질 때의 주파수를 고주파 **차단 주파수**(cutoff frequency)라고 하며, 다음과 같이 수식으로 정의한다.

$$f_2 = \frac{1}{2\pi RC} \qquad (17.3)$$

$2\pi RC = 1/f_2$ 이므로 식 (17.1)에 대입하면 출력전압 V_o는

$$V_o = \frac{V_i}{\sqrt{1 + (f/f_2)^2}} \qquad (17.4)$$

이것을 V_o를 f에 따라 플로팅하면 그림 17.2와 같이 그릴 수 있다. 출력전압-주파수 관계 혹은 입출력비-주파수 관계를 **주파수 응답**(frequency response)이라고 한다.

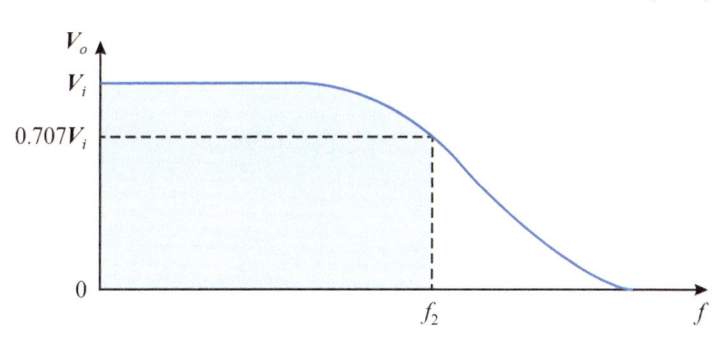

그림 17.2

EXAMPLE 17-1

그림 17.3의 RC 회로에서

(a) 고주파 차단 주파수를 구하라.
(b) 5 kHz, 10 kHz, 20 kHz에서 V_o를 구하라.
(c) 5 kHz에서 출력전압의 위상각을 구하라.

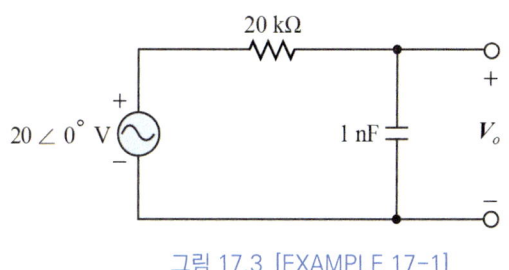

그림 17.3 [EXAMPLE 17-1]

SOLUTION

(a) $f_2 = \dfrac{1}{2\pi RC} = \dfrac{1}{2\pi(20\times 10^3)(1\times 10^{-9})} = 7.96\,\text{kHz}$

(b) $V_o = \dfrac{V_i}{\sqrt{1+(f/f_2)^2}} = \dfrac{20}{\sqrt{1+(5/7.96)^2}} = 16.9\,\text{V}$

$V_o = \dfrac{V_i}{\sqrt{1+(f/f_2)^2}} = \dfrac{20}{\sqrt{1+(10/7.96)^2}} = 12.5\,\text{V}$

$V_o = \dfrac{V_i}{\sqrt{1+(f/f_2)^2}} = \dfrac{20}{\sqrt{1+(20/7.96)^2}} = 7.4\,\text{V}$

(c) $\phi = \tan^{-1} 2\pi fRC$

$= \tan^{-1}\left[(2\pi)(5\times 10^3)(20\times 10^3)(1\times 10^{-9})\right] = 32.1°$

따라서 $\theta - \phi = 0° - 32.1° = -32.1°$

EXAMPLE 17-2

[EXAMPLE 17-1]에서 $V_o = 2\,\text{V}$가 되는 주파수를 구하라.

SOLUTION

$V_o = \dfrac{V_i}{\sqrt{1+(f/f_2)^2}}$ 에서 f를 구하면

$f = f_2\sqrt{\left(\dfrac{V_i}{V_o}\right)^2 - 1} = (7.96\,\text{kHz})\sqrt{\left(\dfrac{20}{2}\right)^2 - 1} = 79.2\,\text{kHz}$

EXAMPLE 17-3

그림 17.4의 RC 회로에서

(a) 고주파 차단 주파수를 구하라.

(b) $100\,\text{kHz}, 500\,\text{kHz}, 900\,\text{kHz}$에서 V_o/V_i를 구하라.

(c) $100\,\text{kHz}$에서 출력전압의 위상각을 구하라.

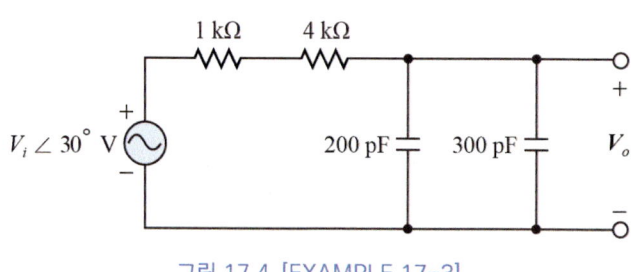

그림 17.4 [EXAMPLE 17-3]

SOLUTION

$R = 1\,\text{k}\Omega + 4\,\text{k}\Omega = 5\,\text{k}\Omega$, $C = 200\,\text{pF} + 300\,\text{pF} = 500\,\text{pF}$

(a) $f_2 = \dfrac{1}{2\pi RC} = \dfrac{1}{2\pi(5\times 10^3)(500\times 10^{-12})} = 63.66\,\text{kHz}$

(b) $\dfrac{V_o}{V_i} = \dfrac{1}{\sqrt{1+(f/f_2)^2}} = \dfrac{1}{\sqrt{1+(100/63.66)^2}} = 0.54$

$\dfrac{V_o}{V_i} = \dfrac{1}{\sqrt{1+(f/f_2)^2}} = \dfrac{1}{\sqrt{1+(500/63.66)^2}} = 0.12$

$\dfrac{V_o}{V_i} = \dfrac{1}{\sqrt{1+(f/f_2)^2}} = \dfrac{1}{\sqrt{1+(900/63.66)^2}} = 0.071$

(c) $\phi = \tan^{-1} 2\pi fRC$
$= \tan^{-1}\left[(2\pi)(100\times 10^3)(5\times 10^3)(500\times 10^{-12})\right] = 57.5°$

따라서 $\theta - \phi = 30° - 57.5° = -27.5°$

EXAMPLE 17-4

그림 17.5의 RC 회로에서

(a) 고주파 차단 주파수를 구하라.

(b) 200 Hz, 1 kHz, 5 kHz에서 V_o/V_i를 구하라.

(c) 200 kHz에서 출력전압의 위상각을 구하라.

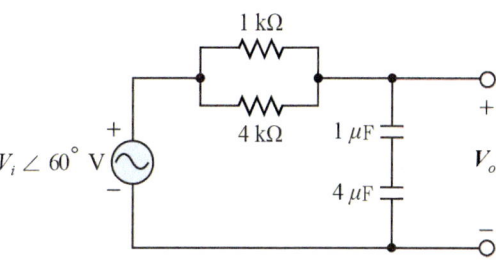

그림 17.5 [EXAMPLE 17-4]

SOLUTION

$R = 1\,\text{k}\Omega // 4\,\text{k}\Omega = 0.8\,\text{k}\Omega, \ C = 1\,\mu\text{F} // 4\,\mu\text{F} = 0.8\,\mu\text{F}$

(a) $f_2 = \dfrac{1}{2\pi RC} = \dfrac{1}{2\pi(0.8\times 10^3)(0.8\times 10^{-6})} = 248.7\,\text{Hz}$

(b) $\dfrac{V_o}{V_i} = \dfrac{1}{\sqrt{1+(f/f_2)^2}} = \dfrac{1}{\sqrt{1+(200/248.7)^2}} = 0.78$

$\dfrac{V_o}{V_i} = \dfrac{1}{\sqrt{1+(f/f_2)^2}} = \dfrac{1}{\sqrt{1+(1000/248.7)^2}} = 0.24$

$\dfrac{V_o}{V_i} = \dfrac{1}{\sqrt{1+(f/f_2)^2}} = \dfrac{1}{\sqrt{1+(5000/248.7)^2}} = 0.05$

(c) $\phi = \tan^{-1} 2\pi fRC$
$= \tan^{-1}\left[(2\pi)(200\times 10^3)(0.8\times 10^3)(0.8\times 10^{-6})\right] = 89.9°$

따라서 $\theta - \phi = 60° - 89.9° = -29.9°$

17.3 고역통과 필터

고역통과 필터(high-pass filter)는 고주파 신호를 통과시키고, 저주파 신호를 차단시키는 장치로 그림 17.6의 CR 회로가 가장 간단한 고역통과 필터이다. 입력은 커패시터과 직렬로 연결되고, 출력은 저항에 걸리는 전압으로 저역통과 필터에서 저항과 커패시터를 바꾼 형태가 고주파 통과 필터이다. 상세한 회로 해석에 앞서 직관적으로 회로를 살펴보자. 낮은 주파수에서 용량성 리액턴스(X_C)는 저항에 비해서 크기 때문에 입력 신호의

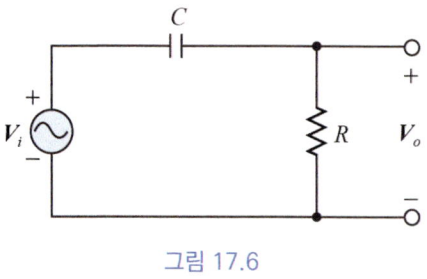

그림 17.6

대부분이 X_C에 걸리게 되므로 출력은 작아지게 된다. 극단적으로 주파수가 0에 접근하면 X_C는 무한대에 접근하게 되므로 개방회로가 되며, $V_o = 0$이 된다. 반대로 입력신호의 주파수가 극단적으로 크다면 X_C는 0에 접근하게 되므로 단락회로가 되고, $V_o = V_i$가 된다. 이와 같이 두 가지 극단적인 경우, 즉 "저주파 신호 차단", "고주파 신호 통과"라는 두 가지 신호의 특성을 분리한다는 의미에서 고역통과 필터의 동작을 이해할 수 있다.

전압분배법칙에 따라

$$V_o = \frac{R}{R - jX_c} V_i = \frac{1}{1 - jX_c/R} V_i = \frac{1}{1 - j1/2\pi f CR} V_i \tag{17.5}$$

$$= \frac{V_i \angle \theta}{\sqrt{1 + (1/2\pi f CR)^2} \angle \phi} = \frac{V_i}{\sqrt{1 + (1/2\pi f CR)^2}} \angle (\theta - \phi)$$

여기서 θ는 입력전압의 위상각이며, ϕ는 다음과 같다.

$$\phi = -\tan^{-1}(1/2\pi f CR) \tag{17.6}$$

f가 작아서 $1/2\pi f CR \gg 1$인 경우 $V_o = 0$이 된다. f가 극단적으로 작아져서 $f = 0$인 경우 $V_o = 0$이 된다. 앞에서 f가 $f = 0$에서 점점 증가하여 $f = 1/2\pi CR$일 때 V_o는 다음과 같이 된다.

$$V_o = \frac{V_i}{\sqrt{1 + \left[\frac{1}{2\pi CR(1/2\pi CR)}\right]^2}} = \frac{V_i}{\sqrt{2}} = 0.707 V_i$$

저주파 영역에서 출력전압이 입력전압의 0.707배로 떨어질 때의 주파수를 저주파 **차단 주파수**(cutoff frequency)라고 하며, 다음과 같이 수식으로 정의한다.

$$f_1 = \frac{1}{2\pi CR} \tag{17.7}$$

$2\pi CR = 1/f_1$이므로 식 (17.5)에 대입하면 출력전압 V_o는

$$V_o = \frac{V_i}{\sqrt{1 + (f_1/f)^2}} \tag{17.8}$$

저주파 영역에서 주파수 응답(frequency response)은 그림 17.7과 같다.

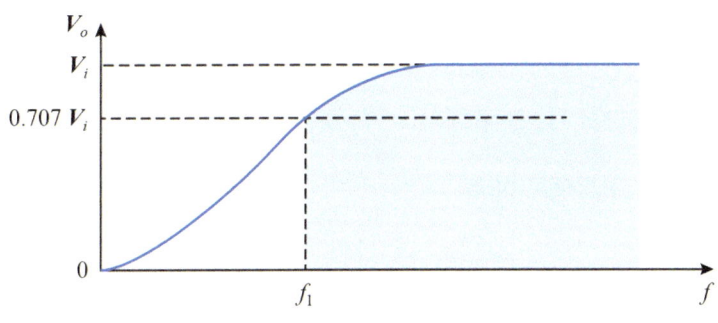

그림 17.7

EXAMPLE 17-5

그림 17.8의 CR 회로에서

(a) 저주파 차단 주파수를 구하라.

(b) 100 Hz, 380 Hz, 5 kHz에서 V_o를 구하라.

(c) 100 Hz에서 출력전압의 위상각을 구하라.

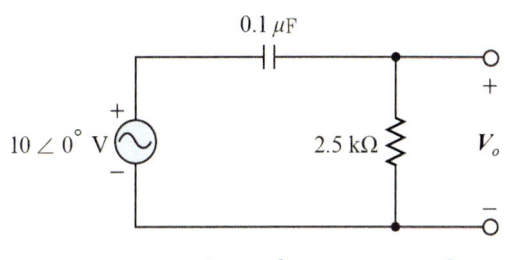

그림 17.8 [EXAMPLE 17-5]

SOLUTION

(a) $f_1 = \dfrac{1}{2\pi CR} = \dfrac{1}{2\pi(0.1\times 10^{-6})(2.5\times 10^3)} = 636.6 \text{ Hz}$

(b) $V_o = \dfrac{V_i}{\sqrt{1+(f_1/f)^2}} = \dfrac{10}{\sqrt{1+(636.6/100)^2}} = 1.55 \text{ V}$

$V_o = \dfrac{V_i}{\sqrt{1+(f_1/f)^2}} = \dfrac{10}{\sqrt{1+(636.6/380)^2}} = 5.12 \text{ V}$

$V_o = \dfrac{V_i}{\sqrt{1+(f_1/f)^2}} = \dfrac{10}{\sqrt{1+(636.6/5000)^2}} = 9.92 \text{ V}$

(c) $\phi = -\tan^{-1}(1/2\pi fCR)$

$= -\tan^{-1}\left[1/(2\pi)(100)(0.1\times 10^{-6})(2.5\times 10^3)\right] = -81.1°$

따라서 $\theta - \phi = 0° - (-81.1°) = 81.1°$

EXAMPLE 17-6

[EXAMPLE 17-1]에서 $V_o = 2 \text{ V}$가 되는 주파수를 구하라.

SOLUTION

$V_o = \dfrac{V_i}{\sqrt{1+(f_1/f)^2}}$ 에서 f를 구하면, $f = \dfrac{f_2}{\sqrt{\left(\dfrac{V_i}{V_o}\right)^2 - 1}} = \dfrac{636.6 \text{ Hz}}{\sqrt{\left(\dfrac{10}{2}\right)^2 - 1}} = 26.5 \text{ kHz}$

EXAMPLE 17-7

그림 17.9의 CR 회로에서

(a) 저주파 차단 주파수를 구하라.

(b) 150 Hz, 400 Hz, 2 kHz에서 $\dfrac{V_o}{V_i}$를 구하라.

(c) 150 Hz에서 출력전압의 위상각을 구하라.

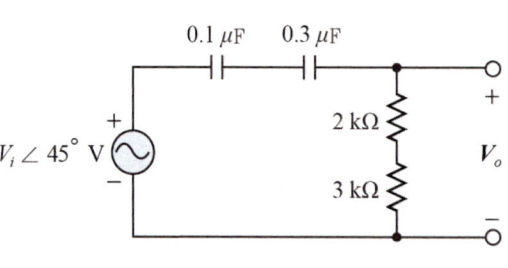

그림 17.9 [EXAMPLE 17-7]

SOLUTION

$C = 0.1\,\mu\text{F}//0.3\,\mu\text{F} = 0.075\,\mu\text{F}$, $R = 2\,\text{k}\Omega + 3\,\text{k}\Omega = 5\,\text{k}\Omega$

(a) $f_1 = \dfrac{1}{2\pi CR} = \dfrac{1}{2\pi(0.075\times10^{-6})(5\times10^3)} = 424.4\,\text{Hz}$

(b) $\dfrac{V_o}{V_i} = \dfrac{1}{\sqrt{1+(f_1/f)^2}} = \dfrac{1}{\sqrt{1+(424.4/150)^2}} = 0.33$

$\dfrac{V_o}{V_i} = \dfrac{1}{\sqrt{1+(f_1/f)^2}} = \dfrac{1}{\sqrt{1+(424.4/400)^2}} = 0.69$

$\dfrac{V_o}{V_i} = \dfrac{1}{\sqrt{1+(f_1/f)^2}} = \dfrac{1}{\sqrt{1+(424.4/2000)^2}} = 0.98$

(c) $\phi = -\tan^{-1}(1/2\pi fCR)$

$= -\tan^{-1}[1/(2\pi)(150)(0.075\times10^{-6})(5\times10^3)] = -70.5°$

따라서 $\theta - \phi = 45° - (-70.5°) = 25.5°$이다.

EXAMPLE 17-8

그림 17.10의 RL 회로에서

(a) V_o를 V_i, ω, R, L로 나타내라.

(b) RL 회로는 어떤 형태의 필터인가?

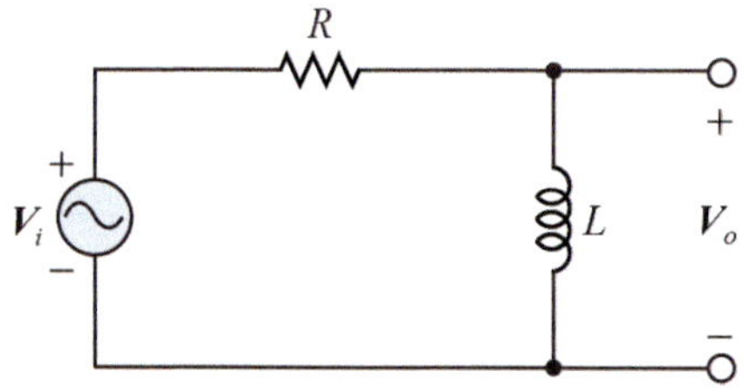

SOLUTION

그림 17.10 [EXAMPLE 17-8]

(a) 전압분배법칙에 따라

$$V_o = \dfrac{jX_L}{R+jX_L}V_i = \dfrac{1}{1-jR/X_L}V_i = \dfrac{1}{1-jR/\omega L}V_i$$
$$= \dfrac{V_i\angle\theta}{\sqrt{1+(R/\omega L)^2}\angle\phi} = \dfrac{V_i}{\sqrt{1+(R/\omega L)^2}}\angle(\theta-\phi)$$

여기서 θ는 입력전압의 위상각이며, ϕ는 다음과 같다.

$$\phi = -\tan^{-1}\dfrac{R}{\omega L}$$

(b) 유도성 리액턴스 X_L은 주파수가 증가함에 따라 증가하기 때문에 $f = 0$인 경우는 $V_o = 0$, $f = \infty$인 경우는 $V_o = V_i$가 된다. 따라서 저주파는 차단시키며, 고주파는 통과시키는 고역통과 필터에 해당한다.

17.4 *RLC* 직렬공진회로

그림 17.11의 RLC 직렬회로에서 임피던스는

$$\boldsymbol{Z} = R + j(X_L - X_C) = R + j\left(\omega L - \frac{1}{\omega C}\right) \tag{17.9}$$

회로 임피던스의 허수부, 즉 리액턴스 성분을 0으로 만드는 주파수, 즉 **공진 주파수**(共振 周波數, resonant frequency)에서 동작할 때 **직렬공진**이라고 한다. 그림 17.12(a)에 나타낸 리액턴스의 주파수 의존성을 보면 주파수가 증가함에 따라 X_C는 감소하고, X_L은 증가한다. 주파수를 조절함으로서 $X_{Lo} = X_{Co}$ 되는 교점에서 공진 주파수가 결정된다.

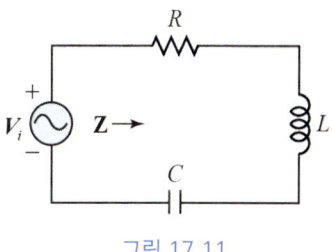

그림 17.11

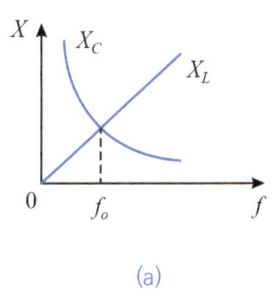 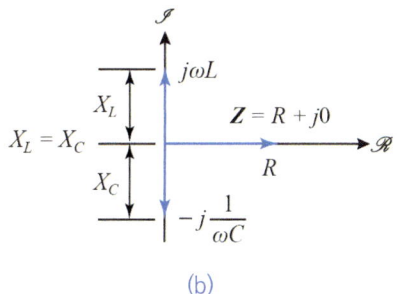

그림 17.12

공진에서 허수부가 0이므로

$$\begin{cases} \omega_o L - \dfrac{1}{\omega_o C} = 0 \\ 2\pi f_o L - \dfrac{1}{2\pi f_o C} = 0 \end{cases}$$

$$\omega_o = \frac{1}{\sqrt{LC}} \tag{17.10}$$

$$f_o = \frac{1}{2\pi \sqrt{LC}} \tag{17.10-1}$$

이 특별한 주파수 f_o가 직렬공진회로의 공진 주파수이다. 그림 17.12(b)에서와 같이 직렬공진에서 임피던스는 $\boldsymbol{Z}_o = R$, 즉 공진에서 **최소 임피던스**가 된다.

RLC 직렬회로에서 주파수에 따른 전류는 그림 17.13과 같이 산형(山形)으로 나타난다. 이 곡선을 전류의 공진곡선(共振曲線, resonance curve)이라고 한다.

공진 주파수 f_o에서 전류 I는 최대전류 I_o가 되며, I_o의 $1/\sqrt{2}$배 또는 0.707배 되는 주파수가 f_1, f_2이다. 회로에 소모되는 전력은 I^2R이기 때문에 $I = 0.707 I_o$에서, 즉 f_1, f_2에서의 전력은 f_o에서 최대전력의 반(半, one-half)에 해당한다. 이런 의미에서 f_1, f_2를 각각 하위 및 상위 **반전력 주파수**(half-power frequency)라고 한다. f_1, f_2 사이의 주파수 간격 $f_2 - f_1$을 **대역폭**(band width, BW)이라고 한다. 즉 $BW = f_2 - f_1$.

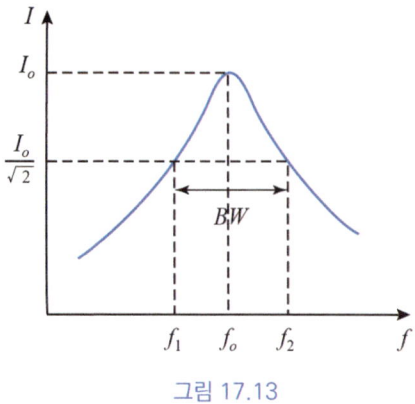

그림 17.13

품질계수 Q_s는 대역폭과 공진 주파수의 비율로 정의된다. 즉

$$Q_s = \frac{f_o}{f_2 - f_1} = \frac{f_o}{BW} \qquad (17.11)$$

공진 주파수는 f_o는 다음과 같이 f_1과 f_2의 기하평균으로 이 같은 관계는 차후에 다루기로 한다.

$$f_o = \sqrt{f_1 f_2} \qquad (17.12)$$

각 회로요소에 걸리는 전압은

$$\boldsymbol{V}_{Ro} = R\boldsymbol{I}_o = \boldsymbol{V} \qquad (17.13a)$$

$$\boldsymbol{V}_{Lo} = \boldsymbol{Z}_{Lo}\boldsymbol{I}_o = (X_L \angle 90°)\boldsymbol{I}_o \qquad (17.13b)$$

$$\boldsymbol{V}_{Co} = \boldsymbol{Z}_{Co}\boldsymbol{I}_o = (X_{Co} \angle -90°)\boldsymbol{I}_o \qquad (17.13c)$$

공진에서 $X_{Lo} = X_{Co}$이므로 $V_{Lo} = V_{Co}$가 된다. 또한 유도성 리액턴스 전압과 용량성 리액턴스 전압의 페이저 방향이 서로 반대이므로 페이저 합이 0이 되고, 전체 전압은 저항에 걸리는 전압이다. 즉

$$\boldsymbol{V} = \boldsymbol{V}_{Ro} + \boldsymbol{V}_{Lo} + \boldsymbol{V}_{Co} = \boldsymbol{V}_{Ro} \qquad (17.14)$$

단순히 저항은 에너지를 소모할 수 있다는 점을 알아야 한다. 저항이 없는 LC 직렬회로를 구성할 수 있다면 회로에 에너지 손실은 없다. 실제로 인덕터나 커패시터는 약간의 저항을 가지고 있기 때문에 무손실 회로를 구성하는 것이 불가능하다. 그러나 공진회로 응용에서 회로의 저항을 가급적이면 최소화하는 것이 바람직하다.

RLC 직렬회로에서 **품질계수**(quality factor, Q_s, 첨자 s는 series의 의미)는 공진에서 평균전력과 무효전력의 비로 정의된다. 즉

$$Q_s = \frac{무효전력}{평균전력} \qquad (17.15)$$

는 회로에서 소모되는 에너지가 작을 때 회로의 품질이 우수하다는 개념에 따라 평균전력이 작을 때 Q_s가

크다.

인덕터에서 무효전력 P_r은

$$P_r = = I_o^2 X_{Lo} = I_o^2 \omega_o L \tag{17.16a}$$

커패시터에서 무효전력 P_r은

$$P_r = = I_o^2 X_{Co} = I_o^2 \frac{1}{\omega_o C} \tag{17.16b}$$

공진에서 인덕터와 커패시터 자체의 무효전력은 존재하지만, 그 부호가 반대이기 때문에 전체 무효전력은 0이다. 따라서 평균전력 P_{av}는

$$P_{av} = I_o^2 R \tag{17.17}$$

식 (17.15)에 식 (17.16a), (17.17)을 대입하면

$$Q_s = \frac{I_o^2 X_{Lo}}{I_o^2 R} = \frac{X_{Lo}}{R} = \frac{\omega_o L}{R} \tag{17.18a}$$

마찬가지로 식 (17.15)에 식 (17.16b), (12-17)을 대입하면

$$Q_s = \frac{I_o^2 X_{Co}}{I_o^2 R} = \frac{X_{Co}}{R} = \frac{1}{\omega_o C R} \tag{17.18b}$$

여기서 유념해야 할 부분은 저항기 자체가 없는 RLC 회로의 경우, 저항 R은 코일의 저항 R_l을 사용하여야 한다. 이와 관련해서 특정 주파수에서 코일의 품질계수 Q_l을 계산할 때는 코일의 저항이 사용된다. 즉

$$Q_l = \frac{\omega L}{R_l} \tag{17.19}$$

또한, 공진회로 혹은 공진 주파수라는 말이 없고 특정 주파수에서 Q_l이 주어졌을 때 R_l을 알고자 할 때도 식 (17.19)가 종종 사용된다. 식 (17.19)는 주파수가 증가하면 코일의 품질계수는 증가함을 보여준다. 실제 코일에서 **유효저항**(effective resistance)으로 알려진 성질 때문에 주파수가 증가함에 따라 Q_l이 도달할 수 있는 값에는 한계가 있다. 고주파가 되면 도체에 나타나는 자기적 현상(표피효과) 때문에 에너지 손실이 증가한다. 매우 높은 주파수에서는 유효저항의 너무 커서 코일의 Q_l이 실제로 감소할 수 있다. 상업적으로 이용할 수 있는 코일의 최대 Q_l은 100에 가깝다.

식 (17.18a) 또는 (17.18b)에 $\omega_o = 1/\sqrt{LC}$을 대입하면 품질계수는 다음과 같이 회로요소 R, L, C로 나타낼 수 있다.

$$Q_s = \frac{\omega_o L}{R} = \frac{1}{\sqrt{LC}} \frac{L}{R} = \frac{1}{R}\sqrt{\frac{L}{C}} \tag{17.20}$$

R_l을 고려한 RLC 직렬회로에서 품질계수는 Q_s는 다음과 같이 수정된다.

$$Q_s = \frac{1}{R_l + R}\sqrt{\frac{L}{C}} \tag{17.21}$$

공진에서 인덕터에 걸리는 전압 V_{Lo}는

$$\boldsymbol{V}_{Lo} = \boldsymbol{Z}_{Lo}\boldsymbol{I}_o = \frac{\boldsymbol{V}_i}{R}X_{Lo}\angle 90° = \left(\frac{X_{Lo}}{R}\angle 90°\right)\boldsymbol{V}_i \tag{17.22}$$

$X_{Lo}/R = Q_s$이므로 V_{Lo}는

$$V_{Lo} = Q_s V_i \tag{17.23}$$

커패시터에서도 같은 방법으로

$$\boldsymbol{V}_{Co} = \boldsymbol{Z}_{Co}\boldsymbol{I}_o = \frac{\boldsymbol{V}_i}{R}X_{Co}\angle -90° = \left(\frac{X_{Co}}{R}\angle -90°\right)\boldsymbol{V}_i \tag{17.24}$$

$$V_{Co} = Q_s V_i \tag{17.25}$$

공진에서 L과 C에 걸리는 전압은 인가전압의 Q_s 배가 된다. Q_s는 1보다 클 수도 있기때문에 공진에서 $V_{Lo} > V_i$, $V_{Co} > V_i$ 일 수 있다. 공진에서 $V_{Ro} = V_i$이다.

EXAMPLE 17-9

그림 17.14의 RLC 회로에서 $\boldsymbol{I} = 3.32 \angle 30°$ A일 때 R과 C를 구하라. 단 인가전압의 각속도 $\omega = 377$ rad/s이다.

SOLUTION

위상이 동상이므로 RLC 직렬회로는 공진회로이다.

$$R = \frac{V_m}{I_m} = \frac{141.1}{4.7} = 30\ \Omega$$

$\omega_o L - \dfrac{1}{\omega_o C} = 0$ 이므로

$$\omega_o L - \frac{1}{\omega_o C} = 377(0.5) - \frac{1}{377\,C} = 0$$

$$C = 14\ \mu F$$

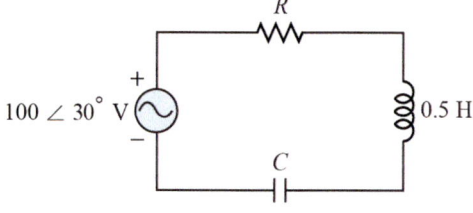

그림 17.14 [EXAMPLE 17-9]

EXAMPLE 17-10

그림 17.15의 RC 회로에서, $20\ \Omega$에서 전력이 최대가 되는 C와 그때의 전력을 구하라. 소스의 각속도 $\omega = 5000$ rad/s이다.

SOLUTION

회로 전체의 임피던스는

$$Z = 20 + 4 + j(3 - 1/\omega C)$$

I가 최대가 되기 위한 조건은 Z가 최소가 되는, 즉 공진일 때이다.

따라서 Z의 허수부를 0으로 두면

$$3 - 1/\omega C = 0$$

$$C = \frac{1}{3\omega} = \frac{1}{3 \times 5000} = 66.7 \ \mu\text{F}$$

공진일 때 전류 I는

$$I = \frac{100}{24} = 4.17 \ \text{A}$$

따라서 20 Ω에서 소비전력 P_{av}는

$$P_{av} = I^2 R = (4.17)^2(20) = 347.8 \ \text{W}$$

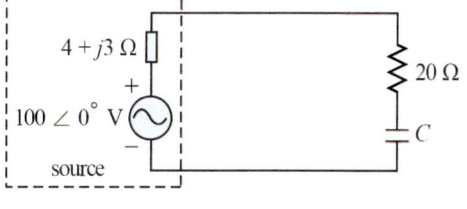

그림 17.15 [EXAMPLE 17-10]

EXAMPLE 17-11

그림 17.16의 RLC 회로에서

(a) 공진 주파수를 구하라.
(b) 공진에서 유도성 리액턴스, 용량성 리액턴스, 임피던스를 구하라.
(c) 공진에서 전류를 구하라.

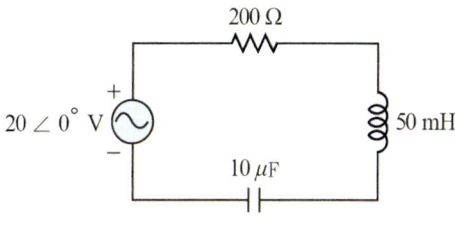

그림 17.16 [EXAMPLE 17-11]

SOLUTION

(a) $\omega_o = \dfrac{1}{\sqrt{LC}} = \dfrac{1}{\sqrt{(50 \times 10^{-3})(10 \times 10^{-6})}} = 1414.2 \ \text{rad/s}$

$f_o = \dfrac{\omega_o}{2\pi} = \dfrac{1414.2}{2\pi} = 225.1 \ \text{Hz}$

(b) $X_{Lo} = \omega_o L = (1414.2)(50 \times 10^{-3}) = 70.7 \ \Omega$

$X_{Co} = \dfrac{1}{\omega_o C} = \dfrac{1}{(1414.2)(10 \times 10^{-6})} = 70.7 \ \Omega$

$\boldsymbol{Z}_o = R + j(X_{Lo} - X_{Co}) = 200 + j(70.7 - 70.7) = 200 + j0 \ \Omega$

(c) $\boldsymbol{I}_o = \dfrac{\boldsymbol{V}_i}{\boldsymbol{Z}_o} = \dfrac{20 \angle 0°}{200 \angle 0°} = 100 \angle 0° \ \text{mA}$

EXAMPLE 17-12

그림 17.17의 RLC 회로에서

(a) 공진 주파수를 구하라.
(b) 공진에서 각 회로요소에 걸리는 페이저 전압과 그 합을 구하라.
(c) 공진에서 유도성 무효전력, 용량성 무효전력, 평균전력을 구하라.
(d) 품질계수 Q_s를 구하라.

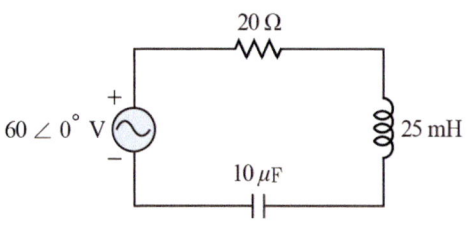

그림 17.17 [EXAMPLE 17-12]

SOLUTION

(a) $\omega_o = \dfrac{1}{\sqrt{LC}} = \dfrac{1}{\sqrt{(25 \times 10^{-3})(10 \times 10^{-6})}} = 2000 \text{ rad/s}$

$f_o = \dfrac{\omega_o}{2\pi} = \dfrac{2000}{2\pi} = 318.3 \text{ Hz}$

(b) $\boldsymbol{I}_o = \dfrac{\boldsymbol{V}_i}{R} = \dfrac{60 \angle 0°}{20} = 3 \angle 0° \text{ A}$

$\boldsymbol{V}_R = R\boldsymbol{I}_o = 20(3 \angle 0°) = 60 \angle 0° \text{ V}$

$\boldsymbol{V}_{Lo} = \boldsymbol{Z}_{Lo}\boldsymbol{I}_o = (\omega_o L \angle 90°)(3 \angle 0°)$
$= (2000 \times 0.025 \angle 90°)(3 \angle 0°) = 150 \angle 90° \text{ V}$

$\boldsymbol{V}_{Co} = \boldsymbol{Z}_{Co}\boldsymbol{I}_o = \left(\dfrac{1}{\omega_o C} \angle -90°\right)(3 \angle 0°)$
$= \left(\dfrac{1}{2000 \times 10 \times 10^{-6}} \angle -90°\right)(3 \angle 0°) = 150 \angle -90° \text{ V}$

$\boldsymbol{V} = \boldsymbol{V}_{Ro} + \boldsymbol{V}_{Lo} + \boldsymbol{V}_{Co} = 60 + j150 - j150 = 60 + j0 \text{ V}$

공진에서 $X_{Lo} = X_{Co}$이므로 $\boldsymbol{V}_{Lo} + \boldsymbol{V}_{Co} = 0$이다. 따라서 V_R은 인가전압과 같다.

(c) $X_{Lo} = \omega_o L = 2000 \times 0.025 = 50 \text{ Ω}$

$P_{ao} = I_o^2 X_{Lo} = (3)^2 (50) = 450 \text{ var}$

$X_{Co} = \dfrac{1}{\omega_o C} = \dfrac{1}{(2000)(10 \times 10^{-6})} = 50 \text{ Ω}$

$P_{ao} = I_o^2 X_{Co} = (3)^2 (50) = 450 \text{ var}$

$P_{avo} = I_o^2 R = (3)^2 (20) = 180 \text{ W}$

(d) $Q_s = \dfrac{1}{R}\sqrt{\dfrac{L}{C}} = \dfrac{1}{20}\sqrt{\dfrac{25 \times 10^{-3}}{10 \times 10^{-6}}} = 2.5$

EXAMPLE 17-13

그림 17.18의 RLC 회로에서 $\omega = 3770\,\text{rad/s}$인 $V = 10\angle 0°\,\text{V}$가 인가된다. L을 조절하여 저항에 걸리는 전압이 최대가 되게 한다. 각 회로요소에 걸리는 전압을 구하라.

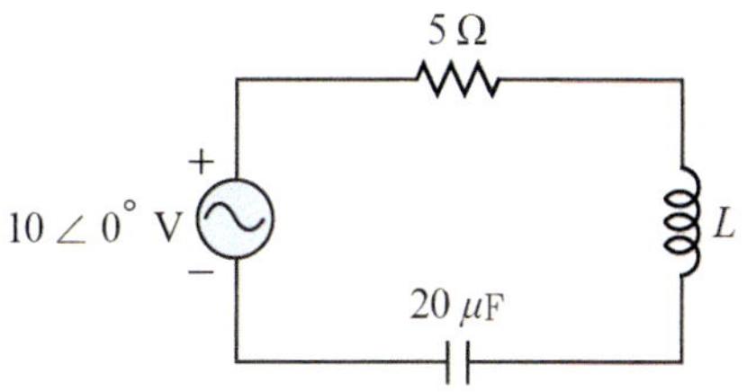

SOLUTION

저항에 걸리는 전압이 최대가 되는 조건은 공진이다. 공진에서 저항에 걸리는 전압은 전원 전압이다. 즉 $V_R = 10\angle 0°\,\text{V}$ 공진에서 전류는 최대가 된다.

$$I_o = \frac{V_R}{R} = \frac{10\angle 0°}{5} = 2\angle 0°\,\text{A}$$

공진에서 두 리액턴스는 같다.

$$Z_{Co} = -jX_{Co} = \frac{1}{\omega_o C}\angle -90° = \frac{1}{3770(20\times 10^{-6})}\angle -90° = 13.3\angle -90°\,\Omega$$

$$V_{Lo} = Z_{Lo}I_o = (13.3\angle 90°)(2\angle 0°) = 26.6\angle 90°\,\text{V}$$

$$V_{Co} = Z_{Co}I_o = (13.3\angle -90°)(2\angle 0°) = 26.6\angle -90°\,\text{V}$$

그림 17.18 [EXAMPLE 17-13]

17.5 대역통과 필터로서 *RLC* 직렬회로

대역통과 필터(band-pass filter)는 저주파 차단 주파수 이하의 신호와 주파 차단 주파수 이상의 신호를 차단시키고, 그 사이의 대역신호를 통과시키는 장치로 그림 17.19의 RLC 회로가 대역통과 필터이다. 이때 출력은 저항에 걸리는 전압이다. 상세한 회로 해석에 앞서 직관적으로 회로를 살펴보자. 출력전압 V_o는 주파수에 따라 임피던스가 변하기 때문에 전압 분배에 따라 변한다. V_o는 $R/Z = R/\sqrt{R^2 + (X_L - X_C)^2}$ 이 최대일 때 최대가 된다. 이는 R/Z의 분모가 최소일 때, 즉 $X_L = X_C$일 때이므로 결국 공진일 때 V_o는 최대가 된다. 주파수가 매우 높게 되면 X_L이 커지게 되고, 주파수가 매우 낮게 되면 X_C이 커지게 된다. 따라서 저주파와 고주파에서 V_o는 작아지고, 그 사이 주파수에서 커지게 된다. 이것이 대역통과 필터의 특성이라고 할 수 있다. 이 같은 특성을 수식으로 기술해보자.

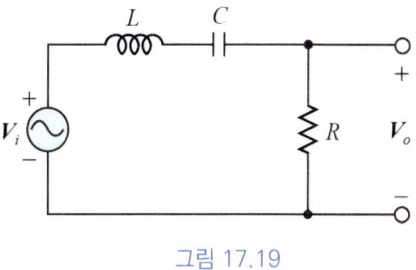

그림 17.19

$$V_o = \frac{R}{\sqrt{R^2 + (X_L - X_C)^2}}V_i = \frac{R}{\sqrt{R^2 + (\omega L - 1/\omega C)^2}}V_i \tag{17.26}$$

주파수가 증가하면 $\omega L > 1/\omega C$가 되고, 주파수가 감소하면 $1/\omega C > \omega L$가 되어 어느 경우든 V_o는 감

소한다. 그러나 공진 주파수에서 $\omega L = 1/\omega C$이므로 다음과 같이 V_o는 V_i에 도달하게 된다.

$$V_o = \frac{R}{\sqrt{R^2 + 0}} V_i = V_i$$

V_o를 Q_s와 f_o로 나타낼 수 있다.

$$V_o = \frac{R}{\sqrt{R^2 + \left(\omega L - \dfrac{1}{\omega C}\right)^2}} V_i \tag{17.27}$$

$$= \frac{V_i}{\sqrt{1 + \left(\dfrac{\omega}{\omega_o}\dfrac{\omega_o L}{R} - \dfrac{\omega_o}{\omega}\dfrac{1}{\omega_o CR}\right)^2}}$$

$$= \frac{V_i}{\sqrt{1 + \left(\dfrac{\omega}{\omega_o} Q_s - \dfrac{\omega_o}{\omega} Q_s\right)^2}}$$

$$V_o = \frac{V_i}{\sqrt{1 + Q_s^2 \left(\dfrac{f}{f_o} - \dfrac{f_o}{f}\right)^2}} \tag{17.27-1}$$

식 (17.27-1)을 규준화 그래프로 나타내면 그림 17.20과 같이 그려진다. Q_s가 클수록 곡선이 좁아지고, 즉 대역폭이 작아지고, 더욱 대칭에 가까워진다. 이것은 대역통과 필터가 선택 범위 내의 주파수 신호들만 통과시키도록 하는 선택기능을 가지고 있다는 의미이다. 대역폭이 좁을수록 공진 주파수 양쪽이 모두 더욱 가파른 응답특성을 나타내고, 필터의 **선택도**(選擇度, selectivity)는 커진다. 이런 의미에서 대역통과 필

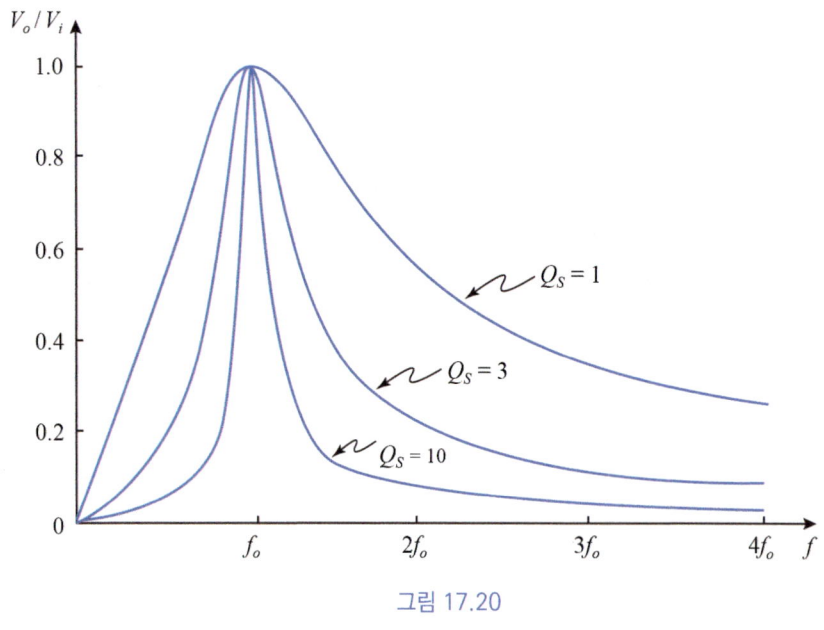

그림 17.20

터에서 Q_s를 선택도라고도 한다. 대역통과 필터는 종종 동조회로(tuning circuit)라고 하는 통신회로에 널리 사용된다. 필터를 튜닝(tuning)한다는 것은 지정된 신호의 주파수를 찾기 위해서 L이나 C를 조정함으로서 공진 주파수를 조정하는 것이다.

대역통과 필터에서 대역통과가 되는 주파수 범위, 즉 대역폭을 정하는 f_1과 f_2를 회로요소로 나타낼 수 있다. f_1과 f_2에서 $V_o = V_i/\sqrt{2}$ 가 되는 조건은 식 (17.27)에서 다음과 같을 때이다.

$$\omega L - \frac{1}{\omega C} = R \tag{17.28}$$

위 식은 f_1에서 다음과 같이 쓸 수 있다.

$$\frac{1}{2\pi f_1 C} - 2\pi f_1 L = R \tag{17.28a}$$

또한 f_2에서 다음과 같이 로 쓸 수 있다.

$$2\pi f_2 L - \frac{1}{2\pi f_2 C} = R \tag{17.28b}$$

따라서

$$\frac{1}{2\pi f_1 C} - 2\pi f_1 L = 2\pi f_2 L - \frac{1}{2\pi f_2 C} \tag{17.28c}$$

양변에 C를 곱하고, $\frac{1}{LC} = 2\pi f_o$ 대입하면

$$\frac{1}{f_1} - \frac{f_1}{f_o^2} = \frac{f_2}{f_o^2} - \frac{1}{f_2} \tag{17.28d}$$

따라서 f_o는 다음과 같이 f_1과 f_2의 기하평균으로 나타내지며, 이것은 앞에서 유도과정이 없이 단순히 언급만 됐던 식 (17.12)이다.

$$f_o = \sqrt{f_1 f_2} \tag{17.29}$$

하위 차단주파수 f_1, 상위 차단주파수 f_2는 $V_o = V_i/\sqrt{2}$ 가 되는 주파수로 식 (17.27-1)로부터

$$\sqrt{1 + Q_s^2\left(\frac{f}{f_o} - \frac{f_o}{f}\right)^2} = \sqrt{2}$$

를 풀면 f_1, f_2는 각각 다음과 같이 나타내진다.

$$f_1 = \frac{f_o\sqrt{\left(\frac{1}{Q_s}\right)^2 + 4} - \frac{f_o}{Q_s}}{2} \tag{17.30a}$$

$$f_2 = \frac{f_o\sqrt{\left(\frac{1}{Q_s}\right)^2 + 4} + \frac{f_o}{Q_s}}{2} \tag{17.30b}$$

$f_o = \dfrac{1}{2\pi\sqrt{LC}}$, $Q_s = \dfrac{1}{R}\sqrt{\dfrac{L}{C}}$ 을 식 (17.30a), (17.30b)에 대입하면 f_1, f_2는 다음과 같이 회로요소로 나타내진다.

$$f_1 = \frac{1}{4\pi}\left(\sqrt{\left(\frac{R}{L}\right)^2 + \frac{4}{LC}} - \frac{R}{L}\right) \tag{17.31a}$$

$$f_2 = \frac{1}{4\pi}\left(\sqrt{\left(\frac{R}{L}\right)^2 + \frac{4}{LC}} + \frac{R}{L}\right) \tag{17.31b}$$

대역폭은 식 (17.30a) ~ (17.31b)로부터

$$BW = f_2 - f_1 = \frac{f_o}{Q_s} = \frac{R}{2\pi L} \tag{17.32}$$

대역폭은 Q_s에 반비례하므로 앞에서 언급한 바와 같이 Q_s가 클수록 응답곡선이 좁아진다는 사실과 부합한다. f_o가 차단주파수의 정 중앙이 아님에도 불구하고 종종 중앙주파수라고 일컫는다.

만약 Q_s가 큰 값($Q_s \geq 10$)이라면 식 (17.31a), (17.31b)는 근사적으로

$$f_1 \approx f_o - \frac{1}{2}\left(\frac{f_o}{Q_s}\right) = f_o - \frac{BW}{2} \tag{17.33a}$$

$$f_2 \approx f_o + \frac{1}{2}\left(\frac{f_o}{Q_s}\right) = f_o + \frac{BW}{2} \tag{17.33b}$$

$Q_s \geq 10$일 때는 f_o는 다음과 같이 f_1과 f_2의 산술평균으로 근사된다.

$$f_o = \frac{f_1 + f_2}{2} \tag{17.34}$$

EXAMPLE 17-14

그림 17.21의 대역통과필터에서
(a) f_o를 구하라.
(b) f_1, f_2를 구하라.

SOLUTION

(a) $f_o = \dfrac{1}{2\pi\sqrt{LC}} = \dfrac{1}{2\pi\sqrt{(0.5)(40\times 10^{-6})}} = 35.6\,\text{Hz}$

(b) f_1, f_2

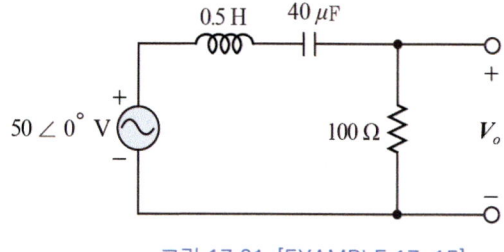

그림 17.21 [EXAMPLE 17-15]

〈해법 1〉 차단조건 이용

f_o에서는 $X_L = X_C$이다. 따라서 f_1에서 X_C가 X_L보다 크다. 전류는 최대전류의 0.707배이다. $Z = V/I$이므로 f_1에서 Z는 f_o에서 $Z_o = R$의 1.414배이다. 이 조건은 다음과 같은 조건에서 가능하다. 즉

$$\frac{1}{2\pi f_1 C} - 2\pi f_1 L = R$$

값을 대입하여 f_1에 관한 2차식을 풀면 $f_1 = 23\,\text{Hz}$

f_2에서 X_L가 X_C보다 크다.

$$2\pi f_2 L - \frac{1}{2\pi f_2 C} = R$$

이 식으로부터 $f_2 = 55\,\text{Hz}$ 혹은 $f_o = \sqrt{f_1 f_2}$ 로부터 f_2를 구해도 된다.

〈해법 2〉 Q_s 이용

$$Q_s = \frac{1}{R}\sqrt{\frac{L}{C}} = \frac{1}{100}\sqrt{\frac{0.5}{40\times 10^{-6}}} = 1.12$$

$$f_1 = \frac{f_o\sqrt{\left(\frac{1}{Q_s}\right)^2 + 4} - \frac{f_o}{Q_s}}{2} = \frac{35.6\sqrt{\left(\frac{1}{1.12}\right)^2 + 4} - \frac{35.6}{1.12}}{2}$$

$$= 23.1\,\text{Hz}$$

$$f_2 = \frac{f_o\sqrt{\left(\frac{1}{Q_s}\right)^2 + 4} + \frac{f_o}{Q_s}}{2} = \frac{35.6\sqrt{\left(\frac{1}{1.12}\right)^2 + 4} + \frac{35.6}{1.12}}{2}$$

$$= 54.9\,\text{Hz}$$

EXAMPLE 17-15

그림 17.22의 대역통과필터에서

(a) f_o와 Q_s를 구하라.
(b) f_1, f_2를 구하라.
(c) BW를 구하라.
(d) BW와 f_o/Q_s를 비교하라.
(e) $f_o = \sqrt{f_1 f_2}$와 $f_o = \dfrac{f_1 + f_2}{2}$를 비교하라.
(f) 5 kHz, 11,254 Hz, 25 kHz에서 출력전압을 구하라.

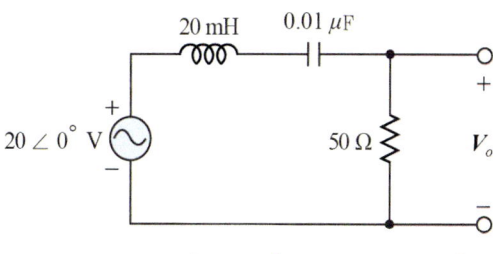

그림 17.22 [EXAMPLE 17-15]

SOLUTION

(a) $f_o = \dfrac{1}{2\pi\sqrt{LC}} = \dfrac{1}{2\pi\sqrt{(20\times 10^{-3})(0.01\times 10^{-6})}} = 11254\,\text{Hz}$

$Q_s = \dfrac{1}{R}\sqrt{\dfrac{L}{C}} = \dfrac{1}{50}\sqrt{\dfrac{20\times 10^{-3}}{0.01\times 10^{-6}}} = 28.3$

(b) $f_1 = \dfrac{f_o\sqrt{\left(\dfrac{1}{Q_s}\right)^2+4} - \dfrac{f_o}{Q_s}}{2} = \dfrac{11254\sqrt{\left(\dfrac{1}{28.3}\right)^2+4} - \dfrac{11254}{28.3}}{2}$

$= 11057\,\text{Hz}$

$f_2 = \dfrac{f_o\sqrt{\left(\dfrac{1}{Q_s}\right)^2+4} + \dfrac{f_o}{Q_s}}{2} = \dfrac{11254\sqrt{\left(\dfrac{1}{28.3}\right)^2+4} + \dfrac{11254}{28.3}}{2}$

$= 11455\,\text{Hz}$

(c) $BW = f_2 - f_1 = 11455 - 11057 = 398\,\text{Hz}$

(d) $BW = \dfrac{f_o}{Q_s} = \dfrac{11254}{28.3} = 398\,\text{Hz}$. 일치한다.

(e) $f_o = \sqrt{f_1 f_2} = \sqrt{11057\times 11455} = 11254\,\text{Hz}$

$f_o = \dfrac{f_1 + f_2}{2} = \dfrac{11057+11455}{2} = 11256\,\text{Hz}$. 일치한다.

$Q_s \geq 10$이면 일치한다.

(f) $V_{o(5\text{kHz})} = \dfrac{V_i}{\sqrt{1+Q_s^2\left(\dfrac{f}{f_o}-\dfrac{f_o}{f}\right)^2}} = \dfrac{20}{\sqrt{1+(28.3)^2\left(\dfrac{5000}{11254}-\dfrac{11254}{5000}\right)^2}} = 0.39\,\text{V}$

$V_{o(f_o)} = \dfrac{V_i}{\sqrt{1+Q_s^2\left(\dfrac{f}{f_o}-\dfrac{f_o}{f}\right)^2}} = \dfrac{20}{\sqrt{1+Q_s^2\left(\dfrac{f_o}{f_o}-\dfrac{f_o}{f_o}\right)^2}} = 20\,\text{V}$

$V_{o(25\text{kHz})} = \dfrac{V_i}{\sqrt{1+Q_s^2\left(\dfrac{f}{f_o}-\dfrac{f_o}{f}\right)^2}} = \dfrac{20}{\sqrt{1+(28.3)^2\left(\dfrac{25000}{11254}-\dfrac{11254}{25000}\right)^2}}$

$= 0.4\,\text{V}$

공진에서 출력이 최대가 되고, 공진 주파수보다 작은 혹은 큰 주파수에서는 출력이 크게 감소한다.

EXAMPLE 17-16

그림 17.23의 대역통과필터에서 2 H 코일의 품질계수가 1 kHz에서 40이다.

(a) Q_s를 구하라.
(b) BW을 구하라.
(c) f_1, f_2를 구하라.

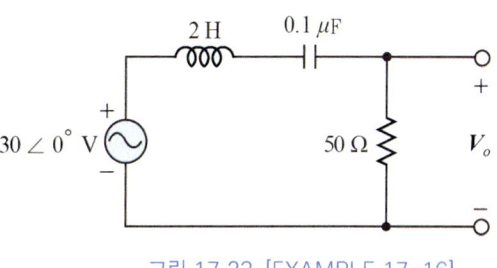

그림 17.23 [EXAMPLE 17-16]

SOLUTION

(a) 코일 자체의 품질계수가 있다는 것은 코일저항이 있다는 의미이다.

$$Q_s = \frac{P_r}{P_{av}} = \frac{\omega L}{R_l} = \frac{2\pi(1000)(2)}{R_l} = 40 \text{(코일만 존재시)}$$

$R_l = 314\,\Omega$ (코일 자체 저항)

(b) 공진 주파수 f_o는

$$f_o = \frac{1}{2\pi\sqrt{LC}} = \frac{1}{2\pi\sqrt{(2)(0.1\times 10^{-6})}} = 355.9\,\text{Hz}$$

$$Q_s = \frac{1}{R_l+R}\sqrt{\frac{L}{C}} = \frac{1}{314+50}\sqrt{\frac{2}{0.1\times 10^{-6}}} = 12.3$$

$$BW = \frac{f_o}{Q_s} = \frac{355.9}{12.3} = 28.8\,\text{Hz}$$

(c) $Q_s \geq 10$이므로 식 (17.40), (17.41)을 쓸 수 있다.

$$f_1 \approx f_o - \frac{BW}{2} = 355.9 - 28.8/2 = 341.5\,\text{Hz}$$

$$f_2 \approx f_o + \frac{BW}{2} = 355.9 + 28.8/2 = 370.3\,\text{Hz}$$

EXAMPLE 17-17

그림 17.24의 대역통과필터에서 인덕터의 코일저항을 구하라.

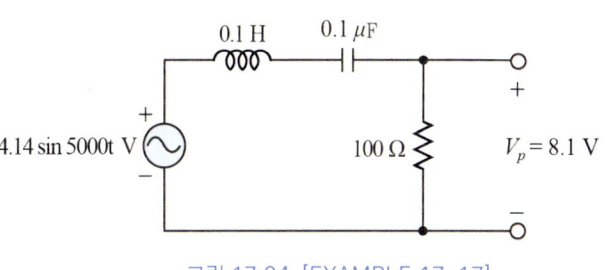

그림 17.24 [EXAMPLE 17-17]

SOLUTION

R에 걸리는 전압은

$$V_{mo} = \frac{R}{\sqrt{(R+R_l)^2 + (\omega L - 1/\omega C)^2}} V_{mi}$$

공진일 때

$$V_{mo} = \frac{R}{R + R_l} V_{mi}$$

$$R_l = \frac{V_{mi} - V_{mo}}{V_{mo}} R = \frac{14.14 - 8.1}{8.1} \times 100 = 74.6 \, \Omega$$

17.6 *RLC* 병렬공진회로

그림 17.25의 순수 RLC 병렬회로에서 어드미턴스는

$$Y = \frac{1}{R} + j(X_C - X_L) = \frac{1}{R} + j\left(\omega C - \frac{1}{\omega L}\right) \tag{17.35}$$

회로가 어드미턴스의 허수부, 즉 서셉턴스 성분이 0가 되는 주파수에서 동작할 때 병렬공진이라고 한다. 서셉턴스의 주파수 의존성을 보면 주파수가 증가함에 따라 X_C는 증가하고, X_L은 감소한다. 주파수를 조절함으로서 $X_{Lo} = X_{Co}$되는 교점에서 공진 주파수가 결정된다. 공진에서 허수부가 0이므로

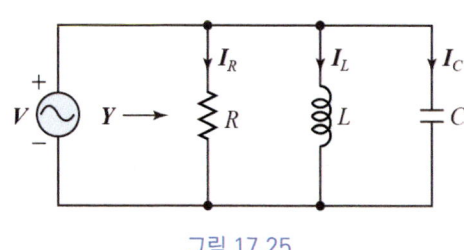

그림 17.25

$$\begin{cases} \omega_o C - \dfrac{1}{\omega_o L} = 0 \\ 2\pi f_o C - \dfrac{1}{2\pi f_o L} = 0 \end{cases}$$

$$\omega_o = \frac{1}{\sqrt{LC}} \tag{17.36}$$

$$f_o = \frac{1}{2\pi \sqrt{LC}} \tag{17.36-1}$$

이 특별한 주파수 f_o가 병렬공진회로의 공진 주파수이다. RLC 직렬회로에서 공진 주파수와 정확히 같다. 병렬공진에서 어드미턴스는 $Y_o = 1/R$이 된다. 즉 어드미턴스가 최소가 되므로 전류가 최소가 된다. 병렬공진에서는 임피던스가 최대가 된다. 각 회로요소에 흐르는 전류는

$$I_{Ro} = \frac{V}{Z_{Ro}} = \frac{V}{R} \tag{17.37a}$$

$$I_{Lo} = \frac{V}{Z_{Lo}} = \frac{V}{X_{Lo} \angle 90°} \tag{17.37b}$$

$$I_{Co} = \frac{V}{Z_{Co}} = \frac{V}{X_{Co} \angle -90°} \tag{17.37c}$$

공진에서 $X_{Lo} = X_{Co}$ 이므로 $I_{Lo} = I_{Co}$ 가 된다. 또한 두 전류의 방향이 반대이므로 페이저 합이 0이 되고, 전체 전류는 저항에 흐른 전류 이다. 즉

$$\mathbf{I} = \mathbf{I}_{Ro} + \mathbf{I}_{Lo} + \mathbf{I}_{Co} = \mathbf{I}_{Ro} \tag{17.38}$$

직렬회로와 같이 RLC 병렬회로의 품질계수 Q_p는 공진에서, 저항에서 평균전력 P_{av}와 L 혹은 C에서 무효전력 P_r의 비로 정의된다.

$$Q_p = \frac{무효전력}{평균전력} \tag{17.39}$$

병렬회로에서 회로요소에 걸리는 전압은 모두 동일하기 때문에 공진에서 $X_L = X_C$이므로 L과 C에서 무효전력 P_r은 같다.

인덕터에서 무효전력 P_r은

$$P_r = \frac{V_m^2}{2X_{Lo}} = \frac{V^2}{X_{Lo}} = \frac{V^2}{\omega_o L} \tag{17.40a}$$

커패시터에서 무효전력 P_r은

$$P_r = \frac{V_m^2}{2X_{Co}} = \frac{V^2}{X_{Co}} = V^2 \omega_o C \tag{17.40b}$$

공진에서 인덕터와 커패시터 자체의 무효전력은 존재하지만 그 부호가 반대이기 때문에 전체 무효전력은 0이다. 따라서 평균전력 P_{av}는

$$P_{av} = \frac{V_m^2}{2R} = \frac{V^2}{R} \tag{17.41}$$

식 (17.39)에 식 (17.40a), (17.41)을 대입하면 RLC 병렬회로의 품질계수 Q_p는 다음과 같다.

$$Q_p = \frac{V_m^2/2X_{Lo}}{V_m^2/2R} = \frac{R}{X_{Lo}} = \frac{R}{\omega_o L} = R\sqrt{\frac{C}{L}} \tag{17.42}$$

마찬가지로 식 (17.39)에 식 (17.40b), (12-41)을 대입해도 식 (12-42)와 동일한 결과를 얻는다.

$$Q_p = \frac{V_m^2/2X_{Co}}{V_m^2/2R} = \frac{R}{X_{Co}} = \omega_o CR = R\sqrt{\frac{C}{L}} \tag{17.43}$$

RLC 병렬회로의 Q_p는 RLC 직렬회로의 Q_s와는 완전히 다른 Q_s의 역수 형태이다.

공진에서 인덕터에 흐르는 전류 $\mathbf{I}_{Lo}$는

$$\mathbf{I}_{Lo} = \mathbf{Y}_{Lo}\mathbf{V}_o = \frac{\mathbf{V}_o}{X_{Lo}\angle 90°} = \left(\frac{R}{X_{Lo}}\angle -90°\right)\mathbf{I}_o \tag{17.44}$$

$R/X_{Lo} = Q_p$이므로 I_{Lo}는

$$I_{Lo} = Q_p I \tag{17.45}$$

커패시터에서도 같은 방법으로

$$\boldsymbol{I}_{Co} = \boldsymbol{Y}_{Co}\boldsymbol{V}_o = (X_{Co}\angle 90°)\boldsymbol{V}_o = (X_{Co}R\angle 90°)\boldsymbol{I}_o \tag{17.46}$$

$$I_{Co} = Q_p I \tag{17.47}$$

공진에서 L과 C에 흐르는 전류는 전류원의 Q_p배가 된다.

EXAMPLE 17-18

그림 17.26의 RLC 병렬회로에서

(a) f_o를 구하라.

(b) Q_p를 구하라.

(c) 공진에서 $X_{Lo}, X_{Co}, \boldsymbol{Z}_o$를 구하라.

(d) 공진에서 $\boldsymbol{I}_{Ro}, \boldsymbol{I}_{Lo}, \boldsymbol{I}_{Co}, \boldsymbol{I}_o$를 구하라.

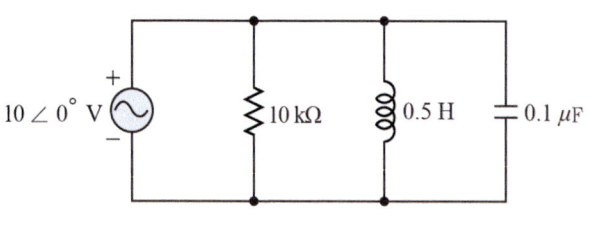

그림 17.26 [EXAMPLE 17-18]

SOLUTION

(a) $\omega_o = \dfrac{1}{\sqrt{LC}} = \dfrac{1}{\sqrt{(0.5)(0.1\times 10^{-6})}} = 4472.1\,\text{rad/s}$

$f_o = \dfrac{\omega_o}{2\pi} = \dfrac{4472.1}{2\pi} = 711.8\,\text{Hz}$

(b) $Q_p = R\sqrt{\dfrac{C}{L}} = (10\times 10^3)\sqrt{\dfrac{0.1\times 10^{-6}}{0.5}} = 4.47$

(c) $X_{Lo} = \omega_o L = (4472.1)(0.5) = 2236\,\Omega$

$X_{Co} = \dfrac{1}{\omega_o C} = \dfrac{1}{(4472.1)(0.1\times 10^{-6})} = 2236\,\Omega$

공진에서 $X_{Lo} = X_{Co}$이다.

$\boldsymbol{Y}_o = \dfrac{1}{R_o} + jX_o = \dfrac{1}{10^4} + j(2236-2236) = 10^{-4}\angle 0°\,\text{S}$

$\boldsymbol{Z}_o = \dfrac{1}{\boldsymbol{Y}_o} = \dfrac{1}{10^{-4}\angle 0°} = 10^4\angle 0°\,\Omega$

(d) $\boldsymbol{I}_{Ro} = \dfrac{\boldsymbol{V}}{R} = \dfrac{10\angle 0°}{10^4} = 1\angle 0°\,\text{mA}$

$\boldsymbol{I}_{Lo} = \dfrac{\boldsymbol{V}}{jX_L} = \dfrac{10\angle 0°}{2236\angle 90°} = 4.47\angle -90°\,\text{mA}$

$\boldsymbol{I}_{Co} = \dfrac{\boldsymbol{V}}{-jX_C} = \dfrac{10\angle 0°}{2236\angle -90°} = 4.47\angle 90°\,\text{mA}$

$\boldsymbol{I}_o = \boldsymbol{I}_R + \boldsymbol{I}_L + \boldsymbol{I}_C = 1 + j4.47 - j4.47 = 1 + j0\,\text{mA}$

공진 전류 I_o는 다음과 같이 구할 수도 있다. 공진에서 Y의 허수부가 0이므로, 즉 $Y = 1/R$로 최소가 된다. 따라서 공진 전류 I_o는

$$I_o = (0.1\angle 0°\,\mathrm{ms})(10\angle 0°\,\mathrm{V}) = 1\angle 0°\,\mathrm{mA}$$

17.7 대역통과 필터로서 RLC 병렬회로

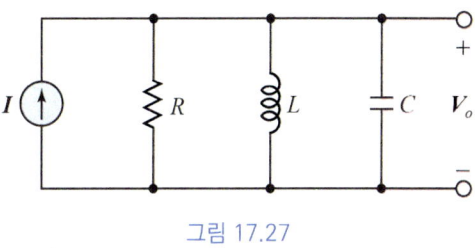

그림 17.27

RLC 병렬회로가 필터로 작동할 때 입력은 대게 전류원인데, 트랜지스터나 유사한 전자장치로 만들어진다. 입력이 전류원인 그림 17.27과 같은 RLC 병렬회로는 대역통과 필터로 동작한다. 전체 어드미턴스가 공진에서 최소이므로 임피던스는 최대가 된다. 입력이 일정한 전류원이기 때문에 각 회로요소에 걸리는 전압은 공진에서 최대이다. 공진 주파수의 상하(上下) 주파수에서는 임피던스가 감소하므로 전압도 감소하게 된다. 이런 이유로 그림 17.27은 대역통과 필터의 특성을 가진다.

어드미턴스 Y는

$$Y = \frac{1}{R} + j\left(\omega C - \frac{1}{\omega L}\right)$$

출력전압은

$$V_o = \frac{I}{Y} = \frac{I}{1/R + j(\omega C - 1/\omega L)}$$

$$V_o = \frac{I}{\sqrt{\frac{1}{R^2} + \left(\omega C - \frac{1}{\omega L}\right)^2}} \tag{17.48}$$

$$= \frac{RI}{\sqrt{1 + \left(\frac{\omega}{\omega_o}\omega_o CR - \frac{\omega_o}{\omega}\frac{R}{\omega_o L}\right)^2}}$$

$$= \frac{RI}{\sqrt{1 + Q_p^2\left(\frac{\omega}{\omega_o} - \frac{\omega_o}{\omega}\right)^2}}$$

$$V_o = \frac{RI}{\sqrt{1 + Q_p^2\left(\frac{f}{f_o} - \frac{f_o}{f}\right)^2}} \tag{17.48-1}$$

공진에서 임피던스가 최대, 즉 $Z_o = Z_{\max} = R$이므로 전류원 전류(상수) I를 곱하면 RI는 최대 출력전압이 된다. 또 식 (17.48-1)에서 $f = f_o$일 때 식에서 분모가 최소가 되므로 RI는 최대출력이 된다. 식

(17.48-1)은 직렬 RLC 필터에서 출력전압과 같은 형태이다.

RLC 병렬회로에서 하위 차단주파수 f_1, 상위 차단주파수 f_2는 $V_o = \dfrac{RI}{\sqrt{2}}$가 되는 주파수로 식 (17.48-1)로부터

$$\sqrt{1 + Q_p^2 \left(\dfrac{f}{f_o} - \dfrac{f_o}{f} \right)^2} = \sqrt{2}$$

를 풀면 f_1, f_2는 각각 다음과 같이 나타내진다.

$$f_1 = \dfrac{f_o \sqrt{\left(\dfrac{1}{Q_p}\right)^2 + 4} - \dfrac{f_o}{Q_p}}{2} \tag{17.49a}$$

$$f_2 = \dfrac{f_o \sqrt{\left(\dfrac{1}{Q_p}\right)^2 + 4} + \dfrac{f_o}{Q_p}}{2} \tag{17.49b}$$

$f_o = \dfrac{1}{2\pi \sqrt{LC}}$, $Q_p = R\sqrt{\dfrac{C}{L}}$를 식 (17.49a), (17.49b)에 대입하면 f_1, f_2는 다음과 같이 회로요소로 나타내진다.

$$f_1 = \dfrac{1}{4\pi} \left(\sqrt{\left(\dfrac{1}{RC}\right)^2 + \dfrac{4}{LC}} - \dfrac{1}{RC} \right) \tag{17.50a}$$

$$f_2 = \dfrac{1}{4\pi} \left(\sqrt{\left(\dfrac{1}{RC}\right)^2 + \dfrac{4}{LC}} + \dfrac{1}{RC} \right) \tag{17.50b}$$

대역폭은 식 (17.49a) ~ (17.50b)로부터

$$BW = f_2 - f_1 = \dfrac{f_o}{Q_p} = \dfrac{1}{2\pi RC} \tag{17.51}$$

대역폭은 Q_p에 반비례하므로 Q_p가 클수록 응답곡선이 좁아진다는 사실과 부합한다. f_o가 RLC 직렬회로에서와 같이 차단주파수 f_1과 f_2 사이의 정 중앙이 아님에도 불구하고 중앙주파수라고 한다.

만약 Q_p가 큰 값($Q_p \geq 10$)이라면 식 (17.49a), (17.49b)는 근사적으로 다음과 같이 되고, f_o는 대역폭 중앙에 위치한다.

$$f_1 \approx f_o - \dfrac{1}{2}\left(\dfrac{f_o}{Q_p}\right) = f_o - \dfrac{BW}{2} \tag{17.52a}$$

$$f_2 \approx f_o + \dfrac{1}{2}\left(\dfrac{f_o}{Q_p}\right) = f_o + \dfrac{BW}{2} \tag{17.52b}$$

일반적으로 f_o는 f_1과 f_2의 가하평균이다.

$$f_o = \sqrt{f_1 f_2} \tag{17.53}$$

$Q_p \geq 10$일 때는 f_o는 다음과 같이 f_1과 f_2의 산술평균으로 근사된다.

$$f_o = \frac{f_1 + f_2}{2} \tag{17.54}$$

EXAMPLE 17-19

그림 17.28의 RLC 병렬회로에서

(a) 최대 출력전압을 구하라.

(b) f_o, Q_p를 구하라.

(c) f_1, f_2를 구하라.

(d) BW와 f_o/Q_p를 비교하라.

(e) $f_o = \sqrt{f_1 f_2}$와 $f_o = \dfrac{f_1 + f_2}{2}$를 비교하라.

(f) 5 kHz, 11254 Hz, 25 kHz에서 출력전압을 구하라.

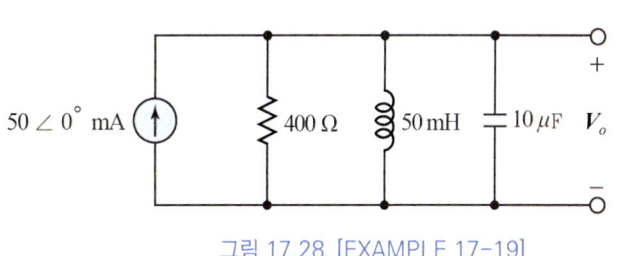

그림 17.28 [EXAMPLE 17-19]

SOLUTION

(a) 공진에서 최대 출력전압을 얻을 수 있다.

$$V_{o(\max)} = RI = 400(50 \times 10^{-3}) = 20 \text{ V}$$

(b) $f_o = \dfrac{1}{2\pi\sqrt{LC}} = \dfrac{1}{2\pi\sqrt{(5 \times 10^{-3})(10 \times 10^{-6})}} = 711.8 \text{ Hz}$,

$$Q_p = R\sqrt{\dfrac{C}{L}} = 400\sqrt{\dfrac{10 \times 10^{-6}}{5 \times 10^{-3}}} = 17.9$$

(c) $f_1 = \dfrac{f_o\sqrt{\left(\dfrac{1}{Q_p}\right)^2 + 4} - \dfrac{f_o}{Q_p}}{2} = \dfrac{711.8\sqrt{\left(\dfrac{1}{17.9}\right)^2 + 4} - \dfrac{711.8}{17.9}}{2} = 692.2 \text{ Hz}$

$f_2 = \dfrac{f_o\sqrt{\left(\dfrac{1}{Q_p}\right)^2 + 4} + \dfrac{f_o}{Q_p}}{2} = \dfrac{711.8\sqrt{\left(\dfrac{1}{17.9}\right)^2 + 4} + \dfrac{711.8}{17.9}}{2} = 732 \text{ Hz}$

(d) $BW = f_2 - f_1 = 732 - 692.2 = 39.8 \text{ Hz}$

혹은 $BW = \dfrac{f_o}{Q_p} = \dfrac{711.8}{17.9} = 39.8 \text{ Hz}$. 일치한다.

(e) $f_o = \sqrt{f_1 f_2} = \sqrt{(692.2)(732)} = 711.8 \text{ Hz}$

$f_o = \dfrac{f_1 + f_2}{2} = \dfrac{692.2 + 732}{2} = 712.1 \text{ Hz}$. 일치한다.

(f)
$$V_{o(300\text{Hz})} = \frac{RI}{\sqrt{1+Q_p^2\left(\dfrac{f}{f_o}-\dfrac{f_o}{f}\right)^2}} = \frac{20}{\sqrt{1+(17.9)^2\left(\dfrac{300}{711.8}-\dfrac{711.8}{300}\right)^2}} = 0.58 \text{ V}$$

$$V_{o(f_o)} = \frac{RI}{\sqrt{1+Q_s^2\left(\dfrac{f}{f_o}-\dfrac{f_o}{f}\right)^2}} = \frac{20}{\sqrt{1+Q_s^2\left(\dfrac{f_o}{f_o}-\dfrac{f_o}{f_o}\right)^2}} = 20 \text{ V}$$

$$V_{o(3\text{kHz})} = \frac{RI}{\sqrt{1+Q_s^2\left(\dfrac{f}{f_o}-\dfrac{f_o}{f}\right)^2}} = \frac{20}{\sqrt{1+(17.9)^2\left(\dfrac{3000}{711.8}-\dfrac{711.8}{3000}\right)^2}} = 0.28 \text{ V}$$

17.8 *RLC* 직·병렬공진회로

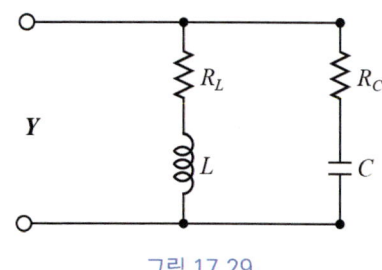

그림 17.29

그림 17.29와 같은 직·병렬회로에서 공진이 일어날 조건에 대해서 알아보자. 어드미턴스 Y는 각 지로의 어드미턴스 합이다.

$$Y = Y_L + Y_C = \frac{1}{R_L+jX_L} + \frac{1}{R_C-jX_C} \qquad (17.55\text{a})$$

$$Y = \left(\frac{R_L}{R_L^2+X_L^2} + \frac{R_C}{R_C^2+X_C^2}\right) + j\left(\frac{X_C}{R_C^2+X_C^2} - \frac{X_L}{R_L^2+X_L^2}\right) \qquad (17.55\text{b})$$

허수부가 0일 때 회로는 공진회로가 된다. 즉

$$\frac{X_C}{R_C^2+X_C^2} - \frac{X_L}{R_L^2+X_L^2} = 0$$

$$\frac{1}{\omega_o C}\left(R_L^2+\omega_o^2 L^2\right) = \omega_o L\left(R_C^2+\frac{1}{\omega_o^2 C^2}\right) \qquad (17.56)$$

상기 식에서 5개의 변수(ω_o, R_L, R_C, L, C)로 공진을 만들 수 있다.

(1) 식 **(17.56)**에서 ω_o에 대해 풀면

$$\omega_o = \frac{1}{\sqrt{LC}}\sqrt{\frac{R_L^2-\dfrac{L}{C}}{R_C^2-\dfrac{L}{C}}} \qquad (17.57)$$

$$f_o = \frac{1}{2\pi\sqrt{LC}}\sqrt{\frac{R_L^2-\dfrac{L}{C}}{R_C^2-\dfrac{L}{C}}} \qquad (17.57\text{-}1)$$

식 (17.57-1)에서 근호 속의 수가 양수일 때 회로는 공진 주파수를 가진다. 그러나 $R_L^2 = R_C^2 = \dfrac{L}{C}$일 때는 회로는 모든 주파수에서도 공진이 일어난다.

(2) 식 **(17.56)**에서 L에 대해 풀면

$$L = \frac{1}{2}C\left(Z_C^2 \pm \sqrt{Z_C^4 - 4R_L^2 X_C^2}\right) \tag{17.58}$$

여기서 $Z_C = \sqrt{R_C^2 + X_C^2}$이다.

$Z_C^4 > 4R_L^2 X_C^2$인 경우 회로가 공진되기 위한 두 가지의 L 값이 존재한다. $Z_C^4 = 4R_L^2 X_C^2$일 때 $L = \dfrac{1}{2}CZ_C^2$에서 공진이 일어난다. $Z_C^4 \leq 4R_L^2 X_C^2$일 때는 공진을 만드는 L은 없다.

(3) 식 **(17.56)**에서 C에 대해 풀면

$$C = 2L\left(\frac{1}{Z_L^2 \pm \sqrt{Z_L^4 - 4R_C^2 X_L^2}}\right) \tag{17.59}$$

$Z_L^4 > 4R_C^2 X_L^2$인 경우 회로가 공진되기 위한 두 가지의 C 값이 존재한다. $Z_{LC}^4 = 4R_C^2 X_L^2$일 때 $C = \dfrac{2L}{Z_L^2}$에서 공진이 일어난다. $Z_L^4 \leq 4R_C^2 X_L^2$일 때는 공진을 만드는 C는 없다.

(4) 식 **(17.56)**에서 R_L에 대해 풀면

$$R_L = \sqrt{\omega^2 LCR_C^2 - \omega^2 L^2 + \frac{L}{C}} \tag{17.60}$$

(5) 식 **(17.56)**에서 R_C에 대해 풀면

$$R_C = \sqrt{\frac{R_L^2}{\omega^2 LC} - \frac{1}{\omega^2 C^2} + \frac{L}{C}} \tag{17.61}$$

식 (17.60), (17.61)에서 근호 속의 수가 양수일 때 R_L, R_C는 회로를 공진상태로 만든다.

그림 17.29에서 R_L을 저항기의 저항이 아닌 코일저항 R_l이라고 하고, 커패시터와 직렬인 R_C를 제거한 그림 17.30과 같은 직병렬 RLC 회로에서 공진 주파수와 품질계수를 고찰해보자.

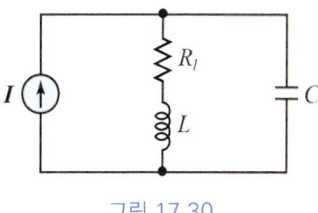

그림 17.30

어드미턴스 Y는

$$\begin{aligned}Y &= \frac{1}{R_l + j\omega L} + j\omega C \\ &= \frac{R_l}{R_l^2 + (\omega L)^2} + j\left[\omega C - \frac{\omega L}{R_l^2 + (\omega L)^2}\right]\end{aligned} \tag{17.62}$$

공진에서 허수부가 0이므로

$$\frac{\omega_o L}{R_l^2 + (\omega_o L)^2} = \omega_o C$$

$$\omega_o = \frac{1}{\sqrt{LC}} \sqrt{1 - \frac{R_l^2 C}{L}} \tag{17.63}$$

$$f_o = \frac{1}{2\pi \sqrt{LC}} \sqrt{1 - \frac{R_l^2 C}{L}} \tag{17.63-1}$$

식 (17.63), (17.63-1)은 각각 식 (17.57), (17.57-1)에서 $R_C = 0$일 때와 같다. 식 (17.62)의 어드미턴스는 3개의 항으로 구성된다. 즉 실수부의 컨덕턴스 항, 유도성 서셉턴스 항, 용량성 서셉턴스 항이다. 어드미턴스의 각 항의 역수를 취하면 다음과 같이 임피던스의 저항, 유도성 리액턴스, 용량성 리액턴스 항으로 변환되고, 회로를 합성하면 그림 17.31과 같이 된다.

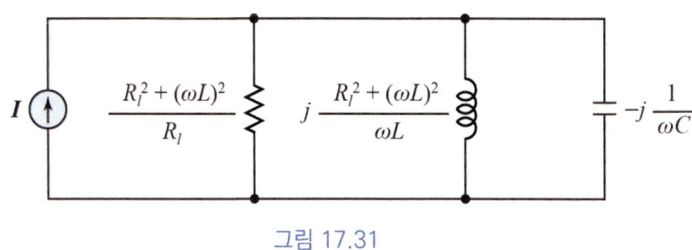

그림 17.31

$Y_R = \dfrac{R_l}{R_l^2 + (\omega L)^2}$ 이므로 저항에서 등가 임피던스는 $Z_R = \dfrac{R_l^2 + (\omega L)^2}{R_l}$

$Y_L = -j\dfrac{\omega L}{R_l^2 + \omega^2 L^2}$ 이므로 인덕터에서 등가 임피던스는 $Z_L = j\dfrac{R_l^2 + (\omega L)^2}{\omega L}$

$Y_C = j\omega C$ 이므로 커패시터에서 등가 임피던스는 $Z_C = -j\dfrac{1}{\omega C}$

공진일 때 인덕터에서 무효전력 P_r 은

$$P_r = \frac{V^2}{X_{L(equi)}} = \frac{V^2}{\left[R_l^2 + (\omega_o L)^2\right]/\omega_o L} \tag{17.64}$$

공진일 때 저항에서 평균전력 P_a 는

$$P_a = \frac{V^2}{R_{(equi)}} = \frac{V^2}{\left[R_l^2 + (\omega_o L)^2\right]/R_l} \tag{17.65}$$

공진일 때 등가 저항에서 평균전력과 등가 인덕턴스에서 무효전력과의 비, 즉 품질계수 Q_{sp} 는

$$Q_{sp} = \frac{\dfrac{V^2}{\left[R_l^2 + (\omega_o L)^2\right]/\omega_o L}}{\dfrac{V^2}{\left[R_l^2 + (\omega_o L)^2\right]/R_l}} = \frac{\omega_o L}{R_l} \tag{17.66}$$

공진일 때 커패시터에서 무효전력 P_r 은

$$P_r = \frac{V^2}{X_{L(equi)}} = \frac{V^2}{1/\omega_o C} \tag{17.67}$$

공진일 때 등가 저항에서 평균전력과 커패시터에서 무효전력과의 비, 즉 품질계수 Q_{sp}는

$$Q_{sp} = \frac{\dfrac{V^2}{1/\omega_o C}}{\dfrac{V^2}{\left[R_l^2 + (\omega_o L)^2\right]/R_l}} = \frac{\omega_o C}{R_l}\left[R_l^2 + (\omega_o L)^2\right] \tag{17.68}$$

전류원의 내부저항 R_i을 고려하면 그림 17.32와 이 전류원과 병렬이 되는 노튼 등가회로가 된다.

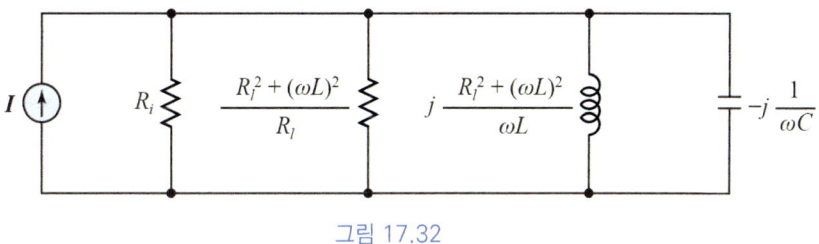

그림 17.32

R_i는 병렬에다 실수부이므로 허수부에는 아무런 영향이 없다. 따라서 R_i를 고려한 저항에서 평균전력 P_a는 다음과 같이 나타내진다.

$$P_a = \frac{V^2}{R_{(equi)}} = \frac{V^2}{R_i // \left[R_l^2 + (\omega_o L)^2\right]/R_l} \tag{17.69}$$

여기서 식 (17.69)의 분모를 정리하면

$$\begin{pmatrix} R_i // \left[R_l^2 + (\omega_o L)^2\right]/R_l = \dfrac{R_i \left[R_l^2 + (\omega_o L)^2\right]/R_l}{R_i + \left[R_l^2 + (\omega_o L)^2\right]/R_l} \\ = \dfrac{R_i \left[R_l^2 + (\omega_o L)^2\right]}{R_i R_l + \left[R_l^2 + (\omega_o L)^2\right]} = \dfrac{R_l^2 + (\omega_o L)^2}{R_l + \left[R_l^2 + (\omega_o L)^2\right]/R_i} \end{pmatrix}$$

이것을 식 (17.69)에 다시 대입하면 다음 식과 같이 된다.

$$P_a = \frac{V^2}{\left[R_l^2 + (\omega_o L)^2\right]/\left\{R_l + \left[R_l^2 + (\omega_o L)^2\right]/R_i\right\}} \tag{17.69-1}$$

그에 따른 품질계수도 정리하면 식 (17.68)은 다음 식과 같이 된다.

$$Q_{sp}' = \frac{\omega_o L}{R_l + \dfrac{R_l^2 + (\omega_o L)^2}{R_i}} \tag{17.70}$$

여기서 이상적인 코일이라면 $R_l = 0$이므로

$$Q_{sp}' = \frac{R_i}{\omega_o L} = Q_p \tag{17.70-1}$$

가 되고, 이상적인 전류원이라면 $R_i = \infty$이므로

$$Q_{sp}' = \frac{\omega_o L}{R_l} = Q_{sp} \tag{17.70-2}$$

로 축소된다.

EXAMPLE 17-20

그림 17.33의 회로에서 f_o를 구하라.

SOLUTION

$$f_o = \frac{1}{2\pi\sqrt{LC}}\sqrt{\frac{R_L^2 - L/C}{R_C^2 - L/C}}$$

$$= \frac{1}{2\pi\sqrt{0.5(10\times 10^{-6})}}\sqrt{\frac{4^2 - \dfrac{0.5}{10\times 10^{-6}}}{6^2 - \dfrac{0.5}{10\times 10^{-6}}}}$$

$$= 71.2 \text{ Hz}$$

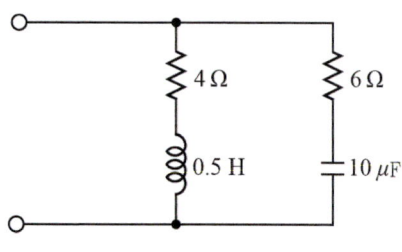

그림 17.33 [EXAMPLE 17-20]

EXAMPLE 17-21

그림 17.34의 회로에서, $\omega = 5500 \text{ rad/s}$에서 공진하기 위한 L을 결정하라.

SOLUTION

$$Y = \frac{1}{R_L + jX_L} + \frac{1}{R_C - jX_C}$$

$$= \left(\frac{R_L}{R_L^2 + X_L^2} + \frac{R_C}{R_C^2 + X_C^2}\right) + j\left(\frac{X_C}{R_C^2 + X_C^2} - \frac{X_L}{R_L^2 + X_L^2}\right)$$

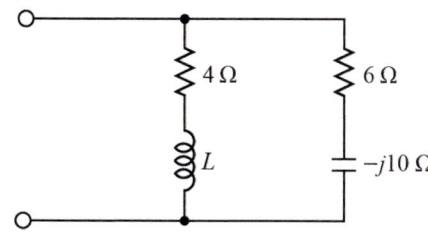

그림 17.34 [EXAMPLE 17-21]

가 되므로 허수부가 0일 때 공진한다.

$$\frac{X_C}{R_C^2 + X_C^2} - \frac{X_L}{R_L^2 + X_L^2} = 0$$

$$\frac{10}{36 + 100} - \frac{X_L}{16 + X_L^2} = 0 \quad \text{혹은} \quad 10X_L^2 - 136X_L + 160 = 0$$

$$X_L = 12.3 \,\Omega, \quad X_L = 1.3 \,\Omega$$

$X_L = \omega_o L$이므로

$$L = 2.23 \text{ mH } \& \ 0.24 \text{ mH}$$

EXAMPLE 17-22

그림 17.35의 회로에서, $\omega = 5500\,\text{rad/s}$에서 공진하기 위한 C를 결정하라.

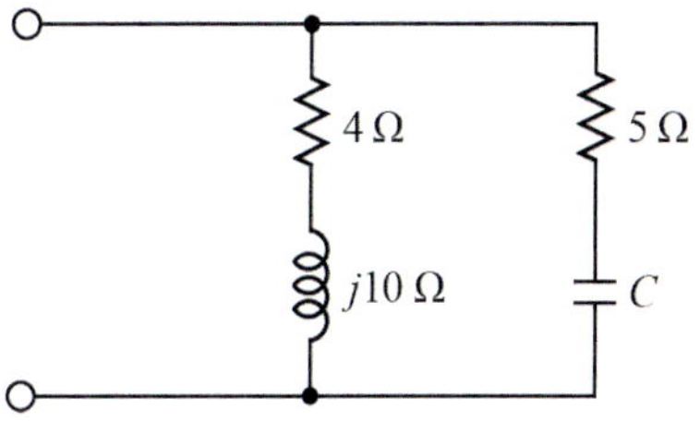

SOLUTION

$$Y = \frac{1}{R_L + jX_L} + \frac{1}{R_C - jX_C}$$
$$= \left(\frac{R_L}{R_L^2 + X_L^2} + \frac{R_C}{R_C^2 + X_C^2}\right) + j\left(\frac{X_C}{R_C^2 + X_C^2} - \frac{X_L}{R_L^2 + X_L^2}\right)$$

가 되므로 허수부가 0일 때 공진한다.

$$\frac{X_C}{R_C^2 + X_C^2} - \frac{X_L}{R_L^2 + X_L^2} = 0$$

$$\frac{X_C}{5^2 + X_C^2} - \frac{10}{4^2 + 10^2} = 0 \text{ 혹은 } 10X_C^2 - 116X_L + 250 = 0$$

$$X_C = 87.4\,\Omega,\ \ X_C = 28.6\,\Omega$$

$X_C = 1/\omega C$이므로

$$C = 2.1\,\mu\text{F} \ \&\ 6.4\,\mu\text{F}$$

그림 17.35 [EXAMPLE 17-22]

EXAMPLE 17-23

그림 17.36의 회로에서 공진하기 위한 R_L을 결정하라.

SOLUTION

$$Y = \frac{1}{R_L + jX_L} + \frac{1}{R_C - jX_C}$$
$$= \left(\frac{R_L}{R_L^2 + X_L^2} + \frac{R_C}{R_C^2 + X_C^2}\right) + j\left(\frac{X_C}{R_C^2 + X_C^2} - \frac{X_L}{R_L^2 + X_L^2}\right)$$

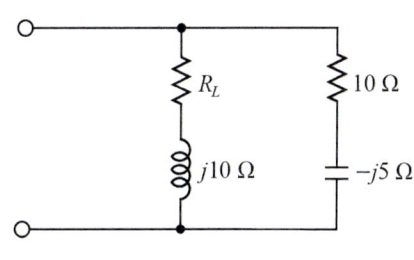

그림 17.36 [EXAMPLE 17-23]

가 되므로 이것에 따라 허수부를 0일 때 공진한다.

$$\frac{X_C}{R_C^2 + X_C^2} - \frac{X_L}{R_L^2 + X_L^2} = 0$$

$$\frac{5}{100 + 25} - \frac{10}{R_L^2 + 100} = 0$$

$$R_L = 12.25\,\Omega$$

EXAMPLE 17-24

그림 17.37의 회로에서

(a) 회로가 모든 주파수에서 공진하기 위한 R_L, R_C를 결정하라.
(b) $\omega = 2000 \text{ rad/s}$, $\omega = 4000 \text{ rad/s}$에서 공진하는가를 확인하라.

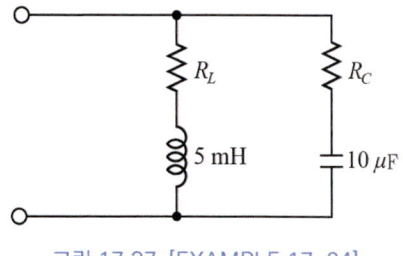

그림 17.37 [EXAMPLE 17-24]

SOLUTION

(a) $\omega_o = \dfrac{1}{\sqrt{LC}} \sqrt{\dfrac{R_L^2 - L/C}{R_C^2 - L/C}}$ 에서 공진한다.

그러나 $R_L^2 = R_C^2 = L/C$ 일 때는 모든 주파수에서도 공진한다.

$$L/C = (5 \times 10^{-3})/(10 \times 10^{-6}) = 500$$
$$R_L = R_C = \sqrt{500} = 22.36 \, \Omega$$

(b) 모든 주파수에서 공진하므로 임의의 주파수에서 Y의 허수부가 0이어야 한다.

$$\dfrac{X_C}{R_C^2 + X_C^2} - \dfrac{X_L}{R_L^2 + X_L^2} = 0$$

$$\dfrac{1}{\omega C}(R_L^2 + \omega^2 L^2) = \omega L \left(R_C^2 + \dfrac{1}{\omega^2 C^2} \right)$$

위의 등식이 성립하는가를 보자.

$\omega = 2000 \text{ rad/s}$ 일 때

$$\dfrac{1}{\omega C}(R_L^2 + \omega^2 L^2) = \dfrac{1}{(2000)(10 \times 10^{-6})} \left[22.36^2 + (2000)^2 (5 \times 10^{-3})^2 \right]$$
$$= 29998.48$$

$$\omega L \left(R_C^2 + \dfrac{1}{\omega^2 C^2} \right) = (2000)(5 \times 10^{-3}) \left[22.36^2 + \dfrac{1}{(2000)^2 (10 \times 10^{-6})^2} \right]$$
$$= 29999.7$$

$\omega = 4000 \text{ rad/s}$ 일 때

$$\dfrac{1}{\omega C}(R_L^2 + \omega^2 L^2) = \dfrac{1}{(4000)(10 \times 10^{-6})} \left[22.36^2 + (4000)^2 (5 \times 10^{-3})^2 \right]$$
$$= 22499.24$$

$$\omega L \left(R_C^2 + \dfrac{1}{\omega^2 C^2} \right) = (4000)(5 \times 10^{-3}) \left[22.36^2 + \dfrac{1}{(4000)^2 (10 \times 10^{-6})^2} \right]$$
$$= 22499.39$$

EXAMPLE 17-25

그림 17.38의 회로에서

(a) f_o, Q_{sp}를 구하라. 식 (17.66), (17.68)의 결과가 같은지 확인하라.

(b) 공진에서 임피던스를 구하라.

(c) R_l이 공진 주파수에 의미있는 영향을 미치는가?

(d) 전류원의 내부저항 $R_i = 100 \text{ k}\Omega$ 이라고 할 때 품질계수와 임피던스를 구하라

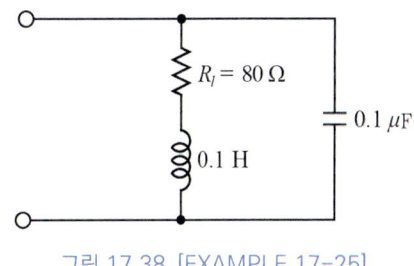

그림 17.38 [EXAMPLE 17-25]

SOLUTION

(a) $\omega_o = \dfrac{1}{\sqrt{LC}} \sqrt{1 - \dfrac{R_l^2 C}{L}}$

$= \dfrac{1}{\sqrt{0.1(0.1 \times 10^{-6})}} \sqrt{1 - \dfrac{(80^2)(0.1 \times 10^{-6})}{0.1}} = 9967.6 \text{ rad/s}$

$f_o = \dfrac{\omega_o}{2\pi} = \dfrac{9967.6}{2\pi} = 1586.4 \text{ Hz}$

$Q_{sp} = \dfrac{\omega_o L}{R_l} = \dfrac{(9967.6)(0.1)}{80} = 12.5$

$Q_{sp} = \dfrac{\omega_o C}{R_l} \left[R_l^2 + (\omega_o L)^2 \right]$

$= \dfrac{(9967.6)(0.1 \times 10^{-6})}{80} \left[80^2 + (9967.6 \times 0.1)^2 \right] = 12.5$

따라서 식 (17.66)과 (17.68)의 결과는 같다.

(b) $Y = \dfrac{R_l}{R_l^2 + (\omega L)^2} + j \left[\omega C - \dfrac{\omega L}{R_l^2 + (\omega L)^2} \right]$

공진에서 허수부가 0이므로

$Z = \dfrac{1}{Y} = \dfrac{R_l^2 + (\omega_o L)^2}{R_l} = \dfrac{80^2 + (9967.6 \times 0.1)^2}{80} = 12.5 \text{ k}\Omega$

(c) $R_l = 0 \,\Omega$ 이라면 $f_o = \dfrac{1}{2\pi \sqrt{LC}} = \dfrac{1}{2\pi \sqrt{(0.1)(0.1 \times 10^{-6})}} = 1591.5 \text{ Hz}$

$Q_{sp} \geq 10$인 관계로 3% 정도의 낮은 차이를 보인다.

(d) $Q_{sp}' = \dfrac{\omega_o L}{R_l + \left[R_l^2 + (\omega_o L)^2 \right]/R_i}$

$= \dfrac{(9967.6)(0.1)}{80 + \left[80^2 + (9967.6 \times 0.1)^2 \right]/(100 \times 10^3)} = 11.1$

$$R_i // \frac{R_l^2 + (\omega_o L)^2}{R_l} = \frac{R_l^2 + (\omega_o L)^2}{R_l + [R_l^2 + (\omega_o L)^2]/R_i}$$

$$= \frac{80^2 + (9967.6 \times 0.1)^2}{80 + [80^2 + (9967.6 \times 0.1)^2]/(100 \times 10^3)} = 11.1 \text{ k}\Omega$$

EXERCISE

17.1 그림 17.39의 RC 회로에서 차단 주파수와 1 kHz에서 V_o를 구하라.

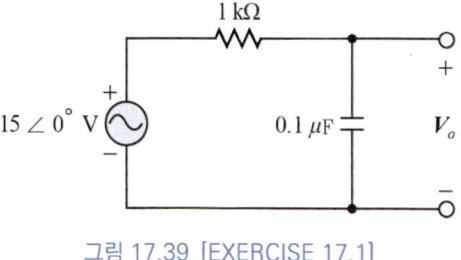

그림 17.39 [EXERCISE 17.1]

17.2 그림 17.40의 CR 회로에서 차단 주파수와 100 Hz에서 V_o를 구하라.

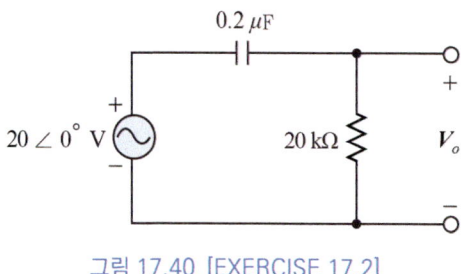

그림 17.40 [EXERCISE 17.2]

17.3 미지의 R과 C, $L = 1$ H인 RLC 직렬회로에 $v = 84.9\sin(1000t + 53°)$ V를 인가할 때 $i = 7.07\sin(1000t + 53°)$ A 이다. R과 C를 구하라.

17.4 $R = 50\,\Omega$, 미지의 C인 직렬회로에 전압원의 내부임피던스가 $6 + j8\,\Omega$인 $v = 141.1\sin 2000t$ V를 인가한다. 저항에 전력이 최대가 되는 C와 그때 전력을 구하라.

17.5 $R = 50\,\Omega$, $L = 0.01$ H, $C = 20\,\mu$F인 RLC 직렬회로에 $150\angle 0°$ V(가변 주파수)가 인가된다. 커패시터에 최대전압이 걸리게 하는 주파수를 구하고, 그때 커패시터의 최대전압을 구하라.

17.6 $R = 20\,\Omega$, $L = 0.1$ H, $C = 20\,\mu$F인 RLC 직렬회로에 가변 주파수의 전압이 인가된다. 전압이 전류보다 $60°$만큼 뒤지는 주파수 f_1, 공진 주파수 f_o, 전압이 전류보다 $60°$만큼 앞서는 주파수 f_2를 구하라.

17.7 60 Hz에서 전류가 전압보다 $30°$ 앞서는 $R = 30\,\Omega$, $L = 0.5$ H인 RLC 직렬회로에 공진 주파수 f_o를 구하라.

17.8 $R = 1$ kΩ, $L = 0.5$ H, $C = 0.5\,\mu$F인 RLC 병렬회로에 $20\angle 0°$ V가 인가될 때 f_o, Q_p, I_o를 구하라.

17.9 그림 17.41의 대역통과필터에서

(a) f_o와 Q_s를 구하라.

(b) f_1, f_2를 구하라.

(c) 5 kHz에서 출력전압을 구하라.

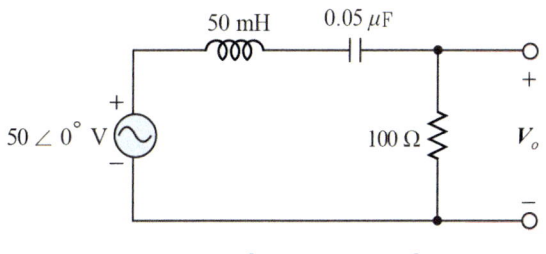

그림 17.41 [EXERCISE 17.9]

17.10 그림 17.42의 회로에서 다음에 답하라.

(a) $R_L = 0$, $R_C = 0$, $L = 0.1$ H, $C = 20\,\mu\text{F}$ 일 때 공진 주파수

(b) $R_L = 5\,\Omega$, $R_C = 3\,\Omega$, $L = 0.1$ H, $C = 20\,\mu\text{F}$ 일 때 공진 주파수

(c) $R_L = 5\,\Omega$, $R_C = 4\,\Omega$, $L = 5$ mH일 때 $\omega = 2000$ rad/s에서 공진하기 위한 C값

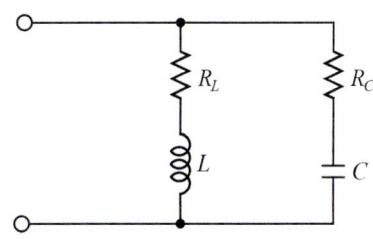

그림 17.42 [EXERCISE 17.10]

17.11 그림 17.43의 회로에서

(a) $R_C = 5\,\Omega$, $X_L = 5\,\Omega$, $X_C = 10\,\Omega$ 일 때 공진하기 위한 R_L을 구하라.

(b) $R_L = 4\,\Omega$, $R_C = 3\,\Omega$, $X_L = 10\,\Omega$ 일 때 공진하기 위한 X_L을 구하고, 각각의 X_L에 대해서 회로 전체 전류를 구하라.

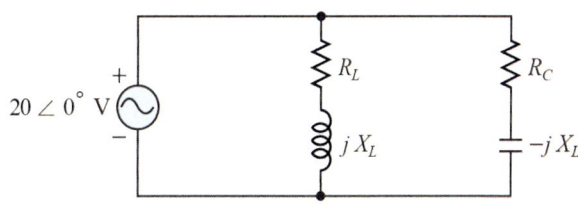

그림 17.43 [EXERCISE 17.11]

17.12 그림 17.44의 회로에서

(a) f_o, Q_{sp}를 구하라.

(b) 전류원의 내부저항을 무시한 공진 임피던스를 구하라.

(c) 전류원의 내부저항을 고려한 품질계수와 임피던스를 구하라.

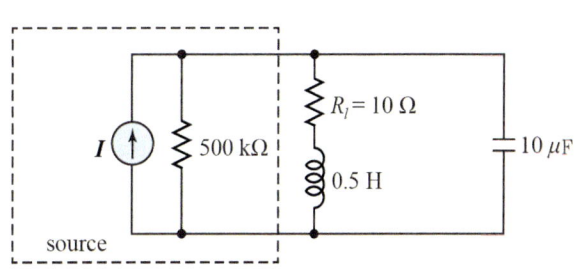

그림 17.44 [EXERCISE 17.12]

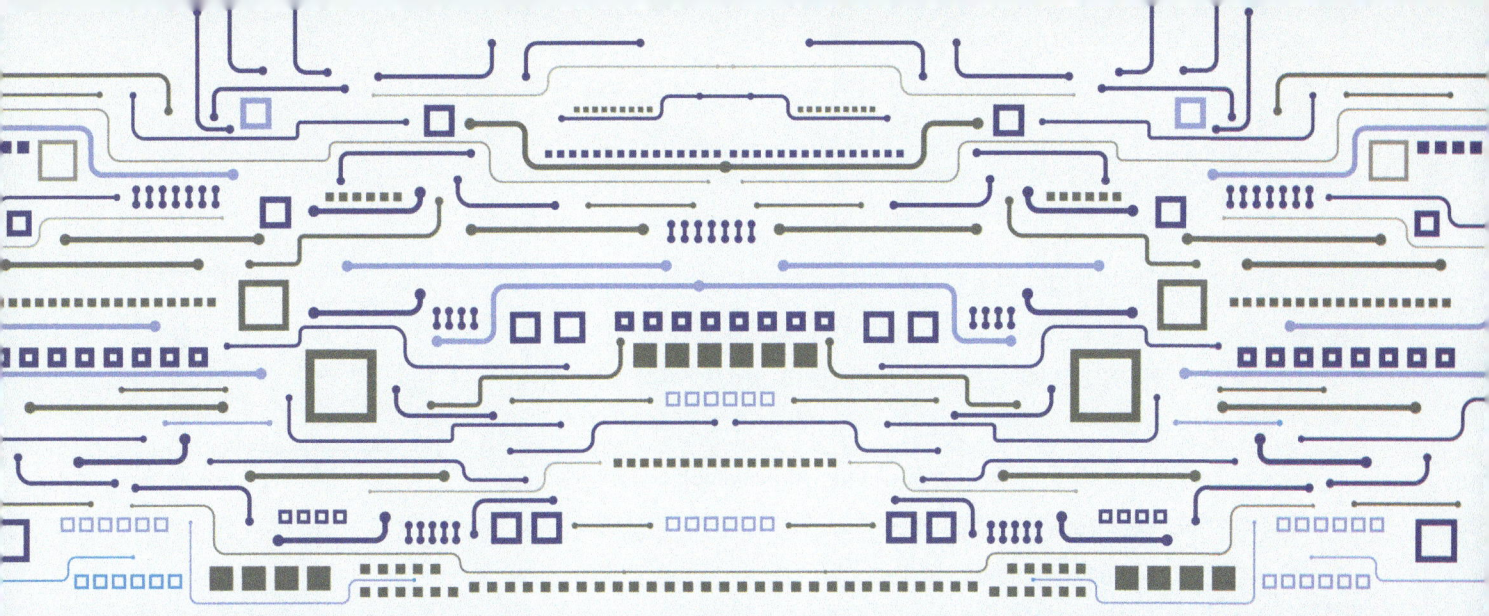

CHAPTER 18

2단자 회로망

18.1 2단자 회로망의 개요
18.2 2단자 회로망 합성
18.3 쌍대회로
18.4 역회로와 정저항 회로
EXERCISE

18.1 2단자 회로망의 개요

전원을 포함하지 않고, 선형특성의 회로요소들로 결합된 2개의 단자를 가지는 회로망을 2단자(2-terminals) 선형 회로망이라고 한다. 그림 18.1은 선형 회로망의 단자 a, b에 전압이 인가된 회로망이다. 이때 단자 a, b를 **구동점**(驅動點, driving point)이라고 하며, 구동점에서 회로망으로 본, 임피던스를 **구동점 임피던스**(driving impedance), 어드미턴스를 **구동점 어드미턴스**(driving admittance)라고 한다. 2단자 회로망의 **구동점 이미턴스**(driving immittance, 임피던스와 어드미턴스를 총칭하는 용

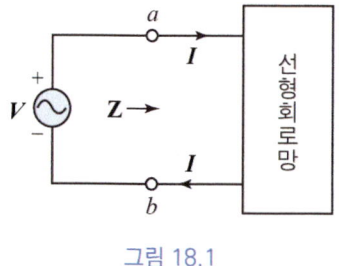

그림 18.1

어)를 회로요소로 분해하여 등가회로 구성하는, 소위 2단자 회로망 합성(network synthesis)에 대해서 다룬다. 이때 파라미터 $s = \sigma + j\omega$가 사용된다. 전기회로에서 지수함수 e^{st}를 취급할 때 $e^{\sigma t}\sin\omega t$ (허수부)에서 $\sigma > 0$이면 발산되고, $\sigma < 0$이면 수렴되므로 정현파 교류인 경우에는 $\sigma = 0$로 $s = j\omega$이다. 직류에서는 $\sigma = 0$, $\omega = 0$이므로 $s = 0$이다.

그리고 분수함수의 영점과 극점, 반대 개념을 갖는 쌍대회로, 어떤 회로의 역회로, 구동점 임피던스가 주파수와 무관하게 저항만의 회로가 되는 정저항 회로에 대해 기술한다.

EXAMPLE 18-1

2단자 구동점 임피던스가 다음과 같이 주어질 때 직류 200 V 인가시 전류를 구하라.

$$Z(s) = \frac{6s+2}{2s^2+s+1}$$

SOLUTION

직류에서 각주파수 $\omega = 0$이므로 $s = j\omega = 0$이므로 $Z(0) = 2\,\Omega$이다.
따라서 전류 $I = \dfrac{V}{Z(0)} = \dfrac{100}{2} = 50$ A

18.2 2단자 회로망 합성

2단자 회로망 해석과 합성 관계는 마치 미분과 적분 관계와 흡사하다. 회로해석을 통해서 얻어진 구동점 이미턴스가 주어지면 이것이 어떤 회로망의 이미턴스인가를 알 필요가 있다. 이미턴스가 어떤 개별 항들로 결합되어 있는지를 알기 위해서는 그것을 분해(decomposing)해야만 한다. 그 분해 도구가 부분분수 전개(partial fraction expansion)와 연속분수 전개(continued fraction expansion)이다.

(1) 영점과 극점

$Z(s)$가 $Z(s) = \dfrac{Z_1(s)}{Z_2(s)}$와 같이 다항식 분수함수일 때 $Z(s)$의 성질에 대해서 알아보자.

ⅰ) $Z(s)$의 분자 $Z_1(s)$의 근(root)을 **영점**(zero)이라고 하며 $Z(s) = 0$이 된다. 이때 회로는 단락상태가 된다. 영점의 기호는 ○(small circle)이다.

ⅱ) $Z(s)$의 분모 $Z_2(s)$의 근(root)을 **극점**(pole)이라고 하며, $Z(s) = \infty$가 된다. 이때 회로는 개방상태가 된다. 극점의 기호는 ×(small cross)이다.

ⅲ) 선형 회로망에서 영점과 극점은 s 평면(복소평면)에서 허수축과 음의 실수축에 존재한다.

ⅳ) $Z_1(s)$, $Z_2(s)$에서 계수는 양의 실수이다.

EXAMPLE 18-2

2단자 구동점 임피던스가 다음과 같을 때 영점과 극점을 s 평면(복소평면)에 표시하라.

$$Z(s) = \frac{s^2 + 3}{s^2 + 3s + 2}$$

SOLUTION

$$Z(s) = \frac{s^2 + 3}{s^2 + 3s + 2} = \frac{s^2 + 3}{(s + 2)(s + 1)}$$

영점은 $Z(s) = 0$:

$$s^2 + 3 = 0 \quad \therefore s = \pm j\sqrt{3}$$

극점은 $Z(s) = \infty$:

$$s^2 + 3s + 2 = 0 \quad \therefore s = -1, -2$$

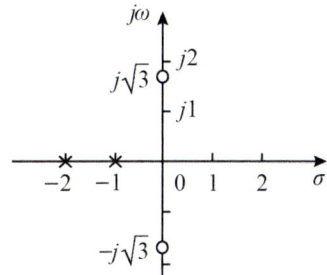

그림 18.2 [EXAMPLE 18-2]

EXAMPLE 18-3

그림 18.3의 회로에서 구동점 임피던스를 구하고, 영점과 극점을 s 평면(복소평면)에 표시하라.

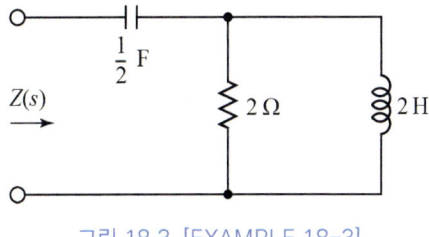

그림 18.3 [EXAMPLE 18-3]

SOLUTION

구동점 임피던스는 직·병렬합성 임피던스 $Z(s)$이므로

$$Z(s) = \frac{1}{sC} + R//sL$$

$$= \frac{2}{s} + 2//2s = \frac{2}{s} + \frac{4s}{2s + 2} = \frac{2(s^2 + 2s + 2)}{s(s + 1)}$$

영점: $s^2 + 2s + 2 = 0$ $\therefore s = -1 \pm j$

극점: $s(s+1) = 0$ $\therefore s = 0, -1$

따라서 그림 18.3-1과 같이 나타낼 수 있다.

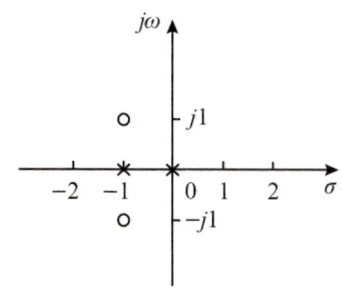

그림 18.3-1 [EXAMPLE 18-3]

(2) 분수 전개법

s 도메인에서 이미턴스 함수를 어떤 방법으로 전개하든 상수, as, $1/bs$ 과 같이 개별 항으로 전개해야 하며, s의 계수는 L이거나 C이므로 반드시 양의 부호를 갖게 해야 한다. 그리고 0이 아닌 영점과 극점을 제거하는 방식으로 전개해야 한다.

1) 부분분수 전개

부분분수 전개는 말 그대로 부분분수 전개를 통해서 개별 항으로 만드는 전개이다. 이미 부분분수 전개는 16장 라플라스 변환에서 케이스 별로 많이 다루었던 것으로 같은 방법으로 전개하여 회로망을 합성한다. 부분분수 전개는 **Foster 전개**라고도 하며, 이 전개에 의한 회로망은 임피던스일 경우는 직렬 회로망이 합성되고, 어드미턴스일 경우는 병렬 회로망이 합성된다. 통틀어서 Foster 회로망(Foster network)이라고 한다. 이미턴스의 분모(denominator, D), 분자(numerator, N)의 최고차수에 따라 케이스별로 부분분수 전개에 대해서 살펴보자.

Case 1) $N(s)$가 $D(s)$보다 최고차수가 낮은 경우

부분분수 전개는 기본적으로 분모가 인수분해 되고, $N(s)$가 $D(s)$보다 최고차수가 낮은 것이 일반적이다. 임피던스 함수 $Z(s)$를 다음과 같이 전개한다고 하면

$$Z(s) = \frac{3s+4}{s^2+2s} = \frac{3s+4}{s(s+2)} = \frac{1}{s} + \frac{2}{s+2} = Z_1(s) + Z_2(s) \cdots \text{직렬회로}$$

$Z_2(s)$는 극점(-2)을 가지므로 개별 항이 아니다. 따라서 $Z_2(s)$의 분모, 분자를 도치하면

$$Y_2(s) = \frac{1}{Z_2(s)} = \frac{s+2}{2} = \frac{1}{2}s + 1 = Y_3(s) + Y_4(s) \cdots \text{병렬회로}$$

부분분수 전개라도 영점과 극점이 없는, 즉 개별 항이 나올 때까지 나누기를 해야 한다. $Z_1(s)$, $Y_3(s)$, $Y_4(s)$는 모두 개별 항이다.

Case 2) $N(s)$, $D(s)$가 최고차수가 같은 경우

$N(s)$, $D(s)$가 같은 최고차수이지만 분모가 인수분해 되어 부분분수 전개가능하다. 그러나 미정계수 항의 최고차수가 분모의 최고차수와 같을 수도 있다.

$$Z(s) = \frac{s^2+2s+8}{s(s+4)} = \frac{2}{s} + \frac{s}{s+4} = Z_1(s) + Z_2(s) \cdots \text{직렬회로}$$

$Z_2(s)$는 극점(-4)을 가지므로 개별 항 아니다. 따라서 $Z_2(s)$의 분모, 분자를 도치하면

$$Y_2(s) = \frac{1}{Z_2(s)} = \frac{s+1}{s} = 1 + \frac{1}{s} = Y_3(s) + Y_4(s) \cdots 병렬회로$$

$Z_1(s)$, $Y_3(s)$, $Y_4(s)$는 모두 개별 항이다.

2) 연속분수 전개

연속분수 전개는 나누기를 통해서 몫(quotient)과 나머지(remainder)를 얻고, 나머지의 분모와 분자를 서로 도치시켜 또 다른 몫과 나머지를 얻는 식으로 계속 반복해 나가는 방식이다. 이때 나누기 반복을 통해서 얻은 몫과 최종 나머지는 개별 항이다. 연속분수 전개를 **Cauer 전개**라고도 하며, Cauer 전개에 의한 회로망은 사다리꼴 회로망(ladder network)으로 합성된다. 임피던스가 다음과 같이 다항차 분수함수라고 하자.

$$Z(s) = \frac{N(s)}{D(s)} \tag{18.1}$$

여기서 $N(s)$의 차수는 $D(s)$보다 같거나 한 차수 더 높다. $N(s)$를 $D(s)$로 나누었을 때 다음과 같이 첫 번째의 몫$[q_1(s)]$과 나머지$[R_1(s)]$가 얻어진다.

$$Z(s) = q_1 s + \frac{R_1(s)}{D(s)} = Z_1(s) + Z_2(s) \cdots 직렬회로 \tag{18.1-1}$$

여기서 식 (18.1)의 분모, 분자의 차수가 같다면 몫 $Z_1(s) =$ 상수가 된다. $R_1(s)$는 $D(s)$보다 한 차수 낮게 된다. 다음 단계로 $Z_2(s)$의 $R_1(s)$와 $D(s)$를 도치한 것을 $Y_2(s)$라고 했을 때 나누기 결과는 다음과 같이 두 번째의 몫$[q_2(s)]$과 나머지$[R_2(s)]$가 얻어진다.

$$Y_2(s) = \frac{1}{Z_2(s)} = \frac{D(s)}{R_1(s)} = q_2 s + \frac{R_2(s)}{R_1(s)} = Y_3(s) + Y_4(s) \cdots 병렬회로 \tag{18.1-2}$$

$Y_4(s)$의 분모, 분자를 도치한 후 나누기를 하면

$$Z_4(s) = \frac{1}{Y_4(s)} = \frac{R_1(s)}{R_2(s)} = q_3 s + \frac{R_3(s)}{R_2(s)} = Z_4(s) + Z_5(s) \cdots 직렬회로 \tag{18.1-3}$$

$$\vdots$$

결과적으로 다음과 같은 연분수 꼴이다.

$$Z(s) = q_1 s + \cfrac{1}{q_2 s + \cfrac{1}{q_3 s + \cfrac{1}{\cdots + \cfrac{1}{q_n s}}}} \tag{18.1-4}$$

식 (18.1-1)~(18.1-3)에서와 같이 직렬과 병렬이 반복된다. 직렬은 임피던스 항이며, 병렬은 어드미턴스 항이다.

여기서 케이스별로 연속분수 전개에 대해서 살펴보자.

Case 1) $N(s)$가 $D(s)$보다 최고차수가 높은 경우

$$Z(s) = \frac{s^4 + 7s^2 + 9}{s^3 + 4s} = s + \frac{3s^2 + 9}{s^3 + 4s} = Z_1(s) + Z_2(s) \cdots \text{직렬회로}$$

몫이 $Z_1(s) = s$, 나머지가 $Z_2(s) = \frac{3s^2 + 9}{s^3 + 4s}$이다. 다음 단계로 나머지 $Z_2(s)$의 분모, 분자를 도치한 후 나누기를 하면

$$Y_2(s) = \frac{1}{Z_2(s)} = \frac{s^3 + 4s}{3s^2 + 9} = \frac{1}{3}s + \frac{s}{3s^2 + 9} = Y_3(s) + Y_4(s) \cdots \text{병렬회로}$$

몫이 $\frac{1}{3}s = Y_3(s)$, 나머지가 $\frac{s}{3s^2 + 9} = Y_4(s)$이다. $Y_4(s)$의 분모, 분자를 도치한 후 나누기를 하면

$$Z_4(s) = \frac{1}{Y_4(s)} = \frac{3s^2 + 9}{s} = 3s + \frac{9}{s} = Z_5(s) + Z_6(s) \cdots \text{직렬회로}$$

몫이 $3s = Z_5(s)$, 나머지가 $\frac{9}{s} = Z_6(s)$로 모두 개별 항이 되기 때문에 연속분수 전개가 완료된다. 이 과정을 다음과 같이 연분수 형태로 나타낼 수 있다.

$$Z(s) = \frac{s^4 + 7s^2 + 9}{s^3 + 4s} = s + \cfrac{1}{\cfrac{1}{3}s + \cfrac{1}{3s + \cfrac{1}{\frac{s}{9}}}}$$

여기서 몫($s, 1/3s, 3s$)과 나머지($s/9$)가 개별 항이다.

Case 2) $N(s)$와 $D(s)$ 최고차수가 같은 경우

$$Z(s) = \frac{8s^3 + 2s^2 + 6s + 1}{4s^3 + 3s} = 2 + \frac{2s^2 + 1}{4s^3 + 3s} = Z_1(s) + Z_2(s) \cdots \text{직렬회로}$$

$Z_2(s)$의 분모, 분자를 도치한 후 나누기를 하면

$$Y_2(s) = \frac{1}{Z_2(s)} = \frac{4s^3 + 3s}{2s^2 + 1} = 2s + \frac{s}{2s^2 + 1} = Y_3(s) + Y_4(s) \cdots \text{병렬회로}$$

$Y_4(s)$의 분모, 분자를 도치한 후 나누기를 하면

$$Z_4(s) = \frac{1}{Y_4(s)} = \frac{2s^2 + 1}{s} = 2s + \frac{1}{s} = Z_5(s) + Z_6(s) \cdots \text{직렬회로}$$

몫과 최종 나머지 $Z_6(s) = \dfrac{1}{s}$이 모두 개별 항이 되기 때문에 연속분수 전개가 완료된다. 이 과정을 다음과 같이 연분수 형태로 나타낼 수 있다.

$$Z(s) = \frac{8s^3 + 2s^2 + 6s + 1}{4s^3 + 3s} = 2 + \cfrac{1}{2s + \cfrac{1}{2s + \cfrac{1}{s}}}$$

여기서 몫($2, 2s, 2s$)과 나머지(s)가 개별 항이다.

Case 2-1) $N(s)$와 $D(s)$ 최고차수가 같은 경우

만약 $N(s)$, $D(s)$가 최고차수가 같아서 연속분수 전개로 최고차항을 제거하는 방식으로 나누기를 한다고 하면 다음과 같이 나머지 s의 계수는 음수가 되어버린다.

$$Z(s) = \frac{s^2 + 2s + 8}{s(s+4)} = 1 + \frac{-2s + 8}{s(s+4)}$$

그럼 부분분수 전개를 하면

$$Z(s) = \frac{s^2 + 2s + 8}{s(s+4)} = 1 + \frac{-2s + 8}{s(s+4)}$$

이 같은 전개는 피해야 한다. 그렇다면 어떻게 해야 할까요. 이런 경우에는 부분분수로 전개한다.

$$Z(s) = \frac{s^2 + 2s + 8}{s(s+4)} = \frac{2}{s} + \frac{s}{s+4} = Z_1(s) + Z_2(s)$$

$Z_2(s)$의 분모, 분자를 도치한 후 나누기를 하면

$$Y_2(s) = \frac{1}{Z_2(s)} = \frac{s+4}{s} = 1 + \frac{4}{s} = Y_3(s) + Y_4(s)$$

$Z_1(s)$, $Y_3(s)$, $Y_4(s)$가 모두 개별 항으로 회로망 합성이 가능하다.

또는 분자의 최저차를 분모의 최저차로 나누는 방식의 연속분수 전개로 가능하다.

$$Z(s) = \frac{s^2 + 2s + 8}{s(s+4)} = \frac{8 + 2s + s^2}{4s + s^2} = \frac{2}{s} + \frac{s^2}{4s + s^2} = Z_1(s) + Z_2(s)$$

$$Y_2(s) = \frac{1}{Z_2(s)} = \frac{4}{s} + 1 = Y_3(s) + Y_4(s)$$

모두 개별 항이 되기 때문에 회로망 합성이 가능해진다.

Case 3) $N(s)$와 $D(s)$의 최고차수가 1차인 경우

분자의 최고차를 분모의 최고차로 나누는 방식은 다음과 같이 음수가 나온다.

$$Z(s) = \frac{7s + 2}{2s + 4} = \frac{7}{2} + \frac{-12}{2s + 4}$$

이런 경우에는 분자의 최저차(상수)를 분모의 최저차(상수)로 나누는 방식의 연속분수 전개로 가능하다.

$$Z(s) = \frac{7s+2}{2s+4} = \frac{2+7s}{4+2s} = \frac{1}{2} + \frac{3s}{2+s} = Z_1(s) + Z_2(s) \cdots 직렬회로$$

$Z_2(s)$는 개별 항이 아니다. 따라서 $Z_2(s)$의 분모, 분자를 도치한 후 나누기를 하면

$$Y_2(s) = \frac{1}{Z_2(s)} = \frac{2+s}{3s} = \frac{2}{3s} + \frac{1}{3} = Y_3(s) + Y_4(s) \cdots 병렬회로$$

$Z_1(s)$, $Y_3(s)$, $Y_4(s)$는 모두 개별 항이므로 회로망 합성이 가능해진다.

(3) 단순 회로망 합성 (simple network synthesis)

1) 회로요소가 하나일 때 회로망

$Z(s) = R$, $Z(s) = sL$, $Z(s) = \dfrac{1}{sC}$과 같을 때 각각에 대한 2단자 선형 회로망은 그림 18.4와 같다.

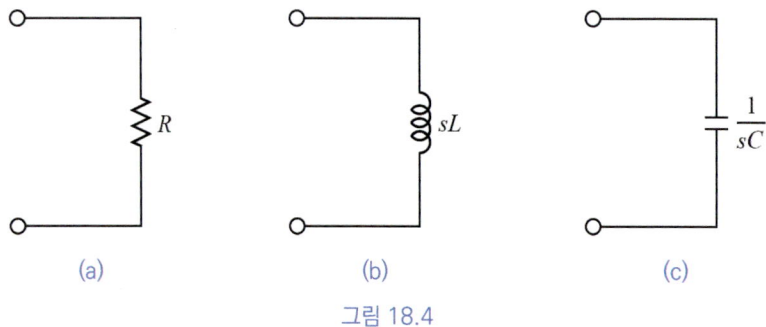

그림 18.4

2) 회로요소가 두 개일 때 회로망

가. 직렬 결합

$Z(s) = R + sL$, $Z(s) = R + \dfrac{1}{sC}$, $Z(s) = sL + \dfrac{1}{sC}$과 같을 때는 각각에 대해서 그림 18.5와 같은 2단자 선형 회로망으로 합성된다.

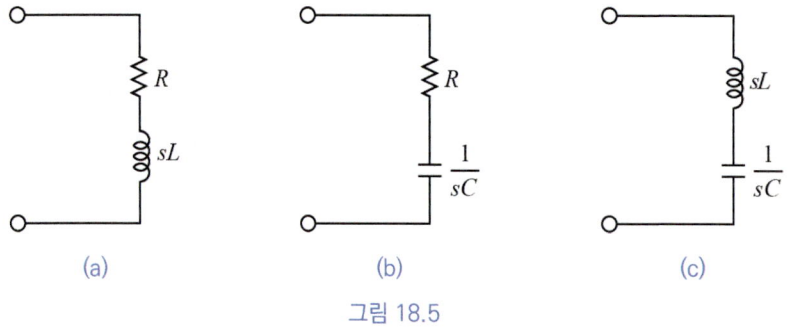

그림 18.5

[예 1] $Z(s) = \dfrac{4s+1}{2s}$은 어떤 2단자 회로망인가?

$$Z(s) = \dfrac{4s+1}{2s} = 2 + \dfrac{1}{2s} = Z_1(s) + Z_2(s)$$

$R = 2\,\Omega$, $C = 2\,\mathrm{F}$인 직렬 회로망이다.

[예 2] $Z(s) = \dfrac{12s^2+1}{4s}$은 어떤 2단자 회로망인가?

$$Z(s) = \dfrac{12s^2+1}{4s} = 3s + \dfrac{1}{4s} = Z_1(s) + Z_2(s)$$

$L = 3\,\mathrm{H}$, $C = 4\,\mathrm{F}$인 직렬 회로망이다.

나. 병렬 결합

$Y(s) = \dfrac{1}{R} + \dfrac{1}{sL}$, $Y(s) = \dfrac{1}{R} + sC$, $Y(s) = sC + \dfrac{1}{sL}$과 같을 때는 각각에 대해서 그림 18.6같은 2단자 선형 회로망으로 합성된다.

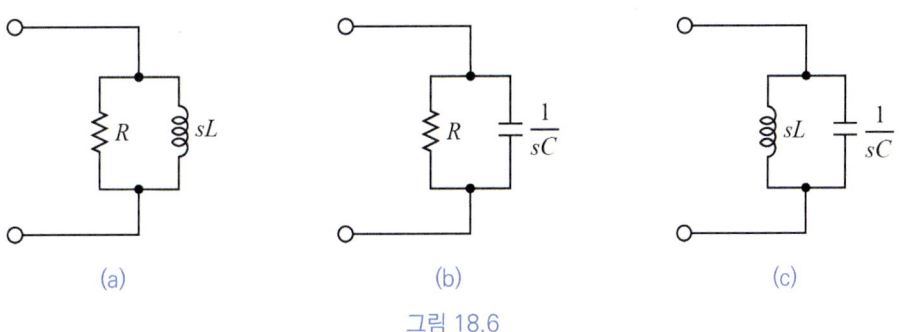

그림 18.6

[예 1] $Z(s) = \dfrac{4s}{2s+1}$는 어떤 2단자 회로망인가?

$Z(s)$의 분모, 분자를 도치한 후 나누기를 하면

$$Y(s) = \dfrac{1}{Z(s)} = \dfrac{2s+1}{4s} = \dfrac{1}{2} + \dfrac{1}{4s} = Y_1(s) + Y_2(s)$$

$R = 2\,\Omega$, $L = 4\,\mathrm{H}$인 병렬 회로망이다.

[예 2] $Z(s) = \dfrac{5}{4s+10}$는 어떤 2단자 회로망인가?

$Z(s)$의 분모, 분자를 도치한 후 각 항을 나누면

$$Y(s) = \dfrac{1}{Z(s)} = \dfrac{4s+10}{5} = \dfrac{4}{5}s + 2 = Y_1(s) + Y_2(s)$$

$R = \dfrac{1}{2}\,\Omega$, $C = \dfrac{4}{5}\,\mathrm{F}$인 병렬 회로망이다.

[예 3] $Z(s) = \dfrac{2s}{3s^2 + 1}$는 어떤 2단자 회로망인가?

$Z(s)$의 분모, 분자를 도치한 후 각 항을 나누면

$$Y(s) = \dfrac{1}{Z(s)} = \dfrac{3s^2 + 1}{2s} = \dfrac{3}{2}s + \dfrac{1}{2s} = Y_1(s) + Y_2(s)$$

$C = \dfrac{3}{2}\,\mathrm{F}$, $L = 2\,\mathrm{H}$인 병렬 회로망이다.

3) 회로요소가 세 개일 때 회로망

$Z(s) = R + sL + \dfrac{1}{sC}$,

$Y(s) = \dfrac{1}{R} + \dfrac{1}{sL} + sC$와 같을 때는 각각에 대해서 그림 18.7과 같은 2단자 선형 회로망으로 합성된다.

[예 1] $Z(s) = \dfrac{4s^2 + 2s + 1}{2s}$은 어떤 2단자 회로망인가?

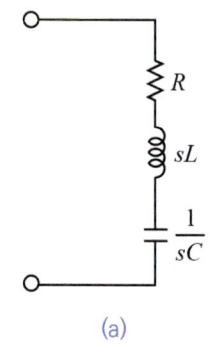
(a)

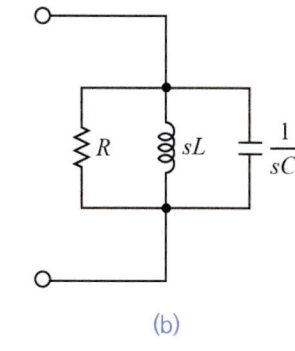
(b)

그림 18.7

각 항을 나누면

$$Z(s) = \dfrac{4s^2 + 6s + 1}{2s} = 3 + 2s + \dfrac{1}{2s} = Z_1(s) + Z_2(s) + Z_3(s)$$

$R = 3\,\Omega$, $L = 2\,\mathrm{H}$, $C = 2\,\mathrm{F}$인 직렬 회로망이다.

[예 2] $Z(s) = \dfrac{2s}{8s^2 + 4s + 4}$는 어떤 2단자 회로망인가?

$Z(s)$의 분모, 분자를 도치한 후 나누기를 하면

$$Y(s) = \dfrac{1}{Z(s)} = \dfrac{8s^2 + 4s + 4}{2s} = 4s + 2 + \dfrac{2}{s} = Y_1(s) + Y_2(s) + Y_3(s)$$

$R = \dfrac{1}{2}\,\Omega$, $L = \dfrac{1}{2}\,\mathrm{H}$, $C = 4\,\mathrm{F}$인 병렬 회로망이다.

(4) LC 회로망 합성

지금까지는 단순 회로망 합성에 대해서 다루었다. 여기서는 보다 복잡한 구동점 이미턴스의 회로망 합

성에 대해서 다룬다. 구동점 이미턴스가 다음과 같은 성질을 만족할 때 LC 회로망이 합성된다.

　ⅰ) 분모가 짝수차수 다항식이면, 분자가 홀수차수 다항식, 그 반대도 성립한다(vice versa).
　ⅱ) 영점과 극점이 s 평면에서 $j\omega$ 축 상에 놓이되 다중이 아니어야 한다.
　ⅲ) 영점과 극점이 교대로 엮어져야(interlace) 한다.
　ⅳ) 분모, 분자의 최고차수의 차이는 1차수이며, 최저차수의 차이도 1차수이다.

위 조건에 따라 다음의 임피던스는 LC 구동점 임피던스가 아니다.

$$Z(s) = \frac{3(s^2+1)(s^2+4)}{s(s^2+9)} \quad : \text{ⅲ) 조건}(\times)$$

$$Z(s) = \frac{(s^2+16)(s^2+25)}{(s^2+1)(s^2+4)} \quad : \text{ⅲ) 조건}(\times)$$

$$Z(s) = \frac{s^5+3s^3+2s}{s^4+s^2} \quad : \text{ⅱ) 조건}(\times)$$

$$Z(s) = \frac{s^5+3s^3+2s^2+1}{s^4+s^2} \quad : \text{) 조건}(\times)$$

EXAMPLE 18-4

2단자 회로의 구동점 이미턴스가 다음과 같다.

$$F(s) = \frac{3(s^2+1)(s^2+4)}{s(s^2+2)}$$

$F(s) = Z(s)$, $F(s) = Y(s)$일 때 각각에 대한 회로망을 합성하라.

SOLUTION

$Z(s)$는 ⅰ), ⅱ), ⅲ), ⅳ) 조건을 만족한다. 따라서 이것은 LC 이미턴스이다.

① $F(s) = Z(s)$

분자의 최고차를 분모의 최고차로 나눈 후, 부분분수로 전개하면

$$Z(s) = \frac{3(s^2+1)(s^2+4)}{s(s^2+2)} = 3s + \frac{9s^2+12}{s(s^2+2)} = 3s + \frac{6}{s} + \frac{3s}{s^2+2}$$
$$= Z_1(s) + Z_2(s) + Z_3(s)$$

$Z_3(s)$의 분모, 분자를 도치하여 각 항을 나누면

$$Y_3(s) = \frac{1}{Z_3(s)} = \frac{s^2+2}{3s} = \frac{1}{3}s + \frac{2}{3s} = Y_4(s) + Y_5(s)$$

이미턴스의 개별 항으로부터 회로요소는 다음과 같다.

$$Z_1(s) = 3s = sL \quad \therefore L = 3\,\text{H}$$
$$Z_2(s) = 6/s = 1/sC \quad \therefore C = 1/6\,\text{F}$$
$$Y_4(s) = s/3 = sC \quad \therefore C = 1/3\,\text{F}$$
$$Y_5(s) = 2/3s = 1/sL \quad \therefore L = 3/2\,\text{H}$$

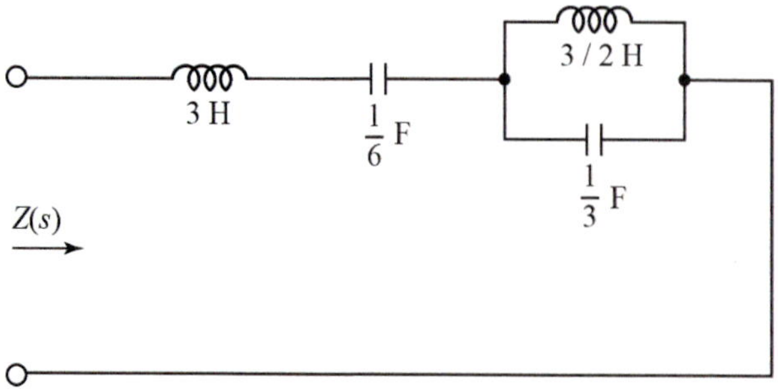

따라서 그림 18.8과 같은 Foster 직렬 회로망이 얻어진다.

그림 18.8 [EXAMPLE 18-4]

② $F(s) = Y(s)$

$F(s) = Z(s)$일 때와 동일한 전개이며, 단지 $Y(s) \rightarrow Z(s)$, $Z(s) \rightarrow Y(s)$로 번갈아 바꿔주면 된다.

$$Y(s) = \frac{3(s^2+1)(s^2+4)}{s(s^2+2)} = 3s + \frac{9s^2+12}{s(s^2+2)} = 3s + \frac{6}{s} + \frac{3s}{s^2+2}$$
$$= Y_1(s) + Y_2(s) + Y_3(s)$$

$Y_3(s)$의 분모, 분자를 도치하여 각 항을 나누면

$$Z_3(s) = \frac{1}{Y_3(s)} = \frac{s^2+2}{3s} = \frac{1}{3}s + \frac{2}{3s} = Z_4(s) + Z_5(s)$$

이미턴스 개별 항으로부터 회로요소는 다음과 같다.

$$Y_1(s) = 3s = sC \quad \therefore C = 3\,\text{F}$$
$$Y_2(s) = 6/s = 1/sL \quad \therefore L = 1/6\,\text{H}$$
$$Z_4(s) = s/3 = sL \quad \therefore L = 1/3\,\text{H}$$
$$Z_5(s) = 2/3s = 1/sC \quad \therefore C = 3/2\,\text{F}$$

따라서 그림 18.8-1과 같은 Foster 병렬 회로망이 얻어진다. 그림 18.8과 그림 18.8-1을 비교하면 상호 간에 쌍대 회로망(duality network)이다. 즉 그림 18.8에서 직렬→병렬, 병렬→직렬, $Z(s) \rightarrow Y(s)$, $L \rightarrow C$, $C \rightarrow L$로 바꾸면 그림 18.8-1이 된다. 따라서 LC 구동점 임피던스 회로망으로부터 LC 구동점 어드미턴스 회로망을 수식 전개없이 바로 얻을 수 있다. 그 반대도 마찬가지이다(vice versa). 그림 18.8과 그림 18.8-1은 서로 등가는 아니다. 다시 말해서 $Z(s) = 1/Y(s)$의 관계는 아니다.

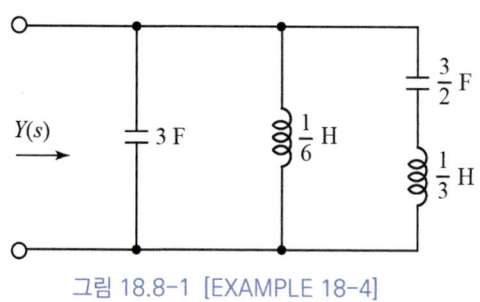

그림 18.8-1 [EXAMPLE 18-4]

EXAMPLE 18-5

2단자 회로의 구동점 임피던스가 다음과 같다.

$Z(s) = \dfrac{s^4 + 4s^2 + 3}{s^3 + 2s}$ 의 회로망을 합성하라.

SOLUTION

$Z(s) = \dfrac{s^4 + 4s^2 + 3}{s^3 + 2s} = \dfrac{(s^2+1)(s^2+3)}{s(s+2)}$ 이므로 분모는 홀수차수, 분자는 짝수차수, 영점과 극점이 $j\omega$축 상에 놓인다. $Z(s)$는 LC 구동점 임피던스이다.

〈해법 1〉 부분분수 전개

분자의 최고차를 분모의 최고차로 나눈 후, 부분분수로 전개하면

$$Z(s) = \dfrac{s^4 + 4s^2 + 3}{s^3 + 2s} = s + \dfrac{2s^2 + 3}{s^3 + 2s} = s + \dfrac{3/2}{s} + \dfrac{1/2 s}{s^2 + 2}$$

$$= Z_1(s) + Z_2(s) + Z_3(s)$$

$Z_3(s)$의 분모, 분자를 도치하여 각 항을 나누면

$$Y_3(s) = \dfrac{1}{Z_3(s)} = \dfrac{s^2 + 2}{1/2 s} = 2s + \dfrac{4}{s} = Y_4(s) + Y_5(s)$$

이미턴스 개별 항으로부터 회로요소는 다음과 같다.

$Z_1(s) = s = sL \quad \therefore L = 1\,\text{H}$

$Z_2(s) = 3/2s = 1/sC \quad \therefore C = 2/3\,\text{F}$

$Y_4(s) = 2s = sC \quad \therefore C = 2\,\text{F}$

$Y_5(s) = 4/s = 1/sL \quad \therefore L = 1/4\,\text{H}$

따라서 그림 18.9-1과 같은 Foster 직렬 회로망이 얻어진다.

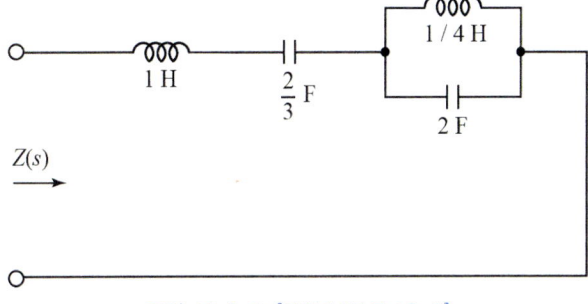

그림 18.9-1 [EXAMPLE 18-5]

⟨해법 2⟩ 분자의 최고차를 분모의 최고차로 나누는 연속분수 전개

$$Z(s) = \frac{s^4 + 4s^2 + 3}{s^3 + 2s} = s + \frac{2s^2 + 3}{s^3 + 2s} = Z_1(s) + Z_2(s)$$

$Z_2(s)$의 분모, 분자를 도치한 후 나누기를 하면

$$Y_2(s) = \frac{1}{Z_2(s)} = \frac{s^3 + 2s}{2s^2 + 3} = \frac{1}{2}s + \frac{(1/2)s}{2s^2 + 3} = Y_3(s) + Y_4(s)$$

$Y_4(s)$의 분모, 분자를 도치하여 각 항을 나누면

$$Z_4(s) = \frac{1}{Y_4(s)} = \frac{2s^2 + 3}{(1/2)s} = 4s + \frac{6}{s} = Z_5(s) + Z_6(s)$$

이미턴스 개별 항으로부터 회로요소는 다음과 같다.

$$Z_1(s) = s = sL \quad \therefore L = 1\,\text{H}$$
$$Y_3(s) = \frac{1}{2}s = 1/sC \quad \therefore C = \frac{1}{2}\,\text{F}$$
$$Z_5(s) = 4s = sL \quad \therefore L = 4\,\text{H}$$
$$Z_6(s) = 6/s = 1/sC \quad \therefore C = 1/6\,\text{F}$$

따라서 그림 18.9-2와 같은 Cauer 회로망(사다리꼴 회로망)이 얻어진다.

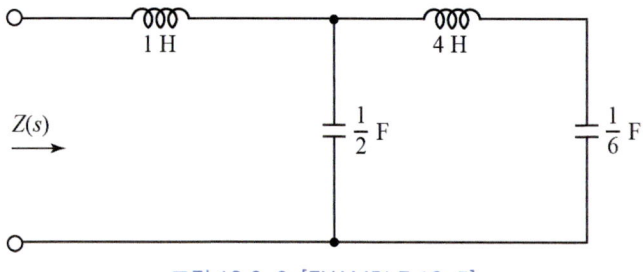

그림 18.9-2 [EXAMPLE 18-5]

⟨해법 3⟩ 분모의 최저차를 분모의 최저차로 나누는 연속분수 전개

$$Z(s) = \frac{s^4 + 4s^2 + 3}{s^3 + 2s} = \frac{3 + 4s^2 + s^4}{2s + s^3} = \frac{3}{2s} + \frac{(5/2)s^2 + s^4}{2s + s^3}$$
$$= Z_1(s) + Z_2(s)$$

$Z_2(s)$의 분모, 분자를 도치한 후 나누기를 하면

$$Y_2(s) = \frac{1}{Z_2(s)} = \frac{2s + s^3}{(5/2)s^2 + s^4} = \frac{4}{5s} + \frac{(1/5)s^3}{(5/2)s^2 + s^4} = Y_3(s) + Y_4(s)$$

$Y_4(s)$의 분모, 분자를 도치하여 각 항을 나누면

$$Z_4(s) = \frac{1}{Y_4(s)} = \frac{(5/2)s^2 + s^4}{(1/5)s^3} = \frac{25}{2s} + 5s = Z_5(s) + Z_6(s)$$

이미턴스 개별 항으로부터 회로요소는 다음과 같다.

$$Z_1(s) = \frac{3}{2s} = \frac{1}{sC} \quad \therefore C = \frac{2}{3} \text{ F}$$

$$Y_3(s) = \frac{4}{5s} = 1/sL \quad \therefore L = \frac{5}{4} \text{ H}$$

$$Z_5(s) = \frac{25}{2s} = \frac{1}{sC} \quad \therefore C = \frac{2}{25} \text{ F}$$

$$Z_6(s) = 5s = sL \quad \therefore L = 5 \text{ H}$$

따라서 그림 18.9-3과 같은 Cauer 회로망(사다리꼴 회로망)이 얻어진다.

그림 18.9-1~18.9-3의 회로망은 형태(Foster형, Cauer형)가 다를 뿐 대체 회로망(alternate network)으로 구동점 임피던스는 모두 같다.

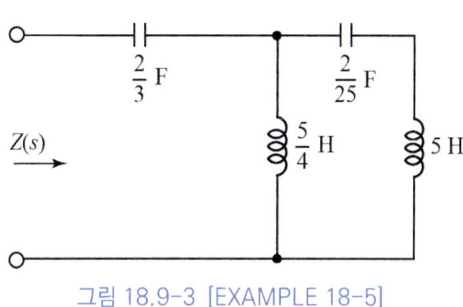

그림 18.9-3 [EXAMPLE 18-5]

EXAMPLE 18-6

2단자 회로의 구동점 어드미턴스가 다음과 같다.

$Y(s) = \dfrac{s^3 + s}{6s^2 + 1}$의 회로망을 합성하라.

SOLUTION

$Y(s) = \dfrac{6s^2 + 1}{s^3 + s} = \dfrac{s^2 + 1/6}{s(s^2 + 1)}$ 이므로 분모는 홀수차수, 분자는 짝수차수, 영점과 극점이 $j\omega$축 상에 놓인다. $Y(s)$는 LC 구동점 어드미턴스이다.

$$Y(s) = \frac{s^3 + s}{6s^2 + 1} = \frac{1}{6}s + \frac{5s/6}{6s^2 + 1} = Y_1(s) + Y_2(s)$$

$Y_2(s)$의 분모, 분자를 도치하여 각 항을 나누면

$$Z_2(s) = \frac{1}{Y_2(s)} = \frac{6s^2 + 1}{5s/6} = \frac{36}{5}s + \frac{6}{5s} = Z_3(s) + Z_4(s)$$

개별 항으로부터 회로요소는 다음과 같다.

$$Y_1(s) = s/6 = sC \quad \therefore C = \frac{1}{6} \text{ F}$$

$$Z_3(s) = 36s/5 = sL \quad \therefore L = \frac{36}{5} \text{ H}$$

$$Z_6(s) = 6/5s = 1/sC \quad \therefore C = \frac{5}{6} \text{ F}$$

따라서 그림 18.10과 같은 Cauer 회로망(사다리꼴 회로망)이 얻어진다.

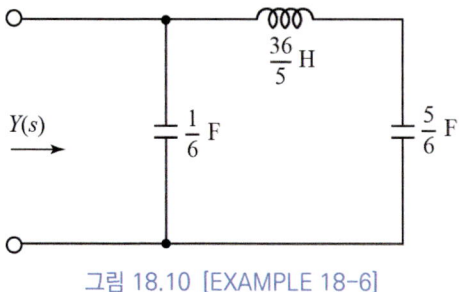

그림 18.10 [EXAMPLE 18-6]

EXAMPLE 18-7

2단자 회로의 구동점 임피던스가 다음과 같다.

$$Z(s) = \frac{s^3 + 2s}{s^4 + 4s^2 + 3}$$

(a) Foster 회로망으로 합성하라.
(b) Cauer 회로망으로 합성하라.

SOLUTION

(a) 부분분수 전개

바로 부분분수로 전개할 수 있는 경우이다.

$$Z(s) = \frac{s^3 + 2s}{s^4 + 4s^2 + 3} = \frac{s/2}{s^2 + 1} + \frac{s/2}{s^2 + 3} = Z_1(s) + Z_2(s)$$

$Z_1(s)$, $Z_2(s)$의 분모, 분자를 도치하여 각 항을 나누면

$$Y_1(s) = \frac{1}{Z_1(s)} = \frac{s^2 + 1}{s/2} = 2s + \frac{2}{s} = Y_3(s) + Y_4(s)$$

$$Y_2(s) = \frac{1}{Z_2(s)} = \frac{s^2 + 3}{s/2} = 2s + \frac{6}{s} = Y_5(s) + Y_6(s)$$

개별 항으로부터 회로요소는 다음과 같다.

$$Y_3(s) = 2s = sC \quad \therefore C = 2 \text{ F}$$

$$Y_4(s) = 2/s = 1/sL \quad \therefore L = \frac{1}{2} \text{ H}$$

$$Y_5(s) = 2s = sC \quad \therefore C = 2 \text{ F}$$

$$Y_6(s) = 6/s = 1/sL \quad \therefore L = \frac{1}{6} \text{ H}$$

따라서 그림 18.11-1과 같은 Foster 직렬 회로망이 얻어진다.

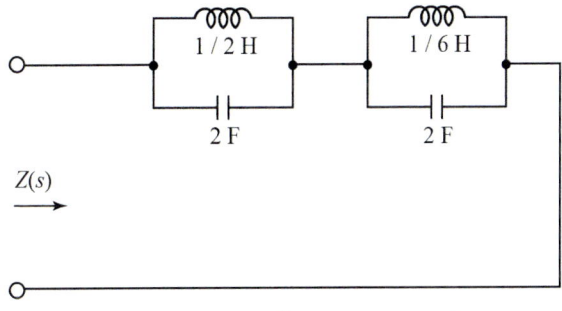

그림 18.11-1 [EXAMPLE 18-7]

(b) 연속분수 전개

분모와 분자의 최고차수로 나누기를 하면 다음과 같이 음수 항이 나온다.

$$Z(s) = \frac{s^3 + 2s}{s^4 + 4s^2 + 3} = \frac{1}{s} - \frac{2s}{s^4 + 4s^2 + 3}$$

분모와 분자 최저차수로 나누기를 해도 다음과 같이 음수 항이 나온다.

$$Z(s) = \frac{s^3 + 2s}{s^4 + 4s^2 + 3} = \frac{2}{3s} - \frac{5s/3}{s^4 + 4s^2 + 3}$$

지금까지의 [EXAMPLE]과 달리 분자의 최고차수가 분모의 최고차수보다 작은 경우이다. 이럴 경우 해법은 $Z(s)$의 분모, 분자를 도치한 후에 나누기를 하면

$$Y(s) = \frac{s^4 + 4s^2 + 3}{s^3 + 2s} = s + \frac{2s^2 + 3}{s^3 + 2s} = Y_1(s) + Y_2(s)$$

$Z_2(s)$의 분모, 분자를 도치한 후에 나누기를 하면

$$Z_2(s) = \frac{1}{Y_2(s)} = \frac{s^3 + 2s}{2s^2 + 3} = \frac{1}{2}s + \frac{s/2}{2s^2 + 3} = Z_3(s) + Z_4(s)$$

$Z_4(s)$의 분모, 분자를 도치하여 각 항을 나누면

$$Y_4(s) = \frac{1}{Z_4(s)} = \frac{2s^2 + 3}{s/2} = 4s + \frac{6}{s} = Y_5(s) + Y_6(s)$$

개별 항으로부터 회로요소는 다음과 같다.

$$Y_1(s) = s = sC \quad \therefore C = 1 \text{ F}$$

$$Z_3(s) = s/2 = sL \quad \therefore L = \frac{1}{2} \text{ H}$$

$$Y_5(s) = 4s = sC \quad \therefore C = 4 \text{ F}$$

$$Y_6(s) = 6/s = 1/sL \quad \therefore L = \frac{1}{6} \text{ H}$$

따라서 그림 18.11-2와 같은 Cauer 회로망(사다리꼴 회로망)이 얻어진다.

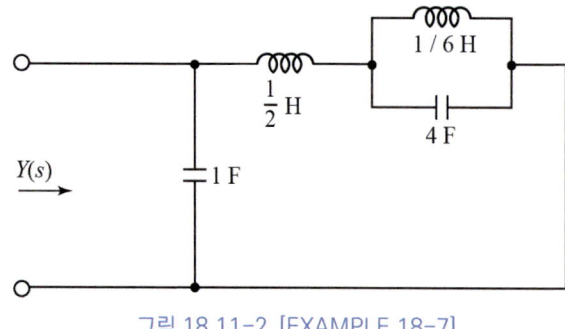

그림 18.11-2 [EXAMPLE 18-7]

그림 18.11-2로부터 구동점 입력 임피던스 $Z(s)$를 직접 구하든 $Y(s) = 1/Z(s)$에서 구하든 주어진 문제에서의 $Z(s)$와 같다.

(5) *RC* 임피던스, *RL* 어드미턴스 회로망 합성

구동점 이미턴스가 다음과 같은 성질을 만족할 때 *RC* 임피던스 혹은 *RL* 어드미턴스 회로망이 합성된다.

ⅰ) 영점과 극점이 음의 실수축에 놓인다.

ⅱ) 다음과 같은 임피던스 형태를 가진다고 가정하면

$$Z(s) = \frac{(s+\sigma_2)(s+\sigma_4)}{(s+\sigma_1)(s+\sigma_3)}$$

① $0 \leq \sigma_1 < \sigma_2 < \sigma_3 < \sigma_4 < \infty$

② $Z(0) \geq Z(\infty)$

③ $\dfrac{\sigma_2 \sigma_4}{\sigma_1 \sigma_3} > 1$

④ 원점에서 가장 가까운 특이점은 극점이며, 가장 먼 특이점은 영점이다.

위 조건에 따라 다음의 임피던스는 *RC* 구동점 임피던스가 아니다.

$$Z(s) = \frac{(s+1)(s+3)}{(s+2)(s+4)} \;:\; ①②④ \text{ 조건}(\times)$$

$$Z(s) = \frac{(s+2)(s+4)}{(s+1)(s+5)} \;:\; ④ \text{ 조건}(\times)$$

$$Z(s) = \frac{(s+1)(s+3)}{s(s+4)} \;:\; ④ \text{ 조건}(\times)$$

$$Z(s) = \frac{(s+1)(s+3)}{(s+2)} \;:\; ② \text{ 조건}(\times)$$

EXAMPLE 18-8

2단자 회로망의 구동점 이미턴스가 다음과 같다.

$$F(s) = \frac{(s+2)(s+4)}{(s+1)(s+3)}$$

$F(s) = Z(s)$, $F(s) = Y(s)$일 때 각각에 대해서 Foster 회로망으로 합성하라.

SOLUTION

$F(s)$는 i), ii) 조건을 만족하므로 RC 구동점 임피던스 혹은 RL 구동점 어드미턴스이다.

① $F(s) = Z(s)$

먼저 나누기를 한 후, 부분분수로 전개하면

$$Z(s) = \frac{(s+2)(s+4)}{(s+1)(s+3)} = 1 + \frac{2s+5}{(s+1)(s+3)} = 1 + \frac{3/2}{s+1} + \frac{1/2}{s+3}$$
$$= Z_1(s) + Z_2(s) + Z_3(s)$$

$Z_2(s)$의 분모, 분자를 도치하여 각 항을 나누면

$$Y_2(s) = \frac{1}{Z_2(s)} = \frac{s+1}{3/2} = \frac{2}{3}s + \frac{2}{3} = Y_4(s) + Y_6(s)$$

$Z_3(s)$의 분모, 분자를 도치하면

$$Y_3(s) = \frac{1}{Z_3(s)} = \frac{s+3}{1/2} = 2s + 6 = Y_7(s) + Y_8(s)$$

개별 항으로부터 회로요소는 다음과 같다.

$$Z_1(s) = 1 = R \therefore R = 1\,\Omega$$
$$Y_4(s) = 2s/3 = sC \therefore C = 2/3\,\text{F}$$
$$Y_6(s) = 2/3 = 1/R \therefore R = 3/2\,\Omega$$
$$Y_7(s) = 2s = sC \therefore C = 2\,\text{F}$$
$$Y_8(s) = 6 = 1/R \therefore R = 1/6\,\Omega$$

따라서 그림 18.12-1과 같은 Foster 직렬 회로망이 얻어진다.

② $F(s) = Y(s)$

$F(s) = Z(s)$일 때와 동일한 전개이며, 수식 과정을 보면 단순히 $Y(s) \to Z(s)$, $Z(s) \to Y(s)$로 번갈아 바꿔주면 된다.

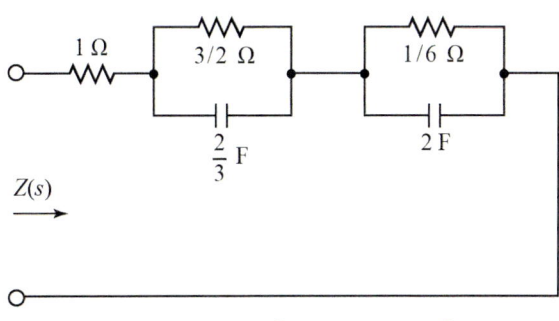

그림 18.12-1 [EXAMPLE 18-8]

$$Y(s) = \frac{(s+2)(s+4)}{(s+1)(s+3)} = 1 + \frac{2s+5}{(s+1)(s+3)} = 1 + \frac{3/2}{s+1} + \frac{1/2}{s+3}$$
$$= Y_1(s) + Y_2(s) + Y_3(s)$$
$$Z_2(s) = \frac{1}{Y_2(s)} = \frac{s+1}{3/2} = \frac{2}{3}s + \frac{2}{3} = Z_4(s) + Z_6(s)$$
$$Z_3(s) = \frac{1}{Y_3(s)} = \frac{s+3}{1/2} = 2s + 6 = Z_7(s) + Z_8(s)$$

개별 항으로부터 회로요소는 다음과 같다.

$$Y_1(s) = 1 = 1/R \quad \therefore R = 1 \, \Omega$$
$$Z_4(s) = 2s/3 = sL \quad \therefore L = 2/3 \, \text{H}$$
$$Z_6(s) = 2/3 = R \quad \therefore R = 2/3 \, \Omega$$
$$Z_7(s) = 2s = sL \quad \therefore L = 2 \, \text{H}$$
$$Z_8(s) = 6 = R \quad \therefore R = 6 \, \Omega$$

따라서 그림 18.12-2와 같은 Foster 병렬 회로망이 얻어진다. 그림 18.12-1과 그림 18.12-2를 비교하면 상호 간에 쌍대 회로망(duality network)이다. 즉 그림 18.12-1에서 직렬→병렬, 병렬→직렬, $Z(s) \to Y(s)$, $R \to G$, $C \to L$로 바꾸면 그림 18.12-2가 된다. 따라서 RC 구동점 임피던스 회로망으로부터 RL 구동점 어드미턴스 회로망을 수식 전개없이 바로 얻을 수 있다. 그 반대도 마찬가지이다(vice versa). RC 구동점 임피던스[$Z_{RC}(s)$]의 성질과 RL 구동점 어드미턴스[$Y_{RL}(s)$]의 성질은 같다.

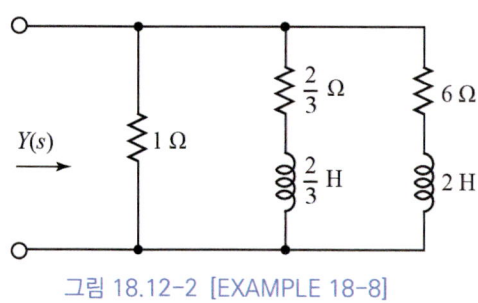

그림 18.12-2 [EXAMPLE 18-8]

EXAMPLE 18-9

2단자 회로의 구동점 이미턴스가 다음과 같다.

$$F(s) = \frac{(s+2)(s+4)}{(s+1)(s+3)}$$

$F(s) = Z(s)$, $F(s) = Y(s)$일 때 각각에 대해서 Cauer 회로망으로 합성하라.

SOLUTION

$F(s)$는 ⅰ), ⅱ) 조건을 만족하므로 RC 구동점 임피던스 혹은 RL 구동점 어드미턴스이다.

① $F(s) = Z(s)$

먼저 나누기를 한 후, 연속분수로 전개하면

$$Z(s) = \frac{s^2 + 6s + 8}{s^2 + 4s + 3} = 1 + \frac{2s+5}{s^2 + 4s + 3} = Z_1(s) + Z_2(s)$$

$Z_2(s)$의 분모, 분자를 도치한 후 나누기를 하면

$$Y_2(s) = \frac{1}{Z_2(s)} = \frac{s^2 + 4s + 3}{2s + 5} = \frac{1}{2}s + \frac{3s/2 + 3}{2s + 5} = Y_3(s) + Y_4(s)$$

$Y_4(s)$의 분모, 분자를 도치한 후 나누기를 하면

$$Z_4(s) = \frac{1}{Y_4(s)} = \frac{2s + 5}{3s/2 + 3} = \frac{4}{3} + \frac{1}{3s/2 + 3} = Z_5(s) + Z_6(s)$$

$Z_6(s)$의 분모, 분자를 도치하면

$$Y_6(s) = \frac{1}{Z_6(s)} = \frac{3}{2}s + 3 = Y_7(s) + Y_8(s)$$

개별 항으로부터 회로요소는 다음과 같다.

$$Z_1(s) = 1 = R \quad \therefore R = 1\,\Omega$$
$$Y_3(s) = s/2 = sC \quad \therefore C = 1/2\,\text{F}$$
$$Z_5(s) = 4/3 = R \quad \therefore R = 4/3\,\Omega$$
$$Y_7(s) = 3s/2 = sC \quad \therefore C = 3/2\,\text{F}$$
$$Y_8(s) = 3 = 1/R \quad \therefore R = 1/3\,\Omega$$

따라서 그림 18.13-1과 같은 Cauer 회로망(사다리꼴 회로망)이 얻어진다.

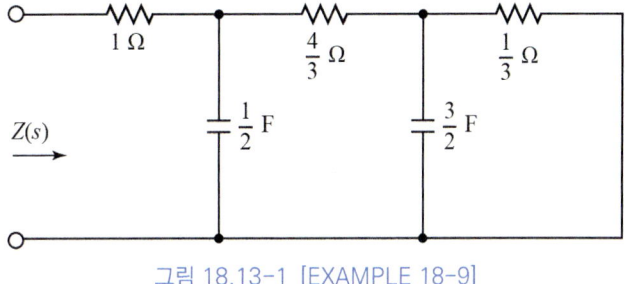

그림 18.13-1 [EXAMPLE 18-9]

한편 연속분수 전개를 연분수 형태로 나타내면

$$Z(s) = \frac{s^2 + 6s + 8}{s^2 + 4s + 3} = 1 + \cfrac{1}{\cfrac{1}{2}s + \cfrac{1}{\cfrac{4}{3} + \cfrac{1}{\cfrac{3}{2}s + \cfrac{1}{3}}}}$$

몫과 최종 나머지는 개별 항이므로 회로망을 합성할 수 있다.

② $F(s) = Y(s)$

$F(s) = Z(s)$일 때와 동일한 전개이며, 단지 $Z(s) \to Y(s)$, $Y(s) \to Z(s)$로 번갈아 바꿔주면 된다.

$$Y(s) = \frac{s^2 + 6s + 8}{s^2 + 4s + 3} = 1 + \frac{2s + 5}{s^2 + 4s + 3} = Y_1(s) + Y_2(s)$$

$$Z_2(s) = \frac{1}{Y_2(s)} = \frac{s^2 + 4s + 3}{2s + 5} = \frac{1}{2}s + \frac{3s/2 + 3}{2s + 5} = Z_3(s) + Z_4(s)$$

$$Y_4(s) = \frac{1}{Z_4(s)} = \frac{2s + 5}{3s/2 + 3} = \frac{4}{3} + \frac{1}{3s/2 + 3} = Y_5(s) + Y_6(s)$$

$$Z_6(s) = \frac{1}{Y_6(s)} = \frac{3}{2}s + 3 = Z_7(s) + Z_8(s)$$

개별 항으로부터 회로요소는 다음과 같다.

$$Y_1(s) = 1 = 1/R \quad \therefore R = 1\,\Omega$$
$$Z_3(s) = s/2 = sL \quad \therefore L = 1/2\,\text{H}$$
$$Y_5(s) = 4/3 = 1/R \quad \therefore R = 3/4\,\Omega$$
$$Z_7(s) = 3s/2 = sL \quad \therefore L = 3/2\,\text{H}$$
$$Z_8(s) = 3 = R \quad \therefore R = 3\,\Omega$$

따라서 그림 18.13-2와 같은 Cauer 회로망(사다리꼴 회로망)이 얻어진다.

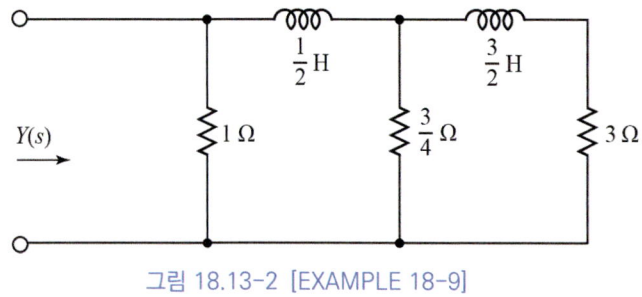

그림 18.13-2 [EXAMPLE 18-9]

그림 18.13-2는 그림 18.13-1의 쌍대 회로망(duality network)이다.

(6) RL 임피던스, RC 어드미턴스 회로망 합성

구동점 이미턴스가 다음과 같은 성질을 만족할 때 RL 임피던스 혹은 RC 어드미턴스 회로망이 합성된다.

ⅰ) 영점과 극점이 음의 실수축에 놓인다.
ⅱ) 원점에서 가장 가까운 특이점은 영점이며, 가장 먼 특이점은 극점이다.

EXAMPLE 18-10

2단자 회로망의 구동점 임피던스가 다음과 같다.

$$Z(s) = \frac{(s+1)(s+3)}{(s+2)(s+4)}$$

(a) Foster 회로망으로 합성하라.
(b) Cauer 회로망으로 합성하라.

SOLUTION

$F(s)$는 ⅰ), ⅱ) 조건을 만족하므로 RL 구동점 임피던스 혹은 RC 구동점 어드미턴스이다.

(a) Foster 회로망으로 합성

분모가 분자보다 한 차수 높게 하여 부분분수로 전개한다. 따라서 $Z(s)/s$는

$$\frac{Z(s)}{s} = \frac{(s+1)(s+3)}{s(s+2)(s+4)} = \frac{3/8}{s} + \frac{1/4}{s+2} + \frac{3/8}{s+4}$$

따라서 $Z(s)$는 다음과 같이 된다.

$$Z(s) = \frac{(s+1)(s+3)}{(s+2)(s+4)} = \frac{3}{8} + \frac{s/4}{s+2} + \frac{3s/8}{s+4} = Z_1(s) + Z_2(s) + Z_3(s)$$

$Z_2(s)$, $Z_3(s)$의 분모, 분자를 도치하여 각 항을 나누면

$$Y_2(s) = \frac{1}{Z_2(s)} = \frac{s+2}{s/4} = 4 + \frac{8}{s} = Y_4(s) + Y_5(s)$$

$$Y_3(s) = \frac{1}{Z_3(s)} = \frac{s+4}{3s/8} = \frac{8}{3} + \frac{32}{3s} = Y_6(s) + Y_7(s)$$

개별 항으로부터 회로요소는 다음과 같다.

$$Z_1(s) = 3/8 = R \quad \therefore R = 3/8 \, \Omega$$
$$Y_4(s) = 4 = 1/R \quad \therefore R = 1/4 \, \Omega$$
$$Y_5(s) = 8/s = 1/sL \quad \therefore L = 1/8 \, \text{H}$$
$$Y_6(s) = 8/3 = 1/R \quad \therefore R = 3/8 \, \Omega$$
$$Y_7(s) = 32/3s = 1/sL \quad \therefore L = 3/32 \, \text{H}$$

따라서 그림 18.14-1과 같은 Foster 직렬 회로망이 얻어진다.

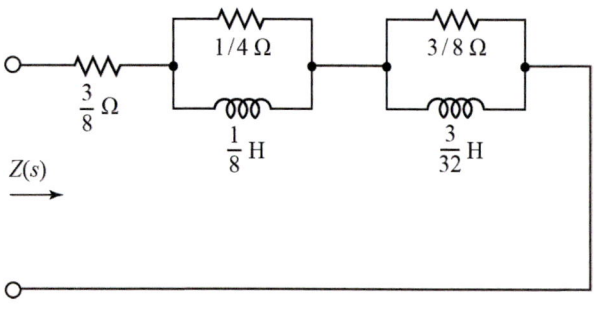

그림 18.14-1 [EXAMPLE 18-10]

(b) Cauer 회로망으로 합성

분모와 분자의 최고차수로 나누기를 하면 다음과 같이 나머지가 음수 항이 된다.

$$Z(s) = \frac{s^2 + 4s + 3}{s^2 + 6s + 8} = 1 - \frac{2s + 5}{s^2 + 6s + 8}$$

따라서 분모의 최저차를 분모의 최저차로 나누는 연속분수 전개를 한다.

$$Z(s) = \frac{3 + 4s + s^2}{8 + 6s + s^2} = \frac{3}{8} + \frac{7s/4 + 5s^2/8}{8 + 6s + s^2} = Z_1(s) + Z_2(s)$$

$Z_2(s)$의 분모, 분자를 도치한 후 나누기를 하면

$$Y_2(s) = \frac{1}{Z_2(s)} = \frac{8 + 6s + s^2}{7s/4 + 5s^2/8} = \frac{32}{7s} + \frac{22s/7 + s^2}{7s/4 + 5s^2/8} = Y_3(s) + Y_4(s)$$

$Y_4(s)$의 분모, 분자를 도치한 후 나누기를 하면

$$Z_4(s) = \frac{1}{Y_4(s)} = \frac{7s/4 + 5s^2/8}{22s/7 + s^2} = \frac{49}{88} + \frac{3s^2/44}{22s/7 + s^2} = Z_5(s) + Z_6(s)$$

$Z_6(s)$의 분모, 분자를 도치한 후 나누기를 하면

$$Y_6(s) = \frac{1}{Z_6(s)} = \frac{22s/7 + s^2}{3s^2/44} = \frac{968}{21s} + \frac{44}{3} = Y_7(s) + Y_8(s)$$

개별 항으로부터 회로요소는 다음과 같다.

$$Z_1(s) = 3/8 = R \quad \therefore R = 3/8 \, \Omega$$
$$Y_3(s) = 32/7s = 1/sL \quad \therefore L = 7/32 \, H$$
$$Z_4(s) = 49/88 = R \quad \therefore R = 49/88 \, \Omega$$
$$Y_7(s) = 968/21s = 1/sL \quad \therefore L = 21/968 \, H$$
$$Y_8(s) = 44/3 = 1/R \quad \therefore R = 3/44 \, \Omega$$

따라서 그림 18.14-2와 같은 Cauer 회로망(사다리꼴 회로망)이 얻어진다.

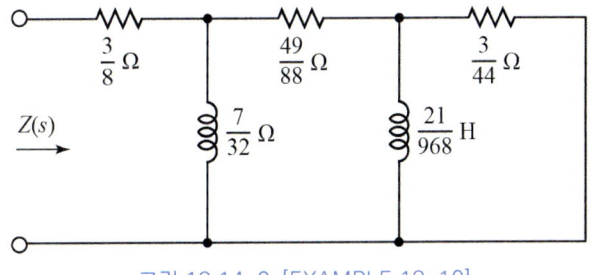

그림 18.14-2 [EXAMPLE 18-10]

EXAMPLE 18-11

2단자 회로망의 구동점 어드미턴스가 다음과 같다.

$$Y(s) = \frac{3(s+1)(s+4)}{(s+2)(s+6)}$$

(a) Foster 회로망으로 합성하라.
(b) Cauer 회로망으로 합성하라.

SOLUTION

$F(s)$는 ⅰ), ⅱ) 조건을 만족하므로 RC 구동점 어드미턴스이다.

(a) Foster 회로망으로 합성

분모가 분자보다 한 차수 높게 하여 부분분수로 전개한다. 따라서 $Z(s)/s$는

$$\frac{Y(s)}{s} = \frac{3(s+1)(s+4)}{s(s+2)(s+6)} = \frac{1}{s} + \frac{3/4}{s+2} + \frac{5/4}{s+6}$$

$$Y(s) = \frac{3(s+1)(s+4)}{s(s+2)(s+6)} = 1 + \frac{(3/4)s}{s+2} + \frac{(5/4)s}{s+6} = Y_1(s) + Y_2(s) + Y_3(s)$$

$Y_2(s)$, $Y_3(s)$의 분모, 분자를 도치하여 각 항을 나누면

$$Z_2(s) = \frac{1}{Y_2(s)} = \frac{s+2}{(3/4)s} = \frac{4}{3} + \frac{8}{3s} = Z_4(s) + Z_5(s)$$

$$Z_3(s) = \frac{1}{Y_3(s)} = \frac{s+6}{(5/4)s} = \frac{4}{5} + \frac{24}{5s} = Z_6(s) + Z_7(s)$$

개별 항으로부터 회로요소는 다음과 같다.

$$Y_1(s) = 1 = 1/R \quad \therefore R = 1\,\Omega$$
$$Z_4(s) = 4/3 = R \quad \therefore R = 4/3\,\Omega$$
$$Z_5(s) = 8/3s = 1/sC \quad \therefore C = 3/8\,\text{F}$$
$$Z_6(s) = 4/5 = R \quad \therefore R = 4/5\,\Omega$$
$$Z_7(s) = 24/5s = 1/sC \quad \therefore C = 5/24\,\text{F}$$

따라서 그림 18.15-1과 같은 Foster 직렬 회로망이 얻어진다.

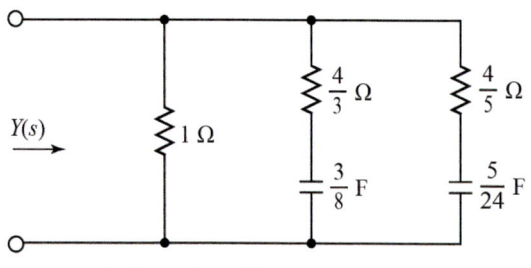

그림 18.15-1 [EXAMPLE 18-11]

(b) Cauer 회로망으로 합성

분모와 분자의 최고차수로 나누기를 하면 다음과 같이 나머지가 음수 항이 된다.

$$Y(s) = \frac{3s^2 + 15s + 12}{s^2 + 8s + 12} = 3 - \frac{9s + 24}{s^2 + 8s + 12}$$

따라서 분자의 최저차를 분모의 최저차로 나누는 연속분수 전개를 한다.

$$Y(s) = \frac{12 + 15s + 3s^2}{12 + 8s + s^2} = 1 + \frac{7s + 2s^2}{12 + 8s + s^2} = Y_1(s) + Y_2(s)$$

$Y_2(s)$의 분모, 분자를 도치한 후 나누기를 하면

$$Z_2(s) = \frac{1}{Y_2(s)} = \frac{12 + 8s + s^2}{7s + s^2} = \frac{12}{7s} + \frac{32s/7 + s^2}{7s + s^2} = Z_3(s) + Z_4(s)$$

$Z_4(s)$의 분모, 분자를 도치한 후 나누기를 하면

$$Y_4(s) = \frac{1}{Z_4(s)} = \frac{7s + s^2}{32s/7 + s^2} = \frac{49}{32} + \frac{15s^2}{32s/7 + s^2} = Y_5(s) + Y_6(s)$$

$Y_6(s)$의 분모, 분자를 도치하면

$$Z_6(s) = \frac{1}{Y_6(s)} = \frac{32s/7 + s^2}{15s^2} = \frac{32}{105s} + \frac{1}{15} = Z_7(s) + Z_8(s)$$

개별 항으로부터 회로요소는 다음과 같다.

$$Y_1(s) = 1 = 1/R \quad \therefore R = 1 \, \Omega$$
$$Z_3(s) = 12/7s = 1/sC \quad \therefore C = 7/12 \, \text{F}$$
$$Y_5(s) = 49/32 = 1/R \quad \therefore R = 32/49 \, \Omega$$
$$Z_7(s) = 32/105s = 1/sC \quad \therefore C = 105/32 \, \text{F}$$
$$Z_8(s) = 1/15 = R \quad \therefore R = 1/15 \, \Omega$$

따라서 그림 18.15-2와 같은 Cauer 회로망(사다리꼴 회로망)이 얻어진다.

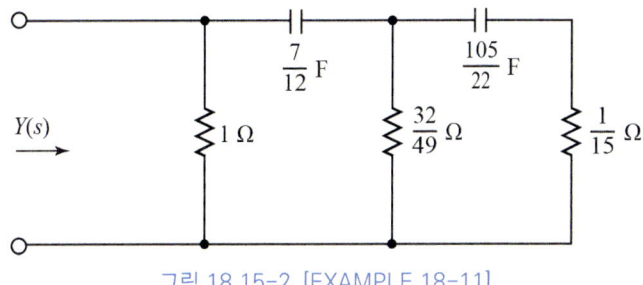

그림 18.15-2 [EXAMPLE 18-11]

(7) RLC 이미턴스 회로망 합성

LC & RC & RL 이미턴스 성질을 만족시키지 못하는 이미턴스는 RLC 이미턴스이다.

EXAMPLE 18-12

2단자 회로망의 이미턴스가 다음과 같다.

$$F(s) = \frac{s^2 + 2s^2 + 3}{s^2 + s + 2}$$

$F(s) = Z(s)$, $F(s) = Y(s)$일 때 각각에 대한 회로망을 합성하라.

SOLUTION

영점과 극점이 $-\sigma$ 축이나 $j\omega$ 축에 놓이지 않기 때문에 LC & RC & RL 이미턴스 성질을 만족시키지 못한다. 따라서 $F(s)$는 RLC 이미턴스이다.

연속분수 전개로 합성할 수 있다.

① $F(s) = Z(s)$

$$Z(s) = \frac{s^2 + 2s^2 + 3}{s^2 + s + 2} = 1 + \frac{s+1}{s^2+s+2} = Z_1(s) + Z_2(s)$$

$Z_2(s)$의 분모, 분자를 도치한 후 나누기를 하면

$$Y_2(s) = \frac{1}{Z_2(s)} = \frac{s^2+s+2}{s+1} = s + \frac{2}{s+1} = Y_3(s) + Y_4(s)$$

$Y_4(s)$의 분모, 분자를 도치하여 각 항을 나누면

$$Z_4(s) = \frac{1}{Y_4(s)} = \frac{s+1}{2} = \frac{1}{2}s + \frac{1}{2} = Z_5(s) + Z_6(s)$$

개별 항으로부터 회로요소는 다음과 같다.

$$Z_1(s) = 1 = R \quad \therefore R = 1\,\Omega$$
$$Y_3(s) = s = sC \quad \therefore C = 1\,\text{F}$$
$$Z_5(s) = s/2 = sL \quad \therefore L = 1/2\,\text{H}$$
$$Z_6(s) = 1/2 \quad \therefore R = 1/2\,\Omega$$

따라서 그림 18.16-1과 같은 Cauer 회로망(사다리꼴 회로망)이 얻어진다.

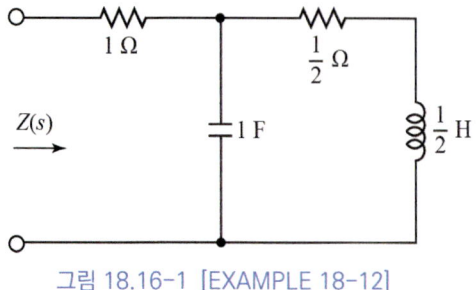

그림 18.16-1 [EXAMPLE 18-12]

② $F(s) = Y(s)$

$F(s) = Y(s)$의 회로망은 그림 18.16-1의 쌍대 회로망으로 그림 18.16-2와 같은 Foster 병렬 회로망이 얻어진다.

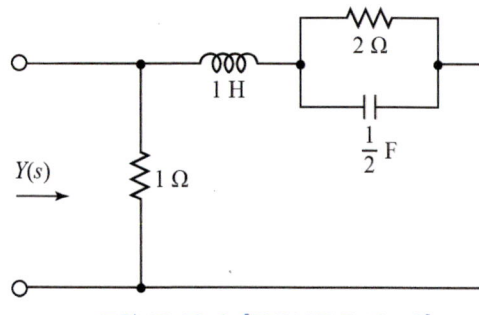

그림 18.16-2 [EXAMPLE 18-12]

EXAMPLE 18-13

$Z(s) = \dfrac{(s+2)(s+3)}{(s+1)(s+4)}$ 의 회로망을 합성하라.

SOLUTION

영점과 극점이 음의 실수축에 놓이긴 하나 원점에서 가장 가까운 특이점은 극점이며, 가장 먼 특이점도 극점이다. 따라서 LC & RC & RL 임피던스 성질을 만족시키지 못하는 임피던스이므로 RLC 임피던스이다.

나누기를 한 후 부분분수 전개하면

$$Z(s) = \frac{(s+2)(s+3)}{(s+1)(s+4)} = 1 + \frac{2}{(s+1)(s+4)} = 1 + \frac{2/3}{s+1} + \frac{-2/3}{s+4}$$

음수 항을 포함하게 되므로 회로망을 합성할 수가 없다. 다른 대안으로 $Z(s)/s$를 전개해본다.

$$\frac{Z(s)}{s} = \frac{(s+2)(s+3)}{s(s+1)(s+4)} = \frac{3/2}{s} - \frac{2/3}{s+1} + \frac{1/6}{s+4}$$

$$Z(s) = \frac{(s+2)(s+3)}{s(s+1)(s+4)} = \frac{3}{2} - \frac{(2/3)s}{s+1} + \frac{(1/6)s}{s+4}$$

음수 항을 나누기하여 정리하면

$$Z(s) = \frac{3}{2} - \left(\frac{2}{3} - \frac{2/3}{s+1}\right) + \frac{(1/6)s}{s+4} = \frac{5}{6} + \frac{2/3}{s+1} + \frac{(1/6)s}{s+4}$$
$$= Z_1(s) + Z_2(s) + Z_3(s)$$

$Z_2(s)$, $Z_3(s)$의 분모, 분자를 도치하여 각 항을 나누면

$$Y_2(s) = \frac{1}{Z_2(s)} = \frac{s+1}{2/3} = \frac{3}{2}s + \frac{3}{2} = Y_4(s) + Y_5(s)$$

$$Y_3(s) = \frac{1}{Z_3(s)} = \frac{s+4}{(1/6)s} = 6 + \frac{24}{s} = Y_6(s) + Y_7(s)$$

개별 항으로부터 회로요소는 다음과 같다.

$$Z_1(s) = 5/6 = R \quad \therefore R = 5/6 \, \Omega$$
$$Y_4(s) = 3s/2 = sC \quad \therefore C = 3/2 \, \text{F}$$
$$Y_5(s) = 3/2 = 1/R \quad \therefore R = 2/3 \, \Omega$$
$$Y_6(s) = 6 = 1/R \quad \therefore R = 1/6 \, \Omega$$
$$Z_7(s) = 24/s = sL \quad \therefore L = 1/24 \, \text{H}$$

따라서 그림 18.17과 같은 Foster 직렬 회로망이 얻어진다.

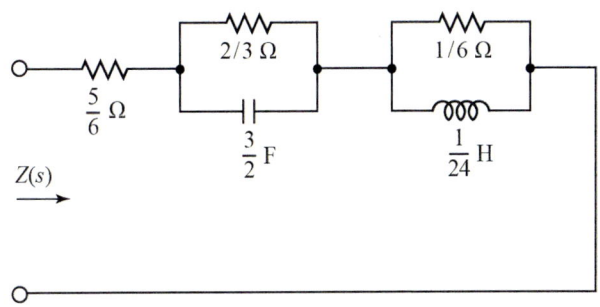

그림 18.17 [EXAMPLE 18-13]

EXAMPLE 18-14

그림 18.18의 2단자 회로의 구동점 임피던스가 다음과 같다.

$$Z(s) = \frac{3s^2 + 2}{s^3 + 6s^2 + 3s + 4}$$

(a) R을 구하라.
(b) $Z_o(s)$를 구하라.
(c) $Z_o(s)$의 회로망을 합성하라.

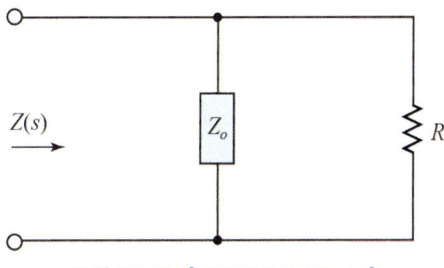

그림 18.18 [EXAMPLE 18-14]

SOLUTION

(a) $Y(s) = \dfrac{1}{Z(s)} = \dfrac{s^3 + 6s^2 + 3s + 4}{3s^2 + 2} = \dfrac{(s^3 + 3s) + 2(3s^2 + 2)}{3s^2 + 2}$

$\qquad = 2 + \dfrac{s^3 + 3s}{3s^2 + 2} = \dfrac{1}{R} + \dfrac{1}{Z_o(s)} \cdots\cdots\cdots \therefore R = \dfrac{1}{2} \, \Omega$

(b) $Z_o(s) = \dfrac{3s^2 + 2}{s^3 + 3s}$

(c) $Z_o(s)$를 부분분수로 전개하면

$$Z_o(s) = \frac{3s^2+2}{s^3+3s} = \frac{2}{3s} + \frac{7}{3}\frac{s}{s^2+3} = Z_1(s) + Z_2(s)$$

$Z_2(s)$의 분모, 분자를 도치하여 각 항을 나누면

$$Y_2(s) = \frac{1}{Z_2(s)} = \frac{3}{7}\frac{s^2+3}{s} = \frac{3}{7}s + \frac{9}{7s} = Y_3(s) + Y_4(s)$$

개별 항으로부터 회로요소는 다음과 같다.

$$Z_1(s) = 2/3s = 1/sC \quad \therefore C = 3/2 \text{ F}$$
$$Y_3(s) = 3s/7 = sC \quad \therefore C = 3/7 \text{ F}$$
$$Y_4(s) = 9/7s = 1/sL \quad \therefore L = 7/9 \text{ H}$$

따라서 그림 18.18-1와 같은 Foster 직렬 회로망이 얻어진다.

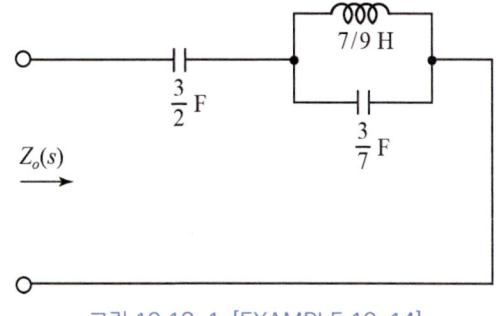

그림 18.18-1 [EXAMPLE 18-14]

18.3 쌍대회로

5장과 11장에서 다룬 망전류 해석법을 적용한 회로와 마디전압 해석법을 적용한 회로가 대표적인 **쌍대회로**(雙對回路, dual circuit)이다. 회로망에서 서로 대응되는 쌍, 즉 반대되는 개념의 것들이 있다. 예컨대, 쌍(망전류 방정식, 마디전압 방정식), 쌍(직렬, 병렬), 쌍(전압, 전류), 쌍(저항, 컨덕턴스), 쌍(인덕턴스, 커패시턴스), 쌍(임피던스, 어드미턴스), 쌍(테브난의 정리, 노튼의 정리), 쌍(KVL, KCL) 등이 있다. 이것들은 상호 간에 **쌍대성**(duality)이 있다고 한다. 예를 들어 그림 18.19(a)에 나타낸 RLC 직렬회로의 쌍대회로는 그림 18.19(b)와 같다.

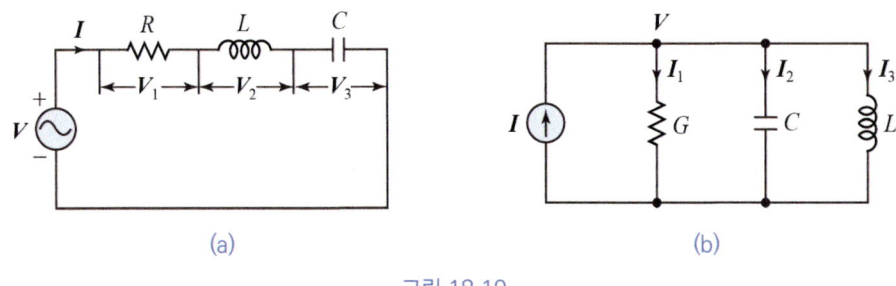

그림 18.19

그림 18.19와 관련된 쌍대 관계를 아래와 같이 엮어보자.

그림 18.19(a) 직렬회로 ⟷ 그림 18.19(b) 병렬회로

$$V = V_1 + V_2 + V_3 \quad \longleftrightarrow \quad I = I_1 + I_2 + I_3$$

$$\begin{cases} V_1 = RI \\ V_2 = j\omega L I \\ V_3 = \dfrac{I}{j\omega C} \end{cases} \quad \longleftrightarrow \quad \begin{cases} I_1 = GV \\ I_2 = j\omega C V \\ I_3 = \dfrac{V}{j\omega L} \end{cases}$$

$$V = \left(R + j\omega L + \dfrac{1}{j\omega C} \right) I = ZI \quad \longleftrightarrow \quad I = \left(G + j\omega C + \dfrac{1}{j\omega L} \right) V = YV$$

여기서 유념해야 할 부분은 쌍대회로는 서로 같은 회로가 아니다. 즉 등가회로가 아니라는 점이다.

📘 EXAMPLE 18-15

그림 18.20에 나타낸 회로에 대해

(a) 쌍대회로를 그려라.
(b) 망전류 방정식을 쓰라.
(c) 망전류 방정식으로부터 쌍대 마디전압 방정식을 쓰라.
(d) 쌍대회로의 마디전압 방정식과 비교하라.

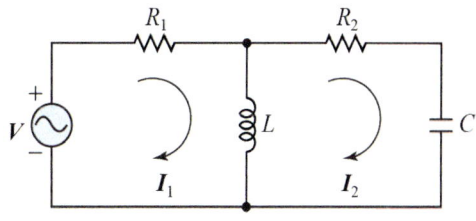

그림 18.20 [EXAMPLE 18-15]

SOLUTION

(a) 그림 18.20에서 전압원을 전류원으로, 직렬은 병렬로, R은 G로, L은 C로, 망전류는 마디전압으로 고치면 그림 18.20-1과 같다.

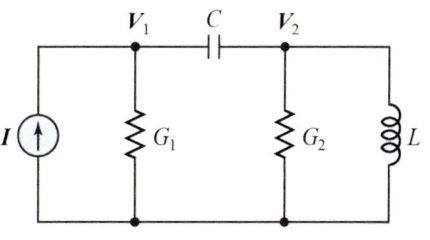

그림 18.20-1 [EXAMPLE 18-15]

(b) $(R_1 + j\omega L)I_1 - j\omega L I_2 = V$

$-j\omega L I_1 + \left(R_2 + j\omega L + \dfrac{1}{j\omega C} \right) I_2 = 0$

(c) $(R_1 + j\omega L)I_1 - j\omega L I_2 = V \;\rightarrow\; (G_1 + j\omega C)V_1 - j\omega C V_2 = I$

$-j\omega L I_1 + \left(R_2 + j\omega L + \dfrac{1}{j\omega C} \right) I_2 = 0 \;\rightarrow\; -j\omega C V_1 + \left(G_2 + j\omega C + \dfrac{1}{j\omega L} \right) V_2 = 0$

(d) 일치한다.

18.4 역회로와 정저항 회로

(1) 역회로

그림 18.21과 같이 임피던스가 Z_1인 회로와 임피던스가 Z_2인 회로가 쌍대 관계에 놓여있을 때, 임피던스 곱이 식 (18.2)와 같이 주파수와 관계없이 일정하다면 두 회로는 **역회로**(逆回路, inverse circuit)의 관계가 있다고 말한다.

$$Z_1 Z_2 = K^2 \quad (K \text{는 일정}) \tag{18.2}$$

그림 18.21

여기서 Z_1과 Z_2는 합성 임피던스가 아니라, 하나의 회로요소에 의한 임피던스이다.

식 (18.2)로부터 Z_1의 역회로의 임피던스 Z_2와 어드미턴스 Y_2는 다음과 같이 된다.

$$Z_2 = \frac{K^2}{Z_1} = K^2 Y_1 \tag{18.2-1}$$

$$Y_2 = \frac{1}{Z_2} = \frac{Z_1}{K^2} \tag{18.2-2}$$

따라서 두 회로가 역회로가 되기 위해 조건으로 식 (18.2)를 만족해야 하고, 반드시 쌍대회로가 되어야 한다. 마찬가지로 그림 18.22가 역회로가 되기 위해서 쌍대관계에 놓이려면 직렬회로는 병렬회로 되어야, 병렬회로는 직렬회로가 되어야 하며, 식 (18.2)에 따라 다음과 같은 관계가 되어야 한다.

$$Z_1 Z_3 = K^2, \quad Z_2 Z_4 = K^2 \tag{18.2-3}$$

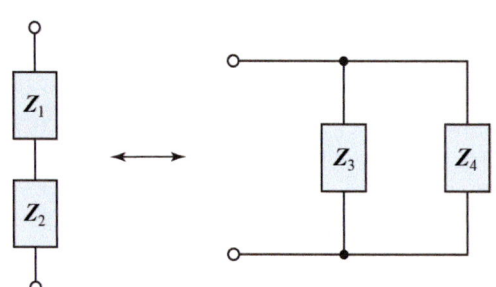

그림 18.22

그림 18.23에서 좌측 회로의 임피던스는 $Z_1 = j\omega L_1$, 우측 회로의 임피던스는 $Z_2 = \dfrac{1}{j\omega C_2}$을 식 (18.2)에 적용하면

$$Z_1 Z_2 = (j\omega L_1)\left(\frac{1}{j\omega C_2}\right) = \frac{L_1}{C_2} = K^2 \tag{18.2-4}$$

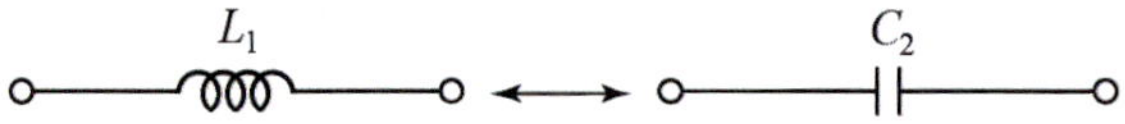

그림 18.23

따라서 두 회로는 역회로가 되며, 인덕턴스 L_1의 역회로는 커패시턴스 C_2가 된다.

식 (18.7a)에 적용해보면

$$\frac{1}{j\omega C_2} = \frac{K^2}{j\omega L_1} \quad \therefore \ \frac{1}{C_2} = \frac{K^2}{L_1}, \ \frac{L_1}{C_2} = K^2 \tag{18.3}$$

이상에서 식 (18.2)를 만족하기 위해서는

ⅰ) 회로요소 저항 R_1의 역회로는 G_1으로 다음의 관계로 나타낸다.

$$R_1 = K^2 G_2 \quad \left(\to \quad \frac{R_1}{G_2} = K^2 \right) \tag{18.4a}$$

ⅱ) 그러나 L과 C의 임피던스는 주파수에 관계되고 역수 관계가 있기 때문에 $LC = K^2$일 수가 없다. 따라서 인덕턴스 L_1의 역회로는 커패시턴스 C_2로 다음의 관계로 나타낸다.

$$C_2 = \frac{L_1}{K^2} \quad \left(\to \quad \frac{L_1}{C_2} = K^2 \right) \tag{18.4b}$$

ⅲ) 커패시턴스 C_1의 역회로는 인덕턴스 L_2로 다음의 관계로 나타낸다.

$$L_2 = K^2 C_1 \quad \left(\to \quad \frac{L_2}{C_1} = K^2 \right) \tag{18.4c}$$

그림 18.24(a)와 (b)는 서로 역회로 관계이다. C_1의 쌍대는 L_1, L_2의 쌍대는 C_2, 직렬의 쌍대는 병렬이다. 한 회로에서 넘버링(numbering)은 회로요소의 수만큼 차례대로 매기지만 역회로 쌍대 관계에서는 같은 번호를 매긴다. 따라서 C_1의 쌍대는 L_2가 아니라 L_1이다.

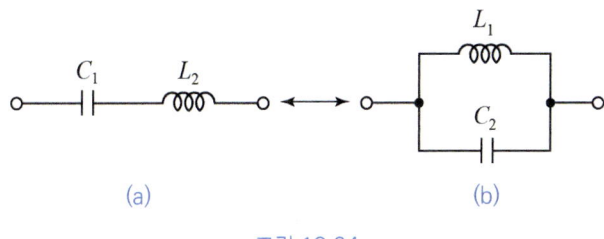

그림 18.24

그림 18.25(a)와 (b)는 서로 역회로 관계이다. L_1의 쌍대는 C_1, L_2의 쌍대는 C_2, C_3의 쌍대는 L_3, 직렬의 쌍대는 병렬, 병렬의 쌍대는 직렬이다.

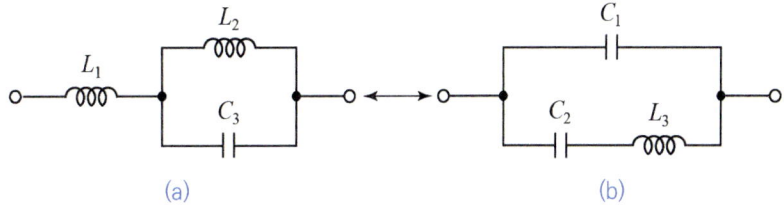

그림 18.25

이상에서 역회로 관계를 요약할 때 다음과 같은 관계가 성립할 때 두 회로는 역회로가 된다.

$$\frac{L_1}{C_1} = \frac{L_2}{C_2} = \frac{L_3}{C_3} = K^2 \tag{18.5}$$

$$\sqrt{\frac{L_1}{C_1}} = \sqrt{\frac{L_2}{C_2}} = \sqrt{\frac{L_3}{C_3}} = K \tag{18.5-1}$$

(2) 정저항 회로

정저항 회로(定抵抗回路)는 2단자 회로망의 구동점 임피던스가 정저항, 즉 주파수와 무관하게 저항만의 회로가 되는 것을 말한다. 구동점 임피던스가 리액턴스로 인해서 주파수에 의존하기 때문에 주파수와 무관해지려면 허수부가 사라져야 한다. 즉 리액턴스 성분이 0이어야 한다.

그림 18.26(a)와 같은 회로가 정저항 회로가 되기 위한 조건을 구해보자. 임피던스 Z는

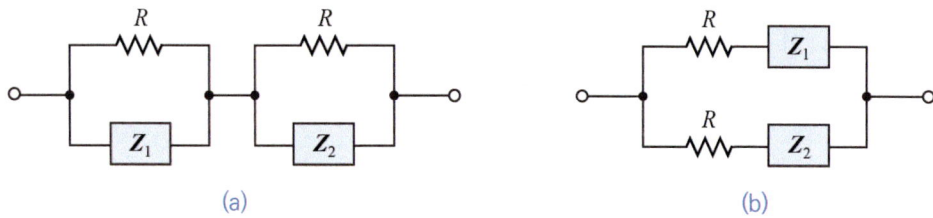

그림 18.26

$$Z = \frac{RZ_1}{R+Z_1} + \frac{RZ_2}{R+Z_2} = \frac{RZ_1(R+Z_2) + RZ_2(R+Z_1)}{(R+Z_1)(R+Z_2)}$$

$$= R\left[\frac{Z_1(R+Z_2) + Z_2(R+Z_1)}{(R+Z_1)(R+Z_2)}\right]$$

이때 임피던스가 정저항, 즉 $Z = R$이 되기 위해서는

$$\left[\frac{Z_1(R+Z_2) + Z_2(R+Z_1)}{(R+Z_1)(R+Z_2)}\right] = 1$$

$$Z_1(R+Z_2) + Z_2(R+Z_1) = (R+Z_1)(R+Z_2)$$

$$Z_1R + Z_1Z_2 + Z_2R + Z_2Z_1 = R^2 + RZ_2 + Z_1R + Z_1Z_2$$

$$Z_1Z_2 = R^2 \tag{18.6}$$

식 (18.6)의 조건을 만족해야 정저항 회로가 되며, 만약 Z_1과 Z_2가 L, C로 되어 있으면 정저항 조건은 R에 관한 역회로이다. 이때는 식 (18.6)에서와 같이 K를 R로 대체하면 된다. 따라서

$$Z_1Z_2 = K^2 = \frac{L}{C} = R^2 \tag{18.7}$$

$$R = \sqrt{\frac{L}{C}} \tag{18.7-1}$$

그림 18.27(b)에서도 정저항 회로가 되려면 같은 조건이 요구된다.

EXAMPLE 18-16

그림 18.27의 두 회로가 역회로가 되기 위한 L_1과 C_2를 구하라. 단 $K = 100$이다.

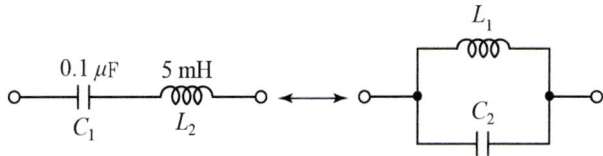

그림 18.27 [EXAMPLE 18-16]

SOLUTION

$$\frac{L_1}{C_1} = \frac{L_2}{C_2} = K^2$$

$$L_1 = K^2 C_1 = (100^2)(0.1 \times 10^{-6}) = 1 \text{ mH}$$

$$C_2 = \frac{L_2}{K^2} = \frac{5 \times 10^{-3}}{100^2} = 0.5 \text{ μF}$$

혹은 $C_2 = \dfrac{C_1 L_2}{L_1} = \dfrac{(0.1 \times 10^{-6})(5 \times 10^{-3})}{(1 \times 10^{-3})} = 0.5 \text{ μF}$

EXAMPLE 18-17

그림 18.28의 두 회로가 역회로가 되기 위한 L_2을 구하라.

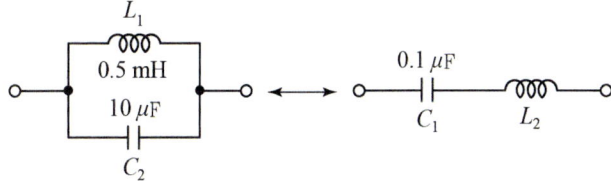

그림 18.28 [EXAMPLE 18-17]

SOLUTION

$$\frac{L_1}{C_1} = \frac{L_2}{C_2}$$

$$L_2 = \frac{L_1 C_2}{C_1} = \frac{(0.5 \times 10^{-3})(10 \times 10^{-6})}{0.1 \times 10^{-6}} = 50 \text{ mH}$$

EXAMPLE 18-18

그림 18.29의 역회로를 구하라.

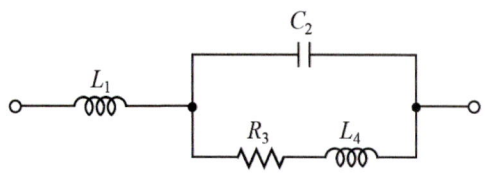

그림 18.29 [EXAMPLE 18-18]

SOLUTION

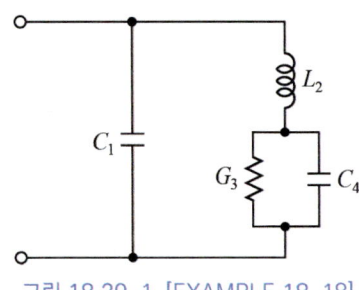

그림 18.29-1 [EXAMPLE 18-18]

EXAMPLE 18-19

그림 18.30 회로가 정저항 회로가 되기 위한 L을 구하라.

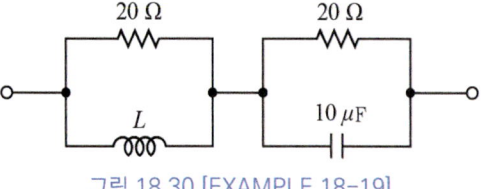

그림 18.30 [EXAMPLE 18-19]

SOLUTION

$$\frac{L}{C} = R^2$$
$$L = CR^2 = (10 \times 10^{-6})(20)^2 = 4 \text{ mH}$$

EXAMPLE 18-20

그림 18.31 회로가 정저항 회로가 되기 위한 X_C를 구하라.

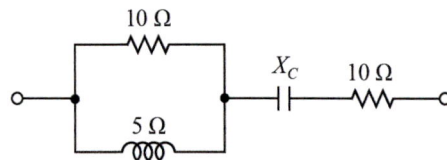

그림 18.31 [EXAMPLE 18-20]

SOLUTION

$$R^2 = \frac{L}{C} = \frac{\omega L}{\omega C}$$
$$\omega C = \frac{\omega L}{R^2} = \frac{5}{10^2} = 0.05$$
$$\therefore X_C = \frac{1}{\omega C} = \frac{1}{0.05} = 20 \text{ }\Omega$$

EXAMPLE 18-21

그림 18.32의 회로가 정저항 회로가 되기 위한 R을 구하라.

SOLUTION

$$\frac{L}{C} = R^2$$

$$R = \sqrt{\frac{L}{C}} = \sqrt{\frac{4 \times 10^{-3}}{10 \times 10^{-6}}} = 20\ \Omega$$

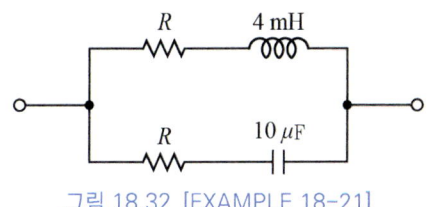

그림 18.32 [EXAMPLE 18-21]

EXERCISE

18.1 그림 18.33의 s 평면(복소평면)에 표시된 영점과 극점으로부터 다항식 $F(s)$를 쓰라.

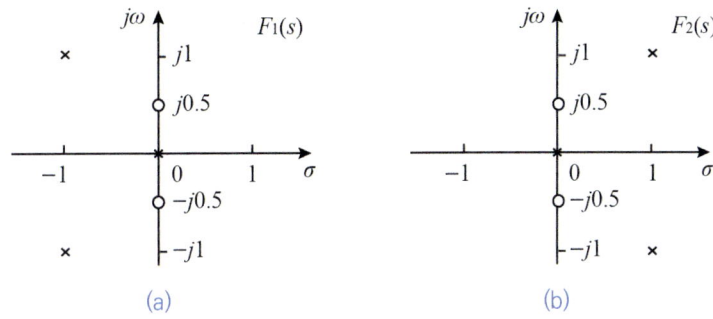

그림 18.33 [EXERCISE 18.1]

18.2 2단자 회로의 구동점 임피던스가 다음과 같을 때 회로망을 합성하라.

(a) $Z(s) = \dfrac{4s^2 + s + 1}{s}$

(b) $Z(s) = \dfrac{4s}{6s^2 + 2s + 2}$

(c) $Z(s) = \dfrac{5s + 10}{s^2 + 2s + 5}$

(d) $Z(s) = \dfrac{2.5s^2 + s + 10}{5s + 2}$

(e) $Z(s) = \dfrac{s^2 + 5s + 20}{\frac{1}{2}s^2 + 10}$

(f) $Z(s) = \dfrac{5s^3 + 2s^2 + 3s + 1}{5s^3 + 3s}$

18.3 2단자 회로의 구동점 이미턴스가 다음과 같다.

$$F(s) = \frac{s^2 + 7s + 12}{s^2 + 3s + 2}$$

$F(s) = Z(s)$, $F(s) = Y(s)$일 때 회로망을 합성하라.

18.4 2단자 회로의 구동점 이미턴스가 다음과 같다.

$$F(s) = \frac{2(s+1)(s+4)}{s+2}$$

$F(s) = Z(s)$, $F(s) = Y(s)$일 때 회로망을 합성하라.

18.5 2단자 회로망의 구동점 임피던스가 다음과 같다.

$$Z(s) = \frac{3(s+1)(s+4)}{(s+2)(s+6)}$$

(a) Foster 회로망으로 합성하라.

(b) Cauer 회로망으로 합성하라.

18.6 2단자 회로의 구동점 임피던스 $Z(s) = \dfrac{s^3 + 2s^2 + 3s + 1}{s^3 + s^2 + 2s + 1}$의 회로망을 합성하라.

18.7 2단자 회로의 구동점 어드미턴스의 회로망을 합성하라.

(a) $Y(s) = \dfrac{6s^4 + 42s^2 + 48}{s^5 + 18s^3 + 48s}$

(b) $Y(s) = \dfrac{s^3 + 6s^2 + 8s}{s^2 + 4s + 3}$

18.8 그림 18.34의 2단자 회로망의 구동점 어드미턴스가 다음과 같을 때

$$Y(s) = \frac{6s^3 + 4s^2 + 9s + 3}{12s^2 + 9}$$

(a) R을 구하라.

(b) $Y_o(s)$를 구하라.

(c) $Y_o(s)$의 회로를 구성하라.

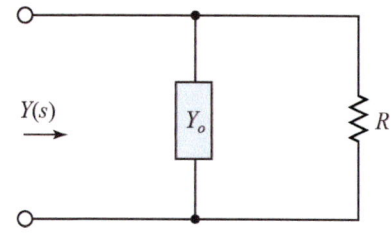

그림 18.34 [EXERCISE 18.8]

18.9 그림 18.35의 회로에 대한 역회로를 그려라.

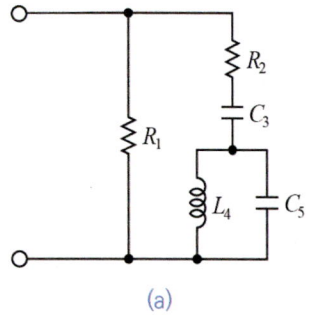
(a)

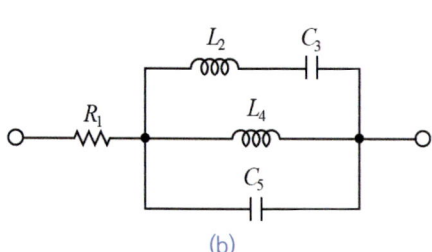
(b)

그림 18.35 [EXERCISE 18.9]

18.10 그림 18.36의 두 회로가 역회로가 되기 위한 L_1과 C_2를 구하라. 단 $K = 80$이다.

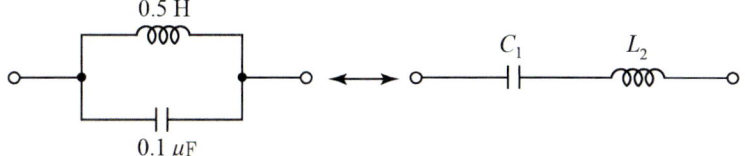

그림 18.36 [EXERCISE 18.10]

18.11 그림 18.37의 회로가 정저항 회로가 되기 위한 X_C를 구하라.

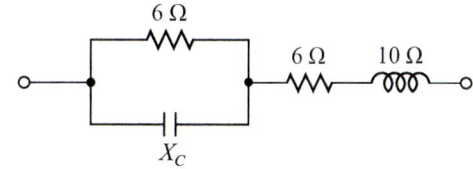

그림 18.37 [EXERCISE 18.11]

18.12 그림 18.38의 회로가 정저항 회로가 되기 위한 L을 구하라.

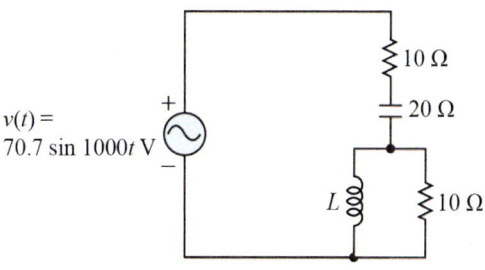

그림 18.38 [EXERCISE 18.12]

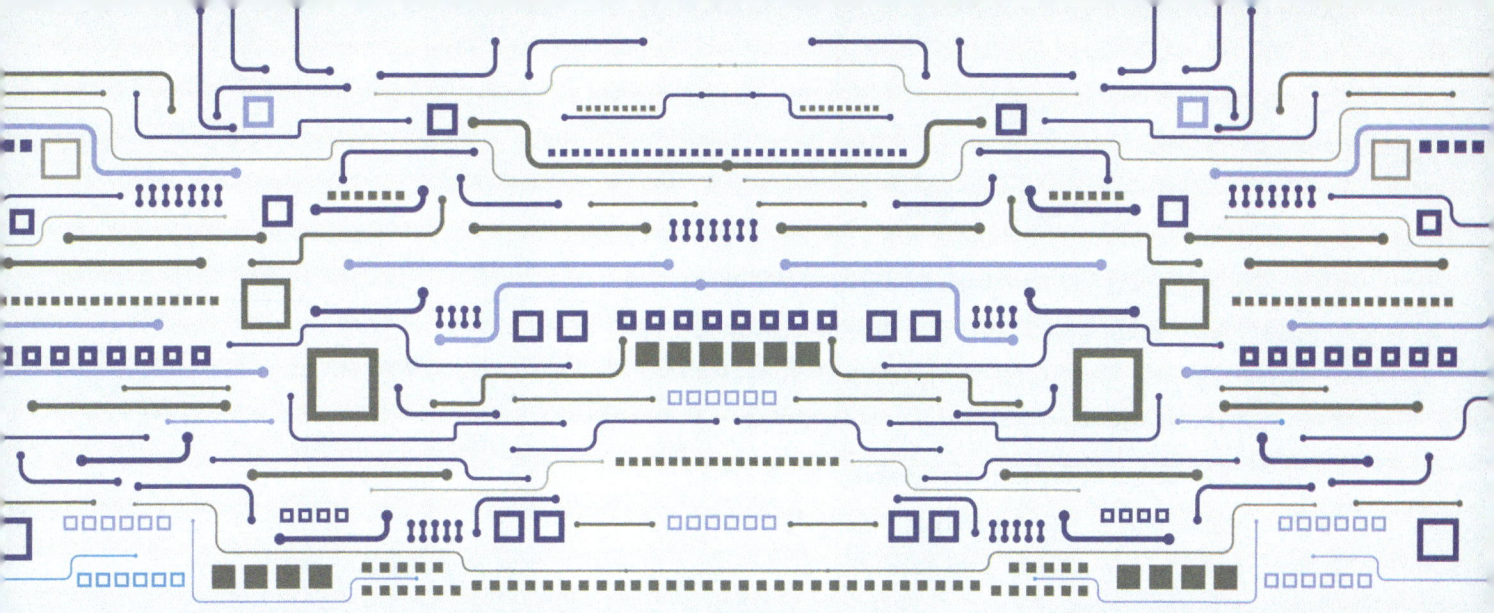

CHAPTER 19

4단자 회로망

19.1 4단자 회로망의 개요
19.2 임피던스 파라미터
19.3 어드미턴스 파라미터
19.4 하이브리드 파라미터
19.5 g 파라미터
19.6 전송 파라미터(4단자 정수)
19.7 4단자망의 종속접속
19.8 파라미터의 상호관계
19.9 영상 파라미터
EXERCISE

19.1 4단자 회로망의 개요

앞장에서는 2단자(2-terminals) 회로망을 다루었다. 2단자는 단자 2개로 하나의 단자쌍을 만들고, 하나의 포트(port)가 된다. 그림 19.1과 같이 단자쌍이 두 개라면 단자가 네 개인 **4단자 회로망**(4-terminals network)이 되며, 이것을 **2포트 회로망**(2-ports network)이라고 한다. 좌측 포트를 입력 포트(input port) 혹은 입력단, 우측 포

그림 19.1

트를 출력 포트(out port) 혹은 출력단이라고 한다. 전류의 방향은 입·출력단에서 회로망 쪽으로 들어가는 방향이며, 전압은 위쪽이 +단자, 아래쪽이 −단자로 한다. 4단자 회로망은 전송선로, 증폭기, 필터, 변압기 등에 여러 회로망에 사용된다.

2단자 회로망에서는 단자 변수가 V, I 밖에는 없는 관계로 구동점 임피던스 혹은 구동점 어드미턴스 외에는 다른 파라미터가 없다. 이에 반해서 4단자 회로망에서는 입력단에 (V_1, I_1), 출력단에 (V_2, I_2) 등 4개의 단자 변수가 있기 때문에 이것들의 상호관계에 따라 임피던스, 어드미턴스 외에도 새로운 파라미터가 생겨나게 된다. 이러한 파라미터와 그에 관련된 특성에 대해서 알아보기로 한다.

19.2 임피던스 파라미터

그림 19.2와 같은 4단자 회로망에서 단자 변수 사이의 비례계수가 4개의 임피던스가 되도록 선형 회로망이 구성될 수 있다.

입·출력 단자전압과 단자전류 사이의 관계식이 $V = ZI$의 형태가 되는 전압 방정식을 다음과 같이 나타낸다.

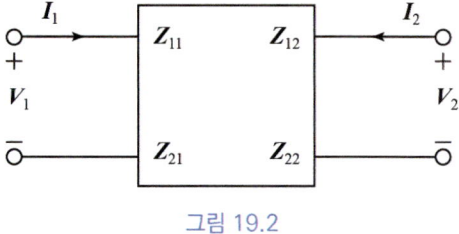

그림 19.2

$$V_1 = Z_{11}I_1 + Z_{12}I_2$$
$$V_2 = Z_{21}I_1 + Z_{22}I_2$$
(19.1)

독립변수가 입·출력단의 전류이며, 종속변수는 입·출력단의 전압이다. 식 (19.1)을 행렬 방정식으로 나타내면

$$\begin{bmatrix} V_1 \\ V_2 \end{bmatrix} = \begin{bmatrix} Z_{11} & Z_{12} \\ Z_{21} & Z_{22} \end{bmatrix} \begin{bmatrix} I_1 \\ I_2 \end{bmatrix}$$
(19.1-1)

여기서 Z_{11}, Z_{12}, Z_{21}, Z_{22}를 임피던스 파라미터 혹은 Z 파라미터라고 한다.

전압과 전류의 아래 첨자는 입력단(1)과 출력단(2)를 나타낸다. 임피던스의 아래 첨자는 구동점 임피던스(driving impedance)와 전달 임피던스(transfer impedance)로 나뉜다. Z 파라미터는 입력이 개방되

었을 때와 출력이 개방되었을 때 다음과 같이 구한다.

$$Z_{11} = \left.\frac{V_1}{I_1}\right|_{I_2 = 0} \quad : \quad 출력개방\ 입력\ 임피던스$$

$$Z_{12} = \left.\frac{V_1}{I_2}\right|_{I_1 = 0} \quad : \quad 입력개방\ 전달\ 임피던스$$

$$Z_{21} = \left.\frac{V_2}{I_1}\right|_{I_2 = 0} \quad : \quad 출력개방\ 전달\ 임피던스$$

$$Z_{22} = \left.\frac{V_2}{I_2}\right|_{I_1 = 0} \quad : \quad 입력개방\ 출력\ 임피던스$$

회로망이 선형이 되면, 즉 선형 회로망에서는 가역정리가 성립하므로 $Z_{12} = Z_{21}$이다. 또한 회로망이 대칭이 되면, 즉 대칭 회로망에서는 $Z_{11} = Z_{22}$가 성립한다.

식 (19.1)의 Z 파라미터 관계를 등가회로로 나타내면 그림 19.3과 같다. 입·출력 회로는 모두 테브난 등가회로이다.

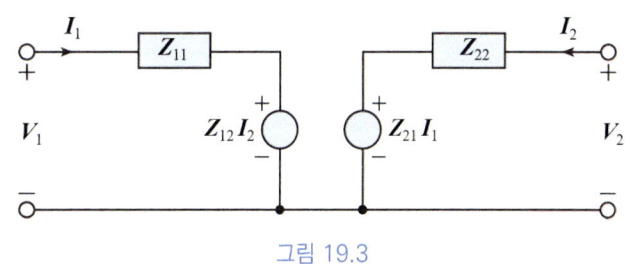

그림 19.3

EXAMPLE 19-1

그림 19.4의 4단자 회로망에서 Z 파라미터를 구하라.

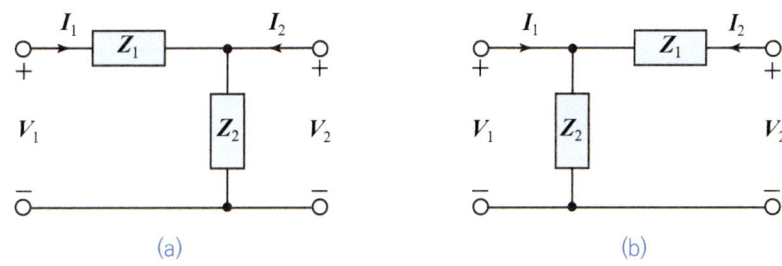

그림 19.4 [EXAMPLE 19-1]

SOLUTION

(a) L_1형 회로망

〈해법 1〉 Z 파라미터의 정의식

ⅰ) $Z_{11} = \left.\dfrac{V_1}{I_1}\right|_{I_2 = 0} = \dfrac{(Z_1 + Z_2)I_1}{I_1} = Z_1 + Z_2$

$I_2 = 0$일 때 V_1과 I_1에 관계되는 식 $V_1 = (Z_1 + Z_2)I_1$으로부터 입력 임피던스 Z_{11}이 구해진다. 간단히 설명하면 입력단에서 회로망 쪽으로 본 직렬합성 임피던스가 입력 임피던스 $Z_{11} = Z_1 + Z_2$이다.

ii) $Z_{12} = \dfrac{V_1}{I_2}\bigg|_{I_1 = 0} = \dfrac{Z_2 I_2}{I_2} = Z_2$

$I_1 = 0$일 때 V_1과 I_2에 관계되는 식 $V_1 = Z_2 I_2$로부터 전달 임피던스 Z_{12}가 구해진다.

iii) $Z_{21} = \dfrac{V_2}{I_1}\bigg|_{I_2 = 0} = \dfrac{Z_2 I_1}{I_1} = Z_2$

$I_2 = 0$일 때 V_2와 I_1에 관계되는 식 $V_2 = Z_2 I_1$으로부터 전달 임피던스 Z_{21}이 구해진다. 선형 회로망에서 $Z_{21} = Z_{12}$이다.

iv) $Z_{22} = \dfrac{V_2}{I_2}\bigg|_{I_1 = 0} = \dfrac{Z_2 I_2}{I_2} = Z_2$

$I_1 = 0$일 때 V_2와 I_2에 관계되는 식 $V_2 = Z_2 I_2$로부터 출력 임피던스 Z_{22}는 구해진다. 간단히 설명하면 출력단에서 회로망 쪽으로 본 임피던스가 출력 임피던스 $Z_{22} = Z_2$이다.

Z 파라미터를 행렬로 나타내면

$$\begin{bmatrix} Z_{11} & Z_{12} \\ Z_{21} & Z_{22} \end{bmatrix} = \begin{bmatrix} Z_1 + Z_2 & Z_2 \\ Z_2 & Z_2 \end{bmatrix}$$

〈해법 2〉 망전류 방정식

4단자 회로망에서 Z 파라미터는 망전류 방정식을 통해서 구할 수 있다. 망전류를 각각 I_1, I_2라고 할 때 망전류 방정식을 행렬 형태로 나타내면

$$\begin{bmatrix} Z_1 + Z_2 & Z_2 \\ Z_2 & Z_2 \end{bmatrix} \begin{bmatrix} I_1 \\ I_2 \end{bmatrix} = \begin{bmatrix} V_1 \\ V_2 \end{bmatrix}$$

따라서

$$\begin{bmatrix} Z_{11} & Z_{12} \\ Z_{21} & Z_{22} \end{bmatrix} = \begin{bmatrix} Z_1 + Z_2 & Z_2 \\ Z_2 & Z_2 \end{bmatrix}$$

(b) L_2형 회로망

〈해법 1〉 Z 파라미터의 정의식

i) $Z_{11} = \dfrac{V_1}{I_1}\bigg|_{I_2 = 0} = \dfrac{Z_2 I_1}{I_1} = Z_2$

$I_2 = 0$일 때 V_1과 I_1에 관계되는 식 $V_1 = Z_2 I_1$으로부터 입력 임피던스 Z_{11}이 구해진다. 간단히 설명하면 입력단에서 회로망 쪽으로 본 임피던스가 입력 임피던스 $Z_{11} = Z_2$이다.

ii) $Z_{12} = \dfrac{V_1}{I_2}\bigg|_{I_1=0} = \dfrac{Z_2 I_2}{I_2} = Z_2$

$I_1 = 0$일 때 V_1과 I_2에 관계되는 식 $V_1 = Z_2 I_2$로부터 전달 임피던스 Z_{12}가 구해진다.

iii) $Z_{21} = \dfrac{V_2}{I_1}\bigg|_{I_2=0} = \dfrac{Z_2 I_1}{I_1} = Z_2$

$I_2 = 0$일 때 V_2와 I_1에 관계되는 식 $V_2 = Z_2 I_1$으로부터 전달 임피던스 Z_{21}이 구해진다. 선형 회로망에서 $Z_{21} = Z_{12}$이다.

iv) $Z_{22} = \dfrac{V_2}{I_2}\bigg|_{I_1=0} = \dfrac{(Z_1 + Z_2)I_2}{I_2} = Z_1 + Z_2$

$I_1 = 0$일 때 V_2와 I_2에 관계되는 식 $V_2 = (Z_1 + Z_2)I_2$로부터 출력 임피던스 Z_{22}가 구해진다. 간단히 설명하면 출력단에서 회로망 쪽으로 본 직렬합성 임피던스가 출력 임피던스 $Z_{22} = Z_1 + Z_2$이다.

Z 파라미터를 행렬로 나타내면

$$\begin{bmatrix} Z_{11} & Z_{12} \\ Z_{21} & Z_{22} \end{bmatrix} = \begin{bmatrix} Z_2 & Z_2 \\ Z_2 & Z_1 + Z_2 \end{bmatrix}$$

〈해법 2〉 망전류 방정식

4단자 회로망에서 두 개의 망이므로 망전류를 각각 I_1, I_2라고 할 때 망전류 방정식을 행렬 형태로 나타내면

$$\begin{bmatrix} Z_2 & Z_2 \\ Z_2 & Z_1 + Z_2 \end{bmatrix} \begin{bmatrix} I_1 \\ I_2 \end{bmatrix} = \begin{bmatrix} V_1 \\ V_2 \end{bmatrix}$$

따라서

$$\begin{bmatrix} Z_{11} & Z_{12} \\ Z_{21} & Z_{22} \end{bmatrix} = \begin{bmatrix} Z_2 & Z_2 \\ Z_2 & Z_1 + Z_2 \end{bmatrix}$$

EXAMPLE 19-2

그림 19.5의 4단자 회로망에서 Z 파라미터를 구하라.

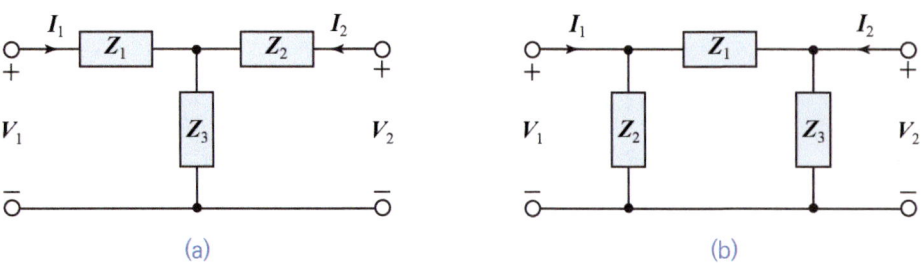

그림 19.5 [EXAMPLE 19-2]

SOLUTION

(a) T형 회로망

〈해법 1〉 Z 파라미터의 정의식

i) $Z_{11} = \dfrac{V_1}{I_1}\bigg|_{I_2=0} = \dfrac{(Z_1+Z_3)I_1}{I_1} = Z_1 + Z_3$

$I_2 = 0$일 때 V_1과 I_1에 관계되는 식 $V_1 = (Z_1+Z_3)I_1$으로부터 입력 임피던스 Z_{11}이 구해진다. 간단히 설명하면 입력단에서 회로망 쪽으로 본 직렬합성 임피던스가 입력 임피던스 $Z_{11} = Z_1 + Z_3$이다.

ii) $Z_{12} = \dfrac{V_1}{I_2}\bigg|_{I_1=0} = \dfrac{Z_3 I_2}{I_2} = Z_3$

$I_1 = 0$일 때 V_1과 I_2에 관계되는 식 $V_1 = Z_3 I_2$로부터 전달 임피던스 Z_{12}가 구해진다.

iii) $Z_{21} = \dfrac{V_2}{I_1}\bigg|_{I_2=0} = \dfrac{Z_3 I_1}{I_1} = Z_3$

$I_2 = 0$일 때 V_2와 I_1에 관계되는 식 $V_2 = Z_3 I_1$으로부터 전달 임피던스 Z_{21}이 구해진다. 선형 회로망에서 $Z_{21} = Z_{12}$이다.

iv) $Z_{22} = \dfrac{V_2}{I_2}\bigg|_{I_1=0} = \dfrac{(Z_2+Z_3)I_2}{I_2} = Z_2 + Z_3$

$I_1 = 0$에서 V_2와 I_2에 관계되는 식 $V_2 = (Z_2+Z_3)I_2$로부터 출력 임피던스 Z_{22}가 구해진다. 간단히 설명하면 입력 개방일 때 출력단에서 회로망 쪽으로 본 직렬합성 임피던스가 출력 임피던스 $Z_{22} = Z_2 + Z_3$이다.

Z 파라미터를 행렬로 나타내면

$$\begin{bmatrix} Z_{11} & Z_{12} \\ Z_{21} & Z_{22} \end{bmatrix} = \begin{bmatrix} Z_1 + Z_3 & Z_3 \\ Z_3 & Z_2 + Z_3 \end{bmatrix}$$

⟨해법 2⟩ 망전류 방정식

4단자 회로망에서 망전류를 각각 I_1, I_2라고 할 때 망전류 방정식을 행렬 형태로 나타내면

$$\begin{bmatrix} Z_1 + Z_3 & Z_3 \\ Z_3 & Z_2 + Z_3 \end{bmatrix} \begin{bmatrix} I_1 \\ I_2 \end{bmatrix} = \begin{bmatrix} V_1 \\ V_2 \end{bmatrix}$$

따라서

$$\begin{bmatrix} Z_{11} & Z_{12} \\ Z_{21} & Z_{22} \end{bmatrix} = \begin{bmatrix} Z_1 + Z_3 & Z_3 \\ Z_3 & Z_2 + Z_3 \end{bmatrix}$$

(b) π형 회로망

ⅰ) $Z_{11} = \dfrac{V_1}{I_1}\bigg|_{I_2=0} = \dfrac{[Z_2 // (Z_1+Z_3)]I_1}{I_1} = [Z_2 // (Z_1+Z_3)]$

$I_2 = 0$일 때 Z_2와 $Z_1 + Z_3$는 병렬이므로 V_1과 I_1에 관계되는 식 $V_1 = [Z_2 // (Z_1+Z_3)]I_1$으로부터 입력 임피던스 Z_{11}이 구해진다. 간단히 설명하면 입력단에서 회로망 쪽으로 본 합성 임피던스가 입력 임피던스 $Z_{11} = Z_2 // (Z_1+Z_3)$이다.

ⅱ) $Z_{12} = \dfrac{V_1}{I_2}\bigg|_{I_1=0} = \dfrac{[Z_2 Z_3/(Z_1+Z_2+Z_3)]I_2}{I_2} = \dfrac{Z_2 Z_3}{Z_1+Z_2+Z_3}$

$I_1 = 0$일 때 Z_2에 흐르는 전류를 $I_2{}'$라고 하면 $V_1 = Z_2 I_2{}'$이다. $I_2{}' = [Z_3/(Z_1+Z_2+Z_3)]I_2$이다. 따라서 V_1과 I_2에 관계되는 식 $V_1 = [Z_2 Z_3/(Z_1+Z_2+Z_3)]I_2$로부터 전달 임피던스 Z_{12}가 구해진다.

ⅲ) $Z_{21} = \dfrac{V_2}{I_1}\bigg|_{I_2=0} = \dfrac{[Z_2 Z_3/(Z_1+Z_2+Z_3)]I_1}{I_1} = \dfrac{Z_2 Z_3}{Z_1+Z_2+Z_3}$

$I_2 = 0$일 때 Z_3에 흐르는 전류를 $I_1{}'$라고 하면 $V_2 = Z_3 I_1{}'$이다. $I_1{}' = [Z_2/(Z_1+Z_2+Z_3)]I_1$이다. 따라서 V_2와 I_1에 관계되는 식 $V_2 = [Z_2 Z_3(Z_1+Z_2+Z_3)]I_1$으로부터 전달 임피던스 Z_{21}이 구해진다. 선형 회로망에서 $Z_{21} = Z_{12}$이다.

ⅳ) $Z_{22} = \dfrac{V_2}{I_2}\bigg|_{I_1=0} = \dfrac{[Z_3 // (Z_1+Z_2)]I_2}{I_2} = Z_3 // (Z_1+Z_2)$

$I_1 = 0$일 때 V_2와 I_2에 관계되는 식 $V_2 = [Z_3 // (Z_1+Z_2)]I_2$로부터 출력 임피던스 Z_{22}가 구해진다. 간단히 설명하면 출력단에서 회로망 쪽으로 본 합성 임피던스가 출력 임피던스 $Z_{22} = Z_3 // (Z_1+Z_2)$이다.

Z 파라미터를 행렬로 나타내면

$$\begin{bmatrix} Z_{11} & Z_{12} \\ Z_{21} & Z_{22} \end{bmatrix} = \begin{bmatrix} Z_2//(Z_1+Z_3) & \dfrac{Z_2 Z_3}{Z_1+Z_2+Z_3} \\ \dfrac{Z_2 Z_3}{Z_1+Z_2+Z_3} & Z_3//(Z_1+Z_2) \end{bmatrix}$$

4단자 회로망의 Z 파라미터를 표 19.1에 정리하였다.

표 19.1

4단자 회로망		Z 파라미터
bar형	(Z 직렬)	$I_1=0$이면 $I_2=0$, $I_2=0$이면 $I_1=0$ Z 파라미터는 정의되지 않음
I형	(Z 병렬)	$\begin{bmatrix} Z_{11} & Z_{12} \\ Z_{21} & Z_{22} \end{bmatrix} = \begin{bmatrix} Z & Z \\ Z & Z \end{bmatrix}$
L_1형	(Z_1 직렬, Z_2 병렬)	$\begin{bmatrix} Z_{11} & Z_{12} \\ Z_{21} & Z_{22} \end{bmatrix} = \begin{bmatrix} Z_1+Z_2 & Z_2 \\ Z_2 & Z_2 \end{bmatrix}$
L_2형	(Z_1 직렬, Z_2 병렬)	$\begin{bmatrix} Z_{11} & Z_{12} \\ Z_{21} & Z_{22} \end{bmatrix} = \begin{bmatrix} Z_2 & Z_2 \\ Z_2 & Z_1+Z_2 \end{bmatrix}$
T형	(Z_1, Z_2 직렬, Z_3 병렬)	$\begin{bmatrix} Z_{11} & Z_{12} \\ Z_{21} & Z_{22} \end{bmatrix} = \begin{bmatrix} Z_1+Z_3 & Z_3 \\ Z_3 & Z_2+Z_3 \end{bmatrix}$
π형	(Z_1 직렬, Z_2, Z_3 병렬)	$\begin{bmatrix} Z_{11} & Z_{12} \\ Z_{21} & Z_{22} \end{bmatrix} = \begin{bmatrix} Z_2//(Z_1+Z_3) & \dfrac{Z_2 Z_3}{Z_1+Z_2+Z_3} \\ \dfrac{Z_2 Z_3}{Z_1+Z_2+Z_3} & Z_3//(Z_1+Z_2) \end{bmatrix}$

여러 [EXAMPLE]에서 다룰 T형과 π형 회로망의 임피던스는 앞에서 유도한 공식에 대입하면 바로 해를 구할 수 있지만, 공식을 오랫동안 기억하기가 어려울 수 있으므로 주어진 회로에서 바로 구하는 방법을 습득하는 것이 바람직하다.

EXAMPLE 19-3

그림 19.6의 4단자 회로망에서 Z 파라미터를 구하라.

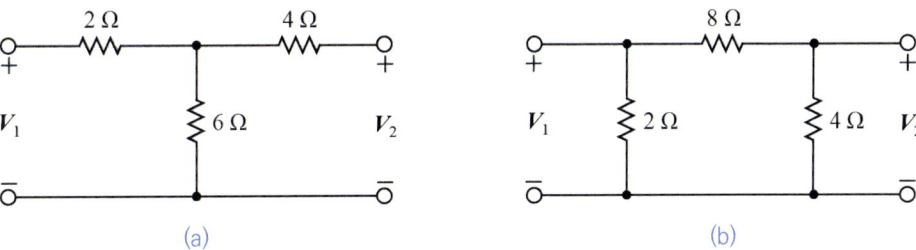

그림 19.6 [EXAMPLE 19-3]

SOLUTION

(a) T형 회로망

⟨해법 1⟩ Z 파라미터 정의식

i) $Z_{11} = \dfrac{V_1}{I_1}\bigg|_{I_2=0} = \dfrac{8I_1}{I_1} = 8\ \Omega$

$I_2 = 0$일 때 I_1은 2 Ω과 6 Ω을 통해서 흐른다. $V_1 = (2+6)I_1 = 8I_1$이므로 Z_{11}이 구해진다. 간단한 풀이로써 입력단에서 회로망 쪽으로 본 임피던스가 $Z_{11} = (2+6) = 8\ \Omega$이다.

ii) $Z_{12} = \dfrac{V_1}{I_2}\bigg|_{I_1=0} = \dfrac{6I_2}{I_2} = 6\ \Omega$

$I_1 = 0$일 때 I_2는 4 Ω과 6 Ω을 통해서 흐른다. $V_1 = 6I_2$이므로 Z_{12}가 구해진다.

iii) $Z_{21} = \dfrac{V_2}{I_1}\bigg|_{I_2=0} = \dfrac{6I_1}{I_1} = 6\ \Omega$

$I_2 = 0$일 때 I_1은 2 Ω과 6 Ω을 통해서 흐른다. $V_2 = 6I_1$이므로 Z_{21}이 구해진다.

iv) $Z_{22} = \dfrac{V_2}{I_2}\bigg|_{I_1=0} = \dfrac{10I_2}{I_2} = 10\ \Omega$

$I_1 = 0$일 때 I_2는 4 Ω과 6 Ω을 통해서 흐른다. $V_2 = (4+6)I_2 = 10I_2$이므로 Z_{22}가 구해진다. 간단한 풀이로써 출력단에서 회로망 쪽으로 본 임피던스가 $Z_{22} = (4+6) = 10\ \Omega$이다.

Z 파라미터를 행렬로 나타내면

$$\begin{bmatrix} Z_{11} & Z_{12} \\ Z_{21} & Z_{22} \end{bmatrix} = \begin{bmatrix} 8 & 6 \\ 6 & 10 \end{bmatrix}$$

⟨해법 2⟩ 망전류 방정식

$$\begin{cases} (2+6)I_1 + 6I_1 = V_1 \to Z_{11}I_1 + Z_{12}I_1 = V_1 \\ 6I_1 + (4+6)I_1 = V_2 \to Z_{21}I_1 + Z_{22}I_1 = V_1 \end{cases}$$

$$\begin{bmatrix} Z_{11} & Z_{12} \\ Z_{21} & Z_{22} \end{bmatrix} = \begin{bmatrix} 8 & 6 \\ 6 & 10 \end{bmatrix}$$

⟨해법 3⟩ 표 19.1 이용

$$\begin{bmatrix} Z_{11} & Z_{12} \\ Z_{21} & Z_{22} \end{bmatrix} = \begin{bmatrix} Z_1 + Z_3 & Z_3 \\ Z_3 & Z_2 + Z_3 \end{bmatrix} = \begin{bmatrix} 2+6 & 6 \\ 6 & 4+6 \end{bmatrix} = \begin{bmatrix} 8 & 6 \\ 6 & 10 \end{bmatrix}$$

(b) π형 회로망

⟨해법 1⟩ Z 파라미터 정의식

i) $Z_{11} = \dfrac{V_1}{I_1}\bigg|_{I_2=0} = \dfrac{1.72I_1}{I_1} = 1.72\ \Omega$

$I_2 = 0$일 때 I_1은 $2\ \Omega$과 $(8+4)\ \Omega$에 분배된다. $2\ \Omega$에 흐르는 전류 I_1'는 $I_1' = [(4+8)/(2+4+8)]I_1 = 0.86I_1$ 이다. $V_1 = 2I_1' = 2(0.86I_1) = 1.72I_1$ 이므로 Z_{11}이 구해진다. 간단한 풀이로써 입력단에서 회로망 쪽으로 본 임피던스가 $Z_{11} = 2//(8+4) = 1.71\ \Omega$ 이다.

ii) $Z_{12} = \dfrac{V_1}{I_2}\bigg|_{I_1=0} = \dfrac{0.58I_2}{I_2} = 0.58\ \Omega$

$I_1 = 0$일 대 I_2는 $4\ \Omega$과 $(8+2)\ \Omega$에 분배된다. $(8+2)\ \Omega$에 흐르는 전류 I_2'는 $I_2' = [4/(4+8+2)]I_2 = 0.286I_2$이다. $V_1 = 2I_2' = 2(0.286I_1) = 0.57I_1$ 이므로 Z_{12}가 구해진다.

iii) $Z_{21} = \dfrac{V_2}{I_1}\bigg|_{I_2=0} = \dfrac{0.57I_1}{I_1} = 0.57\ \Omega$

$I_2 = 0$일 때 I_1은 $2\ \Omega$과 $(8+4)\ \Omega$에 분배된다. $(8+4)\ \Omega$에 흐르는 전류 I_1'는 $I_1' = [2/(2+8+4)]I_1 = 0.143I_1$이다. $V_2 = 4I_1' = 4(0.143I_1) = 0.57I_1$ 이므로 Z_{21}이 구해진다.

iv) $Z_{22} = \dfrac{V_2}{I_2}\bigg|_{I_1=0} = \dfrac{2.86I_2}{I_2} = 2.86\ \Omega$

$I_1 = 0$일 때 I_2는 $4\ \Omega$과 $(8+2)\ \Omega$에 분배된다. $4\ \Omega$에 흐르는 전류 I_2'는 $I_2' = [(8+2)/(4+8+2)]I_2 = 0.714I_2$이다. $V_1 = 4I_2' = 4(0.714I_1) = 2.86I_1$ 이므로 Z_{22}가 구해진다. 간단한 풀이로써 출력단에서 회로망 쪽으로 본 임피던스가 $Z_{22} = 4//(8+2) = 2.86\ \Omega$ 이다.

Z 파라미터를 행렬로 나타내면

$$\begin{bmatrix} Z_{11} & Z_{12} \\ Z_{21} & Z_{22} \end{bmatrix} = \begin{bmatrix} 1.71 & 0.57 \\ 0.57 & 2.86 \end{bmatrix}$$

〈해법 2〉 표 19.1 이용

$$\begin{bmatrix} Z_{11} & Z_{12} \\ Z_{21} & Z_{22} \end{bmatrix} = \begin{bmatrix} Z_2//(Z_1+Z_3) & \dfrac{Z_2 Z_3}{Z_1+Z_2+Z_3} \\ \dfrac{Z_2 Z_3}{Z_1+Z_2+Z_3} & Z_3//(Z_1+Z_2) \end{bmatrix} = \begin{bmatrix} 2//(8+4) & \dfrac{(2)(4)}{8+2+4} \\ \dfrac{(2)(4)}{8+2+4} & 4//(8+2) \end{bmatrix} = \begin{bmatrix} 1.71 & 0.57 \\ 0.57 & 2.86 \end{bmatrix}$$

19.3 어드미턴스 파라미터

그림 19.7과 같은 4단자 회로망에서 단자 변수 사이의 비례계수가 4개의 어드미턴스가 되도록 선형 회로망이 구성될 수 있다.

입·출력 단자전류와 단자전압 사이의 관계식이 $I = YV$ 의 형태가 되는 전류 방정식을 다음과 같이 나타낸다.

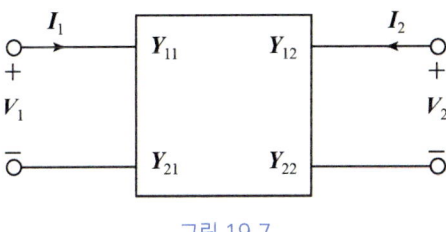

그림 19.7

$$\begin{aligned} I_1 &= Y_{11} V_1 + Y_{12} V_2 \\ I_2 &= Y_{21} V_1 + Y_{22} V_2 \end{aligned} \tag{19.2}$$

독립변수가 입·출력단의 전압이며, 종속변수는 입·출력단의 전류이다. 식 (19.2)를 행렬 방정식으로 나타내면

$$\begin{bmatrix} I_1 \\ I_2 \end{bmatrix} = \begin{bmatrix} Y_{11} & Y_{12} \\ Y_{21} & Y_{22} \end{bmatrix} \begin{bmatrix} V_1 \\ V_2 \end{bmatrix} \tag{19.2-1}$$

여기서 Y_{11}, Y_{12}, Y_{21}, Y_{22}를 어드미턴스 파라미터 혹은 Y 파라미터라고 한다.

Y 파라미터는 입력이 단락되었을 때와 출력이 단락되었을 때 다음과 같이 구한다.

$$Y_{11} = \left. \dfrac{I_1}{V_1} \right|_{V_2=0} \quad : \ 출력단락\ 입력\ 어드미턴스(\text{input admittance})$$

$$Y_{12} = \left. \dfrac{I_1}{V_2} \right|_{V_1=0} \quad : \ 입력단락\ 전달\ 어드미턴스(\text{transfer admittance})$$

$$Y_{21} = \left. \dfrac{I_2}{V_1} \right|_{V_2=0} \quad : \ 출력단락\ 전달\ 어드미턴스(\text{transfer admittance})$$

$$Y_{22} = \left. \dfrac{I_2}{V_2} \right|_{V_1=0} \quad : \ 입력단락\ 출력\ 어드미턴스(\text{output admittance})$$

선형 회로망에서 가역정리가 성립하므로 $Y_{12} = Y_{21}$, 대칭 회로망에서는 $Y_{11} = Y_{22}$이다.

식 (19.3)의 Y 파라미터 관계를 등가회로로 나타내면 그림 19.8과 같다. 입·출력 회로는 모두 노튼 등가회로이다.

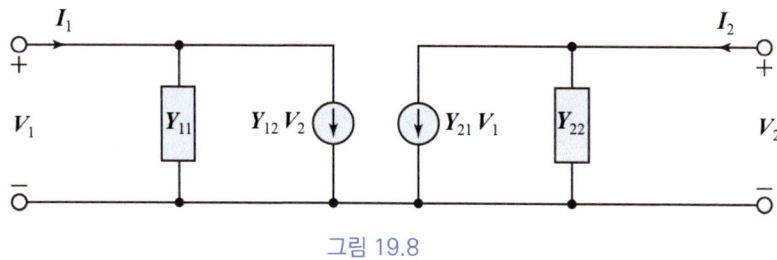

그림 19.8

Z 파라미터로부터 Y 파라미터를 얻을 수 있다. $ZY = U$(단위행렬)이므로 $Y = Z^{-1}$가 되고, 다음과 같이 나타낼 수 있다.

$$\begin{bmatrix} Y_{11} & Y_{12} \\ Y_{21} & Y_{22} \end{bmatrix} = \begin{bmatrix} Z_{11} & Z_{12} \\ Z_{21} & Z_{22} \end{bmatrix}^{-1} = \frac{1}{\Delta_z} \begin{bmatrix} Z_{22} & -Z_{12} \\ -Z_{21} & Z_{11} \end{bmatrix} \tag{19.3}$$

여기서 Δ_z는 Z 파라미터의 행렬식, 즉 $\Delta_z = Z_{11}Z_{22} - Z_{12}Z_{21}$이다.

따라서

$$Y_{11} = \frac{Z_{22}}{\Delta_z}, \quad Y_{12} = -\frac{Z_{12}}{\Delta_z}, \quad Y_{21} = -\frac{Z_{21}}{\Delta_z}, \quad Y_{22} = \frac{Z_{11}}{\Delta_z} \tag{19.3-1}$$

마찬가지로 Y 파라미터로부터 Z 파라미터를 얻을 수 있다. $Z = Y^{-1}$이므로 다음과 같이 나타낼 수 있다.

$$\begin{bmatrix} Z_{11} & Z_{12} \\ Z_{21} & Z_{22} \end{bmatrix} = \begin{bmatrix} Y_{11} & Y_{12} \\ Y_{21} & Y_{22} \end{bmatrix}^{-1} = \frac{1}{\Delta_y} \begin{bmatrix} Y_{22} & -Y_{12} \\ -Y_{21} & Y_{11} \end{bmatrix} \tag{19.4}$$

여기서 Δ_y는 Y 파라미터의 행렬식, 즉 $\Delta_y = Y_{11}Y_{22} - Y_{12}Y_{21}$이다.

따라서

$$Z_{11} = \frac{Y_{22}}{\Delta_y}, \quad Z_{12} = -\frac{Y_{12}}{\Delta_y}, \quad Z_{21} = -\frac{Y_{21}}{\Delta_y}, \quad Z_{22} = \frac{Y_{11}}{\Delta_y} \tag{19.4-1}$$

EXAMPLE 19-4

그림 19.9의 4단자 회로망에서 Y 파라미터를 구하라.

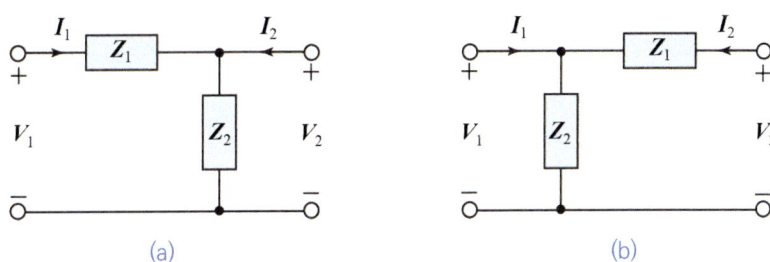

그림 19.9 [EXAMPLE 19-4]

SOLUTION

(a) L_1형 회로망

〈해법 1〉 Y 파라미터 정의식

i) $Y_{11} = \dfrac{I_1}{V_1}\bigg|_{V_2=0} = \dfrac{I_1}{Z_1 I_1} = \dfrac{1}{Z_1}$

$V_2 = 0$일 때 Z_2는 단락이다. V_1과 I_1에 관계되는 식 $V_1 = Z_1 I_1$으로부터 입력 어드미턴스 Y_{11}이 구해진다. 간단히 설명하면 입력단에서 회로망 쪽으로 본 임피던스의 역수가 입력 어드미턴스 $Y_{11} = 1/Z_1$이다.

ii) $Y_{12} = \dfrac{I_1}{V_2}\bigg|_{V_1=0} = \dfrac{I_1}{-Z_1 I_1} = -\dfrac{1}{Z_1}$

$V_1 = 0$일 때 V_2와 I_1에 관계되는 식 $V_2 = -Z_1 I_1$으로부터 전달 어드미턴스 Y_{12}가 구해진다.

iii) $Y_{21} = \dfrac{I_2}{V_1}\bigg|_{V_2=0} = \dfrac{I_2}{-Z_1 I_2} = -\dfrac{1}{Z_1}$

$V_2 = 0$일 때 V_1과 I_2에 관계되는 식 $V_1 = Z_1 I_1 = -Z_1 I_2$로부터 전달 어드미턴스 Y_{21}이 구해진다. 선형 회로망에서 $Y_{21} = Y_{12}$이다.

iv) $Y_{22} = \dfrac{I_2}{V_2}\bigg|_{V_1=0} = \dfrac{I_2}{(Z_1//Z_2)I_2} = (Z_1 + Z_2)/Z_1 Z_2$

$V_1 = 0$일 때 V_2와 I_2에 관계되는 식 $V_2 = (Z_1//Z_2)I_2$로부터 출력 어드미턴스 Y_{22}가 구해진다. 간단히 설명하면 출력단에서 회로망 쪽으로 본 병렬합성 어드미턴스가 출력 어드미턴스 $Y_{22} = 1/Z_1 + 1/Z_2$이다.

Y 파라미터를 행렬로 나타내면

$$\begin{bmatrix} Y_{11} & Y_{12} \\ Y_{21} & Y_{22} \end{bmatrix} = \begin{bmatrix} 1/Z_1 & -1/Z_1 \\ -1/Z_1 & (Z_1+Z_2)/Z_1 Z_2 \end{bmatrix}$$

⟨해법 2⟩ 마디전압 방정식

4단자 회로망에서 Y 파라미터는 마디전압 방정식을 통해서 구할 수 있다. 마디전압을 각각 V_1, V_2이라고 할 때 마디전압 방정식을 행렬 형태로 나타내면

$$\begin{bmatrix} 1/Z_1 & -1/Z_1 \\ -1/Z_1 & (1/Z_1 + 1/Z_2) \end{bmatrix} \begin{bmatrix} V_1 \\ V_2 \end{bmatrix} = \begin{bmatrix} I_1 \\ I_2 \end{bmatrix}$$

따라서

$$\begin{bmatrix} Y_{11} & Y_{12} \\ Y_{21} & Y_{22} \end{bmatrix} = \begin{bmatrix} 1/Z_1 & -1/Z_1 \\ -1/Z_1 & (Z_1 + Z_2)/Z_1 Z_2 \end{bmatrix}$$

(b) L_2형 회로망

⟨해법 1⟩ Y 파라미터 정의식

i) $Y_{11} = \dfrac{I_1}{V_1}\bigg|_{V_2 = 0} = \dfrac{I_1}{(Z_1//Z_2)I_1} = \dfrac{1}{Z_1//Z_2} = (Z_1 + Z_2)/Z_1 Z_2$

$V_2 = 0$일 때 V_1과 I_1에 관계되는 식 $V_1 = (Z_1//Z_2)I_1$으로부터 입력 어드미턴스 Y_{11}이 구해진다. 간단히 설명하면 입력단에서 회로망 쪽으로 본 병렬합성 어드미턴스가 입력 어드미턴스 $Y_{11} = 1/Z_1 + 1/Z_2$이다.

ii) $Y_{12} = \dfrac{I_1}{V_2}\bigg|_{V_1 = 0} = \dfrac{I_1}{-Z_1 I_1} = -\dfrac{1}{Z_1}$

$V_1 = 0$일 때 Z_2는 단락이다. V_2와 I_1에 관계되는 식 $V_2 = Z_1 I_2 = -Z_1 I_1$으로부터 전달 어드미턴스 Y_{12}가 구해진다.

iii) $Y_{21} = \dfrac{I_2}{V_1}\bigg|_{V_2 = 0} = \dfrac{I_2}{-Z_1 I_2} = -\dfrac{1}{Z_1}$

$V_2 = 0$일 때 V_1과 I_2에 관계되는 식 $V_1 = -Z_1 I_2$로부터 전달 어드미턴스 Y_{21}이 구해진다. 선형 회로망에서 $Y_{21} = Y_{12}$이다.

iv) $Y_{22} = \dfrac{I_2}{V_2}\bigg|_{V_1 = 0} = \dfrac{I_2}{Z_1 I_2} = \dfrac{1}{Z_1}$

$V_1 = 0$일 때 V_2와 I_2에 관계되는 식 $V_2 = Z_1 I_2$로부터 출력 어드미턴스 Y_{22}가 구해진다. 간단히 설명하면 출력단에서 회로망 쪽으로 본 임피던스의 역수가 출력 어드미턴스 $Y_{22} = 1/Z_1$이다.

Y 파라미터를 행렬로 나타내면

$$\begin{bmatrix} Y_{11} & Y_{12} \\ Y_{21} & Y_{22} \end{bmatrix} = \begin{bmatrix} (Z_1 + Z_2)/Z_1 Z_2 & -1/Z_1 \\ -1/Z_1 & 1/Z_1 \end{bmatrix}$$

⟨해법 2⟩ 마디전압 방정식

4단자 회로망에서 두 개의 마디이므로 마디전압을 각각 V_1, V_2라고 할 때 마디전압 방정식을 행렬 형태로 나타내면

$$\begin{bmatrix} (1/Z_1 + 1/Z_2) & -1/Z_1 \\ -1/Z_1 & 1/Z_1 \end{bmatrix} \begin{bmatrix} V_1 \\ V_2 \end{bmatrix} = \begin{bmatrix} I_1 \\ I_2 \end{bmatrix}$$

따라서

$$\begin{bmatrix} Y_{11} & Y_{12} \\ Y_{21} & Y_{22} \end{bmatrix} = \begin{bmatrix} (Z_1 + Z_2)/Z_1 Z_2 & -1/Z_1 \\ -1/Z_1 & 1/Z_1 \end{bmatrix}$$

EXAMPLE 19-5

그림 19.10의 4단자 회로망에서 Y 파라미터를 구하라.

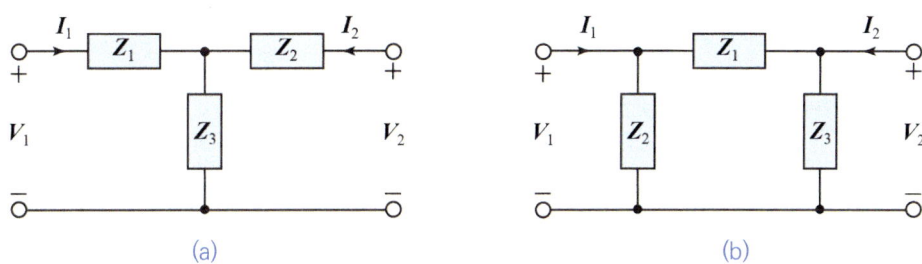

그림 19.10 [EXAMPLE 19-5]

SOLUTION

(a) T형 회로망

i) $Y_{11} = \left.\dfrac{I_1}{V_1}\right|_{V_2=0} = \dfrac{I_1}{(Z_1 + Z_2//Z_3)I_1} = \dfrac{1}{Z_1 + Z_2//Z_3} = \dfrac{Z_2 + Z_3}{Z_1 Z_2 + Z_2 Z_3 + Z_3 Z_1}$

$V_2 = 0$일 때 V_1과 I_1에 관계되는 식 $V_1 = (Z_1 + Z_2//Z_3)I_1$으로부터 입력 어드미턴스 Y_{11}이 구해진다. 간단히 설명하면 입력단에서 회로망 쪽으로 본 합성 임피던스의 역수가 입력 어드미턴스 $Y_{11} = 1/(Z_1 + Z_2//Z_3)$이다.

ii) $Y_{12} = \left.\dfrac{I_1}{V_2}\right|_{V_1=0} = \dfrac{I_1}{[-Z_1(Z_2 + Z_1//Z_3)/(Z_1//Z_3)]I_1} = -\dfrac{Z_3}{Z_1 Z_2 + Z_2 Z_3 + Z_3 Z_1}$

$V_1 = 0$일 때 Z_1에 걸리는 전압을 V_2'라고 하면 V_2와 I_1에 관계되는 식
$V_2' = [(Z_1//Z_3)/(Z_2 + Z_1//Z_3)]V_2 = -Z_1 I_1$으로부터 전달 어드미턴스 Y_{12}가 구해진다.

iii) $Y_{21} = \left.\dfrac{I_2}{V_1}\right|_{V_2=0} = \dfrac{I_2}{[-Z_2(Z_1 + Z_2//Z_3)/(Z_2//Z_3)]I_2} = -\dfrac{Z_3}{Z_1 Z_2 + Z_2 Z_3 + Z_3 Z_1}$

$V_2 = 0$일 때 Z_2에 걸리는 전압을 $V_1{'}$라고 하면 V_1과 I_2에 관계되는 식
$V_1{'} = [(Z_2//Z_3)/(Z_1 + Z_2//Z_3)]V_1 = -Z_2I_2$로부터 전달 어드미턴스 Y_{21}이 구해진다.
선형 회로망에서 $Y_{21} = Y_{12}$이다.

iv) $Y_{22} = \dfrac{I_2}{V_2}\bigg|_{V_1=0} = \dfrac{I_2}{(Z_2 + Z_1//Z_3)I_2} = \dfrac{1}{Z_2 + Z_1//Z_3} = \dfrac{Z_1 + Z_3}{Z_1Z_2 + Z_2Z_3 + Z_3Z_1}$

$V_1 = 0$일 때 V_2와 I_2에 관계되는 식 $V_2 = (Z_2 + Z_1//Z_3)I_2$로부터 출력 어드미턴스 Y_{22}가 구해진다. 간단히 설명하면 입력 단락일 때 출력단에서 회로망 쪽으로 본 합성 어드미턴스가 출력 어드미턴스 $Y_{22} = 1/(Z_2 + Z_1//Z_3)$이다.

Y 파라미터를 행렬로 나타내면

$$\begin{bmatrix} Y_{11} & Y_{12} \\ Y_{21} & Y_{22} \end{bmatrix} = \begin{bmatrix} (Z_2 + Z_3)/Z_a & -Z_3/Z_a \\ -Z_3/Z_a & (Z_1 + Z_3)/Z_a \end{bmatrix}$$

$(Z_a = Z_1Z_2 + Z_2Z_3 + Z_3Z_1)$

(b) π형 회로망

〈해법 1〉 Y 파라미터 정의식

i) $Y_{11} = \dfrac{I_1}{V_1}\bigg|_{V_2=0} = \dfrac{I_1}{(Z_1//Z_2)I_1} = \dfrac{1}{Z_1//Z_2} = (Z_1 + Z_2)/Z_1Z_2$

$V_2 = 0$일 때 Z_3는 단락이다. V_1과 I_1에 관계되는 식 $V_1 = (Z_1//Z_2)I_1$으로부터 입력 어드미턴스 Y_{11}이 구해진다. 간단히 설명하면 입력단에서 회로망 쪽으로 본 병렬합성 어드미턴스가 입력 어드미턴스 $Y_{11} = 1/Z_1 + 1/Z_2$이다.

ii) $Y_{12} = \dfrac{I_1}{V_2}\bigg|_{V_1=0} = \dfrac{I_1}{-Z_1I_1} = -\dfrac{1}{Z_1}$

$V_1 = 0$일 때 Z_2는 단락이다. V_2와 I_1에 관계되는 식 $V_2 = -Z_1I_1$으로부터 전달 어드미턴스 Y_{12}가 구해진다.

iii) $Y_{21} = \dfrac{I_2}{V_1}\bigg|_{V_2=0} = \dfrac{I_2}{-Z_1I_2} = -\dfrac{1}{Z_1}$

$V_2 = 0$일 때 Z_3는 단락이다. V_1과 I_2에 관계되는 식 $V_1 = -Z_1I_2$로부터 전달 어드미턴스 Y_{21}이 구해진다. 선형 회로망에서 $Y_{21} = Y_{12}$이다.

iv) $Y_{22} = \dfrac{I_2}{V_2}\bigg|_{V_1=0} = \dfrac{I_2}{(Z_1//Z_3)I_2} = \dfrac{1}{Z_1//Z_3} = (Z_1 + Z_3)/Z_1Z_3$

$V_1 = 0$일 때 Z_2는 단락이다. V_2과 I_2에 관계되는 식 $V_2 = (Z_1//Z_3)I_2$로부터 출력 어드미턴스 Y_{22}가 구해진다. 간단히 설명하면 출력단에서 회로망 쪽으로 본 병렬합성 어드미턴스가 출력 어드미턴스 $Y_{22} = 1/Z_1 + 1/Z_3$이다.

Y 파라미터를 행렬로 나타내면

$$\begin{bmatrix} Y_{11} & Y_{12} \\ Y_{21} & Y_{22} \end{bmatrix} = \begin{bmatrix} (Z_1 + Z_2)/Z_1 Z_2 & -1/Z_1 \\ -1/Z_1 & (Z_1 + Z_3)/Z_1 Z_3 \end{bmatrix}$$

〈해법 2〉 마디전압 방정식

4단자 회로망에서 마디전압을 각각 V_1, V_2라고 할 때 마디전압 방정식을 행렬 형태로 나타내면

$$\begin{bmatrix} (1/Z_1 + 1/Z_2) & -1/Z_1 \\ -1/Z_1 & (1/Z_2 + 1/Z_3) \end{bmatrix} \begin{bmatrix} V_1 \\ V_2 \end{bmatrix} = \begin{bmatrix} I_1 \\ I_2 \end{bmatrix}$$

따라서

$$\begin{bmatrix} Y_{11} & Y_{12} \\ Y_{21} & Y_{22} \end{bmatrix} = \begin{bmatrix} (Z_1 + Z_2)/Z_1 Z_2 & -1/Z_1 \\ -1/Z_1 & (Z_1 + Z_3)/Z_1 Z_3 \end{bmatrix}$$

4단자 회로망의 Y 파라미터를 표 19.2에 정리하였다.

표 19.2

4단자 회로망		Y 파라미터
bar형	(Z)	$\begin{bmatrix} Y_{11} & Y_{12} \\ Y_{21} & Y_{22} \end{bmatrix} = \begin{bmatrix} 1/Z & -1/Z \\ -1/Z & 1/Z \end{bmatrix}$
I형	(Z)	$V_1 = 0$이면 $V_2 = 0$, $V_2 = 0$이면 $V_1 = 0$ Y 파라미터는 정의되지 않음
L_1형	(Z_1, Z_2)	$\begin{bmatrix} Y_{11} & Y_{12} \\ Y_{21} & Y_{22} \end{bmatrix} = \begin{bmatrix} 1/Z_1 & -1/Z_1 \\ -1/Z_1 & (Z_1 + Z_2)/Z_1 Z_2 \end{bmatrix}$
L_2형	(Z_1, Z_2)	$\begin{bmatrix} Y_{11} & Y_{12} \\ Y_{21} & Y_{22} \end{bmatrix} = \begin{bmatrix} (Z_1 + Z_2)/Z_1 Z_2 & -1/Z_1 \\ -1/Z_1 & 1/Z_1 \end{bmatrix}$
T형	(Z_1, Z_2, Z_3)	$\begin{bmatrix} Y_{11} & Y_{12} \\ Y_{21} & Y_{22} \end{bmatrix} = \begin{bmatrix} (Z_2 + Z_3)/Z_a & -Z_3/Z_a \\ -Z_3/Z_a & (Z_1 + Z_3)/Z_a \end{bmatrix}$ $Z_a = Z_1 Z_2 + Z_2 Z_3 + Z_3 Z_1$
π형	(Z_1, Z_2, Z_3)	$\begin{bmatrix} Y_{11} & Y_{12} \\ Y_{21} & Y_{22} \end{bmatrix} = \begin{bmatrix} (Z_1 + Z_2)/Z_1 Z_2 & -1/Z_1 \\ -1/Z_1 & (Z_1 + Z_3)/Z_1 Z_3 \end{bmatrix}$

EXAMPLE 19-6

그림 19.11의 4단자 회로망에서 Y 파라미터를 구하라.

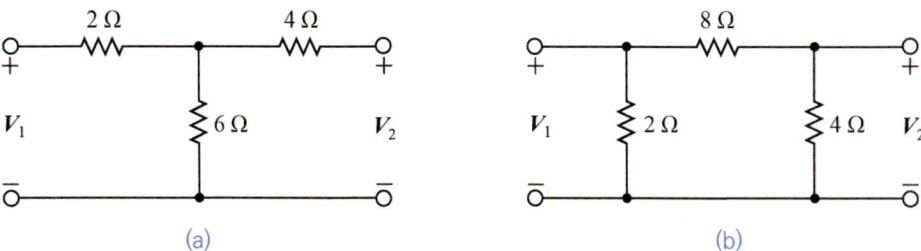

그림 19.11 [EXAMPLE 19-6]

SOLUTION

(a) T형 회로망

〈해법 1〉 Y 파라미터 정의식

i) $Y_{11} = \dfrac{I_1}{V_1}\bigg|_{V_2=0} = \dfrac{I_1}{4.4I_1} = 0.23 \text{ S}$

$V_2 = 0$일 때 $V_1 = (2 + 6//4)I_1 = 4.4I_1$이므로 Y_{11}이 구해진다. 간단한 풀이로써 입력단에서 회로망 쪽으로 본 합성 임피던스의 역수가 $Y_{11} = 1/(2 + 6//4) = 0.23$ S이다.

ii) $Y_{12} = \dfrac{I_1}{V_2}\bigg|_{V_1=0} = -\dfrac{0.75I_2}{5.5I_2} = -0.14 \text{ S}$

$V_1 = 0$일 때 I_2는 6 Ω과 2 Ω에 분배된다. 2 Ω에 흐르는 전류는 방향이 반대인 I_1이다.
$I_1 = -[6/(6+2)]I_2 = -0.75I_2$이다. $V_2 = (4 + 6//2)I_2 = 5.5I_2$이다. 두 식을 이용하면 Y_{12}가 구해진다.

iii) $Y_{21} = \dfrac{I_2}{V_1}\bigg|_{V_2=0} = -\dfrac{0.6I_1}{4.4I_1} = -0.14 \text{ S}$

$V_2 = 0$일 때 I_2는 6 Ω과 4 Ω에 분배된다. 4 Ω에 흐르는 전류는 방향이 반대인 I_2이다.
$I_2 = -[6/(6+4)]I_1 = -0.6I_1$이다. $V_1 = (2 + 6//4)I_1 = 4.4I_1$이다. 두 식을 이용하면 Y_{21}이 구해진다.

iv) $Y_{22} = \dfrac{I_2}{V_2}\bigg|_{V_1=0} = \dfrac{I_2}{5.5I_2} = 0.18 \text{ S}$

$V_1 = 0$일 때 $V_2 = (4 + 6//2)I_2 = 5.5I_2$이므로 Y_{22}가 구해진다. 간단한 풀이로써 출력단에서 회로망 쪽으로 본 합성 임피던스의 역수가 $Y_{22} = 1/(4 + 2//6) = 1/5.5 = 0.18$ S이다.

Y 파라미터를 행렬로 나타내면

$$\begin{bmatrix} Y_{11} & Y_{12} \\ Y_{21} & Y_{22} \end{bmatrix} = \begin{bmatrix} 0.23 & -0.14 \\ -0.14 & 0.18 \end{bmatrix}$$

〈해법 2〉 표 19.2 이용

$$\begin{bmatrix} Y_{11} & Y_{12} \\ Y_{21} & Y_{22} \end{bmatrix} = \begin{bmatrix} (Z_2 + Z_3)/Z_a & -Z_3/Z_a \\ -Z_3/Z_a & (Z_1 + Z_3)/Z_a \end{bmatrix}$$

$$(Z_a = Z_1 Z_2 + Z_2 Z_3 + Z_3 Z_1 = 8 + 12 + 24 = 44)$$

$$= \begin{bmatrix} 10/44 & -6/44 \\ -6/44 & 8/44 \end{bmatrix} = \begin{bmatrix} 0.23 & -0.14 \\ -0.14 & 0.18 \end{bmatrix}$$

(b) π형 회로망

〈해법 1〉 Y 파라미터 정의식

i) $Y_{11} = \left. \dfrac{I_1}{V_1} \right|_{V_2=0} = \dfrac{I_1}{1.6 I_1} = 0.63 \text{ S}$

$V_2 = 0$일 때 4 Ω은 단락이다. $V_1 = (2//8)I_1 = 1.6 I_1$이므로 Y_{11}이 구해진다. 간단한 풀이로써 입력단에서 회로망 쪽으로 본 병렬합성 임피던스의 역수가 $Y_{11} = 1/2 + 1/8 = 0.63$ S이다.

ii) $Y_{12} = \left. \dfrac{I_1}{V_2} \right|_{V_1=0} = -\dfrac{I_1}{8 I_1} = -0.13 \text{ S}$

$V_1 = 0$일 때 2 Ω은 단락이다. $I_1 = -V_2/8$이므로 Y_{12}가 구해진다.

iii) $Y_{21} = \left. \dfrac{I_2}{V_1} \right|_{V_2=0} = -\dfrac{I_2}{8 I_2} = -0.13 \text{ S}$

$V_2 = 0$일 때 4 Ω은 단락이다. $I_2 = -V_1/8$이므로 Y_{21}이 구해진다.

iv) $Y_{22} = \left. \dfrac{I_2}{V_2} \right|_{V_1=0} = \dfrac{I_2}{2.67 I_2} = 0.37 \text{ S}$

$V_1 = 0$일 때 2 Ω은 단락이다. $V_2 = (4//8)I_2 = 2.67 I_2$이므로 Y_{22}가 구해진다. 간단한 풀이로써 출력단에서 회로망 쪽으로 본 병렬합성 임피던스의 역수가 $Y_{22} = 1/(4//8) = 0.37$ S이다.

Y 파라미터를 행렬로 나타내면

$$\begin{bmatrix} Y_{11} & Y_{12} \\ Y_{21} & Y_{22} \end{bmatrix} = \begin{bmatrix} 0.63 & -0.12 \\ -0.12 & 0.37 \end{bmatrix}$$

〈해법 2〉 표 19.2 이용

$$\begin{bmatrix} Y_{11} & Y_{12} \\ Y_{21} & Y_{22} \end{bmatrix} = \begin{bmatrix} (Z_1+Z_2)//Z_1Z_2 & -1/Z_1 \\ -1/Z_1 & (Z_1+Z_3)//Z_1Z_3 \end{bmatrix}$$

$$= \begin{bmatrix} 10//16 & -1/8 \\ -1/8 & 12//32 \end{bmatrix} = \begin{bmatrix} 0.63 & -0.13 \\ -0.13 & 0.38 \end{bmatrix}$$

EXAMPLE 19-7

[EXAMPLE 19-3]에서 그림 19.6(a)의 4단자 회로망에 대한 Z 파라미터를 이용하여 Y 파라미터를 구하라. [EXAMPLE 19-6] 그림 19.11(a)의 결과와 같은가?

SOLUTION

$$\begin{bmatrix} Y_{11} & Y_{12} \\ Y_{21} & Y_{22} \end{bmatrix} = \begin{bmatrix} Z_{11} & Z_{12} \\ Z_{21} & Z_{22} \end{bmatrix}^{-1} = \begin{bmatrix} 8 & 6 \\ 6 & 10 \end{bmatrix}^{-1} = \frac{1}{44}\begin{bmatrix} 10 & -6 \\ -6 & 8 \end{bmatrix} = \begin{bmatrix} 0.23 & -0.14 \\ -0.14 & 0.18 \end{bmatrix}$$

같은 결과이다.

EXAMPLE 19-8

그림 19.12의 4단자 회로망에서 s 도메인의 Y 파라미터를 구하라.

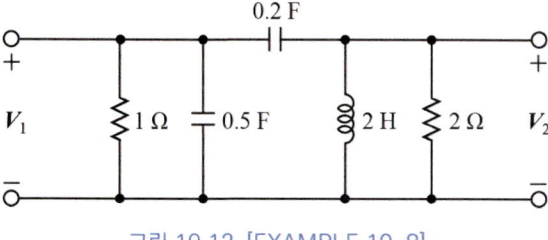

그림 19.12 [EXAMPLE 19-8]

SOLUTION

다이렉트법으로 마디전압 방정식을 쓰면

$$\begin{cases} \left(1 + \dfrac{s}{2} + \dfrac{s}{5}\right)V_1 - \dfrac{s}{5}V_2 = I_1 \\ -\dfrac{s}{5}V_1 + \left(\dfrac{1}{2} + \dfrac{1}{2s}\right)V_2 = I_2 \end{cases}$$

따라서

$$Y_{11} = 1 + \frac{s}{2} + \frac{s}{5} = 1 + \frac{7s}{10}$$

$$Y_{12} = Y_{21} = -\frac{s}{5}$$

$$Y_{22} = \frac{1}{2} + \frac{1}{2s} + \frac{s}{5} = \frac{1}{2} + \frac{2s^2+5}{10s}$$

19.4 하이브리드 파라미터

그림 19.13과 같은 4단자 회로망에서 단자 변수 사이의 비례계수가 임피던스, 어드미턴스, 전압비, 전류비가 되도록 선형 회로망이 구성될 수 있다. 비례계수가 네 가지로 혼합되어 있다는 의미에서 하이브리드(hybrid)라는 용어를 쓴다.

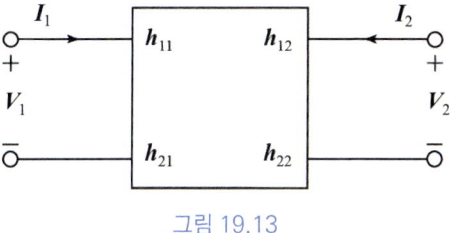

그림 19.13

독립변수를 I_1, V_2, 종속변수를 V_1, I_2로 하여 다음과 같이 전압 방정식과 전류 방정식을 세운다.

$$V_1 = h_{11} I_1 + h_{12} V_2$$
$$I_2 = h_{21} I_1 + h_{22} V_2$$
(19.5)

식 (19.5)를 행렬 방정식으로 나타내면

$$\begin{bmatrix} V_1 \\ I_2 \end{bmatrix} = \begin{bmatrix} h_{11} & h_{12} \\ h_{21} & h_{22} \end{bmatrix} \begin{bmatrix} I_1 \\ V_2 \end{bmatrix}$$
(19.5-1)

여기서 h_{11}, h_{12}, h_{21}, h_{22}를 하이브리드 파라미터 혹은 h 파라미터라고 한다.

h 파라미터는 입력단 개방상태와 출력단 단락상태에서 다음과 같이 구한다.

$h_{11} = \dfrac{V_1}{I_1}\bigg|_{V_2 = 0}$: 출력단락 입력 임피던스(input impedance) $= \dfrac{1}{Y_{11}}$

$h_{12} = \dfrac{V_1}{V_2}\bigg|_{I_1 = 0}$: 입력개방 역방향 전달 전압비(reverse transfer voltage ratio)

$h_{21} = \dfrac{I_2}{I_1}\bigg|_{V_2 = 0}$: 출력단락 순방향 전달 전류비(forward transfer current ratio)

$h_{22} = \dfrac{I_2}{V_2}\bigg|_{I_1 = 0}$: 입력개방 출력 어드미턴스(output admittance) $= \dfrac{1}{Z_{22}}$

선형 회로망에서 가역정리가 성립하므로 $h_{12} = -h_{21}$, 대칭이면 $h_{11} = h_{22}$이다.

식 (19.7)의 h 파라미터 관계를 등가회로로 나타내면 그림 19.14와 같다. 입력 회로는 테브난 등가회로이며, 출력 회로는 노튼 등가회로이다.

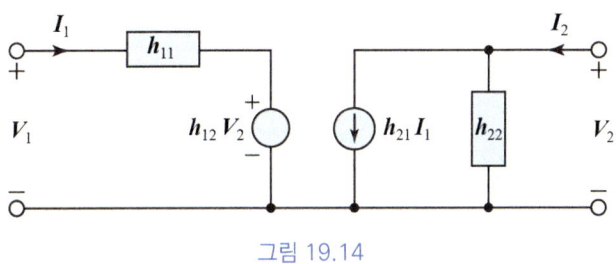

그림 19.14

h 파라미터는 거의 대부분 트랜지스터 소신호 증폭기의 등가회로에 사용된다. 그때 사용되는 h 파라미터는 다음과 같은 문자로 사용된다.

$$\begin{bmatrix} h_{11} & h_{12} \\ h_{21} & h_{22} \end{bmatrix} \rightarrow \begin{bmatrix} h_i & h_r \\ h_f & h_o \end{bmatrix}$$

$h_i = input\ impedance,\ h_r = reverse\ transfer\ voltage\ ratio$

$h_f = forward\ transfer\ current\ ratio,\ h_o = output\ admittance$

따라서 그림 19.14를 공통 이미터 트랜지스터의 소신호 해석에 적용할 경우는 그림 19.15와 같은 하이브리드 등가회로가 사용된다.

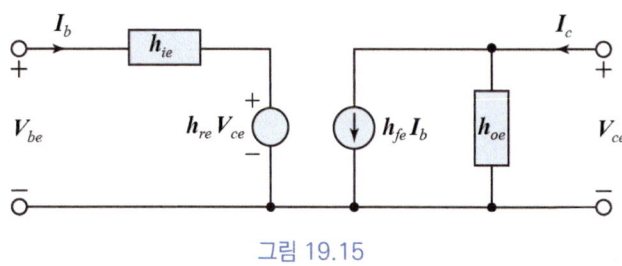

그림 19.15

한편 Z 파라미터로부터 h 파라미터를 얻을 수 있다. 식 (19.1)에서

$$V_1 = Z_{11} I_1 + Z_{12} I_2$$
$$V_2 = Z_{21} I_1 + Z_{22} I_2$$

첫 번째 방법으로, Z 파라미터 방정식의 우변을 독립변수를 I_1과 V_2가 되게 재정리해보자. 두 번째 식의 I_2를 첫 번째 식에 대입하고,

$$V_1 = \frac{Z_{11}Z_{22} - Z_{12}Z_{21}}{Z_{22}} I_1 + \frac{Z_{12}}{Z_{22}} V_2 = h_{11} I_1 + h_{12} V_2$$

$$I_2 = -\frac{Z_{21}}{Z_{22}} I_1 + \frac{1}{Z_{22}} V_2 = h_{21} I_1 + h_{22} V_2$$

두 번째 방법으로, Z 파라미터 방정식에 h 파라미터 정의식에 따라 구한다. $V_2 = 0$로 두면

$$\frac{I_2}{I_1} = -\frac{Z_{21}}{Z_{22}} = h_{21},\ h_{11} = \frac{V_1}{I_1}\Big|_{V_2=0} = Z_{11} + Z_{12} \frac{I_2}{I_1} = \frac{\Delta_h}{Z_{22}}$$

$I_1 = 0$로 두면

$$V_1 = Z_{12} I_2,\ V_2 = Z_{22} I_2$$

$$h_{12} = \frac{V_1}{V_2} = \frac{Z_{12}}{Z_{22}}, \quad h_{22} = \frac{I_2}{V_2} = \frac{1}{Z_{22}}$$

따라서

$$\begin{bmatrix} h_{11} & h_{12} \\ h_{21} & h_{22} \end{bmatrix} = \begin{bmatrix} \Delta_z/Z_{22} & Z_{12}/Z_{22} \\ -Z_{21}/Z_{22} & 1/Z_{22} \end{bmatrix} \tag{19.6}$$

여기서 Δ_z는 Z 파라미터의 행렬식, 즉 $\Delta_z = Z_{11}Z_{22} - Z_{12}Z_{21}$이다.

따라서

$$h_{11} = \frac{\Delta_z}{Z_{22}}, \quad h_{12} = \frac{Z_{12}}{Z_{22}}, \quad h_{21} = -\frac{Z_{21}}{Z_{22}}, \quad h_{22} = \frac{1}{Z_{22}} \tag{19.6-1}$$

EXAMPLE 19-9

그림 19.16의 4단자 회로망에서 s 도메인에서 h_{12}를 구하라.

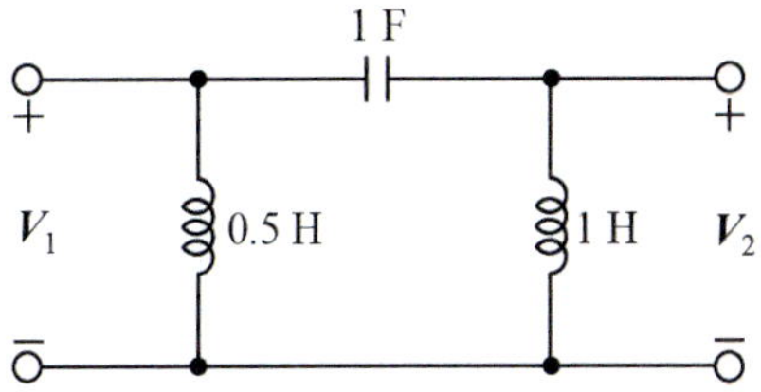

SOLUTION

ⅰ) $h_{11} = \dfrac{V_1}{I_1}\bigg|_{V_2=0} = \dfrac{s}{s^2+2}$

그림 19.16 [EXAMPLE 19-9]

$V_2 = 0$일 때 s는 단락되고, 입력단에서 회로망 쪽으로 본 임피던스가 $h_{11} = (1/s)//0.5s$이다.

ⅱ) $h_{12} = \dfrac{V_1}{V_2}\bigg|_{I_1=0} = \dfrac{s^2}{s^2+2}$

$I_1 = 0$일 때 V_2는 $1/s$와 $0.5s$에 분배된다. $0.5s$에 분배되는 전압이 $V_1 = [0.5s/(0.5s + 1/s)]V_2$ 이므로 h_{12}가 구해진다.

ⅲ) $h_{21} = \dfrac{I_2}{I_1}\bigg|_{V_2=0} = -\dfrac{s^2}{s^2+2} = -h_{12}$

$V_2 = 0$일 때 I_1은 $0.5s$와 $1/s$에 분배된다. $1/s$에 흐르는 전류는 방향이 반대인 I_2이다.
$I_2 = -[0.5s/(0.5s+1/s)]I_1$이므로 h_{21}이 구해진다.

ⅳ) $h_{22} = \dfrac{I_2}{V_2}\bigg|_{I_1=0} = \dfrac{3s^2+2}{s^3+2s}$

$I_1 = 0$일 때 출력단에서 회로망 쪽으로 본 합성 어드미턴스가 $h_{22} = 1/(0.5s + 1/s) + 1/s$이다.

19.5 g 파라미터

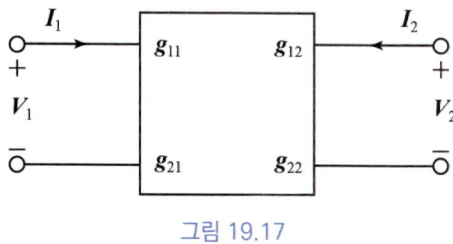

그림 19.17

그림 19.17과 같은 4단자 회로망에서 단자 변수 사이의 비례계수가 임피던스, 어드미턴스, 전압비, 전류비가 되도록 선형 회로망이 구성될 수 있다. h 파라미터와 쌍대 관계의 g 파라미터(g parameter: inverse hybrid parameters)에 대해 설명한다.

독립변수를 V_1, I_2, 종속변수를 I_1, V_2로 하여 다음과 같이 전압 방정식과 전류 방정식을 세운다.

$$I_1 = g_{11} V_1 + g_{12} I_2$$
$$V_2 = g_{21} V_1 + g_{22} I_2 \tag{19.7}$$

식 (19.9)를 행렬 방정식으로 나타내면

$$\begin{bmatrix} I_1 \\ V_2 \end{bmatrix} = \begin{bmatrix} g_{11} & g_{12} \\ g_{21} & g_{22} \end{bmatrix} \begin{bmatrix} V_1 \\ I_2 \end{bmatrix} \tag{19.7-1}$$

여기서 $g_{11}, g_{12}, g_{21}, g_{22}$를 g 파라미터라고 한다.

g 파라미터는 입력단 단락상태와 출력단 개방상태에서 다음과 같이 구한다.

$g_{11} = \dfrac{I_1}{V_1}\bigg|_{I_2=0}$: 출력개방 입력 어드미턴스(input admittance) $= \dfrac{1}{Z_{11}}$

$g_{12} = \dfrac{I_1}{I_2}\bigg|_{V_1=0}$: 입력단락 역방향 전달 전류비(reverse transfer current ratio)

$g_{21} = \dfrac{V_2}{V_1}\bigg|_{I_2=0}$: 출력개방 순방향 전달 전압비(forward transfer voltage ratio)

$g_{22} = \dfrac{V_2}{I_2}\bigg|_{V_1=0}$: 입력단락 출력 임피던스(output impedance) $= \dfrac{1}{Y_{22}}$

선형 회로망에서 가역정리가 성립하므로 $g_{12} = -g_{21}$, 대칭 회로망에서 $g_{11} = g_{22}$가 된다.

식 (19.9)의 g 파라미터 관계를 등가회로로 나타내면 그림 19.18과 같다. 입력 회로는 테브난 등가회로이며, 출력 회로는 노튼 등가회로이다.

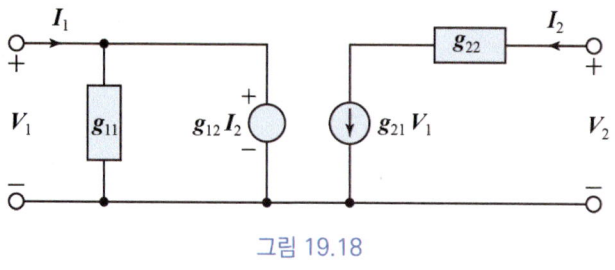

그림 19.18

한편 h 파라미터로부터 g 파라미터를 얻을 수 있다. $gh = U$(단위행렬)이므로 $g = h^{-1}$가 되고, 다음과 같이 나타낼 수 있다.

$$\begin{bmatrix} g_{11} & g_{12} \\ g_{21} & g_{22} \end{bmatrix} = \begin{bmatrix} h_{11} & h_{12} \\ h_{21} & h_{22} \end{bmatrix}^{-1} = \frac{1}{\Delta_h} \begin{bmatrix} h_{22} & -h_{12} \\ -h_{21} & h_{11} \end{bmatrix} \tag{19.18}$$

여기서 Δ_h는 h 파라미터의 행렬식, 즉 $\Delta_h = h_{11}h_{22} - h_{12}h_{21}$이다.

따라서

$$g_{11} = \frac{h_{22}}{\Delta_h},\ g_{12} = -\frac{h_{12}}{\Delta_h},\ g_{21} = -\frac{h_{21}}{\Delta_h},\ g_{22} = \frac{h_{11}}{\Delta_h} \tag{19.8-1}$$

마찬가지로 g 파라미터로부터 h 파라미터를 얻을 수 있다. $h = g^{-1}$이므로 다음과 같이 나타낼 수 있다.

$$\begin{bmatrix} h_{11} & h_{12} \\ h_{21} & h_{22} \end{bmatrix} = \begin{bmatrix} g_{11} & g_{12} \\ g_{21} & g_{22} \end{bmatrix}^{-1} = \frac{1}{\Delta_g} \begin{bmatrix} g_{22} & -g_{12} \\ -g_{21} & g_{11} \end{bmatrix} \tag{19.9}$$

여기서 Δ_h는 h 파라미터의 행렬식, 즉 $\Delta_h = h_{11}h_{22} - h_{12}h_{21}$이다.

따라서

$$h_{11} = \frac{g_{22}}{\Delta_g},\quad h_{12} = -\frac{g_{12}}{\Delta_g},\quad h_{21} = -\frac{g_{21}}{\Delta_g},\quad h_{22} = \frac{g_{11}}{\Delta_g} \tag{19.9-1}$$

EXAMPLE 19-10

그림 19.19의 4단자 회로망에서 g 파라미터를 구하라.

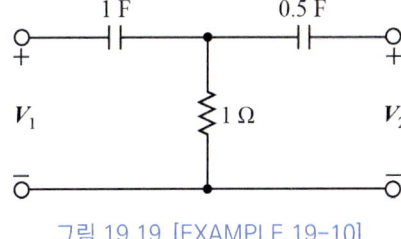

그림 19.19 [EXAMPLE 19-10]

SOLUTION

i) $g_{11} = \left.\dfrac{I_1}{V_1}\right|_{I_2=0} = \dfrac{s}{s+1}$

$I_2 = 0$일 때 입력단에서 회로망 쪽으로 본 임피던스의 역수가 $g_{11} = 1/(1 + 1/s)$이다.

ii) $g_{12} = \left.\dfrac{I_1}{I_2}\right|_{V_1=0} = -\dfrac{s}{s+1}$

$V_1 = 0$에서 I_2는 $1/s$과 $1\ \Omega$에 분배된다. $1/s$에 흐르는 전류는 방향이 반대인 I_1이다.
$I_1 = -1/(1 + 1/s)I_2$이므로 g_{12}가 구해진다.

iii) $g_{21} = \left.\dfrac{V_2}{V_1}\right|_{I_2=0} = \dfrac{s}{s+1} = -g_{12}$

$I_2 = 0$에서 V_1은 $1/s$과 $1\ \Omega$에 분배된다. $1\ \Omega$에 걸리는 전압이 $V_2 = [1/(1 + 1/s)]V_1$이므로 g_{21}이 구해진다.

iv) $g_{22} = \dfrac{V_2}{I_2}\bigg|_{V_1=0} = \dfrac{3s+2}{s^2+s}$

$V_1 = 0$일 때 출력단에서 회로망 쪽으로 본 합성 임피던스가 $g_{22} = 1/0.5s + 1//(1/s)$이다.

19.6 전송 파라미터(4단자 정수)

그림 19.20과 같은 4단자 회로망에서 4개의 단자 변수 사이의 비례계수가 마치 하이브리드 파라미터처럼 임피던스, 어드미턴스, 전압비, 전류비가 되도록 선형 회로망을 구성할 수 있다. 이전까지는 4단자 회로망에서 전류의 방향이 단자에서 회로망 쪽으로 들어오는 방향이었다. 전송선로는 전력이 송전단에서 수전단으로, 즉 편의상 왼쪽에서 들어와 오른

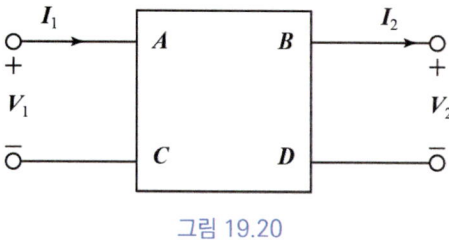

그림 19.20

쪽으로 나가는, 소위 한 방향으로 전달된다. 따라서 전송 파라미터를 갖는 회로망에서는 출력단 전류의 방향은 기존과는 다르게 반대가 되어야 한다.

식 (19.1)에 나타낸 Z 파라미터 방정식을 다시 한번 쓰면

$$V_1 = Z_{11}I_1 + Z_{12}I_2$$
$$V_2 = Z_{21}I_1 + Z_{22}I_2$$

입력단의 변수 V_1, I_1을 종속변수로, 출력단의 변수 V_2, I_2를 독립변수로 하여 Z 파라미터 방정식을 변형해보자. 이때 I_2의 부호를 반대로 하여야 한다. 즉 I_2를 $-I_2$로 대체한 후에 두 번째 식의 I_1을 첫 번째 식에 대입하여 정리하고, 아래 식은 I_1을 종속변수로 하면 다음과 같이 된다.

$$V_1 = \dfrac{Z_{11}}{Z_{21}}V_2 + \dfrac{Z_{11}Z_{22} - Z_{12}Z_{21}}{Z_{21}}I_2 \tag{19.10}$$
$$I_1 = \dfrac{1}{Z_{21}}V_2 + \dfrac{Z_{22}}{Z_{21}}I_2$$

식 (19.10)을 다음과 같은 전송 파라미터 방정식으로 나타낼 수 있다.

$$V_1 = AV_2 + BI_2$$
$$I_1 = CV_2 + DI_2 \tag{19.10-1}$$

여기서 A, B, C, D는 Z 파라미터와 관계된다.

$$A = \dfrac{Z_{11}}{Z_{21}},\ B = \dfrac{Z_{11}Z_{22} - Z_{12}Z_{21}}{Z_{21}},\ C = \dfrac{1}{Z_{21}},\ D = \dfrac{Z_{22}}{Z_{21}} \tag{19.10-2}$$

식 (19.10-1)을 이용하면 전송선로에서 수전단의 전압(V_2), 전류(I_2)를 알면 송전단의 전압(V_1), 전류(I_1)를 구할 수 있다.

식 (19.10-1)을 행렬 방정식으로 나타내면

$$\begin{bmatrix} V_1 \\ I_1 \end{bmatrix} = \begin{bmatrix} A & B \\ C & D \end{bmatrix} \begin{bmatrix} V_2 \\ I_2 \end{bmatrix} \tag{19.10-3}$$

여기서 A, B, C, D를 전송 파라미터, T 파라미터, $ABCD$ 파라미터, 4단자 정수라고 한다. 전송 파라미터는 출력단 단락상태 혹은 출력단 개방상태에서 다음과 같이 구한다.

$$A = \left.\frac{V_1}{V_2}\right|_{I_2=0} \quad : \text{출력개방 역방향 전달 전압비(transfer voltage ratio)}$$

$$B = \left.\frac{V_1}{I_2}\right|_{V_2=0} \quad : \text{출력단락 전달 임피던스(transfer impedance)}$$

$$C = \left.\frac{I_1}{V_2}\right|_{I_2=0} \quad : \text{출력개방 전달 어드미턴스(transfer admittance)}$$

$$D = \left.\frac{I_1}{I_2}\right|_{V_2=0} \quad : \text{출력단락 역방향 전달 전류비(transfer current ratio)}$$

전송 파라미터 사이에는

$$\Delta_T = \begin{vmatrix} A & B \\ C & D \end{vmatrix} = AD - BC = \frac{Z_{11}Z_{22} - Z_{11}Z_{22} + Z_{12}Z_{21}}{Z_{21}^2} = \frac{Z_{12}}{Z_{21}} \tag{19.11}$$

선형 회로망에서 $Z_{12} = Z_{21}$이므로

$$\Delta_T = \begin{vmatrix} A & B \\ C & D \end{vmatrix} = AD - BC = 1 \tag{19.11-1}$$

$$AD - BC = 1 \tag{19.11-2}$$

대칭 4단자 회로망에서 $A = D$가 된다.

만약에 입출력단을 반대로 했을 때의 전송 파라미터를 생각해보자. 마치 입력단이 출력단이 되고, 출력단이 입력단이 된 것이므로 식 (19.10-3)에서

$$\begin{bmatrix} V_2 \\ I_2 \end{bmatrix} = \begin{bmatrix} A & B \\ C & D \end{bmatrix}^{-1} \begin{bmatrix} V_1 \\ I_1 \end{bmatrix} = \frac{1}{AD-BC} \begin{bmatrix} D & -B \\ -C & A \end{bmatrix} \begin{bmatrix} V_1 \\ I_1 \end{bmatrix} \tag{19.12}$$

$AD - BC = 1$, 입출력 전류의 방향이 반대이므로 I_1을 $-I_1$으로, I_2를 $-I_2$로 바꾸면

$$\begin{bmatrix} V_2 \\ -I_2 \end{bmatrix} = \begin{bmatrix} D & -B \\ -C & A \end{bmatrix} \begin{bmatrix} V_1 \\ -I_1 \end{bmatrix} \tag{19.12-1}$$

$$\begin{bmatrix} V_2 \\ I_2 \end{bmatrix} = \begin{bmatrix} D & B \\ C & A \end{bmatrix} \begin{bmatrix} V_1 \\ I_1 \end{bmatrix} \tag{19.12-3}$$

식 (19.16)에서 종속변수와 독립변수를 서로 바꿔놓을 때 A와 D를 바꿔놓으면 식 (19.20)이 된다. 식 (19.20)을 이용하면 전송선로에서 송전단의 전압(V_1), 전류(I_1)를 알면 수전단의 전압(V_2), 전류(I_2)를 구할 수 있다.

EXAMPLE 19-11

어떤 선형 회로망에서 전송 파라미터가

(a) $A = -j$, $C = -1 - j$ S, $D = -j$일 때 B를 구하라.
(b) $A = j$, $B = 1 + j$ Ω, $C = -j$일 때 D를 구하라.

SOLUTION

$AD - BC = 1$이므로

(a) $B = \dfrac{AD - 1}{C} = \dfrac{(-j)(-j) - 1}{-1 - j} = \dfrac{-2}{-1 - j} = 1 - j$ Ω

(b) $D = \dfrac{1 + BC}{A} = \dfrac{1 + (1 + j)(-j)}{j} = \dfrac{2 - j}{j} = -1 - j2$

EXAMPLE 19-12

그림 19.21의 4단자 회로망에서 전송 파라미터를 구하라.

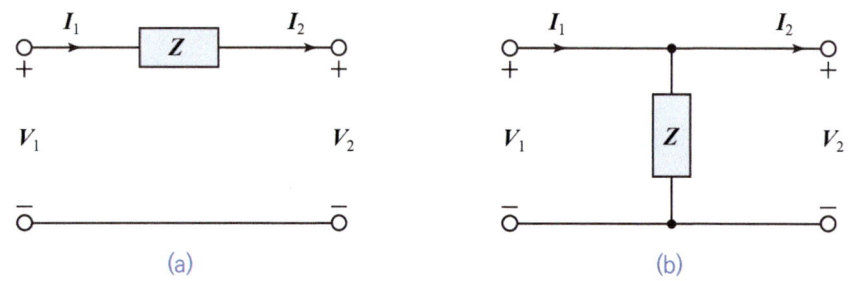

그림 19.21 [EXAMPLE 19-12]

SOLUTION

(a) bar형 회로망

ⅰ) $A = \left. \dfrac{V_1}{V_2} \right|_{I_2 = 0} = \dfrac{V_2}{V_2} = 1$

$I_2 = 0$일 때 V_1과 V_2에 관계되는 식 $V_1 = V_2$로부터 A가 구해진다.

ii) $B = \dfrac{V_1}{I_2}\bigg|_{V_2=0} = \dfrac{ZI_2}{I_2} = Z$

$V_2 = 0$일 때 V_1과 I_2에 관계되는 식 $V_1 = ZI_2$로부터 B가 구해진다.

iii) $C = \dfrac{I_1}{V_2}\bigg|_{I_2=0} = \dfrac{0}{V_2} = 0$

$I_2 = 0$일 때 $I_1 = 0$이다.

iv) $D = \dfrac{I_1}{I_2}\bigg|_{V_2=0} = \dfrac{I_2}{I_2} = 1$

$V_2 = 0$일 때 I_1과 I_2에 관계되는 식 $I_1 = I_2$로부터 D가 구해진다.

따라서 전송 파라미터를 행렬로 나타내면

$$\begin{bmatrix} A & B \\ C & D \end{bmatrix} = \begin{bmatrix} 1 & Z \\ 0 & 1 \end{bmatrix}$$

(b) I형 회로망

i) $A = \dfrac{V_1}{V_2}\bigg|_{I_2=0} = \dfrac{V_2}{V_2} = 1$

$I_2 = 0$일 때 V_1과 V_2에 관계되는 식 $V_1 = V_2$로부터 A가 구해진다.

iii) $B = \dfrac{V_1}{I_2}\bigg|_{V_2=0} = \dfrac{0}{I_2} = 0$

$V_2 = 0$일 때 $V_1 = 0$이다.

ii) $C = \dfrac{I_1}{V_2}\bigg|_{I_2=0} = \dfrac{I_1}{ZI_1} = \dfrac{1}{Z}$

$I_2 = 0$일 때 V_2와 I_1에 관계되는 식 $V_2 = ZI_1$으로부터 C가 구해진다.

iv) $D = \dfrac{I_1}{I_2}\bigg|_{V_2=0} = \dfrac{I_2}{I_2} = 1$

$V_2 = 0$일 때 I_1과 I_2에 관계되는 식 $I_1 = I_2$로부터 D가 구해진다.

따라서 전송 파라미터를 행렬로 나타내면

$$\begin{bmatrix} A & B \\ C & D \end{bmatrix} = \begin{bmatrix} 1 & 0 \\ 1/Z & 1 \end{bmatrix}$$

EXAMPLE 19-13

그림 19.22의 4단자 회로망에서 전송 파라미터를 구하라.

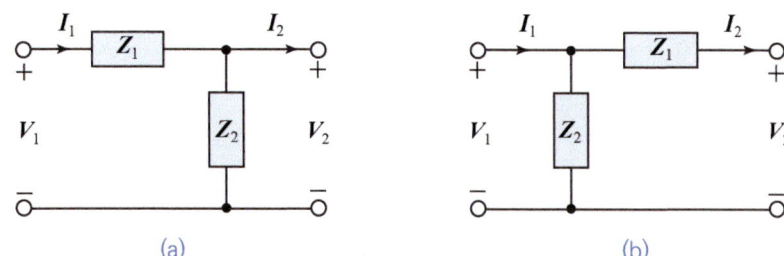

그림 19.22 [EXAMPLE 19-13]

SOLUTION

(a) L_1형 회로망

i) $A = \dfrac{V_1}{V_2}\bigg|_{I_2=0} = \dfrac{V_1}{[Z_2/(Z_1+Z_2)]V_1} = 1 + \dfrac{Z_1}{Z_2}$

$I_2 = 0$일 때 Z_2에 걸리는 전압이 V_2이다. V_1과 V_2에 관계되는 식 $V_2 = [Z_2/(Z_1+Z_2)]V_1$으로부터 A가 구해진다.

ii) $B = \dfrac{V_1}{I_2}\bigg|_{V_2=0} = \dfrac{Z_1 I_1}{I_1} = Z_1$

$V_2 = 0$일 때 V_1과 I_2에 관계되는 식 $V_1 = Z_1 I_1 = Z_1 I_2$로부터 B가 구해진다.

iii) $C = \dfrac{I_1}{V_2}\bigg|_{I_2=0} = \dfrac{I_1}{Z_2 I_1} = \dfrac{1}{Z_2}$

$I_2 = 0$일 때 Z_2에 걸리는 전압이 V_2이다. V_2와 I_1에 관계되는 식 $V_2 = Z_2 I_1$으로부터 C가 구해진다.

iv) $D = \dfrac{I_1}{I_2}\bigg|_{V_2=0} = \dfrac{I_2}{I_2} = 1$

$V_2 = 0$일 때 I_1과 I_2에 관계되는 식 $I_1 = I_2$로부터 D가 구해진다.

따라서 전송 파라미터를 행렬로 나타내면

$$\begin{bmatrix} A & B \\ C & D \end{bmatrix} = \begin{bmatrix} 1 + Z_1/Z_2 & Z_1 \\ 1/Z_2 & 1 \end{bmatrix}$$

(b) L_2형 회로망

i) $A = \dfrac{V_1}{V_2}\bigg|_{I_2=0} = \dfrac{V_2}{V_2} = 1$

$I_2 = 0$일 때 V_1과 V_2에 관계되는 식 $V_1 = V_2$로부터 A가 구해진다.

ii) $B = \dfrac{V_1}{I_2}\bigg|_{V_2=0} = \dfrac{Z_1 I_1}{I_2} = Z_1$

$V_2 = 0$일 때 V_1과 I_2에 관계되는 식 $V_1 = Z_1 I_2$로부터 B가 구해진다.

iii) $C = \dfrac{I_1}{V_2}\bigg|_{I_2=0} = \dfrac{I_1}{Z_2 I_1} = \dfrac{1}{Z_2}$

$I_2 = 0$에서 V_2와 I_1에 관계되는 식 $V_2 = Z_2 I_1$으로부터 C가 구해진다.

iv) $D = \dfrac{I_1}{I_2}\bigg|_{V_2=0} = \dfrac{I_1}{[Z_2/(Z_1+Z_2)]I_1} = 1 + \dfrac{Z_1}{Z_2}$

$V_2 = 0$일 때 I_1과 I_2에 관계되는 식 $I_2 = [Z_2/(Z_1+Z_2)]I_1$으로부터 D가 구해진다.

따라서 전송 파라미터를 행렬로 나타내면

$$\begin{bmatrix} A & B \\ C & D \end{bmatrix} = \begin{bmatrix} 1 & Z_1 \\ 1/Z_2 & 1 + Z_1/Z_2 \end{bmatrix}$$

EXAMPLE 19-14

그림 19.23의 4단자 회로망에서 전송 파라미터를 구하라.

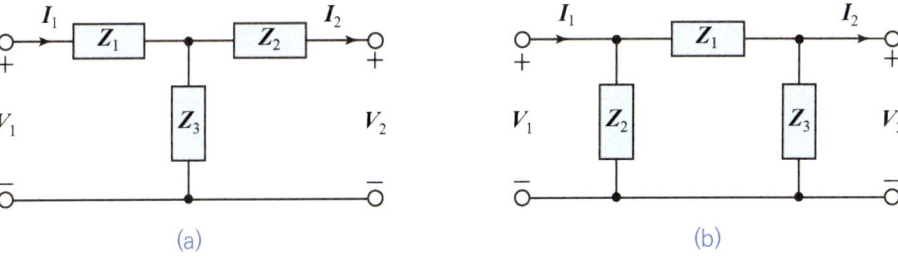

그림 19.23 [EXAMPLE 19-14]

SOLUTION

(a) T형 회로망

i) $A = \dfrac{V_1}{V_2}\bigg|_{I_2=0} = \dfrac{V_1}{[Z_3/(Z_1+Z_3)]V_1} = 1 + \dfrac{Z_1}{Z_3}$

$I_2 = 0$일 때 Z_3에 걸리는 전압은 V_2이다. V_2와 V_1에 관계되는 식 $V_2 = [Z_3/(Z_1+Z_3)]V_1$으로부터 A가 구해진다.

ii) $B = \dfrac{V_1}{I_2}\bigg|_{V_2=0} = \dfrac{V_1}{(1/Z_1)[(Z_2//Z_3)/(Z_1+Z_2//Z_3)]V_1} = \dfrac{Z_1 Z_2 + Z_2 Z_3 + Z_3 Z_1}{Z_3}$

$V_2 = 0$일 때 Z_2에 걸리는 전압을 V_1'라고 하면 V_1과 I_2에 관계되는 식

$V_1' = [(Z_2//Z_3)/(Z_1+Z_2//Z_3)]V_1 = Z_2 I_2$로부터 B가 구해진다.

iii) $C = \dfrac{I_1}{V_2}\bigg|_{I_2=0} = \dfrac{I_1}{Z_3 I_1} = \dfrac{1}{Z_3}$

$I_2 = 0$일 때 V_2와 I_1에 관계되는 식 $V_2 = Z_3 I_1$으로부터 C가 구해진다.

iv) $D = \dfrac{I_1}{I_2}\bigg|_{V_2=0} = \dfrac{I_2 + I_3}{Z_3} = 1 + \dfrac{I_2}{Z_3}$

$V_2 = 0$일 때 I_1과 I_2에 관계되는 식 $I_2 = [Z_3/(Z_1 + Z_2)]I_1$으로부터 D가 구해진다.

따라서 전송 파라미터를 행렬로 나타내면

$$\begin{bmatrix} A & B \\ C & D \end{bmatrix} = \begin{bmatrix} 1 + (Z_1/Z_3) & (Z_1 + Z_2 + Z_3)/Z_3 \\ 1/Z_3 & 1 + (Z_2/Z_3) \end{bmatrix}$$

(b) π형 회로망

i) $A = \dfrac{V_1}{V_2}\bigg|_{I_2=0} = \dfrac{V_1}{[Z_3/(Z_1 + Z_3)]V_1} = 1 + \dfrac{Z_1}{Z_3}$

$I_2 = 0$일 때 Z_3에 걸리는 전압은 V_2이다. V_2와 V_1에 관계되는 식 $V_2 = [Z_3/(Z_1 + Z_3)]V_1$으로부터 A가 구해진다.

ii) $B = \dfrac{V_1}{I_2}\bigg|_{V_2=0} = \dfrac{Z_1 I_2}{I_2} = Z_1$

$V_2 = 0$일 때 Z_3가 단락되고, V_1과 I_2에 관계되는 식 $V_1 = Z_1 I_2$로부터 B가 구해진다.

iii) $C = \dfrac{I_1}{V_2}\bigg|_{I_2=0} = \dfrac{I_1}{[Z_2 Z_3/(Z_1 + Z_2 + Z_3)]I_1} = \dfrac{Z_1 + Z_2 + Z_3}{Z_2 Z_3}$

$I_2 = 0$일 때 Z_3에 흐르는 전류를 I_1'라고 하면 $I_1' = [Z_2/Z_2 + (Z_1 + Z_3)]I_1$이다. $V_2 = Z_3 I_1'$이다.
따라서 V_2와 I_1에 관계되는 식 $V_2 = [Z_2 Z_3/(Z_1 + Z_2 + Z_3)]I_1$으로부터 C가 구해진다.

iv) $D = \dfrac{I_1}{I_2}\bigg|_{V_2=0} = \dfrac{I_1}{[Z_2/(Z_1 + Z_2)]I_1} = 1 + \dfrac{Z_1}{Z_2}$

$V_2 = 0$일 때 I_1과 I_2에 관계되는 식 $I_2 = [Z_2/(Z_1 + Z_2)]I_1$으로부터 D가 구해진다.

따라서 전송 파라미터를 행렬로 나타내면

$$\begin{bmatrix} A & B \\ C & D \end{bmatrix} = \begin{bmatrix} 1 + (Z_1/Z_3) & (Z_1 + Z_2 + Z_3)/Z_2 \\ Z_1 & 1 + (Z_1/Z_2) \end{bmatrix}$$

4단자 회로망의 전송 파라미터를 표 19.3에 정리하였다.

표 19.3

4단자 회로망		전송 파라미터(4단자 정수)
bar형	(Z 직렬)	$\begin{bmatrix} A & B \\ C & D \end{bmatrix} = \begin{bmatrix} 1 & Z \\ 0 & 1 \end{bmatrix}$
I형	(Z 병렬)	$\begin{bmatrix} A & B \\ C & D \end{bmatrix} = \begin{bmatrix} 1 & 0 \\ 1/Z & 1 \end{bmatrix}$
L_1형	(Z_1 직렬, Z_2 병렬)	$\begin{bmatrix} A & B \\ C & D \end{bmatrix} = \begin{bmatrix} 1+Z_1/Z_2 & Z_1 \\ 1/Z_2 & 1 \end{bmatrix}$
L_2형	(Z_1 직렬, Z_2 병렬)	$\begin{bmatrix} A & B \\ C & D \end{bmatrix} = \begin{bmatrix} 1 & Z_1 \\ 1/Z_2 & 1+Z_1/Z_2 \end{bmatrix}$
T형	(Z_1, Z_2 직렬, Z_3 병렬)	$\begin{bmatrix} A & B \\ C & D \end{bmatrix} = \begin{bmatrix} 1+Z_1/Z_3 & (Z_1Z_2+Z_2Z_3+Z_3Z_1)/Z_3 \\ 1/Z_3 & 1+Z_2/Z_3 \end{bmatrix}$
π형	(Z_1 직렬, Z_2, Z_3 병렬)	$\begin{bmatrix} A & B \\ C & D \end{bmatrix} = \begin{bmatrix} 1+Z_1/Z_3 & Z_1 \\ (Z_1+Z_2+Z_3)/Z_2Z_3 & 1+Z_1/Z_2 \end{bmatrix}$

표 19.4는 전송 파라미터를 갖는 회로와 T형, π형 회로망과 상호교환을 정리한 것이다.

표 19.4

4단자 회로망		전송 파라미터 ↔ T형 및 π형 임피던스
T형	(회로도)	$\begin{bmatrix} A & B \\ C & D \end{bmatrix} = \begin{bmatrix} 1+Z_1/Z_3 & (Z_1Z_2+Z_2Z_3+Z_3Z_1)/Z_3 \\ 1/Z_3 & 1+Z_2/Z_3 \end{bmatrix}$ $Z_1 = (A-1)/C$ $Z_2 = (D-1)/C$ $Z_3 = 1/C$
π형	(회로도)	$\begin{bmatrix} A & B \\ C & D \end{bmatrix} = \begin{bmatrix} 1+Z_1/Z_3 & Z_1 \\ (Z_1+Z_2+Z_3)/Z_2Z_3 & 1+Z_1/Z_2 \end{bmatrix}$ $Z_1 = B$ $Z_2 = B/(D-1)$ $Z_3 = B/(A-1)$

EXAMPLE 19-15

그림 19.24의 4단자 회로망에서 s 도메인의 전송 파라미터를 구하라.

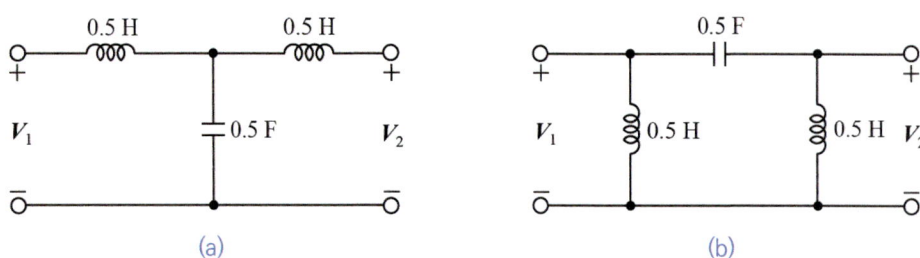

그림 19.24 [EXAMPLE 19-15]

SOLUTION

(a) T형 회로망

$$\begin{bmatrix} A & B \\ C & D \end{bmatrix} = \begin{bmatrix} 1 + Z_1/Z_3 & (Z_1Z_2 + Z_2Z_3 + Z_3Z_1)/Z_3 \\ 1/Z_3 & 1 + Z_2/Z_3 \end{bmatrix}$$

$$= \begin{bmatrix} 1 + 0.5s/(1/0.5s) & (0.25s^2 + 1 + 1)/(1/0.5s) \\ 1/(1/0.5s) & 1 + 0.5s/(1/0.5s) \end{bmatrix}$$

$$= \begin{bmatrix} 1 + 0.25s^2 & 0.13s^3 + s \\ 0.5s & 1 + 0.25s^2 \end{bmatrix}$$

(b) π형 회로망

$$\begin{bmatrix} A & B \\ C & D \end{bmatrix} = \begin{bmatrix} 1 + Z_1/Z_3 & Z_1 \\ (Z_1 + Z_2 + Z_3)/Z_2Z_3 & 1 + Z_1/Z_2 \end{bmatrix}$$

$$= \begin{bmatrix} 1 + (1/0.5s)/0.5s & 1/0.5s \\ (1/0.5s + 0.5s + 0.5s)/(0.5s \times 0.5s) & 1 + (1/0.5s)/0.5s \end{bmatrix}$$

$$= \begin{bmatrix} 1 + 0.25s^2 & 1/0.5s \\ (1 + 0.5s^2)/0.13s^3 & 1 + 0.25s^2 \end{bmatrix}$$

EXAMPLE 19-16

그림 19.25(a)와 같은 변압기에서 전송 파라미터를 구하라.

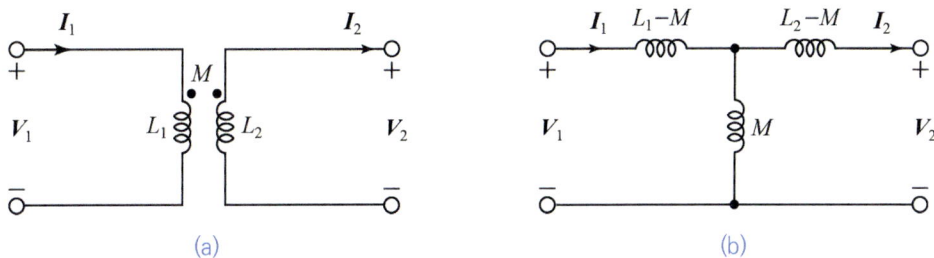

그림 19.25 [EXAMPLE 19-16]

SOLUTION

그림 19.25(a)의 상호유도결합회로를 그림 19.25(b)와 같이 전도결합등가회로로 변환하면 T형 회로망이 된다. 표 19.3의 전송 파라미터를 활용하면

$$\begin{bmatrix} A & B \\ C & D \end{bmatrix} = \begin{bmatrix} 1+Z_1/Z_3 & (Z_1Z_2 + Z_2Z_3 + Z_3Z_1)/Z_3 \\ 1/Z_3 & 1+Z_2/Z_3 \end{bmatrix}$$

i) $A = 1 + Z_1/Z_3 = 1 + \dfrac{j\omega(L_1 - M)}{j\omega M} = 1 + \dfrac{L_1 - M}{M} = \dfrac{L_1}{M}$

ii) $C = 1/Z_3 = 1 + \dfrac{1}{j\omega M}$

iii) $D = 1 + Z_2/Z_3 = 1 + \dfrac{j\omega(L_2 - M)}{j\omega M} = 1 + \dfrac{L_2 - M}{M} = \dfrac{L_2}{M}$

iv) $AD - BC = 1$로부터

$$B = \dfrac{1}{C}(AD - 1) = j\omega M\left(\dfrac{L_1}{M}\dfrac{L_2}{M} - 1\right) = j\omega\left(\dfrac{L_1 L_2 - M^2}{M}\right)$$

EXAMPLE 19-17

그림 19.26의 상호유도결합회로(변압기)에서 전송 파라미터를 다루어 보자.

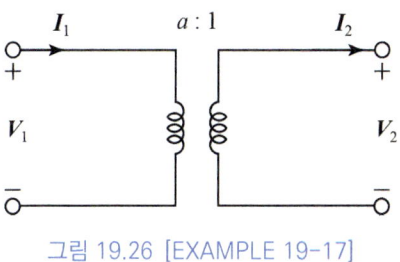

그림 19.26 [EXAMPLE 19-17]

SOLUTION

회로망의 형태가 언뜻 보기에는 I형 같지만 변압기는 수동 회로요소가 아니므로 바로 적용할 수 없다. 권선비가 $a:1$이라고 하면 전압, 전류, 권선비 간의 관계는 다음과 같다.

$$\frac{V_1}{V_2} = \frac{I_2}{I_1} = a$$

이로부터 전송 방정식을 쓰면 다음과 같이 쓸 수 있다.

$$V_1 = aV_2 + 0I_2$$

$$I_1 = 0V_2 + \frac{1}{a}I_2$$

4단자 회로망의 전송 파라미터는

$$\begin{bmatrix} A & B \\ C & D \end{bmatrix} = \begin{bmatrix} a & 0 \\ 0 & 1/a \end{bmatrix}$$

만약에 권선비가 $1:a$라면

$$\begin{bmatrix} A & B \\ C & D \end{bmatrix} = \begin{bmatrix} 1/a & 0 \\ 0 & a \end{bmatrix}$$

19.7 4단자망의 종속접속

그림 19.27과 같이 하나의 4단자 회로망 N_1의 출력단에 다른 4단자망 N_2의 입력단을 접속한 것을 4단자망의 **종속접속**(從屬接續, cascade connection)이라고 한다.

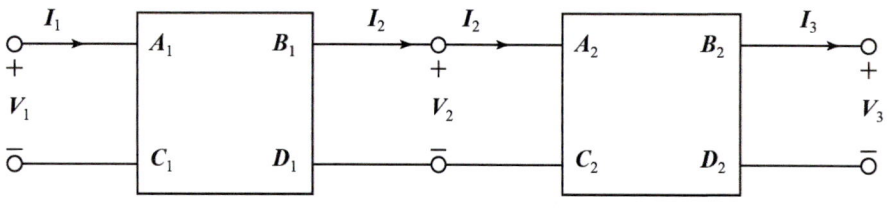

그림 19.27

회로망 N_1과 N_2에 대한 전송 파라미터 방정식은

$$\begin{bmatrix} V_1 \\ I_1 \end{bmatrix} = \begin{bmatrix} A_1 & B_1 \\ C_1 & D_1 \end{bmatrix} \begin{bmatrix} V_2 \\ I_2 \end{bmatrix}, \quad \begin{bmatrix} V_2 \\ I_2 \end{bmatrix} = \begin{bmatrix} A_2 & B_2 \\ C_2 & D_2 \end{bmatrix} \begin{bmatrix} V_3 \\ I_3 \end{bmatrix} \tag{19.13}$$

두 식을 결합시키면 다음과 같이 된다.

$$\begin{bmatrix} V_1 \\ I_1 \end{bmatrix} = \begin{bmatrix} A_1 & B_1 \\ C_1 & D_1 \end{bmatrix} \begin{bmatrix} A_2 & B_2 \\ C_2 & D_2 \end{bmatrix} \begin{bmatrix} V_3 \\ I_3 \end{bmatrix} \tag{19.13-1}$$

여기서 다음과 같이 두면

$$\begin{bmatrix} A & B \\ C & D \end{bmatrix} = \begin{bmatrix} A_1 & B_1 \\ C_1 & D_1 \end{bmatrix} \begin{bmatrix} A_2 & B_2 \\ C_2 & D_2 \end{bmatrix}$$ (19.13-2)

종속접속 전송 파라미터 방정식은 다음과 같이 나타낼 수 있다.

$$\begin{bmatrix} V_1 \\ I_1 \end{bmatrix} = \begin{bmatrix} A & B \\ C & D \end{bmatrix} \begin{bmatrix} V_3 \\ I_3 \end{bmatrix}$$ (19.13-3)

EXAMPLE 19-18

그림 19.28의 4단자 회로망에서

(1) 그림 19.28(a)의 4단자 회로망에 대해서 각각 독립적인 Z를 가지는 2개의 4단자 회로망을 종속접속한 것에 대한 전송 파라미터를 구하라.

(2) 그림 19.28(b)의 4단자 회로망에 대해서 각각 독립적인 Z를 가지는 2개의 4단자 회로망을 종속접속한 것에 대한 전송 파라미터를 구하라.

(3) 그림 19.28(b)의 4단자 회로망에 대해서 각각 독립적인 Z를 가지는 3개의 4단자 회로망을 종속접속한 것에 대한 전송 파라미터를 구하라. (2)의 결과와 같은가?

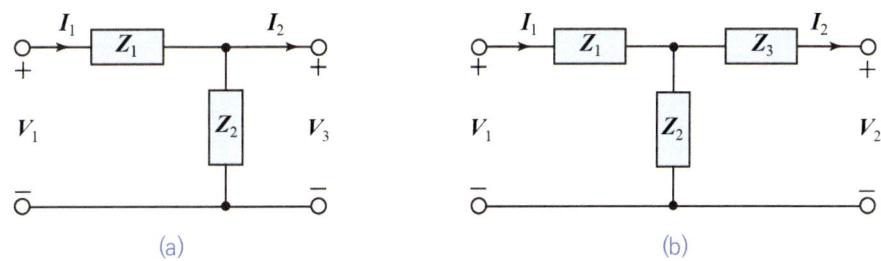

그림 19.28 [EXAMPLE 19-18]

SOLUTION

(1) 2개의 4단자 회로망(bar형, I형)을 그림 19.29와 같이 종속 접속된다.

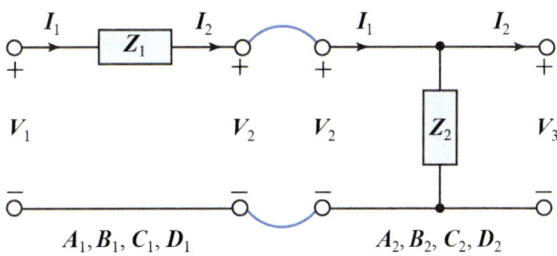

그림 19.29 [EXAMPLE 19-19]

$$\begin{bmatrix} A & B \\ C & D \end{bmatrix} = \begin{bmatrix} A_1 & B_1 \\ C_1 & D_1 \end{bmatrix}\begin{bmatrix} A_2 & B_2 \\ C_2 & D_2 \end{bmatrix} = \begin{bmatrix} 1 & Z_1 \\ 0 & 1 \end{bmatrix}\begin{bmatrix} 1 & 0 \\ 1/Z_2 & 1 \end{bmatrix}$$

$$= \begin{bmatrix} 1 + Z_1/Z_2 & Z_1 \\ 1/Z_2 & 1 \end{bmatrix}$$

(2) 2개의 4단자 회로망을 종속접속한 것

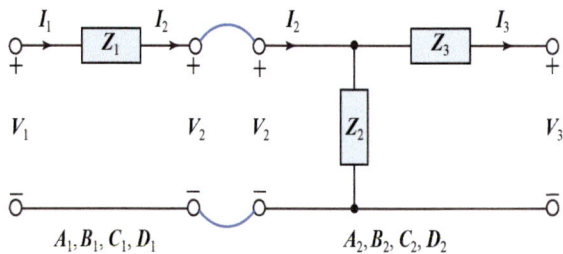

그림 19.30 [EXAMPLE 19-19]

$$\begin{bmatrix} A & B \\ C & D \end{bmatrix} = \begin{bmatrix} A_1 & B_1 \\ C_1 & D_1 \end{bmatrix}\begin{bmatrix} A_2 & B_2 \\ C_2 & D_2 \end{bmatrix} = \begin{bmatrix} 1 & Z_1 \\ 0 & 1 \end{bmatrix}\begin{bmatrix} 1 & Z_3 \\ 1/Z_2 & 1 + Z_3/Z_2 \end{bmatrix}$$

$$= \begin{bmatrix} 1 + Z_1/Z_2 & (Z_1Z_2 + Z_2Z_3 + Z_3Z_1)/Z_2 \\ 1/Z_2 & 1 + Z_3/Z_2 \end{bmatrix}$$

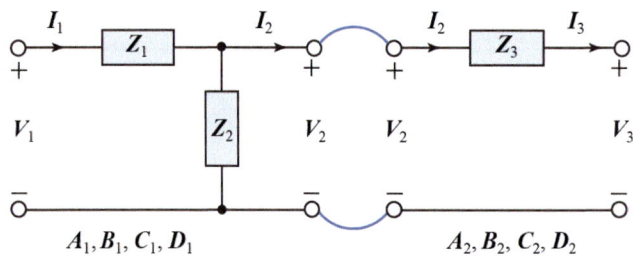

그림 19.31 [EXAMPLE 19-19]

$$\begin{bmatrix} A & B \\ C & D \end{bmatrix} = \begin{bmatrix} A_1 & B_1 \\ C_1 & D_1 \end{bmatrix}\begin{bmatrix} A_2 & B_2 \\ C_2 & D_2 \end{bmatrix} = \begin{bmatrix} 1 + Z_1/Z_2 & Z_1 \\ 1/Z_2 & 1 \end{bmatrix}\begin{bmatrix} 1 & Z_3 \\ 0 & 1 \end{bmatrix}$$

$$= \begin{bmatrix} 1 + Z_1/Z_2 & (Z_1Z_2 + Z_2Z_3 + Z_3Z_1)/Z_2 \\ 1/Z_2 & 1 + Z_3/Z_2 \end{bmatrix}$$

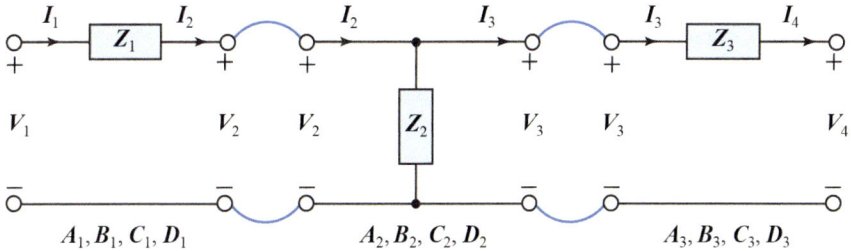

그림 19.32 [EXAMPLE 19-19]

$$\begin{bmatrix} A & B \\ C & D \end{bmatrix} = \begin{bmatrix} A_1 & B_1 \\ C_1 & D_1 \end{bmatrix} \begin{bmatrix} A_2 & B_2 \\ C_2 & D_2 \end{bmatrix} \begin{bmatrix} A_3 & B_3 \\ C_3 & D_3 \end{bmatrix} = \begin{bmatrix} 1 & Z_1 \\ 0 & 1 \end{bmatrix} \begin{bmatrix} 1 & 0 \\ 1/Z_2 & 1 \end{bmatrix} \begin{bmatrix} 1 & Z_3 \\ 0 & 1 \end{bmatrix}$$

$$= \begin{bmatrix} 1+Z_1/Z_2 & Z_1 \\ 1/Z_2 & 1 \end{bmatrix} \begin{bmatrix} 1 & Z_3 \\ 0 & 1 \end{bmatrix}$$

$$= \begin{bmatrix} 1+Z_1/Z_2 & (Z_1Z_2+Z_2Z_3+Z_3Z_1)/Z_2 \\ 1/Z_2 & 1+Z_3/Z_2 \end{bmatrix}$$

19.8 파라미터의 상호관계

4단자 회로망에서 입출력 전압과 전류 가운데서 종속변수와 독립변수, 전류의 방향에 따라 파라미터가 결정된다. 전송 파라미터, Z 파라미터, Y 파라미터 사이의 관계를 알아보자.

다음의 전송 파라미터 방정식을 Z 파라미터 방정식 형태로 변형해보자.

$$V_1 = AV_2 + BI_2$$
$$I_1 = CV_2 + DI_2$$
(19.14)

식 (19.14)에서 두 번째 식의 V_2를 첫 번째 식에 대입하면 I_1, I_2를 독립변수로 하는 전압 방정식은 다음과 같다.

$$V_1 = \frac{A}{C}I_1 - \frac{1}{C}I_2$$
$$V_2 = \frac{1}{C}I_1 - \frac{D}{C}I_2$$
(19.15)

Z 파라미터 방정식에서 I_2 방향은 전송 파라미터 방정식 I_2와 반대이므로 부호를 바꿔서 정리하면 다음과 같다.

$$V_1 = \frac{A}{C}I_1 + \frac{1}{C}I_2 = Z_{11}I_1 + Z_{12}I_2$$
(19.15-1)

$$V_2 = \frac{1}{C}I_1 + \frac{D}{C}I_2 = Z_{21}I_1 + Z_{22}I_2$$

따라서 전송 파라미터로부터 다음과 같이 Z 파라미터를 구할 수 있다.

$$Z_{11} = \frac{A}{C}, \qquad Z_{12} = Z_{21} = \frac{1}{C}, \qquad Z_{22} = \frac{D}{C} \tag{19.15-2}$$

식 (19.15-2)와 $AD - BC = 1$을 사용해서 Z 파라미터로부터 다음과 같이 전송 파라미터를 구할 수 있다.

$$A = \frac{Z_{11}}{Z_{12}} = \frac{Z_{11}}{Z_{21}}, \qquad B = \frac{Z_{11}Z_{22} - Z_{12}Z_{21}}{Z_{12}}$$
$$C = \frac{1}{Z_{12}} = \frac{1}{Z_{21}}, \qquad D = \frac{Z_{22}}{Z_{12}} = \frac{Z_{22}}{Z_{21}} \tag{19.16}$$

전송 파라미터 방정식을 Y 파라미터 방정식 형태로 변형해보자.

$$V_1 = AV_2 + BI_2$$
$$I_1 = CV_2 + DI_2 \tag{19.17}$$

식 (19.17)에서 V_1, V_2를 종속변수로 하는 전류 방정식은 다음과 같다.

$$I_2 = \frac{1}{B}V_1 - \frac{A}{B}V_2, \quad I_1 = \frac{D}{B}V_1 - \frac{1}{B}V_2 \tag{19.17-1}$$

Y 파라미터 방정식에서 I_2 방향은 전송 파라미터 방정식 I_2와 반대이므로 부호를 바꿔서 정리하면 다음과 같다.

$$I_1 = \frac{D}{B}V_1 - \frac{1}{B}V_2 = Y_{11}V_1 + Y_{12}V_2$$
$$I_2 = -\frac{1}{B}V_1 + \frac{A}{B}V_2 = Y_{21}V_1 + Y_{22}V_2 \tag{19.17-2}$$

따라서 전송 파라미터로부터 다음과 같이 Y 파라미터를 구할 수 있다.

$$Y_{11} = \frac{D}{B}, \qquad Y_{12} = Y_{21} = -\frac{1}{B}, \qquad Y_{22} = \frac{A}{B} \tag{19.17-3}$$

식 (19.17-3)과 $AD - BC = 1$를 사용해서 Y 파라미터로부터 다음과 같이 전송 파라미터를 구할 수 있다.

$$A = -\frac{Y_{22}}{Y_{12}} = -\frac{Y_{22}}{Y_{21}}, \qquad B = -\frac{1}{Y_{12}} = -\frac{1}{Y_{21}}$$
$$C = -\frac{Y_{11}Y_{22} - Y_{12}Y_{21}}{Y_{12}}, \qquad D = -\frac{Y_{11}}{Y_{12}} = -\frac{Y_{11}}{Y_{21}} \tag{19.18}$$

표 19.5는 파라미터들 간에 상호변환을 나타낸 것이다.

표 19.5 파라미터 변환 행렬($\Delta_x = x_{11}x_{22} - x_{12}x_{21}$)

	Z		Y		h		g		T	
Z	Z_{11}	Z_{12}	$\dfrac{Y_{22}}{\Delta_y}$	$-\dfrac{Y_{12}}{\Delta_y}$	$\dfrac{\Delta_h}{h_{22}}$	$\dfrac{h_{12}}{h_{22}}$	$\dfrac{1}{g_{11}}$	$-\dfrac{g_{12}}{g_{11}}$	$\dfrac{A}{C}$	$\dfrac{\Delta_T}{C}$
	Z_{21}	Z_{22}	$-\dfrac{Y_{21}}{\Delta_y}$	$\dfrac{Y_{11}}{\Delta_y}$	$-\dfrac{h_{21}}{h_{22}}$	$\dfrac{1}{h_{22}}$	$\dfrac{g_{21}}{g_{11}}$	$\dfrac{\Delta_g}{g_{11}}$	$\dfrac{1}{C}$	$\dfrac{D}{C}$
Y	$\dfrac{Z_{22}}{\Delta_z}$	$-\dfrac{Z_{12}}{\Delta_z}$	Y_{11}	Y_{12}	$\dfrac{1}{h_{11}}$	$-\dfrac{h_{12}}{h_{11}}$	$\dfrac{\Delta_g}{g_{22}}$	$\dfrac{g_{12}}{g_{22}}$	$\dfrac{D}{B}$	$-\dfrac{\Delta_T}{B}$
	$-\dfrac{Z_{21}}{\Delta_z}$	$\dfrac{Z_{11}}{\Delta_z}$	Y_{21}	Y_{22}	$\dfrac{h_{21}}{h_{11}}$	$\dfrac{\Delta_h}{h_{11}}$	$-\dfrac{g_{21}}{g_{22}}$	$\dfrac{1}{g_{22}}$	$-\dfrac{1}{B}$	$\dfrac{A}{B}$
h	$\dfrac{\Delta_z}{Z_{22}}$	$\dfrac{Z_{12}}{Z_{22}}$	$\dfrac{1}{Y_{11}}$	$-\dfrac{Y_{12}}{Y_{11}}$	h_{11}	h_{12}	$\dfrac{g_{22}}{\Delta_g}$	$-\dfrac{g_{12}}{\Delta_g}$	$\dfrac{B}{D}$	$\dfrac{\Delta_T}{D}$
	$-\dfrac{Z_{21}}{Z_{22}}$	$\dfrac{1}{Z_{22}}$	$\dfrac{Y_{21}}{Y_{11}}$	$\dfrac{\Delta_y}{Y_{11}}$	h_{21}	h_{22}	$-\dfrac{g_{21}}{\Delta_g}$	$\dfrac{g_{11}}{\Delta_g}$	$-\dfrac{1}{D}$	$\dfrac{C}{D}$
g	$\dfrac{1}{Z_{11}}$	$-\dfrac{Z_{12}}{Z_{11}}$	$\dfrac{\Delta_y}{Y_{11}}$	$\dfrac{Y_{12}}{Y_{11}}$	$\dfrac{h_{22}}{\Delta_h}$	$-\dfrac{h_{12}}{\Delta_h}$	g_{11}	g_{12}	$\dfrac{C}{A}$	$-\dfrac{\Delta_T}{A}$
	$\dfrac{Z_{21}}{Z_{11}}$	$\dfrac{\Delta_z}{Z_{11}}$	$-\dfrac{Y_{21}}{Y_{11}}$	$\dfrac{1}{Y_{11}}$	$\dfrac{h_{21}}{\Delta_h}$	$\dfrac{h_{11}}{\Delta_h}$	g_{21}	g_{22}	$\dfrac{1}{A}$	$\dfrac{B}{A}$
T	$\dfrac{Z_{11}}{Z_{21}}$	$\dfrac{\Delta_z}{Z_{21}}$	$-\dfrac{Y_{22}}{Y_{21}}$	$-\dfrac{1}{Y_{21}}$	$-\dfrac{\Delta_h}{h_{21}}$	$-\dfrac{h_{11}}{h_{21}}$	$\dfrac{1}{g_{21}}$	$\dfrac{g_{22}}{g_{21}}$	A	B
	$\dfrac{1}{Z_{21}}$	$\dfrac{Z_{22}}{Z_{21}}$	$-\dfrac{\Delta_y}{Y_{21}}$	$-\dfrac{Y_{11}}{Y_{21}}$	$-\dfrac{h_{22}}{h_{21}}$	$-\dfrac{1}{h_{21}}$	$\dfrac{g_{11}}{g_{21}}$	$\dfrac{\Delta_g}{g_{21}}$	C	D

EXAMPLE 19-19

어떤 선형 회로망에서 Z 파라미터가 $Z_{11} = 1 - j$, $Z_{12} = -j3 = Z_{21}$, $Z_{22} = 3 + j4$일 때 전송 파라미터를 구하라.

SOLUTION

$A = \dfrac{Z_{11}}{Z_{21}} = \dfrac{1-j}{-j3} = \dfrac{1}{3} + j\dfrac{1}{3}$

$B = \dfrac{Z_{11}Z_{22} - Z_{12}Z_{21}}{Z_{21}} = \dfrac{(1-j)(3+j4)-(-j3)(-j3)}{-j3} = -\dfrac{1}{3} + j\dfrac{16}{3}\ \Omega$

$C = \dfrac{1}{Z_{21}} = \dfrac{1}{-j3} = j\dfrac{1}{3}\ \text{S}$

$D = \dfrac{Z_{22}}{Z_{21}} = \dfrac{3+j4}{-j3} = -\dfrac{4}{3} + j$

19.9 영상 파라미터

앞서 배운 각종 파라미터, 즉 Z, Y, h, g, 전송 파라미터는 회로망 차체의 특성을 가지고 있다. 여기서 다룰 영상 파라미터는 그림 19.33과 같이 입력단($1-1'$)과 출력단($2-2'$)에 각각 외부 임피던스 Z_{01}, Z_{02}를 접속했을 때 입력단에서 회로망으로 본 임피던스가 Z_{01}와 같고, 또 출력단에서 회로망으로 본 임피던스가 Z_{02}와 같다고 하면 이것은 마치 입력단과 출력단 거울에 반사된 것과 같은 것이다. 이때 Z_{01}, Z_{02}를 **영상 임피던스**(影像, image impedance)라고 하고, 입·출력단은 임피던스 정합되어 있다고 한다.

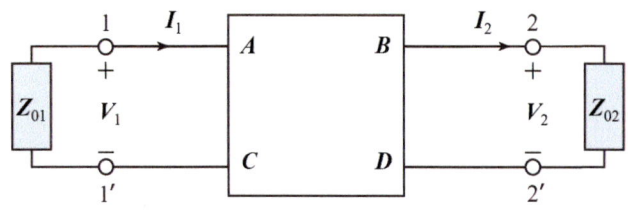

그림 19.33

입력단의 입력 임피던스 Z_{01}(입력단 영상 임피던스)은

$$Z_{01} = \frac{V_1}{I_1} = \frac{AV_2 + BI_2}{CV_2 + DI_2} = \frac{AZ_{02}I_2 + BI_2}{CZ_{02}I_2 + DI_2} = \frac{AZ_{02} + B}{CZ_{02} + D} \tag{19.19a}$$

출력단의 입력 임피던스 Z_{02}(출력단 영상 임피던스)는 식 (19.20)을 참고하면

$$Z_{02} = \frac{V_2}{I_2} = \frac{DV_1 + BI_1}{CV_1 + AI_1} = \frac{DZ_{01}I_1 + BI_1}{CZ_{01}I_1 + AI_1} = \frac{DZ_{01} + B}{CZ_{01} + A} \tag{19.19b}$$

식 (19.19a), (19.19b)로부터 Z_{01}, Z_{02}를 구한 후에 그 결과 식에 식 (19.15-2), (19.17-3)을 대입하면 영상 임피던스는 다음과 같이 나타내진다.

$$Z_{01} = \sqrt{\frac{AB}{CD}} = \sqrt{\frac{Z_{11}}{Y_{11}}}, \quad Z_{02} = \sqrt{\frac{DB}{CA}} = \sqrt{\frac{Z_{22}}{Y_{22}}} \tag{19.20}$$

식 (19.20)으로부터 입·출력단의 영상 임피던스를 서로 곱하거나 나누면 다음과 같은 관계식이 얻어진다.

$$\frac{Z_{01}}{Z_{02}} = \frac{A}{D}, \quad Z_{01} \cdot Z_{02} = \frac{B}{C} \tag{19.21}$$

대칭 회로망이라면 $A = D$이므로

$$Z_{01} = Z_{02} = Z_0 = \sqrt{\frac{B}{C}} \quad \text{(대칭 회로망)} \tag{19.21-1}$$

Z_0을 **특성 임피던스**라고도 한다.

식 (19.19a)에서 $V_2 = 0$으로 두면, 즉 출력단을 단락시켰을 때 출력단락 입력 임피던스 Z_{1s}는

$$Z_{1s} = \left.\frac{V_1}{I_1}\right|_{V_2=0} = \left.\frac{AV_2 + BI_2}{CV_2 + DI_2}\right|_{V_2=0} = \frac{B}{D} \tag{19.22a}$$

식 (19.19a)에서 $I_2 = 0$으로 두면, 즉 출력단을 개방시켰을 때 출력개방 입력 임피던스 Z_{1o}는

$$Z_{1o} = \left.\frac{V_1}{I_1}\right|_{I_2=0} = \left.\frac{AV_2 + BI_2}{CV_2 + DI_2}\right|_{I_2=0} = \frac{A}{C} \tag{19.22b}$$

식 (19.19b)에서 $V_1 = 0$으로 두면, 즉 입력단을 단락시켰을 때 입력단락 출력 임피던스 Z_{2s}는

$$Z_{2s} = \left.\frac{V_2}{I_2}\right|_{V_1=0} = \left.\frac{DV_1 + BI_1}{CV_1 + AI_1}\right|_{V_1=0} = \frac{B}{A} \tag{19.23a}$$

식 (19.19b)에서 $I_1 = 0$로 두면, 즉 입력단을 개방시켰을 때 입력개방 출력 임피던스 Z_{2o}는

$$Z_{2o} = \left.\frac{V_2}{I_2}\right|_{I_1=0} = \left.\frac{DV_1 + BI_1}{CV_1 + AI_1}\right|_{I_1=0} = \frac{D}{C} \tag{19.23b}$$

식 (19.22a) ~ (19.23b)을 식 (19.20)에 대입하면

$$Z_{01} = \sqrt{Z_{1s}Z_{1o}}, \qquad Z_{02} = \sqrt{Z_{2s}Z_{2o}} \tag{19.24}$$

영상 임피던스는 전송 파라미터를 구하지 않아도 입력 및 출력단자를 단락 또는 개방시켰을 때 반대 단자에서 본 임피던스의 기하평균(geometric mean)으로 구할 수 있다

그림 19.33에서 전압비와 전류비를 다음과 같이 놓으면

$$\frac{V_1}{V_2} = e^{\theta_v}, \qquad \frac{I_1}{I_2} = e^{\theta_i} \tag{19.25}$$

θ_v과 θ_i는 다음과 같이 된다.

$$\theta_v = \ln \frac{V_1}{V_2}, \qquad \theta_i = \ln \frac{I_1}{I_2} \tag{19.25-1}$$

θ_v과 θ_i의 산술평균(arithmetic mean)을 θ라고 하면

$$\theta = \frac{1}{2}(\theta_v + \theta_i) = \frac{1}{2}\left(\ln \frac{V_1}{V_2} + \ln \frac{I_1}{I_2}\right) \tag{19.26}$$

$$\theta = \ln \sqrt{\frac{V_1}{V_2}\frac{I_1}{I_2}} \tag{19.26-1}$$

그림 19.33으로부터 $V_1 = Z_{01}I_1$, $V_2 = Z_{02}I_2$와 전송 파라미터 방정식 $I_1 = CV_2 + DI_2$를 대입하면

$$\theta = \ln \sqrt{\frac{V_1}{V_2}\frac{I_1}{I_2}} = \ln \sqrt{\frac{Z_{01}}{Z_{02}}} \left(\frac{I_1}{I_2}\right) = \ln \sqrt{\frac{Z_{01}}{Z_{02}}} \left(\frac{CV_2 + DI_2}{I_2}\right)$$

$$= \ln \sqrt{\frac{Z_{01}}{Z_{02}}} (CZ_{02} + D) = \ln \left(C\sqrt{Z_{01}Z_{02}} + D\sqrt{\frac{Z_{01}}{Z_{02}}}\right)$$

$$= \ln \left(C\sqrt{\frac{B}{C}} + D\sqrt{\frac{A}{D}}\right)$$

$$\theta = \ln \left(\sqrt{AD} + \sqrt{BC}\right) \tag{19.27}$$

θ를 **전달정수**(傳達定數, transfer constant)라고 한다. 영상 임피던스 Z_{01}, Z_{02}, 전달정수 θ를 영상 파라미터라고 한다. θ는 복소수이므로 다음과 같이 나타내진다.

$$\theta = \alpha + j\beta \tag{19.28}$$

여기서 α를 **감쇠정수**(減衰定數, attenuation constant) 또는 감쇠계수, β를 **위상정수**(位相定數, phase constant)라고 한다. 식 (19.26), (19.26-1),(19.28)로부터

$$\theta = \ln \sqrt{\frac{V_1}{V_2}\frac{I_1}{I_2}} = \frac{1}{2}\ln \left(\frac{V_1}{V_2}\frac{I_1}{I_2}\right) = \alpha + j\beta \tag{19.29}$$

여기서

$$\alpha = \frac{1}{2}\ln\left(\frac{V_1}{V_2}\frac{I_1}{I_2}\right), \qquad \beta = \frac{1}{2}\mathrm{Arg}\left(\frac{V_1}{V_2}\frac{I_1}{I_2}\right) \tag{19.30}$$

α의 단위는 네퍼(Np)[1] 또는 데시벨(dB), β의 단위는 라디언(rad)이다.

식 (19.26-1)에 $V_1 = Z_{01}I_1$, $V_2 = Z_{02}I_2$를 대입하여 영상 임피던스와 관련시키면

$$\theta = \ln \sqrt{\frac{V_1}{V_2}\frac{I_1}{I_2}} = \ln \sqrt{\frac{Z_{02}}{Z_{01}}\left(\frac{V_1}{V_2}\right)^2} = \ln\left(\frac{V_1}{V_2}\right)\sqrt{\frac{Z_{02}}{Z_{01}}} \tag{19.31a}$$

---

[1] 네퍼(neper: Np)와 데시벨(decibel: dB) 단위

입력단의 전압비, 전류비, 전력비를 선형으로 나타낼 수도 있지만 대수적으로 나타낼 때 단위가 네퍼 또는 데시벨이다. 네퍼는 다음과 같이 자연로그로 나타낼 때의 단위이다.

$\frac{1}{2}\ln\frac{P_2}{P_1}$ (Np) 또는 $\ln\frac{V_2}{V_1} = \ln\frac{I_2}{I_1}$ (Np)

데시벨은 상용로그로 나타낼 때의 단위로 벨이라는 단위가 크므로 이를 줄이기 위해서 10^{-1}을 의미하는 접두사 데시(deci)를 벨에 곱해서 사용한다. 즉

$\log\frac{P_2}{P_1}$ (B), $\log\frac{V_2}{V_1}$ (B), $\log\frac{I_2}{I_1}$ (B), $10\log\frac{P_2}{P_1}$ (dB), $20\log\frac{V_1}{V_2}$ (dB), $20\log\frac{I_1}{I_2}$ (dB)

참고로 $\ln x = 2.303\log x$, $\log x = 0.4343\ln x$이므로 1Np =8.686 dB, 1 dB = 0.1151 Np
즉 Np 단위에 8.686을 곱하면 dB 단위로 바뀐다.

$$\theta = \ln\sqrt{\frac{V_1}{V_2}\frac{I_1}{I_2}} = \ln\sqrt{\frac{Z_{01}}{Z_{02}}\left(\frac{I_1}{I_2}\right)^2} = \ln\left(\frac{I_1}{I_2}\right)\sqrt{\frac{Z_{01}}{Z_{02}}} \qquad (19.31b)$$

대칭 회로망인 경우, $Z_{01} = Z_{02}$이므로 식 (19.31a), (19.31b)는 다음과 같이 나타내진다.

$$\theta = \ln\frac{V_1}{V_2} = \ln\frac{I_1}{I_2} = \alpha + j\beta \quad (\text{대칭 회로망}) \qquad (19.32)$$

$$\alpha = \ln\left(\frac{V_1}{V_2}\right) = \ln\left(\frac{I_1}{I_2}\right) \text{ (Np)}, \qquad \beta = \text{Arg}\left(\frac{V_1}{V_2}\right) = \text{Arg}\left(\frac{I_1}{I_2}\right) \text{ (rad)} \qquad (19.32\text{-}1)$$

대칭 회로망에서 식 (19.25-1), (19.32)를 비교하면 $\theta_1 = \theta_2 = \theta$이다.

식 (19.27)로부터

$$e^{\theta} = \sqrt{AD} + \sqrt{BC}, \qquad e^{-\theta} = \sqrt{AD} - \sqrt{BC} \qquad (19.33)$$

식 (19.33)의 두 번째 식은 다음과 같은 과정에 따라 도출된 것이다.

$$\begin{pmatrix} -\theta = -\ln\left(\sqrt{AD} + \sqrt{BC}\right) = \ln\left(\sqrt{AD} + \sqrt{BC}\right)^{-1} \\ = \ln\left(\frac{1}{\sqrt{AD} + \sqrt{BC}}\right) = \ln\left(\frac{\sqrt{AD} - \sqrt{BC}}{AD - BC}\right) = \ln\left(\sqrt{AD} - \sqrt{BC}\right) \\ \sqrt{AD} - \sqrt{BC} = e^{-\theta} \end{pmatrix}$$

식 (19.33)에 지수함수와 쌍곡선함수의 관계를 적용하면

$$\cosh\theta = \frac{e^{\theta} + e^{-\theta}}{2} = \sqrt{AD}, \qquad \sinh\theta = \frac{e^{\theta} - e^{-\theta}}{2} = \sqrt{BC} \qquad (19.34)$$

식 (19.34)로부터 전달정수 θ는 다음과 같이 쌍곡선함수로 나타낼 수 있다.

$$\theta = \cosh^{-1}\sqrt{AD}, \qquad \theta = \sinh^{-1}\sqrt{BC} \qquad (19.35)$$

식 (19.21), (19.34)를 이용하여 전송 파라미터를 영상 파라미터와 전달정수로 나타내보자.

$\cosh\theta = \sqrt{AD}$와 $\dfrac{Z_{01}}{Z_{02}} = \dfrac{A}{D}$를 이용하면 A와 D를, $\sinh\theta = \sqrt{BC}$와 $Z_{01} \cdot Z_{02} = \dfrac{B}{C}$를 이용하면 B와 C를 구할 수 있다. 그 결과는 다음과 같이 정리된다.

$$\begin{aligned} A &= \sqrt{\frac{Z_{01}}{Z_{02}}}\cosh\theta, & B &= \sqrt{Z_{01}Z_{02}}\sinh\theta \\ C &= \frac{1}{\sqrt{Z_{01}Z_{02}}}\sinh\theta, & D &= \sqrt{\frac{Z_{02}}{Z_{01}}}\cosh\theta \end{aligned} \qquad (19.36)$$

식 (19.10-1)의 전송 파라미터 방정식에 식 (19.36)의 전송 파라미터를 대입하면

$$V_1 = \sqrt{\frac{Z_{01}}{Z_{02}}}\, V_2 \cosh\theta + \sqrt{Z_{01}Z_{02}}\, I_2 \sinh\theta$$

$$I_1 = \frac{1}{\sqrt{Z_{01}Z_{02}}}\, V_2 \sinh\theta + \sqrt{\frac{Z_{02}}{Z_{01}}}\, I_2 \cosh\theta$$

(19.37)

식 (19.60)을 **4단자 회로망의 기초방정식**이라고 한다.

대칭 회로망에서 $Z_{01} = Z_{02} = Z_0$ 이므로 식 (19.37)은 다음과 같이 나타내진다.

$$V_1 = V_2 \cosh\theta + Z_0 I_2 \sinh\theta$$

$$I_1 = \frac{1}{Z_0} V_2 \sinh\theta + I_2 \cosh\theta$$

(대칭 회로망) (19.38)

EXAMPLE 19-20

4단자 회로망에서 $B = 2\,\Omega$, $C = 1\,\text{S}$, $Z_{01} = 4\,\Omega$ 일 때 Z_{02}를 구하라.

SOLUTION

$$Z_{01} \cdot Z_{02} = \frac{B}{C}$$

$$Z_{02} = \frac{B}{C} \frac{1}{Z_{01}} = 2\left(\frac{1}{4}\right) = 0.5\,\Omega$$

EXAMPLE 19-21

4단자 회로망에서 $A = 7/2$, $D = 1$, $Z_{02} = 2\,\Omega$ 일 때 Z_{01}을 구하라.

SOLUTION

$$\frac{Z_{01}}{Z_{02}} = \frac{A}{D}$$

$$Z_{01} = \frac{A}{D} Z_{02} = \frac{7}{2}(2) = 7\,\Omega$$

EXAMPLE 19-22

그림 19.34의 4단자 회로망에서 영상 파라미터를 구하라.

SOLUTION

ⅰ) 영상 임피던스

⟨해법 1⟩

$$Z_{1s} = 8\ \Omega$$
$$Z_{1o} = 8 + 4 = 12\ \Omega$$
$$\therefore Z_{01} = \sqrt{Z_{1s}Z_{1o}} = \sqrt{(8)(12)} = 9.8\ \Omega$$
$$Z_{2s} = 4//8 = 8/3\ \Omega$$
$$Z_{2o} = 4\ \Omega$$
$$\therefore Z_{02} = \sqrt{Z_{2s}Z_{2o}} = \sqrt{(8/3)(4)} = 3.27\ \Omega$$

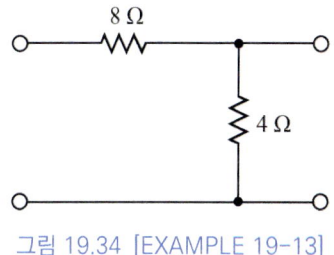

그림 19.34 [EXAMPLE 19-13]

⟨해법 2⟩

L_1형 회로망의 전송 파라미터를 구하면(표 19.3)

$$\begin{bmatrix} A & B \\ C & D \end{bmatrix} = \begin{bmatrix} 1 + (Z_1/Z_2) & Z_1 \\ 1/Z_2 & 1 \end{bmatrix}$$

$$A = 1 + \frac{Z_1}{Z_2} = 1 + \frac{8}{4} = 3,\ B = Z_1 = 8\ \Omega,\ C = \frac{1}{Z_2} = \frac{1}{4}\ \text{S},\ D = 1$$

$$Z_{01} = \sqrt{\frac{AB}{CD}} = \sqrt{\frac{(3)(8)}{(1/4)(1)}} = 9.8\ \Omega$$

$$Z_{02} = \sqrt{\frac{BD}{AC}} = \sqrt{\frac{(8)(1)}{(3)(1/4)}} = 3.27\ \Omega$$

ii) 전달정수 θ는 3개의 공식

⟨해법 1⟩

$$\theta = \ln\left(\sqrt{AD} + \sqrt{BC}\right)$$
$$= \ln\left(\sqrt{(3)(1)} + \sqrt{8(1/4)}\right) = \ln\left(\sqrt{3} + \sqrt{2}\right) = 1.146\ \text{Np}$$

⟨해법 2⟩

$$\theta = \cosh^{-1}\sqrt{AD} = \cosh^{-1}\sqrt{(3)(1)} = \cosh^{-1}\sqrt{3}\ [2]$$
$$= \ln\left(\sqrt{3} + \sqrt{(\sqrt{3})^2 - 1}\right) = \ln\left(\sqrt{3} + \sqrt{2}\right) = 1.146\ \text{Np}$$

⟨해법 3⟩

$$\theta = \sinh^{-1}\sqrt{BC} = \sinh^{-1}\sqrt{8(1/4)} = \sinh^{-1}\sqrt{2}\ [3]$$
$$= \ln\left(\sqrt{2} + \sqrt{(\sqrt{2})^2 + 1}\right) = \ln\left(\sqrt{2} + \sqrt{3}\right) = 1.146\ \text{Np}$$

---

[2] $\cosh^{-1}x = \ln\left(x + \sqrt{x^2 - 1}\right)$

[3] $\sinh^{-1}x = \ln\left(x + \sqrt{x^2 + 1}\right)$

EXAMPLE 19-23

그림 19.35의 4단자 회로망에서 영상 파라미터를 구하라.

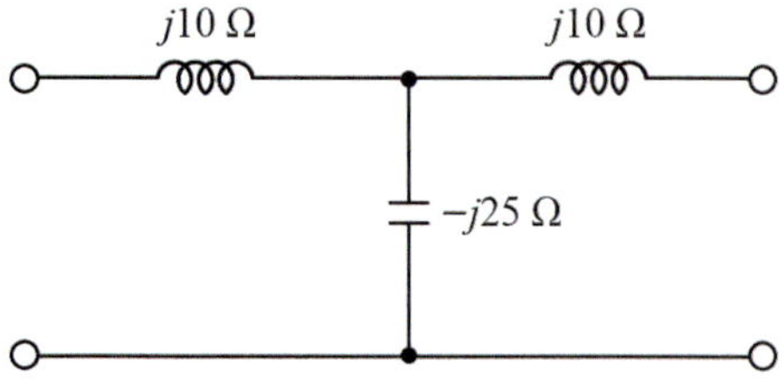

SOLUTION

ⅰ) 영상 임피던스

〈해법 1〉

$$Z_{1s} = j10 + j10//(-j25) = j26.67\ \Omega$$
$$Z_{1o} = j10 - j25 = -j15\ \Omega$$
$$\therefore Z_{01} = Z_{02} = \sqrt{Z_{1s}Z_{1o}} = \sqrt{\left(j10 + \frac{250}{-j15}\right)(-j15)} = 20\ \Omega \quad \text{(대칭)}$$

그림 19.35 [EXAMPLE 19-13]

〈해법 2〉

T형 회로망의 전송 파라미터를 구하면(표 19.3)

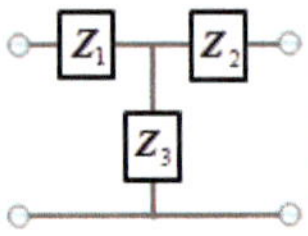

$$\begin{bmatrix} A & B \\ C & D \end{bmatrix} = \begin{bmatrix} 1 + (Z_1/Z_3) & (Z_1Z_2 + Z_2Z_3 + Z_3Z_1)/Z_3 \\ 1/Z_3 & 1 + (Z_2/Z_3) \end{bmatrix}$$

$Z_1 = Z_2$인 대칭 T형 회로망에서 $A = D$가 된다.

$$A = D = 1 + \frac{Z_1}{Z_3} = 1 + \frac{j10}{-j25} = 0.6$$

$$B = \frac{Z_1Z_2 + Z_2Z_3 + Z_3Z_1}{Z_3}$$
$$= \frac{(j10)(j10) + (j10)(-j25) + (-j25)(j10)}{-j25} = j16\ \Omega$$

$$C = \frac{1}{Z_3} = \frac{1}{-j25} = j0.04\ \text{S}$$

$$Z_{01} = Z_{02} = \sqrt{\frac{B}{C}} = \sqrt{\frac{j16}{j0.04}} = 20\ \Omega$$

ⅱ) 전달정수 θ는 3개의 공식

〈해법 1〉

$$\theta = \ln\left(\sqrt{AD} + \sqrt{BC}\right)$$
$$= \ln\left(\sqrt{0.6^2} + \sqrt{(j16)(j0.04)}\right) = \ln(0.6 + j0.8)\ \text{Np}$$

〈해법 2〉

$$\theta = \cosh^{-1}\sqrt{AD} = \cosh^{-1}\sqrt{0.6^2} = \cosh^{-1}0.6$$

$$= \ln\left(0.6 + \sqrt{0.6^2 - 1}\right) = \ln(0.6 + j0.8)\,\text{Np}$$

⟨해법 3⟩
$$\theta = \sinh^{-1}\sqrt{BC} = \sinh^{-1}\sqrt{(j16)(j0.04)} = \sinh^{-1} j0.8$$
$$= \ln\left(j0.8 + \sqrt{(j0.8)^2 + 1}\right) = = \ln(0.6 + j0.8)\,\text{Np}$$

EXAMPLE 19-24

그림 19.36의 4단자 회로망에서 영상 파라미터를 구하라.

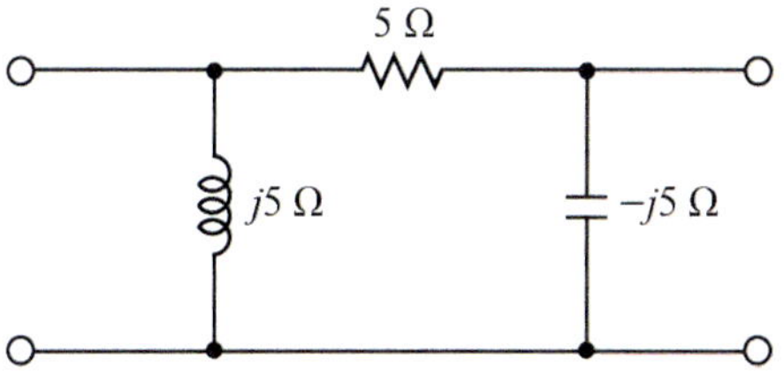

SOLUTION

ⅰ) 영상 임피던스

⟨해법 1⟩

$$Z_{1s} = 5//j5 = 2.5\sqrt{2} \angle 45°\,\Omega = 2.5 + j2.5\,\Omega$$
$$Z_{1o} = j5//(5 - j5) = 5\sqrt{2} \angle 45°\,\Omega = 5 + j5\,\Omega$$
$$\therefore Z_{01} = \sqrt{Z_{1s}Z_{1o}} = \sqrt{(2.5\sqrt{2}\angle 45°)(5\sqrt{2}\angle 45°)} = 5\angle 45°\,\Omega$$
$$Z_{2s} = 5//(-j5) = 2.5\sqrt{2} \angle -45°\,\Omega = 2.5 - j2.5\,\Omega$$
$$Z_{2o} = (-j5)//(5 + j5) = 5\sqrt{2} \angle -45°\,\Omega = 5 - j5\,\Omega$$
$$\therefore Z_{02} = \sqrt{Z_{2s}Z_{2o}} = \sqrt{(2.5\sqrt{2}\angle -45°)(5\sqrt{2}\angle -45°)} = 5\angle -45°\,\Omega$$

그림 19.36 [EXAMPLE 19-14]

⟨해법 2⟩

π형 회로망의 전송 파라미터를 구하면(표19.3)

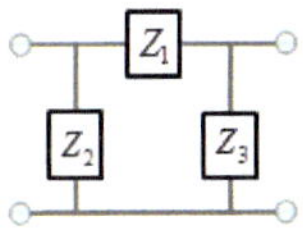

$$\begin{bmatrix} A & B \\ C & D \end{bmatrix} = \begin{bmatrix} 1 + (Z_1/Z_3) & Z_1 \\ (Z_1 + Z_2 + Z_3)/Z_2 Z_3 & 1 + (Z_1/Z_2) \end{bmatrix}$$

$$A = 1 + \frac{Z_1}{Z_3} = 1 + \frac{5}{-j5} = 1 + j$$

$$B = Z_1 = 5\,\Omega$$

$$C = \frac{Z_1 + Z_2 + Z_3}{Z_2 Z_3} = \frac{5 + j5 - j5}{(j5)(-j5)} = \frac{1}{5}\,\text{S}$$

$$D = 1 + \frac{Z_1}{Z_2} = 1 + \frac{5}{j5} = 1 - j$$

$$Z_{01} = \sqrt{\frac{AB}{CD}} = \sqrt{\frac{(1+j)5}{(1-j)/5}} = 5\angle 45°\,\Omega = 3.54 + j3.54\,\Omega$$

$$Z_{02} = \sqrt{\frac{BD}{AC}} = \sqrt{\frac{5(1-j)}{(1+j)/5}} = 5\angle -45°\,\Omega = 3.54 - j3.54\,\Omega$$

ii) 전달정수 θ는 3개의 공식

〈해법 1〉

$$\theta = \ln(\sqrt{AD} + \sqrt{BC})$$
$$= \ln(\sqrt{(1+j)(1-j)} + \sqrt{5(1/5)}) = \ln(\sqrt{2}+1) = 0.88\,\text{Np}$$

〈해법 2〉

$$\theta = \cosh^{-1}\sqrt{AD} = \cosh^{-1}\sqrt{(1+j)(1-j)} = \cosh^{-1}\sqrt{2}$$
$$= \ln(\sqrt{2}+1) = 0.88\,\text{Np}$$

〈해법 3〉

$$\theta = \sinh^{-1}\sqrt{BC} = \sinh^{-1}\sqrt{5(1/5)} = \sinh^{-1}1 = \ln(1+\sqrt{2}) = 0.88\,\text{Np}$$

EXAMPLE 19-25

그림 19.37의 4단자 회로망에서 영상 파라미터를 구하라. $\omega = 10^4\,\text{rad/s}$ 이다.

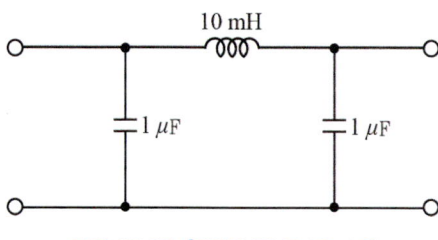

그림 19.37 [EXAMPLE 19-15]

SOLUTION

i) 영상 임피던스

〈해법 1〉

$$Z_1 = j\omega L = j(10^4)(10\times 10^{-3}) = j100\,\Omega$$
$$Z_2 = Z_3 = 1/j\omega C = 1/j(10^4\times 10^{-6}) = -j100\,\Omega$$
$$Z_{1s} = j100 // (-j100) = \infty$$
$$Z_{1o} = 0 // (-j100) = 0$$

따라서 $Z_{01} = \sqrt{Z_{1s}Z_{1o}}$, $Z_{02} = \sqrt{Z_{2s}Z_{2o}}$를 통해서 영상 임피던스를 구할 수 없다.

〈해법 2〉

$Z_2 = Z_3$인 대칭 π형 회로망에서 전송 파라미터를 구하면(표 19.3)

$$\begin{bmatrix} A & B \\ C & D \end{bmatrix} = \begin{bmatrix} 1+(Z_1/Z_2) & Z_1 \\ (Z_1+Z_2+Z_3)/Z_2Z_3 & 1+(Z_1/Z_2) \end{bmatrix}$$

$$Z_1 = j\omega L = j(10^4)(10\times 10^{-3}) = j100\,\Omega$$

$$Z_2 = Z_3 = 1/j\omega C = 1/j(10^4 \times 10^{-6}) = -j100 \ \Omega$$

$$A = D = 1 + \frac{Z_1}{Z_2} = 1 + \frac{j100}{-j100} = 0$$

$$B = Z_1 = j100 \ \Omega$$

$$C = \frac{Z_1 + Z_2 + Z_3}{Z_2 Z_3} = \frac{j100 - j100 - j100}{(-j100)(-j100)} = j0.01 \ S$$

$$Z_{01} = Z_{02} = \sqrt{\frac{B}{C}} = \sqrt{\frac{j100}{j0.01}} = 100 \ \Omega$$

ii) 전달정수 θ는 3개의 공식

⟨해법 1⟩

$$\theta = \ln\left(\sqrt{AD} + \sqrt{BC}\right) = \ln\left(0 + \sqrt{(j100)(j0.01)}\right) = \ln j = j\frac{\pi}{2} \ \text{Np}$$

⟨해법 2⟩

$$\theta = \cosh^{-1}\sqrt{AD} = \cosh^{-1}0 = \ln\left(0 + \sqrt{0-1}\right) = \ln j = j\frac{\pi}{2} \ \text{Np}$$

⟨해법 3⟩

$$\theta = \sinh^{-1}\sqrt{BC} = \sinh^{-1}\sqrt{(j100)(j0.01)} = \sinh^{-1}j = \ln\left(j + \sqrt{j^2+1}\right)$$

$$= \ln j = j\frac{\pi}{2} \ \ldots\ldots\ldots \ \text{또는} \ \sinh^{-1}j = j\sin^{-1}1 = j\frac{\pi}{2} \ \text{Np}$$

⟨해법 4⟩

θ를 다른 방법으로 구해보자. $\theta = \alpha + j\beta$이므로 α, β를 구하면 된다.

$$\theta = \cosh^{-1}\sqrt{AD} = \cosh^{-1}0 = \alpha + j\beta$$

$$\cosh(\alpha + j\beta) = \cosh\alpha\cos\beta + j\sinh\alpha\sin\beta = 0$$

$$\sinh\alpha\sin\beta = 0 \cdots\cdots\cdots (1)$$

$$\cosh\alpha\cos\beta = 0 \cdots\cdots\cdots (2)$$

여기서 식 (1)과 식 (2)가 동시에 성립하는 경우는 $\sinh\alpha = 0$인 경우와 $\sin\beta = 0$인 경우이다.

i) 식 (1)에서 $\sinh\alpha = 0$인 경우 $\therefore \alpha = 0$

$\alpha = 0$을 식 (2)에 대입하면 $\cosh\alpha = 1$이므로 $\cos\beta = 0$ $\therefore \beta = \frac{\pi}{2}$ $\therefore \theta = j\frac{\pi}{2}$

ii) $\sin\beta = 0$인 경우 $\therefore \beta = 0$

$\beta = 0$를 식 (2)에 대입하면 $\cos\beta = 1$이므로 $\cosh\alpha = 0$이 되어야 한다. 그러나 만족시키는 α는 없다. $\therefore \beta \neq 0$

EXAMPLE 19-26

입력단 영상 임피던스가 $16\,\Omega$, 출력단 영상 임피던스가 $4\,\Omega$, 전달정수가 $j\pi$일 때 전송 파라미터를 구하라.

SOLUTION

$A = \sqrt{\dfrac{Z_{01}}{Z_{02}}}\cosh\theta = \sqrt{\dfrac{16}{4}}\cosh j\pi = 2\cos\pi = -2$ [4]

$B = \sqrt{Z_{01}Z_{02}}\sinh\theta = \sqrt{(16)(4)}\sinh j\pi = 8(j\sin\pi) = 0\,\Omega$

$C = \dfrac{1}{\sqrt{Z_{01}Z_{02}}}\sinh\theta = \dfrac{1}{\sqrt{(16)(4)}}\sinh j\pi = \dfrac{1}{8}(j\sin\pi) = 0\,\text{S}$

$D = \sqrt{\dfrac{Z_{02}}{Z_{01}}}\cosh\theta = \sqrt{\dfrac{4}{16}}\cosh j\pi = \dfrac{1}{2}\cos\pi = -1$

EXERCISE

19.1 그림 19.38의 4단자 회로망에서 s 도메인의 Z 파라미터 행렬을 구하라.

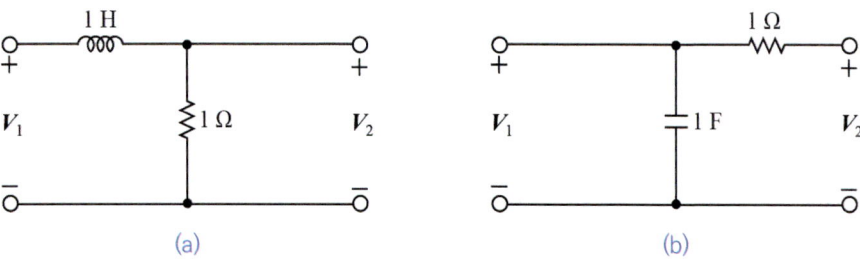

그림 19.38 [EXERCISE 19.1]

19.2 그림 19.39의 4단자 회로망에서 s 도메인의 Y 파라미터 행렬을 구하라.

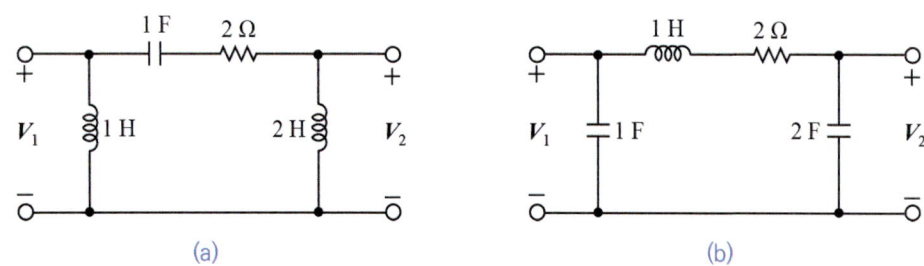

그림 19.39 [EXERCISE 19.2]

---

[4] $\cosh jx = \cos x,\ \sinh jx = j\sin x,\ \tanh jx = j\tan x$
$\sin jx = j\sinh x,\ \cos jx = \cosh x,\ \tan jx = j\tanh x$

19.3 그림 19.40의 4단자 회로망에서 s 도메인의 Y 파라미터를 구하라.

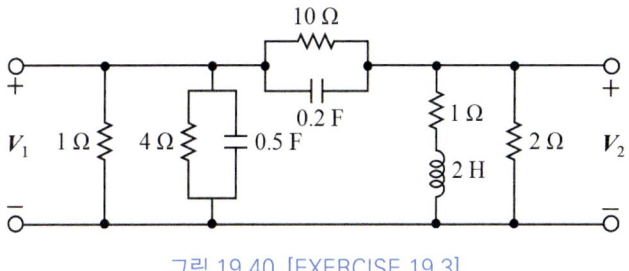

그림 19.40 [EXERCISE 19.3]

19.4 그림 19.41은 공통 이미터 트랜지스터의 r 파라미터 등가모델이다. h 파라미터를 구하라.

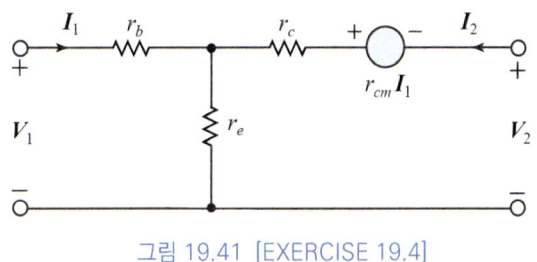

그림 19.41 [EXERCISE 19.4]

19.5 그림 19.42(a)는 h 파라미터 등가회로이다. 입력 등가회로가 그림 (b)와 같다고 하면 Z_{eq}를 구하라.

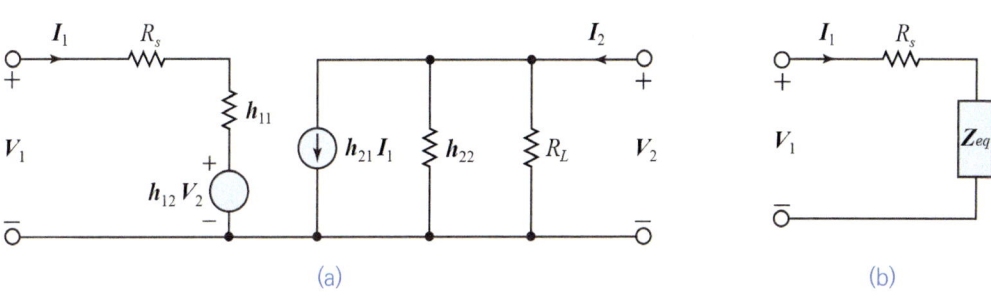

그림 19.42 [EXERCISE 19.5]

19.6 그림 19.43의 4단자 회로망에서 s 도메인의 전송 파라미터를 구하라.

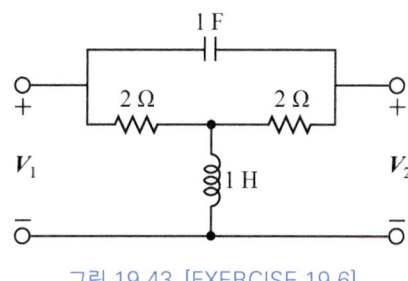

그림 19.43 [EXERCISE 19.6]

CHAPTER 19 4 단자 회로망

19.7 그림 19.44의 L_1형(a), L_2(b) 회로에서

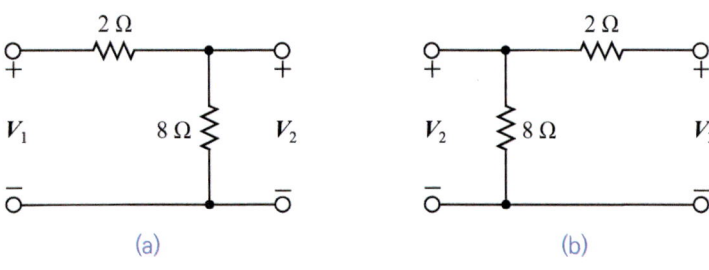

그림 19.44 [EXERCISE 19.7]

(1) 종속접속한 하나의 4단자 회로망를 그려라. 전송 파라미터 행렬을 구하라.
(2) L_1형(a), L_2(b) 회로의 전송 파라미터를 각각 구하여 종속접속한 전송 파라미터 행렬을 구하라.
(3) (a)와 (b)의 결과가 일치하는가?

19.8 그림 19.45의 상호유도결합회로(변압기)에서 전송 파라미터 행렬을 구하라.

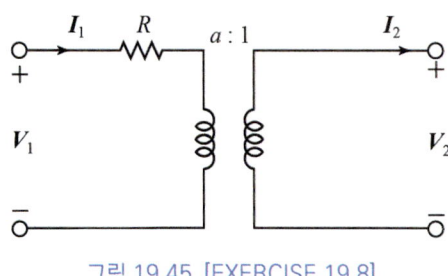

그림 19.45 [EXERCISE 19.8]

19.9 그림 19.46의 4단자 회로망에서 Z, Y, h, g, 전송 파라미터 행렬을 구하라.

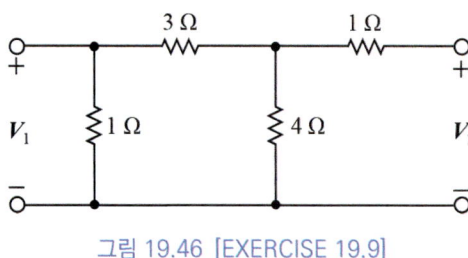

그림 19.46 [EXERCISE 19.9]

19.10 그림 19.47의 4단자 회로망는 각각 독립적인 Z를 3개의 4단자 회로망으로 종속접속한 것이다.
(a) 3개의 4단자 회로망으로 종속접속하라.
(b) 종속접속법에 의한 전송 파라미터를 $T = T_1 T_2 T_3$와 같은 행렬로 나타내라.
(c) 전송 파라미터 T를 구하라.

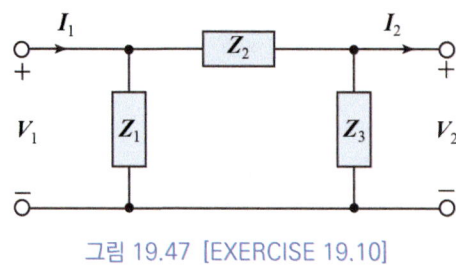

그림 19.47 [EXERCISE 19.10]

19.11 그림 19.48의 4단자 회로망에서 영상 파라미터를 구하라.

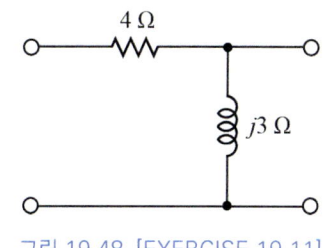

그림 19.48 [EXERCISE 19.11]

19.12 그림 19.49의 4단자 회로망에서 영상 파라미터를 구하라.

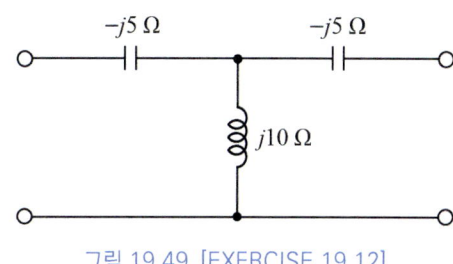

그림 19.49 [EXERCISE 19.12]

19.13 그림 19.50의 4단자 회로망에서 영상 파라미터를 구하라.

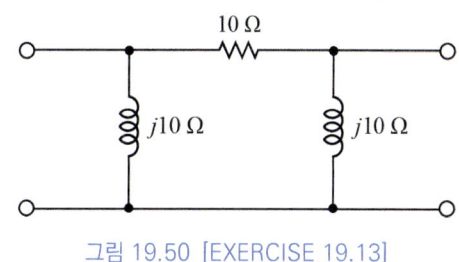

그림 19.50 [EXERCISE 19.13]

19.14 입력단 영상 임피던스가 $1+j\ \Omega$, 출력단 영상 임피던스가 $-j1\ \Omega$, 전달정수가 $j\dfrac{\pi}{4}$ 일 때 전송 파라미터를 구하라.

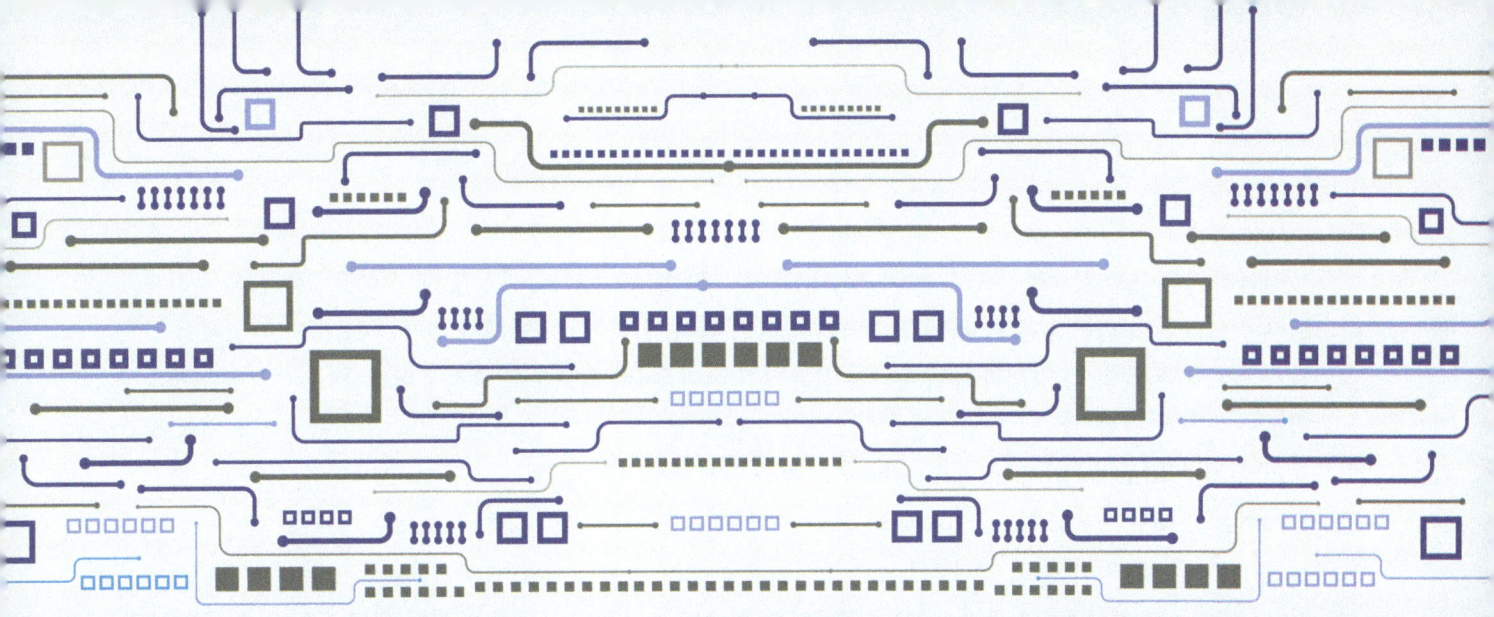

CHAPTER 20

분포정수회로

20.1 분포정수회로의 개요
20.2 분포정수회로의 기초방정식
20.3 분포정수회로의 특성
20.4 단자조건을 고려한 단자전압, 단자전류
20.5 개방회로와 단락회로
20.6 직렬 임피던스 및 병렬 어드미턴스 측정
20.7 반사계수와 정재파비
EXERCISE

20.1 분포정수회로의 개요

지금까지 다뤘던 회로망은 회로정수(R, L, C)가 그 망에 모여 있는, 다시 말해서 회로정수 간에 거리를 고려할 필요성이 전혀 없는 한 점에 집중되어 있다고 할 수 있다. 그로 인해서 전류는 그 소자 주위에서 공간적으로 변한지 않고, 정재파도 존재하지 않는다고 본다. 이런 회로를 집중정수회로라고 한다. 분포정수회로를 다루기 전까지는 굳이 집중정수회로라고 언급할 필요가 없었다. 하지만 송전선이나 통신선처럼 장거리인 경우 회로정수가 선로 길이에 따라 균일하게 분포해 있다고 하면 지금까지 다뤘던 집중정수회로 해석법을 그대로 적용할 수가 없다. 이와 같이 송전선로나 통신선로와 같이 회로정수가 선로 길이 방향으로 균일하게 분포되어 있고, 임피던스 정합조건을 만족하는 경우를 제외하고는 선로상에 정재파가 존재한다. 이런 회로를 분포정수회로라고 한다. 그렇다면 집중이냐 분포냐는 구분은 선의 길이가 전압, 전류의 파장보다 짧다면 집중정수회로로, 길다면 분포정수회로로 취급한다.

20.2 분포정수회로의 기초방정식

그림 20.1과 같이 전송선로(transmission line)에는 분포정수, 즉 저항 $R(\Omega/\text{m})$, 인덕턴스 $L(\text{H}/\text{m})$, 커패시턴스 $C(\text{F}/\text{m})$, 컨덕턴스 $G(\text{S}/\text{m})$가 균일하게 분포돼 있다. R과 L은 직렬소자이고, G와 C는 병렬소자이다. 따라서 선로의 직렬 임피던스 $Z = R + j\omega L$, 병렬 임피던스 $Y = G + j\omega C$이며, $Z \neq 1/Y$임에 유의하여야 한다. 분포정수는 계측기로 직접 측정되지 않는다.

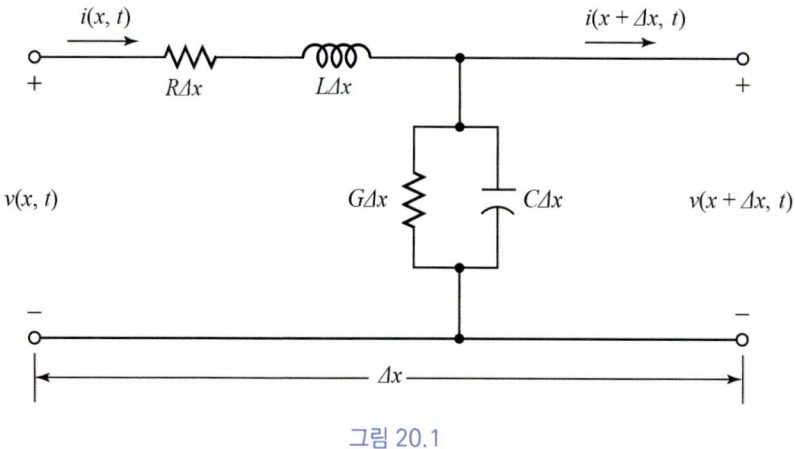

그림 20.1

그림 20.1은 장거리 전송선로의 전원측과 부하측 사이의 임의의 한 부분의 등가회로이다. $v(x,t)$와 $v(x+\Delta x,t)$는 각각 x와 $x+\Delta x$에서 순시전압을 나타낸다. 전류에서도 $i(x,t)$와 $i(x+\Delta x,t)$는 각각 x와 $x+\Delta x$에서 선로를 따라 흐르는 순시전류을 나타낸다.

KVL에 따라

$$-v(x,t) + R\Delta x\, i(x,t) + L\Delta x \frac{\partial i(x,t)}{\partial t} + v(x+\Delta x, t) = 0$$

이 식을 다음과 같이 정리할 수 있다.

$$-\frac{v(x+\Delta x, t) - v(x,t)}{\Delta x} = Ri(x,t) + L\frac{\partial i(x,t)}{\partial t}$$

$\Delta x \to 0$로 극한을 취하면

$$-\frac{\partial v(x,t)}{\partial x} = Ri(x,t) + L\frac{\partial i(x,t)}{\partial t} \tag{20.1a}$$

KCL에 따라

$$-i(x+\Delta x, t) + i(x,t) = G\Delta x v(x+\Delta x, t) + C\Delta x \frac{\partial(x+\Delta x, t)}{\partial t}$$

이 식을 다음과 같이 정리할 수 있다.

$$-\frac{i(x+\Delta x, t) - i(x,t)}{\Delta x} = Gv(x+\Delta x, t) + C\frac{\partial v(x+\Delta x, t)}{\partial t}$$

$\Delta x \to 0$로 극한을 취하면

$$-\frac{\partial i(x,t)}{\partial x} = Gv(x,t) + C\frac{\partial v(x,t)}{\partial t} \tag{20.1b}$$

식 (20.1a), (20.1b)를 페이저 식으로 다음과 같이 정리하면 **분포정수회로의 기초방정식**이 얻어진다.

$$\begin{cases} \dfrac{d\boldsymbol{V}}{dx} = -(R+j\omega L)\boldsymbol{I} = -\boldsymbol{Z}\boldsymbol{I} \\ \dfrac{d\boldsymbol{I}}{dx} = -(G+j\omega C)\boldsymbol{V} = -\boldsymbol{Z}\boldsymbol{V} \end{cases} \tag{20.2}$$

식 (20.2)를 x에 관해서 미분하면

$$\begin{cases} \dfrac{d^2\boldsymbol{V}}{dx^2} = -\boldsymbol{Z}\dfrac{d\boldsymbol{I}}{dx} \\ \dfrac{d^2\boldsymbol{I}}{dx^2} = -\boldsymbol{Y}\dfrac{d\boldsymbol{V}}{dx} \end{cases} \tag{20.3}$$

식 (20.2)를 식 (20.3)의 우변에 대입하면 다음과 같은 전송선로의 **파동방정식** 또는 **전신 방정식**(電信方程式)이 얻어진다.

$$\begin{cases} \dfrac{d^2\boldsymbol{V}}{dx^2} = \boldsymbol{Z}\boldsymbol{Y}\boldsymbol{V} = \gamma^2 \boldsymbol{V} \\ \dfrac{d^2\boldsymbol{I}}{dx^2} = \boldsymbol{Z}\boldsymbol{Y}\boldsymbol{I} = \gamma^2 \boldsymbol{I} \end{cases} \tag{20.4}$$

식 (20.4)는 무한 선로이건, 부하 임피던스로 종단된(terminated) 선로이건 전송선로의 정현파 특성을 유도할 수 있는 기본 방정식이다.

식 (20.4)에서 γ는 다음과 같은 식으로 정의되는 **전파정수**(傳播定數, propagation constant, in per meter)이다.

$$\gamma = \sqrt{ZY} = \sqrt{(R+j\omega L)(G+j\omega C)} = \alpha + j\beta \tag{20.5}$$

γ는 길이가 길든 짧든 전송선로의 고유특성으로 선로의 길이에 따르지 않고, R, L, G, C, ω에 따른다. γ는 하나의 값으로 정해지는 상수가 아니고 복소수로 나타난다.

식 (20.5)를 전개하여 정리하면 실수부 α, 허수부 β는 다음과 같이 나타내진다.

$$\begin{cases} \alpha = \sqrt{\dfrac{1}{2}(pq + RG - XB)} \\ \beta = \sqrt{\dfrac{1}{2}(pq - RG + XB)} \end{cases} \tag{20.5-1}$$

여기서 $p = \sqrt{R^2 + X^2}$, $q = \sqrt{G^2 + B^2}$, $X = \omega L$, $B = \omega C$이다.

α를 **감쇠정수**(減衰定數, attenuation constant, in neper per meter or in decibel per meter), β를 **위상정수**(位相定數, phase constant, in radian per meret)라고 한다. 감쇠정수는 장거리 송전시 전력의 감소와 관계되고, 위상정수는 전력의 위상 변화와 관계된다.

식 (20.3)은 2계 선형 상미분방정식이므로 해는 다음과 같이 어렵지 않게 구해진다.

$$\begin{cases} \boldsymbol{V}(x) = V_o^+ e^{-\gamma x} + V_o^- e^{\gamma x} \\ \qquad\quad \to +x \qquad\quad -x \leftarrow \\ \boldsymbol{I}(x) = I_o^+ e^{-\gamma x} + I_o^- e^{\gamma x} \\ \qquad\quad \to +x \qquad\quad -x \leftarrow \end{cases} \tag{20.6}$$

여기서 V_o^+, V_o^-, I_o^+, I_o^-는 파의 진폭이며, 위첨자 $+$, $-$는 각각 $+x$ 방향, $-$ 방향을 따라 진행하는 파를 나타낸다. 사실 미분방정식을 풀 때는 미정계수를 C_1, C_2 등으로 둘 수 있지만 여기서는 파동이라는 의미를 전달하기 위해서 V_o^+, V_o^-, I_o^+, I_o^-를 사용했다.

식 (20.6)을 식 (20.2)에 대입한 후, 항등식이 되기 위해서는 $e^{-\gamma x}$, $e^{\gamma x}$의 계수가 같아야 하므로 다음과 같은 식이 얻어진다.

$$\begin{cases} \dfrac{V_o^+}{I_o^+} = -\dfrac{V_o^-}{I_o^-} = \dfrac{\boldsymbol{Z}}{\gamma} \\ \dfrac{V_o^+}{I_o^+} = -\dfrac{V_o^-}{I_o^-} = \dfrac{\gamma}{\boldsymbol{Y}} \end{cases} \tag{20.7}$$

무한히 긴 선로에서는 반사파가 존재하지 않는다면 $+x$ 방향으로만 진행한다. 따라서 식 (20.6)

의 둘째 항은 존재하지 않는다.

$$\begin{cases} V(x) = V_o^+ e^{-\gamma x} \\ I(x) = I_o^+ e^{-\gamma x} \end{cases} \qquad (20.8)$$

무한히 긴 선로에서 x가 증가하면 선로의 전압과 전류는 감소하지만 그 비는 변하지 않는다. 따라서 $V(x)/I(x) = V_o^+/I_o^+$는 x에 관계없이 일정하다. 이와 같이 전송선로에 진행하는 전압파와 전류파의 비를 **특성 임피던스**(characteristic impedance) Z_o 혹은 **파동 임피던스**라고 하며, 결과적으로 식 (20.7)은 다음과 같이 Z_o가 된다.

$$Z_o = \frac{V_o^+}{I_o^+} = -\frac{V_o^-}{I_o^-} = \frac{Z}{\gamma} = \frac{\gamma}{Y} \qquad (20.9\text{a})$$

따라서 식 (20.9a)에서 $\gamma = \sqrt{ZY}$가 얻어지며, 이를 다시 대입하면 Z_o는 다음 식과 같이 된다.

$$Z_o = \sqrt{\frac{Z}{Y}} = \sqrt{\frac{R+j\omega L}{G+j\omega C}} = R_o + jX_o \qquad (20.9\text{b})$$

특성 임피던스는 집중정수회로에서 회로 임피던스와는 다른 개념으로 송전단(전원단)과 수전단(부하단) 사이의 전송선로에 진행하는 전압파와 전류파의 비로 입력에 관계하지 않는다. Z_o도 γ와 마찬가지로 길이가 길든 짧든 전송선로의 고유 특성으로 선로의 길이에 무관하며, R, L, G, C, ω에 따른다. Z_o, γ는 분포정수회로에서 매우 중요한 정수로서, 식 (20.7)로부터 상호 간에 다음과 같은 관계가 있다.

$$Z = \gamma Z_o, \qquad Y = \frac{\gamma}{Z_o} \qquad (20.10)$$

EXAMPLE 20-1

L [mH/km], C [μF/km]인 가공선의 파동 임피던스를 구하라.

SOLUTION

$$Z_o = \sqrt{\frac{Z}{Y}} = \sqrt{\frac{R+j\omega L}{G+j\omega C}} = \sqrt{\frac{L}{C} \times 10^3} \ \Omega$$

EXAMPLE 20-2

선로의 직렬 임피던스 $Z = 0.083 + j0.579 \ \Omega/\text{km}$, 병렬 어드미턴스 $Y = j4.74 \ \mu\text{S/km}$일 때 특성 임피던스와 전파정수를 구하라.

SOLUTION

$$Z_o = \sqrt{\frac{Z}{Y}} = \sqrt{\frac{0.083 + j0.579}{j4.74 \times 10^{-6}}} = \sqrt{\frac{0.585 \angle 81.84°}{4.74 \times 10^{-6} \angle 90°}}$$

$$= \sqrt{\frac{0.585}{4.74 \times 10^{-6}}} \angle (81.84° - 90°)/2$$

$$= 351.31 \angle -4.08° \, \Omega = 350.42 - j25 \, \Omega$$

$$\gamma = \sqrt{ZY} = \sqrt{(0.083 + j0.579)(j0.474 \times 10^{-5})}$$

$$= \sqrt{(0.585 \angle 81.84°)(0.474 \times 10^{-5} \angle 90°)}$$

$$= \sqrt{(0.585)(0.474 \times 10^{-5})} \angle (81.84° + 90°)/2$$

$$= 1.665 \times 10^{-3} \angle 85.92°/\text{km} = (0.118 + j1.661) \times 10^{-3}/\text{km}$$

EXAMPLE 20-3

$R = 1.028 \, \Omega/\text{km}$, $L = 0.796 \, \text{mH/km}$, $C = 0.00274 \, \mu\text{F/km}$, $G = 0$인 가공선의 특성 임피던스와 전파정수를 구하라. 단 주파수는 $60 \, \text{Hz}$이다.

SOLUTION

$$Z_o = \sqrt{\frac{Z}{Y}} = \sqrt{\frac{R + j\omega L}{G + j\omega C}} = \sqrt{\frac{1.028 + j2\pi(60)(0.796 \times 10^{-3})}{j2\pi(60)(0.00274 \times 10^{-6})}}$$

$$= \sqrt{\frac{1.071 \angle 16.27°}{1.033 \times 10^{-6} \angle 90°}} = 1018.23 \angle -36.87° \, \Omega = 814.58 - j610.94 \, \Omega$$

$$\gamma = \sqrt{ZY} = \sqrt{[1.028 + j2\pi(60)(0.796 \times 10^{-3})][j2\pi(60)(0.00274 \times 10^{-6})]}$$

$$= \sqrt{(1.071 \angle 16.27°)(1.033 \times 10^{-6} \angle 90°)}$$

$$= \sqrt{(1.071)(1.033 \times 10^{-6})} \angle (16.27° + 90°)/2$$

$$= 1.05 \times 10^{-3} \angle 53.14°/\text{km} = (0.63 + j0.84) \times 10^{-3}/\text{km}$$

EXAMPLE 20-4

특성 임피던스 $Z_o = 621 - j128 \, \Omega$, 감쇠정수 $\alpha = 0.00587 \, \text{Np/km}$, 위상정수 $\beta = 0.0142 \, \text{rad/km}$, $\omega = 377 \, \text{rad/s}$인 선로에서 R, L, G, C를 구하라.

SOLUTION

$$Z = \gamma Z_o = (0.00587 + j0.0142)(621 - j128)$$

$$= (0.0154 \angle 67.54°)(634.05 \angle -11.65°) = 9.76 \angle 55.89° \, \Omega/\text{km}$$

$$= 5.47 + j8.08 \, \Omega/\text{km}$$

$$\therefore R = 5.47 \, \Omega/\text{km}$$

$$\omega L = 8.08 \, \Omega/\text{km} \quad \therefore L = \frac{8.08}{377} = 21.43 \, \text{mH/km}$$

$$Y = \frac{\gamma}{Z_o} = \frac{0.00587 + j0.0142}{621 - j128} = \frac{0.0154 \angle 67.54°}{634.05 \angle -11.65°} = 24.29 \angle 79.19° \, \mu\text{S/km}$$

$$= 4.56 + j23.86 \, \mu\text{S/km}$$

$$\therefore G = 4.56 \, \mu\text{S/km}$$

$$\omega C = 23.86 \, \mu\text{S/km} \quad \therefore C = \frac{23.86}{377} = 0.063 \, \mu\text{F/km}$$

20.3 분포정수회로의 특성

(1) 무한장(無限長) 선로

무한히 긴 선로에서 전압파와 전류파는

$$\begin{cases} V(x) = V_o^+ e^{-\gamma x} = V_o^+ e^{-(\alpha + j\beta)x} = V_o^+ e^{-\alpha x} e^{-j\beta x} \\ I(x) = I_o^+ e^{-\gamma x} = \frac{V_o^+}{Z_o} e^{-(\alpha + j\beta)x} = \frac{V_o^+}{Z_o} e^{-\alpha x} e^{-j\beta x} \end{cases} \tag{20.11}$$

$x = 0$에서, 즉 송전단 전압을 V_S라고 하면 $V_o^+ = V_S$가 된다. 식 (20.11)을 순시치로 나타내려면 $e^{j\omega t}$를 곱하면 된다. 따라서

$$\begin{cases} V(x) = \sqrt{2} \, V_S \, e^{-\alpha x} \sin(\omega t - \beta x) \\ I(x) = \sqrt{2} \, \frac{V_S}{Z_o} \, e^{-\alpha x} \sin(\omega t - \beta x - \theta) \end{cases} \tag{20.12}$$

식 (20.12)는 선로의 임의 위치(x)에서 전압 및 전류를 나타낸 것으로 송전단에서 멀어지면 멀어질수록 전압, 전류는 V_S와 $I_S(= V_S/Z_o)$의 $e^{-\alpha x}$배, 즉 지수함수로 감소한다. 이러한 감소율에 α가 관계된다고 해서 α를 감쇠정수라고 부른다.

식 (20.12)에서 전압의 위상을 보면 $x = 0$에서 위상이 0이므로 어떤 위치 x에서 위상은 βx만큼 뒤지고, 전류는 전압보다 θ만큼 뒤진다. 전압 파동의 파장이 λ라고 하면

$$\beta\lambda = 2\pi, \qquad \lambda = \frac{2\pi}{\beta} \tag{20.13}$$

위 식에서 위상정수 $\beta = 2\pi/\lambda$이므로 이는 $2\pi = 6.28$ cm 내에 파의 개수를 의미한다.

한편 전체 위상은 일정하다고 가정하면, 즉

$$\omega t - \beta x = 일정$$

양변을 시간에 관해 미분하면

$$\omega - \beta \frac{dx}{dt} = 0$$

$v_p = \dfrac{dx}{dt}$ 로 **위상속도**(位相速度, phase velocity)라고 하며, 다음과 같이 수식적으로 정의된다.

$$v_p = \frac{\omega}{\beta} = f\lambda \tag{20.14}$$

위상속도는 에너지를 전달하는 물질의 **군속도**(群速度, group velocity)와는 다르며, 전압 파동의 속도이다.

(2) 무손실 선로

입력단에서 보낸 전력이 모두 출력 단자에 도달한다고 하면 선로에서 전력손실은 없게 된다. 전력손실은 오로지 저항에서 발생하므로 **무손실 선로**(無損失 線路, lossless line)에서는 $R = 0$, $G = 0$이다. 다시 말해서 무손실 선로는 무한대의 전도율을 갖는 완전도체에 해당한다. 결과적으로 무손실 선로에서 특성 임피던스 Z_o는 다음과 같이 나타내진다.

$$\boldsymbol{Z}_o = \sqrt{\frac{\boldsymbol{Z}}{\boldsymbol{Y}}} = \sqrt{\frac{j\omega L}{j\omega C}} = \sqrt{\frac{L}{C}} = R_o \tag{20.15}$$

따라서 무손실 선로에서

$$R_o = \sqrt{\frac{L}{C}}, \qquad X_o = 0 \tag{20.15-1}$$

무손실 선로에서 특성 임피던스 Z_o는 단순히 선로의 L과 C에만 관계되고, 주파수에 무관하다.

전파정수 γ는

$$\gamma = \sqrt{\boldsymbol{ZY}} = \sqrt{(j\omega L)(j\omega C)} = j\omega\sqrt{LC} = j\beta \tag{20.16}$$

따라서 무손실 선로에서 감쇠정수 α와 위상정수 β는

$$\alpha = 0, \qquad \beta = \omega\sqrt{LC} \tag{20.16-1}$$

무손실 선로에서 파동속도는

$$v_p = \frac{\omega}{\beta} = \frac{\omega}{\omega\sqrt{LC}} = \frac{1}{\sqrt{LC}} \tag{20.17}$$

파동속도는 주파수에 무관하며, L과 C에 반비례 관계가 있다. L, C의 값이 작을수록 빠르다. L, C는 단위 길이당 값이다.

무손실 선로에서 특성 임피던스 Z_o는 식 (20.15), (20.17)로부터 다음과 같이 표현된다.

$$Z_o = Lv_p \tag{20.18}$$

(3) 저손실 선로

손실이 적은, 즉 **저손실 선로**(low-loss line)는 $R \ll \omega L$, $G \ll \omega C$ 인 경우로 대단히 높은 주파수에서는 더욱 만족한다. 이 조건은 실제로 많은 경우에 일어난다. 이 조건에서 특성 임피던스 Z_o, 전파정수 γ 를 살펴보기로 하자. 저손실 근사법에 따라 Z_o 는 다음과 같이 전개할 수 있다.

$$Z_o = \sqrt{\frac{Z}{Y}} = \sqrt{\frac{R+j\omega L}{G+j\omega C}} = \sqrt{\frac{j\omega L\left(1+\frac{R}{j\omega L}\right)}{j\omega C\left(1+\frac{G}{j\omega C}\right)}} \tag{20.19}$$

$$= \sqrt{\frac{L}{C}} \frac{\left(1+\frac{R}{j\omega L}\right)^{1/2}}{\left(1+\frac{G}{j\omega C}\right)^{1/2}} \approx \sqrt{\frac{L}{C}} \left[\frac{\left(1+\frac{R}{j2\omega L}+\frac{R^2}{8\omega^2 L^2}\right)}{\left(1+\frac{G}{j\omega C}+\frac{G^2}{8\omega^2 C^2}\right)}\right]$$

$$\approx \sqrt{\frac{L}{C}} \left[1+\frac{\frac{1}{j2\omega}\left(\frac{R}{L}-\frac{G}{C}\right)+\frac{1}{8\omega^2}\left(\frac{R^2}{L^2}-\frac{G^2}{C^2}\right)}{\left(1+\frac{G}{j\omega C}+\frac{G^2}{8\omega^2 C^2}\right)}\right]$$

R 과 G 가 0이 아닌 조건에서도 다음과 같은 **헤비사이드 조건**(Heaviside's condition)

$$\frac{R}{L} = \frac{G}{C}, \qquad RC = LG \tag{20.20}$$

을 만족할 때는 식 (20.19)의 복잡한 Z_o 도 무손실 선로의 Z_o, 즉 식 (20.15)와 같아진다.
저손실 근사법에 따라 전파정수는 γ 는

$$\gamma = \sqrt{ZY} = \alpha + j\beta = \sqrt{(R+j\omega L)(G+j\omega C)} \tag{20.21}$$

$$= \sqrt{\left\{j\omega L\left(1+\frac{R}{j\omega L}\right)\right\}\left\{j\omega C\left(1+\frac{G}{j\omega C}\right)\right\}}$$

$$= j\omega \sqrt{LC}\left[\left(1+\frac{R}{j\omega L}\right)^{1/2}\left(1+\frac{G}{j\omega C}\right)^{1/2}\right]$$

식 (20.21)에 이항정리[1]를 적용하여 셋째 항까지만 고려하면 다음 식과 같이 된다.

$$\gamma \approx j\omega\sqrt{LC}\left[\left(1+\frac{R}{j2\omega L}+\frac{R^2}{8\omega^2 L^2}\right)\left(1+\frac{G}{j2\omega C}+\frac{G^2}{8\omega^2 C^2}\right)\right] \tag{20.21-1}$$

---

[1] $(1+x)^{1/2} = 1 + \frac{1}{2}x + \frac{1}{8}x^2 \ (x \ll 1)$

괄호의 항을 전개하면 9개 항이 되며, 다른 값에 비해 무시할 정도 작은 3개항(분자에 RG^2, R^2G, R^2G^2를 가진 항)을 제외하고 6개항만 쓰면

$$\gamma \approx j\omega\sqrt{LC}\left[1 + \frac{1}{j2\omega}\left(\frac{R}{L} + \frac{G}{C}\right) + \frac{1}{8\omega^2}\left(\frac{R^2}{L^2} - \frac{2RG}{LC} + \frac{G^2}{C^2}\right)\right] \tag{20.21-2}$$

$$\begin{cases} \alpha \approx \dfrac{1}{2}\left(R\sqrt{\dfrac{C}{L}} + G\sqrt{\dfrac{L}{C}}\right) \\ \beta = \sqrt{LC}\left[1 + \dfrac{1}{8}\left(\dfrac{G}{\omega C} - \dfrac{R}{\omega L}\right)^2\right] \end{cases} \tag{20.21-3}$$

헤비사이드 조건을 만족할 경우 감쇠정수 α와 위상정수 β는

$$\alpha = \sqrt{RG}, \qquad \beta = \omega\sqrt{LC} \tag{20.21-4}$$

R과 G가 0이 아닌 조건에서도 헤비사이드 조건일 경우, 위상속도 v_p는

$$v_p = \frac{\omega}{\beta} = \frac{1}{\sqrt{LC}} \tag{20.22}$$

(4) 무왜형 선로

송전단에서 보낸 전압파가 전선을 따라 전파할 때 파형의 일그러짐이 없이 수전단에 도달되는 선로를 **무왜형 선로**(無歪形線路, distortionless line)라고 한다. 왜형의 원인은 감쇠정수와 위상속도가 주파수에 따라 변하기 때문에 오는 현상이다. 감쇠정수가 변하면 감쇠 일그러짐, 위상속도가 변하면 위상 일그러짐이라고 하며, 결국 전파 일그러짐이 나타난다. 선로의 분포정수 사이에 식 (20.20)과 같은 헤비사이드 조건이 성립하는 선로는 무왜형 선로로, 이 선로를 전파하는 파형은 왜곡되지 않는다.

무왜형 선로에서 특성 임피던스 Z_o는

$$Z_o = \sqrt{\frac{Z}{Y}} = \sqrt{\frac{R + j\omega L}{G + j\omega C}} = \sqrt{\frac{L}{C}}\left(1 + \frac{R}{j\omega L}\right)^{1/2}\left(1 + \frac{G}{j\omega C}\right)^{-1/2} \tag{20.23}$$

$$= \sqrt{\frac{L}{C}}\left(1 + \frac{R}{j\omega L}\right)^{1/2}\left(1 + \frac{G}{j\omega C}\right)^{-1/2}$$

$$\approx \sqrt{\frac{L}{C}}\left[1 + \frac{1}{j2\omega}\left(\frac{R}{L} - \frac{G}{C}\right)\right] = \sqrt{\frac{L}{C}}$$

무왜형 선로에서 전파정수 γ는

$$\gamma = \sqrt{ZY} = \sqrt{(R + j\omega L)(G + j\omega C)} \tag{20.24}$$

$$= \sqrt{(R + j\omega L)\left(\frac{C}{L}R + \frac{G}{R}j\omega L\right)}$$

$$= \sqrt{(R + j\omega L)\left(\frac{C}{L}R + \frac{C}{L}j\omega L\right)}$$

$$= \sqrt{\frac{C}{L}}(R + j\omega L)$$

또는 γ를 다음과 같이 전개할 수도 있다.

$$\gamma = \sqrt{ZY} = \sqrt{(R + j\omega L)(G + j\omega C)} \qquad (20.24\text{-}1)$$
$$= \sqrt{RG + j\omega RC + j\omega LG + (j\omega)^2 LC}$$
$$= \sqrt{(\sqrt{RG})^2 + 2j\omega(\sqrt{RC}\sqrt{LC}) + (j\omega)^2(\sqrt{LC})^2}$$
$$= \sqrt{(\sqrt{RG} + j\omega\sqrt{LC})^2} = \sqrt{RG} + j\omega\sqrt{LC}$$
$$\alpha = R\sqrt{\frac{C}{L}} = \sqrt{RG}, \qquad \beta = \omega\sqrt{LC} \qquad (20.24\text{-}2)$$

이런 조건에서 전파정수, 감쇠정수, 위상속도는 주파수에 무관하게 된다.

무손실 선로는 무왜형 선로가 되지만 무왜형 선로는 손실이 있을 수 있음에 유의하여야 한다. 손실이 있는 무왜형 선로는 영이 아닌 감쇠상수를 제외하고는 무손실 선로의 특성과 같다. 전송선로의 특성의 공식을 표 20.1에 요약하였다.

표 20.1 전송선로의 특성

선로조건	전파정수 $\gamma = \alpha + j\beta$	특성 임피던스 $Z_o = R_o + jX_o$
손실 선로	$\sqrt{(R + j\omega L)(G + j\omega C)}$	$\sqrt{\dfrac{R + j\omega L}{G + j\omega C}}$
무손실 선로	$0 + j\omega\sqrt{LC}$	$\sqrt{\dfrac{L}{C}} + j0$
무왜형 선로	$\sqrt{RG} + j\omega\sqrt{LC}$	$\sqrt{\dfrac{L}{C}} + j0$

EXAMPLE 20-5

위상정수가 0.02 rad/m인 선로에서 1 MHz 주파수를 가지는 파동의 속도를 구하라.

SOLUTION

$$v_p = \frac{\omega}{\beta} = \frac{2\pi f}{\beta} = \frac{2\pi(1 \times 10^6)}{0.02} = 3.14 \times 10^8 \text{ m/s} \quad (c = 3 \times 10^8 \text{ m/s})$$

파동의 속도는 에너지를 전달하는 군속도와 다른 속도로 빛의 속도보다 클 수도 있다.

EXAMPLE 20-6

무손실 전송선로가 있다. $f = 50\text{ MHz}$에서 특성 임피던스 $Z_o = 60\text{ }\Omega$, 전파정수 $\gamma = 0 + j1.257/\text{m}$이다. L, C를 구하라.

SOLUTION

$$Z_o = \sqrt{\frac{L}{C}}, \qquad \beta = \omega\sqrt{LC}$$

두 식을 곱하면

$$\beta Z_o = \omega L$$

$$\therefore L = \frac{\beta Z_o}{\omega} = \frac{1.257(60)}{2\pi(50\times 10^6)} = 0.24\text{ }\mu\text{H/m}$$

$$\therefore C = \frac{L}{Z_o^2} = \frac{0.24\times 10^{-6}}{60^2} = 66.7\text{ pF/m}$$

EXAMPLE 20-7

무손실 전송선로의 특성 임피던스 $Z_o = 57\text{ }\Omega$이다. $L = 0.75\text{ }\mu\text{H/m}$일 때 C, v_p, $\beta(100\text{ MHz})$를 구하라.

SOLUTION

$$Z_o = \sqrt{\frac{L}{C}}$$

$$C = \frac{L}{Z_o^2} = \frac{0.75\times 10^{-6}}{57^2} = 0.23\text{ nF/m}$$

$$v_p = \frac{1}{\sqrt{LC}} = \frac{1}{\sqrt{(0.75\times 10^{-6})(0.23\times 10^{-9})}} = 0.76\times 10^8\text{ m/s}$$

$$\beta = \omega\sqrt{LC} = 2\pi\sqrt{(100\times 10^6)\left(\frac{1}{0.76\times 10^8}\right)} = 7.2\text{ rad/m}$$

EXAMPLE 20-8

전송 선로의 직렬 임피던스 $Z = 2.01 + j0.562\text{ }\Omega/\text{km}$, 병렬 어드미턴스 $Y = 0.01 + j0.0432\text{ }\mu\text{S}/\text{km}$. 주파수는 60 Hz이다. 이 선로의 왜형 유무를 결정하라. 왜형이 있다면 무왜형으로 하기 위한 대책을 세워라.

SOLUTION

$$R = 2.01\text{ }\Omega$$

$$L = \frac{X_L}{\omega} = \frac{X_L}{2\pi f} = \frac{0.562}{2\pi(60)} = 1.49\text{ mH}$$

$$G = 0.01\text{ }\mu\text{S}$$

$$C = \frac{B_C}{\omega} = \frac{1}{2\pi f} = \frac{0.0432 \times 10^{-6}}{2\pi(60)} = 114 \text{ pF}$$

$$RC = (2.01)(114 \times 10^{-12}) = 2.29 \times 10^{-10}$$

$$LG = (1.49 \times 10^{-3})(0.01 \times 10^{-6}) = 0.149 \times 10^{-10}$$

$RC > LG$ 이므로 왜형 선로이다. 따라서 무왜형 선로로 만들기 위해서는 $RC = (L + L')G$ 가 되는 인덕턴스 L'인 장하코일을 연결하면 된다.

L'를 구하면

$$(1.49 \times 10^{-3} + L')(0.01 \times 10^{-6}) = 2.29 \times 10^{-10} \quad \therefore L' = 21.41 \text{ mH}$$

20.4 단자조건을 고려한 단자전압, 단자전류

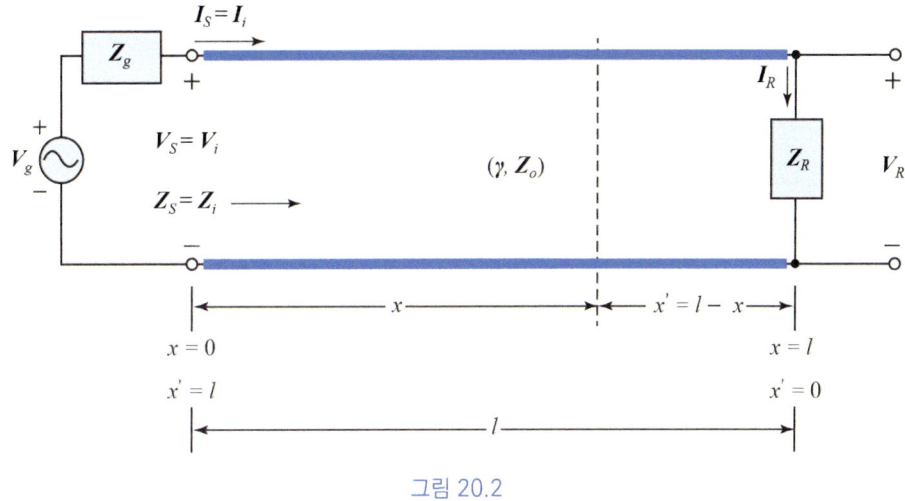

그림 20.2

그림 20.2와 같이 특성 임피던스가 Z_o, 전파정수가 γ 인 유한 길이의 전송선로가 부하 임피던스 Z_R에 종단(terminated)되어 있다. l은 전송선로의 길이, x는 송전단으로부터의 거리, $x' = l - x$는 수전단으로부터의 거리에 해당한다.

식 (20.6), (20.9a)로부터 지수함수를 쌍곡선함수[2]로 나타내면

$$\begin{cases} V(x) = A\cosh\gamma x + B\sinh\gamma x \\ I(x) = -\dfrac{1}{Z_o}(A\sinh\gamma x + B\cosh\gamma x) \end{cases} \quad (20.25)$$

---

2 지수함수와 쌍곡선함수와 관계
$\cosh x = (e^x + e^{-x})/2$, $\sinh x = (e^x - e^{-x})/2$
$e^x = \cosh x + \sinh x$, $e^{-x} = \cosh x - \sinh x$

여기서의 미정계수 A, B는 각각 $A = V_o^+ + V_o^-$, $B = V_o^- - V_o^+$이다.

송전단과 수전단에서 전압, 전류, 부하 임피던스가 초기조건으로서 주어졌을 때 미정계수 A, B를 구하고 선로상의 x인 지점에서 전압과 전류를 구해보기로 한다.

① 송전단 전압 V_S와 송전단 전류 I_S가 주어진 경우 : $V(0) = V_S$, $I(0) = I_S$

초기조건에 따라 식 (20.25)의 미정계수는

$$A = V_S, \quad I_S = -\frac{B}{Z_o} \quad \therefore B = -Z_o I_S$$

상기의 미정계수를 식 (20.25)에 대입하면 다음과 같다.

$$\begin{cases} V(x) = V_S \cosh\gamma x - Z_o I_S \sinh\gamma x \\ I(x) = -\dfrac{V_S}{Z_o} \sinh\gamma x + I_S \cosh\gamma x \end{cases} \tag{20.26}$$

$x = l$에서 수전단 전압 V_R과 수전단 전류 I_R은 다음과 같이 구해진다.

$$\begin{cases} V_R = V_S \cosh\gamma l - Z_o I_S \sinh\gamma l \\ I_R = -\dfrac{V_S}{Z_o} \sinh\gamma l + I_S \cosh\gamma l \end{cases} \tag{20.27}$$

② 수전단 전압 V_R과 수전단 전류 I_R이 주어진 경우 : $V(l) = V_R$, $I(l) = I_R$

초기조건에 따라 식 (20.25)는

$$\begin{cases} V_R = A \cosh\gamma l + B \sinh\gamma l \\ I_R = -\dfrac{1}{Z_o}(A \sinh\gamma l + B \cosh\gamma l) \end{cases}$$

Cramer 공식을 이용하여 미정계수 A, B를 구하면

$$A = -V_R \sinh\gamma l - Z_o I_R \cosh\gamma l$$
$$B = V_R \cosh\gamma l + Z_o I_R \sinh\gamma l$$

미정계수를 식 (20.25)에 대입하여 쌍곡선함수의 가법정리를 이용하면[3]

$$\begin{cases} V(x) = V_R \cosh\gamma(l-x) + Z_o I_R \sinh\gamma(l-x) \\ I(x) = \dfrac{V_R}{Z_o} \sinh\gamma(l-x) + I_R \cosh\gamma(l-x) \end{cases} \tag{20.28}$$

---

[3] 쌍곡선함수의 가법정리
$\sinh(x \pm y) = \sinh x \cosh y \pm \cosh x \sinh y$, $\cosh(x \pm y) = \cosh x \cosh y \pm \sinh x \sinh y$

이 식은 V_R, I_R, γ, Z_o를 알 때 선로상의 송전단으로부터 거리 x에서 전압과 전류를 구하는데 사용된다. 여기서 새로운 변수 $l - x = x'$을 사용하는 것도 좋은 방법이다. 수전단으로부터 거리 x'인 지점에서 전압과 전류는

$$\begin{cases} V(x') = V_R \cosh \gamma x' + Z_o I_R \sinh \gamma x' \\ I(x') = \dfrac{V_R}{Z_o} \sinh \gamma x' + I_R \cosh \gamma x' \end{cases} \tag{20.29}$$

$x' = l$에서 송전단 전압 V_S과 송전단 전류 I_S는 다음과 같이 구해진다.

$$\begin{cases} V_S = V_R \cosh \gamma l + Z_o I_R \sinh \gamma l \\ I_S = \dfrac{V_R}{Z_o} \sinh \gamma l + I_R \cosh \gamma l \end{cases} \tag{20.30}$$

수전단으로부터 거리 x'에서 부하쪽으로 봤을 때 선로의 등가 임피던스 $Z(x')$는

$$Z(x') = \frac{V(x')}{I(x')} = \frac{V_R \cosh \gamma x' + Z_o I_R \sinh \gamma x'}{\dfrac{V_R}{Z_o} \sinh \gamma x' + I_R \cosh \gamma x'}$$

$$= \frac{Z_R I_R \cosh \gamma x' + Z_o I_R \sinh \gamma x'}{\dfrac{Z_R I_R}{Z_o} \sinh \gamma x' + I_R \cosh \gamma x'}$$

$$Z(x') = Z_o \left[\frac{Z_R \cosh \gamma x' + Z_o \sinh \gamma x'}{Z_R \sinh \gamma x' + Z_o \cosh \gamma x'} \right] \tag{20.31}$$

또는 분모, 분자를 $\cosh \gamma x'$로 나누면

$$Z_{x'} = Z_o \left[\frac{Z_R + Z_o \tanh \gamma x'}{Z_o + Z_R \tanh \gamma x'} \right] \quad (x'\text{에서 수전단으로 본 임피던스}) \tag{20.32}$$

송전단에서 수전단으로 본 입력 임피던스 $Z_i = V_i/I_i = Z_S = V_S/I_S$는 그림 20.2에서 $x = 0$이 되는, 즉 $x' = l - x = l$에서 임피던스이다. 따라서 식 (20.32)는

$$Z_i = \frac{V_S}{I_S} = Z_o \left[\frac{Z_R + Z_o \tanh \gamma l}{Z_o + Z_R \tanh \gamma l} \right] \quad (\text{손실 선로 입력 임피던스}) \tag{20.33}$$

만약 $Z_R = Z_o$일 때, 즉 특성 임피던스로 종단된(terminated) 경우 선로는 임피던스 정합(impedane matching)되었다고 한다. 정합일 때 입력 임피던스는 선로의 길이와 관계없이 특성 임피던스와 같다 ($Z_i = Z_o$).

특히 무손실 선로에서는 $\gamma = j\beta$, $\tanh \gamma l = \tanh j\beta l = j\tan \beta l$이므로 식 (20.33)은 다음과 같이 된다.

$$Z_i = Z_o \left[\frac{Z_R + jZ_o \tan\beta l}{Z_o + jZ_R \tan\beta l} \right] \quad \text{(무손실 선로 입력 임피던스)} \tag{20.34}$$

여기서 βl은 보통 전기적 길이(electrical length)라고 언급되며, 단위는 radian 또는 degree이다.

③ 송전단 전압 V_S와 수전단 전압 V_R이 주어진 경우 : $V(0) = V_S,\ V(l) = V_R$

초기조건에 따라 식 (20.25)의 미정계수는

$$A = V_S, \quad V_R = A\cosh\gamma l + B\sinh\gamma l \quad \therefore B = \frac{1}{\sinh\gamma l}(V_R - V_S \cosh\gamma l)$$

미정계수를 식 (20.25)에 대입하면

$$\begin{cases} V(x) = \dfrac{1}{\sinh\gamma l}\left[V_S \sinh\gamma(l-x) + V_R \sinh\gamma x\right] \\ I(x) = \dfrac{1}{Z_o \sinh\gamma l}\left[V_S \cosh\gamma(l-x) - V_R \cosh\gamma x\right] \end{cases} \tag{20.35}$$

④ 송전단 전류 I_S와 수전단 전류 I_R이 주어진 경우 : $I(0) = I_S,\ I(l) = I_R$

초기조건에 따라 식 (20.25)의 미정계수는

$$-\frac{B}{Z_o} = I_S \quad \therefore B = -Z_o I_S$$

$$I_R = -\frac{1}{Z_o}(A\sinh\gamma l + B\cosh\gamma l) \quad \therefore A = \frac{1}{\sinh\gamma l}(Z_o I_S \cosh\gamma l - Z_o I_R)$$

미정계수를 식 (20.25)에 대입하면

$$\begin{cases} V(x) = \dfrac{Z_o}{\sinh\gamma l}\left[I_S \cosh\gamma(l-x) - I_R \cosh\gamma x\right] \\ I(x) = \dfrac{1}{\sinh\gamma l}\left[I_S \sinh\gamma(l-x) + I_R \sinh\gamma x\right] \end{cases} \tag{20.36}$$

⑤ 송전단 전압 V_S와 수전단 임피던스 Z_R이 주어진 경우 : $V(0) = V_S,\ Z_R = V_R/I_R$

초기조건에 따라 식 (20.25)의 미정계수는

$$A = V_S$$

$$Z_R = \frac{A\cosh\gamma l + B\sinh\gamma l}{-\dfrac{1}{Z_o}(A\sinh\gamma l + B\cosh\gamma l)} \quad \therefore B = \frac{-V_S(Z_o \cosh\gamma l + Z_R \sinh\gamma l)}{Z_o \sinh\gamma l + Z_R \cosh\gamma l}$$

미정계수를 식 (20.25)에 대입하면

$$\begin{cases} V(x) = V_S \dfrac{Z_R \cosh\gamma(l-x) + Z_o \sinh\gamma(l-x)}{Z_o \sinh\gamma l + Z_R \cosh\gamma l} \\ I(x) = \dfrac{V_S}{Z_o} \dfrac{Z_o \cosh\gamma(l-x) + Z_R \sinh\gamma(l-x)}{Z_o \sinh\gamma l + Z_R \cosh\gamma l} \end{cases}$$ (20.37)

식 (20.37)에서 $l - x = x'$로 두면 수전단으로부터 거리 x'인 지점에서 전압과 전류는 다음과 같이 된다.

$$\begin{cases} V(x') = V_S \dfrac{Z_R \cosh\gamma x' + Z_o \sinh\gamma x'}{Z_o \sinh\gamma l + Z_R \cosh\gamma l} \\ I(x') = \dfrac{V_S}{Z_o} \dfrac{Z_o \cosh\gamma x' + Z_R \sinh\gamma x'}{Z_o \sinh\gamma l + Z_R \cosh\gamma l} \end{cases}$$ (20.38)

⑥ 송전단 전류 I_S과 수전단 임피던스 Z_R이 주어진 경우 : $I(0) = I_S,\ Z_R = V_R/I_R$

초기조건에 따라 식 (20.25)의 미정계수는

$$-\frac{B}{Z_o} = I_S \quad \therefore B = -Z_o I_S$$

$$Z_R = \frac{A\cosh\gamma l + B\sinh\gamma l}{-\dfrac{1}{Z_o}(A\sinh\gamma l + B\cosh\gamma l)} \qquad \therefore A = \frac{Z_o I_S(Z_R \cosh\gamma l + Z_o \sinh\gamma l)}{Z_R \sinh\gamma l + Z_o \cosh\gamma l}$$

미정계수를 식 (20.25)에 대입하면

$$\begin{cases} V(x) = Z_o I_S \dfrac{Z_R \cosh\gamma(l-x) + Z_o \sinh\gamma(l-x)}{Z_R \sinh\gamma l + Z_o \cosh\gamma l} \\ I(x) = I_S \dfrac{Z_o \cosh\gamma(l-x) + Z_R \sinh\gamma(l-x)}{Z_R \sinh\gamma l + Z_o \cosh\gamma l} \end{cases}$$ (20.39)

식 (20.39)에서 $l - x = x'$로 나타내면 수전단으로부터 거리 x'인 지점에서 전압과 전류는 다음과 같이 된다.

$$\begin{cases} V(x') = Z_o I_S \dfrac{Z_R \cosh\gamma x' + Z_o \sinh\gamma x'}{Z_R \sinh\gamma l + Z_o \cosh\gamma l} \\ I(x') = I_S \dfrac{Z_o \cosh\gamma x' + Z_R \sinh\gamma x'}{Z_R \sinh\gamma l + Z_o \cosh\gamma l} \end{cases}$$ (20.40)

단자 조건을 고려한 선로상의 전압과 전류에 대한 식을 표 20.2에 요약하였다.

표 20.2 선로상의 전압과 전류

단자 조건*	단자 전압	단자 전류
V_S, I_S	$V(x) = V_S \cosh \gamma x - Z_o I_S \sinh \gamma x$	$I(x) = -\dfrac{V_S}{Z_o} \sinh \gamma x + I_S \cosh \gamma x$
V_R, I_R	$V(x') = V_R \cosh \gamma x' + Z_o I_R \sinh \gamma x'$	$I(x') = \dfrac{V_R}{Z_o} \sinh \gamma x' + I_R \cosh \gamma x'$
V_S, V_R	$V(x) = \dfrac{1}{\sinh \gamma l} \begin{bmatrix} V_S \sinh \gamma (l-x) \\ + V_R \sinh \gamma x \end{bmatrix}$	$I(x) = \dfrac{1}{Z_o \sinh \gamma l} \begin{bmatrix} V_S \cosh \gamma (l-x) \\ - V_R \cosh \gamma x \end{bmatrix}$
I_S, I_R	$V(x) = \dfrac{Z_o}{\sinh \gamma l} \begin{bmatrix} I_S \cosh \gamma (l-x) \\ - I_R \cosh \gamma x \end{bmatrix}$	$I(x) = \dfrac{1}{\sinh \gamma l} \begin{bmatrix} I_S \sinh \gamma (l-x) \\ + I_R \sinh \gamma x \end{bmatrix}$
V_S, Z_R	$V(x') = V_S \dfrac{Z_R \cosh \gamma x' + Z_o \sinh \gamma x'}{Z_o \sinh \gamma l + Z_R \cosh \gamma l}$	$I(x') = \dfrac{V_S}{Z_o} \dfrac{Z_o \cosh \gamma x' + Z_R \sinh \gamma x'}{Z_o \sinh \gamma l + Z_R \cosh \gamma l}$
I_S, Z_R	$V(x') = Z_o I_S \dfrac{Z_R \cosh \gamma x' + Z_o \sinh \gamma x'}{Z_R \sinh \gamma l + Z_o \cosh \gamma l}$	$I(x') = I_S \dfrac{Z_o \cosh \gamma x' + Z_R \sinh \gamma x'}{Z_R \sinh \gamma l + Z_o \cosh \gamma l}$

* 선로의 길이: l, 송전단으로부터 거리: x, 수전단으로부터 거리: $x' = l - x$, 송전단 전압: V_S, 수전단 전압: V_R, 송전단 전류: I_S, 수전단 전류: I_R, 부하 임피던스: Z_R

EXAMPLE 20-9

무손실 선로에서 전압파가 다음과 같이 나타내진다면 이에 대응하는 전류파를 구하라.

$$V(x, t) = V_o \sin(\omega t - \beta x)$$

SOLUTION

무손실에서는 직렬 임피던스는 존재하지 않지만 특성 임피던스 Z_o는 존재한다. 따라서

$$I(x, t) = \frac{V(x, t)}{Z_o} = \frac{V_o}{Z_o} \sin(\omega t - \beta x)$$

EXAMPLE 20-10

부하 임피던스 $Z_R = 60 + j50\ \Omega$에 종단된 손실 선로의 $\gamma = 0.01 + j0.02/\text{m}$, $Z_o = 80 - j30\ \Omega$이다. 부하로부터 100 m에서 임피던스를 구하라.

SOLUTION

식 (20.32)에서

$$Z_{x'} = Z_o \left[\frac{Z_R + Z_o \tanh \gamma x'}{Z_o + Z_R \tanh \gamma x'} \right]$$

$$\gamma x' = (0.01 + j0.02)(100) = 1 + j2$$

$$^4 \tanh \gamma x' = \tanh(1+j2) = \frac{\sinh 2 + j\sin 4}{\cosh 2 + \cos 4}$$

$$= \frac{3.627 - j0.757}{3.762 - 0.653} = 1.167 - j0.243$$

$$\boldsymbol{Z}_{(100\,\text{m})} = \boldsymbol{Z}_o \left[\frac{\boldsymbol{Z}_R + \boldsymbol{Z}_o \tanh \gamma x'}{\boldsymbol{Z}_o + \boldsymbol{Z}_R \tanh \gamma x'} \right]$$

$$= (80 - j30)\left[\frac{60 + j50 + (80 - j30)(1.167 - j0.243)}{80 - j30 + (60 + j50)(1.167 - j0.243)} \right]$$

$$= (80 - j30)\left[\frac{146.07 - j4.45}{162.17 + j13.77} \right] = 68.27 - j35\ \Omega$$

EXAMPLE 20-11

부하 임피던스 $\boldsymbol{Z}_R = 40 + j30\ \Omega$에 종단된 전송선로의 분포정수가 $R = 4\ \Omega$, $L = 3.5\ \text{mH}$, $G = 0.2\ \mu\mho$, $C = 8.16\ \text{nF}$이다. 분포정수는 km당 값이다.

(a) 1 kHz에서 $\boldsymbol{Z}_o$, γ를 구하라.

(b) 부하로부터 20 km에서 임피던스를 구하라.

SOLUTION

(a) $\boldsymbol{Z} = R + j\omega L = 4 + j2\pi(1000)(3.5 \times 10^{-3})$

$$= 4 + j21.99\ \Omega = 22.35 \angle 79.69°\ \Omega$$

$\boldsymbol{Y} = G + j\omega C = 0.2 \times 10^{-6} + j2\pi(1000)(8.16 \times 10^{-9})$

$$= 0.2 + j51.27\ \mu\text{S} = 51.27 \angle 89.78°\ \mu\text{S}$$

$$\boldsymbol{Z}_o = \sqrt{\frac{\boldsymbol{Z}}{\boldsymbol{Y}}} = \sqrt{\frac{22.35 \angle 79.69°}{51.27 \times 10^{-6} \angle 89.78°}} = 660.25 \angle -5.045°\ \Omega$$

$$= 657.69 - j58.06\ \Omega$$

$$\gamma = \sqrt{\boldsymbol{ZY}} = \sqrt{(22.35 \angle 79.69°)(51.27 \times 10^{-6} \angle 89.78°)} = 33.85 \times 10^{-3} \angle 84.74°$$

(b) 식 (20.32)에서

$$\boldsymbol{Z}_{x'} = \boldsymbol{Z}_o \left[\frac{\boldsymbol{Z}_R + \boldsymbol{Z}_o \tanh \gamma x'}{\boldsymbol{Z}_o + \boldsymbol{Z}_R \tanh \gamma x'} \right]$$

---

4 $\tanh(x+jy) = \dfrac{\sinh 2x + j\sin 2y}{\cosh 2x + \cos 2y}$ 혹은 $\tanh(x+jy) = \dfrac{\tanh x + j\tan y}{1 + j\tanh x \tan y}$

$$\gamma x' = (33.85 \times 10^{-3} \angle 84.74°)(20) = 0.062 + j0.674$$

$$\tanh \gamma x' = \tanh(0.062 + j0.674) = \frac{\sinh 0.124 + j\sin 1.348}{\cosh 0.124 + \cos 1.348}$$

$$= \frac{0.124 + j0.975}{1.008 + 0.221} = 0.1 + j0.793 = 0.799 \angle 82.81°$$

$$\boldsymbol{Z}_{(20\,\text{km})} = (660.25 \angle -5.05°)\left[\frac{50 \angle 36.87° + (660.25 \angle -5.05°)(0.799 \angle 82.21°)}{660.25 \angle -5.05° + (50 \angle 36.87°)(0.799 \angle 82.21°)}\right]$$

$$= (660.25 \angle -5.05°)\left[\frac{(40 + j30) + (118.09 + j514.15°)}{(657.69 - j58.06) + (-19.78 + j34.71)}\right]$$

$$= (660.25 \angle -5.05°)\left[\frac{158.09 + j544.15}{637.91 - j23.35}\right] = (660.25 \angle -5.05°)\frac{566.65 \angle 73.8°}{638.34 \angle -2.0°}$$

$$= 586.1 \angle 70.75° \,\Omega = 193.23 + j553.33 \,\Omega$$

EXAMPLE 20-12

식 (20.30)에 대해서 4단자 T형 등가회로를 그려라.

SOLUTION

식 (20.30)을 다시 쓰면

$$\begin{cases} \boldsymbol{V}_S = \boldsymbol{V}_R \cosh \gamma l + \boldsymbol{Z}_o \boldsymbol{I}_R \sinh \gamma l \\ \boldsymbol{I}_S = \dfrac{\boldsymbol{V}_R}{\boldsymbol{Z}_o} \sinh \gamma l + \boldsymbol{I}_R \cosh \gamma l \end{cases}$$

19장의 식 (19.10-1)에 대응시키면

4단자 정수: $\boldsymbol{A} = \boldsymbol{D} = \cosh \gamma l$, $\boldsymbol{B} = \boldsymbol{Z}_o \sinh \gamma l$, $\boldsymbol{C} = \dfrac{1}{\boldsymbol{Z}_o} \sinh \gamma l$

다음과 같은 4단자 T형 등가회로의 지로 임피던스는 19장의 표 19.4를 이용하면

$$\boldsymbol{Z}_1 = \boldsymbol{Z}_2 = (\boldsymbol{A} - 1)/\boldsymbol{C} = \frac{\boldsymbol{Z}_o(\cosh \gamma l - 1)}{\sinh \gamma l} = \frac{\boldsymbol{Z}_o\left(1 + 2\sinh^2 \dfrac{\gamma l}{2} - 1\right)}{2 \sinh \dfrac{\gamma l}{2} \cosh \dfrac{\gamma l}{2}}\;^5$$

$$= \boldsymbol{Z}_o \tanh \dfrac{\gamma l}{2}$$

$$\boldsymbol{Z}_3 = 1/\boldsymbol{C} = \boldsymbol{Z}_o \operatorname{csch} \gamma l$$

---

5 $\sinh 2x = 2\sinh x \cosh x$, $\sinh x = 2 \sinh \dfrac{x}{2} \cosh \dfrac{x}{2}$

$\cosh 2x = 2\cosh^2 x - 1 = 1 + \sinh^2 x$, $\cosh x = 2\cosh^2 \dfrac{x}{2} - 1 = 1 + \sinh^2 \dfrac{x}{2}$

EXAMPLE 20-13

$l = 200\,\text{km}$인 전송선로에서 $R = 2\,\Omega$, $L = 1.3\,\text{mH}$, $C = 0.0078\,\mu\text{F}$, $f = 60\,\text{Hz}$에서 등가 4단자망의 전송 파라미터를 구하라. 분포정수는 km당 값이다.

SOLUTION

식 (20.30)을 다시 쓰면

$$\begin{cases} V_S = V_R \cosh \gamma l + Z_o I_R \sinh \gamma l \\ I_S = \dfrac{V_R}{Z_o} \sinh \gamma l + I_R \cosh \gamma l \end{cases}$$

4단자 정수는 $A = D = \cosh \gamma l$, $B = Z_o \sinh \gamma l$, $C = \dfrac{1}{Z_o} \sinh \gamma l$ 이다.

완전한 4단자 정수를 구하기 위해서는 Z_o, γ를 구해야 한다.

$$Z = R + j\omega L = 2 + j2\pi(60)(1.3 \times 10^{-3})$$
$$= 2 + j0.49\,\Omega = 2.06\angle 13.77°\,\Omega$$

$$Y = j\omega C = j2\pi(60)(0.0078 \times 10^{-6}) = 2.94\angle 90°\,\mu\text{S}$$

$$Z_o = \sqrt{\dfrac{Z}{Y}} = \sqrt{\dfrac{2.06\angle 13.77°}{2.94 \times 10^{-6}\angle 90°}} = 0.837 \times 10^3 \angle -38.12°\,\Omega$$
$$= 658.48 - j516.69\,\Omega$$

$$\gamma = \sqrt{ZY} = \sqrt{(2.06\angle 13.77°)(2.94 \times 10^{-6}\angle 90°)} = 2.46 \times 10^{-3} \angle 51.89°$$

$$\gamma l = (2.46 \times 10^{-3} \angle 51.89°)(200) = 0.304 + j0.387$$

$$A = D = \cosh \gamma l = \cosh(0.304 + j0.387)$$
$$= \cosh 0.304 \cos 0.387 + j \sinh 0.304 \sin 0.387$$
$$= 0.969 + j0.117$$

$$B = Z_o \sinh \gamma l = Z_o \sinh(0.304 + j0.387)$$
$$= Z_o(\sinh 0.304 \cos 0.387 + j \cosh 0.304 \sin 0.387)$$
$$= (0.837 \times 10^3 \angle -38.12°)(0.946\angle 24.67°) = 770.08 - j184.17$$

$$C = \dfrac{1}{Z_o}\sinh \gamma l = \dfrac{1}{Z_o}\sinh(0.304 + j0.387)$$
$$= \dfrac{0.946\angle 24.67°}{0.837 \times 10^3 \angle -38.12°} = (0.517 + j) \times 10^{-3}$$

EXAMPLE 20-14

길이가 $\lambda/4$인 무손실 선로의 특성 임피던스가 $100\,\Omega$ 이다. 수전단에 부하저항 $20\,\Omega$을 접속했을 때 부하전류는 $25\,\mathrm{mA}$가 흐른다. 송전단 전압과 전류, 입력 임피던스를 구하라.

SOLUTION

수전단 전압, 전류를 알 때 송전단 전압과 전류는 식 (20.30)이다.

$$\begin{cases} \boldsymbol{V}_S = \boldsymbol{V}_R \cosh \gamma l + \boldsymbol{Z}_o \boldsymbol{I}_R \sinh \gamma l \\ \boldsymbol{I}_S = \dfrac{\boldsymbol{V}_R}{\boldsymbol{Z}_o} \sinh \gamma l + \boldsymbol{I}_R \cosh \gamma l \end{cases}$$

전파정수 $\gamma = \alpha + j\beta = j\beta = j\dfrac{2\pi}{\lambda}$, $I_R = 25\,\mathrm{mA}$, $V_R = Z_R I_R = (20\,\Omega)(25 \times 10^{-3}\,\mathrm{A}) = 0.5\,\mathrm{V}$

$l = \lambda/4$를 위 식에 대입하면

$$\boldsymbol{V}_S = (0.2)\cosh j\left(\frac{2\pi}{\lambda}\right)\left(\frac{\lambda}{4}\right) + (100)(25 \times 10^{-3})\sinh j\left(\frac{2\pi}{\lambda}\right)\left(\frac{\lambda}{4}\right)^6$$

$$= 0.2\cos\frac{\pi}{2} + j2.5\sin\frac{\pi}{2} = j2.5\,\mathrm{V}$$

$$\boldsymbol{I}_S = \frac{0.5}{100}\sinh j\left(\frac{2\pi}{\lambda}\right)\left(\frac{\lambda}{4}\right) + (25 \times 10^{-3})\cosh j\left(\frac{2\pi}{\lambda}\right)\left(\frac{\lambda}{4}\right)$$

$$= j5 \times 10^{-3}\sin\frac{\pi}{2} + 25 \times 10^{-3}\cos\frac{\pi}{2} = j5\,\mathrm{mA}$$

송전단에서 수전단으로 본 입력 임피던스 $\boldsymbol{Z}_S = \dfrac{\boldsymbol{V}_S}{\boldsymbol{I}_S} = \dfrac{j2.5\,\mathrm{V}}{j5 \times 10^{-3}\,\mathrm{A}} = 500\,\Omega$

EXAMPLE 20-15

$30\,\Omega$ 무손실 선로가 수전단에 부하저항 $20e^{j30°}\,\Omega$에 종단되고 부하전압은 $60e^{j60°}\,\mathrm{V}$ 이다. 부하로부터 $\lambda/4$, $3\lambda/4$에서 전류를 구하라.

SOLUTION

수전단 전압, 전류를 알 때 송전단 전류는 식 (20.29)로부터 구할 수 있다.

$$\boldsymbol{I}_S(x') = \frac{\boldsymbol{V}_R}{\boldsymbol{Z}_o}\sinh\gamma x' + \boldsymbol{I}_R\cosh\gamma x'$$

i) $x' = \lambda/4$일 때 $\gamma x' = j\beta x' = j\dfrac{2\pi}{\lambda}\dfrac{\lambda}{4} = j\dfrac{\pi}{2}$

$$\therefore \boldsymbol{I}(\lambda/4) = \frac{60}{30}e^{j60°}\sinh j\frac{\pi}{2} + \frac{60e^{j60°}}{20e^{j30°}}\cosh j\frac{\pi}{2} = j2e^{j60°} = 2e^{j150°}\,\mathrm{mA}$$

---

6 $\sinh jx = j\sin x,\ \cosh jx = \cos x$

ii) $x' = 3\lambda/4$일 때 $\gamma x' = j\beta x' = j\dfrac{2\pi}{\lambda}\dfrac{3\lambda}{4} = j\dfrac{3\pi}{2}$

$$\therefore I(3\lambda/4) = \dfrac{60}{30}e^{j60°}\sinh j\dfrac{3\pi}{2} + \dfrac{60e^{j60°}}{20e^{j30°}}\cosh j\dfrac{3\pi}{2} = -j2e^{j60°} = 2e^{-j30°}\,\mathrm{mA}$$

EXAMPLE 20-16

선로의 길이가 $\lambda/4$, $\lambda/2$, $\dfrac{3\lambda}{4}$일 때 부하 임피던스 Z_R에 종단된(terminated) 무손실 선로의 입력 임피던스를 구하라.

SOLUTION

무손실 선로의 입력 임피던스를 나타내는 식 (20.34)를 이용하면

$$Z_i = Z_o\left[\dfrac{Z_R + jZ_o\tan\beta l}{Z_o + jZ_R\tan\beta l}\right]$$

i) $l = \lambda/4$인 경우, $\beta l = \dfrac{2\pi}{\lambda}\dfrac{\lambda}{4} = \pi/2$

$$Z_i = Z_o\left[\dfrac{Z_R + jZ_o\tan\beta l}{Z_o + jZ_R\tan\beta l}\right] = Z_o\left[\dfrac{Z_o}{Z_R}\right] = \dfrac{Z_o^2}{Z_R}$$

[EXAMPLE 20-14]에 이 결과를 적용하여 계산하면 같은 값이 얻어진다.

$$Z_i = \dfrac{Z_o^2}{Z_R} = \dfrac{(100\,\Omega)^2}{20\,\Omega} = 500\,\Omega$$

같은 결과를 얻는다.

ii) $l = \lambda/2$인 경우, $\beta l = \dfrac{2\pi}{\lambda}\dfrac{\lambda}{2} = \pi$

$$Z_i = Z_o\left[\dfrac{Z_R + jZ_o\tan\beta l}{Z_o + jZ_R\tan\beta l}\right] = Z_o\left[\dfrac{Z_R + 0}{Z_o + 0}\right] = Z_R$$

입력 임피던스는 부하 임피던스이다.

iii) $l = 3\lambda/4$인 경우, $\beta l = \dfrac{2\pi}{\lambda}\dfrac{3\lambda}{4} = \dfrac{3\pi}{2}$

$$Z_i = Z_o\left[\dfrac{Z_R + jZ_o\tan\beta l}{Z_o + jZ_R\tan\beta l}\right] = Z_o\left[\dfrac{Z_o}{Z_R}\right] = \dfrac{Z_o^2}{Z_R}$$

$l = \lambda/4$인 경우와 같다.

무손실 선로에서 선로의 길이가 $l = \dfrac{n\lambda}{4}$ ($n = 1, 3, 5, \cdots$)일 때 다음과 같은 식이 성립한다.

$$Z_i = \frac{Z_o^2}{Z_R}, \qquad \frac{Z_i}{Z_o} = \frac{Z_o}{Z_R} \tag{20.41}$$

20.5 개방회로와 단락회로

(1) 개방회로($Z_R = \infty$)

수전단을 개방하고, x'에서 수전단으로 본 임피던스 $Z_{x'o}$는 식 (20.32)로부터

$$Z_{x'o} = \lim_{Z_R \to \infty} Z_o \left[\frac{Z_R + Z_o \tanh\gamma x'}{Z_o + Z_R \tanh\gamma x'} \right]$$

$$Z_{x'o} = Z_o \coth\gamma x' \quad (x'\text{에서 본 수전단 개방 임피던스}) \tag{20.42}$$

$x' = l$에서, 즉 송전단에서 본 수전단 개방 입력 임피던스 Z_{io}는 식 (20.33)으로부터

$$Z_{io} = Z_o \coth\gamma l \quad (\text{수전단 개방 입력 임피던스}) \tag{20.43}$$

Z_{io}는 다음과 같은 방법으로도 구할 수 있다. 식 (20.30)에서 수전단을 개방($I_R = 0$)했을 때, 송전단 전압 및 전류는 각각 다음과 같이 된다.

$$V_{So} = V_R \cosh\gamma l, \qquad I_{So} = \frac{V_R}{Z_o} \sinh\gamma l$$

따라서

$$Z_{io} = \frac{V_{So}}{I_{So}} = Z_o \coth\gamma l \quad (\text{수전단 개방 입력 임피던스}) \tag{20.43-1}$$

수전단이 개방되었을 때 무손실 선로와 매우 짧은 무손실 선로에 대해서 고찰해 할 부분이 있다.

A. 무손실 선로인 경우

무손실 선로에서 $\gamma = j\beta$가 되므로 식 (20.43)은 다음과 같이 된다.

$$Z_{io} = Z_o \coth j\beta l = -jZ_o \cot\beta l \tag{20.44}$$

이 되는데 βl에 따라 순수 유도성 또는 순수 용량성일 수 있다. 만약 $\beta l = \pi/2$ 또는 $l = \pi/(2\beta) = \pi/[2(2\pi/\lambda)] = \lambda/4$, 즉 선로의 길이가 $\lambda/4$이면 영의 임피던스($Z_{io} = 0$)가 된다. 따라서 입력단에서 개방회로 선로일지라도 선로의 길이 l이 $\lambda/4$의 홀수배, 즉 $l = n\lambda/4$ ($n = 1, 3, 5, 7, \cdots$)가 되면 단락회로처럼 보이는 결과에 주목해야 한다.

B. 매우 짧은 무손실 선로인 경우($\beta l \ll 1$)

$\tan \beta l \approx \beta l$ 이라고 보면 식 (20.44)는

$$Z_{io} = Z_o \coth \gamma l = \frac{Z_o}{j \tan \beta l} = -j \frac{\sqrt{L/C}}{\beta l} \tag{20.45}$$

$$= -j \frac{\sqrt{L/C}}{\omega \sqrt{LC} l} = -j \frac{1}{\omega C l}$$

$\beta l \ll 1$ 조건, 즉 $2\pi l \ll \lambda$, 파장에 비해 선로의 길이가 매우 짧은 무손실 선로에서 수전단(부하단) 개방 입력 임피던스는 순수 용량성이다.

(2) 단락회로($Z_R = 0$)

수전단을 단락시키고, x'에서 수전단으로 본 임피던스 $Z_{x's}$는 식 (20.32)로부터

$$Z_{x's} = \lim_{Z_R \to 0} Z_o \left[\frac{Z_R + Z_o \tanh \gamma x'}{Z_o + Z_R \tanh \gamma x'} \right] = Z_o \left[\frac{Z_o \tanh \gamma x'}{Z_o} \right]$$

$$\boldsymbol{Z_{x's} = Z_o \tanh \gamma x'} \quad (x' \text{에서 본 수전단으로 본 임피던스}) \tag{20.46}$$

$x' = l$에서, 즉 송전단에서 본 수전단 단락 입력 임피던스 Z_{is}는 식 (20.33)으로부터

$$\boldsymbol{Z_{is} = Z_o \tanh \gamma l} \quad (\text{수전단 단락 입력 임피던스}) \tag{20.47}$$

Z_{is}는 다음과 같은 방법으로도 구할 수 있다. 식 (20.30)은 수전단을 단락($V_R = 0$)했을 때, 송전단 전압 및 전류는 각각 다음과 같이 된다.

$$V_{Ss} = Z_o I_S \sinh \gamma l, \qquad I_{Ss} = I_R \cosh \alpha x$$

따라서

$$\boldsymbol{Z_{is} = \frac{V_{Ss}}{I_{Ss}} = Z_o \tanh \gamma l} \quad (\text{수전단 단락 입력 임피던스}) \tag{20.47-1}$$

수전단이 단락되었을 때 무손실 선로와 매우 짧은 무손실 선로에 대해서 고찰해 할 부분이 있다.

A. 무손실 선로인 경우

무손실 선로에서 $\gamma = j\beta$가 되므로 식 (20.47)은 다음과 같이 된다.

$$\boldsymbol{Z_{is} = Z_o \tanh j\beta l = jZ_o \tan \beta l} \tag{20.48}$$

이 되는데 βl에 따라 순수 유도성 또는 순수 용량성일 수 있다. 만약 $\beta l = \pi/2$ 또는 $l = \lambda/4$이면 무한 임피던스($Z_{is} = \infty$)가 된다. 따라서 입력단에서 단락회로 선로가 $l = n\lambda/4$ $(n = 1, 3, 5, 7, \cdots)$가 되면 개방회로처럼 보이는 결과에 주목해야 한다.

B. 매우 짧은 무손실 선로인 경우 ($\beta l \ll 1$)

$\tan \beta l \approx \beta l$ 라고 보면 식 (20.48)은

$$Z_{is} = Z_o \tanh \gamma l = jZ_o \tan \beta l \approx jZ_o \beta l \qquad (20.49)$$
$$= j(\sqrt{L/C})(\omega \sqrt{LC})l = j\omega Ll$$

$\beta l \ll 1$ 조건, 즉 $2\pi l \ll \lambda$, 파장에 비해 선로의 길이가 매우 짧은 무손실 선로에서 수전단(부하단) 단락 입력 임피던스는 순수 유도성이다.

표 20.3 x' 임피던스($Z_{x'}$)와 입력 임피던스(Z_i)

선로의 위치	부하 조건	손실 선로($\alpha \neq 0$)	무손실 선로($\alpha = 0$)
x'	Z_R	$Z_{x'} = Z_o \left[\dfrac{Z_R + Z_o \tanh \gamma x'}{Z_o + Z_R \tanh \gamma x'} \right]$	$Z_{x'} = Z_o \left[\dfrac{Z_R + jZ_o \tan \beta x'}{Z_o + jZ_R \tan \beta x'} \right]$
	개방($Z_R = \infty$)	$Z_{x'o} = Z_o \coth \gamma x'$	$Z_{x'o} = -jZ_o \cot \beta x'$
	단락($Z_R = 0$)	$Z_{x's} = Z_o \tanh \gamma x'$	$Z_{x's} = jZ_o \tan \beta x'$
$x' = l$ ($x = 0$)	Z_R	$Z_i = Z_o \left[\dfrac{Z_R + Z_o \tanh \gamma l}{Z_o + Z_R \tanh \gamma l} \right]$	$Z_i = Z_o \left[\dfrac{Z_R + jZ_o \tan \beta l}{Z_o + jZ_R \tan \beta l} \right]$
	개방($Z_R = \infty$)	$Z_{io} = Z_o \coth \gamma l$	$Z_i = -jZ_o \cot \beta l$
	단락($Z_R = 0$)	$Z_{is} = Z_o \tanh \gamma l$	$Z_i = jZ_o \tan \beta l$

표 20.3은 수전단으로부터 선로의 위치에 따른 임피던스를 요약한 것이다. 실제로 식 (20.32)를 기억하고 있다면 나머지는 어렵지 않게 유추할 수 있다.

EXAMPLE 20-17

특성 임피던스가 $Z_o = 100\,\Omega$, 길이가 1 km의 무손실 선로에서 수전단을 개방했을 때 60 Hz, 1 MHz에서 입력 임피던스를 구하라.

SOLUTION

무손실 선로의 수전단 개방 입력 임피던스는 식 (20.44)와 같다.

$$Z_{io} = -jZ_o \cot \beta l = -j\frac{Z_o}{\tan \beta l}$$

i) 60 Hz에서

$$\beta = \frac{\omega}{v_p} = \frac{\omega}{c} = \frac{2\pi(60\,\text{Hz})}{3 \times 10^5\,\text{km/s}} = 40\pi \times 10^{-5}\,\text{rad/km}$$

$$Z_{io} = -j\frac{Z_o}{\tan \beta l} = -j\frac{100}{\tan[(40\pi \times 10^{-5}\,\text{rad/km})(1\,\text{km})]} = -j79.58\,\text{k}\Omega$$

ii) 1 MHz에서

$$\beta = \frac{\omega}{c} = \frac{2\pi(1\times 10^6\,\text{Hz})}{3\times 10^5\,\text{km/s}} = \frac{20\pi}{3}\,\text{rad/km}$$

$$\boldsymbol{Z}_{io} = -jZ_o\cot\beta l = -j\frac{Z_o}{\tan\beta l}$$

$$= -j\frac{100}{\tan\left[\left(\frac{20\pi}{3}\,\text{rad/km}\right)(1\,\text{km})\right]} = j57.74\,\Omega$$

EXAMPLE 20-18

선로의 길이가 $\lambda/4$, $\lambda/2$, $3\lambda/4$일 때 무손실 선로의 개방회로 입력 임피던스를 구하라.

SOLUTION

식 (20.44)에 나타낸 무손실 선로의 수전단 개방 입력 임피던스 $\boldsymbol{Z}_{io}$는

$$\boldsymbol{Z}_{io} = -jZ_o\cot\beta l = -j\frac{Z_o}{\tan\beta l}$$

i) $l = \lambda/4$인 경우, $\beta l = \frac{2\pi}{\lambda}\frac{\lambda}{4} = \pi/2$

$$\boldsymbol{Z}_{io} = -j\frac{Z_o}{\tan\beta l} = -j\frac{Z_o}{\tan\pi/2} = 0\,\Omega \text{ (단락회로로 보인다)}$$

ii) $l = \lambda/2$인 경우, $\beta l = \frac{2\pi}{\lambda}\frac{\lambda}{2} = \pi$

$$\boldsymbol{Z}_{io} = -j\frac{Z_o}{\tan\beta l} = -j\frac{Z_o}{\tan\pi} = \infty \text{ (개방회로)}$$

iii) $l = 3\lambda/4$인 경우, $\beta l = \frac{2\pi}{\lambda}\frac{3\lambda}{4} = \frac{3\pi}{2}$

$$\boldsymbol{Z}_{io} = -j\frac{Z_o}{\tan\beta l} = -j\frac{Z_o}{\tan 3\pi/2} = 0\,\Omega \text{ (단락회로로 보인다)}$$

EXAMPLE 20-19

특성 임피던스가 $Z_o = 100\,\Omega$, 길이가 1 km의 무손실 선로에서 수전단을 단락했을 때 60 Hz, 1 MHz에서 입력 임피던스를 구하라.

SOLUTION

식 (20.48)에 나타낸 무손실 선로의 수전단 단락 입력 임피던스 $\boldsymbol{Z}_{is}$는

$$\boldsymbol{Z}_{is} = jZ_o \tan \beta l$$

i) 60 Hz에서

$$\beta = \frac{\omega}{v_p} = \frac{\omega}{c} = \frac{2\pi(60\,\text{Hz})}{3 \times 10^5\,\text{km/s}} = 40\pi \times 10^{-5}\,\text{rad/km}$$

$$\boldsymbol{Z}_{is} = jZ_o \tan \beta l = j(100)\tan\left[(40\pi \times 10^{-5}\,\text{rad/km})(1\,\text{km})\right]$$
$$= j(100)\tan(40\pi \times 10^{-5}) = j0.126\,\Omega$$

ii) 1 MHz에서

$$\beta = \frac{\omega}{c} = \frac{2\pi(1 \times 10^6\,\text{Hz})}{3 \times 10^5\,\text{km/s}} = \frac{20\pi}{3}\,\text{rad/km}$$

$$\boldsymbol{Z}_{is} = jZ_o \tan \beta l = j(100)\tan\left[\left(\frac{20\pi}{3}\,\text{rad/km}\right)(1\,\text{km})\right]$$
$$= j(100)\tan\left(\frac{20\pi}{3}\right) = -j173.21\,\Omega$$

단락 혹은 개방시 입력 임피던스는 주파수 함수로서 주파수에 따라 유도성 또는 용량성 임피던스가 된다.

EXAMPLE 20-20

선로의 길이가 $\lambda/4$, $\lambda/2$, $3\lambda/4$일 때 무손실 선로의 단락회로 입력 임피던스를 구하라.

SOLUTION

식 (20.48)에 나타낸 무손실 선로의 단락회로 입력 임피던스 $\boldsymbol{Z}_{is}$는

$$\boldsymbol{Z}_{is} = jZ_o \tan \beta l$$

i) $l = \lambda/4$인 경우, $\beta l = \frac{2\pi}{\lambda}\frac{\lambda}{4} = \pi/2$

$$\boldsymbol{Z}_{is} = jZ_o \tan \beta l = jZ_o \tan \pi/2 = \infty \text{ (개방회로로 보인다)}$$

ii) $l = \lambda/2$인 경우, $\beta l = \frac{2\pi}{\lambda}\frac{\lambda}{2} = \pi$

$$\boldsymbol{Z}_{is} = jZ_o \tan \beta l = jZ_o \tan \pi = 0\,\Omega \text{ (단락회로)}$$

iii) $l = 3\lambda/4$인 경우, $\beta l = \frac{2\pi}{\lambda}\frac{3\lambda}{4} = \frac{3\pi}{2}$

$$\boldsymbol{Z}_{is} = jZ_o \tan \beta l = jZ_o \tan 3\pi/2 = \infty \text{ (개방회로로 보인다)}$$

20.6 직렬 임피던스 및 병렬 어드미턴스 측정

개방회로와 단락회로의 조건을 이용하면 특성 임피던스 Z_o와 전파정수 γ를 알 수 있고, 이로부터 선로의 직렬 임피던스 Z와 병렬 어드미턴스 Y를 구할 수 있다.

식 (20.43)과 식 (20.47)을 곱하면 다음과 같은 특성 임피던스 Z_o가 얻어진다.

$$Z_o = \sqrt{Z_{io} Z_{is}} \tag{20.50}$$

식 (20.47)을 식 (20.43)으로 나누면 다음 식이 얻어진다.

$$\tanh \gamma l = \sqrt{\frac{Z_{is}}{Z_{io}}} \tag{20.51}$$

따라서 식 (20.51)에서 전파정수 γ는 다음과 같이 구해진다.

$$\gamma = \frac{1}{l} \tanh^{-1} \sqrt{\frac{Z_{is}}{Z_{io}}} \tag{20.52}$$

Z_o와 γ가 구해지면 직렬 임피던스 Z와 병렬 어드미턴스 Y는 다음과 같이 결정된다.

$$Z = Z_o \gamma, \qquad Y = \frac{\gamma}{Z_o} \tag{20.53}$$

EXAMPLE 20-21

다음과 같은 전송선로에서 특성 임피던스를 구하라.

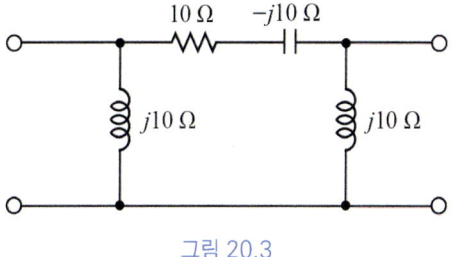

그림 20.3

SOLUTION

수전단 개방시 입력 임피던스 Z_{io}는

$$Z_{io} = j10 // 10 = 7.07 \angle 45° \ \Omega$$

수전단 단락시 입력 임피던스 Z_{is}는

$$Z_{is} = [j10(10 - j10)]//(10) = 14.14 \angle 45° \ \Omega$$

특성 임피던스 Z_o는

$$Z_o = \sqrt{Z_{io} Z_{is}} = \sqrt{(7.07 \angle 45°)(14.14 \angle 45°)} = 10 \angle 45° \ \Omega$$
$$= 7.07 - j7.07 \ \Omega$$

EXAMPLE 20-22

선로의 길이가 l km인 송전선로에서 수전단 단락시 송전단에서 본 임피던스는 jx Ω, 수전단 개방시 송전단에서 본 어드미턴스는 jb S이다. 이 선로의 직렬 리액턴스와 병렬 서셉턴스를 구하라.

SOLUTION

특성 임피던스 $Z_o = \sqrt{Z_{io}Z_{is}} = \sqrt{(jx)\left(\dfrac{1}{jb}\right)} = \sqrt{\dfrac{x}{b}}$ Ω

전파정수 $\gamma = \dfrac{1}{l}\tanh^{-1}\sqrt{\dfrac{Z_{is}}{Z_{io}}} = \dfrac{1}{l}\tanh^{-1}\sqrt{(jx)(jb)} = \dfrac{1}{l}\tanh^{-1}j\sqrt{xb}$ [7]

$\qquad = j\dfrac{1}{l}\tan^{-1}\sqrt{xb}$

직렬 임피던스 $Z = Z_o\gamma = j\dfrac{1}{l}\sqrt{\dfrac{x}{b}}\tan^{-1}\sqrt{xb} \quad \therefore X_L = \dfrac{1}{l}\sqrt{\dfrac{x}{b}}\tan^{-1}\sqrt{xb}$

병렬 어드미턴스 $Y = \dfrac{\gamma}{Z_o} = j\dfrac{1}{l}\sqrt{\dfrac{b}{x}}\tan^{-1}\sqrt{xb} \quad \therefore B_C = \dfrac{1}{l}\sqrt{\dfrac{b}{x}}\tan^{-1}\sqrt{xb}$

EXAMPLE 20-23

선로의 길이가 100 km인 송전선로에서 수전단 단락시 송전단에서 본 임피던스는 $j300$ Ω, 수전단 개방시 송전단에서 본 임피던스는 $-j500$ Ω이다.

(a) 이 선로의 특성 임피던스와 전파정수를 구하라.
(b) 선로의 길이가 주어진 길이의 3배인 경우 단락회로와 개방회로의 입력 임피던스를 구하라.

SOLUTION

(a) $Z_o = \sqrt{Z_{io}Z_{is}} = \sqrt{(j300)(-j500)} = 387.3$ Ω

$\gamma = \dfrac{1}{l}\tanh^{-1}\sqrt{\dfrac{Z_{is}}{Z_{io}}} = \dfrac{1}{100}\tanh^{-1}\sqrt{\dfrac{j300}{-j500}}$

$\quad = \dfrac{1}{100}\tanh^{-1}j0.77 = j\dfrac{1}{100}\tan^{-1}0.77 = j0.00656$ rad/km [8]

(b) $Z_{is} = Z_o\tanh\gamma l = (387.3)\tanh[(j0.00656)(300)]$ [9]

$\qquad = j(387.3)\tan[(0.00656)(300)(57.3°)] = -j922.86$ Ω

$Z_{io} = Z_o\coth\gamma l = \dfrac{Z_o}{\tanh\gamma l} = \dfrac{387.3}{\tanh[(j0.00656)(300)]}$

$\quad = \dfrac{387.3}{j\tan[(0.00656)(300)(57.3°)]} = j162.54$ Ω

---

[7] $\tanh^{-1}jx = j\tan^{-1}x,\ \tan^{-1}jx = j\tanh^{-1}x$
[8] $1° = 57.3$ rad
[9] $\tanh jx = j\tan x,\ \tan jx = j\tanh x$

20.7 반사계수와 정재파비

(1) 반사계수

무한히 긴 선로에서는 반사파가 없지만 유한한 선로에서는 부하 임피던스 Z_R과 특성 임피던스 Z_o와 같을 때(임피던스 정합)는 반사가 일어나지 않지만 그렇지 않을 경우에는 전압파, 전류파의 일부 혹은 전부가 부하단으로부터 위상속도($v_p = \omega/\beta$)로 전원으로 되돌아오게 된다. 식 (20.6), (20.9a)로부터 $V(x)$, $I(x)$를 V_o^+, V_o^- 로 나타내면

$$\begin{cases} V(x) = V_o^+ e^{-\gamma x} + V_o^- e^{\gamma x} \\ I(x) = \dfrac{V_o^+}{Z_o} e^{-\gamma x} - \dfrac{V_o^-}{Z_o} e^{\gamma x} \end{cases} \tag{20.54}$$

$x = l$에서 $V(l) = V_R$, $I(l) = I_R$이므로 식 (20.54)는 다음과 같이 나타내진다.

$$\begin{cases} V_R = V_o^+ e^{-\gamma l} + V_o^- e^{\gamma l} \\ I_R = \dfrac{V_o^+}{Z_o} e^{-\gamma l} - \dfrac{V_o^-}{Z_o} e^{\gamma l} \end{cases} \tag{20.55}$$

Cramer 공식을 이용해서 V_o^+, V_o^- 을 구하면

$$\begin{cases} V_o^+ = \dfrac{1}{2}\left(V_R e^{\gamma l} + Z_o I_R e^{\gamma l}\right) = \dfrac{I_R}{2}\left(Z_R e^{\gamma l} + Z_o e^{\gamma l}\right) \\ V_o^- = \dfrac{1}{2}\left(Z_o I_R e^{-\gamma l} + V_R e^{-\gamma l}\right) = \dfrac{I_R}{2}\left(Z_R e^{-\gamma l} - Z_o e^{-\gamma l}\right) \end{cases} \tag{20.56}$$

부하에서 입사전압 V_i와 반사전압 V_r의 비가 부하에서 **전압반사계수**(電壓反射係數, voltage reflection coefficient) Γ 로 정의된다.

$$\Gamma = \dfrac{V_r}{V_i} = \dfrac{V_o^- e^{\gamma l}}{V_o^+ e^{-\gamma l}} \tag{20.57}$$

식 (20.57)에 식 (20.56)의 V_o^+ 와 V_o^- 를 대입하면 다음 식과 같이 된다.

$$\Gamma = \dfrac{Z_R - Z_o}{Z_R + Z_o} = \Gamma e^{j\theta} \tag{20.58}$$

또한 식 (20.6), (20.9a)로부터 $V(x)$, $I(x)$를 I_o^- 로 나타내면

$$\begin{cases} V(x) = I_o^+ Z_o e^{-\gamma x} - I_o^- Z_o e^{\gamma x} \\ I(x) = I_o^+ e^{-\gamma x} + I_o^- e^{\gamma x} \end{cases} \tag{20.59}$$

$x = l$에서 $V(l) = V_R$, $I(l) = I_R$이므로 식 (20.59)는 다음과 같이 나타내진다.

$$\begin{cases} V_R = I_o^+ Z_o e^{-\gamma l} - I_o^- Z_o e^{\gamma l} \\ I_R = I_o^+ e^{-\gamma l} + I_o^- e^{\gamma l} \end{cases} \tag{20.60}$$

Cramer 공식을 이용해서 I_o^+, I_o^- 을 구하면

$$\begin{cases} I_o^+ = \dfrac{1}{2Z_o}(V_R e^{\gamma l} + Z_o I_R e^{\gamma l}) = \dfrac{I_R}{2}\left(\dfrac{Z_R}{Z_o} + 1\right)e^{\gamma l} \\ I_o^- = \dfrac{1}{2Z_o}(Z_o I_R e^{-\gamma l} - V_R e^{-\gamma l}) = \dfrac{I_R}{2}\left(1 - \dfrac{Z_R}{Z_o}\right)e^{-\gamma l} \end{cases} \tag{20.61}$$

부하에서 입사전류 I_i와 반사전류 I_r의 비가 부하에서 **전류반사계수**(電流反射係數, current reflection coefficient) Γ_i로 정의된다.

$$\Gamma_i = \dfrac{I_r}{I_i} = \dfrac{I_o^- e^{\gamma l}}{I_o^+ e^{-\gamma l}} \tag{20.62}$$

식 (20.62)에 식 (20.61)의 I_o^+ 와 I_o^- 를 대입하면 다음 식과 같이 된다.

$$\Gamma_i = -\dfrac{Z_R - Z_o}{Z_R + Z_o} = -\Gamma \tag{20.63}$$

반사계수에 대해서 다음과 같이 요약된다.

ⅰ) 반사계수는 복소수이며, $\Gamma \leq 1$이다. 일반적으로 반사전압은 입사전압보다 크기는 감소하고 위상 이동이 있다.

ⅱ) 선로가 정합되었을 때(정합 선로), 즉 $Z_R = Z_o$ 일 때 $\Gamma = 0$으로 반사가 없다(무반사). $Z_R \neq Z_o$ 라면 입사파는 반사계수 Γ로 반사한다.

ⅲ) 전류반사계수(Γ_i)는 전압반사계수(Γ)의 음수이다.

ⅳ) 단락회로가 되었을 때 $Z_R = 0$ 이므로 $\Gamma = -1 = 1e^{j\pi}$로 $\Gamma = 1$이다(완전반사).

ⅴ) 개방회로가 되었을 때 $Z_R = \infty$ 이므로 $\Gamma = 1$로 $\Gamma = 1$이다(완전반사).

부하($x = l$ 혹은 $x' = 0$)에서 반사가 될 때 부하전압 V_L은

$$V_R = V_i + V_r = V_i + \Gamma_v V = (1 + \Gamma_v)V_i \tag{20.64}$$

부하에서 입사전압 V_i와 부하전압 V_R의 비로 정의되는 **전송계수**(傳送係數, transmission coefficient) 혹은 **투과계수** τ 는

$$\tau = \dfrac{V_R}{V_i} = 1 + \Gamma = \tau e^{j\theta} \tag{20.65}$$

부하에서 입사전압은 선로를 따라 전파하면서 손실 후의 전압이다.

무손실 선로에서 Γ와 τ는 실수이며, Γ는 양수일 수도, 음수일 수도 있지만 τ는 음수일 수가 없다.

(2) 정재파비

정재파(定在波, standing wave)는 반대 방향으로 진행하는 두 파의 중첩으로 나타나는 파, 즉 입사파와 반사파와 중첩으로 생기는 파동으로 그 파동의 최대치와 최소치의 비를 **정재파비**(standing wave ratio: SWR)라고 한다.

$$S = \frac{V_{\max}}{V_{\min}} = \frac{I_{\max}}{I_{\min}} = \frac{1+\Gamma}{1-\Gamma} \tag{20.66}$$

$\Gamma \leq 1$이므로 S는 항상 양의 값을 가지며, 1과 같거나 크다. $\Gamma = 0$이면 반사가 되지 않으며(정합된 부하), $S = 1$이다. 전력이 전송선로를 따라 부하에 전달될 때 선로 자체에서 적게 손실되는 것이 바람직하다. 부하가 선로의 특성 임피던스에 정합되어 선로상의 정재파비가 1에 가깝게 하는 것이 필수적이다. 부정합이 되면 전송 신호가 왜곡될 수가 있다. 그렇다고 정재파비가 크면 전력손실이 커지게 된다. $\Gamma = 1$(개방회로 또는 단락회로)이면 반사파와 입사파의 크기는 같으며 $[\Gamma = V_r/V_i = 1(V_r = V_i)]$, 모든 입사되는 에너지는 반사되고, $S = \infty$가 된다. S의 범위가 크기 때문에 보통은 상용로그로 나타낸다. 즉 $S_{(dB)} = 20\log S$ (dB)와 같이 나타낸다. 예컨대 $S = 2$라면 $20\log 2 = 6.02$ dB이며, 식 (20.66)의 역관계는

$$\Gamma = \frac{S-1}{S+1} \tag{20.67}$$

S는 1에서 ∞까지 변하기 때문에 Γ는 -1에서 $+1$까지 변한다. $S = 2$라면 $\Gamma = (2-1)/(2+1) = 1/3$이다.

한편, 입력 임피던스의 최대와 최소를 특성 임피던스 Z_o와 정재파비 S의 관계식으로 나타내보기로 한다. $V(x)/I(x) = V_o^+/I_o^+ = Z_o$이므로 같은 의미에서 $Z_o = V_{\max}/I_{\max}$와 $Z_o = V_{\min}/I_{\min}$로 쓸 수 있다. 이것을 식 (20.66)과 결합시키면 입력 임피던스의 최대, 최소는 다음과 같다.

$$Z_{i(\max)} = \frac{V_{\max}}{I_{\min}} = SZ_o \tag{20.68}$$

$$Z_{i(\min)} = \frac{V_{\min}}{I_{\max}} = \frac{Z_o}{S} \tag{20.69}$$

따라서 입력 임피던스의 최대와 최소는 정재파비의 최대, 최소에서 일어난다.

반송계수(Γ)와 전송계수(τ)의 공식을 표 20.4에 요하였다.

표 20.4 반사계수(Γ)와 전송계수(τ)

계수	전압	전류
반사계수	$\Gamma = \dfrac{Z_R - Z_o}{Z_R + Z_o}$	$\Gamma_i = \dfrac{Z_o - Z_R}{Z_o - Z_R}$
전송계수	$\tau = \dfrac{2Z_R}{Z_R + Z_o}$	$\tau_i = \dfrac{2Z_o}{Z_R + Z_o}$
정재파비	$S = \dfrac{1 + \Gamma}{1 - \Gamma}$	$S = \dfrac{1 + \Gamma_i}{1 - \Gamma_i}$
반사계수	$\Gamma = \dfrac{S - 1}{S + 1}$	$\Gamma_i = \dfrac{S - 1}{S + 1}$

EXAMPLE 20-24

선로의 특성 임피던스가 $2 + j100\ \Omega$, 부하저항이 $4 + j20\ \Omega$일 때 반사계수와 전송계수를 구하라.

SOLUTION

반사계수 Γ는

$$\Gamma = \frac{Z_L - Z_o}{Z_L + Z_o} = \frac{(4 + j20) - (2 + j100)}{(4 + j20) + (2 + j100)} = \frac{2 - j80}{6 + j120} = 0.67 \angle -175.7^\circ$$

전송계수 τ는

$$\tau = 1 + \Gamma = 1 + 0.67 \angle -175.7^\circ = 0.33 \angle -8.6^\circ$$

특성 임피던스와 부하 임피던스의 차이가 크므로 파의 반사가 크게 일어난다. 그러므로 반사계수가 전송계수보다 대략 2배 정도 크다.

EXAMPLE 20-25

무손실 선로의 특성 임피던스가 $50\ \Omega$, 부하저항이 $30 - j40\ \Omega$일 때 반사계수, 정재파비, 부하로부터 0.8λ에서 임피던스를 구하라.

(a) 반사계수와 정재파비를 구하라.
(b) 부하로부터 0.8λ에서 입력 임피던스를 구하라.

SOLUTION

(a) 반사계수 Γ는

$$\Gamma = \frac{Z_R - Z_o}{Z_R + Z_o} = \frac{(30 - j40) - 50}{(30 - j40) + 50} = \frac{-20 - j40}{80 - j40} = -j0.5$$

정재파비 S는

$$S = \frac{1+\Gamma}{1-\Gamma} = \frac{1+0.5}{1-0.5} = 3$$

(b) x'에서 임피던스 $Z_{x'}$는

$$Z_{x'} = Z_o \left[\frac{Z_R + jZ_o \tan\beta x'}{Z_o + jZ_R \tan\beta x'} \right]$$

$$\beta x' = \frac{2\pi}{\lambda}(0.8\lambda) = 288°$$

$$Z_{0.8\lambda} = 50 \left[\frac{30 - j40 + j50 \tan 288°}{50 + j(30-j40)\tan 288°} \right] = 50 \left[\frac{30 - j113.88}{-73.11 - j92.33} \right]$$

$$= 50 \left[\frac{117.77 \angle -75.24°}{117.77 \angle -128.37°} \right] = 50 \angle 53.13° \; \Omega = 30 + j40 \; \Omega$$

EXAMPLE 20-26

$60 \; \Omega$의 무손실 선로가 $60 + j60 \; \Omega$에 종단되어 있다.

(a) 반사계수와 정재파비를 구하라.

(b) 부하로부터 $\lambda/8$ 떨어진 송전단에서 입력 임피던스를 구하라.

SOLUTION

(a) 반사계수 Γ는

$$\Gamma = \frac{Z_R - Z_o}{Z_R + Z_o} = \frac{(60 + j60) - 60}{(60 + j60) + 60} = \frac{j60}{120 + j60}$$

$$= \frac{60 \angle 90°}{134.16 \angle 26.56°} = 0.447 \angle 63.43°$$

정재파비 S는

$$S = \frac{1-\Gamma}{1-\Gamma} = \frac{1+0.447}{1-0.447} = 2.617$$

(b) 전송길이 $l = \lambda/8$이므로

$$\beta l = \frac{2\pi}{\lambda}\frac{\lambda}{8} = \frac{\pi}{4}$$

따라서 입력 임피던스 Z_i는

$$Z_i = Z_o \left[\frac{Z_R + jZ_o \tan\beta l}{Z_o + jZ_R \tan\beta l} \right]$$

$$= 60 \left[\frac{60 + j60 + j60 \tan 45°}{60 + j(60+j60)\tan 45°} \right] = \frac{60 + j120}{j} = 120 - j60 \; \Omega$$

EXAMPLE 20-27

정재파비가 2 dB일 때 반사계수를 구하라.

SOLUTION

dB 단위의 정재파비를 선형값으로 나타내면

$$S|_{dB} = 20 \log S = 2 \text{ dB} \quad \therefore S = 1.26$$

반사계수 Γ는

$$\Gamma = \frac{S-1}{S+1} = \frac{1.26-1}{1.26+1} = 0.115$$

EXAMPLE 20-28

80 Ω의 무손실 선로가 $Z_R = 100 - j120 \, \Omega$에 종단되어 있다.

(a) 반사계수와 정재파비를 구하라.
(b) 선로의 임의의 위치에서 수전단으로 본 임피던스의 최대치, 최소치를 구하라.

SOLUTION

(a) 반사계수 Γ는

$$\Gamma = \frac{\boldsymbol{Z}_R - \boldsymbol{Z}_o}{\boldsymbol{Z}_R + \boldsymbol{Z}_o} = \frac{(100 - j120) - 80}{(100 - j120) + 80} = \frac{1 - j6}{9 - j6}$$

$$= \frac{6.06 \angle -80.54°}{10.8 \angle -33.69°} = 0.563 \angle -46.85°$$

정재파비 S는

$$S = \frac{1+\Gamma}{1-\Gamma} = \frac{1+0.563}{1-0.563} = 3.325$$

(b) $\boldsymbol{Z}_{i(\max)} = S\boldsymbol{Z}_o = (3.325)(80) = 266 \, \Omega$

$$\boldsymbol{Z}_{i(\min)} = \frac{\boldsymbol{Z}_o}{S} = \frac{80}{3.325} = 24.06 \, \Omega$$

EXERCISE

20.1 선로의 직렬 임피던스 $\boldsymbol{Z} = 1.043 + j0.386 \, \Omega/\text{km}$, 병렬 어드미턴스 $\boldsymbol{Y} = j0.815 \times 10^{-6} \, \text{S/km}$ 일 때 특성 임피던스와 전파정수를 구하라.

20.2 $R = 0.94 \, \Omega/\text{km}$, $L = 1.486 \, \text{mH/km}$, $C = 0.0320 \, \mu\text{F/km}$, $G = 0$인 가공선의 특성 임피던스와 전파정수를 구하라. 단 주파수는 60 Hz이다.

20.3 특성 임피던스 $Z_o = 64 - j48\,\Omega$, 감쇠정수 $\alpha = 0.0123\,\text{Np/km}$, 위상정수 $\beta = 0.0224\,\text{rad/km}$, $\omega = 377\,\text{rad/s}$ 선로에서 R, L, G, C를 구하라.

20.4 $f = 10\,\text{MHz}$에서 특성 임피던스 $Z_o = 30\,\Omega$, 전파정수 $\gamma = j0.847/\text{m}$인 무손실 전송선로의 L, C를 구하라.

20.5 특성 임피던스 $Z_o = 80\,\Omega$, $L = 5.0\,\mu\text{H/m}$인 무손실 전송선로에서 C, v_p, $\beta(60\,\text{MHz})$를 구하라.

20.6 전송 선로의 직렬 임피던스 $Z = 0.78 + j1.625\,\Omega/\text{km}$, 병렬 어드미턴스 $Y = 0.23 + j0.0789\,\mu\text{S}/\text{km}$이다. 주파수는 60 Hz이다. 이 선로는 왜형 선로인가?

20.7 부하 임피던스 $Z_R = 20 + j60\,\Omega$에 종단된 손실 선로의 $\gamma = 0.021 + j0.042/\text{m}$, $Z_o = 10 - j20\,\Omega$이다. 부하로부터 200 m에서 임피던스를 구하라.

20.8 부하 임피던스 $Z_R = 30 + j10\,\Omega$에 종단된 전송선로의 분포정수가 $R = 1\,\Omega$, $L = 1\,\text{mH}$, $G = 0.01\,\mu\mho$, $C = 1\,\text{nF}$이다. 60 Hz에서 Z_o, γ를 구하라. 부하로부터 80 km에서 임피던스를 구하라. 분포정수는 km당 값이다.

20.9 식 (20.30)에 대해서 4단자 π형 등가회로를 그려라.

20.10 $l = 100\,\text{km}$인 전송선로의 분포정수가 $R = 1\,\Omega$, $L = 1\,\text{mH}$, $C = 0.002\,\mu\text{F}$이다. $f = 60\,\text{Hz}$에서 등가 4단자망의 전송 파라미터를 구하라. 분포정수는 km당 값이다.

20.11 길이가 $\lambda/4$인 무손실 선로의 특성 임피던스가 30 Ω이다. 수전단에 부하저항 30 Ω을 접속했을 때 부하전류는 20 mA가 흐른다. 송전단 전압과 전류, 입력 임피던스를 구하라.

20.12 선로의 길이가 $\lambda/2$, $3\lambda/4$일 때 부하 임피던스 $Z_R = 30 + j40\,\Omega$에 종단된 20 Ω 무손실 선로의 입력 임피던스를 구하라.

20.13 특성 임피던스가 10 Ω인 무손실 선로에 수전단이 부하 임피던스 $30\angle 60°\,\Omega$으로 종단되고, 부하 전압은 $80\angle 30°\,\text{V}$이다. 부하로부터 $\lambda/4$, $3\lambda/4$에서 전류를 구하라.

20.14 특성 임피던스가 $Z_o = 50\,\Omega$, 길이가 10 km인 무손실 선로에서 수전단을 개방했을 때 60 Hz, 1 MHz에서 입력 임피던스를 구하라.

20.15 특성 임피던스가 $Z_o = 50\,\Omega$인 무손실 선로에서 수전단을 개방했을 때 선로의 길이 $\lambda/4$에서 입력 임피던스를 구하라.

20.16 특성 임피던스가 $Z_o = 50\,\Omega$, 길이가 10 km인 무손실 선로에서 수전단을 단락했을 때 60 Hz, 1 MHz에서 입력 임피던스를 구하라.

20.17 특성 임피던스가 $Z_o = 50\,\Omega$인 무손실 선로에서 수전단을 단락했을 때 선로의 길이 $\lambda/4$에서 입력 임피던스를 구하라.

20.18 그림 20.4의 전송선로에서 특성 임피던스를 구하라.

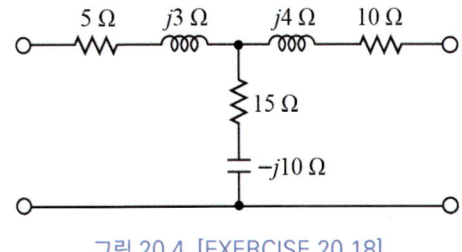

그림 20.4 [EXERCISE 20.18]

20.19 선로의 길이가 l km인 송전선로에서 수전단 단락시 송전단에서 본 임피던스는 $j10\ \Omega$, 수전단 개방시 송전단에서 본 어드미턴스는 $j0.001$ S이다. 이 선로의 직렬 리액턴스와 병렬 서셉턴스를 구하라.

20.20 선로의 길이가 100 km인 송전선로에서 수전단 단락시 송전단에서 본 임피던스는 $j100\ \Omega$, 수전단 개방시 송전단에서 본 임피던스는 $-j800\ \Omega$이다.

(a) 이 선로의 특성 임피던스와 전파정수를 구하라.

(b) 단락회로와 개방회로의 입력 임피던스를 구하라.

20.21 선로의 특성 임피던스가 $12 + j16\ \Omega$, 부하저항이 $48 + j64\ \Omega$일 때 반사계수와 전송계수를 구하라.

20.22 무손실 선로의 특성 임피던스가 $30\ \Omega$, 부하저항이 $30 + j10\ \Omega$일 때 반사계수, 정재파비를 구하라.

20.23 $80\ \Omega$의 무손실 선로가 $80 + j100\ \Omega$에 종단되어 있다. 반사계수와 정재파비를 구하라.

20.24 정재파비가 1 dB일 때 반사계수를 구하라.

20.25 $50\ \Omega$의 무손실 선로가 $Z_R = 50 - j60\ \Omega$에 종단되어 있다. 선로의 임의의 위치에서 수전단으로 본 임피던스의 최대치, 최소치를 구하라.

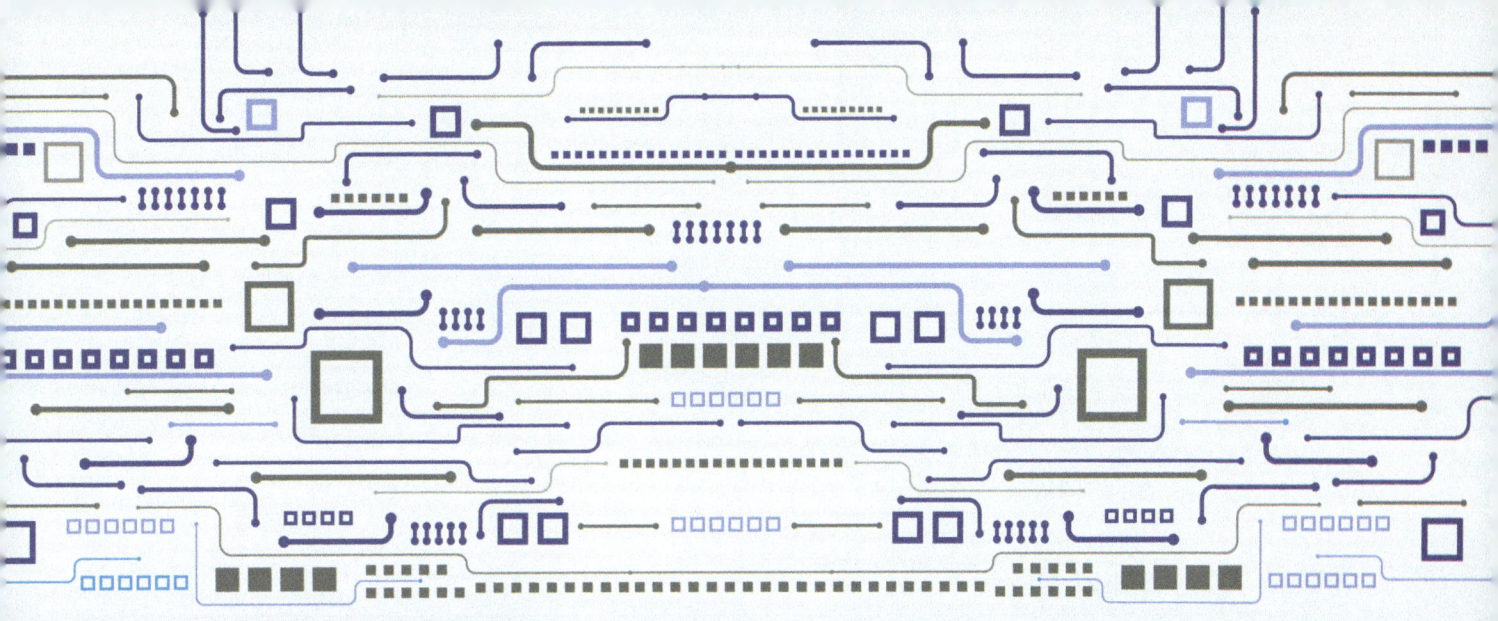

APPENDIX

부록 A. 물리정수
부록 B. 접두사
부록 C. 수학공식

부록 A. 물리정수

정수	기호	크기
아보가드로수 [/mol]	N_A	6.02×10^{23}
이상기체상수 [J/mol·K]	R	8.314
볼쯔만 상수 [J/K]	k	1.38×10^{-23}
전자 전하량 [C]	q	1.602×10^{-19}
전자볼트 [J]	eV	1.602×10^{-19}
전자질량 [kg]	m_e	9.1×10^{-31}
유전율(진공) [F/m]	ϵ_o	8.854×10^{-12}
투자율(진공) [H/m]	μ_o	$4\pi \times 10^{-7}$
열전압(300 K) [mV]	V_T	26
광속 [m/s]	c	3×10^8
플랑크 상수 [J·s]	h	6.626×10^{-34}
	$\hbar$	1.054×10^{-34}
리드베르그 상수 [m^{-1}]	R	1.097×10^7

부록 B. 접두사

크기	이름	기호	크기	이름	기호
10^1	deca	da	10^{-1}	deci	d
10^2	hecto	h	10^{-2}	centi	c
10^3	kilo	k	10^{-3}	milli	m
10^6	mega	M	10^{-6}	micro	μ
10^9	giga	G	10^{-9}	nano	n
10^{12}	tera	T	10^{-12}	pico	p
10^{15}	peta	P	10^{-15}	femto	f
10^{18}	exa	E	10^{-18}	atto	a
10^{21}	zetta	Z	10^{-21}	zepto	z
10^{24}	yotta	Y	10^{-23}	yocto	y

부록 C. 수학공식

C-1. 삼각함수

$x[rad] = \dfrac{180}{\pi} x [°]$, $x[°] = \dfrac{\pi}{180} x [rad]$, $1\ rad \fallingdotseq 57.3°$, $1° \fallingdotseq 0.0175\ rad$

$\sin^2\theta + \cos^2\theta = 1$

$1 + \tan^2\theta = \sec^2\theta$

$1 + \cot^2\theta = \csc^2\theta$

$A\sin\theta \pm B\cos\theta = \sqrt{A^2+B^2}\sin\left(\theta \pm \tan^{-1}\dfrac{B}{A}\right)$

$A\cos\theta \pm B\sin\theta = \sqrt{A^2+B^2}\cos\left(\theta \mp \tan^{-1}\dfrac{B}{A}\right)$

$-A\sin\theta \pm B\cos\theta = \sqrt{A^2+B^2}\sin\left[\theta \pm \left(180° - \tan^{-1}\dfrac{B}{A}\right)\right]$

$-A\cos\theta \pm B\sin\theta = \sqrt{A^2+B^2}\cos\left[\theta \mp \left(180° - \tan^{-1}\dfrac{B}{A}\right)\right]$

$\sin(\alpha \pm \beta) = \sin\alpha\cos\beta \pm \cos\alpha\sin\beta$

$\cos(\alpha \pm \beta) = \cos\alpha\cos\beta \mp \sin\alpha\sin\beta$

$\tan(\alpha \pm \beta) = \dfrac{\tan\alpha \pm \tan\beta}{1 \mp \tan\alpha\tan\beta}$

$\cot(\alpha \pm \beta) = \dfrac{\cot\alpha\cot\beta \mp 1}{\cot\alpha \pm \cot\beta}$

$\sin A \pm \sin B = 2\sin\dfrac{A \pm B}{2}\cos\dfrac{A \mp B}{2}$

$\cos A + \cos B = 2\cos\dfrac{A+B}{2}\cos\dfrac{A-B}{2}$

$\cos A - \cos B = -2\sin\dfrac{A+B}{2}\sin\dfrac{A-B}{2}$

$\tan A \pm \tan B = \dfrac{\sin(A \pm B)}{\cos A \cos B}$

$\cot A \pm \cot B = \pm\dfrac{\sin(A \pm B)}{\sin A \sin B}$

$\sin 2\alpha = 2\sin\alpha\cos\alpha$

$\cos 2\alpha = 2\cos^2\alpha - 1 = 1 - 2\sin^2\alpha = \cos^2\alpha - \sin^2\alpha$

$\tan 2\alpha = \dfrac{2\tan\alpha}{1 - \tan^2\alpha}$

$\sin 3\alpha = 3\sin\alpha - 4\sin^3\alpha$

$\cos 3\alpha = 4\cos^3\alpha - 3\cos\alpha$

$\tan 3\alpha = \dfrac{3\tan\alpha - \tan^3\alpha}{1 - 3\tan^2\alpha}$

$$\sin\alpha\cos\beta = \frac{1}{2}\{\sin(\alpha+\beta)+\sin(\alpha-\beta)\}$$

$$\cos\alpha\sin\beta = \frac{1}{2}\{\sin(\alpha+\beta)-\sin(\alpha-\beta)\}$$

$$\sin\alpha\sin\beta = \frac{1}{2}\{\cos(\alpha-\beta)-\cos(\alpha+\beta)\}$$

$$\cos\alpha\cos\beta = \frac{1}{2}\{\cos(\alpha-\beta)+\cos(\alpha+\beta)\}$$

$$\sin^2\alpha = \frac{1-\cos 2\alpha}{2}$$

$$\cos^2\alpha = \frac{1+\cos 2\alpha}{2}$$

$$\sin^3\alpha = \frac{3\sin\alpha - \sin 3\alpha}{4}$$

$$\cos^3\alpha = \frac{\cos 3\alpha + 3\cos\alpha}{4}$$

$$y = \sin^{-1}x = \csc^{-1}\frac{1}{x}$$

$$y = \cos^{-1}x = \sec^{-1}\frac{1}{x}$$

$$y = \tan^{-1}x = \cot^{-1}\frac{1}{x}$$

$$y = \csc^{-1}x = \sin^{-1}\frac{1}{x}$$

$$y = \sec^{-1}x = \cos^{-1}\frac{1}{x}$$

$$y = \cot^{-1}x = \tan^{-1}\frac{1}{x}$$

C-2. 지수함수

$$e = \lim_{n\to\infty}(1+\frac{1}{n})^n = \lim_{x\to 0}(1+x)^{\frac{1}{x}} = 2.71828\cdots$$

$$\left(e = \sum_{n=0}^{\infty}\frac{1}{n!} = 2.71828\cdots\right)$$

$e^{j\alpha} = \cos\alpha + j\sin\alpha$ (Euler formula)

$$\sin\alpha = \frac{e^{j\alpha}-e^{-j\alpha}}{2j}$$

$$\cos\alpha = \frac{e^{j\alpha}+e^{-j\alpha}}{2}$$

$$\tan\alpha = -j\frac{e^{j\alpha}-e^{-j\alpha}}{e^{j\alpha}+e^{-j\alpha}}$$

C-3. 대수

$y = \log_a x \rightarrow x = a^y$

$\log_a xy = \log_a x + \log_a y$

$\log_a \dfrac{x}{y} = \log_a x - \log_a y$

$\log_a x^m = m \log_a x$

$\log_a \sqrt[m]{x} = \dfrac{1}{m} \log_a x$

$y = \log_{10} x \rightarrow x = 10^y$

$y = \ln x \rightarrow x = e^y$

$\ln x = 2.303 \log x$

$\log x = 0.4343 \ln x$

C-4. 쌍곡선함수

$\sinh x = \dfrac{e^x - e^{-x}}{2}$

$\cosh x = \dfrac{e^x + e^{-x}}{2}$

$\tanh x = \dfrac{e^x - e^{-x}}{e^x + e^{-x}}$

$\operatorname{cosech} x = \dfrac{1}{\sinh x}$

$\operatorname{sech} x = \dfrac{1}{\cosh x}$

$\coth x = \dfrac{1}{\tanh x}$

$e^{\pm x} = \cosh x \pm \sinh x$

$\cosh^2 x - \sinh^2 x = 1$

$1 - \tanh^2 x = \left(\dfrac{1}{\cosh x}\right)^2 = \operatorname{sech}^2 x$

$\coth^2 x - 1 = \left(\dfrac{1}{\sinh x}\right)^2 = \operatorname{csch}^2 x$

$A \sinh x + B \cosh x = \begin{cases} \sqrt{A^2 - B^2} \sinh\left(x + \tanh^{-1} \dfrac{B}{A}\right) & (|B| \leq A) \\ \sqrt{B^2 - A^2} \cosh\left(x + \tanh^{-1} \dfrac{A}{B}\right) & (|A| \leq B) \end{cases}$

$\sinh(x \pm y) = \sinh x \cosh y \pm \cosh x \sinh y$

$\cosh(x \pm y) = \cosh x \cosh y \pm \sinh x \sinh y$

$$\tanh(x \pm y) = \frac{\tanh x \pm \tanh y}{1 \pm \tanh x \tanh y}$$

$$\coth(x \pm y) = \frac{\coth x \coth y \pm 1}{\coth x \pm \coth y}$$

$$\sinh x + \sinh y = 2\sinh\frac{x+y}{2}\cosh\frac{x-y}{2}$$

$$\sinh x - \sinh y = 2\cosh\frac{x+y}{2}\sinh\frac{x-y}{2}$$

$$\cosh x + \cosh y = 2\cosh\frac{x+y}{2}\cosh\frac{x-y}{2}$$

$$\cosh x - \cosh y = 2\sinh\frac{x+y}{2}\sinh\frac{x-y}{2}$$

$$\sinh 2x = 2\sinh x \cosh x$$

$$\cosh 2x = \cosh^2 x + \sinh^2 x = 2\cosh^2 x - 1 = 1 + 2\sinh^2 x$$

$$\tanh 2x = \frac{2\tanh x}{1+\tanh^2 x}$$

$$\sinh\frac{x}{2} = \sqrt{\frac{\cosh x - 1}{2}}$$

$$\cosh\frac{x}{2} = \sqrt{\frac{\cosh x + 1}{2}}$$

$$\tanh\frac{x}{2} = \frac{\cosh x - 1}{\sinh x}$$

$$\sinh x \cosh y = \frac{1}{2}\{\sinh(x+y) + \sinh(x-y)\}$$

$$\sinh x \sinh y = \frac{1}{2}\{\cosh(x+y) - \cosh(x-y)\}$$

$$\cosh x \cosh y = \frac{1}{2}\{\cosh(x+y) + \cosh(x-y)\}$$

$$\sinh^2 x = \frac{1}{2}(\cosh 2x - 1)$$

$$\cosh^2 x = \frac{1}{2}(\cosh 2x + 1)$$

C-5. 복소수

$$j = \sqrt{-1},\ j^2 = -1,\ j^3 = -j,\ j^4 = 1,\ j^5 = j,\ j^6 = -1$$

$$z = a \pm jb$$
$$= |z|(\cos\theta \pm j\sin\theta)$$
$$= |z|\,e^{\pm j\theta}$$
$$= |z| \angle \pm \theta$$

$$\left(\text{단 } a = |z|\cos\theta,\ b = |z|\sin\theta,\ |z| = \sqrt{a^2+b^2},\ \tan\theta = \frac{b}{a}\right)$$

C-6. 미분법

$$\frac{d(au)}{dx} = a\frac{du}{dx}$$

$$\frac{d(u+v)}{dx} = \frac{dv}{dx} + \frac{dv}{dx}$$

$$\frac{d(uv)}{dx} = v\frac{du}{dx} + u\frac{dv}{dx}$$

$$\frac{d\left(\dfrac{u}{v}\right)}{dx} = \frac{v\dfrac{du}{dx} - u\dfrac{dv}{dx}}{v^2}$$

$$\frac{d\left(\dfrac{c}{u}\right)}{dx} = \frac{-c}{u^2} \cdot \frac{du}{dx}$$

$$\frac{d^2u}{dx^2} = \frac{d\left(\dfrac{du}{dx}\right)}{dx}$$

$$\frac{df(u)}{dx} = \frac{df(u)}{du} \cdot \frac{du}{dx}$$

$$\frac{d^2 f(u)}{dx^2} = \frac{df}{du} \cdot \frac{d^2 u}{dx^2} + \frac{d^2 f}{du^2}\left(\frac{du}{dx}\right)^2$$

$$x = f(t),\ y = g(t),\ \frac{dx}{dt} \neq 0 \rightarrow \frac{dy}{dx} = \frac{\dfrac{dg}{dt}}{\dfrac{df}{dt}},\ \frac{dy}{dx} = \frac{1}{\dfrac{dx}{dy}}$$

$$\frac{d^2 y}{dx^2} = \frac{-\dfrac{d^2 x}{dy^2}}{\left(\dfrac{dx}{dy}\right)^3}$$

C-7. 도함수

함수 $y = f(x)$의 도함수를 $\dfrac{dy}{dx} = f'(x) = y'$라 한다. $y = x^n,\ y' = nx^{n-1}$(n은 실수)

$y = e^x,\quad y' = e^x$

$y = a^x,\quad y' = a^x \ln a$

$y = \ln x,\quad y' = \dfrac{1}{x}$

$y = x^x,\quad y' = x^x \ln(1 + \ln x)$

$y = \log_a x,\quad y' = \dfrac{1}{x \ln a} = \dfrac{\log_a e}{x}$

$y = \sin x,\quad y' = \cos x$

$y = \cos x,\quad y' = -\sin x$

$y = \tan x, \quad y' = \sec^2 x$

$y = \cot x, \quad y' = -\csc^2 x$

$y = \sec x, \quad y' = \sec x \tan x$

$y = \csc x, \quad y' = -\csc x \cot x$

$y = \sin^{-1} x, \quad y' = \dfrac{1}{\sqrt{1-x^2}} \left(-\dfrac{\pi}{2} < y < \dfrac{\pi}{2}\right)$

$y = \cos^{-1} x, \quad y' = \dfrac{-1}{\sqrt{1-x^2}} \; (0 < y < \pi)$

$y = \tan^{-1} x, \quad y' = \dfrac{1}{1+x^2} \left(-\dfrac{\pi}{2} < y < \dfrac{\pi}{2}\right)$

$y = \csc^{-1} x, \quad y' = \dfrac{-1}{|x|\sqrt{x^2-1}}$

$y = \sec^{-1} x, \quad y' = \dfrac{1}{|x|\sqrt{x^2-1}}$

$y = \cot^{-1} x, \quad y' = -\dfrac{1}{1+x^2} \left(-\dfrac{\pi}{2} < y < \dfrac{\pi}{2}\right)$

$y = \sinh x, \quad y' = \cosh x$

$y = \cosh x, \quad y' = \sinh x$

$y = \tanh x, \quad y' = \operatorname{sech}^2 x$

$y = \coth x, \quad y' = -\operatorname{csch}^2 x$

$y = \sinh^{-1} x = \ln(x + \sqrt{1+x^2}), \quad y' = \dfrac{1}{\sqrt{1+x^2}}$

$y = \cosh^{-1} x = \ln(x + \sqrt{x^2-1}), \quad y' = \dfrac{1}{\sqrt{x^2-1}} \; (1 < |x|)$

$y = \tanh^{-1} x = \dfrac{1}{2}\ln\left(\dfrac{1+x}{1-x}\right), \quad y' = \dfrac{1}{1-x^2} \; (|x| < 1)$

$y = \operatorname{csch}^{-1} x = \ln\left(\dfrac{1+\sqrt{x^2+1}}{x}\right), \quad y' = \dfrac{-1}{x\sqrt{1+x^2}}$

$y = \operatorname{sech}^{-1} x = \ln\left(\dfrac{1+\sqrt{1-x^2}}{x}\right), \quad y' = \dfrac{-1}{x\sqrt{1-x^2}}$

$y = \coth^{-1} x, \quad y' = \dfrac{1}{1-x^2} \; (|x| > 1)$

C-8. 급수전개

$$f(x + \triangle x) = f(x) + \dfrac{\triangle x}{1!} f'(x) + \dfrac{\triangle x^2}{2!} f''(x) + \cdots$$

$$f(x) = f(0) + \dfrac{x}{1!} f'(0) + \dfrac{x^2}{2!} f''(0) + \cdots$$

$$(1+x)^n = 1 + \frac{n}{1!}x + \frac{n(n-1)}{2!}x^2 + \cdots + \frac{n(n-1)\cdots(n-r+1)}{r!}x^r + \cdots \quad (|x|<1)$$

$$e^x = 1 + x + \frac{x^2}{2!} + \frac{x^3}{3!} + \cdots \quad (|x|<\infty)$$

$$\frac{1}{1-x} = 1 + x + x^2 + x^3 + \cdots$$

$$\frac{1}{1+x} = 1 - x + x^2 - x^3 + \cdots$$

$$\ln(1\pm x) = \pm x - \frac{1}{2}x^2 \pm \frac{1}{3}x^3 - \frac{1}{4}x^4 \pm \cdots \quad (|x|<1)$$

$$\sin x = x - \frac{x^3}{3!} + \frac{x^5}{5!} - \frac{x^7}{7!} + \cdots \quad (|x|<\infty)$$

$$\cos x = 1 - \frac{x^2}{2!} + \frac{x^4}{4!} - \frac{x^6}{6!} + \cdots \quad (|x|<\infty)$$

$$\sinh x = x + \frac{x^3}{3!} + \frac{x^5}{5!} + \frac{x^7}{7!} + \cdots \quad (|x|<\infty)$$

$$\cosh x = 1 + \frac{x^2}{2!} + \frac{x^4}{4!} + \frac{x^6}{6!} + \cdots \quad (|x|<\infty)$$

C-9. 적분법

$$F'(x) = f(x) \text{일 때 } F(x) = \int f(x)\,dx, \quad \int_a^b f(x)\,dx = F(b) - F(a)$$

$$\int (u + v + \cdots)\,dx = \int u\,dx + \cdots$$

$$\int u\,dv = uv - \int v\,du$$

$$\int u\frac{dv}{dx}\,dx = uv - \int v\frac{du}{dx}\,dx$$

$$\int f(y)\,dx = \int \frac{f(y)}{\frac{dy}{dx}}\,dy$$

$x = \varphi(z)$라고 하면

$$\int f(x)\,dx = \int f\{\varphi(z)\}\varphi'(z)\,dz$$

$$\int \ln x\,dx = x\ln x - x$$

$$\int x\cos x\,dx = \cos x + x\sin x$$

$$\int x\sin x\,dx = \sin x - x\cos x$$

$$\int e^x \cos x\,dx = \frac{1}{2}e^x(\cos x + \sin x)$$

$$\int e^x \sin x\,dx = \frac{1}{2}e^x(\sin x - \cos x)$$

$$\int \frac{1}{a^2+x^2}dx = \frac{1}{a}\tan^{-1}\frac{x}{a}$$

$$\int \frac{1}{\sqrt{a^2+x^2}}dx = \sinh^{-1}\frac{x}{a} = \ln\left(x+\sqrt{a^2+x^2}\right)$$

$$\int \frac{1}{a^2-x^2}dx = \frac{1}{a}\tanh^{-1}\frac{x}{a} = \frac{1}{a}\ln\frac{a+x}{\sqrt{a^2-x^2}}$$

$$\int \frac{1}{\sqrt{a^2-x^2}}dx = \sin^{-1}\frac{x}{a}$$

$$\int \frac{1}{x^2-a^2}dx = \frac{1}{a}\ln\frac{\sqrt{x^2-a^2}}{x+a}$$

$$\int \frac{1}{\sqrt{x^2-a^2}}dx = \cosh^{-1}\frac{x}{a} = \ln\left(x+\sqrt{x^2-a^2}\right)$$

C-10. 푸리에 급수

$$f(x) = a_0 + a_1\cos x + a_2\cos 2x + \cdots + b_1\sin x + b_2\sin 2x + \cdots$$

$$= a_0 + \sum_{n=1}^{\infty} a_n\cos nx + \sum_{n=1}^{\infty} b_n\sin nx$$

$$a_0 = \frac{1}{2\pi}\int_0^{2\pi} f(x)dx, \ a_n = \frac{1}{\pi}\int_0^{2\pi} f(x)\cos nx \, dx, \ b_n = \frac{1}{\pi}\int_0^{2\pi} f(x)\sin nx \, dx$$

C-11. 행렬

행렬 A의 역행렬 A^{-1}

$$A = \begin{pmatrix} a_{11} & a_{12} & a_{13} \\ a_{21} & a_{22} & a_{23} \\ a_{31} & a_{32} & a_{33} \end{pmatrix}$$

$$A^{-1} = \frac{1}{|A|}\begin{pmatrix} A_{11} & A_{21} & A_{31} \\ A_{12} & A_{22} & A_{32} \\ A_{13} & A_{23} & A_{33} \end{pmatrix}$$

$$A_{11} = \begin{vmatrix} a_{22} & a_{23} \\ a_{32} & a_{33} \end{vmatrix}, \ A_{21} = -\begin{vmatrix} a_{12} & a_{13} \\ a_{32} & a_{33} \end{vmatrix}, \ A_{31} = \begin{vmatrix} a_{12} & a_{13} \\ a_{22} & a_{23} \end{vmatrix}$$

$$A_{12} = -\begin{vmatrix} a_{21} & a_{23} \\ a_{31} & a_{33} \end{vmatrix}, \ A_{22} = \begin{vmatrix} a_{11} & a_{13} \\ a_{31} & a_{33} \end{vmatrix}, \ A_{32} = -\begin{vmatrix} a_{11} & a_{13} \\ a_{21} & a_{23} \end{vmatrix}$$

$$A_{13} = \begin{vmatrix} a_{21} & a_{22} \\ a_{31} & a_{32} \end{vmatrix}, \ A_{23} = -\begin{vmatrix} a_{11} & a_{12} \\ a_{31} & a_{32} \end{vmatrix}, \ A_{33} = -\begin{vmatrix} a_{11} & a_{12} \\ a_{21} & a_{22} \end{vmatrix}$$

C-12. 행렬식

$$\begin{vmatrix} a_{11} & a_{12} \\ a_{21} & a_{22} \end{vmatrix} = a_{11}a_{22} - a_{21}a_{12}$$

$$\begin{vmatrix} a_{11} & a_{12} & a_{13} \\ a_{21} & a_{22} & a_{23} \\ a_{31} & a_{32} & a_{33} \end{vmatrix} = a_{11}|a|_{11} + a_{12}|a|_{12} + a_{13}|a|_{13}$$

$$= a_{11}\begin{vmatrix} a_{22} & a_{23} \\ a_{32} & a_{33} \end{vmatrix} - a_{12}\begin{vmatrix} a_{21} & a_{23} \\ a_{31} & a_{33} \end{vmatrix} + a_{13}\begin{vmatrix} a_{21} & a_{22} \\ a_{31} & a_{32} \end{vmatrix}$$

$$= a_{11}(a_{22}a_{33} - a_{32}a_{23}) - a_{12}(a_{21}a_{33} - a_{31}a_{23}) + a_{13}(a_{21}a_{32} - a_{31}a_{22})$$

$$\begin{vmatrix} a_{11} & a_{12} & \cdots & a_{1n} \\ a_{21} & a_{22} & \cdots & a_{2n} \\ \cdots & \cdots & \cdots & \cdots \\ a_{n1} & a_{n2} & \cdots & a_{nn} \end{vmatrix} = a_{11}|a|_{11} + a_{12}|a|_{12} + \cdots + a_{1k}|a|_{1k} + \cdots + a_{1n}|a|_{1n}$$

여기서, $|a|_{1k} = (-1)^{1+k} \begin{vmatrix} a_{21} & a_{22} & \cdots & a_{2(k-1)} & a_{2(k+1)} & \cdots & a_{2n} \\ a_{31} & a_{32} & \cdots & a_{3(k-1)} & a_{3(k+1)} & \cdots & a_{3n} \\ \cdots & \cdots & \cdots & \cdots & \cdots & \cdots & \cdots \\ a_{n1} & a_{n2} & \cdots & a_{n(k-1)} & a_{n(k+1)} & \cdots & a_{nn} \end{vmatrix}$

C-13. 라플라스 변환

No	$t<0$일 때 $f(t)=0$	$F(s)$
1	$u(t) = 1$	$\dfrac{1}{s}$
2	t	$\dfrac{1}{s^2}$
3	t^n	$\dfrac{n!}{s^{(n+1)}}$
4	$\delta(t)$	1
5	$\delta(t-T)$	e^{-ST}
6	e^{at}	$\dfrac{1}{s-a}$
7	te^{at}	$\dfrac{1}{(s-a)^2}$
8	$t^n e^{at}$	$\dfrac{n!}{(s-a)^{n+1}}$
9	$\dfrac{1}{(n-1)!}t^{n-1}e^{at}$	$\dfrac{1}{(s-a)^n} \quad (n=1,2,\cdots)$
10	$\dfrac{1}{a-b}(e^{at} - e^{bt})$	$\dfrac{1}{(s-a)(s-b)}$

No	$t<0$일 때 $f(t)=0$	$F(s)$
11	$(-)\dfrac{(b-c)e^{at}+(c-a)e^{bt}+(a-b)e^{ct}}{(a-b)(b-c)(c-a)}$	$\dfrac{1}{(s-a)(s-b)(s-c)}$
12	$\sin at$	$\dfrac{a}{s^2+a^2}$
13	$\cos at$	$\dfrac{s}{s^2+a^2}$
14	$t\sin at$	$\dfrac{2as}{(s^2+a^2)^2}$
15	$t\cos at$	$\dfrac{s^2-a^2}{(s^2+a^2)^2}$
16	$\dfrac{\cos at-\cos bt}{b^2-a^2}$	$\dfrac{s}{(s^2+a^2)(s^2+b^2)}\quad (a^2\neq b^2)$
17	$\dfrac{1}{b}e^{at}\sin bt$	$\dfrac{1}{(s-a)^2+b^2}$
18	$e^{at}\cos bt$	$\dfrac{s-a}{(s-a)^2+b^2}$
19	$\sinh at$	$\dfrac{a}{s^2-a^2}$
20	$\cosh at$	$\dfrac{s}{s^2-a^2}$
21	$\sin(\omega t+\theta)$	$\dfrac{s\sin\theta+\omega\cos\theta}{s^2+\omega^2}$
22	$\cos(\omega t+\theta)$	$\dfrac{s\cos\theta-\omega\sin\theta}{s^2+\omega^2}$
23	$\{A+(B-aA)t\}e^{-at}$	$\dfrac{As+B}{(s+a)^2}$
24	$f^{(1)}(t)$	$sF(s)-f(0)$
25	$f^{(n)}(t)$	$s^nF(s)-s^{n-1}f(0)-s^{n-2}f^{(1)}(0)-\cdots-f^{(n-1)}(0)$
26	$f^{(-1)}(t)$	$\dfrac{1}{s}F(s)+\dfrac{1}{s}f^{(-1)}(0)$
27	$f^{(-n)}(t)$	$s^{-n}F(s)+s^{-n}F^{-1}(0)+s^{-(n-1)}f^{(-2)}(0)+\cdots+s^{-1}f^{(-n)}(0)$
28	$f(t-a)$	$e^{-sa}F(s)$
29	$f(at)$	$\dfrac{1}{a}F\left(\dfrac{s}{a}\right)$
30	$e^{bt}f(t)$	$F(s-b)$

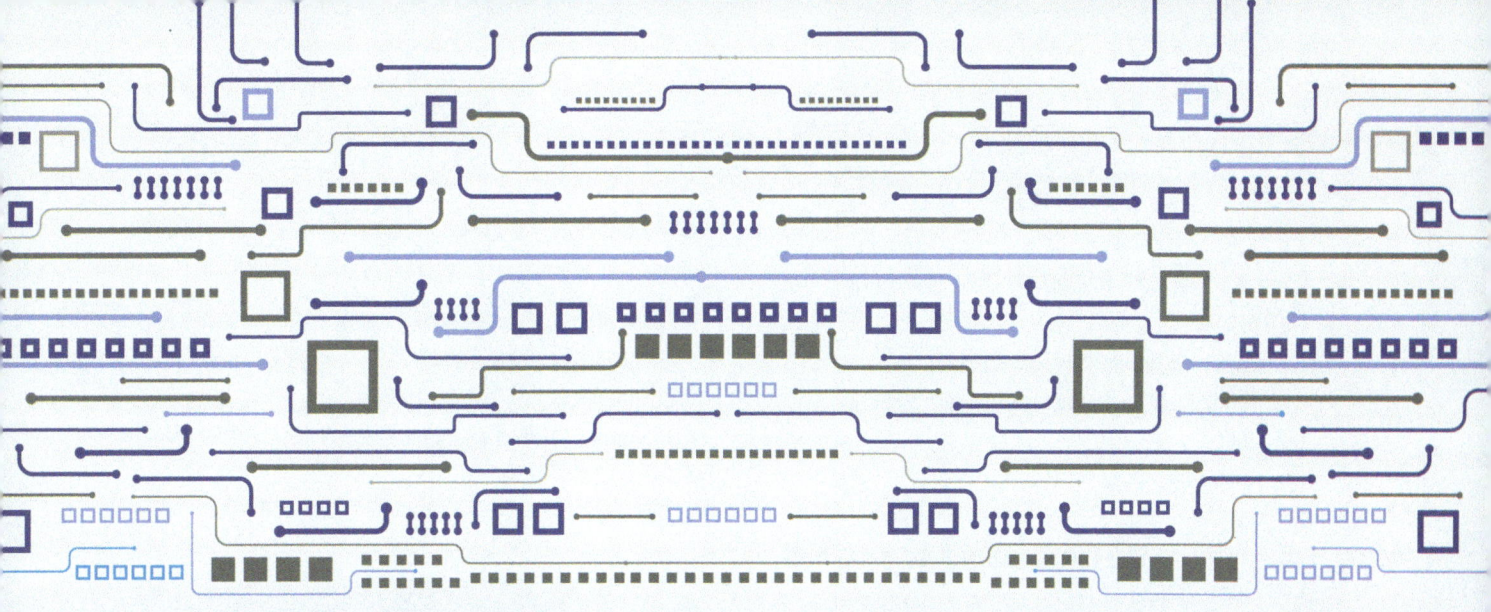

해답

1장

1.1 29
1.2 K: 2개, L각: 8개, M각: 18개, N각: 1개
1.3 32
1.4 흑연: 도체, 다이아몬드: 절연체,
buckyball(buckminsterfullerene): 반도체
1.5 600 C
1.6 3600 C
1.7 16 A
1.8 모원자의 열진동과 불순물에 의한 전자의 산란
1.9 1.72 $\mu\Omega\cdot$cm

2장

2.1 25 Ω
2.2 20 V
2.3 9×10^{-3} C
2.4 회로전류를 측정하려면 내부저항이 거의 0인 전류계를 직렬로 연결. 병렬로 연결하면 과전류로 전류계 고장의 원인
2.5 특정부위에서 전압을 측정하려면 내부저항이 거의 무한대인 전압계를 병렬로 연결. 직렬로 연결하면 회로전류가 거의 차단
2.6 (a) 693.5 kΩ ~ 766.5 kΩ, (b) 225 Ω ~ 275 Ω
2.7 16.4 V
2.8 5 kΩ
2.9 (a) 적색, 적색, 적색, 금색
    (b) 갈색, 흑색, 황색, 은색
2.10 18 kJ

3장

3.1 (a) 0.5 A, (b) 12.5 V, 50 V, 37.5 V
    (c) 6.25 W, 25 W, 18.75 W, (d) 성립
    (e) 100 V, (f) 1 A
3.2 (a) 50 V, (b) 20 V
3.3 (a) 41 V, (b) 6 V
3.4 (a) 1.09 kΩ, (b) 10 mA, 5 mA, 3.33 mA
3.5 $I_1 = 220\ \mu$A, $I_2 = 100\ \mu$A, $I_3 = 100\ \mu$A
    $I_4 = 220\ \mu$A, $I_5 = 300\ \mu$A
3.6 $I_{1k\Omega} = 1.14$ mA, $I_{2k\Omega} = 0.57$ mA
    $I_{4k\Omega} = 0.29$ mA
3.7 1 mA
3.8 (a) 7.1 A, (b) 전지 2, (c) 13.1 V

4장

4.1 (a) 1 kΩ, (b) 2 V, (c) 8 W
4.2 (a) 6 kΩ, (b) 5 V, (c) 15 W
4.3 (a) 3 kΩ, (b) 14 V, (c) 6.125 mW
4.4 6 kΩ
4.5 500 Ω

5장

5.1 (a) $R_A = 35\ \Omega$, $R_B = 140\ \Omega$, $R_C = 70\ \Omega$
    (b) $R_1 = 5\ \Omega$, $R_2 = 3.33\ \Omega$, $R_3 = 10\ \Omega$
5.2 (a) 20 V, (b) 18 V
5.3 (a) 0.95 mA, 5.7 V, (b) 8 V
5.4 (a) $V_1 = 23.33$ V, $V_2 = 33.33$ V
    (b) $V_1 = 32$ V, $V_2 = 64$ V
5.5 (a) $V_1 = 2.54$ V, $V_2 = 3.92$ V, (b) $I_{2\to 1} = 0.69$ A
    $I_{2\to ref} = 1.31$ A, $I_{2\to ref} = 0.42$ A, $I_{1\to ref} = 0.27$ A

6장

6.1 (a) 0.34 mA →, 29.31 V, (b) 29.34 V, (c) 일치
6.2 (a) 1.11 A ←, (b) 0.22 V, (c) 3.56 V
6.3 (a) $V_1 = 14$ V, $V_2 = 3$ V, $V_{12} = 11$ V
6.4 (a) −(5 V) +, (b) 0.25 A →
6.5 1.67 V ∓
6.6 10.33 V
6.7 5.33 V
6.8 10 V
6.9 40 Ω, 2.025 W

7장

7.1 (a) 100 μF, $V_1 = 20$ V, $Q_1 = 200\ \mu$C
    $V_2 = 20$ V, $Q_2 = 600\ \mu$C
    $V_3 = 20$ V, $Q_3 = 1200\ \mu$C
    (b) 2 μF, $V_1 = 40$ V, $Q_1 = 120\ \mu$C
    $V_2 = 20$ V, $Q_2 = 40\ \mu$C
    $V_3 = 20$ V, $Q_3 = 80\ \mu$C
7.2 (a) 50 μF, $V_1 = 45$ V, $Q_1 = 1800\ \mu$C
    $V_2 = 15$ V, $Q_2 = 1800\ \mu$C

$V_3 = 40$ V, $Q_3 = 1200$ μC
$V_4 = 20$ V, $Q_4 = 1200$ μC
(b) 4 μF, $V_1 = 20$ V, $Q_1 = 180$ μC
$V_2 = 2.5$ V, $Q_2 = 180$ μC
$V_3 = 22.5$ V, $Q_3 = 22.5$ μC
$V_4 = 19.65$ V, $Q_4 = 157.5$ μC
$V_5 = 2.81$ V, $Q_5 = 157.5$ μC

7.3 (a) (1) 10 ms
  (2) $i(2\tau) = 1.35$ mA, $v_R(2\tau) = 1.35$ V
   $v_C(2\tau) = 8.65$ V
  (3) $i(0) = 10$ mA, $i(0.5$ ms$) = 9.51$ mA
   $i(10$ ms$) = 3.68$ mA
 (b) (1) 1 ms
  (2) $i(2\tau) = 3.38$ mA, $v_R(2\tau) = 3.38$ V
   $v_C(2\tau) = 21.62$ V
  (3) $i(0) = 2.5$ mA, $i(0.5$ ms$) = 1.52$ mA
   $i(10$ ms$) = 0.11$ mA

7.4 (a) (1) $i(t) = 2e^{-t/0.3}$ mA, $v_R(t) = 60e^{-t/0.3}$ V,
   $v_C(t) = 60(1 - e^{-t/0.3})$ V
  (2) $i(t) = -2e^{-t/0.3}$ mA
   $v_R(t) = -60e^{-t/0.3}$ V
   $v_C(t) = 60e^{-t/0.3}$ V
  (3) $i(3\tau) = -0.1$ mA, $v_R(3\tau) = -2.99$ V
   $v_C(3\tau) = 2.99$ V
 (b) (1) $i(t) = 3e^{-t/0.01}$ mA
   $v_R(t) = 30e^{-t/0.01}$ V
   $v_C(t) = 30(1 - e^{-t/0.01})$ V
  (2) $i(t) = -e^{-t/0.03}$ mA
   $v_R(t) = -30e^{-t/00.3}$ V
   $v_C(t) = 30e^{-t/0.03}$ V
  (3) $i(3\tau) = -0.05$ mA, $v_R(3\tau) = -1.49$ V
   $v_C(3\tau) = 1.49$ V

7.5 $i(t) = 1.2e^{-500t}$ A, $q(t) = 2(1 - 1.2e^{-500t})$ mC
7.6 160 μC
7.7 (a) $I_{R_1} = 4$ mA, $V_{R_1} = 40$ V
   $I_{R_2} = 0$ A, $V_{R_2} = 0$ V
   $I_{R_3} = 0$ A, $V_{R_3} = 0$ V
   $I_{C_1} = 40$ mA, $V_{C_1} = 0$ V
   $I_{C_2} = 40$ mA, $V_{C_2} = 0$ V

 (b) $I_{R_1} = 5$ mA, $V_{R_1} = 5$ V
   $I_{R_2} = 5$ mA, $V_{R_2} = 35$ V
   $I_{R_3} = 0$ A, $V_{R_3} = 0$ V
   $I_{C_1} = 0$ A, $V_{C_1} = 0$ V
   $I_{C_2} = 0$ A, $V_{C_2} = 35$ V

7.8 (a) $i(t) = 0.2e^{-t/\tau} = 0.2e^{-5000t}$ A $(0 < t \leq 1\tau)$,
   $i(t) = -0.43e^{-(t-1\tau)/\tau} = -0.43e^{-5000(t-1\tau)}$ A
   $(t \geq 1\tau)$
 (b)

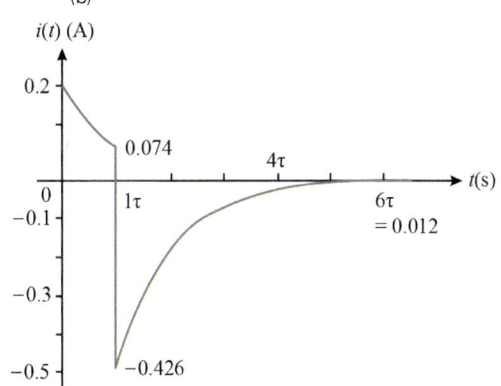

8장

8.1 (a) 0.5 H, (b) 3 H
8.2 (a) 500 μs (0.5 ms),
 (b) $i(t) = 25(1 - e^{-200t})$ mA,
  $v_R(t) = 25(1 - e^{-200t})$ V, $v_L(t) = 25e^{-200t}$ V
 (c) $v_L(1\tau) = 9.2$ V, $v_L(2.5\tau) = 2.05$ V
  $v_L(5\tau) = 0.17$ V
 (d) $v_R(1$ ms$) + v_L(1$ ms$) = 21.617$ V $+ 3.383$ V
    $= 25$ V $= V$

8.3 (a) 1 ms
 (b) $i(t) = 0.2(1 - e^{-1000t})$ A
  $v_R(t) = 20(1 - e^{-1000t})$ V
  $v_L(t) = 20e^{-1000t}$ V
 (c) $i(t) = 0.2e^{-1000t}$ A, $v_R(t) = 20e^{-1000t}$ V
  $v_L(t) = -20e^{-1000t}$ V

8.4 (a) $i(t) = 0.6(1 - e^{-50t})$ A
  $v_R(t) = 60(1 - e^{-50t})$ V, $v_L(t) = 60e^{-50t}$ V
 (b) $i(t) = 0.6e^{-60t}$ A, $v_R(t) = 72e^{-60t}$ V
  $v_L(t) = -72e^{-60t}$ V

8.5 $i_L(t) = 0.4(1-e^{-100t})$ A, $v_L(t) = 20e^{-100t}$ V

8.6 (a) $I_{R_1} = 0$ A, $V_{R_1} = 0$ V
$I_{R_2} = 1$ A, $V_{R_2} = 10$ V
$I_{R_3} = 1$ A, $V_{R_3} = 40$ V
$I_{L_1} = 0$ A, $V_{L_1} = 50$ V
$I_{L_2} = 0$ A, $V_{L_2} = 10$ V

(b) $I_{R_1} = 0.5$ A, $V_{R_1} = 50$ V
$I_{R_2} = 0$ A, $V_{R_2} = 0$ V
$I_{R_3} = 1.25$ A, $V_{R_3} = 50$ V
$I_{L_1} = 0.5$ A, $V_{L_1} = 0$ V
$I_{L_2} = 1.25$ A, $V_{L_2} = 0$ V

8.7 (a) $i(t) = 1.2(1-e^{-t/\tau}) = 1.2(1-e^{-100t})$ A
$(0 \le t \le 0.5\tau)$
$i(t) = -0.328e^{-(t-0.5\tau)/\tau} + 0.8$
$= -0.328e^{-100(t-0.5\tau)} + 0.8$ A $(t \ge 0.5\tau)$

(b)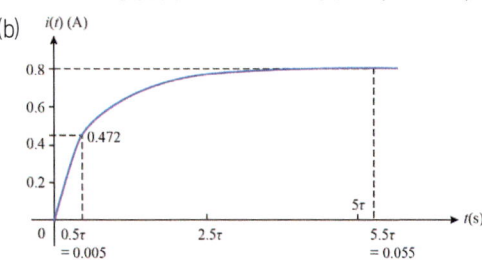

9장

9.1 (a) 2 kHz, (b) 1 ms
9.2 (a) $4\pi/3$, (b) $120°$
9.3 (a) $\sin(\omega t + 150°)$, $\sin(\omega t + 60°)$
(b) $\sin(\omega t - 20°)$, $\sin(\omega t - 100°)$
(c) $\cos(\omega t - 40°)$, $\cos(\omega t - 105°)$
(d) $\cos(\omega t - 120°)$, $\cos(\omega t + 55°)$
9.4 (a) $15°$ 진상 v_1, (b) $55°$ 진상 i, (c) $30°$ 진상 v_2
9.5 600 V, 424.3 V
9.6 (a) $i(t) = 155.5\sin(377t + 30°)$ mA,
(b) 24.18 mW
9.7 $i(t) = 8.25\sin(377t - 150°)$ A, 0 W
9.8 $R = 19.1\ \Omega$, $L = 29.2$ mH
9.9 (a) $v = 311\sin(377t + 22.7°)$ V
(b) $i = 3.99\sin(377t - 52.4°)$ A
(c) $p = 159.5 - 538.9\cos 377t$
$+ 307.4\sin 377t$ W

(d) $P_{av} = 159.5$ W
9.10 1649 W, 0.707
9.11 (a) $i = 1.03\sin(377t - 32.05)$ A, (b) 53.1 W
(c) 100 var, (d) 113.3 VA, (e) 0.47
9.12 $v(t) = 100\sin(377t + 60°)$ V, 0 W
9.13 $R = 40\ \Omega$, $C = 144.3\ \mu$F
9.14 (a) $i = 2.26\cos 1131t$ A
(b) $v = 229.5\sin(1131t + 80°)$ V, (c) $101.5\ \Omega$
9.15 (a) $i = 4.17\sin(377t + 36.4°)$ A, (b) 521.9 W
(c) 384.8 var, (d) 648.4 VA, (e) 0.8
9.16 $11.2\ \Omega$, $214.43\ \mu$F
9.17 $4.33\ \mu$F, 28.9 mH
9.18 (a) $i = 9.48\sin(3000t - 23.95°)$ A, (b) 1347.2 W
(c) 598.4 var, (d) 1474.1 VA, (e) 0.91
9.19 20 mH
9.20 $R = 8\ \Omega$, $L = 14.8$ mH
9.21 $P = 2692.9$ W, $Q = 1554.8$ var, $S = 3109.5$ VA,
$PF = 0.866$ (lagging)

10장

10.1 (a) $10 + j2$, (b) $1 - j$, (c) $-1 + j27.5$
(d) $20.5 + j10.8$
10.2 (a) $4.2 - j0.8$, (b) 5, (c) $3.6 - j24$, (d) $-j2$
10.3 (a) $0.46 - j0.088$, (b) -0.2, (c) $-0.4 + j2.67$
(d) $-j$
10.4 (a) $5\angle 53.13°$, (b) $\sqrt{3}\angle -153.43$
(c) $4.07\angle 85.7°$, (d) $15.62\angle 39.8°$
10.5 (a) $3.61 + j3.74$, (b) $24.15 - j6.47$
(c) $-4.81 + j4.81$, (d) $0.136 - j0.05$
10.6 (a) $5.2\angle 136°$, (b) $4.25\angle 25°$, (c) $13.6\angle 90°$
(d) $0.29\angle -20°$
10.7 (a) $1.8\angle -44°$, (b) $2.5\angle -55°$, (c) $13.6\angle 180°$
(d) $6\angle 30°$
10.8 (a) $87\angle -60°$, (b) $47.9\angle 90°$, (c) $227\angle 80°$
(d) $100\angle 0°$
10.9 (a) $84.85\sin(\omega t + 45°)$ V
(b) $10\sin(\omega t + 53.1°)$ V
(c) $11.5\sin(\omega t - 65.9°)$ A
(d) $9\sin(\omega t - 107.4°)$ A
10.10 (a) $7.07\angle 135°$ V, (b) $91.9\angle -130°$ V

10.11 (a) $R = 22\,\Omega$, $L = 5.3\,\text{mH}$
      (b) $R = 52\,\Omega$, $C = 11.1\,\mu\text{F}$
10.12 $P = 2064.6\,\text{W}$, $Q = 6588.3\,\text{var(leading)}$
      $S = 6904.2\,\text{VA}$, $PF = 0.68\text{(leading)}$
10.13 $P = 180\,\text{W}$, $Q = 360\,\text{var(leading)}$
      $S = 402.5\,\text{VA}$, $PF = 0.447\text{(leading)}$
10.14 $Z = 6 - j4.5\,\Omega$, $S = 2399 - j1801.3\,\text{VA}$
10.15 $P = 2082.3\,\text{W}$, $S = 3177.4\,\text{var}$
10.16 $Q = 600\,\text{var(lagging)}$, $S = 1000\,\text{VA}$
      $Z_x = 4.95\angle 50.9°\,\Omega$
10.17 $S_1 = 96 + 166.3\,\text{VA}$, $S_2 = 83.1 - 48\,\text{VA}$
10.18 $P = 3746.5\,\text{W}$, $PF = 0.707\text{(lagging)}$
10.19 $Q = 1085\,\text{var(lagging)}$, $S = 2275.4\,\text{VA}$
      $PF = 0.879\text{(lagging)}$
10.20 $P = 2104.5\,\text{W}$, $S = 2584.4\,\text{VA}$
      $PF = 0.814\text{(lagging)}$
10.21 $P_{12\Omega} = 961.5\,\text{W}$, $P_{6\Omega} = 1538.5\,\text{W}$
10.22 46%
10.23 $PF = 0.759\text{(lagging)}$, $R = 5.06\,\Omega$
10.24 84.5 μF
10.25 $P = 11950\,\text{W}$, $Q = 2545\,\text{var(lagging)}$
      $S = 12218\,\text{VA}$, $PF = 0.978\text{(lagging)}$
10.26 $S_1 = 30 - j59.9\,\text{VA}$, $S_2 = 113.1 - j113.1\,\text{VA}$
      $S = 143.1 - j53.2\,\text{VA}$

11장

11.1 $20 + j62.8 = 65.9\angle 72.3°\,\Omega$
11.2 (a) $50 + j188.5 = 195\angle 75.1°\,\Omega$
     (b) $72.5\angle -75.1°\,\text{mA}$
11.3 (a) $1.24\angle 27.9°\,\text{A}$, (b) $1.75\sin(754t + 27.9°)\,\text{A}$
11.4 (a) $0.316\angle 171.4°\,\text{A}$
     (b) $0.447\sin(754t + 171.4°)\,\text{A}$
11.5 (a) $6.14 + j0.86\,\Omega$
11.6 (a) $1\angle 90°\,\text{A}$
     (b) $V_R = 20\angle 90°\,\text{V}$, $V_L = 40\angle 180°\,\text{V}$
     $V_C = 60\angle 0°\,\text{V}$
11.7 (a) $3.27\angle -6°\,\text{A}$
     (b) $I_{12\Omega} = 3.27\angle -6°\,\text{A}$, $I_{4\Omega} = 2.93\angle 20.57°\,\text{A}$
     $I_{j8\Omega} = 1.46\angle -69.43°\,\text{A}$
     (c) $I_{4\Omega} + I_{j8\Omega} = (2.74 + j1.03) + (0.51 - j1.37)$
     $= 3.25 - j0.34\,\text{A} = 3.27\angle -6°\,\text{A}$

11.8 95.7 V
11.9 $0.925 - j2.02\,\Omega$
11.10 $7.07 - j7.07\,\text{V}$
11.11 $0.78\,\Omega$, 42.4 mH
11.12 $13.9\,\Omega$, 26 mH
11.13 $V_{j8\Omega} = 50\angle 60°\,\text{V}$, $I_{j8\Omega} = 6.25\angle -30°\,\text{A}$
11.14 $3.64\angle -154.85°\,\text{A}$, 508.2 W, 58.2 W, $60\angle 60°\,\text{V}$
11.15 $6.93\angle -185.08°\,\Omega$, $15.8\angle -132.95°\,\Omega$
      $11.8\angle -106.38°\,\Omega$
11.16 $I_A = 3.81\angle 90°\,\text{A}$, $I_B = 5.8\angle -19.1°\,\text{A}$
      $I_C = 5.82\angle -19.1°\,\text{A}$
      $I_A + I_B + I_C = 0\,\text{A}$
11.17 $0.35\angle -24.8°\,\text{V}$
11.18 $38.1\angle 1.93°\,\text{V}$ $S = 180 - j360\,\text{VA}$

12장

12.1 $13.2\angle 14.65°\,\text{V}$, $35.9\angle 31.75°\,\text{V}$
12.2 $7 + 3.01\sin(377t + 53°)\,\text{V}$
12.3 $6.29\angle 25.56°\,\Omega$, $1.05\angle 29.74°\,\text{V}$
12.4 $2.33\angle -27.59°\,\Omega$, $1.75\angle 53.57°\,\text{V}$
12.5 $0.6\angle -8.75°\,\text{S}$, $1.82\angle 30°\,\text{A}$
12.6 $0.26\angle -78.69°\,\text{S}$, $14.13\angle 45°\,\text{A}$
12.7 (a) $2.98\angle 79.67°\,\Omega$, $37.25\angle 79.67°\,\text{V}$
     (b) $0.34\angle -79.67°\,\text{S}$, $12.5\angle 0°\,\text{A}$

13장

13.1 16 mH, 64 mH, 25.6 mH
13.2 1.08 H, 0.32 H, 0.2 H, 59.2 mH
13.3 0.59
13.4 $4.1\angle -21.6°\,\Omega$
13.5 $7.28\angle 1.07°\,\Omega$
13.6 $33.83\angle 100.74°\,\Omega$
13.7 0.75
13.8 $7.24\angle -5.19°\,\text{V}$, $0.84\angle -57°\,\text{A}$
13.9 $2.02 - j2.45\,\Omega$
13.10 $j5.2\,\Omega$
13.11 $2.19\angle 14.73°\,\text{A}$, $0.98\angle 41.3°\,\text{A}$
13.12 0.654
13.13 (a) 30.8 mW, 부하가 소스와 부정합으로
      최대전력을 전달받지 못함

(b)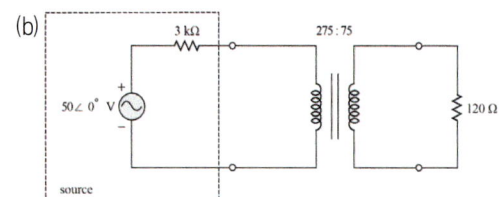

(c) 25 V, 5 V, 8.33 mA, 41.67 mA, 0.21 W

13.14 20 V, 5 V, 25 mA, 100 mA, 0.5 W

13.15 146.7 V, 293.3 V, 1.96 A

13.16 60 V, 26.7 V, 6.7 V

13.17 60 V, 15 V, 30 V, 105 V

13.18 1.95 A, 2.93 A, 0.98 A

14장

14.1 $V_{BC} = 380\angle -120°$ V, $V_{CA} = 380\angle 0°$ V

14.2 $v_A = 311\sin(\omega t + 60°)$, $v_C = 311\sin(\omega t + 180°)$

14.3 $V_{AB} = 381\angle 60°$ V, $V_{BC} = 381\angle 180°$ V
$V_{CA} = 381\angle -60°$ V, $I_B = 20\angle 180°$ A
$I_C = 20\angle -60°$ A

14.4 $I_A = 22\angle -53.13°$ A, $I_B = 22\angle 66.87°$ A
$I_C = 22\angle 186.87°$ A

14.5 $I_A = 15\angle 105°$ A, $I_B = 15\angle -15°$ A
$I_C = 15\angle -135°$ A

14.6 $I_A = 30\angle -90°$ A, $I_B = 30\angle 210°$ A
$I_C = 30\angle -120°$ A, $I_N = 81.96\angle -120°$ A

14.7 (a) $V_{ON} = 58.62\angle -92.68°$ V
(b) $V_{AO} = 230.31\angle 14.27°$ V
$V_{BO} = 170.06\angle -129.1°$ V
$V_{CO} = 271.2\angle 113.3°$ V
(c) $I_A = 43.76\angle -53.93°$ A
$I_B = 34.01\angle -39.1°$ A
$I_C = 54.24\angle 166.43°$ A

14.8 $I_A = 72.05\angle 105°$ A, $I_B = 72.05\angle -135°$ A
$I_C = 72.05\angle -15°$ A

14.9 $I_{AB} = 10.4\angle -60°$ A, $I_{BC} = 10.4\angle 60°$ A
$I_{CA} = 10.4\angle -180°$ A, $I_A = 18\angle -30°$ A
$I_B = 218\angle 90°$ A, $I_C = 18\angle -150°$ A

14.10 $I_{AB} = 34\angle -23.13°$ A, $I_{BC} = 170\angle -120°$ A
$I_{CA} = 170\angle -180°$ A, $I_A = 201.7\angle -3.8°$ A

$I_B = 177.31\angle -131°$ A, $I_C = 167\angle 120°$ A

14.11 $I_A = 43.3\angle 15°$ A, $I_B = 43.3\angle 135°$ A
$I_C = 43.3\angle -105°$ A

14.12 $V_{AO} = 522\angle 75°$ V, $V_{BO} = 522\angle -105°$ V
$V_{CO} = 270.3\angle 90°$ V, $I_A = 52.2\angle -15°$ A
$I_B = 52.2\angle -15°$ A, $I_C = 27.03\angle 90°$ A

14.13 (a) 4.32 kVA, (b) 2.59 kW, (c) 3.46 kvar, (d) 0.6

14.14 3.57 kW

14.15 −604.7 W, 1.14 kW

14.16 3.84 kW, 7.81 kW

15장

15.1 $f(t) = b_1\sin\omega t = V_m\sin\omega t$

15.2 $f(t) = \dfrac{2V_m}{\pi}\left(1 + \dfrac{\pi}{2}\cos\omega t + \dfrac{2}{3}\cos 2\omega t\right.$
$\left. - \dfrac{2}{15}\cos 4\omega t + \dfrac{2}{35}\cos 6\omega t - \cdots\right)$

15.3 $f(t) = \dfrac{V_m}{\pi}\left(1 - \dfrac{\pi}{2}\sin\omega t - \dfrac{2}{3}\cos 2\omega t\right.$
$\left. - \dfrac{2}{15}\cos 4\omega t - \dfrac{2}{35}\cos 6\omega t - \cdots\right)$

15.4 $f(t) = \dfrac{V_m}{\pi}\left(1 + \dfrac{\pi}{2}\cos\omega t + \dfrac{2}{3}\cos 2\omega t\right.$
$\left. - \dfrac{2}{15}\cos 4\omega t + \dfrac{2}{35}\cos 6\omega t - \cdots\right)$

15.5 $f(t) = a_1\cos\omega t = V_m\cos\omega t$

15.6 $f(t) = \dfrac{V_m}{2} + \dfrac{2V_m}{\pi}\left(\sin\omega t + \dfrac{1}{3}\sin 3\omega t\right.$
$\left. + \dfrac{1}{5}\sin 5\omega t + \dfrac{1}{7}\sin 7\omega t + \cdots\right)$

15.7 $f(t) = \dfrac{V_m}{2} + \dfrac{2V_m}{\pi}\left(\cos\omega t - \dfrac{1}{3}\cos 3\omega t\right.$
$\left. + \dfrac{1}{5}\cos 5\omega t - \dfrac{1}{7}\sin 7\omega t + \cdots\right)$

15.8 $f(t) = \dfrac{V_m}{2} - \dfrac{4V_m}{\pi^2}\left(\cos\omega t + \dfrac{1}{9}\cos 3\omega t\right.$
$\left. + \dfrac{1}{25}\cos 5\omega t + \cdots\right)$

15.9 $f(t) = -\dfrac{2V_m}{\pi}\left(\sin\omega t + \dfrac{1}{2}\sin 2\omega t\right.$
$\left. + \dfrac{1}{3}\sin 3\omega t + \dfrac{1}{4}\sin 4\omega t + \cdots\right)$

15.10 $f(t) = -\dfrac{V_m}{4} + \dfrac{2V_m}{\pi^2}\left(\cos\omega t + \dfrac{1}{9}\cos 3\omega t\right.$

$$+\frac{1}{25}\cos 5\omega t + \cdots\Bigg)$$

$$+\frac{V_m}{\pi}\left(-\sin\omega t + \frac{1}{2}\sin 2\omega t - \frac{1}{3}\sin 3\omega t - \cdots\right)$$

15.11 $f(t) = \dfrac{4V_m}{\pi^2}\left(\cos\omega t + \dfrac{1}{3^2}\cos 3\omega t\right.$
$$\left. + \frac{1}{5^2}\cos 5\omega t + \cdots\right)$$
$$-\frac{2V_m}{\pi}\left(\sin\omega t + \frac{1}{3}\sin 3\omega t + \frac{1}{5}\sin 5\omega t \cdots\right)$$

15.12 $i(t) = \dfrac{5}{\pi}\left(1 + \dfrac{\pi}{2}\sin\omega t + \dfrac{1}{3}\sin 2\omega t\right.$
$$\left. - \frac{1}{30}\sin 4\omega t + \frac{1}{105}\sin 6\omega t - \cdots\right) \text{ (A)}$$

15.13 $v_L(t) = \dfrac{40}{\pi}(\cos\omega t + \cos 3\omega t$
$$+ \cos 5\omega t + \cos 7\omega t + \cdots) \text{ (V)}$$

15.14 $i(t) = \dfrac{0.8}{\pi^2}\left(\sin\omega t + \dfrac{1}{3}\sin 3\omega t\right.$
$$\left. + \frac{1}{5}\sin 5\omega t + \cdots\right) \text{ (A)}$$

15.15 $v_C(t) = \dfrac{10^3}{\pi}\left(\cos\omega t + \dfrac{1}{4}\cos 2\omega t + \dfrac{1}{9}\cos 3\omega t\right.$
$$\left. + \frac{1}{16}\cos 4\omega t + \cdots\right) \text{ (V)}$$

15.16 109.3 V, 0.56

15.17 178.2 V, 0.56

15.18 $v' = 155\sin(377t + 95°) + 100\sin(1131t + 75°)$
$$+ 25\sin(1885t + 240°) \text{ V}$$

15.19 0.44

15.20 (a) 557.5 W, (b) −548.8 var, (c) 1312.2 VA
(d) $\boldsymbol{S} = 557.5 - j548.8 = P_{av} - jQ$, (e) 0.425

15.21 (a) $i = 7.88\sin(\omega t + 8.9°)$
$$+ 0.57\sin(3\omega t + 5.2°)$$
$$+ 0.2\sin(5\omega t + 62.9°) \text{ A}$$
(b) 249.6 W, (c) 457.5 VA, (d) 0.546
(e) $v_L = 252.2\sin(\omega t + 98.9°)$
$$+ 18.2\sin(3\omega t + 95.2°)$$
$$+ 6.4\sin(5\omega t + 152.9°) \text{ V}$$

16장

16.1 (a) $\dfrac{(s+a)\cos\theta - \omega\sin\theta}{(s+a)^2 + \omega^2}$

(b) $\dfrac{2}{s^2 + 2s + 5}$

(c) $\dfrac{2}{(s+1)(s^2 + 2s + 5)}$

(d) $\dfrac{2}{s} + \dfrac{2s}{s^2 + 16}$

(e) $\dfrac{1}{2}\ln\left(\dfrac{s^2+9}{s^2+4}\right)$

(f) $\ln\left(\dfrac{s+2}{s+1}\right)$

(g) $\dfrac{1}{2}\left(\dfrac{s+1}{s-1}\right)$

(h) $\dfrac{1}{4}\ln\left(\dfrac{s^2+4}{s^2}\right)$

(i) $\tan^{-1}\dfrac{2}{s}$

16.2 (a) $f(t) = 2\cos 2\sqrt{3}t - \dfrac{2}{\sqrt{3}}\sin 2\sqrt{3}t$

(b) $f(t) = e^{-t}(\cos t - \sin t)$

(c) $f(t) = -e^{2t} + 3e^{8t}$

(d) $f(t) = \dfrac{4}{3}(e^{-0.5t} - e^{-2t})$

(e) $f(t) = e^{-2t}\left(\dfrac{1}{2}t^2 - \dfrac{1}{3}t^3\right)$

(f) $f(t) = e^{-t}(4t-7) + e^{-2t}(3t+7)$

(g) $f(t) = e^{-at}(\omega\cos\omega t - a\sin\omega t)$

(h) $f(t) = \dfrac{1}{2\omega}t\sin\omega t$

(i) $f(t) = \dfrac{1}{t}(e^{-3t} - e^{3t})$

16.3 $i(t) = \dfrac{15}{2}(e^{-t} - e^{-3t}) \text{ A}$

16.4 $v_o(t) = 6u(t) - 2e^{-t} \text{ V}$

16.5 $v_o(t) = 2\delta'(t) + u(t) + \cos\sqrt{2}\,t \text{ V}$

16.6 $i_1(t) = \dfrac{1}{6}e^{-\frac{5}{3}t} + \dfrac{1}{2}e^{-5t} \text{ A}$
$$i_2(t) = -\frac{1}{6}e^{-\frac{5}{3}t} + \frac{1}{2}e^{-5t} \text{ A}$$

16.7 (a) $\dfrac{16(s+2)}{s^3 + 4s^2 + 12s}$, (b) 0 V, $\dfrac{8}{3}$ V

(c) $t=0+$에서 C 단락 $\therefore v(0+)=0$ V
$t=\infty$에서 C 개방, L 단락
$\therefore v(\infty)=2\times\dfrac{4\times 2}{4+2}=\dfrac{8}{3}$ V

16.8 $i_1(t)=5.052e^{-989.8t}-0.052e^{-20.2t}$ A
$i_2(t)=2.5+0.052e^{-989.8t}-2.552e^{-20.2t}$ A

16.9 $i(t)=e^{-4t}(2.5\cos 2t-5\sin 2t)$ V

16.10 $v(t)=1-2e^{-5t}$ V

17장

17.1 1.59 kHz, 12.7 V

17.2 398 Hz, 4.9 V

17.3 12 Ω, 1 μF

17.4 62.5 μF, 160.2 W

17.5 356 Hz, 67.1 V

17.6 88.3 Hz, 112.5 Hz, 143.4 Hz

17.7 62.7 Hz

17.8 318.3 Hz, 1, $2+j0$ mA

17.9 (a) 3183.1 Hz, 10, (b) 3027.9 Hz, 3346.2 Hz
(c) 5.32 V

17.10 (a) 79.6 Hz, (b) 112.4 Hz, (c) 45.3 μF & 344.8 μF

17.11 (a) 6.12 Ω, (b) 9.15 Ω & 1.75 Ω, 1.36∠0° A
4.76∠0° A

17.12 (a) 71 Hz, 22.3, (b) 4985.3 Ω, (c) 22.1, 4936.1 Ω

18장

18.1 (a) $F_1(s)=\dfrac{s^2+0.25}{s^3+2s^2+2s}$

(b) $F_2(s)=\dfrac{s^2+0.25}{s^3-2s^2+2s}$

18.2

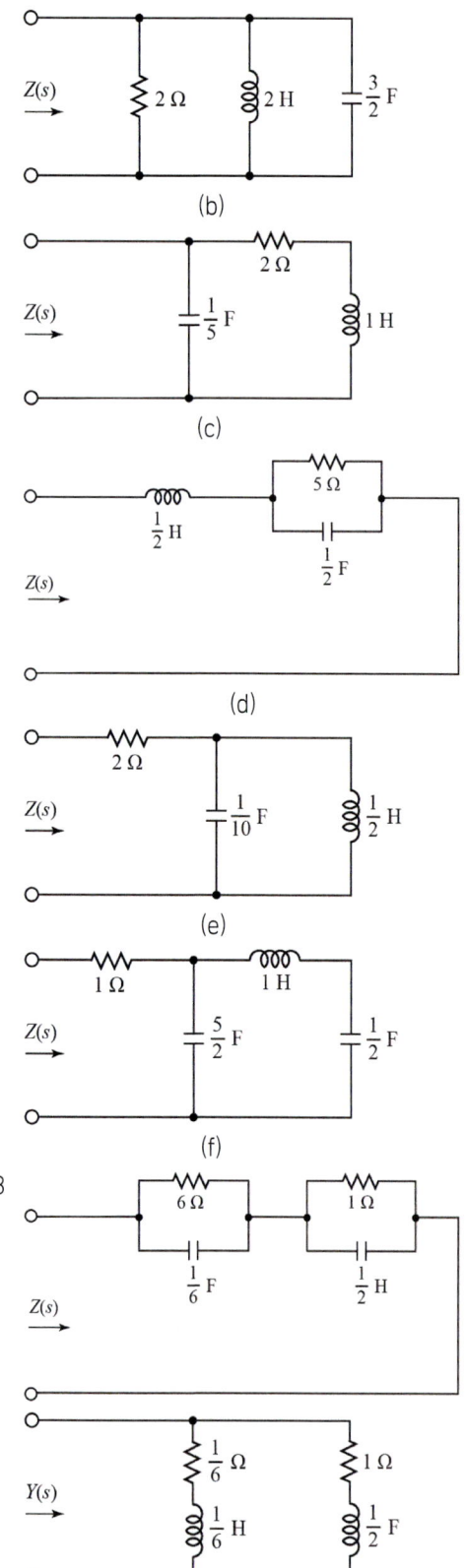

18.4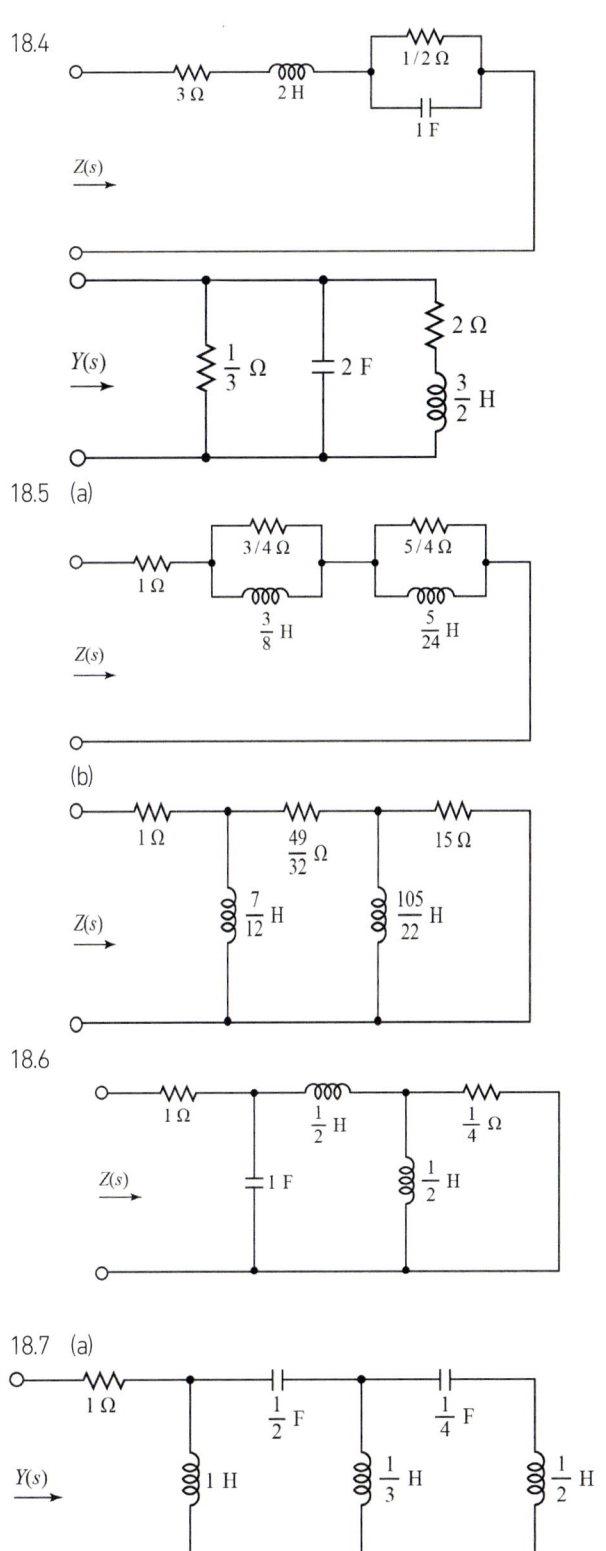

18.5 (a)

(b)

18.6

18.7 (a)

(b)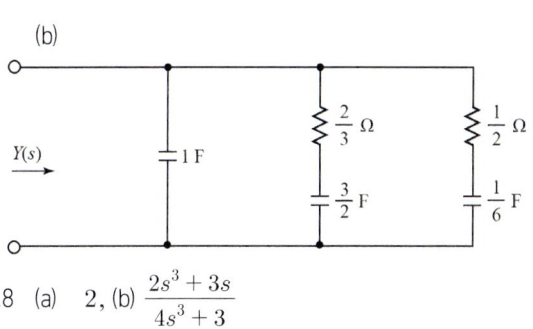

18.8 (a) 2, (b) $\dfrac{2s^3 + 3s}{4s^3 + 3}$

(c)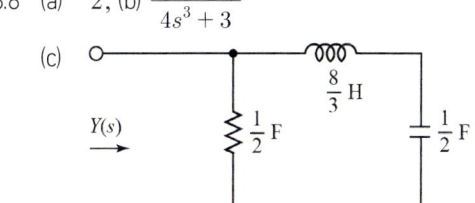

18.9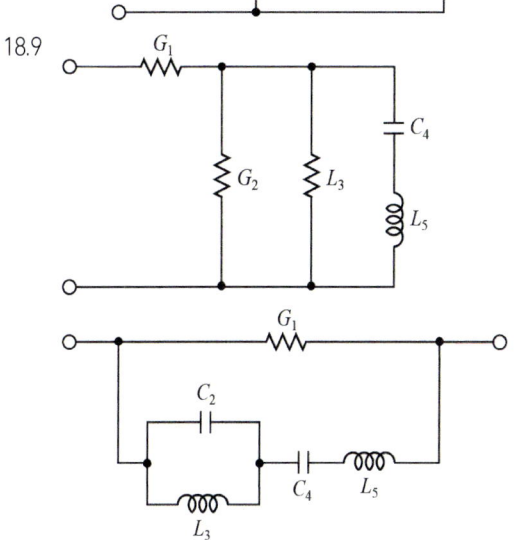

18.10 $78.1\ \mu\text{F},\ 0.64\ \text{mH}$

18.11 $3.6\ \Omega$

18.12 $5\ \text{H}$

19장

19.1 (a) $\begin{bmatrix} Z_{11} & Z_{12} \\ Z_{21} & Z_{22} \end{bmatrix} = \begin{bmatrix} s+1 & 1 \\ 1 & 1 \end{bmatrix}$

(b) $\begin{bmatrix} Z_{11} & Z_{12} \\ Z_{21} & Z_{22} \end{bmatrix} = \begin{bmatrix} 1 & 1 \\ 1 & s+1 \end{bmatrix}$

19.2 (a) $\begin{bmatrix} Y_{11} & Y_{12} \\ Y_{21} & Y_{22} \end{bmatrix}$

$= \begin{bmatrix} (s^2+2s+1)/(2s^2+s) & -s/(2s+1) \\ -s/(2s+1) & (2s^2+2s+1)/(4s^2+2s) \end{bmatrix}$

(b) $\begin{bmatrix} Y_{11} & Y_{12} \\ Y_{21} & Y_{22} \end{bmatrix}$

$= \begin{bmatrix} (s^2+2s+1)/(s+2) & -1/(s+2) \\ -1/(s+2) & (2s^2+4s+1)/(s+2) \end{bmatrix}$

19.3 $Y_{11} = 1 + \dfrac{7}{10}(s+1/2)$

$Y_{12} = Y_{21} = -\dfrac{1}{5}(s+1/2)$

$Y_{22} = \dfrac{1}{2} + \dfrac{2(s+1/2)^2}{10(s+1/2)}$

19.4 $h_{11} = \dfrac{r_b r_c + r_b r_e + r_c r_e + r_{cm} r_e}{r_c + r_e}$, $h_{12} = \dfrac{r_e}{r_c + r_e}$

$h_{21} = \dfrac{r_{cm} - r_e}{r_c + r_e}$, $h_{22} = \dfrac{1}{r_c + r_e}$

19.5 $Z_{eq} = h_{11} - \dfrac{h_{12} h_{21} R_L}{1 + h_{22} R_L}$

19.6 $A = \dfrac{4s^2 + s + 3}{4s^2 + s + 1} = D$

$B = \dfrac{16s^2 + 4s + 6}{16s^3 + 8s^2 + 5 + 1}$

$C = \dfrac{4s + 1}{4s^2 + s + 1}$

19.7 (1)

$\begin{bmatrix} A & B \\ C & D \end{bmatrix} = \begin{bmatrix} 3/2 & 5 \\ 1/4 & 3/2 \end{bmatrix}$

(2) (a) $\begin{bmatrix} A_1 & B_1 \\ C_1 & D_1 \end{bmatrix} = \begin{bmatrix} 5/4 & 2 \\ 1/8 & 1 \end{bmatrix}$

(b) $\begin{bmatrix} A_2 & B_2 \\ C_2 & D_2 \end{bmatrix} = \begin{bmatrix} 1 & 2 \\ 1/8 & 5/4 \end{bmatrix}$

(3)
$\begin{bmatrix} A & B \\ C & D \end{bmatrix} = \begin{bmatrix} 5/4 & 2 \\ 1/8 & 1 \end{bmatrix}\begin{bmatrix} 1 & 2 \\ 1/8 & 5/4 \end{bmatrix} = \begin{bmatrix} 3/2 & 5 \\ 1/4 & 3/2 \end{bmatrix}$

일치한다.

19.8 $\begin{bmatrix} A & B \\ C & D \end{bmatrix} = \begin{bmatrix} a & R/a \\ 0 & 1/a \end{bmatrix}$

19.9 $\begin{bmatrix} Z_{11} & Z_{12} \\ Z_{21} & Z_{22} \end{bmatrix} = \begin{bmatrix} 7/8 & 1/2 \\ 1/2 & 3 \end{bmatrix}$

$\begin{bmatrix} Y_{11} & Y_{12} \\ Y_{21} & Y_{22} \end{bmatrix} = \begin{bmatrix} 24/19 & -4/9 \\ -4/9 & 7/19 \end{bmatrix}$

$\begin{bmatrix} h_{11} & h_{12} \\ h_{21} & h_{22} \end{bmatrix} = \begin{bmatrix} 19/24 & 1/6 \\ -1/6 & 1/3 \end{bmatrix}$

$\begin{bmatrix} g_{11} & g_{12} \\ g_{21} & g_{22} \end{bmatrix} = \begin{bmatrix} 8/7 & -4/7 \\ 4/7 & 19/7 \end{bmatrix}$

$\begin{bmatrix} A_{11} & B_{12} \\ C_{21} & D_{22} \end{bmatrix} = \begin{bmatrix} 7/4 & 19/4 \\ 1/3 & 6 \end{bmatrix}$

19.10 (a)

(b) $\begin{bmatrix} A & B \\ C & D \end{bmatrix} = \begin{bmatrix} A_1 & B_1 \\ C_1 & D_1 \end{bmatrix}\begin{bmatrix} A_2 & B_2 \\ C_2 & D_2 \end{bmatrix}\begin{bmatrix} A_3 & B_3 \\ C_3 & D_3 \end{bmatrix}$

$= \begin{bmatrix} 1 & 0 \\ 1/Z_1 & 1 \end{bmatrix}\begin{bmatrix} 1 & Z_2 \\ 0 & 1 \end{bmatrix}\begin{bmatrix} 1 & 0 \\ 1/Z_3 & 1 \end{bmatrix}$

(c)
$\begin{bmatrix} A & B \\ C & D \end{bmatrix} = \begin{bmatrix} 1 + Z_2/Z_3 & Z_2 \\ (Z_1 + Z_2 + Z_3)/Z_1 Z_3 & 1 + Z_2/Z_1 \end{bmatrix}$

19.11 $Z_{01} = 4.47 \angle 18.44° \,\Omega$, $Z_{02} = 2.68 \angle 71.56° \,\Omega$
$\theta = \ln(1.96 - j1.39)$ Np

19.12 $Z_{01} = Z_{02} = 8.66 \,\Omega$, $\theta = \ln(0.5 + j0.866)$ Np

19.13 $Z_{01} = Z_{02} = 6.68 \angle 58.29° \,\Omega$
$\theta = \ln(1.79 + j2.28)$ Np

19.14 $A = 0.32 + j0.78$, $B = 0.32 - j0.78 \,\Omega$
$C = -0.32 + j0.55$ S, $D = 0.23 + j0.55$

20장

20.1 $1168.08 \angle -34.85° \,\Omega$, $0.952 \times 10^{-3} \angle 55.16°$/km

20.2 $301.14 \angle -29.61° \,\Omega$, $13.20 \times 10^{-3} \angle 60.39° \,\Omega$

20.3 $1.75 \,\Omega$/km, 3.6 mH/km, 27.65×10^{-6} S/km
$0.063 \,\mu$F/km

20.4 $0.40 \,\mu$H/m, 44.4 pF/m

20.5 $0.78\,\text{nF/m}$, $0.16\times10^8\,\text{m/s}$, $23.56\,\text{rad/m}$

20.6 $RC < LG$ 이므로 무왜형 선로

20.7 $10.22 - j19.66\,\Omega$

20.8 $Z_o = 1397.5 - j939.43\,\Omega$
$\gamma = 0.635\times 10^{-3} \angle 54.57°$
$Z_{(80\text{km})} = 79.92 - j88.3\,\Omega$

20.9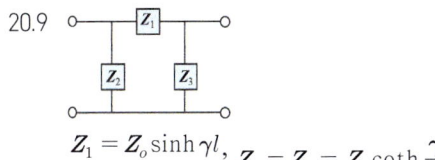

$Z_1 = Z_o \sinh\gamma l$, $Z_2 = Z_3 = Z_o \coth\dfrac{\gamma l}{2}$

20.10 $A = D = 0.999 + j3.77\times 10^{-3}$
$B = 100.15 + j37.96\,\Omega$
$C = (75.63 - j0.132)\times 10^{-6}\,\text{S}$

20.11 $j0.6\,\text{V}$, $j0.02\,\text{A}$, $30\,\Omega$

20.12 $30 + j40\,\Omega$, $4.8 - j6.4\,\Omega$

20.13 $8\angle 120°\,\text{mA}$, $8\angle -60°\,\text{mA}$

20.14 $j3.98\,\text{k}\Omega$, $-j28.87\,\Omega$

20.15 단락회로

20.16 $j0.63\,\Omega$, $-j866.03\,\Omega$

20.17 개방회로

20.18 $16.55 - j0.71\,\Omega$

20.19 $0.1\,\Omega/\text{km}$, $10^{-5}\,\text{S/km}$

20.20 (a) $282.8\,\Omega$, $j0.00126\,\text{rad/km}$
(b) $j35.83\,\Omega$, $-j2232.4\,\Omega$

20.21 0.67, 1.67

20.22 $0.164\angle 80.54$, 1.39

20.23 $0.53\angle 68°$, 3.26

20.24 0.057

20.25 $154\,\Omega$, $16.23\,\Omega$

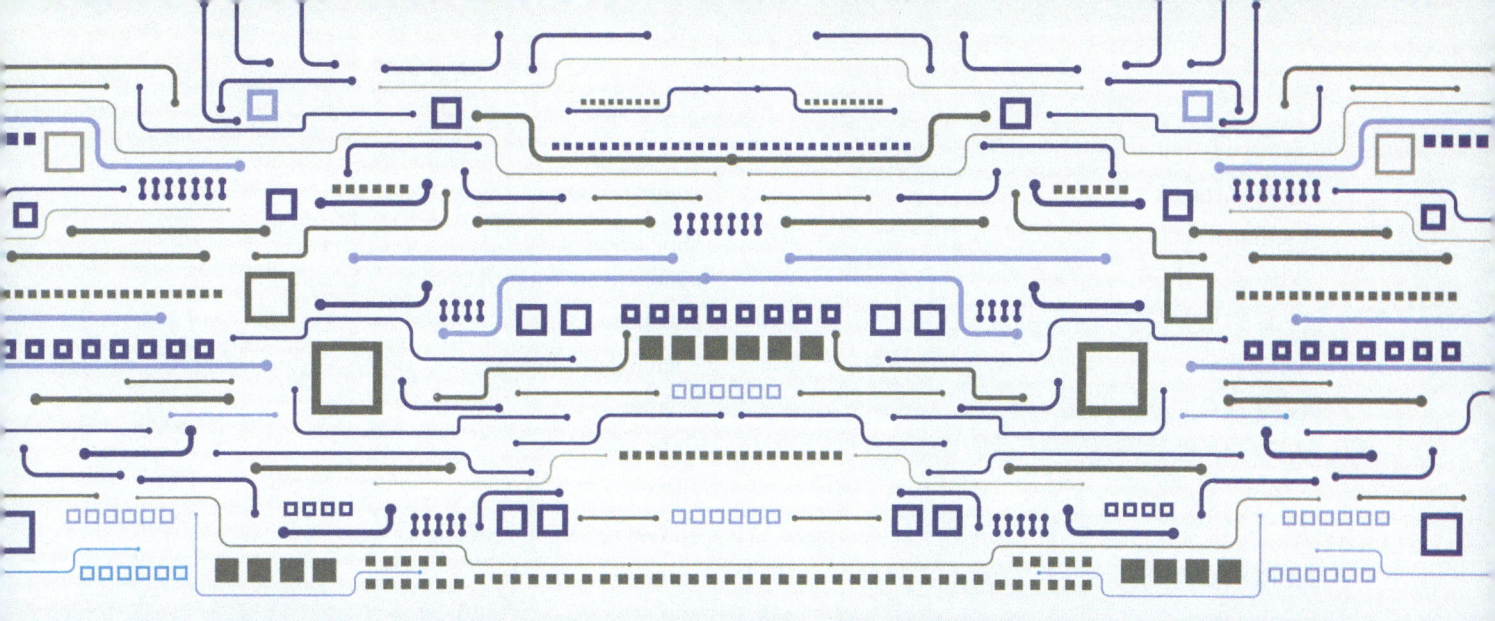

INDEX

2-ports network	564
4-terminals network	564
2단자 회로망	524
2포트 회로망	564
3상 교류	346
4단자 정수	589
4단자 회로망	564

A

ABCD 파라미터	589
admittance	228
alternating current, ac	19
alternating current: ac	154
angular frequency	156
angular velocity	156
apparent power	176, 188
argument	196
attenuation constant	606
attenuation constant, in neper per meter or in decibel per meter	622
autotransformer	334
average power	167

B

band width	494
band-pass filter	499

C

capa	171
capacitance	108
capacitive reactive poer	180
capacitive susceptance	229
cascade connection	598
center tap: CT	334
characteristic impedance	623
common admittance	254
common impedance	244
complex numbers	194
complex power	208
conductance	228
conductively coupled equivalent circuit	304
conductor	15
coupling coefficient	301
Cramer 공식	67
Cramer 규칙	67
current	15
current reflection coefficient	650
current-divider rule	37
cutoff frequency	487, 490

D

direct current, dc	18
displac	360
distortion factor	420
distortionless line	628
dot rule	303
driving admittance	524
driving immittance	524
driving impedance	524
driving point admittance	255
driving point impedance	245
dual circuit	552
duality	94, 552

E

effective or root-mean-square(rms) value	163
effective power	167
effective resistance	495
electric power	25
electrodynamometer wattmeter	383
electromotive force, emf	16
Euler's formula	196

F

Faraday's induction law	136
filter	486

final value theorem	459
forcing function	117, 141
Fourier series	393
fre	491
frequency	155
frequency res	487

G

g 파라미터	586
group velocity	626

H

h 파라미터	583
harmonics	418
Heaviside's condition	627
Henry: H	137
Hertz: Hz	156
high-pass filter	490

I

image impedance	604
impedance	174, 179, 184
impedance matching transfor	331
impedance transformation	331
in-phase	166
inductance	136
inductive reactance	169
inductive reactive power	176
inductive susceptance	229
inductively cou	300
inductively coupled circuit	300
inductor	136
initial value theorem	458
instantaneous power	166
instantaneous value	157
insulator	15
inverse circuit	553
isolation transformer	334

K

kilowatt	25
Kirchhoff's current law, KCL	36
Kirchhoff's voltage law, KVL	31

L

lagging current	169
Laplace transform or $\mathcal{L}$ transform	440
LC 회로망 합성	532
leading current	172
leakage flux	300
line current	349
line voltage	349
load	33
lossless line	626
low-pass filter	486

M

magnetic flux	136
maximum power transfer theorem	100
mesh current analysis	67
Millman's theorem	97
mutual admittance	254
mutual impedance	244
mutual inductance	300

N

negative sequence	347
neutral line	349
no-load	33
node voltage analysis	73
Norton's theorem	94, 283

O

Ohm's law	22
open circuit	32
orthogonal	392

P

parallel circuit	34
peak value	156
period	155
phase constant	606
phase constant, in radian per meret	622
phase current	349
phase difference	159
phase velocity	626
phase voltage	349
phasor	201
polar form	196
pole	525
positive sequence	347
potentiometer	34
power consumption	167
power factor: PF	175
power rating	24
power triangle	188
propagation constant, in per meter	622
pulsating current, ripple	19
pulsating dc	154

Q

quality factor	494

R

radian: rad	157
RC 어드미턴스 회로망 합성	544
RC 임피던스	540
reactive power	170
rectangular form	195
resistivity	17
resonance curve	494
resonant frequency	493
rheostat: adjustable resistor	34
ring connection	54
ring-connection	348
RL 어드미턴스 회로망 합성	540
RL 임피던스	544
RLC 이미턴스 회로망 합성	549

S

s 도메인 회로	462
selectivity	500
self-admittance	254
self-impedance	244
semiconductor	15
series circuit	30
short circuit	36
siemens	228
sine wave	154
single-phase ac	346
sinusoidal	154
source conversion	61, 80
standing wave	651
standing wave ratio: SWR	651
star connection	54
star-connection	348
superposition principle	86, 270
surge	116
susceptance	228

T

T 파라미터	589
tap	333
Thevenin's theorem	90, 275
three-phase ac	346
time constant	118, 142
transfer admittance	255
transfer constant	606
transfer impedance	245
transformer	329
transient	116
transmission coefficient	650
turn ratio	330

T형 등가회로	304

V
volt-amperes reactive: var	170
voltage reflection coefficient	649
voltage-divider rule	33

W
watt	25

Y
Y 파라미터	573

Z
Z 파라미터	564
zero	525
ZY conversion	229
ZY 변환	229

ㄱ
가변저항기	34
각속도	156
각주파수	156
감쇠정수	606, 622
개방회로	32
결합계수	301
고역통과 필터	490
고조파	418
공액 복소수	197
공진 주파수	493
공진곡선	494
공통 어드미턴스	254
공통 임피던스	244
과도	116
교류	19, 154
구동점 어드미턴스	255, 524
구동점 이미턴스	524
구동점 임피던스	245, 524
군속도	626
권선비	330
극점	525
극형식	196
기전력	16

ㄴ
네퍼	606
노튼의 정리	94, 283
누설자속	300

ㄷ
다이렉트법	69, 74
단권변압기	334
단락회로	36
단상 교류	346
단위 계단함수	451
단위 램프 함수	452
단위 임펄스 함수	449
대역통과 필터	499
대역폭	494
대칭 3상 회로	356
데시벨	606
도체	15
동상	166

ㄹ
라디언	157
라플라스 변환	440

ㅁ
마디전압 해석법	73
망전류 해석법	67
맥동률	19
맥류	19, 154
무부하	33
무손실 선로	626

무왜형 선로	628
무효전력	170, 188
밀결합	301
밀만의 정리	97

ㅂ

바르	170
반도체	15
반사계수	649
반전력 주파수	494
방전과도상태	121
변압기	329
변위중성전압	360
병렬회로	34
복소수	194
복소전력	208
볼트-암페어	176
부하	32
분포정수	620
분포정수회로	620
분포정수회로의 기초방정식	621
불평형 3상 회로	356
비저항	17
비정현파 전력	421
비정현파 전압	418

ㅅ

사인파	154
상전류	349, 352
상전압	349, 352
상호 어드미턴스	254
상호 임피던스	244
상호결합	300
상호유도계수	300
서셉턴스	228, 229
서지	116
선간전압	349, 352
선전류	349
선택도	500
성상결선	54, 348
소결합	301
소비전력	167
소스 변환	80
순방향 상호결합	303, 307
순시전력	166
순시치	157
시간추이정리	452
시정수	118, 122, 142
실효치	163
쌍대성	94, 552
쌍대회로	552

ㅇ

어드미턴스	228
어드미턴스 파라메터	573
여파기	486
역률	175
역방향 상호결합	303, 308
역상순	347
역회로	553
영상 임피던스	604
영상 파라메터	606
영점	525
오일러 공식	196
옴법칙	22
와트	25
왜형률	420
용량성 리액턴스	171
용량성 무효전력	180
용량성 서셉턴스	229
위상속도	626
위상정수	606, 622
위상차	159
유도결합	300
유도결합회로	300
유도계수	136

유도성 리액턴스	169
유도성 무효전력	176
유효저항	495
유효전력	167
이상 변압기	330
인덕터	136
인덕턴스	136
일렉트로다이나모미터 와트미터	383
임피던스	174, 179, 184
임피던스 변환	331
임피던스 정합변압기	331
임피던스 파라미터	564

ㅈ

자기 어드미턴스	254
자기 임피던스	244
자속	136
자속증감법	303
저손실 선로	627
저역통과 필터	486
전달 어드미턴스	255
전달 임피던스	245
전달정수	606
전도결합 등가회로	304
전력	25
전력 삼각형	188
전류	15
전류반사계수	650
전류분배법칙	37
전송 파라미터	589
전송계수	650
전신 방정식	621
전압반사계수	649
전압분배법칙	33
전원 변환	61
전위차계	34
전파정수	622
절연변압기	334

절연체	15
점규칙법	303
정격전력	24
정상순	347
정재파	651
정재파비	651
정저항 회로	556
정전용량	108
정현파	154
종속접속	598
주기	155
주기함수	393
주파수	155
주파수 응답	487, 491
중성선	349
중성점 전압	360
중앙탭	334
중첩의 원리	86, 270
지멘스	228
지상무효전력	208
지상전류	169
직교	392
직교함수	392
직교형식	195
직렬공진	493
직렬회로	30
직류	18
직·병렬회로	46
진상무효전력	209
진상전류	172

ㅊ

차단 주파수	487, 490
초기치 정리	458
최대전력전달 정리	100, 287
최종치 정리	459
충전과도전류	118
충전과도전하	116

ㅋ

칼라 코드	23
커패시터	108
커패시턴스	108
컨덕턴스	228
키르히호프의 전류법칙	35
키르히호프의 전압법칙	31
킬로와트	25

ㅌ

탭	333
테브난의 정리	90, 275
투과계수	650
특성 임피던스	604, 623

ㅍ

파동 임피던스	623
파동방정식	621
패러데이의 유도법칙	136
페이저	201
편각	196
평균전력	167
평균치	160
평형 3상 회로	356
푸리에 급수	393
푸리에 전개	394
품질계수	494
피상전력	176, 188
피크치	156
필터	486

ㅎ

하이브리드 파라미터	583
하중함수	117, 141
핸리	137
헤르츠	156
헤비사이드 조건	627
환상결선	54, 348

핵심 N 전기회로이론

1판 1쇄 인쇄 2025년 11월 14일
1판 1쇄 발행 2025년 11월 25일
저   자 남춘우
발 행 인 이범만
발 행 처 **21세기사** (제406-2004-00015호)
　　　　　경기도 파주시 산남로 72-16 (10882)
　　　　　Tel. 031-942-7861   Fax. 031-942-7864
　　　　　E-mail : 21cbook@naver.com
　　　　　Home-page : www.21cbook.co.kr
　　　　　ISBN 979-11-6833-189-1

정가 46,000원

이 책의 일부 혹은 전체 내용을 무단 복사, 복제, 전재하는 것은 저작권법에 저촉됩니다.
저작권법 제136조(권리의침해죄)1항에 따라 침해한 자는 5년 이하의 징역 또는 5천만 원 이하의 벌금에 처하거나 이를 병과(倂科)할 수 있습니다. 파본이나 잘못된 책은 교환해 드립니다.